AutoCAD
完全学习手册系列

U0913720

中文版…

AutoCAD 2012 软件应用 完全学习手册

★ 冯新敏 唐强 吴越 编著 ★

★ 专业老师传授

一线专业老师全力打造，配合专业视频教学，盘书结合，如同一对一授课

★ 理论全面贯穿

全书共分**30章**，全面系统地讲解了AutoCAD软件与之相关的功能和命令，同时介绍了相关案例的制作方法和操作技巧

★ 提升专业技能

全书通过**55**个拓展练习和**39**个自我强化以及**20**个相关机械、建筑领域的案例制作，更加快捷地提升读者的专业技能水准

DVD

附赠超值DVD视频教学

★ **500**多分钟的AutoCAD同步语音视频讲解

★ **2.8GB**近**500**个原始文件和最终文件

兵器工业出版社

BHP 北京希望电子出版社
Beijing Hope Electronic Press
www.bhp.com.cn

内 容 简 介

本书介绍 Autodesk 公司最新推出的计算机辅助绘图软件 AutoCAD 2012 中文版的基本功能和操作方法。

全书涉及机械和建筑两个专业，共 30 章。第 1~15 章介绍了 AutoCAD 在机械行业需要的二维图形绘制知识，包括基本操作，线型、颜色和图层的设置，图案填充对象的创建与编辑，绘图命令的使用，图形的显示控制，文字和表格的创建，图块，图形对象的尺寸标注等内容；第 16~17 章是 AutoCAD 绘制机械图形的综合案例，包括绘制简单零件图和复杂装配图；第 18~23 章介绍了 AutoCAD 在建筑行业的应用，首先讲述基础知识和制图标准，然后从建筑平面图、建筑立面图、建筑剖面图等方面列举 AutoCAD 在建筑行业的应用；第 24~28 章介绍了 AutoCAD 在三维图形方面的相关内容，包括三维图形绘制基础、三维图形创建和后期编辑等内容；第 29~30 章介绍了图形的打印和输出，以及绘制机械图形的步骤。

本书从实际应用入手，穿插大量实例，适合初学者及有一定基础的读者使用，同时可以作为在校学生和工程设计人员的参考用书。

本书配套光盘中提供了案例的视频教学，以及案例的原始文件和最终文件，方便读者学习。

图书在版编目（CIP）数据

中文版 AutoCAD 2012 软件应用完全学习手册 / 冯新敏，唐强，吴越编著. —北京：兵器工业出版社，2011.9

ISBN 978-7-80248-639-3

Ⅰ. ①中… Ⅱ. ①冯… ②唐… ③吴… Ⅲ. ①AutoCAD 软件—手册 Ⅳ. ①TP391.72-62

中国版本图书馆 CIP 数据核字（2011）第 163274 号

出版发行：兵器工业出版社　北京希望电子出版社
邮编社址：100089　北京市海淀区车道沟 10 号
　　　　　100085　北京市海淀区上地三街 9 号
　　　　　嘉华大厦 C 座 611
电　　话：（010）82702660（发行）（010）82702675（邮购）
经　　销：各地新华书店　软件连锁店
印　　刷：北京广益印刷有限公司
版　　次：2011 年 9 月第 1 版第 1 次印刷

封面设计：付　巍
责任编辑：宋丽华　刘秀青
责任校对：小　亚
开　　本：787mm×1092mm　1/16
印　　张：30.5（彩插 6 面）
印　　数：1—3500
字　　数：723 千字
定　　价：55.00 元（配 1 张 DVD 光盘）

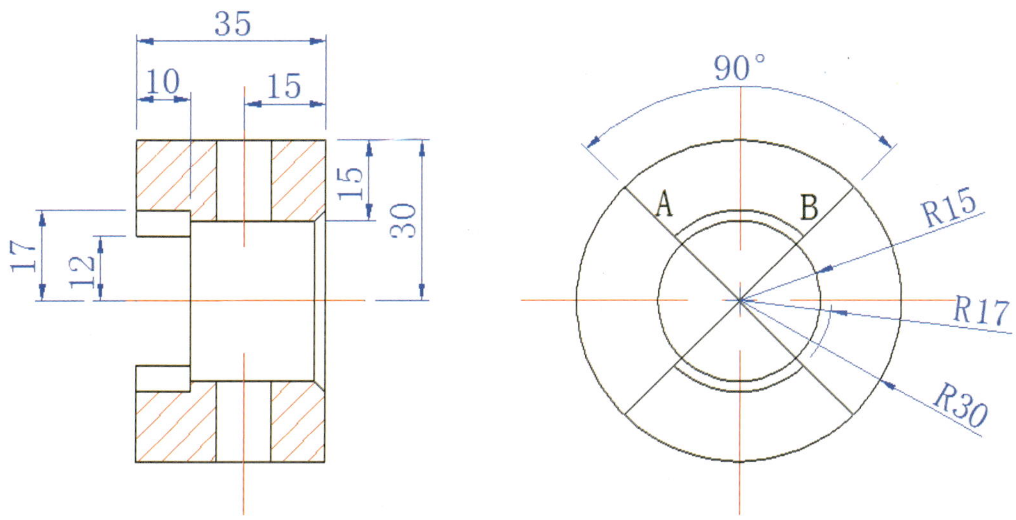

第14章　离合器

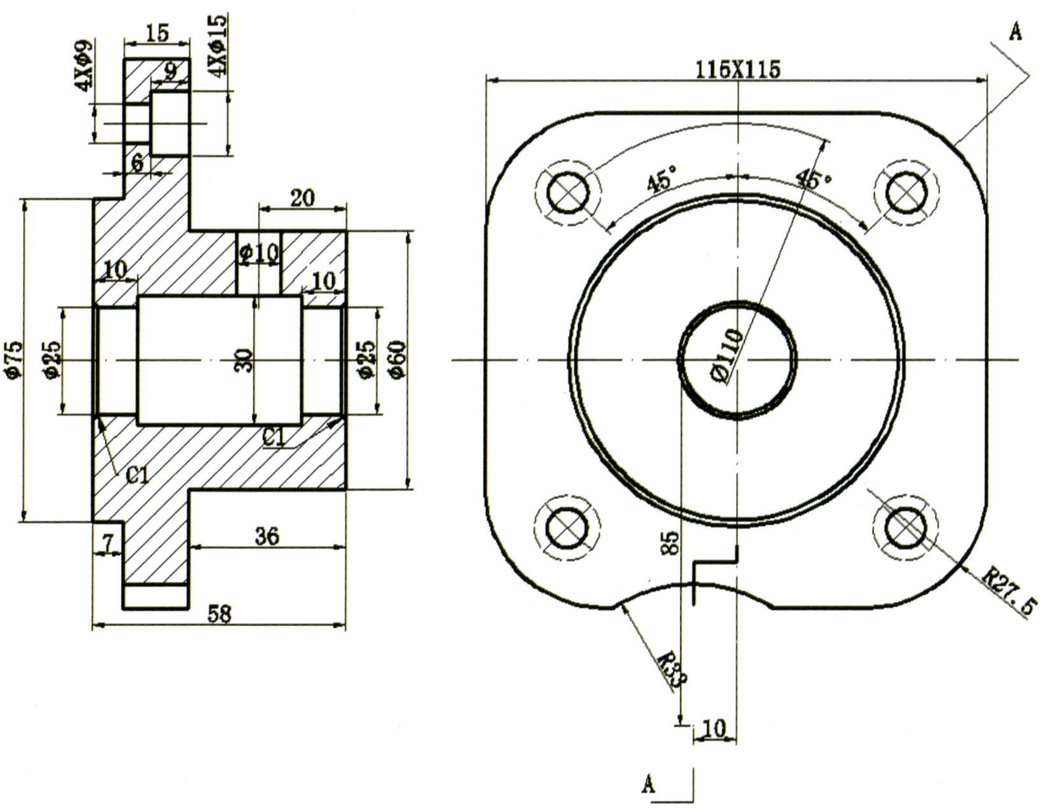

第16章　盖

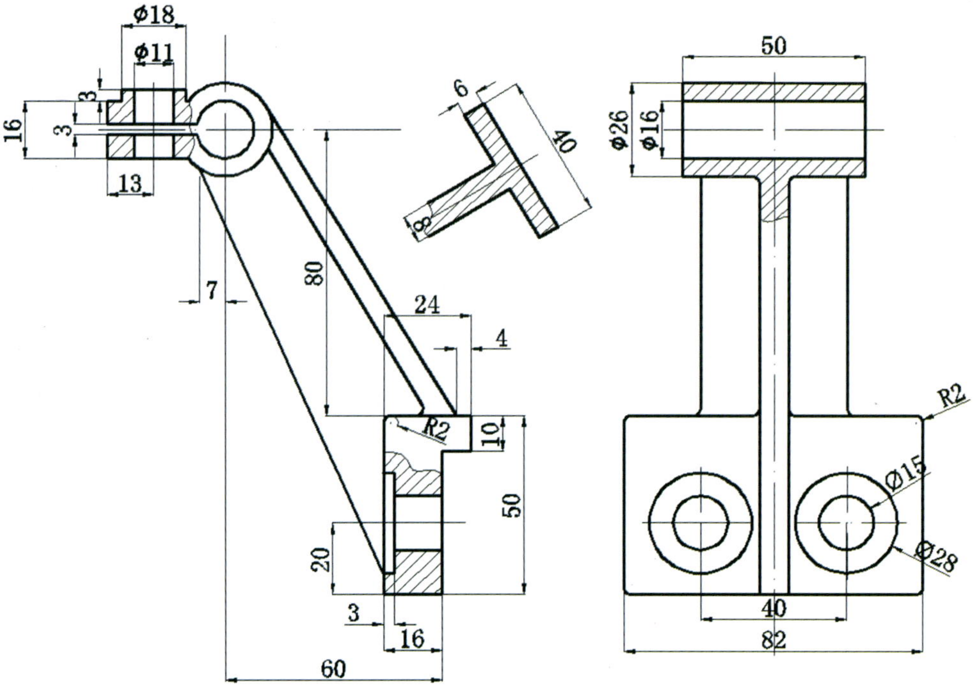

第16章　托架

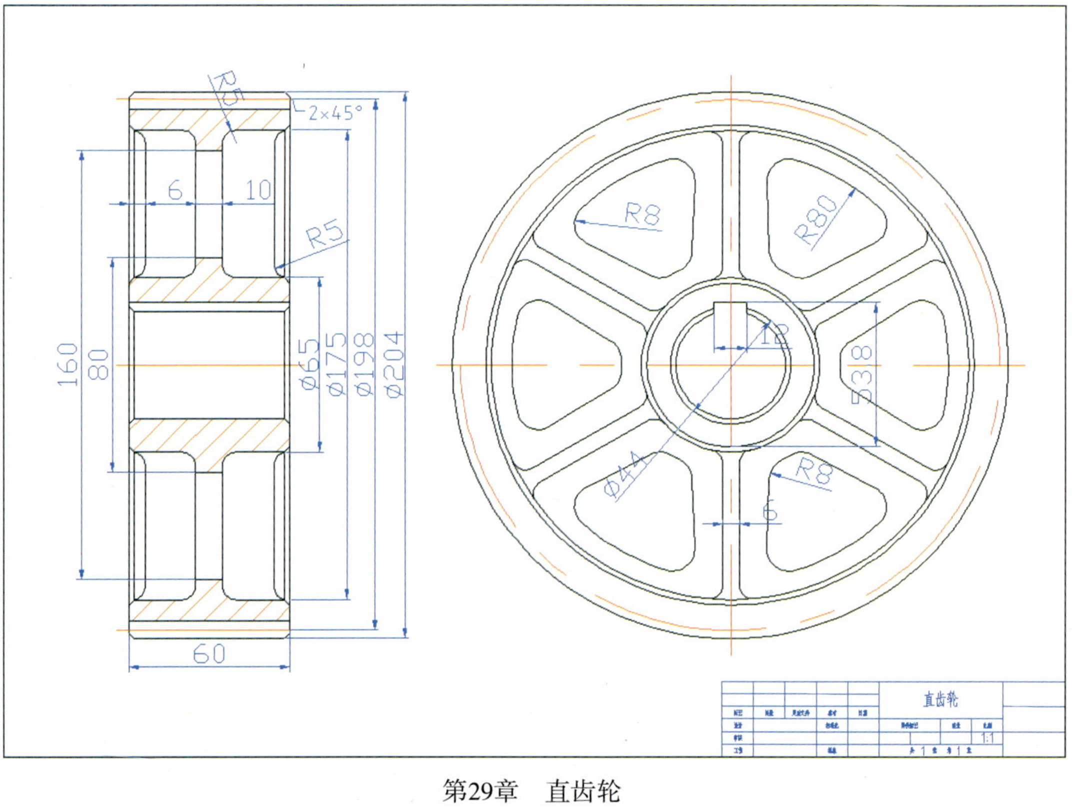

第29章　直齿轮

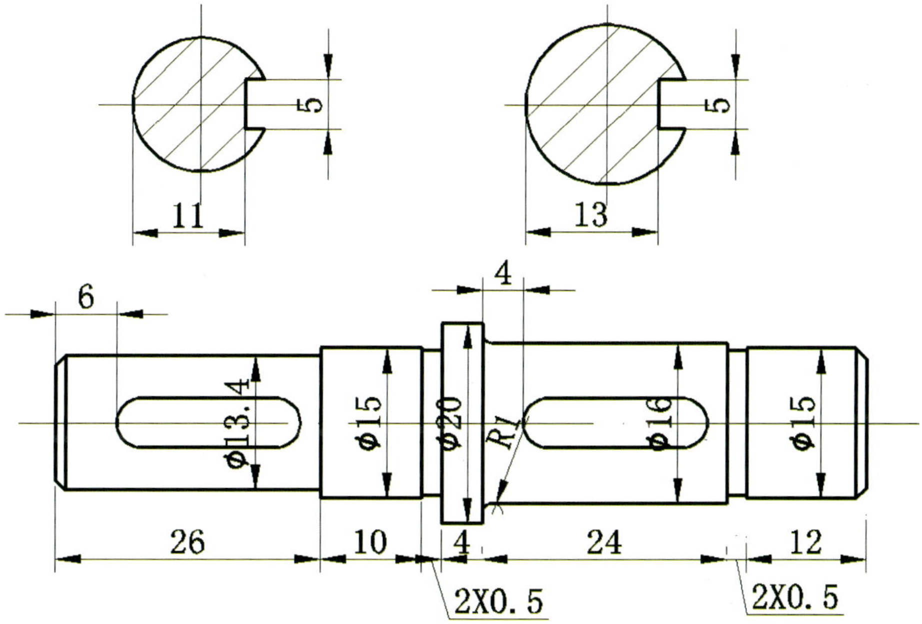
5
11
5
13
6
4
Φ13.4
Φ15
Φ20
R1
Φ16
Φ15
26
10
4
24
12
2X0.5
2X0.5

第16章　轴

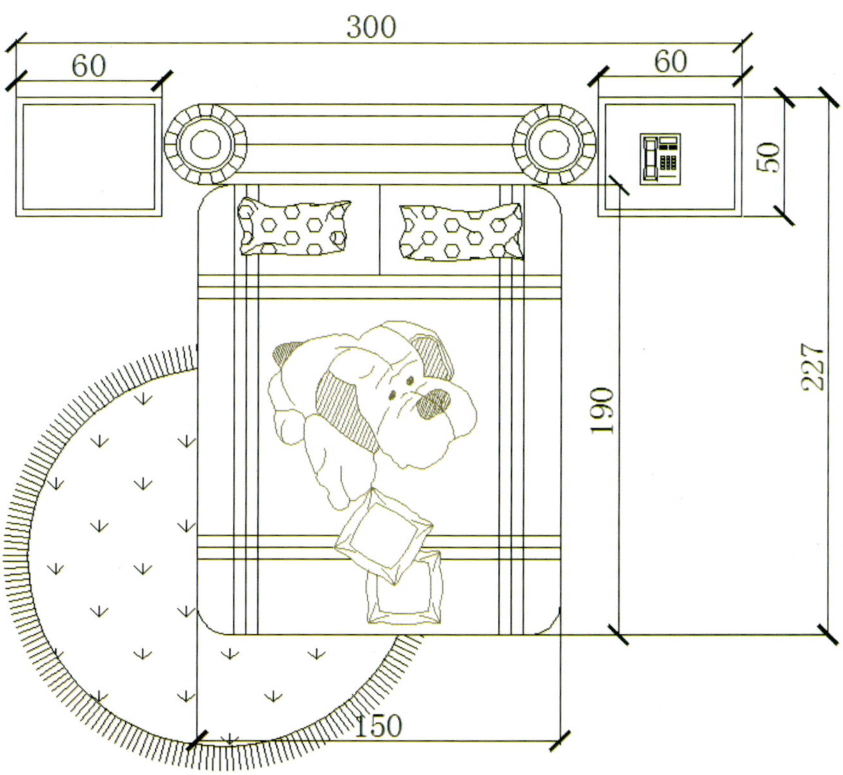
300
60
60
50
227
190
150

第19章　床

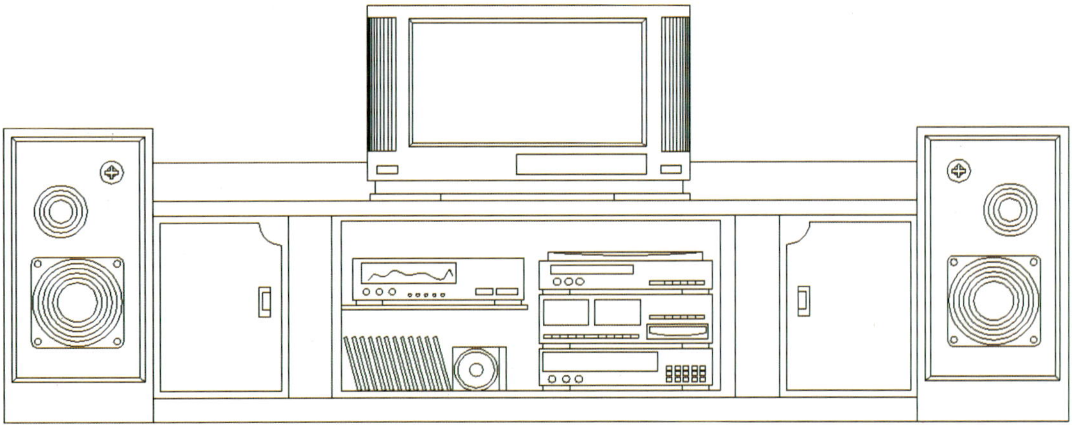

第19章　电视墙

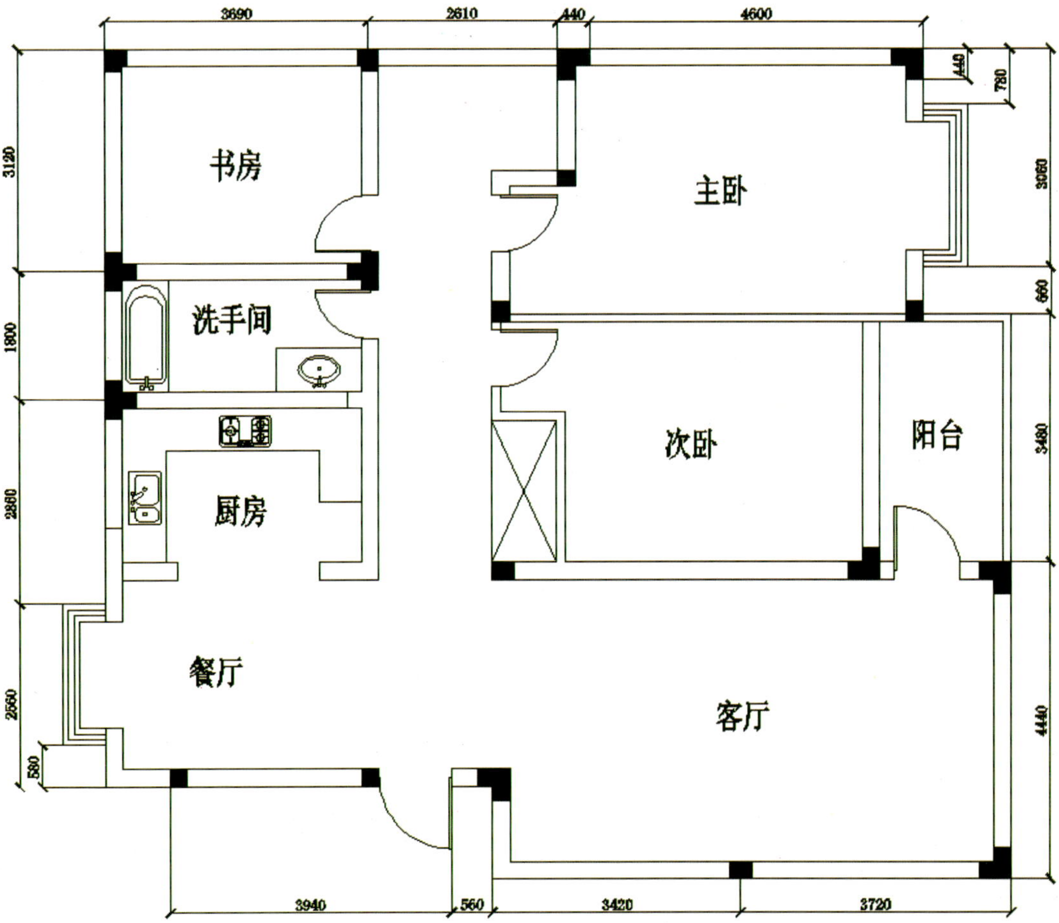

第20章　建筑平面图

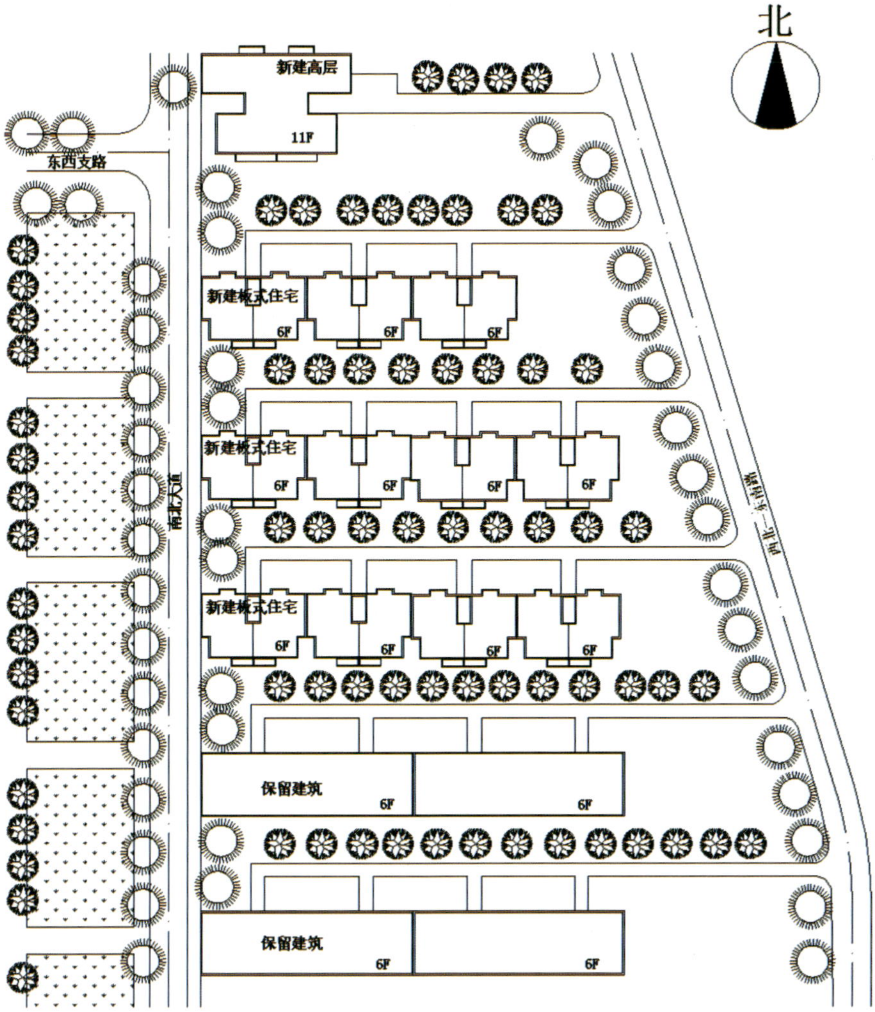

第21章　总平面图

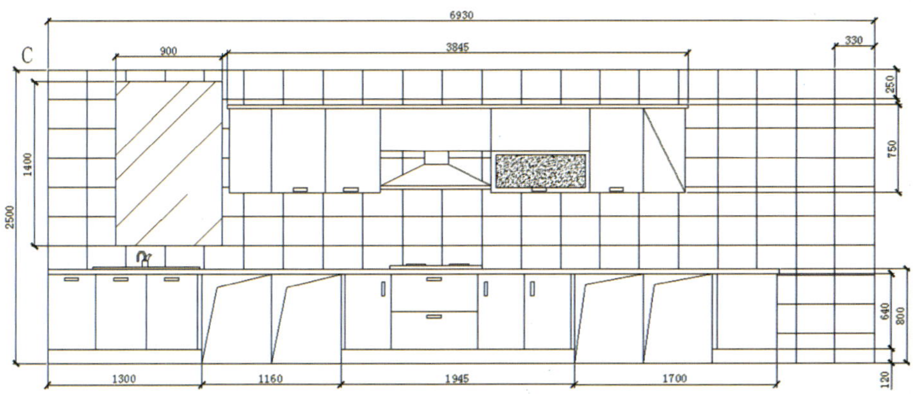

第22章　厨房立面图

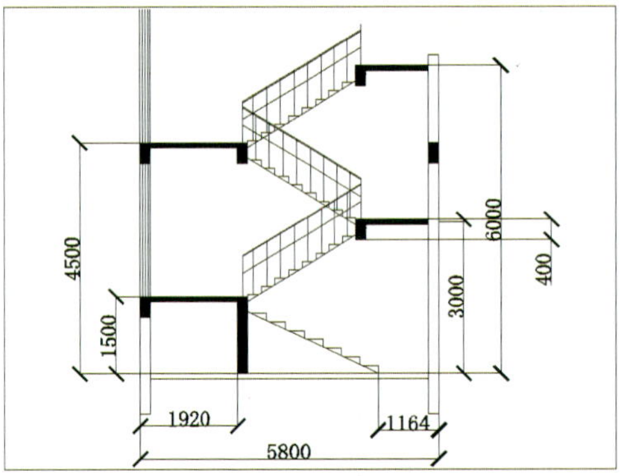

第23章　楼梯剖面图

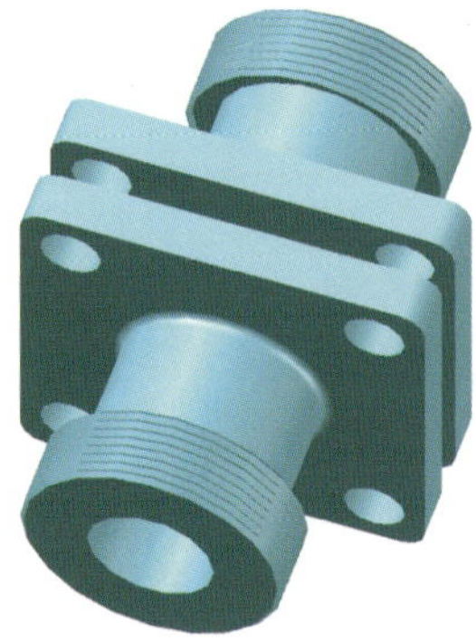

第26章　阀体接头

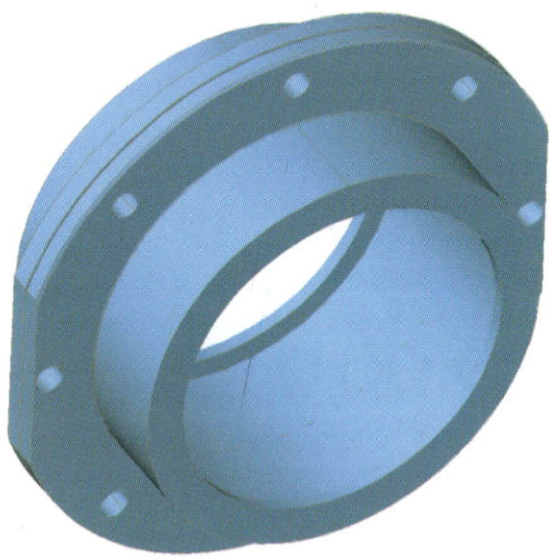

第26章　轴承座

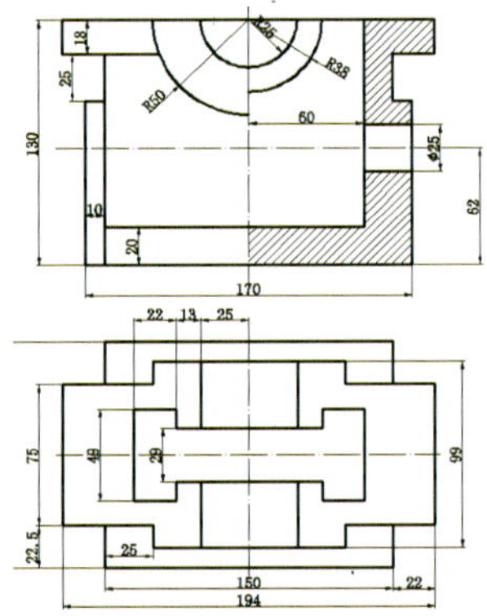

第16章　箱体

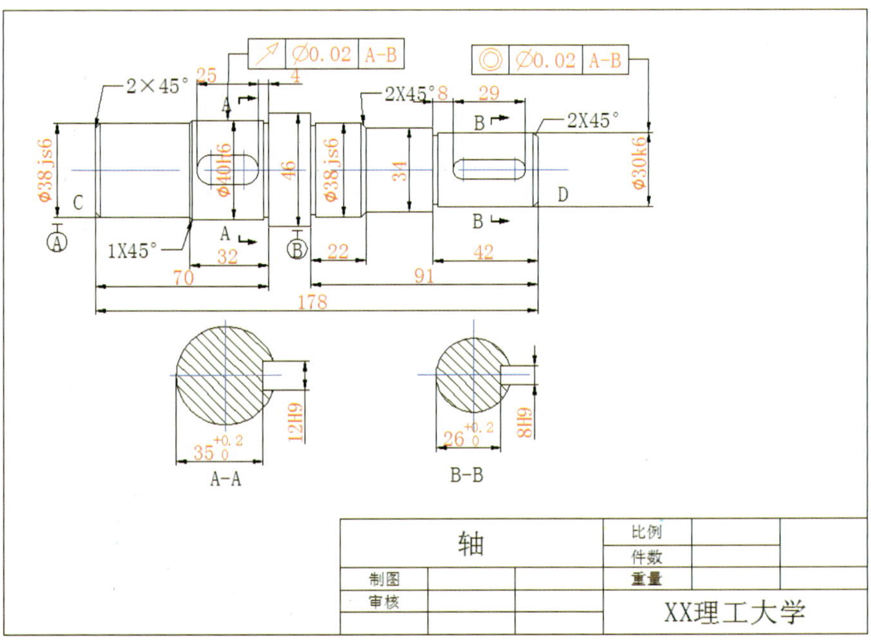

第30章　轴

前言

AutoCAD是美国Autodesk公司开发的著名计算机辅助设计应用软件，也是世界上使用最广泛的计算机辅助设计软件。它具有易于掌握、使用方便、体系结构开放等优点，能进行二维及三维图形的绘制、编辑、标注和渲染等操作，在机械、建筑、航空、水利、电子、化工等行业都有广泛的应用，现已成为各个行业设计师的得力工具。AutoCAD 2012较之前的版本在功能及界面上有了改进，使得软件功能更加强大。

本书在编写过程中，充分认识初学者面临的困境，安排了大量的实例操作供读者学习借鉴，并且将实例录制成了视频，让读者从视觉上感受AutoCAD的强大及绘图的可操作性，从学以致用的角度更好地引导读者学习AutoCAD软件。

本书内容

本书始终贯彻一个宗旨：将复杂的问题简单化，让知识更加容易吸收。所以本书从最基础的内容入手，细致、由浅入深地向读者介绍了AutoCAD 2012应用于机械及建筑行业的相关内容。全书共30章，内容划分上非常仔细：首先包含了机械与建筑两个行业；再从二维及三维的角度划分；然后就是各类图形的具体操作，包括绘制、编辑，到修改和最后的图形输出。每个章节中都穿插了大量的操作实例，读者可以从中轻松学习AutoCAD的基本功能。

本书特点

- **讲解细致**：从AutoCAD的基础知识到复杂的装配图和建筑图，本书都进行了细致的讲解，并且给出了大量的实例帮助大家理解。相信这样的安排一定会让读者能够轻松掌握软件绘图功能。
- **内容丰富**：本书涉及AutoCAD在机械和建筑两大重点行业的相关内容，行业领域范围大。加上书中细致的讲解和大量的实例，读者会有耳目一新的感觉，能从中学到大量的知识，并在日后的实际应用中受益良多。

- **注重应用**：本书采用基础知识+操作实战+典型实例的教学模式，重点突出知识的应用。因为学习知识是为了能真正应用到实际中去，所以安排了大量的实际绘图的机会，让读者能够真正从中学到知识。

配书光盘

书中不仅附带了案例的DWG工程源文件，同时还配有案例的视频教学和AutoCAD基础操作的视频教学。这样，就像一位老师在身旁一对一指导，您不仅可以通过本书了解每一个细节，而且可以通过多媒体教学演示学习到更多实用的绘图技巧。

读者对象

（1）AutoCAD初、中级读者。

（2）在校学生和工程设计人员。

本书的编写工作由多位老师共同合作完成。其中哈尔滨理工大学冯新敏负责编写第1~16章，主要包括AutoCAD 2012入门、二维绘图知识及AutoCAD 2012在机械零件图中的应用等内容；东华大学唐强负责编写第18~27章，主要包括AutoCAD在机械三维图形中的应用、三维绘图和编辑，以及AutoCAD建筑基础和各类建筑图的创建等内容；哈尔滨理工大学吴越编写第17章、第28~30章，主要包括AutoCAD机械图形的后续处理、三维图形的后续处理、图纸的输出等内容。此外，本书编写过程中还得到了王永忠、周中一、高羡明、李永华、李日强、韦亮、史爽、陈可义、王亚威、于舒春、张慧萍、张玉华、赵平、范依航、周艳山、程耀南等人的大力帮助，在此表示诚挚的谢意。

由于笔者水平有限，书中难免存在疏漏之处，敬请广大读者指正，并衷心感谢各位读者能够提出宝贵意见。

编著者

目录

第3章 绘制二维图形

第4章 编辑二维图形（一）

第5章 编辑二维图形（二）

第6章 精确绘图

第7章 使用与管理图层

第8章 图块

第16章 绘制机械零件图

第17章 绘制机械装配图

第18章 建筑设计基础

第19章 绘制常见建筑图

第20章 绘制建筑平面图

第21章 绘制建筑总平面图

第22章 绘制建筑立面图

第23章 绘制建筑剖面图

第24章 三维绘图基础

第25章 绘制三维图形

第26章 编辑三维模型（一）

第27章 编辑三维模型（二）

第28章 三维图形后期处理

第29章 打印及输出图形

第30章 机械图形绘制步骤归纳

第1章 AutoCAD 2012基础

学习导航

随着计算机技术的不断普及和发展，CAD技术已经广泛应用于各个领域，熟练掌握CAD技术已经成为机械行业设计工作的基本技能。本章主要介绍AutoCAD 2012的基础知识。

学习重点

- □ AutoCAD的主要功能
- □ AutoCAD 2012的新增功能
- □ 中文AutoCAD 2012工作界面
- □ AutoCAD 2012启动与退出

计算机辅助设计（Computer Aided Design，CAD）是20世纪中后期发展起来的一门学科，目前已经成为工程中最重要的软件之一。

1.1 AutoCAD 2012简介

AutoCAD是由美国Atuodesk公司开发的计算机辅助设计绘图软件，出现至今已经进行了近20次升级，功能逐渐强大。它具有使用方便、用户界面友好、体系开放、人性化等优点。

AutoCAD 2012是目前系列软件中最新版本，它贯彻了以往系列软件的方便性、人性化、高效性、交互性等特点，功能也更加强大。它是目前比较流行的绘图软件，受到很多设计者的青睐。

1.2 AutoCAD 2012应用领域

与以往的AutoCAD软件一样，2012版本主要应用于工学中各学科的绘图设计。这个软件的应用可以大到航空、航天、航海、气象等领域，小到机械、建筑、汽车等领域，应用面非常广泛。

该软件的优点明显，是许多工程技术人员绘图的首选软件，也是目前功能最强大的通用型辅助设计绘图软件。它主要用于二维绘图，但也具备三维建模能力。利用AutoCAD的辅助设计功能，可以方便地查询绘制好的图形的长度、面积和体积等。该软件还提供了三维空间绘图和编辑能力，具备三维实体和三维曲面的造型功能，便于用户对设计有直观的了解和认识能力。

此外，AutoCAD还可以进行二次开发，同时提供外界接口，便于用户进行个性化的定制及开发。

1.3 AutoCAD 2012主要功能

AutoCAD功能强大、结构体系开放、操作简便，用户不仅可以用它来绘制和编辑二维图形，同时还可以进行三维图形的设计。总的来说，AutoCAD具有的基本功能有绘制和编辑二维及三维图形、标注图形尺寸、渲染图形、控制图形显示、数据库管理、打印输出等。

1.3.1 绘制与编辑图形

用户不仅可以利用AutoCAD软件提供的点、直线、构造线、多线、矩形、多边形等二维图形命令进行二维图形的绘制与编辑，同时还可以利用长方体、圆柱体、球体等基本三维实体命令进行三维图形的绘制与编辑。

1. 绘制与编辑二维图形

AutoCAD的绘图命令中包含了大量的绘图工具，用户可以绘制直线、构造线、多线段、多边形、圆形等基本图形，还可以使用“修改”工具栏中的修改工具对其进行编辑。如图1-1所示为AutoCAD绘制的二维图形。

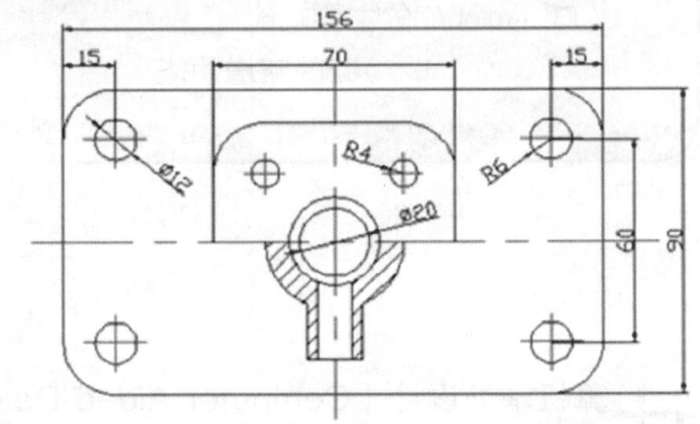

图1-1　用AutoCAD绘制并标注的二维图形

2. 绘制与编辑三维图形

利用AutoCAD软件，用户不仅可以通过拉伸等命令将平面图形转换为三维图形，也可以使用工具栏中的“曲面”命令绘制三维曲面或者使用圆柱体、长方体等三维命令进行三维图形的绘制。用户还可以用工具栏中的一些命令进行图形的编辑。

3. 绘制轴测图

利用AutoCAD软件可以进行轴测图的绘制。轴测图看似三维图形，但实际上是二维图形。它在工程上应用比较多，有着很强的立体感。这是一种模拟三维对象沿特定视点产生的二维平行投影效果，但绘制方法与普通的二维图形不同。轴测图可以选择将直线与坐标轴成30°、90°、150°等角度。如图1-2所示为AutoCAD绘制的轴测图。

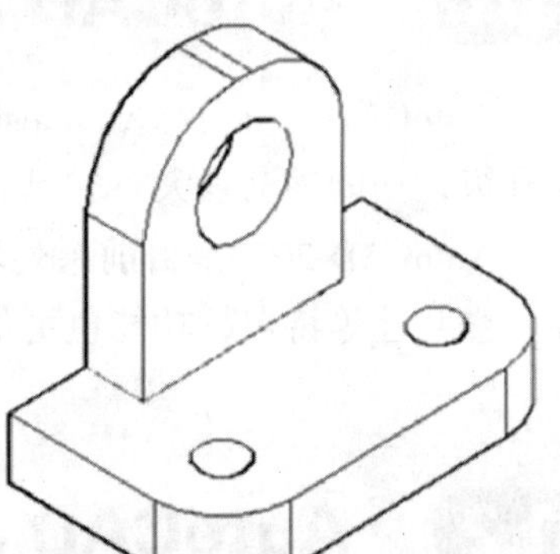
图1-2　用AutoCAD绘制并标注的轴测图

1.3.2 标注尺寸

标注尺寸是绘图过程中的重要环节。它是指标注图形对象的长度、宽度、半径、直径、角点及对象之间的位置关系，是整个图形绘制过程中不可缺少的一步。AutoCAD的“标注”菜单中包含了一套完整的尺寸标注及编辑命令，用户可以用它们在图形的各个方向上创建各种类型的标注，也可以方便、快速地按照一定的格式创建符合行业或项目标准的标注。在AutoCAD中，提供了线性、半径和角度3种基本的标注类型，可以进行水平、垂直、对齐、旋转、坐标等标注，标注的对象可以是二维或者三维图形。如图1-3所示为图形尺寸标注。

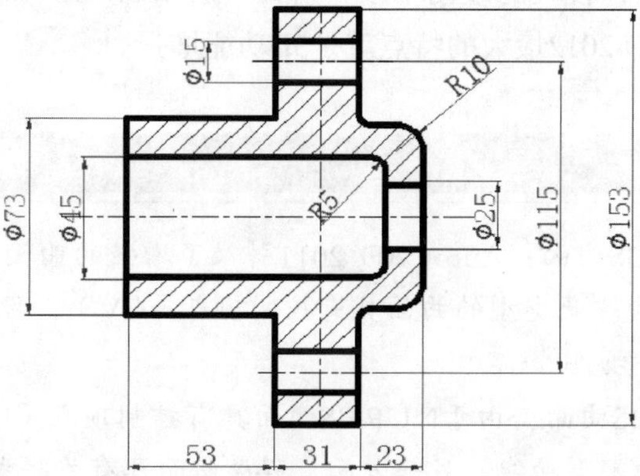

图1-3　图形尺寸标注

1.3.3　渲染图形

在AutoCAD中，用户可以运用几何图形、光源和材质，对模型进行具有真实感觉的渲染。AutoCAD经过多次升级后，在三维图形绘制方面有了更好的表现。其强大的三维绘图功能可以创建各种各样的三维实体模型，对模型进行渲染，可以得到着色逼真、清晰的图形效果。渲染后的实体模型可以清晰地显示出模型的轮廓、材质、光线等效果。

1.3.4　Internet功能

AutoCAD提供了极为强大的Internet工具，使设计者之间能够共享资源和信息，实现设计者之间的同步设计、研讨、演示和发布等诸多功能。利用AutoCAD的网上发布向导，可以方便、迅速地创建格式化的Web网页。利用联机会议功能，能够实现AutoCAD用户之间的图形共享。利用电子传递功能，能够把AutoCAD图形及相关文件压缩成压缩文件或自解压文件，然后将其以单个数据包的形式传送给客户、工作组成员、其他设计者。利用超级链接功能，能够为AutoCAD图形对象（如文档、数据表格、动画、声音等）建立链接关系。此外，AutoCAD还提供了一种DWF格式，利用Autodesk公司提供的专用插件可以在浏览器上浏览这种格式。

1.3.5　输出与打印

在AutoCAD中绘制的图形可以输出为其他文件格式，以便应用于其他应用程序或进行进一步的处理。AutoCAD文件一般保存为DWG格式，其他可以输出的格式有wmf、sat、stl、eps、dxx、bmp、3ds等。

AutoCAD不仅允许将所绘制的图形以不同格式通过绘图仪或打印机输出，还能将不同格式的图形导入或导出AutoCAD，增加了灵活性。

1.4 AutoCAD 2012的新增功能

AutoCAD 2012相比2011版，较大的改动不多，所以了解AutoCAD 2011版较以前的新功能即可。相比于以前版本，AutoCAD 2012最大的特点就是3D功能增强。

1.4.1 曲面造型

- 建立程序曲面和NURBS曲面：AutoCAD 2011引入了增强的曲面塑型功能，并加入了建立 NURBS 曲面的功能。此类型的曲面具有控制顶点（CV），控制顶点可以雕刻实体模型的相同方式“雕刻”物件。
- 编辑程序曲面和NURBS曲面：由于NURBS曲面具有控制顶点（CV），因此可提供比旧式程序曲面更高程度的塑型功能。另一方面，程序曲面具有关联式塑型的优点。
- 将几何图形投影至曲面：与将影片投影至荧幕相似，可以将曲线投影至程序曲面和NURBS曲面。此操作可在曲面上建立修剪边缘。
- 使用关联曲面和约束：与填充线和标注一样，曲面也可以是关联式曲面。移动或修改曲面时，所有关联曲面都会自动调整。

1.4.2 网面造型

- 修改面：增强功能提供了用于修改网面的工具。例如，可以选取相邻网面，并将其合并以建立单一面（MESHMERGE）。
- 删除面与修复间隙：可使用常用的两种方法移除网面，但都会在网面中产生间隙。

1.5 AutoCAD 2012的启动与退出

启动与退出在软件的应用过程中相当重要。使用软件时，首先要启动该软件；完成操作后，应该退出该软件，这是软件操作的首要步骤。启动和退出AutoCAD 2012的方式有多种，下面将详细讲解。

1.5.1 启动AutoCAD 2012

对于AutoCAD 2012的安装，与以往版本类似。安装成功后即可启动使用，主要有以下几种启动方式。

1. 通过桌面快捷图标启动

安装AutoCAD 2012后，系统会自动在电脑桌面上添加快捷图标，如图1-4所示。双击该图标即可启动AutoCAD 2012，这是最直接也是最常用的启动方法。

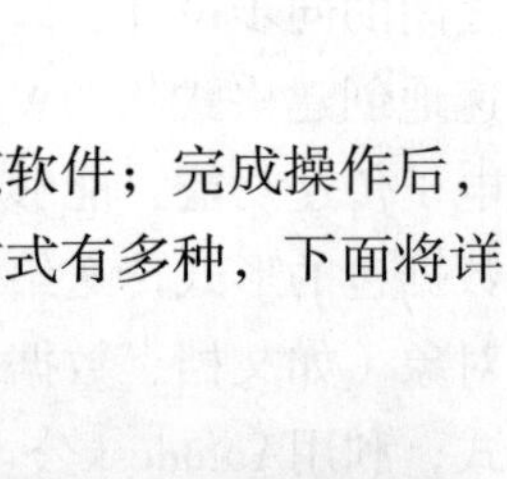

图1-4 AutoCAD2012桌面快捷图标

2. 通过“开始”菜单启动

与其他多数应用软件类似，安装AutoCAD后，系统自动在“开始”菜单的“所有程序”子菜单中创建一个名为Autodesk的程序组，选择该程序组中的AutoCAD 2012–Simplified Chinese→AutoCAD 2012命令即可启动AutoCAD 2012，如图1–5所示。

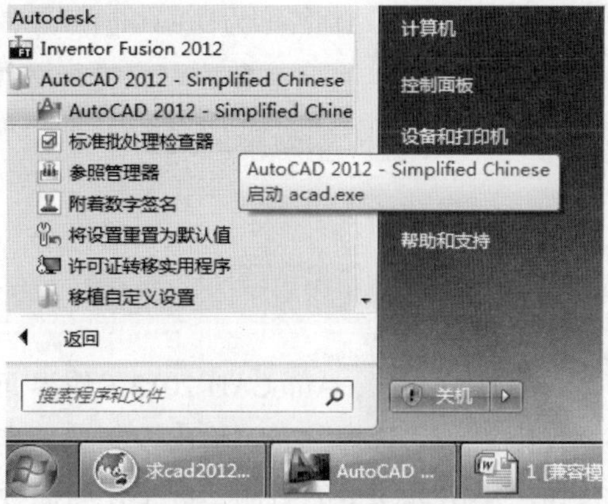

图1–5　通过开始菜单启动AutoCAD 2012

1.5.2　退出AutoCAD 2012

在AutoCAD 2012中完成绘图后，若需退出，可以通过以下几种方式。

- 单击AutoCAD窗口右上角的“关闭”按钮。
- 单击“菜单浏览器”按钮，在弹出的菜单中单击“退出AutoCAD 2012”按钮，如图1–6所示。
- 在AutoCAD工作界面的标题栏上右击，从弹出的快捷菜单中选择“关闭”命令。
- 直接按【Alt+F4】组合键或【Ctrl+Q】组合键。

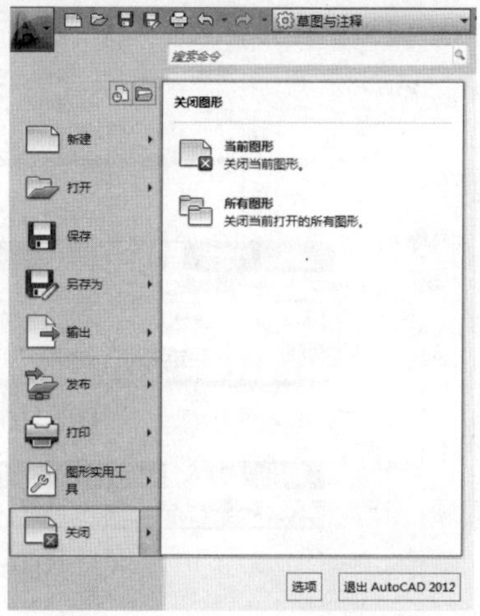

图1–6　通过菜单浏览器退出AutoCAD 2012

1.6 AutoCAD 2012工作界面

启动AutoCAD 2012后，将打开其工作界面，并自动新建一个名称为Drawing1.dwg的图形文件，如图1–7所示。其工作界面主要由标题栏、选项卡、工具栏、绘图区、命令行窗口和状态栏等部分组成。下面根据AutoCAD 2012工作界面各组成部分的位置，依次介绍其功能。

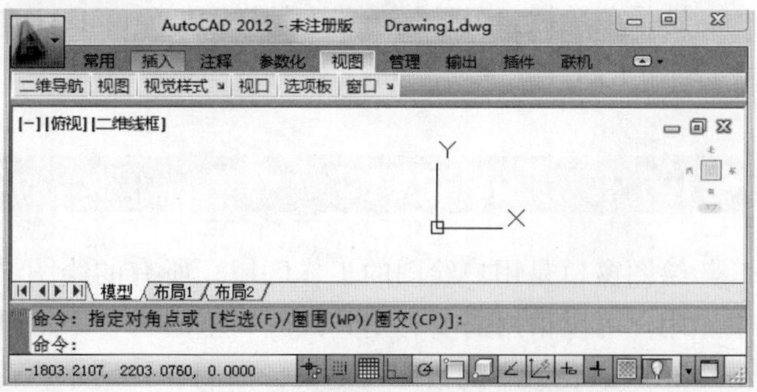

图1–7　AutoCAD 2012工作界面

1.6.1　标题栏

标题栏位于应用程序窗口的最上面，用于显示当前正在运行的程序名及文件名等信息。如图

1-8所示，AutoCAD名称为Drawing1.dwg，其中Drawing1为文件名，.dwg为AutoCAD扩展名。通过右端的 按钮，可以进行文件的最大化、最小化和关闭程序的操作。

图1-8　标题栏

1.6.2　选项卡

默认情况下，AutoCAD 2012工作界面中包括“常用”、“插入”、“注释”、“参数化”、“视图”、“管理”和“输出”等选项卡，如图1-9所示。单击某个选项卡，将打开相应的编辑按钮。单击选项卡的右侧“最小化为面板标题”按钮，可收缩选项卡中的编辑按钮只显示各组名称，如图1-10所示，此时单击按钮，可将其收缩为如图1-11所示的样式，再次单击按钮将展开选项卡。

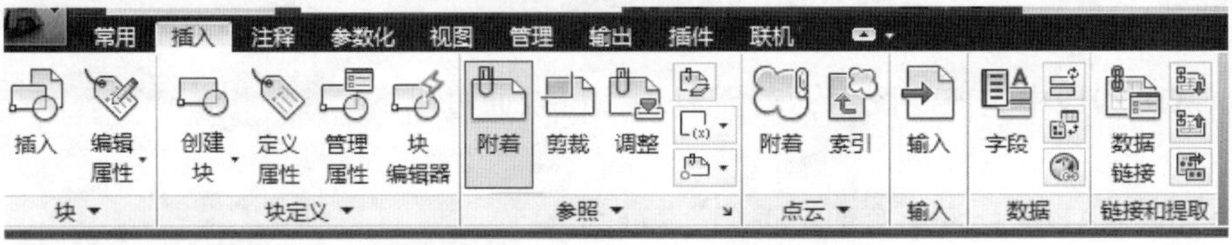

图1-9　AutoCAD 2012选项卡

图1-10　最小化为面板按钮

图1-11　最小化为标题

1.6.3　工具栏

选择菜单栏“工具”→“工具栏”→AutoCAD命令，系统会弹出如图1-12所示的工具栏列表。

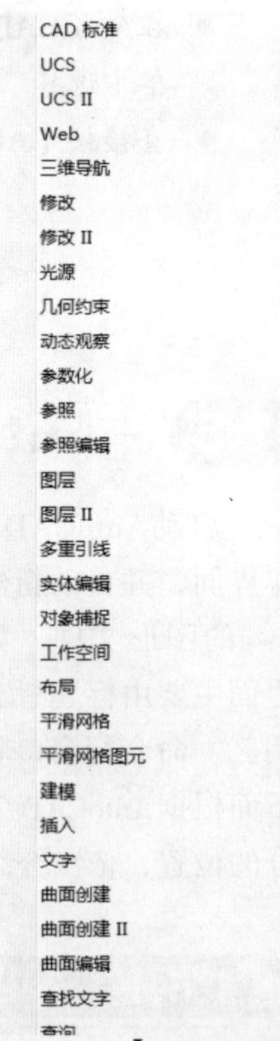

图1-12　工具栏列表

1.6.4　绘图窗口

绘图窗口是用户绘图的工作区域，所有的绘图结果都反映在这个窗口中。用户可以根据需要关闭其周围和里面的各个工具栏，以增大绘图区。AutoCAD 2012版本的绘图区更大，如图1-13所示，可方便用户更好地绘制图形对象。

绘图窗口的下方有“模型”和“布局”选项卡，单击可以在模型空间或图纸空间之间切换。

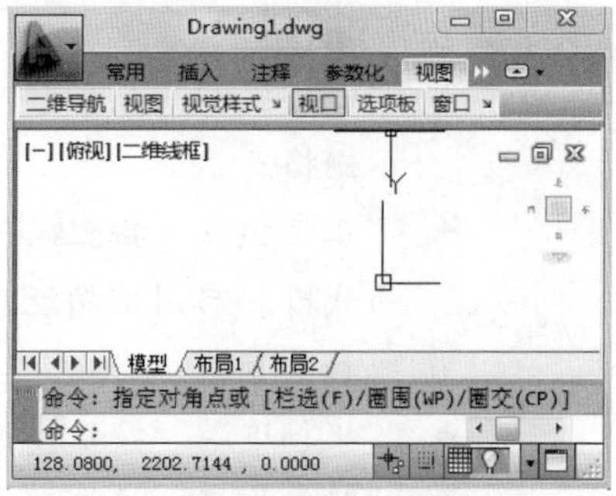

图1-13　绘图区

1.6.5　命令行窗口与文本窗口

命令行窗口位于绘图窗口的底部，用于接收用户输入的命令，并显示提示信息。对于AutoCAD2012来说，命令行窗口可以拖放为浮动窗口，如图1-14所示。

AutoCAD文本窗口是记录AutoCAD命令的窗口，是放大的命令行窗口。它记录了用户已执行的命令，也可以用来输入新命令。按F2键即可显示该窗口，如图1-15所示，再按F2键即可关闭该文本窗口。

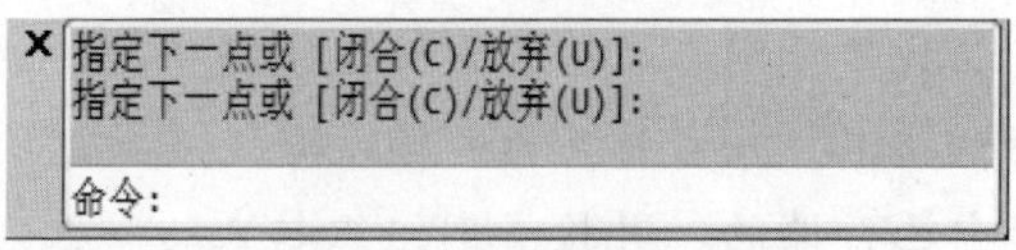

图1-14　命令行窗口

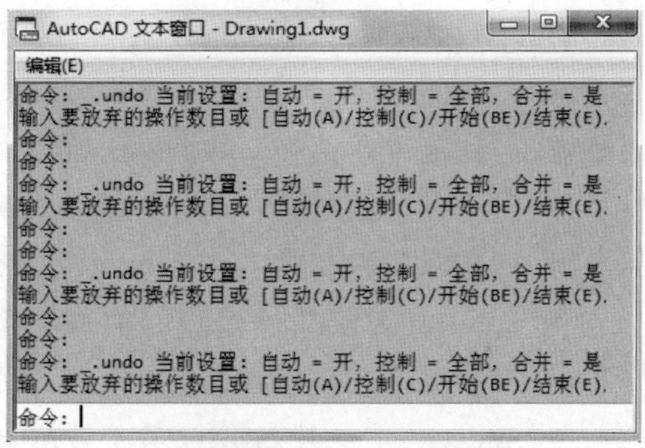

图1-15　AutoCAD文本窗口

1.6.6　状态栏

状态栏位于AutoCAD操作界面的最下方，可以显示AutoCAD当前的状态，如当前的坐标、状态和功能按钮的帮助说明，AutoCAD状态栏如图1-16所示。

图1-16　AutoCAD状态栏

下面介绍状态栏各部分的作用。

- 当前光标的坐标值：方便用户快速查看当前光标的位置，移动鼠标光标，坐标值也将随之变化。单击该坐标值区域，可关闭该显示功能。
- 辅助工具按钮组：用于设置AutoCAD的辅助绘图功能。均属于开关型按钮，即单击某个按钮，使其呈蓝底显示时表示启用该功能；再次单击该按钮，使其呈灰底显示时，则表示关闭该功能。其中各按钮的作用如下。

◆ “捕捉模式”按钮：用于捕捉设定的间距的倍数点和栅格点。

◆ “栅格显示”按钮：用于在绘图区内显示栅格点。启用该功能后，绘图区内自动显示栅格点。

◆ “正交模式”按钮：用于绘制二维平面图形的水平和垂直线段，以及正等轴测图中的线段。启用该功能后，光标只能在水平或垂直方向上确定位置，从而快速绘制水平线和垂直线。

◆ “极轴追踪”按钮：用于捕捉和绘制与起点水平线成一定角度的线段。

◆ “对象捕捉”按钮：用于捕捉对象中的特殊点，如圆心、中点等。

◆ “对象捕捉追踪”按钮：该功能和对象捕捉功能一起使用，用于追踪捕捉点在线性方向上与其他对象特殊点的交点。

◆ “允许/禁止动态UCS”按钮：用于使用或禁止动态UCS。

◆ “动态输入”按钮：用于使用动态输入。当开启此功能并输入命令时，十字光标附近将显示线段的长度及角度，按【Tab】键可在长度及角度值间切换，并可输入新的长度及角度值。

◆ “显示/隐藏线宽”按钮：用于在绘图区显示绘图对象的线宽。

◆ “快捷特性”按钮：用于禁止和开启“快捷特性”选项板。显示对象的“快捷特性”选项板，能帮助用户快捷地编辑对象的一般特性。

◆ “模型”按钮：用于转换到模型空间。

◆ “快速查看布局”按钮：用于快速转换和查看布局空间。

◆ “快速查看图形”按钮：用于快速查看图形和在不同空间下查看图形。

◆ “平移”按钮：用于随意拖动并查看图形。

◆ “缩放”按钮：用于放大或缩小图形的显示状态。

◆ SteeringWheels按钮：单击该按钮，可以打开控制盘来追踪光标在绘图窗口中的移动，并且提供了控制二维和三维图形显示的工具，一般称其为“操纵轮”。

◆ ShowMotion按钮：用于访问当前图形中已存储的、并按类别组织起来的一系列活动的命名视图。

◆ “注释比例”按钮：用于更改可注释对象的注释比例。

◆ “注释可见性”按钮：用于显示所有比例的注释性对象。

◆ “切换工作空间”按钮：可以快速切换和设置绘图空间。

◆ “锁定”按钮：用于对浮动或固定的工具栏、浮动或固定的窗口进行锁定，使其不会被用户不小心移到其他地方。当有工具栏或窗口被锁定后，该图标变为。

◆ “应用程序状态栏菜单”按钮：用于改变状态栏的相应组成部分。

◆ “全屏显示”按钮：用于隐藏AutoCAD窗口中功能区、选项板等界面元素，使AutoCAD的绘图窗口全屏显示。

● 状态栏菜单：在状态栏上单击右键，从菜单中选择“显示”命令，将弹出如图1–17所示的状态栏菜单。

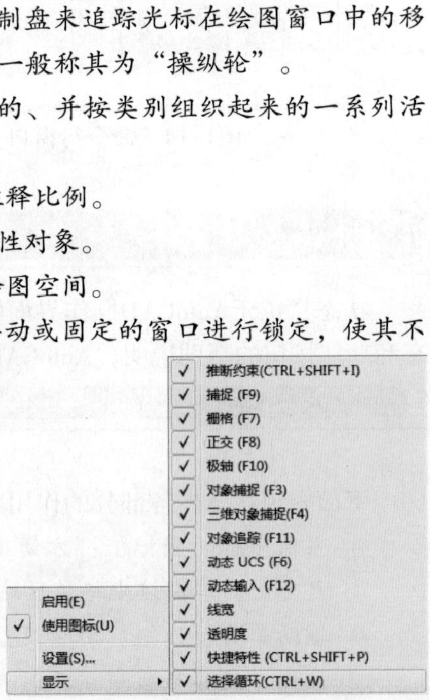

图1–17 状态栏菜单

1.7 拓展训练

通过对本章的学习，读者应该对AutoCAD有了一定的认识。现在对本章内容进行巩固，以达到熟练掌握的目的。

下面用本章所讲知识来练习启动和退出AutoCAD 2012软件。

01 单击“开始”按钮，选择“所有程序”→Autodesk→AutoCAD 2012 - Simplified Chinese→AutoCAD 2012命令，如图1-18所示，启动AutoCAD 2012，如图1-19所示。

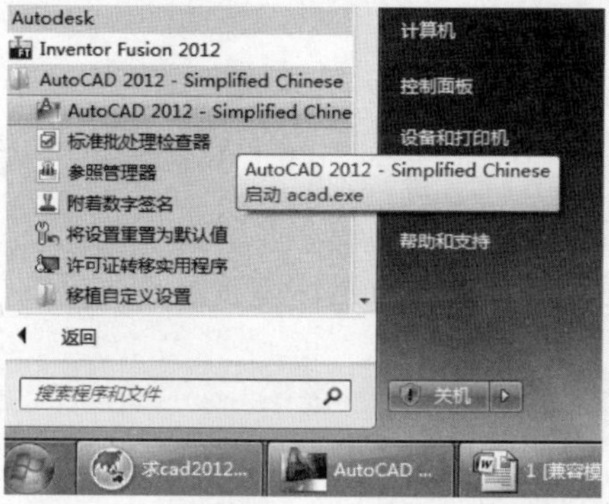

图1-18　通过开始菜单启动AutoCAD

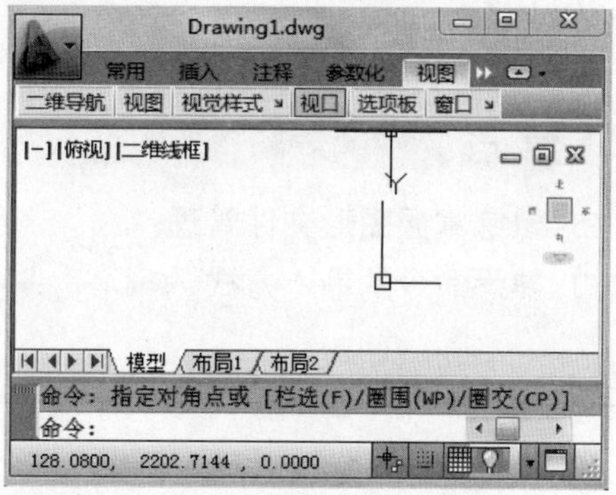

图1-19　AutoCAD工作界面

02 单击选项卡右侧的“最小化为面板标题”按钮，收缩选项卡中的编辑按钮，显示为面板，如图1-20所示。单击“菜单浏览器”按钮，在弹出的菜单中单击“退出AutoCAD 2012”按钮，退出该软件，如图1-21所示。

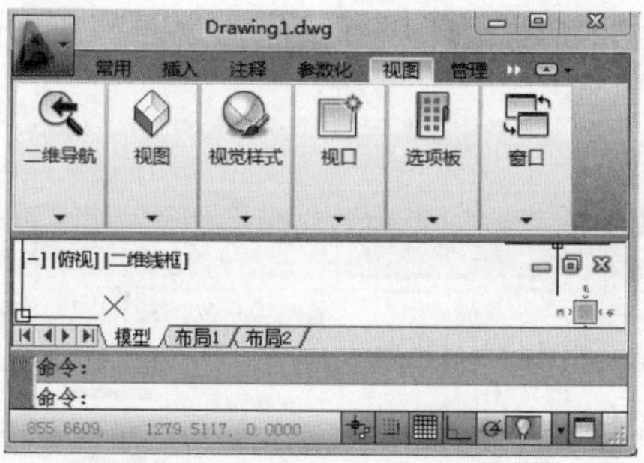

图1-20　收缩选项卡

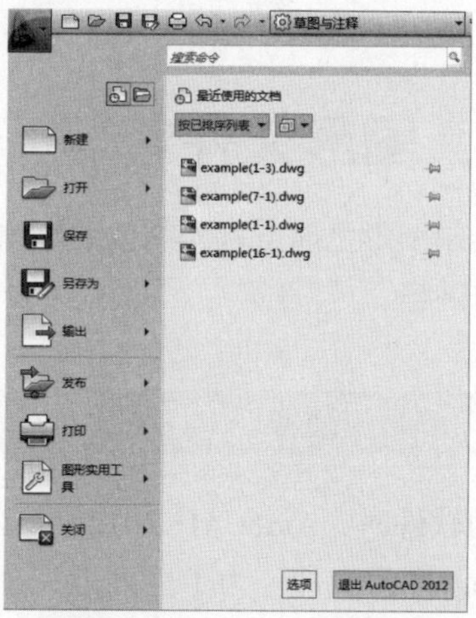

图1-21　退出AutoCAD 2012

1.8 本章小结

本章对AutoCAD 2012做了一个初步介绍，比如软件的发展历程、应用领域等；同时介绍了AutoCAD软件的工作界面，让读者对AutoCAD有一个初步的认识；本章还介绍了软件的启动与退出。通过本章的学习，读者可以熟悉AutoCAD的最基础知识，非常有助于后续章节的学习。

第2章　AutoCAD 2012绘图基础知识

学习导航

了解AutoCAD 2012的基础知识以后，本章将进行最基本操作的介绍。任何一个软件的基本操作都是学习该软件最基础、最重要的部分，AutoCAD 2012的基本操作包括命令的输入和撤销、图形文件管理等。

学习重点

- □ 熟练掌握图形文件管理
- □ 熟悉命令的输入方式
- □ 熟悉数据的输入方式
- □ 熟练掌握绘图环境设置

本章将从五大部分来介绍绘图基础知识，主要包括图形文件管理、命令输入方式、命令基本操作、数据输入方式、设置绘图环境。读者通过对本章的学习，可以掌握AutoCAD操作的最基础知识。

2.1 图形文件管理

在绘制图形之前，首先需要熟练操作图形文件，如新建、打开、保存和关闭等，下面分别进行详细的讲解。

2.1.1 创建新图形文件

启动软件时，AutoCAD 2012默认新建了一个以acad.dwt为样板的Drawing1图形文件。为了更好地完成更多的绘图操作，用户可以自行新建图形文件，新建图形文件有如下几种方法：

- 单击快速访问工具栏中的“新建”按钮。
- 单击“菜单浏览器”按钮，在弹出的菜单中选择“新建”→“图形”命令，如图2-1所示。
- 在命令行窗口中执行NEW命令。
- 按【Ctrl+N】组合键，直接创建新文件。

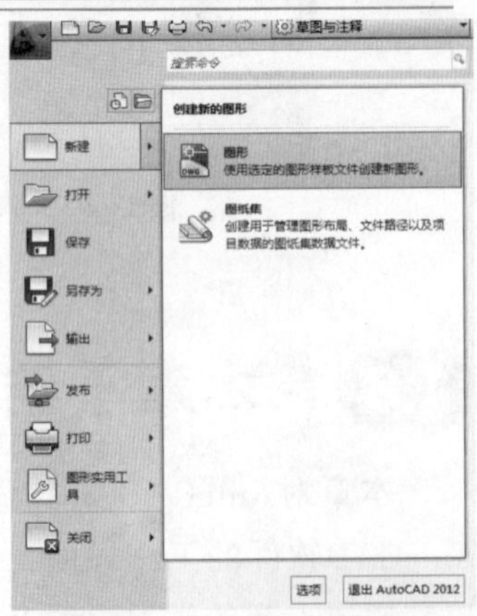

图2-1　新建图形文件

使用以上任意一种新建方式，都将弹出如图2-2所示的“选择样板”对话框。若要创建基于默认样板的图形文件，单击打开(O)按钮即可。用户也可以在“名称”列表框中选择其他样板文件。单击打开(O)▼按钮右侧的▼按钮，在弹出的下拉列表中可选择图形文件的绘制单位：若选择“无样板打开－英制”命令，将以英制单位为计量标准绘制图形；若选择“无样板打开－公制”命令，将以公制单位为计量标准绘制图形。

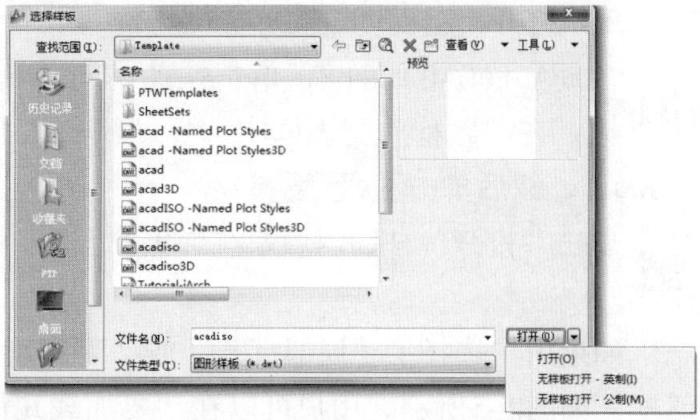

图2–2　“选择样板”对话框

样板文件中通常包含与绘图有关的一些通用设置，如图层、线型、文字样式、尺寸标注样式等。此外还包含一些通用图形对象，如标题栏、图幅框等。利用样板创建新文件，可以避免每次绘制新图形时要进行的有关绘图设置、绘制相同图形对象等重复操作，这样就提高了绘图效率，还可以保证图形的一致性。

注意

在选择样板文件时，要结合该对话框右侧的“预览”栏选择需要的样板，然后再单击打开(O)▼按钮，即可创建基于所选样板基础上的图形文件。

2.1.2　打开图形文件

打开文件是指对已存在的AutoCAD图形文件，用户可以将其打开进行查看和编辑。打开AutoCAD图形文件的主要方法如下：

- 单击快速访问工具栏中的“打开”按钮。
- 单击“菜单浏览器”按钮，从弹出的菜单中选择“打开”命令。
- 直接在命令行窗口中输入OPEN命令。
- 按【Ctrl+O】组合键。

选择任意一种方式打开文件时，系统都将自动弹出“选择文件”对话框。在“查找范围”下拉列表框中选择要打开文件的路径，在中间的列表框中选择要打开的文件，单击打开(O)▼按钮将打开该图形文件，如图2–3所示。

图2–3　“选择文件”对话框

单击打开(O)▼按钮右侧的▼按钮，系统将弹出如图2–3所示的右下方所示的下拉菜单，在该菜单中可以选择图形文件的打开方式。

- 打开：选择该命令，将直接打开图形文件。
- 以只读方式打开：选择该命令，文件将以只读方式打开。可以对以此方式打开的文件进行编辑操作，但保存时不能覆盖原文件。
- 局部打开：选择该命令，系统将弹出“局部打开”对话框。如果图形中图层较多，可采用“局部打开”方式，只打开其中某些图层。
- 以只读方式局部打开：以只读方式打开图形的部分图层。

现以打开“粗糙度”图形文件为例，练习打开图形文件的方法，具体操作如下。

01 启动AutoCAD 2012，单击快速访问工具栏中的“打开”按钮，弹出“选择文件”对话框，在“名称”列表框中选择“粗糙度1.dwg”图形文件（光盘:\原始文件\第2章\粗糙度1.dwg），然后单击打开(O)按钮。

02 单击“打开”按钮以后系统弹出如图2-4所示的图形，至此打开“粗糙度”图形。

如果用户选择了“局部打开”或“以只读方式打开”打开图形，这时将打开“局部打开”对话框，如图2-5所示。用户可以在“要加载几何图形的视图”列表框中选择要打开的视图，然后单击“打开”按钮，这样即可打开选定对象。

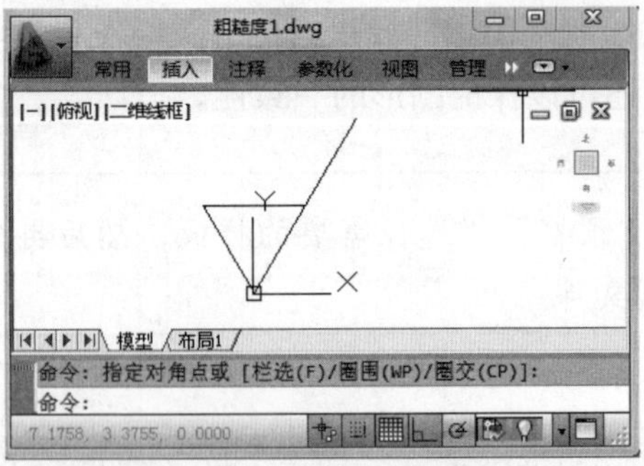

图2-4　所打开的文件

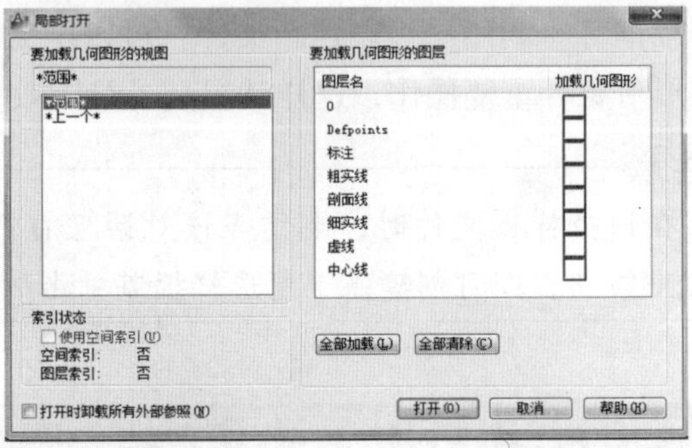

图2-5　“局部打开”对话框

2.1.3　打开多个图形文件

当用户需要快速参照其他图形、在图形之间进行复制、粘贴或使用定点设备、将所选对象从一个图形拖动到另一个图形中时，可以在单个AutoCAD任务中打开多个图形。如图2-6所示为以垂直平铺的方式打开的多个图形。

如果打开了多个图形，只要在该图形的任何位置单击便可激活它。使用【Ctrl+F6】组合键或【Ctrl+Tab】组合键，可以在打开的图形之间进行切换。但在某些时间较长的操作期间，不能进行图形切换。

使用“窗口”菜单可以控制在AutoCAD任务中显示多个图形的方式。既可以使打开的图形层叠显示，也可以垂直或水平平铺，如图2-7所示。可以从“窗口”菜单底部打开的图形列表中选择图形。

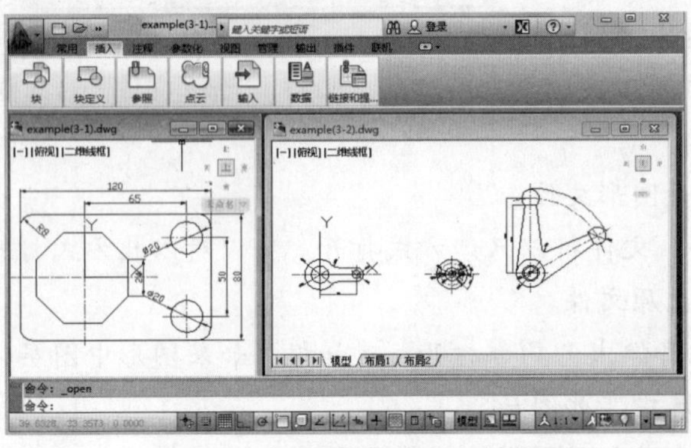

图2-6　打开多个图形文件界面

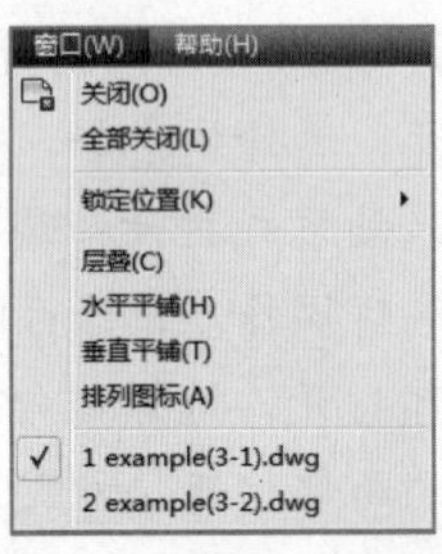

图2-7　“窗口”菜单

2.1.4　保存图形文件

文件的保存对于AutoCAD操作也非常重要，保存AutoCAD文件可以大体分为3类：正常保存、另存为、定时自动保存。下面分别进行讲解。

1. 保存新图形文件

保存新图形文件也就是保存从未进行保存过的图形文件，主要有以下几种方法：

- 单击标题栏中的“保存”按钮。
- 单击“菜单浏览器”按钮，在弹出的菜单中选择“保存”命令。
- 在命令行窗口中执行SAVE命令。
- 按【Ctrl+S】组合键。

执行任意上述操作后，都将弹出如图2-8所示的“图形另存为”对话框。在该对话框的“保存于”下拉列表中选择要保存路径，在“文件名”文本框中输入文件名，在“文件类型”中选择要保存的文件类型，然后单击保存(S)按钮，保存文件并关闭对话框。返回到工作界面，即可在标题栏看到文件的保存路径和名称。

在AutoCAD 2012中，用户可以保存如图2-8所示的几种不同类型扩展名的图形文件，各扩展名的含义如下。

- DWG：AutoCAD默认的图形文件类型。
- DXF：包含图形信息的文本文件或二进制文件，可供其他CAD程序读取该图形文件的信息。
- DWS：二维矢量文件，使用这种格式可以在网络上发布AutoCAD图形。
- DWT：AutoCAD样板文件，新建图形文件时，可以基于样板文件进行创建。

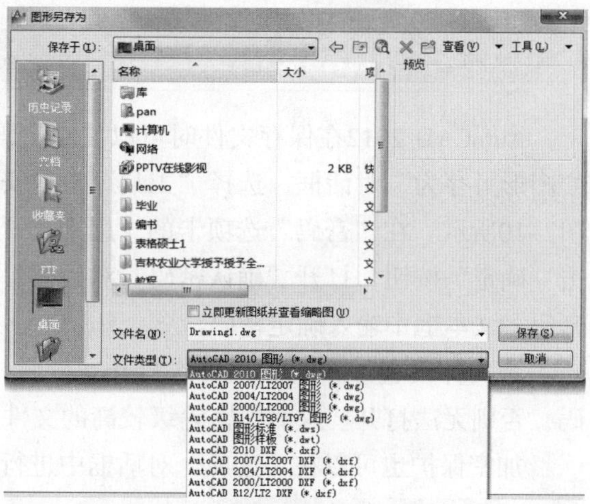

图2-8　“图形另存为”对话框

2. 另存为其他图形文件

将修改后的文件，有时需要另存为一个其他名称的图形文件以便于区别，方法如下：

- 单击“菜单浏览器”按钮，在弹出的菜单中选择“另存为”命令。
- 在命令行窗口中执行SAVE AS命令。

执行以上任意一个操作，都将弹出图2-8所示的“图形另存为”对话框，然后按照前面学习的保存新图形文件的方法保存即可。用户可在该基础上任意改动，而不影响原文件。

注意

对于每种保存方式，一定注意保存的文件名称，在同一个目录中不能用同一个文件名；还要看清楚所选择的保存文件的格式及版本。

3. 定时保存图形文件

定时保存图形文件就是通过一定的时间间隔设置，自动保存图形文件，免去了手动保存的麻烦，具体操作如下。

01 在AutoCAD绘图区中单击鼠标右键，从弹出的快捷菜单中选择“选项”命令，打开“选项”对话框，切换至“打开和保存”选项卡。

02 在“文件安全措施”选项组中，选择☑自动保存(U)复选框，再在下面的文本框中输入所需的间隔时间，如图2-9所示。单击 确定 按钮，关闭该对话框，完成自动保存设置。

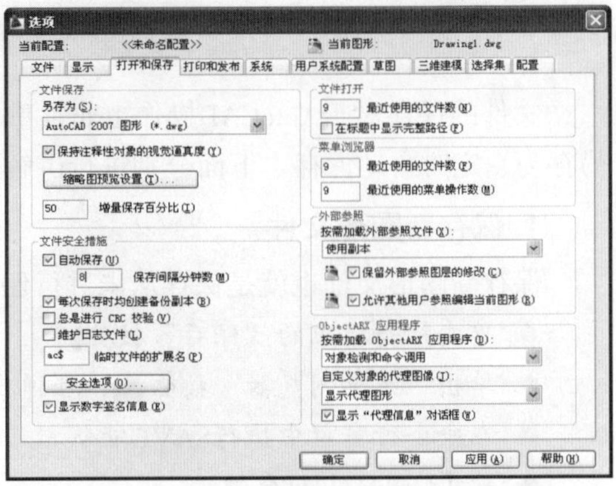

图2-9 “选项”对话框

提示

在设置定时保存图形文件时，时间不宜过短，因为频繁的保存操作会影响软件的正常使用；也不宜过长，这样不易于实时保存，一般在10min左右比较适宜。

2.1.5 加密保护绘图数据

AutoCAD 2012在保存文件时可以使用密码保护功能对文件进行加密保存。打开图2-8所示的“图形另存为”对话框，选择“工具”→“安全选项”命令，此时打开“安全选项”对话框，如图2-10所示。在“密码”选项卡的“用于打开此图形的密码或短语”文本框中输入密码，然后单击“确定”按钮，打开“确认密码”对话框，如图2-11所示，并在“再次输入用于打开此图形的密码”文本框中输入确定密码。

为文件设置好密码后，再次打开文件时，系统将打开“密码”对话框，要求输入正确的密码，否则无法打开。这对保密等级较高的文件非常重要。

加密保护也可以在“选项”对话框中进行设置。

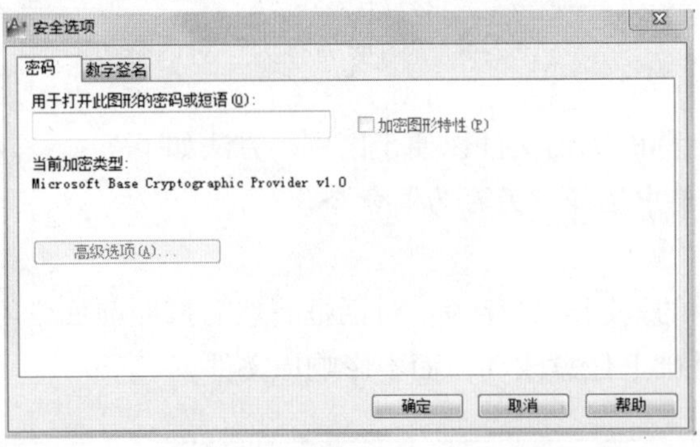

图2-10 “安全选项”对话框

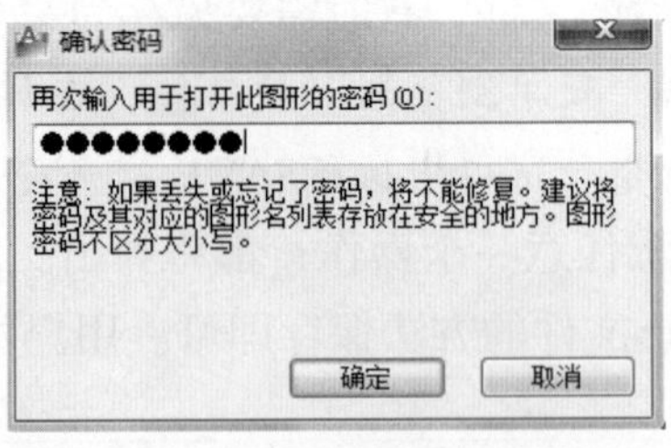

图2-11 “确认密码”对话框

2.1.6 关闭图形文件并退出系统

编辑完当前图形文件后，应将其关闭，主要有如下几种方法：

- 单击绘图区右上角的“关闭”按钮☒。
- 在命令行窗口中执行CLOSE命令。

将图形文件关闭以后，需要退出系统。退出AutoCAD 2012主要有以下几种方法：

- 单击标题栏的“关闭”按钮☒。
- 在命令行窗口中执行CLOSE命令。
- 在标题栏上右击，在弹出的快捷菜单中选择“关闭”命令，如图2-12所示。
- 按【Ctrl+F4】组合键。

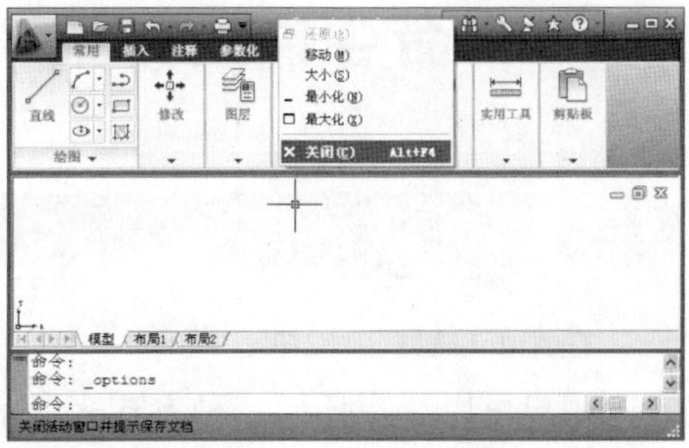

图2-12　退出系统

2.1.7　自我强化：新建图形、加密保存图形、关闭图形并退出系统

下面以新建一个图形文件、将其保存到桌面并命名为“加密”为例，综合练习本节的知识。

01 启动AutoCAD 2012，单击快速访问工具栏中的“新建”按钮，新建图形文件，如图2-13所示。

02 单击快速访问工具栏中的“保存”按钮，弹出“图形另存为”对话框。在“保存于”下拉列表框中选择“桌面”选项，在“文件名”文本框中输入文本“加密”。单击“工具”→“安全选项”命令，设置密码为6个1。重复输入密码后单击[保存(S)]按钮，如图2-14所示。

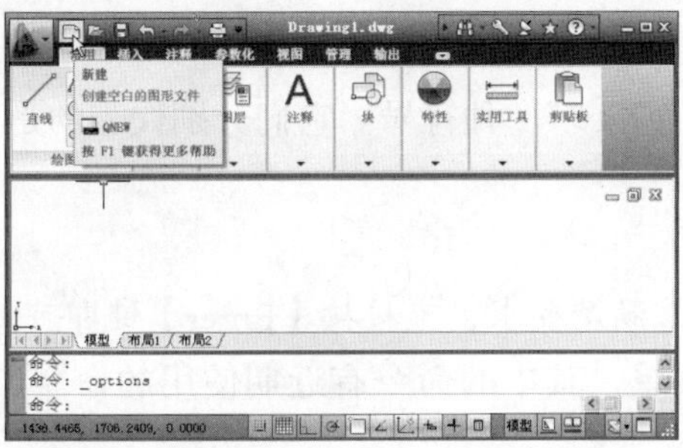

图2-13　新建文件

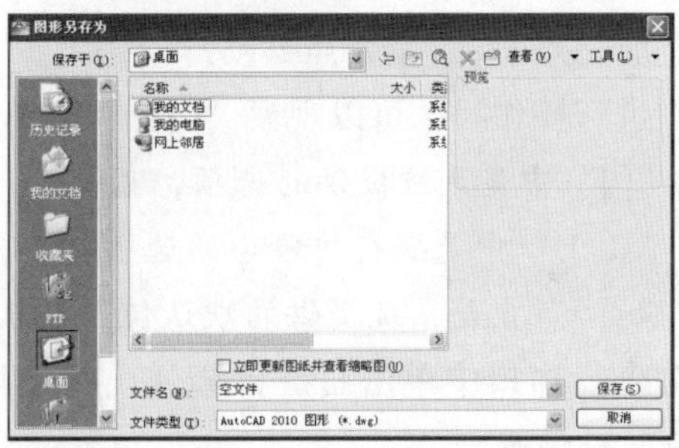

图2-14　保存文件

03 返回工作界面，即可看到标题栏上的名称由原来的Drawing1.dwg变成了“加密.dwg”，如图2-15所示。

04 单击标题栏上的“关闭”按钮☒，关闭文件并退出AutoCAD 2012。返回桌面即可看到刚保存的“加密.dwg”图形文件的快捷图标，如图2-16所示（光盘:\最终文件\第2章\加密.dwg）。

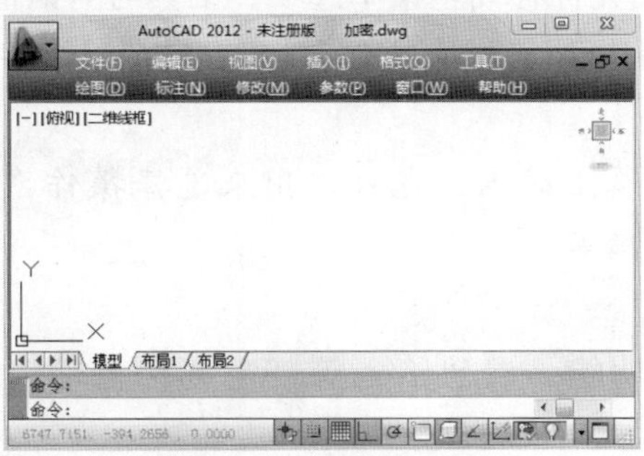

图2-15　创建新文件

图2-16　文件快捷图标

2.2 命令输入方式

2.2.1 激活命令

在AutoCAD 2012中，菜单命令、工具按钮、命令行窗口中的命令、快捷菜单等都是相互对应的，用户可以选择任何一种方式来激活命令。

系统接收到命令后，会在命令行窗口中显示命令选项以及每一条指令的所选项，用户可以根据信息提示完成命令，这也证明了它们的相关性。

提示

无论采用哪种方式进行命令激活，都要时刻观察命令行的信息提示，这对用户操作具有指导意义。

2.2.2 使用命令行窗口

用户可以根据AutoCAD命令行窗口中的信息提示，在命令行窗口中输入命令、对象参数值等信息，命令格式如下：

命令：_line

指定第一点-指定第二点或[放弃（U）]:

用户进行操作时，可以观察“[]”、“（）”、“<>”3种符号。它们分别代表的是：

- “[]”中是系统提供的选项，用“/”隔开。
- “（）”中是执行该命令的选项。
- “<>”中是系统提供的默认值，默认值如果满足要求，直接按【Enter】键即可。

在命令行窗口中单击右键，会弹出一个快捷菜单，其中的命令有近期使用的命令、自动完成、复制、粘贴等。

在命令行窗口中输入命令时，与在一般文档中输入文字相同，也可以执行复制和粘贴命令。

2.2.3 使用鼠标和键盘执行命令

在绘图区中，光标一般显示为+形式。当光标移动至菜单选项、工具与对话框内时，它就会变成箭头。无论是哪种显示形式，单击鼠标都会执行相应的命令。在AutoCAD中，鼠标的使用规则定义如下。

- 拾取键：即鼠标左键，用于指定屏幕上的点，也可以用来选择操作系统中的对象、AutoCAD文件、工具栏按钮和菜单选项等。
- 回车键：指鼠标右键，用于结束命令。

在AutoCAD中，大部分的绘图、编辑功能、参数输入等都需要键盘输入来完成。对于AutoCAD的应用，键盘非常方便快捷。

2.2.4 使用透明命令

对于AutoCAD而言，透明命令是指在执行某一个命令时可以同时执行的命令。例如，用户在创建正多边形时，希望对窗口进行缩放，这时用户可以透明地激活ZOOM命令，即在透明命令前输入单引号，或单击工具栏中的命令按钮，完成缩放命令后，继续进行正多边形的创建。

许多命令和系统变量都可以穿插使用透明命令，这对编辑和修改提供了很大的便利，常用的透明命令多为修改图形设置的命令和绘图辅助工具命令，如PAN、SNAP、GRID、ZOOM等。这些命令前都有“>>”标记。

2.2.5 使用系统变量

系统变量用于控制AutoCAD的某些功能和设计环境、命令的工作方式，它可以打开或关闭捕捉、栅格或正交等绘图模式，设置默认的填充图案，设置标注尺寸大小，或存储当前图形和AutoCAD配置的有关信息。

通常情况下，系统变量有6～10个字符长的缩写名称。许多系统变量有简单的开关设置。用户可以在对话框中修改系统变量，也可以直接在命令行窗口中修改变量值。

2.2.6 自我强化：在绘制正多边形时透明地使用缩放命令

01 执行正多边形命令：

```
命令：_polygon
输入侧面数<4>：'ZOOM                （执行透明命令缩放视图）
>>指定窗口的角点，输入比例因子（nX或nXP），或者[全部（A）/中心（C）/动态（D）/范围（E）/上一个（P）/比例（S）/窗口（W）/对象（O）]<实时>：W
>>指定第一个角点：>>指定对角点：（选择窗口方式缩放视图）
```

02 恢复执行polygon命令。输入边数6，在绘图区中选择一点作为正六边形的中心。选定点以后，选择正六边形与圆的接触方式（内切或外接）。选定接触方式后，输入圆半径。

2.3 命令的基本操作

对于AutoCAD而言，系统为用户提供了重复执行同一命令或撤销前一命令甚至多个命令的功能。此外，用户还可以通过重做来恢复前面的命令，非常方便快捷。

2.3.1 重复命令

在AutoCAD中，用户可以使用多种方法来重复执行同一个命令。

- 执行重做命令有多种方法可以实现：按【Enter】键、按【Space】键、在绘图区中单击鼠标右键，从弹出的对话框中选择“重复”命令。

- 如果要执行近期使用过的命令，可以在命令窗口中单击右键，从弹出的快捷菜单中选择“近期使用的命令”中的命令进行重复操作。
- 多次执行同一命令，可以在命令行窗口中输入MULTIPLE命令，然后在“输入要重复执行的命令名”提示下输入要重复执行的命令。这样即可一直重复，直到用户按【Esc】键为止。

2.3.2 终止执行命令

通常状况下AutoCAD用户可以通过Esc键来终止执行某一个命令，这样操作起来非常简洁。或者用户可以在绘图区中单击右键，在弹出的菜单中选择“取消”命令，也可完成命令的终止。

2.3.3 撤销操作

在AutoCAD中，用户可以使用UNDO命令按顺序放弃最近一次或前面多个操作。在命令行窗口中输入UNDO命令，或单击快速访问工具栏中的命令图标，这时命令提示行会出现如下信息：

命令：UNDO

输入要放弃的操作数目或[自动（A）/控制（C）/开始（BE）/结束（E）/标记（M）/后退（B）]<1>:

如果要重做UNDO命令放弃的一步或几步操作，可以使用REDO命令来恢复。

2.4 数据输入方式

2.4.1 使用坐标系

AutoCAD提供了两个坐标系：世界坐标系（WCS）和用户坐标系（UCS），这方便了在绘图过程中对某一个对象的定位，也为定位提供了参照，同时便于拾取点。

- 世界坐标系：AutoCAD的默认坐标系即WCS，它是固定的坐标系，有X、Y、Z轴，代表图标如图2-17所示。WCS坐标轴的交汇处显示“口”字形标记，但坐标原点并不在坐标系交汇点，而位于图形窗口的左下方。
- 用户坐标系：在AutoCAD中，为了能够更好地辅助绘图，用户经常需要改变坐标系的原点和方向等信息，这时世界坐标系将变成用户坐标系，即UCS。UCS的原点及X、Y、Z轴方向都可以移动或者旋转，如图2-18所示。

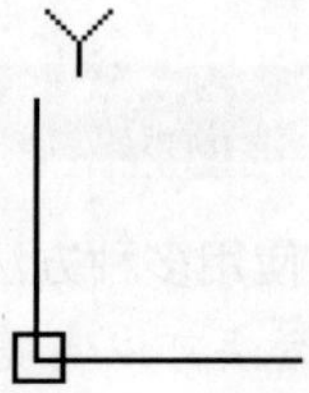

图2-17 WCS坐标

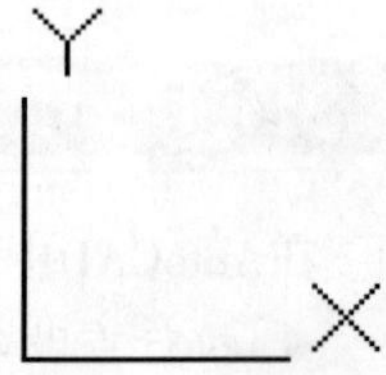

图2-18 UCS坐标

2.4.2　坐标系的表示方法

在AutoCAD 2012中，点的坐标可使用笛卡尔坐标、极坐标、相对坐标和相对极坐标来表示。

- 笛卡尔坐标系：笛卡尔坐标是从坐标原点开始，定位所有的点。可以用分数、小数或科学记数形式来表示点的坐标值，坐标间用逗号隔开，例如（2，2）。
- 极坐标：极坐标是用距离和角度来定点。规定X轴的正向为0°，逆时针方向角度为正，顺时针方向角度为负。表示方法为输入距离和角度用“<”分开，例如（30<30）。
- 相对坐标：用来确定某点相对于另一点的位置，表示方法是在笛卡尔坐标前面加上“@”号。例如，某一点的笛卡尔坐标是（3，5），输入（@4，8）后得到的坐标是（7，13）。
- 相对极坐标：相对极坐标是指相对于某一点的距离和角度，表示方法是在极坐标表达方式前加“@”。计算方法与相对坐标类似。

2.4.3　控制坐标的显示

在绘图窗口移动光标时，状态栏上将动态显示当前位置的坐标。在AutoCAD 2012中，坐标显示取决于所选择的模式和程序中的运行命令，用户可以在状态栏坐标显示处单击右键，在弹出的快捷菜单中选择坐标显示的方式。

- 关：此模式显示上一个拾取点的绝对坐标，坐标不能动态更新，再拾取一个新点时，显示才会更新。但从键盘输入新点坐标时，状态栏的显示不会更新，如图2-19（a）所示。
- 绝对：此模式显示光标的绝对坐标，坐标值动态更新，是AutoCAD的默认方式，如图2-19（b）所示。
- 相对：此模式显示光标的相对坐标。当处在拾取点状态时，系统将显示光标所占位置相对于上一点的距离和角度；当离开拾取点状态时，系统将恢复到绝对模式下，如图2-19（c）所示。

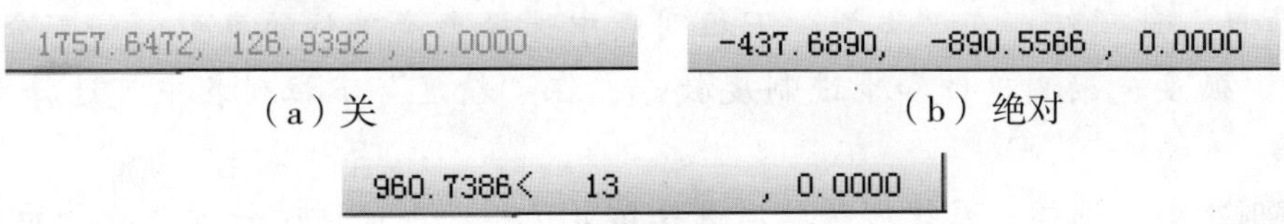

（a）关　（b）绝对　（c）相对

图2-19　坐标的显示方式

2.5 设置绘图环境

为了方便绘图，可以根据直接绘图的习惯对绘图环境进行设置，包括设置绘图界限、绘图单位、绘图区颜色、十字光标大小、工具栏的移动、命令行的显示行数与字体、保存工作空间和选择工作空间等。

2.5.1 设置绘图界限

绘图界限相当于手工绘图时规定的图纸大小，AutoCAD中默认的绘图界限为无限大。如果开启了绘图界限检查功能，在输入或拾取的点超出绘图界限时，操作将无法进行。如果关闭了绘图界限检查功能，则绘制图形时不受绘图范围的限制。设置绘图界限的命令是LIMITS，具体操作过程如下：

命令：LIMITS　　（执行LIMITS命令）

重新设置模型空间界限：　　（系统提示将要进行的操作）

指定左下角点或 [开(ON)/关(OFF)] <0.0000，0.0000>：（设置绘图区域左下角的坐标，这里保持默认直接按【Enter】键，则表示左下角点坐标位置为（0，0））

指定右上角点 <420.0000,297.0000>：297，210　　（设置绘图区域右上角的坐标）

在执行命令过程中各选项的含义如下。

- 开（ON）：选择该选项，表示开启图形界限功能。
- 关（OFF）：选择该选项，表示关闭图形界限功能。

2.5.2 设置绘图单位

因为绘图单位直接影响绘制图形的大小，所以绘图前需要对其进行设置，设置绘图单位的方法如下：

- 选择AutoCAD 2012菜单栏中的“格式”→“单位”命令。
- 在命令行窗口执行UNITS、DDUNITS或UN命令。

执行以上操作后，都将弹出如图2-20所示的“图形单位”对话框。通过该对话框，可以设置长度和角度的单位与精度。其中部分选项的含义如下。

- “长度”选项组：在“类型”下拉列表中选择长度单位的类型，如分数、工程、建筑、科学和小数等；在“精度”下拉列表中可选择长度单位的精度。
- “角度”选项组：在“类型”下拉列表中选择角度单位的类型，如百分度、度/分/秒、弧度、勘测单位和十进制度数等；在“精度”下拉列表中可选择角度单位的精度。
- □顺时针(C)复选框：系统默认取消选择该复选框，即以逆时针方向旋转的角度为正方向；选择该复选框，则以顺时针方向为正方向。
- “插入时的缩放单位”选项组：在“用于缩放插入内容的单位”下拉列表中可选择插入图块时的单位，这也是当前绘图环境的尺寸单位。
- 方向(D)...按钮：单击该按钮，将弹出“方向控制”对话框，如图2-21所示，在其中设置基准角度，例如设置0°的角度，在“基准角度”选项组中选择“北”单选按钮，那么在绘图时的0°实际在90°方向上。

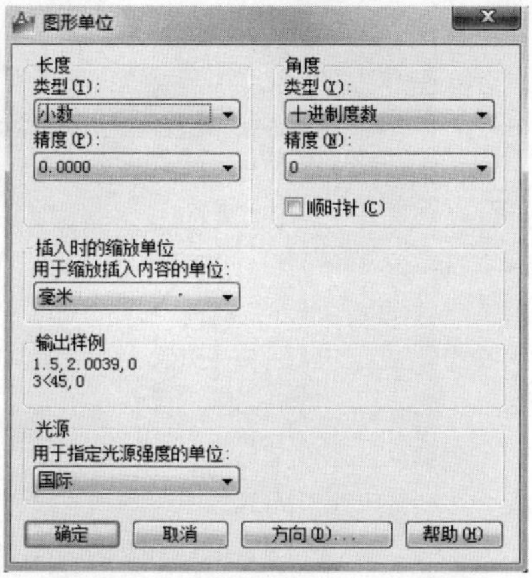

图2-20 “图形单位”对话框

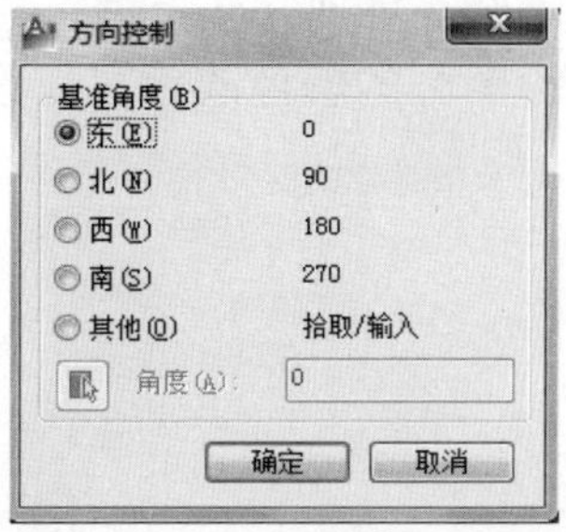

图2-21 “方向控制”对话框

2.5.3 设置绘图区颜色

AutoCAD绘图区的颜色，对界面显示、对比度等都有影响。同以前版本的一样，用户可以根据自己的绘图习惯自行更改绘图区的颜色，具体操作步骤如下。

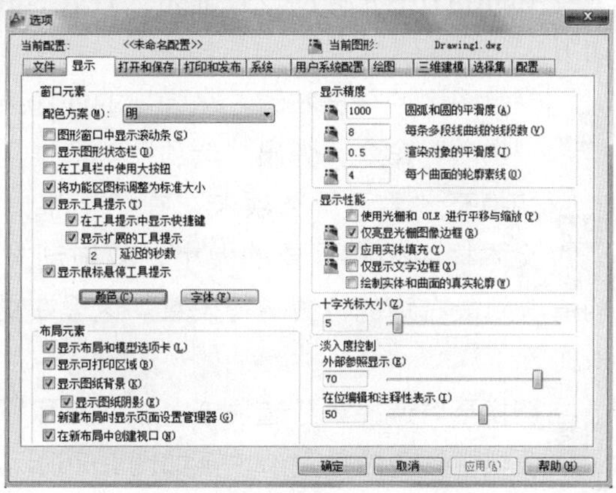

图2-22 “选项”对话框

01 在绘图区中单击右键，从弹出的快捷菜单中选择“选项”命令，系统打开如图2-22所示的对话框。切换至“显示”选项卡，在“窗口元素”选项组中单击 颜色(C)... 按钮，系统打开如图2-23所示的对话框。

02 在“图形窗口颜色”对话框的“颜色”下拉列表中选择需要的颜色即可。若软件中没有提供需要的颜色，可单击“选择颜色”选项，打开“选择颜色”对话框，如图2-24所示。

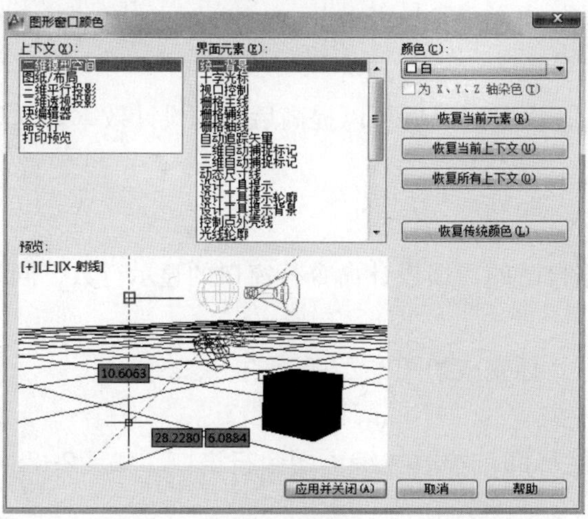

图2-23 “图形窗口颜色”对话框

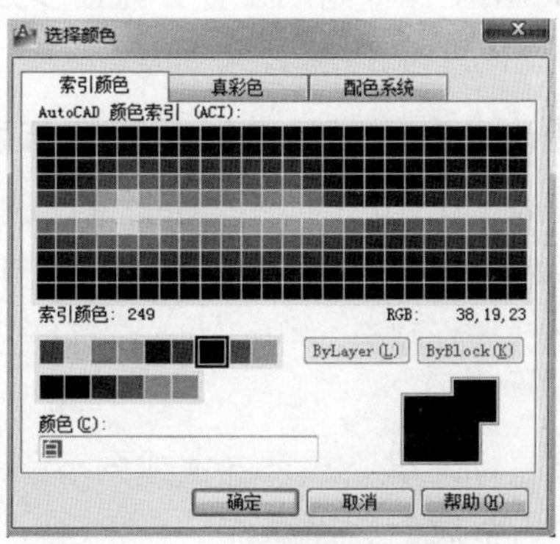

图2-24 “选择颜色”对话框

03 在“选择颜色”对话框中选择需要的颜色，此处选择青色，然后单击 确定 按钮。

04 返回“图形窗口颜色”对话框。单击 应用并关闭(A) 按钮，再返回“选项”对话框。单击 确定 按钮，即可看到绘图区的颜色改为了所设置的颜色，如图2-25所示。

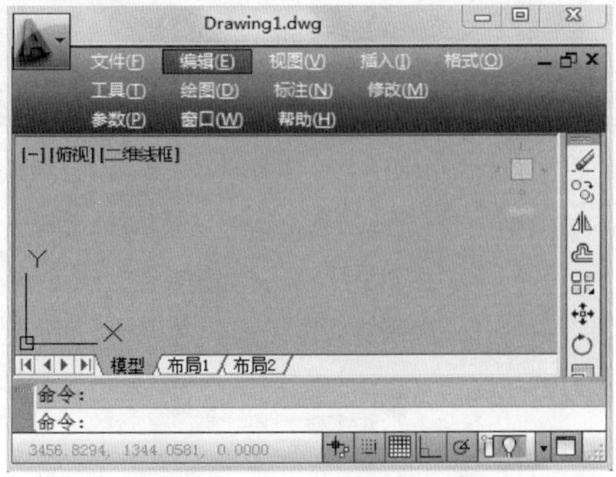

图2-25　改变绘图区颜色

2.5.4　设置光标

AutoCAD中光标的设置非常人性化，用户可根据实际需要设置十字光标的大小，具体操作如下。

01 在绘图区中单击右键，从弹出的快捷菜单中选择“选项”命令，弹出“选项”对话框。

02 切换至“显示”选项卡，在“十字光标大小”文本框中输入需要的大小，或拖动文本框右侧的滑块到最右边的位置进行设置。这里在文本框中输入30。

03 切换至“选择集”选项卡，在“拾取框大小”选项组中，向右拖动滑块至如图2-26所示的位置。单击 确定 按钮，返回AutoCAD 2012工作界面，即可看到十字光标与原来相比更长，拾取框更大。

图2-26　设置拾取框大小

2.5.5　设置工作空间

AutoCAD工作空间的设置分为很多方面，设置好以后可以提高后续的设计效率。这里选择几个常用的设置进行介绍。

1. 更改命令行窗口的显示行数与字体

在AutoCAD 2012的工作空间，可以根据自己的习惯设计命令行窗口的显示行数，同时还可以根据习惯对命令行窗口中的字体进行设计。

01 将鼠标光标移至命令行边上，等待鼠标光标变成如图2-27所示的状态。

02 按住鼠标左键不放，向上或向下移动鼠标即可扩展或缩小命令行窗口，如图2-28所示是将命令行扩展后的效果。

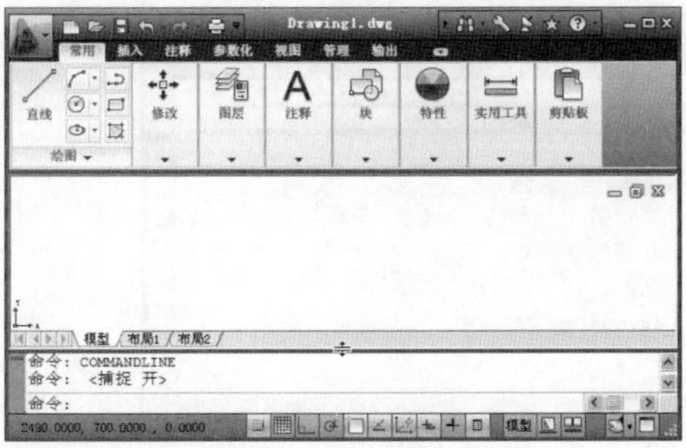

图2-27　命令行窗口

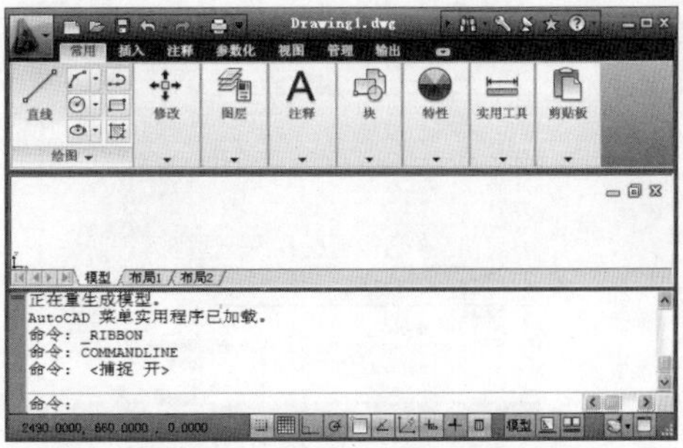

图2-28　扩展命令行窗口

03 在绘图区中右击，从弹出的快捷菜单中选择“选项”命令，弹出“选项”对话框。切换至“显示”选项卡，在“窗口元素”选项组中单击[字体(F)...]按钮，如图2-22所示。

04 弹出“命令行窗口字体”对话框，在“字体”下拉列表中选择需要的字体，这里选择“仿宋”选项。在“字形”下拉列表中选择需要的字形，这里选择“常规”选项。

05 在“字号”文本框中输入需要的字号，或在其下拉列表中选择需要的字号，这里选择“10”选项，然后单击[应用并关闭]按钮，如图2-29所示。

06 返回“选项”对话框，单击[确定]按钮，返回工作界面，即可看到命令行的字体发生了变化，如图2-30所示。

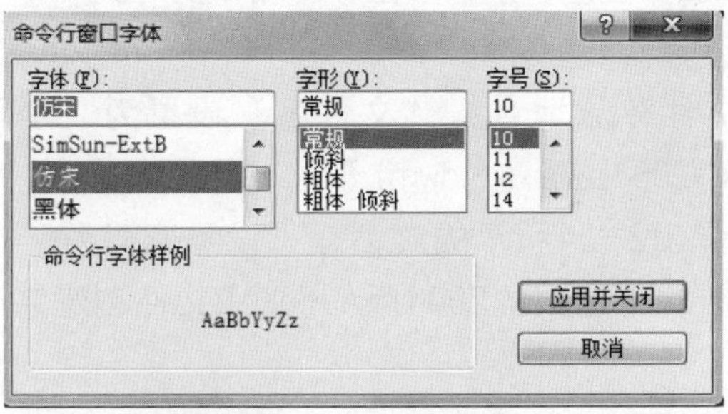

图2-29　字体选择

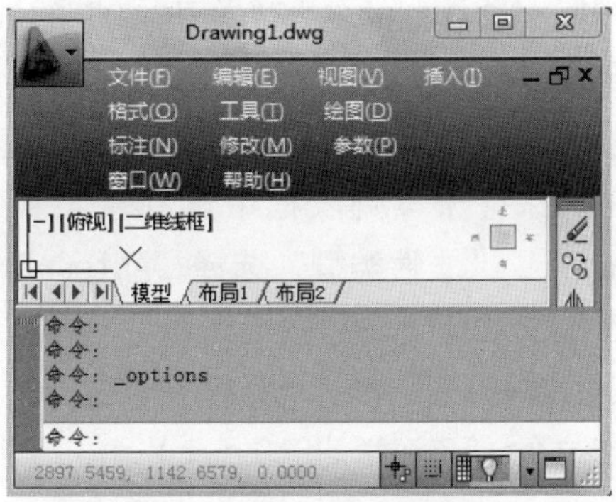

图2-30　更改后的命令行窗口

2. 菜单栏显示

习惯使用以前版本中菜单栏的用户，也能在AutoCAD 2012中将其调出使用。单击快速访问工具栏右侧的▼按钮，在弹出的菜单中选择“显示菜单栏”命令，返回工作界面，即可看到菜单栏已显示在选项卡的上方。再次单击快速访问工具栏右侧的▼按钮，在弹出的菜单中选择“隐藏菜单栏”命令，可以隐藏菜单栏。

3. 选择及保存工作空间

AutoCAD 2012默认的工作空间是“二维草图与注释”，用户可以根据绘图需要或习惯，选择需要的工作空间，具体操作如下。

01 单击状态栏中的“切换工作空间”按钮，在弹出的菜单中选择需要的工作空间，如选择“AutoCAD经典”样式，如图2-31所示。

02 返回工作界面，即可看到工作空间由原来的“二维草图与注释”变成了“AutoCAD经典”样式，如图2-32所示。

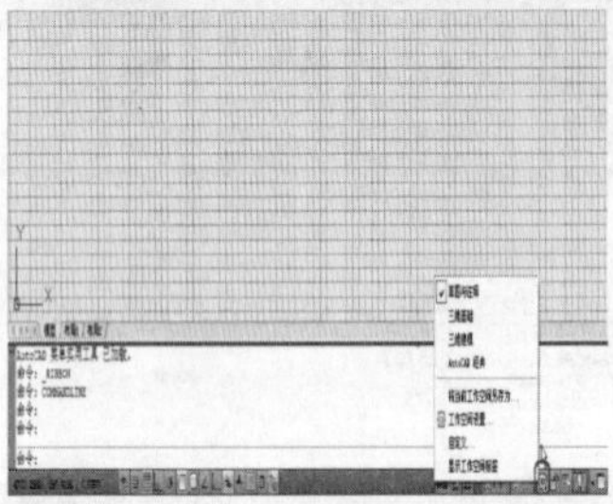

图2-31　切换工作空间

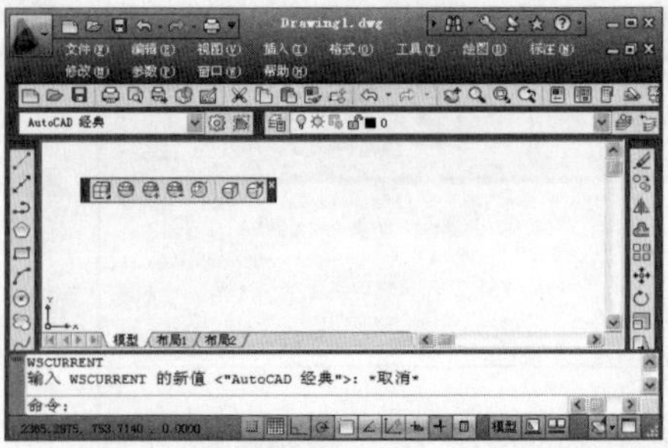

图2-32　更改后的工作空间

2.6 拓展训练

通过本章的学习，读者应该掌握了AutoCAD基础知识。本节针对本章所学内容进行一次系统的训练，希望读者能对本章知识的学习有一个较大的提高。

2.6.1　初级训练：创建文件并加密

新建一个2004版的名为“学习CAD”的.dwg空图形文件，将其设置为保密文件，并保存于桌面上。

01 启动AutoCAD 2012，新建一个.dwg文件，然后单击“打开(O)”按钮，单击“另存为”命令图标，系统弹出如图2-33所示的对话框。

02 在“保存于”列表框中选择“桌面”为文件存放地点；“文件名”设置为“学习CAD.dwg”；“文件类型”选择“AutoCAD 2004/LT2004图形（*.dwg）”。

03 选择“工具”→“安全选项”选项，系统弹出2-34所示的对话框，设置密码为6个1，重复设置密码后单击“保存”，至此，一个新的带密码的2004版AutoCAD文件创建完成（光盘:\最终文件\第2章\学习CAD.dwg）。

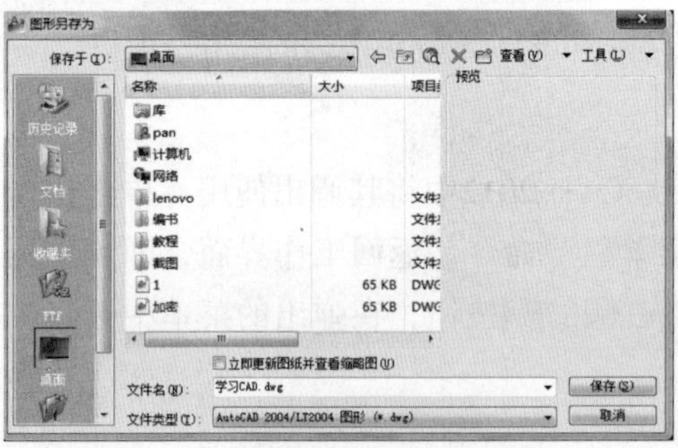

图2-33　“图形另存为”对话框

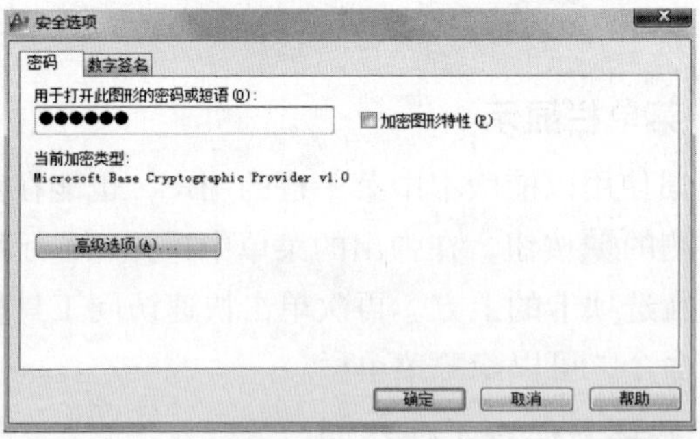

图2-34　密码设置

2.6.2　进阶训练：设置绘图区颜色并保存

首先对绘图区颜色设置进行训练，希望将绘图区颜色变为洋红色。

01 在绘图区中单击右键，从弹出的快捷菜单中选择“选项”命令，如图2-35所示。

02 弹出“选项”对话框，切换至“显示”选项卡，在“窗口元素”选项组中单击[颜色(C)...]按钮。

03 在弹出的“图形窗口颜色”对话框中选择颜色即可，如图2-36所示。本例所选择的颜色为洋红色，如图2-37所示。单击“确定”按钮，完成绘图区颜色的设置。返回“图形窗口颜色”对话框，单击[应用并关闭(A)]按钮。再返回“选项”对话框，单击[确定]按钮，即可看到绘图区的颜色改为了所设置的颜色，如图2-38所示。

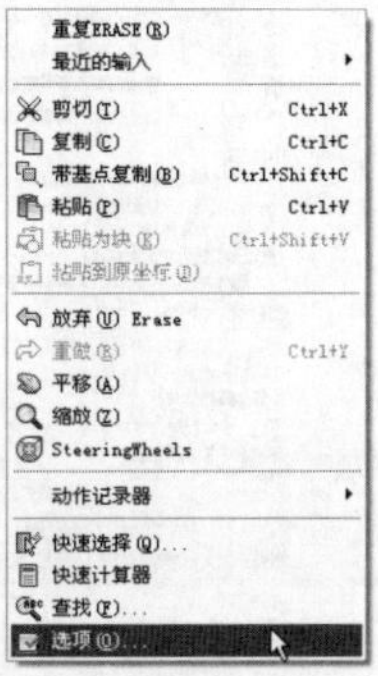

图2-35 选择“选项”

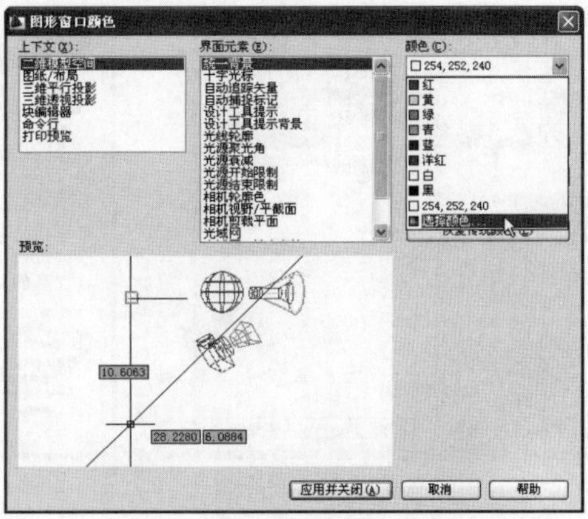

图2-36 “图形窗口颜色”对话框

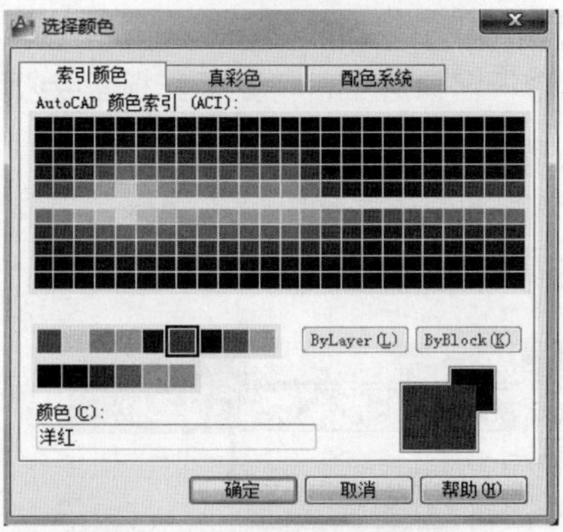

图2-37 绘图区颜色选取

图2-38 颜色设置完成

2.6.3 提高训练：设置工作环境

下面用本章讲解的知识设置一个工作环境，然后将其保存。

01 启动AutoCAD 2012，在命令行输入命令LIMITS，具体操作过程如下：

命令: LIMITS	（执行LIMITS命令）
重新设置模型空间界限:	（系统提示将要进行的操作）
指定左下角点或 [开(ON)/关(OFF)] <0.0000，0.0000>:	（设置绘图区域左下角的坐标，这里保持默认直接按【Enter】键，表示左下角点坐标位置为（0，0））

指定右上角点 <420.0000，297.0000>:　　　　（按【Enter】键设置绘图区域右上角的坐标）

02 在命令行输入命令UN，弹出“图形单位”对话框。在“长度”选项组的“精度”下拉列表中选择“0”选项，如图2-39所示，然后单击 确定 按钮。

03 在绘图区中右击，在弹出的快捷菜单中选择“选项”命令，弹出“选项”对话框，切换至“显示”选项卡，在“十字光标大小”文本框中输入20，如图2-40所示。

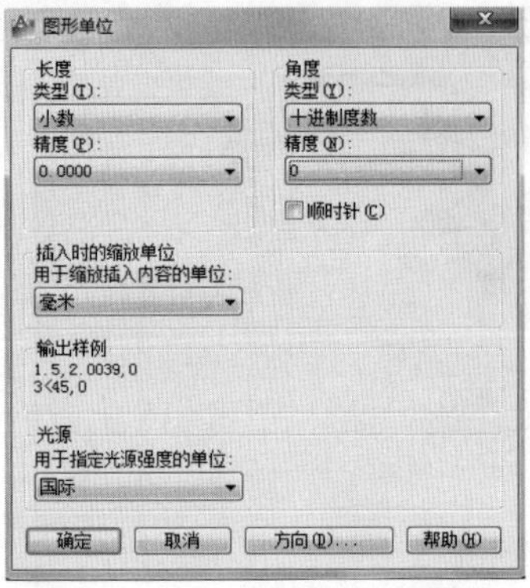

图2-39 “图形单位”对话框

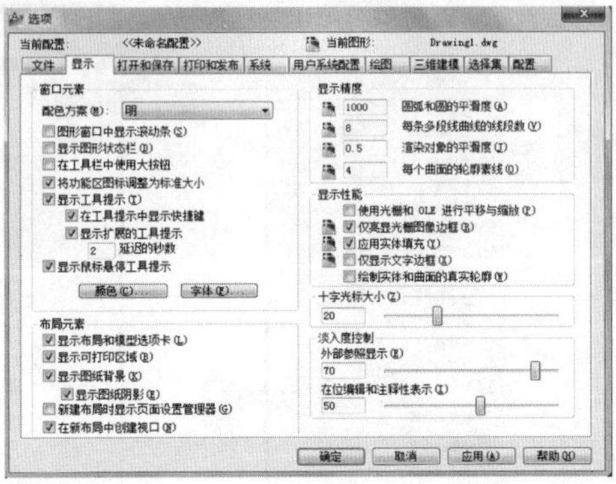

图2-40 设置十字光标

04 切换至“选择集”选项卡，向右拖动“拾取框大小”滑块至如图2-41所示位置，单击 确定 按钮。

05 返回AutoCAD 2012工作界面，将鼠标光标移动到命令行窗口边上，待鼠标光标呈 ⇳ 状态时，按住鼠标左键不放，向上移动鼠标将命令行扩展至6行。

06 单击状态栏中的“切换工作空间”按钮，在弹出的菜单中选择“三维建模”命令，将工作空间切换至“三维建模”模式，效果如图2-42所示。

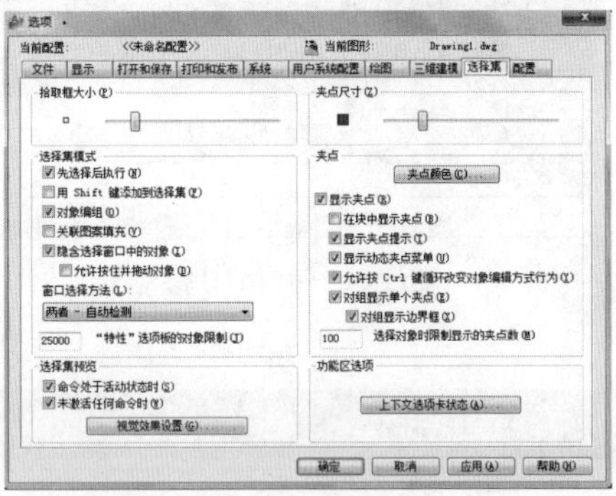

图2-41 设置拾取框大小

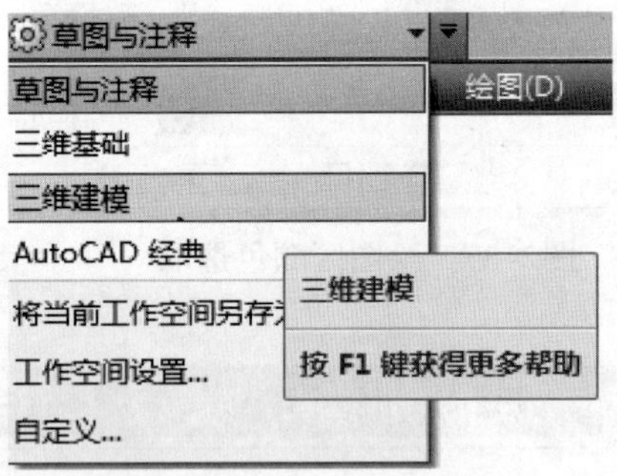

图2-42 切换工作环境

2.7 本章小结

本章主要介绍了AutoCAD绘图基础知识，主要包括图形文件的创建、修改、设置和保存等，并对命令输入方式以及命令进行了介绍，使得读者对命令输入控制图形有一个初步认识。此外，本章还对绘图空间的设置做了系统的介绍。通过本章的学习，读者应该熟练掌握AutoCAD 2012绘图基础知识，为后续的学习打下良好的基础。

第3章 绘制二维图形

学习导航

AutoCAD 2012可以创建二维图形，也可以创建三维图形。本章将对如何绘制二维图形进行介绍。用户可以通过“绘图”菜单中的命令进行点、直线 、圆弧、多线、多边形等图形的绘制。完成本章的学习，读者可以为三维图形的绘制及图形的编辑打下基础。

学习重点

- □ 熟悉点的创建，包括单点和多点
- □ 熟悉圆形、圆弧等的创建方法
- □ 熟练掌握直线、射线的绘制方法
- □ 学会多线的绘制与编辑
- □ 学会正多边形的绘制方法

本章将从点、直线和射线、正多边形、圆、多线的绘制与编辑等多个方面来介绍二维图形的绘制。AutoCAD的二维绘图功能非常强大，通过本章的学习，读者可以为熟练应用AutoCAD绘制三维图形打下基础。

3.1 创建点

点是AutoCAD中组成图形对象最基本的元素。默认情况下点是没有长度和大小的，因此在绘制点之前可以对其样式进行设置，以便更好地显示及应用点。

3.1.1 点样式设置

如果在绘制点之前用户没有对点的样式及大小进行设置，绘制出来的点太小，不可见。AutoCAD提供了很多种点样式，用户可以根据不同的需要进行选择，设置点的样式操作方法如下。

- *在菜单栏中选择“格式”→“点样式”命令。*
- *在命令行窗口中输入DDPTYPE。*

执行以上两种方式中的任何一种，系统都弹出如图3-1所示的对话框。在该对话框中，可以对点样式进行设置。

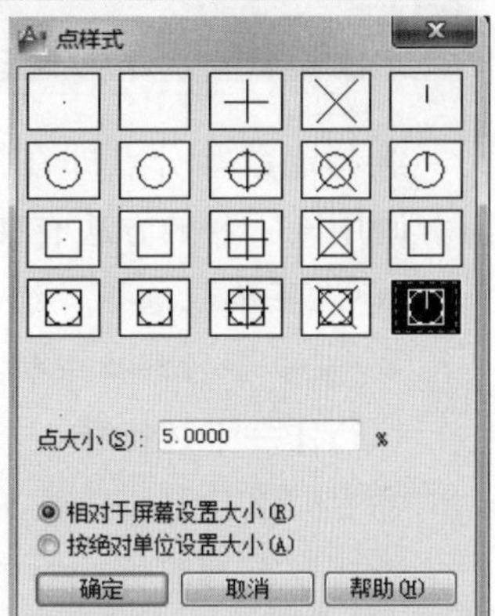

图3-1 “点样式”对话框

1. 绘制单点

绘制单点就是在执行命令后只能绘制一个点。在命令行窗口中执行POINT或PO命令，具体操作过程如下：

命令：POINT　　　　（执行POINT命令）

当前点模式：PDMODE=0　PDSIZE=0.0000　　　　（系统提示当前的点模式）

在执行命令过程中，各选项的含义如下。

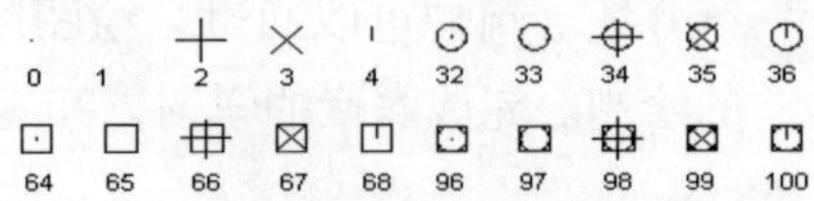

图3-2　点样式

- PDMODE：控制点的样式，与“点样式”对话框中的第1行与第4行点样式相对应，其数值为0~4、32~36、64~68、96~100，不同的值对应不同的点样式，对应关系如图3-2所示。其中值为0时，显示为1个小圆点；值为1时不显示任何图形，但可以捕捉到该点，系统默认为0。
- PDSIZE：控制点的大小，当该值为0时，点的大小为系统默认值，即为屏幕大小的5%；当该值为负时，表示点的相对尺寸大小，相当于选择“点样式”对话框中的◉相对于屏幕设置大小(R)单选按钮；当该值为正时，表示点的绝对尺寸大小，相当于选择“点样式”对话框中的◉按绝对单位设置大小(A)单选按钮。

注意

在命令行分别输入PDMODE和PDSIZE后，可以重新指定点的样式和大小，这与在“点样式”对话框设置点样式的效果是一样的。

2. 绘制多点

绘制多点就是在输入命令后一次能绘制多个点，直到按【Esc】键手动结束命令为止。绘制多点命令的调用方法如下：

- 在菜单栏选择“绘图”→“点”→“多点”命令。
- 在“常用”选项卡的“绘图”面板中，单击“多点”按钮▫。
- 在命令行窗口中执行POINT命令，然后按【Enter】键；在绘图区任意位置单击鼠标，按【Enter】键，再在绘图区任意位置单击鼠标，依此类推。

3.1.2　定数等分对象

绘制定数等分点即在指定的对象上，以定数等分长度放置点或图块，一般用于辅助绘图图形。调用该命令的方法有如下几种：

- 在菜单栏选择“绘图”→“点”→“定数等分”命令。
- 在命令行窗口中执行DIVIDE命令。

执行任一上述操作，具体操作过程如下：

命令：DIVIDE　　　　（执行等分线段命令）

选择要定数等分的对象:　　　　（拾取要等分的图形对象AB）

输入线段数目或 [块(B)]:　　　　（输入要等分的线段数目）

提示

每次只能对一个对象操作，而不能对一组对象操作。输入的是等分数，而不是放置点的个数，如果将所选对象分成M份，则实际上只生成M－1个等分点。

下面以在一条直线上绘制定数等分点为例，练习绘制定数等分点的方法，具体操作如下。

01 打开“绘制定数等分点.dwg”图形文件（光盘:\原始文件\第3章\绘制定数等分点.dwg），如图3-3所示。在命令行窗口中执行DIVIDE命令，具体操作过程如下：

命令：DIVIDE　　（执行定数等分命令）
选择要定数等分的对象：　　（选择直线AB）
输入线段数目或 [块(B)]: 6　　（输入6　）

02 返回绘图区即可看到绘制定数等分点后的效果，如图3-4所示（光盘:\最终文件\第3章\绘制定数等分点后.dwg）。

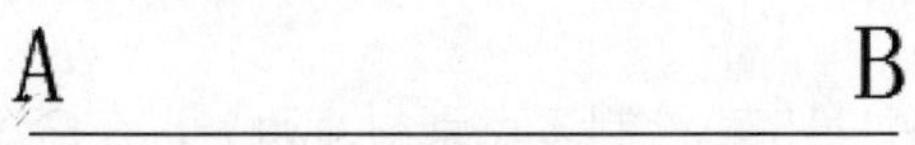

图 3-3　绘制定数等分点直线

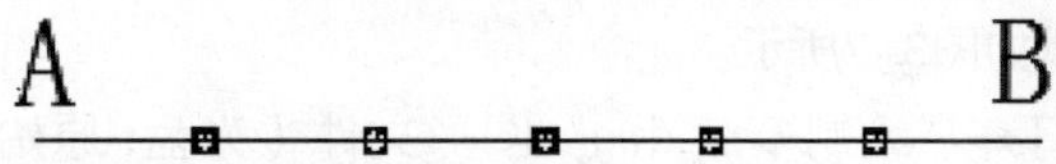

图3-4　定数等分后效果

3.1.3　定距等分对象

绘制定距等分点，是指在选定的对象上按指定的长度绘制多个点对象，即该操作是先指定所要创建的点与点之间的距离，然后按照该间距值，在相应的位置上放置点对象，以辅助绘制其他图形。绘制定距等分点有如下两种方法：

- 在菜单栏选择“绘图”→“点”→“定距等分”命令。
- 在命令行窗口中执行MEASURE或ME命令。

执行上述命令后，具体操作过程如下。

命令：MEASURE　　（执行MEASURE命令）
选择要定数等分的对象：　　（拾取要等分的图形对象）
输入线段长度或 [块(B)]:　　（输入各点间的距离或指定需要插入的图块）

下面以在圆上绘制定距等分点为例，练习绘制定距等分点的方法。

01 打开“绘制定距等分点.dwg”图形文件（光盘:\原始文件\第3章\绘制定距等分点.dwg），如图3-5所示。在命令行窗口中执行MEASURE命令，具体操作过程如下：

命令：MEASURE　　（执行MEASURE命令）
选择要定数等分的对象：　　（选择圆弧）
输入线段长度或 [块(B)]: 100　　（输入100，按【Space】键）

02 返回绘图区，即可看到绘制定距等分点后的效果，如图3-6所示（光盘:\最终文件\第3章\绘制定距等分点后.dwg）。

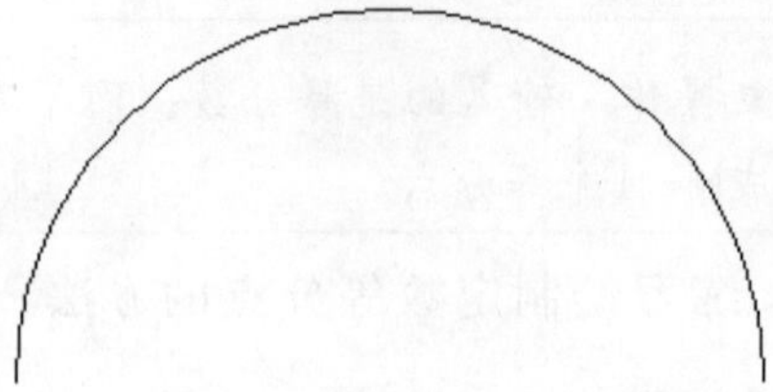
C D

图3-5 定距等分圆弧

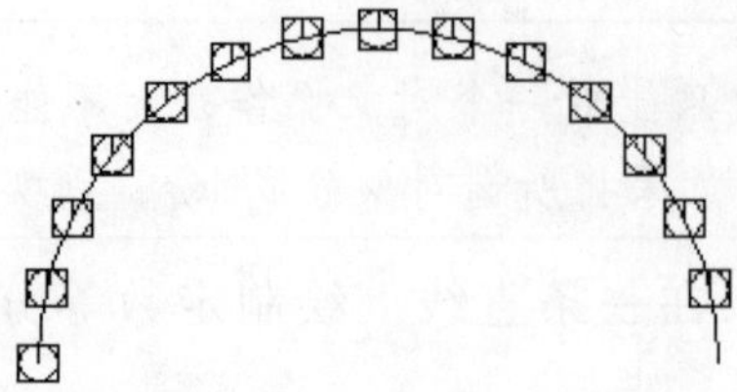
C D

图3-6 定距等分后效果图

提示

用定距等分法不能保证最后一段线段的长度，所以最后一段的长度可能与前些段距离不同。

3.1.4 自我强化：绘制多点

现在就本节所学知识做一个简单的强化。要求在对一段圆弧标记出它的圆心及两个端点，已知圆弧如图3-7所示。

01 打开“绘制多点.dwg”图形文件（光盘:\原始文件\第3章\绘制多点素材.dwg），在命令行窗口中执行POINT命令，具体操作过程如下：

命令：PDMODE （执行点类型修改）
输入100
命令：POINT （执行POINT命令）
当前点模式： PDMODE=100 PDSIZE=0.0000 （系统提示当前的点模式）
指定点 （单击如图3-7所示圆弧的一端点即可绘制点）
命令： （按【Enter】键）
POINT
当前点模式： PDMODE=100 PDSIZE=0.0000 （系统提示当前的点模式）
指定点 （单击圆弧另一个端点）
命令： （按【Enter】键）
POINT
当前点模式： PDMODE=100 PDSIZE=0.0000 （系统提示当前的点模式）
指定点 （单击圆弧圆心）
命令： （按【Esc】键）

02 返回绘图区，即可看到床旁边的台灯平面图已绘制完成，效果如图3-8所示（光盘:\最终文件\第3章\绘制多点效果图.dwg）。

图3-7 绘制多点素材

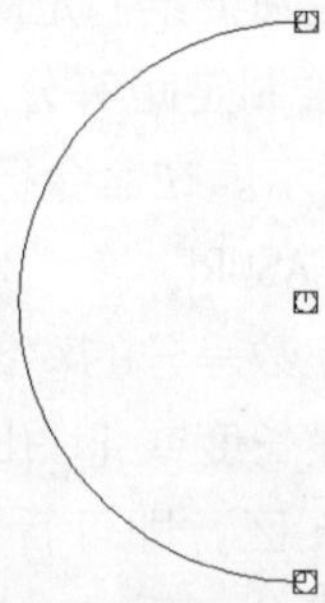

图3-8 绘制多点效果图

提示

绘制点时，可以根据自己的习惯或者设计需要，先用PDMODE命令设计点的样式，再进行绘制。

3.2 绘制直线、射线和构造线

线是AutoCAD中最常用的图形对象之一，包括直线、射线、构造线、多线、多段线、样条曲线和修订云线等。下面分别讲解这些线的绘制方法。

3.2.1 绘制直线

直线命令用于绘制两点之间的线段，用户可以通过鼠标或键盘来确定直线的起点和终点。直线是AutoCAD中比较简单的对象，当绘制一条线段后，可继续以该线段的终点作为起点，指定另一终点，从而绘制首尾相连的封闭图形。调用该命令的方法如下：

- 在“常用”选项卡的“绘图”面板中，单击“直线”按钮。
- 在命令行窗口中执行LINE或L命令。

执行上述命令后，具体操作过程如下：

```
命令: L                              (执行LINE命令)
指定第一点:                          (在绘图区用鼠标拾取一点或直接输入坐标值指定点)
指定下一点或 [放弃(U)]:              (用鼠标拾取下一点或输入下一点坐标值)
指定下一点或 [放弃(U)]:              (用鼠标拾取下一点或输入下一点坐标值)
指定下一点或 [闭合(C)/放弃(U)]:      (指定下一点或选择“闭合”、“放弃”选项)
```

在执行命令的过程中，各选项的含义如下。

- 闭合：如果绘制了多条线段，最后要形成一个封闭的图形时，选择该选项，并按【Enter】键可将最后确定的端点与第1个起点重合，形成一个封闭的图形。
- 放弃：选择该选项，将撤销刚才绘制的直线而不退出LINE命令。

下面以绘制一个对称结构件为例，练习绘制直线的方法，具体操作如下。

01 打开“绘制直线素材.dwg”图形文件（光盘:\原始文件\第3章\绘制直线素材.dwg），如图3-9所示，在命令行窗口中执行L命令，具体操作过程如下：

```
命令: L                      (执行LINE命令)
指定第一点:                  (选择左端缺少直线的一个点)
指定下一点或 [放弃(U)]:      (选择左端缺少直线的另一个点，按【Esc】键，见图3-10)
命令: L                      (执行LINE命令)
指定第一点:                  (选择中间缺少的直线的一个点)
指定下一点或 [放弃(U)]:      (选择中间缺少的直线的另一个点，按【Esc】键，见图3-11)
命令: L                      (执行LINE命令)
指定第一点:                  (选择右端缺少的直线的一个点)
```

指定下一点或 [放弃(U)]:　　（选择右端缺少的直线的另一个点，按【Esc】键）

02 返回绘图区，即可看到绘制的效果，如图3-12所示（光盘:\最终文件\第3章\绘制直线效果图.dwg）。

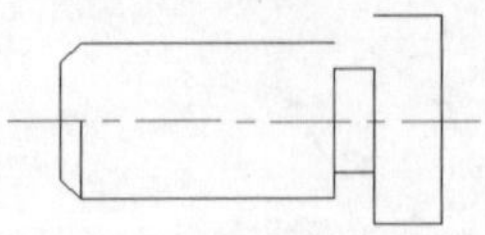

图 3-9　绘制直线素材

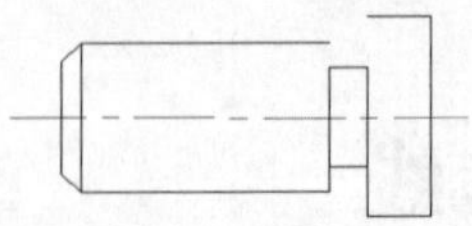

图3-10　效果1

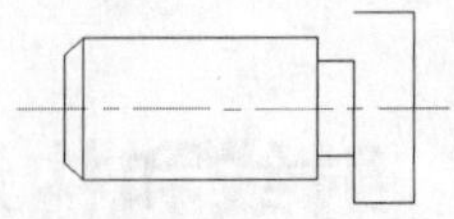

图3-11　效果2

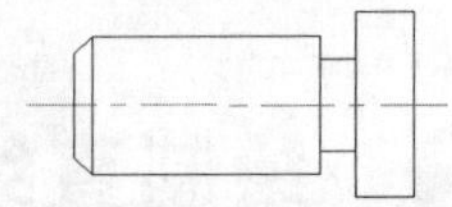

图3-12　完成直线绘制

3.2.2　绘制射线

射线是只有起点和方向而没有终点的直线，即射线为一端固定而另一端无限延伸的直线。射线一般作为辅助线，绘制后按【Esc】键退出绘制状态，如图3-13所示（光盘:\最终文件\第3章\绘制射线.dwg）。调用该命令的方法如下：

- 在"常用"选项卡的"绘图"面板中，单击右下角的▾按钮，再单击"射线"按钮。
- 在命令行窗口中执行RAY命令。

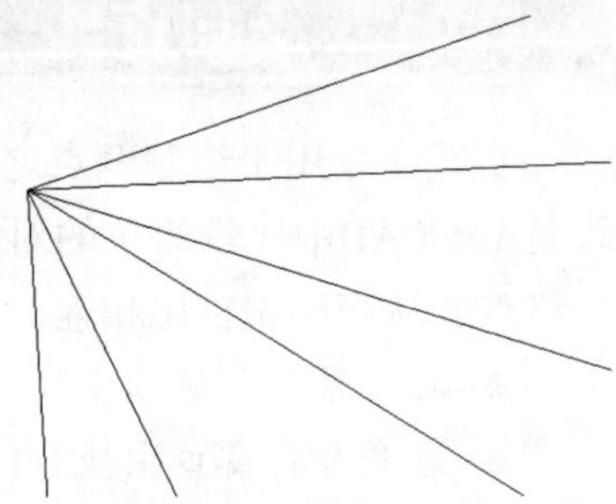

图3-13　射线绘制

执行上述命令后，具体操作过程如下：

命令: RAY　　（执行RAY命令）
指定起点:　　（指定起点坐标）
指定通过点:　　（指定通过点坐标确定射线方向）

3.2.3　绘制构造线

构造线只有方向，没有起点和终点，一般作为辅助线使用。调用该命令的方法如下：

- 在"常用"选项卡的"绘图"面板中，单击右下角的▾按钮，再单击"构造线"按钮。
- 在命令行窗口中执行XLINE命令。

执行上述命令后，具体操作过程如下：

命令: XLINE　　（执行XLINE命令）
指定点或 [水平(H)/垂直(V)/角度(A)/二等分(B)/偏移(O)]:　　（指定方向和位置）
指定通过点:　　（指定通过点坐标确定构造线方向）

在执行命令的过程中，各选项的含义如下。

- 水平：选择该选项，即可绘制水平的构造线。
- 垂直：选择该选项，即可绘制垂直的构造线。
- 角度：选择该选项，即可按指定的角度创建一条构造线，如图3-14所示。
- 二等分：选择该选项，即可创建已知角的角平分线。使用该选项创建的构造线平分指定的两条线间的夹角，且通过该夹角的顶点，如图3-15所示。绘制角平分线时，系统要求用户依次指定已知角的顶点、起点及终点。

- 偏移：选择该选项，即可创建平行于另一个对象的平行线，如图3-16所示。这条平行线可以偏移一段距离与对象平行，也可以通过指定的点与对象平行。

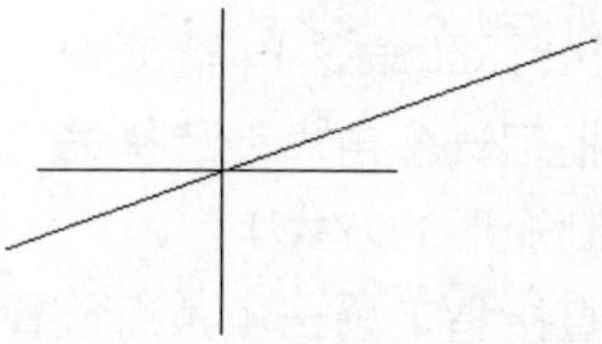

图3-14　角度

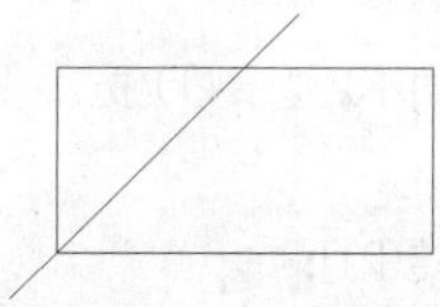

图3-15　二等分

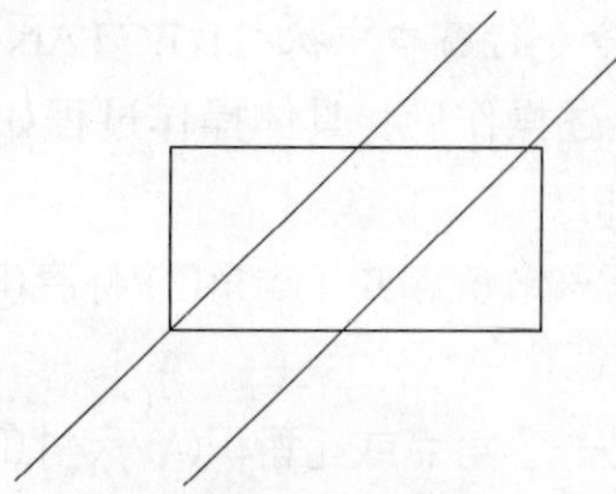

图3-16　偏移

3.2.4　自我强化：绘制构造线

01 新建一个AutoCAD文件，在命令行窗口中执行XLINE命令，具体操作过程如下：

命令：XLINE	（执行XLINE命令）
指定点或［水平(H)/垂直(V)/角度(A)/二等分(B)/偏移(O)］：H	（选择“水平”选项，单击鼠标左键，按【Space】键）
指定点或［水平(H)/垂直(V)/角度(A)/二等分(B)/偏移(O)］：V	（选择“垂直”选项，单击鼠标左键，按【Space】键）
指定点或［水平(H)/垂直(V)/角度(A)/二等分(B)/偏移(O)］：A	（选择“角度”选项，单击鼠标左键，按【Space】键）
指定角度：	（20°）
指定通过点：	（选择上一步的交点为通过点）
按【Esc】键	（退出命令）

02 返回绘图区即可看到绘制的构造线效果，如图3-17所示（光盘:\最终文件\第3章\构造线.dwg）。

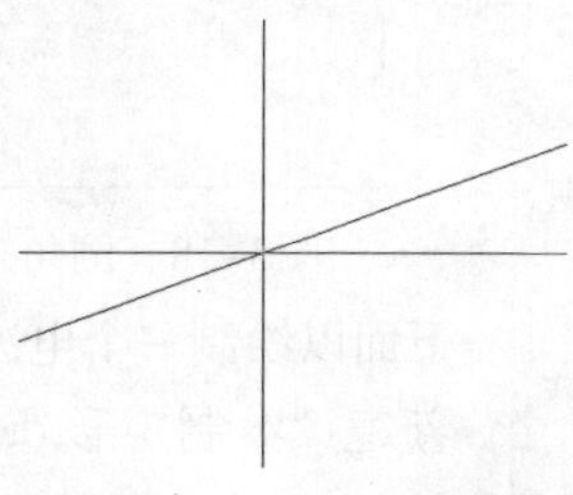

图3-17　构造线绘制

3.3 绘制矩形、正多边形

多边形，顾名思义，就是由很多条边组成的形状，它包括矩形、正多边形等。下面逐一讲解这些多边形图形的绘制方法。

3.3.1　绘制矩形

矩形也就是长方形。在AutoCAD中，不但可以绘制常见的矩形，还可以绘制具有倒角、圆角等特殊效果的矩形，调用该命令的方法如下：

- 在“常用”选项卡的“绘图”面板中，单击“矩形”按钮。
- 在命令行窗口中执行RECTANG或REC命令。

执行上述操作后，具体操作过程如下：

命令：REC （执行REC命令）
指定第一个角点或 [倒角(C)/标高(E)/圆角(F)/厚度(T)/宽度(W)]： （指定一个角点或选择另一种绘制矩形的方式）
指定另一个角点或 [面积(A)/尺寸(D)/旋转(R)]： （直接指定另一个角点位置或坐标值，或选择一种参数来确定另一个角点）

在执行矩形命令的过程中，各选项的含义如下。

- 倒角：设置矩形的倒角距离，以对矩形的各边进行倒角，倒角后的矩形效果如图3-18所示。
- 标高：设置矩形在三维空间中的基面高度，用于三维对象的绘制。
- 圆角：设置矩形的圆角半径，以对矩形进行圆角操作。一般在设计机械零件时，为了不使其棱角分明，以避免给用户带来伤害，在绘制矩形时，一般都会对每条边进行圆角操作。该圆角为工艺倒角，大小依据实际情况而定，进行圆角操作后的效果如图3-19所示。
- 厚度：设置矩形的厚度，即三维空间Z轴方向的高度。该选项用于绘制三维图形对象。
- 宽度：设置矩形的线条宽度，设置宽度后的效果如图3-20所示。
- 面积：指定将要绘制的矩形的面积，在绘制时系统要求指定面积和一个维度（长度或宽度），AutoCAD将自动计算另一个维度并完成矩形的绘制。
- 尺寸：通过指定矩形的长度、宽度和矩形另一角点的方向来绘制矩形。
- 旋转：指定将要绘制的矩形旋转的角度。

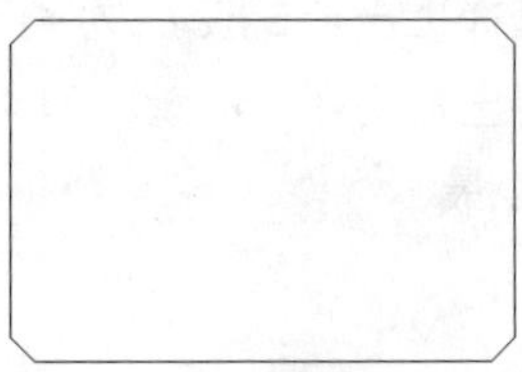

图3-18 倒角矩形

图3-19 圆角矩形

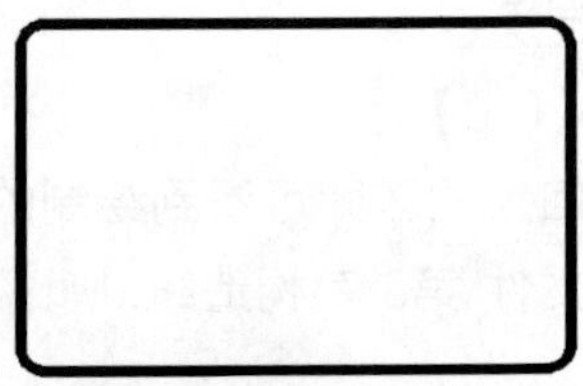

图3-20 设置线宽矩形

下面以绘制一个电冰箱为例，练习绘制矩形的方法，具体操作如下。

01 新建“绘制矩形.dwg”图形文件（光盘:\原始文件\第3章\绘制矩形.dwg），在命令行窗口中执行REC命令，具体操作过程如下：

命令：REC （执行REC命令）
指定第一个角点或 [倒角(C)/标高(E)/圆角(F)/厚度(T)/宽度(W)]：W
（选择“宽度”选项，并按【Space】键）
指定矩形的线宽 <0.0000>：3 （输入3，并按【Space】键）
指定第一个角点或 [倒角(C)/标高(E)/圆角(F)/厚度(T)/宽度(W)]：
（在绘图区的任意位置单击）
指定另一个角点或 [面积(A)/尺寸(D)/旋转(R)]：D （输入长宽分别为200和100，并按【Space】键）

命令: （按【Space】键，再次执行REC命令）
命令: RECTANG
当前矩形模式: 宽度=3.0000 （系统自动显示当前宽度）
指定第一个角点或 [倒角(C)/标高(E)/圆角(F)/厚度(T)/宽度(W)]:
（单击如图3-21所示的矩形左下角点）
指定第一个角点或 [倒角(C)/标高(E)/圆角(F)/厚度(T)/宽度(W)]: D
（输入200和220，并按【Space】键）
按【Esc】键 （退出命令）

02 绘制的电冰箱最终效果图如图3-22所示。将所绘制文件进行保存即可（光盘:\最终文件\第3章\绘制矩形.dwg）。

图3-21 矩形

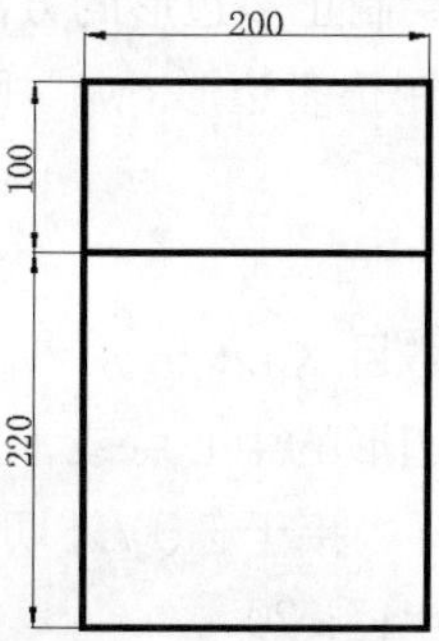

图3-22 电冰箱效果

3.3.2 绘制正多边形

正多边形是很多机械设计图纸中必不可少的表达元素，例如六角螺母、八边形等。在AutoCAD中，可以绘制边数为3~1024的正多边形，该命令有以下几种调用方法：

- 在“常用”选项卡的“绘图”面板中，单击“正多边形”按钮。
- 在命令行窗口中执行POLYGON或POL命令。

在绘制正多边形的过程中，可以通过指定多边形的边长或指定多边形中心点，以及其与圆相切/相接等方式来进行绘制。在实际绘图过程中，应根据实际情况选择相应的方式。

执行上述命令后，具体操作过程如下：

命令: POL （执行POLYGON命令）
输入边的数目 <4>: （输入需要的边数，按【Space】键确定）
指定正多边形的中心点或 [边(E)]: （指定中心点）
输入选项 [内接于圆(I)/外切于圆(C)] <I>: （默认选择“内接于圆”选项）
指定圆的半径: （输入圆半径，按【Space】键确定）

在执行命令的过程中，各选项的含义如下。

- 边：通过指定多边形边数的方式来绘制正多边形。该方式将通过边的数量和长度确定正多边形。

- 内接于圆：通过指定多边形内接圆半径的方式来绘制多边形，效果如图3-23所示。
- 外切于圆：通过指定多边形外切圆半径的方式来绘制多边形，效果如图3-24所示。

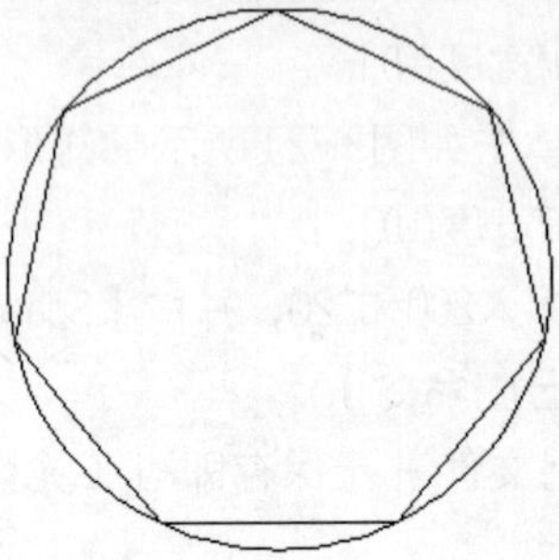

图3-23　内接正七边形

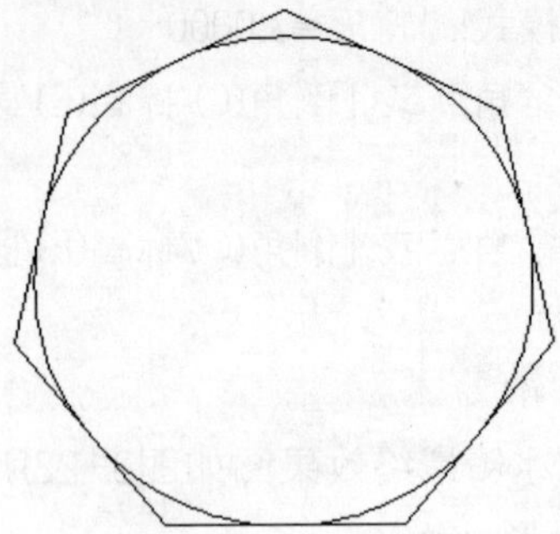

图3-24　外切正七边形

下面练习绘制正多边形的方法，具体操作如下。

01 新建“绘制正多边形.dwg”图形文件，在命令行窗口中执行POL命令，具体操作过程如下：

命令: POL	(执行POLYGON命令)
输入边的数目 <4>: 5	(输入5，并按【Space】键确定)
指定正多边形的中心点或 [边(E)]:	(单击如图3-25所示的圆心)
输入选项 [内接于圆(I)/外切于圆(C)] <I>: C	(选择“外切于圆”选项，并按【Space】键)
指定圆的半径: 20	(输入20，按【Space】键确定)
按【Enter】键	(再次执行POLYGON命令)
输入边的数目 <4>: 5	(输入5，并按【Space】键确定)
指定正多边形的中心点或 [边(E)]:	(单击如图3-25所示的圆心)
输入选项 [内接于圆(I)/外切于圆(C)] <I>: I	(选择“外切于圆”选项，并按【Space】键)

02 绘制完成的效果如图3-26所示（光盘:\最终文件\第3章\绘制正多边形.dwg）。

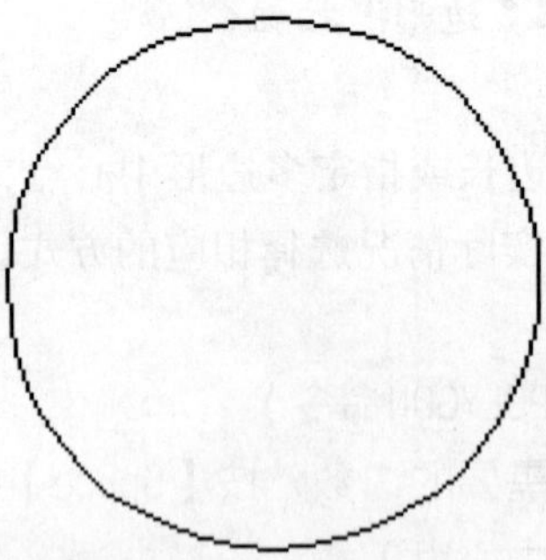

图3-25　指定圆心

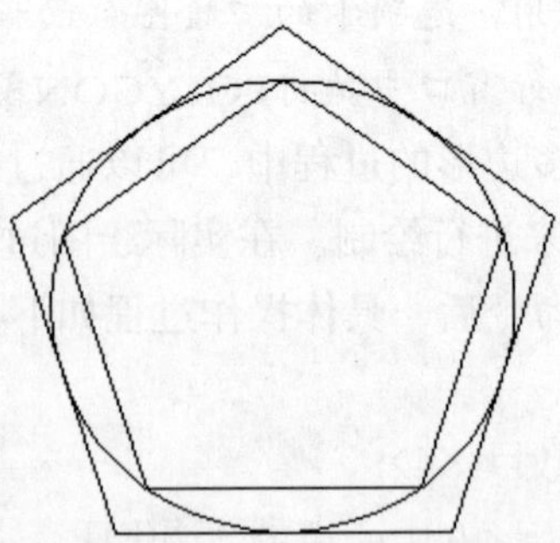

图3-26　绘制正多边形效果

3.3.3　自我强化：绘制正多边形

下面利用一个例子来系统介绍本节所学的矩形和正多边形的绘制，如图3-27所示。

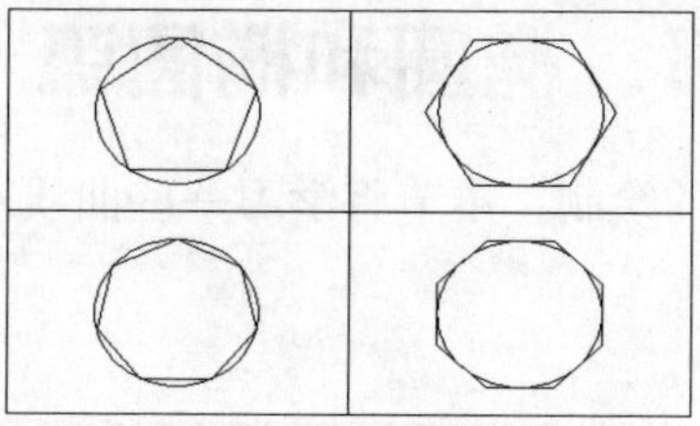

图3-27　效果图

01 新建一个AutoCAD（见图3-28）文件，在命令行窗口中执行POL命令，具体操作过程如下：

命令: POL　（执行POL命令）
输入边的数目 <4>: 5　（输入5，并按【Space】键确定）
指定正多边形的中心点或 [边(E)]:　（单击左上角的圆心）
输入选项 [内接于圆(I)/外切于圆(C)] <I>: I　（选择“内接于圆”选项，并按【Space】键）
指定圆的半径: 15　（输入15，按【Space】键确定）
按【Enter】键　（重复执行POL命令）
输入边的数目 <5>: 6　（输入6，并按【Space】键确定）
指定正多边形的中心点或 [边(E)]:　（单击右上角的圆心）
输入选项 [内接于圆(I)/外切于圆(C)] <I>: C　（选择“外切于圆”选项，并按【Space】键）
指定圆的半径: 15　（输入15，按【Space】键确定）
按【Enter】键　（重复执行POL命令）
输入边的数目 <6>: 7　（输入7，并按【Space】键确定）
指定正多边形的中心点或 [边(E)]:　（单击左下角的圆心）
输入选项 [内接于圆(I)/外切于圆(C)] <I>: I　（选择“内接于圆”选项，并按【Space】键）
指定圆的半径: 15　（输入15，按【Space】键确定）
按【Enter】键　（重复执行POL命令）
输入边的数目 <7>: 8　（输入8，并按【Space】键确定）
指定正多边形的中心点或 [边(E)]:　（单击右上角的圆心）
输入选项 [内接于圆(I)/外切于圆(C)] <I>: C　（选择“外切于圆”选项，并按【Space】键）
指定圆的半径: 15　（输入15，按【Space】键确定）
按【Esc】键　（退出命令）

02 返回绘图区即可看到绘制的多边形效果，如图3-29所示（光盘:\最终文件\第3章\多边形训练.dwg）。

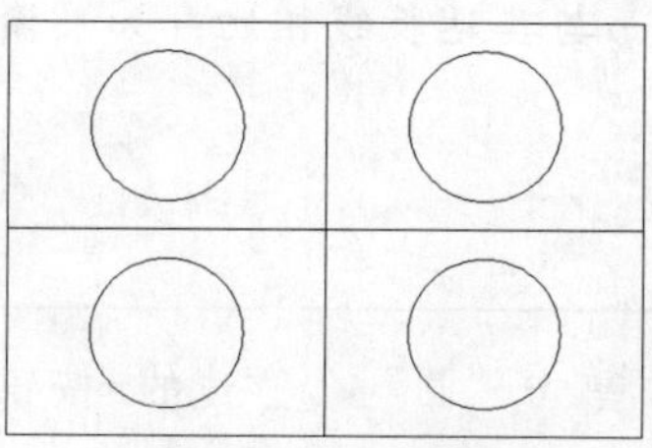

图 3-28　素材图

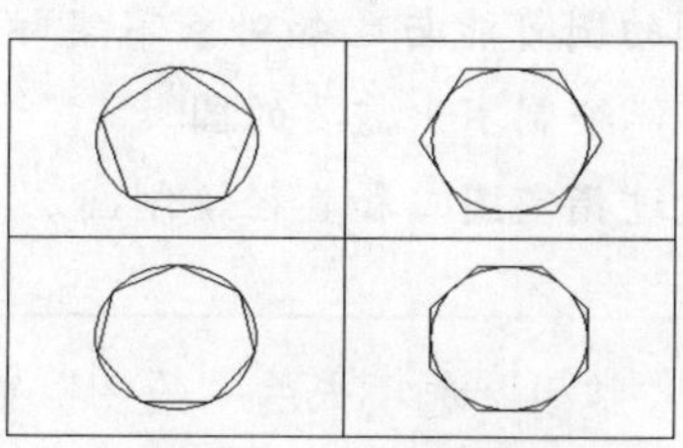

图3-29　多边形效果图

3.4 绘制圆、圆弧、椭圆和椭圆弧

之前学习了简单的线型对象的绘制，本节将学习一些曲线对象的绘制方法，如圆、圆弧、椭圆、椭圆弧的绘制方法。

3.4.1 绘制圆和圆弧

圆和圆弧是机械设计中最常用的图形对象之一，圆主要用来绘制孔、轴、轮、柱等，圆弧主要用来连接图形。下面详细讲解这两种图形对象的绘制方法。

1. 绘制圆

AutoCAD提供了多种绘制圆的方式，系统默认通过指定圆心和半径进行绘制。调用该命令的方法如下：

- 在“常用”选项卡的“绘图”面板中，单击“圆”按钮。
- 在菜单栏选择“绘图”→“圆”命令，在弹出的子菜单中选择相应的命令绘制圆，如图3-30所示。
- 在命令行窗口中执行CIRCLE或C命令。

图3-30 画圆命令

若在命令行窗口执行CIRCLE命令，则可以通过3种方式进行绘制，具体操作过程如下：

命令：CIRCLE （执行CIRCLE命令）

指定圆的圆心或[三点(3P)/两点(2P)/相切、相切、半径(T)]： （在绘图区拾取一点作为圆心）

指定圆的半径或[直径(D)] <0>: （输入半径值并按【Space】键确认）

在执行命令的过程中，各选项含义如下（见图3-31）。

- 圆心、半径：首先选定某一点为圆心，然后输入圆的半径，通过指定圆心和半径的方式画圆。
- 圆心、直径：首先选定某一点为圆心，然后输入圆的直径，通过指定圆心和直径的方式画圆。
- 三点：通过已知的3个点作为将要绘制的圆周上的3个点来绘制圆，系统会陆续提示指定第1点、第2点和第3点。
- 两点：利用已知的两个点绘制圆，系统将分别提示指定圆直径方向的两个端点。
- 相切、相切、半径：利用两个已知对象的切点和圆的半径来绘制圆，系统会分别提示指定圆的第1切线、第2切线上的点和圆的半径。在使用该选项绘制圆时，由于圆的半径限制，绘制的圆可能与已知对象不实际相切，而与其延长线相切；如果输入的圆半径不合适，也可能绘制不出需要的圆。
- 直径：通过指定圆心和直径绘制圆。

注意

在功能区“常用”选项卡的“绘图”面板中，单击“圆”旁边的按钮，在弹出的下拉列表中选择相应的命令绘制圆。

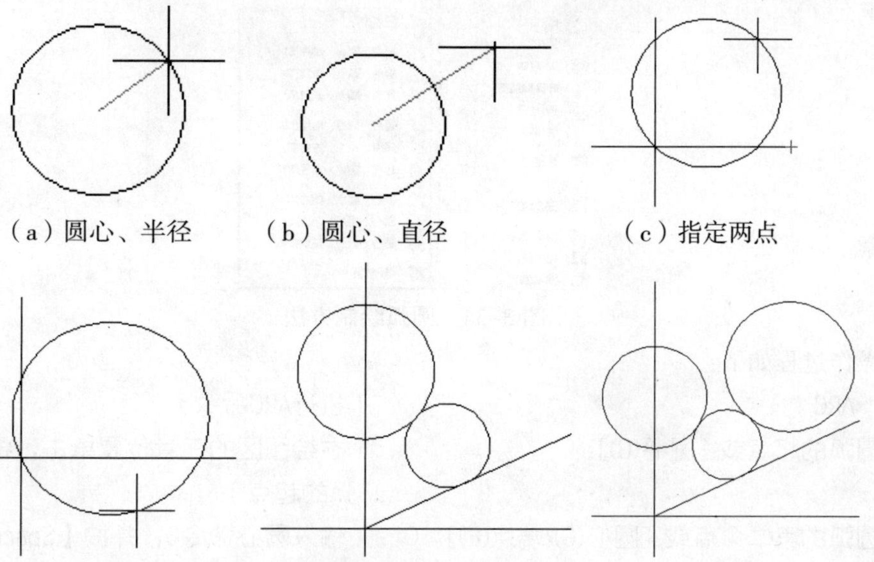

（a）圆心、半径　（b）圆心、直径　（c）指定两点

（d）指定三点　（e）两相切对象及半径　（f）三相切对象

图3-31　6种绘制圆的方法

下面练习绘制圆的方法，具体操作如下。

01 新建一个名为“画圆.dwg”的图形文件，在命令行窗口中执行CIRCLE命令，具体操作过程如下：

命令：CIRCLE	（执行CIRCLE命令）
指定圆的圆心或[三点(3P)/两点(2P)/相切、相切、半径(T)]:	（单击如图3-32所示的4个圆弧对应的圆心）
指定圆的半径或[直径(D)] <0>: 4	（输入4，并按【Space】键确认）
按【Esc】键	（退出命令）

02 按照相同的方法，绘制其余3个圆，效果如图3-33所示（光盘:\最终文件\第3章\画圆.dwg）。

图3-32　画圆素材

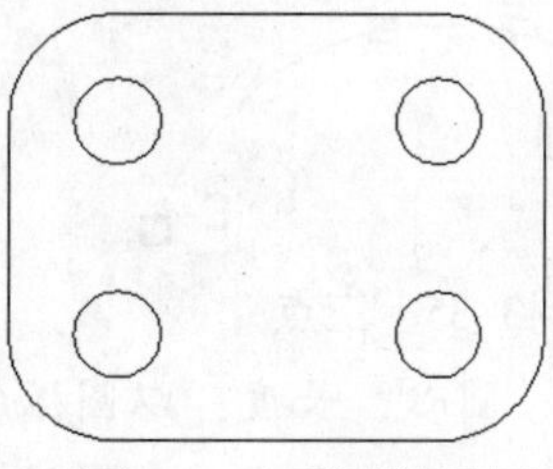

图3-33　画圆效果图

2. 绘制圆弧

圆弧是指包含一定角度的圆周线。对于它的绘制AutoCAD提供了很多种方法，本段将详细介绍圆弧的绘制方法。调用该命令的方法如下：

- 在“常用”选项卡的“绘图”面板中，单击“圆弧”命令图标。
- 选择菜单栏“绘图”→“圆弧”命令，在子菜单中选择相应的选项也可以绘制圆弧，如图3-34所示。
- 在命令行窗口中执行ARC或A命令。

图 3-34　圆弧绘制方法

具体操作过程如下：

命令：ARC	（执行ARC命令）
指定圆弧的起点或 [圆心(C)]:	（在绘图区的任意位置单击，将该点作为圆弧的起点）
指定圆弧的第二个点或 [圆心(C)/端点(E)]：C	（输入圆心命令C，并按【Space】键）
指定圆弧的圆心	（再在绘图区的任意位置单击，将该点作为圆弧的中心）
指定圆弧的端点或 [角度(A)/弦长(L)]：A	（输入角度命令A，并按【Space】键）
指定包含角:	（输入角度值，并按【Space】键）

单击“圆弧”按钮右侧的▾按钮，AutoCAD 2012给出了很多绘制圆弧的方式，这些方式都是根据起点、方向、中点、角度、终点、弦长等参数来确定。其下拉列表中各选项的含义如下。

- 三点：以指定3个点的方式绘制圆弧，如图3-35所示。
- 起点、圆心、端点：以圆弧的起点、圆心、端点方式绘制圆弧，如图3-36所示。
- 起点、圆心、角度：以圆弧的起点、圆心、圆心角方式绘制圆弧，如图3-37所示。

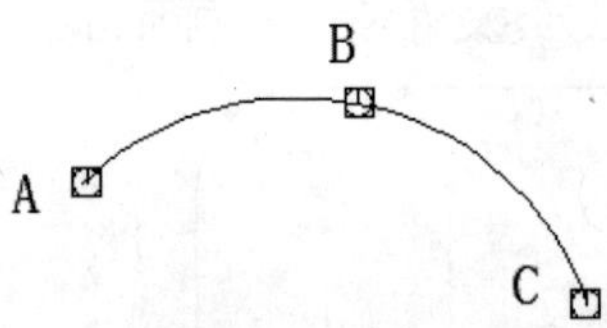

图3-35　三点

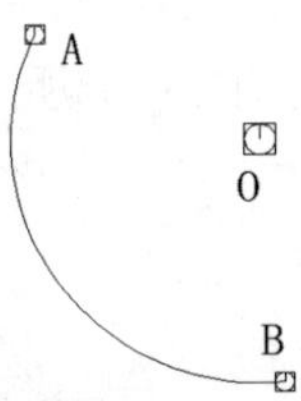

图3-36　起点、圆心、端点

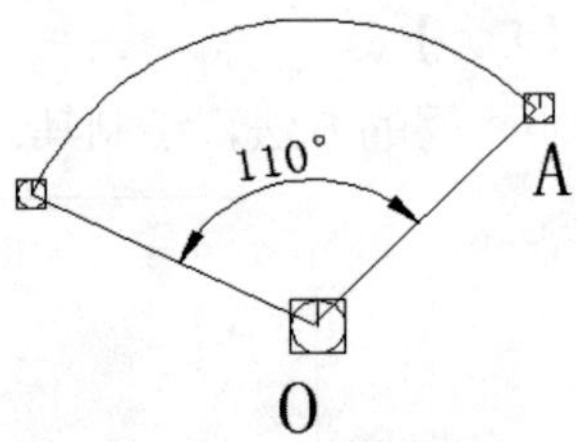

图3-37　起点、圆心、角度

- 起点、圆心、长度：以圆弧的起点、圆心、弦长方式绘制圆弧，如图3-38所示。
- 起点、端点、角度：以圆弧的起点、端点、圆心角方式绘制圆弧，如图3-39所示。
- 起点、端点、方向：以圆弧的起点、端点、起点的切线方向方式绘制圆弧，如图3-40所示。

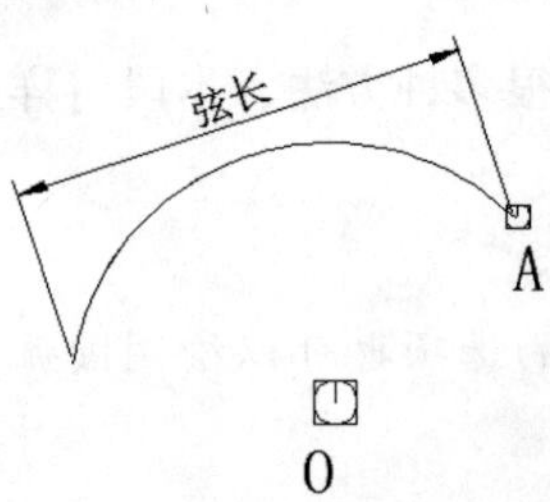

图3-38　起点、圆心、长度

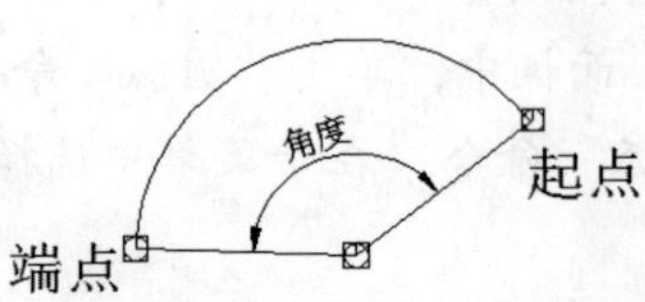

图3-39　起点、端点、角度

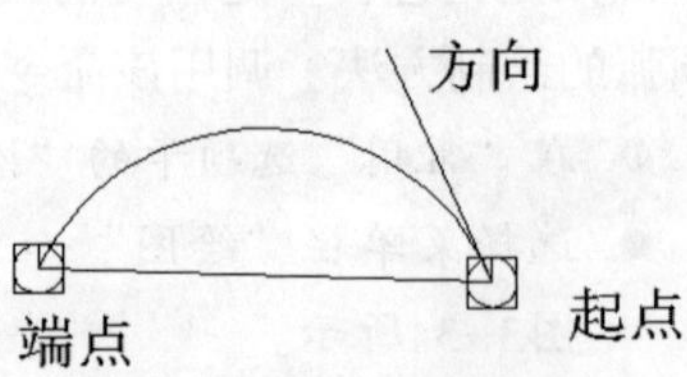

图3-40　起点、端点、方向

- 起点、端点、半径：以圆弧的起点、端点、半径方式绘制圆弧，如图3-41所示。
- 圆心、起点、端点：以圆弧的圆心、起点、终点方式绘制圆弧，如图3-42所示。
- 圆心、起点、角度：以圆弧的圆心、起点、圆心角方式绘制圆弧，如图3-43所示。

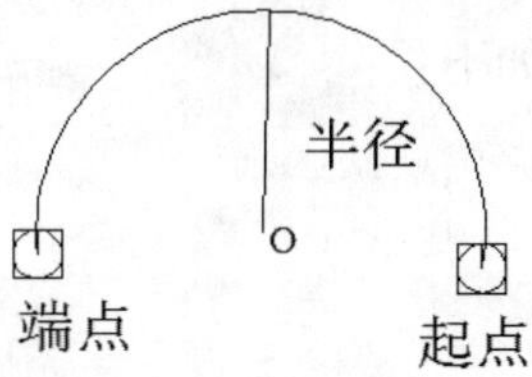

图3-41　起点、端点、半径

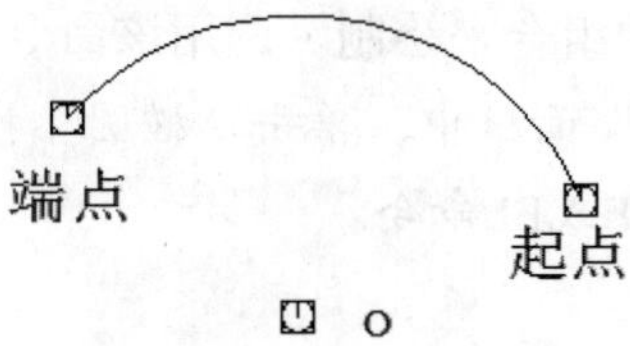

图3-42　圆心、起点、端点

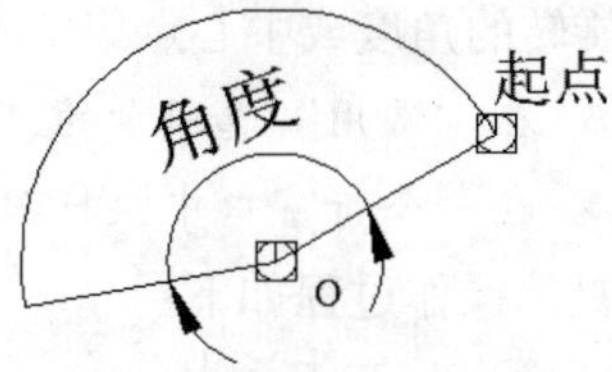

图3-43　圆心、起点、角度

- 圆心、起点、长度：以圆弧的圆心、起点、弦长方式绘制圆弧，如图3-44所示。
- 继续：绘制其他直线或非封闭曲线后，选择“绘图”→“圆弧”→“继续”命令，系统将自动以刚才绘制的对象的终点作为即将绘制的圆弧起点。

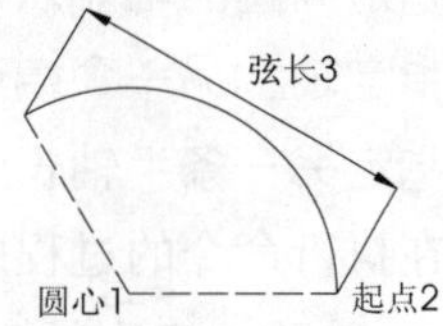

图3-44　圆心、起点、长度

注意

设置逆时针为角度方向，并输入正的角度值，则所绘制的圆弧是从起始点绕圆心沿逆时针方向给出；如果输入负角度值，则沿顺时针方向绘制圆弧。

下面以绘制扇子为例，练习绘制圆弧的方法，具体操作如下。

01 新建“绘制圆弧.dwg”图形文件（光盘:\原始文件\第3章\绘制圆弧.dwg），在命令行窗口中执行A命令，采用起点、端点、方向绘制圆弧。具体操作过程如下：

命令：A　（执行ARC命令）
指定圆弧的起点或 [圆心(C)]:　（单击如图3-45所示的一个端点）
指定圆弧的端点或 [圆心(C)/端点(E)]:　（单击如图3-45所示的另一个点）
指定圆弧的方向:　（选择一个方向）

02 用同样方法创建另外一侧圆弧。

03 按照相同的方法，绘制其他的圆弧，绘制后的效果如图3-46所示（光盘:\最终文件\第3章\绘制圆弧.dwg）。

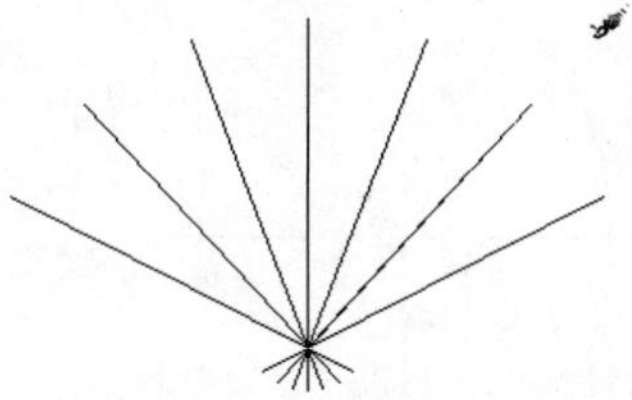
图3-45　绘制圆弧素材

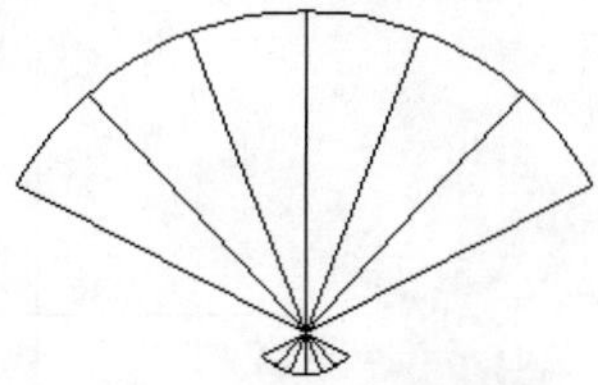
图3-46　绘制圆弧效果

3.4.2　绘制椭圆和椭圆弧

绘制椭圆和椭圆弧的方法与绘制圆和圆弧的方法类似，下面分别讲解椭圆和椭圆弧的具体绘制方法。

1. 绘制椭圆

绘制椭圆时，系统默认须指定椭圆长轴与短轴的尺寸，也可以通过轴端点、轴距离、绕轴线、旋转的角度或中心点集中不同的组合来绘制。调用该命令的方法如下：

- 在“常用”选项卡的“绘图”面板中，单击“椭圆”按钮。
- 在命令行窗口中执行ELLIPSE或EL命令。

具体操作过程如下：

```
命令: ELLIPSE                                    （执行ELLIPSE命令）
指定椭圆的轴端点或 [圆弧(A)/中心点(C)]:          （指定端点）
指定轴的另一个端点:                              （指定另一个端点）
指定另一条半轴长度或 [旋转(R)]:                  （指定另一条半轴长度）
```

在执行命令的过程中，各选项含义如下。

- 圆弧：只绘制椭圆上的一段弧线，即椭圆弧。
- 中心点：以指定椭圆圆心和两轴半径长度的方式绘制椭圆或椭圆弧。
- 旋转：通过绕第一条轴旋转的方式绘制椭圆或椭圆弧。输入的值越大，椭圆的离心率就越大，当输入0时，绘制的图形是正圆。

> **注意**
>
> 在“常用”选项卡的“绘图”面板中，单击“椭圆”按钮右侧的▾按钮，在弹出的下拉列表中选择“轴、端点”选项，可以通过指定椭圆轴的第3个端点绘制椭圆。

下面以绘制鸡蛋为例，练习绘制椭圆的方法，具体操作如下。

01 打开“椭圆.dwg”图形文件（光盘:\原始文件\第3章\椭圆.dwg，见图3-47），在命令行窗口中执行ELLIPSE命令，具体操作过程如下：

```
命令: ELLIPSE                                    （执行ELLIPSE命令）
指定椭圆的轴端点或 [圆弧(A)/中心点(C)]:          （单击如图3-47所示的A点）
指定轴的另一个端点:                              （单击如图3-47所示的B点）
指定另一条半轴长度或 [旋转(R)]:                  （单击如图3-47所示的C点）
```

02 绘制完成的效果如图3-48所示（光盘:\最终文件\第3章\椭圆.dwg）。

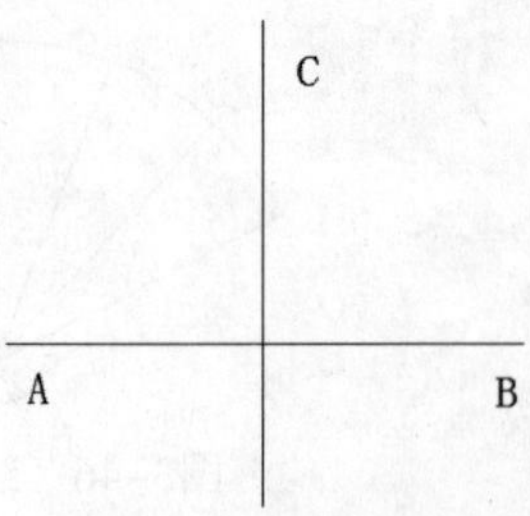

图3-47　椭圆素材

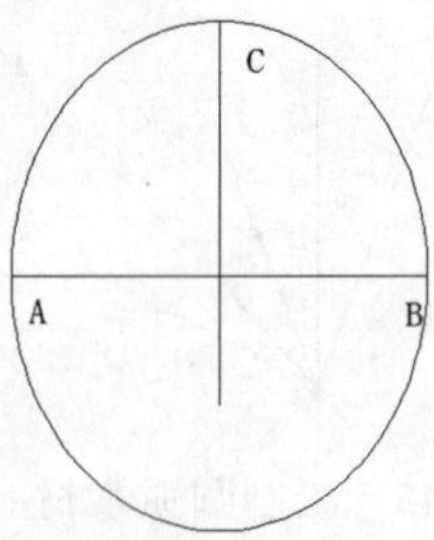

图3-48　鸡蛋

2. 绘制椭圆弧

绘制椭圆弧与绘制椭圆的方法类似，在AutoCAD 2012中，椭圆弧与椭圆命令相同，都是

ELLIPSE，但是命令行里的提示不同。调用该命令的方法如下：

- 在“常用”选项卡的“绘图”面板中，单击“椭圆”按钮右侧的▾按钮，在弹出的下拉列表中选择“椭圆弧”选项。
- 在命令行窗口中执行ELLIPSE或EL命令。

执行上述操作后，具体操作过程如下：

命令：ELLIPSE　　（执行ELLIPSE命令）
指定椭圆的轴端点或 [圆弧(A)/中心点(C)]：a　（选择“圆弧”选项）
指定椭圆弧的轴端点或 [中心点(C)]：　（在绘图区中拾取一点作为椭圆弧轴的一个端点）
指定轴的另一个端点：　（拾取另一点作为轴的另一个端点）
指定另一条半轴长度或 [旋转(R)]：　（指定椭圆弧另一条轴线的半长）
指定起始角度或 [参数(P)]：　（指定椭圆弧起点角度值，可手动拾取一点来确定）
指定终止角度或 [参数(P)/包含角度(I)]：　（指定椭圆弧端点角度值）

在执行命令的过程中，各选项含义如下。

- 中心点：以指定圆心的方式绘制椭圆弧。选择该选项后，指定第一根轴的长度时只需指定其半长即可。
- 旋转：通过绕第一条轴旋转圆的方式绘制椭圆，再指定起始角度与终止角度，绘制出椭圆弧。
- 参数：选择“参数”选项后，同样需要输入椭圆弧的起始角度，但系统将通过矢量参数方程式“p(u) = c+a cos(u)+b sin(u)”来绘制椭圆弧。其中，c表示椭圆的中心点，a和b分别表示椭圆的长轴和短轴。
- 包含角度：定义从起始角度开始的包含角度。

下面以绘制三维柱体顶部为例，练习绘制椭圆弧的方法，具体操作如下。

01 新建一个名为“绘制椭圆弧.dwg”的图形文件（光盘:\原始文件\第3章\绘制椭圆弧.dwg），如图3-49所示，在命令行窗口中执行ELLIPSE命令，具体操作过程如下。

命令：ELLIPSE　（执行ELLIPSE命令）
指定椭圆的轴端点或 [圆弧(A)/中心点(C)]：A　（选择“圆弧”选项，并按【Space】键）
指定椭圆弧的轴端点或 [中心点(C)]：0，0　（输入端点坐标（0，0），并按【Space】键）
指定轴的另一个端点：20，0　（输入端点坐标（20，0），并按【Space】键）
指定另一条半轴长度或 [旋转(R)]：4　（输入4，并按【Space】键）
指定起始角度或 [参数(P)]：0　（输入0，并按【Space】键）
指定终止角度或 [参数(P)/包含角度(I)]：180　（输入180，并按【Space】键）

02 绘制完成的效果如图3-50所示（光盘:\最终文件\第3章\绘制椭圆弧.dwg）。

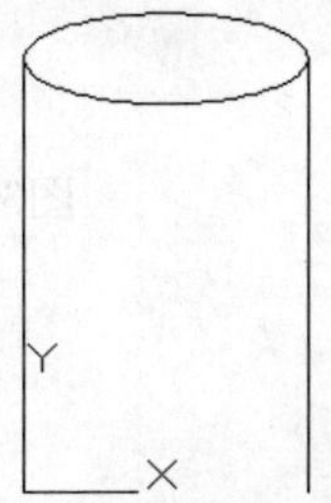

图3-49　绘制椭圆弧素材

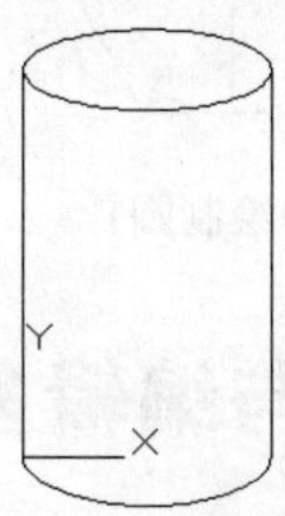

图3-50　效果图

3.4.3 自我强化：绘制螺母

下面将根据已知图形文件绘制螺母，练习本节所讲知识。

01 打开“螺母.dwg”图形文件（光盘:\原始文件\第3章\螺母.dwg），在命令行窗口中执行CIRCLE命令，绘制圆，具体操作过程如下：

命令：CIRCLE	（执行CIRCLE命令）
指定圆的圆心或 [三点(3P)/两点(2P)/相切、相切、半径(T)]：	（0，0）
指定圆的半径或 [直径(D)]：D	（输入直径命令D，并按【Enter】键）
指定圆的直径：100	（输入直径值100并按【Enter】键，绘制完成的效果如图3-51所示）

02 再次在命令行窗口中执行CIRCLE命令，绘制直径为50的圆，具体操作过程如下：

命令：CIRCLE	（执行CIRCLE命令）
指定圆的圆心或 [三点(3P)/两点(2P)/相切、相切、半径(T)]：	（单击构造线交点为圆心）
指定圆的半径或 [直径(D)]：50	（输入直径长度50，并按【Enter】键，绘制完成的效果如图3-52所示）

03 在命令行窗口中执行ARC命令，绘制螺母螺纹，具体操作过程如下：

命令：ARC	（执行ARC命令）
指定圆弧的起点或 [圆心(C)]：C	（输入圆心命令C并按【Enter】键）
指定圆弧的圆心：	（拾取中心线交点为圆心）
指定圆弧的起点：27，0	（输入圆弧起点值）
指定圆弧的端点或 [角度(A)/弦长(L)]：A	（输入角度命令A并按【Enter】键）
指定包含角：270	（输入包含角角度值为270，并按【Enter】键）

04 绘制完成的效果如图3-53所示（光盘:\最终文件\第3章\螺母.dwg）。

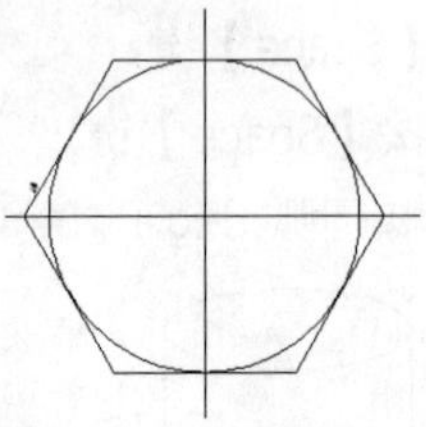
图3-51 绘制圆1

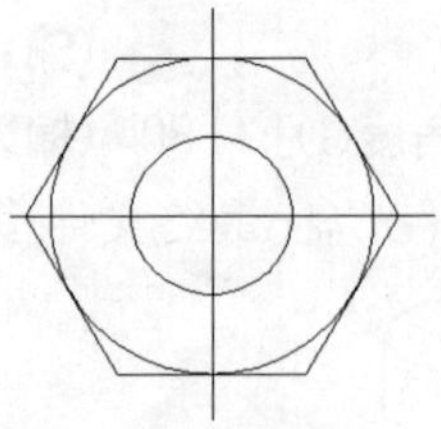
图3-52 绘制圆2

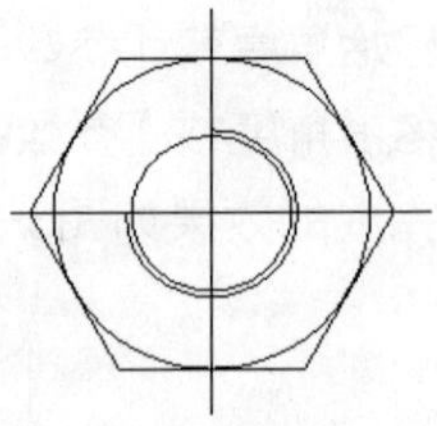
图3-53 绘制圆弧

3.5 绘制与编辑多线

多线是一种由多条平行线组成的组合对象，可绘制1～16条平行线。这些直线的线型、线宽、偏移、比例、样式和端点交接等都可以调整。多线常用于绘制建筑图中的墙体、电子图等平行线对象。

3.5.1　绘制多线

01 新建“绘制多线.dwg”图形文件，在命令行窗口执行MLINE命令，具体操作过程如下：

命令: MLINE	(执行MLINE命令)
当前设置:对正=上，比例=30.00，样式=STANDARD	(系统提示当前的多线样式、对正方法与比例)
指定起点或 [对正(J)/比例(S)/样式(ST)]:	(在绘图区的适当位置拾取一点作为多线的起点)
指定下一点: 1000	(将十字光标移至起点右侧，输入数值并确认)
指定下一点或 [放弃(U)]: 500	(将十字光标移至上一点的下方，输入500并按【Enter】键确认)
指定下一点或 [放弃(U)]: 1000	(将十字光标移至上一点的右侧，输入数值并按【Enter】键确认)

02 绘制完成后的效果如图3-54所示(光盘:\最终文件\第3章\绘制多线.dwg)。

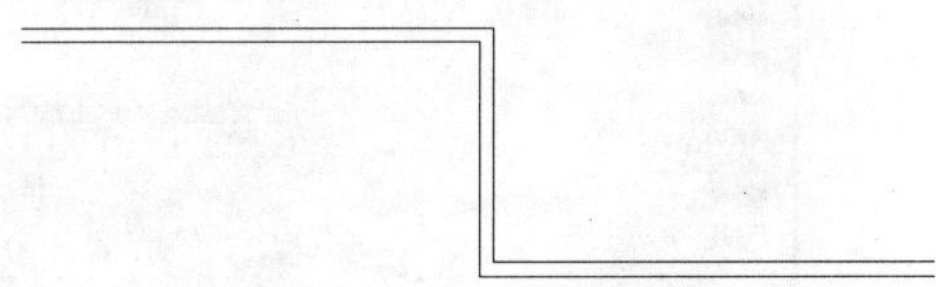

图3-54　多线效果图

在执行命令的过程中，各选项的含义如下。

- 对正：设置绘制多线时相对于输入点的偏移位置。该选项有上、无和下3个选项。
  - ◆ 上：多线顶端的线随着光标移动。
  - ◆ 无：多线的中心线随着光标移动。
  - ◆ 下：多线最底端的线随着光标移动。
- 比例：设置多线样式中平行多线的宽度比。例如，一个值为2的比例因子产生的宽度是定义样式中“偏移”值的两倍，而负的比例因子则会将偏移方向反向。
- 样式：设置绘制多线时使用的样式，默认的多线样式为STANDARD。选择该选项后，可以在提示信息“输入多线样式名或［?］”后面输入已定义的样式名，输入“?”则会列出当前图形中所有的多线样式。

3.5.2　创建多线样式

多线样式包括每条单线的偏移距离、颜色、线型及背景填充等特性。

01 在命令行窗口中执行MLSTYLE命令，弹出“多线样式”对话框，单击 新建(N)... 按钮，如图3-55所示，弹出“创建新的多线样式”对话框。

02 在“新样式名”文本框中输入文本“多线”，然后单击 继续 按钮，如图3-56所示。

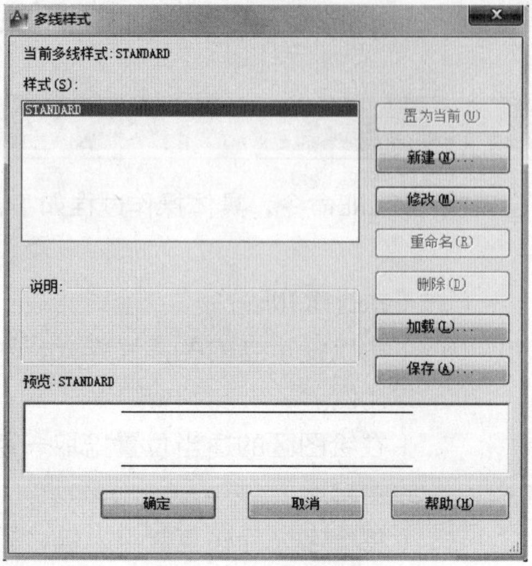

图3-55　多线样式

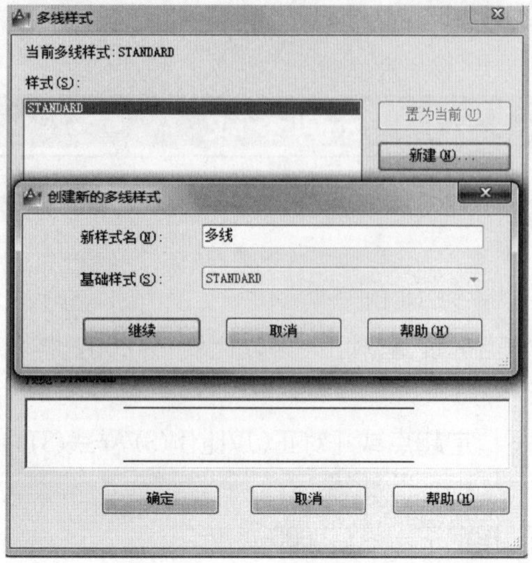

图3-56　新样式名

03 弹出“新建多线样式：多线样式”对话框，在“说明”文本框中可以输入需要的说明文本，这里输入文本“200”。

04 在“图元”选项组中选择第一个线型，在“偏移”文本框中输入100，如图3-57所示。再选择第二个线型，在“偏移”文本框中输入-100，如图3-58所示。

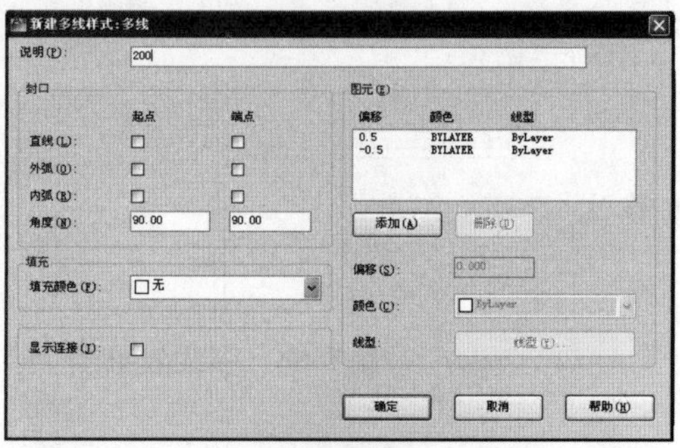

图3-57　设置第一个线型

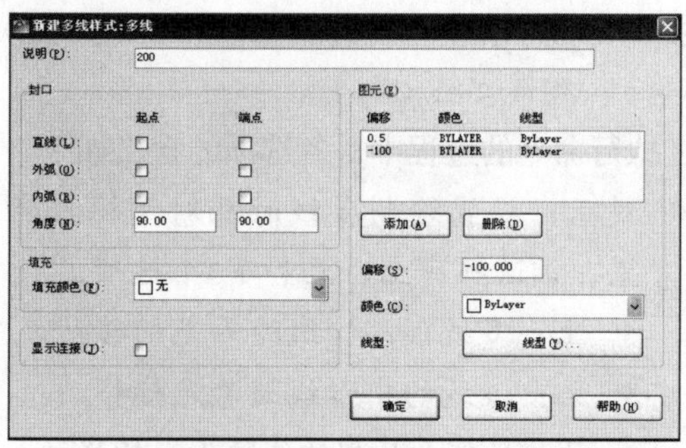

图3-58　设置第二个线型

05 单击“确定”按钮，返回“多线样式”对话框。此时，在“多线样式”对话框的“样式”列表框中将显示刚设置完成的多线样式。选择需要使用的多线样式，单击 置为当前(U) 按钮，如图3-59所示。

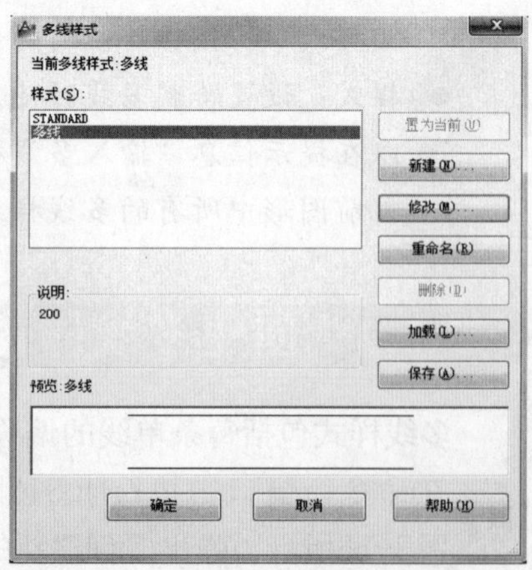

图3-59　“多线样式”对话框

“多线样式”对话框中的各选项都有具体的功能。

- 置为当前：在“样式”列表中选择需要使用的多线样式后，单击该按钮，可以将其设置为当前样式。
- 新建：单击该按钮，打开“创建新的多线样式”对话框，可以创建新的多线样式。
- 修改：单击该按钮，打开“修改多线样式”对话框，可以修改创建的多线样式。

- 重命名：可以修改当前多线样式的名称。
- 删除：删除“样式”列表中选中的多线样式。
- 说明：用于说明当前所定义的多线样式的特性等。
- 加载：打开“加载多线样式”对话框，用户可以从中选择多线样式并将其加载到当前图形中。
- 保存：打开“保存多线样式”对话框，可以将当前的多线样式保存为一个多线文件（*.mln）。

3.5.3 设置多线特性

在菜单栏选择“修改”→“对象”→“多线”命令，或者在命令行窗口输入MLEDIT，打开“多线编辑工具”对话框，系统为用户提供了12种多线编辑工具，它们可以分为4类，即十字型、T型、直角以及切断工具。

- 十字型工具：3个十字型工具用于消除各种交线。当用户选择十字型的工具后，还需要选取两条多线，AutoCAD总是切断所选的第一条多线，并根据所选工具切断第二条多线。图3-60为运用各种工具后的效果图。

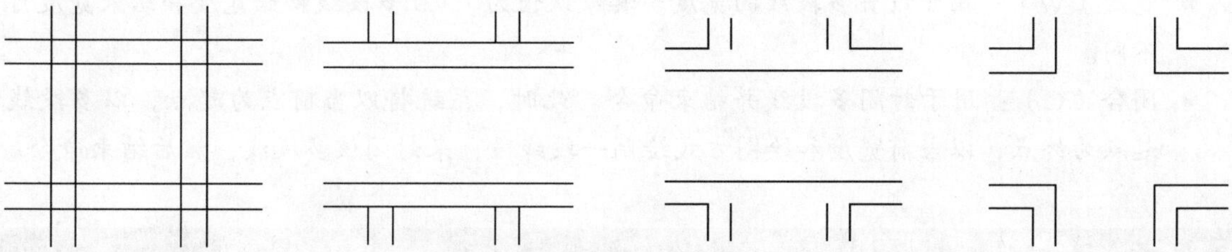

（a）原始曲线　（b）十字闭合　（c）十字打开　（d）十字合并

图3-60 多线的十字型编辑效果

- T型工具：用于消除交线，其编辑效果如图3-61所示。

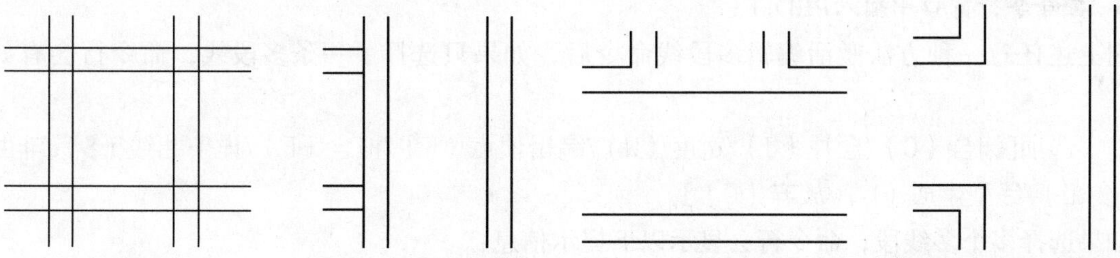

（a）原始曲线　（b）T型闭合　（c）T型打开　（d）T型合并

图3-61 多线的T型编辑效果

- 角点结合工具：用于消除交线，还可以消除多线一侧的延伸线，从而形成直角。
- 添加顶点工具和删除顶点工具：添加顶点工具可以为多线增加若干顶点，删除顶点工具则可以从包含3个或更多顶点的多线上删除顶点。
- 剪切工具：可以切断多线。
- 全部结合工具：可以重新显示所选两点间的任何切断部分。

3.6 绘制与编辑多段线

在AutoCAD中，“多段线”是一种非常有用的线段对象，是由多段直线段或圆弧段组成的一个组合体，各组成部分既可以一起编辑，也可以分别编辑，还可以具有不同的宽度。

3.6.1 绘制多段线

对于多段线的绘制，可以有以下几种方式：

- 在菜单栏中选择“绘图”→“多段线”命令。
- 在命令行窗口中输入PLINE。

不论用哪种方式绘制多段线，命令行窗口中都会出现一些选项，这些选项的功能如下。

- 圆弧（A）：可从绘制直线方式切换到绘制圆弧方式。
- 半宽（H）：设置多段线的半宽。
- 长度（L）：指定绘制的直线段的长度。此时，AutoCAD将沿着上一段直线的方向以该长度来绘制直线段。如果前一段线对象是圆弧，则该段直线的方向为上一段圆弧端点的切线方向。
- 宽度（W）：用于设置多段线的宽度。其默认值为0，且多段线初始宽度和结束宽度可以不同。
- 闭合（C）：用于封闭多段线并结束命令。此时，系统将以当前点为起点，以多段线的起点为终点，以当前宽度和绘图方式绘制一段线段，来封闭该多段线，然后结束命令。

3.6.2 编辑多段线

对于多段线的绘制，可以有以下几种方式：

- 在菜单栏中选择“修改”→“对象”→“多段线”命令。
- 在命令行窗口中输入PEDIT。

用上述任意一种方法激活编辑多段线命令后，如果只选择了一条多段线，命令行会有如下提示：

输入选项[闭合（C）/合并（J）/宽度（W）/编辑顶点（E）/拟合（F）/样条曲线（S）/非曲线化（D）/线型生成（L）/放弃（U）]

如果选择多个多线段，命令行会显示以下提示信息：

输入选项[闭合（C）/打开（O）/合并（J）/宽度（W）/拟合（F）/样条曲线（S）/非曲线化（D）/线型生成（L）/放弃（U）]

编辑多段线时，命令行主要选项的功能如下。

- 闭合（C）：封闭所编辑的多段线，即自动以最后一段的绘图模式（直线或圆弧）连接原多段线的起点和终点。
- 合并（J）：将与多段线连接的直线段、圆弧或多段线连接到指定的非闭合多段线上，使之成为一个对象。

- 宽度（W）：为多段线统一设置宽度。
- 拟合（F）：将多段线转换为拟合曲线。
- 样条曲线（S）：将多段线转换为样条曲线，且拟合时以多段线的各顶点作为样条曲线的控制点。
- 非曲线化（D）：删除在执行“拟合”或者“样条曲线”操作时插入的额外顶点，并拉直多段线中的所有线段，同时保留多段线顶点的所有切线信息。
- 线型生成（L）：设置非连续线型多段线在各顶点处的绘制方式。
- 放弃（U）：取消编辑命令的上一次操作。
- 编辑顶点（E）：编辑多段线的顶点，该选项只能对单个多段线操作。

3.6.3　自我强化：绘制多段线

01 在命令行窗口中输入PLINE，执行多段线命令。在绘图区任取一点作为多段线起点A。当前宽度为0，在命令行窗口中输入W，进行设置线宽操作。设置起点线宽为30，同时设置端点宽度为30，任取一点为B。

02 在命令行窗口中输入A，执行圆弧命令。在命令行窗口中输入H，执行半宽命令，指定起点的半宽为15。然后设置端点的半宽为5。在绘图区单击点C，完成圆弧段的绘制。

03 在命令行窗口输入L，执行直线命令，再输入W，执行宽度命令，输入起点宽度为10，端点宽度为0，在绘图区单击点D，按【Enter】键结束命令。完成的最终效果图如图3-62所示（光盘:\最终文件\第3章\绘制多段线.dwg）。

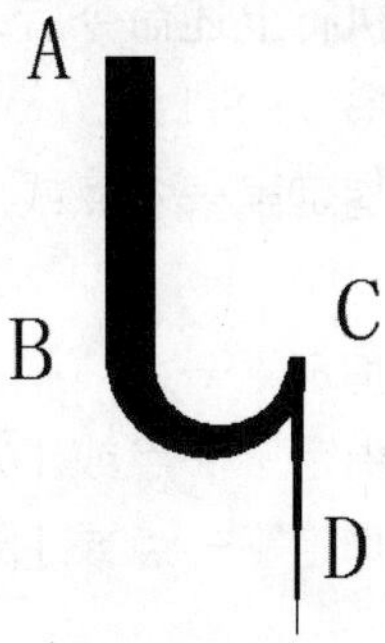

图3-62　绘制多段线

3.6.4　自我强化：编辑多段线

01 在命令行窗口输入PLINE，绘制如图3-63所示的多段线（光盘:\原始文件\第3章\多段线编辑.dwg）。

02 在命令行窗口中输入PEDIT，选择上一步绘制的多段线为修改的对象，在命令行窗口中输入F，执行拟合命令。完成的拟合图如图3-64所示。

03 单击“撤销”按钮回到原来的多段线状态，在命令行窗口中输入PEDIT，选择多段线为修改对象，在命令行窗口中输入S，执行样条曲线命令。完成的样条曲线如图3-65所示。

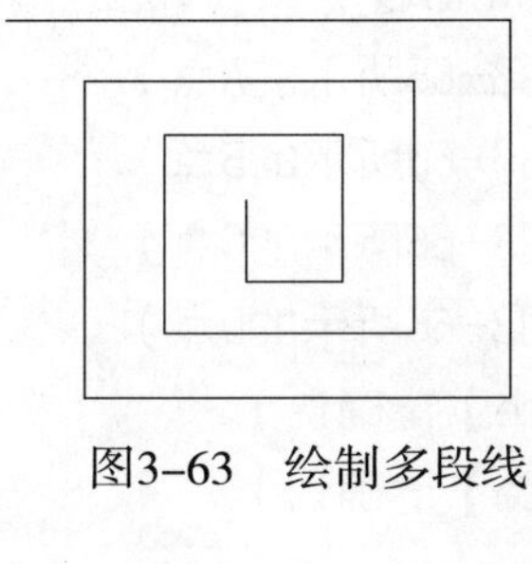
图3-63　绘制多段线

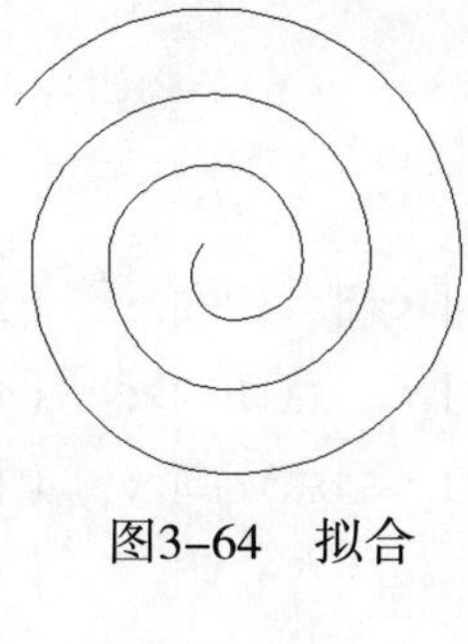
图3-64　拟合

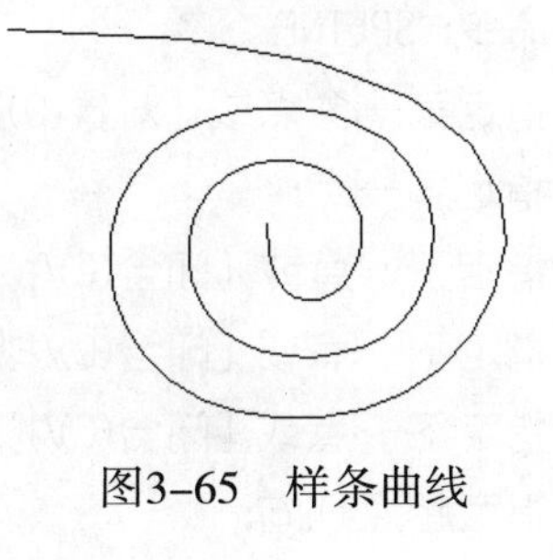
图3-65　样条曲线

3.7 绘制与编辑样条曲线

样条曲线主要用于绘制机械图形的波浪线、地形外貌轮廓线等。样条曲线的形状主要由数据点、拟合点与控制点控制。其中数据点在绘制样条曲线时确定，拟合点和控制点由系统自动产生，它们主要用于编辑样条曲线。

3.7.1 绘制样条曲线

样条曲线可以生成拟合光滑曲线，使绘制的曲线更加真实、美观，常用来设计某些曲线型工艺品的轮廓线，调用该命令的方法如下：

- 在“常用”选项卡的“绘图”面板中，单击右下角的▾按钮，再单击“样条曲线”按钮。
- 在命令行窗口中执行SPLINE命令。

执行上述命令后，具体操作过程如下：

命令：SPLINE	（执行SPLINE命令）
指定第一个点或 [对象(O)]:	（在绘图区中拾取一点作为样条曲线的起点）
指定下一点:	（指定样条曲线的下一个顶点）
指定下一点或 [闭合(C)/拟合公差(F)] <起点切向>:	（再次指定样条曲线的下一个顶点）
指定下一点或 [闭合(C)/拟合公差(F)] <起点切向>:	（结束绘制后，按【Enter】键结束指定样条曲线的顶点）
指定起点切向:	（指定样条曲线起点的切点方向）
指定端点切向:	（指定样条曲线起点的端点方向）

在执行命令的过程中，各选项含义如下。

- 对象：将样条曲线拟合多段线转换为等价的样条曲线。样条曲线拟合多段线是指使用PEDIT命令中的“样条曲线”选项，将普通多段线转换成样条曲线对象。
- 闭合：将样条曲线的端点与起点闭合。
- 拟合公差：定义曲线的偏差值。值越大，离控制点越远；值越小，离控制点越近。
- 起点切向：定义样条曲线的起点和结束点的切线方向。

下面练习绘制样条曲线的方法，具体操作如下。

01 新建“绘制样条曲线.dwg”图形文件（光盘:\原始文件\第3章\绘制样条曲线.dwg），在命令行窗口中执行SPLINE命令，具体操作过程如下：

命令：SPLINE	（执行SPLINE命令）
指定第一个点或 [对象(O)]:	（单击如图3-66所示的A点）
指定下一点:	（单击如图3-66所示的B点）
指定下一点或 [闭合(C)/拟合公差(F)] <起点切向>:	（单击如图3-66所示的C点）
指定下一点或 [闭合(C)/拟合公差(F)] <起点切向>:	（单击如图3-66所示的D点）
指定下一点或 [闭合(C)/拟合公差(F)] <起点切向>:	（按【Space】键确认）
指定起点切向:	（按【Space】键确认）

指定端点切向：（按【Space】键，结束命令）

02 按照相同的方法绘制其右侧的样条曲线，绘制后的效果如图3-67所示（光盘:\最终文件\第3章\绘制样条曲线.dwg）。

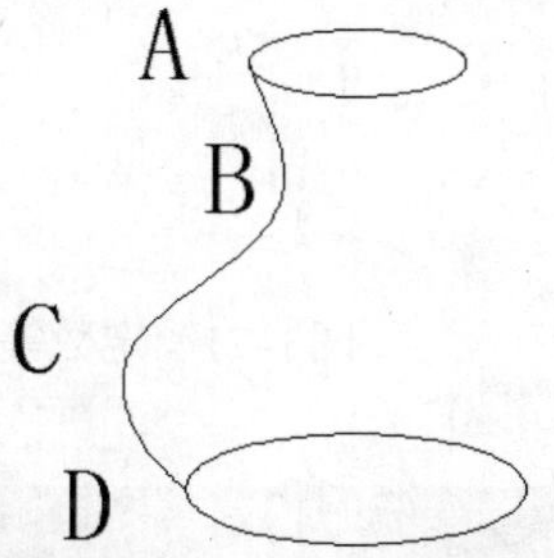

图3-66　样条曲线素材

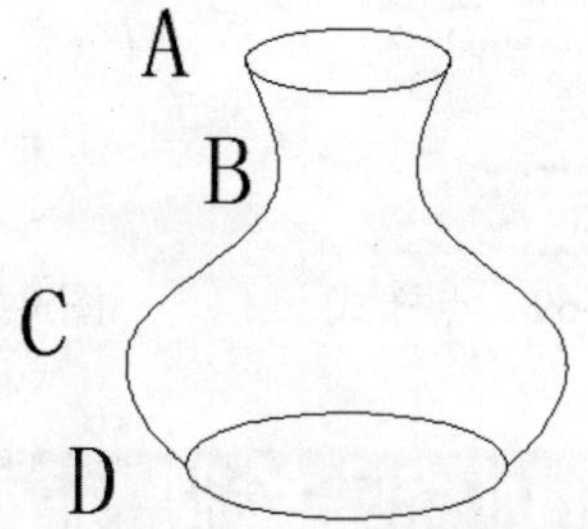

图3-67　效果图

3.7.2　编辑样条曲线

对于样条曲线的编辑，可以通过以下两种方式启动：

- 选择菜单栏中的“修改”→“对象”→“样条曲线”命令。
- 在命令行窗口中输入SPLINEDIT命令。

样条曲线编辑命令是一个单对象编辑命令，用户一次只能编辑一个样条曲线对象。执行该命令并选择需要编辑的样条曲线后，在曲线周围将显示控制点，如图3-68所示。

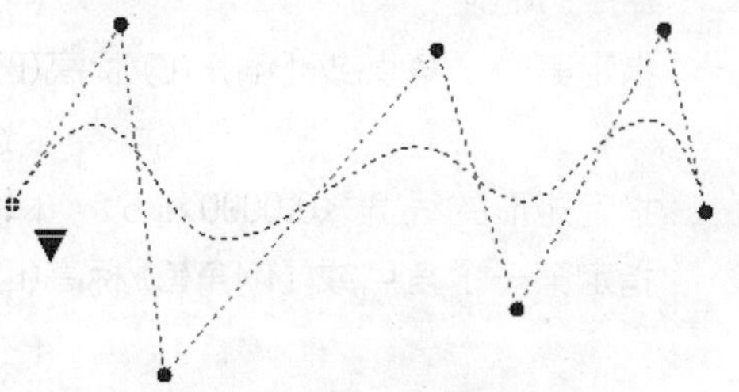

图3-68　样条曲线的控制点

命令行窗口中的各个选项，都有着具体的功能。比如：“添加”指增加拟合点，此时将改变样条曲线的形状，且增加拟合点以符合当前公差；“移动”指移动拟合点；“精度”指对样条曲线的控制点进行细化操作；“反转”指改变样条曲线的方向，始末点交换。

3.8 拓展训练

通过本章的学习，读者应该掌握了利用AutoCAD绘制二维图形的操作，本节就针对本章所学内容进行一次系统的训练。希望通过这些实例，读者能更好地对二维绘图有一个系统的认识。

3.8.1　初级训练：定数等分

新建一个文件，先进行点的设置，然后画圆，最后进行圆的定数等分。

01 启动AutoCAD 2012，新建一个名为“定数等分圆.dwg”的文件，进入绘图状态后，在命令行窗口输入DDPTYPE，选择如图3-69所示的点样式，单击“确定”按钮。

02 选择菜单栏“绘图”→“圆”→“圆心、半径”命令，在绘图区任选一点作为圆心，输入半径20，得到如图3-70所示的圆。

03 选择菜单栏“绘图”→“点”→“定数等分”命令，在命令行窗口中输入8，按【Enter】键后完成等分，效果如图3-71所示（光盘:\最终文件\第3章\定数等分圆.dwg）。

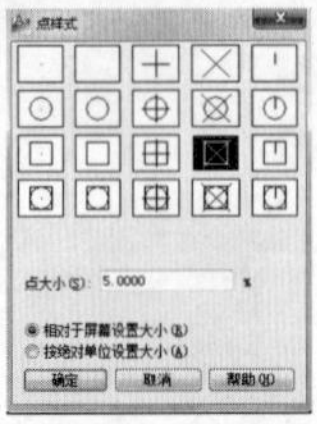
图3-69　点样式

图3-70　绘制圆

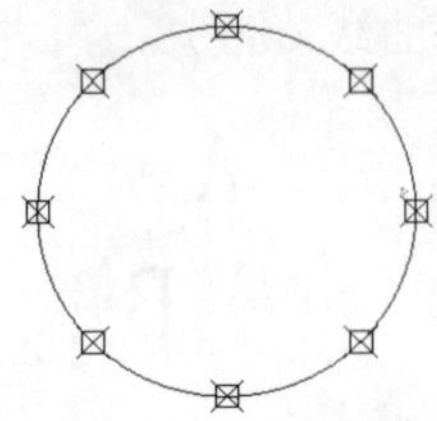
图3-71　定数等分

3.8.2　进阶训练：绘制写字台

下面以一个写字台为例，练习本章所学的绘制矩形的方法，具体操作如下。

01 新建一个名为“写字台.dwg”的图形文件，在命令行窗口中执行REC命令，具体操作过程如下：

命令: REC　　（执行REC命令）
指定第一个角点或 [倒角(C)/标高(E)/圆角(F)/厚度(T)/宽度(W)]: W
　　（选择“宽度”选项，并按【Space】键）
指定矩形的线宽 <0.0000>: 5　　（输入5，并按【Space】键）
指定第一个角点或 [倒角(C)/标高(E)/圆角(F)/厚度(T)/宽度(W)]:
　　（在绘图区的任意位置单击）
指定另一个角点或 [面积(A)/尺寸(D)/旋转(R)]: @500，-200
　　（输入另一个角点的坐标（@500，-200），并按【Space】键）
命令:　　（按【Space】键，再次执行REC命令）
命令: RECTANG
当前矩形模式:　宽度=5.0000　　（系统自动显示当前宽度）
指定第一个角点或 [倒角(C)/标高(E)/圆角(F)/厚度(T)/宽度(W)]:
　　（单击如图3-72所示的A点）
指定第一个角点或 [倒角(C)/标高(E)/圆角(F)/厚度(T)/宽度(W)]:@800，-200
　　（输入（@800，-200），并按【Space】键）

02 使用相同的方法，按照图3-73所标注的尺寸进行绘制（光盘:\最终文件\第3章\绘制矩形.dwg）。

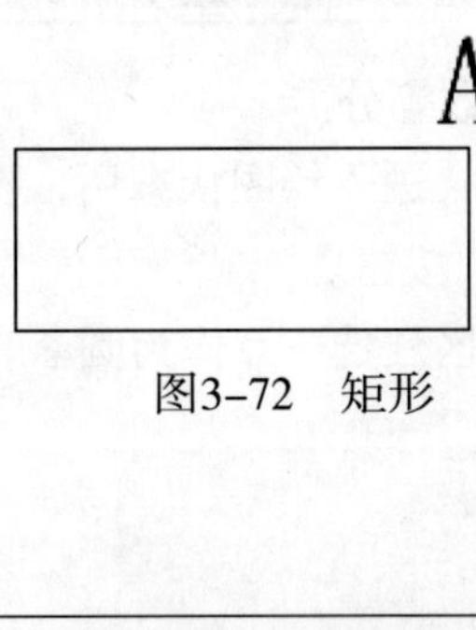

图3-72　矩形

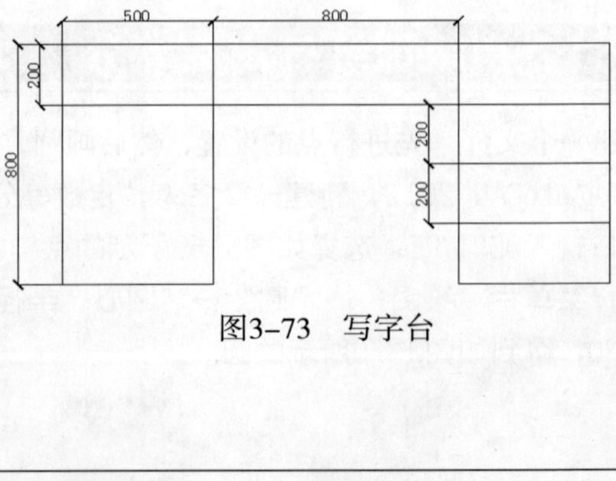

图3-73　写字台

3.8.3 提高训练：设置工作环境

下面通过对一个连接板的绘制，来综合复习本章所学的部分知识。最后的效果图如图3-74所示。

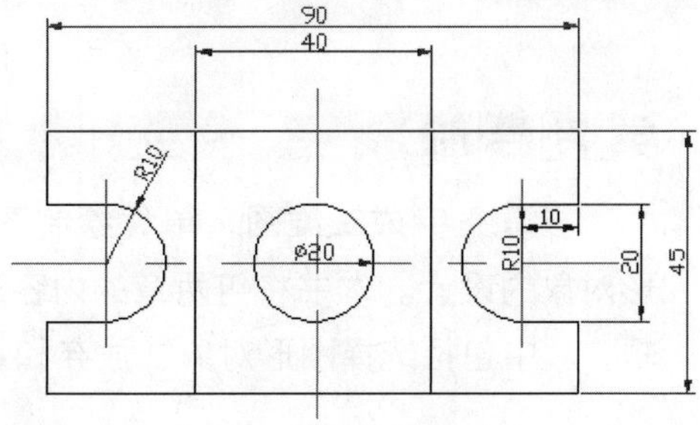

图3-74 连接板

01 启动AutoCAD 2012，首先将世界坐标系变换为用户坐标系。利用直线命令绘制出3个圆弧对应的对称线，如图3-75所示。3个交点的坐标分别为（0，0）、（35，0）、（70，0），选择的线型为点划线。

02 绘制上半部分直线，在命令行输入LINE命令，先后输入（0，10），（-10，10），（-10，22.5），（80，22.5），（80，10），（70，10）等坐标，完成如图3-76所示的直线。

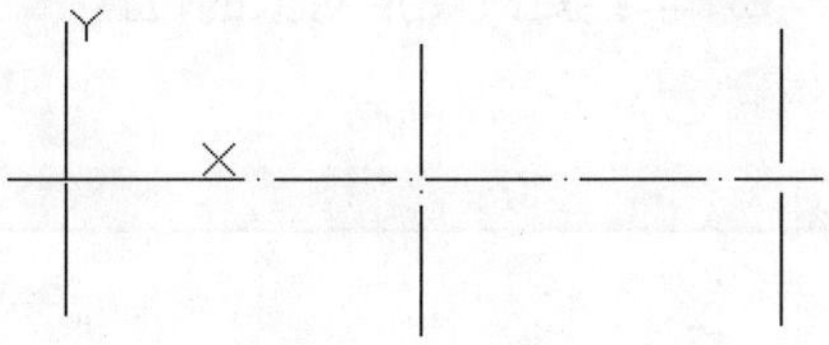

图3-75 绘制对称线

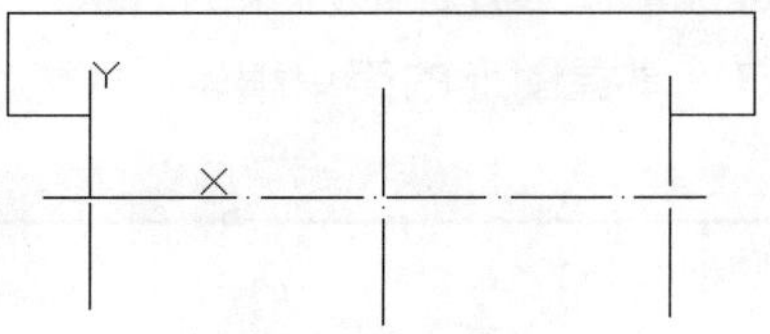

图3-76 绘制直线

03 使用同样方法绘制下半部分直线。起点坐标输入（0，-10），后面拐点坐标分别为（-10，-10），（-10，-22.5），（80，-22.5），（80，-10），（70，-10）。然后绘制中间的两条直线，在命令行输入LINE，并输入起点坐标（15，22.5），终点坐标（15，-22.5）。再绘制另一条直线，坐标分别为（55，22.5），（55，-22.5）。完成的图形如图3-77所示。

04 绘制圆和圆弧，在菜单栏中选择“绘图”→“圆” →“圆心、半径”命令，选择圆心位置为（27.5，0），输入半径为10，完成圆的绘制。然后绘制两端的圆弧，在菜单栏中选择“绘图”→“圆弧” →“起点、端点、半径”命令，绘制的最终图形如图3-78所示（光盘:\最终文件\第3章\连接板.dwg）。

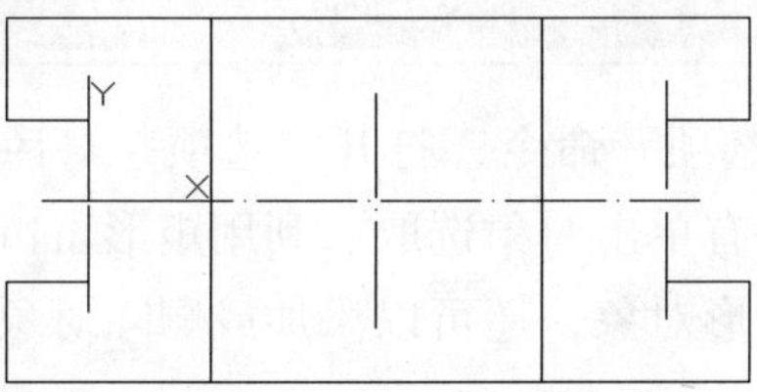

图3-77 绘制直线

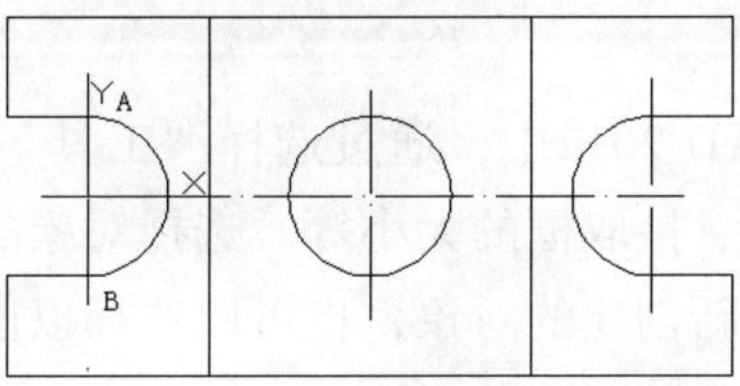

图3-78 绘制圆和圆弧

3.9 本章小结

本章主要介绍了AutoCAD绘制二维图形的方法，包括基础的单点、多点到比较复杂的直线、射线、构造线等，再到圆、多边形的绘制以及样条曲线、多段线等的绘制。这些都是AutoCAD最核心的部分，学好本章是学好AutoCAD的关键所在。

第4章 编辑二维图形（一）

学习导航

要真正完成二维图，单凭绘制图形对象是远远不够的，还需要结合编辑命令来完成图形对象的设计。本书将用两章的内容来讲解二维图形的编辑。本章将讲解图形对象的简单编辑，其中包括选择图形对象、放弃和重做图形对象、改变对象位置和更改图形大小等内容。

学习重点

- □ 熟练掌握选择图形对象的方法
- □ 学会更改图形对象的位置
- □ 熟练掌握图形的简单编辑

本章将对二维图形的编辑做个初步的介绍，并且介绍一下图形对象的选择及简单的编辑方法，为图形的复杂编辑及三维图形的编辑提供基础。

4.1 选择对象

在对图形进行编辑修改操作时，首先要选择编辑对象。选择的对象，既可以是单个对象，也可以是多个对象。AutoCAD 2012用虚线亮显被选中的对象，它们构成选择集。

4.1.1 确定对象选择模式和方法

在AutoCAD 2012中，通过选择“工具”→“选项”命令，打开“选项”对话框，利用选项卡来确定模式、拾取框的大小等。选择对象的方法有单击对象选取、利用矩形窗口或交叉窗口选择。可以选择新创建的对象，也可以选择以前的图形对象，还可以添加或删除对象。选择对象的命令是SELECT。

1. 选择单个对象

选择单个图形对象可以使用点选的方式进行选择，即直接在绘图区中单击图形对象，就可选择该图形对象，如图4-1所示选择一个圆。如果连续单击其他对象，则可同时选择多个对象，如图4-2所示。选择图形对象后，在绘图区会弹出所选图形对象的特性选项板，具体内容将在后续章节进行讲解。

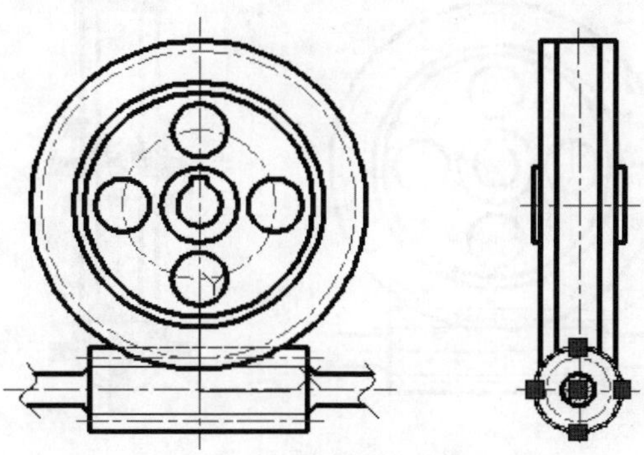

图4-1　选择单个对象

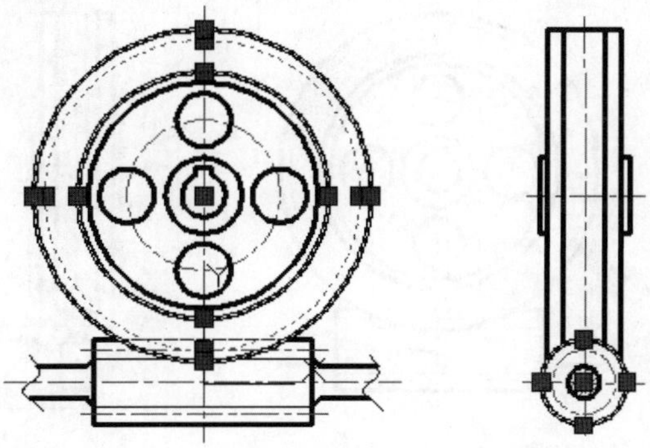

图4-2　连续单击其他对象

注意

在默认情况下，被选择的对象以虚线状态显示，并呈现出一些蓝色小实体方块，这些蓝色小实体方块被称为“夹点”。

2. 框选对象

在选择多个图形对象时，可以使用框选的方法。框选方法有多种，比较常见的就是矩形框选和交叉框选。下面分别进行详细的讲解。

（1）矩形框选

矩形框选是指按住鼠标左键不放向右上方或右下方进行拖动，此时在绘图区中将出现一个矩形方框，释放鼠标后，被方框完全包围的对象将会被选择。具体操作过程如下：在需要选择的图形对象的左上方单击，如图4-3所示，呈对角拖动鼠标，在图形对象的右下方单击结束选择，如图4-4所示。

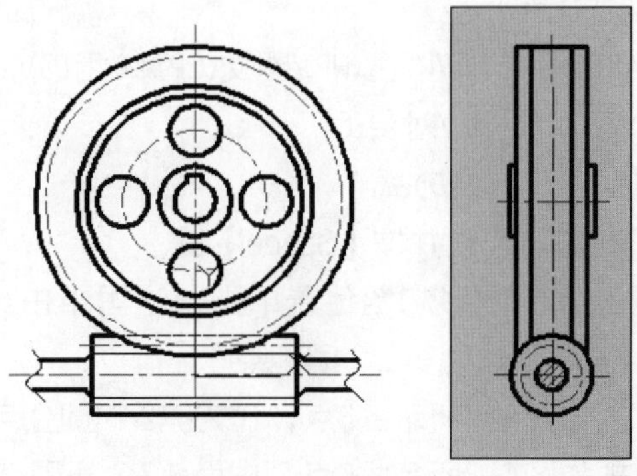

图4-3　矩形框选

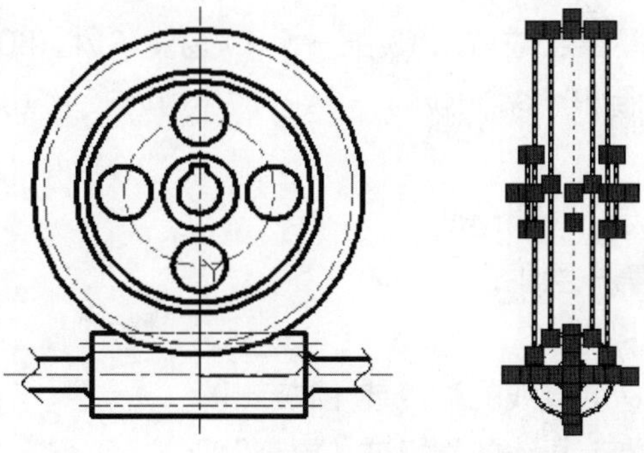

图4-4　效果图

（2）交叉框选

交叉框选的方法与矩形框选类似，两者的区别在于选择图形对象的方向相反，交叉框选是将鼠标光标移至图形对象的右侧，按住鼠标左键不放向左上方或左下方拖动鼠标，此时在绘图区中将出现一个虚线显示的方框，释放鼠标后，与方框相交和被方框完全包围的对象都将被选择。具体操作过程如下：在需要选择图形对象的右上方单击，如图4-5所示，呈对角拖动鼠标，在图形对象的左下方单击鼠标结束选择，完后的效果如图4-6所示。

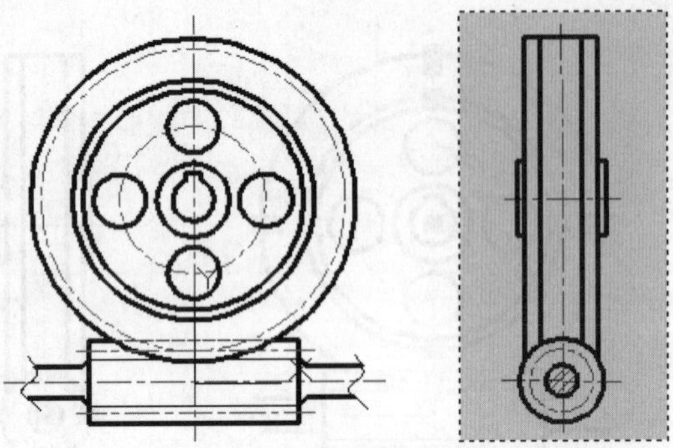

图4-5 交叉框选

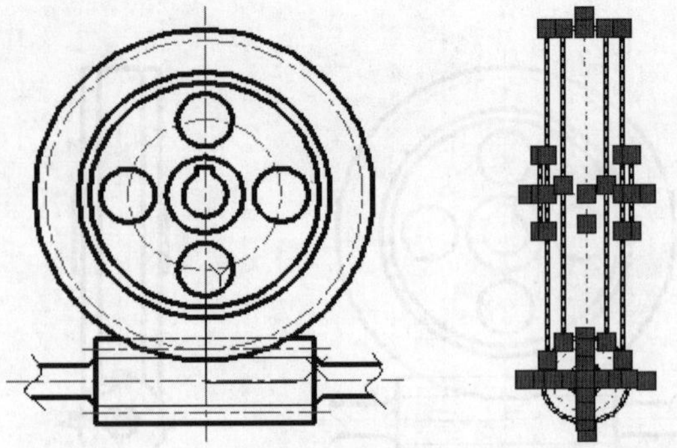

图4-6 效果图

提示

矩形框选的矩形框是细实线构成的，而交叉框选的矩形框是有虚线构成的，而且它们的颜色也不相同。

3. 围选对象

在选择比较复杂的图形对象时，推荐使用围选对象的方式来进行选择，此方式自主性强。围选对象方式包括圈围和圈交两种。

（1）圈围对象

圈围对象相对于其他选择方式来说更实用，它是一种多边形窗口的选择方式，可以构造任意形状的多边形，并且多边形框呈实线显示，完全包含在多边形区域内的对象均被选择。在命令行窗口中执行SELECT命令，具体操作过程如下：

命令：SELECT　（执行SELECT命令并按【Space】键）

选择对象：?　（输入“?”符号）

无效选择　（系统自动显示）

需要点或窗口(W)/上一个(L)/窗交(C)/框(BOX)/全部(ALL)/栏选(F)/圈围(WP)/圈交(CP)/编组(G)/添加(A)/删除(R)/多个(M)/前一个(P)/放弃(U)/自动(AU)/单个(SI)/子对象(SU)/对象(O)

（系统自动显示选择方式）

选择对象：WP　（选择“圈围”选项并按【Space】键）

第一圈围点：　（在需要选择的图形起始位置单击，这里单击如图4-7所示的A点，作为第1个圈围点）

指定直线的端点或 [放弃(U)]:　（这里单击如图4-7所示的B点，作为第2个圈围点）

指定直线的端点或 [放弃(U)]:　（这里单击如图4-7所示的C点，作为第3个圈围点）

指定直线的端点或 [放弃(U)]:　（这里单击如图4-7所示的D点，作为第4个圈围点）

指定直线的端点或 [放弃(U)]:　（这里单击如图4-7所示的E点，作为第5个圈围点）

指定直线的端点或 [放弃(U)]:　（这里单击如图4-7所示的F点，作为第6个圈围点）

指定直线的端点或 [放弃(U)]:　（这里单击如图4-7所示的G点，作为第7个圈围点，并按【Space】键结束选择）

指定直线的端点或 [放弃(U)]: 找到11个　（提示选择了11个对象，虚线显示的桌子为被选择的对象，完成后的效果如图4-8所示）

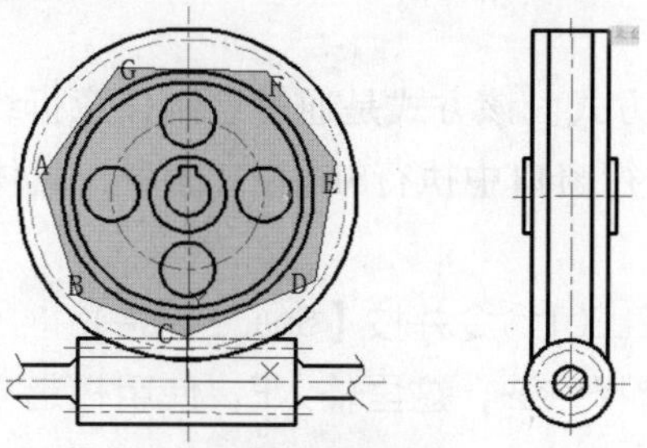

图4-7 圈围对象

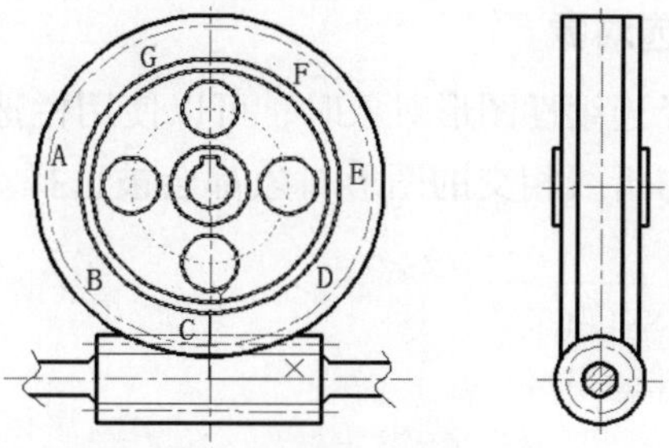

图4-8 效果图

（2）圈交对象

圈交方式类似于交叉框选，不同的是圈交对象是绘制一个任意闭合但不能与选择框自身相交或相切的多边形。多边形框呈虚线显示，选择完毕后，与多边形框相交或被其完全包围的对象都会被选择。在命令行窗口中执行SELECT命令，具体操作过程如下：

命令: SELECT　　（执行SELECT命令并按【Space】键）
选择对象: ?　　（输入“?”符号）
无效选择　　（系统自动显示）
需要点或窗口(W)/上一个(L)/窗交(C)/框(BOX)/全部(ALL)/栏选(F)/圈围(WP)/圈交(CP)/编组(G)/添加(A)/删除(R)/多个(M)/前一个(P)/放弃(U)/自动(AU)/单个(SI)/子对象(SU)/对象(O)
（系统自动显示选择方式）
选择对象: CP　　（选择“圈交”选项并按【Space】键）
第一圈交点:　　（在需要选择的图形附近单击，如这里单击如图4-9所示的A点，作为第1个圈交点）
指定直线的端点或 [放弃(U)]:　　（这里单击如图4-9所示的B点，作为第2个圈交点）
指定直线的端点或 [放弃(U)]:　　（这里单击如图4-9所示的C点，作为第3个圈交点）
指定直线的端点或 [放弃(U)]:　　（这里单击如图4-9所示的D点，作为第4个圈交点）
指定直线的端点或 [放弃(U)]:　　（这里单击如图4-9所示的E点，作为第5个圈交点）
指定直线的端点或 [放弃(U)]:　　（这里单击如图4-9所示的F点，作为第6个圈交点）
指定直线的端点或 [放弃(U)]:　　（这里单击如图4-9所示的G点，作为第7个圈交点并按【Space】键结束选择）
指定直线的端点或 [放弃(U)]: 找到 18个　　（提示选择了18个对象，虚线显示的对象为被选择的对象，完成后的效果如图4-10所示）

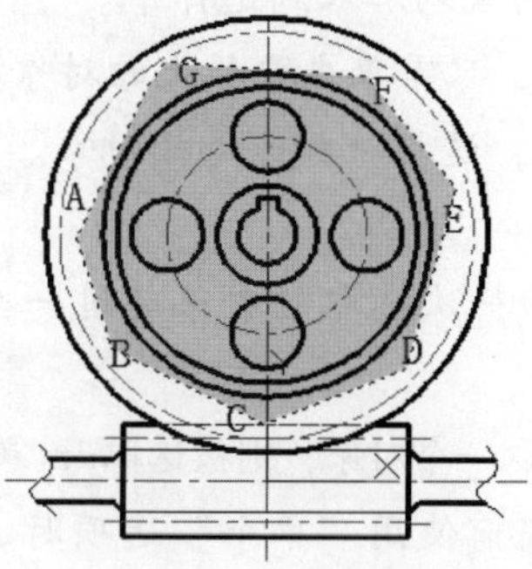

图4-9 圈交对象

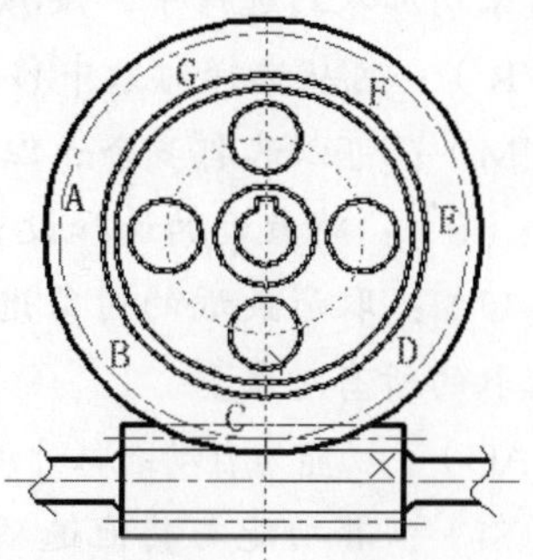

图4-10 效果图

4. 栏选对象

在选择连续性图形对象时，可以使用栏选对象的方式。该方式是通过绘制任意折线来选择对象，凡是与折线相交的图形对象都会被选择。在命令行窗口中执行SELECT命令，具体操作过程如下：

命令：SELECT	（执行SELECT命令并按【Space】键）
选择对象：F	（输入选择方法，这里输入F，使用栏选方法，并按【Space】键）
第一栏选点：	（在需要选择的图形附近单击，这里单击如图4-11所示的A点，作为第1个栏选点）
指定下一个栏选点或 [放弃(U)]:	（这里单击如图4-11所示的B点，作为第2个栏选点）
指定下一个栏选点或 [放弃(U)]:	（这里单击如图4-11所示的C点，作为第3个栏选点）
指定下一个栏选点或 [放弃(U)]:	（这里单击如图4-11所示的D点，作为第4个栏选点，并按【Space】键结束选择）
指定下一个栏选点或 [放弃(U)]: 找到 11 个	（提示选择了11个对象，虚线显示的对象为被选择的对象，完成后的效果如图4-12所示）

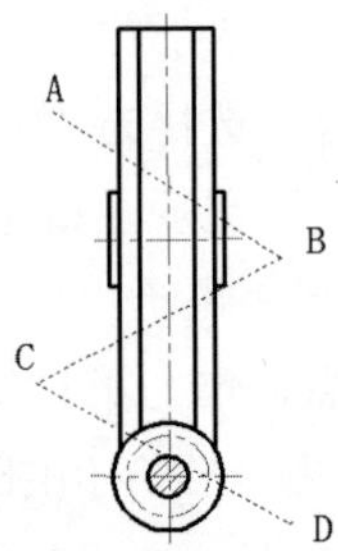

图4-11　栏选对象

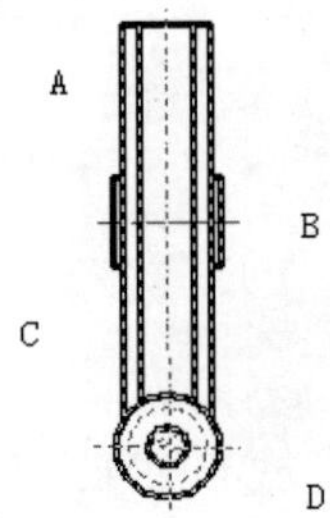

图4-12　效果图

命令提示行中的其余选项也都有着不同的意义，下面分别介绍。

- 前一个（L）：可选取图形窗口内可见对象中最后创建的对象，无论使用几次该选项，都只有一个对象被选中。
- 全部（ALL）：用来选取图形中没有被锁定、关闭或冻结的图层上的所有对象。
- 编组（G）：使用组名字来选择一个已定义的对象编组。
- 添加（A）：通过设置PICKADD系统变量把对象加入到选择中，设1（默认）则后面所选择的对象均加入到选择中，设0则最近所选择的对象均加入到选择中。
- 删除（R）：可从选择对象中移出已选取的对象，只需单击要移出的对象即可。
- 多个（M）：可以选取多个点但不醒目显示对象，这样可加速选择对象。
- 前一个（P）：将最近的选择设置为当前选择。
- 放弃（U）：取消最近的对象选择操作，如最后一次选取的对象超过一个，将删除最后一次选取的所有对象。
- 自动（AU）：功能为自动选取对象，一旦第一次拾取一个对象，则被选取而“框模式”取消。
- 单个（SI）：其功能与其他选项配合使用，但提前使用“单个”选项时，则对象选取自动结束，而不用按【Enter】键。

4.1.2　其他选择方法

除了4.1.1节所介绍的几种选择对象方法外，还有其他一些选择方法，如快速选择、过滤选择和对象编组选择等。

1. 快速选择对象

在AutoCAD中，需要选择具有某些共同特点的对象时，可以利用“快速选择”对话框，根据所选择对象的图层、线型、颜色、图案填充等项的要求和特征来进行选择。调用该命令的方法如下：

- 在“常用”选项卡的“实用工具”面板中，单击“快速选择”按钮。
- 在命令行窗口中执行QSELECT命令。

执行上述任意一种命令后，都将弹出如图4-13所示的“快速选择”对话框，使用该对话框可以对图形对象进行快速选择。

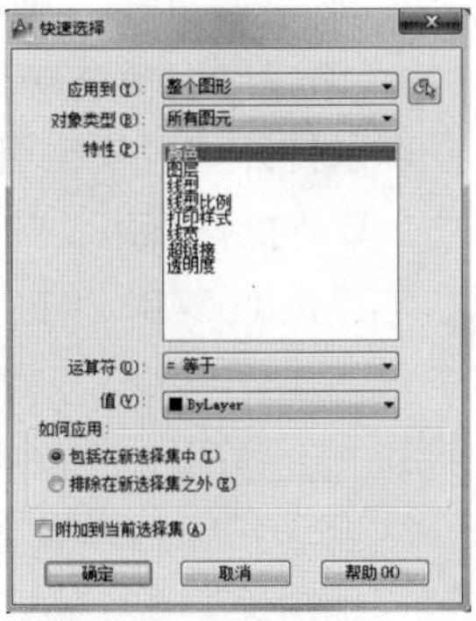

图4-13　“快速选择”对话框

下面使用“快速选择”对话框选择图形中相同图层的对象，具体操作如下。

01 打开“三角块.dwg”图形文件（光盘:\原始文件\第4章\三角块.dwg）。

02 在命令行窗口中执行QSELECT命令，弹出“快速选择”对话框。在该对话框的“应用到”下拉列表中选择“整个图形”选项，在“特性”列表框中选择“线型”选项，如图4-14所示。

03 完成设置后，单击 确定 按钮关闭对话框，返回到绘图区。图中所有符合设置的线都被选取，如图4-15所示。

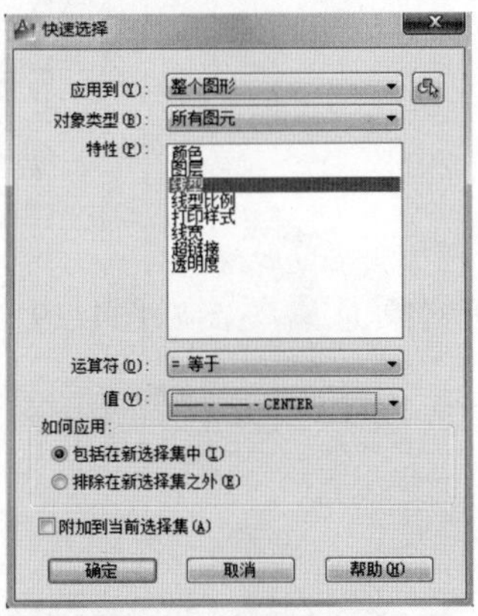

图4-14　“快速选择”对话框

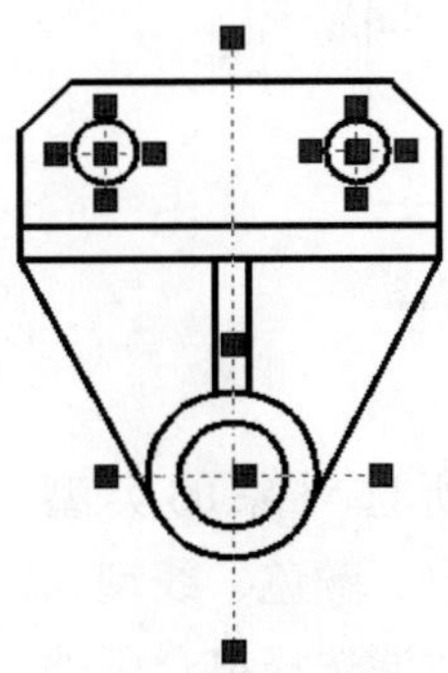

图4-15　效果图

2. 对象编组

对象编组是已命名的对象选择集，一个对象可以是多个编组成员，并与图形一起保存，其操作是在命令行窗口中输入GROUP。

打开如图4-16所示的“对象编组”对话框，将图形对象进行编组来创建一种选择集，这样就会使得编辑对象更灵活。也可以使用“修改编组”选项组中的选项修改编组中的单个对象或对象编组本身。各个选项的功能分别如下。

- 编组名：显示当前图形中已有的对象编组名字。
- 可选择的：表示对象编组是否可选。
- 编组标识：设置编组的名称和说明。
- 创建编组：创建一个有名或无名的新组等。
- 修改编组：修改对象编组中单个成员或对象编组本身，只有在“编组名”下拉列表中选择了一个对象编组时，修改编组中的功能才可以使用。

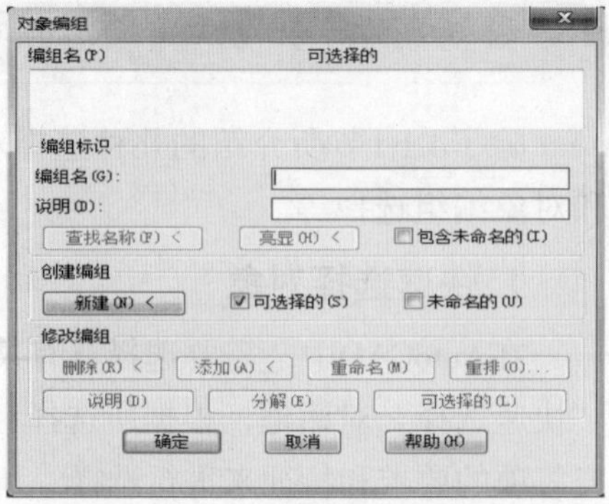

图4-16 “对象编组”对话框

现以打开“对象编组”图形文件为例，练习图形文件的编组，具体操作如下。

01 启动AutoCAD 2012，单击快速访问工具栏中的“打开”按钮，弹出“选择文件”对话框。在“名称”列表框中选择“编组.dwg”图形文件（光盘:\原始文件\第4章\编组.dwg），然后单击[打开(O)]按钮，如图4-17所示。

02 在命令行窗口中输入GROUP（或直接打开对象编组对话框），在如图4-16所示的对话框的“编组名”文本框中输入“1”。

03 单击对话框中的“新建”按钮，切换到绘图窗口，选择如图4-18所示的所有图元为编组对象，按【Enter】键结束对象选择并返回“对象编组”对话框，单击“确定”完成对象编组。这时对象已经被编组，单击编组中的一个对象，所有对象都将被选中，如图4-19所示。

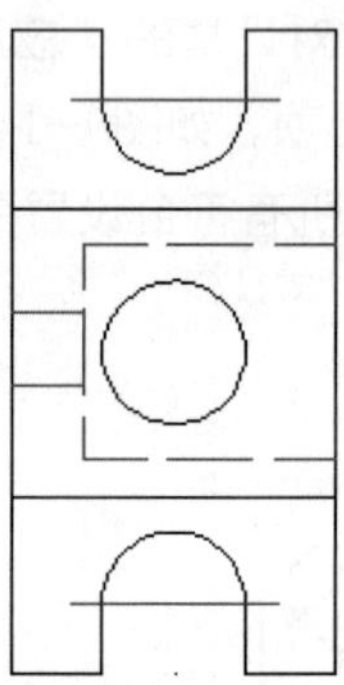
图4-17 原图

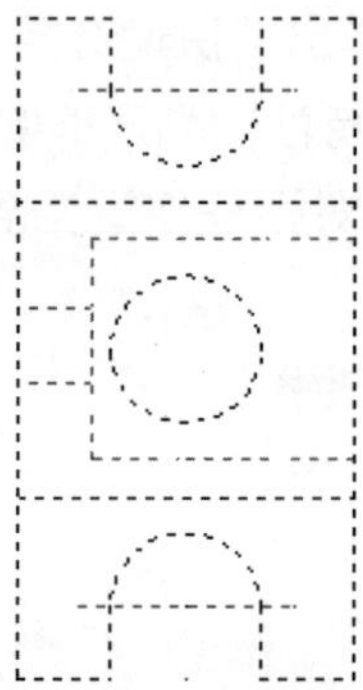
图4-18 选择对象

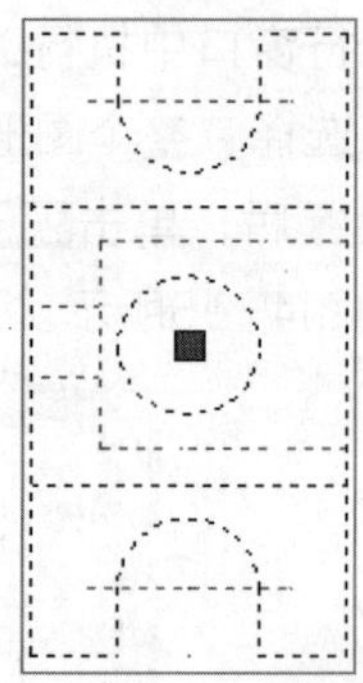
图4-19 编组成功

3. 过滤选择

过滤选择是以所选对象的类型（直线、圆弧）、图层、颜色、线型、线宽等特征为条件来过滤选择符合条件的对象。其操作就是在命令行窗口中输入FILTER，或直接在菜单栏中打开“对象选择过滤器”对话框。打开的对话框如图4-20所示，对话框中的各项功能分别如下。

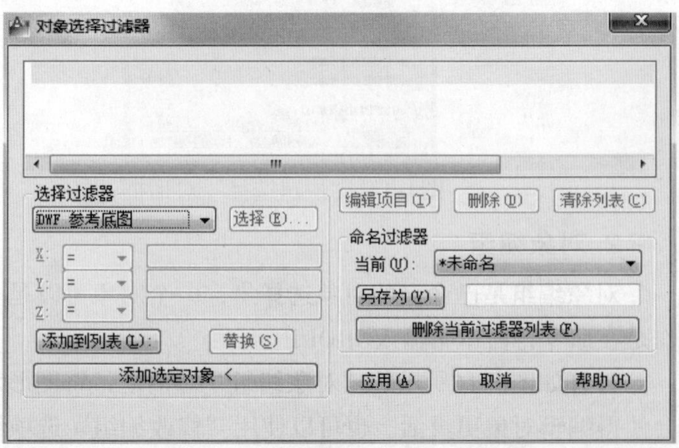

图4-20 “对象选择过滤器”对话框

- 选择过滤器：设置选择过滤器，包括“类型选择”、“对象特性”、“关系运算”、“添加到列表”、“替换”、“添加对象”等。

- 编辑项目：选中该项，能编辑过滤器列表框中选中的项目。
- 删除：选中该项，能删除过滤器列表框中选择的项目。
- 清除列表：选中该项，能删除过滤器列表框中选中的所有项目。
- 命名过滤器：选择已命名的过滤器，包括“当前”、“另存为”、“删除当前过滤器列表”等。

现以打开“过滤选择”图形文件为例，练习图形文件的过滤选择，具体操作如下。

01 启动AutoCAD 2012，单击快速访问工具栏中的“打开”按钮，弹出“选择文件”对话框，在“名称”列表框中选择“过滤选择.dwg”图形文件（光盘:\原始文件\第4章\过滤选择.dwg），然后单击“打开(O)”按钮，如图4-21所示。

02 在命令行窗口中输入FILTER，在“选择过滤器”下拉列表框中选择“**开始OR”，单击“添加到列表”按钮，将其添加到过滤器列表框中，表示以下各项目为“或”的关系。

03 同样的方法分别添加“圆弧”，“**结束OR”到过滤器列表框中。完成的添加为：“**开始OR”，“对象=圆弧”和“**结束OR”。

04 单击“应用”按钮，用柜选方法选择所有图形。系统将过滤出满足条件的对象并选中，如图4-22所示的两圆弧被选中。

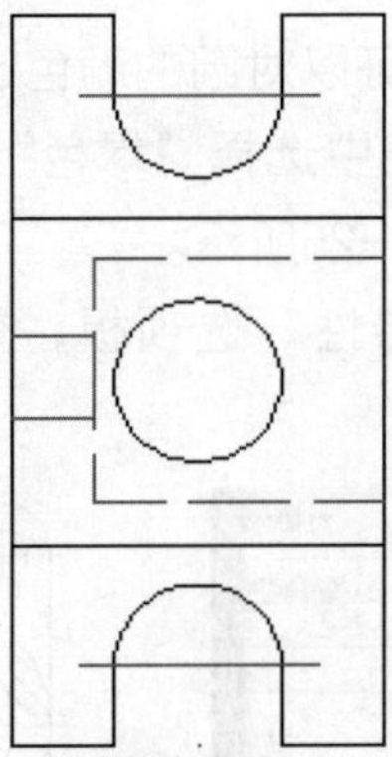

图4-21 原图

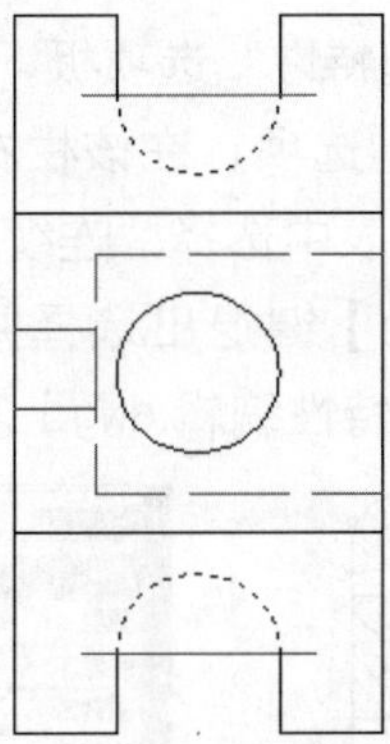

图4-22 效果图

4.1.3 自我强化：选择多个对象

下面通过实例综合练习本节所讲知识。

01 打开“多个对象.dwg”图形文件（光盘:\原始文件\第4章\多个对象.dwg），如图4-23所示。

02 在命令行窗口中执行SELECT命令，选择图形中的所有圆弧，具体操作过程如下：

```
命令: SELECT            （执行SELECT命令，并按【Space】键）
选择对象:               （输入选择方法，这里直接点选对象）
```

03 连续选择圆弧对象，最终的效果图如图4-24所示。

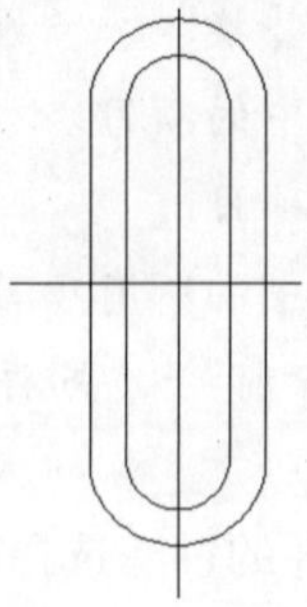

图4-23　素材图

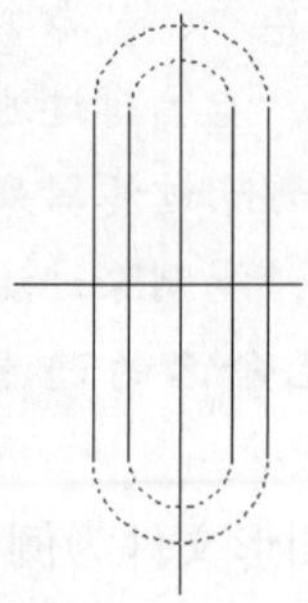

图4-24　选择后效果图

4.2 “快捷特性”选项板

通过前面介绍的方式选择图形对象时，在绘图区会弹出一个“快捷特性”选项板。在该面板中可以对图形对象的特性进行相关设置，如颜色、图层、线型、旋转等特性。下面进行详细的讲解，具体操作如下。

01 打开“特性编辑.dwg”图形文件（光盘:\原始文件\第4章\特性编辑.dwg），选择如图4-25所示的图形对象。

02 在绘图区弹出“快捷特性”选项板，在该选项板中可以对圆的颜色、图层和线型等特性进行设置。单击“颜色”选项，在该栏右侧的下拉列表中选择“绿色”选项；单击“线型”选项，在该栏右侧的下拉列表中选择“连续”选项，如图4-26所示。

03 设置完成后按【Esc】键退出选择并关闭“快捷特性”选项板，效果如图4-27所示（光盘:\最终文件\第4章\特性编辑.dwg）。

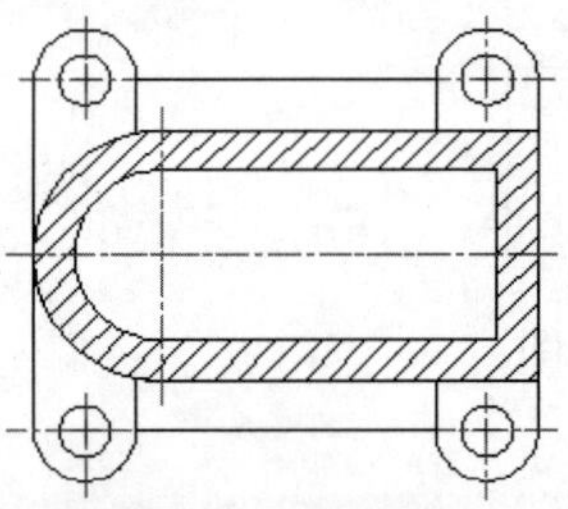

图4-25　原图

图4-26　“快捷特性”选项板

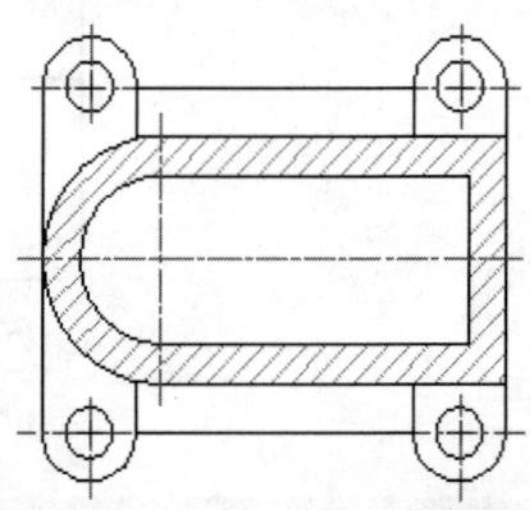

图4-27　效果图

注意

用户可以单击“快捷特性”选项板右上角的“自定义”按钮，弹出“自定义用户界面”窗口。在该窗口中可以设置在“快捷特性”选项板中显示的特性。

4.3 改变图形位置

在绘制图形时，图形的位置直接关系到绘图的效果，此时用户可以通过AutoCAD提供的改变图形对象位置的方法，将图形移动或旋转到合适的位置。

4.3.1　移动图形

移动命令也就是把单个对象或多个对象从一个位置移动到另一个位置，但不会改变对象的方位和大小，调用该命令的方法如下：

- 在“常用”选项卡的“修改”面板中，单击“移动”按钮✥。
- 在命令行窗口中执行MOVE或M命令。
- 选择图形对象后，右击，在弹出的快捷菜单中选择“移动”命令。

执行上述命令后，具体操作如下。

01 打开“接头.dwg”图形文件（光盘:\原始文件\第4章\接头.dwg）。

02 将图形中的两个圆移动到与左端圆弧同心，在命令行窗口中执行M命令，具体操作过程如下：

命令：M　　（执行MOVE命令）

选择对象：指定对角点：找到 2 个　　（框选如图4-28所示的两个圆）

选择对象：　　（按【Space】键结束选择对象）

指定基点或 [位移(D)] <位移>:　　（捕捉被移动对象的基点，这里单击A点，如图4-28所示）

指定第二个点或 <使用第一个点作为位移>:（将鼠标移至O点并单击）

03 移动后的效果如图4-29所示（光盘:\最终文件\第4章\接头.dwg）。

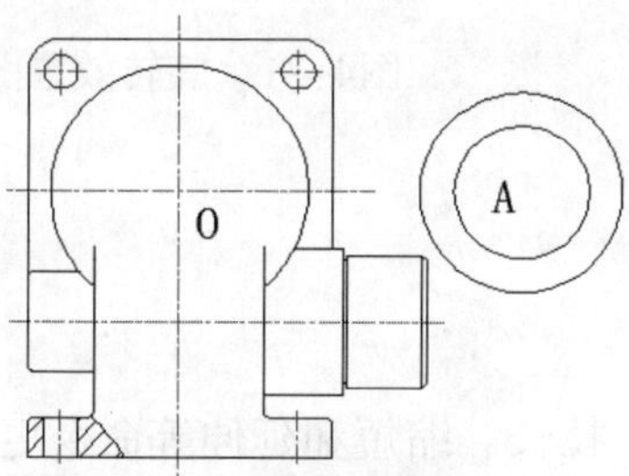

图4-28　原图形

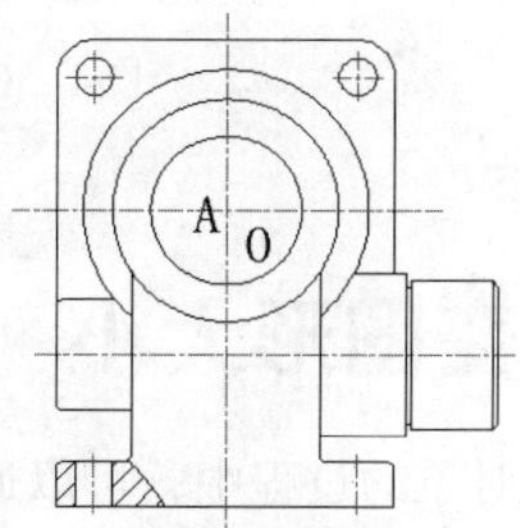

图4-29　效果图

> **注意**
>
> 在移动图形对象的过程中，用户可以开启对象捕捉、极轴追踪或对象捕捉等功能，方便捕捉基点。

4.3.2　旋转图形

使用旋转命令可以将图形对象调整到合适的位置，它可以指定一个中心点，然后通过这个中心点旋转对象到指定的角度。调用该命令的方法如下：

- 在“常用”选项卡的“修改”面板中，单击“旋转”按钮○。
- 在命令行窗口中执行ROTATE或RO命令。
- 选择图形对象后，右击，在弹出的快捷菜单中选择“旋转”命令。

执行上述命令后，具体操作如下。

01 打开“把手.dwg”图形文件（光盘:\原始文件\第4章\把手.dwg）。

02 在命令行窗口中执行RO命令，旋转图形中的凳子，具体操作过程如下：

命令：RO	（执行ROTATE命令）
UCS 当前的正角方向： ANGDIR=逆时针 ANGBASE=0	（系统显示当前UCS坐标）
选择对象：指定对角点：找到 13 个	（框选要旋转的对象，如图4-30所示）
选择对象：	（按【Space】键结束选择对象）
指定基点：	（捕捉图形中的一点作为旋转参考点，这里单击A点，如图4-30所示）
指定旋转角度，或 [复制(C)/参照(R)] <0>:	（指定旋转角度，或按住鼠标不放拖动90°）

03 旋转后的效果如图4-31所示（光盘:\最终文件\第4章\把手.dwg）。

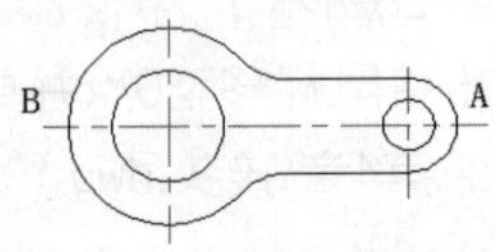

图4-30　原图

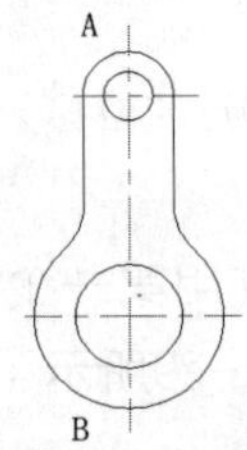

图4-31　旋转效果图

4.4 改变图形大小

在绘制图形对象的过程中，可以通过拉伸、拉长、缩短和延伸等命令更改图形大小，这也是机械图形设计必须熟练使用的编辑命令。下面分别进行讲解。

4.4.1 拉伸图形

使用拉伸命令可以将所选择的图形对象按照规定的方向和角度进行拉伸或缩短，并且被选对象的形状会发生变化。调用该命令的调用方法如下：

- 在“常用”选项卡的“修改”面板中，单击“拉伸”按钮。
- 在命令行窗口中执行S或STRETCH命令。

执行上述命令后，具体操作如下。

01 打开“拉伸.dwg”图形文件（光盘:\原始文件\第4章\拉伸.dwg）。

02 把书的层次感体现出来。在命令行窗口中执行S命令，具体操作过程如下：

命令: S　　（执行STRETCH命令）
以交叉窗口或交叉多边形选择要拉伸的对象...　　（系统提示）
选择对象:指定对角点: 找到6个　　（以交叉选择方式选择图形右侧部分，如图4-32所示）
选择对象:　　（按【Space】键结束选择对象）
指定基点或 [位移(D)] <位移>:　　（单击A点作为基点，如图4-32所示）
指定第二个点或 <使用第一个点作为位移>: 50　　（向正上方移动鼠标，输入第二个点的距离为50，按【Space】键确认并退出命令）

03 拉伸后的效果如图4-33所示（光盘:\最终文件\第4章\拉伸.dwg）。

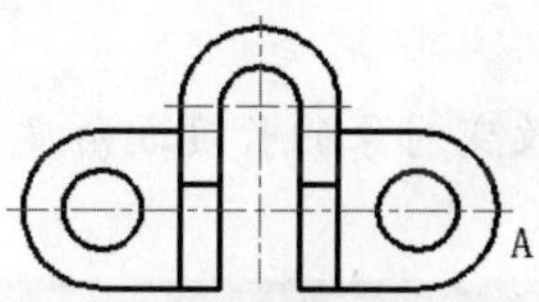

图4-32　原图

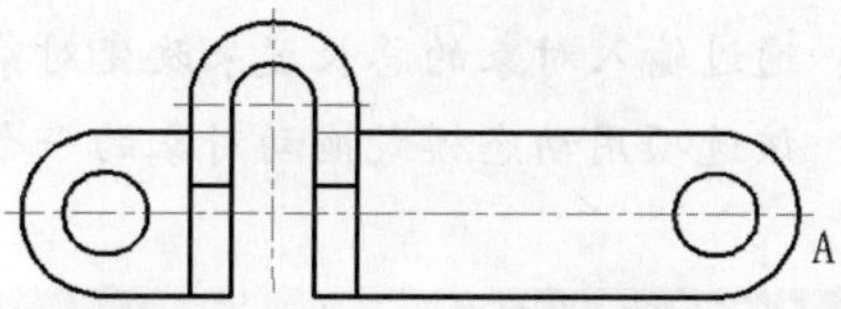

图4-33　拉伸后效果图

注意

拉伸必须通过框选或围选的方式才能进行，例如圆、椭圆和块都无法进行拉伸。拉伸命令既可以拉伸实体，又可以移动实体。若选择的对象全部在选择窗口内，则拉伸命令可以将对象从基点移动到终点；若选择对象只有部分在选择窗口内，则拉伸命令可以对实体进行拉伸。

4.4.2　拉长图形

拉长命令在编辑直线、圆弧、多段线、椭圆弧和样条曲线时经常使用，它可以拉长或缩短线段，以及改变弧的角度。调用该命令的方法如下：

- 在“常用”选项卡的“修改”面板中，单击“拉长”按钮。
- 在命令行窗口中执行LENGTHEN命令。

执行上述命令后，具体操作如下。

01 打开“拉长.dwg”图形文件（光盘:\原始文件\第4章\拉长.dwg）。

02 完成图形A处缺少的线。在命令行窗口中执行LENGTHEN命令，具体操作过程如下：

命令: LENGTHEN　　（执行LENGTHEN命令）
选择对象或 [增量(DE)/百分数(P)/全部(T)/动态(DY)]: de　　（选择“增量”选项）
输入长度增量或 [角度(A)] <0.0000>:　　（选择如图4-34所示的A点）
输入长度为1.5
选择要修改的对象或 [放弃(U)]:
选择要修改的对象或 [放弃(U)]:　　（按【Space】键退出命令）

03 拉长后的效果如图4-35所示（光盘:\最终文件\第4章\拉长.dwg）。

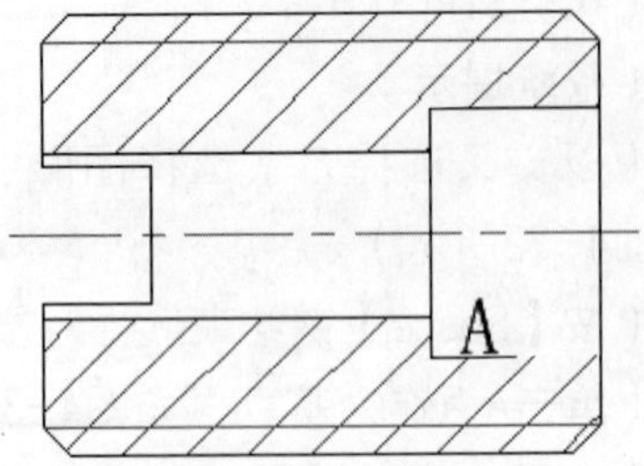

图4-34　原图

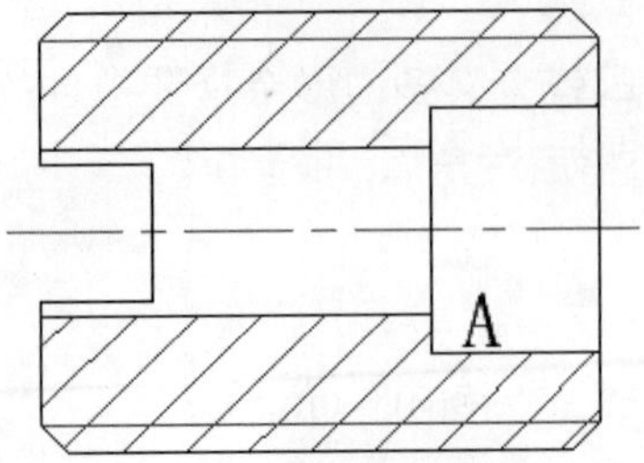

图4-35　拉长后效果图

在执行命令过程中，各选项含义如下。

- 百分数：通过输入百分比来改变对象的长度或圆心角大小。
- 全部：通过输入对象的总长度来改变对象的长度。
- 动态：该选项用动态模式拖动对象的一个端点来改变对象的长度或角度。

4.4.3　延伸命令

延伸命令将要延伸对象的端点延伸到指定的边界，这些边界可以是直线、圆弧等。调用该命令方法如下：

- 在"常用"选项卡的"修改"面板中，单击"修剪"按钮旁的按钮，然后单击"延伸"按钮。
- 在命令行窗口中执行EXTEND或EX命令。

执行上述命令后，具体操作如下。

01 打开"双耳止动垫圈.dwg"图形文件（光盘:\原始文件\第4章\双耳止动垫圈.dwg）。

02 完成图形的绘制。在命令行窗口中执行EX命令，将图形中的A线延伸到B线，具体操作过程如下：

命令: EX　（执行EXTEND命令）
当前设置:投影=UCS，边=无 选择边界的边...　（系统提示）
选择对象或 <全部选择>: 找到 1 个　（选择如图4-36所示的A线）
选择对象: 找到 1 个，总计 2 个　（选择如图4-36所示的B线）
选择对象:　（按【Space】键结束对象的选择）
选择要延伸的对象，或按住 Shift 键选择要修剪的对象，或[栏选(F)/窗交(C)/投影(P)/边(E)/放弃(U)]: e　（选择"边"选项并按【Space】键确认）
输入隐含边延伸模式 [延伸(E)/不延伸(N)] <不延伸>: E
（选择"延伸"选项并按【Space】键确认）
选择要延伸的对象，或按住Shift 键选择要修剪的对象，或[栏选(F)/窗交(C)/投影(P)/边(E)/放弃(U)]:　（选择"A线"）
选择要延伸的对象，或按住 Shift 键选择要修剪的对象，或[栏选(F)/窗交(C)/投影(P)/边(E)/放弃(U)]:　（按【Space】键退出延伸命令）

03 延伸后的效果如图4-37所示（光盘:\最终文件\第4章\双耳止动垫圈.dwg）。

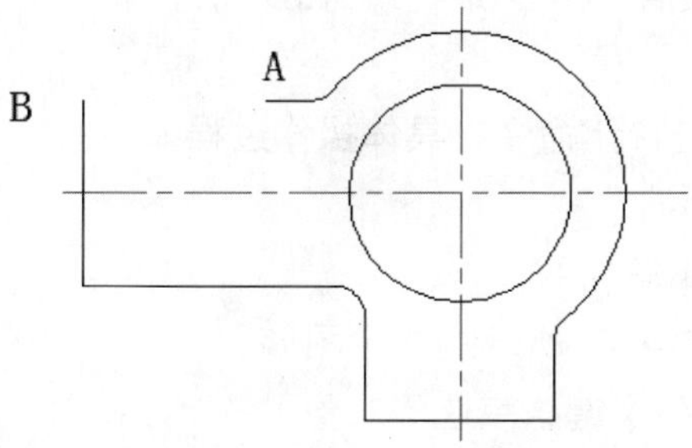

图4-36　原图

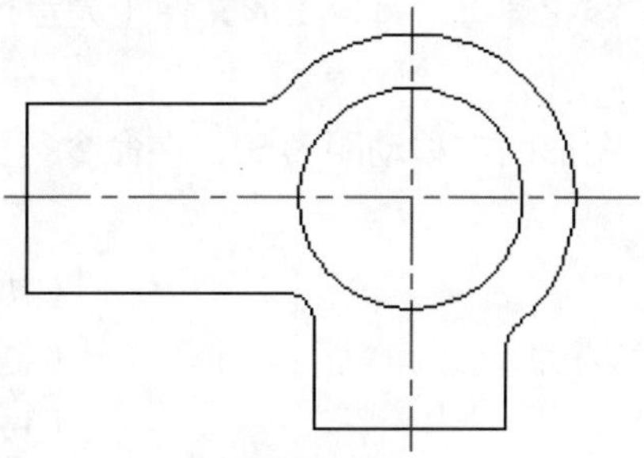

图4-37　延伸后

4.5 拓展训练

通过本章的学习，读者应该掌握利用AutoCAD绘制二维图形的编辑操作。本节就针对本章所学内容进行一次系统的训练。通过这些实例，读者将会对二维编辑有一个系统的认识。

4.5.1　初级训练：对象编组

现对一个图形进行“对象编组”，这样使读者能进一步熟悉对象选择，具体操作如下。

01 启动AutoCAD 2012，单击快速访问工具栏中的“打开”按钮，弹出“选择文件”对话框，在“名称”列表框中选择“连接件.dwg”图形文件（光盘:\原始文件\第4章\连接件.dwg，如图4-38所示），然后单击打开(O)按钮。

02 在命令行窗口中输入GROUP（或直接打开“对象编组”对话框），在“编组名”文本框中输入“1”。

03 单击对话框中的“新建”按钮，切换到绘图窗口。选择如图4-39所示的所有图元为编组对象，按【Enter】键结束对象选择并返回“对象编组”对话框。单击“确定”按钮完成对象编组，这时对象已经被编组。单击编组中的一个对象，所有对象都将被选中，如图4-40所示。

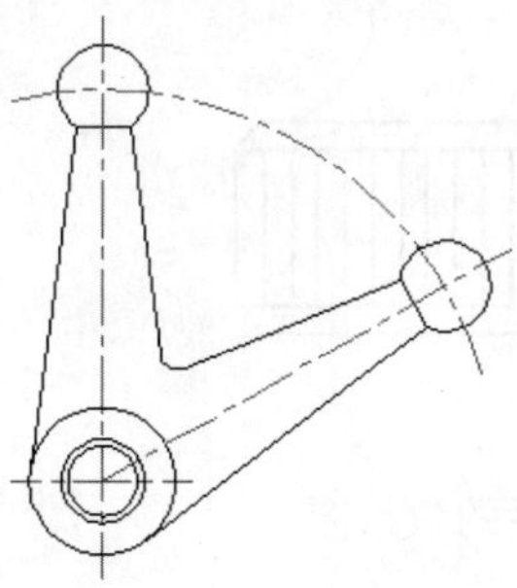

图4-38　原图

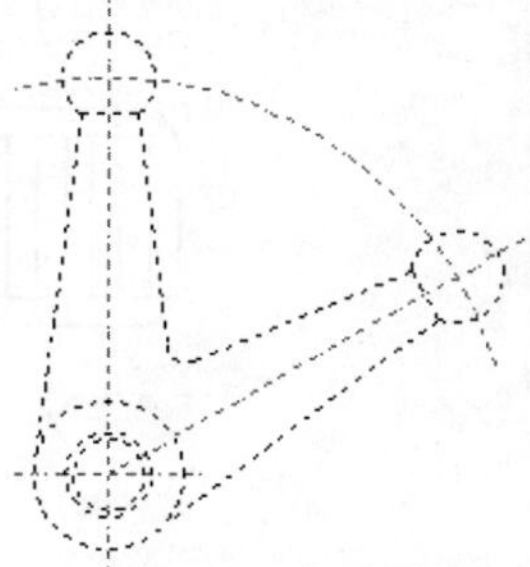

图4-39　选择对象

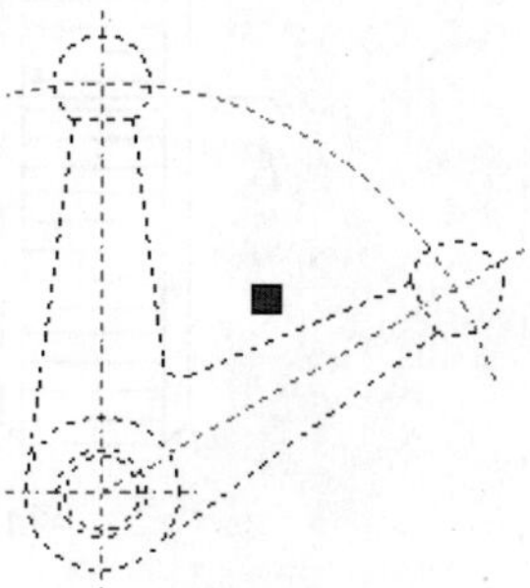

图4-40　编组成功

4.5.2　进阶训练：移动和旋转图形

下面我们将通过对一个滚花螺母图形的移动和旋转来进一步熟悉图形位置变化的编辑。

01 打开"滚花螺母.dwg"图形文件（光盘:\原始文件\第4章\滚花螺母.dwg）。

02 将整个图形向右移动距离50，在命令行窗口中执行M命令，具体操作过程如下：

命令: M （执行MOVE命令）
选择对象: 指定对角点: 找到 2 个 （框选如图4-41所示的整个图形）
选择对象: （按【Space】键结束选择对象）
指定基点或 [位移(D)] <位移>: （捕捉被移动对象的基点，这里单击A点，如图4-41所示）
指定第二个点或 <使用第一个点作为位移>: 输入50

03 在命令行窗口中执行RO命令，旋转螺母，具体操作过程如下：

命令: RO （执行ROTATE命令）
UCS当前的正角方向: ANGDIR=逆时针 ANGBASE=0 （系统显示当前UCS坐标）
选择对象: 指定对角点: 找到 13 个 （框选要旋转的对象，如图4-41所示）
选择对象: （按【Space】键结束选择对象）
指定基点: （捕捉图形中的一点作为旋转参考点，这里单击A点，如图4-41所示）
指定旋转角度，或 [复制(C)/参照(R)] <0>: （指定旋转角度或按住鼠标不放拖动90°，如图4-41所示）

04 旋转后的效果如图4-42所示（光盘:\最终文件\第4章\滚花螺母.dwg）。

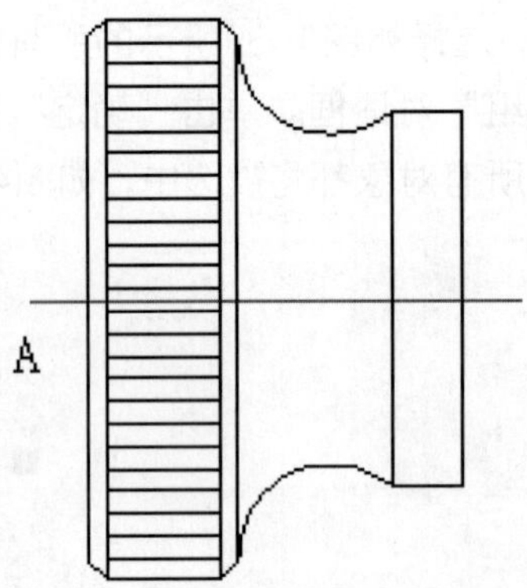

图4-41 原图

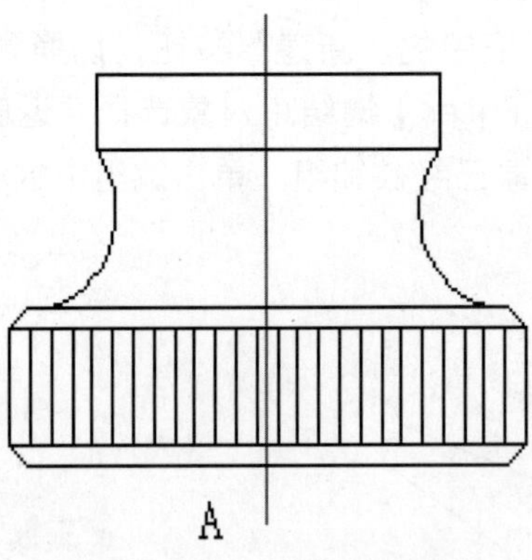

图4-42 旋转后的效果图

4.5.3 提高训练：改变图形大小

下面对本章学习的内容进行一次系统的训练，对一个十字螺钉进行拉长，然后将其保存。

01 打开"十字螺钉.dwg"图形文件（光盘:\原始文件\第4章\十字螺钉.dwg）。

02 从图4-43中可以看出，AB之间缺少一根线，下面我们利用拉长命令完成该直线的编辑。

命令: LENGTHEN　（执行LENGTHEN命令）
选择对象或 [增量(DE)/百分数(P)/全部(T)/动态(DY)]: de　（选择"增量"选项）
输入长度增量或 [角度(A)] <0.0000>:　（选择如图4-43所示的B点）
输入长度为5.96
选择要修改的对象或 [放弃(U)]:
选择要修改的对象或 [放弃(U)]:　（按【Space】键退出命令）

03 拉长后的效果如图4-44所示（光盘:\最终文件\第4章\十字螺钉.dwg）。

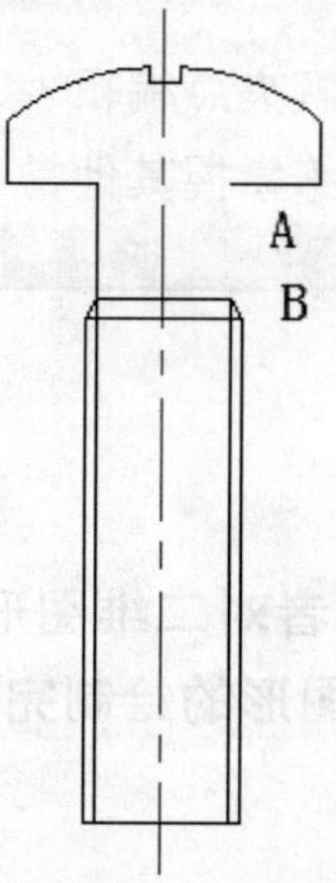

图4-43　原图

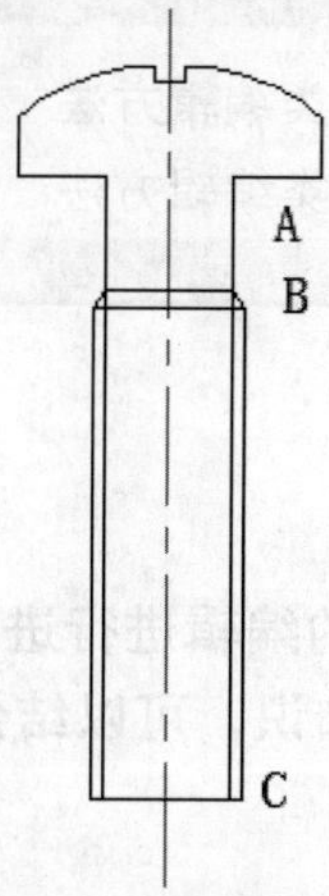

图4-44　拉长后效果图

4.6 本章小结

本章主要介绍了利用AutoCAD进行二维图形的简单编辑。首先是图形对象的选择，包括很多种选择方法，然后介绍图形被选中后进行拉伸、拉长和延伸的图形大小的编辑，还可以对图形进行旋转、移动等位置的编辑。通过本章学习，读者应该对AutoCAD编辑图形有一个初步的认识，为以后的学习打下基础。

第5章 编辑二维图形（二）

学习导航

通过对上一章的学习，读者对二维图形的编辑有了一个初步的了解，熟悉了简单的二维图形的编辑，例如图形对象的选取、图形大小的变换、图形位置的改变等，本章将继续对二维图形的编辑进行讲解。结合这两章的学习，希望读者可以有一个系统的提高，为以后的学习打下基础。

学习重点

- □ 熟练掌握删减类编辑方法
- □ 了解夹点编辑
- □ 熟练掌握复制类编辑方法
- □ 熟练掌握其他常用编辑命令

本章将对二维图形的编辑进行进一步的学习，使读者对二维图形编辑有一个更深入的认识。学好本章知识，可以结合前面学习的二维图形的绘制完成图形的设计。

5.1 删减类编辑

对于一个图形的完整设计，不仅仅需要绘图命令，图形的编辑也必不可少。而删减类命令作为非常方便的工具，在图形设计过程中起到至关重要的作用。

5.1.1 删除与恢复

删除操作是一个最常用的操作，调用该命令的方法如下：

- 在“常用”选项卡的“修改”面板中，单击“删除”按钮。
- 在菜单栏选择“修改”→“删除”命令。
- 在命令行窗口中执行ERASE和E命令。

“恢复”命令能恢复最近一次由ERASE、BLOCK、WBLOCK命令从图形中删除的对象。调用命令的方法如下：

- 在菜单栏中选择“编辑”→“放弃”命令。
- 在快速访问工具栏中单击“放弃”按钮。
- 在命令行窗口中执行UNDO命令。

下面通过实例讲解删除命令的使用，具体操作如下。

01 打开“大六角螺母.dwg”图形文件（光盘:\原始文件\第5章\大六角螺母.dwg），在命令行执行ERASE命令，具体操作过程如下：

命令：ERASE　　　　　　　　（执行ERASE命令）

选择对象：找到 1 个　　　　（选择绘图区中要删除的对象，选择左侧的部分，如图5-1所示）

选择对象：　　　　　　　　（按【Space】键删除所选对象，并结束该命令）

02 绘制完成后的效果如图5-2所示（光盘:\最终文件\第5章\大六角螺母.dwg）。

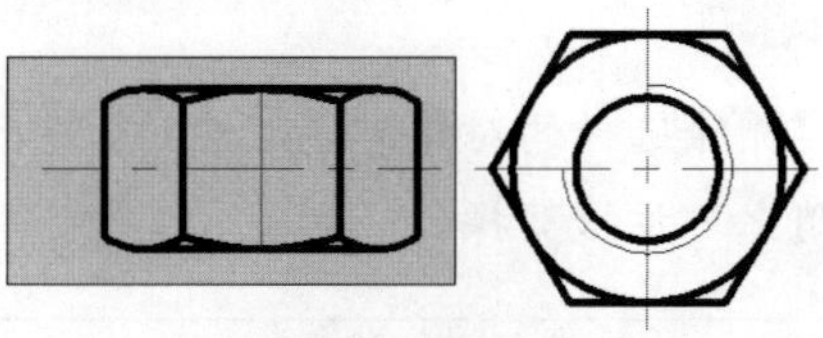

图5-1　原图

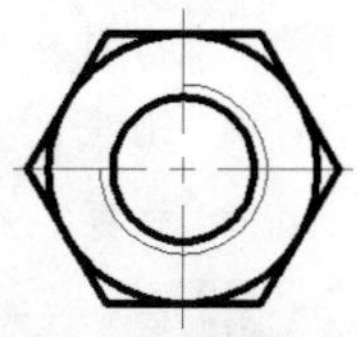

图5-2　删减后

5.1.2　修剪命令

为了使绘图区中的图形显示得更标准，可以将多余的线段进行修剪，被修剪的对象可以是直线、圆、弧、多段线、样条曲线和射线等。剪切边也同时是被剪切边。选择要修剪的对象，系统将以剪切边为边界，将被修剪对象上位于拾取点一侧的部分剪切掉。调用该命令的方法如下：

- 在“常用”选项卡的“修改”面板中，单击“修剪”按钮。
- 在菜单栏选择“修改”→“修剪”命令。
- 在命令行窗口中执行TRIM或TR命令。

下面通过实例讲解该命令的使用，具体操作如下。

01 打开“修剪.dwg”图形文件（光盘:\原始文件\第5章\修剪.dwg），在命令行执行TRIM命令，具体操作过程如下：

命令：TRIM　　　　　（执行TRIM命令）

当前设置:投影=UCS，边=无　（系统提示）

选择剪切边...　　　　　　（系统提示）

选择对象或 <全部选择>：　（框选绘图区中的所有对象）

选择对象：　　　　　　　（按【Space】键，结束对象的选择）

选择要修剪的对象，或按住 Shift 键选择要延伸的对象，或[栏选(F)/窗交(C)/投影(P)/边(E)/删除(R)/放弃(U)]：　　（依次选择需要修剪的对象，这里选择对照图5-3比图5-4多出的线）

选择要修剪的对象，或按住 Shift 键选择要延伸的对象，或[栏选(F)/窗交(C)/投影(P)/边(E)/删除(R)/放弃(U)]：

（按照相同的方法修剪其他线段）

选择要修剪的对象，或按住Shift键选择要延伸的对象，或 [栏选(F)/窗交(C)/投影(P)/边(E)/删除(R)/放弃(U)]：

（按【Space】键结束修剪操作）

02 绘制完成后的效果如图5-4所示（光盘:\最终文件\第5章\修剪.dwg）。

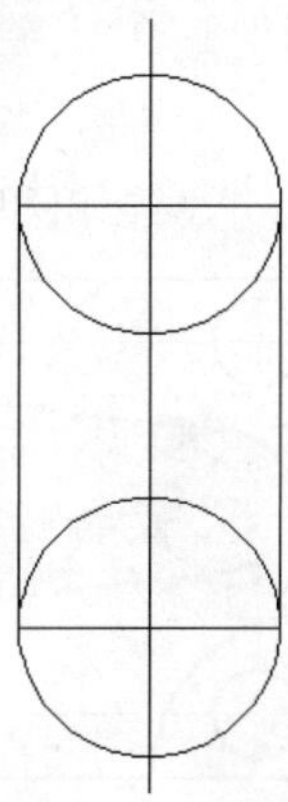

图5-3　原图

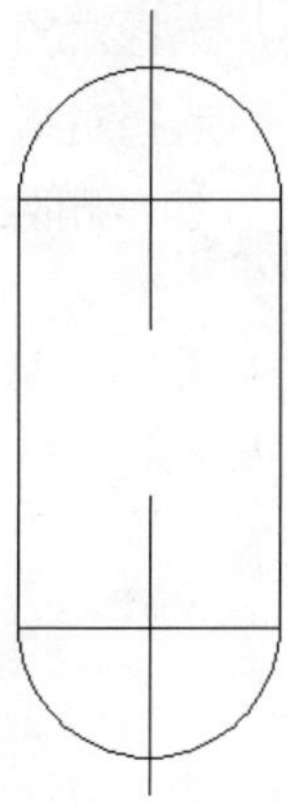

图5-4　修剪后

在执行命令的过程中，各选项含义如下。

- 全部选择：按【Space】键可快速选择所有可见的几何

图形，用做剪切边或边界边。

- 栏选：使用栏选的方式一次性选择多个需进行修剪的对象。
- 窗交：使用框选的方式一次性选择多个需进行修剪的对象。
- 投影：指定修剪对象时AutoCAD使用的投影模式，该选项常在三维绘图中应用。
- 边：确定是在另一对象的隐含边处修剪对象，还是仅修剪对象到与它在三维空间中相交的对象处。
- 删除：直接删除选择的对象。
- 放弃：撤销上一步修剪操作。

注意

在命令行中执行TRIM命令的过程中，按住【Shift】键可转换为执行延伸（extend）命令。例如，在选择要修剪的对象时，某线段未与修剪边界相交，则按住【Shift】键后单击该线段，可将其延伸到最近的边界。

5.1.3 自我强化：修剪和删除

下面通过一个例子来熟悉一下本节内容，我们将如图5-5所示的图形使用修剪和删除命令最终变成图5-6所示的样子。

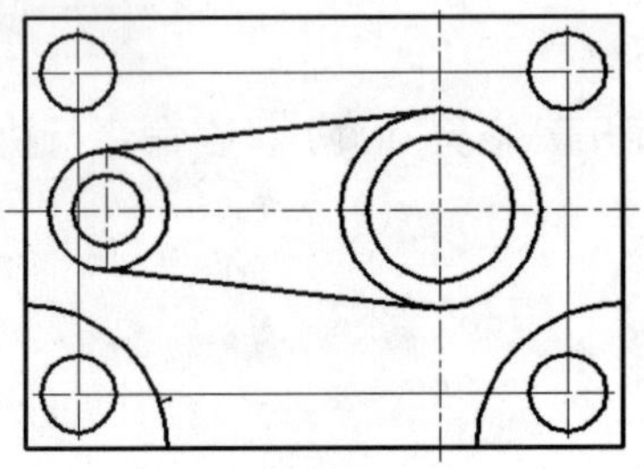

图5-5 原图

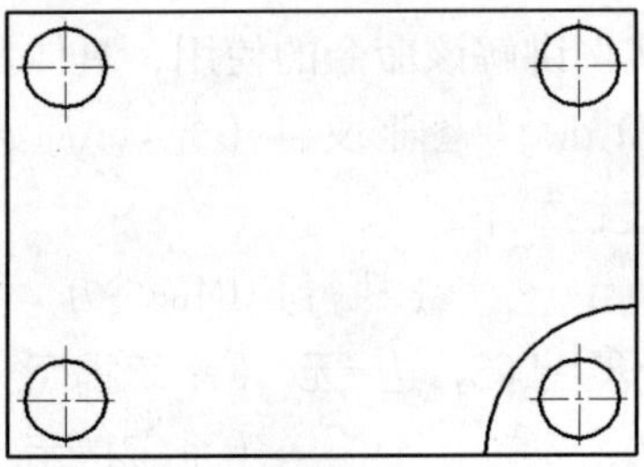

图5-6 效果图

01 打开“修剪和删除.dwg”图形文件（光盘:\原始文件\第5章\修剪和删除.dwg），在命令行执行ERASE命令，具体操作过程如下：

命令: ERASE （执行ERASE命令）
选择对象: 找到 1 个 （选择绘图区中要删除的对象，选择图形的中间的部分，如图5-7所示）
选择对象: （按【Space】键删除所选对象，并结束该命令）

02 初步删除以后的效果如图5-8所示。

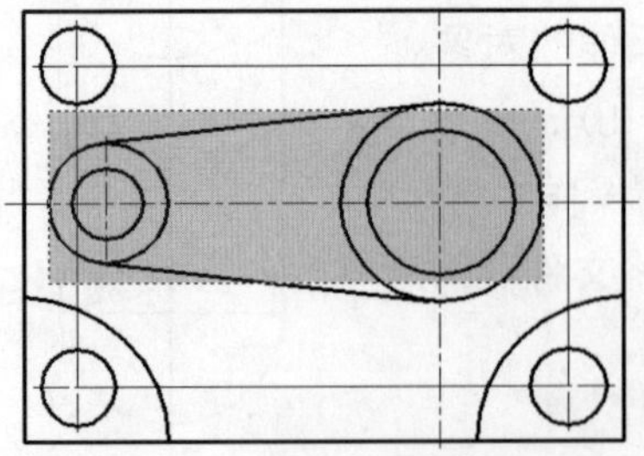

图5-7 选择删除对象

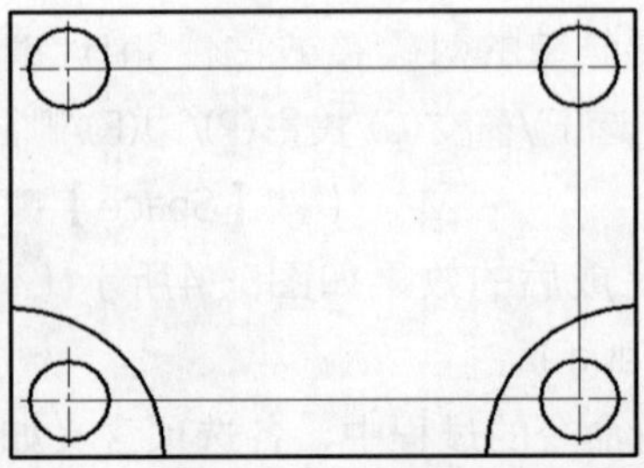

图5-8 删除效果图

03 在命令行执行TRIM命令，具体操作过程如下：

命令：TRIM　　　　　　　　　（执行TRIM命令）
当前设置:投影=UCS，边=无　（系统提示）
选择剪切边...　　　　　　　（系统提示）
选择对象或 <全部选择>：　（框选绘图区中的所有对象）
选择对象：　　　　　　　　　（按【Space】键，结束对象的选择）
选择要修剪的对象，或按住 Shift 键选择要延伸的对象，或[栏选(F)/窗交(C)/投影(P)/边(E)/删除(R)/放弃(U)]:　（依次选择需要修剪的对象，这里选择对照图5-8比图5-6多出的线）
选择要修剪的对象，或按住 Shift 键选择要延伸的对象，或[栏选(F)/窗交(C)/投影(P)/边(E)/删除(R)/放弃(U)]:　（按照相同的方法修剪其他线段）
选择要修剪的对象，或按住Shift键选择要延伸的对象，或 [栏选(F)/窗交(C)/投影(P)/边(E)/删除(R)/放弃(U)]:　（按【Space】键结束修剪操作）

04 最终完成的修剪效果如图5-6所示（光盘:\最终文件\第5章\修剪和删除.dwg）。

5.2 复制类命令

在绘制相同或相似的图形对象时，使用复制命令不但可以提高绘图速度，也可以提高绘图质量。复制类命令包括复制、偏移、镜像和阵列等。

5.2.1 复制命令

通过复制命令可以复制单个或多个已有图形对象到指定的位置，调用该命令的方法如下：

- 在“常用”选项卡的“修改”面板中，单击“复制”按钮。
- 在菜单栏选择“修改”→“复制”命令。
- 在命令行窗口中执行COPY或CO命令。

下面通过实例练习该命令的使用，具体操作如下。

01 打开“垫板.dwg”图形文件（光盘:\原始文件\第5章\垫板.dwg）。在命令行执行COPY命令，复制孔，达到的最终效果为整个图形关于AB线轴对称，具体操作过程如下：

命令：COPY　　　　　　　　　　　　　（执行COPY命令）
选择对象：找到 1 个　　　　　　　　　（选择如图5-9所示的大圆）
选择对象：　　　　　　　　　　　　　（按【Space】键结束对象的选择）
当前设置：复制模式=多个　　　　　　　（系统自动提示）
指定基点或 [位移(D)/模式(O)] <位移>：　（单击所选圆的圆心）
指定第二个点或 <使用第一个点作为位移>：　（单击如图5-10所示的C点）
指定第二个点或 [退出(E)/放弃(U)] <退出>：　（单击如图5-10所示的F点）

命令: COPY （执行COPY命令）
选择对象: 找到 1 个 （选择如图5-9所示的小圆）
选择对象: （按【Space】键结束对象的选择）
当前设置: 复制模式=多个 （系统自动提示）
指定基点或 [位移(D)/模式(O)] <位移>: （单击所选圆的圆心）
指定第二个点或 <使用第一个点作为位移>: （单击如图5-10所示的D点）
指定第二个点或 [退出(E)/放弃(U)] <退出>: （单击如图5-10所示的E点）
指定第二个点或 [退出(E)/放弃(U)] <退出>: （按【Space】键结束对象的选择并退出复制命令）

02 复制后的效果如图5-11所示（光盘:\最终文件\第5章\垫板.dwg）。

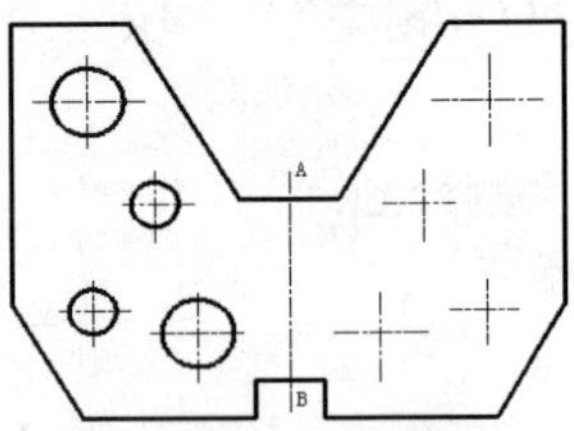

图5-9 原图

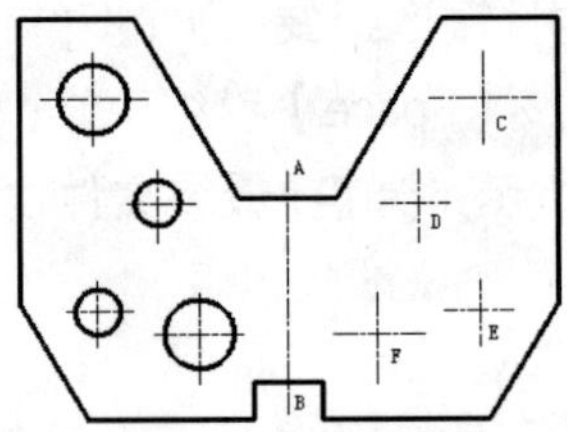

图5-10 复制点

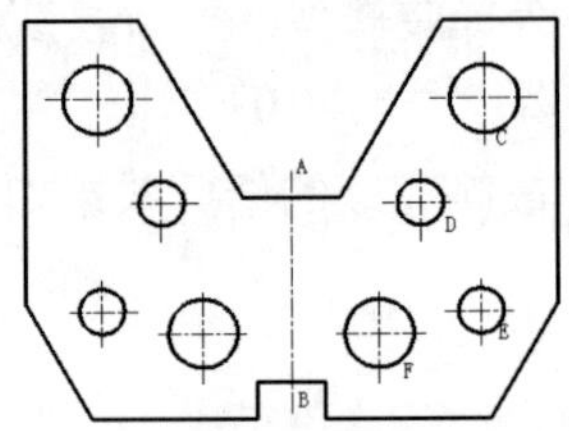

图5-11 完成复制效果图

5.2.2 偏移命令

偏移与复制是类似的，不同的是偏移要输入新旧两图形的具体距离即偏移值，偏移对象可以是直线、圆弧、圆、椭圆和椭圆弧、二维多段线、构造线、射线和样条曲线等。调用该命令的方法如下：

- 在“常用”选项卡的“修改”面板中，单击“偏移”按钮。
- 在菜单栏选择“修改”→“偏移”命令。
- 在命令行窗口中执行OFFSET或O命令。

下面通过实例练习该命令的使用，具体操作如下。

01 打开“偏移.dwg”图形文件（光盘:\原始文件\第5章\偏移.dwg）。在命令行执行OFFSET命令，绘制把手，具体操作过程如下：

命令: OFFSET （执行OFFSET命令）
当前设置: 删除源=否 图层=源 OFFSETGAPTYPE=0 （系统提示当前设置状态）
指定偏移距离或 [通过(T)/删除(E)/图层(L)] <通过>: 3 （输入偏移距离16，按【Space】键）
选择要偏移的对象，或 [退出(E)/放弃(U)] <退出>: （选择如图5-12所示的D处的圆）
指定要偏移的那一侧上的点，或 [退出(E)/多个(M)/放弃(U)] <退出>:
（向内移动鼠标并单击）
选择要偏移的对象，或 [退出(E)/放弃(U)] <退出>: （按【Space】键结束命令，绘制后的效果如图5-13所示）

命令:　　　　　　　　　　　　　　　　　　　（按【Space】键结束命令）
命令: OFFSET　　　　　　　　　　　　　　　　（执行OFFSET命令）
当前设置: 删除源=否　图层=源　OFFSETGAPTYPE=0　（系统提示当前设置状态）
指定偏移距离或 [通过(T)/删除(E)/图层(L)] <40.0000>: 37（输入偏移距离37，按【Space】键）
选择要偏移的对象，或 [退出(E)/放弃(U)] <退出>:　　（选择如图5-12所示的A线）
指定要偏移的那一侧上的点，或 [退出(E)/多个(M)/放弃(U)] <退出>:
　　　　　　　　　　　　　　　　　　　　　（向下移动鼠标并单击）
选择要偏移的对象，或 [退出(E)/放弃(U)] <退出>:　　（选择如图5-12左侧直线）
指定要偏移的那一侧上的点，或 [退出(E)/多个(M)/放弃(U)] <退出>:
　　　　　　　　　　　　　　　　　　　　　（向右移动鼠标并单击）
　　　　　　　　　　　　　　　　　　　　　（按【Space】键结束命令）

02 按照相同的方法，将其他部分绘制完成，完成后的效果如图5-14所示（光盘:\最终文件\第5章\偏移.dwg）。

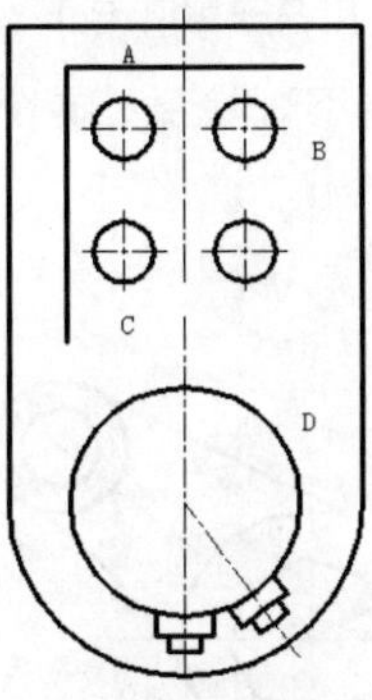

图5-12　原图

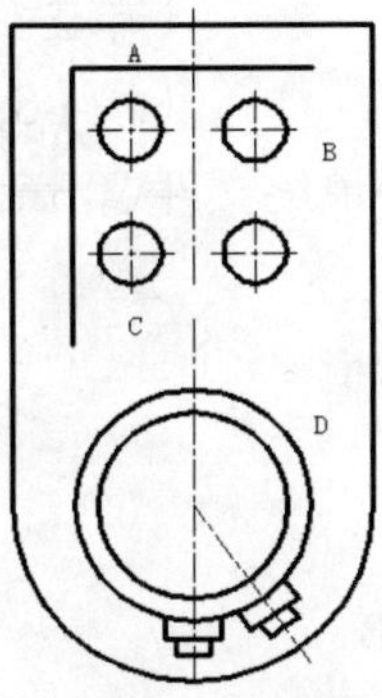

图5-13　偏移圆

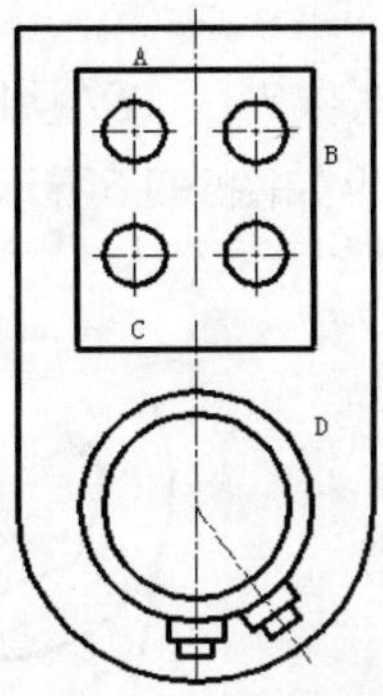

图5-14　最终效果图

在执行命令的过程中，各选项含义如下。

- 通过：指定通过一个已知点的方法偏移图形对象。
- 删除：指定是否在执行偏移操作后删除源图形对象。当前是什么状态可以通过执行OFFSET命令时命令行的提示来判断，如果选择“删除源=否”则不删除源对象，如果选择“删除源=是”则会在执行偏移操作后只保留偏移图形而删除源对象。
- 图层：指定是在源对象所在图层执行偏移操作还是在当前图层执行偏移操作，如果选择“图层=源”则表示在源对象所在图层执行偏移操作，如果选择“图层=当前”则表示在当前图层执行偏移操作。
- OFFSETGAPTYPE：控制偏移闭合多段线时处理线段之间潜在间隙方式的系统变量，其值有0、1、2三个，0表示通过延伸多段线填充间隙，1表示用圆角弧线段填充间隙（每个弧线段半径等于偏移距离），2表示用倒角直线段填充间隙（到每个倒角的垂直距离等于偏移距离）。

注意

如果偏移的对象是直线，则偏移后的直线大小不变；如果偏移的对象是圆或矩形等，则偏移后的对象将被放大或缩小。在实际应用中，此命令一般用来偏移直线。

5.2.3 镜像命令

镜像命令可以生成与所选对象相对称的图形。调用该命令主要有如下几种方法：

- 在“常用”选项卡的“修改”面板中，单击“镜像”按钮。
- 在菜单栏选择“修改”→“镜像”命令。
- 在命令行窗口中执行MIRROR或MI命令。

下面通过实例练习该命令的使用，将整个图形沿AB线镜像，具体操作如下。

01 打开“镜像.dwg”图形文件（光盘:\原始文件\第5章\镜像.dwg）。在命令行执行mirror命令，镜像AB的下半部分，具体操作过程如下：

命令：MIRROR （执行MIRROR命令）
选择对象：指定对角点：找到 26 个 （选择绘图区中的所有图形对象）
选择对象： （按【Space】键结束对象选择）
指定镜像线的第一点： （单击如图5-15所示的A点）
指定镜像线的第二点： （单击如图5-15所示的B点）
是否删除源对象？[是(Y)/否(N)] <N>： （按【Space】键不删除源对象，并结束镜像命令）

02 完成后的效果如图5-16所示（光盘:\最终文件\第5章\镜像.dwg）。

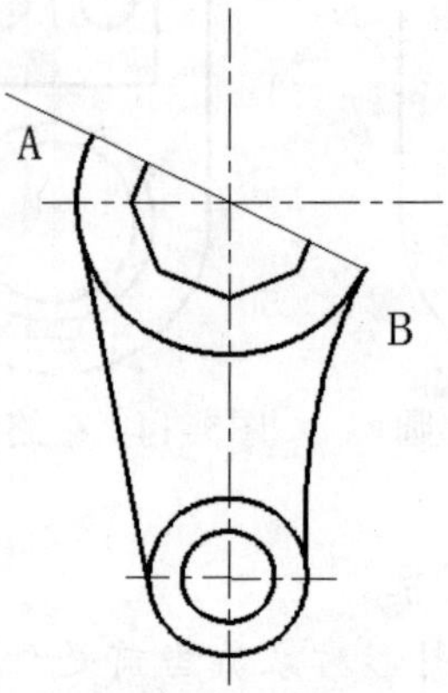

图5-15 原图

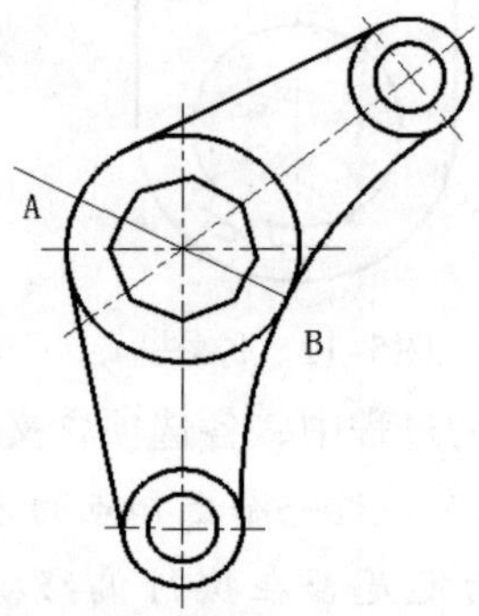

图5-16 镜像后

注意

在命令行询问是否删除源对象时，默认情况下是选择“否”选项，表示不删除源对象；选择“是”选项，表示删除源对象。

5.2.4 阵列命令

阵列命令可以将被阵列的源对象按一定的规则复制多个并进行阵列排列。阵列后，可以对其中的一个或者几个图形对象分别进行编辑而不影响其他对象。阵列分为矩形阵列和环形阵列。

- 在“常用”选项卡的“修改”面板中，单击“矩形阵列”按钮。
- 在菜单栏选择“修改”→“阵列”→“矩形阵列”命令。
- 在命令行窗口中执行ARRAYRECT命令。

1. 矩形阵列

矩形阵列是指阵列后的图形外形轮廓和矩形相同，具体操作如下。

01 打开“矩形阵列.dwg”图形文件（光盘:\原始文件\第5章\矩形阵列.dwg），如图5-17所示。

02 在命令行输入ARRAYRECT执行阵列命令，继续按【Enter】键，对照命令行提示，分别输入行数和列数均为2。再输入S执行间距命令，在行距离提示行中输入-18，在列距离提示行中输入24，按【Enter】键。

03 返回绘图区，最终效果如图5-18所示（光盘:\最终文件\第5章\矩形阵列.dwg）。

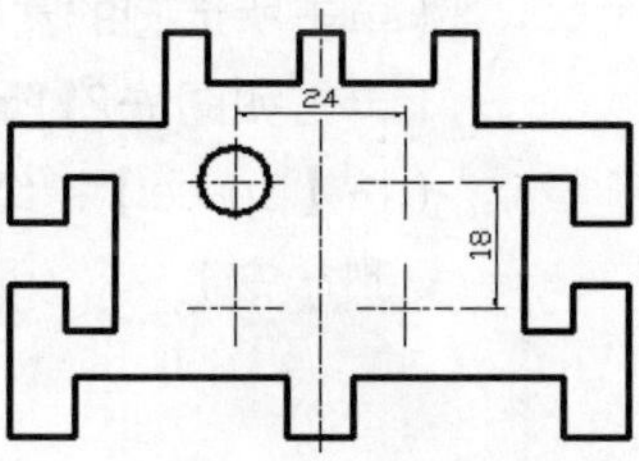

图5-17　原图

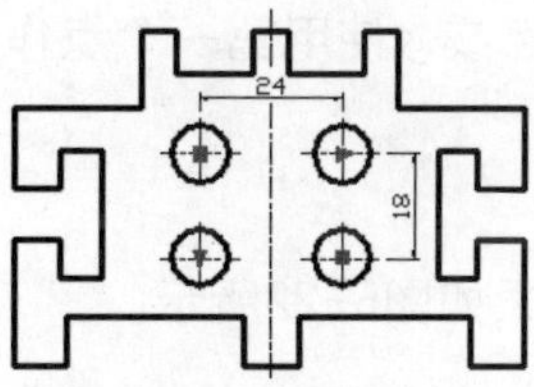

图5-18　矩形阵列后

注意

在矩形阵列中，行偏移和列偏移有正负之分。默认情况下，若行偏移为正值，则行添加在上面；反之，则添加在下面。若列偏移为正值，则列添加在右侧；反之，则列添加在左侧。

2. 环形阵列

环形阵列是将图形对象以一个圆形进行阵列复制，具体操作如下。

01 打开“环形阵列.dwg”图形文件（光盘:\原始文件\第5章\环形阵列.dwg），在菜单栏选择“修改”→“阵列”→“环形阵列”命令。

02 系统提示选择要阵列的对象，选择如图5-19所示的正五边形为阵列对象，按【Enter】键，选择图中的圆心O为阵列中心点。在接下来的提示行中输入6，在角度提示中输入360°，按【Enter】键确认。

03 完成的环形阵列图如图5-20所示（光盘:\最终文件\第5章\环形阵列.dwg）。

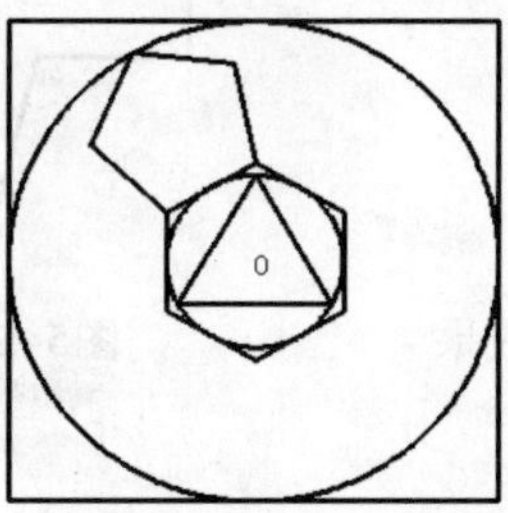

图5-19　原图

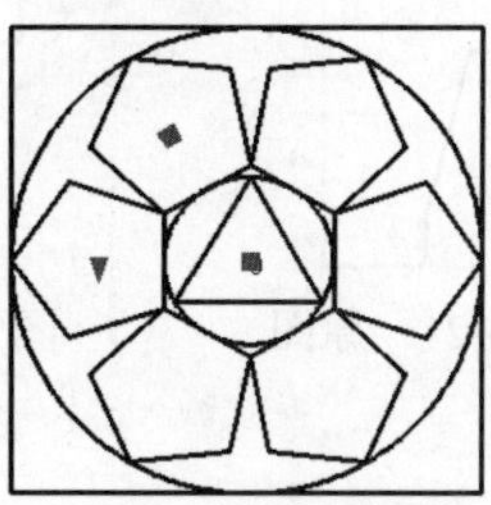
图5-20　环形阵列后

5.2.5　自我强化：复制和镜像

下面我们将用一个例子熟悉本节所学过的部分内容。希望通过这个例子的学习，读者能对本节内容有一个更深入的学习，我们的目标是将如图5-21所示的图形最终通过复制和镜像达到如图5-23所示的效果。具体操作如下。

01 打开“复制和镜像.dwg”图形文件（光盘:\原始文件\第5章\复制和镜像.dwg）。在命令行执行COPY命令，复制B处的圆弧到A处，具体操作过程如下：

命令：COPY	（执行COPY命令）
选择对象：找到 1 个	（选择如图5-21所示的B处的圆弧）
选择对象：	（按【Space】键结束对象的选择）
当前设置：复制模式=多个	（系统自动提示）
指定基点或 [位移(D)/模式(O)] <位移>：	（单击所选圆的圆心）
指定第二个点或 <使用第一个点作为位移>：	（单击如图5-21所示的A点）
	（按【Space】键结束对象的选择并退出复制命令）

02 复制后的效果如图5-22所示。

03 下面进行镜像操作。

命令：MIRROR	（执行MIRROR命令）
选择对象：指定对角点：	（选择绘图区中的左侧图形）
选择对象：	（按【Space】键结束对象选择）
指定镜像线的第一点：	（单击如图5-21所示的A点）
指定镜像线的第二点：	（单击如图5-21所示的B点）
是否删除源对象？[是(Y)/否(N)] <N>：	（按【Space】键不删除源对象，并结束镜像命令）

04 完成后的效果如图5-23所示（光盘:\最终文件\第5章\复制和镜像.dwg）。

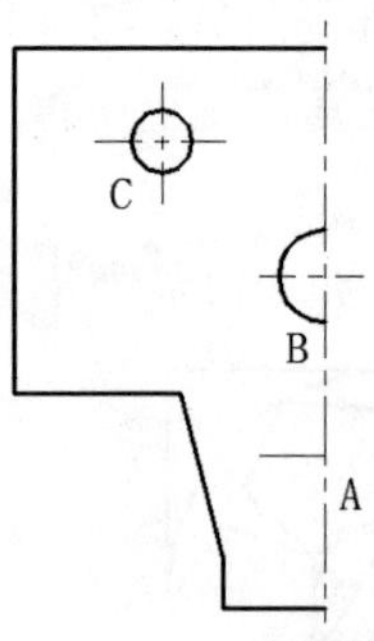

图5-21 原图

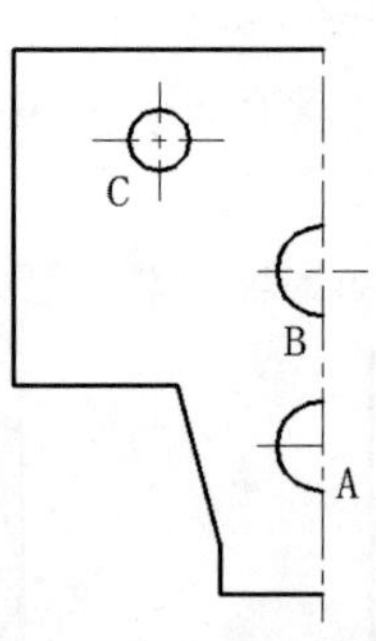

图5-22 复制后效果

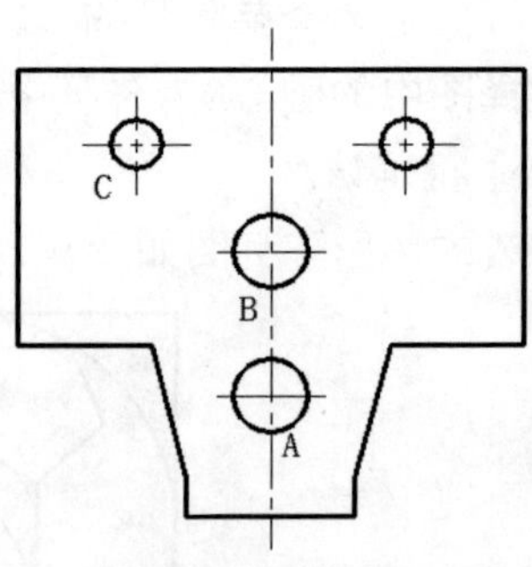

图5-23 最终效果图

5.3 夹点编辑

夹点就是绘图对象上的控制点。当选中对象后，在对象上将显示若干个小方块，这些小方块就是用来标记被选中对象的夹点。默认情况下，夹点始终是打开的，其显示的颜色和大小可以进行设置。不同的对象，用来控制其特征的夹点的位置和数量是不同的，如图5-24所示。

在AutoCAD 2012中，夹点是一种集成的编辑模式，实用性强，可以对对象进行拉伸、移动、旋转、缩放及镜像操作，为绘制图形提供一种方便快捷的编辑途径。

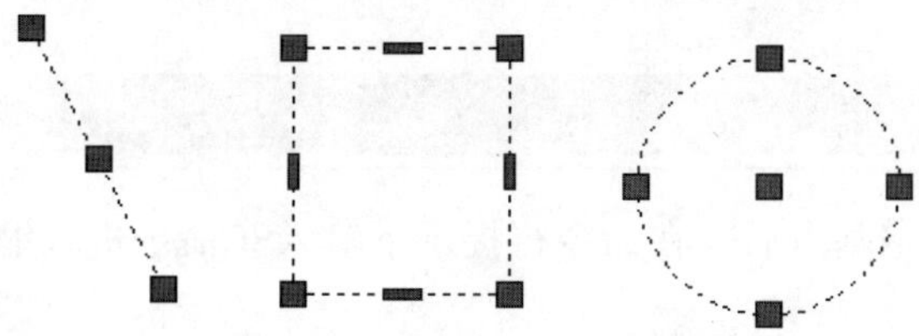

图5-24　不同图形夹点显示

5.3.1　拉伸对象

在不执行任何命令的情况下选择对象，显示其夹点，然后单击其中一个夹点，将该夹点当做拉伸的基点，进行操作，如图5-25所示。命令行显示如下提示信息：

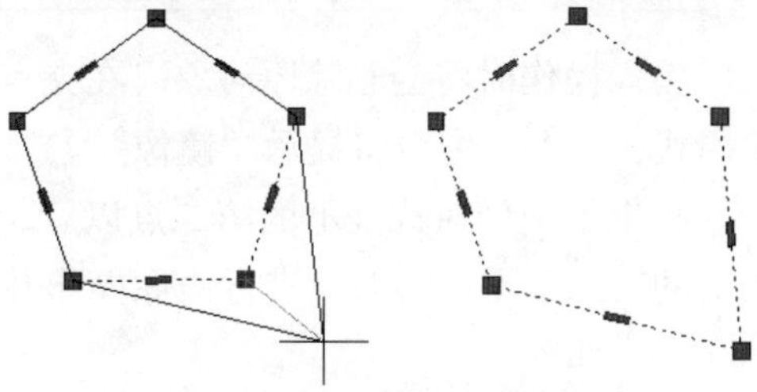

图5-25　拉伸对象

拉伸

指定拉伸点或[基点（B）/复制（C）/放弃（U）/退出（X）]:

默认情况下，指定拉伸点后，将把对象拉伸或移动到新的位置。相关参数如下。

- 基点（B）：重新指定拉伸基点。
- 复制（C）：允许指定一系列的拉伸点，以实现多次拉伸。
- 放弃（U）：取消上一步操作。
- 退出（X）：退出当前操作。

5.3.2　移动对象

移动对象仅是位置上的平移，对象的大小和方向不会被改变。要准确地移动对象，可使用捕捉模式、坐标、夹点编辑模式。利用夹点编辑模式确定基点后，在命令行提示下输入MO命令进入移动模式，命令行窗口显示信息为：

移动

指定拉伸点或[基点（B）/复制（C）/放弃（U）/退出（X）]:

通过输入点的坐标或拾取点的方式指定平移对象的目的点后，即可以基点平移起点，以目的点为基点平移终点，将所选对象平移到新位置。

5.3.3　旋转对象

在夹点编辑模式下，指定基点后，在命令行提示下输入RO命令进入旋转模式，则命令行窗口会显示旋转信息。

默认状况下，输入旋转的角度值或通过拖动方式指定旋转角度后，即可将对象绕基点旋转指定的角度。

5.3.4 缩放对象

在夹点编辑模式下指定基点后，在命令行提示下输入SC命令进入缩放模式，命令行窗口会提示“比例缩放”。

默认情况下，在指定了缩放的比例因子后，将相对于基点进行缩放对象的操作。当比例因子大于1时，放大对象；当比例因子为小于1的正数时，缩小对象。

5.3.5 镜像对象

镜像操作时将会删除原对象。在夹点编辑模式下，指定基点后，在命令行输入MI命令进入镜像模式，命令行窗口将提示“镜像”。

指定了镜像对称线上的第二点以后，将以基点作为镜像线上的第一个点，新指定的点为镜像线上的第二个点，将对象进行镜像操作并删除原对象。

5.3.6 自我强化：缩放对象

下面我们通过对图形对象的缩放操作来介绍夹点的编辑方法。

01 打开“缩放.dwg”图形文件（光盘:\原始文件\第5章\缩放.dwg，如图5-26所示）。在菜单栏中选择“修改”→“缩放”命令。

02 选择圆为缩放对象，按【Enter】键，命令提示行中出现“选择基点”，这里选择圆心为缩放基点。

03 在命令行窗口中输入比例因子，这里输入0.5，完成的缩放效果如图5-27所示（光盘:\最终文件\第5章\缩放.dwg）。

图5-26 原图

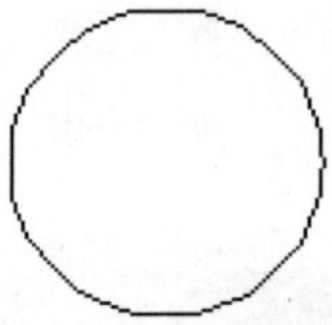

图5-27 缩放后

5.4 其他编辑命令

除了之前介绍的编辑命令，为了使绘制的图形更加准确，在绘图过程中更加方便，AutoCAD 2012还提供了多种其他编辑命令，包括打断、圆角、倒角、比例缩放、合并及分解命令等，下面就对它们做详细介绍。

5.4.1 打断命令

打断命令可以将实体的某一部分打断，或者删除该实体的某一部分。被分离的线段只能是单独的线条，不能是任何组合形体，如图块等。可通过将对象打断于一点和指定两点两种方式断开对象。

1. 将对象打断于一点

将对象打断于一点是指将整条线段分离成两条独立的线段，但线段之间没有空隙。调用该命令的方法如下：

- 在“常用”选项卡的“修改”面板中，单击▼按钮，在弹出的下拉列表中单击“打断于点”按钮。
- 在命令行窗口中执行BREAK或BR命令。

执行上述命令后，具体操作过程如下：

命令：BREAK（执行BREAK命令）
选择对象：（选择要打断的对象）
指定第二个打断点或 [第一点(F)]：F（系统自动执行“第一点”选项）
指定第一个打断点：（在对象上要打断的位置单击）
指定第二个打断点：@（系统自动输入@符号，表示第二个打断点与第一个打断点为同一点。对象将无缝断开，并退出命令）

2. 以两点方式打断对象

以两点方式打断对象是指在对象上创建两个打断点，使对象以一定的距离断开。调用该命令的方法如下：

- 在“常用”选项卡的“修改”面板中，单击“打断”按钮。
- 选择菜单栏“修改”→“打断”命令。
- 在命令行窗口中执行BREAK或BR命令。

执行上述命令后，具体操作过程如下：

命令：BREAK（执行BREAK命令）
选择对象：（选择要打断的对象）
指定第二个打断点或 [第一点(F)]：f（系统自动执行“第一点”选项）
指定第一个打断点：（在对象上要打断的位置单击）
指定第二个打断点：（在对象上要打断的另一位置单击）

5.4.2 圆角与倒角命令

在设计某些产品或零件时，为了美观和安全，可对边缘进行圆角或倒角操作。在使用AutoCAD 2012绘制这类图形对象时，可以使用相关命令快速进行圆角或倒角处理。

1. 圆角命令

圆角命令是将两条相交的直线通过一个圆弧连接起来，调用该命令的方法如下：

- 在“常用”选项卡的“修改”面板中，单击“圆角”按钮。
- 在菜单栏选择“修改”→“圆角”命令。
- 在命令行窗口中执行FILLET或F命令。

下面通过实例练习该命令的使用，具体操作如下。

01 打开“圆角.dwg”图形文件（光盘:\原始文件\第5章\圆角.dwg）。在命令行窗口执行FILLET命令，具体操作过程如下：

命令: FILLET （执行FILLET命令）

当前设置: 模式=修剪，半径=0.0000 （系统提示当前圆角设置）

选择第一个对象或 [放弃(U)/多段线(P)/半径(R)/修剪(T)/多个(M)]: R

（选择“半径”选项，按【Space】键）

指定圆角半径 <0.0000>: 10 （输入圆角半径10，按【Space】键）

选择第一个对象或 [放弃(U)/多段线(P)/半径(R)/修剪(T)/多个(M)]: M

（选择“多个”选项，按【Space】键）

选择第一个对象或 [放弃(U)/多段线(P)/半径(R)/修剪(T)/多个(M)]:

（选择如图5-28所示的A线和B线）

选择第二个对象，或按住 Shift 键选择要应用角点的对象:

（选择如图5-28所示的B线和C线）

选择第一个对象或 [放弃(U)/多段线(P)/半径(R)/修剪(T)/多个(M)]:

（选择如图5-28所示的C线和D线）

选择第二个对象，或按住 Shift 键选择要应用角点的对象:

（选择如图5-28所示的D线和A线）

选择第一个对象或 [放弃(U)/多段线(P)/半径(R)/修剪(T)/多个(M)]:

（按【Space】键结束命令）

02 完成后的效果如图5-29所示（光盘:\最终文件\第5章\圆角.dwg）。

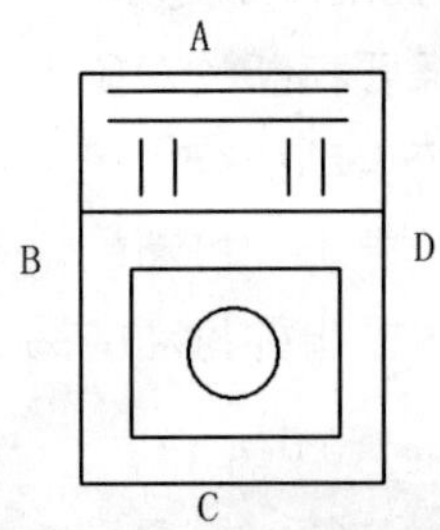

图5-28 原图

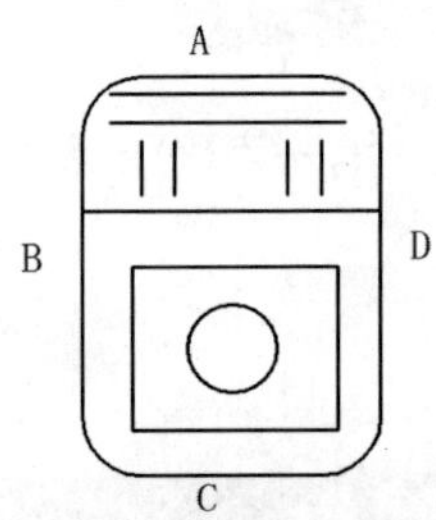

图5-29 倒圆角后

2. 倒角命令

倒角命令用于将两条非平行直线或多段线做出有斜度的倒角，调用该命令主要有如下几种方法：

- 在“常用”选项卡的“修改”面板中，单击“圆角”按钮右侧的▾按钮，在弹出的下拉列表中选择“倒角”命令。
- 在菜单栏选择“修改”→“倒角”命令。
- 在命令行窗口中执行CHAMFER或CHA命令。

下面通过实例练习该命令的使用，具体操作如下。

01 打开“倒角.dwg”图形文件（光盘:\原始文件\第5章\倒角.dwg），在命令行执行CHAMFER命令，具体操作过程如下：

```
命令: CHAMFER                                    （执行CHAMFER命令）
（"修剪"模式）当前倒角距离 1 = 0.0000，距离 2 = 0.0000
                                                 （系统提示当前倒角设置）
选择第一条直线或 [放弃(U)/多段线(P)/距离(D)/角度(A)/修剪(T)/方式(E)/多个(M)]: D
                                                 （选择"距离"选项，按【Space】键）
指定第一个倒角距离 <0.0000>: 5   （输入第一个倒角距离5，然后按【Space】键）
指定第二个倒角距离 <5.0000>:                     （按【Space】键）
选择第一条直线或 [放弃(U)/多段线(P)/距离(D)/角度(A)/修剪(T)/方式(E)/多个(M)]: M
                                                 （选择"多个"选项，按【Space】键）
选择第一条直线或 [放弃(U)/多段线(P)/距离(D)/角度(A)/修剪(T)/方式(E)/多个(M)]:
                                                 （选择如图5-30所示的A线）
选择第二条直线，或按住 Shift 键选择要应用角点的直线:
                                                 （选择如图5-30所示的B线）
选择第一条直线或 [放弃(U)/多段线(P)/距离(D)/角度(A)/修剪(T)/方式(E)/多个(M)]:
                                                 （选择如图5-30所示的C线）
选择第二条直线，或按住 Shift 键选择要应用角点的直线: （选择如图5-30所示的D线）
选择第一条直线或 [放弃(U)/多段线(P)/距离(D)/角度(A)/修剪(T)/方式(E)/多个(M)]:
                                                 （按【Space】键结束命令）
```

02 完成后的效果如图5-31所示（光盘:\最终文件\第5章\倒角.dwg）。

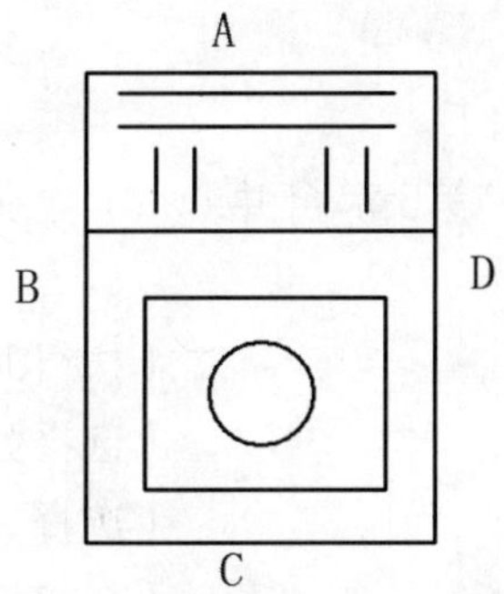

图5-30　原图

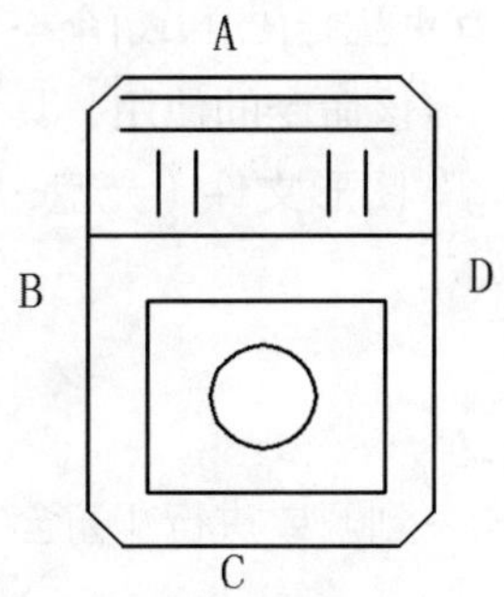

图5-31　倒角后

在执行命令的过程中，各选项含义如下。

- 多段线：选择该选项，可对由多段线组成的图形的所有角同时进行倒角。
- 角度：以指定一个角度和一段距离的方法来设置倒角的距离。
- 修剪：设置修剪模式，控制倒角处理后是否删除原角的组成对象，默认为删除。
- 多个：选择该项，可连续对多组对象进行倒角处理，直至结束命令为止。

5.4.3　比例缩放命令

比例缩放命令是将指定对象按指定比例相对于基点放大或缩小。调用该命令的方法如下：

- 在"常用"选项卡的"修改"面板中，单击"缩放"按钮。

● 在菜单栏选择“修改”→“缩放”命令。

● 在命令行窗口中执行具体SCALE或SC命令。

执行上述命令后，具体操作过程如下：

命令: SCALE （执行SCALE命令）
选择对象: （选择需要缩放的对象）
选择对象: （按【Space】键结束对象的选择）
指定基点: （指定缩放基点）
指定比例因子或 [复制(C)/参照(R)]: （指定缩放比例并按【Space】键）

5.4.4 合并与分解命令

为了更好地绘制图形，可以把类似的图形进行合并（合并后的图形也可以进行分解）。下面进行具体讲解。

1. 合并命令

合并图形是指将相似的图形对象合并为一个对象，可以合并的对象包括圆弧、椭圆弧、直线、多段线和样条曲线等。调用该命令的方法如下：

● 在“常用”选项卡的“修改”面板中，单击▾按钮，在弹出的下拉列表中单击“合并”按钮。

● 在菜单栏选择“修改”→“合并”命令。

● 在命令行窗口中执行JOIN或J命令。

下面通过实例练习该命令的使用，具体操作如下。

01 打开“合并.dwg”图形文件（光盘:\原始文件\第5章\合并.dwg）。在命令行执行JOIN命令，具体操作过程如下：

命令: J （执行JOIN命令）
选择源对象: （选择如图5-32所示的圆弧）
选择圆弧，以合并到源或进行 [闭合(L)]: L （选择“闭合”选项）
已将圆弧转换为圆 （系统提示）

02 完成后的效果如图5-33所示（光盘:\最终文件\第5章\合并.dwg）。

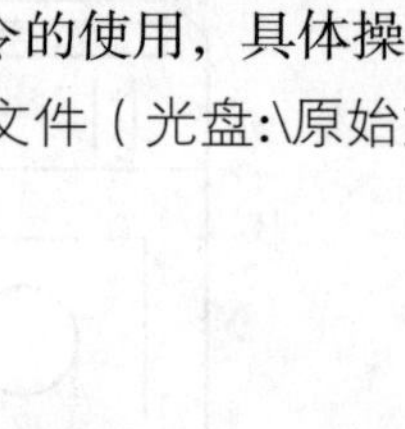

图5-32 原图

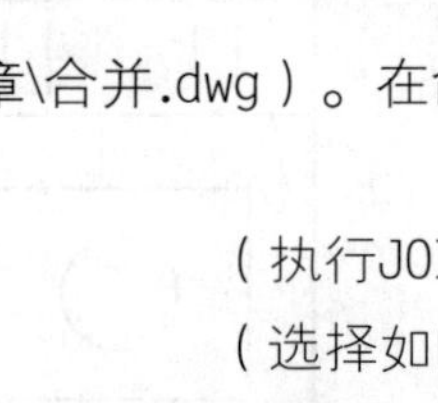

图5-33 合并后

2. 分解命令

分解对象命令的调用方法有如下几种：

● 在“常用”选项卡的“修改”面板中，单击“分解”按钮。

- 在菜单栏选择“修改”→“分解”命令。
- 在命令行窗口中执行EXPLODE命令。

执行上述命令后，具体操作过程如下：

命令：EXPLODE　　　　　　　（执行EXPLODE命令）
选择对象：找到 1 个　　　　（选择需要分解的对象）
选择对象：　　　　　　　　　（按【Space】键结束对象的选择，并自动显示分解后的效果）

5.4.5　特性与特性匹配

对象特性包含一般特性和几何特性。一般特性包括对象的颜色、线型、图层及线宽等；几何特性包括对象的尺寸和位置，这两个特性可以在“特性”选项板和“特性匹配”窗口中设置和修改。

1. “特性”选项板

对于该命令的执行可以有以下方式：

- 选择菜单栏中的“修改”→“特性”命令。
- 单击“标准”工具栏“特性”命令图标。
- 在命令行窗口中输入PROPERTIES命令。

利用上述任何一种方式均可执行特性命令，这时系统会弹出如图5-34所示的选项板。左图为无选择状态，右图为选择状态。右键单击“特性”选项板的标题栏，弹出如图5-35所示的快捷菜单，用户可根据需要进行选择。

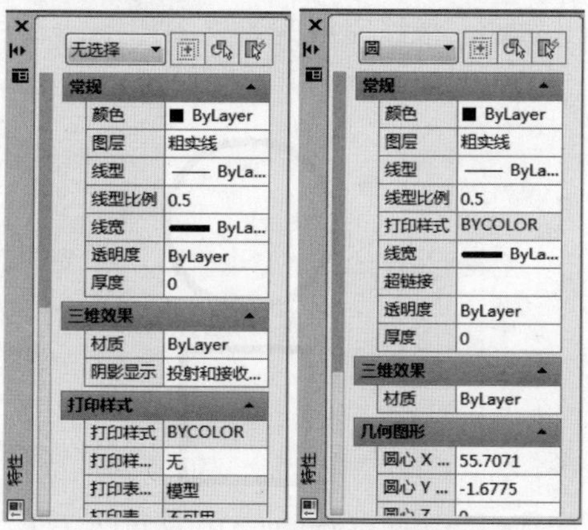

图5-34　“特性”选项板

图5-35　快捷菜单

“特性”选项板中，显示了当前所选对象的所有特性和特性值。当选中多个对象时，将显示它们的共有特性。“特性”选项板的具体功能如下。

- 对象类型：选择一个对象后，窗口内列出该对象的全部特性和当前设置；选择同一类型的多个对象时，则窗口内列出这些对象的共有特性和当前设置；选择不同类型的多个对象时，则窗口内只列出这些对象的基本特性和当前设置，如颜色、图层、线型、线型比例、打印样式、线宽等。
- 工作状态：打开“特性”选项板不影响在AutoCAD中的各种操作。
- 切换PICKADD系统变量图标：单击该图标，可以修改PICKADD系统变量值，决定是否选择多个对象进行编辑。

- 选择对象按钮：单击该按钮，切换到绘图窗口，以选择其他对象。
- 快速选择按钮：单击该按钮，将打开"快速选择"对话框，可快速创建供编辑用的选择集。
- 特性栏：双击对象的特性栏，可显示该特性所有可能的取值。
- 修改特性值：修改所选对象的特性时，可直接输入新值、从下拉列表中选择值、通过对话框改变值，或利用"选择对象"按钮在绘图区改变坐标值。

2. 特性匹配

特性匹配是将一个对象的某些或所有特性都复制到其他一个或多个对象中，可复制的特性有颜色、图层、线型、线型比例、线宽、厚度和打印样式、尺寸标注、文本和阴影图案等。执行特性匹配的方式有：

- 在菜单栏中选择"修改"→"特性匹配"命令。
- 在"标准"工具栏中单击"特性匹配"命令图标。
- 在命令行窗口中输入MATCHPROP。

下面通过一个例子介绍特性匹配。

01 启动AutoCAD 2012，打开"特性匹配.dwg"文件（光盘:\原始文件\第5章\特性匹配.dwg），如图5-36所示。在命令行中输入MATCHPROP，执行特性匹配命令，按【Enter】键。

02 命令提示行中提示选择源对象，这里选择圆形为源对象，选择下方的矩形为目标对象。

03 按【Enter】键，确定特性匹配并退出命令，最终完成的效果图如图5-37所示（光盘:\最终文件\第5章\特性匹配.dwg）。

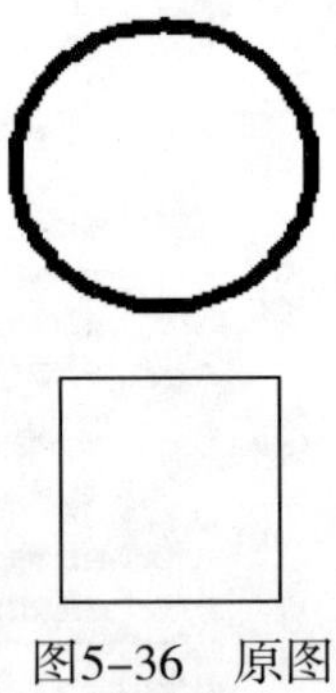

图5-36 原图

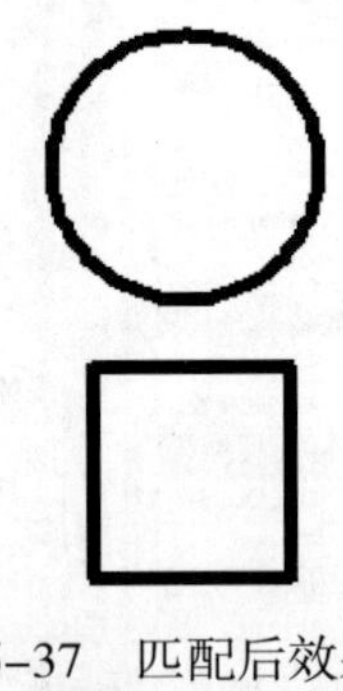

图5-37 匹配后效果图

命令行窗口中的设置（S）参数的功能是打开"特性设置"对话框，选中一个或多个复选框，可指定相应要复制的特性。

"特性设置"对话框中的各个功能如下所示。

- 颜色：用于将目标对象的颜色改为源对象的颜色。
- 图层：用于将目标对象所在的图层改为源对象所在的图层，适用于所有对象。
- 线型：用于将目标对象的线型改为源对象的线型，"点"、"多行文字"等特性除外。
- 线型比例：用于将目标对象的线型比例改为源对象的线型比例，"属性"、"多行文字"等除外。

- 线宽：用于将目标对象的线宽改为源对象的线宽，适用于所有对象。
- 厚度：用于将目标对象的厚度改为源对象的厚度，适用于“圆弧”、“属性”、“圆”、“直线”、“点”、“文字”等对象。
- 打印样式：用于将目标对象的打印样式改为源对象的打印样式，适用于所有对象。

“特殊特性”选项组中几个选项的功能与“基本特性”选项组中的作用类似，都是将目标对象的特性更改为源对象的特性。

5.4.6　自我强化：特性匹配和倒角

下面我们通过一个例子来介绍本节所学的内容，主要思路是将如图5-38所示的下方的图形与上方的直线进行匹配，然后进行倒角和倒圆操作。具体操作如下。

01 启动AutoCAD 2012，打开“特性匹配和倒角.dwg”文件(光盘:\原始文件\第5章\特性匹配和倒角.dwg)，如图5-38所示。在命令行窗口中输入MATCHPROP，执行特性匹配命令，按【Enter】键。

02 命令提示行中提示选择源对象，这里选择如图5-38所示图形中上方的直线为源对象，选择下方除对称线外的整个图形为目标对象。按【Enter】键，确定特性匹配并退出命令，最终完成的效果图如图5-39所示。

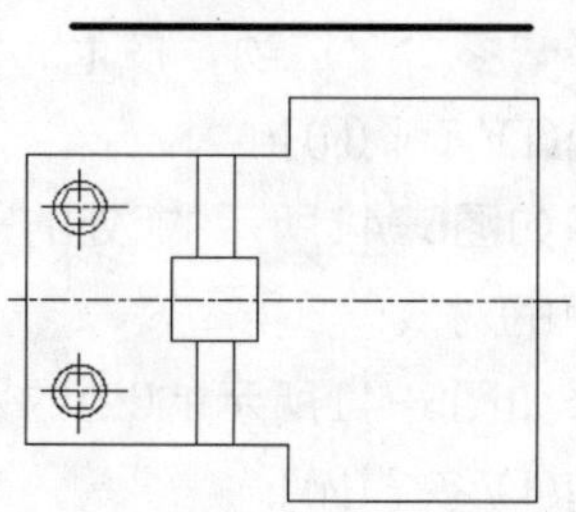

图5-38　原图

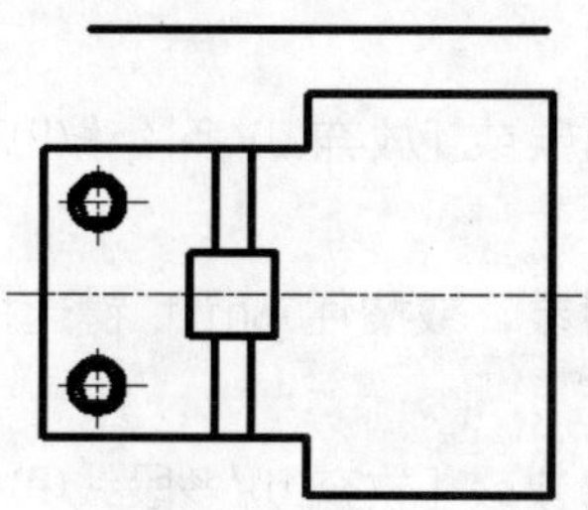

图5-39　匹配后图形

03 在命令行窗口执行CHAMFER命令，进行倒角操作，具体操作过程如下：

```
命令: CHAMFER                                   （执行CHAMFER命令）
（“修剪”模式）当前倒角距离 1 = 0.0000，距离 2 = 0.0000
                                                （系统提示当前倒角设置）
选择第一条直线或 [放弃(U)/多段线(P)/距离(D)/角度(A)/修剪(T)/方式(E)/多个(M)]: D
                                                （选择“距离”选项，按【Space】键）
指定第一个倒角距离 <0.0000>: 3                  （输入第一个倒角距离3，然后按【Space】键）
指定第二个倒角距离 <3.0000>:                    （按【Space】键）
选择第一条直线或 [放弃(U)/多段线(P)/距离(D)/角度(A)/修剪(T)/方式(E)/多个(M)]: M
                                                （选择“多个”选项，按【Space】键）
选择第一条直线或 [放弃(U)/多段线(P)/距离(D)/角度(A)/修剪(T)/方式(E)/多个(M)]:
                                                （选择如图5-40所示的A点处的一条线）
选择第二条直线，或按住 Shift 键选择要应用角点的直线:
                                                （选择如图5-40所示的A处另一条直线）
```

选择第一条直线或 [放弃(U)/多段线(P)/距离(D)/角度(A)/修剪(T)/方式(E)/多个(M)]:
（选择如图5-40所示B处的一条直线）
选择第二条直线，或按住 Shift 键选择要应用角点的直线:
（选择如图5-40所示的B处的另一条直线）
选择第一条直线或 [放弃(U)/多段线(P)/距离(D)/角度(A)/修剪(T)/方式(E)/多个(M)]:
（按【Space】键结束命令）

04 完成倒角后的效果如图5-40所示。

05 然后进行圆角操作。首先在命令行窗口执行FILLET命令，执行圆角命令。具体操作过程如下：

命令: FILLET （执行FILLET命令）
当前设置: 模式 = 修剪，半径 = 0.0000 （系统提示当前圆角设置）
选择第一个对象或 [放弃(U)/多段线(P)/半径(R)/修剪(T)/多个(M)]: R
（选择"半径"选项，按【Space】键）
指定圆角半径 <0.0000>:3 （输入圆角半径3，按【Space】键）
选择第一个对象或 [放弃(U)/多段线(P)/半径(R)/修剪(T)/多个(M)]: M
（选择"多个"选项，按【Space】键）
选择第一个对象或 [放弃(U)/多段线(P)/半径(R)/修剪(T)/多个(M)]:
（选择如图5-41所示的C处的一条直线）
选择第二个对象，或按住 Shift 键选择要应用角点的对象:
（选择如图5-41所示的C处的另外一条直线）
选择第一个对象或 [放弃(U)/多段线(P)/半径(R)/修剪(T)/多个(M)]:
（选择如图5-41所示的D处的一条直线）
选择第二个对象，或按住 Shift 键选择要应用角点的对象:
（选择如图5-41所示的D处的另外一条直线）
选择第一个对象或 [放弃(U)/多段线(P)/半径(R)/修剪(T)/多个(M)]:
（按【Space】键结束命令）

06 完成后的效果如图5-41所示（光盘:\最终文件\第5章\特性匹配和倒角.dwg）。

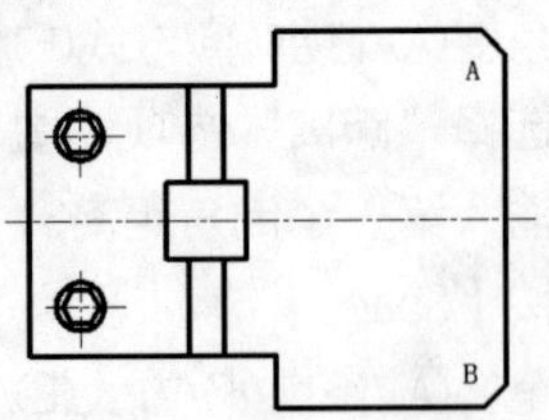

图5-40 倒角后

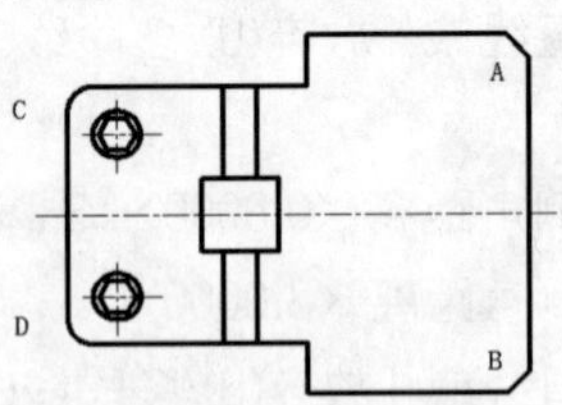

图5-41 最终效果图

5.5 拓展训练

通过本章的学习，读者应该进一步了解了AutoCAD对于图形编辑的功能，本节就针对本章所学内容进行一次系统的训练。通过这些实例，读者会更好地对二维图形编辑有一个系统的认识。

5.5.1　初级训练：绘制图形1

下面利用前面所学的AutoCAD知识绘制出图5-42所示的图形，具体操作如下。

01 启动AutoCAD 2012，新建一个“绘制图形1.dwg”文件，进入绘图状态后，首先将世界坐标系变换为用户坐标系，然后选择菜单栏中“绘图”→“矩形”命令。在命令行窗口中输入矩形起点坐标（0，0），然后输入D执行尺寸命令，输入长宽分别为61和30，完成的矩形效果图如图5-43所示。

02 然后进行圆的创建，选择菜单栏中的“绘图”→“圆”命令，选择“圆心、半径”的画圆方式，在命令行中输入圆心坐标为（65，34），半径6，连续两次按【Enter】键后捕捉刚才的圆心并输入半径2，绘制小圆完成。圆的效果如图5-44所示。

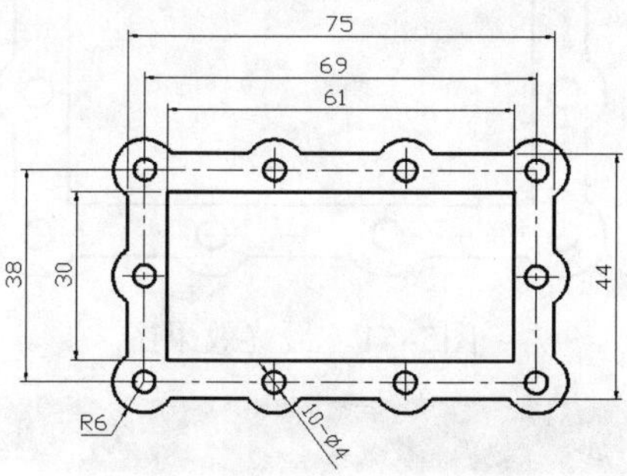

图5-42　最终效果图

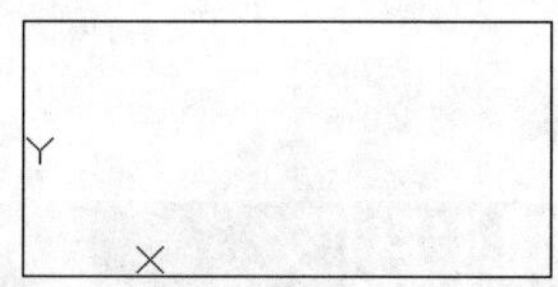
图5-43　绘制矩形

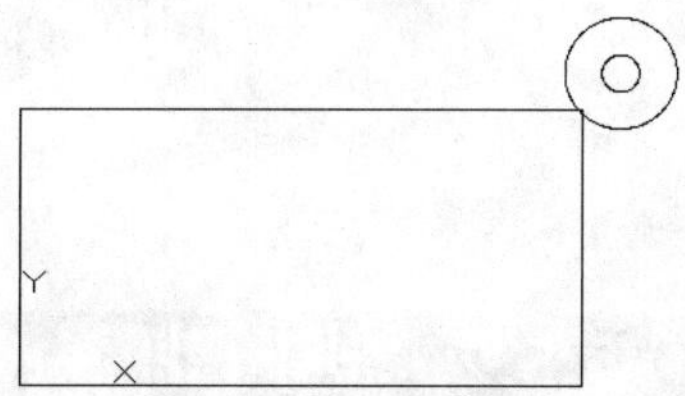
图5-44　绘制圆

03 下面进行圆的复制，选中上一步绘制的两个圆后单击右键，在快捷菜单中选择“复制”命令。选择圆心为复制基点，此时命令行提示选定第二点，输入“@-23，0”按【Enter】键。完成的复制效果如图5-45所示。

04 在矩形中心处绘制如图5-46所示的一条竖线，然后选择菜单栏上的“修改”→“镜像”命令。选择刚才的两组圆为镜像对象，选择本步所绘制的直线为镜像对称线，按【Enter】键完成操作，镜像效果图如图5-46所示。

05 应用复制和镜像等命令，用同样的方法绘制出图形中其他的圆，完成圆绘制后的效果如图5-47所示。

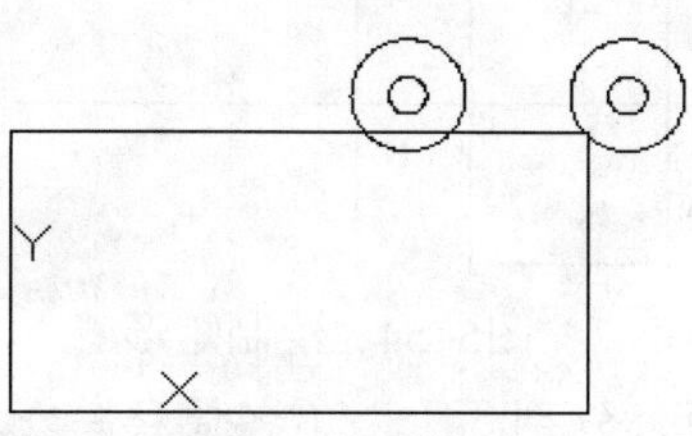
图5-45　复制圆

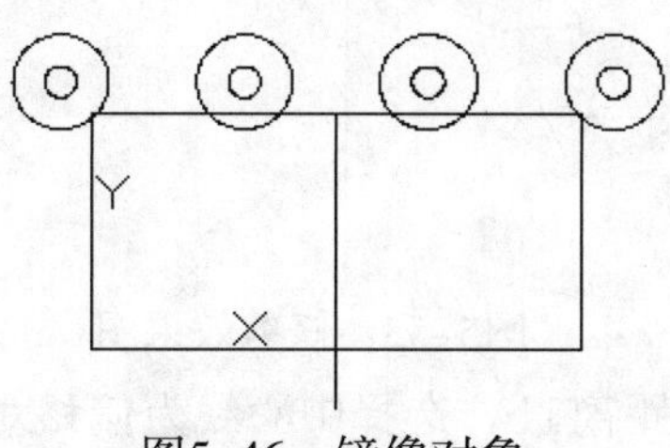
图5-46　镜像对象

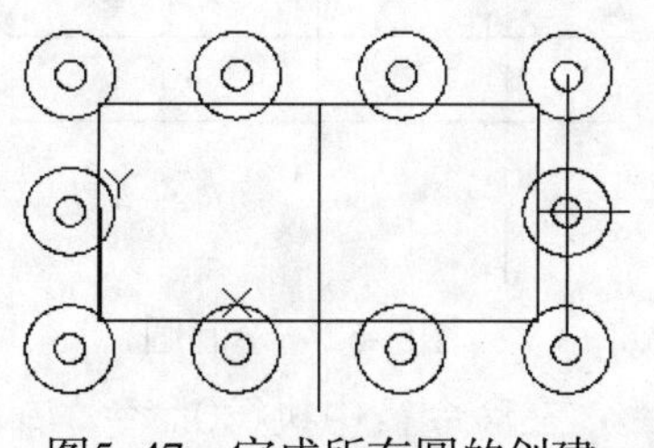
图5-47　完成所有圆的创建

06 继续绘制矩形，选择菜单栏中的“绘图”→“矩形”命令，在命令行窗口中输入矩形起点坐标（68，37），然后输入D执行尺寸命令，输入长宽分别为75和44，完成的矩形效果如图5-48所示。

07 选择菜单栏中的“修改”→“修剪”命令，将图中多余的曲线去掉，最后的效果如图5-49所示。

08 进行线宽设置。选择“修改”→“特性”命令，打开“特性”选项板，单击“线宽”栏，将图中的所有线选中，然后将线宽设置为0.3，效果图如图5-50所示。

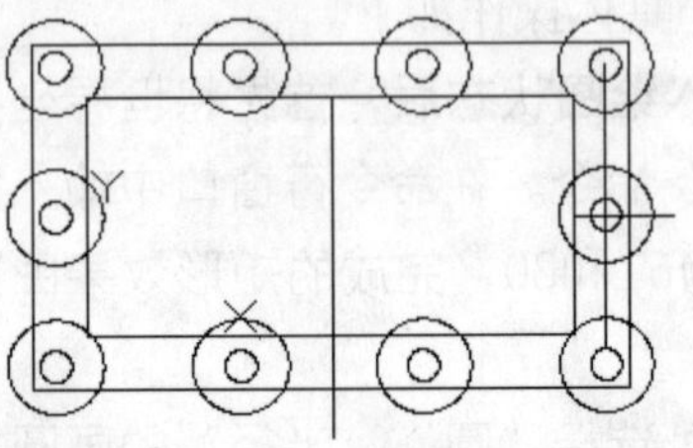

图5-48 绘制矩形

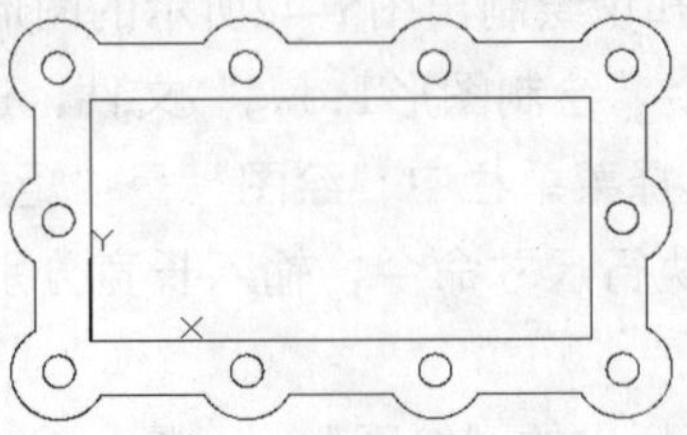

图5-49 删除多余的线

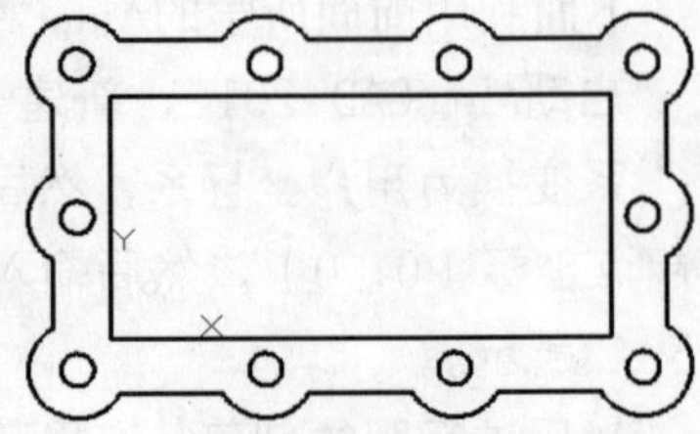

图5-50 设置线宽

09 下面进行对称线的绘制。通过设置属性的操作，将线型设置为点划线，绘制出的效果图如图5-51所示，至此，“绘制图形1”绘制完成（光盘:\最终文件\第5章\绘制图形1.dwg）。

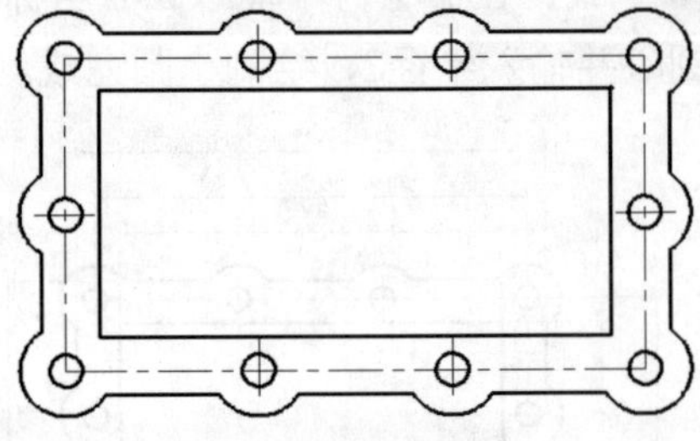
图5-51 最终效果图

5.5.2 进阶训练：绘制图形2

下面我们再绘制一个图形，系统复习所学的内容。

01 新建一个“绘制图形2.dwg”图形文件。绘制辅助圆，具体操作过程为在命令行窗口输入C执行圆命令，在绘图区找一点作为圆心，输入半径为4，完成的绘制如图5-52所示。

02 在命令行中执行TR命令，修剪辅助圆，修剪后的效果如图5-53所示。

03 在命令行中执行ERASE命令，删除辅助圆。再进行矩形的绘制，在命令行中输入REC，指定第一点坐标为“62，80”，指定另一点的坐标为“86，120”，完成矩形绘制后的效果如图5-54所示。

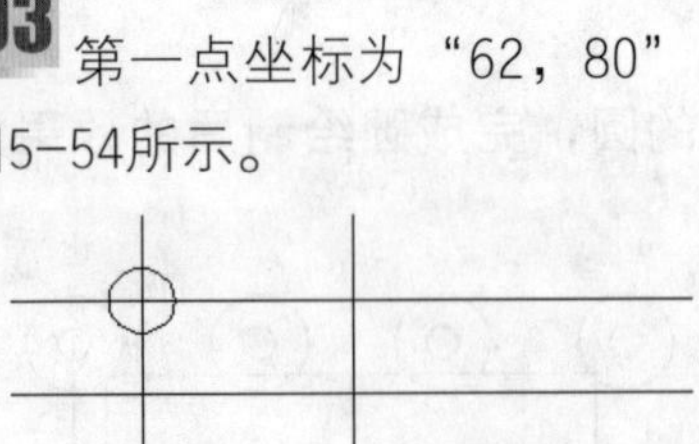
图5-52 绘制圆

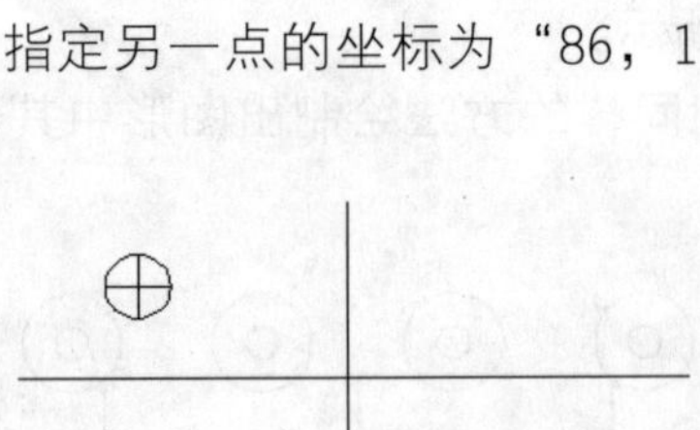
图5-53 修剪效果图

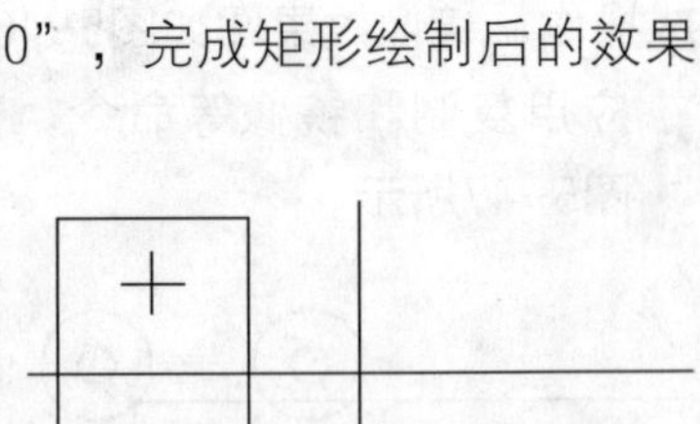
图5-54 绘制矩形

04 在命令行中执行O命令，输入距离15，选择中心线为偏移对象，分别向上、下各偏移一次。再在命令行中执行TR命令，修剪线段，修剪后的效果如图5-55所示。

05 在命令行窗口执行CHAMFER命令，按【Enter】键，输入3按【Enter】键，然后再输入3，分别选择图5-56中的A和B两条直线，按【Enter】键。同样设置C和D处的倒角，完成效果如图5-57所示。

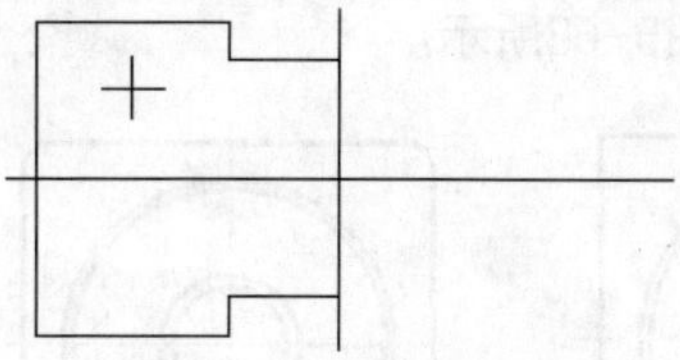

图5-55　偏移后修剪

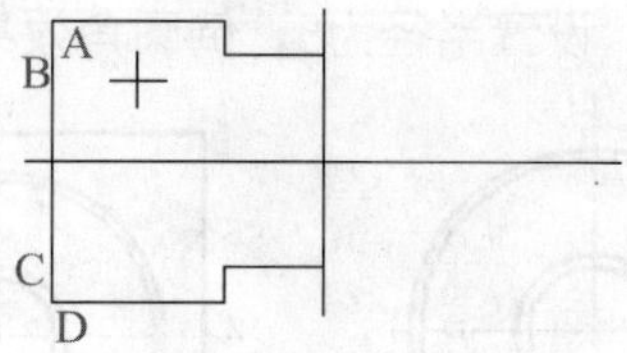

图5-56　倒角前

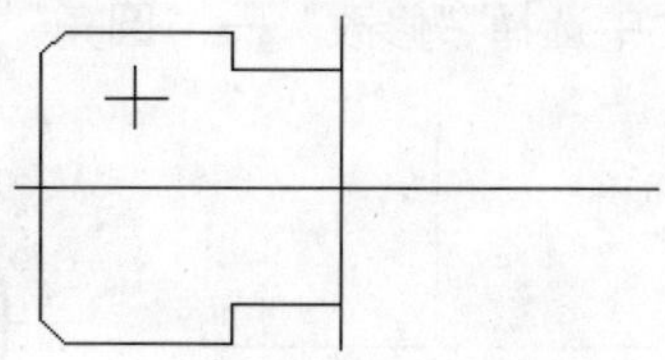

图5-57　倒角效果图

06 在命令行窗口中执行FILLET命令，按【Enter】键，输入圆角半径为2，选择图5-58中的A和B线交点为倒圆角处。按【Enter】键，完成此处圆角操作。同样设置C和D处的倒圆角操作，效果如图5-59。

07 在命令行中执行C命令，绘制半径为3的螺孔，效果如图5-60所示。

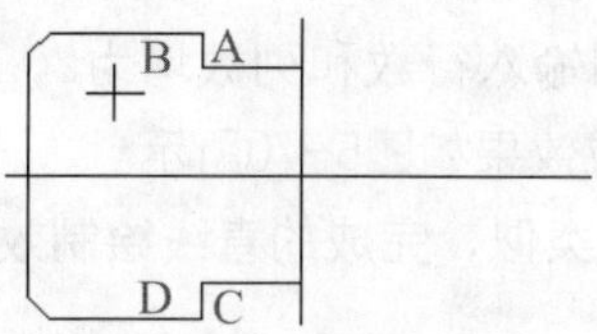

图5-58　倒圆角前

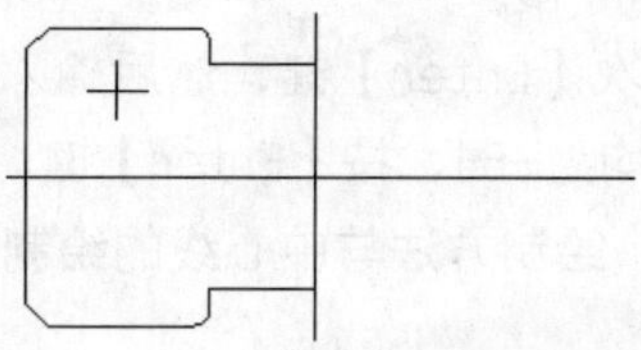

图5-59　倒圆角效果图

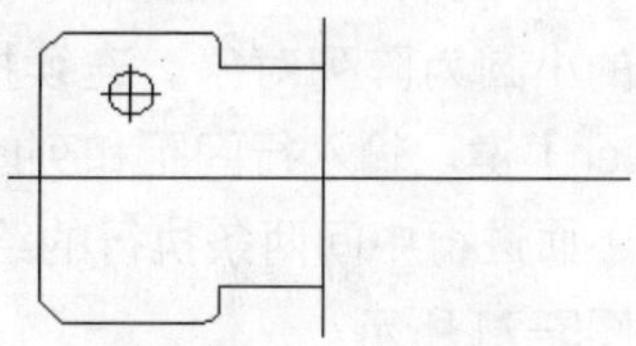

图5-60　螺孔

08 在命令行中执行MI命令，以水平中心线为镜像线，镜像复制螺孔及螺孔中心线，效果如图5-61所示。

09 在命令行中执行MI命令，以垂直中心线为镜像线，镜像复制底板左半部分，效果如图5-62所示。

10 在命令行中执行REC命令，绘制角点坐标为（83，91）和（117，109）的矩形，效果如图5-63所示（光盘:\最终文件\第5章\绘制图形2.dwg）。

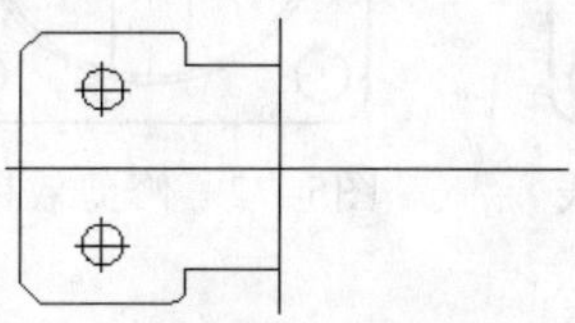

图5-61　镜像效果

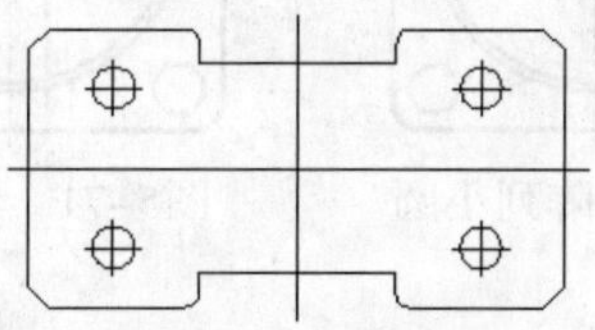

图5-62　镜像效果

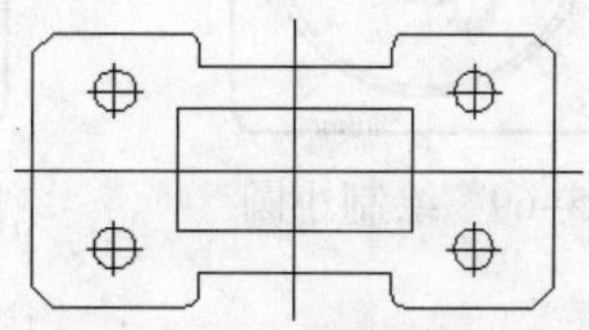

图5-63　最终效果图

5.5.3　提高训练：绘制图形3

下面再进行一个训练，让读者对二维图形编辑的学习有一个提高。完成的最终效果图如图5-64所示。

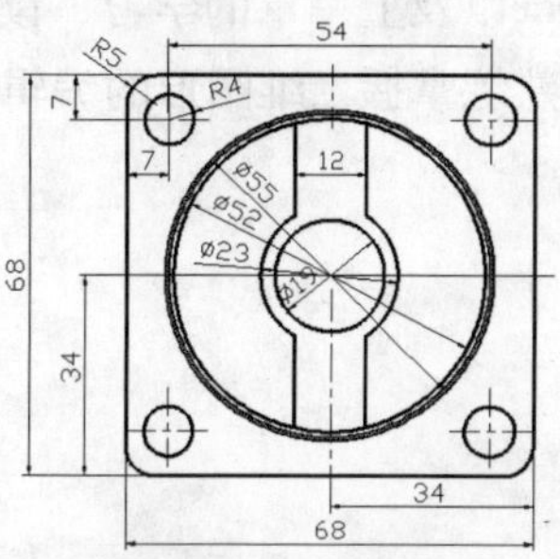

图5-64　效果图

01 首先创建对称中心线。选择“绘图”→“直线”命令，完成的中心线绘制效果图如图5-65所示。然后进行中间4个大圆的绘制。选择“绘图”→“圆”　→“圆心、半径”的画圆方法进行圆的绘制，它们的半径分别为9.5，11.5，26，27.5，完成的效果如图5-66所示。

02 下面进行大矩形的绘制。选择菜单栏中的“绘图”→“矩形”命令，在命令行中输入第一点坐标（34，34），按【Enter】键。在命令行窗口输入D，然后输入矩形的长和宽分别为68、68，完成的效果如图5-67所示。在菜单栏中选择“修改”→“圆角”命令，设置半径为5，倒圆角效果如图5-68所示。

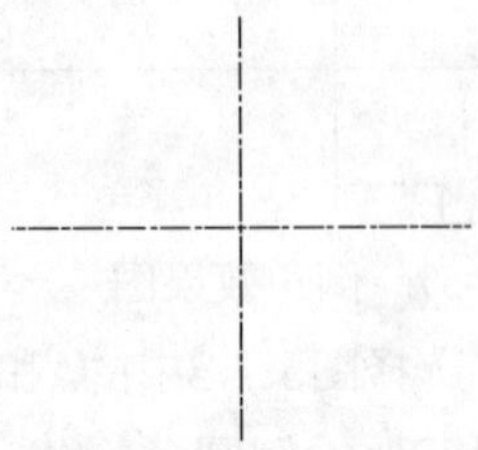
图5-65 中心线绘制

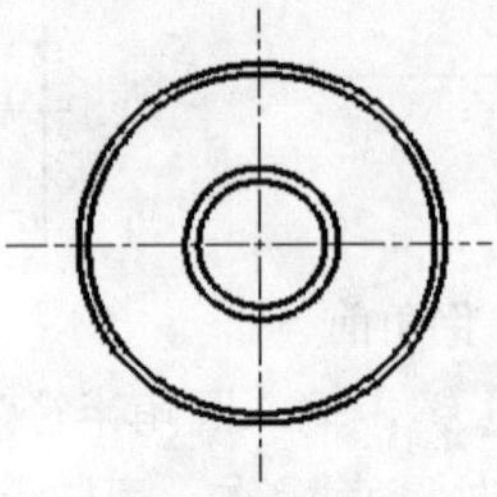
图5-66 画圆

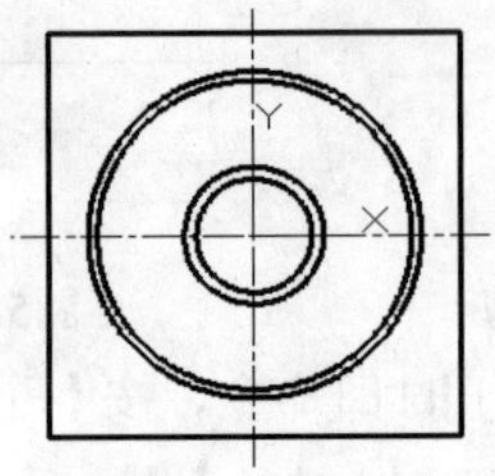

图5-67 矩形

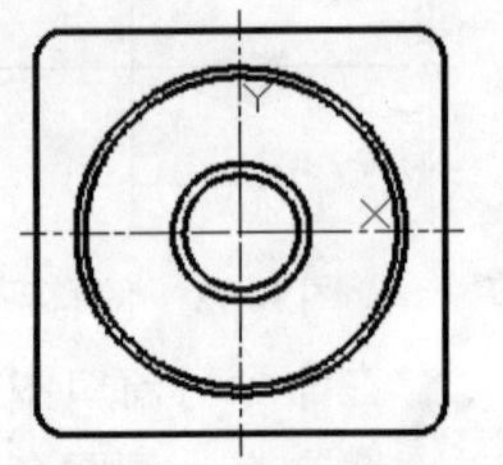

图5-68 倒圆角

03 绘制小圆。选择“绘图”→“圆”→“圆心、半径”的画圆方法进行圆的绘制，在命令行中输入圆心坐标（27，27），并输入半径为4，如图5-69所示。

04 下面进行圆的阵列操作。选择“修改”→“阵列”→“矩形阵列”命令，选择刚才绘制的小圆为阵列对象。连续按两次【Enter】键，然后输入分别输入行数和列数均为2，再按【Enter】键，输入行间距和列间距均为-54，按【Enter】键，完成效果如图5-70所示。

05 下面进行中间两条执行的绘制，绘制方法与中心线的绘制方法类似，完成的直线绘制效果如图5-71所示。

06 最后进行多余线的修剪。选择菜单栏中的“修改”→“修剪”命令，将图中对比如图5-64所示的多余的线修剪掉，并绘制出小圆的中心线，完成的最终创建效果如图5-72所示（光盘:\最终文件\第5章\绘制图形3.dwg）。

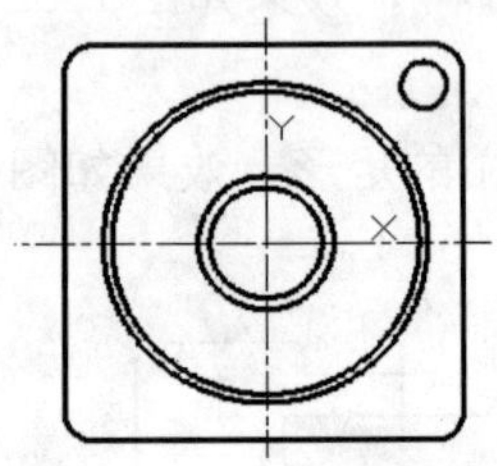

图5-69 绘制小圆

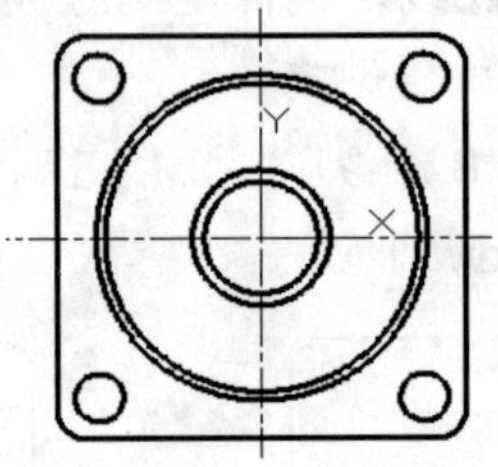

图5-70 阵列小圆

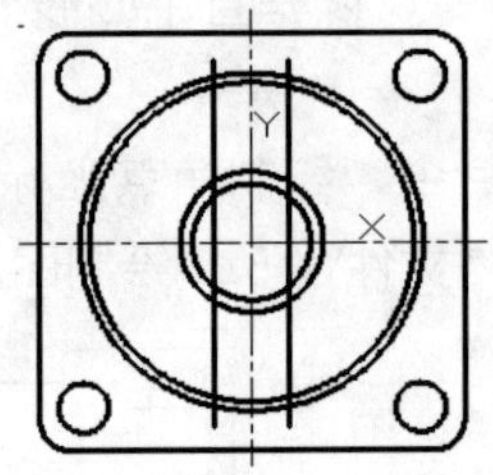

图5-71 绘制直线

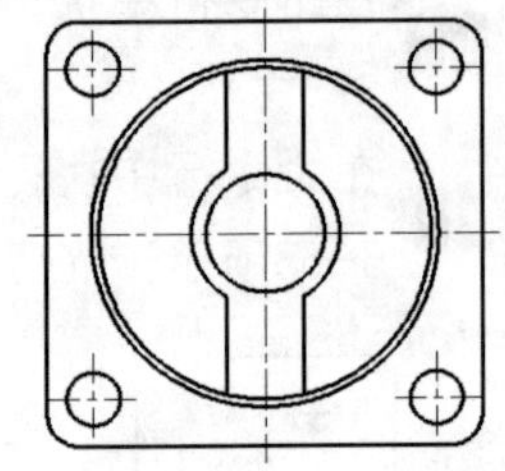
图5-72 修剪效果图

5.6 本章小结

本章继上一章介绍了利用AutoCAD进行二维图形的编辑，本章讲到的编辑比较复杂。通过本章以及上一章的学习，读者应该对AutoCAD图形编辑有一个系统的认识，希望读者可以结合实例熟练掌握二维图形的编辑，这对以后的学习会非常有帮助。

第6章 精确绘图

学习导航

对于AutoCAD图形绘制，仅用绘图命令和编辑命令有时候很难满足图形的设计要求。为此AutoCAD提供了很多用于精确绘图的辅助工具，来帮助用户实现精确定位及辅助绘图。本章介绍几种常用的绘图工具，如栅格、捕捉、正交、自动追踪等。

学习重点

- □ 熟悉辅助定位功能，包括栅格、捕捉、正交等命令。
- □ 明确对象捕捉概念
- □ 学会用捕捉对象几何点来精确绘图

本章将对用来辅助绘图、编辑等操作的诸如栅格、正交等的辅助命令进行学习，有了这些知识，才能系统地完成图形的绘制。

6.1 辅助定位

使用辅助定位功能，可以使绘制的图形更加准确，更有效地提高绘图效率。辅助定位包括捕捉和栅格、极轴追踪、对象捕捉、动态输入和正交模式等，下面分别进行讲解。

6.1.1 栅格命令

在AutoCAD 2012中，栅格是许多可见但不能打印的小网格线。开启该功能后，在绘图区中的某块区域中会显示网格线，如图6-1所示，这些网格即栅格。调用“栅格”命令的方法如下：

- 单击状态栏中的“栅格显示”按钮▦。
- 按【F7】键。
- 在命令行窗口中执行GRID命令。

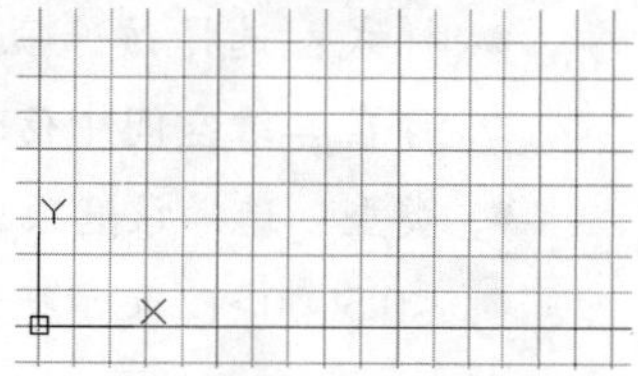

图6-1 栅格

在命令行窗口中执行GRID命令后，具体操作过程如下：

命令：GRID （执行GRID命令）

指定栅格间距(X) 或 [开(ON)/关(OFF)/捕捉(S)/主(M)/自适应(D)/界限(L)/跟随(F)/纵横向间距(A)] <10.0000>: （输入栅格间距或选择其他选项）

在执行命令的过程中，各选项含义如下。

- 开（ON）：选择该选项，将按当前间距显示栅格。
- 关（OFF）：选择该选项，将关闭栅格显示。

- 捕捉（S）：选择该选项，将栅格间距定义为与SNAP命令设置的当前光标移动间距相同。
- 纵横向间距（A）：选择该选项，将设置栅格的X向间距和Y向间距。在输入值后输入X，表示将栅格间距定义为捕捉间距的指定倍数，默认为10倍。
- <10.0000>：选择该选项，表示默认栅格间距为10，可在提示后输入一个新的栅格间距。

栅格过于密集时，屏幕上一般不显示出栅格，在对图形进行局部放大观察后才能看到。单击状态栏上的“栅格”按钮▦，可以在栅格的打开和关闭两种状态下切换。另外，用【F7】键或【Ctrl+G】组合键也可以相互切换。

注意

在设置栅格时，要注意间距不要设得太小，否则会使栅格点太密而无法显示，或导致图形模糊以及屏幕重画太慢。如果栅格点的间距设置太小，系统会提示“栅格太密，无法显示”。

6.1.2 捕捉命令

捕捉用于设置光标移动间距，调用该命令的方法如下：

- 单击状态栏中的“捕捉模式”按钮▦。
- 按【F9】键。
- 在命令行窗口中执行SNAP命令。

1. 使用命令设置捕捉功能

在命令行窗口中执行SNAP命令后，具体操作过程如下：

```
命令: SNAP                                        （执行SNAP命令）
指定捕捉间距或 [开(ON)/关(OFF)/纵横向间距(A)/旋转(R)/样式(S)/类型(T)] <0.5000>:
                                                  （输入捕捉间距或选择捕捉选项）
```

在执行命令的过程中，各选项含义如下。

- 开：选择该选项，可开启捕捉功能，按当前间距进行捕捉操作。
- 关：选择该选项，可关闭捕捉功能。
- 纵横向间距：选择该选项，可设置捕捉的纵向和横向间距。
- 旋转：选择该选项，可使十字光标连同捕捉方向一起旋转一定角度。
- 样式：选择该选项，可设置捕捉样式为标准的矩形捕捉模式或等轴测模式，等轴测模式可在二维空间中仿真三维视图。
- 类型：选择该选项，可设置捕捉类型是默认的直角坐标捕捉类型，或是极坐标捕捉类型。
- <0.5000>：表示默认捕捉间距为0.5000，可在提示后输入一个新的捕捉间距。

2. 使用对话框设置捕捉功能

若使用命令设置捕捉功能不能满足需要，可以通过对话框设置捕捉功能，具体操作如下。

01 启动AutoCAD 2012，在状态栏的“捕捉模式”按钮▦上右击，从弹出的快捷菜单中选择“设置”命令，如图6-2所示。

02 弹出“草图设置”对话框，切换至“捕捉和栅格”选项卡，如图6-3所示，在“捕捉间距”选项组的“捕捉X轴间距”文本框中输入X坐标方向的捕捉间距；在“捕捉Y轴间距”文本框中输入Y坐标方向的捕捉间距；选择☑X 轴间距和 Y 轴间距相等(X)复选框，可以使X轴和Y轴间距相等。

03 在“捕捉类型”选项组中可对捕捉的类型进行设置，一般保持默认设置即可。完成设置后，单击[确定]按钮，此时，在绘图区中光标会自动捕捉到相应的栅格点上。

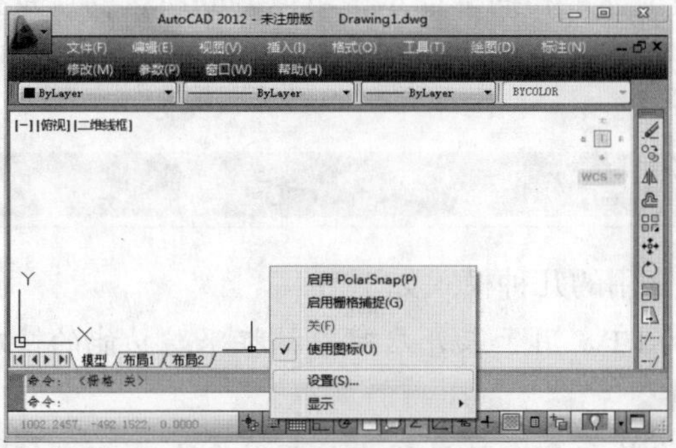

图6-2 “栅格设置”启动

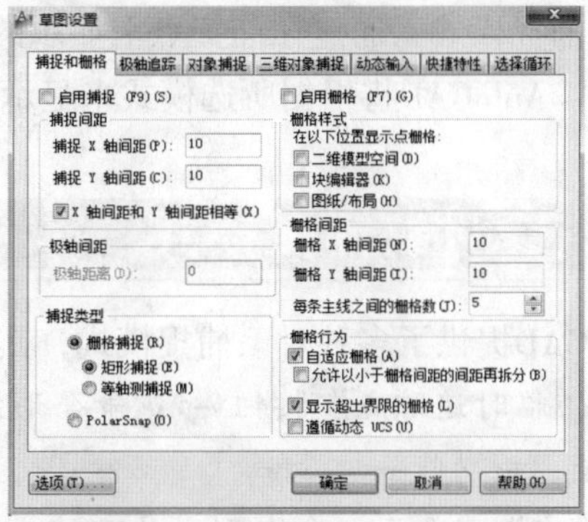

图6-3 “草图设置”对话框

注意

在“草图设置”对话框中切换至“捕捉和栅格”选项卡，选择☑启用捕捉 (F9)(S)复选框，表示开启捕捉模式，反之则关闭捕捉模式。

6.1.3 正交命令

该命令用于打开和关闭正交模式。在正交模式开启的状态下，只能绘制出平行于坐标轴的直线。

在命令行窗口输入命令ORTHO，显示信息如下：

命令：ORTHO

输入模式[开（ON）/关（OFF）]<关>：

各选项的含义如下。

- 开（ON）：打开正交模式。
- 关（OFF）：默认方式，关闭正交模式。

单击状态栏上的“正交”命令图标，可以在正交模式打开与关闭两种状态之间切换。另外，按【F8】键也可以进行正交模式打开与关闭的切换。

打开正交模式后，可以很方便地画出水平线和垂直线。画线时，光标的位置不一定是线段的终点，而且可以确定线段的方向，这取决于在X和Y两个方向上哪个增量大。

注意

开启正交模式后，不管鼠标处于什么位置，绘制直线时始终在水平或垂直方向上移动。但正交模式不能控制键盘输入的坐标点的位置，只能控制鼠标捕捉点的方位。

6.2 对象捕捉

对象捕捉功能，顾名思义即是捕捉对象，主要用于辅助用户精确拾取图形对象上的某些特定点。例如，要在已经画好的图形上拾取直线的中点和端点、圆心点、切点等，就必须使用对象捕捉功能。事先设置好相应的对象捕捉模式，便于精确绘图。

当处于对象捕捉模式时，只要将光标移动到一个设置的捕捉点，AutoCAD就会显示出一个捕捉标记和捕捉模式。通过在捕捉点上显示的捕捉标记和捕捉提示，可以判断所选的点及捕捉模式是否正确。AutoCAD将根据所选模式来显示捕捉标记，不同的捕捉模式，捕捉标记也不相同。

6.2.1 对象捕捉模式

AutoCAD提供了多种对象捕捉模式，其中常用的几种模式如下。

- “临时追踪点”按钮：命令形式为TT。用于未开启对象捕捉跟踪功能的情况下临时使用该功能一次。
- “自”按钮：命令形式为FROM。在执行命令的过程中使用该命令，可以指定一个临时点，然后根据该临时点来确定其他点的位置。
- “端点”按钮：命令形式为END。用于捕捉圆弧、直线、多段线、网格、椭圆弧、射线或多段线的最近端点，“端点”对象捕捉还可以捕捉到延伸边的端点，以及有3D面、迹线和实体填充线的角点。
- “中点”按钮：命令形式为MID。用于捕捉圆弧、椭圆弧、直线、多线、多段线、面域、实体、样条曲线或参照线的中点。
- “交点”按钮：命令形式为INT。用于捕捉直线、多段线、圆弧、圆、椭圆弧、椭圆、样条、曲线、结构线、射线或平行多线等任何组合体之间的交点。
- “外观交点”按钮：命令形式为APPINT。用于捕捉两个在三维空间实际并未相交，但是由于投影关系在二维视图中相交的对象的交点，这些对象包括圆、圆弧、椭圆、椭圆弧、直线、多线、射线、样条曲线和参照线等。
- “延长线”按钮：命令形式为EXT。以用户选定的实体为基准，并显示出其延长线，用户可捕捉此延长线上的任一点。
- “圆心”按钮：命令形式为CEN。用于捕捉圆弧、圆、椭圆、椭圆弧或实体填充线的圆（中）心点，圆及圆弧必须在圆周上拾取一点。
- “象限点”按钮：命令形式为QUA。用于捕捉圆弧、椭圆弧、填充线、圆或椭圆的0°、90°、180°、270°的1/4象限点，象限点是相对于当前UCS用户坐标系而言的。
- “切点”按钮：命令形式为TAN。用于捕捉选取点与所选圆、圆弧、椭圆或样条曲线相切的切点。
- “垂足”按钮：命令形式为PER。用于捕捉选取点与选取对象的垂直交点，垂直交点并不一定在选取对象上定位。
- “平行线”按钮：命令形式为PAR。用于以用户选定的实体为平行的基准，当光标与所绘制的前一点的连线方向平行于基准方向时，系统将显示出一条临时的平行线，用户可捕捉到此线上的任一点。
- “节点”按钮：命令形式为NOD。用于捕捉点对象，包括POINT、DIVIDE、MEASURE命令绘制的点，也包括尺寸对象的定义点。

- “插入点”按钮：命令形式为INS。用于捕捉块、外部引用、形、属性、属性定义或文本对象的插入点。
- “最近点”按钮：命令形式为NEA。用于捕捉最靠近十字光标的点，此点位于直线、圆、多段线、圆弧、线段、样条曲线、射线、结构线、视区或实体填充线、迹线或3D面对应的边上。
- “无”按钮：命令形式为NON。用于关闭一次对象捕捉。
- “对象捕捉设置”按钮：命令形式为DSETTINGS。单击该按钮，将弹出“草图设置”对话框，在该对话框中，用户可以将经常使用的对象捕捉设置为一直处于启用状态。

6.2.2　对象捕捉模式的设置

在状态栏中的“对象捕捉”按钮上右击，选择快捷菜单中的“设置”命令，如图6-4所示，弹出“草图设置”对话框，切换至“对象捕捉”选项卡，在该对话框中可以增加或减少对象捕捉模式，如图6-5所示。

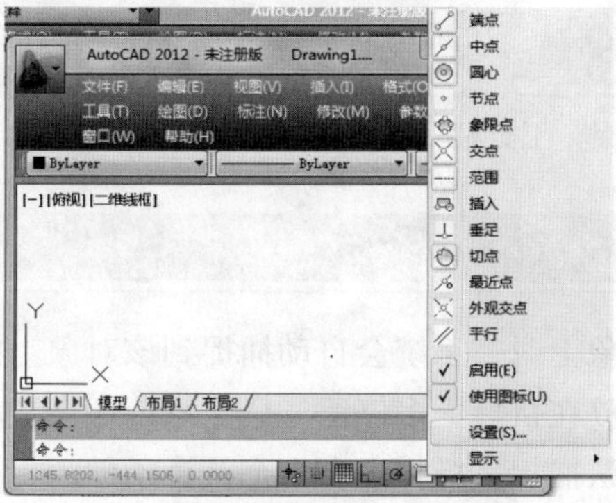

图6-4　“对象捕捉”快捷菜单

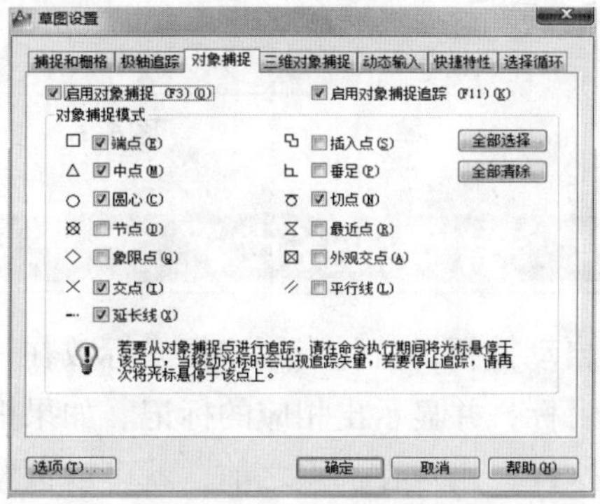

图6-5　“草图设置”对话框

在“草图设置”对话框中的“对象捕捉”选项卡中，可以选择一种或多种捕捉模式，每个复选框前面都有一个小几何图形，这就是捕捉标记。如果要全部选取所有的对象捕捉模式，可单击对话框中的“全部选择”按钮；要清除所有的对象捕捉模式，则单击对话框中的“全部清除”按钮。另外，通过设置“启用对象捕捉”复选框，可以控制对象捕捉的打开和关闭。

提示

用鼠标单击状态栏中的“对象捕捉”命令图标，可打开或者关闭当前的对象捕捉设置。按【F3】键或【Ctrl+F】组合键，可以打开或关闭当前对象捕捉设置。

6.2.3　对象捕捉的执行方式

对象捕捉模式可以用两种方式来执行：自动捕捉和临时捕捉。

1. 自动捕捉方式

自动捕捉的对象模式一旦设置，则在用户关闭系统、改变设置或者使用临时捕捉方式之前一直有效。用户可以同时设置多种对象捕捉模式。例如，同时可以设置端点、中点、切点和圆心等多种模式。在同时设置多种模式的情况下，AutoCAD将捕捉离用户指定点最近的模式点。另外，当对象上有多个符合条件的捕捉目标时，可按【Tab】键来循环选择该对象上的捕捉目标。

2. 临时捕捉方式

假如画图过程中系统需要指定一点时，可以用所需要的对象捕捉模式来响应，则此时的对象捕捉模式为临时捕捉模式。临时捕捉模式为最优选的方式。它将中断任何当前的对象捕捉模式，而执行临时捕捉方式所设定的捕捉模式。

临时捕捉方式是临时打开了相应的对象捕捉模式，对于在命令运行过程中选择单个点极为有用。用户可以按照以下方式设置临时捕捉模式。

- 使用“对象捕捉”工具栏。在“对象捕捉”工具栏中，含有各种用于设置对象捕捉模式的按钮，供用户设置临时捕捉方式，如图6-6所示。
- 使用快捷菜单。按住【Shift】键并同时单击鼠标右键，将在当前光标所在位置弹出快捷菜单。快捷菜单中包含各种对象捕捉模式，可用该快捷菜单设置对象捕捉模式。
- 用键盘在命令行窗口输入每一种对象捕捉模式名字的头3个字母，例如end表示端点，cen表示圆心等。

图6-6 “对象捕捉”工具栏

6.2.4 自动捕捉设置

所谓自动捕捉，就是当用户把光标放在一个对象上时，系统会自动捕捉到该对象上的所有符合条件的目标，并显示出相应的标记。如果把光标放在目标上多停留一会，系统还会显示该捕捉的提示。这样，用户在选点之前，就可以预览和确认捕捉目标。当有多个符合条件的目标点时，就不容易捕捉到错误点了。

打开“选项”对话框，选择对话框中的“绘图”选项卡，设置自动捕捉。打开的方式有：

- 在菜单栏中选择“工具”→“选项”命令。
- 在命令行窗口中输入OPTIONS。
- 在图形区单击鼠标右键，从弹出的快捷菜单中选择“选项”命令。

打开“绘图”选项卡后，可在该选项卡中的“自动捕捉设置”选项组内进行自动捕捉的设置，如图6-7所示。各项的说明如下。

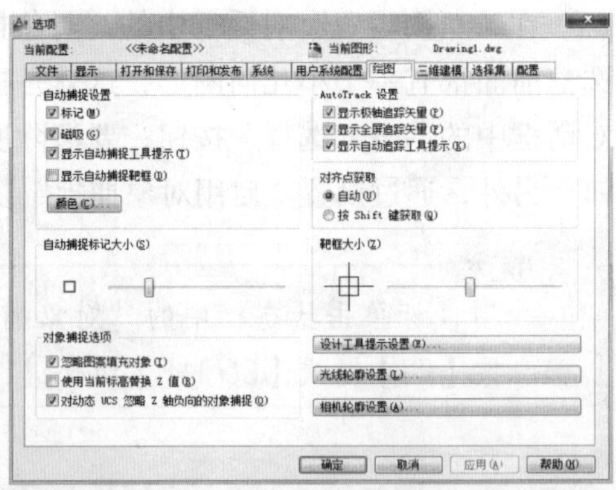

图6-7 “选项”对话框

- “自动捕捉设置”选项组。
  - “标记”复选框：用来打开或关闭显示捕捉标记，以表示目标捕捉的类型和指示捕捉点的位置。该复选框选中后，当靶框经过某个对象时，则该对象上符合条件的捕捉点上就会出现相应的标记。
  - “磁吸”复选框：用来打开或关闭自动捕捉磁吸。捕捉磁吸帮助把靶框锁定在捕捉点上，就像打开栅格捕捉后，光标只能在栅格点上移动一样。
  - “显示自动捕捉工具栏提示”复选框：用来打开或关闭捕捉提示。捕捉提示打开时，靶框移到捕捉点上，将显示描述捕捉目标的名字。

- ◆ “显示自动捕捉靶框”复选框：用于打开或关闭自动捕捉靶框的显示。
- ◆ “颜色”按钮：打开“图形窗口颜色”对话框，设置自动捕捉标记颜色。

- ● “自动捕捉标记大小”选项组：用于控制捕捉标记的大小。用鼠标左右拖动滑块，就可以减小或增大捕捉标记的图形。
- ● “靶框大小”选项组：用于设置靶框的大小。左右拖动滑块，就可以减小或增大靶框。使用靶框来确定要拾取的点，AutoCAD仅对落入靶框内的对象使用目标捕捉。当靶框经过某个对象时，则该对象上符合条件的捕捉点上就会出现相应的标记。

6.3 自动追踪

此功能可以帮助用户按指定的角度或与其他对象特定的位置关系来确定点的位置。自动追踪能够显示出许多临时辅助线，帮助用户在精确的角度或位置上创建图形对象。

自动追踪的设置要打开“草图设置”对话框，如图6-8所示。

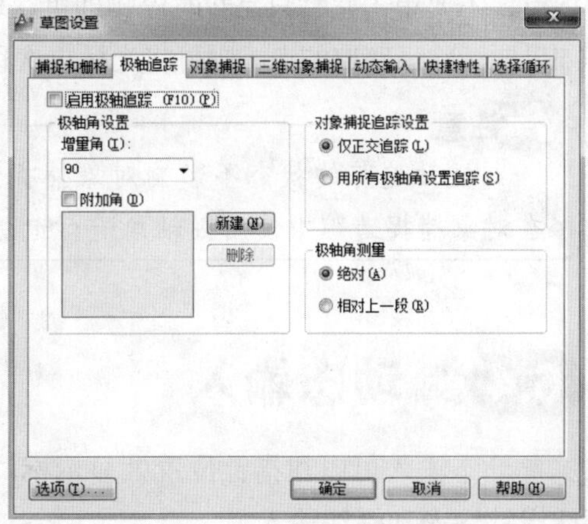

图6-8 “草图设置”对话框

自动追踪包括两种追踪方式：极轴追踪和对象捕捉追踪。极轴追踪是按事先给定的角度增量来追踪点；对象捕捉追踪是按与目标对象某种特定的关系来追踪，这种特定的关系确定了一个事先不知道的角度。

6.3.1 极轴追踪

使用极轴追踪的功能可以用指定的角度来绘制对象。用户在极轴追踪模式下确定目标点时，系统会在鼠标光标接近指定角度时显示临时的对齐路径，并自动在对齐路径上捕捉距离光标最近的点，同时给出该点的信息提示，用户可据此准确地确定目标点。调用该命令的方法如下：

- ● 单击状态栏中的“极轴追踪”按钮。
- ● 按【F10】键。

设置极轴追踪相关参数的操作如下。

01 启动AutoCAD 2012，在状态栏的“极轴追踪”按钮上右击，在弹出的快捷菜单中选择“设置”命令，系统将会弹出如图6-8所示的对话框。

02 将图6-8所示的对话框切换至“极轴追踪”选项卡，选择☑启用极轴追踪 (F10)(P)复选框，开启极轴追踪功能。

03 在“极轴角设置”选项组的“增量角”下拉列表中选择追踪角度，如选择45°，表示以角度为45°或45°的整数倍进行追踪。选择☑附加角(D)复选框，然后单击[新建(N)]按钮，可添加极轴追踪角度增量。

04 在“对象捕捉追踪设置”选项组中，选择◎仅正交追踪(L)单选按钮。当极轴追踪角度增量为90°时，则只能在水平和垂直方向建立临时捕捉追踪线；在“极轴角测量”选项组中选择◎绝对(A)单选按钮，单击[确定]按钮完成设置。

6.3.2 对象捕捉追踪

对象捕捉追踪将沿着基于对象捕捉点的辅助线方向追踪。在打开对象捕捉追踪功能之前，必须先打开对象捕捉功能，然后通过单击状态栏上的“对象追踪”按钮或按【F11】键来切换打开或关闭对象捕捉追踪模式。

激活一个绘图命令，开启对象捕捉追踪功能。当要输入点的位置时，把光标移动到一个对象捕捉点，不要单击它，只是暂时停顿即可获取。已获取的点显示一个“+”标记。可同时获取多个点。如果要清除已获取的点，则可将光标再次移动到该获取点的标记处，于是系统便会清除该获取点。

注意

极轴追踪的状态不影响对象捕捉追踪的使用，即使极轴追踪处于关闭状态，用户仍可在对象捕捉追踪中使用极轴角进行追踪。

6.4 动态输入

动态输入可以在指针位置处显示标注输入和命令提示等信息，从而极大地方便了绘图。它包括指针输入和标注输入。

6.4.1 指针输入

指针输入用于输入坐标值，设置指针输入相关参数的具体操作如下。

01 启动AutoCAD 2012，在状态栏上的“动态输入”按钮上右击，从弹出的快捷菜单中选择“设置”命令。

02 弹出“草图设置”对话框，切换至“动态输入”选项卡，如图6-9所示，选择☑启用指针输入(P)复选框，可开启指针输入功能。此时在绘图区中移动光标时，光标处将显示坐标值，在输入点时，首先在第一个文本框中输入数值，然后按【，】键，切换到下一个文本框输入下一个坐标值。

03 单击“指针输入”选项组中的[设置(S)...]按钮，弹出“指针输入设置”对话框，如图6-10所示。在该对话框中可对指针输入的相关参数进行设置。

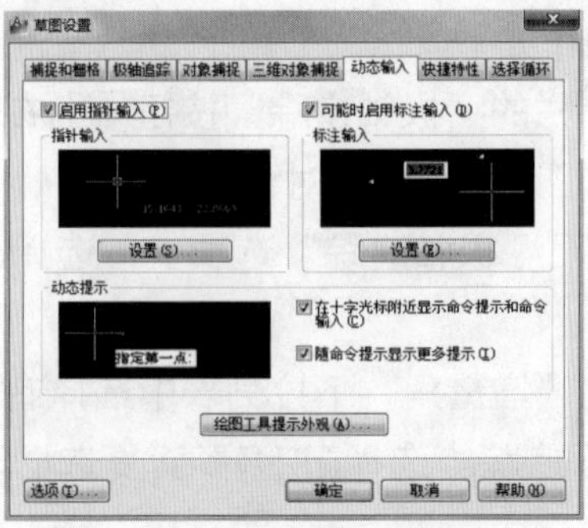

图6-9 “动态输入”选项卡

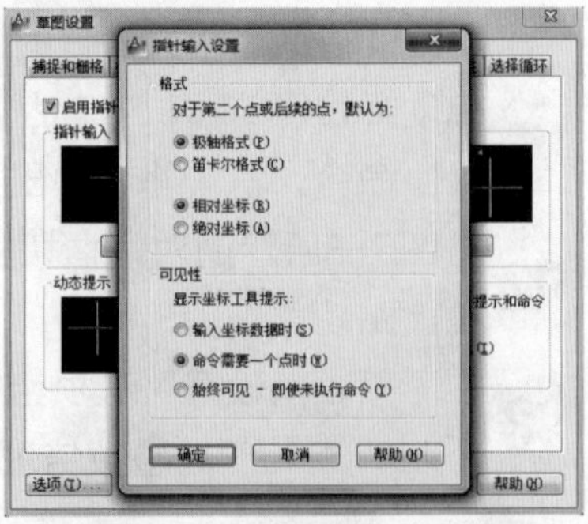

图6-10 指针输入设置

6.4.2 标注输入

标注输入用于输入距离和角度，在“草图设置”对话框的“动态输入”选项卡中，选择☑可能时启用标注输入(D)复选框，坐标输入字段会与正在创建或编辑的几何图形上的标注绑定，工具栏中的值将随着光标的移动而改变。单击“标注输入”选项组的 设置(S)... 按钮，弹出如图6-11所示的“标注输入的设置”对话框，可在该对话框中对标注输入的相关参数进行设置。

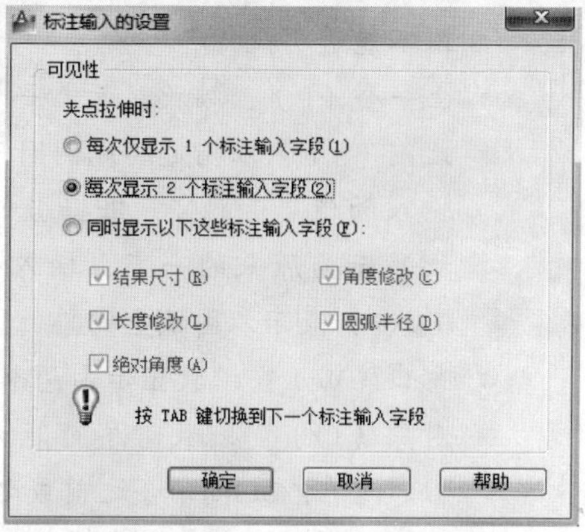

图6-11 标注输入的设置

6.5 图形显示控制

用户进行绘图时，常常需要把图形以任何比例放大或缩小，或在视口中重点显示图形的某一个部位，以便更清晰、更容易地读图或编辑图形。AutoCAD显示控制功能在工程设计和绘图领域的应用非常广泛。它可以控制图形在屏幕上的显示方式，即放大和缩小某一个区域，但实体对象的尺寸并未发生改变。灵活掌握和使用这些命令，对于提高绘图效率和绘图质量都是非常必要的。

6.5.1 图形的缩放

缩放命令用来改变视图的显示比例，以便操作者可以在不同比例下观察图形。启动图形缩放的命令可以按照以下方式实现：

- 选择菜单栏上的“视图”→“缩放”命令。
- 在“标准”工具栏上单击“缩放”命令图标。
- 在命令行窗口输入ZOOM命令。

用任一种方式激活缩放命令，命令行会出现如下提示：

指定窗口的角点，输入比例因子（nX或nXP），或者[全部（A）/中心（C）/动态（D）/范围（E）/上一个（P）/比例（S）/窗口（W）/对象（O）]<实时>:

各选项的含义如下。

- 全部（A）：用于在当前视图中显示整个图形，大小取决于图形界限设置或有效绘图区域的大小。在平面视图中，将图形缩放到栅格界限或者当前范围两者中较大的区域中。在三维视图中，ZOOM的“全部”选项与“范围”选项相同。
- 中心（C）：缩放显示由中心点和放大比例（或高度）所定义的窗口，高度值较小时增大放大比例，高度值较大时减小比例。该选项要求确定一个中心点和放大比例。命令行中继续提示信息：

指定中心点: （指定点）

输入比例或高度<当前值>: （输入值或按【Enter】键默认当前值）

- 动态（D）：动态缩放是通过定义一个视图框，显示选定的图形区域，而且用户可以移动视图框和改变视图框的大小。进入动态缩放模式时，在屏幕中将出现一个带X的矩形方块，该矩形方块表示新的窗口，移动鼠标可以确定矩形框的大小。

- 范围（E）：该选项将图形在视图内最大限度地显示出来。由于它总是引起视图重生，所以不能透明执行。
- 上一个（P）：缩放显示上一个视图。最多可恢复此前的10个视图。
- 比例（S）：以指定的比例因子缩放显示。系统会提示“输入比例因子（nX或nXP）”，输入的值后面跟X，根据当前视图指定比例，例如输入0.5X，表示使屏幕上的每个对象显示为原来的一半；输入值后跟XP，指定相对于图纸空间单位的比例，例如输入0.5XP，表示以图纸空间单位的一半显示模型空间。
- 窗口（W）：缩放显示由两个角点定义的矩形窗口框定的区域。
- 对象（O）：缩放时尽可能大地显示一个或多个选定的对象，并使其位于绘图区的中心。可在ZOOM命令之前或之后选择对象。
- 实时：该选项用于交替缩放当前图形窗口。选择该项后，光标变为带有加号（+）和减号（-）的放大镜，按住光标向上移动将放大视图，按住光标向下移动将缩小视图。

6.5.2 平移视图

该命令是指在不改变显示窗口的大小、图形中对象的相对位置关系，只是重新定位图形的位置。就像一张图纸放在面前，我们可以手动地将它移动，把要观察的那一部分移动到眼前一样，平移视图是将图中的特定部分移到当前视图中，以便查看。用户除了上下左右平移外，还可以使用“实时”平移和“定点”平移两种模式。

1. 实时平移

- 在菜单栏中选择“视图”→“平移”→“实时”命令。
- 在“标准”工具栏中单击“实时平移”命令图标。
- 在命令行窗口中输入PAN。

用以上任何一种方式均可执行实时平移命令，此时光标变成手形光标。按住鼠标上是拾取键，可锁定光标于相对视口坐标系的当前位置，图形显示随光标向同一方向移动。当显示到所需要的部位时，释放拾取键即可停止移动。单击【Esc】键，可以退出实时平移命令。

2. 定点平移

在菜单栏中选择“视图”→“平移”→“点”命令，即可启动定点平移命令，该模式可以通过指定基点和位移值来移动视图。按命令行窗口的提示，给定两个点的坐标或在屏幕上拾取两个点，AutoCAD会计算出这两个点之间的距离和移动方向，相应地把图形移动到指定位置。

6.6 拓展训练

下面通过几个简单的练习来熟悉本章所学的内容，使读者不仅在概念上熟悉精确绘图，在实际应用中也能熟练操作相关命令。

6.6.1　初级训练：绘制法兰盘

下面以绘制法兰盘为例，练习本节所讲知识。

01 启动AutoCAD 2012，在状态栏中的“对象捕捉”按钮▢上右击，选择快捷菜单中的“设置”命令，弹出“草图设置”对话框。切换至“对象捕捉”选项卡，选择“启用对象捕捉”复选框，开启对象捕捉模式。

02 在“对象捕捉模式”选项组中选择“圆心”、“中点”、“交点”复选框，然后单击“确定”按钮，如图6-12所示。

03 在命令行中执行XLINE命令，绘制两条相交的构造线作为辅助线，具体操作过程如下：

```
命令: XLINE                                  （执行XLINE命令）
指定点或 [水平(H)/垂直(V)/角度(A)/二等分(B)/偏移(O)]:
                                             （在绘图区中的任意位置单击以指定一点）
指定通过点:                                  （在水平方向上单击指定通过点）
命令:                                        （按【Space】键，再次执行XLINE命令）
指定点或 [水平(H)/垂直(V)/角度(A)/二等分(B)/偏移(O)]:
                                             （在刚绘制的水平构造线的上方单击）
指定通过点:                                  （在垂直方向上单击以指定通过点，绘制完成的
                                             效果如图6-13所示）
```

04 在命令行中执行CIRCLE命令，绘制半径为30的圆，具体操作过程如下：

```
命令: CIRCLE                                 （执行CIRCLE命令）
指定圆的圆心或[三点(3P)/两点(2P)/相切、相切、半径(T)]:
                                             （单击两条构造线的相交点）
指定圆的半径或[直径(D)] <0>: 30              （输入30，并按【Space】键确认，绘制完成的
                                             效果如图6-14所示）
```

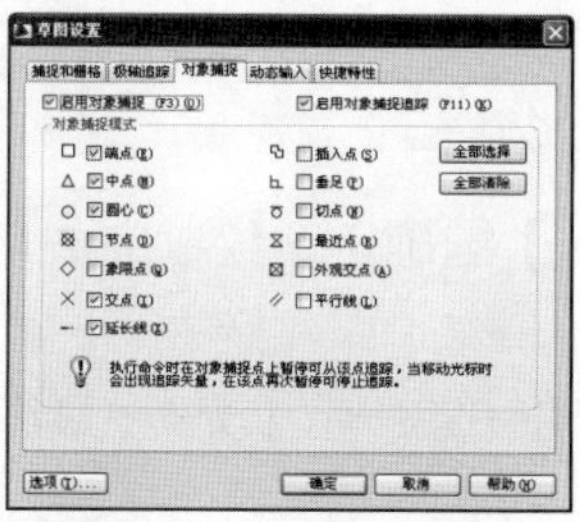

图6-12　设置捕捉点

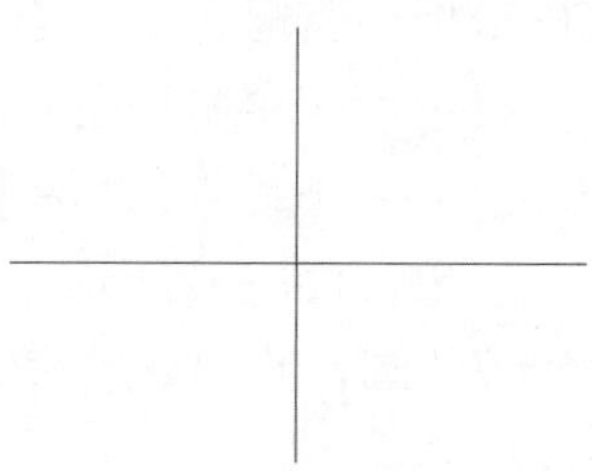

图6-13　绘制中心线

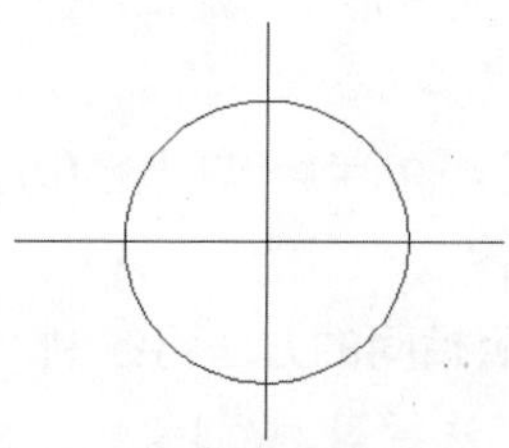

图6-14　画圆

05 按照相同的方法，再绘制两个半径分别为70和100的同心圆，绘制完成后效果如图6-15所示。

06 再次在命令行中执行XLINE命令，具体操作过程如下：

```
命令: XLINE                                  （执行XLINE命令）
```

指定点或 [水平(H)/垂直(V)/角度(A)/二等分(B)/偏移(O)]:B

（选择“二等分”选项）

指定角的顶点: （捕捉两中心线交点作为角的顶点）

指定角的起点: （捕捉如图6-16所示的交点）

指定角的端点: （捕捉如图6-17所示的交点）

指定角的端点: （按【Space】键确认，绘制完成的效果如图6-18所示）

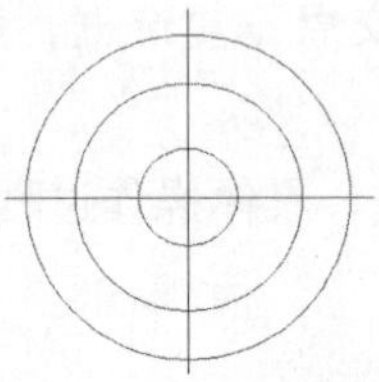

图6-15 绘制其他圆

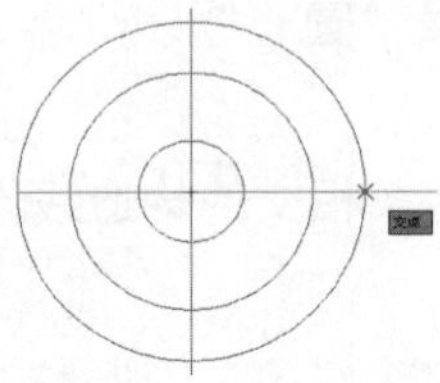

图6-16 捕捉交点1

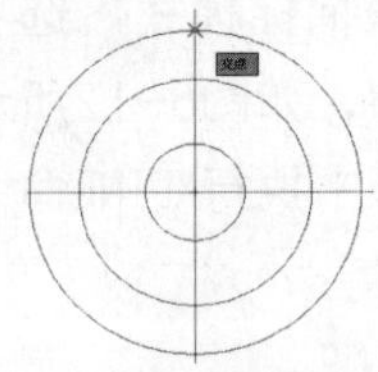

图6-17 捕捉交点2

07 选择菜单栏上的“修改”→“镜像”命令，选择刚才绘制的构造线为镜像对象，选择竖直的构造线为镜像直线，单击“确定”按钮完成镜像，效果如图6-19所示。

08 在状态栏中的“捕捉模式”按钮上右击，在弹出的快捷菜单中选择“设置”命令，弹出“草图设置”对话框，切换至“捕捉和栅格”选项卡，在“捕捉间距”选项组的“捕捉X轴间距”文本框中输入5，在“捕捉Y轴间距”文本框中输入5，然后单击“确定”按钮，如图6-20所示。

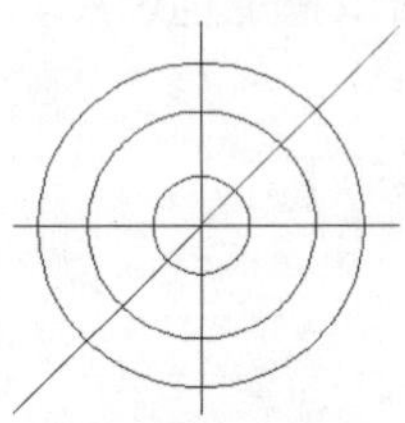

图6-18 绘制构造线

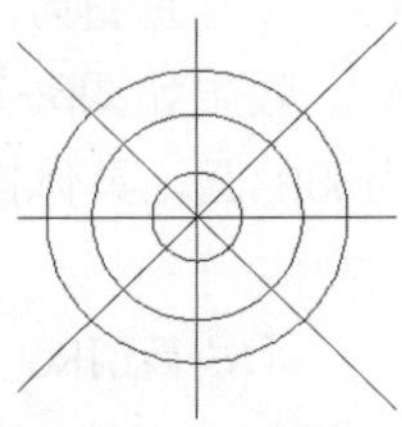

图6-19 镜像构造线

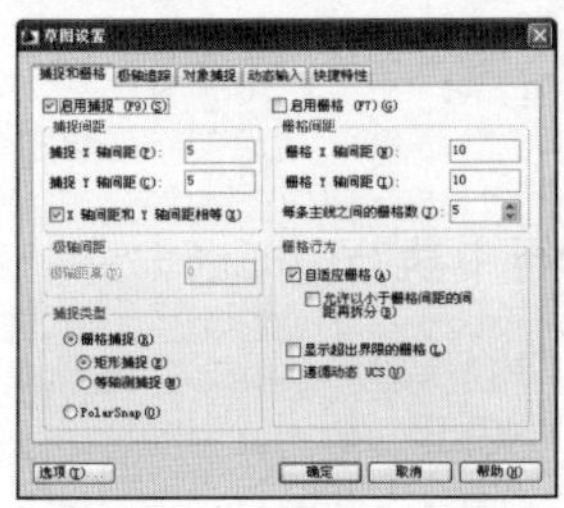

图6-20 设置捕捉间距

09 在命令行中执行CIRCLE命令，具体操作过程如下：

命令: CIRCLE （执行CIRCLE命令）

指定圆的圆心或[三点(3P)/两点(2P)/相切、相切、半径(T)]:

（单击如图6-21所示的交点）

指定圆的半径或[直径(D)] <0>: 7 （输入7并按【Space】键确认，绘制完成后效果如图6-22所示）

10 按照相同的方法再绘制3个半径为7的圆，绘制完成后效果如图6-23所示（光盘:\最终文件\第6章\法兰盘.dwg）。

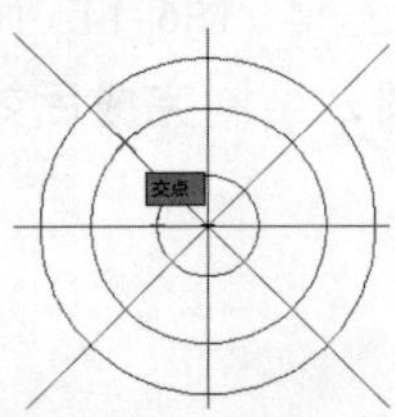

图6-21 捕捉交点

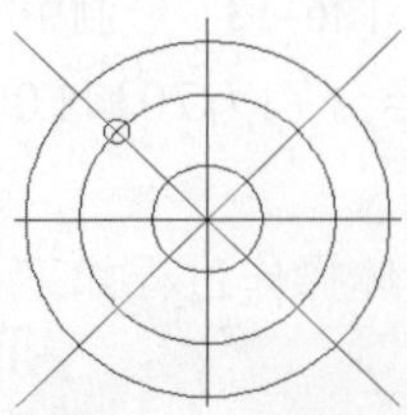

图6-22 画圆

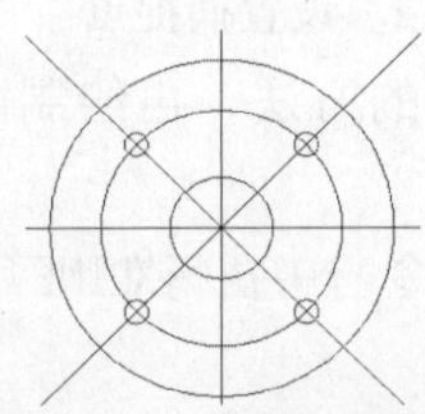

图6-23 绘制其他圆

6.6.2 进阶训练：绘图菱形

下面绘制一个菱形，再系统复习所学的内容。

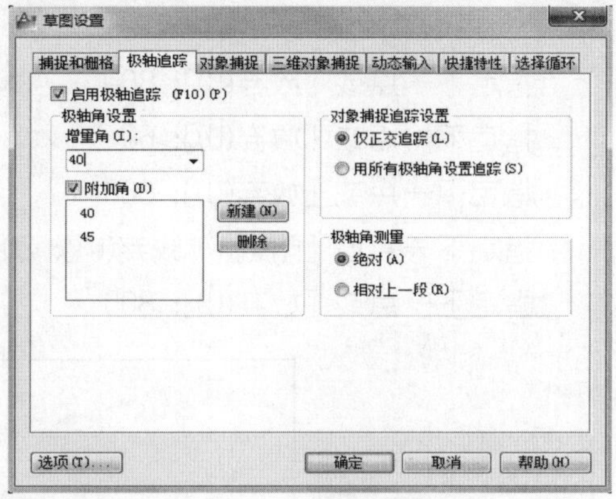

图6-24 设置追踪角度

01 新建一个名为“菱形.dwg”图形文件，在状态栏中右击“极轴追踪”命令，并选择“设置”选项。系统弹出如图6-24所示的对话框。单击“新建”按钮，输入40和45，这就说明系统会捕捉这些角度及这些角度倍数的角度。

02 在状态栏单击“极轴追踪”和“对象追踪”，打开两个选项。在命令行中输入L，执行绘制直线命令。在命令行中输入100，并且把鼠标放在水平方向，看到系统捕捉到0°。按【Enter】键，系统画出如图6-25所示的直线。再连续3次按【Enter】键。选择第一条直线的左端为直线绘制起点，角度如图6-26所示，捕捉40°，并且在命令行中输入100。

03 用同样的方法绘制出菱形的另外两条直线，最后的效果如图6-27所示（光盘:\最终文件\第6章\菱形.dwg）。

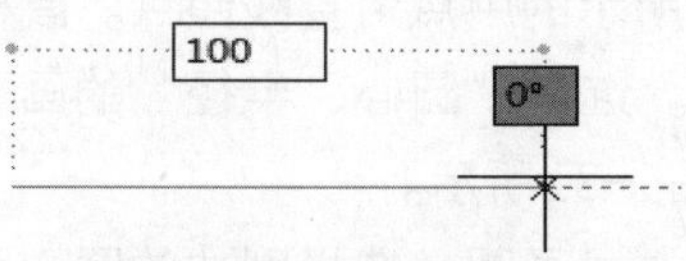

图6-25 绘制直线

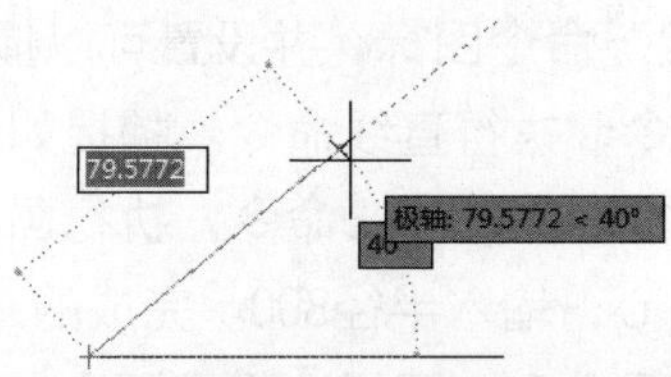

图6-26 极轴追踪

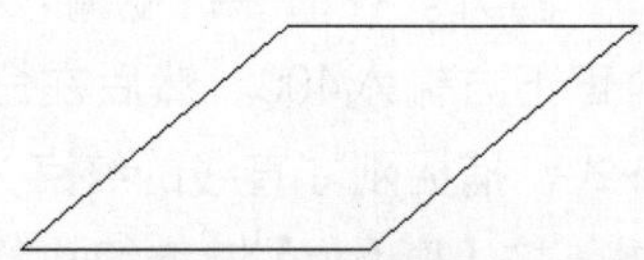

图6-27 最终效果图

6.6.3 提高训练：绘制洗衣机

下面使用本章讲解的知识绘制一个洗衣机，通过本实例，我们再次熟悉精确绘图的作用以及命令。

01 在命令行中执行REC命令，具体操作过程如下：

命令: REC （执行REC命令）
指定第一个角点或 [倒角(C)/标高(E)/圆角(F)/厚度(T)/宽度(W)]:
（在绘图区中的任意位置单击）
指定另一个角点或 [面积(A)/尺寸(D)/旋转(R)]: D （选择“尺寸”选项）
指定矩形的长度: 800 （指定矩形长度，这里输入800）
指定矩形的宽度: 900 （指定矩形宽度，这里输入900）
指定另一个角点或 [面积(A)/尺寸(D)/旋转(R)]: （在绘图区中的任意位置单击，绘制完成的效果如图6-28所示）

02 按【F10】键，开启极轴追踪功能，在命令行中执行L命令，绘制直线，具体操作过程如下：

命令:L （执行LINE命令）
指定第一点: （将鼠标移动至矩形的左上角，然后利用极轴追踪功能将鼠标移至显示20处单击）
指定下一点或 [放弃(U)]: 800 （将鼠标向右并输入800）
指定下一点或 [放弃(U)]: 60 （将鼠标向下并输入60）
指定下一点或 [放弃(U)]: 800 （将鼠标向左并输入800）
指定下一点或 [闭合(C)/放弃(U)]: 20 （将鼠标向上并输入20）
指定下一点或 [放弃(U)]: 800 （将鼠标向右并输入800，绘制完成效果如图6-29所示）

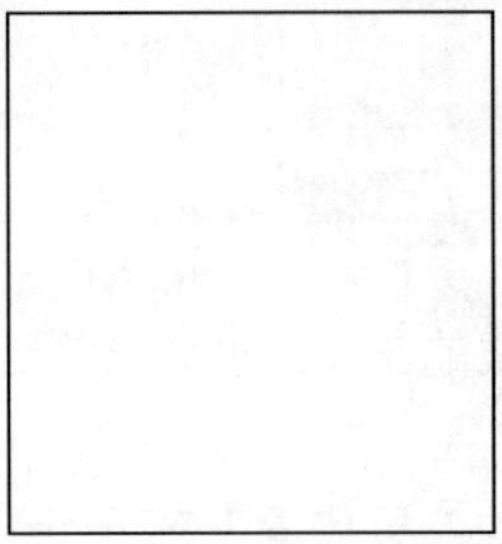
图6-28 绘制矩形

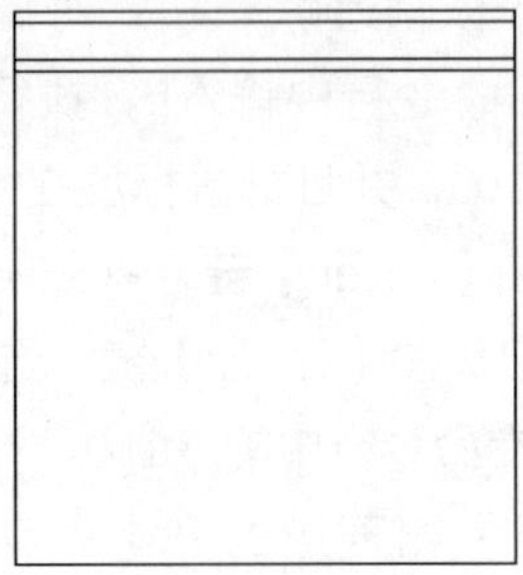
图6-29 绘制线

03 在状态栏中右击“对象捕捉”命令图标，并设置可以捕捉中点，然后确认“对象捕捉”命令打开。在命令行中输入L命令，执行直线命令。捕捉如图6-30所示的中点为直线起点。鼠标向正下方输入400。然后在命令行输入CIRCLE命令，执行画圆命令。选择“圆心、半径”的画圆方式，捕捉刚才直线的终点为圆心，输入半径300。完成的图形如图6-31所示。

04 按【Enter】键继续执行画圆命令，同样选择“圆心、半径”方式画圆。选择刚才的圆心为圆心，输入半径为270。按【Enter】键完成绘制，将中间的辅助线删除。完成的最终效果图如图6-32所示（光盘:\最终文件\第6章\洗衣机.dwg）。

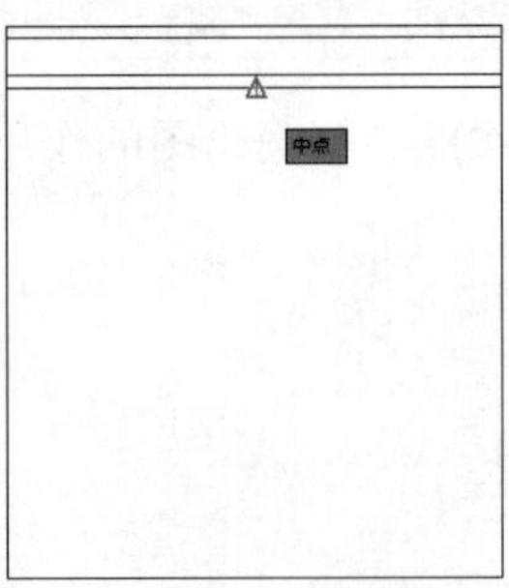

图6-30 捕捉中点

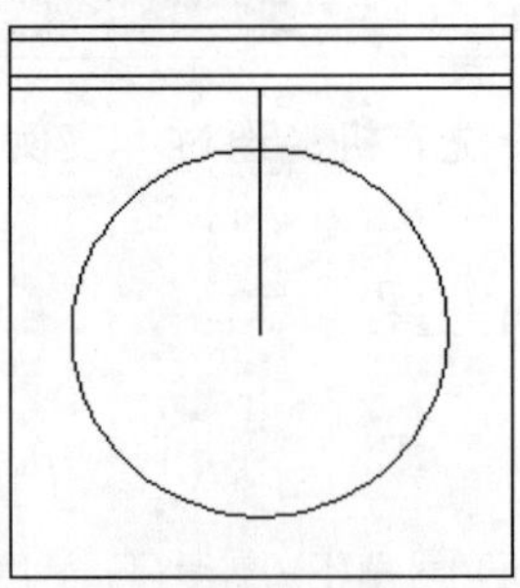
图6-31 画圆

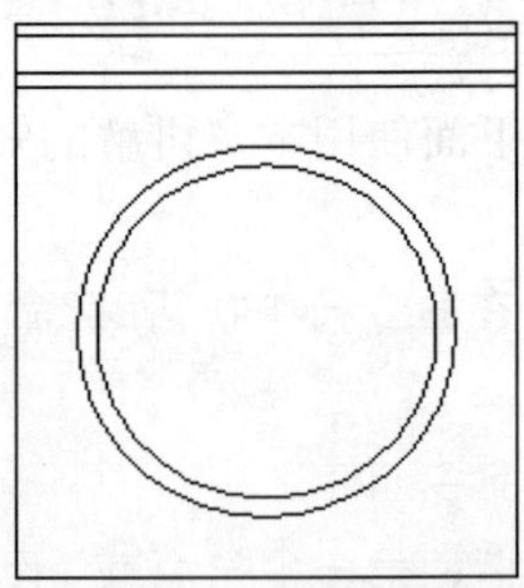
图6-32 最终效果图

6.7 本章小结

从整体来看，本章是对前几章内容的一个补充。要绘制出合格、精确的图形，精确绘图的相关命令必须熟练掌握。不论绘图命令还是编辑命令，都需要精确绘图命令的辅助才能完成其操作。通过本章的学习，读者应该对AutoCAD绘图有一个更系统的认识。

第7章 使用与管理图层

学习导航

图层是用户组织和管理图形的强有力工具。在AutoCAD 2012中，所有图形对象都具有图层、颜色、线型和线宽等基本属性。用户可以用不同的图层、颜色、线型和线宽绘制不同的对象，并且能很方便地控制对象的显示和编辑，提高绘制复杂图形的效率和准确性。

学习重点

- □ 熟悉图层的作用
- □ 熟练掌握图层的编辑，包括新建图层和相关的设置
- □ 学会图层管理、图层切换等
- □ 能高效地利用图层绘图

AutoCAD提供的图层工具有利于用户进行图形的组织和管理。利用图层，可以使绘图效率提高，精确性也提高。本章就对图层做个系统的介绍。

7.1 创建图层

7.1.1 图层的概念

1. 图层的意义

AutoCAD绘制的图形对象都是由不同的图线组成的，比如基准线、轮廓线、剖面线、尺寸线、文字和标注等。不同形式的图线有着不同的含义，用以识别图样的结构特征。所以，确定一个图形对象，除了必须给出它的几何数据外，还要给出它的线型、线宽、颜色和状态等非几何数据。一张完整的图样是由许多基本的图形对象构成的，而其中的大部分对象都具有相同的线型、线宽、颜色和状态。

在工程图样中，很多不同行业的图形往往存在着很多共性，例如建筑物的平面图、电路布置图、管线布置图等。为了让图样表达得更清楚，方便相关专业提取信息并便于管理，最好能对这些图形有一个更好的区分。

根据图形的线型、线宽、颜色和状态等对图形进行分类，使有相同性质的内容归为一类，并对同一类共有属性进行描述，可大大减少重复性的工作。这就是所说的图层。

2. 图层的性质

图层具有以下性质：

- 一幅图形最多可以包含32000个图层，这些图层都具有相同的图限、坐标系和缩放比例因子。每个图层上可以绘制的图形对象不受限制。
- 每一个图层都有图层名，以便在命令中引用图层时使用。图层名字最多可以有255个字符，这些字符可以包括数字、字母、专用符合等。
- 每一个图层都带有颜色号、线型名、线宽和打印样式。对于新图层，系统都有默认的颜色号（7号）、线型名（实线）、线宽（0.25mm）。
- 每一幅工程图中包含多个图层，但是只能设置一个“当前层”。用户只能在当前图层上绘图，并且使用当前层的颜色、线型和线宽。所以，在绘图前要选择好相应的图层。
- 图层可以被打开或关闭、解冻或冻结、锁定或解锁。

7.1.2 新建图纸集

图纸集是一个有序命名集合，其中的图纸来自几个图形文件。调用该命令的方法如下：

- 单击“菜单浏览器”按钮，在弹出的菜单中选择“新建”→“图纸集”命令。
- 在命令行窗口中执行NEWSHEETSET命令。

下面练习该命令的使用，具体操作如下。

01 单击“菜单浏览器”按钮，在弹出的菜单中选择“新建”→“图纸集”命令，弹出“创建图纸集 - 开始”对话框。

02 在“使用以下工具创建图纸集”选项组中，任意选择一种图纸集创建方式，在下方显示相应选项的含义解释。这里选择“样例图纸集(S)”单选按钮，如图7-1所示，然后单击“下一步(N)>”按钮。

03 弹出“创建图纸集 - 图纸集样例”对话框。在“选择一个图纸集作为样例(S)”单选按钮下的列表框中选择一种图纸集样例，系统默认选择的是Architectural Imperial Sheet Set图纸集样例，这里保持默认设置，单击“下一步(N)>”按钮，如图7-2所示。

图7-1 创建图纸集

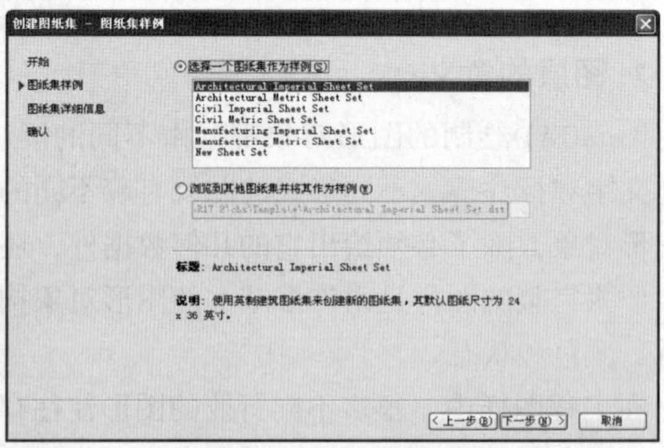

图7-2 选择图纸样例

04 弹出“创建图纸集 - 图纸集详细信息”对话框。在“新图纸集的名称”文本框中输入图纸集的名称，系统默认名称为“新建图纸集（1）”，然后单击“下一步(N)>”按钮，如图7-3所示。

05 弹出“创建图纸集 - 确认”对话框。该对话框显示图纸集所包含的所有内容。用户可以对所建立的图纸集进行一次总体确认，若正确则单击“完成”按钮，如图7-4所示。

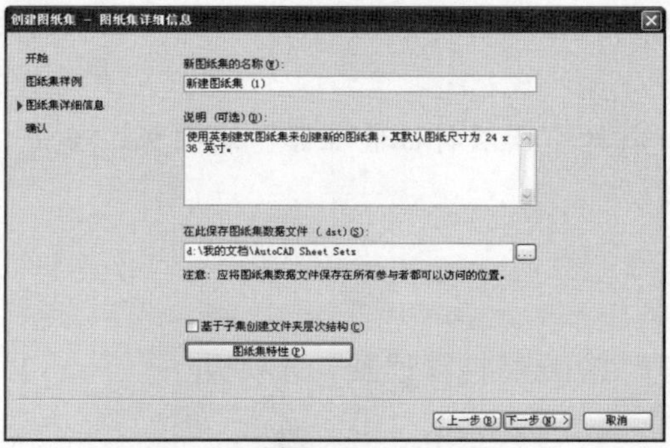

图7-3　设置新图纸集名称

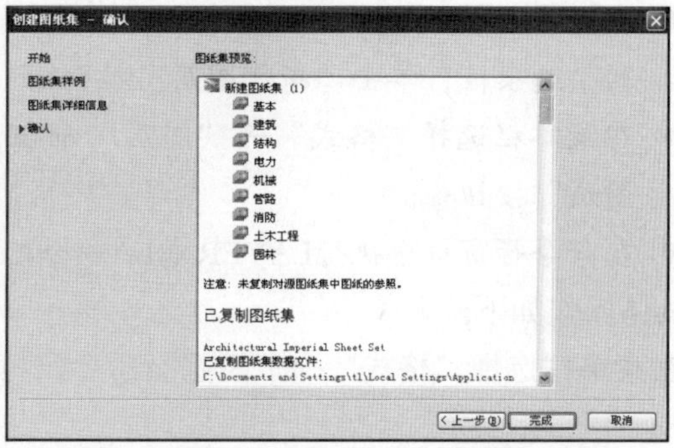

图7-4　图纸集信息预览

06 打开"图纸集管理器"选项板。在"图纸集管理器"选项板中相应的图纸集名称上右击，从弹出的快捷菜单中选择"新建图纸"命令，如图7-5所示。

07 弹出"新建图纸"对话框。在"编号"文本框中输入图纸的编号，如A-1；在"图纸标题"文本框中输入图纸的标题，如输入"平面图"；则该图纸文件名为"A-1平面图"。单击 确定 按钮，如图7-6所示，返回"图纸集管理器"选项板。双击新建的图纸名称，根据所设置的图纸数据打开图纸样式。

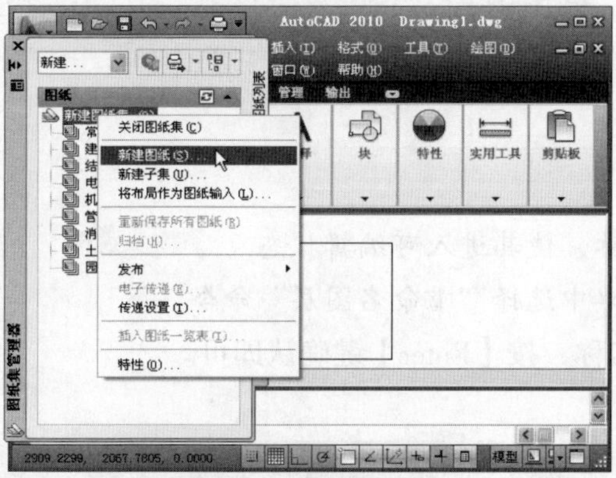

图7-5　新建图纸命令

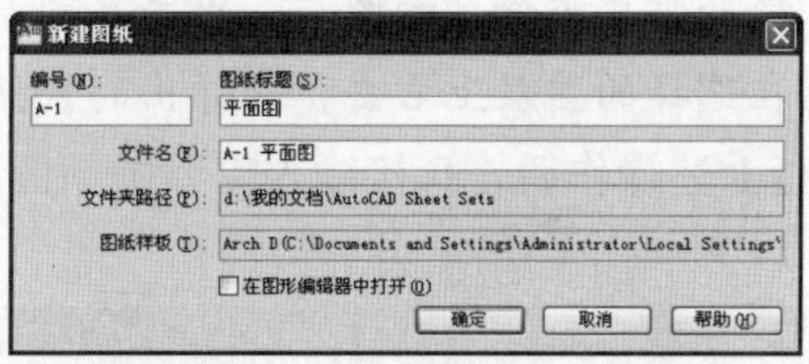

图7-6　信息设置

在"图纸集管理器"选项板上右击，弹出的快捷菜单中部分选项的含义如下。

- 新建图纸：用于新建绘图的图纸。
- 新建子集：用于新建下一级图纸集。AutoCAD 2012允许图纸集下再建子图纸集。
- 将布局作为图纸输入：用于把已有的布局作为图纸输入、打开、使用。
- 发布：选择该选项，会弹出下一级子菜单。选择其中的命令对选择的图纸集进行相应的发布操作。
- 电子传递：用于把所选择的图纸集以电子格式传递给其他用户。
- 特性：用于显示图纸集的特性信息。

7.1.3　创建新图层

默认情况下，新建的图层名称为"图层1"，以后创建的图层名称依此类推。新建图层的方法如下：

- 在“常用”选项卡的“图层”面板中，单击“图层特性”按钮，打开“图层特性管理器”选项板，单击“新建图层”按钮。
- 在菜单栏选择“格式”→“图层”命令，打开“图层特性管理器”选项板，单击“新建图层”按钮。
- 在命令行窗口中执行LAYER或LA命令。

具体操作如下。

01 在菜单栏选择“格式”→“图层”命令，打开“图层特性管理器”选项板。

02 单击“新建图层”按钮，如图7–7所示，即可新建图层，如图7–8所示。

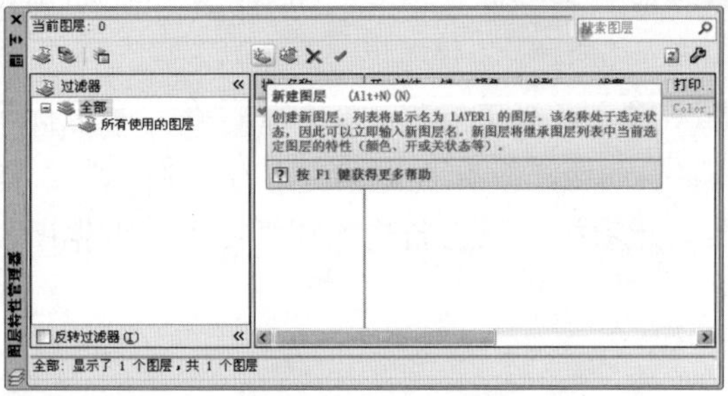

图7–7 新建对话框

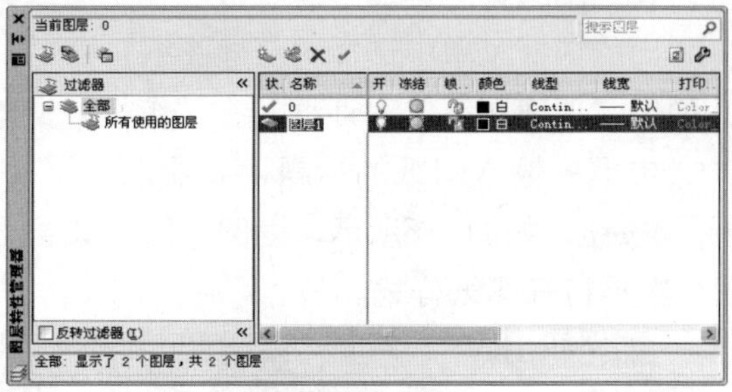

图7–8 新建图层

命名图层的方法如下：

- 选择需要重命名的图层，按【F2】键。
- 选择需要重命名的图层，单击其图层名称，使其进入可编辑状态。
- 在选择的图层上右击，在弹出的快捷菜单中选择“重命名图层”命令。

执行上述操作后，直接输入需要的新图层名称，按【Enter】键确认即可。

7.1.4 设置图层颜色

设置图层颜色特性时，一般都在AutoCAD提供的7种标准颜色中进行选择，即红色、黄色、绿色、青色、蓝色、紫色和白色，具体操作如下。

01 在菜单栏选择“格式”→“图层”命令，打开“图层特性管理器”选项板。

02 选择要修改颜色特性的图层，单击中间列表框中的“颜色”栏下的■白图标，弹出“选择颜色”对话框，在其中选择需要的颜色。这里单击“红色”图块，然后单击“确定”按钮，如图7–9所示。

03 返回“图层特性管理器”选项板，即可看到该图层的颜色由原来的白色变成了红色，如图7–10所示。

图7–9 颜色选择

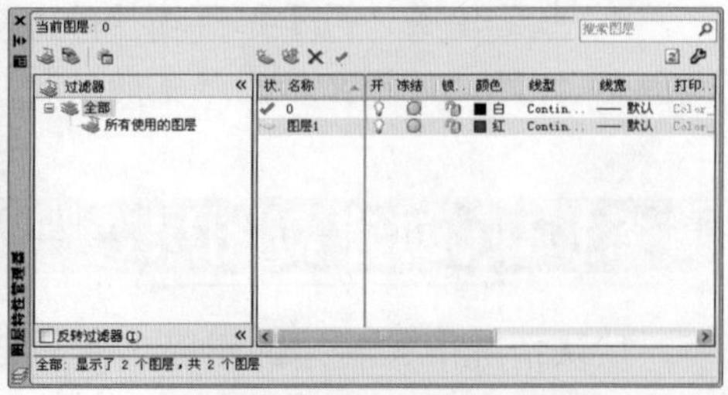

图7–10 颜色设置

7.1.5　设置图层线型

默认情况下，新建图层的线型特性是Continuous，但是在绘制图形时，常常需要使用不同的线型来表示不同的对象，具体操作如下。

01 显示菜单栏，选择"格式"→"图层"命令，打开"图层特性管理器"选项板。

02 选择要修改线型特性的图层，单击中间列表框中"线型"栏下的Contin... 图标，如图7-11所示。

03 弹出"选择线型"对话框。该对话框中列出了当前已加载的线型，若列表框中没有所需线型，则单击 加载(L)... 按钮。

04 弹出"加载或重载线型"对话框，选择需要加载的线型，这里选择ACAD_ISO04W100线型，单击 确定 按钮完成加载，如图7-12所示。

图7-11　图层选择

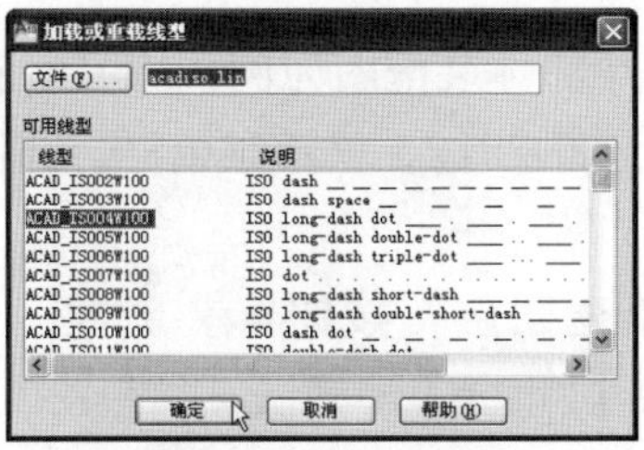
图7-12　线型设置

05 返回"选择线型"对话框，选择刚才加载的线型，这里选择ACAD_ISO04W100线型，单击 确定 按钮完成设置，如图7-13所示。

06 返回"图层特性管理器"选项板，即可看到线型由原来的Continuous变成了刚才设置的线型，如图7-14所示。

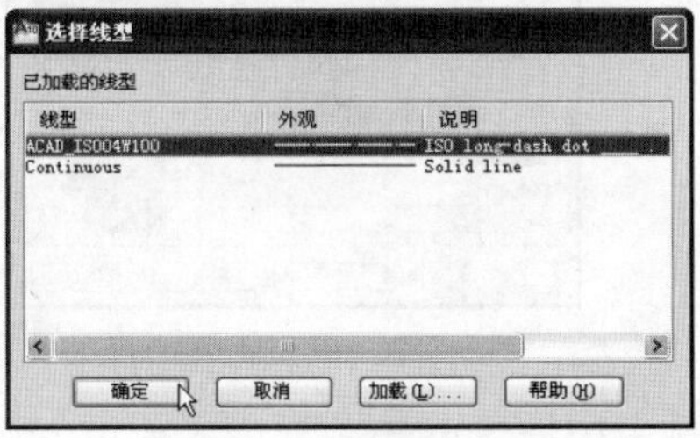
图7-13　选择线型

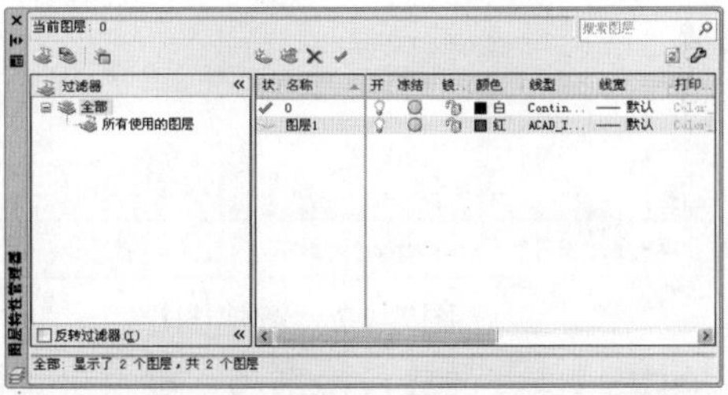
图7-14　设置完成

7.1.6　设置图层线宽

通过设置线宽可以有效地显示图层对象，具体操作如下。

01 显示菜单栏，选择"格式"→"图层"命令，打开"图层特性管理器"选项板。

02 选择要修改线宽特性的图层，单击中间列表框中"线宽"栏下的—— 默认 图标，弹出"线宽"对话框。在"线宽"列表框中选择需要的线宽，这里选择0.30mm线宽，然后单击 确定 按钮，如图7-15所示。

03 返回“图层特性管理器”选项板，即可看到线宽由原来的—— 默认 变成了0.30mm线宽，如图7-16所示。

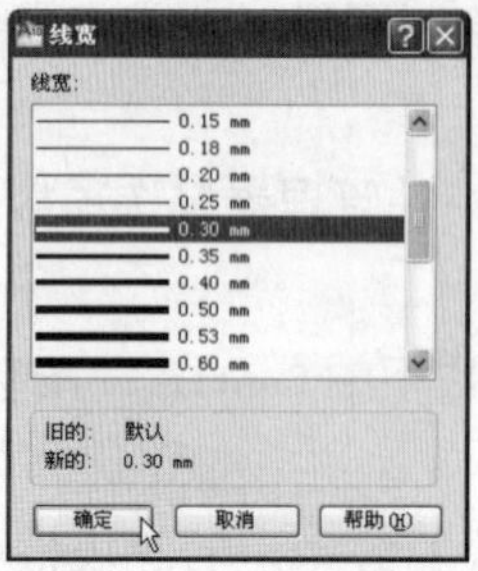

图7-15 线宽选择

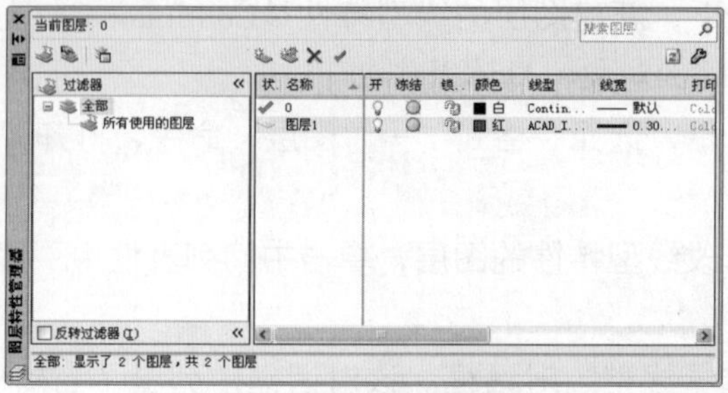

图7-16 设置完成

7.1.7 自我强化：设置图层

下面以一个箱体装配图为例，练习本节所讲知识。

01 启动AutoCAD 2012，显示菜单栏，选择“格式”→“图层”命令，打开“图层特性管理器”选项板。

02 单击“新建图层”按钮，新建一个图层，在“名称”栏下的文本框中输入文本“虚线”，按【Enter】键确认，如图7-17所示。

03 选择“虚线”图层，单击中间列表框中的“颜色”栏下的■白图标，弹出“选择颜色”对话框，在其中选择需要的颜色，这里单击“蓝色”图块，如图7-18所示，然后单击 确定 按钮。

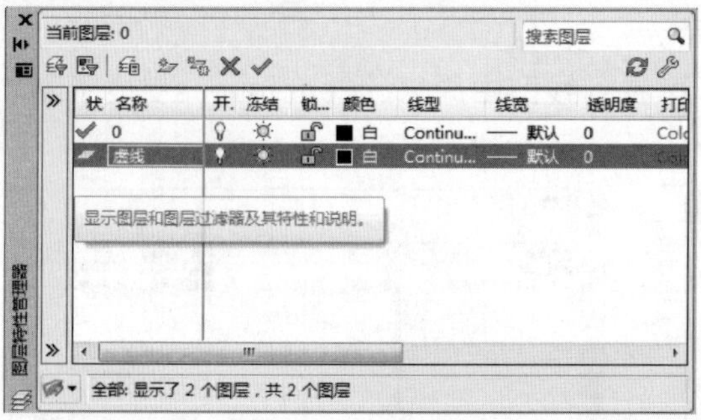

图7-17 新建图层

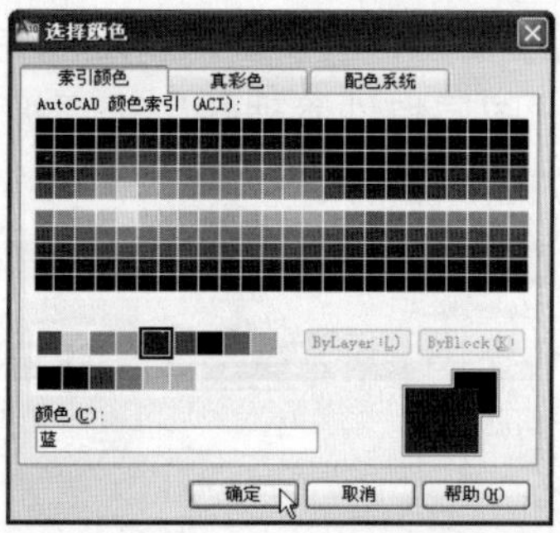

图7-18 颜色选择

04 返回“图层特性管理器”选项板，即可发现图层颜色由原来的白色变成了蓝色。

05 单击右侧列表框中“线型”栏下的图标，弹出“选择线型”对话框。该对话框中列出了当前已加载的线型，若列表框中没有所需线型，则单击 加载(L)... 按钮。

06 弹出“加载或重载线型”对话框，在“可用线型”列表框中选择ACAD_ISO02W100线型，如图7-19所示，单击 确定 按钮完成加载。

07 返回“选择线型”对话框，选择ACAD_ISO02W100线型，如图7-20所示，单击 确定 按钮完成设置。

08 返回“图层特性管理器”对话框，即可看到线型由原来的Continuous变成了ACAD_ISO02W100线型，然后单击中间列表框中“线宽”栏下的—— 默认 图标，弹出“线宽”对话框。

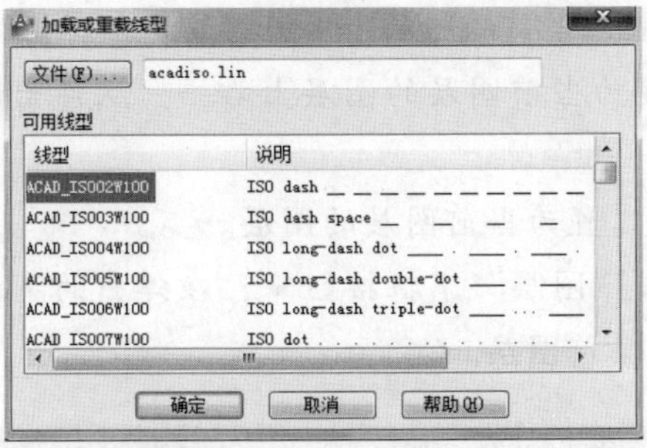

图7-19　线型选择

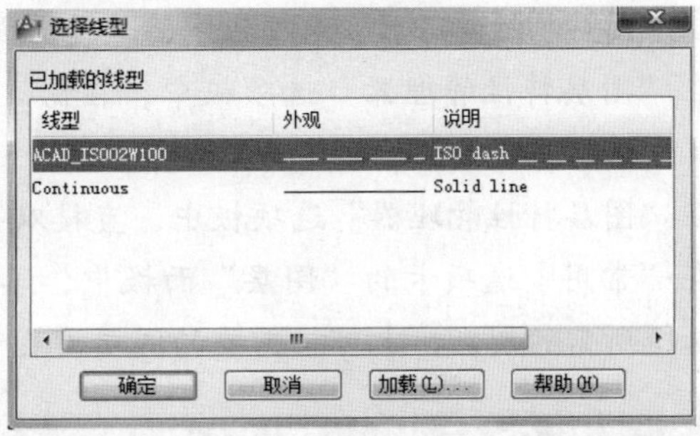

图7-20　加载完成

09 在“线宽”列表框中选择0.15mm线宽，如图7-21所示，然后单击 确定 按钮。

10 返回“图层特性管理器”选项板，即可看到线宽由原来的—— 默认 变成了0.15mm线宽，如图7-22所示。

11 按照相同的方法，根据如表7-1所示的图层特性参数，对各图层进行设置，完成后的效果如图7-23所示。

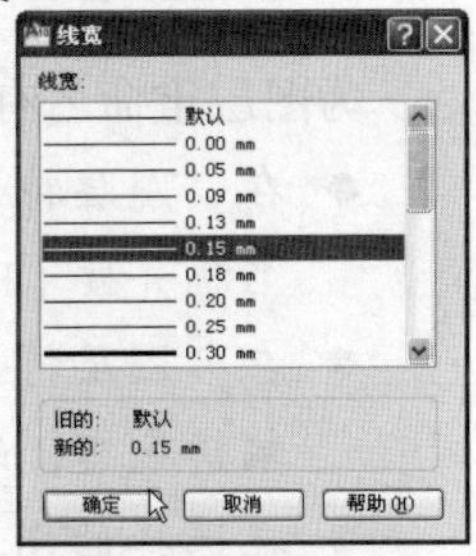

图7-21　线宽选择

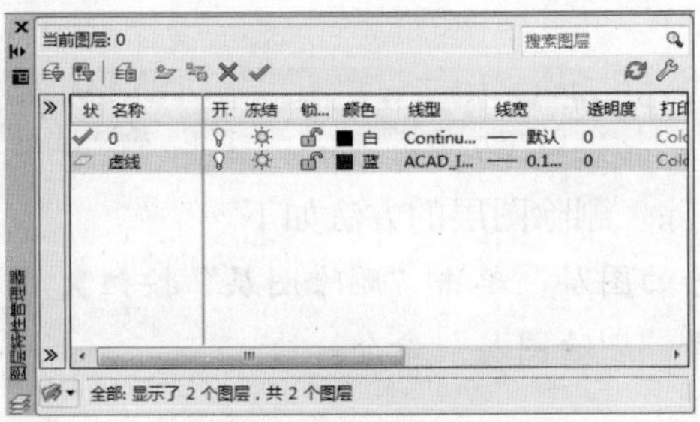

图7-22　图层特性管理器

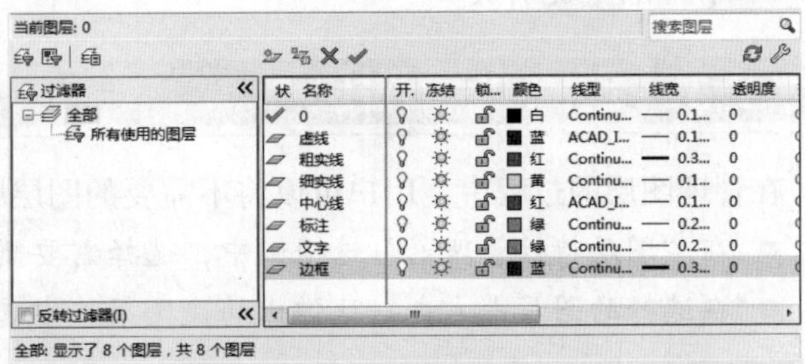

图7-23　图层设置

表7-1　图层参数

图层名称	颜　色	线　型	线宽/mm	图层名称	颜　色	线　型	线宽/mm
虚线	蓝色	ACAD_ISO02W100	0.15	边框	蓝色	Continuous	0.30
粗实线	红色	Continuous	0.30	文字	绿色	Continuous	0.25
细实线	黄色	Continuous	0.25	标注	绿色	Continuous	0.25
中心线	红色	ACAD_ISO04W100	0.15				

7.2 图层管理

在AutoCAD中，使用“图层特性管理器”选项板不仅可以创建图层，设置图层特性，还可以对图层进行管理，例如图层的切换、重命名、删除及图层的显示控制等。

7.2.1　当前图层的设置

当前图层就是当前正在使用的图层，若需要在某个图层上绘制图形对象，就应将该图层设置为当前图层。将图层设置为当前图层的方法如下：

- 在“图层特性管理器”选项板中，选择需设置为当前的图层，单击“置为当前”按钮。
- 在“图层特性管理器”选项板中，在需设置为当前图层的图层上右击，从弹出的快捷菜单中选择“置为当前”命令。
- 在“图层特性管理器”选项板中，直接双击需置为当前图层的图层。
- 在“常用”选项卡的“图层”面板中，单击“图层”下拉按钮▼，在弹出的下拉列表中选择所需的图层，也可将需要的图层设置为当前图层。

7.2.2 重命名当前图层

为图层重命名有助于图层的管理，并且可以更好地区分图层。重命名图层的方法如下：

- 在“图层特性管理器”选项板中，选择需要重命名的图层，按【F2】键，然后输入图层名称并按【Enter】键确认。
- 在“图层特性管理器”选项板中，选择需要重命名的图层，单击其图层名称，使其呈可编辑状态，此时输入图层名称，按【Enter】键确认。
- 在选择的图层上右击，从弹出的快捷菜单中选择“重命名图层”命令，输入名称后按【Enter】键确认。

7.2.3 删除当前图层

在管理图层的过程中，用户可以将不需要的图层删除。删除图层的方法如下。

- 在“图层特性管理器”选项板中，选择需要删除的图层，单击“删除图层”按钮✖。
- 在选择的图层上右击，从弹出的快捷菜单中选择“删除图层”命令。

提示

在删除图层的过程中，0层、默认层、当前层、含有实体的层和外部引用依赖层是不能被删除的。

7.2.4 改变图形所在图层

在绘制图形的过程中，可以将某图层上的图形对象改变到其他图层上，具体操作如下。

01 打开“改变图层.dwg”图形文件（光盘:\原始文件\第7章\改变图层.dwg），在绘图区选择需要改变图层的图形对象，这里选择红色的中心线，如图7-24所示。

02 在“常用”选项卡的“图层”面板中，单击“图层”下拉按钮▼，在弹出的下拉列表中选择目标图层，这里选择“粗实线”图层，如图7-25所示。

03 按【Esc】键取消图形对象的选择状态，如图7-26所示，此时红色的中心线已被更改到“粗实线”图层上（光盘:\最终文件\第7章\改变图层.dwg）。

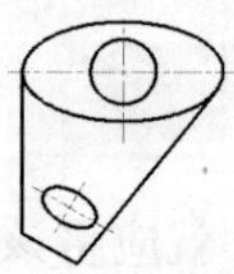

图7-24 原图

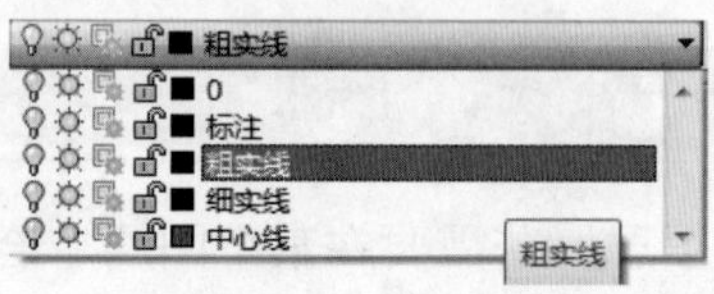

图7-25 图层更改

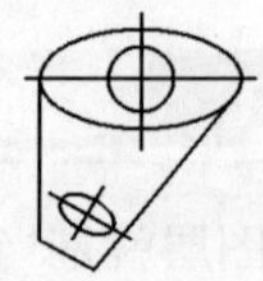

图7-26 效果图

7.2.5　自我强化：管理图层

下面通过一个例子讲解本节所学内容，让读者可以系统地学习图层的管理。

01 打开“图层管理.dwg”图形文件（光盘:\原始文件\第7章\图层管理.dwg），在菜单栏上选择“格式”→“图层”命令，系统弹出本图形对象的图层，如图7-27所示。

02 在图层的“名称”栏中单击右键，选择“重命名图层”，将“cen”更改为“中心线”，将“dim”更改为“标注”，将“object”更改为“粗实线”。

03 在“边框”图层上单击右键，选择“删除图层”命令，则此图层被删除。最后完成的图层管理效果如图7-28所示。

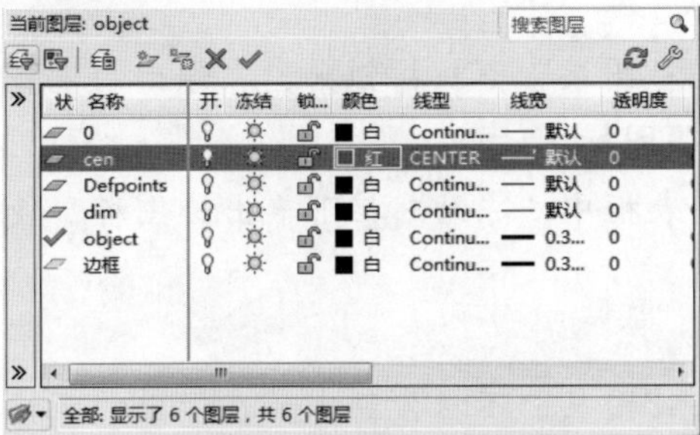

图7-27　“图层”对话框

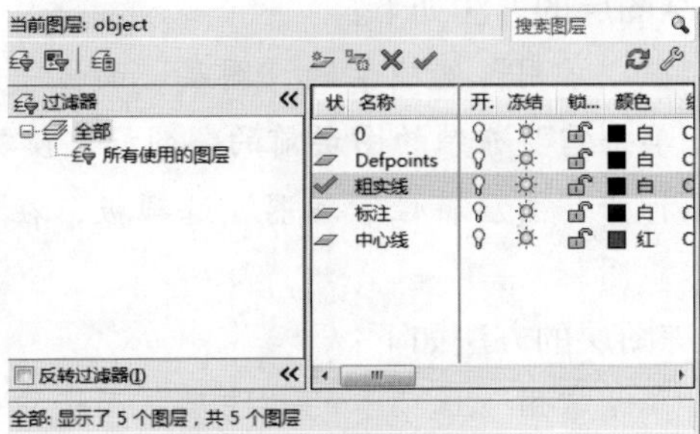

图7-28　图层管理

7.3 控制图层状态

控制图层状态是为了更好地绘制或编辑图形，包括图层的打开与关闭、冻结与解冻、锁定与解锁等。

7.3.1　打开与关闭图层

被关闭图层上的对象不仅不会显示在绘图区中，也不能被打印出来。关闭图层的方法如下：

- 在“常用”选项卡的“图层”面板中，单击“图层”下拉按钮，在弹出的下拉列表中单击需要关闭的图层前的图标，使其变成图标，如图7-29所示。
- 打开“图层特性管理器”选项板，在中间列表框中“开”栏下单击图标，使其变成图标，如图7-30所示。

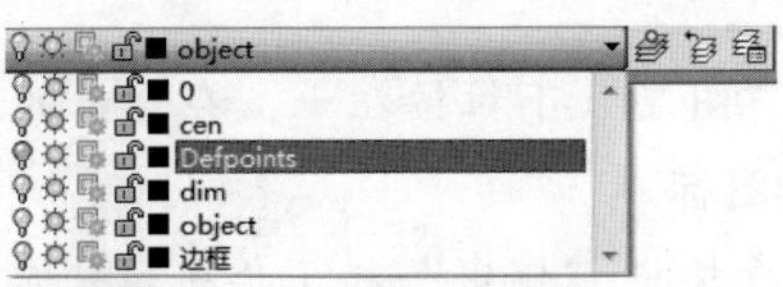

图7-29　关闭图层方式1

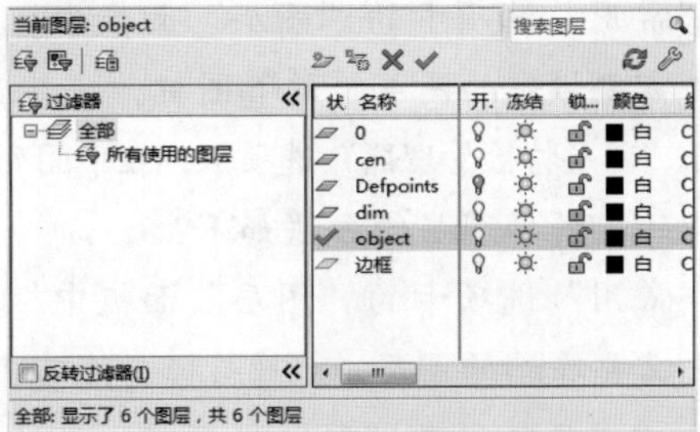

图7-30　关闭图层方式2

在完成图形对象的编辑后，即可将隐藏的图层打开，方法如下：

- 在“常用”选项卡的“图层”面板中，单击“图层”下拉按钮▼，在弹出的下拉列表中单击需要打开的图层前的图标，使其变成图标。
- 打开“图层特性管理器”选项板，在中间列表框中“开”栏下单击图标，使其变成图标。

7.3.2 冻结与解冻图层

冻结图层有利于减少系统重生成图形的时间，当然也可以将冻结后的图层解冻，但当前图层不能被冻结。

冻结图层的方法如下：

- 在“常用”选项卡的“图层”面板中，单击“图层”下拉按钮▼，在弹出的下拉列表中单击需要冻结的图层前的图标，使其变成图标。
- 打开“图层特性管理器”选项板，在中间列表框中“冻结”栏下单击图标，使其变成图标。

解冻图层的方法如下：

- 在“常用”选项卡的“图层”面板中，单击“图层”下拉按钮▼，在弹出的下拉列表中单击需要解冻的图层前的图标，使其变成图标。
- 打开“图层特性管理器”选项板，在中间列表框中“冻结”栏下单击图标，使其变成图标。

注意

冻结图层与关闭图层有如下区别：

①可见性，冻结的图层与关闭的图层是相同的；②可操作性，冻结的图形对象不参加图形处理过程中的运算，而关闭的图层上的图形对象参加运算。所以在工程设计中往往冻结不需要的图层，这样可以大大加快系统重新生成图形的速度。

7.3.3 锁定与解锁图层

在绘制复杂的图形对象时，可以将不需要编辑的图层锁定。被锁定的图层中的图形对象虽然仍显示在绘图区上，但不能对其进行编辑操作。

锁定图层的方法如下：

- 在“常用”选项卡的“图层”面板中，单击“图层”下拉按钮▼，在弹出的下拉列表中单击需要锁定的图层前的图标，使其变成图标。
- 打开“图层特性管理器”选项板，在中间列表框中“锁定”栏下单击图标，使其变成图标。
- 类似的，解锁图层的方法如下：
- 在“常用”选项卡的“图层”面板中，单击“图层”下拉按钮▼，在弹出的下拉列表中单击需要冻结的图层前的图标，使其变成图标。
- 打开“图层特性管理器”选项板，在中间列表框中“锁定”栏下单击图标，使其变成图标。

注意

锁定图层不影响图形的显示状况，并且还可以在锁定图层上绘制新图形对象、使用查询命令和对象捕捉命令。只是不能够对锁定图层上的图形进行编辑。

7.3.4　自我强化：控制图层状态

下面通过实例对本节所学内容进行强化。

01 打开“控制图层状态.dwg”图形文件（光盘:\原始文件\第7章\控制图层状态.dwg），在菜单栏上选择“格式”→“图层”命令，系统弹出本图形对象的图层，如图7-31所示。

02 在图层的“开”栏中单击dim，使图标变成图标，这样即执行了关闭dim图层的命令。在绘图区中可看到，图形中的所有标注已经不再显示。

03 在“冻结”栏中单击cen图层，使图标变成图标，这样即完成了cen图层的冻结，在绘图区可以看到，图形中的中心线已经不再显示。

04 在“锁定”栏中单击object图层，使图标变成图标，这样即完成了object图层的锁定，在绘图区可以看到，图形中粗实线变灰，此时不能再对其进行编辑，完成的图层状态控制如图7-32所示。

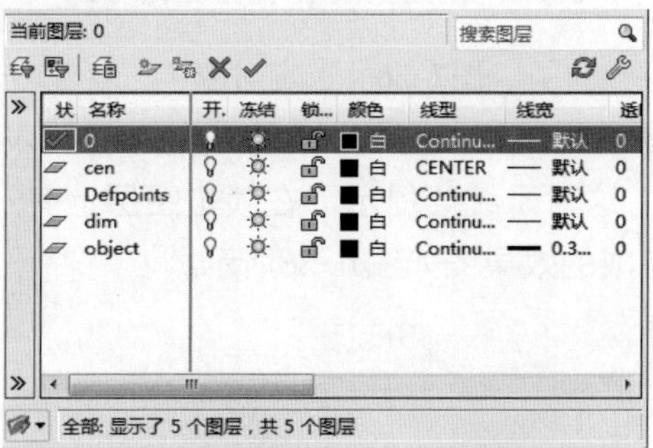

图7-31　“图层”对话框

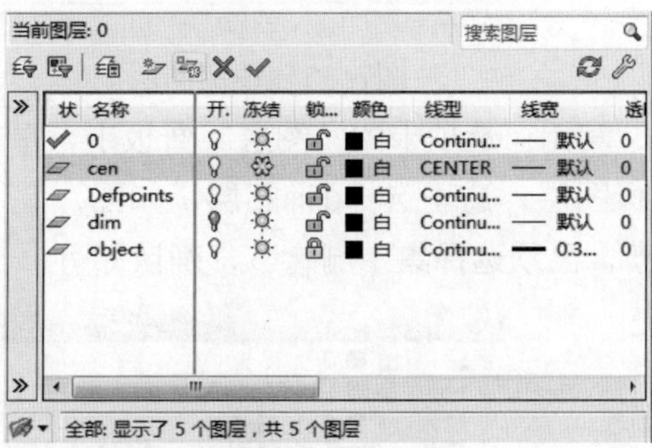

图7-32　完成设置

7.4　拓展训练

通过本章的学习，读者对图层应该有了一个认识。下面通过几个例子来熟悉图层有关命令的使用，边学边练，达到学以致用的目标。

7.4.1　初级训练：图层训练1

首先通过一个简单的例子再来熟悉一下控制图层状态。

01 打开“图层训练1.dwg”图形文件（光盘:\原始文件\第7章\图层训练1.dwg），在菜单栏中选择“格式”→“图层”命令，系统弹出如图7-33所示的对话框。

02 在“图层特性管理器”选项板中单击“新建图层”按钮，输入新图层名字dim，设置颜色为红色，设置线型为Continuous，线宽为0.15mm，如图7-34所示。

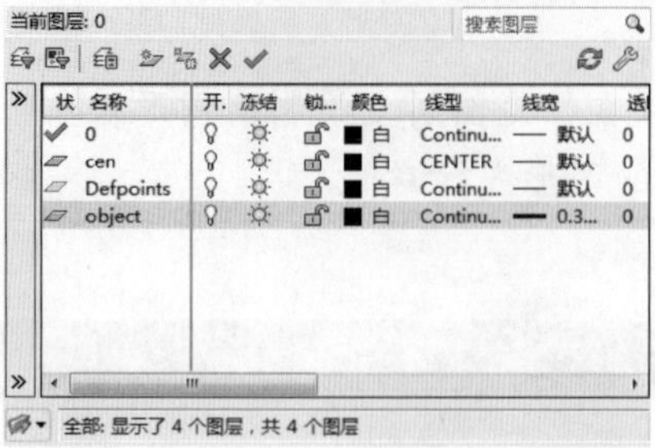

图7-33 “图层特性管理器”选项板

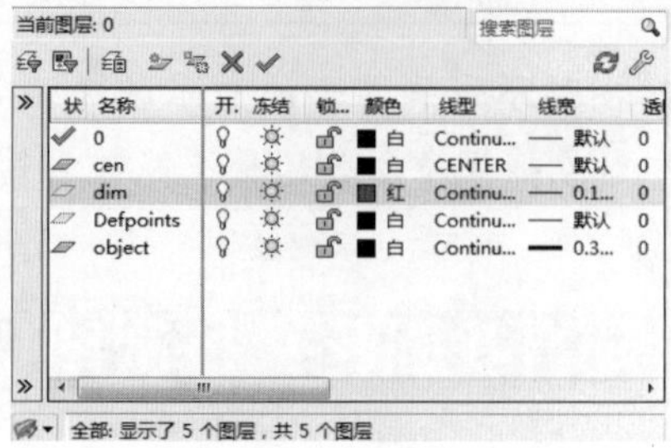

图7-34 新建图层

03 在“锁定”栏，单击cen图层，使图标变成图标，如图7-35所示，这样即完成了对cen层的锁定。在绘图区中可看到中心线变灰，此时不可编辑。

04 下面将图形对象转移到别的图层。首先框选绘图区中的所有图形对象，如图7-36所示。

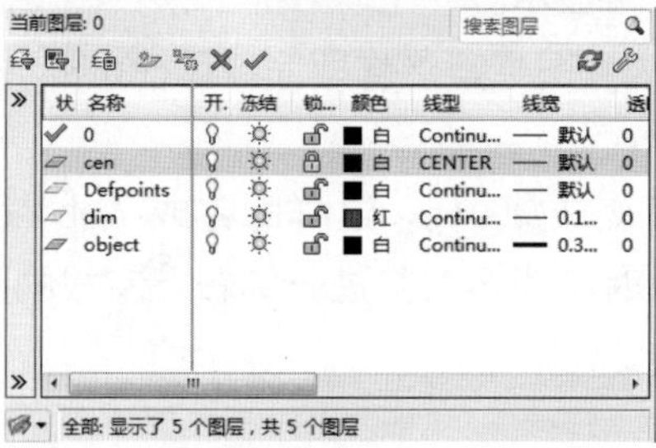

图7-35 锁定图层

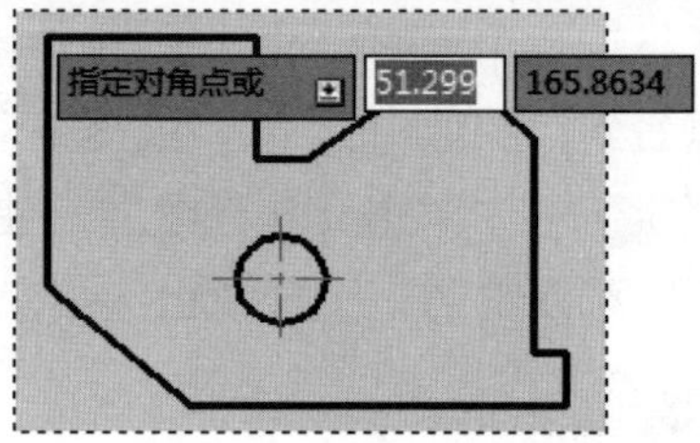

图7-36 选定对象

05 在“常用”选项卡的“图层”面板中，单击“图层”下拉按钮，在弹出的下拉列表中选择目标图层，这里选择dim图层，如图7-37所示。这时系统会提示“在锁定图层上有2个对象未被更新，已从选择集中删除”，确认即可，最终完成的效果图如图7-38所示。

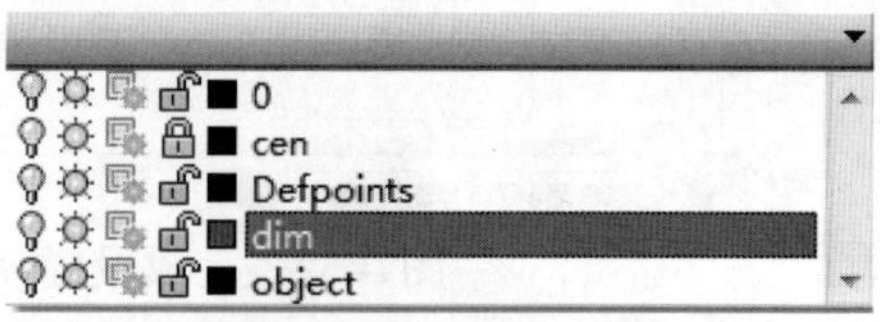

图7-37 图层选择

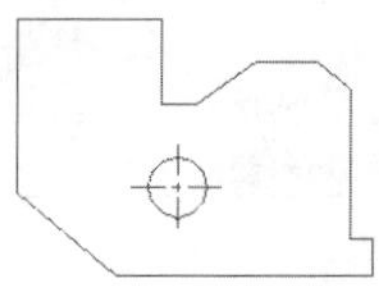

图7-38 效果图

7.4.2 进阶训练：图层训练2

下面创建一个房间结构图的图层创建。

01 启动AutoCAD 2012，在命令行中执行layer命令，打开“图层特性管理器”选项板，单击“新建图层”按钮，新建图层，如图7-39所示。

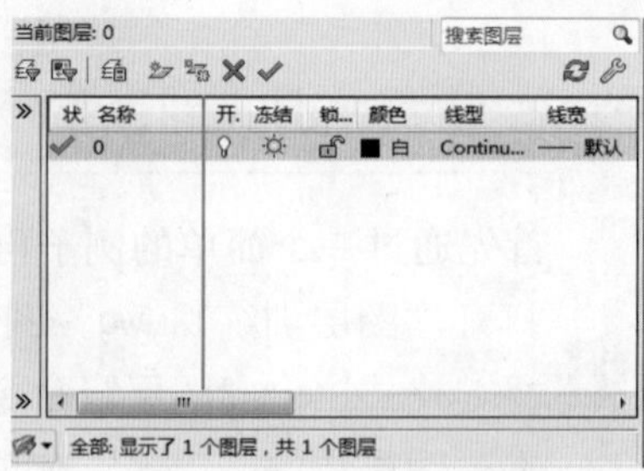

图7-39 新建图层

02 输入图层新名称“中心线”，按【Enter】键确认，然后单击“中心线”图层“颜色”栏下■ 白图标，如图7-40所示。

03 弹出“选择颜色”对话框，单击“红色”图块，然后单击 确定 按钮，如图7-41所示，返回“图层特性管理器”选项板，单击“中心线”图层“线型”栏下的 Contin... 图标，如图7-42所示。

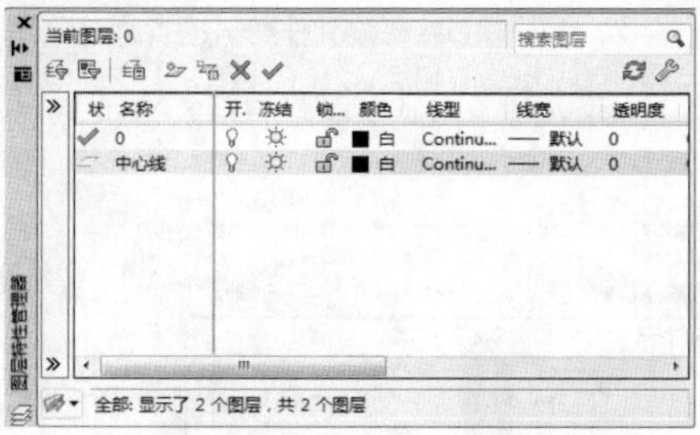

图7-40　选择颜色

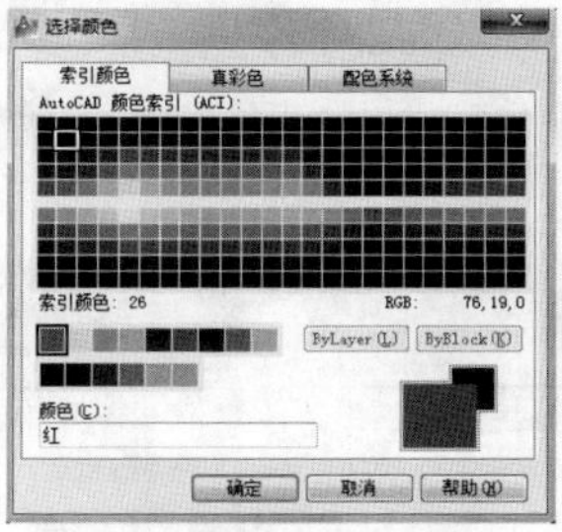

图7-41　选择颜色

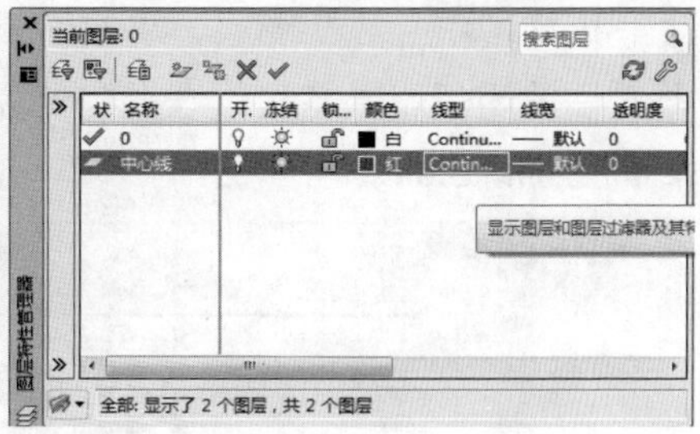

图7-42　设置线型

04 弹出“选择线型”对话框，单击 加载(L)... 按钮，弹出“加载或重载线型”对话框，选择CENTER线型，单击 确定 按钮完成加载，如图7-43所示。

05 返回“选择线型”对话框，选择CENTER线型，如图7-44所示，然后单击 确定 按钮。

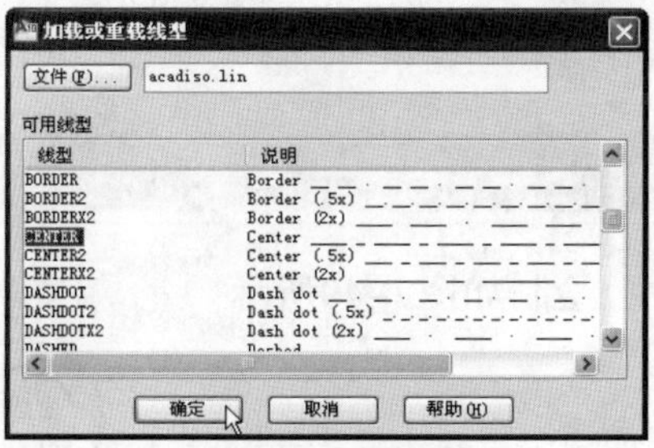

图7-43　线型加载

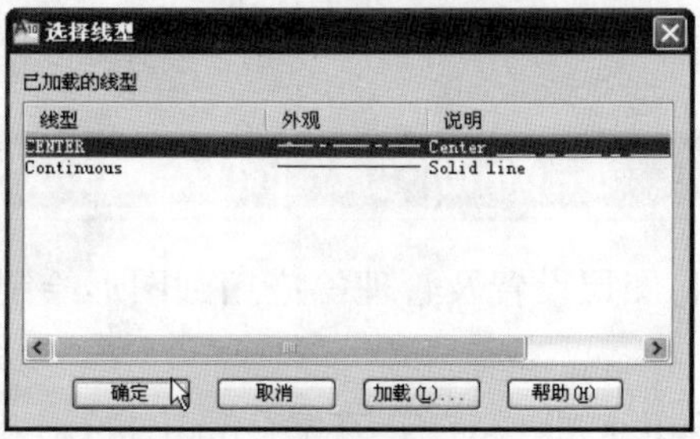

图7-44　加载完成

06 返回“图层特性管理器”选项板，单击“中心线”图层“线宽”栏下的—— 默认 图标，如图7-45所示。

07 弹出“线宽”对话框，在“线宽”列表框中选择0.15mm线宽，然后单击 确定 按钮，如图7-46所示。

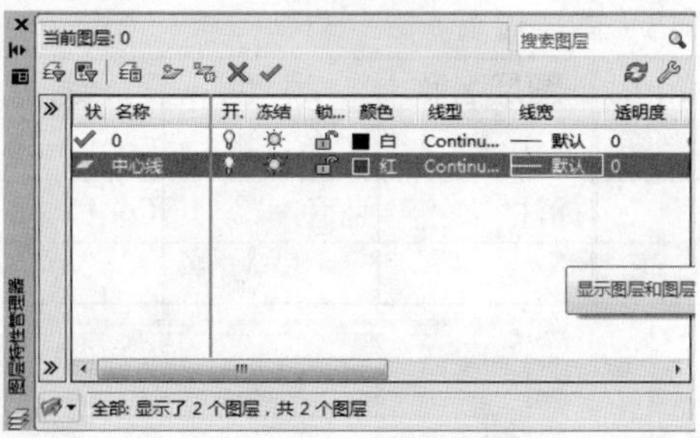

图7-45　线宽设置

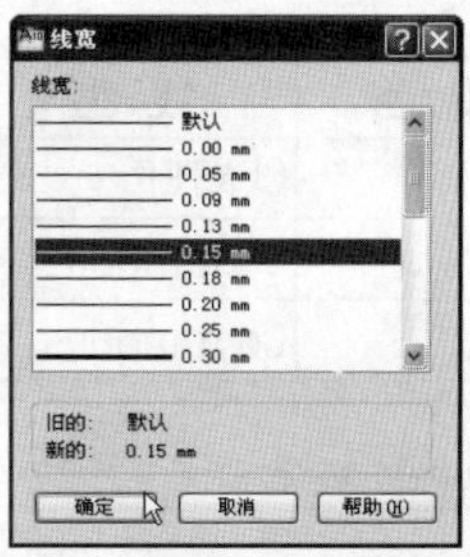

图7-46　线宽选择

08 返回“图层特性管理器”选项板，根据如表7-2所示的图层特性对各图层进行设置，设置完成后效果如图7-47所示。

表7-2　图层参数

图层名称	颜　色	线　型	线宽/mm	图层名称	颜　色	线　型	线宽/mm
中心线	红色	CENTER	0.15	边框	青色	Continuous	0.15
粗实线	黑色	Continuous	0.30	标注	蓝色	Continuous	0.15
剖面线	蓝色	Continuous	0.15	文字	黑色	Continuous	0.15
细实线	黄色	Continuous	0.15				

09 选择“中心线”图层，单击“置为当前”按钮，将其设置为当前图层，如图7-48所示，然后关闭“图层特性管理器”选项板，并保存图形文件为“图层训练2”（光盘:\最终文件\第7章\图层训练2.dwg）。

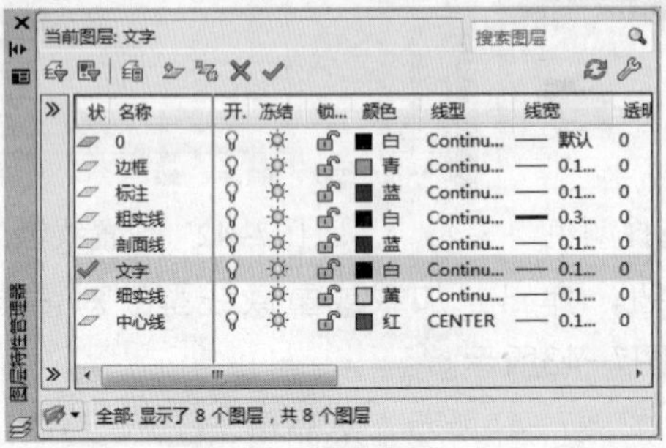

图7-47 设置完成

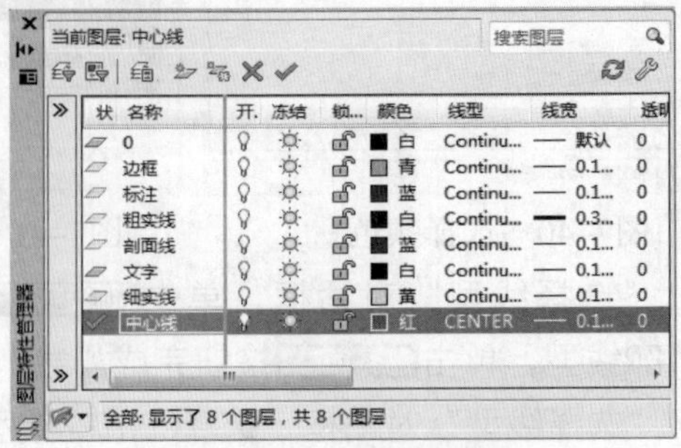

图7-48 置为当前

7.4.3 提高训练：图层训练3

下面将图层设置及管理等应用到图形绘制中，绘制如图7-49所示的图形。

01 启动AutoCAD 2012，在命令行中执行layer命令，打开“图层特性管理器”选项板，单击“新建图层”按钮，新建图层，如图7-50所示。对照7.4.2的训练建立如表7-3所示的图层。设置完成的图层效果如图7-51所示。

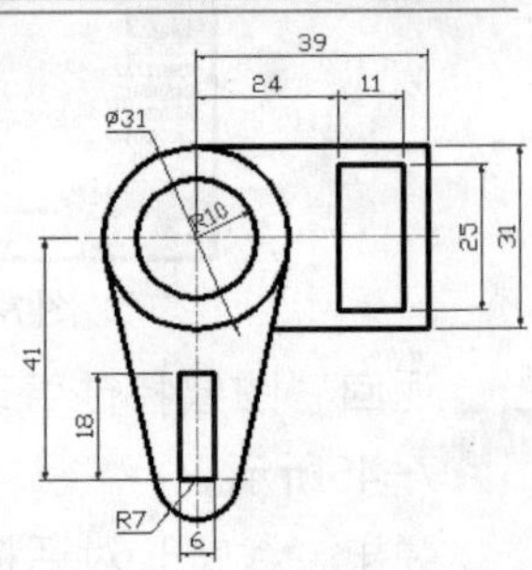

图7-49 效果图

表7-3 图层设置

图层名称	颜 色	线 型	线宽/mm	图层名称	颜 色	线 型	线宽/mm
中心线	红色	CENTER	默认	细实线	黄色	Continuous	默认
粗实线	白色	Continuous	0.30	标注	蓝色	Continuous	默认
文字	白色	Continuous	默认				

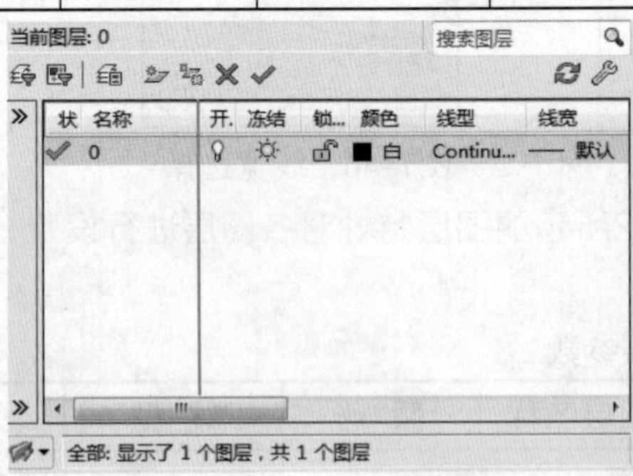

图7-50 创建图层

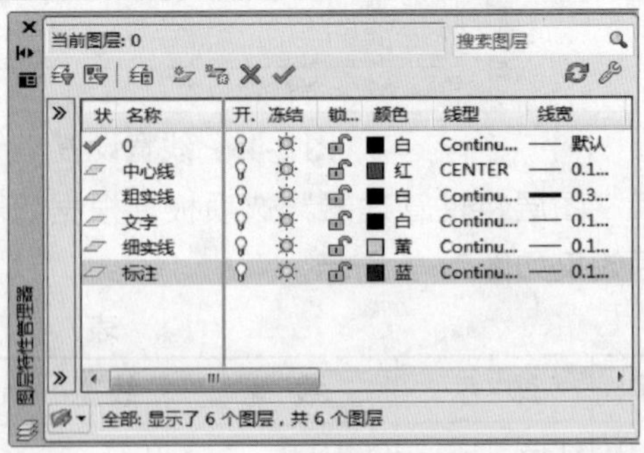

图7-51 完成图层设置

02 在“常用”选项卡中的“图层”下拉列表中选择“中心线”图层进行中心线的绘制，效果如图7-52所示。完成绘制后，单击“中心线”图层的图标，变成图标，这样就将该图层锁定。

03 使用同样的方法绘制圆，打开“常用”选项卡中的“图层”下拉列表，选择“粗实线”图层进行圆的绘制，绘制的效果图如图7-53所示。

04 仍然保持图层不变，在状态栏中右击“对象捕捉”按钮，在弹出的快捷菜单中选择“设置”命令，在弹出的对话框中勾选“切点”，让对象捕捉可以捕捉到切点。关闭“正交”命令，然后绘制两圆的连线，绘制的效果图如图7-54所示。

图7-52　绘制中心线

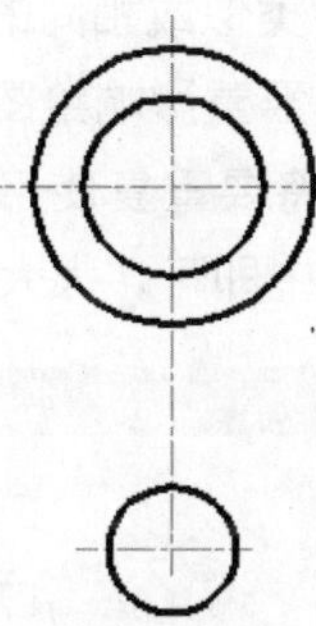

图7-53　绘制圆

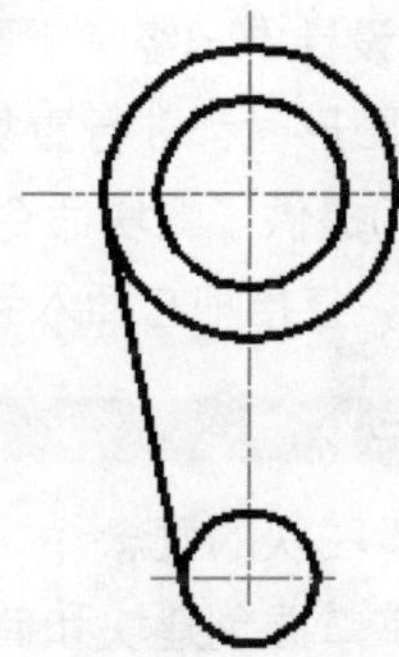

图7-54　绘制连线

05 选择菜单栏中的“修改”→“镜像”命令，选择刚才的连线为镜像对象，选择竖直的中心线为镜像对称线，单击“确定”按钮，完成的镜像效果图如图7-55所示。

06 继续保持在“粗实线”图层状态下，选择“绘图”→“直线”命令，绘制出剩余的线，效果如图7-56所示。然后选择菜单栏中的“修改”→“修剪”命令，对多余的线进行修剪，关闭线宽。完成的最终效果图如图7-57所示。至此，整个图形绘制完成（光盘:\最终文件\第7章\图层训练3.dwg）。

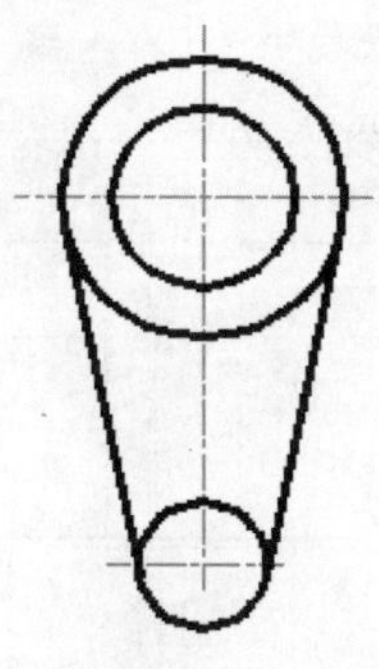

图7-55　镜像连线

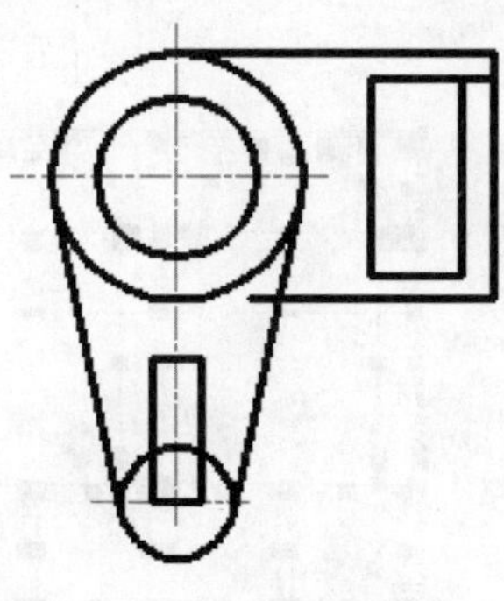

图7-56　绘制直线

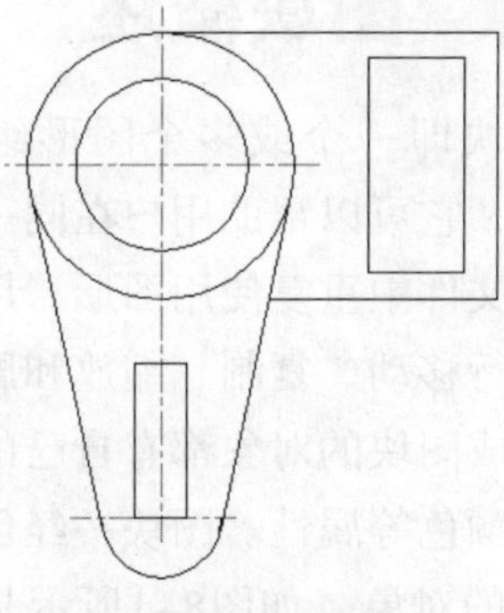

图7-57　修剪效果图

7.5 本章小结

图层是AutoCAD提供给用户的强有力的工具，它可以用于对图形的组织和管理。同时它提高了绘图效率及准确性，使用某些命令还减少了计算机的计算量。通过本章学习，读者应该熟练掌握图层的创建、重命名等基础操作，同时还应该熟练应用图层打开和关闭、图层冻结和解冻等图层状态控制命令。本章的学习对以后复杂图形的创建提供了便利。

第8章 图块

学习导航

在工程设计中，经常需要设计很多类似或相同的图形，如粗糙度符号、标准件等。若每次使用这些图形时都进行重复绘图，会严重影响绘图效率，也很容易出现错误。针对这一问题，AutoCAD提供了图块命令，它可以将要重复使用的图形对象设置成块，当再次需要使用这些图形时，直接把它插入到当前图形中即可，大大提高了设计效率。

学习重点

- □ 熟悉图块的概念
- □ 熟练掌握插入内部块和外部块操作
- □ 熟练掌握创建块和储存块操作
- □ 掌握其他命令（如删除块及分解块等）

将以前绘制的图形对象进行收集，在以后绘制相同图形对象时，就可以直接调用。为了避免在调用图形对象时错选或漏选组成图形对象的元素，可以将其定义为图块。

8.1 图块概述

图块即一个或多个图形组成的一个集合，它可以帮助用户在同一个文件或其他文件中重复使用图形。用户可以对它进行移动、复制、缩放和删除等操作。组成图块的对象都有自己的图层、线型和颜色等属性。图块一经创建，即是单独的对象。如图8-1所示是非图块和图块的区别。图块多用于绘制重复、复杂的图形。

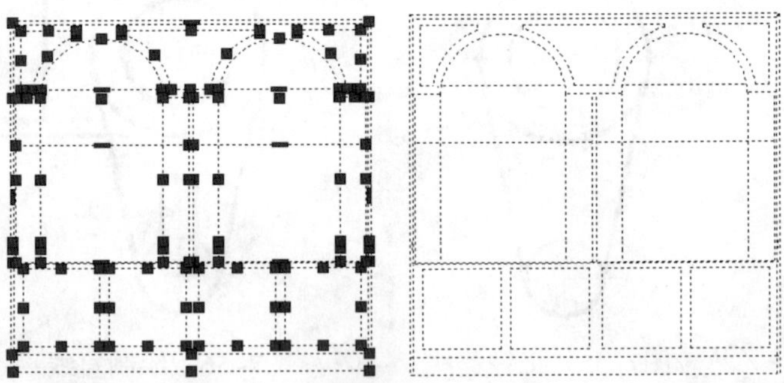

图8-1　图块和非图块的区别

1. 图块的优点

- 提高设计速度。将经常使用的图形创建成块，当需要这些图形对象时，将它们插入到图形文件中，减小不必要的重复劳动。
- 节省计算机空间。在图形中插入块是对块的引用，不管块有多么复杂，在图形中只保留块的引用信息和该块的定义，所以使用块可以减少图形的存储空间。
- 方便图形的修改。一幅工程图的最终设计完成需要经过不断的修改，此时只需对块进行修改，图中插入的所有该块都会自动改动。

● 可以添加属性。可以把文字信息等添加到图块中。

2. 图块的分类

● 内部块：内部块只能存在于定义该块的图形中，而其他图形文件不能使用该图块。
● 外部块：外部块作为一个图形文件单独存储在磁盘等媒介上，可以被其他图形引用，也可以单独被打开。

> **注意**
> 图块的操作过程一般是首先创建块，包括命名新图块，选择图形对象，确定插入点；其次是插入块到指定的位置。

8.2 图块操作

对图块的操作主要有创建内部图块、创建外部图块、插入单个图块、插入多个图块、通过设计中心插入图块、删除图块、重命名图块和分解图块等。通过对它们的综合应用，可以使图块作用发挥到最大。下面分别讲解这些操作。

8.2.1 创建图块

下面就介绍图块的创建。

1. 内部块的创建

内部图块存储在图形文件内部，因此只能在存储了该图块的文件中使用，而不能在其他图形文件中使用。创建内部图块的方法如下：

● 在“常用”选项卡的“块”面板中单击“创建”按钮。
● 在菜单栏选择“绘图”→“块”→“创建”命令。
● 在命令行窗口中执行BLOCK或B命令。

创建内部块的具体操作如下。

01 打开“地板砖.dwg”图形文件（光盘:\原始文件\第8章\地板砖.dwg），在命令行窗口执行BLOCK命令，弹出“块定义”对话框。

02 在“名称”文本框中输入要定义的图块名称，这里输入文本“地板砖”，单击“对象”选项组中的“选择对象”按钮，如图8-2所示。

03 返回绘图区，选择绘图区中需要定义为块的图形，这里选择绘图区中所有的图形对象，如图8-3所示。

图8-2　创建块

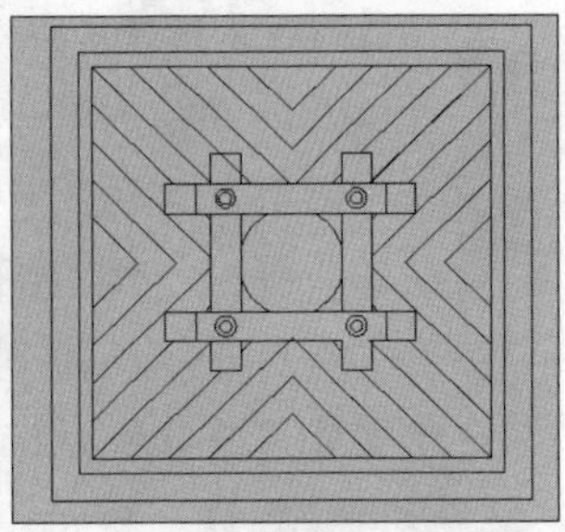

图8-3　选择对象

04 按【Space】键返回对话框，单击“基点”选项组中的“拾取点”按钮，返回绘图区，指定一点作为图块的基点。这里单击如图8-4所示的A点。

05 返回“块定义”对话框，此时在“名称”文本框右侧将显示系统为该图块创建的图标，在“块单位”下拉列表中可以选择通过设计中心拖放块到绘图区时的缩放单位。这里保持默认设置。

06 在“说明”文本框中输入该图块的说明文字，也可不输入。单击 确定 按钮，即完成该图块的定义，如图8-5所示。

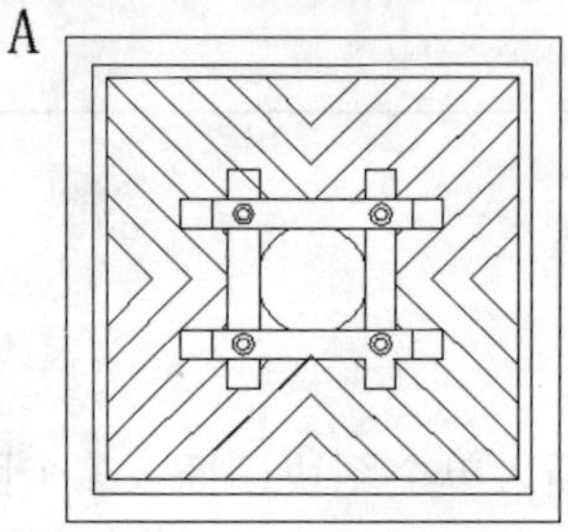

图8-4 选择基点

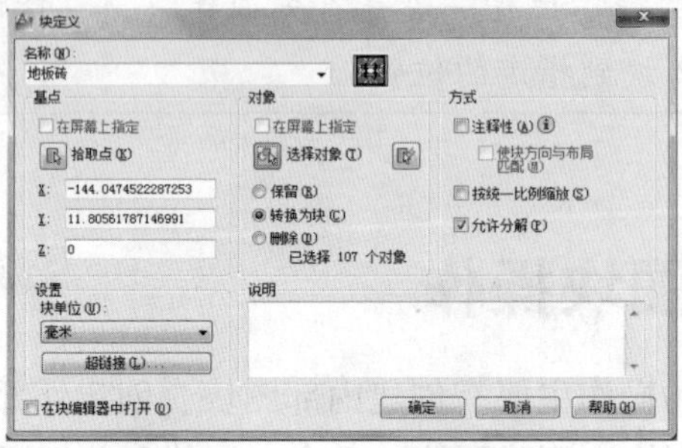

图8-5 设置图块信息

“块定义”对话框“对象”选项组中各单选按钮含义如下。

- 保留(R) 单选按钮：选择该单选按钮，则被定义为图块的源对象仍然以原格式保留在绘图区中。
- 转换为块(C) 单选按钮：选择该单选按钮，则在定义内部图块后，绘图区中被定义为图块的源对象同时被转换为图块。
- 删除(D) 单选按钮：选择该单选按钮，则在定义内部图块后，将删除绘图区中被定义为图块的源对象。

2. 外部块的创建

外部图块与内部图块恰恰相反，它是以文件的形式保存到计算机中的，随时都可以对其进行调整，在命令行窗口中执行WBLOCK或W命令，即可开始创建外部块。具体操作如下。

01 打开“活节螺栓.dwg”图形文件（光盘:\原始文件\第8章\活节螺栓.dwg），在命令行执行WBLOCK命令，弹出“写块”对话框。

02 在“源”选项组中选择 对象(O) 单选按钮，在“对象”选项组中单击“选择对象”按钮，返回绘图区中选择需定义为块的图形，这里选择绘图区中的所有图形。

03 按【Space】键返回对话框，在“基点”选项组中单击“拾取点”按钮，返回绘图区单击如图8-6所示的A点。

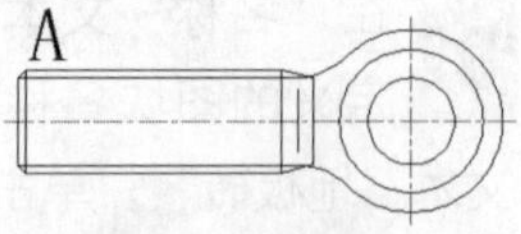

图8-6 选择基点

04 在“目标”选项组中的“文件名和路径”下拉列表框右侧，单击 ... 按钮，弹出“浏览图形文件”对话框。

05 在“保存于”下拉列表中选择桌面作为保存地址，并在“文件名”文本框中输入图块名称，这里输入文本“活节螺栓”，然后单击 保存(S) 按钮，如图8-7所示。

06 返回“写块”对话框，单击 确定 按钮，如图8-8所示，图块保存后即可在保存的位置看到外部图块，如图8-9所示。

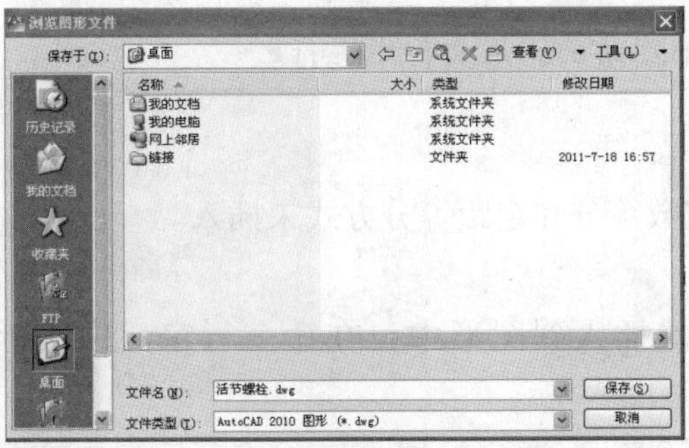

图8-7　设置保存信息

图8-8　选择对象

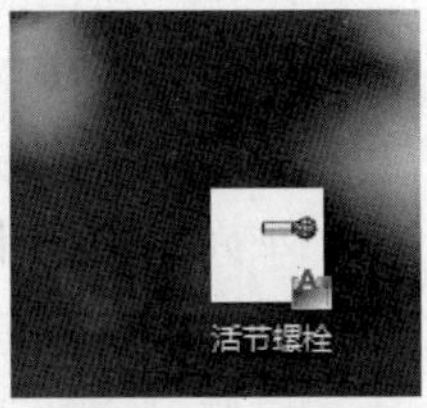

图8-9　保存成功

8.2.2　插入图块

图块创建完成后，就可以在图形中反复使用。将块插入到图形中的操作很简单，就像在文档中插入图片一样。在插入图块的过程中，还可以对块进行编辑，包括旋转和缩放等。

1. 插入单个块

图块创建完毕后，在绘制图形过程中就可以将其插入需要的位置，插入单个内部图块与外部图块的方法完全一样，方法如下：

- 在“常用”选项卡的“块”面板中单击“插入”按钮。
- 在菜单栏选择“插入”→“块”命令。
- 在命令行窗口中执行INSERT或DDINSERT命令。

以插入上一节创建的外部图块“活节螺栓”为例，讲解插入图块的方法，具体操作如下。

01 启动AutoCAD 2012，在命令行窗口执行INSERT命令，弹出“插入”对话框。

02 单击“名称”下拉列表框右侧的浏览(B)...按钮，弹出“选择图形文件”对话框。在“查找范围”下拉列表中选择图块的目标位置，这里选择“桌面”选项，在“名称”列表框中选择“活节螺栓.dwg”图形文件，然后单击打开(O)按钮，如图8-10所示。

03 返回“插入”对话框，单击确定按钮，如图8-11所示，在绘图区中指定插入点即可插入图块。

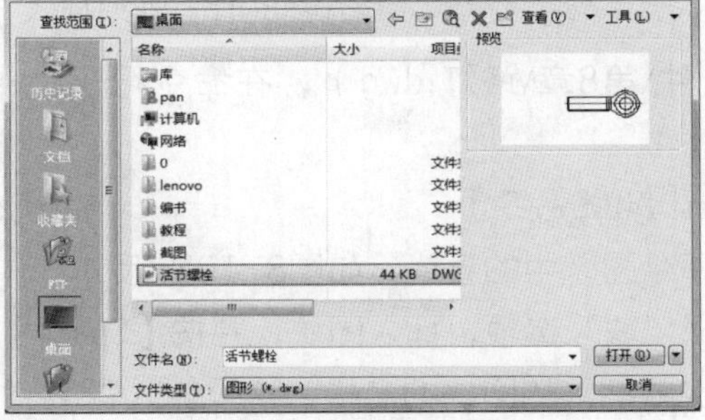

图8-10　选择插入文件

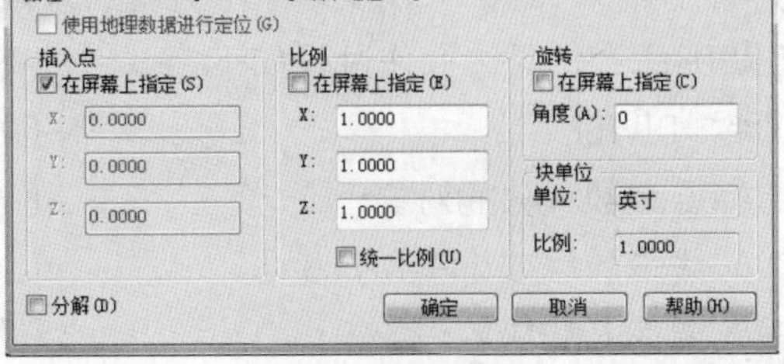

图8-11　插入图块

注意

若要插入内部图块，在“插入”对话框的“名称”下拉列表中选择需要的图块名称，然后单击[确定]按钮即可，但该操作必须在保存内部图块的图形文件中进行。

2. 插入多个块

若要一次插入多个相同的图块，可以使用阵列、定数等分和定距等分方式来插入。

（1）阵列方式插入多个图块

阵列方式是以矩形阵列的方式将多个相同的图块插入到图形中，在命令行窗口中执行MINSERT命令即可，具体操作如下。

01 打开“六边形.dwg”图形文件（光盘:\原始文件\第8章\六边形.dwg）。在命令行窗口中输入MINSERT命令，具体操作过程如下：

命令：MINSERT （执行MINSERT命令）

输入块名或 [?]:壁画 （输入外部图块的路径及名称，这里直接采用内部图块，所以直接按【Space】键）

单位：毫米 转换： 1.0000 （系统自动显示）

指定插入点或 [基点(B)/比例(S)/X/Y/Z/旋转(R)]:

（在绘图区中单击指定第一个图块的插入点）

输入 X 比例因子，指定对角点，或 [角点(C)/XYZ(XYZ)] <1>:

（X方向上不缩放，默认为1，直接按【Space】键）

输入 Y 比例因子或 <使用 X 比例因子>:（使用X方向的缩放比例，直接按【Space】键）

指定旋转角度 <0>: 0 （输入旋转角度，这里输入0，并按【Space】键）

输入行数 (---) <1>: 3 （指定阵列行数，这里输入3，并按【Space】键）

输入列数 (|||) <1>: 4 （指定阵列列数，这里输入4，并按【Space】键）

输入行间距或指定单位单元 (---): 30 （指定阵列的行间距，这里输入30，并按【Space】键）

指定列间距 (|||): 30 （指定阵列的列间距，这里输入30，并按【Space】键）

02 阵列方式插入图块的效果如图8-12所示（光盘:\最终文件\第8章\六边形.dwg）。

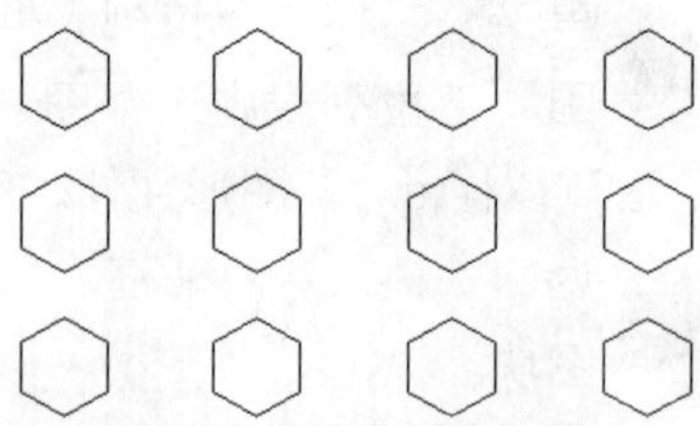

图8-12 阵列插入

（2）定数等分方式插入多个图块

使用定数等分方式插入图块时，只能插入内部图块，而不能插入外部图块。以定数等分方式插入多个图块，要在命令行窗口中执行DIVIDE命令，具体操作如下。

01 打开“路灯.dwg”图形文件（光盘:\原始文件\第8章\路灯.dwg），在命令行窗口中输入DIVIDE命令，具体操作过程如下：

命令：DIVIDE （执行DIVIDE命令）

选择要定数等分的对象： （选择绘图区中的直线，如图8-13所示）

输入线段数目或 [块(B)]: B （选择“块”选项，插入图块，并按【Space】键）

输入要插入的块名：路灯 （指定要插入的图块的名称，这里输入“路灯”，并按【Space】键）

是否对齐块和对象？[是(Y)/否(N)] <Y>: N（指定是否将图块与所选对象对齐，这里选择“否”选项，并按【Space】键）

输入线段数目: 5　（指定要将所选对象等分的线段数，这里输入5，并按【Space】键）

02 定数等分方式插入图块的效果如图8-14所示（光盘:\最终文件\第8章\路灯.dwg）。

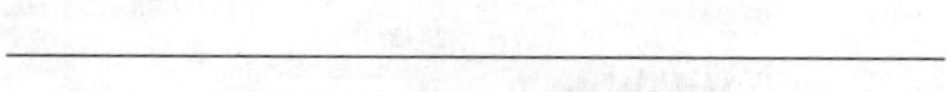

图8-13　要等分的直线

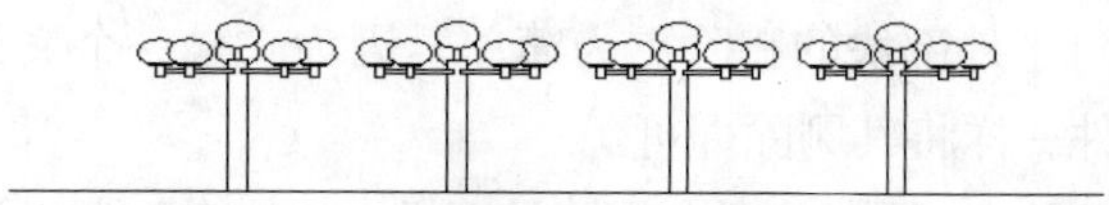

图8-14　效果图

（3）定距等分方式插入多个图块

以定距等分方式插入多个图块与以定数等分方式插入多个图块的方法类似。在命令行窗口中执行MEASURE命令即可，具体操作过程如下：

命令: MEASURE　（执行MEASURE命令）

选择要定距等分的对象:　（选择被等分的对象）

指定线段长度或 [块(B)]: B　（选择“块”选项，并按【Space】键）

输入要插入的块名:　（输入要插入的块的名称，并按【Space】键）

是否对齐块和对象？[是(Y)/否(N)] <Y>: Y（指定是否将图块与所选对象相对齐，这里选择“是”选项，并按【Space】键）

指定线段长度:　（输入间隔长度，按【Space】键）

3. 通过设计中心插入块

设计中心是AutoCAD绘图的一项特色，设计中心包含了多种图块，通过它可方便地将这些图块应用到图形中。打开“设计中心”选项板的方法如下：

- 在“视图”选项卡的“选项板”面板中单击“设计中心”按钮。
- 显示菜单栏，选择“工具”→“选项板”→“设计中心”命令。
- 按【Ctrl+2】组合键。

执行上述命令后，都将打开“设计中心”选项板，如图8-15所示。在其中调用图块的方法如下：

- 将图块直接拖动到绘图区中，按照默认设置将其插入，如图8-16所示。
- 在内容区域中的某个项目上右击，从弹出的快捷菜单中选择“插入为块”命令。
- 双击相应的图块，弹出“插入”对话框；双击填充图案，弹出“边界图案填充”对话框，通过这两个对话框也可将图块插入到绘图区中。

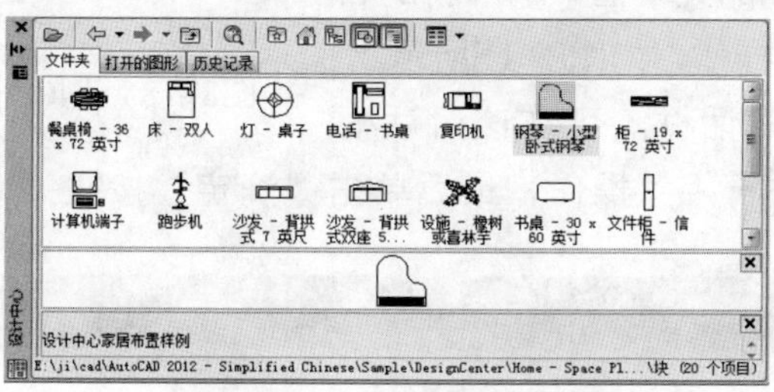

图8-15　选择图块

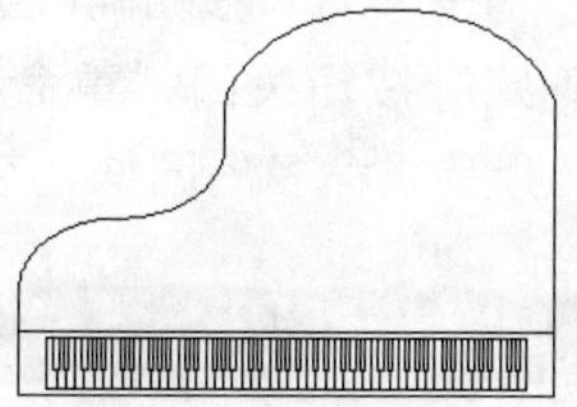

图8-16　图块插入

注意

将“设计中心”选项板中的图块，添加到绘图区中，该选项板不会关闭，还可根据需要继续添加。若不再添加图块，可单击选项板左上角的“关闭”按钮✖，关闭该选项板。

8.2.3 删除图块

对于外部块的删除更为简单。因为它是一个文件对象，只要找到文件对象，像删除普通计算机文件一样将其删除即可。

删除内部图块文件与删除计算机中的其他文件一样简单，方法如下：

- 显示菜单栏，选择“文件”→“图形实用工具”→“清理”命令。
- 在命令行窗口中执行PURGE命令。

删除内部图块的具体操作如下。

01 在命令行窗口中执行PURGE命令，弹出“清理”对话框，选择⊙查看能清理的项目(V)单选按钮。

02 在“图形中未使用的项目”列表框中双击“块”选项，展开此项，显示当前图形文件中的所有内部图块。选择要删除的图块，然后单击[清理(P)]按钮，如图8-17所示。

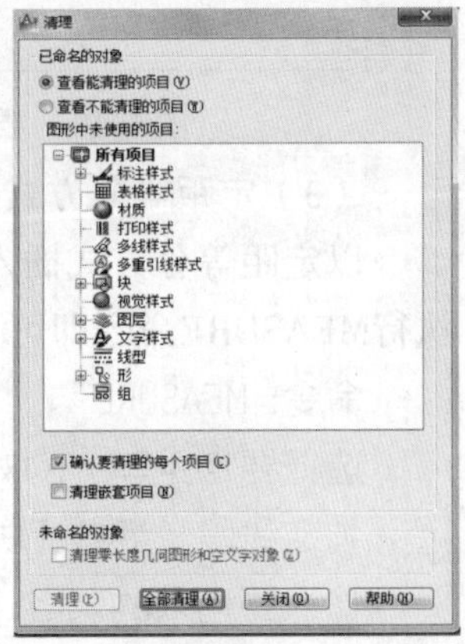

图8-17 “清理”对话框

注意

在“清理”对话框中，单击[全部清理(A)]按钮，可删除该图形文件中的所有内部图块。

对于外部图块，删除更简单。因为它是一个文件对象，只要找到它，像删除普通计算机文件一样，将其删除即可。

8.2.4 重命名图块

对于内部图块文件，可直接在保存目录中进行重命名，其方法比较简单。在命令行窗口中执行RENAME或REN命令，可对内部图块进行重命名，具体操作如下。

01 在命令行窗口中执行RENAME命令，弹出“重命名”对话框，在左侧的“命名对象”列表框中选择“块”选项。

02 此时“项目”列表框中即显示当前图形文件中的所有内部块，选择要重命名的图块，在下方的“旧名称”文本框中会自动显示该图块的名称，在“重命名为”按钮右侧的文本框中输入新的名称，然后单击“重命名为”按钮确认重命名操作，如图8-18所示。

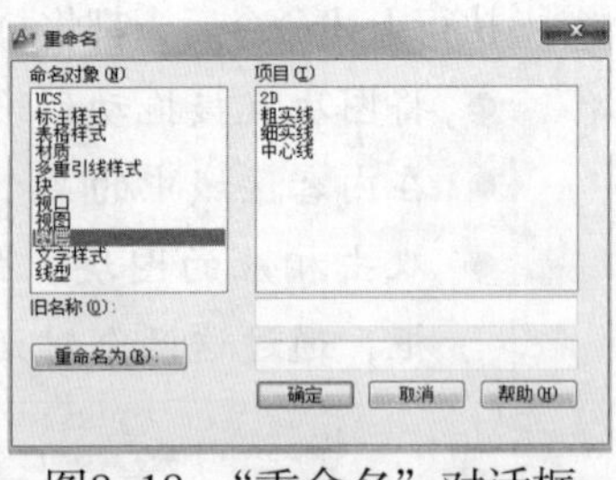

图8-18 “重命名”对话框

03 单击“确定”按钮关闭“重命名”对话框。可在该对话框中继续选择要重命名的图块，然后进行相关操作，最后单击“确定”按钮关闭对话框。

8.2.5 分解图块

由于插入的图块是一个整体，有时因为绘图需要，需要将其分解，再使用各种编辑命令对其进行编辑。分解图块的方法如下：

- 在“常用”选项卡的“修改”面板中单击“分解”按钮。
- 显示菜单栏，选择“修改”→“分解”命令。
- 在命令行窗口中执行EXPLODE或X命令。

执行上述命令后，按【Enter】键即可分解图块。图块被分解后，它的各个组成元素将变为单独的对象，然后即可对各个组成元素进行编辑。

如果插入的图块是以等比例方式插入的，则分解后它将成为原始对象组件；如果插入图块时在X、Y、Z轴方向上设置了不同的比例，则图块可能被分解成未知的对象。

注意

多段线、矩形、多边形和填充图案等对象也可以使用EXPLODE命令进行分解，但直线、样条曲线、圆、圆弧和单行文字等对象不能被分解，使用阵列命令插入的块也不能被分解。

8.2.6 自我强化：窗帘

下面以创建窗帘图块为例，练习本节所讲知识。

01 打开“窗帘.dwg”图形文件（光盘:\原始文件\第8章\窗帘.dwg），在命令行窗口中执行W命令，弹出“写块”对话框。

02 在“源”选项组中选择“对象”单选按钮，在“对象”选项组中单击“选择对象”按钮，返回绘图区中选择需定义为块的图形，这里选择绘图区中的所有图形，如图8-19所示。

03 按【Space】键返回对话框，在“基点”选项组中单击“拾取点”按钮，返回绘图区单击如图8-20所示的A点。

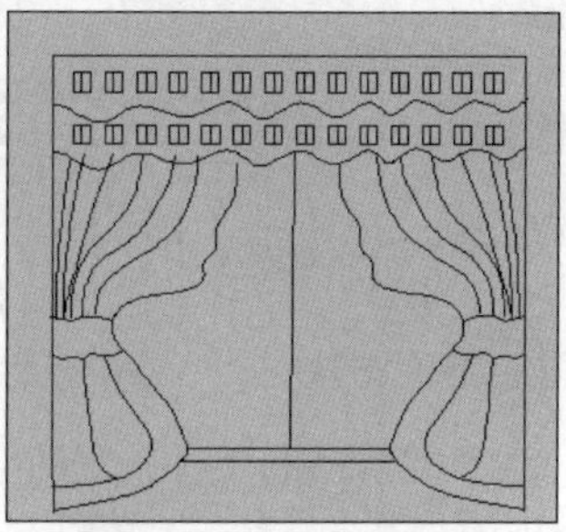

图8-19 选择对象

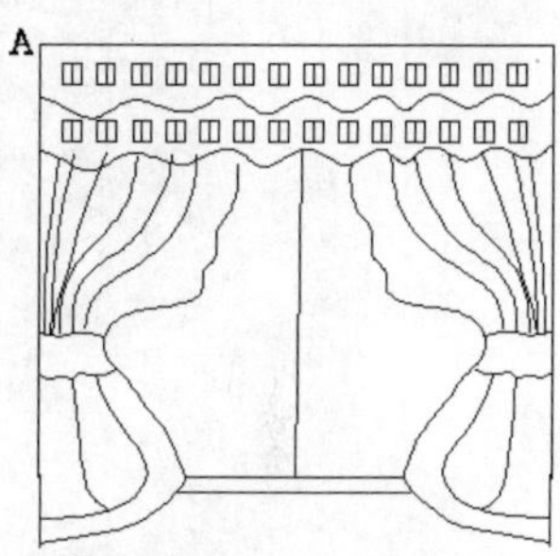

图8-20 选择基点

04 在“目标”选项组中单击按钮，弹出“浏览图形文件”对话框，在“保存于”下拉列表中选择需要保存的位置，这里选择“桌面”选项，并在“文件名”文本框中输入图块名称，这里输入“窗帘”，然后单击保存(S)按钮，如图8-21所示。

05 返回“写块”对话框，单击确定按钮，关闭“写块”对话框，如图8-22所示。

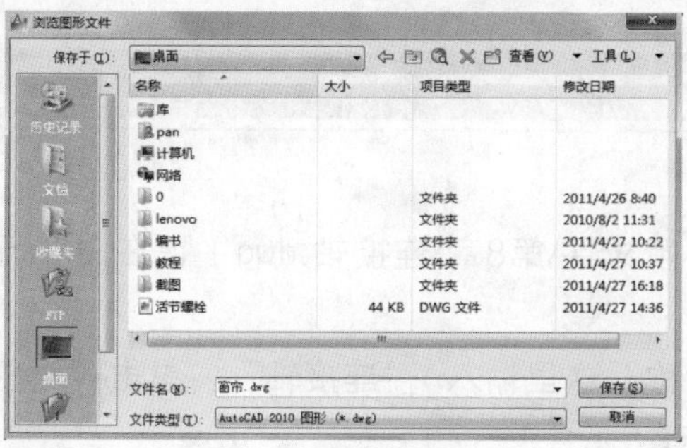

图8-21 选择路径及命名

图8-22 设置其余选项

06 新建图形文件，在命令行执行窗口INSERT命令，弹出“插入”对话框，单击“名称”下拉列表框右侧的浏览(B)...按钮。

07 弹出“选择图形文件”对话框，在“查找范围”下拉列表中选择图块的目标位置，这里选择“桌面”选项，在中间列表框中选择“螺钉”图形文件，然后单击打开(O)按钮，如图8-23所示。返回“插入”对话框，单击确定按钮，如图8-24所示。

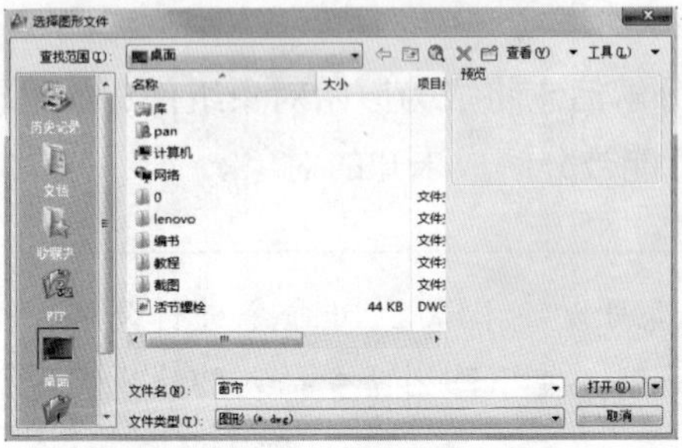

图8-23　选择文件

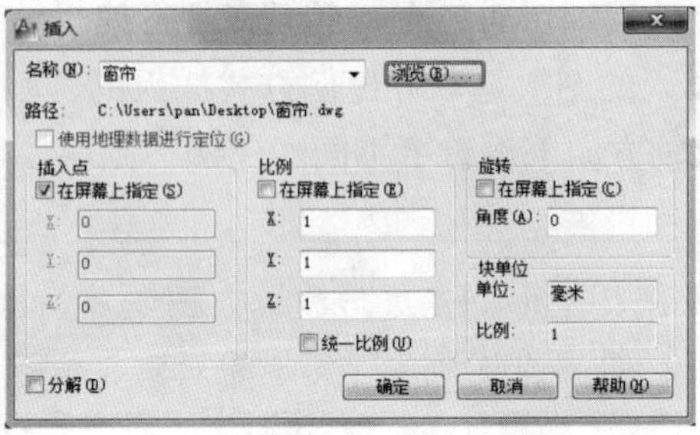

图8-24　插入

08 在绘图区中指定插入点即可插入图块。选择该图块，如图8-25所示，在“常用”选项卡的“修改”面板中单击“分解”按钮，然后选择窗帘的左边部分，即可将其分解，如图8-26所示。

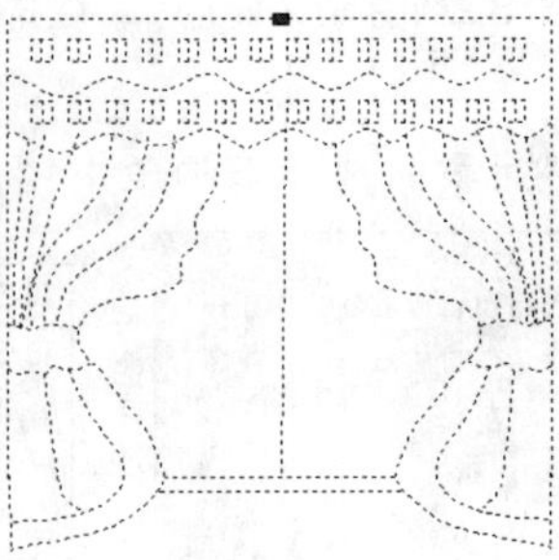

图8-25　图块

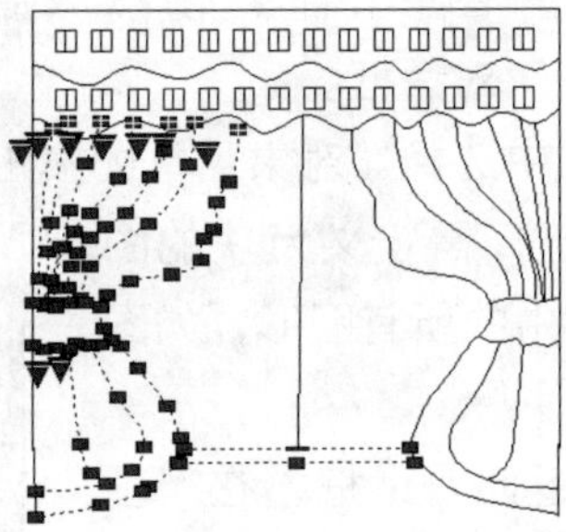

图8-26　分解后

8.3 拓展训练

通过本章的学习，读者对图块应该有了一个认识。下面通过几个例子来熟悉图块相关命令的使用。

8.3.1　初级训练：连接轴

下面通过一个例子再熟悉块的创建。

01 打开“连接轴.dwg”图形文件（光盘:\原始文件\第8章\连接轴.dwg），在命令行窗口执行BLOCK命令，弹出“块定义”对话框。

02 在“名称”文本框中输入要定义的图块名称，这里输入 “连接轴”，单击“对象”选项组中的“选择对象”按钮，如图8-27所示。

03 返回绘图区，选择绘图区中需要定义为块的图形。这里选择绘图区中所有的图形对象，如图8-28所示。

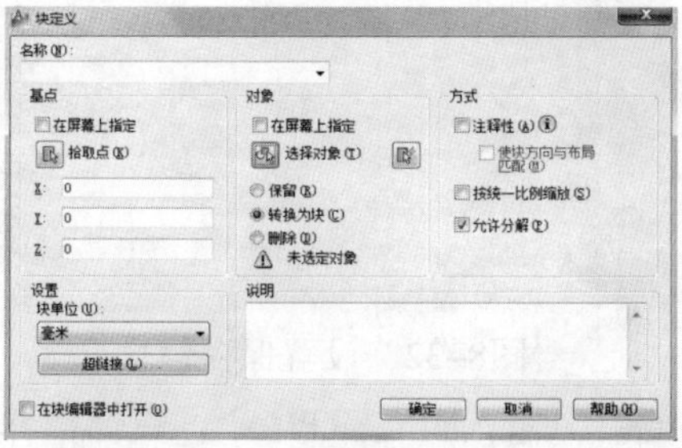

图8-27　“块定义”对话框

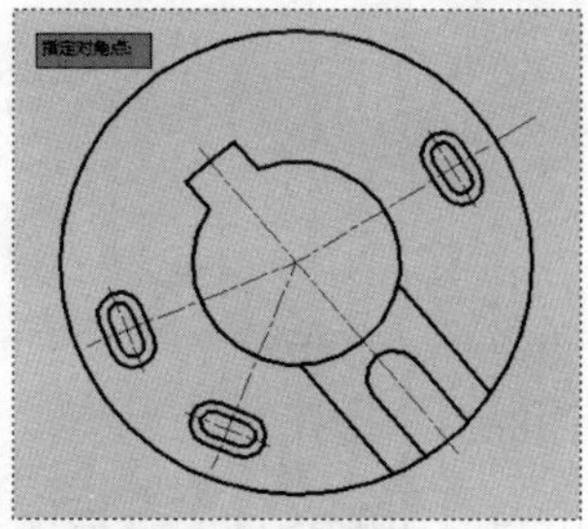

图8-28　选择对象

04 按【Space】键返回对话框，单击“基点”选项组中的“拾取点”按钮，返回绘图区，指定一点作为图块的基点。这里单击如图8-29所示的A点。

05 返回“块定义”对话框，此时在“名称”文本框右侧将显示系统为该图块创建的图标，在“块单位”下拉列表中可以选择通过设计中心拖放块到绘图区时的缩放单位。这里保持默认设置。

06 在“说明”文本框中输入该图块的说明文字，也可不输入。单击“确定”按钮，即完成该图块的定义，如图8-30所示。

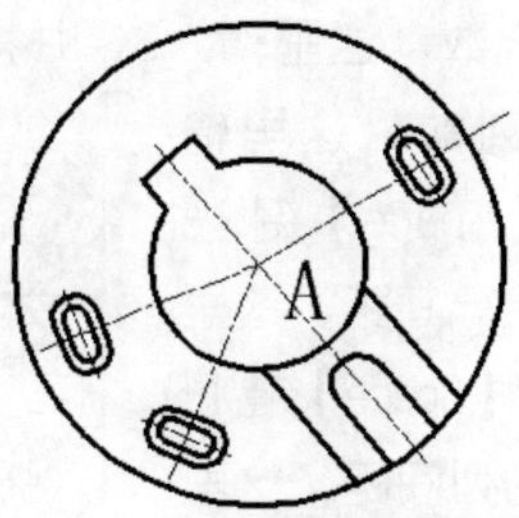

图8-29　选择基点

图8-30　“块定义”对话框

8.3.2　进阶训练：地板

01 打开“地板1.dwg”图形文件（光盘:\原始文件\第8章\地板1.dwg），在命令行窗口执行WBLOCK命令，弹出“写块”对话框。

02 在“源”选项组中选择“对象”单选按钮，在“对象”选项组中单击“选择对象”按钮，返回绘图区中选择需定义为块的图形，这里选择绘图区中的所有图形。

03 按【Space】键返回对话框，在“基点”选项组中单击“拾取点”按钮，返回绘图区，单击如图8-31所示的左上角点为基点。

04 在“目标”选项组中的“文件名和路径”下拉列表框右侧，单击[...]按钮，弹出“浏览图形文件”对话框。

05 在“保存于”下拉列表中选择“桌面”作为保存地址，并在“文件名”文本框中输入图块名称，这里输入文本“地板1”，然后单击“保存”按钮，如图8-32所示。选择整个图形为创建对象，单击“确定”按钮完成创建。

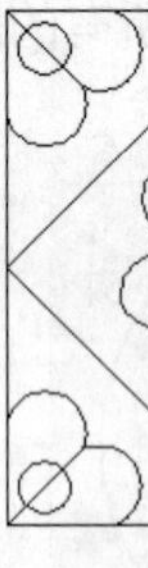

图8-31　选择基点

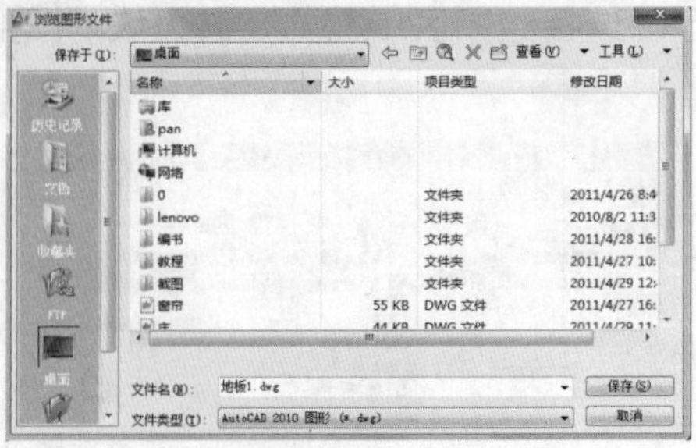

图8-32　设置保存信息

06 新建“地板2.dwg”图形文件。在命令行窗口中输入MINSERT命令，具体操作过程如下：

命令：MINSERT　（执行MINSERT命令）

输入块名或 [?]:地板1　（输入外部图块的路径及名称）

单位：毫米　转换：　1.0000　（系统自动显示）

指定插入点或 [基点(B)/比例(S)/X/Y/Z/旋转(R)]:　（在绘图区中单击指定第一个图块的插入点）

输入 X 比例因子，指定对角点，或 [角点(C)/XYZ(XYZ)] <1>:　（X方向上不缩放（默认为1），直接按【Space】键）

输入 Y 比例因子或 <使用 X 比例因子>:　（使用X方向的缩放比例，直接按【Space】键）

指定旋转角度 <0>: 0　（输入旋转角度，这里输入0，并按【Space】键）

输入行数 (---) <1>: 4　（指定阵列行数，这里输入3，并按【Space】键）

输入列数 (|||) <1>: 4　（指定阵列列数，这里输入4，并按【Space】键）

输入行间距或指定单位单元 (---):20　（指定阵列的行间距，这里输入20，并按【Space】键）

指定列间距 (|||): 20　（指定阵列的列间距，这里输入20，并按【Space】键）

07 阵列方式插入图块的效果如图8-33所示（光盘:\最终文件\第8章\地板2.dwg）。

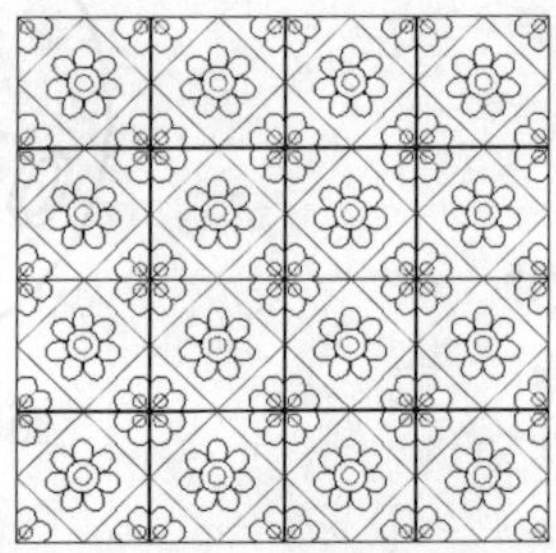

图8-33　地板效果图

8.3.3　提高训练：床

01 打开“床.dwg”图形文件（光盘:\原始文件\第8章\床.dwg），并在命令行窗口中执行W命令。弹出“写块”对话框，单击“对象”选项组中的“选择对象”按钮，如图8-34所示。

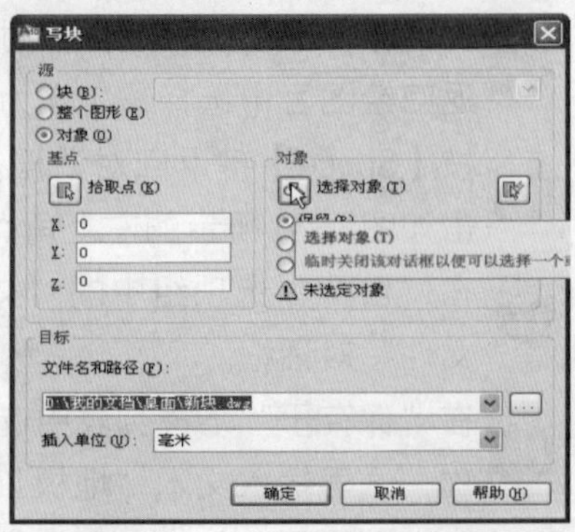

图8-34　“写块”对话框

02 返回绘图区，此时鼠标光标变成□形状，框选绘图区中所有图形对象，如图8-35所示。按【Space】键，返回“写块”对话框。

03 单击“基点”选项组中的“拾取点”按钮，返回绘图区。单击如图8-35所示的最右上角点，然后按【Space】

键，返回“写块”对话框。

04 单击“目标”选项组中的[...]按钮，如图8-36所示，弹出“浏览图形文件”对话框，在“保存于”下拉列表中选择“桌面”选项，在“文件名”文本框中输入“床1.dwg”，单击“保存”按钮，如图8-37所示，返回“写块”对话框，单击“确定”按钮，完成外部块的创建。

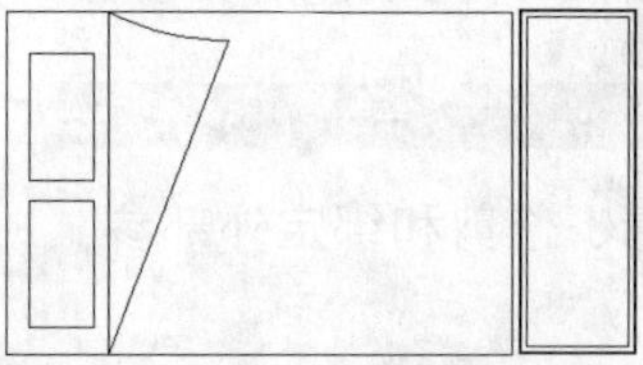
图8-35　原图

图8-36　“写块”对话框

图8-37　浏览文件

05 在命令行窗口中执行I命令，弹出“插入”对话框，如图8-38所示。单击“浏览”按钮，选择“床头柜”（光盘:\最终文件\第8章\床头柜.dwg）为插入对象，效果如图8-39所示。

06 用同样的方法插入另一个床头柜，完成的最终效果图如图8-40（光盘:\最终文件\第8章\床1.dwg）。

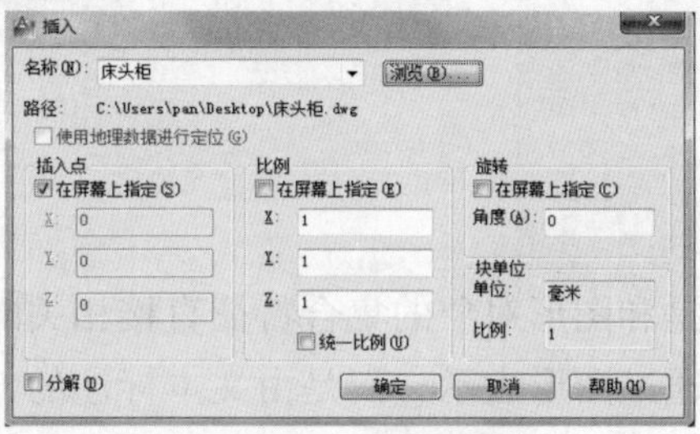

图8-38　插入对象

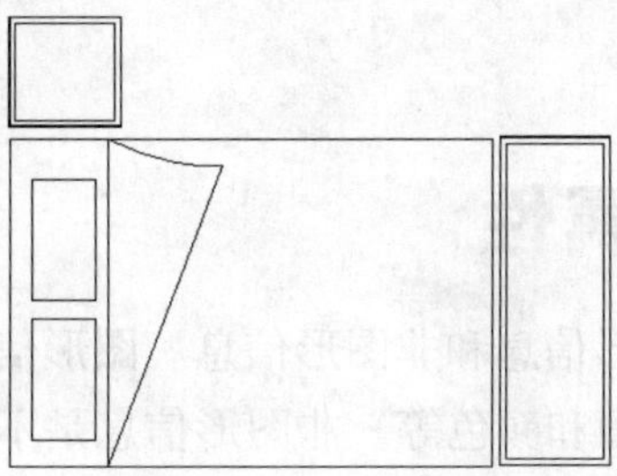
图8-39　效果图

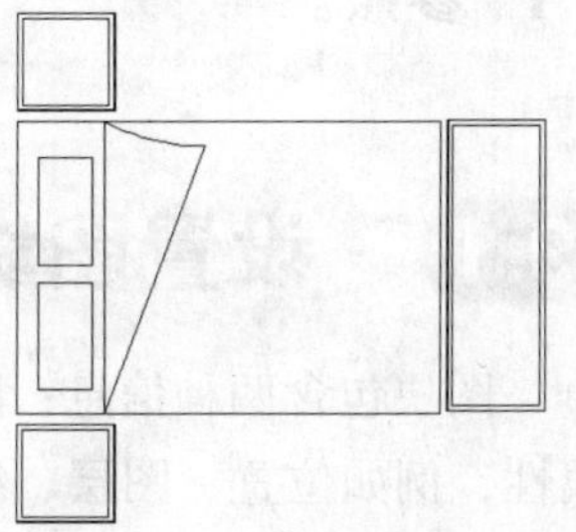
图8-40　最终效果图

8.4 本章小结

本章介绍了图块的基本知识，包括图块的基本概念和用途。此外，本章还介绍了对图块的很多操作，比如创建图块、储存图块、插入图块、删除图块和分解图块等。本章的内容为下一章的学习奠定了基础。通过对图块内容的学习，可以使设计效率提高。

第9章 图块属性与外部参照

学习导航

本章继续讲解图块的内容：如何设置图块的属性与外部参照。定义图块的属性主要有定义属性、编辑属性等命令，关于图块的外部参照，有附着、裁剪及绑定外部参照等命令。

学习重点

- □ 熟悉图块属性的概念
- □ 熟练掌握设置图块属性方法
- □ 熟练应用附着、修剪和绑定外部参照命令

本章继续第8章讲解图块的相关内容，学习如何设置图块的属性及图块的外部参照。

9.1 设置图块属性

图块包含两种信息：图形信息和非图形信息。图形信息是和图形对象的集合特征直接相关的属性，例如位置、图层、线型和颜色等。非图形信息是不能通过图形表示，而是由文本标注的方法表现出来，例如日期、表面粗糙度值、设计者和材料等。我们把这种附加的文字信息称为图块属性。图块属性不能独立存在及使用，只有在块的插入过程中才会出现。图块属性可以是块的名称、用途、部件号及机件的型号等。

9.1.1 定义并编辑属性

图块的属性反映了图块的非图形信息。图块属性和图块一样，都可以进行修改。下面分别对定义属性和编辑属性的方法进行讲解。

1. 定义属性

属性是所创建的包含在块定义中的对象，它包括标记（标识属性的名称）、插入块时显示的提示、值的信息、文字样式、位置和任何可选模式。定义属性的方法如下：

- 在“常用”选项卡的“块”面板中，单击“块”旁边的按钮▼，在弹出的下拉列表中单击“定义属性”按钮。
- 在命令行窗口中执行ATTDEF或ATT命令。

对图块属性进行定义的具体操作如下。

01 打开“沙发.dwg”图形文件（光盘:\原始文件\第9章\沙发.dwg），用创建内部块的方法将其创建为内部图块。

02 在命令行窗口中执行ATTDEF命令，弹出“属性定义”对话框，在“属性”选项组中“标记”文本框中输入“沙发”，在“提示”文本框中输入“沙发”，在“默认”文本框中输入“沙发”。

03 在“文字设置”选项组的“对正”下拉列表中选择“右下”选项，在“文字高度”文本框中输入40，如图9-1所示，然后单击 确定 按钮。

04 返回绘图区，在图块的右边位置单击，定义属性后的图块效果如图9-2所示（光盘:\最终文件\第9章\沙发.dwg）。

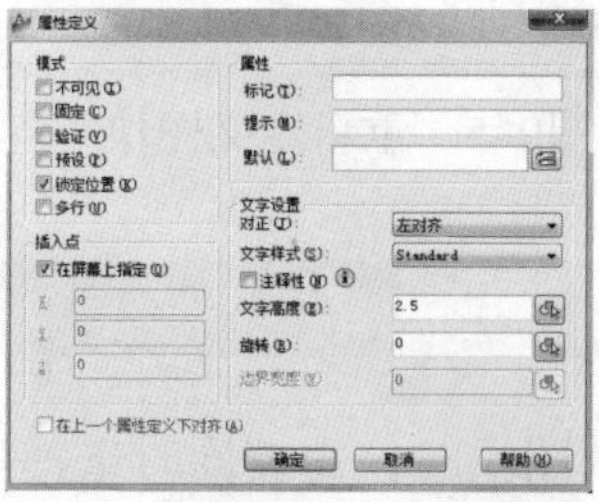

图9-1　“属性定义”对话框

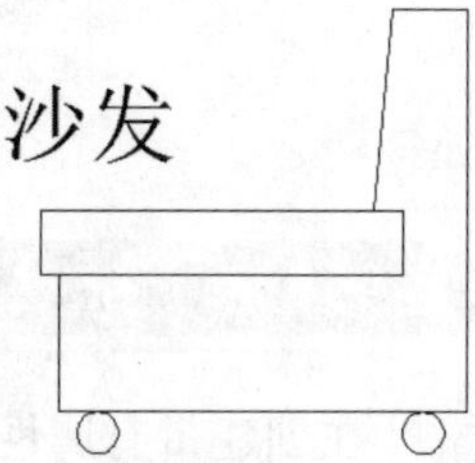

图9-2　沙发

“属性定义”对话框的“模式”选项组用于设置属性的模式，部分复选框的含义如下。

- ☑不可见(I)复选框：插入图块并输入图块的属性值后，该属性值不在图中显示出来。
- ☑固定(C)复选框：定义的属性值是常量，在插入图块时，属性值将保持不变。
- ☑验证(V)复选框：在插入图块时系统将对用户输入的属性值给出校验提示，以确认输入的属性值是否正确。
- ☑预设(P)复选框：在插入图块时将直接以图块默认的属性值插入。

2. 编辑属性

图块插入完成后，由于种种原因，可能需对某些属性值进行修改。下面为“编辑属性.dwg”图形文件编辑图块属性，具体操作如下。

01 打开“单人沙发.dwg”图形文件（光盘:\原始文件\第9章\单人沙发.dwg），用定义内部块的方法将属性与图块重新定义为一个新的图块，图块名为“单人沙发”，如图9-3所示，定义时选择如图9-4所示的A点作为基点。

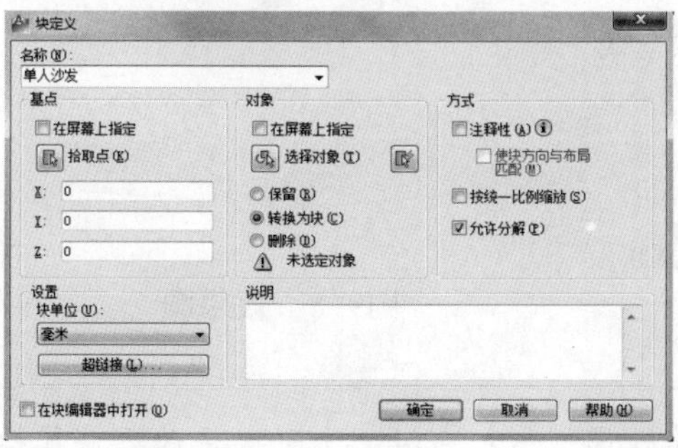

图9-3　定义块

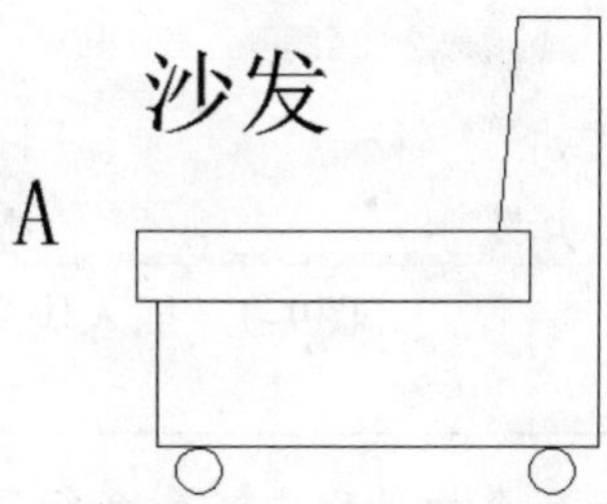

图9-4　选择基点

02 单击“确定”按钮，弹出“编辑属性”对话框，在第一个文本框中输入“单人沙发”，单击“确定”按钮，如图9-5所示。

03 返回绘图区即可看到编辑属性后的效果，如图9-6所示（光盘:\最终文件\第9章\单人沙发.dwg）。

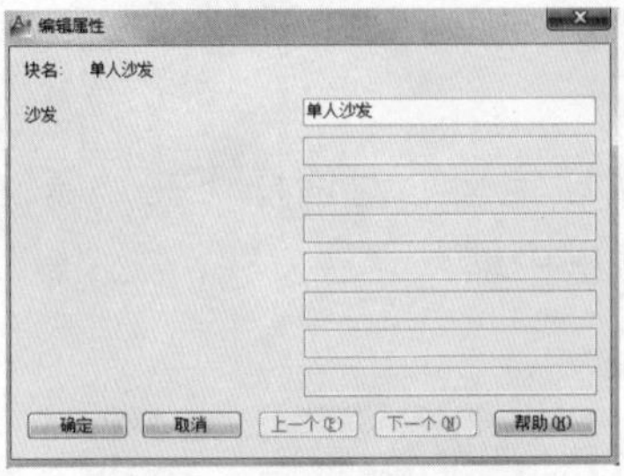

图9-5　重新定义图块

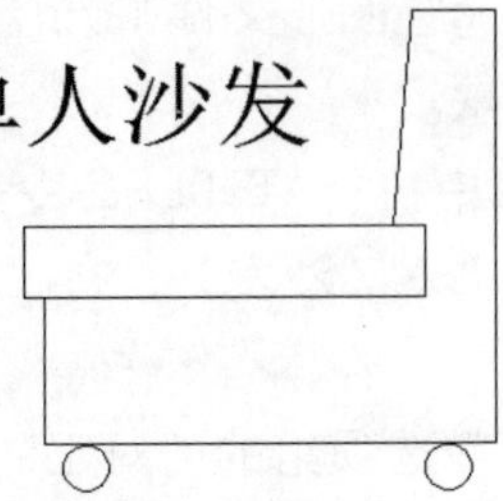

图9-6　效果图

9.1.2　插入带属性的块

在创建带有属性的图块时，需要同时选择块属性作为图块的成员对象。带有属性的图块创建完成后，即可在插入图块时为其指定相应的属性值，插入带属性的图块有以下两种方式：

- 在“常用”选项卡的“块”面板中单击“插入”按钮。
- 在命令行窗口中执行INSERT或I命令。

插入带属性的图块的具体操作如下。

01 打开“扇子.dwg”图形文件（光盘:\原始文件\第9章\扇子.dwg），在命令行窗口中执行INSERT命令。

02 弹出“插入”对话框，在“名称”下拉列表中选择要插入的图块“扇子”，其他参数保持默认设置，如图9-7所示。

03 单击确定按钮，返回绘图区，在需要插入图块的位置单击，即指定插入带属性图块的插入点。

04 插入带属性图块的效果如图9-8所示（光盘:\最终文件\第9章\扇子.dwg）。

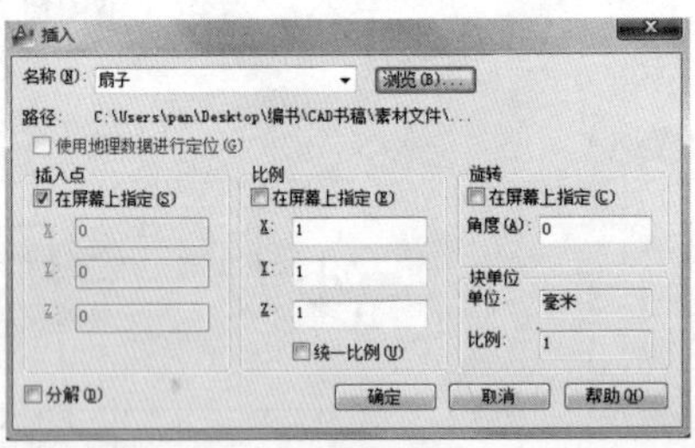

图9-7　插入块

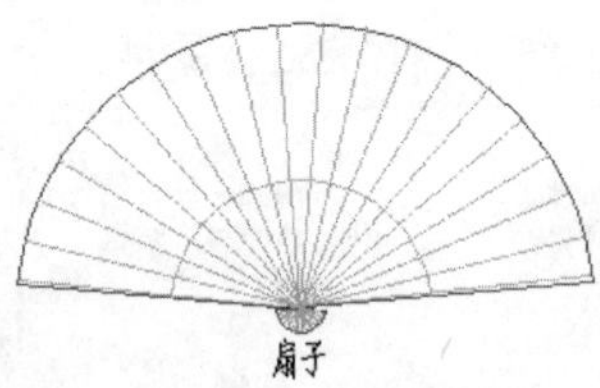

图9-8　效果图

> **注意**
> 在执行命令的过程中，命令行显示“输入属性值：”时，也可以更改图块属性值。

9.1.3　修改属性

插入带属性的图块后，如觉得属性值不符合自己的要求，也可以对其进行修改，方法如下：

- 在“常用”选项卡的“块”面板中单击“编辑属性”按钮。
- 在“插入”选项卡的“属性”面板中单击“编辑属性”按钮。

- 在命令行窗口中执行DDATTE或ATE命令。

若执行前两种命令修改图块属性值，需要选择定义了属性的图块，在“增强属性编辑器”对话框中，选择“属性”选项卡的列表框中的文字属性，然后在下面的“值”文本框中编辑块中定义的属性值，如图9-9所示。

若在命令行窗口中执行DDATTE命令修改图块属性值，需要在选择定义了属性的图块后，打开“编辑属性”对话框，如图9-10所示，在该对话框中为属性图块指定新的属性值，但不能编辑文字选项或其他特性。

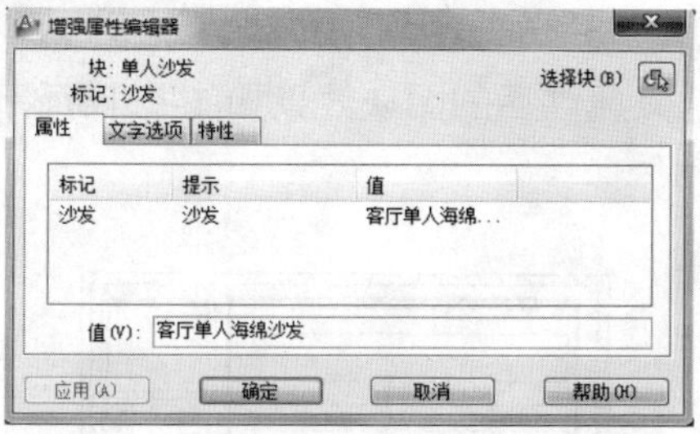

图9-9　“增强属性编辑器”对话框

图9-10　“编辑属性”对话框

下面以在命令行窗口中执行命令来修改图块属性为例，练习本节所讲知识，具体操作如下。

01 打开“客厅单人海绵沙发.dwg”图形文件（光盘:\原始文件\第9章\客厅单人海绵沙发.dwg），在命令行窗口中执行DDATTE命令，选择绘图区中的图块。

02 弹出“编辑属性”对话框，在第一个文本框中输入“客厅单人海绵沙发”，然后单击 确定 按钮，如图9-11所示。

03 返回绘图区即可看到修改属性后的效果，如图9-12所示（光盘:\最终文件\第9章\客厅单人海绵沙发.dwg）。

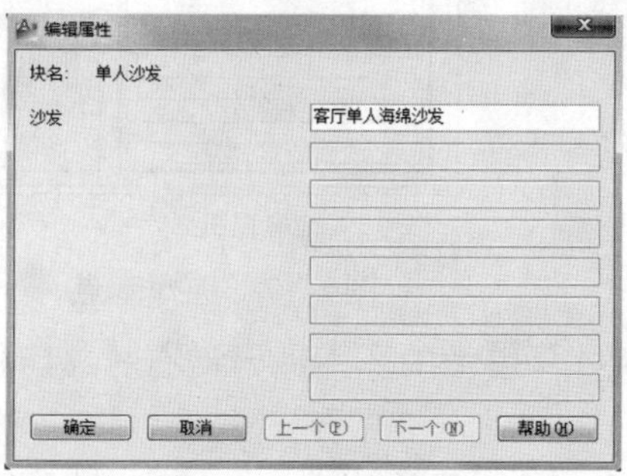

图9-11　修改属性

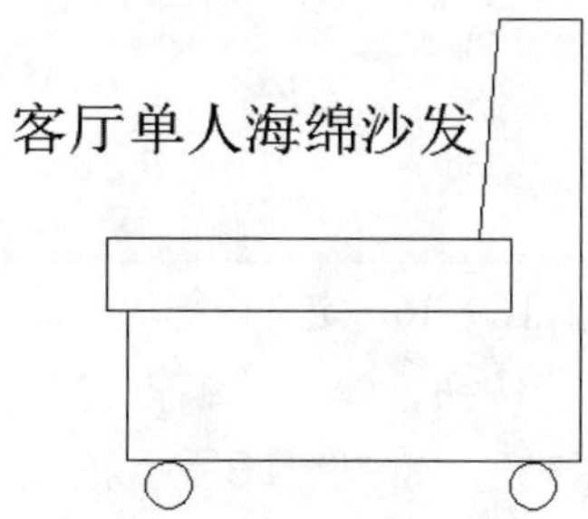

图9-12　效果图

注意

在“增强属性编辑器”对话框中，单击“选择块”按钮，可以在绘图区选择另外一个需编辑的属性图块。返回该对话框修改属性后单击 应用(A) 按钮即可更改图块属性。通过该方法可以在不关闭“增强属性编辑器”对话框的情况下连续编辑多个属性块。

9.1.4　自我强化：设置属性

下面以定义并编辑电视机属性为例，综合练习本节所讲知识。

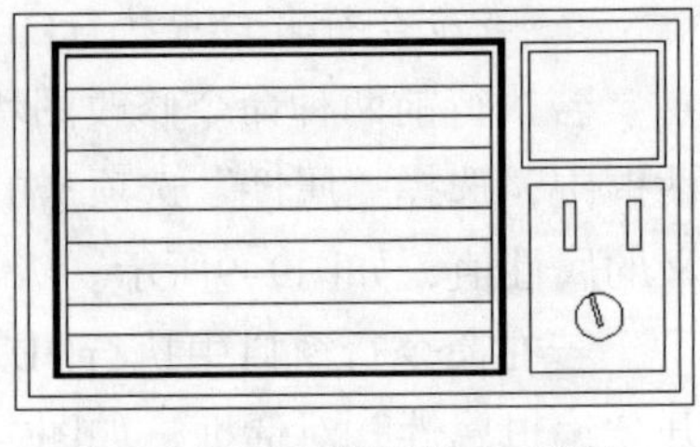

图9-13　电视机原效果图

01 打开“黑白电视机.dwg”图形文件（光盘:\原始文件\第9章\黑白电视机.dwg），如图9-13所示，用定义内部块的方法将其定义为内部图块，在命令行窗口中执行ATTDEF命令。

02 弹出“属性定义”对话框，在“属性”选项组的“标记”文本框中输入“电视机”，在“提示”文本框中输入“电视机”，在“默认”文本框中输入“电视机”。

03 在“文字设置”选项组的“对正”下拉列表中选择“左对齐”选项，在“文字高度”文本框中输入100，然后单击[确定]按钮，如图9-14所示。

04 返回绘图区，在图块下方的中间位置单击，定义属性后的图块效果如图9-15所示。

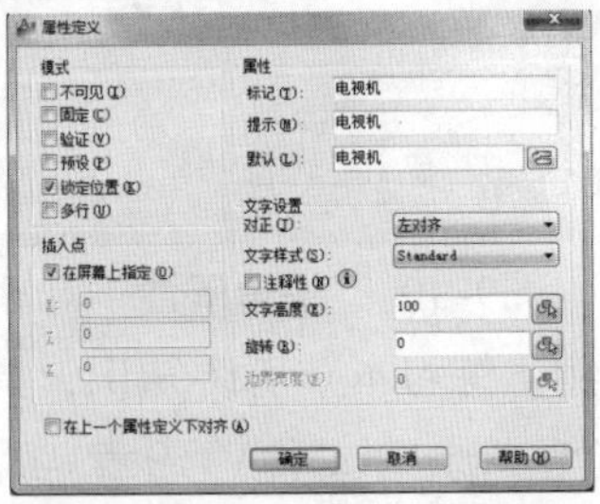

图9-14　“属性定义”对话框

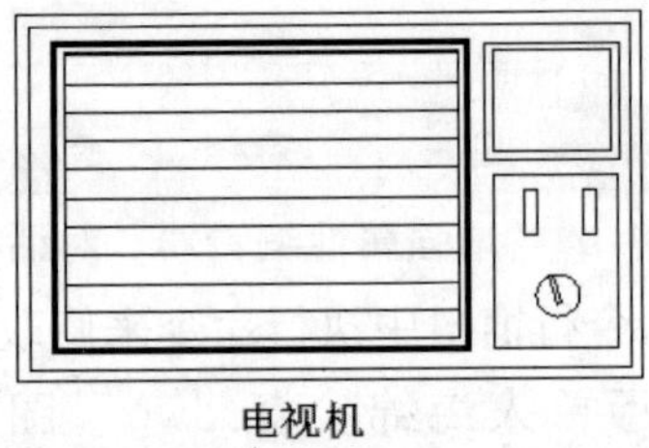

图9-15　属性定义效果

05 用定义内部块的方法将属性与图块重新定义为一个新的图块，图块名为“黑白电视机”，如图9-16所示。定义时，选择如图9-17所示的A点作为基点。

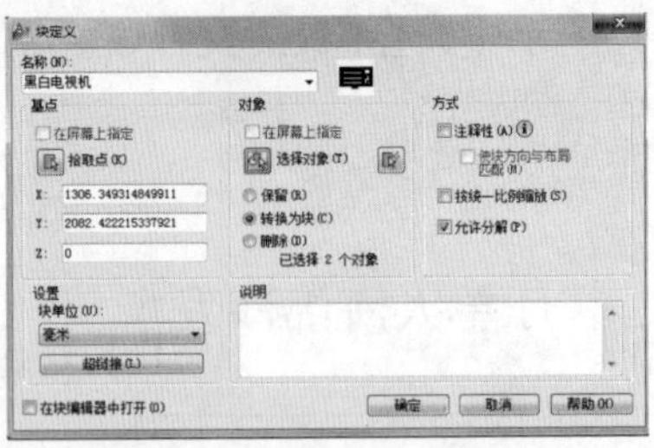

图9-16　定义内部块

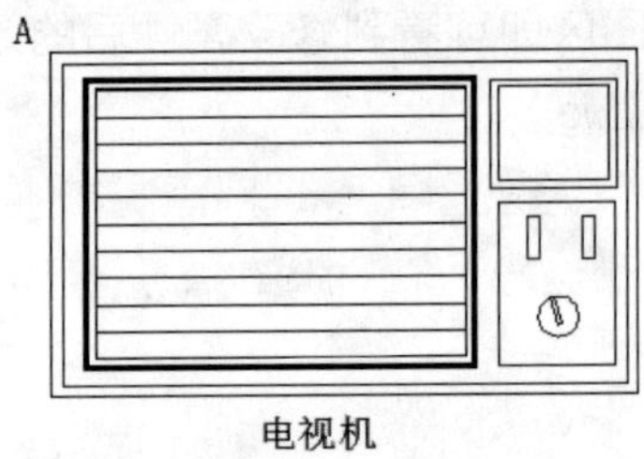

图9-17　选择基点

06 单击[确定]按钮，弹出“编辑属性”对话框，在第一个文本框中输入“黑白电视机”，单击[确定]按钮，如图9-18所示。

07 返回绘图区即可看到编辑后的效果，如图9-19所示（光盘:\最终文件\第9章\黑白电视机.dwg）。

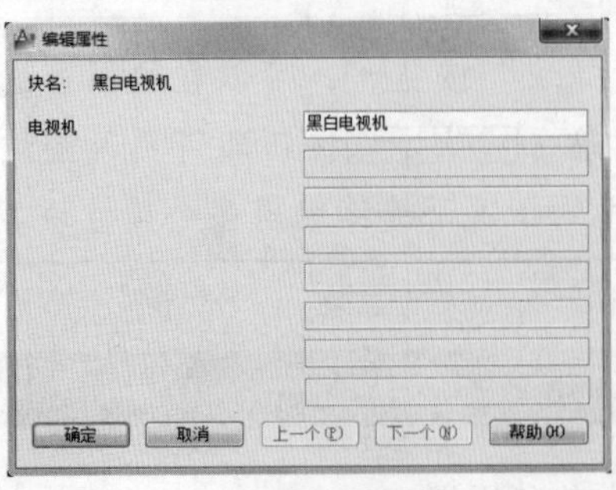

图9-18　编辑属性

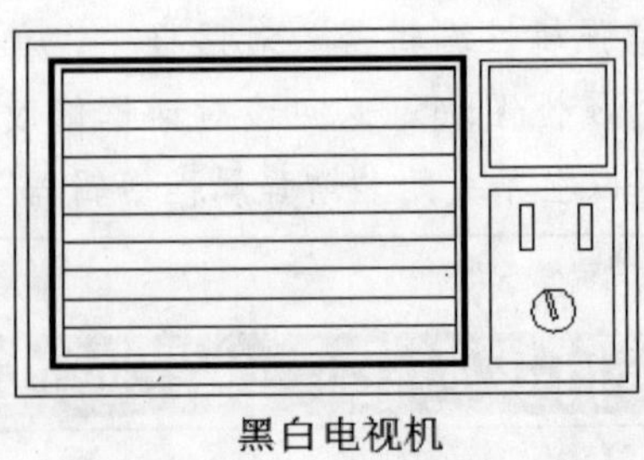

图9-19　效果图

9.2 外部参照

外部参照与图块有着相似的地方，但是两者也有很大的区别。图块一旦被插入，将会作为图形中的一部分，与原来的图块没有任何联系，它不会随原来图块文件的改变而改变。而外部参照被插入到某一个图形文件中，虽然也会显示，但不能直接编辑，它只是起链接作用，将参照图形链接到当前图形。

9.2.1 附着外部参照

附着外部参照也就是将存储在外部媒介上的外部参照链接到当前图形中的一种操作。调用该命令的方法如下：

- 在“插入”选项卡的“参照”面板中，单击“附着”按钮。
- 在命令行窗口中执行XATTACH或ATTACH命令。

执行附着外部参照命令的操作如下。

01 启动AutoCAD 2012，在命令行窗口中执行XATTACH命令，弹出“选择参照文件”对话框，在“查找范围”下拉列表中选择外部参照的具体位置，在中间列表框中选择外部参照的图形文件（光盘:\原始文件\第9章\附着外部参照.dwg），然后单击“打开”按钮，如图9-20所示。

02 弹出“附着外部参照”对话框，在“参照类型”选项组中选择参照的类型，这里选择“附着型”单选按钮，然后按照插入图块的方法指定外部参照的插入点、缩放和旋转角度等参数，单击“确定”按钮，如图9-21所示。

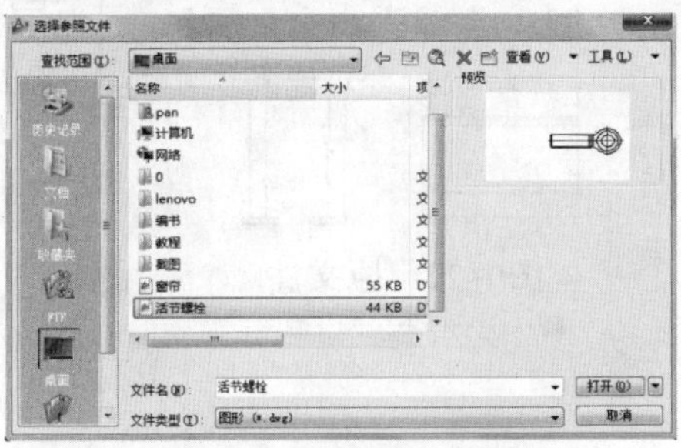

图9-20　打开外部参照

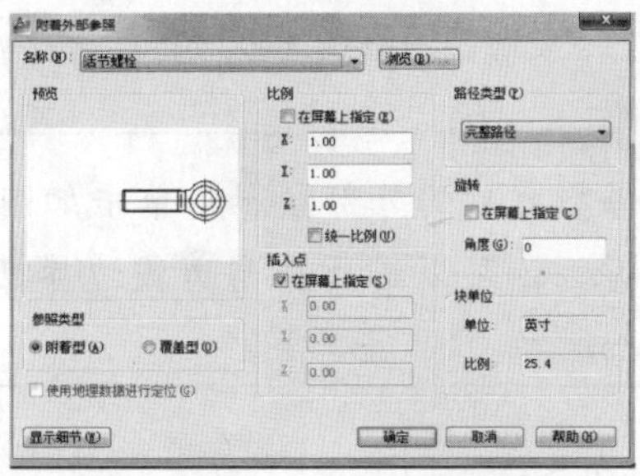

图9-21　选择“附着型”

“附着外部参照”对话框中部分选项含义分别介绍如下。

- “参照类型”选项组：在该栏中指定外部参照的类型。
  - “附着型”单选按钮：选择该单选按钮，表示指定外部参照将被附着而非覆盖。附着外部参照后，每次打开外部参照原图形时，对外部参照文件所做的修改将反映在插入的外部参照图形中。
  - “覆盖型”单选按钮：选择该单选按钮，表示指定外部参照为覆盖型，当图形作为外部参照被覆盖或附着到另一个图形时，任何附着到该外部参照的嵌套覆盖图将被忽略。
- “路径类型”下拉列表框：指定外部参照的保存路径，将路径类型设置为“相对路径”之前，必须保存当前图形。

注意

用其他方式也能打开外部参照。在菜单栏上选择“工具”→“选项板”→“外部参照”命令，在选项板上方单击“附着DWG”按钮，也可打开“选择参照文件”对话框。

9.2.2 剪裁外部参照

将外部参照插入到图形中后，可以通过剪裁命令满足用户的绘图需要，调用该命令的方法如下：

- 在“插入”选项卡的“参照”面板中，单击“剪裁”按钮。
- 在命令行窗口中执行XCLIP或CLIP命令。

剪裁外部参照的具体操作如下。

01 使用附着外部参照的方法，附着“桌椅.dwg”图形文件（光盘:\原始文件\第9章\桌椅.dwg），如图9-22所示。

02 在命令行窗口中执行XCLIP命令，剪裁“办公桌椅”外部参照的办公桌，具体操作过程如下：

```
命令: XCLIP                                    （执行XCLIP命令）
选择对象: 找到 1 个                             （选择整个文件）
选择对象:                                       （确认对象的选择）
输入剪裁选项[开(ON)/关(OFF)/剪裁深度(C)/删除(D)/生成多段线(P)/新建边界(N)] <新建边界>:
外部模式 - 边界外的对象将被隐藏                 （按【Space】键，默认选择“新建边界”选项）
指定剪裁边界或选择反向选项:[选择多段线(S)/多边形(P)/矩形(R)/反向剪裁(I)] <矩形>:
                                                （按【Space】键，默认选择“矩形”方式选择边界）
指定第一个角点: 指定对角点:                     （框选需要保留部分的图形对象，这里选择椅子）
```

03 剪裁外部参照后的效果如图9-23所示（光盘:\最终文件\第9章\桌椅.dwg）。

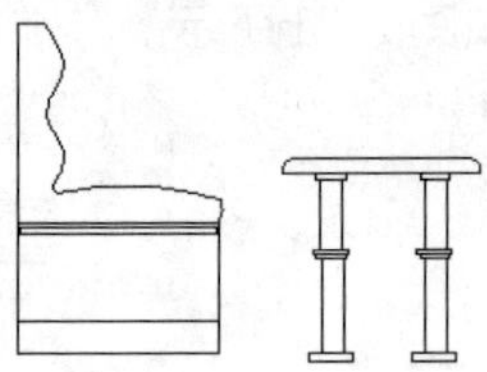

图9-22 原文件

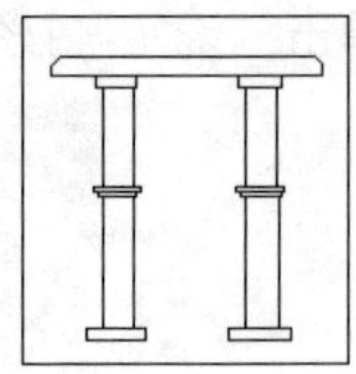

图9-23 剪裁效果

> **注意**
>
> 选择剪裁后的外部参照，单击如图9-24所示的向上箭头，可以进行反向剪裁边界操作，效果如图9-25所示。

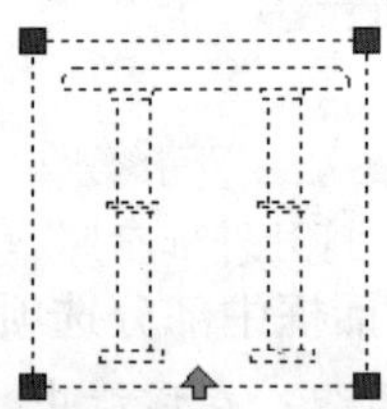

图9-24 反向剪裁

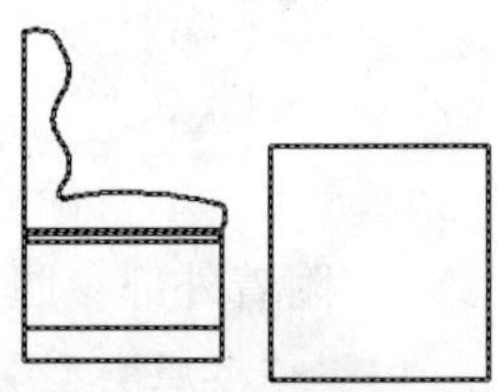

图9-25 效果图

9.2.3 绑定外部参照

绑定外部参照是指将外部参照定义转换为标准的内部图块，如果将外部参照绑定到正在打开的图形中时，则外部参照及其所依赖的对象将成为当前图形中的一部分。调用该命令的方法是在命令行窗口中执行XBIND命令，弹出“外部参照绑定”对话框，如图9-26所示，在该对话框的“外部参照”列表框中，选择需要绑定的选项，单击 添加(A) -> 按钮，将其添加到“绑定定义”列表框中，单击 确定 按钮即可绑定相应的外部参照。

图9-26 “外部参照绑定”对话框

注意

在“外部参照绑定”对话框的“绑定定义”列表框中选择要取消绑定的外部参照图形，然后单击“删除”按钮，即可取消外部参照的绑定。

9.2.4 自我强化：附着并剪裁外部参照

下面以剪裁“六角螺栓”外部参照的六角螺栓左半部分为例，综合练习本节所讲知识。

01 使用附着外部参照的方法，附着“六角螺栓.dwg”图形文件（光盘:\原始文件\第9章\六角螺栓.dwg），如图9-27所示。

02 在命令行窗口中执行XCLIP命令，具体操作过程如下：

```
命令: XCLIP                              （执行XCLIP命令）
选择对象: 找到 1 个                      （选择整个开槽半圆头螺钉）
选择对象:                                （确认对象的选择）
输入剪裁选项[开(ON)/关(OFF)/剪裁深度(C)/删除(D)/生成多段线(P)/新建边界(N)] <新建边界>:
                                         （按【Space】键，默认选择“新建边界”选项）
输入剪裁选项[开(ON)/关(OFF)/剪裁深度(C)/删除(D)/生成多段线(P)/新建边界(N)] <新建边界>:
外部模式 - 边界外的对象将被隐藏          （按【Space】键，默认选择“新建边界”选项）
指定剪裁边界或选择反向选项:[选择多段线(S)/多边形(P)/矩形(R)/反向剪裁(I)] <矩形>:
                                         （按【Space】键，默认选择“矩形”方式选择边界）
指定第一个角点: 指定对角点:              （矩形框选需要保留部分的图形对象，这里选择螺
                                         栓右半部）
```

03 剪裁“六角螺栓”外部参照后的效果如图9-28所示（光盘:\最终文件\第9章\六角螺栓.dwg）。

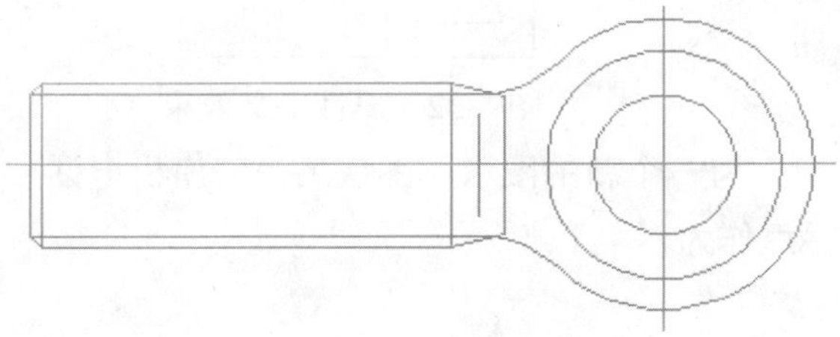

图9-27 附着外部参照

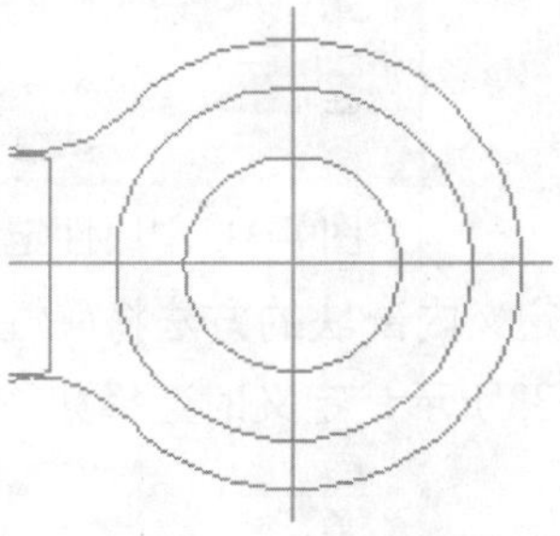

图9-28 剪裁效果

9.3 拓展训练

了解了图块属性和外部参照的相关知识后，本节将通过一些简单实例的实现过程，加深读者对本章知识的理解和掌握。

9.3.1 初级训练：电话机

下面以创建块、定义并编辑块属性为例，综合练习本节所讲知识。

01 打开“电话.dwg”图形文件（光盘:\原始文件\第9章\电话.dwg），如图9-29所示。选择菜单栏上的“绘图”→“块”→“创建”命令，系统弹出如图9-30所示的对话框，选择最左上角的交点为创建基准点，选择整个图形为创建对象。单击“确定”按钮，完成内部块的创建。

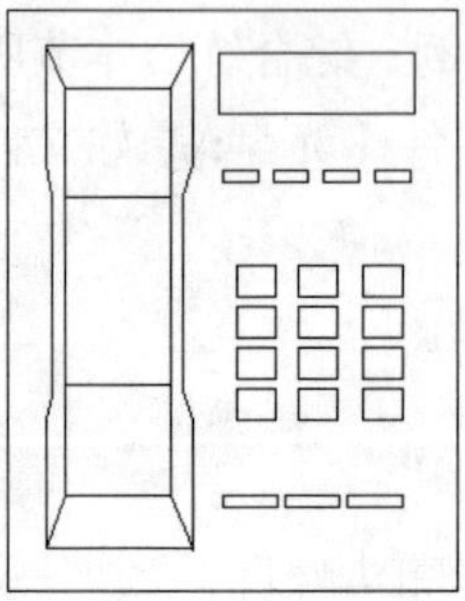

图9-29 电话原效果图

图9-30 定义内部块

02 在命令行窗口中执行ATTDEF命令，弹出“属性定义”对话框，在“属性”选项组的“标记”文本框中输入“电话”，在“提示”文本框中输入“电话”，在“默认”文本框中输入“电话”。

03 在“文字设置”选项组的“对正”下拉列表中选择“右中”选项，在“文字高度”文本框中输入2.5，然后单击[确定]按钮，如图9-31所示。

04 返回绘图区，在图块右方的中间位置，定义属性后的图块效果如图9-32所示。

图9-31 “属性定义”对话框

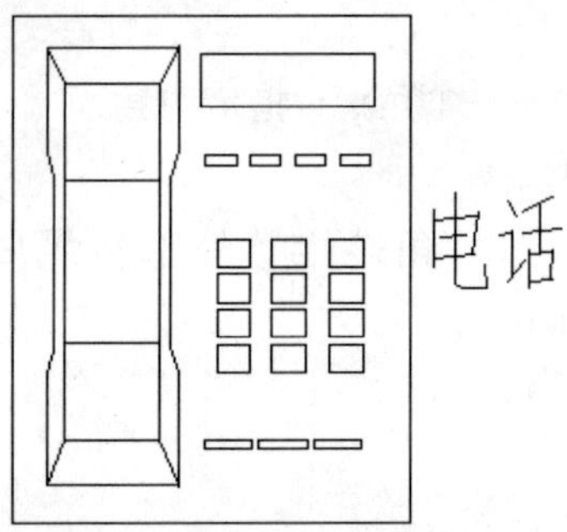

图9-32 属性定义效果

05 用定义内部块的方法将属性与图块重新定义为一个新的图块，图块名为“座机电话”，如图9-33所示，定义时选择如图9-34所示的A点作为基点。

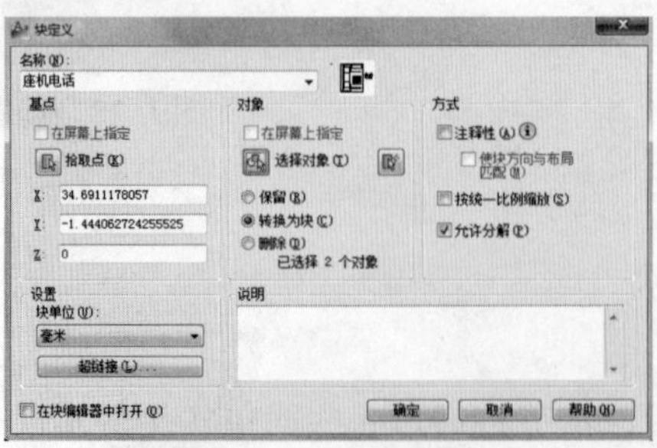

图9-33 定义内部块

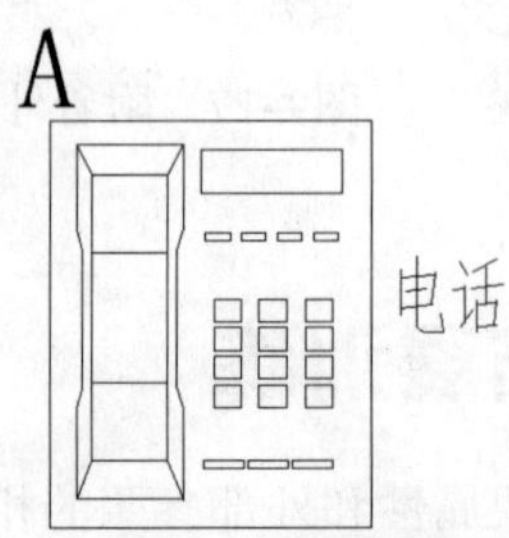

图9-34 选择基点

06 单击“确定”按钮，弹出“编辑属性”对话框，在第一个文本框中输入“座机电话”，单击“确定”按钮，如图9-35所示。

07 在绘图区双击“座机电话”4个字，系统弹出“增强属性编辑器”对话框。切换到“文字选项”选项组，将文字高度设置为1.2。返回绘图区即可看到编辑后的效果，如图9-36所示（光盘:\最终文件\第9章\座机电话.dwg）。

图9-35　编辑属性

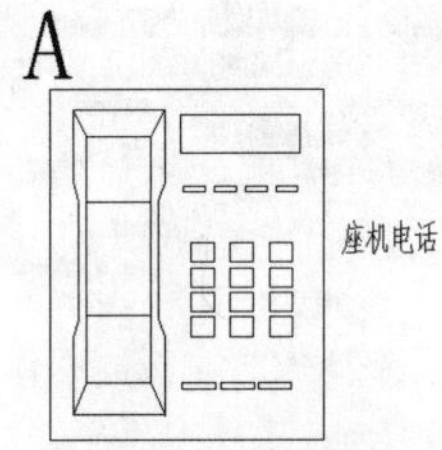

图9-36　效果图

9.3.2　进阶训练：角接触球轴承

下面以剪裁“角接触球轴承”外部参照的下半部分为例，综合练习本节所讲知识。

01 打开“角接触球轴承.dwg”（光盘:\原始文件\第9章\角接触球轴承.dwg）图形文件。在命令行窗口输入WBLOCK，执行外部块创建命令，系统弹出如图9-37所示的对话框。更改外部块名称为“角接触球轴承”，选择基准点为如图9-38所示的A点，创建对象为整个图形。将其保存于桌面。

图9-37　创建外部块

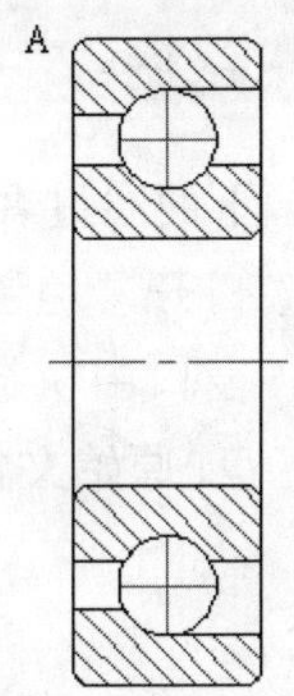

图9-38　选择基点

02 新建一个名为“角接触球轴承剪裁.dwg”（光盘:\原始文件\第9章\角接触球轴承剪裁.dwg）图形文件。在命令行窗口输入XATTACH命令，执行外部参照附着命令。选择“角接触球轴承”文件后单击“打开”按钮，系统弹出如图9-39所示对话框。在对话框“参照类型”选项组中选择“附着型”，单击“确定”按钮，完成的附着效果如图9-40所示。

03 在命令行窗口中执行XCLIP命令，具体操作过程如下：

命令: XCLIP　　　　（执行XCLIP命令）
选择对象: 找到 1 个　　　　（选择整个球轴承）
选择对象:　　　　（确认对象的选择）
输入剪裁选项[开(ON)/关(OFF)/剪裁深度(C)/删除(D)/生成多段线(P)/新建边界(N)] <新建边界>:
　　　　（按【Space】键，默认选择“新建边界”选项）
输入剪裁选项[开(ON)/关(OFF)/剪裁深度(C)/删除(D)/生成多段线(P)/新建边界(N)] <新建边界>:
外部模式 - 边界外的对象将被隐藏　　　　（按【Space】键，默认选择“新建边界”选项）

指定剪裁边界或选择反向选项:[选择多段线(S)/多边形(P)/矩形(R)/反向剪裁(I)] <矩形>:
（按【Space】键，默认选择“矩形”方式选择边界）

指定第一个角点: 指定对角点:（矩形框选需要保留部分的图形对象，这里选择螺栓上半部）

04 剪裁“角接触球轴承”外部参照后的效果如图9-41所示（光盘:\最终文件\第9章\角接触球轴承剪裁.dwg）。

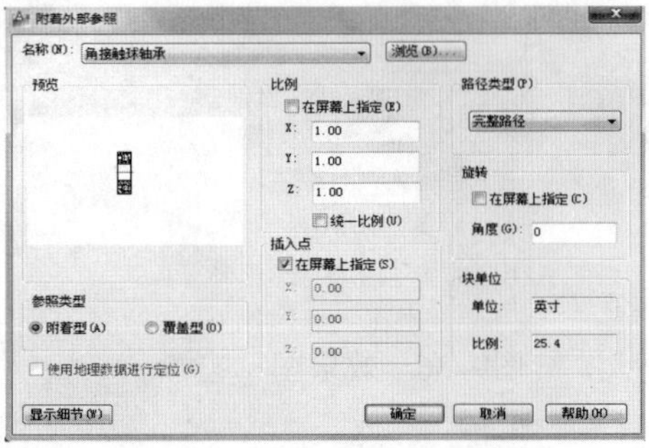

图9-39 附着外部参照

图9-40 附着效果

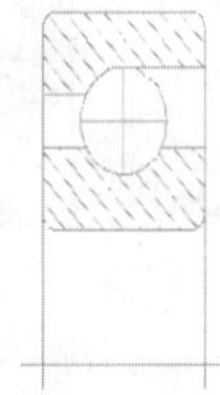

图9-41 剪裁效果图

9.3.3 提高训练：布置客厅

下面通过客厅的布置来熟悉本章的内容。

01 打开“地毯.dwg”图形文件（光盘:\原始文件\第9章\地毯.dwg），如图9-42所示。在命令行窗口中执行INSERT命令，弹出“插入”对话框。在“名称”下拉列表中选择“双人沙发”（光盘:\原始文件\第9章\双人沙发.dwg）图块，其他参数保持默认设置，如图9-43所示。

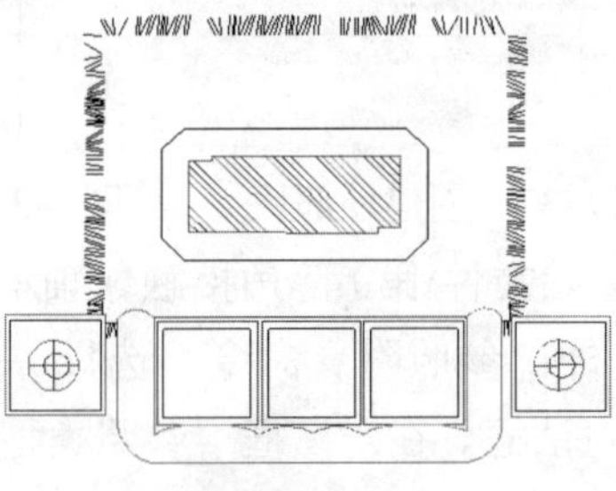

图9-42 地毯

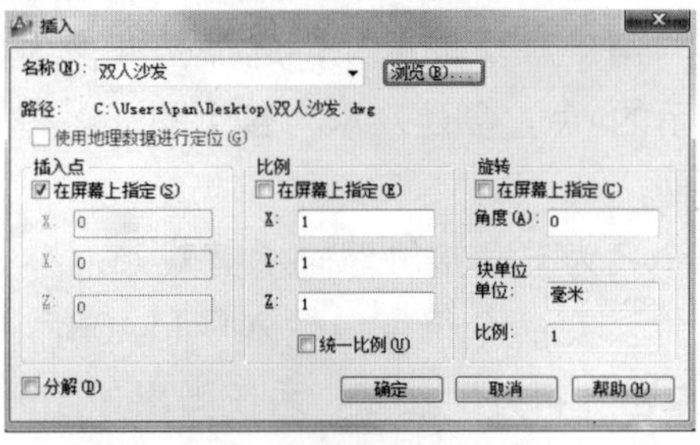

图9-43 插入块

02 单击“确定”按钮，返回绘图区。单击如图9-44所示的A点作为图块的插入点，插入图块后的效果如图9-45所示。

图9-44 选择基点

图9-45 插入效果图

03 在命令行窗口中执行XATTACH命令，弹出“选择参照文件”对话框，在“查找范围”下拉列表中选择外部参照的具体位置，在中间列表框中选择外部参照的图形文件（光盘:\原始文件\第9章\茶几.dwg），然后单击“打开”按钮，如图9-46所示。

04 弹出“附着外部参照”对话框，在“参照类型”选项组中选择参照的类型，这里选择“附着型”单选按钮，单击“确定”按钮，如图9-47所示。

图9-46　选择参照

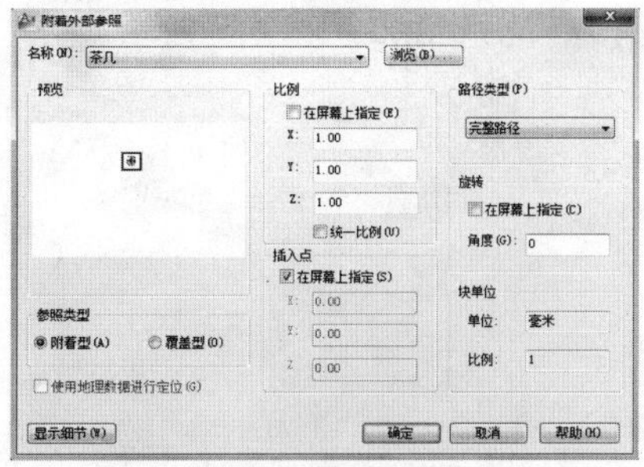

图9-47　“参照类型”

05 返回绘图区，单击一点作为插入点，使其附着后的效果如图9-48所示。在命令行窗口中执行XCLIP命令，剪裁“茶几”外部参照的玻璃，具体操作过程如下：

命令：XCLIP　　（执行XCLIP命令）

选择对象：找到 1 个　　（选择茶几）

选择对象：　　（确认对象的选择）

输入剪裁选项[开(ON)/关(OFF)/剪裁深度(C)/删除(D)/生成多段线(P)/新建边界(N)] <新建边界>:

外部模式-边界外的对象将被隐藏　　（按【Space】键，默认选择“新建边界”选项）

指定剪裁边界或选择反向选项:[选择多段线(S)/多边形(P)/矩形(R)/反向剪裁(I)] <矩形>: I 内部模式-边界内的对象将被隐藏　　（选择“反向剪裁”选项）

指定剪裁边界或选择反向选项:[选择多段线(S)/多边形(P)/矩形(R)/反向剪裁(I)] <矩形>:

（按【Space】键，默认选择“矩形”方式选择边界）

指定第一个角点：指定对角点：　　（矩形框选需要剪裁部分的图形对象，这里选择茶几中间的图案，修剪留外轮廓，最终的效果如图9-49所示）

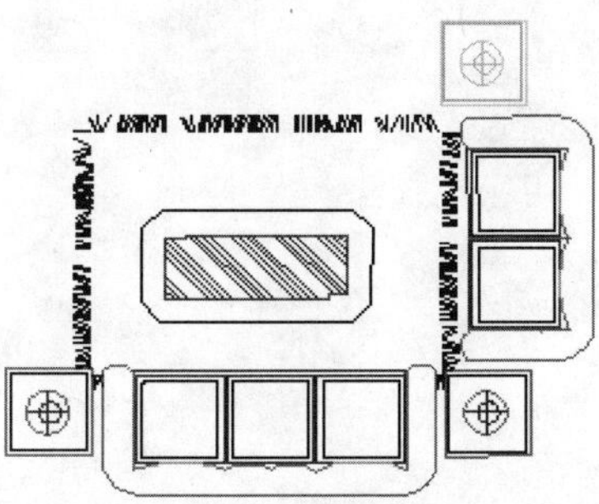

图9-48　附着效果

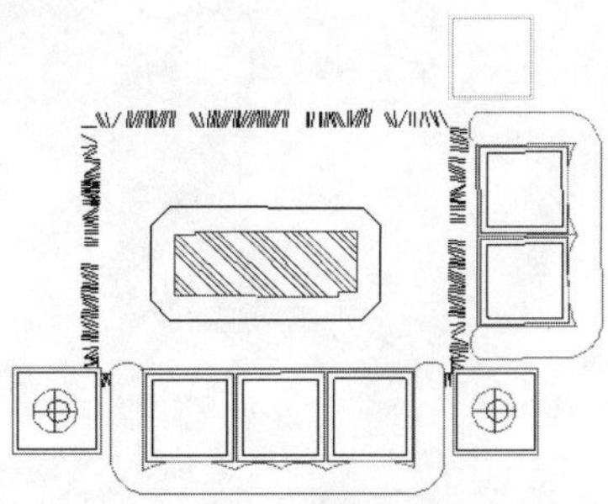

图9-49　裁剪效果

06 用定义内部块的方法将其定义为内部图块。在命令行窗口中执行ATTDEF命令，弹出“属性定义”对话框。在“属性”选项组的“标记”文本框中输入“客厅”，在“提示”文本框中输入“客厅”，在“默认”文本框中输入 “客厅”。

07 在“文字设置”选项组的“对正”下拉列表中选择“中间”选项，在“文字高度”文本框中输入200，然后单击“确定”按钮，如图9-50所示。定义时选择如图9-51所示的A点作为基点。

08 完成后的最终效果如图9-52所示（光盘:\最终文件\第9章\客厅.dwg）。

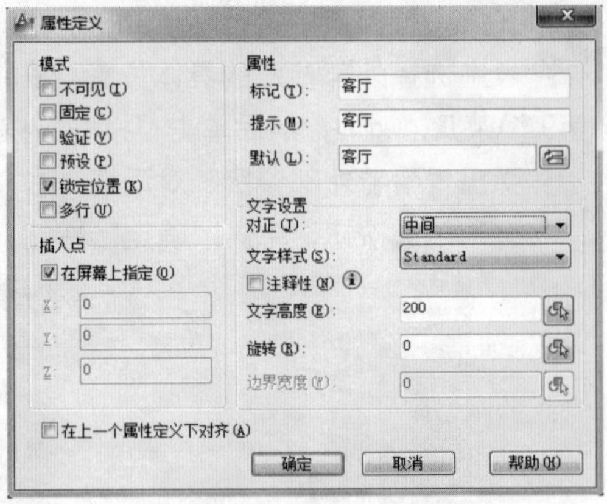

图9-50　属性定义

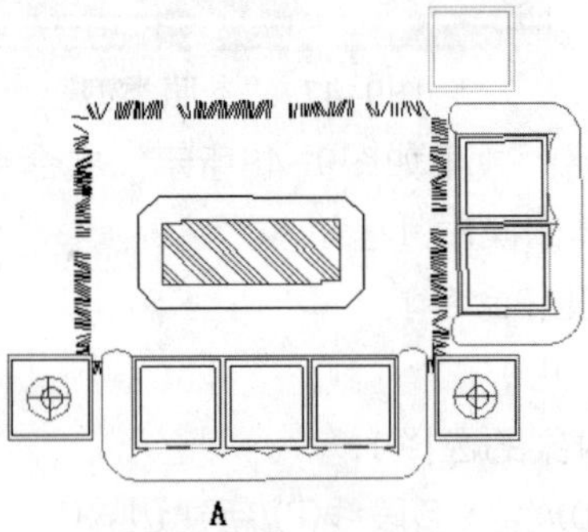

图9-51　基准点

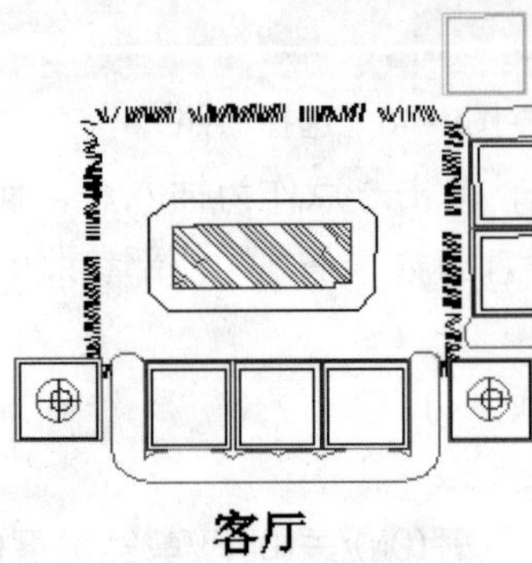

图9-52　最终效果图

9.4 本章小结

本章介绍了定义图块属性、插入属性图块和剪裁外部参照等内容，是第8章内容的延续。熟练掌握图块属性和外部参照的相关知识，对提高绘图速度有着重要的作用，这对以后的学习有着重要的意义。

第10章 图案填充

学习导航

图案填充是一种使用指定线条图案来充满指定区域的图形对象，常常用于表达剖面和不同类型物体对象的外观纹理，被广泛用于机械图、建筑图、地质构造图等图形。

学习重点

- □ 熟悉图案填充的概念
- □ 熟练创建和编辑填充图案
- □ 熟悉图案填充应该注意的问题

图案填充是诸多工程行业必不可少的工具，本章将对图案填充做一个系统的介绍。通过本章的学习，读者应能熟练地进行图案填充。

10.1 创建填充边界

在机械图、建筑图上，要画出剖视图、断面图，就得在剖视图和断面图上填充图案。为图形进行图案填充前，首先需要创建填充边界。图案填充边界可以是圆、矩形等任何一个单个封闭对象，也可以是由直线、多段线、圆弧等对象首尾相连而形成的封闭区域。

创建填充边界后，可以有效地避免填充到不需要填充的图形区域。调用该命令的方法如下：

- 在“常用”选项卡的“绘图”面板中，单击“图案填充”按钮▦。
- 在“常用”选项卡的“绘图”面板中，单击右下角的▾按钮，在弹出的下拉列表中单击“渐变色”按钮▦。
- 显示菜单栏，选择“绘图”→“图案填充”或“渐变色”命令。
- 在命令行窗口中执行BHATCH命令。

执行上述命令后都将弹出“图案填充和渐变色”对话框，如图10-1所示，单击该对话框右下角的⊙按钮，展开对话框，如图10-2所示，即可创建填充边界。

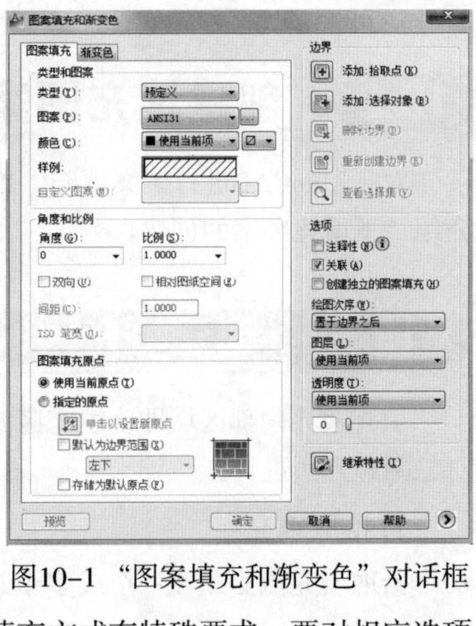

图10-1 “图案填充和渐变色”对话框

创建填充边界时相关选项一般都保持默认设置。如果对填充方式有特殊要求，要对相应选项进行设置，其中各选项的含义如下。

图10-2 展开图

- “孤岛检测”复选框：指定是否把在边界内部的对象包括为边界对象。这些内部对象称为孤岛。
- 孤岛显示样式：用于设置孤岛的填充方式。当指定填充边界的拾取点位于多重封闭区域内部时，需要在此选择一种填充方式。
    - 选择“普通”单选按钮，将从最外层的外边界向内边界交替填充，即第一层填充，第二层不填充，第三层填充，直到选择边界被填充完毕为止，效果与其上方的图形相同。
    - 选择“外部”单选按钮，将只填充从最外层边界向内第一层边界之间的区域，效果与其上方的图形相同。
    - 选择“忽略”单选按钮，则忽略内边界，最外层边界的内部将被全部填充，效果与其上方的图形相同。
- “对象类型”下拉列表：用于控制新边界对象的类型。如果选择“保留边界”复选框，则在创建填充边界时，系统将边界创建为面域或多段线，同时保留源对象。可以在其下拉列表中选择将边界创建为多段线还是面域；如果取消选择该复选框，则系统在填充指定的区域后将删除这些边界。
- “边界集”选项组：指定使用当前视口中的对象还是使用现有选择集中的对象作为边界集，单击“新建”按钮，可以返回绘图区选择作为边界集的对象。
- “允许的间隙”选项组：将几乎封闭一个区域的一组对象视为一个闭合的图案填充边界。默认值为0，指定对象封闭以后，该区域无间隙。

10.2 创建填充图案

对于AutoCAD进行图案填充，首先就是要创建填充边界，然后进行填充图案的创建。本节将介绍一下填充图案的创建。

10.2.1 创建填充区域

填充边界内部区域即为填充区域，选择填充区域可以通过拾取封闭区域中的一点或拾取封闭对象两种方法进行。

1. 拾取填充点

拾取填充点必须在一个或多个封闭图形内部，AutoCAD会自动通过计算找到填充边界。具体操作如下。

01 打开“环形.dwg”图形文件（光盘:\原始文件\第10章\环形.dwg），在命令行窗口中执行BHATCH命令，弹出“图案填充和渐变色”对话框。

02 在该对话框单击“边界”选项组中的“添加：拾取点”按钮，如图10-3所示，返回绘图区，单击需要填充图案区域中的一点，如单击如图10-4所示的环形区域内任意一点。

03 按【Space】键，返回“图案填充和渐变色”对话框。为了更好地查看效果，在“比例”下拉列表框中选择0.5，单击“确定”按钮关闭对话框，可以看到绘图区中的环形已填充了图案，效果如图10-5所示（光盘:\最终文件\第10章\环形.dwg）。

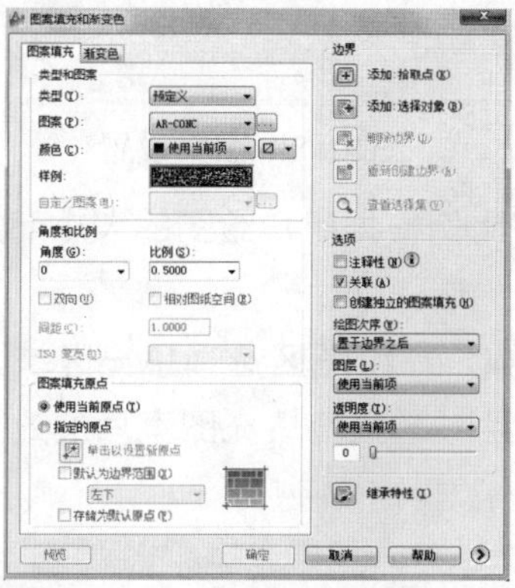

图10-3 “图案填充和渐变色”对话框

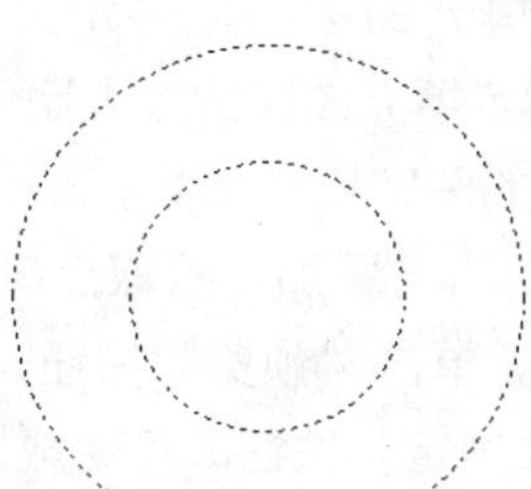
图10-4 选择区域

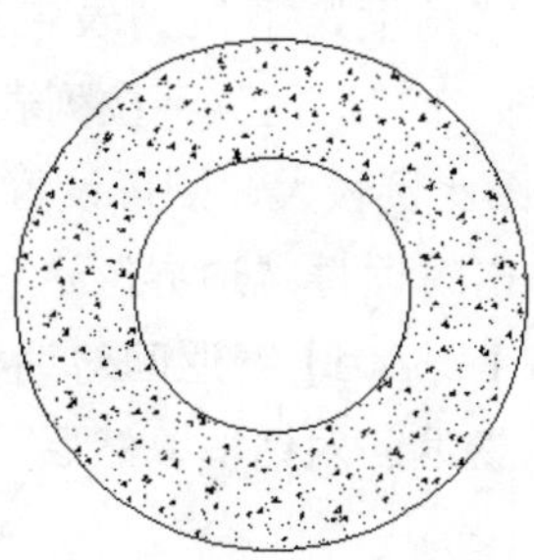
图10-5 填充效果

2. 拾取填充对象

拾取的填充对象可以是一个封闭对象，如矩形、圆、椭圆和多边形等；也可以是多个非封闭对象，但是这些非封闭对象必须互相交叉或相交，围成一个或多个封闭区域。具体操作如下。

01 打开“矩形.dwg”图形文件（光盘:\原始文件\第10章\矩形.dwg），在命令行窗口中执行BHATCH命令，弹出“图案填充和渐变色”对话框。

02 单击“边界”选项组中的“添加：选择对象”按钮，返回绘图区，选择上方的矩形为填充对象，如图10-6所示。

03 按【Space】键，返回“图案填充和渐变色”对话框。为了更好地查看效果，在“比例”下拉列表框中选择2，单击“确定”按钮关闭对话框，可以看到绘图区中上方的矩形已填充了图案，效果如图10-7所示（光盘:\最终文件\第10章\矩形.dwg）。

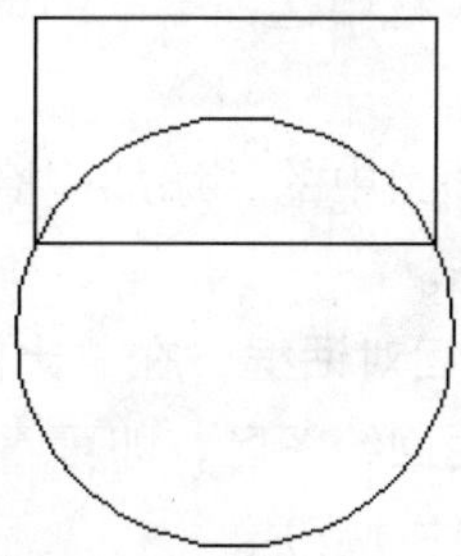
图10-6 选择对象

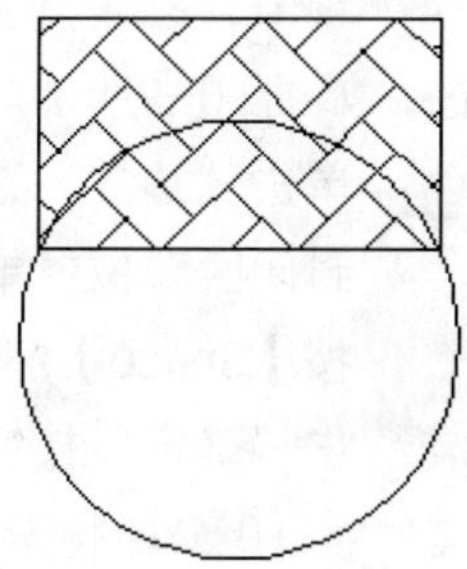
图10-7 填充效果图

注意

如果拾取的多个封闭区域呈嵌套状，则系统默认填充外围图形与内部图形之间进行布尔相减后的区域。

10.2.2 创建填充图案

针对不同工程图中所需要的填充图，AutoCAD为了满足广大用户的需要，设置了多种填充图案。下面详细讲解为对象创建填充图案的方法，具体操作如下。

01 在命令行窗口中执行BHATCH命令，弹出“图案填充和渐变色”对话框，在“类型”下拉列表框中设定图案填充类型，默认采用“预定义”图案类型。

02 单击“图案”下拉列表框右侧的按钮，弹出“填充图案选项板”对话框。在该对话框中有4个选项卡供用户选择，设置完成后单击“确定”按钮，如图10-8所示，返回“图案填充和渐变色”对话框。

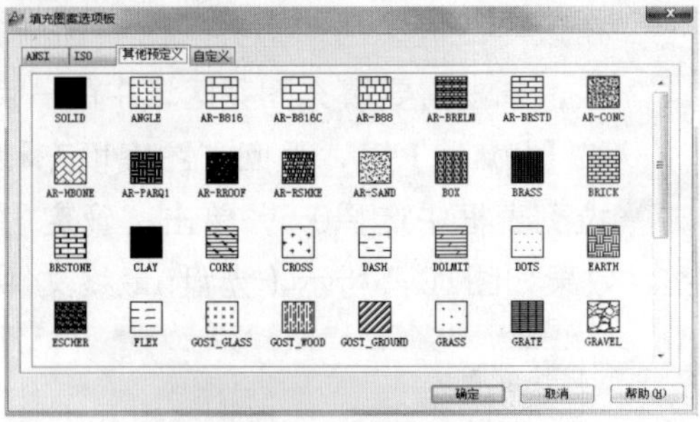

图10-8　图案设置

03 在“角度”下拉列表中选择填充图案的倾斜角度；在“比例”下拉列表中指定填充图案的放大比例，该比例根据用户绘图的大小而定，若当前绘图比例较大，则可设置较大的图案填充比例。

04 单击对话框“边界”选项组中的“添加：拾取点”按钮，在绘图区选择填充区域，然后按【Space】键返回对话框中。单击“预览”按钮，返回绘图区预览填充图案后的效果，按【Esc】键返回对话框，然后单击“确定”按钮即可完成填充。

10.2.3　自我强化：地脚连接件

下面以为地脚连接件的图案填充为例，综合练习本节所讲知识。

01 打开“地脚连接件.dwg”图形文件（光盘:\原始文件\第10章\地脚连接件.dwg），在命令行窗口中执行BHATCH命令，弹出“图案填充和渐变色”对话框。

02 单击“类型和图案”选项组中的按钮，弹出“填充图案选项板”对话框，切换至ANSI选项卡，在中间列表框中选择需要的填充图案，这里选择ANSI31选项，然后单击“确定”按钮，如图10-9所示。

03 单击“边界”选项组中的“添加：拾取点”按钮，返回绘图区，在如图10-10所示的3个封闭区域位置单击。

04 按【Space】键返回对话框，在“比例”文本框中输入0.6，在“角度”文本框内输入0，单击“确定”按钮返回绘图区，即可看到填充后的平面图效果，如图10-11所示（光盘:\最终文件\第10章\地脚连接件.dwg）。

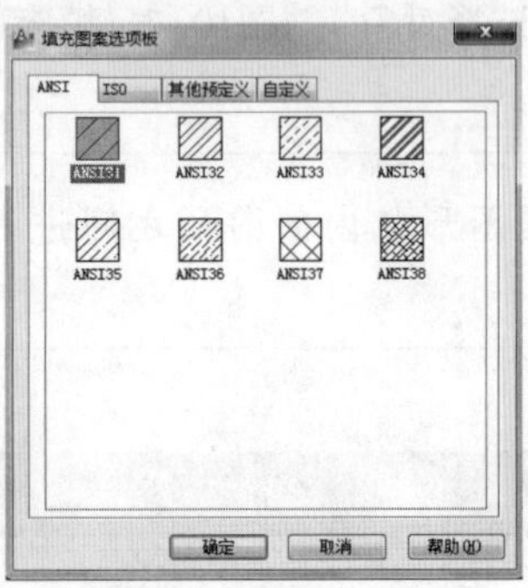

图10-9　图案选择

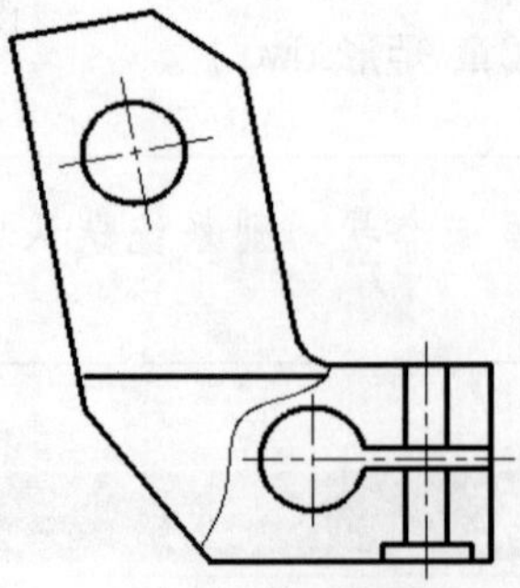

图10-10　原效果图

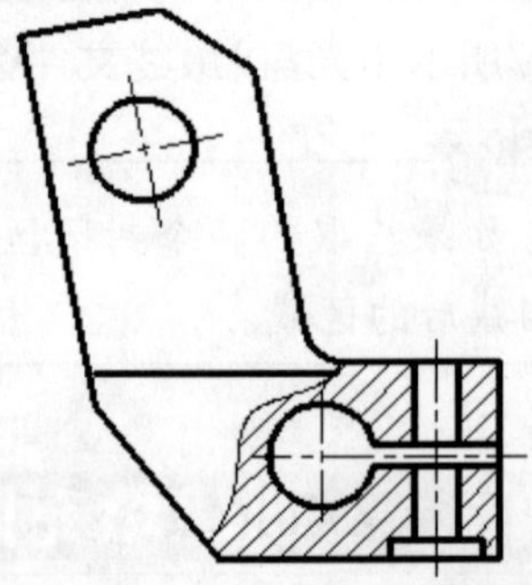

图10-11　填充后

注意

在对图案填充设置填充比例时，用户可以在“比例”文本框表中输入比例值后，单击“预览”按钮预览填充效果。若效果不满意，可按【Esc】键返回“图案填充和渐变色”对话框，再次进行设置。

10.3 编辑填充图案

图案的填充如同绘制其他图形类似，都需要反复改动。如果对图形的填充图案不满意，可以对其进行编辑，使其达到更理想的效果。编辑填充图案操作包括快速编辑填充图案、分解填充图案、设置填充图案的可见性、修剪填充图案等。下面分别进行讲解。

10.3.1 快速编辑填充图案

快速编辑填充图案可以有效地提高绘图效率，调用该命令的方法如下：

- 直接在填充的图案上双击。
- 在命令行窗口中执行HATCHEDIT或HE命令。

快速编辑填充图案具体操作如下。

01 打开“画.dwg”图形文件（光盘:\原始文件\第10章\画.dwg），如图10-12所示，在命令行窗口中执行HATCHEDIT命令，具体操作过程如下：

命令: HATCHEDIT　　　　　　　（执行HATCHEDIT命令）

选择关联填充对象:　　　　　　（选择填充区域上要编辑的填充图案，然后按【Space】键）

02 弹出“图案填充编辑”对话框，单击“类型和图案”选项组中的□按钮，弹出“填充图案选项板”对话框，切换至“其他预定义”选项卡，在列表框中选择CROSS选项，然后单击“确定”按钮，如图10-13所示。

03 返回“图案填充和渐变色”对话框，在“比例”文本框中输入20，然后单击“确定”按钮，返回绘图区即可看到完成填充的效果，如图10-14所示（光盘:\最终文件\第10章\画.dwg）。

图10-12　原图

图10-13　选择图案

图10-14　修改后效果

10.3.2 分解填充图案

有时为了满足编辑需要，可以将整个填充图案进行分解。调用分解命令的方法如下：

- 选择要分解的图案，在“常用”选项卡的“修改”面板中，单击“分解”按钮。
- 在命令行窗口中执行EXPLODE命令。

分解填充图案具体操作如下。

01 打开“窗.dwg”图形文件（光盘:\原始文件\第10章\窗.dwg），如图10-15所示，在命令行窗口中执行EXPLODE命令，其命令行操作过程如下：

命令：EXPLODE （执行EXPLODE命令）
选择对象：找到 1 个 （选择整个填充图案）
选择对象： （按【Space】键确认选择）

02 选择刚分解的图案，即可发现原来整体的对象变成了单独的线条，如图10-16所示（光盘:\最终文件\第10章\窗.dwg）。

图10-15　原图

图10-16　分解后

注意

被分解后的图案失去了与图形的关联性，不能再使用图案填充命令对其进行编辑。

10.3.3　设置填充可见性

在绘制较大的图形时，需要花费较长时间来等待图形中的填充图案生成，此时可关闭“填充”模式，从而提高显示速度。暂时将图案可见性关闭的具体操作如下。

01 打开“滚针轴承.dwg”图形文件（光盘:\原始文件\第10章\滚针轴承.dwg），如图10-17所示，在命令行窗口中执行FILL命令，具体操作过程如下！

命令：FILL （执行FILL命令）
输入模式[开(ON)/关 (OFF)] <开>:OFF （选择“关”选项，即不显示填充图案）
命令：REGEN （执行REGEN命令）
正在重生成模型 （系统自动提示并重生成图像）

02 在绘图区即可发现原来填充的图案隐藏了，如图10-18所示（光盘:\最终文件\第10章\滚针轴承.dwg）。

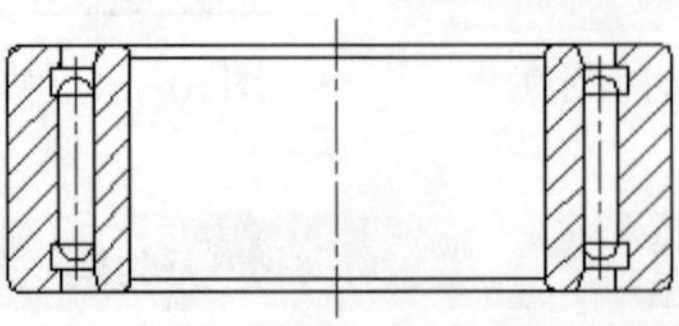
图10-17　原效果图

图10-18　填充不可见效果图

10.3.4 修剪填充图案

有的工程图中将图案填充后需要进行局部修剪，此时需要对填充图案进行修剪。修剪填充图案与修剪图形对象一样，调用该命令的方法如下：

- 在“常用”选项卡的“修改”面板中，单击“修剪”按钮。
- 显示菜单栏，选择“修改”→“修剪”命令。
- 在命令行窗口中执行TRIM或TR命令。

执行TRIM命令后，具体操作过程如下：

命令：TRIM （执行TRIM命令）
当前设置:投影=UCS，边=无 （系统显示当前修剪设置）
选择剪切边... （系统提示选择修剪边界）
选择对象：找到 1个 （选择其中一个图形对象）
选择对象：找到 1 个，总计 2 个 （选择另一个图形对象）
选择对象： （按【Space】键结束选择对象）
选择要修剪的对象，或按住 Shift 键选择要延伸的对象，或 [投影(P)/边(E)/放弃(U)]:
（选择要修剪的图形对象）
选择要修剪的对象，或按住 Shift 键选择要延伸的对象，或 [投影(P)/边(E)/放弃(U)]:
（修剪完成后，按【Space】键结束命令）

10.3.5 自我强化：三人沙发

下面以编辑三人沙发图案为例，综合练习本节所讲知识。

01 打开“三人沙发.dwg”图形文件（光盘:\原始文件\第10章\三人沙发.dwg），在命令行窗口中执行HATCHEDIT命令，具体操作过程如下：

命令:HATCHEDIT (执行HATCHEDIT命令)
选择关联填充对象: (选择沙发罩的填充图案，然后按【Space】键)

02 弹出“图案填充编辑”对话框，单击“类型和图案”选项组中的按钮，弹出“填充图案选项板”对话框，切换至“其他预定义”选项卡，在列表框中选择HEX选项，然后单击“确定”按钮，如图10-19所示。

03 返回“图案填充和渐变色”对话框，在“角度”文本框中输入0，在“比例”文本框中输入15，然后单击“确定”按钮，返回绘图区即可看到设置效果，如图10-20所示。

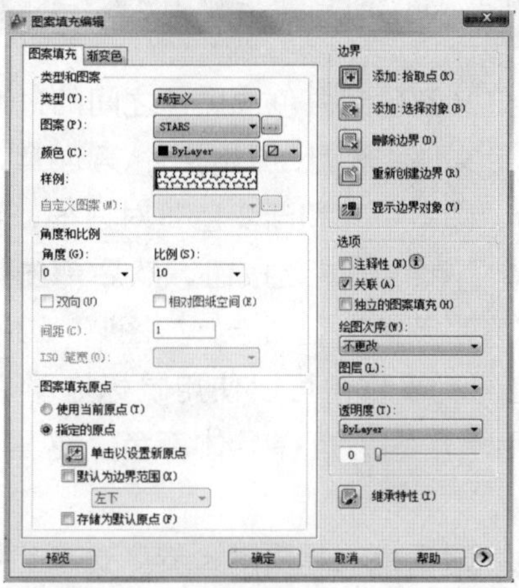

图10-19 “图案填充编辑”对话框

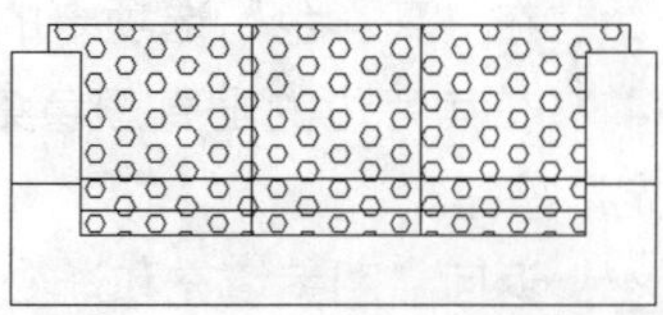

图10-20 填充图案

04 在命令行窗口中执行TRIM命令，具体操作过程如下：

```
命令: TRIM                                    (执行TRIM命令)
当前设置:投影=UCS，边=无                      (系统显示当前修剪设置)
选择剪切边...                                 (系统提示选择修剪边界)
选择对象: 找到 1个                            (选择填充区域中的填充图案)
选择对象:                                     (按【Space】键结束选择对象)
选择要修剪的对象，或按住 Shift 键选择要延伸的对象，或 [投影(P)/边(E)/放弃(U)]:
                                              (选择要修剪的图形对象，这里选择如图10-21所示的图案)
选择要修剪的对象，或按住 Shift 键选择要延伸的对象，或 [投影(P)/边(E)/放弃(U)]:
                                              (修剪完成后，按【Space】键结束命令)
```

05 修剪完毕后效果如图10-22所示（光盘:\最终文件\第10章\三人沙发.dwg）。

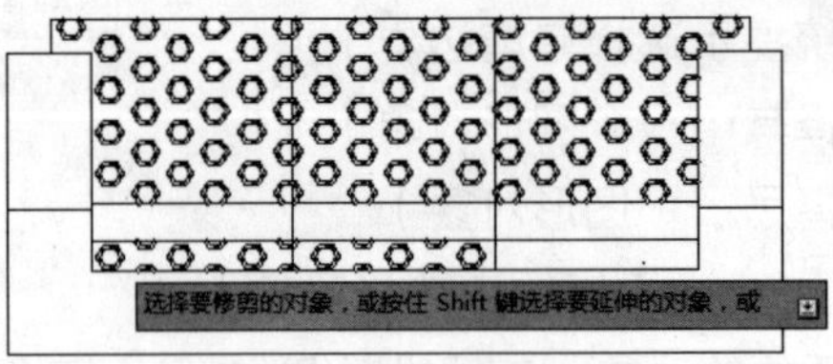

图10-21　选择修剪对象

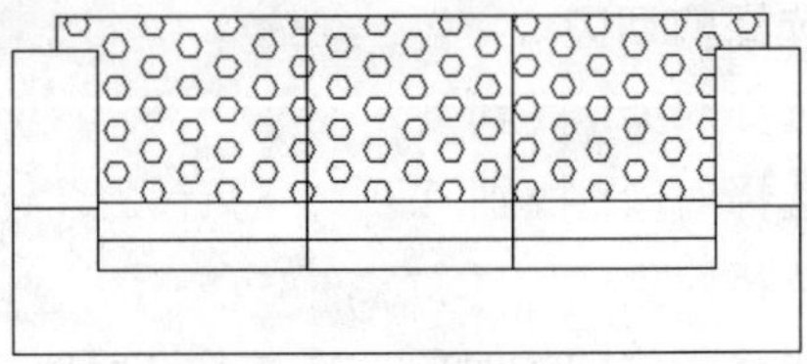

图10-22　修剪效果

10.4 渐变色填充

除了可以为图形对象填充图案外，还可以为图形对象填充渐变色彩。调用渐变色填充命令的方法如下：

- 在"常用"选项卡的"绘图"面板中，单击▼按钮，在弹出的下拉列表中单击"渐变色"按钮。
- 显示菜单栏，选择"绘图"→"渐变色"命令。
- 在命令行窗口中执行GRADIENT命令。

10.4.1 填充单色渐变色

单色渐变填充是指从一种定义颜色到白色或黑色之间的过渡渐变，具体操作如下。

01 打开"吊环螺钉.dwg"图形文件（光盘:\原始文件\第10章\吊环螺钉.dwg），在命令行窗口中执行GRADIENT命令，弹出"图案填充和渐变色"对话框，默认切换至"渐变色"选项卡。

02 在"颜色"选项组中选择"单色"单选按钮，然后单击其下方的[...]按钮，弹出"选择颜色"对话框，默认显示"索引颜色"选项卡，如图10-23所示。

03 在"真彩色"选项卡的色彩列表框中可以使用鼠标拖动图标，确定颜色大体倾向，然后在其旁边的垂直颜色条上单击图标选择具体颜色。这里直接选择"黑色"，然后单击"确定"按钮。

04 返回"图案填充和渐变色"对话框，单击"边界"选项组中的"添加：拾取点"按钮，返回绘图区，选择吊耳部分的图形，如图10-24所示。

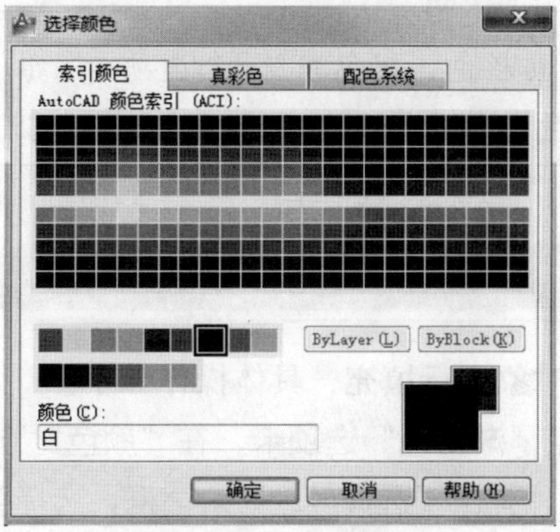

图10-23 选择颜色

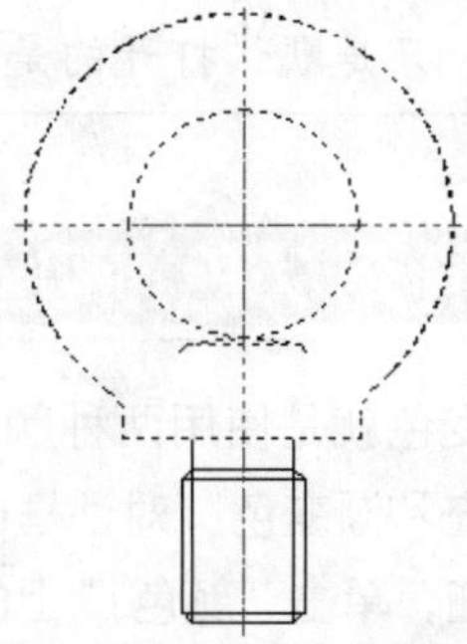

图10-24 选择区域

05 按【Space】键，返回“图案填充和渐变色”对话框，在中间列表中单击需要的填充样式，这里单击第三排第一个填充样式，拖动上面的控制条来控制“明”和“暗”，然后单击“确定”按钮，如图10-25所示。

06 返回绘图区即可看到螺栓前面的图形对象被填充了颜色，如图10-26所示（光盘:\最终文件\第10章\吊环螺钉.dwg）。

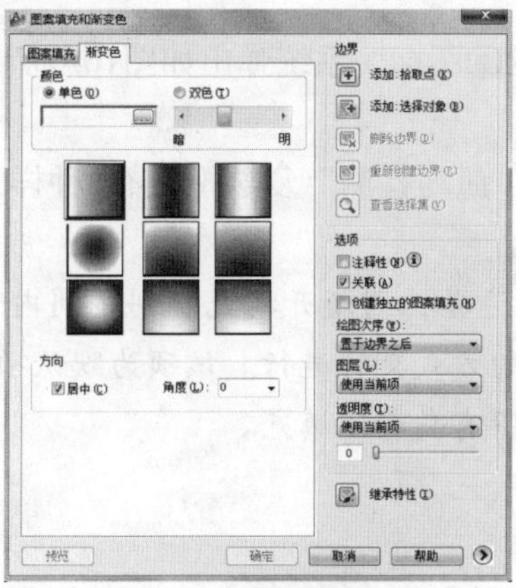

图10-25 选择颜色

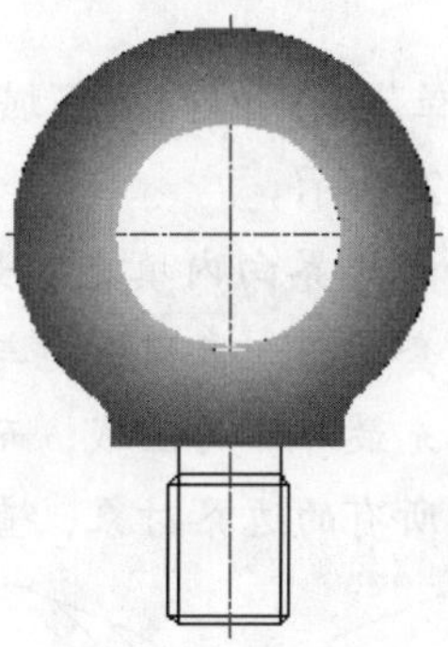

图10-26 效果图

“渐变色”选项卡中各选项的含义如下。

- “居中”复选框：选择该复选框，可以创建对称性的渐变；取消选择此复选框，则渐变填充将朝左上方变化，创建出光源从对象左边照射的图案效果。
- “删除边界”按钮：若用户选择了多个填充区域，则单击该按钮，可删除其中部分填充区域。
- “查看选择集”按钮：单击此按钮，可返回绘图区查看填充区域。
- “关联”复选框：控制填充图案是否与填充边界关联，即当改变填充边界时，填充图案是否也随着改变。一般保持选中状态。
- “绘图次序”下拉列表：指定图案填充的绘图顺序。图案填充可以放在所有其他对象之后、所有其他对象之前、图案填充边界之后或图案填充边界之前。
- “继承特性”按钮：在绘图区中选择已填充好的填充图案，下次进行图案填充时继承所选对象的参数设置。

注意

在“选择颜色”对话框中有索引颜色、真彩色、配色系统3个选项卡，供用户选择和设置合适的颜色，只是默认打开的是“索引颜色”选项卡。其他选项卡的操作方法与之类似。

10.4.2 填充双色渐变色

填充双色渐变色就是使用两种颜色对图形对象进行填充，具体操作如下。

01 在“图案填充和渐变色”对话框中，切换至“渐变色”选项卡，在“颜色”选项组中选择“双色”单选按钮，单击“颜色1”上的[...]按钮，弹出“选择颜色”对话框，选择第一种颜色。

02 单击“颜色2”上的[...]按钮，弹出“选择颜色”对话框，选择第二种颜色。返回“渐变色”选项卡，选择填充区域后，再设置颜色显示样式和其他参数，最后单击“确定”按钮。返回绘图区，即可查看填充双色渐变色的效果。

10.5 设置孤岛

单击“图案填充和渐变色”对话框右下角的图标，系统弹出如图10-2所示的展开的“图案填充”对话框。

孤岛即位于选择范围内的封闭区域。选中“孤岛检测”复选框，有3种样式供选择，其填充方式的效果如图10-27所示。

- 普通：由外部边界向内填充。如遇到岛边界，则断开填充直到碰到内部的另一个边界为止。对于嵌套的岛，采用填充与不填充的方式交替进行。该项为默认项。
- 外部：仅填充最外部的区域，而内部的所有岛都不填充。
- 忽略：忽略所有的边界对象，直接进行填充。

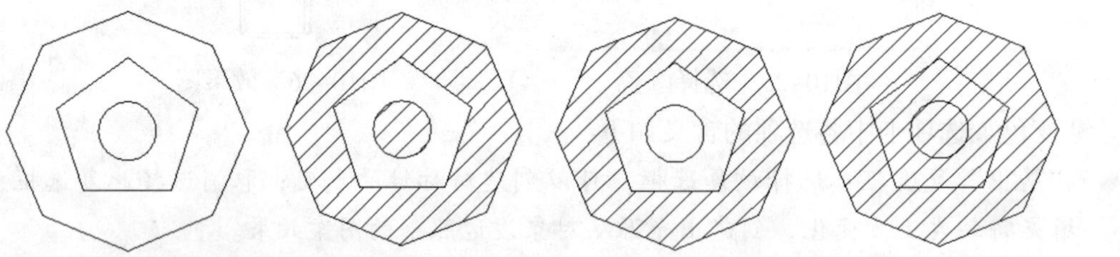

（a）原图　（b）普通　（c）外部　（d）忽略

图10-27　孤岛检测样式实例

对于文本、尺寸标注等特殊对象，如果在确定填充边界时也选择了它们，可以将它们作为填充边界的一部分。AutoCAD填充时，就会把这些对象作为孤岛而断开，如图10-28所示。

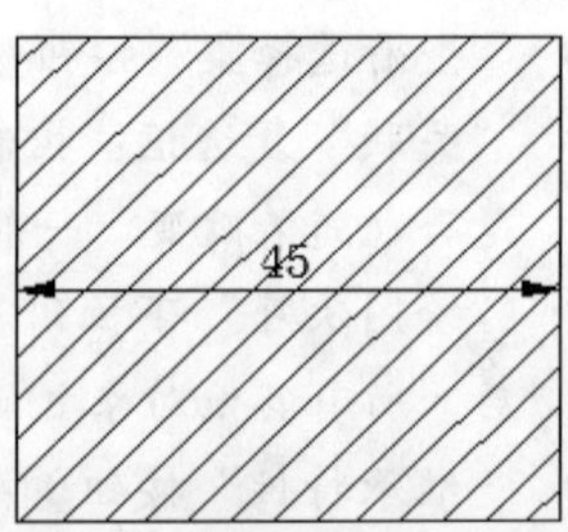

图10-28　填充区域有尺寸标注的实例

10.6 面域

在AutoCAD 2012中，将由某些对象围成的区域转换为面域，这些封闭区域可以是圆、椭圆、封闭的二维多段线、封闭的样条曲线等对象，也可以是圆弧、直线、椭圆弧、样条曲线等构成的封闭区域。

10.6.1 创建面域

创建面域的命令是：在菜单栏中选择“绘图”→“面域”命令。激活命令后，选择一个或多个用于转换面域的封闭图形，按【Enter】键后它即转换为了面域。因为圆、多边形等封闭图形属于线框模型，而面域属于实体模型，因此它们在选中时表现的形式也不同，图10-29为选中矩形与矩形面域时的效果。

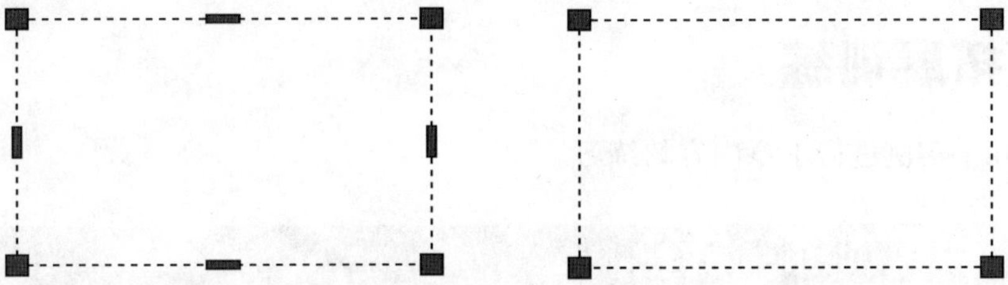

（a）原图　　　　（b）面域

图10-29　原图与创建面域后

对于面域的创建还有一种方式，那就是在菜单栏中选择“绘图”→“边界”命令，激活命令后，打开的“边界创建”对话框，也可以用于定义面域。此时，在“对象类型”下拉列表中可以选择“面域”选项，如图10-30所示。单击“确定”按钮后，创建的图形将是一个面域，而不是一个边界。

在AutoCAD中，面域是二维实体模型，它不但包含边的信息，还有边界内的信息。可以利用这些信息计算工程属性，如面积、质心、惯性等。

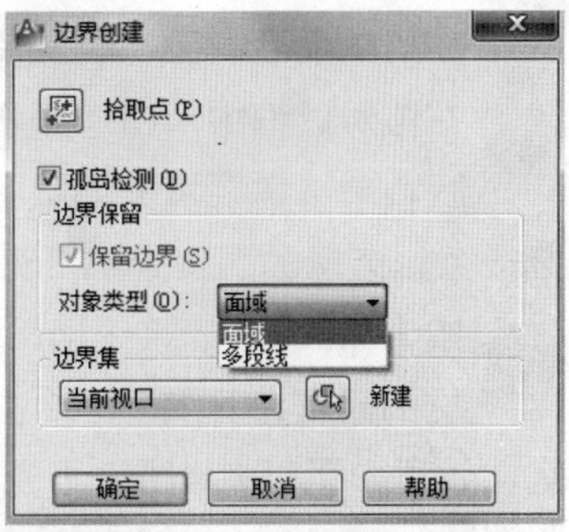

图10-30　“边界创建”对话框

10.6.2 对面域进行布尔运算

布尔运算是数学上的一种逻辑运算，在AutoCAD绘图中使用对提高绘图效率有很大的作用，尤其当绘制比较复杂的图形时。布尔运算的对象只包含实体和共面的面域，对于普通的线条图形对象无法使用布尔运算。

在AutoCAD 2012中，可以使用“修改”菜单中的相关命令对面域进行布尔运算。

- 并集：选择“修改”→“实体编辑”→“并集”命令，此时需要连续选择要进行并集操作的面域对象，直接按【Enter】键，即可将所选择的面域合为一个整体，如图10-31（b）所示。
- 交集：选择“修改”→“实体编辑”→“交集”命令，创建多个面域的交集即创建各个面域的公共部分，此时需要同时选择两个或两个以上的面域对象，然后按【Enter】键即可，如图10-31（d）所示。

- 差集：选择“修改”→“实体编辑”→“差集”命令，创建面域的差集，使用一个面域减掉另一个面域，如图10-31（c）所示。

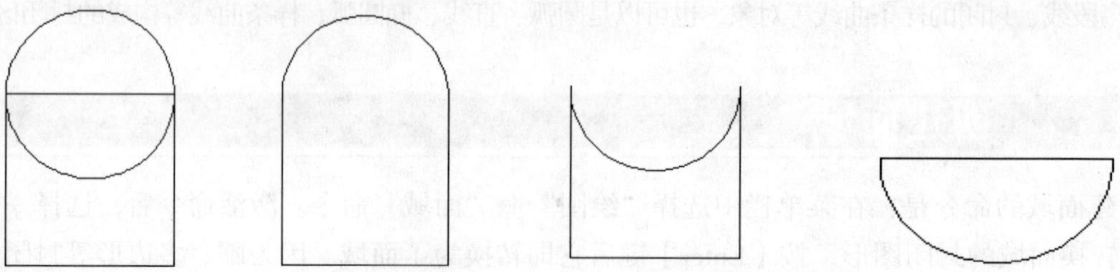

（a）原图　（b）并集　（c）差集　（d）交集

图10-31　面域的布尔运算

10.7 拓展训练

下面通过几个实例进行本章内容的练习。

10.7.1 初级训练：链轮

首先通过一个简单的例子来熟悉图案的填充。

01 打开“链轮.dwg”图形文件（光盘:\原始文件\第10章\链轮.dwg），在命令行窗口中执行BHATCH命令，弹出“图案填充和渐变色”对话框。

02 在该对话框中单击“边界”选项组的“添加：拾取点”按钮，如图10-32所示，返回绘图区，单击需要填充图案区域中的一点，如单击如图10-33所示的剖视图内需要填充区域内任选一点，选择的图案是ANSI31。

03 按【Space】键，返回“图案填充和渐变色”对话框，为了更好地查看效果，在“比例”下拉列表框中选择5，单击“确定”按钮关闭对话框，可以看到绘图区中的环形已填充了图案，效果如图10-34所示（光盘:\最终文件\第10章\链轮.dwg）。

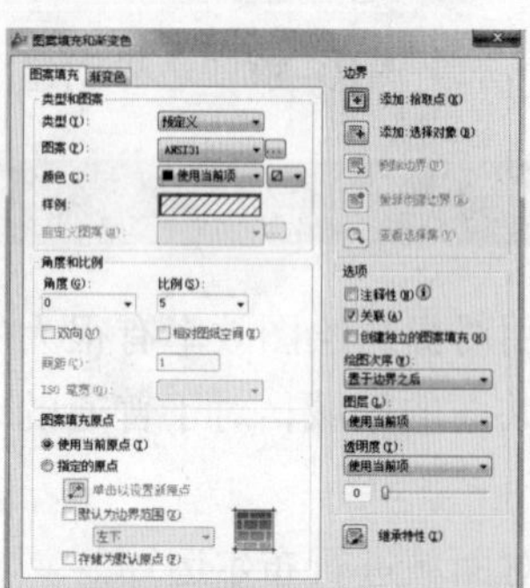

图10-32　“图案填充和渐变色”对话框

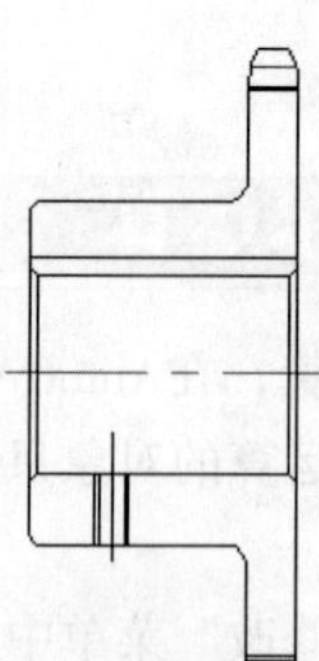

图10-33　原图

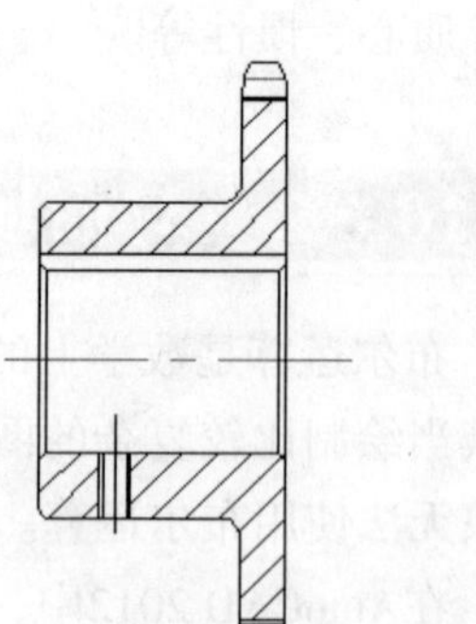

图10-34　填充后

10.7.2 进阶训练：齿轮

下面再用一个简单的例子讲解图案的编辑。

01 打开“齿轮.dwg”图形文件（光盘:\原始文件\第10章\齿轮.dwg），如图10-35所示，在命令行窗口中执行HATCHEDIT命令，具体操作过程如下:

命令: HATCHEDIT　　　　　　（执行HATCHEDIT命令）
选择关联填充对象:　　　　　（选择填充区域上要编辑的填充图案，然后按【Space】键）

02 弹出“图案填充编辑”对话框，如图10-36所示，单击“类型和图案”选项组中的…按钮，弹出“填充图案选项板”对话框。切换至“其他预定义”选项卡，在列表框中选择AISI31选项，然后单击“确定”按钮。

03 返回“图案填充和渐变色”对话框，在“比例”文本框中输入2，在“角度”下拉列表中选择90°。然后单击“确定”按钮，返回绘图区，即可看到完成填充的效果，如图10-37所示。

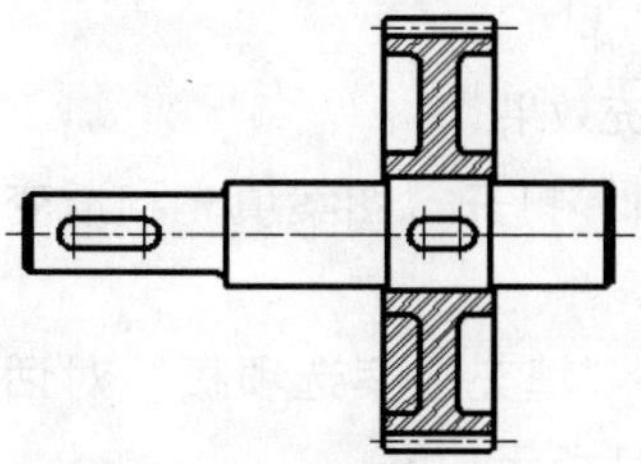

图10-35　原图

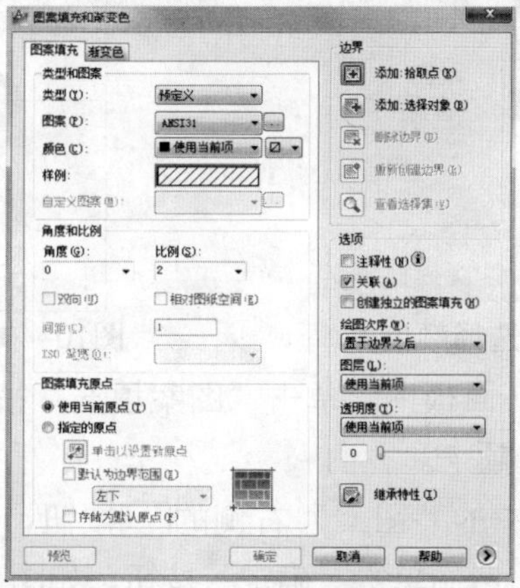

图10-36　更改图案

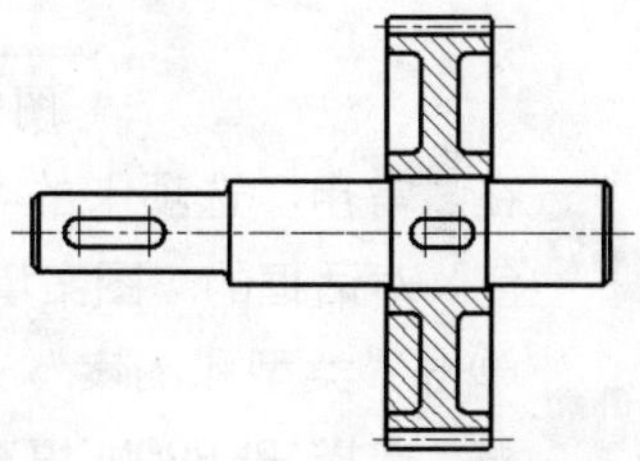

图10-37　更改后效果

04 在命令行窗口中执行TRIM命令，具体操作过程如下:

命令: TRIM　　　　　　　　（执行TRIM命令）
当前设置:投影=UCS，边=无　　（系统显示当前修剪设置）
选择剪切边...　　　　　　　（系统提示选择修剪边界）
选择对象: 找到 1个　　　　　（选择填充区域上的填充图案）
选择对象:　　　　　　　　　（按【Space】键结束选择对象）
选择要修剪的对象，或按住 Shift 键选择要延伸的对象，或 [投影(P)/边(E)/放弃(U)]:
　　　　　　　　　　　　　（选择要修剪的图形对象）
选择要修剪的对象，或按住 Shift 键选择要延伸的对象，或 [投影(P)/边(E)/放弃(U)]:　（修剪完成后，按【Space】键结束命令）

05 修剪完毕后效果如图10-38所示（光盘:\最终文件\第10章\齿轮.dwg）。

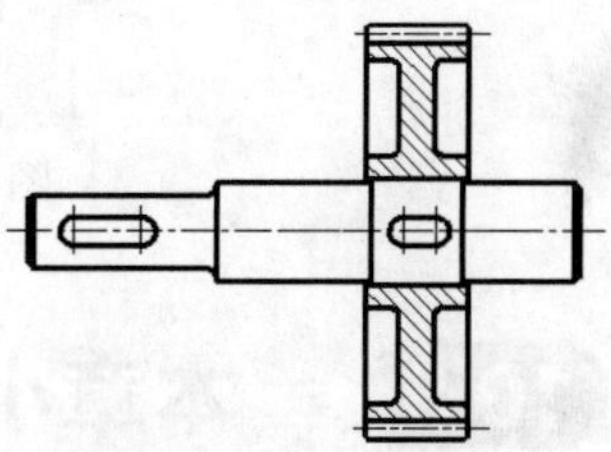

图10-38　修剪后的效果

10.7.3　提高训练：篮球场

01 打开“篮球场.dwg”图形文件（光盘:\原始文件\第10章\篮球场.dwg），并在命令行窗口中执行GRADIENT命令，打开“图案填充和渐变色”对话框的“渐变色”选项卡。

02 在“颜色”选项组中选择“单色”单选按钮，然后单击其下方的[...]按钮，弹出“选择颜色”对话框，默认打开“索引颜色”选项卡。

03 在索引颜色列表框中直接选择蓝色，然后单击“确定”按钮。

04 返回“图案填充和渐变色”对话框，如图10-39所示。单击“边界”选项组中的“添加：拾取点”按钮，返回绘图区，选择球场中间的圆部分，并且用滑块控制“明”和“暗”的程度，单击“确定”按钮完成如图10-40所示的渐变色填充。

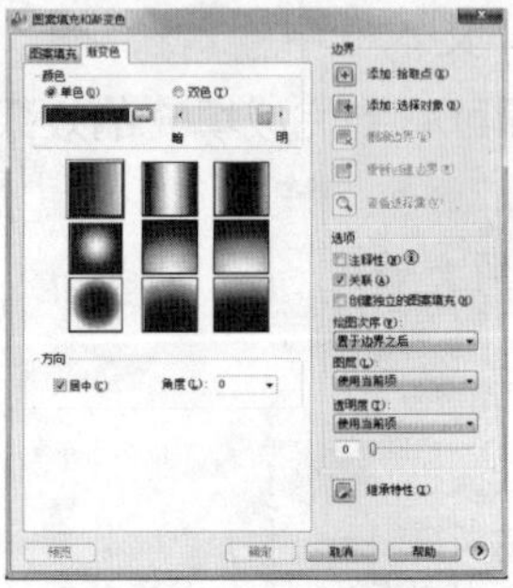

图10-39 选择颜色

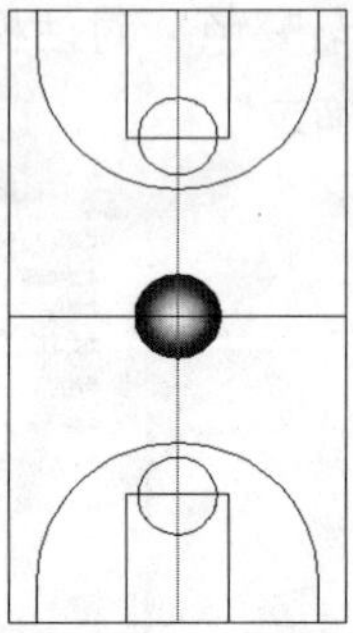

图10-40 填充效果

05 在“常用”选项卡的“绘图”面板中，单击“图案填充”按钮，打开“图案填充和渐变色”对话框的“图案填充”选项卡。

06 单击“类型和图案”选项组中的“图案”右侧的[...]按钮，弹出“填充图案选项板”对话框，选择AR-HBONE填充样式，然后单击“确定”按钮，如图10-41所示。

07 返回“图案填充和渐变色”对话框，单击“边界”选项组中的“添加：拾取点”按钮，返回绘图区，选择需要填充的图形为篮球场两端的矩形（三秒区）。按【Space】键返回对话框，单击“确定”按钮即可完成填充，填充后的效果如图10-42所示。

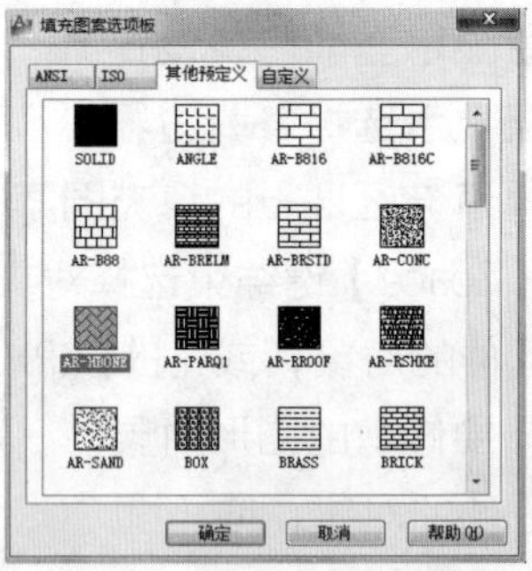

图10-41 选择填充图案

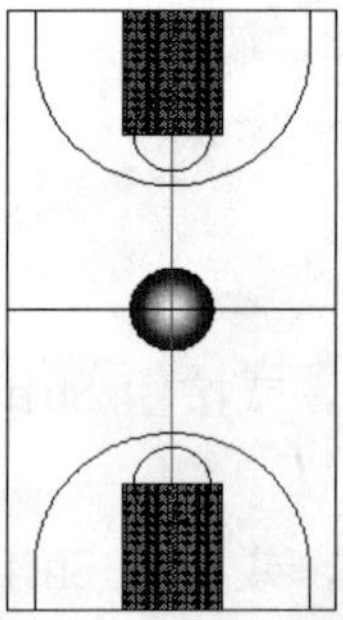

图10-42 填充后效果

10.8 本章小结

本章主要介绍了图案填充的相关内容及面域等知识。通过本章的学习，读者应该了解图案填充在工程中的应用及它的作用。图案的创建包含了很多内容，包括图案边界的选择、填充图案的选择等。通过对这些内容的学习，希望大家能熟练应用图案填充这个命令，同时为后续复杂图形的绘制打下坚实的基础。

第11章 文字输入与编辑

学习导航

对于一幅完整的工程图来说，不光有图形，还包含很多的相关文字说明，如技术要求、标题栏等，这就需要使用AutoCAD中的文字输入功能。本章将介绍文字格式的设置、如何输入文本等。

学习重点

- □ 学会设置文字格式
- □ 掌握特殊符号的输入方法
- □ 能熟练进行文字输入

本章将学习如何设置文字格式，输入文字及特殊符号，编辑文字等知识，这样使用户可以熟练掌握文本编辑及输入等功能。

11.1 文字样式设置

对于各个专业领域的绘图，按国家技术制图标准规定，文字的字体、字高等都有一定的标准。为了达到国家标准要求，在输入文字以前，首先设置文字样式或者调用已经设置好的文字样式。文字样式定义了字体、字高等文字特征。

11.1.1 新建文字样式

在新建文字注释之前，首先对文字样式的字体、字号、倾斜角度、方向和其他文字特性进行相关设置。调用“文字样式”命令的方法如下：

- 在“常用”选项卡的“注释”面板中，单击其旁边的▾按钮，在弹出的下拉列表中单击“文字样式”按钮A。
- 在“注释”选项卡的“文字”面板中，单击其右下角的↘按钮。
- 在命令行窗口中执行STYLE或ST命令。

新建文字样式的具体操作如下。

01 按照上面介绍的方法打开“文字样式”对话框，单击“新建”按钮，弹出“新建文字样式”对话框。在该对话框中的“样式名”文本框中输入样式名称，这里输入“零件图”，如图11-1所示，然后单击“确定”按钮。

02 返回“文字样式”对话框，在“字体”选项组中的“字体名”下拉列表中选择“新宋体”选项，在“高度”文本框中输入10，如图11-2所示。然后单击“应用”按钮，再单击“关闭”按钮，保存设置并关闭对话框，完成创建名为“零件图”的新文字样式。

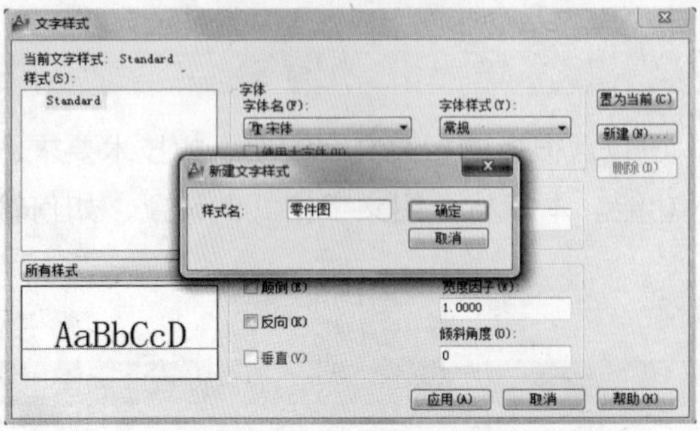

图11-1　新建文字样式

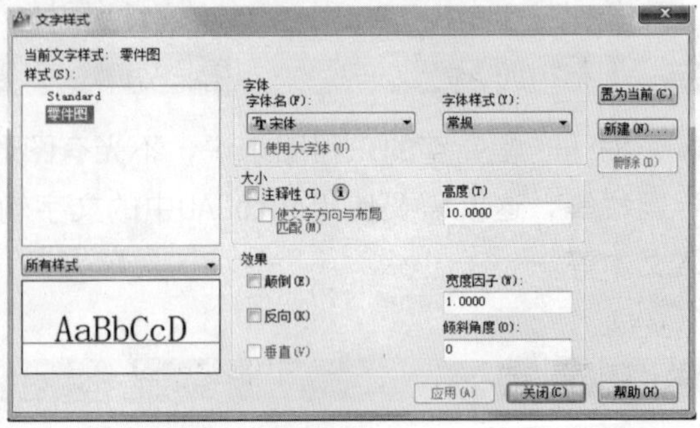

图11-2　设置文字高度

“文字样式”对话框中部分选项含义如下。

- “删除”按钮：删除指定的文本样式。
- 当前文字样式：显示当前正在使用的文字样式名称。
- 样式：该列表框显示图形中所有的文字样式。列表框中包括已定义的样式名并默认显示选择的当前样式。
- 样式列表过滤器：可以在该下拉列表中指定样式列表中显示所有样式还是仅显示使用中的样式。
- 预览：位于样式列表过滤器下方，该窗口随着字体的改变和效果的修改而动态显示样例文字的预览效果。
- “字体名”下拉列表：列出了AutoCAD自带的字体。
- “使用大字体”复选框：该复选框用于选择是否使用大字体。
- “大字体”下拉列表：该下拉列表显示了所有的大字体文字样式名称，用户可从中选择一个样式，使其成为当前样式。
- “高度”文本框：可在该文本框中输入字体的高度。如果用户在该文本框内指定了文字的高度，则使用Text（单行文字）命令时，系统将不提示“指定高度”选项。
- “颠倒”复选框：选择该复选框，可以将文字进行上下颠倒显示，该选项只影响单行文字。
- “反向”复选框：选择该复选框，可以将文字进行首尾反向显示，该选项只影响单行文字。
- “宽度因子”文本框：设置字符间距。输入小于1.0的值将紧缩文字，输入大于1.0的值则加宽文字。
- “倾斜角度”文本框：该文本框用于指定文字的倾斜角度。
- “应用”按钮：将对文本样式应用于当前文字。
- “关闭”按钮：关闭当前的对话框。

注意

指定文字倾斜角度时，如果角度值为正数，则其方向是向右倾斜；如果角度值为负数，则其方向是向左倾斜。

11.1.2 应用文字样式

AutoCAD 2012中，如果要应用某个文字样式，需将文字样式设置为当前文字样式，方法如下：

- 在“常用”选项卡的“注释”面板中，单击其中的▾按钮，再单击“文字样式”右侧的下拉按钮，选择要置为当前的文字样式，如图11-3所示。
- 在命令行窗口中执行STYLE命令，弹出“文字样式”对话框，在“样式”列表框中选择要置为当前的文字样式，单击“置为当前”按钮，如图11-4所示。然后单击“关闭”按钮，关闭该对话框。

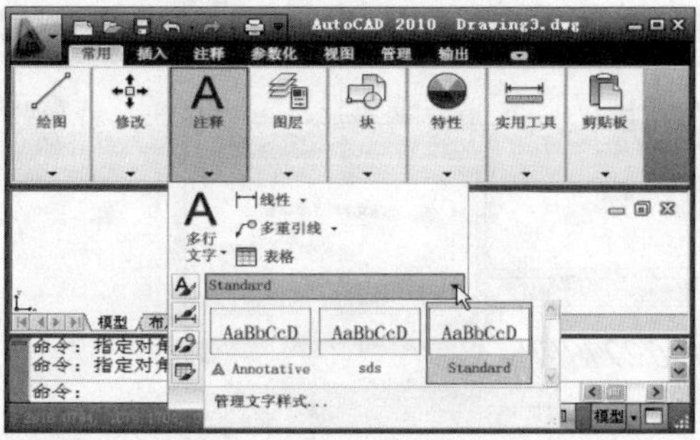

图11-3 打开文字样式

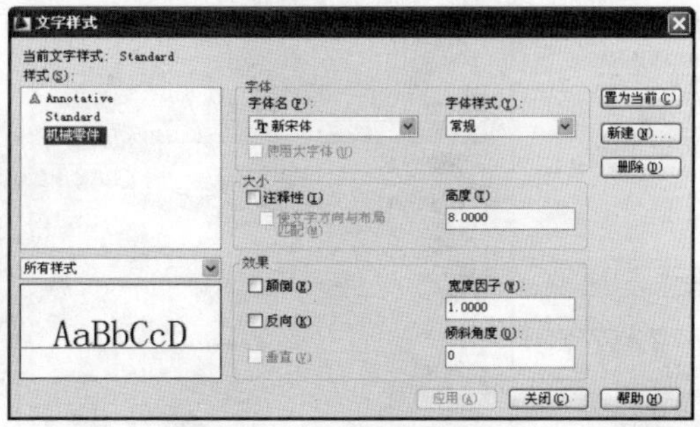

图11-4 设置文字样式

11.1.3 重命名文字样式

在文字样式的使用过程中，如果对文字样式名称的设置不满意，可以对其进行重命名操作，以方便查看和使用。注意，系统默认的Standard文字样式不能进行重命名操作。重命名文字样式有以下两种方式：

- 在命令行窗口中执行STYLE命令，弹出“文字样式”对话框，在“样式”列表框中右击要重命名的文字样式，从弹出的快捷菜单中选择“重命名”命令，如图11-5所示，此时被选择的文字样式名称呈可编辑状态。输入新的文字样式名称，按【Enter】键，确认重命名操作。
- 在命令行窗口中执行RENAME命令，弹出“重命名”对话框，在“命名对象”列表框中选择“文字样式”选项，在“项目”列表框中选择要修改的文字样式名称，如图11-6所示。然后在下方的空白文本框中输入新的名称，单击“确定”按钮或“重命名为”按钮即可。

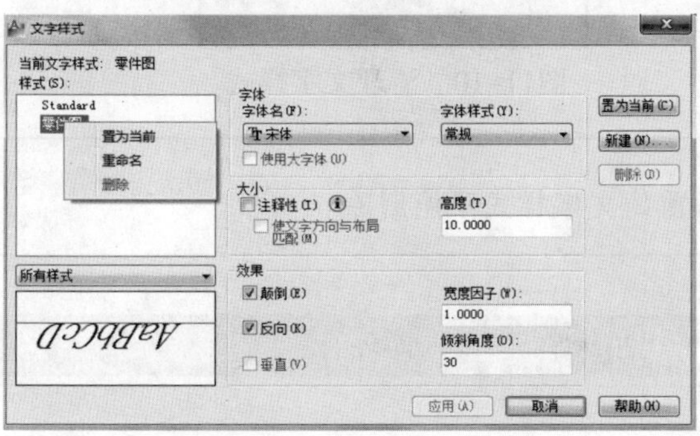

图11-5 重命名方式1

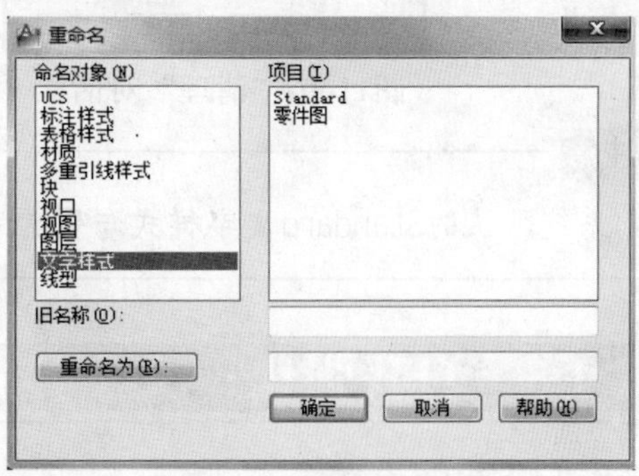

图11-6 重命名方式2

11.1.4 删除文字样式

对于已经创建过的文字样式，如果某个文字样式在图形中没有起到作用，可以将其删除，方法如下：

- 在命令行窗口中执行STYLE命令，弹出“文字样式”对话框，如图11-7所示。在“样式”列表框中选择要删除的文字样式，单击“删除”按钮，弹出如图11-8所示的“acad警告”对话框，单击“确定”按钮，即可删除当前选择的文字样式，返回“文字样式”对话框。然后单击“关闭”按钮，关闭该对话框。

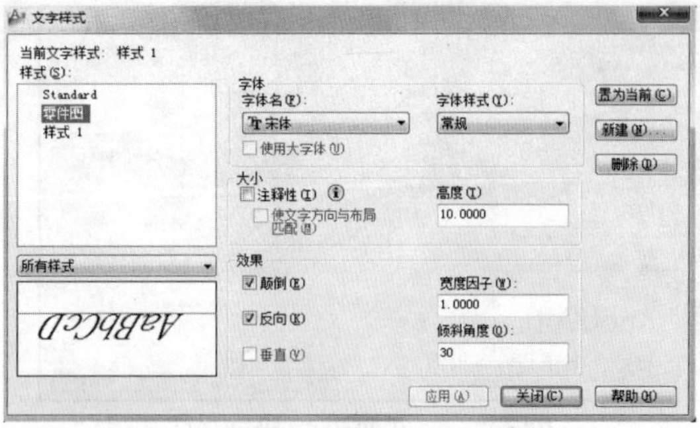

图11-7 选择删除对象

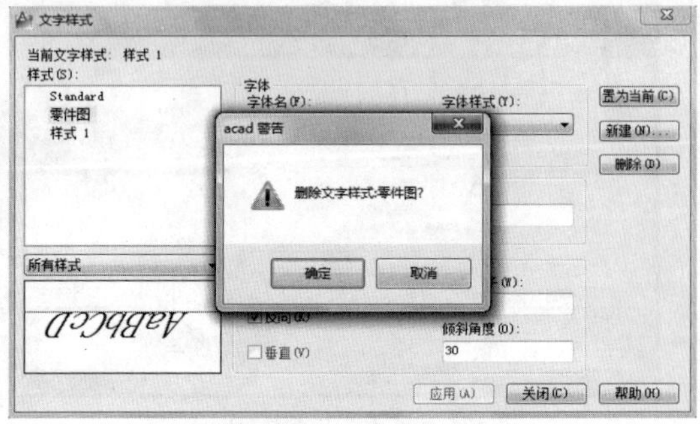

图11-8 提示信息

- 在命令行窗口中执行PURGE命令，弹出如图11-9所示的“清理”对话框。选择“查看能清理的项目”单选按钮，在“图形中未使用的项目”列表框中双击“文字样式”展开此项，将显示当前图形文件中的所有文字样式。选择要删除的文字样式，然后单击“清理”按钮即可，如图11-10所示。

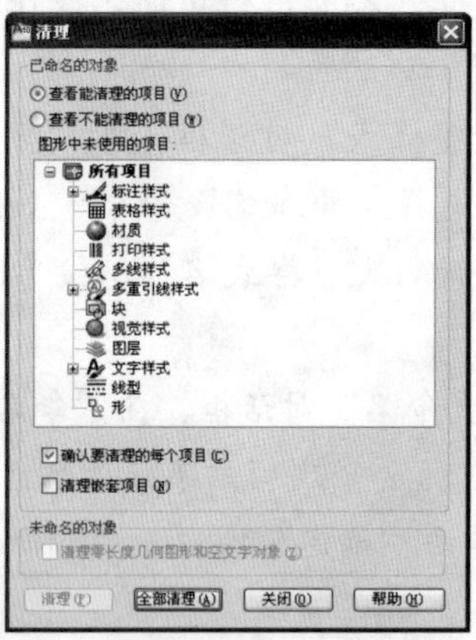

图11-9 “清理”对话框

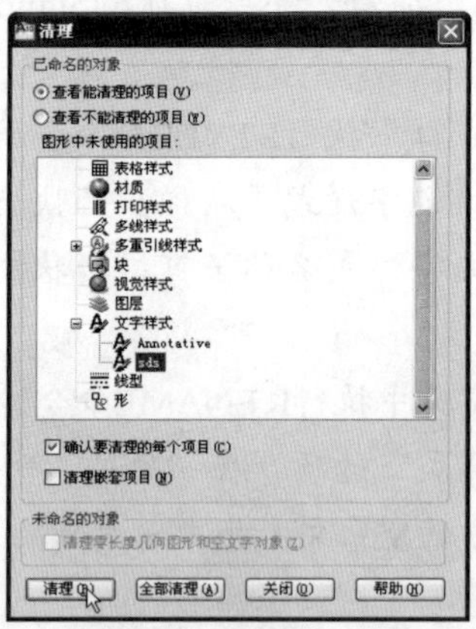

图11-10 清理文字样式

> **注意**
>
> 系统默认的Standard文字样式与置为当前的文字样式不能删除。

11.1.5 自我强化：文字样式编辑

操作步骤如下。

01 新建一个名为“文字样式.dwg”的文件。在菜单栏中选择“格式”→“文字样式”命令，打开“文字样式”对话框。单击“新建”按钮，弹出“新建文字样式”对话框。在该对话框中的“样式名”文本框中输入样式名称，这里输入“建筑图”，然后连续单击“新建”3次并默认系统设置的文本样式名，分别为“样式1、样式2、样式3”，然后单击“确定”按钮，如图11-11所示。

02 单击“建筑图”样式并单击“置为当前”按钮，在“字体”选项组中的“字体名”下拉列表中选择“宋体”选项，在“高度”文本框中输入20，其余默认，如图11-12所示，然后单击“应用”按钮。

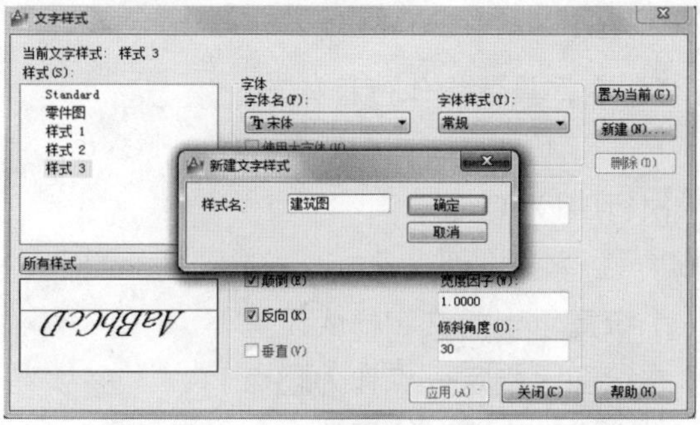

图11-11　新建文字样式

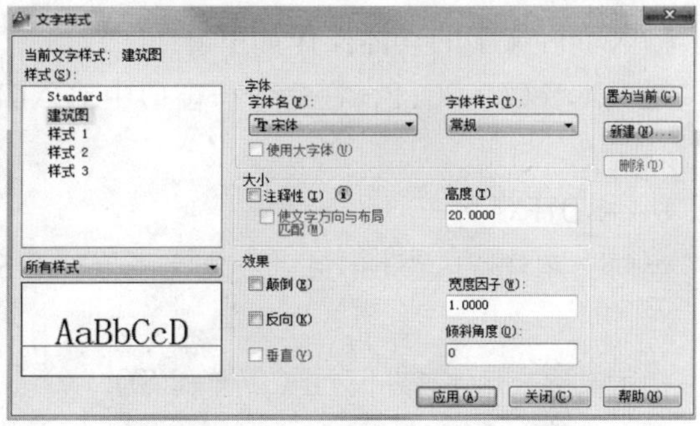

图11-12　设置文字高度

03 单击“样式1”样式并单击“置为当前”按钮，右击样式名，选择“重命名”，将“样式1”改为“机械图”，并在“字体”选项组的“字体名”下拉列表中选择“宋体”选项，在“高度”文本框中输入5，其余默认，然后单击“应用”按钮。

04 单击“样式2”样式并单击“置为当前”，右击样式名，选择“重命名”，将“样式2”改为“电路图”，并在“字体”选项组的“字体名”下拉列表中选择“宋体”选项，在“高度”文本框中输入15，其余默认，然后单击“应用”按钮。右击“样式3”，选择“删除”，将“样式3”删除，完成的效果如图11-13所示。

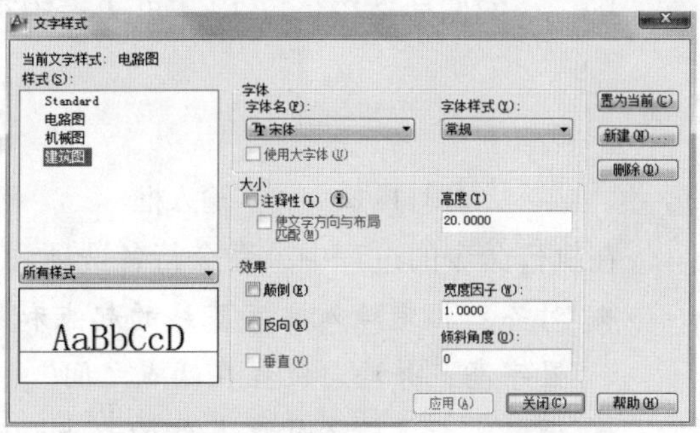

图11-13　最终文字样式效果

11.2 输入与编辑文字

文字样式设置完成以后，就可以使用相关命令在图形文件中输入文字了。在输入文字的过程中，用户可以根据绘图需要输入单行或多行文字。

11.2.1　输入与编辑单行文字

输入单行文字是指在输入文字信息时，用户可以使用单行文字工具创建一行或多行文字，但每行文字都是独立的文字对象。并且还可以对其进行相应的编辑操作，如重定位、调整格式或进行其他修改等。

1. 输入单行文字

单行文字主要用于不需要多种字体和多行文字的简短输入，输入单行文字的方法如下：

- 在“常用”选项卡的“注释”面板中，单击“多行文字”右侧的下拉按钮，在其下拉列表中单击“单行文字”按钮A|。
- 在“注释”选项卡的“文字”面板中，单击“多行文字”右侧的下拉按钮，在其下拉列表中单击“单行文字”按钮A|。
- 在命令行窗口中执行DTEXT或TEXT命令。

输入单行文字的具体操作如下。

01 启动AutoCAD 2012，在命令行窗口中输入DTEXT命令，具体操作过程如下：

命令：DTEXT	（执行DTEXT命令）
当前文字样式："Standard" 文字高度：2.5000 注释性：否	（系统提示当前文字样式设置）
指定文字的起点或 [对正(J)/样式(S)]:	（在绘图区指定一点作为起点）
指定高度 <2.5000>：10	（指定文字高度，这里输入文字高度值为10）
指定文字的旋转角度<0>:	（按【Space】键确认旋转角度为0）

02 绘图区内出现如图11-14所示的文字输入框，输入单行文字。这里输入“减速器箱体装配图”，然后连续两次按【Enter】键结束单行文字的输入。完成后的效果如图11-15所示。

图11-14 文字输入框

减速器箱体装配图

图11-15 文字效果

在执行命令的过程中，命令行各选项含义如下。

- 对齐：指定输入文字基线的起点和终点，使输入的文字在起点和终点之间重新按比例设置字高，并均匀放置在两点之间。
- 调整：指定输入文字基线的起点和终点，文字高度保持不变，使输入的文字在起点和终点之间均匀排列。
- 中心：指定一个坐标点，确定文字的高度和旋转角度，把输入的文字中心放在指定的坐标点。
- 中间：指定一个坐标点，确定文字的高度和旋转角度，把输入的文字中心和高度中心放在指定坐标点。
- 右：将文字右对齐，起始点在文本的右侧。
- 左上：指定标注文字左上角点。
- 中上：指定标注文字顶端中心点。
- 右上：指定标注文字右上角点。
- 左中：指定标注文字左端中心点。
- 正中：指定标注文字中央的中心点。

- 右中：指定标注文字右端中心点。
- 左下：指定标注文字左下角点，确定与水平方向的夹角为文本的旋转角度，过该点的直线就是标注文字中最低字符的基线。
- 中下：指定标注文字底端的中心点。
- 右下：指定标注文字右下角点。

注意

在输入单行文字时，如果输入的符号显示为“?”，则是由于当前字体库中没有该符号，只需将当前字体设置为txt.shx即可。

2. 编辑单行文字

输入单行文字后，还可以对其特性和内容进行编辑，有以下两种方法：

- 直接双击需要编辑的单行文字，待文字呈可输入状态时，输入正确的文字内容即可。
- 在命令行窗口中输入DDEDIT或ED命令。

编辑单行文字的具体操作如下。

01 打开“编辑文字.dwg”图形文件（光盘:\原始文件\第11章\编辑文字.dwg），在命令行窗口中执行DDEDIT命令，具体操作过程如下：

命令: DDEDIT	（执行DDEDIT命令）
选择注释对象或 [放弃(U)]:	（选择需要编辑的文字，如图11-16所示）
选择注释对象或 [放弃(U)]:	（输入正确的文本“箱体装配图”）
选择注释对象或 [放弃(U)]:	（连续两次按【Enter】键结束该命令，完成后的效果如图11-17所示）

图11-16 选择文字对象

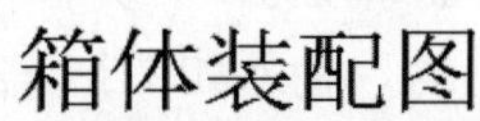

图11-17 编辑后

02 选择“箱体装配图”文字，按【Ctrl+1】组合键，打开“特性”选项板，在“常规”栏的“颜色”下拉列表中选择“红”，在“线宽”下拉列表中选择0.3mm，在“文字”栏的“旋转”文本框中输入45，如图11-18所示。

03 单击“特性”选项板左上角的“关闭”按钮✕，返回绘图区，按【Esc】键取消文字的选择状态。

04 此时可以看到单行文字的位置和高度等都发生了变化，编辑后的效果如图11-19所示（光盘:\最终文件\第11章\编辑文字.dwg）。

图11-18 “特性”选项板

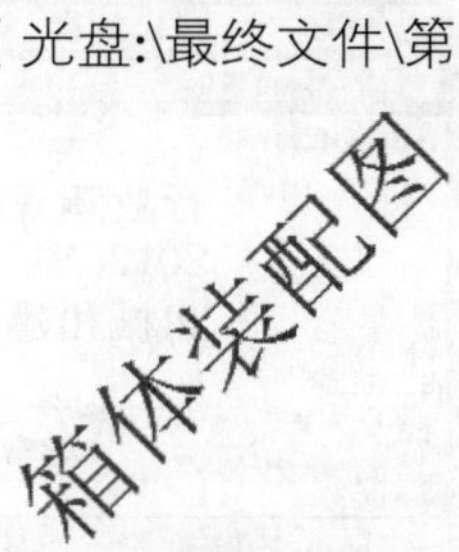

图11-19 编辑效果图

11.2.2 输入与编辑多行文字

输入多行文字是指在输入文字信息时，可以将若干文字段落创建为单个多行文字对象。当然，多行文字也是可以进行编辑的。

1. 输入多行文字

多行文字适用于较多或较复杂的文字注释，调用该命令的方法如下：

- 在“常用”选项卡的“注释”面板中，单击“多行文字”按钮A。
- 在“注释”选项卡的“文字”面板中，单击“多行文字”按钮A。
- 在命令行窗口中执行MTEXT、MT或T命令。

输入多行文字的具体操作如下。

01 启动AutoCAD 2012，在命令行窗口中执行T命令，具体操作过程如下：

命令：T　　　　　　　　　　　　　　（执行T命令）
当前文字样式："Standard"　当前文字高度：2.5
　　　　　　　　　　　　　　　　　（系统显示当前文字样式及文字高度）
指定第一角点：　　　　　　　　　　　（在绘图区任意位置拾取一点）
指定对角点或［高度(H)/对正(J)/行距(L)/旋转(R)/样式(S)/宽度(W)]：
　　　　　　　　　　　　　　　　　（呈对角拖动鼠标，绘制文本框）

02 自动启动“文字编辑器”选项卡，绘图区内出现如图11-20所示的文本框，在文本框中输入需要创建的文字。这里输入“行业新规范”，并按【Enter】键换行。

03 按照相同的方法，输入如图11-21所示的文本内容，在“文字编辑器”选项卡的“关闭”面板中单击“关闭文字编辑器”按钮✖，退出多行文字输入状态，返回绘图区，即可看到输入文字后的效果，如图11-22所示。

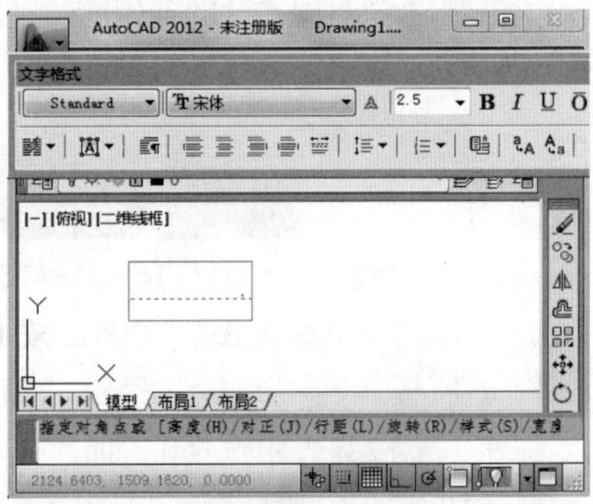

图11-20　文本框

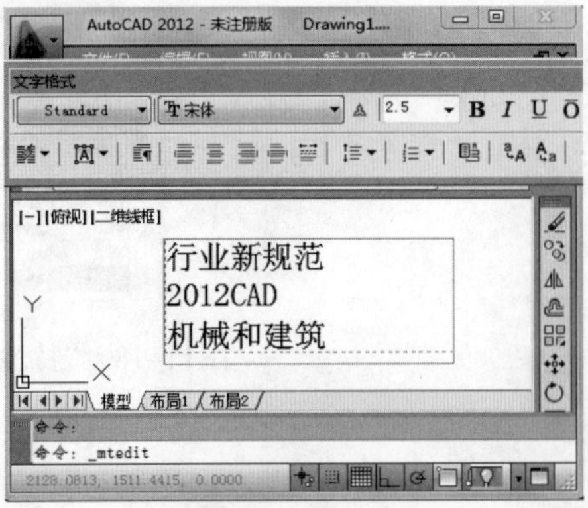

图11-21　输入文字

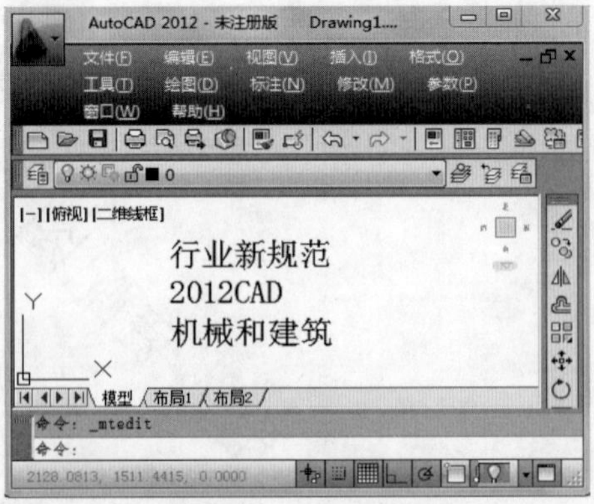

图11-22　文本效果图

在执行命令的过程中，命令行各选项含义如下。

- 高度：指定所要创建的多行文字的高度。
- 对正：指定多行文字的对齐方式，与创建单行文字时的该选项功能相同。
- 行距：当创建两行以上的多行文字时，可以设置多行文字的行间距。
- 旋转：设置多行文字的旋转角度。
- 样式：指定多行文字要采用的文字样式。
- 宽度：设置多行文字所能显示的单行文字宽度。

2. 编辑多行文字

输入多行文字后，如发现输入的文字内容有误或需要添加某些特殊内容时，可以对输入的文本进行编辑，方法有以下4种：

- 在菜单栏中选择“修改”→“对象”→“文字”→“编辑”命令。
- 选择要编辑的多行文字，右击，在弹出的快捷菜单中选择“编辑多行文字”命令。
- 双击需要编辑的多行文字。
- 在命令行窗口中执行MTEDIT、DDEDIT或ED命令。

编辑多行文字的具体操作如下。

01 打开“多行文字.dwg”图形文件（光盘:\原始文件\第11章\多行文字.dwg），如图11-23所示，在命令行窗口中执行ED命令，具体操作过程如下：

命令：ED　　（执行ED命令）

选择注释对象或 [放弃(U)]：　　（选择要编辑的多行文字对象，并自动打开“文字编辑器”选项卡，此时可以对文字内容进行修改，在文本框中选择“行业新规范”文本内容，在“文字编辑器”选项卡的“格式”面板中，单击“I”按钮，如图11-24所示。按照相同的方法设置“2012CAD”和“机械和建筑”）

选择注释对象或 [放弃(U)]：　　（在“文字编辑器”选项卡的“关闭”面板中，单击“关闭文字编辑器”按钮，退出编辑多行文字）

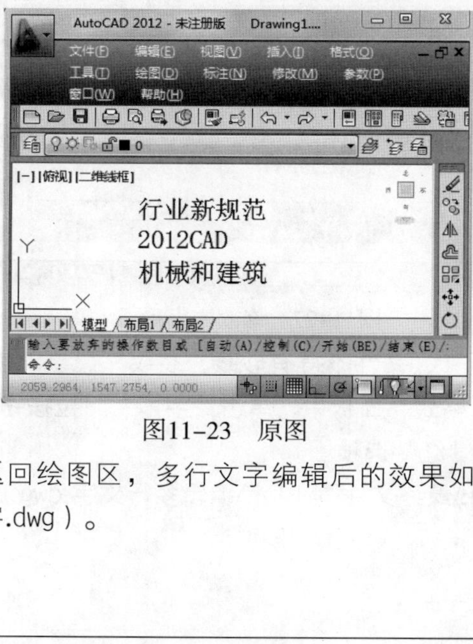

图11-23　原图

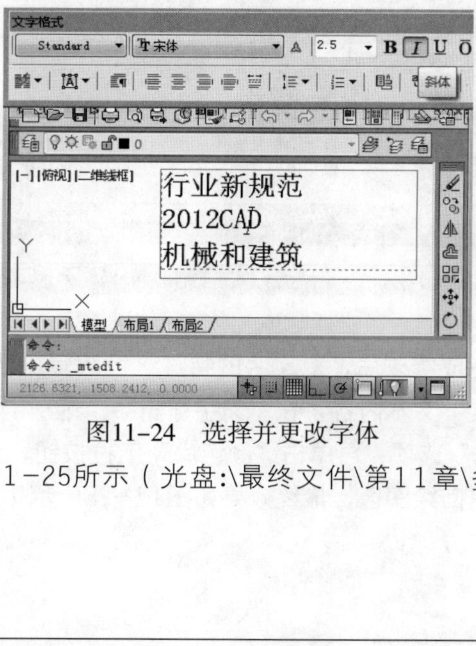

图11-24　选择并更改字体

02 返回绘图区，多行文字编辑后的效果如图11-25所示（光盘:\最终文件\第11章\多行文字.dwg）。

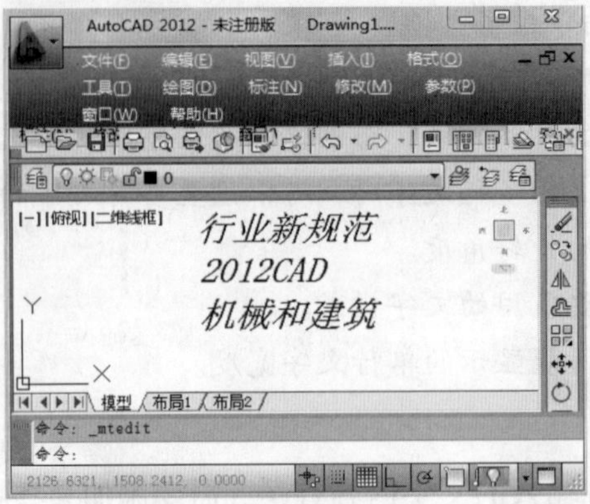

图11-25 更改后效果

> **注意**
>
> 双击需要编辑的文字，系统直接进入编辑状态。另外，编辑一个文字对象后，系统将继续提示“选择注释对象或［放弃（U）］：”，用户可以继续编辑其他文字，直至按【Enter】键或【Esc】键退出命令为止。

11.2.3 自我强化：编辑多行文字

下面通过实例综合练习本节所讲知识。

01 打开名为“编辑多行文字.dwg”的图形文件（光盘:\原始文件\第11章\编辑多行文字.dwg），如图11-26所示。双击绘图区中的文字内容，启动“文字编辑器”选项卡，此时可以对文字内容进行编辑，将多行文字中的“一”、“二”修改成“1”、“2”，修改后的效果如图11-27所示。

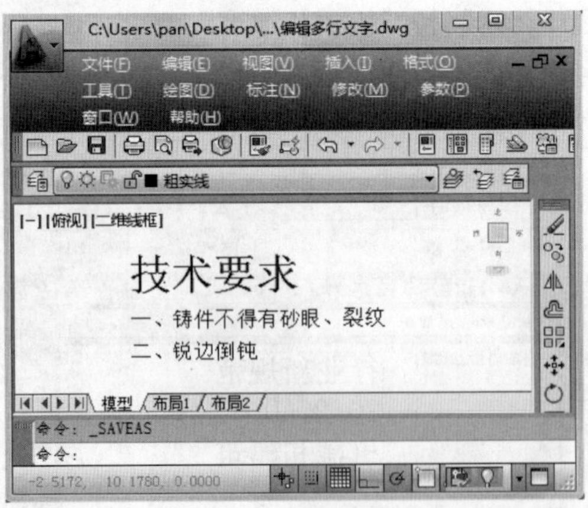

图11-26 原文字效果

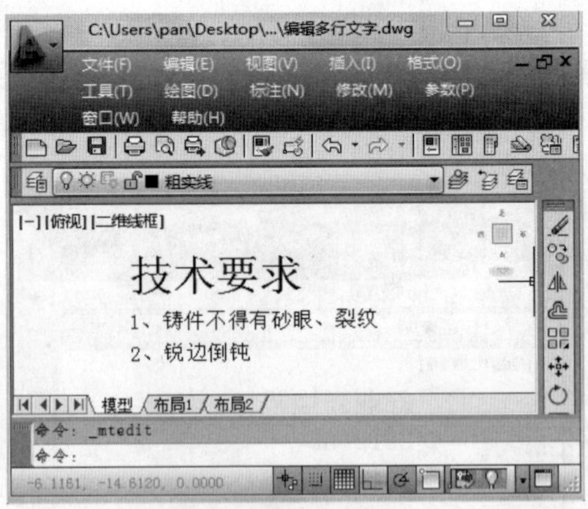

图11-27 修改文字后

02 完成修改后，对文字的特性进行编辑。选择“1、铸件不得有砂眼、裂纹”、“2、锐边倒钝”文本内容，在“文字编辑器”选项卡的“格式”面板中，单击“字体”下拉按钮，选择“黑体”选项；再单击“颜色库”下拉按钮，选择“红”选项。

03 返回绘图区，最终效果如图11-28所示（光盘:\最终文件\第11章\编辑多行文字.dwg）。

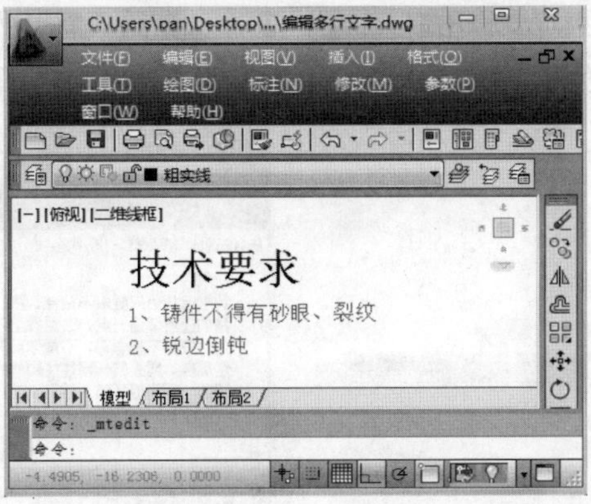

图11-28　最终效果图

11.3 查找与替换

与Word文档类似，在AutoCAD中输入的文字内容过多时，为了方便修改，用户可以通过AutoCAD的查找与替换功能对其进行检测，调用该命令的方法如下：

- 在“注释”选项卡的“文字”面板中，在“查找文字”文本框中输入要查找的文本，然后单击按钮。
- 双击需要查找与替换的文本，启动“文字编辑器”选项卡，在“工具”面板单击“查找和替换”按钮。
- 在命令行窗口中执行FIND命令。

查找与替换文本的具体操作如下。

01 打开“查找与替换.dwg”图形文件（光盘:\原始文件\第11章\查找与替换.dwg），如图11-29所示。在命令行窗口中执行FIND命令，弹出“查找和替换”对话框。

02 在“查找内容”文本框中输入“惨”，在“替换为”文本框中输入“残”，在“查找位置”下拉列表中选择“整个图形”选项，如图11-30所示，然后单击“查找”按钮。

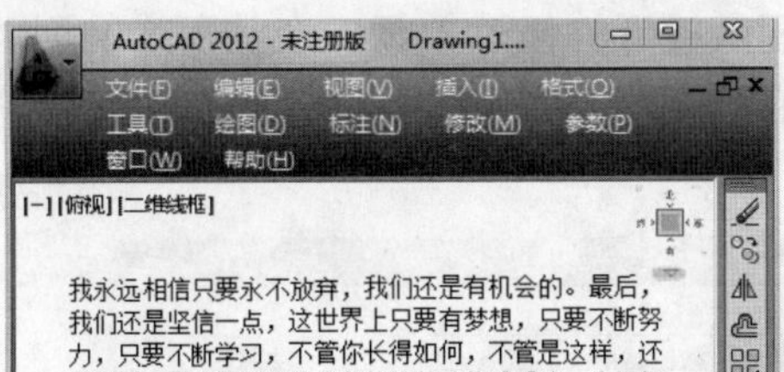

图11-29　原文本

图11-30　查找文本

03 此时绘图区的多行文字呈灰底显示，查找到的字呈墨绿底显示。单击“替换”按钮，系统将弹出如图11-31所示的对话框，单击“确定”按钮。

04 返回“查找和替换”对话框，单击“完成”按钮。在绘图区中可以看到文字中的“惨”文本内容被替换成“残”，效果如图11-32所示（光盘:\最终文件\第11章\查找与替换.dwg）。

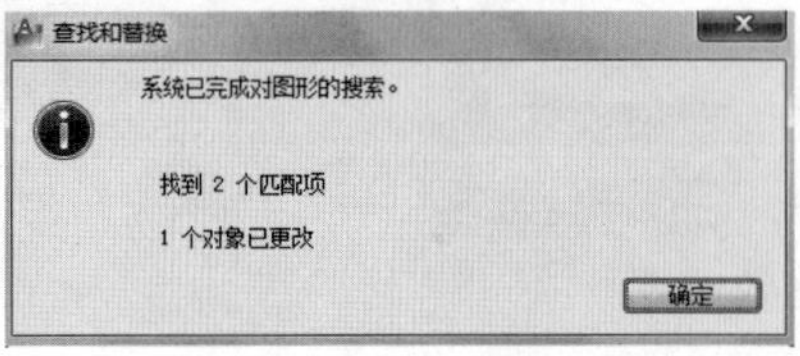

图11-31　查找和替换

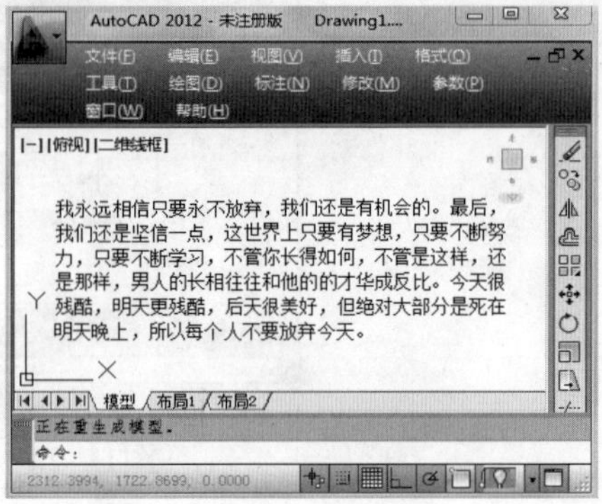

图11-32　最终效果文本

11.4 检查

有时候，人为输入文本准确率不是那么高。为了提高文本的准确度，输入文本内容后，可以使用AutoCAD提供的拼写检查功能对其进行检查。如果文本中出现错误，系统会建议对其进行修改。调用该命令的方法如下：

- 在“注释”选项卡的“文字”面板中，单击“拼写检查”按钮。
- 双击需要进行拼写检查的文本，启动“文字编辑器”选项卡，在“拼写检查”面板中单击“拼写检查”按钮。
- 在命令行窗口中执行SPELL命令。

对文本进行拼写检查的具体操作如下。

01 打开“拼写检查.dwg”图形文件（光盘:\原始文件\第11章\拼写检查.dwg），如图11-33所示，在命令行窗口中执行SPELL命令，弹出“拼写检查”对话框。

02 单击“开始”按钮，系统自动进行拼写检查，在“不在词典中”文本框中显示错误的单词immpossible，在“建议”文本框中将给出与原单词最接近的修改单词，在其下方的列表框中，系统还提供了很多建议修改方式供用户选择，这里保持默认修改建议，单击“修改”按钮，如图11-34所示。

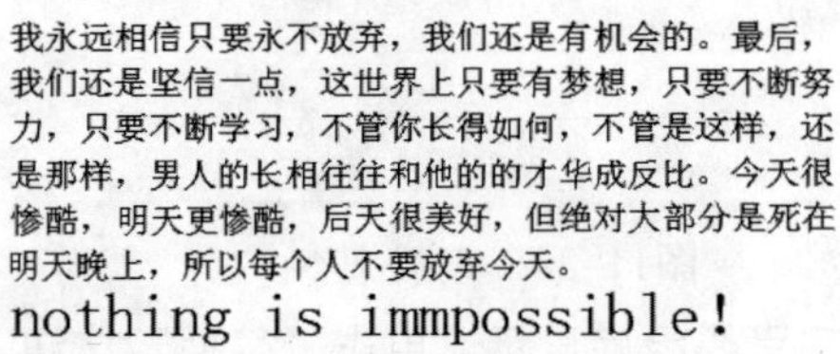

图11-33　原文本

图11-34　提示修改信息

03 弹出如图11-35所示的对话框，提示拼写检查完成，单击“确定”按钮，返回“拼写检查”对话框，单击“关闭”按钮。

04 返回绘图区，即可看到文本中错误的immpossible单词被修改成impossible，效果如图11-36所示（光盘:\最终文件\第11章\拼写检查.dwg）。

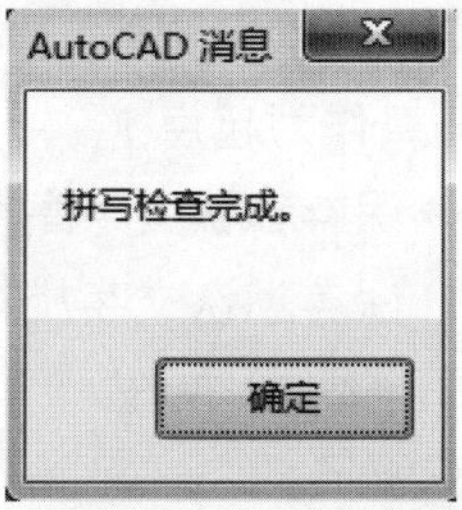

图11-35　完成信息

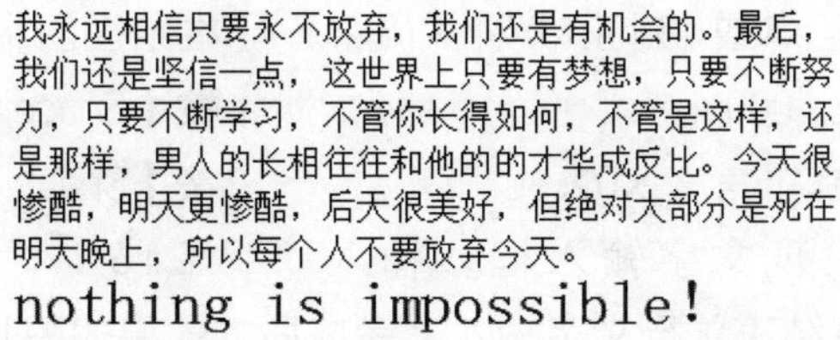

图11-36　修改完成

“拼写检查”对话框中各选项的含义如下。

- “不在词典中”文本框：显示查找到的拼写有误的单词。
- “建议”文本框：显示当前词典中建议的替换词列表，可从中选择一个替换词或输入一个替换词。
- “添加到词典”按钮：将当前词语添加到自定义词典中。
- “忽略”按钮：单击该按钮，将不更改当前查找到的词语。
- “全部忽略”按钮：单击该按钮，将跳过所有与“当前词语”相同的词语。
- “修改”按钮：单击该按钮，将以“建议”文本框中的词语替换拼写有误的词语。
- “部修改”按钮：单击该按钮，将以“建议”文本框中的词语替换所有与当前词语相同的词语。

11.5 输入特殊符号

AutoCAD中，工程图的标注不仅仅需要数值，在标注文字说明时，有时需要输入一些特殊字符，如上划线、下划线、度数、±、ϕ等。用户可以利用AutoCAD提供的控制符进行输入。

1. 通过控制码或统一码输入

在标注文字说明时，如需输入下划线（_）、度数（°）和正负号（±）等特殊符号，用户可以使用相应的控制码输入，其控制码的输入和说明如表11-1所示。

表11-1　控制码表

控制码	特殊字符	说 明
%%p	±	正负号
%%0	‾	上划线
%%c	ϕ	直径符号
%%d	°	度
%%u	_	下划线

下面使用单行文字命令创建文本标注，练习控制码的输入，具体操作如下。

01 启动AutoCAD 2012，在命令行窗口中输入DTEXT命令，具体操作过程如下：

命令：DTEXT　（执行DTEXT命令）
当前文字样式："Standard"　文字高度：2.5000　注释性：否
　（系统提示当前文字样式设置）
指定文字的起点或 [对正(J)/样式(S)]：　（在绘图区指定一点作为起点）
指定高度 <2.5000>：　（按【Space】键，保存默认文字高度不变）
指定文字的旋转角度 <0>：　（按【Space】键，保存默认文字旋转角度）

02 绘图区内出现文字输入框，输入“%%C45”，然后连续两次按【Enter】键结束单行文字输入，完成后的效果如图11-37所示。

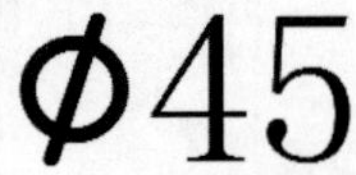

图11-37　效果文本

2. 通过“文字编辑器”选项卡插入特殊符号

在输入多行文字时，在“文字编辑器”选项卡的“插入”面板，单击“符号”按钮@，也可以插入特殊符号，具体操作如下。

01 在命令行窗口中执行T命令，具体操作过程如下：

命令：T　（执行T命令）
当前文字样式:"Standard"　当前文字高度:2.5　（系统显示当前文字样式及文字高度）
指定第一角点：　（在绘图区任意位置拾取一点）
指定对角点或 [高度(H)/对正(J)/行距(L)/旋转(R)/样式(S)/宽度(W)]：
　（呈对角拖动鼠标，绘制文本框）

02 启动“文字编辑器”选项卡，绘图区内出现文本框，在文本框中输入需要创建的文字，这里输入如图11-38所示的文本内容。

03 将鼠标光标定位到“符号”文本内容后，在“文字编辑器”选项卡的“插入”面板中，单击“符号”按钮@，在弹出的下拉列表中选择“直径”选项和“度数”选项，如图11-39所示。返回绘图区，即可看到在文字说明中插入了“ϕ”和“°”特殊符号，效果如图11-40所示（光盘:\最终文件\第11章\特殊符号.dwg）。

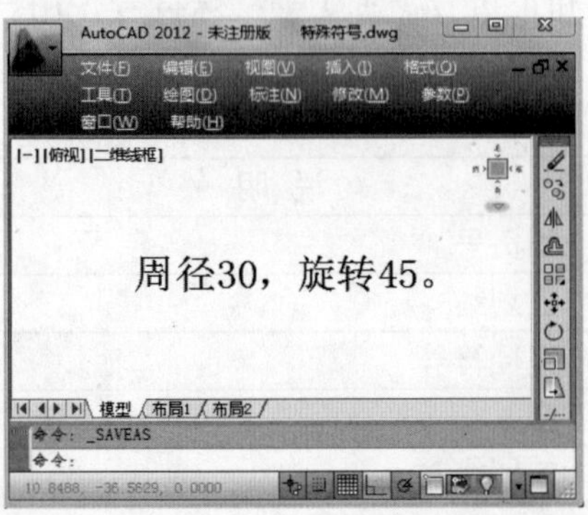

图11-38　文字

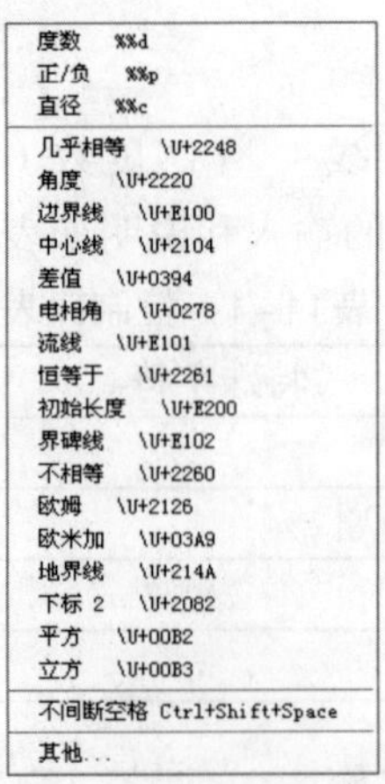

图11-39　符号列表

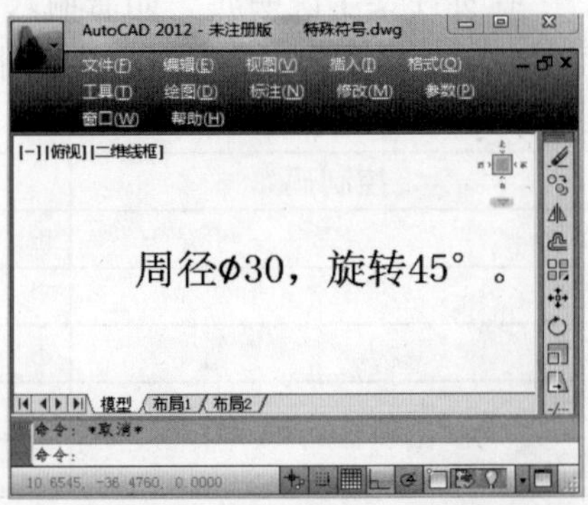

图11-40　特殊符号效果

11.6 拓展训练

下面我们将通过几个例子来将文字输入以及特殊符号的输入等命令应用到实际工程图中，达到学以致用的目的。

11.6.1　初级训练：输入和编辑文字

首先输入如图11-41所示的一段文字，来熟悉多行文字的输入。

技术要求

1. 铸件不得有砂眼、裂纹。
2. 未注圆角R3。
3. 未注倒角1X1。
4. 直径25轴线的端面圆跳动公差为0.02mm。

图11-41　文本

01 启动AutoCAD 2012，在命令行窗口中执行T命令，具体操作过程如下：

命令：T　　（执行T命令）
当前文字样式："Standard"　当前文字高度:2.5　　（系统显示当前文字样式及文字高度）
指定第一角点：　　（在绘图区任意位置拾取一点）
指定对角点或 [高度(H)/对正(J)/行距(L)/旋转(R)/样式(S)/宽度(W)]:
（呈对角拖动鼠标，绘制文本框）

02 自动启动“文字编辑器”选项卡，绘图区内出现如图11-42所示的文本框，在文本框中输入需要创建的文字（如图11-41所示），并按【Enter】键换行。

03 将所有文字内容输入完毕后，在“文字编辑器”选项卡的“关闭”面板中单击“关闭文字编辑器”按钮，退出多行文字输入状态，返回绘图区，即可看到输入文字后的效果，如图11-43所示。

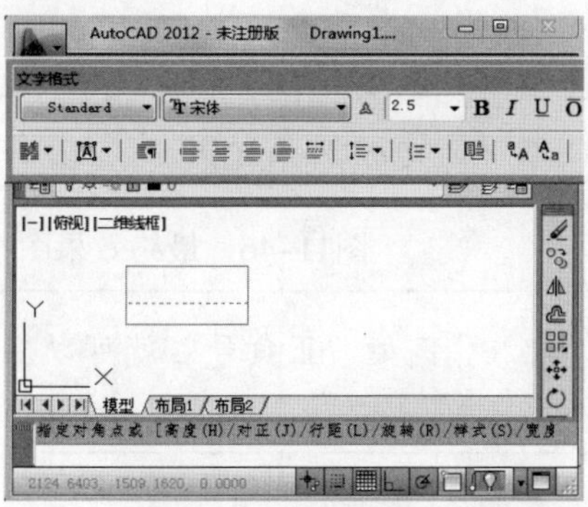

图11-42　文本框

技术要求

1. 铸件不得有砂眼、裂纹。
2. 未注圆角R3。
3. 未注倒角1X1。
4. 直径25轴线的端面圆跳动公差为0.02mm。

图11-43　输入文字

04 在绘图区双击文字区域，对文字的特性进行编辑。选择“技术要求”文本，在“文字编辑器”选项卡的“格式”面板中，单击“颜色”下拉按钮，选择“红色”选项，完成的最终效果图如图11-41所示（光盘:\最终文件\第11章\文字训练1.dwg）。

11.6.2 进阶训练：生成字符串

生成字符串4 × Φ8 ± 0.02，具体步骤如下。

01 启动AutoCAD 2012，在命令行窗口中执行T命令，具体操作过程如下：

命令：T （执行T命令）
当前文字样式："Standard" 当前文字高度:2.5 （系统显示当前文字样式及文字高度）
指定第一角点: （在绘图区任意位置拾取一点）
指定对角点或 [高度(H)/对正(J)/行距(L)/旋转(R)/样式(S)/宽度(W)]:
（呈对角拖动鼠标，绘制文本框）

02 自动启动“文字编辑器”选项卡，绘图区内出现如图11-44所示的文本框，在文本框中输入需要创建的文字4、8、0.02。

03 将所有文字内容输入完毕后，将光标定位在4后面，单击“符号”按钮，在弹出的下拉列表中单击“其他”，打开“字符映射表”对话框，选择字体为“宋体”，如图11-45所示。

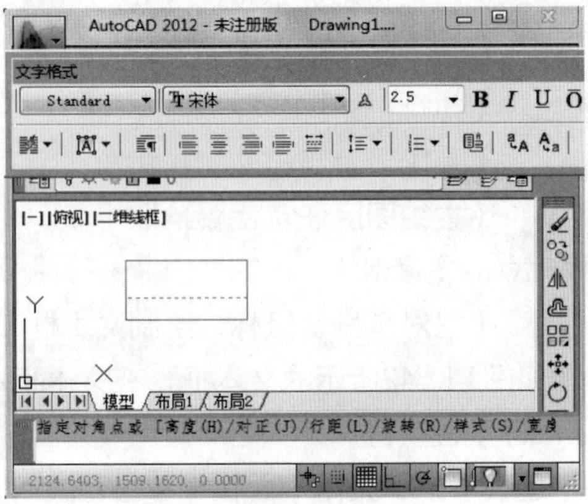

图11-44 文本框

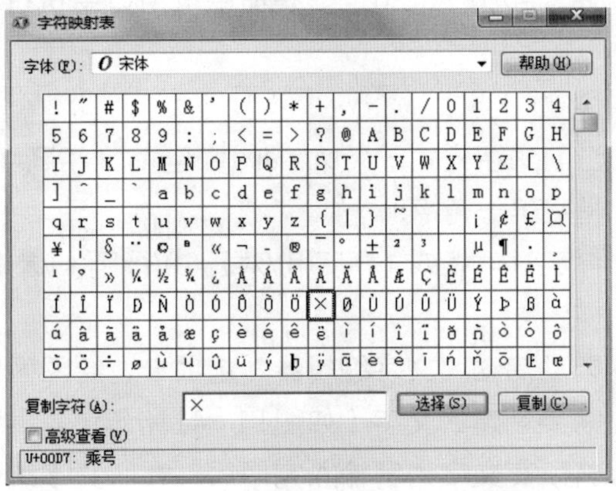

图11-45 “字符映射表”对话框

04 在符号列表中选择“X”符号，单击“选择”按钮后，单击“复制”按钮，返回文字编辑区，单击右键。在快捷菜单中选择“粘贴”选项。

05 同样的方法，再在符号列表中选择“直径”选项和“正负号”选项，加载完特殊符号后退出文字编辑，完成的最终效果图如图11-46所示（光盘:\最终文件\第11章\文字训练2.dwg）。

4×Φ8±0.02

图11-46 最终效果图

注意

特殊符号也可以用AutoCAD提供的特殊符号代码进行输入。例如“正负号”就可以应用“%%p”组合，这样更快捷。

11.6.3 提高训练：皮带轮

01 打开“文字训练3-皮带轮.dwg”图形文件（光盘:\原始文件\第11章\文字训练3-皮带轮.dwg），为了使图形对象的显示更加明确，在其图形下方为其命名。在命令行窗口中执行

DTEXT命令，具体操作过程如下：

命令：DTEXT　　（执行DTEXT命令）
当前文字样式："Standard"　文字高度：2.5000　注释性：否
　　（系统提示当前文字样式设置）
指定文字的起点或 [对正(J)/样式(S)]:　　（在如图11-47所示的矩形框内输入文字）
指定高度 <2.5000>: 8　　（指定文字高度，这里输入文字高度值8）
指定文字的旋转角度<0>:　　（按【Space】键确认旋转角度为0）

02 绘图区内出现文字输入框，输入“皮带轮”，然后连续两次按【Enter】键结束单行文字的输入，输入后的效果如图11-48所示。

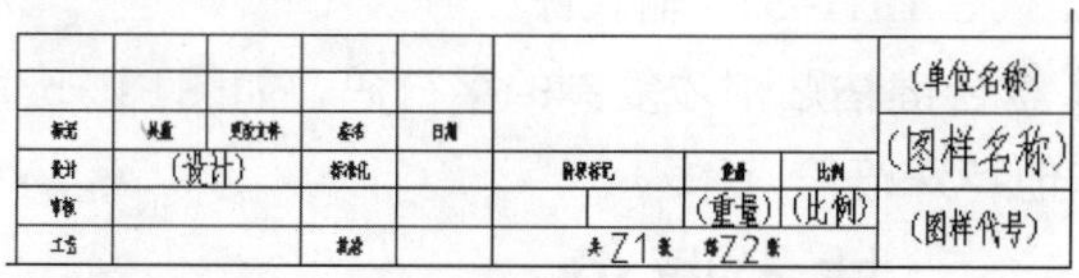

图11-47　选择文本输入位置

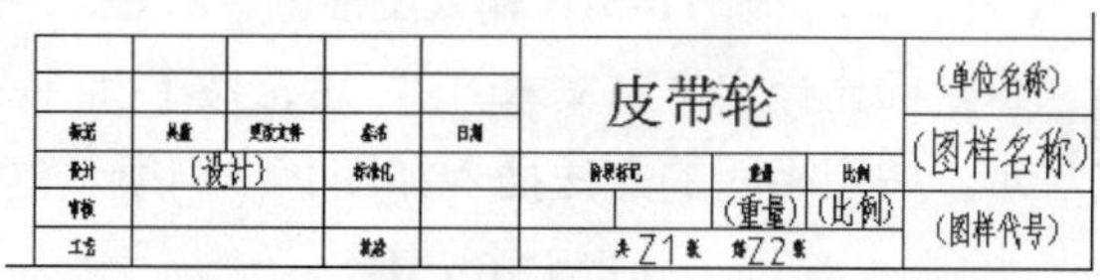

图11-48　文字输入效果

03 完成命名后，在图形对象的右下方创建技术说明。在命令行窗口中执行T命令，具体操作过程如下：

命令：T　　（执行T命令）
当前文字样式："Standard"　当前文字高度：2.5　　（系统显示当前文字样式及文字高度）
指定第一角点：　　（单击如图11-49所示的A点作为第一角点）
指定对角点或 [高度(H)/对正(J)/行距(L)/旋转(R)/样式(S)/宽度(W)]:
　　（呈对角拖动鼠标并单击绘制输入框，如图11-50所示）

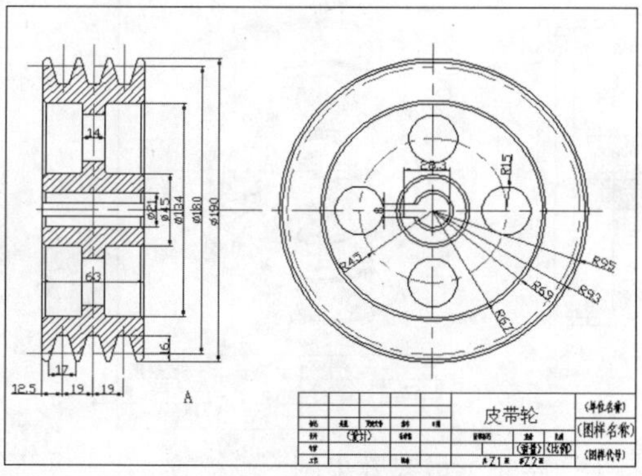

图11-49　选择插入点

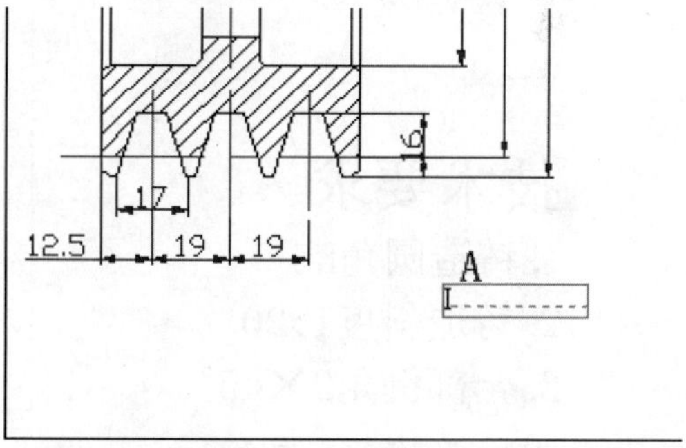

图11-50　文本框

04 自动启动“文字编辑器”选项卡，绘图区内出现文本框，输入“技术要求”文本后，按【Enter】键换行。按照相同的方法，输入如图11-51所示的文本内容。

05 在“文字编辑器”选项卡的“插入”面板中，单击“符号”按钮@，在弹出的下拉列表中选择“其他”选项，弹出“字符映射表”对话框。

06 在“字体”下拉列表中选择“宋体”选项，在其下方的列表框中选择“X”字符，单击“选择”按钮，再单击“复制”按钮，如图11-52所示，单击☒按钮关闭该对话框。

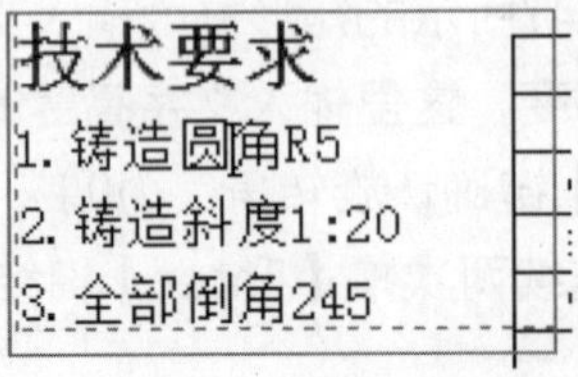

图11-51　输入文字

图11-52　输入符号

07 将鼠标光标定位到文本“2”后，按【Ctrl+V】组合键粘贴刚才复制的字符码，如图11-53所示。按照相同的方法插入如图11-54所示的其他特殊符号。

技术要求
1. 铸造圆角R5
2. 铸造斜度1:20
3. 全部倒角2×45

图11-53　添加特殊符号

技术要求
1. 铸造圆角R5
2. 铸造斜度1:20
3. 全部倒角2×45°

图11-54　添加其他特殊符号

08 选择“技术要求”文本内容，在“文字编辑器”选项卡的“格式”面板中，将它们由蓝色变换为黑色，如图11-55所示。

09 编辑完文字后，在“文字编辑器”选项卡的“关闭”面板中，单击“关闭文字编辑器”按钮 ✕，退出多行文字的输入，返回绘图区，最终效果图如图11-56所示。

技术要求
1. 铸造圆角R5
2. 铸造斜度1:20
3. 全部倒角2×45°

图11-55　编辑文本效果

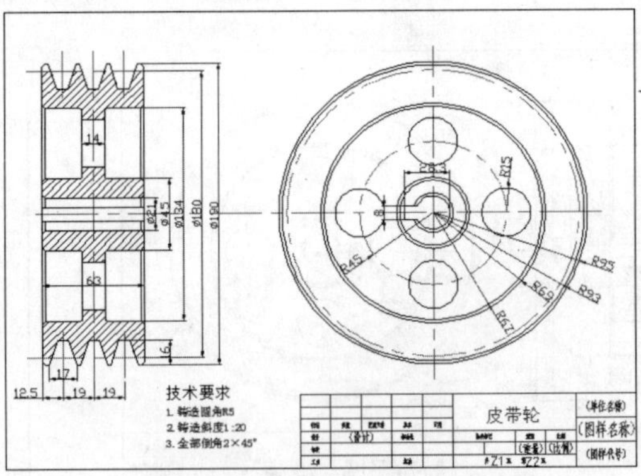

图11-56　最终效果图

11.7 本章小结

本章主要介绍了文字的设置、文字的输入等命令，同时对文字中需要输入的特殊符号进行了讲解，这在工程图设计中是必不可少的。通过对本章的学习，为以后装配图的绘制打下良好的基础。

第12章 表格

学习导航

使用表格，可将错综复杂的内容分门别类地摆放，既方便阅读又美观。本章将详细讲解在AutoCAD绘图区中创建表格、为图形对象补充辅助信息的方法。

学习重点

- □ 学会设置表格格式
- □ 能进行表格的编辑
- □ 能熟练创建表格

本章将进行表格内容的学习，包括表格格式的设置、表格的创建、表格的删除等内容。学会本章的内容，可为标题栏的创建提供重要的帮助。

12.1 表格格式设置

在AutoCAD中，可以自动生成表格，为了使创建出的表格更符合要求，在创建表格前应先创建表格样式。

12.1.1 设置新建表格样式

AutoCAD设置表格样式的目的是为了使创建出的表格更符合需要，从而方便后期对表格进行编辑。AutoCAD中默认创建了一个名为Standard的表格样式，用户可直接对该表格样式的参数进行修改。也可创建新的表格样式，有以下3种方式：

- 在“注释”选项卡的“表格”面板中，单击右下角的↘按钮。
- 显示菜单栏，选择“格式”→“表格样式”命令。
- 在命令行窗口中执行TABLESTYLE或TS命令。

创建表格样式的具体操作如下。

01 启动AutoCAD 2012，在菜单栏中选择“格式”→“表格样式”命令，弹出“表格样式”对话框，单击“新建”按钮。

02 弹出“创建新的表格样式”对话框，在“新样式名”文本框中输入新的表格样式的名称，这里输入“装配图标题栏”。在“基础样式”下拉列表中选择作为新表格样式的基础样式，系统默认选择Standard样式，如图12-1所示。单击“继续”按钮。

03 弹出“新建表格样式：装配图标题栏”对话框，在“常规”选项组的“表格方向”下拉列表中选择表格标题的显示方式，默认选择“向下”选项，这里保持默认不变。

04 在“单元样式”下拉列表中选择“标题”选项，在其下方的“常规”、“文字”和“边框”选项卡中可以设置“标题”选项的常规特性、文字特性和边框特性等，这里在“常规”选项卡的“特性”选项组中，打开“填充颜色”下拉列表，选择“洋红”选项，如图12-2所示。

05 在“文字”选项卡中，单击“特性”选项组中“文字样式”右侧的□按钮，弹出“文字样式”对话框，在“字体名”下拉列表中选择“宋体”选项，单击“应用”按钮，再单击“置为当前”按钮和“关闭”按钮，关闭对话框，如图12-3所示。

图12-1 “创建新的表格样式”对话框

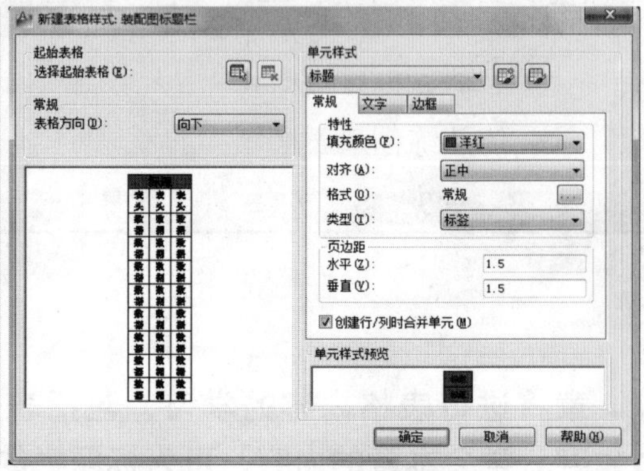

图12-2 设置标题样式

06 再在“单元样式”选项组中对其他选项进行设置，这里设置“表头”和“数据”的对齐方式均为“正中”，“数据”的文字高度为5，然后单击“确定”按钮，如图12-4所示。

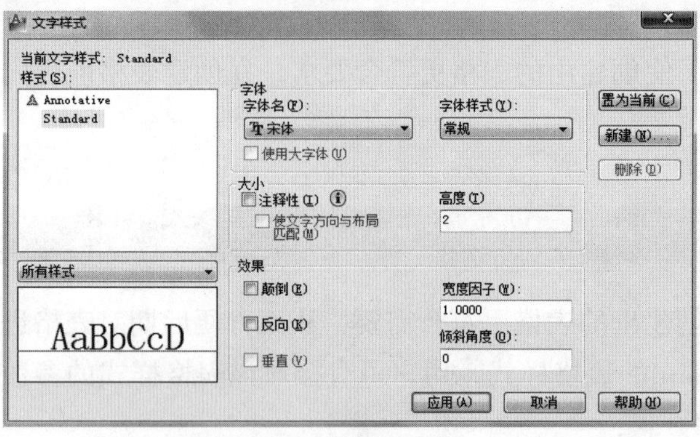

图12-3 字体设置

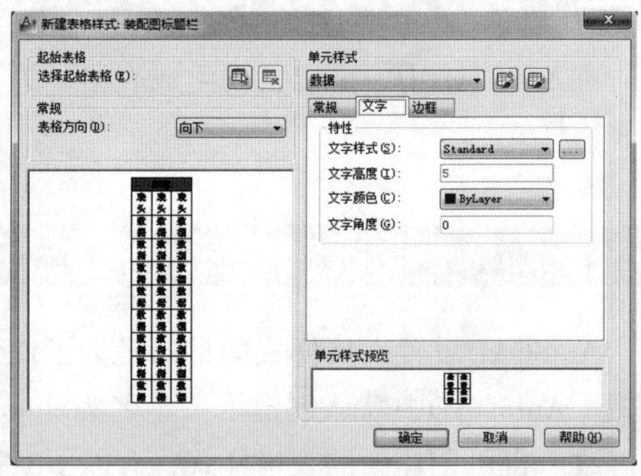

图12-4 设置效果

07 返回“表格样式”对话框，此时，在该对话框右侧的预览框中即显示了新创建的表格样式，单击“置为当前”按钮，即可将其设置为当前表格样式，然后单击“关闭”按钮完成操作。

12.1.2 插入表格

表格样式设置完成以后，就可根据该表格样式创建表格，并输入相应的表格内容。插入表格有以下4种方式：

- 在“常用”选项卡的“注释”面板中，单击“表格”按钮▦。

- 在“注释”选项卡的“表格”面板中，单击“表格”按钮▦。
- 显示菜单栏，选择“绘图”→“表格”命令。
- 在命令行窗口中执行TABLE命令。

创建表格的具体操作如下。

01 启动AutoCAD 2012，在“常用”选项卡的“注释”面板中，单击“表格”按钮▦，弹出“插入表格”对话框，在“表格样式”下拉列表中选择需要使用的表格样式，这里以插入刚创建的“装配图标题栏”表格样式为例进行操作。

02 在“插入方式”选项组中选择在绘图区中插入表格的方式，这里选择“指定插入点”单选按钮。在“列和行设置”选项组中设置列数、列宽、数据行数及行高等值，这里在“列数”数值框中输入6，在“列宽”数值框中输入40，在“数据行数”数值框中输入5，单击“确定”按钮，如图12-5所示。

03 返回绘图区，此时鼠标光标处出现即将要插入的表格样式。在绘图区中任意拾取一点作为表格的插入点，插入表格的效果如图12-6所示。

04 若要在其他单元格中输入内容，可按键盘上的方向键依次在各个单元格之间切换，鼠标光标选择到哪个单元格，该单元格即会呈不同颜色显示并有闪烁的光标，此时即可输入相应的内容（光盘:\最终文件\第12章\插入表格.dwg）。

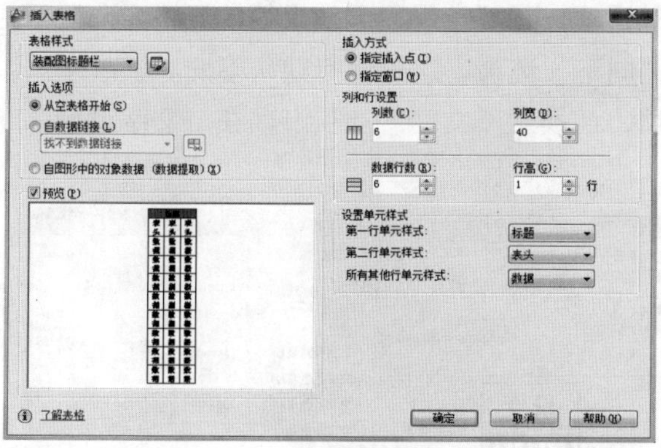

图12-5 设置表格参数

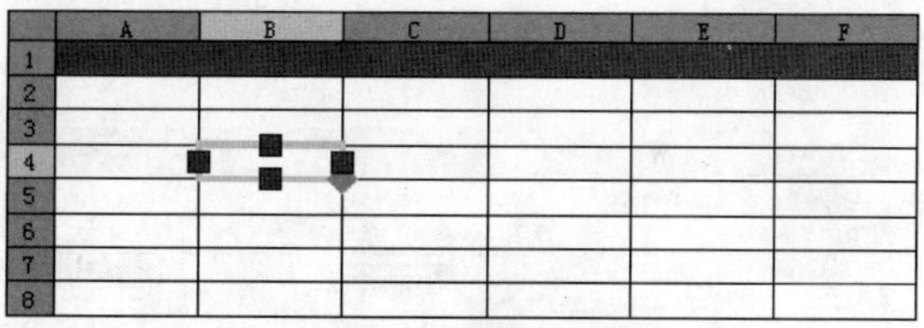

图12-6 插入表格效果图

“插入表格”对话框中各选项含义如下。

- 表格样式：可在该下拉列表中选择表格样式。通过单击“启动‘表格样式’对话框”按钮▣，可以创建新的表格样式。
- “从空表格开始”单选按钮：创建可以手动填充数据的空表格。
- “自数据链接”单选按钮：从外部电子表格中的数据创建表格。
- 预览：该列表框显示当前表格样式的样例。
- “指定插入点”单选按钮：用于指定表格左上角的位置。如果表格样式将表格的方向设置为由下而上读取，则插入点位于表格的左下角。
- “指定窗口”单选按钮：用于指定表格的大小和位置。选择该单选按钮以后，行数、列数、列宽和行高取决于窗口的大小，以及列和行的设置。
- “列”数值框：该数值框用于设置表格的列数。
- “列宽”数值框：该数值框用于设置插入表格每一列的宽度值。

- “数据行数”数值框：该数值框用于设置插入表格时总共的数据行。
- “行高”数值框：该数值框用于设置插入表格每一行的高度值。
- “第一行单元样式”下拉列表框：该下拉列表框用于设置表格中第一行的单元样式。默认情况下，使用标题单元样式。
- “第二行单元样式”下拉列表框：该下拉列表框用于设置表格中第二行的单元样式。默认情况下，使用表头单元样式。
- “所有其他行单元样式”下拉列表框：该下拉列表框用于设置表格中所有其他行的单元样式。默认情况下，使用数据单元样式。

12.1.3 自我强化：虎钳装配图标题栏

操作步骤如下。

01 启动AutoCAD 2012，选择“格式”→“表格样式”命令，弹出“表格样式”对话框。单击“新建”按钮，弹出“创建新的表格样式”对话框。在“新样式名”文本框中输入新的表格样式的名称，这里输入“虎钳装配图标题栏”。在“基础样式”下拉列表中选择作为新表格样式的基础样式，系统默认选择Standard样式，如图12-7所示，单击“继续”按钮。

02 弹出“新建表格样式：虎钳装配图标题栏”对话框，在“常规”选项组的“表格方向”下拉列表中选择表格标题的显示方式，默认选择“向下”选项，这里保持默认不变。

03 在“单元样式”下拉列表中选择“标题”选项，切换至“文字”选项卡，在“文字颜色”下拉列表中选择“红”选项，如图12-8所示。

图12-7　新建表格样式

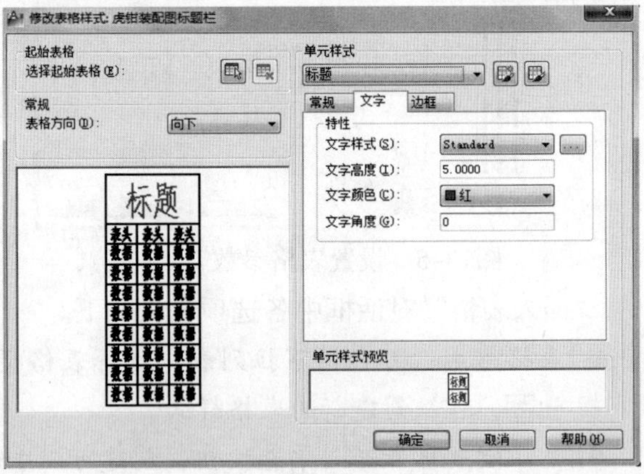

图12-8　设置标题字颜色

04 在“单元样式”下拉列表中选择“表头”选项，切换至“文字”选项卡，在“文字高度”文本框中输入2，在“文字颜色”下拉列表中选择“蓝”选项，如图12-9所示。

05 在“单元样式”下拉列表中选择“数据”选项，切换至“文字”选项卡，在“文字高度”文本框中输入1.8，在“文字颜色”下拉列表中选择“蓝”选项，单击“确定”按钮，如图12-10所示。

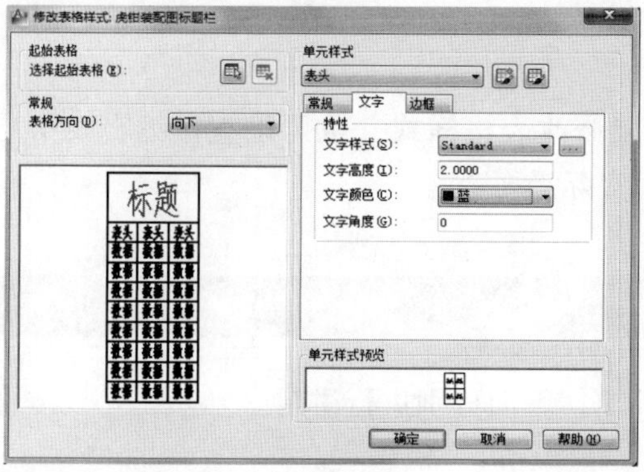

图12-9　设置表头

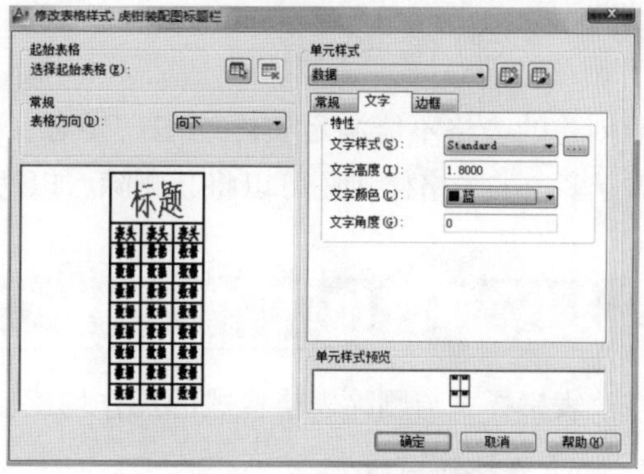

图12-10　设置表格数据

06 返回“表格样式”对话框，此时，在该对话框右侧的预览框中显示了新创建的表格样式。单击“置为当前”按钮，即可将其设置为当前表格样式。然后单击“关闭”按钮完成操作，如图12-11所示。在功能区“常用”选项卡的“注释”面板中，单击“表格”按钮▦，弹出“插入表格”对话框。

07 在“表格样式”下拉列表中选择需要使用的表格样式，这里选择前面创建的“虎钳装配图标题栏”表格样式。在“插入方式”选项组中选择在绘图区中插入表格的方式，这里选择“指定插入点”单选按钮。在“列和行设置”选项组的“列数”数值框中输入5，在“列宽”数值框中输入20，在“数据行数”数值框中输入5，如图12-12所示，单击“确定”按钮。

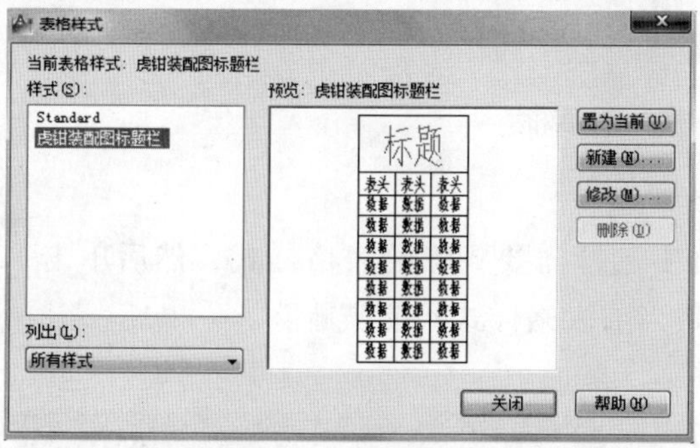

图12-11　表格样式

图12-12　表格相关设置

08 返回绘图区，此时鼠标光标处出现将要插入的表格样式，在绘图区中任意拾取一点作为表格的插入点插入表格，同时表格的标题单元格中出现闪烁的光标。

09 在单元格中输入“虎钳装配图标题栏”，按【Enter】键确认，如图12-13所示。

10 在键盘上按方向键依次在各个单元格之间切换，然后输入文本，完成效果如图12-14所示（光盘:\最终文件\第12章\虎钳装配图标题栏.dwg）。

虎钳装配图标题栏				

图12-13　标题效果

虎钳装配图标题栏				
序号	名称	数量	材料	参数
1				
2				
3				
4				

图12-14　输入内容

12.2 编辑表格

当创建的表格不能满足实际绘图需要时，可以修改表格样式，也可以直接编辑表格与单元格，对于多余的表格样式还可以将其删除，以达到实际需要。

12.2.1 修改和删除表格样式

修改表格样式与删除表格样式的操作均比较简单，下面分别进行讲解。

1. 修改表格样式

打开“表格样式”对话框，在“样式”列表框中选择需修改的表格样式，单击“修改”按钮，如图12-15所示，弹出“修改表格样式”对话框，在该对话框中进行设置，其中的参数与“新建表格样式”对话框的选项含义完全相同，这里不做过多讲解。

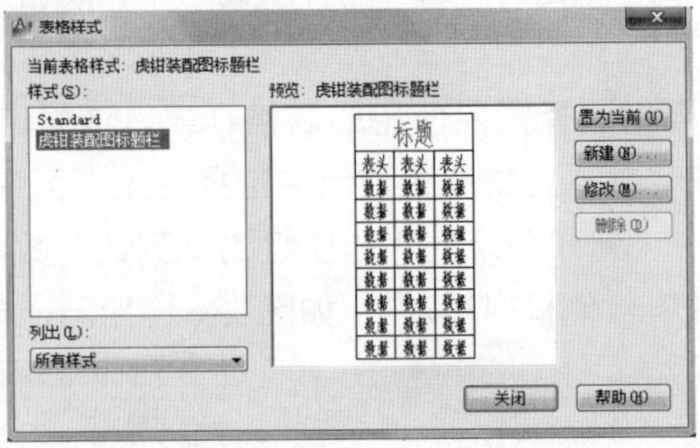

图12-15 “表格样式”对话框

2. 删除表格样式

打开“表格样式”对话框，在“样式”列表框中选择需要删除的表格样式，然后单击“删除”按钮，即可删除所选的表格样式，需要注意的是当前表格样式不能被删除。

12.2.2 编辑表格和单元格

在修改表格样式后仍不能满足需要时，可以直接对表格与单元格进行编辑。

1. 编辑表格

选择整个表格，在表格上右击，从弹出的快捷菜单中选择相应命令，可以对表格进行各种编辑，如图12-16所示。操作比较简单，这里不再详细说明。

注意

选择表格后，在表格的四周、标题行上会显示出许多夹点，通过拖动这些夹点，也可以方便地对表格进行编辑。

2. 编辑单元格

选择表格中的某个单元格，在该单元格上右击，从弹出的如图12-17所示的快捷菜单中选择相应的命令，可以对单元格进行编辑。

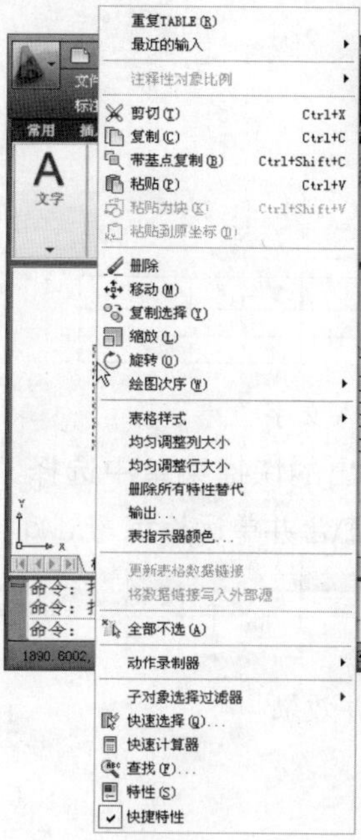

图12-16 编辑表格

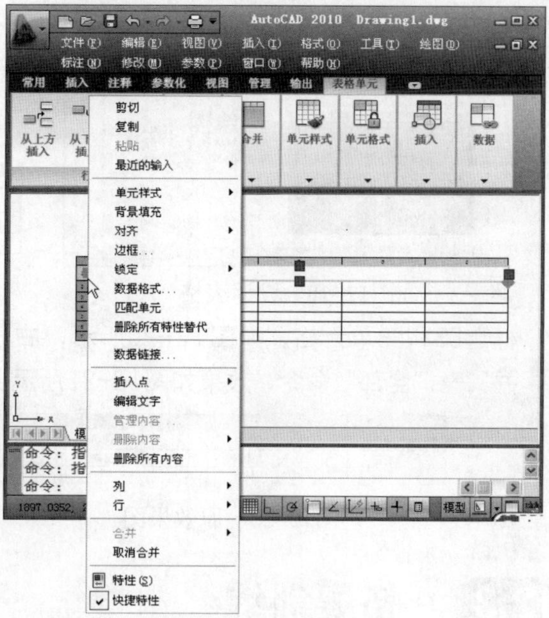

图12-17 编辑单元格

在右击单元格弹出的快捷菜单中，几个常用选项的含义如下。

- 对齐：选择其子菜单中的相应命令可以设置单元格中内容的对齐方式。
- 边框：选择该命令，将弹出“单元边框特性”对话框，在其中可以设置单元格边框的线宽、线型和颜色等特性。
- 匹配单元：选择该命令可以用当前选中的单元格格式（源对象）匹配其他单元格（目标对象），此时鼠标光标变为刷子形状，单击目标对象即可进行匹配，这与对图形的“特性匹配”操作性质是相同的。
- 插入点：在其子菜单中选择“块”命令，将打开“在表格单元中插入块”对话框，在其中可以选择需要插入到表格中的块，并可以设置块在单元格中的对齐方式、插入比例及旋转角度等参数。
- 合并：当选择多个连续的单元格后，选择其子级菜单中的相应命令，可以全部合并单元格，或者按行、按列合并单元格。

12.2.3 自我强化：合并单元格练习

01 启动AutoCAD 2012，在“常用”选项卡的“注释”面板中，单击“表格”按钮▦，弹出“插入表格”对话框，在“列和行设置”选项组“列数”数值框中输入6，在“列宽”数值框中输入1.5，在“数据行数”数值框中输入1。

02 在“设置单元样式”选项组的“第一行单元样式”下拉列表中选择“数据”选项，在“第二行单元样式”下拉列表中选择“数据”选项，如图12-18所示，单击“确定”按钮。

03 返回绘图区，单击鼠标绘制表格，并在第一个单元格中输入“设计”，然后按照相同的方法在其他单元格中输入文本内容，完成后效果如图12-19所示。

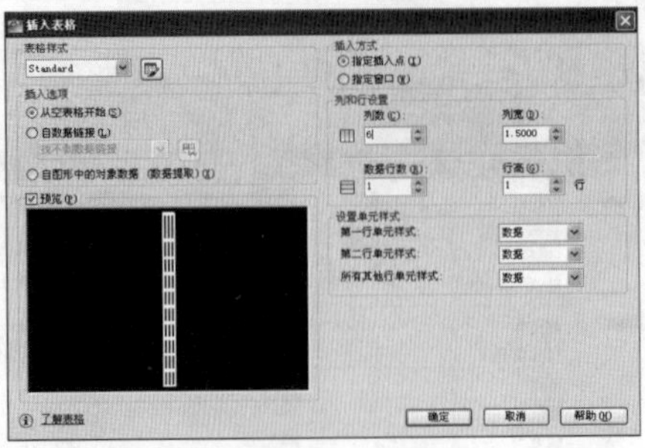

图12-18 设计表格

设计		图号		零件名称	
制图		比例		日期	
审核		材料			

图12-19 输入文字

04 框选E3和F3单元格，如图12-20所示，右击这两个单元格，在弹出的快捷菜单中选择“合并”→“全部”命令，效果如图12-21所示（光盘:\最终文件\第12章\合并单远格练习.dwg）。

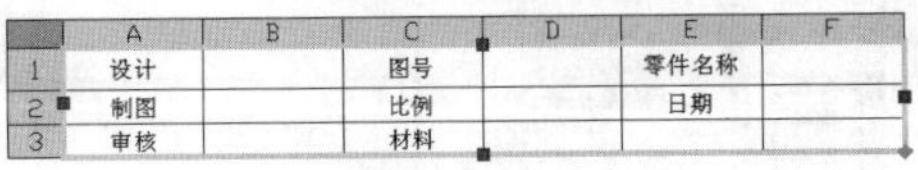

图12-20 原效果图

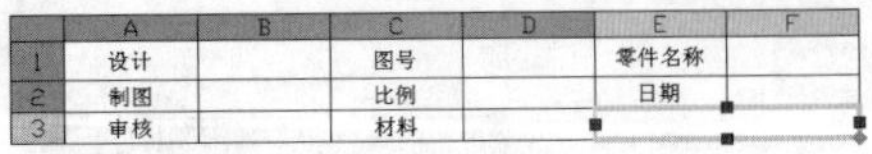

图12-21 合并效果

12.3 拓展训练

下面将利用3个例子来加强本章内容的学习。通过这几个例子的学习，希望大家能熟练掌握表格的创建和编辑等相关命令。

12.3.1 初级训练：插入表格

01 启动AutoCAD 2012，在菜单栏中选择“格式”→“表格样式”命令，弹出“表格样式”对话框，单击“新建”按钮。

02 弹出“创建新的表格样式”对话框，在“新样式名”文本框中输入新的表格样式的名称，这里输入“标题栏”。在“基础样式”下拉列表中选择作为新表格样式的基础样式，系统默认选择Standard样式，如图12-22所示，单击“继续”按钮。

03 弹出“新建表格样式：标题栏”对话框，在“常规”选项组的“表格方向”下拉列表中选择表格标题的显示方式，默认选择“向下”选项，这里保持默认不变。

04 在“单元样式”下拉列表中选择“标题”选项，在其下方的“常规”、“文字”和“边框”选项卡中可以设置“标题”选项的常规特性、文字特性和边框特性等，这里在“常规”选项卡的“特性”选项组中，打开“填充颜色”下拉列表，选择“红”选项。同样设置“表头”和“数据”文字为红色，如图12-23所示。

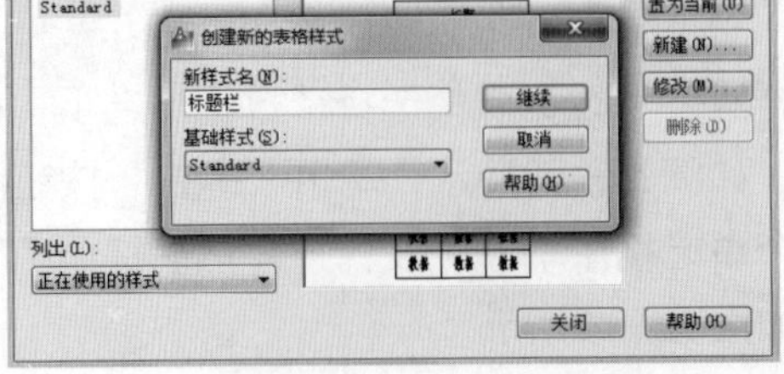

图12-22 “创建新的表格样式”对话框

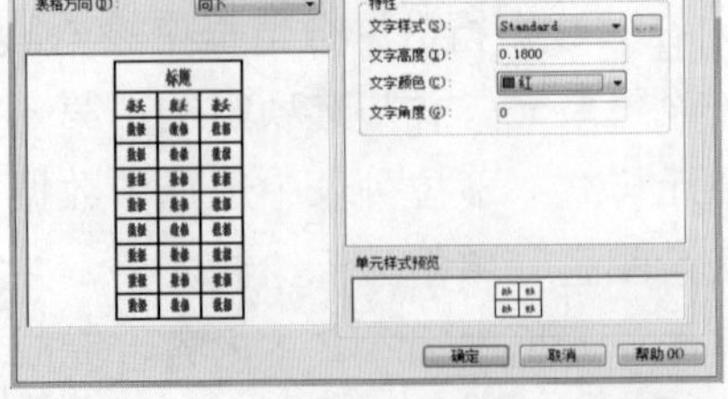

图12-23 设置“标题”样式

05 在“文字”选项卡中，单击“特性”选项组中“文字样式”右侧的[...]按钮，弹出“文字样式”对话框。在“字体名”下拉列表中选择“宋体”选项，单击“应用”按钮，再单击“置为当前”按钮和“关闭”按钮，关闭对话框。再在“单元样式”选项组中对其他选项进行设置，这里设置“表头”和“数据”的对齐方式均为“正中”，“数据”的文字高度为2，如图12-24所示。然后单击“确定”按钮。

06 返回“表格样式”对话框，此时，在该对话框右侧的预览框中即显示了新创建的表格样式，单击“置为当前”按钮，即可将其设置为当前表格样式。然后单击“关闭”按钮完成操作，如图12-25所示。

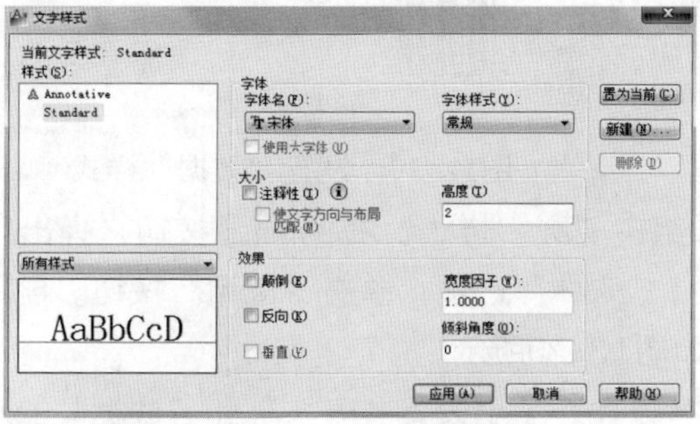

图12-24　字体设置

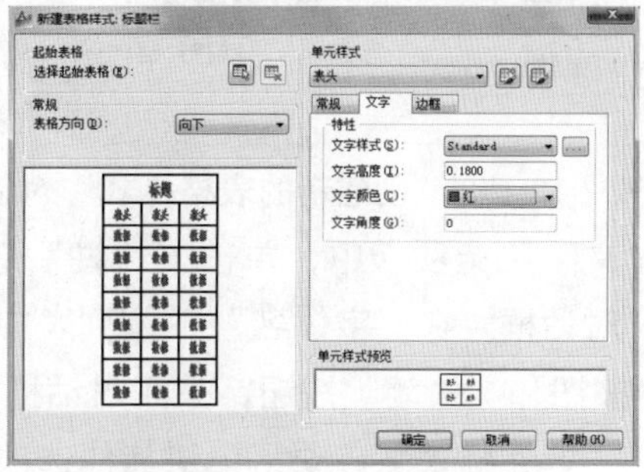

图12-25　设置效果

07 在菜单栏中选择“插入”→“表格”命令，系统弹出如图12-26所示的对话框。选择刚才创建的表格样式，设置行数和列数分别为9、3，“列宽”选择6，选择指定点插入，插入的表格效果图如图12-27所示。

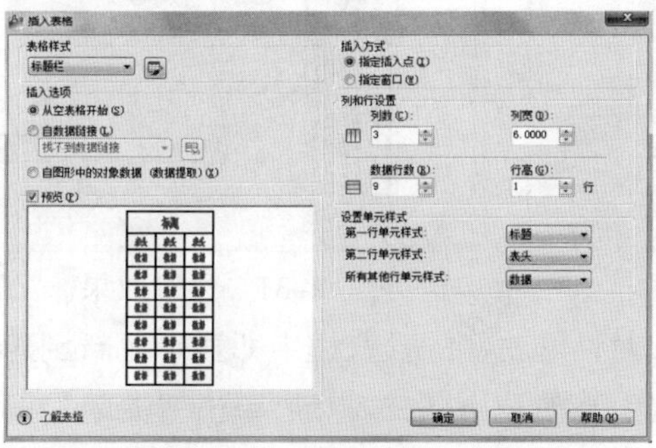

图12-26　设置表格

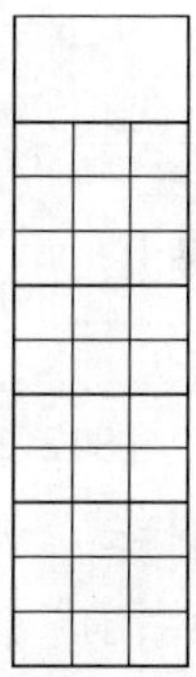

图12-27　插入表格效果图

12.3.2　进阶训练：输入表格内容

01 启动AutoCAD 2012，在菜单栏中选择“格式”→“表格样式”命令，弹出“表格样式”对话框。

02 单击“新建”按钮，弹出“创建新的表格样式”对话框，在“新样式名”文本框中输入新的表格样式的名称，这里输入“齿轮泵明细表栏”，在“基础样式”下拉列表中选择作为新表格样式的基础样式，系统默认选择Standard样式，如图12-28所示。

03 单击“继续”按钮，弹出“新建表格样式：齿轮泵明细栏”对话框。在“常规”选项组的“表格方向”下拉列表中选择表格标题的显示方式，默认选择“向下”选项，这里保持默认不变。

04 在“单元样式”下拉列表中选择“数据”选项，在其下方的“常规”、“文字”和“边框”选项卡中可以设置“数据”选项的常规特性、文字特性和边框特性等，这里在“常规”选项卡的“特性”选项组中，打开“填充颜色”下拉列表，选择“黑”选项，如图12-29所示。

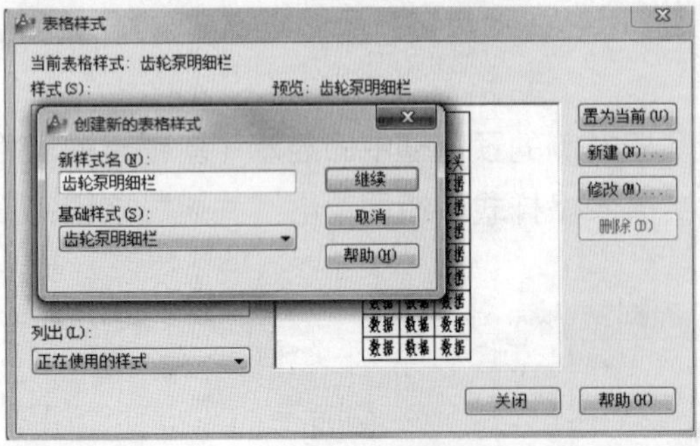

图12-28 “创建新的表格样式”对话框

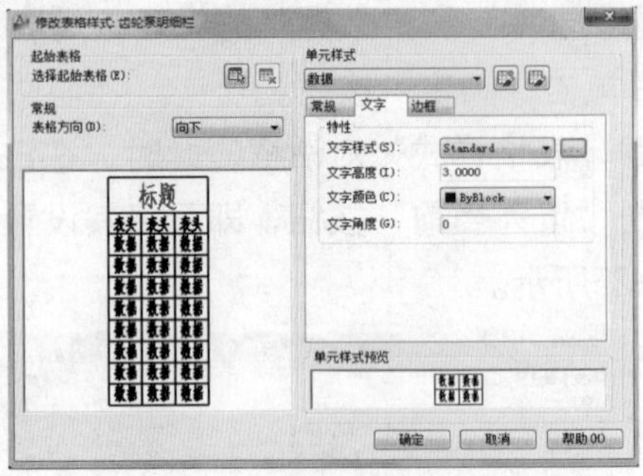

图12-29 设置“数据”样式

05 在“文字”选项卡中，单击“特性”选项组中“文字样式”右侧的按钮，弹出“文字样式”对话框。在“字体名”下拉列表中选择“宋体”选项，单击“应用”按钮。再单击“置为当前”按钮和“关闭”按钮，关闭对话框，如图12-30所示。

06 再在“单元样式”选项组中对其他选项进行设置，这里设置“表头”和“数据”的对齐方式均为“正中”，“数据”的文字高度为3，然后单击“确定”按钮，如图12-31所示。

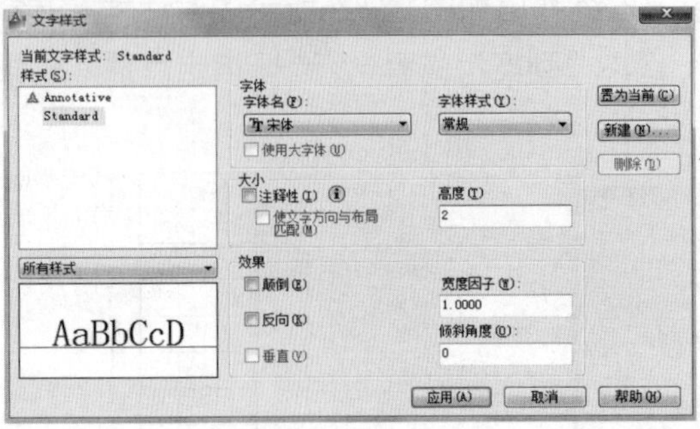

图12-30 字体设置

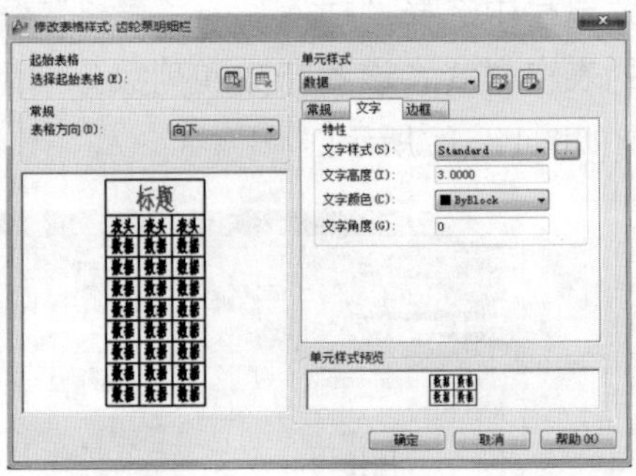

图12-31 设置效果

07 返回“表格样式”对话框，此时，在该对话框右侧的预览框中即显示了新创建的表格样式，单击“置为当前”按钮，即可将其设置为当前表格样式，然后单击“关闭”按钮完成操作。

08 在功能区“常用”选项卡的“注释”面板中，单击“表格”按钮，弹出“插入表格”对话框。在“表格样式”下拉列表中选择需要使用的表格样式，这里选择前面创建的“齿轮泵明细栏”表格样式。在“插入方式”选项组中选择在绘图区中插入表格的方式，这里选择“指定插入点”单选按钮。在“列和行设置”选项组的“列数”数值框中输入6，在“列宽”数值框中输入15，在“数据行数”数值框中输入9，如图12-32所示，单击“确定”按钮。

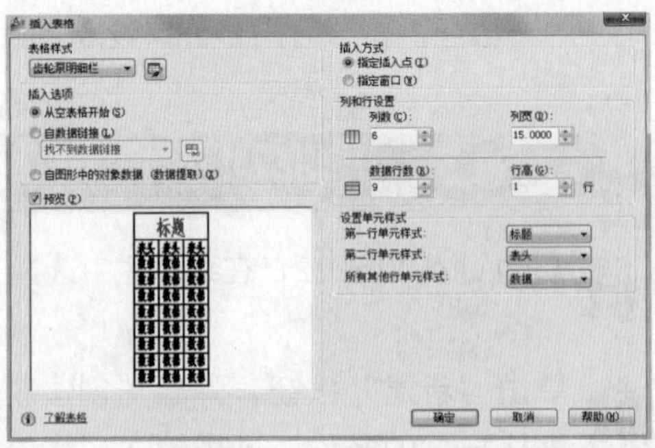

图12-32 设置表格

09 返回绘图区，此时鼠标光标处出现将要插入的表格样式。在绘图区中任意拾取一点作为表格的插入点插入表格，同时表格的标题单元格中出现闪烁的光标。

10 在单元格中输入“齿轮泵明细表”，按【Enter】键确认，如图12-33所示。在键盘上按方向键依次在各个单元格之间切换，然后输入文本，输入完成后效果如图12-34所示（光盘:\最终文件\第12章\齿轮泵明细表.dwg）。

图12-33 输入标题

齿轮泵明细表					
序号	图号	名称	数量	材料	备注
1		泵体	1	HT200	
2		整片	1		
3		螺母	8	Q235	
4		齿轮	3	45	
5		轴	1	45	
6		螺栓	8	Q235	
7		压盖	1	HT200	
8		壳体	1	HT200	
9		油圈	2	密封纸	

图12-34 输入所有文字

12.3.3 提高训练：编辑表格

01 启动AutoCAD 2012，在“常用”选项卡的“注释”面板中，单击“表格”按钮▦，弹出“插入表格”对话框，在“列和行设置”选项组“列数”数值框中输入9，在“列宽”数值框中输入20，在“数据行数”数值框中输入5。

02 在“设置单元样式”选项组中的“第一行单元样式”下拉列表中选择“数据”选项，在“第二行单元样式”下拉列表中选择“数据”选项，如图12-35所示，单击“确定”按钮。

03 返回绘图区，单击鼠标绘制表格，并在第一个单元格中输入“制图”，然后按照相同的方法在其他单元格中输入文本内容，完成后效果如图12-36所示。

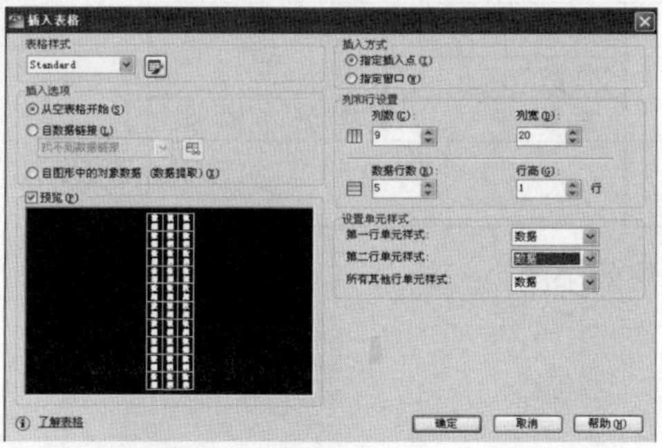

图12-35 设计表格

					比例		A3	
					件数			
制图			日期		重量		共 张	第 张
描图					大学			
审核								

图12-36 输入文字

04 框选A1、A2、B1、B2、C1、C2、D1、D2、E1、E2单元格，如图12-37所示，右击这两行单元格，在弹出的快捷菜单中选择“合并”→“全部”命令，效果如图12-38所示。

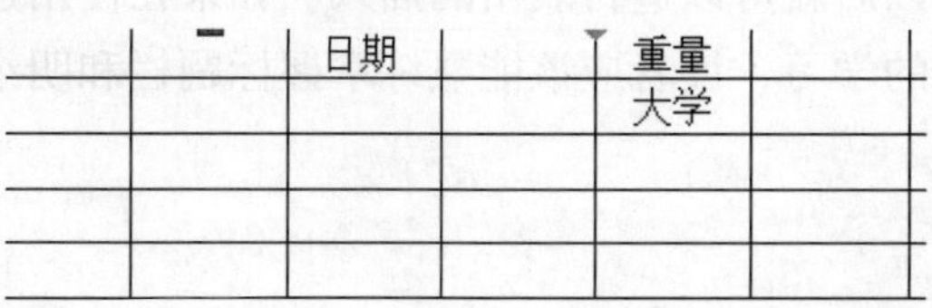

图12-37 原效果图

					比例		A3	
					件数			
制图			日期		重量		共 张	第 张
描图					大学			
审核								

图12-38 合并单元格后

05 选择H1、H2、I1、I2单元格，右击这4个单元格，在弹出的快捷菜单中选择“合并”→“全部”命令，再在合并后的单元格上右击，在弹出的快捷菜单中选择“对齐”→“正中”命令，效果如图12-39所示。

<table>
<tr><td colspan="5" rowspan="2"></td><td>比例</td><td></td><td colspan="2" rowspan="2">A3</td></tr>
<tr><td>件数</td><td></td></tr>
<tr><td>制图</td><td></td><td></td><td>日期</td><td></td><td>重量</td><td></td><td>共 张</td><td>第 张</td></tr>
<tr><td>描图</td><td></td><td></td><td></td><td></td><td>大学</td><td></td><td></td><td></td></tr>
<tr><td>审核</td><td></td><td></td><td></td><td></td><td></td><td></td><td></td><td></td></tr>
<tr><td></td><td></td><td></td><td></td><td></td><td></td><td></td><td></td><td></td></tr>
<tr><td></td><td></td><td></td><td></td><td></td><td></td><td></td><td></td><td></td></tr>
</table>

图12-39 合并单元格

06 按照相同的方法将其他该合并的单元格合并，然后按【Esc】键取消单元格的选择状态，效果如图12-40所示。

<table>
<tr><td colspan="5" rowspan="2"></td><td>比例</td><td></td><td colspan="2" rowspan="2">A3</td></tr>
<tr><td>件数</td><td></td></tr>
<tr><td>制图</td><td colspan="2"></td><td colspan="2">日期</td><td>重量</td><td></td><td>共 张</td><td>第 张</td></tr>
<tr><td>描图</td><td colspan="2"></td><td colspan="2" rowspan="2"></td><td colspan="4" rowspan="2">大学</td></tr>
<tr><td>审核</td><td colspan="2"></td></tr>
<tr><td></td><td></td><td></td><td></td><td></td><td></td><td></td><td></td><td></td></tr>
<tr><td></td><td></td><td></td><td></td><td></td><td></td><td></td><td></td><td></td></tr>
</table>

图12-40 合并效果图

07 将第6行和第7行删掉，方法是选中它们，单击右键，在下拉菜单中选择“行”→“删除”命令，至此本标题栏的表格编辑完成，效果图如图12-41所示（光盘:\最终文件\第12章\提高训练.dwg）。

<table>
<tr><td colspan="5" rowspan="2"></td><td>比例</td><td></td><td colspan="2" rowspan="2">A3</td></tr>
<tr><td>件数</td><td></td></tr>
<tr><td>制图</td><td colspan="2"></td><td colspan="2">日期</td><td>重量</td><td></td><td>共 张</td><td>第 张</td></tr>
<tr><td>描图</td><td colspan="2"></td><td colspan="2" rowspan="2"></td><td colspan="4" rowspan="2">大学</td></tr>
<tr><td>审核</td><td colspan="2"></td></tr>
</table>

图12-41 最终效果图

12.4 本章小结

本章主要介绍了AutoCAD中的表格命令。要进行表格的设计，首先要创建表格的样式，通过对表格设置来完成自己想要表格的形式。设计完成以后就可以进行表格的插入。如果在使用过程中有不合适的地方，可以修改表格样式。通过本章的学习，读者应该能熟练掌握标题栏和明细栏等表格的创建。

第13章 尺寸标注（一）

学习导航

图形绘制完成后，需要对图形进行尺寸标注、文字说明，本章就对图形的尺寸标注进行讲解。与文字说明类似，对尺寸标注的学习首先也要从样式设置开始，然后才能对各种图形尺寸进行标注。

学习重点

- □ 了解属性尺寸的规则及组成
- □ 能进行简单的尺寸标注
- □ 学会尺寸的格式设置

尺寸标注是为了让查看图形对象的阅读者能一目了然地知道图形对象的具体大小，使图形表现得更清楚。同时，图形的标注还可以对图纸实现统一管理。本章将详细讲解尺寸标注的方法。

13.1 尺寸标注的基本规则

尺寸标注是图形必须的，但是图形尺寸标注不是简单的数字，而是要遵守一定规定的。只有按照规定的格式进行标注，才是合格的标注。

13.1.1 尺寸标注的组成

尺寸标注由尺寸界线、尺寸线、标注文本、箭头和圆心标记等几部分组成，如图13-1所示。

组成尺寸标注的各部分选项含义如下。

- 尺寸界线：也称投影线，用于标注尺寸的界限，由图样中的轮廓线、轴线或对称中心线引出。标注时，尺寸界线从所标注的对象上自动延伸出来，它的端点与所标注的对象接近但并未连接到对象上。
- 尺寸线：通常与所标注对象平行，放在两个尺寸界线之间，用于指示标注的方向和

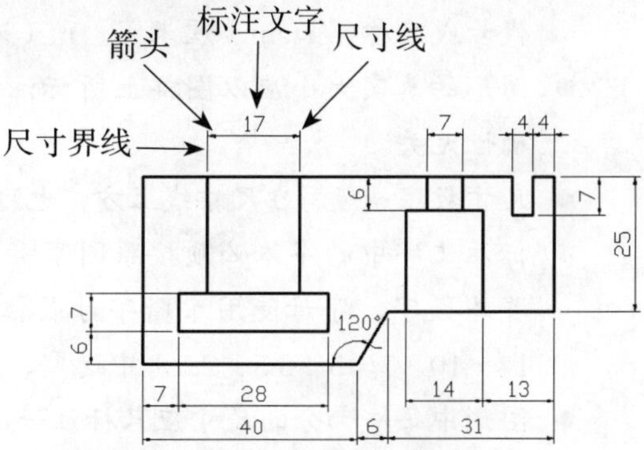

图13-1 尺寸标注的组成

范围。通常尺寸线为直线，与标注的线段平行，而角度标注尺寸线则为一段圆弧。

- 标注文字：通常位于尺寸线上方或中断处，用以表示所选标注对象的具体尺寸大小。在进行尺寸标注时，AutoCAD会自动生成所标注对象的尺寸数值，用户也可对标注文字进行修改、添加等编辑操作。
- 箭头：在尺寸线两端，用以表明尺寸线的起始位置，用户可为标注箭头指定不同的尺寸大小和样式。
- 圆心标记：标记圆或圆弧的中心点。

13.1.2 尺寸标注的规定

了解了尺寸标注的组成元素以后，在对图形对象进行尺寸标注前，还必须了解国家对机械和建筑方面尺寸标注的相关规定。

1. 机械标注规定

我国对机械制图进行尺寸标注的有关规定如下。

- 符合国家标准的有关规定，标注制造零件所需要的全部尺寸，不重复、不遗漏，尺寸排列整齐，并符合设计和工艺的要求。
- 每个尺寸一般只标注一次，尺寸数值为零件的真实大小，与所绘图形的比例及准确性无关。尺寸标注以毫米为单位，若采用其他单位，则必须注明单位名称。
- 标注文字中的字体按照国家规定标准书写，图样中的字体为仿宋体，字号分1.8、2.5、3.5、5、7、10、14和20等8种，其字体高度应按$\sqrt{2}$的比率递增。
- 字母和数字的字体分A型和B型，A型字体的笔画宽度（d）与字体高度（h）符合d=h/14，B型字体的笔画宽度与字体高度符合d=h/10。在同一张图样上，只允许选用一种形式的字体。
- 字母和数字分直体和斜体两种，但在同一张图样上只能采用一种书写形式，常用的是斜体。

2. 建筑标注规定

我国对建筑制图进行尺寸标注的有关规定如下。

- 当图形中的尺寸以毫米为单位时，则不需要标注计量单位。否则必须注明所采用的单位代号或名称，如cm（厘米）、m（米）等。
- 图形的真实大小应以图样上所标注的尺寸数值为依据，与所绘制图形的大小及画图的准确性无关。
- 尺寸数字一般写在尺寸线上方，也可以写在尺寸线的中断处。尺寸数字的字高必须相同。
- 标注文字中的字体必须按照国家标准，即汉字必须使用仿宋体，数字使用阿拉伯数字或罗马数字，字母使用希腊字母或拉丁字母。各种字体的具体大小可以从7种规格（20、14、10、7、5、3.5、2.5）中选取，单位为毫米（mm）。
- 图形中每一部分的尺寸应只标注一次，并且应标在最能反映其形体特征的视图上。
- 图形中所标注的尺寸，应为该构件最后完工的尺寸，否则须另加说明。

如图13-2所示为尺寸标注的实例。

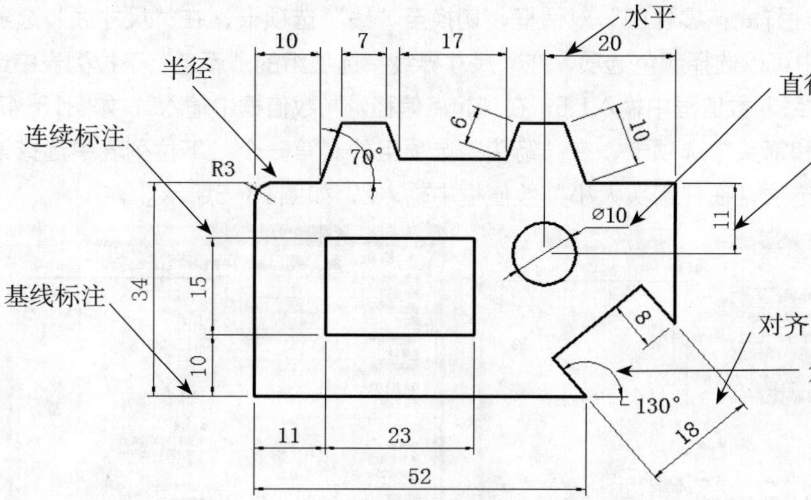

图13-2　尺寸标注的实例

13.2 创建与设置标注样式

尺寸的外观样式称为尺寸样式。设置尺寸标注样式，可以控制尺寸标注的格式和外观，建立和强制执行图形的绘图标准，并有利于对标注格式及用途进行修改。

AutoCAD默认有一个ISO-25的标注样式，但经常不能满足标注需要，所以在对图形对象进行标注前，应先创建新的尺寸标注样式。设置标注样式后，要把其设置为当前样式才能使用。创建了多余的尺寸标注样式后，也可以将其删除。本节重点介绍使用“标注样式管理器”对话框创建和设置标注格式的方法。

13.2.1 创建新的尺寸标注样式

创建新的尺寸标注样式在“标注样式管理器”对话框中进行，打开该对话框的方法如下：

- 在“常用”选项卡的“注释”面板中，单击▾按钮，在弹出的下拉列表中单击“标注样式”按钮。
- 在“注释”的选项卡“标注”面板中，单击“标注样式”按钮。
- 显示菜单栏，选择“格式”→“标注样式”命令。
- 在命令行窗口中执行ddim、d、DIMSTYLE或DIMSTY命令。

创建尺寸标注样式的具体操作如下。

01 启动AutoCAD 2012，在“常用”选项卡的“注释”面板中，单击▾按钮，在弹出的下拉列表中单击“标注样式”按钮，弹出“标注样式管理器”对话框。

02 单击“新建”按钮，弹出“创建新标注样式”对话框，在“新样式名”文本框中输入标注样式的名称，这里输入文本“零件图”，如图13-3所示，单击“继续”按钮。

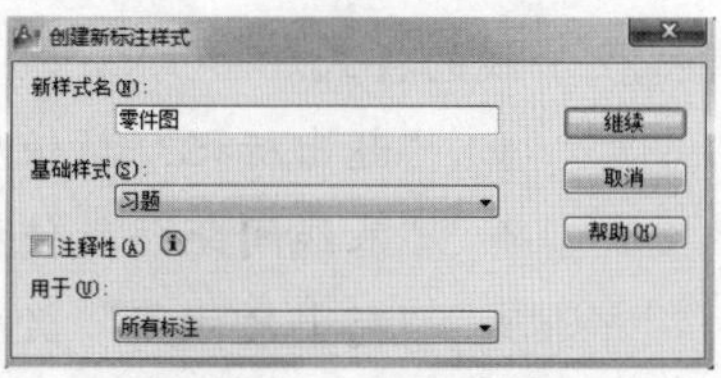

图13-3　新建标注样式

03 弹出“新建标注样式：零件图”对话框，切换至“线”选项卡，在“尺寸线”选项组的“颜色”下拉列表中可以选择颜色选项，在“尺寸界线”选项组的“颜色”下拉列表中选择“黑”选项，在“超出尺寸线”数值框中输入1.5，在“起点偏移量”数值框中输入3，如图13-4所示。

04 切换至“符号和箭头”选项卡，在“箭头”选项组的“第一个”下拉列表中选择第一个选项“实心闭合”选项，在“箭头大小”数值框中输入2，如图13-5所示。

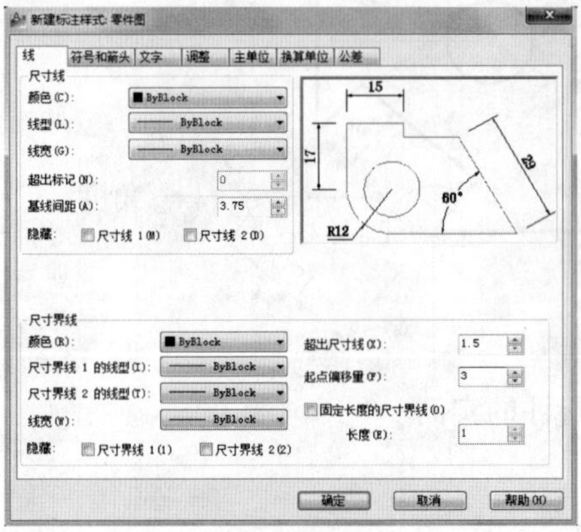

图13-4 设置尺寸线

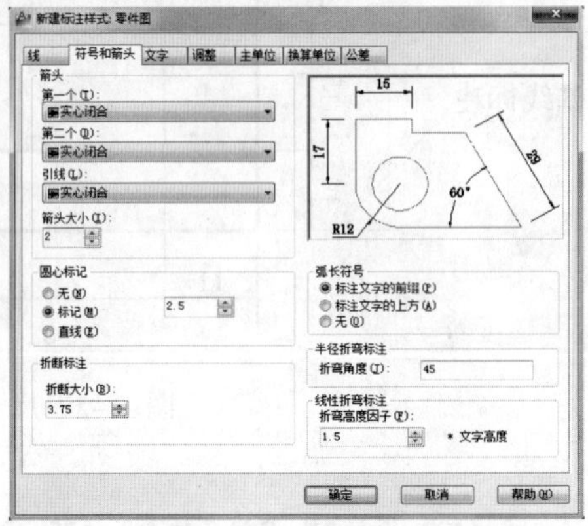

图13-5 设置箭头

05 切换至“文字”选项卡，在“文字外观”选项组的“文字颜色”下拉列表中选择“红”选项，在“文字高度”数值框中输入2.6，在“文字位置”选项组的“从尺寸线偏移”数值框中输入1，如图13-6所示。

06 切换至“主单位”选项卡，在“线性标注”选项组的“精度”下拉列表中选择0选项，然后单击“确定”按钮完成设置，如图13-7所示。

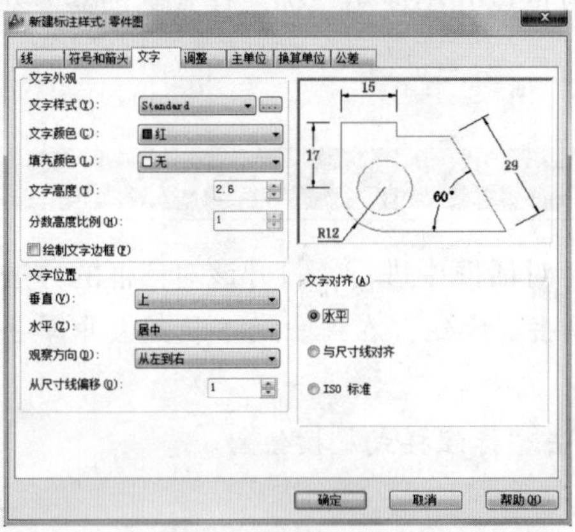

图13-6 设置文字

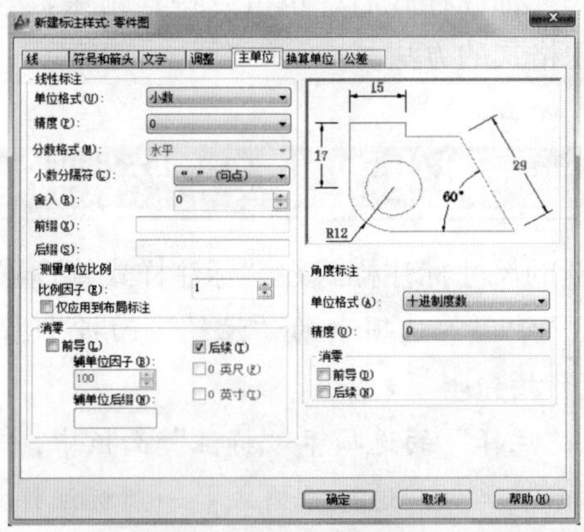

图13-7 设置文字精度

“新建标注样式”对话框中有多个选项卡，各选项卡中比较难理解的参数的含义如下。

- “线”选项卡：包括“尺寸线”和“尺寸界线”两个选项组，用于编辑尺寸线和尺寸界线的样式。
  - “超出标记”数值框：用于设置尺寸线超出尺寸界线的距离，一般设为0。
  - “基线间距”数值框：用于设置使用基线标注命令时尺寸线之间的间距。
  - “超出尺寸线”数值框：用于设置尺寸界线超出尺寸线的距离。
  - “起点偏移量”数值框：用于设置尺寸界线与标注对象的距离。

◆ “固定长度的尺寸界线”复选框：选择该复选框，则所有的尺寸界线长度只能为在“长度”数值框中设定的值。

◆ “隐藏”选项组：选择该选项组中的两个复选框，可隐藏尺寸界线的左端或右端。

● “符号和箭头”选项卡：该选项卡主要用于设置符号和箭头的样式，包括“箭头”、“圆心标注”、“弧长符号”和“半径标注折弯”4个选项组。

◆ “第一项”和“第二个”下拉列表：用于选择尺寸标注两端的箭头样式。

◆ “引线”下拉列表框：用于可选择引线标注的箭头样式。

◆ “圆心标记”选项组：用于设置圆心标记的类型和大小，默认选择“标记”单选按钮。

◆ “弧长符号”选项组：用于设置标注弧长时弧长符号的位置，以及有无弧长符号。

◆ “半径折弯标注”选项组：设置用DIMJOGGED命令折弯标注圆或圆弧半径时折弯的角度。

● “文字”选项卡：该选项卡主要用于设置标注中文字的样式，包括“文字外观”、“文字位置”和“文字对齐”3个选项组。

◆ “分数高度比例”数值框：用于设置分数形式字符与其他字符的比例。

◆ “绘制文字边框”复选框：选中该复选框，可为标注的文字添加边框。

◆ “垂直”和“水平”下拉列表框：用于设置文字在尺寸线上的对齐位置。

◆ “从尺寸线偏移”数值框：在该数值框中可设置标注文字与尺寸线之间的距离，一般保持默认设置。

● “调整”选项卡：该选项卡包括“调整选项”、“文字位置”、“标注特性比例”和“优化”4个选项组，如图10-7所示。

◆ “调整选项”选项组：用于设置基于尺寸界线之间可用空间的文字和箭头位置。当两条尺寸界线间的距离足够时，则把文字和箭头放在尺寸界线之间；当距离不足时，则按“调整选项”选项组中的设置放置文字和箭头。

◆ “文字位置”选项组：用于设置标注文字的显示位置。

◆ “使用全局比例”单选按钮：选择该单选按钮，并在其右侧数值框中输入比值，所有以该标注样式为基础的尺寸标注都将按该比例放大相应倍数。

◆ “将标注缩放到布局”单选按钮：选择该单选按钮，则可根据模型空间视口比例设置标注比例。

◆ “手动放置文字”复选框：选择该复选框，将忽略所有水平对正设置，并将文字放置在“文字位置”提示中的指定位置。

◆ “在尺寸界线之间绘制尺寸线”单选按钮：选择该单选按钮，则将始终在尺寸界线之间绘制尺寸线。

● “主单位”选项卡：该选项卡包括“线性标注”、“测量单位比例”、“角度标注”和“消零”4个选项组。

◆ “线性标注”栏：设置线性标注的单位格式、精度及标注文字的前缀和后缀。

◆ “角度标注”栏：设置角度标注的当前单位格式和精度等。

● “换算单位”选项卡：在该选项卡中，只有选择“显示换算单位”复选框后，该选项卡中的其他选项才能被激活。该选项卡中部分选项功能如下：

◆ “换算单位”选项组：用于设置除角度标注之外标注的换算单位格式、精度和前后缀等。

◆ “消零”选项组：用于设置换算单位的消零规则。

◆ “位置”选项组：用于设置换算单位的位置。

● “公差”选项卡：在“公差格式”选项组中设置公差的格式、精度和放置位置等内容，该部分参数一般用于机械制图。其中“换算单位公差”选项组用于设置换算公差单位的精度和消零规则。

13.2.2 设置当前尺寸标注样式

设置当前尺寸标注样式的方法有以下3种：

● 在“常用”选项卡的“注释”面板中，单击按钮，在“标注样式”下拉列表中选择需要置为当前的标注样式，如图13-8所示。

图13-8 方式1

● 在“注释”选项卡的“标注”面板中，单击“标注样式”下拉按钮，在弹出的下拉列表中选择需要置为当前的标注样式，如图13-9所示。

● 在命令行窗口中执行ddim、d、DIMSTYLE或DIMSTY命令，弹出“标注样式管理器”对话框。在“样式”列表框中选择需要置为当前的标注样式，单击“置为当前”按钮即可，如图13-10所示。

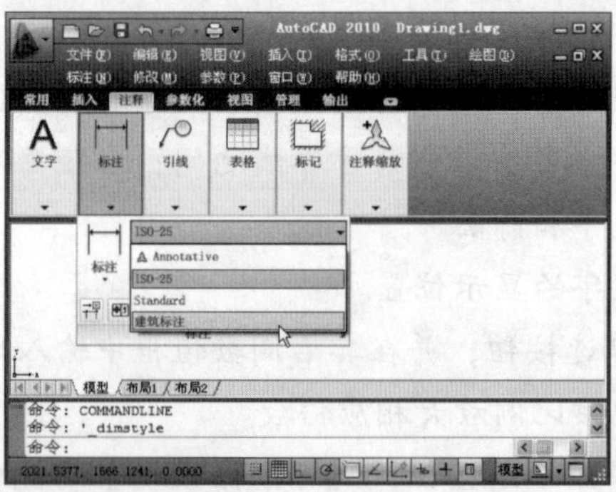

图13-9 方式2

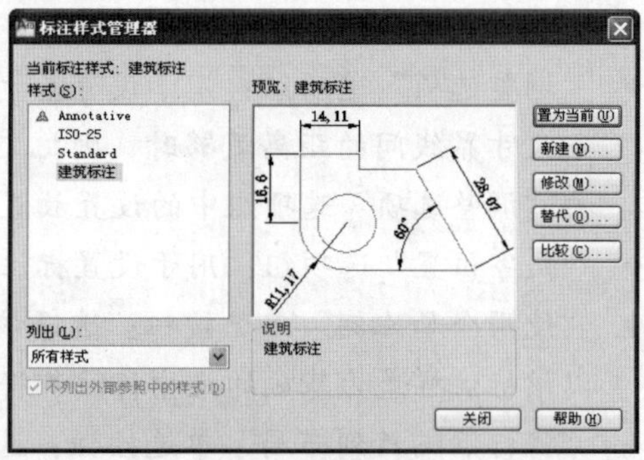

图13-10 方式3

13.2.3 删除尺寸标注样式

在“标注样式管理器”对话框左侧的“样式”列表框中选择需要删除的标注样式名称，在该标注样式名称上右击，从弹出的快捷菜单中选择“删除”命令，即可删除多余的尺寸标注样式，如图13-11所示，或者选中后直接按【Del】键删除。

在删除尺寸标注样式时，置为当前的尺寸标注样式不能被删除，若不小心误选择了当前标注样式并执行了删除命令，系统会弹出如图13-12所示的提示对话框，提示用户无法删除该标注样式。此时只需单击“关闭”按钮，然后返回“标注样式管理器”对话框中再次选择需要删除的标注样式即可。

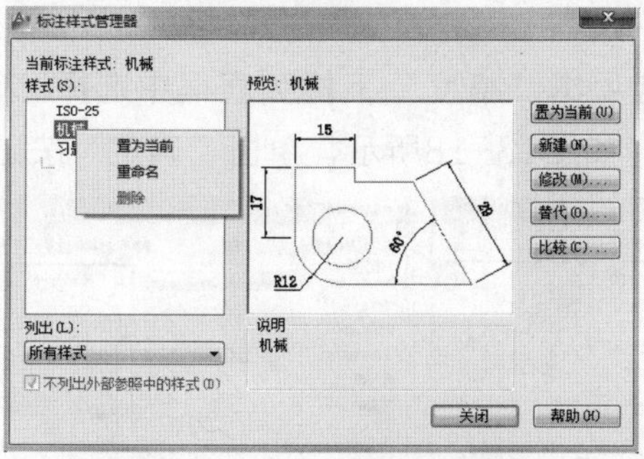

图13-11　选中要删除的对象

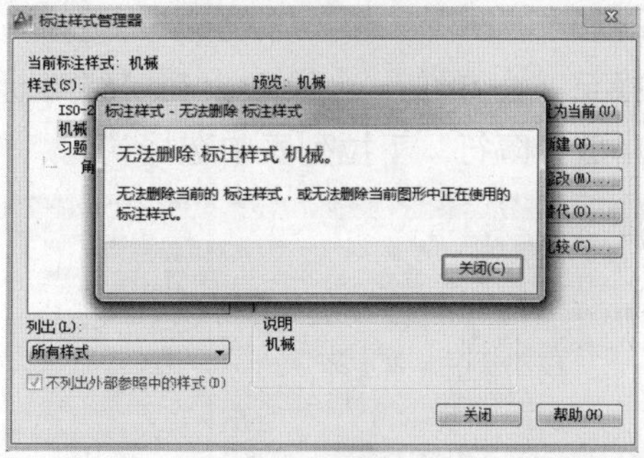

图13-12　提示信息

13.2.4　自我强化：设置标注样式

01 启动AutoCAD 2012，在菜单栏中选择“格式”→“标注样式”命令，系统弹出“标注样式管理器”对话框。

02 在对话框中单击“新建”按钮，弹出“创建新标注样式”对话框。在“新样式名”文本框中输入标注样式的名称，这里输入文本“设置标注样式”，如图13-13所示，单击“继续”按钮。

03 弹出“新建标注样式：设置标注样式”对话框，切换至“线”选项卡，在“尺寸线”选项组的“线宽”下拉列表中选择0.15选项，在“基线间距”下拉列表中选择3.75选项，在“超出尺寸线”数值框中输入1，在“起点偏移量”数值框中输入2，如图13-14所示。

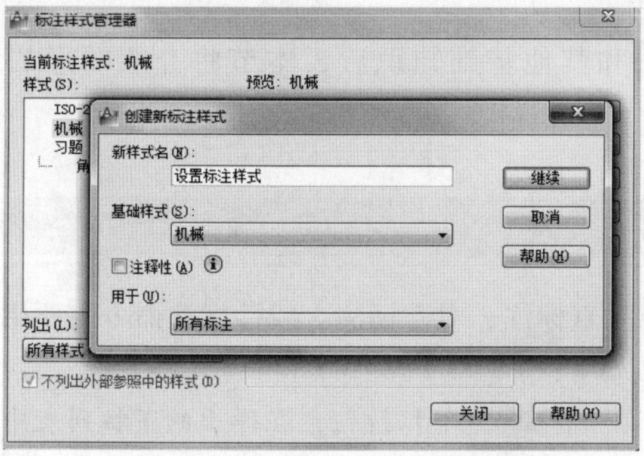

图13-13　输入名字

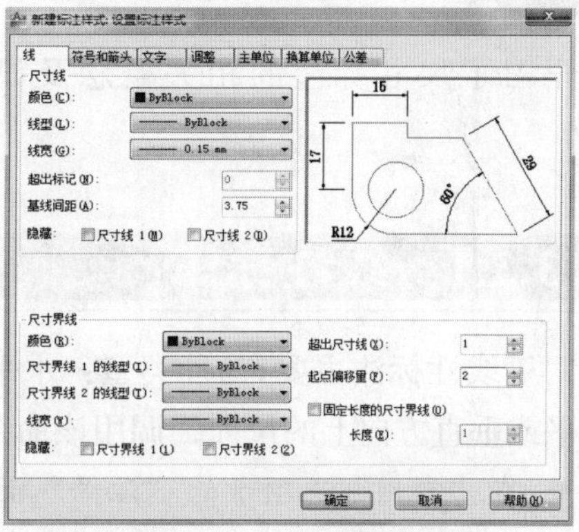

图13-14　设置标注线

04 切换至“符号和箭头”选项卡，在“箭头大小”数值框中输入2，在“圆心标记”选项组中选择“标记”单选按钮，如图13-15所示。

05 切换至“文字”选项卡，在“文字外观”选项组中的“文字高度”数值框中输入6，在“文字对齐”选项组中选择“ISO标准”单选按钮。在“从尺寸线偏移”数值框中输入1，如图13-16所示。

06 切换至“调整”选项卡，在“文字位置”选项组中选择“尺寸线上方，带引线”单选按钮，在“优化”选项组选择“在尺寸界线之间绘制尺寸线”复选

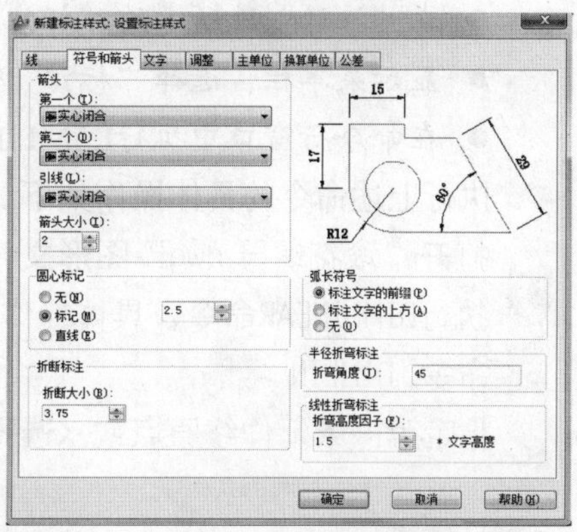

图13-15　设置箭头

框，如图13-17所示。

07 切换至“主单位”选项卡，在“线性标注”选项组“精度”下拉列表框中选择0选项，在“小数分隔符”下拉列表中选择“句点”选项，如图13-18所示，单击“确定”按钮。

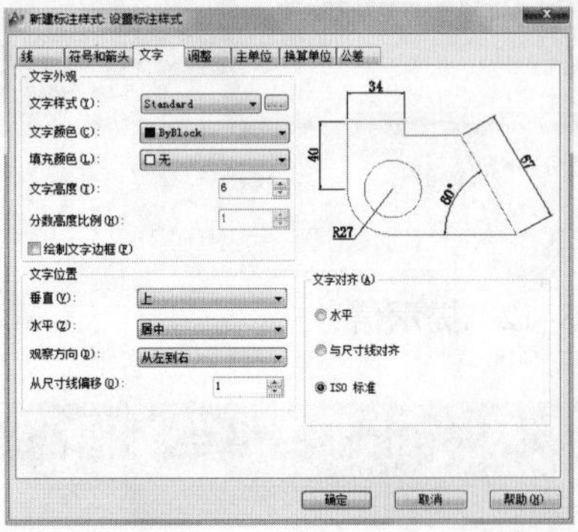

图13-16　设置文字

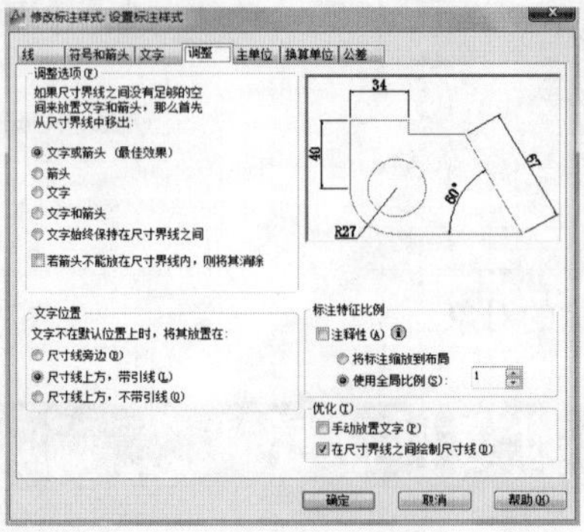

图13-17　“调整”选项

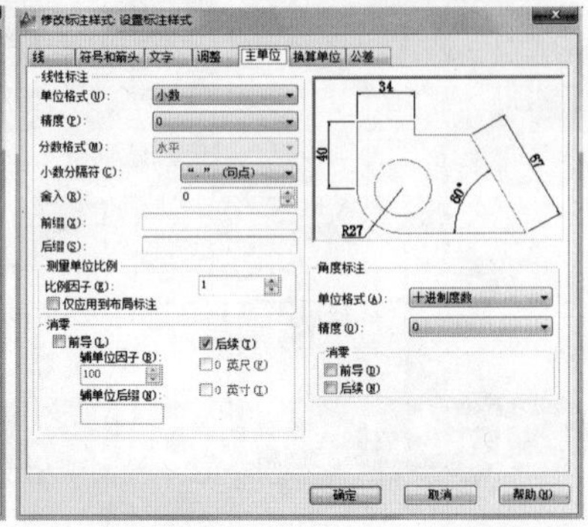

图13-18　“主单位”选项

08 返回“标注样式管理器”对话框，在“样式”列表框中选择“机械标注”选项，然后单击“置为当前”按钮，单击“关闭”按钮完成标注样式的设置，然后保存该图形文件并命名为“设置标注样式”（光盘:\最终文件\第13章\设置标注样式.dwg）。

13.3 标注长度尺寸

学习了尺寸标注的相关概念及设置方法和其他基础知识后，本节将介绍图形的线性标注。

13.3.1　线性标注

对于线性标注主要有3种类型：水平标注、垂直标注、对齐标注。线性标注命令主要用于标注水平或垂直方向上的尺寸，调用该命令的方法如下：

- 在“常用”选项卡的“注释”面板中，单击“线性”下拉按钮，在弹出的下拉列表中选择“线性”选项。
- 在“注释”选项卡的“标注”面板中，在其左侧的下拉列表中选择“线性”选项。
- 显示菜单栏，选择“标注”→“线性”命令。
- 在命令行窗口中执行DIMLINEAR或DIMLIN命令。

执行上述命令的具体操作如下。

01 打开“滚花螺母.dwg”图形文件（光盘:\原始文件\第13章\滚花螺母.dwg），在命令行窗口中执行DIMLINEAR命令，具体操作过程如下：

命令：DIMLIN　（执行DIMLIN命令）

指定第一条延伸线原点或 <选择对象>：（单击要标注线段的一端，这里单击如图13-19所示的A点）

指定第二条延伸线原点：（单击要标注线段的一端，这里单击如图13-19所示

的B点）

指定尺寸线位置或[多行文字(M)/文字(T)/角度(A)/水平(H)/垂直(V)/旋转(R)]:

（向上移动鼠标到适合位置并单击鼠标）

标注文字 =19　　　　　　　　（系统提示标注尺寸）

02 使用线性命令标注完成后的效果如图13-20所示。

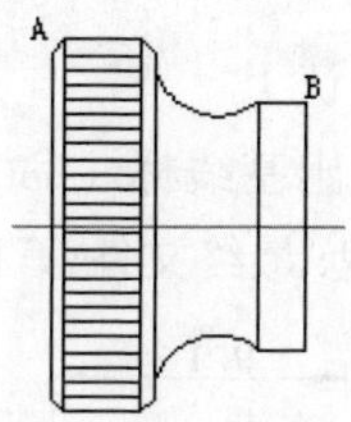

图13-19　选择标注基点

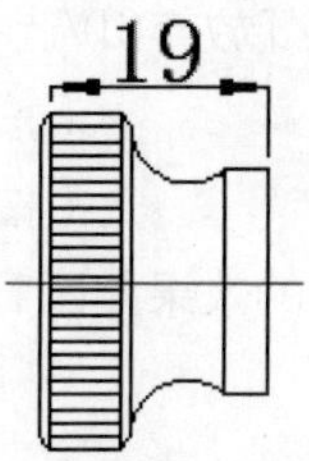

图13-20　标注效果

在执行命令的过程中，命令行各选项的含义如下。

- 多行文字：选择该选项，可通过输入多行文字的方式输入多行标注文字。
- 文字：选择该选项，可通过输入单行文字的方式输入单行标注文字。
- 角度：选择该选项，可输入标注文字方向与标注端点连线之间的夹角，默认为0°，保持平行。
- 水平：选择该选项，表示只标注两点之间的水平距离。
- 垂直：选择该选项，表示只标注两点之间的垂直距离。
- 旋转：选择该选项，在标注过程中设置尺寸线的旋转角度。

13.3.2　基线标注

基线标注是自同一基线处测量的多个标注，即创建自相同基线测量的一系列相关标注，调用该命令方法如下：

- 在“注释”选项卡的“标注”面板中，单击下拉按钮，在弹出的下拉列表中选择“基线”选项。
- 显示菜单栏，选择“标注”→“基线”命令。
- 在命令行窗口中执行DIMBASELINE或DIMBASE命令。

进行基线标注的具体操作如下。

01 打开“十字头螺钉.dwg”图形文件（光盘:\原始文件\第13章\十字头螺钉.dwg），在命令行窗口中执行DIMBASE命令，具体操作过程如下：

命令: DIMBASE　　　　　　　　（执行DIMBASE命令）

选择基准标注:　　　　　　　　（选择如图13-21所示的最左侧竖线注作为基准标注）

指定第二条延伸线原点或 [放弃(U)/选择(S)] <选择>:

（单击第二条延伸原点，这里单击如图13-21所示的A点）

标注文字=3.1　　　　　　　　（系统提示标注尺寸）

指定第二条延伸线原点或 [放弃(U)/选择(S)] <选择>:

（单击下一条延伸原点，这里单击如图13-21所示的B点）

标注文字=3.8　　（系统提示标注尺寸）

指定第二条延伸线原点或 [放弃(U)/选择(S)] <选择>:

（单击下一条延伸原点，这里单击如图13-21所示的C点）

标注文字=9.1　　（系统提示标注尺寸）

指定第二条延伸线原点或 [放弃(U)/选择(S)] <选择>:

（按【Space】键确认）

选择基准标注:　　（按【Space】键退出基线标注命令）

02 使用基线命令标注完成后的效果如图13-22所示（光盘:\最终文件\第13章\十字头螺钉.dwg）。

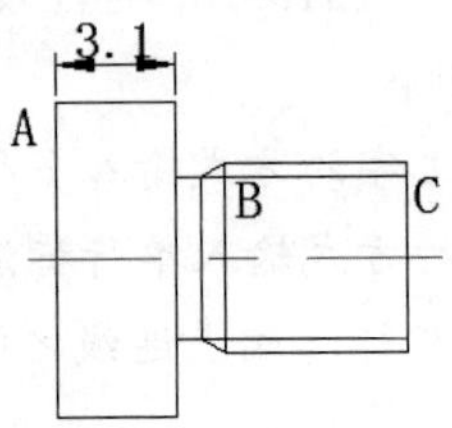

图13-21　选择标注基点

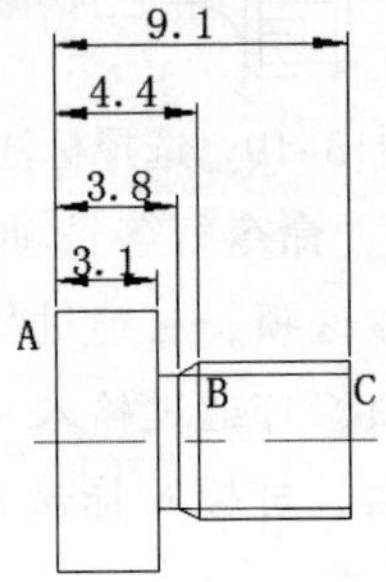

图13-22　标注效果

注意

若先使用线性标注，马上接着使用基线标注命令，可免去选择基准标注这一操作步骤，当然标注后的效果也会有所不同。

13.3.3　连续标注

连续标注是首尾相连的多个标注。在创建连续标注之前，必须先进行线性、对齐或角度等标注。调用该命令的方法如下：

- 在“注释”选项卡的“标注”面板中，单击下拉按钮，在弹出的下拉列表中选择“连续”选项。
- 显示菜单栏，选择“标注”→“连续”命令。
- 在命令行执行DIMCONTINUE或DIMCONT命令。

对图形对象进行连续标注的具体操作如下。

01 打开“铁片.dwg”图形文件（光盘:\原始文件\第13章\铁片.dwg），在命令行窗口中执行DIMCONT命令，具体操作过程如下：

命令: DIMCONT　　（执行DIMCONT命令）

选择连续标注:　　（选择作为连续标注的尺寸标注，如图13-23所示）

指定第二条延伸线原点或 [放弃(U)/选择(S)] <选择>:

（指定第二尺寸界线的点，这里单击如图13-23所示A点）

标注文字=12　　（系统提示标注尺寸）

指定第二条延伸线原点或 [放弃(U)/选择(S)] <选择>:
　　　　　　　　　　　　（捕捉确定下一条尺寸界线的点，这里单击如图13-23所示B点）
标注文字=16　　　　　　（系统提示标注尺寸）
指定第二条延伸线原点或 [放弃(U)/选择(S)] <选择>:
　　　　　　　　　　　　（捕捉确定下一条尺寸界线的点，这里单击如图13-23所示C点）
标注文字=14　　　　　　（系统提示标注尺寸）
指定第二条延伸线原点或 [放弃(U)/选择(S)] <选择>:
　　　　　　　　　　　　（捕捉确定下一条尺寸界线的点，这里单击如图13-23所示D点）
标注文字=9　　　　　　　（系统提示标注尺寸）
指定第二条延伸线原点或 [放弃(U)/选择(S)] <选择>:
　　　　　　　　　　　　（按【Space】键结束命令）
选择连续标注:　　　　　（按【Space】键退出连续标注命令）

02 使用连续命令标注完成后的效果如图13-24所示（光盘:\最终文件\第13章\铁片.dwg）。

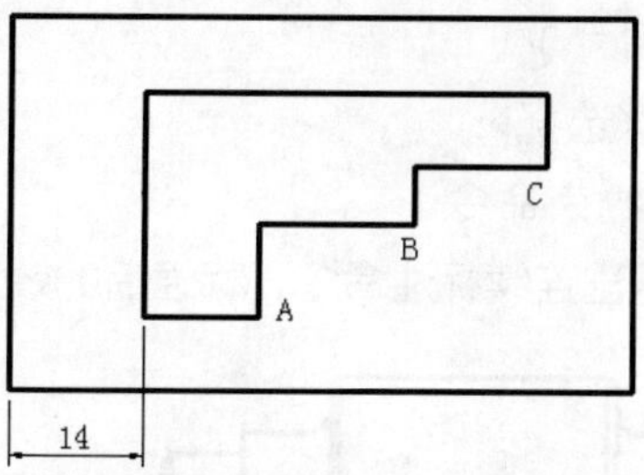

图13-23　选择第一个标注

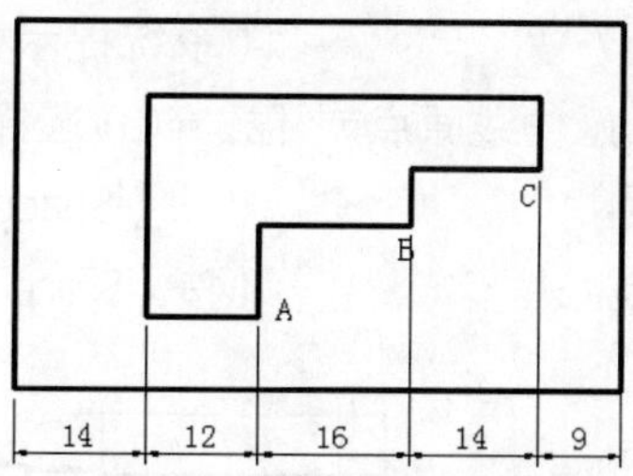

图13-24　标注效果

13.3.4　自我强化：轴

下面通过一个实例学习本节内容。

01 打开“轴.dwg”图形文件（光盘:\原始文件\第13章\轴.dwg），在命令行窗口中执行DIMLINEAR命令，具体操作过程如下：

命令: DIMLIN　　　　　　　　　（执行DIMLIN命令）
指定第一条延伸线原点或 <选择对象>:（单击要标注线段的一端，这里单击如图13-25所示的A点）
指定第二条延伸线原点:　　　　（单击要标注线段的一端，这里单击如图13-25所示的B点）
指定尺寸线位置或[多行文字(M)/文字(T)/角度(A)/水平(H)/垂直(V)/旋转(R)]:
　　　　　　　　　　　　　　　（向下移动鼠标到适合位置并单击）
标注文字=3　　　　　　　　　　（系统提示标注尺寸，标注后的效果如图13-26所示）

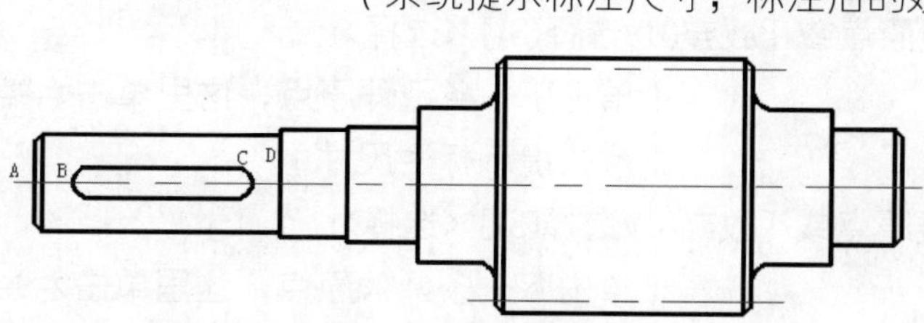

图13-25　选择标注点

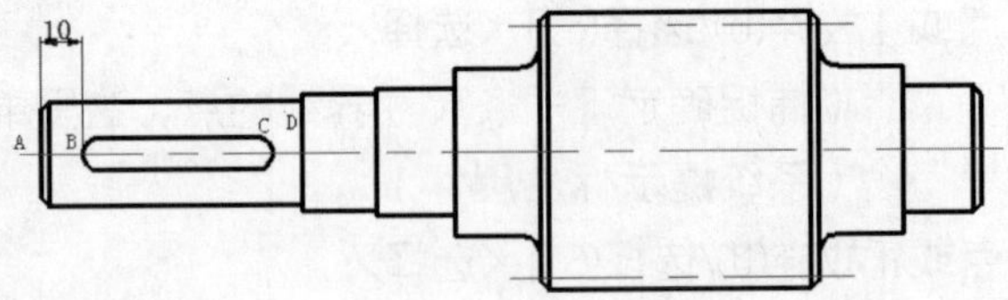

图13-26 标注

02 在命令行窗口中执行DIMCONT命令，具体操作过程如下：

命令：DIMCONT　　　　　　　　（执行DIMCONT命令）
指定第二条延伸线原点或 [放弃(U)/选择(S)] <选择>:
　　　　　　　　　　　　　　　（指定第二尺寸界线的点，这里单击如图13-25所示C点）
标注文字=45　　　　　　　　　（系统提示标注尺寸）
指定第二条延伸线原点或 [放弃(U)/选择(S)] <选择>:
　　　　　　　　　　　　　　　（捕捉确定下一条尺寸界线的点，这里单击如图13-25所示D点）
标注文字 =7　　　　　　　　　（系统提示标注尺寸）
指定第二条延伸线原点或 [放弃(U)/选择(S)] <选择>:
　　　　　　　　　　　　　　　（按【Space】键结束命令）
选择连续标注:　　　　　　　　（按【Space】键退出连续标注命令，标注后的效果如图13-27所示）

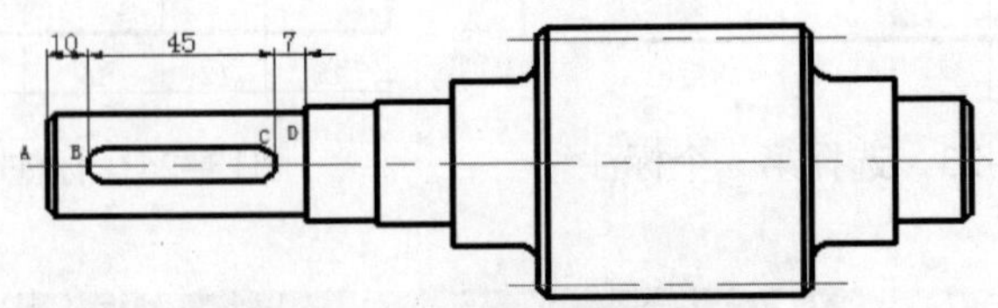

图13-27 连续标注效果

03 再在命令行窗口中执行DIMLINEAR命令，标注轴的上测尺寸，标注后的效果如图13-28所示，然后在命令行窗口中执行DIMBASE命令，具体操作过程如下：

命令：DIMBASE　　　　　　　　（执行DIMBASE命令）
指定第二条延伸线原点或 [放弃(U)/选择(S)] <选择>:
　　　　　　　　　　　　　　　（单击第二条延伸原点，这里单击相邻的轴肩点）
标注文字=40　　　　　　　　　（系统提示标注尺寸）
指定第二条延伸线原点或 [放弃(U)/选择(S)] <选择>:
　　　　　　　　　　　　　　　（单击下一条延伸原点，这里单击右端数第二个轴肩点）
标注文字=101　　　　　　　　 （系统提示标注尺寸）
指定第二条延伸线原点或 [放弃(U)/选择(S)] <选择>:
　　　　　　　　　　　　　　　（单击下一条延伸原点，这里单击右端数第三个轴肩点）
标注文字=123　　　　　　　　 （系统提示标注尺寸）
指定第二条延伸线原点或 [放弃(U)/选择(S)] <选择>:
　　　　　　　　　　　　　　　（单击下一条延伸原点，这里单击右端数第四个轴肩点）
标注文字=141　　　　　　　　 （系统提示标注尺寸）

指定第二条延伸线原点或 [放弃(U)/选择(S)] <选择>:

（单击下一条延伸原点，这里单击右端数第五个轴肩点）

标注文字=158　　（系统提示标注尺寸）

指定第二条延伸线原点或 [放弃(U)/选择(S)] <选择>:

（单击下一条延伸原点，这里单击右端数第六个轴肩点）

标注文字=220　　（系统提示标注尺寸）

指定第二条延伸线原点或 [放弃(U)/选择(S)] <选择>:

（按【Space】键确认）

选择基准标注:　　（按【Space】键退出基线标注命令）

04 全部完成标注后的效果如图13-29所示（光盘:\最终文件\第13章\轴.dwg）。

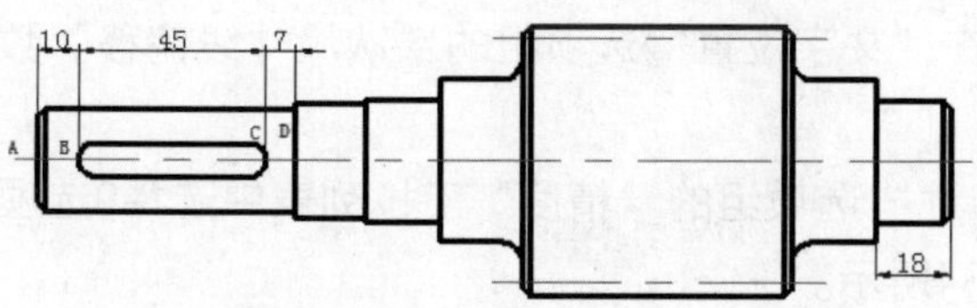

图13-28　标注线性尺寸

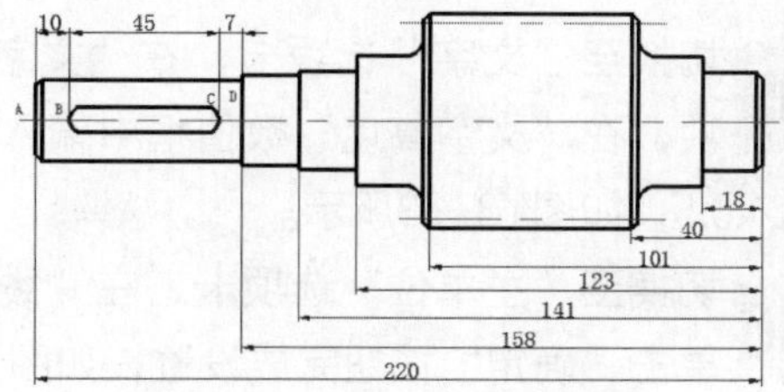

图13-29　最终标注效果图

13.4 拓展训练

下面将通过几个例子来熟悉标注的设置以及较简单的标注。

13.4.1 初级训练：设置标注样式

首先通过一个例子讲解标注样式的设置。

01 启动AutoCAD 2012，在菜单栏中选择“格式”→“标注样式”命令，弹出“标注样式管理器”对话框。

02 单击“新建”按钮，弹出“创建新标注样式”对话框。在“新样式名”文本框中输入标注样式的名称，这里输入文本“建筑图”，如图13-30所示，单击“继续”按钮。

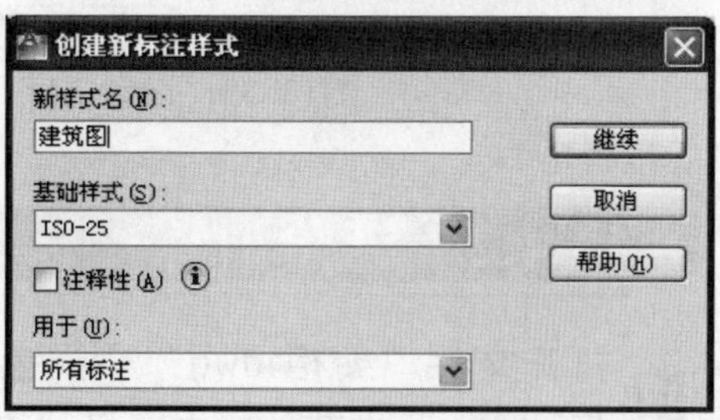

图13-30　新建标注样式

03 弹出“新建标注样式：建筑图”对话框，切换至“线”选项卡，在“尺寸线”选项组的“颜色”下拉列表中可以选择颜色选项，在“尺寸界线”选项组的“颜色”下拉列表中选择“黑”选项，在“超出尺寸线”数值框中输入2，在“起点偏移量”数值框中输入2，如图13-31所示。

04 切换至“符号和箭头”选项卡，在“箭头”选项组的“第一个”下拉列表中选择第一个选项“实心闭合”选项，在“箭头大小”数值框中输入2，如图13-32所示。

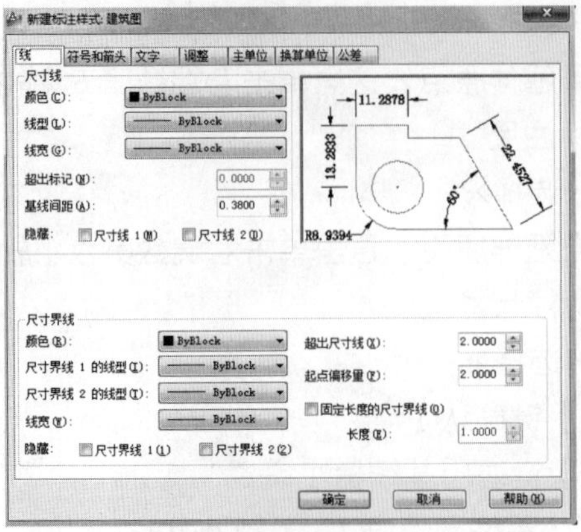

图13-31　设置尺寸线

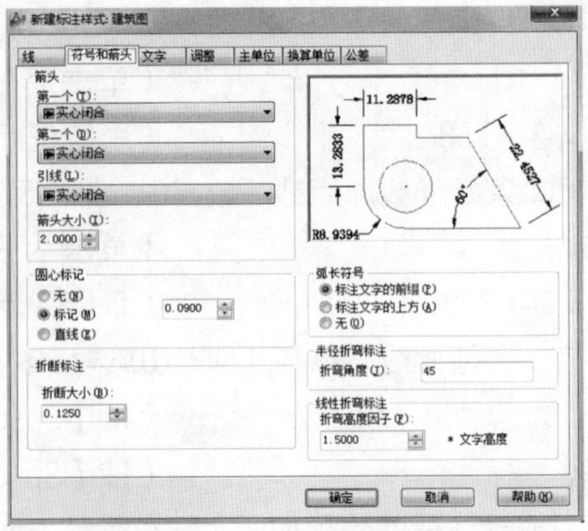

图13-32　设置箭头

05 切换至“文字”选项卡，在“文字外观”选项组的“文字颜色”下拉列表中选择“黑”选项，在“文字高度”数值框中输入6，在“文字位置”选项组的“从尺寸线偏移”数值框中输入0.5，如图13-33所示。

06 切换至“主单位”选项卡，在“线性标注”选项组的“精度”下拉列表中选择0选项，然后单击“确定”按钮完成设置，如图13-34所示。

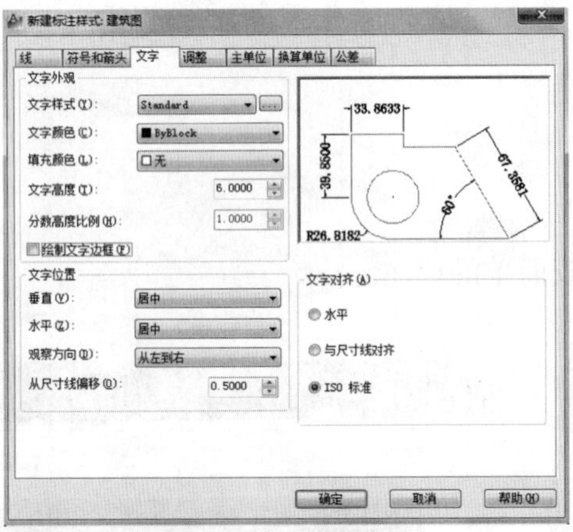

图13-33　设置文字

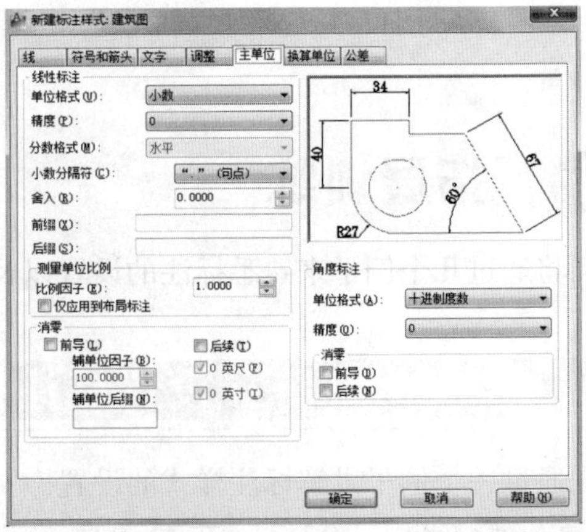

图13-34　设置文字精度

13.4.2　进阶训练：标注橱柜

01 打开文件“橱柜.dwg”（光盘:\原始文件\第13章\橱柜.dwg），在菜单栏中选择“格式”→“标注样式”命令，弹出“标注样式管理器”对话框。在“样式”列表中选中“建筑”选项，如图13-35所示，单击“修改”按钮。

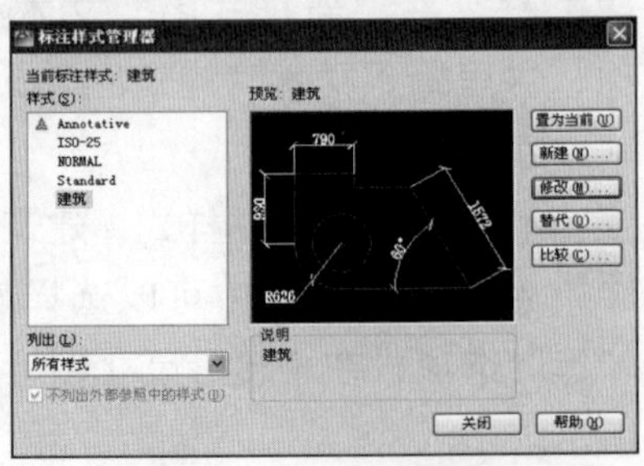

图13-35　选中标注样式

02 弹出“修改标注样式：建筑”对话框，“基线间距”选择240。切换至“符号和箭头”选项卡，在“箭头”选项组的“第一个”下拉列表中选择“建筑标记”选项，在“箭头大小”数值框中输入120，如图13-36所示。切换至“文字”选项卡，在“文字高度”数值框中输入140，在“文字位置”选项组的“从尺寸线偏移”数值框中输入8，如图13-37所示。切换至“主单位”选项卡，在“线性标注”选项组的“精度”下拉列表中选择0选项，然后单击“确定”按钮完成设置。

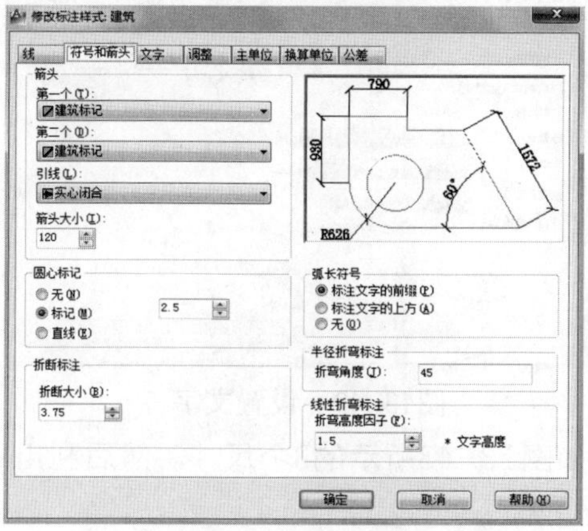

图13-36　设置箭头

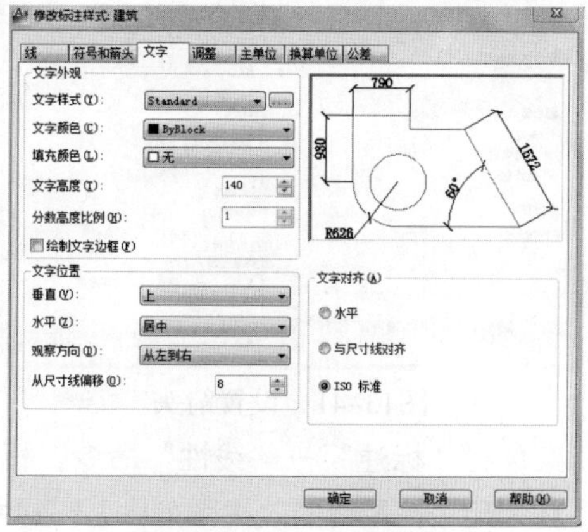

图13-37　设置文字

03 选择菜单栏“标注”→“线性”命令，标注如图13-38所示的一个尺寸。然后利用“基线”命令标注同侧的其余尺寸，最终的效果图如图13-39所示。

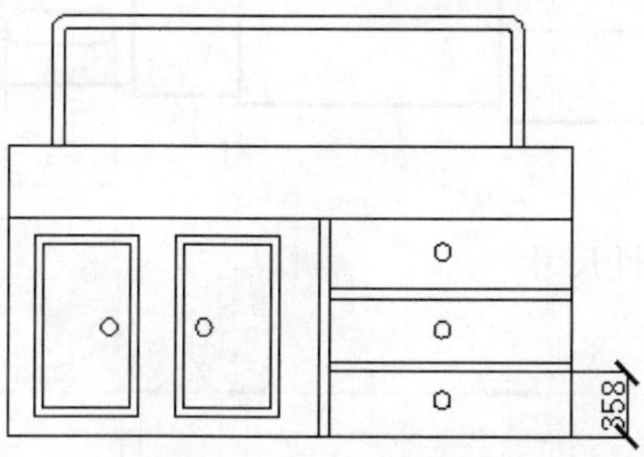

图13-38　尺寸标注

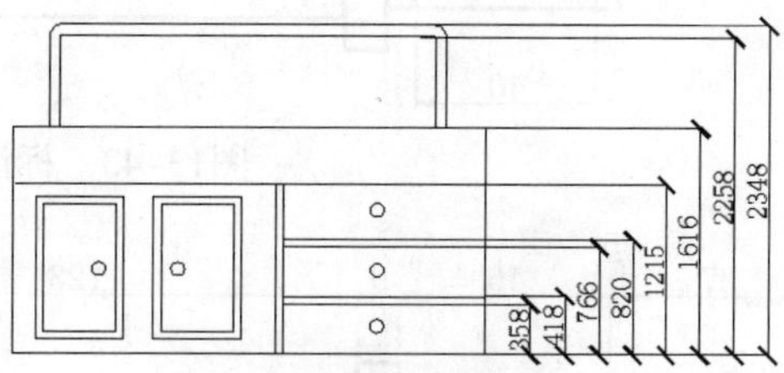

图13-39　基线标注

13.4.3　提高训练：标注跨轴

01 打开文件“跨轴.dwg”，在菜单栏中选择“格式”→“标注样式”命令，弹出“标注样式管理器”对话框。在“样式”列表框中选中“跨轴”选项，如图13-40所示，单击“修改”按钮。

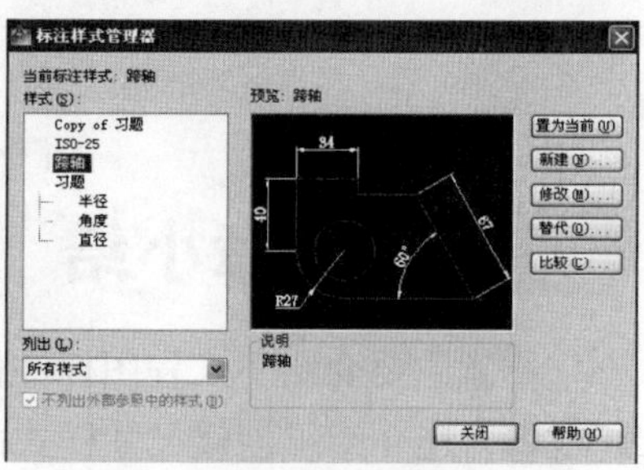

图13-40　选中标注样式

02 弹出“修改标注样式：跨轴”对话框，切换至“符号和箭头”选项卡，在“箭头”选项组的“第一个”下拉列表中选择“实心闭合”选项，在“箭头大小”数值框中输入4，如图13-41所示。切换至“文字”选项卡，在“文字高度”数值框中输入6，在“文字位置”选项组的“从尺寸线偏移”数值框中输入1，如图13-42所示。切换至“主单位”选项卡，在“线性标注”选项组的“精度”下拉列表中选择0选项，然后单击“确定”按钮完成设置。

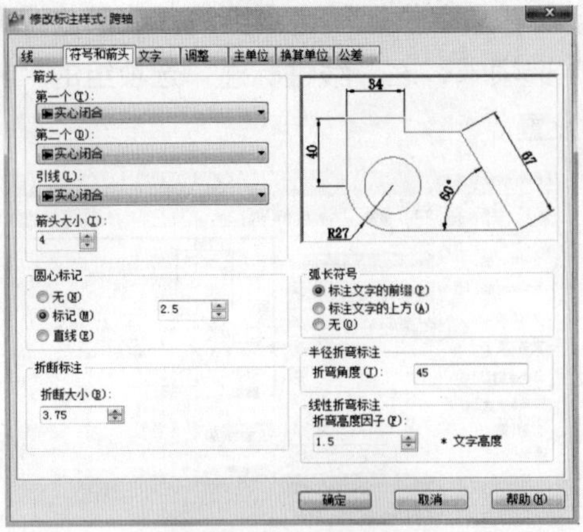

图13-41　设置箭头

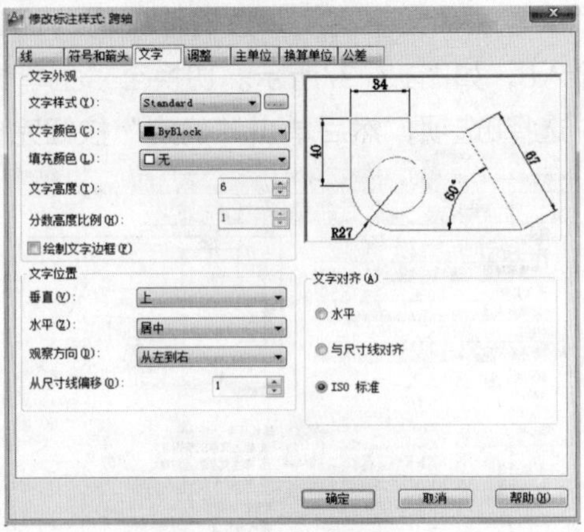

图13-42　设置文字

03 选择菜单栏“标注”→“线性”命令，标注如图13-43所示的3个尺寸。然后利用“连续”标注其余尺寸，最终的效果图如图13-44所示。

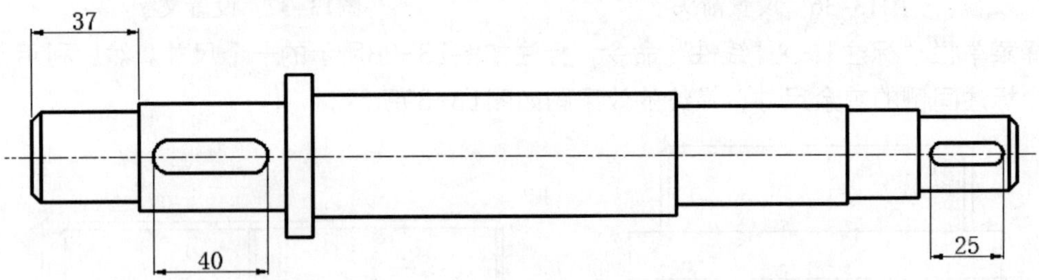

图13-43　标注线性尺寸

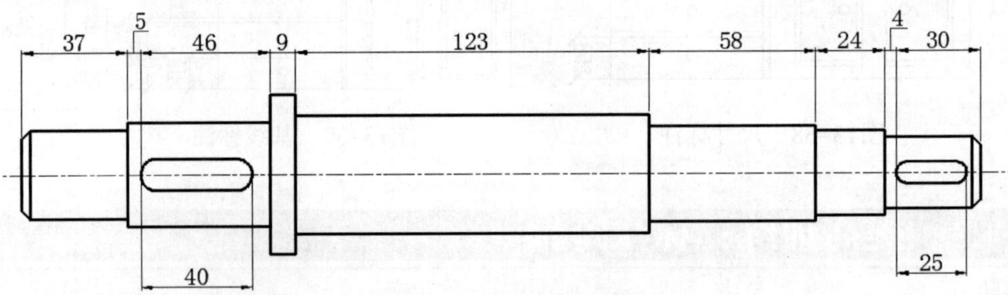

图13-44　最终标注效果

13.5 本章小结

本章主要介绍了工程图标注的基本知识，包括尺寸标注概述、标注格式的设置、尺寸标注的规定等，还介绍了创建尺寸样式的方法及样式。最后介绍了线性尺寸的标注种类，并通过很多例子复习了本章的内容。

第14章 尺寸标注（二）

学习导航

本章继续对尺寸标注进行介绍。第13章介绍了标注的基本知识，并且介绍了线性标注。本章将介绍圆及圆弧的标注、形位公差的标注等诸多标注，以及如何编辑尺寸标注。

学习重点

- □ 学会圆及圆弧的标注
- □ 熟练掌握形位公差的标注
- □ 熟练掌握特殊性尺寸的标注
- □ 能进行尺寸标注的编辑

本章将对介绍圆弧尺寸的标注、特殊性尺寸标注、形位公差的标注以及尺寸标注的编辑等内容。结合本章以及第13章内容，读者应该能熟练掌握AutoCAD的标注功能。

14.1 圆及圆弧类尺寸标注

圆类尺寸标注包括圆心标注、半径标注、直径标注和弧长标注等，下面分别进行讲解。

14.1.1 圆心标注

圆心标记命令用于标记圆或圆弧的圆心点位置，调用该命令的方法如下：

- 在“注释”选项卡的“标注”面板中，单击右侧的▾按钮，在弹出的下拉列表中单击“圆心标记”按钮⊕。
- 显示菜单栏，选择“标注”→“圆心标记”命令。
- 在命令行窗口中执行DIMCENTER命令。

执行上述命令的具体操作如下。

01 创建名为“圆心标记.dwg”图形文件（光盘:\原始文件\第14章\圆心标记.dwg），在命令行窗口输入C，执行画圆命令，选择“圆心、半径”方式画圆，在绘图区中任选一点作为圆心，输入半径为20，按【Enter】键确定。绘制的圆如14-1所示。在命令行窗口中执行DIMCENTER命令，具体操作过程如下：

命令: DIMCENTER　　　　（执行DIMCENTER命令）

选择圆弧或圆:　　　　（选择绘图区中的圆，如图14-1所示）

02 圆心标注完成后，效果如图14-2所示（光盘:\最终文件\第14章\圆心标记.dwg）。

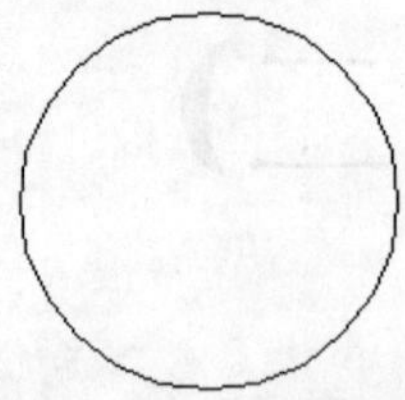

图14-1　原图

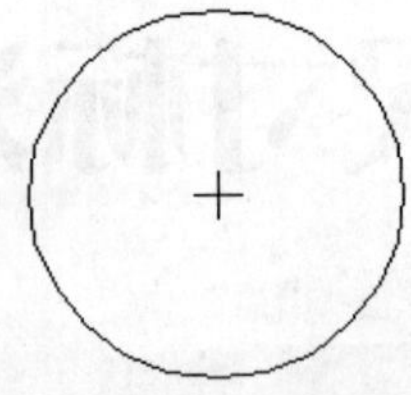

图14-2　标记圆心后

14.1.2　半径标注和直径标注

半径和直径的标注方法类似，主要用于标注圆和圆弧。它们与线型标注方法相同。只不过它们针对的对象是圆和圆弧。下面对其进行讲解。

1. 半径标注

半径标注命令的调用方法如下：

- 在“常用”选项卡的“注释”面板中，单击 线性 下拉按钮，在弹出的下拉列表中选择“半径”选项。
- 在“注释”选项卡的“标注”面板中，在其左侧的下拉列表中选择“半径”选项。
- 显示菜单栏，选择“标注”→“半径”命令。
- 在命令行窗口中执行DIMRADIUS或DIMRAD命令。

对半径进行标注的具体操作过程如下。

01 打开“灶.dwg”图形文件（光盘:\原始文件\第14章\小圆螺母.dwg），在命令行窗口中执行DIMRADIUS命令，具体操作过程如下：

命令: DIMRADIUS	（执行DIMRADIUS命令）
选择圆弧或圆:	（选择如图14-3所示的内圆）
标注文字=12.75	（系统提示将标注的尺寸）
指定尺寸线位置或 [多行文字(M)/文字(T)/角度(A)]:	（移动鼠标使尺寸线处于合适位置，这里移动到左上角，单击鼠标完成标注）

02 半径标注完成后，效果如图14-4所示（光盘:\最终文件\第14章\小圆螺母.dwg）。

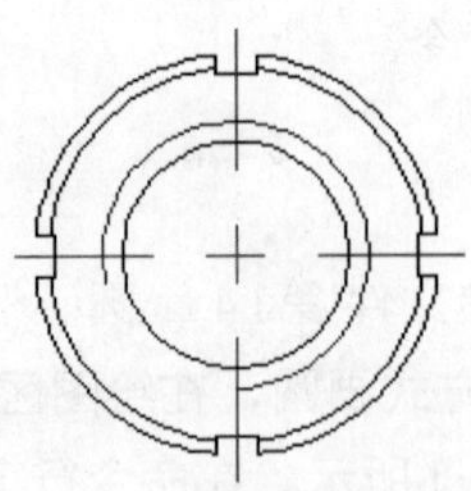

图14-3　需要标注的半径

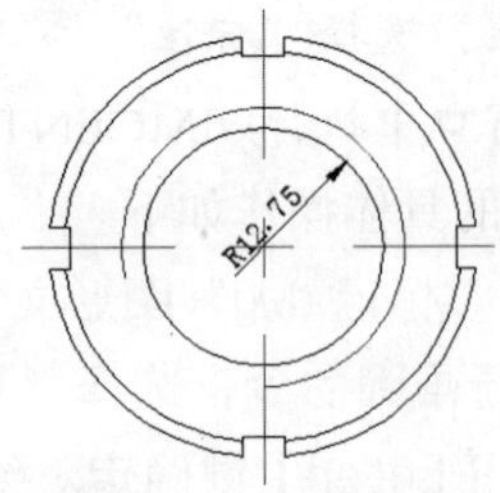

图14-4　标注效果

2. 直径标注

直径标注命令的调用方法如下：

- 在“常用”选项卡的“注释”面板中，单击 线性 下拉按钮，在弹出的下拉列表中选择“直径”选项。

- 在“注释”选项卡的“标注”面板中，在其左侧的下拉列表中选择“直径”选项。
- 显示菜单栏，选择“标注”→“直径”命令。
- 在命令行窗口中执行DIMDIAMETER或DIMDIA命令。

对直径进行标注的具体操作如下。

01 打开“方形螺母.dwg”图形文件（光盘:\原始文件\第14章\方形螺母.dwg），在命令行窗口中执行DIMDIAMETER命令，具体操作过程如下：

命令：DIMDIAMETER （执行DIMDIAMETER命令）
选择圆弧或圆： （选择螺钉中间的圆，如图14-5所示）
标注文字＝17 （显示标注效果）
指定尺寸线位置或 [多行文字(M)/文字(T)/角度(A)]： （指定尺寸线位置并单击完成标注）

02 直径标注完成后，效果如图14-6所示（光盘:\最终文件\第14章\方形螺母.dwg）。

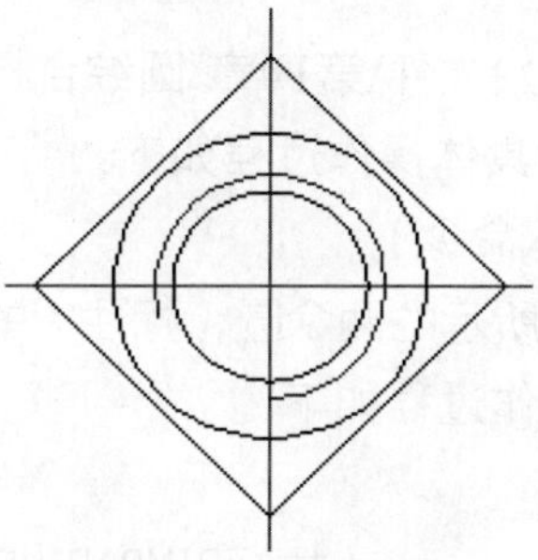

图14-5 要标注的圆

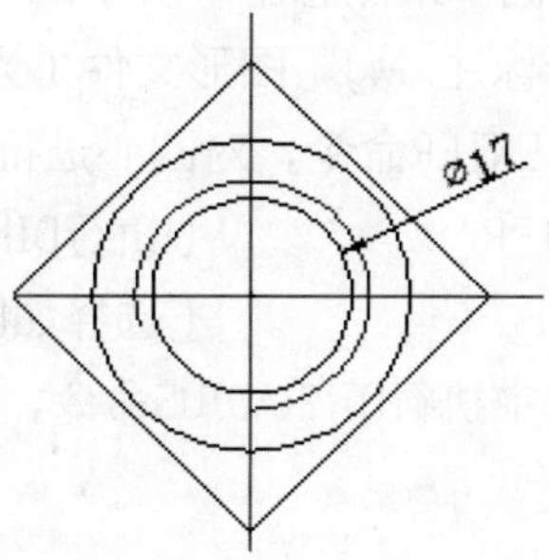

图14-6 直径

14.1.3 弧长标注

弧长标注用于测量圆弧或多段线圆弧段的距离，弧长标注的典型用法包括测量凸轮的距离和电缆的长度。为区别是线性标注还是弧长标注，默认情况下弧长标注将显示一个圆弧符号⌒。调用该命令的方法如下：

- 在“常用”选项卡的“注释”面板中，单击 线性 下拉按钮，在弹出的下拉列表中选择“弧长”选项。
- 在“注释”选项卡的“标注”面板中，在其左侧的下拉列表中选择“弧长”选项。
- 显示菜单栏，选择“标注”→“弧长”命令。
- 在命令行窗口中执行DIMARC命令。

对弧长进行标注的具体操作如下。

01 打开“密封垫圈.dwg”图形文件（光盘:\原始文件\第14章\密封垫圈.dwg），在命令行窗口中执行DIMARC命令，具体操作过程如下：

命令：DIMARC （执行DIMARC命令）
选择弧线段或多段线圆弧段： （选择如图14-7所示的弧线）
指定弧长标注位置或 [多行文字(M)/文字(T)/角度(A)/部分(P)/]: 52
标注文字=52 （显示标注效果；指定尺寸线位置，并按【Space】键结束命令）

02 弧长标注完成后，效果如图14-8所示（光盘:\最终文件\第14章\密封垫圈.dwg）。

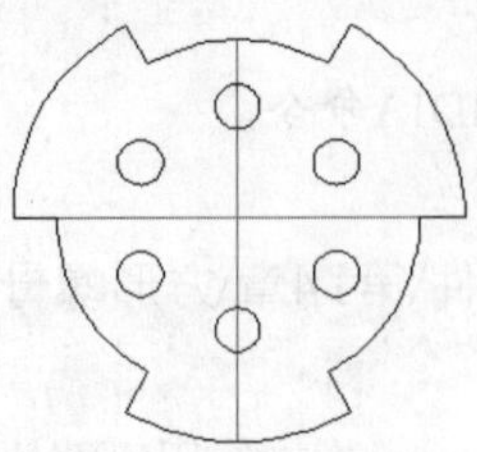

图14-7 密封垫圈

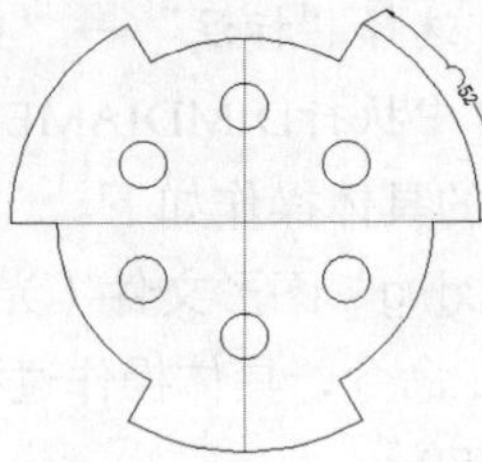

图14-8 标注效果图

14.1.4 自我强化：圆综合标注

下面通过一个例子来熟悉本节所学的内容。

01 打开“圆综合标注.dwg”图形文件（光盘:\原始文件\第14章\圆综合标注.dwg），在命令行窗口中执行DIMCENTER命令，对圆心进行标注的具体操作过程如下：

命令: DIMCENTER （执行DIMCENTER命令）

选择圆弧或圆: （选择如图14-9所示的两个圆，标注后的效果如图14-10所示）

02 在命令行窗口中执行DIMRADIUS命令，具体操作过程如下：

命令: DIMRADIUS （执行DIMRADIUS命令）

选择圆弧或圆: （选择如图14-11所示的圆弧）

标注文字 =80 （系统提示将标注的尺寸，单击鼠标）

指定尺寸线位置或 [多行文字(M)/文字(T)/角度(A)]: （移动鼠标使尺寸线处于合适位置，这里移动到右上角，按【Space】键完成标注，效果如图14-12所示）

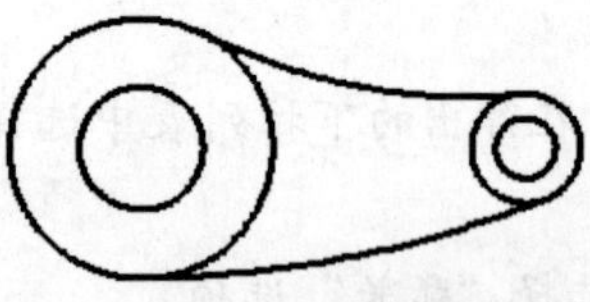

图14-9 选择圆

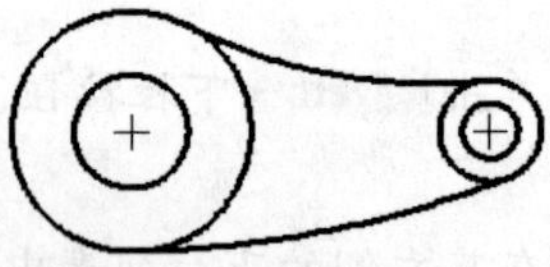

图14-10 标注圆

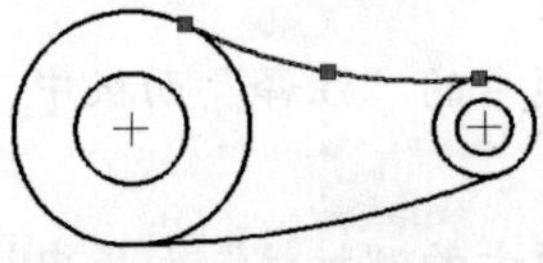

图14-11 选择圆弧

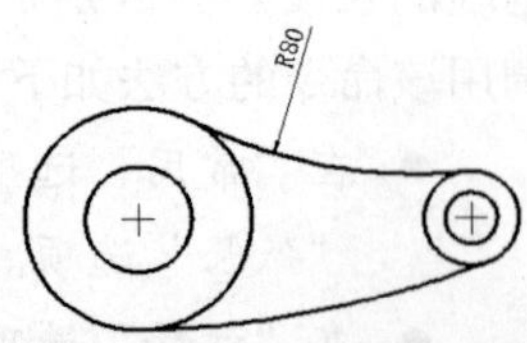

图14-12 标注圆弧

03 在命令行窗口中执行DIMDIAMETER命令，具体操作过程如下：

命令: DIMDIAMETER （执行DIMDIAMETER命令）

选择圆弧或圆: （选择如图14-13所示的圆）

标注文字＝200 （显示标注效果，单击鼠标）

指定尺寸线位置或 [多行文字(M)/文字(T)/角度(A)]: （向左下角移动鼠标并单击，标注后的效果如图14-14所示）

04 在命令行窗口中执行DIMARC命令，具体操作过程如下：

命令: DIMARC （执行DIMARC命令）
选择弧线段或多段线圆弧段: （选择如图14-15所示的弧线）
指定弧长标注位置或 [多行文字(M)/文字(T)/角度(A)/部分(P)/]: 57
标注文字 =57 （显示标注效果并按【Space】键确定，向上移动并单击鼠标，效果如图14-16所示）

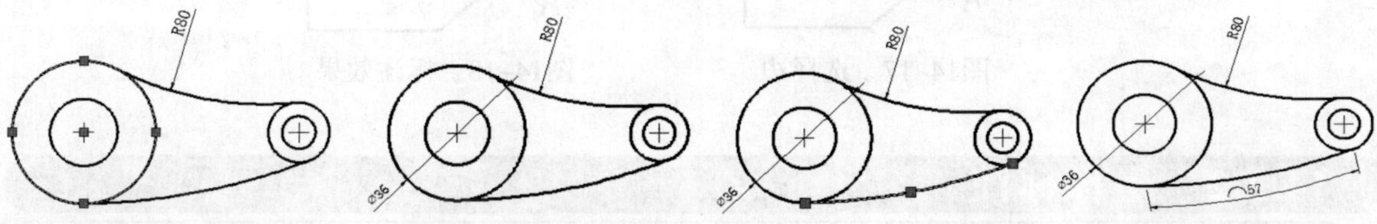

图14-13　选择圆　　图14-14　标注圆　　图14-15　选择圆弧　　图14-16　标注弧长

14.2 标注特殊尺寸

特殊尺寸标注包括角度标注、坐标标注、快速标注、创建快速引线标注和折弯标注等，下面将分别进行讲解。

14.2.1　角度标注

角度标注命令用于精确测量并标注直线、多段线、圆、圆弧和点与被测对象之间的夹角，调用该命令的方法如下：

- 在“常用”选项卡的“注释”面板中，单击 线性 下拉按钮，在弹出的下拉列表中选择“角度”选项。
- 在“注释”选项卡的“标注”面板中，在其左侧的下拉列表中选择“角度”选项。
- 显示菜单栏，选择“标注”→“角度”命令。
- 在命令行窗口中执行DIMANGULAR命令。

对角度进行标注的具体操作如下。

01 打开“角铁.dwg”图形文件（光盘:\原始文件\第14章\角铁.dwg），在命令行窗口中执行DIMANGULAR命令，具体操作过程如下：

命令: DIMANGULAR （执行DIMANGULAR命令）
选择圆弧、圆、直线或<指定顶点>: （单击如图14-17所示的A线）
选择第二条直线: （单击如图14-17所示的B线）
指定标注弧线位置或［多行文字（M）/文字（T）/角度（A）］:
（确定尺寸线位置，这里在三角形内单击）
标注文字=67 （系统提示）

02 角度标注完成后，效果如图14-18所示（光盘:\最终文件\第14章\角铁.dwg）。

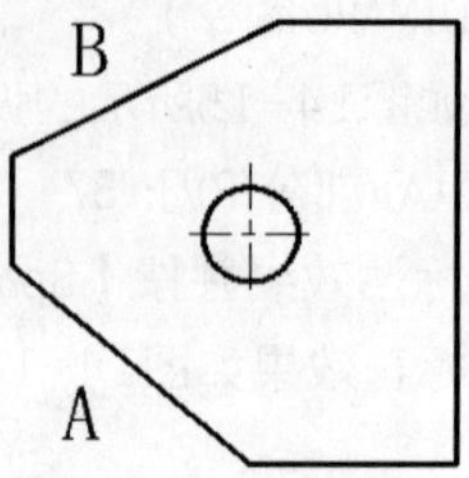

图14-17 选择边

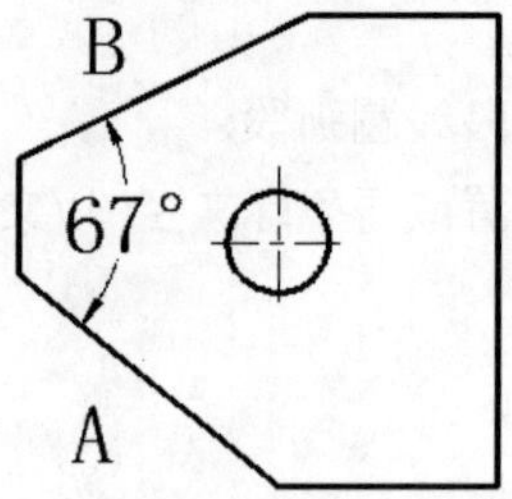

图14-18 标注效果

14.2.2 坐标标注

坐标标注命令用于自动测量和标注一些特殊点的X、Y轴的坐标值。使用坐标标注命令可以保持特征点与基准点的精确偏移量，从而避免增大误差。调用该命令的方法如下：

- 在“常用”选项卡的“注释”面板中，单击“线性”下拉按钮，在弹出的下拉列表中选择“坐标”选项。
- 在“注释”选项卡的“标注”面板中，在其左侧的下拉列表中选择“坐标”选项。
- 显示菜单栏，选择“标注”→“坐标”命令。
- 在命令行窗口中执行DIMORDINATE或DIMORD命令。

对坐标进行标注的具体操作如下。

01 打开“开口垫圈.dwg”图形文件（光盘:\原始文件\第14章\开口垫圈.dwg），在命令行窗口中执行DIMORDINATE命令，具体操作过程如下：

命令:DIMORDINATE （执行DIMORDINATE命令）

指定点坐标: （指定需要标注点所在的位置，这里单击如图14-19所示的点）

指定引线端点或 [X 基准(X)/Y 基准(Y)/多行文字(M)/文字(T)/角度(A)]:

（指定尺寸标注点的位置，这里向右移动鼠标并单击）

标注文字=9 （显示标注效果）

02 坐标标注完成后，效果如图14-20所示（光盘:\最终文件\第14章\开口垫圈.dwg）。

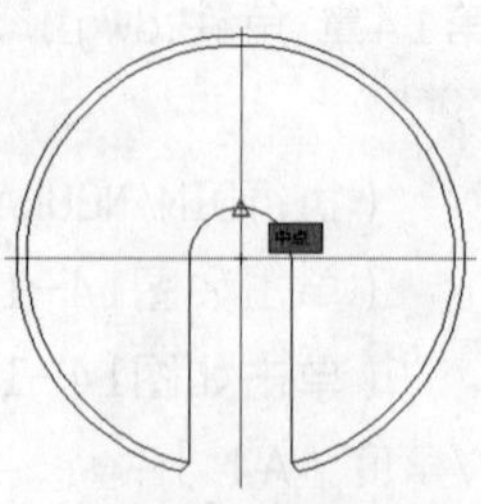

图14-19 选择点

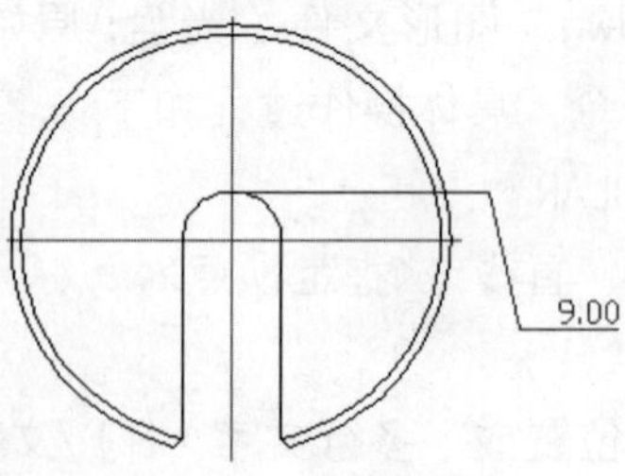

图14-20 坐标标注

在执行命令过程中，命令行各选项含义如下。

- X基准：系统自动测量X坐标值，并确定引线和标注文字的方向。
- Y基准：系统自动测量Y坐标值，并确定引线和标注文字的方向。
- 多行文字：通过输入多行文字的方式输入标注文字。

- 文字：通过输入单行文字的方式输入标注文字。
- 角度：输入设置标注文字方向与X（Y）轴夹角，默认为0°，水平或者垂直。

14.2.3 快速标注

快速标注命令可以一次标注多个标注形式相同的图形对象，调用该命令的方法如下：

- 在“注释”选项卡的“标注”面板中，单击“快速标注”按钮。
- 显示菜单栏，选择“标注”→“快速标注”命令。
- 在命令行窗口中执行QDIM命令。

快速标注图形对象的具体操作如下。

01 打开“工字铁片.dwg”图形文件（光盘:\原始文件\第14章\工字铁片.dwg），在命令行窗口中执行QDIM命令，具体操作过程如下：

命令: QDIM　　（执行QDIM命令）
关联标注优先级 = 端点　　（系统自动显示）
选择要标注的几何图形: 找到1个　　（选择要标注的对象，单击如图14-21所示的A点）
选择要标注的几何图形: 找到1个，总计2个　　（选择要标注的对象，单击如图14-21所示的B点）
选择要标注的几何图形: 找到1个，总计3个　　（选择要标注的对象，单击如图14-21所示的C点）
选择要标注的几何图形: 找到1个，总计4个（选择要标注的对象，单击如图14-21所示的D点）
选择要标注的几何图形: 找到1个，总计5个　　（选择要标注的对象，单击如图14-21所示的E点）
选择要标注的几何图形: 找到1个，总计6个　　（选择要标注的对象，单击如图14-21所示的F点）
选择要标注的几何图形:　　（按【Space】键，结束对象的选择）
指定尺寸线位置或 [连续(C)/并列(S)/基线(B)/坐标(O)/半径(R)/直径(D)/基准点(P)/编辑(E)/设置(T)] <连续>　　（系统当前提示）

02 快速标注完成后，效果如图14-22所示（光盘:\最终文件\第14章\工字铁片.dwg）。

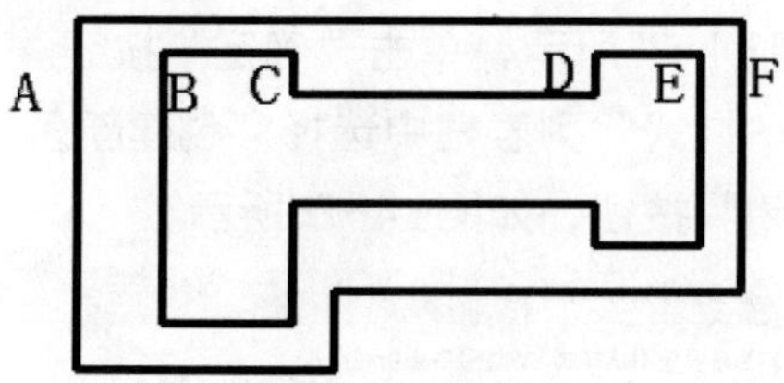

图14-21　选择线

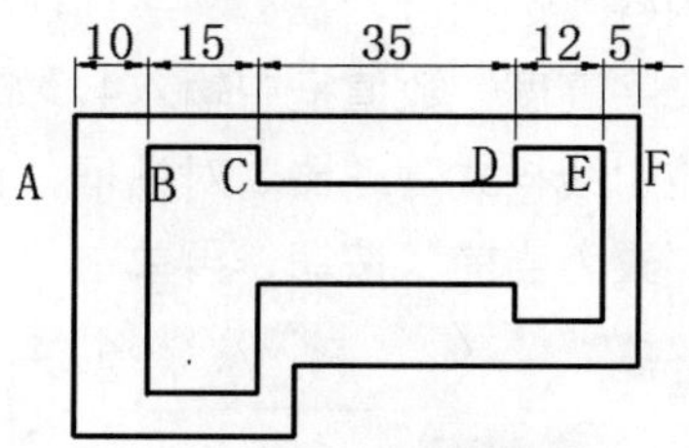

图14-22　标注效果

在执行命令的过程中，各选项含义如下。

- 连续/并列/基线/坐标：以连续/并列/基线/坐标的标注方式标注尺寸。
- 半径/直径：标注圆或圆弧的半径和直径。
- 基准点：以基线或坐标方式标注时指定基点。
- 编辑：尺寸标注的编辑命令。用于增加或减少尺寸标注中尺寸界线的端点数目。
- 设置：设置关联标注优先级。

14.2.4 多重引线标注

多重引线标注常用于标注某对象的说明信息，而不标注尺寸等数字信息。该命令并非是系统产生的尺寸信息，而是由用户指定的标注文字信息。

1. 设置多重引线样式

设置多重引线样式的方法如下：

- 在“注释”选项卡的“引线”面板中，单击其右下角的↘按钮。
- 显示菜单栏，选择“格式”→“多重引线样式”命令。

设置多重引线样式的具体操作如下。

01 在菜单栏中选择“格式”→“多重引线样式”命令，在弹出的对话框中单击“新建”按钮，弹出“创建新多重引线样式”对话框。在“新样式名”文本框中输入文本“创建新多重引线样式”，如图14-23所示，单击“继续”按钮。

02 弹出“修改多重引线样式：创建新多重引线样式”对话框，切换至“引线格式”选项卡，在“常规”选项组的“类型”下拉列表中选择“曲线”选项，在“颜色”下拉列表中选择“红”选项，在“箭头”选项组的“大小”数值框中输入10，如图14-24所示。

图14-23 创建新样式

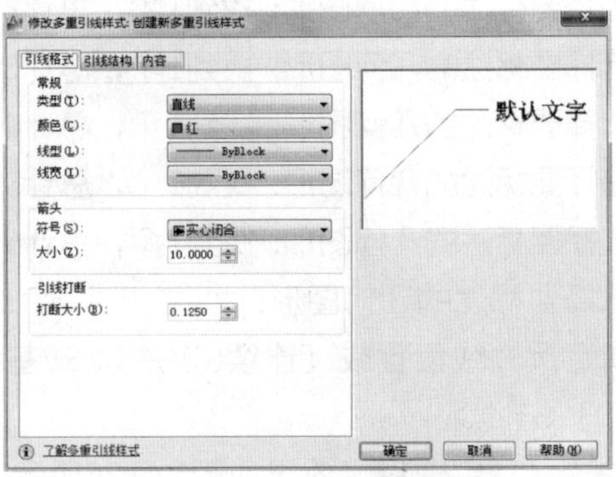

图14-24 设置新样式

03 切换至“内容”选项卡，在“文字选项”选项组中的“文字颜色”下拉列表中选择“红”选项，在“文字高度”数值框中输入4，如图14-25所示，单击“确定”按钮。

04 返回“多重引线样式管理器”对话框，在“样式”列表框中选择“创建新多重引线样式”选项，单击“置为当前”按钮，再单击“关闭”按钮，如图14-26所示。

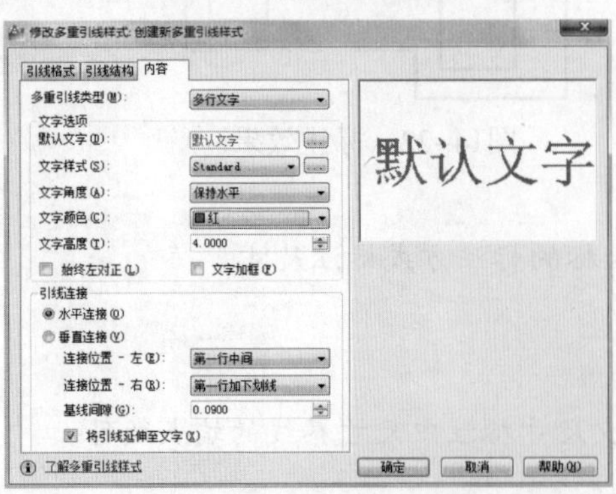

图14-25 设置文字

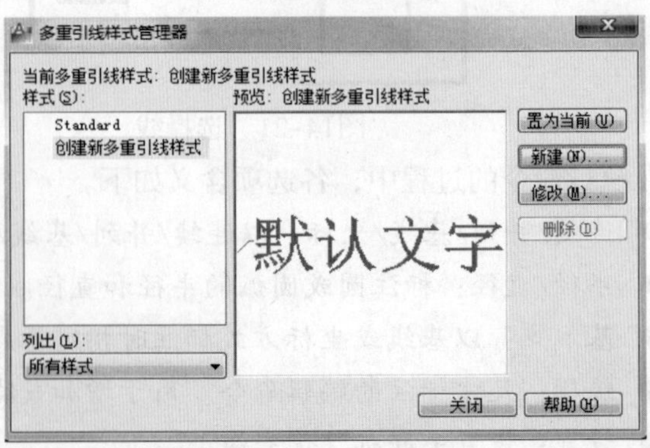

图14-26 最终样式

2. 标注多重引线

标注多重引线的方法如下：

- 在“常用”选项卡的“注释”面板中，单击“多重引线”按钮。
- 在“注释”选项卡的“引线”面板中，单击“多重引线”按钮。
- 显示菜单栏，选择“标注”→“多重引线”命令。
- 在命令行窗口中执行MLEADER命令。

标注多重引线的具体操作如下。

01 打开“六角螺母.dwg”图形文件（光盘:\原始文件\第14章\六角螺母.dwg），在命令行窗口中执行MLEADER命令，具体操作过程如下：

命令: MLEADER　（执行MLEADER命令）

指定引线箭头的位置或 [引线基线优先(L)/内容优先(C)/选项(O)] <引线基线优先>:　（指定引线的端点，这里单击如图14-27所示的圆心）

指定引线基线的位置:　（指定引线的终点，在文字框中输入文本“六角螺母”，单击绘图区空白处完成标注）

02 多重引线标注完成后，效果如图14-28所示（光盘:\最终文件\第14章\六角螺母.dwg）。

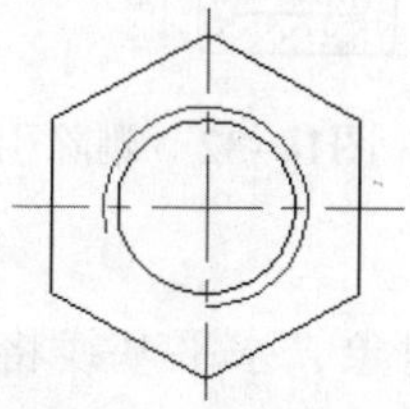

图14-27　选择引线点

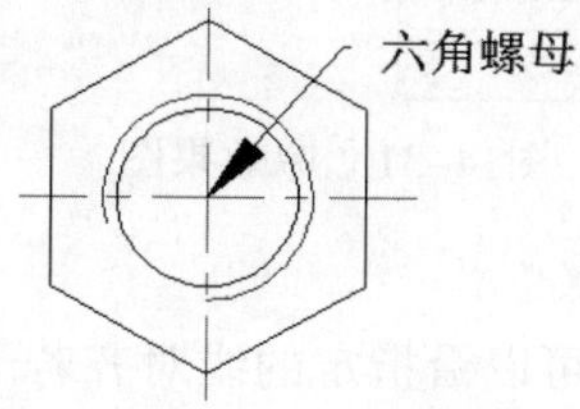

图14-28　引线效果

3. 添加引线

添加引线可以将多条引线附着到同一文本，也可以均匀隔开并快速对齐多个文本。调用该命令的方法如下：

- 在“常用”选项卡的“注释”面板中，单击 多重引线 下拉按钮，在弹出的下拉列表中选择“添加引线”选项。
- 在“注释”选项卡的“引线”面板中，单击“添加引线”按钮。

为图形对象添加引线的具体操作如下。

01 打开“六角螺母01.dwg”图形文件（光盘:\原始文件\第14章\六角螺母01.dwg），在“注释”选项卡的“引线”面板中，单击“添加引线”按钮。

02 此时鼠标光标呈□状态，选择需添加的多重引线，单击如图14-29所示的A点，按【Esc】键退出该命令，其最终效果如图14-30所示（光盘:\最终文件\第14章\六角螺母01.dwg）。

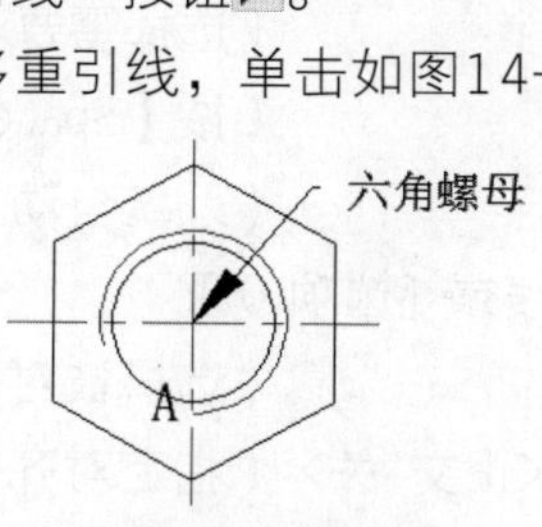

图14-29　选择引线及点

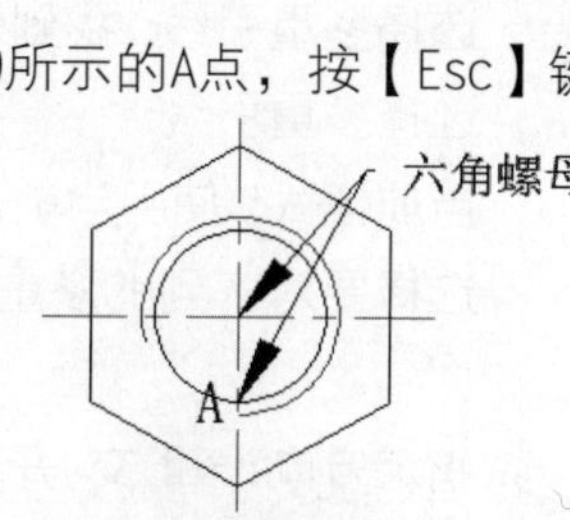

图14-30　添加引线效果

4. 删除引线

一张图纸中引线过多，会影响整个图形的效果，所以删除多余的引线是必要的。调用删除引线命令的方法如下：

- 在“常用”选项卡的“注释”面板中，单击多重引线下拉按钮，在弹出的下拉列表中选择“删除引线”选项。
- 在“注释”选项卡的“引线”面板中，单击“删除引线”按钮。

删除引线的具体操作如下。

01 打开“滚针轴承.dwg”图形文件（光盘:\原始文件\第14章\滚针轴承.dwg），在“注释”选项卡的“引线”面板中，单击“删除引线”按钮。

02 此时鼠标光标呈□状态，选择多余的多重引线，这里选择如图14-31所示的引线，按【Space】键退出该命令，最终效果如图14-32所示（光盘:\最终文件\第14章\滚针轴承.dwg）。

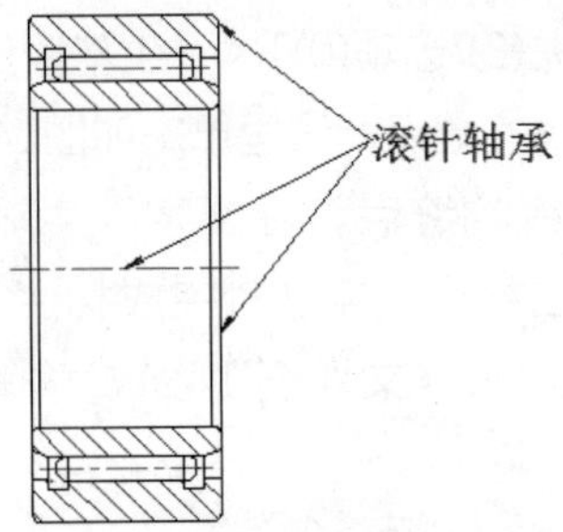

图14-31　原效果图

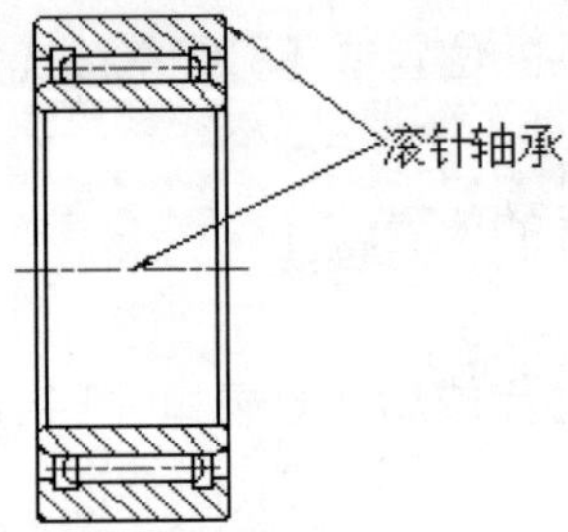

图14-32　删除引线后

5. 对齐引线

对齐引线命令可以沿指定的线对齐若干多重引线对象，水平基线将沿指定的不可见的线放置，箭头将保留在原来放置的位置。调用该命令的方法如下：

- 在“常用”选项卡的“注释”面板中，单击多重引线下拉按钮，在弹出的下拉列表中选择“对齐引线”选项。
- 在“注释”选项卡的“引线”面板中，单击“对齐引线”按钮。
- 在命令行窗口中执行MLEADERALIGN命令。

对齐引线的具体操作如下。

01 打开“球轴承.dwg”图形文件（光盘:\原始文件\第14章\球轴承.dwg），在命令行窗口中执行MLEADERALIGN命令，具体操作过程如下：

命令：MLEADERALIGN　　（执行MLEADERALIGN命令）
选择多重引线：找到 1 个　　（选择需要对齐的引线，这里选择如图14-33所示的引线）
选择多重引线：找到 2 个　　（选择需要对齐的引线，这里选择如图14-33所示的引线）
选择多重引线：　　（按【Space】键确认）
当前模式：使用当前间距　　（系统自动显示当前模式）
选择要对齐到的多重引线或 [选项(O)]:
（选择被对齐的引线，这里选择绘图区中剩余的引线）
指定方向：<正交 开> <正交 关>（指定对齐方向，这里在其上方单击）

02 对齐引线标注完成后，效果如图14-34所示（光盘:\最终文件\第14章\球轴承.dwg）。

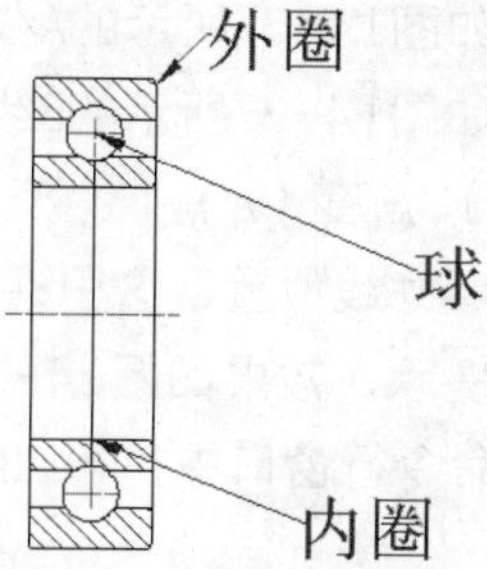

图14-33 原效果

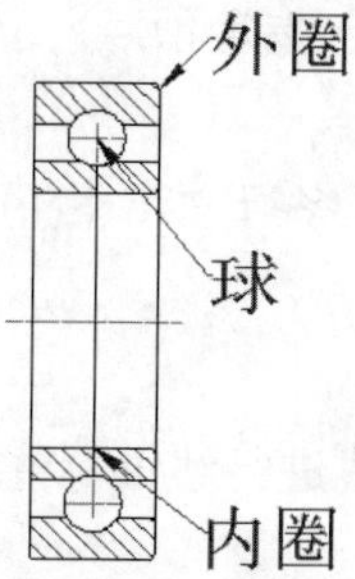

图14-34 对齐后效果

14.2.5 折弯标注

一般情况下，显示的标注小于被标注对象的实际长度时，通常使用折弯线标注表示，该命令的调用方法如下：

- 在“常用”选项卡的“注释”面板中，单击下拉按钮，在弹出的下拉列表中选择“折弯”选项。
- 在“注释”选项卡的“标注”面板中，单击“标注，折弯标注”按钮。
- 显示菜单栏，选择“标注”→“折弯线性”命令。
- 在命令行窗口中执行DIMJOGLINE命令。

折弯标注的具体操作如下。

01 打开“圆锥销.dwg”图形文件（光盘:\原始文件\第14章\圆锥销.dwg），在命令行窗口中执行DIMJOGLINE命令，具体操作过程如下：

命令：DIMJOGLINE （执行DIMJOGLINE命令）

选择要添加折弯的标注或 [删除(R)]: （选择需要标注的线性标注或对齐标注，这里选择如图14-35所示的线性标注）

指定折弯位置（或按 ENTER 键）: （指定折弯线的位置，这里任选一点）

02 对线性标注进行折弯操作后，效果如图14-36所示（光盘:\最终文件\第14章\圆锥销.dwg）。

图14-35 原标注效果

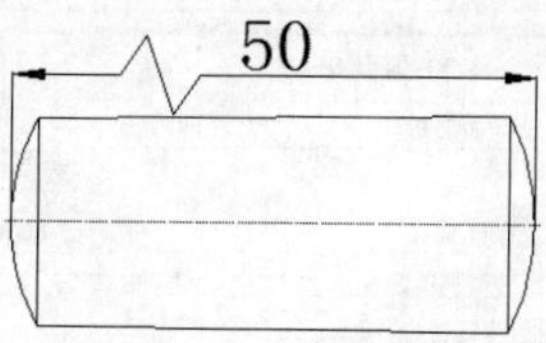

图14-36 折弯效果

14.2.6 自我强化：洗手池

下面通过一个综合练习熟悉本节所学内容。

01 打开“洗手池.dwg”图形文件（光盘:\原始文件\第14章\洗手池.dwg），在命令行窗口中执行DIMANGULAR命令，具体操作过程如下：

命令：DIMANGULAR （执行DIMANGULAR命令）

选择圆弧、圆、直线或<指定顶点>: （单击如图14-37所示的A线）
选择第二条直线: （单击如图14-37所示的B线）
指定标注弧线位置或［多行文字（M）/文字（T）/角度（A）］:
（确定尺寸线位置，这里在其内部单击）
标注文字=28 （系统提示，效果如图14-38所示）

02 将洗手池最上面的直线进行线性标注，然后在命令行窗口中执行DIMJOGLINE命令，具体操作过程如下：

命令: DIMJOGLINE （执行DIMJOGLINE命令）
选择要添加折弯的标注或 [删除(R)]: （选择需要标注的线性标注或对齐标注，这里选择如图14-39所示的线性标注）
指定折弯位置 (或按 ENTER 键): （指定折弯线的位置，这里单击线性标注的右侧一点，标注后的效果如图14-40所示）

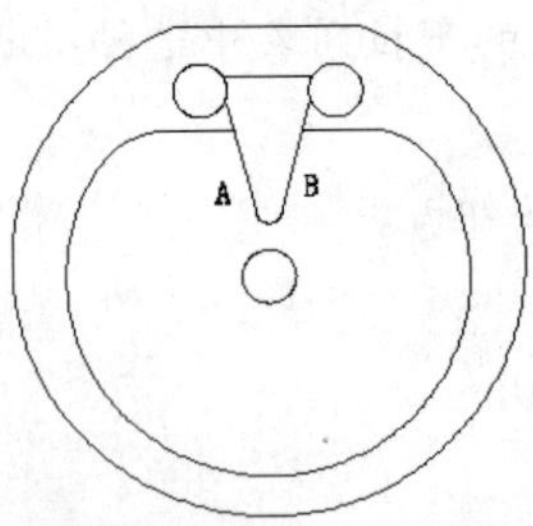

图14-37 选择直线

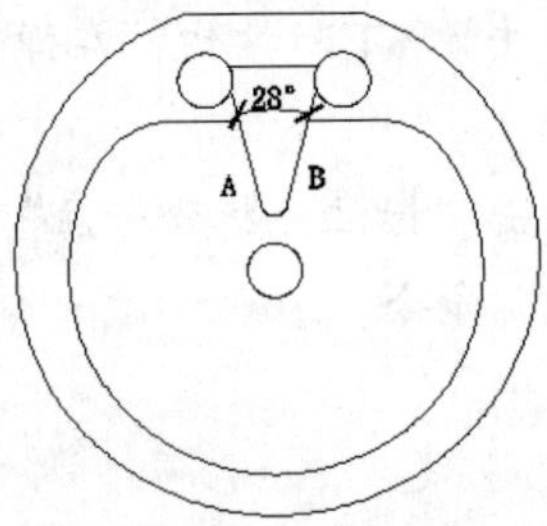

图14-38 角度标注

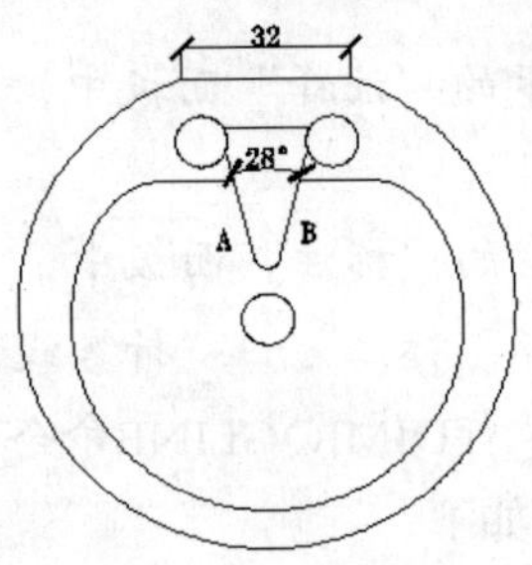

图14-39 线性标注

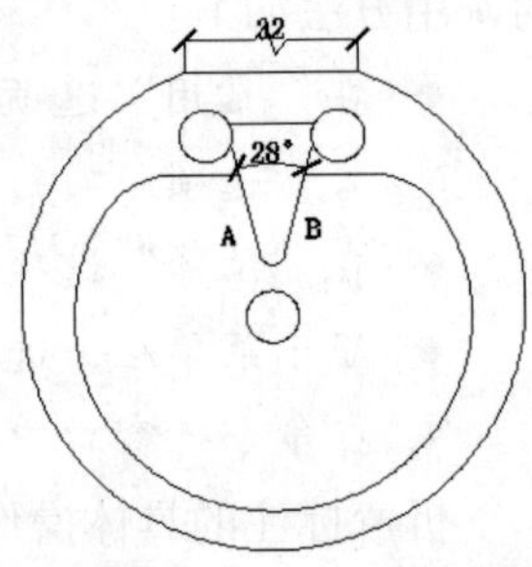

图14-40 折弯效果

03 在菜单栏中选择“格式”→“多重引线样式”命令，单击“新建”按钮，弹出“创建新多重引线样式”对话框，在“新样式名”文本框中输入文本“引线”，如图14-41所示，单击“继续”按钮，弹出“修改多重引线样式：引线”对话框，在“箭头”选项组中的“大小”数值框中输入4，如图14-42所示。

图14-41 新建引线样式

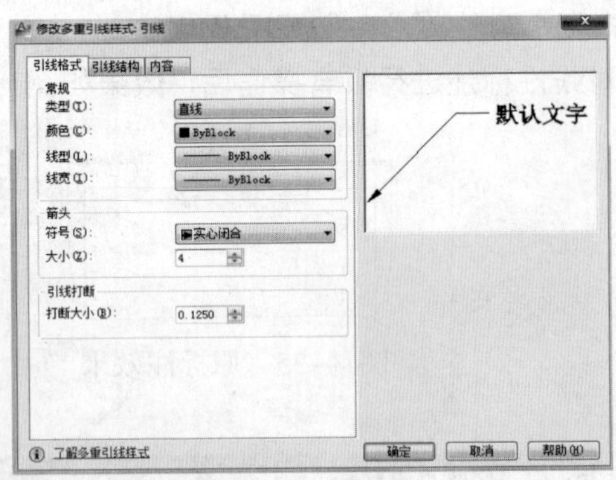

图14-42 效果

04 切换至“内容”选项卡，在“文字选项”选项组中的“文字颜色”下拉列表中选择“红”选项，在“文字高度”数值框中输入5，如图14-43所示，单击“确定”按钮。

05 返回“多重引线样式管理器”对话框，在“样式”列表框中选择“引线”选项，单击“置为当前”按钮，再单击“关闭”按钮，如图14-44所示。

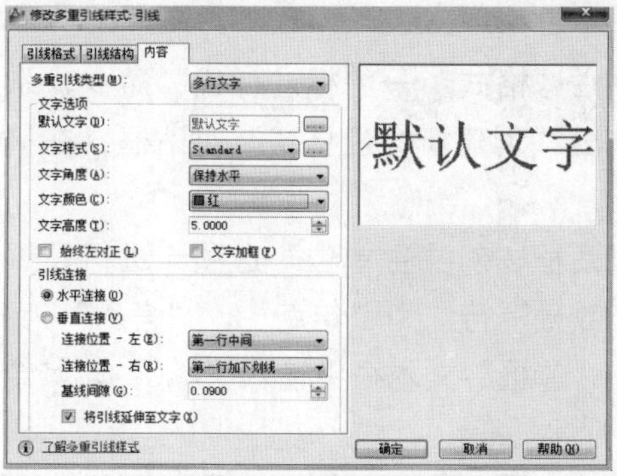

图14-43　设置文字

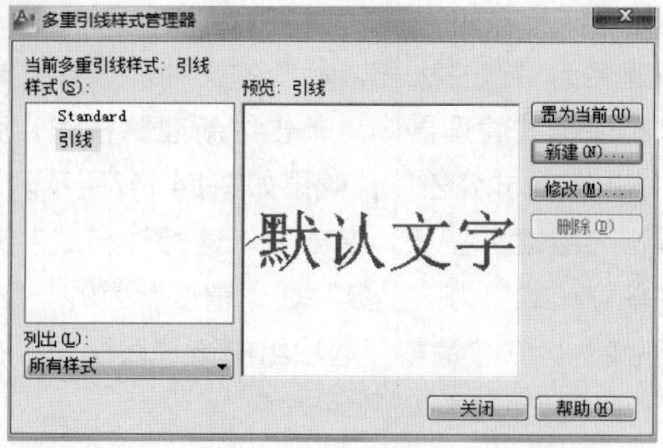

图14-44　最终效果

06 返回绘图区，在命令行窗口中执行MLEADER命令，具体操作过程如下：

命令: MLEADER　　　　　　　　（执行MLEADER命令）
指定引线箭头的位置或 [引线基线优先(L)/内容优先(C)/选项(O)] <引线基线优先>:
　　　　　　　　　　　　　　（指定引线的端点，这里单击如图14-45所示的C点）
指定引线基线的位置:　　　　　（指定引线的终点，在文字框中输入文本洗手池"，单击绘图区中的空白位置确定）

07 标注完成后的效果如图14-46所示（光盘:\最终文件\第14章\洗手池.dwg）。

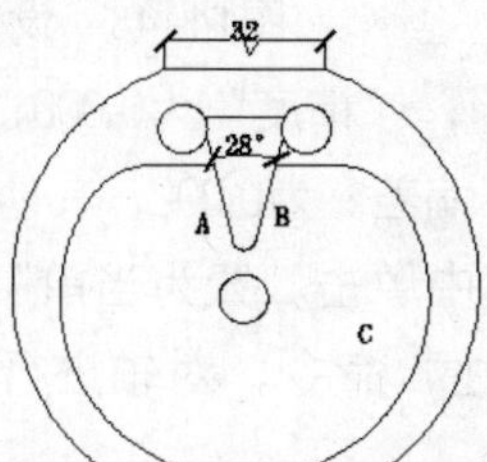

图14-45　选择引线点

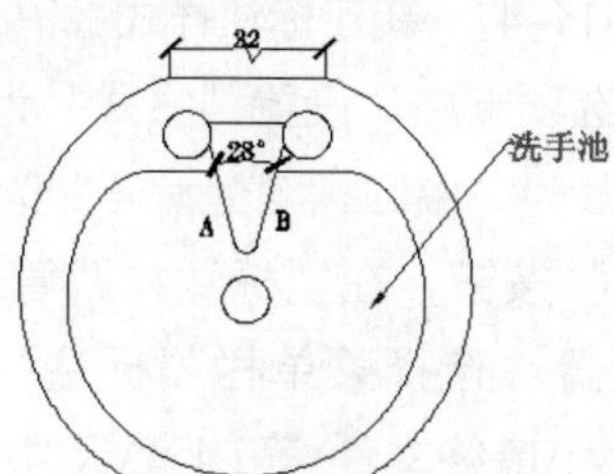

图14-46　引线效果

14.3 公差标注

在工程图样中，具有装配关系的尺寸需要精确加工，所以必须标注尺寸公差；同时还需要标注形位公差，因为它是评定产品质量的一项重要指标。本节将对公差标注进行讲解。

14.3.1　尺寸公差标注

尺寸公差就是尺寸误差的允许范围。尺寸公差取值是否恰当，直接影响着机件的加工成本和使用性能。所以，每一张零件图、装配图都要标注尺寸公差。国家标准规定：对于没有标注公差的尺寸，其加工精度由自然公差控制。

常见的尺寸公差标注形式有两种，即在尺寸的后面标注上、下偏差或标注公差带代号，装配图上还需要用公差带代号分子分母的形式表示配合关系，例如φ30H7/k7形式。

具体操作步骤如下。

01 新建名为“尺寸公差.dwg”的文件。选择菜单栏“格式”→“标注样式”命令，系统弹出“标注样式管理器”。单击“新建”按钮，弹出“创建新标注样式”对话框，在“新样式名”里输入“尺寸公差”，效果如图14-47所示。

02 单击“继续”按钮，弹出“新建标注样式”对话框，对“主单位”选项卡进行设置。设置“单位形式”为“小数”，“精度”为0，“小数分隔符”为“句点”，“舍入”为0，“比例因子为1”，在“消零”选项组中选“后续”，在“前缀”文本框中输入“%%C”，其余选择默认设置。效果如图14-48所示。

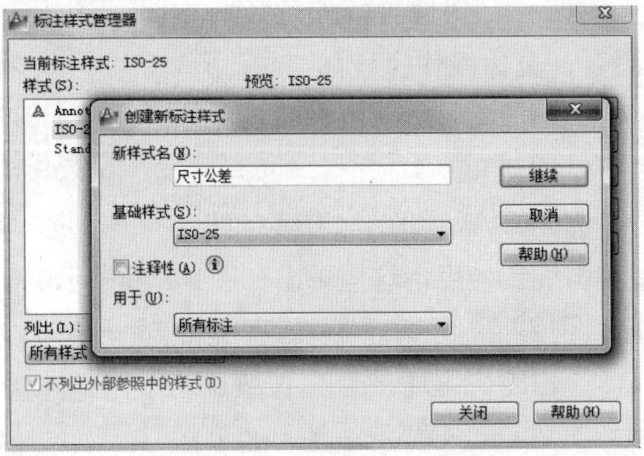

图14-47 新建标注样式

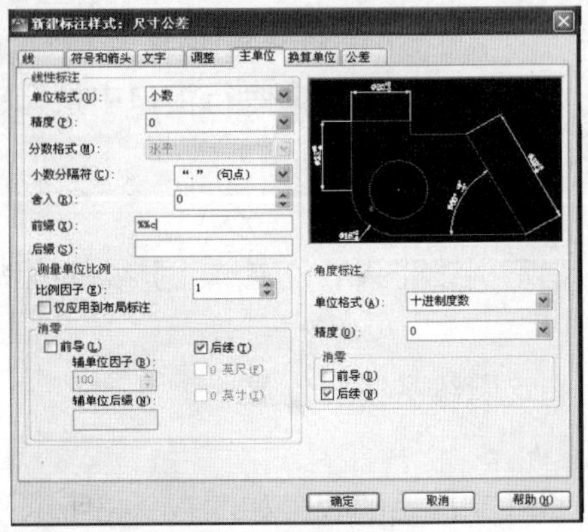

图14-48 设置主单位

03 在“公差”选项卡中，设置“方式”为“极限偏差”，“精度”为0.000，“高度比例”为0.7，“垂直位置”为“中”，“上偏差”为+0.018，“下偏差”为0.002，其他选项不进行设置。

04 单击“确定”按钮，在“标注样式管理器”对话框中单击“置为当前”按钮，单击“关闭”按钮退出设置。选择菜单栏“标注”→“线性标注”命令，对轴进行尺寸公差标注，如图14-49所示（光盘:\最终文件\第14章\尺寸公差.dwg）。

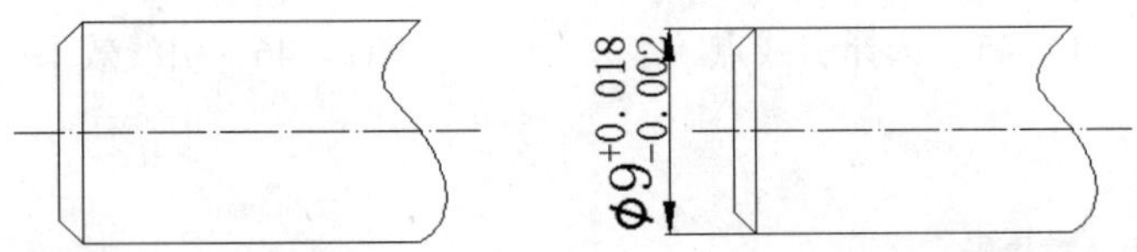

（a）原图　　（b）标注后

图14-49 标注尺寸公差

14.3.2 形位公差标注

形位公差是指零件的实际形状和实际位置对理想形状和理想位置的允许变动量。形位公差包括形状形位公差和位置形位公差，一般用于机械设计领域，是指导生产、检验产品和控制质量的技术依据。

1. 符号

形位公差的标注样式通常由引线、形位公差代号、直径代号、形位公差值、材料状况、基准代号等组成。如表14-1所示为国家规定的各种形位公差的标准符号及其含义。

表14-1　形位公差的标准符号和含义

符　号	含　义	符　号	含　义
⌖	定位	▱	平坦度
◎	同心轴	○	圆或圆面
⌯	对称	—	直线度
//	平行	⌓	平面轮廓
⊥	垂直	⌒	直线轮廓
∠	角度	↗	圆跳动
⌭	柱面度	⌰	全跳动

在AutoCAD中，形位公差还经常和表示材料的符号连用，如表14-2所示为部分材料控制符号及其含义。

表14-2　材料控制符号和含义

符　号	含　义	符　号	含　义
Ⓜ	材料的一般中等状况	Ⓢ	材料的最小状况
Ⓟ	最小包容条件（LMC）	Ⓛ	材料的最大状况

2. 对话框

打开“形位公差”对话框的方法如下：

- 在“注释”选项卡的“标注”面板中，单击▼按钮，在弹出的下拉列表中单击“公差”按钮。
- 显示菜单栏，选择“标注”→“形位公差”命令。
- 在命令行窗口中执行TOLERANCE命令。

执行上述命令后，都将弹出如图14-50所示的“形位公差”对话框。

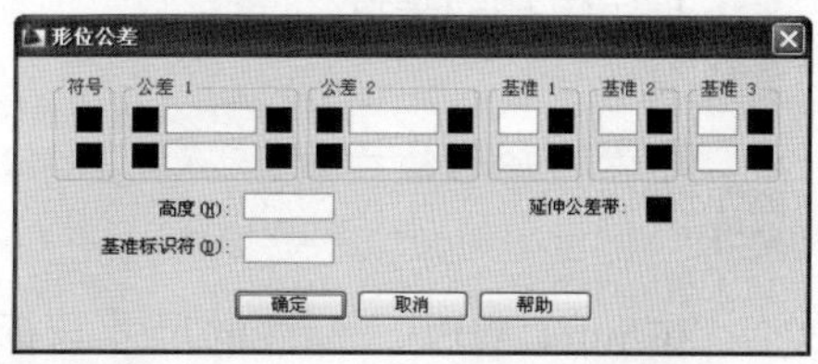

图14-50　“形位公差”对话框

“形位公差”对话框中各选项含义分别如下。

- “符号”选项组：单击黑色的方块，弹出如图14-51所示的“特征符号”对话框，在其中可以选择形位公差符号。
- “公差1”和“公差2”选项组：单击黑色的方块，设置形位公差样式。每个选项下对应3个框，第1个黑色框设定是否选用直径符号φ，第2个空白框设置形位公差值，第3个黑色框设置附加符号。
- “基准1”、“基准2”和“基准3”选项组：第1个空白框设置形位公差的基准代号，单击第2个黑色块可以弹出如图14-52所示的“附加符号”对话框，设置附加符号。
- “高度”文本框：该选项设置特征控制框的投影公差零值。
- “延伸公差带”选项：该选项用于插入延伸公差带符号。
- “基准标识符”文本框：该选项用于插入由参照字母组成的基准标识符。

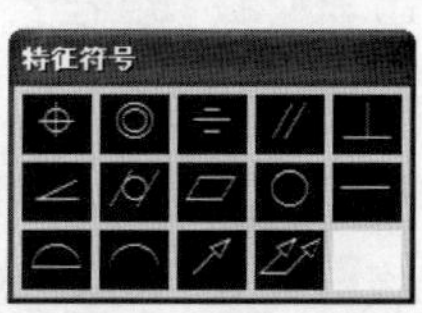

图14-51　公差特征符号

图14-52　选择包容条件

14.4 尺寸标注编辑

尺寸标注编辑是指对尺寸标注的位置、文字设置、文字内容、格式样式、标注样式等做出改变的过程。AutoCAD提供了很多编辑尺寸标注的方式，如编辑命令、夹点编辑等。其中夹点编辑是修改标注最快、最简单的方法。

14.4.1 拉伸标注

对于图形的标注可以进行拉伸编辑。选择菜单栏“修改”→“拉伸”命令或在命令行窗口中输入STRETCH，均可以执行拉伸命令。使用该命令时，必须使用交叉窗口和交叉多边形选择标注。文字移出尺寸界线时不需要拆分尺寸线，尺寸线将被重新连接。当图形具有不同方向的尺寸时，如图14-53所示，拉伸图形的顶点，则会同时拉伸与该顶点相关的尺寸。标注的定义点要包含在交叉选择窗口中。此时拉伸便于改变标注样式。

拉伸标注的操作步骤如下。

01 选择菜单栏中的“修改”→“拉伸”命令。

02 使用交叉选择窗口，选择所有要拉伸的标注。

03 指定位移的基点。

04 指定位移的第二点。

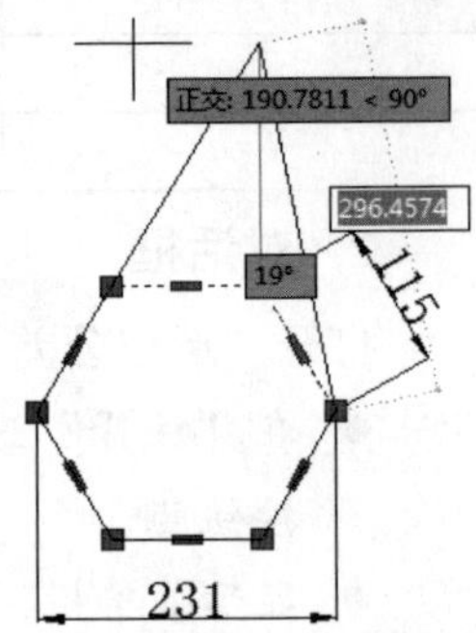

图14-53

在AutoCAD中，标注的尺寸与标注的对象是相互关联的。所谓尺寸关联，就是指所标注尺寸与被标注对象有关联关系。如果标注的尺寸值是按自动测量值标注，且尺寸标注是按尺寸关联模式标注的，改变被标注对象的大小后，相应的标注尺寸也将发生变化。

14.4.2 更新与重新关联标注

1. 更新标注

- 更新标注一般是在某个尺寸标注不符合要求时使用，调用该命令的方法如下：
- 在“注释”选项卡的“标注”面板中，单击“更新”按钮。
- 显示菜单栏，选择“标注”→“更新”命令。
- 在命令行窗口中执行DIMSTYLE命令。

更新标注命令的具体操作过程如下。

命令: DIMSTYLE　　（单击“更新”按钮后命令行显示该命令）

当前标注样式: Standard　注释性: 否　（提示当前标注样式）

输入标注样式选项[注释性(AN)/保存(S)/恢复(R)/状态(ST)/变量(V)/应用(A)/?] <恢复>: apply

（提示系统自动选择了“应用”选项）

选择对象: 找到 1 个　　（选择要更新的尺寸标注）

选择对象:　　　　　　　　　　　　（按【Space】键结束命令）

执行命令过程中，各选项的含义分别如下。

- 保存：将标注系统变量的当前设置保存到标注样式。
- 恢复：将尺寸标注系统变量设置恢复为选择标注样式设置。
- 状态：显示所有标注系统变量的当前值，并自动结束DIMSTYLE命令。
- 变量：列出某个标注样式或设置选定标注的系统变量，但不能修改当前设置。
- 应用：将当前尺寸标注系统变量设置应用到选定标注对象，永久替代应用于这些对象的任何现有标注样式。选择该选项后，系统提示选择标注对象，所选择的标注对象将自动被更新为当前标注样式。

2. 重新关联标注

重新关联标注的作用是在修改图形时标注将根据图形的变化自动进行修改。调用该命令的方法如下：

- 在“注释”选项卡的“标注”面板中，单击▼按钮，在弹出的下拉列表中单击“重新关联”按钮。
- 显示菜单栏，选择“标注”→“重新关联标注”命令。
- 在命令行窗口中执行DIMREASSOCIATE命令。

重新关联标注的命令如下：

命令: DIMREASSOCIATE　　　　　　（执行DIMREASSOCIATE命令）
选择要重新关联的标注 ...　　　　　（系统自动提示）
选择对象: 找到 1 个　　　　　　　（选择需要关联的标注）
选择对象:　　　　　　　　　　　　（按【Space】键确认）
选择弧或圆<下一个>:　　　　　　（选择需要关联的图形）

14.4.3　编辑标注文字

1. 文字

对于标注文字的编辑可以通过以下方式来实现：选择菜单栏上的“修改”→“特性”命令，在弹出的“特性”选项板的“文字替代”文本框中输入或编辑标注文字。在“特性”选项板“文本替代”框中输入的文字，总是替代在“测量单位”框中显示的实际标注测量值。

也可以在命令行直接输入DDEDIT，然后选中要编辑的文本，输入新文本即可，如图14–54所示。

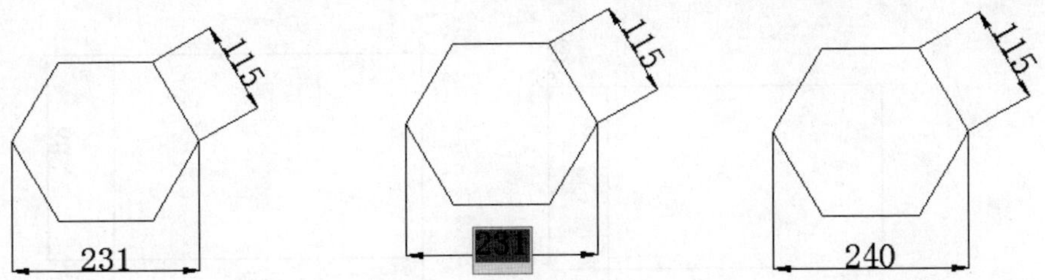

（a）原图　　（b）选择编辑对象　　（c）更改效果

图14–54　编辑标注文字

2. 位置

编辑尺寸标注文字位置的方法有以下3种：

- 在“注释”选项卡的“标注”面板中，单击▼按钮，在弹出的下拉列表中单击第二排的按钮。
- 显示菜单栏，选择“标注”→“对齐文字”命令，在其子菜单中选择相应命令。
- 在命令行窗口中执行DIMTEDIT命令。

执行DIMTEDIT命令后，具体操作过程如下：

命令：DIMTEDIT　　（执行DIMTEDIT命令）
输选择标注:　　（选择要修改的标注）
标注文字指定新位置或 [左对齐(L)/右对齐(R)/居中(C)/默认(H)/角度(A)]:
（为标注文字指定新位置并按【Space】键确认）

如图14-55所示是编辑标注文字前后的效果。

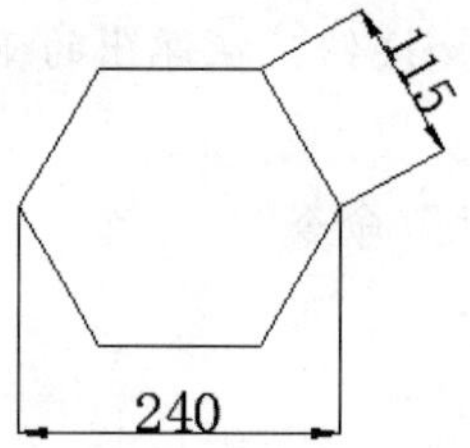

（a）原图

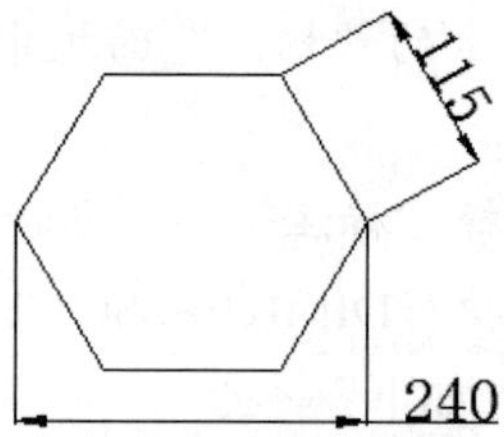

（b）更改位置后

图14-55　编辑标注文字位置

14.4.4　自我强化：标注编辑

下面通过一个实例来练习本章所学的内容。

01 打开名为“标注编辑.dwg”的文件（光盘:\原始文件\第14章\标注编辑），如图14-56所示。在命令行输入DIMTEDIT，并执行如下命令：

命令：DIMTEDIT　　（执行DIMTEDIT命令）
输选择标注:　　（选择要修改的标注）
标注文字指定新位置或 [左对齐(L)/右对齐(R)/居中(C)/默认(H)/角度(A)]:
（为标注文字指定新位置并按【Space】键确认）

02 更改位置后的效果如图14-57所示。

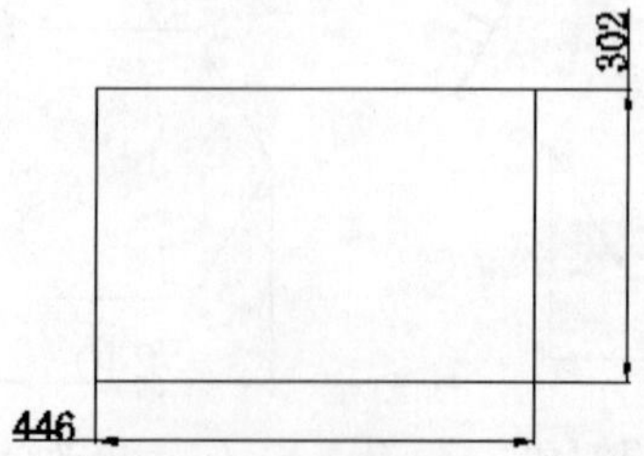

图14-56　原效果图

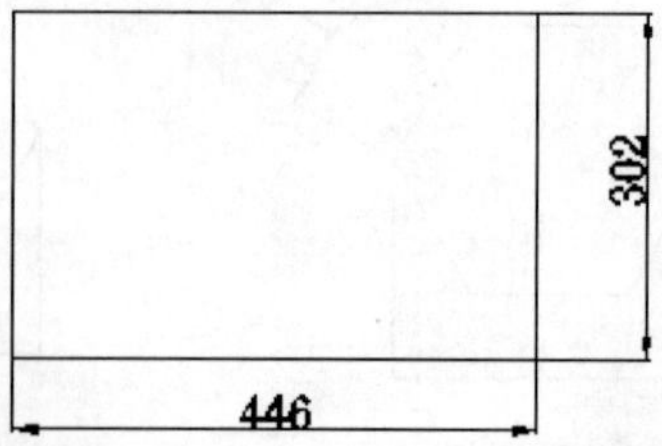

图14-57　更改位置后的效果图

03 在命令行窗口中输入DDEDIT或者直接双击标注的文字，效果如图14-58所示，这时可以对标注文字进行编辑。分别对两个标注尺寸进行文字重新编辑，如图14-59所示为重新编辑文字以后的效果。

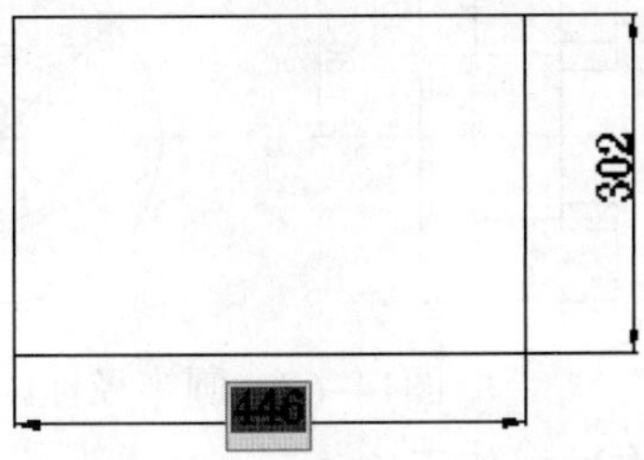

图14-58　选择编辑对象

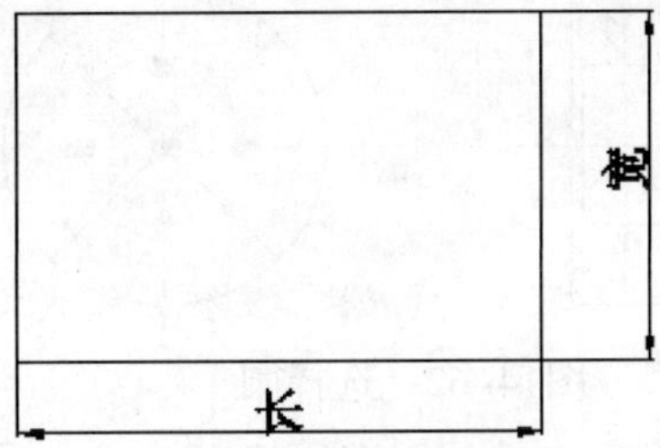

图14-59　编辑后效果

14.5 拓展训练

下面通过几个实例进行本章内容的复习，并结合第13章内容熟悉图形的标注。

14.5.1 初级训练：离合器

首先通过一个例子讲解标注样式的设置。

01 打开“离合器.dwg”图形文件（光盘:\原始文件\第14章\离合器.dwg），在命令行窗口中执行DIMCENTER命令，具体操作过程如下：

命令：DIMCENTER　　（执行DIMCENTER命令）

选择圆弧或圆：　　（选择右边图形中的小圆，如图14-60所示，标注后的效果如图14-61所示）

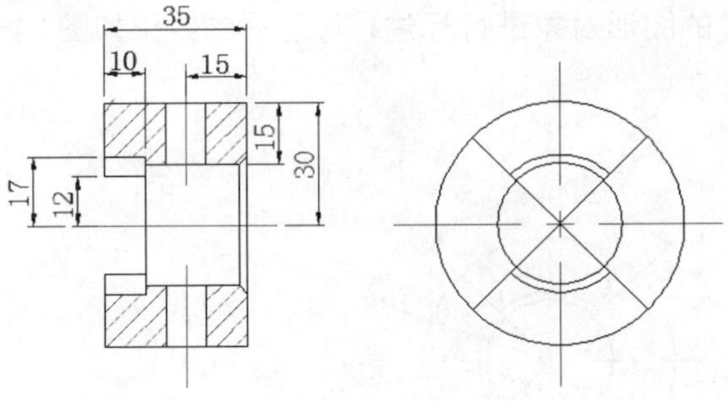

图14-60　原图

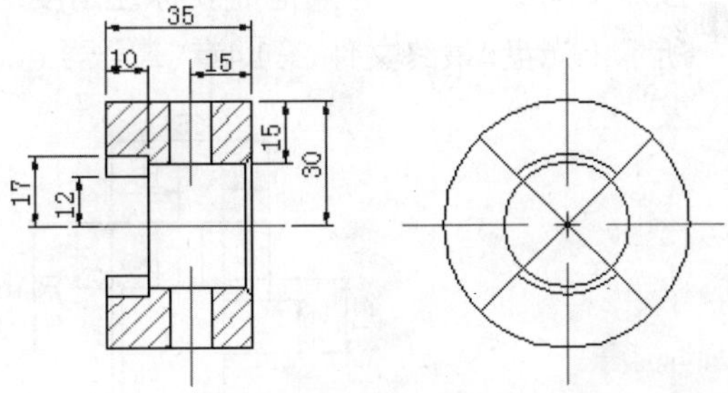

图14-61　圆心标注

02 在命令行窗口中执行DIMRADIUS命令，具体操作过程如下：

命令：DIMRADIUS　　（执行DIMRADIUS命令）

选择圆弧或圆：　　（选择如图14-62所示的圆）

标注文字=15　　（系统提示将标注的尺寸）

指定尺寸线位置或 [多行文字(M)/文字(T)/角度(A)]：　　（移动鼠标使尺寸线处于合适位置，这里移动到右上角，如图14-63所示）

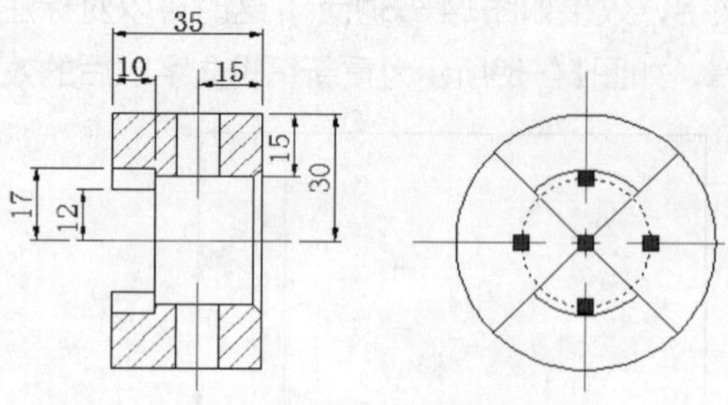

图14-62　选择圆

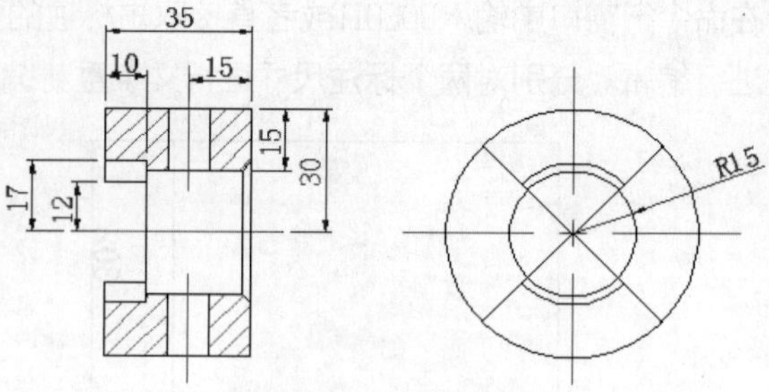

图14-63　圆半径标注

03 在命令行窗口中执行DIMANGULAR命令，具体操作过程如下：

```
命令：DIMANGULAR                              （执行DIMANGULAR命令）
选择圆弧、圆、直线或<指定顶点>：                （单击如图14-64所示的A线）
选择第二条直线：                               （单击如图14-64所示的B线）
指定标注弧线位置或［多行文字（M）/文字（T）/角度（A）］：
                                              （确定尺寸线位置，这里水平向左移动鼠标）
标注文字=90                                    （系统提示，标注后的效果如图14-65所示）
```

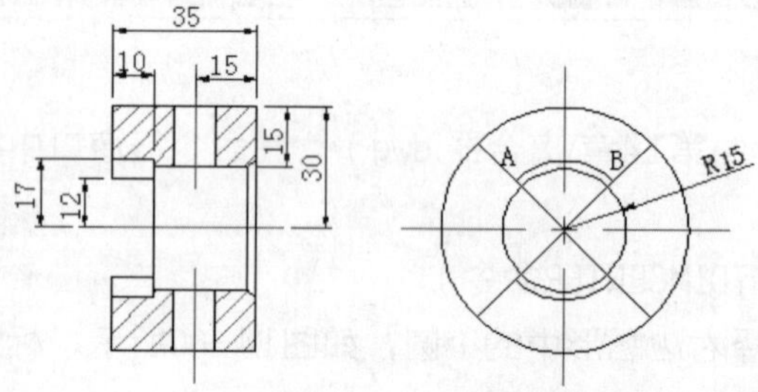

图14-64　选择线

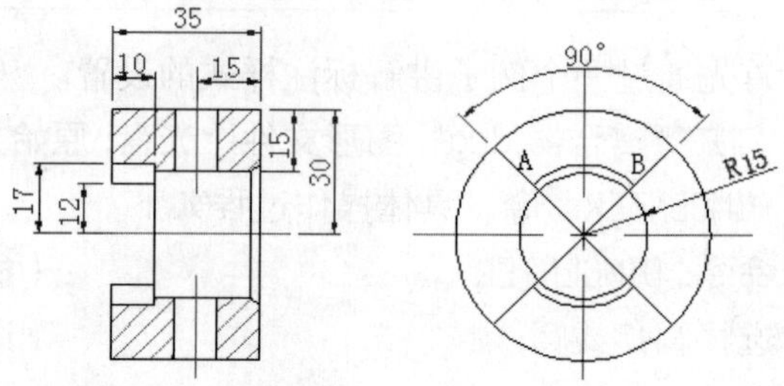

图14-65　角度标注效果

04 按照相同的方法，为其他需要标注角度尺寸的图形对象进行标注，标注后的效果如图14-66所示（光盘:\最终文件\第14章\离合器.dwg）。

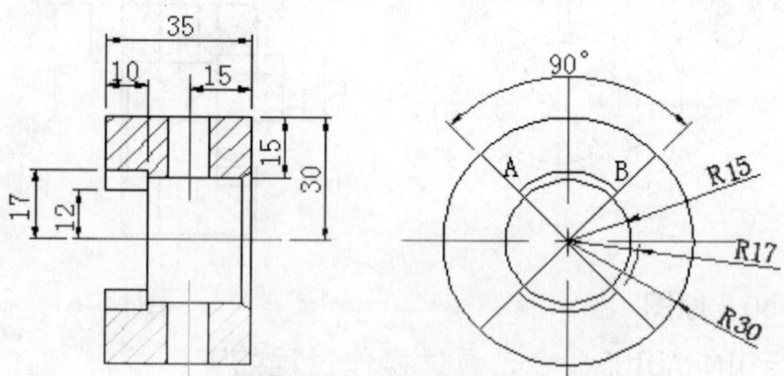

图14-66　最终标注效果图

14.5.2　进阶训练：中间轴

01 打开“中间轴.dwg”图形文件（光盘:\原始文件\第14章\中间轴.dwg），在命令行窗口中执行QDIM命令，具体操作过程如下：

命令：QDIM　（执行QDIM命令）

关联标注优先级 = 端点　（系统自动显示）

选择要标注的几何图形：找到 1 个　（选择要标注的对象，单击如图14-67所示的最左端竖线）

选择要标注的几何图形：找到 1 个，总计 2 个　（选择要标注的对象，单击如图14-67所示左端起第二条竖线）

选择要标注的几何图形：找到 1 个，总计 3 个　（选择要标注的对象，单击如图14-67所示左端起第三条竖线）

……

……

……

选择要标注的几何图形：找到 1 个，总计 9 个　（选择要标注的对象，单击如图14-67所示右端起第二条竖线）

选择要标注的几何图形：找到 1 个，总计 10 个　（选择要标注的对象，单击如图14-67所示最右端竖线）

选择要标注的几何图形：　（按【Space】键，结束对象的选择）

指定尺寸线位置或 [连续(C)/并列(S)/基线(B)/坐标(O)/半径(R)/直径(D)/基准点(P)/编辑(E)/设置(T)] <连续>　（系统当前提示）

02 快速标注完成后，效果如图14-68所示（光盘:\最终文件\第14章\中间轴.dwg）。

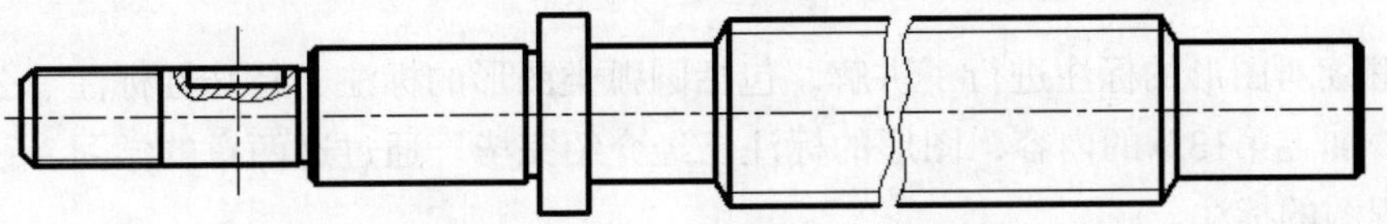

图14-67　原图

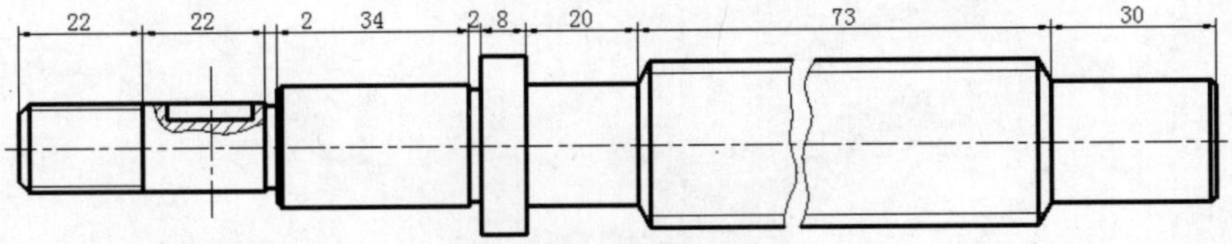

图14-68　快速标注后

03 在命令行窗口中输入DDEDIT命令或者直接双击标注的文字“73“，此时“73”处于可编辑状态。将原来的数字删除，并输入200，完成文字的修改。在菜单栏中选择“标注”→“折弯线性”，选择对象为原来“73”对应的那条尺寸线。单击右键确定，完成的折弯效果如图14-69所示。

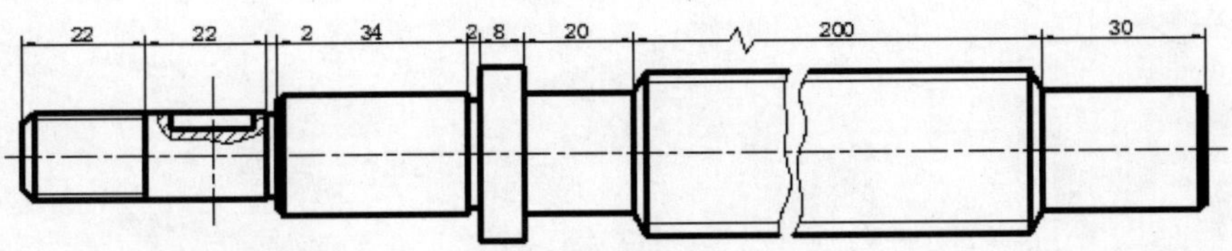

图14-69　最终标注效果

14.5.3 提高训练：同轴度

下面通过一个同轴度的标注来复习公差标注，如图14-70所示，两轴的同轴度为ϕ0.020。

01 打开“同轴度.dwg”文件（光盘:\原始文件\第14章\同轴度.dwg），在菜单栏中选择“标注”→“多重引线”命令，在图形区域选择标注的最上点为引线引出点。选择菜单栏“标注”→“公差”命令，然后单击“确定”按钮关闭对话框。

02 依次单击引线的3个点，创建引线，这时系统将自动弹出“形位公差”对话框。单击“符号”选项组上方黑框，在“符号”对话框中选择同轴度符号。

03 单击“公差1”文本框前的黑框，显示出直径符号“ϕ”，在文本框中输入0.020，在“基准1”文本框中输入A。单击“确定”按钮，完成形位公差的创建，效果如图14-71所示。

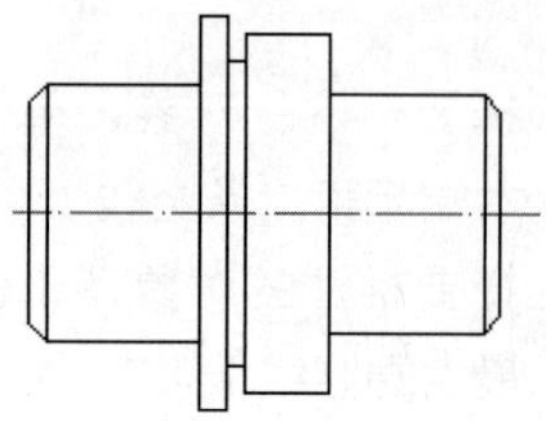

图14-70 原图

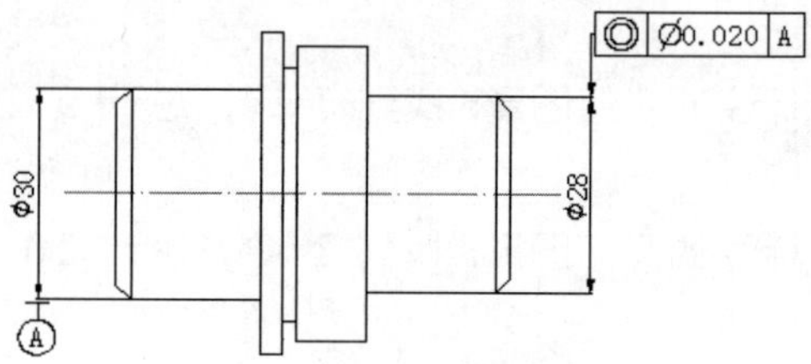

图14-71 标注效果

14.6 本章小结

本章继续对图形的标注进行了讲解，包括圆弧类图形的标注、特殊性标注、公差标注及标注的编辑等。加上第13章的内容，图形的标注已经介绍完毕。通过这两章的学习，读者应该熟练掌握各类工程图的标注。

第15章 AutoCAD其他功能

学习导航

本章将对之前没介绍到的AutoCAD的一些功能进行讲解，包括查询功能、辅助功能、光栅图像功能等。

学习重点

- □ 熟悉AutoCAD的查询功能
- □ 学会应用AutoCAD的辅助功能
- □ 了解其他一些功能

本章将讲解AutoCAD 2012的其他功能，包括查询对象、查询点坐标、查询时间、计算器，以及光栅图像的操作方法。

15.1 查询对象

下面首先讲解查询对象功能。AutoCAD提供的查询对象功能用于查询图形对象，包括查询距离、查询面积及周长、查询点坐标、显示和设置时间、查询状态、查询对象列表，以及查询对象质量特性等。

15.1.1 查询距离

查询距离命令主要用于查询指定两点间的长度值与角度值，调用该命令的方法如下：

- 在"常用"选项卡的"实用工具"面板中，单击"距离"按钮。
- 显示菜单栏，选择"工具"→"查询"→"距离"命令。
- 在命令行窗口中执行DI或DIST命令。

查询距离的具体操作如下：打开"查询距离.dwg"图形文件（光盘:\原始文件\第15章\查询距离.dwg），在命令行窗口中执行DIST命令。

具体操作过程如下。

命令: DIST	（执行DIST命令）
指定第一点:	（单击查询距离的第一点，这里单击如图15-1所示的A点）
指定第二点:	（单击查询距离的另一点，这里单击如图15-1所示的B点）

图15-1　查询距离

距离 = 19.8113，XY 平面中的倾角 = 0，　与 XY 平面的夹角 = 0
X 增量 = 19.8113，　Y 增量 = 0.0000，　Z 增量 = 0.0000（显示查询结果）

15.1.2 查询周长和面积

查询面积及周长命令主要用于查询图形对象的面积和周长值，同时还可对面积及周长进行加减运算，调用该命令的方法如下：

- 显示菜单栏，选择“工具”→“查询”→“面积”命令。
- 在命令行窗口中执行AREA命令。

查询面积及周长的具体操作如下：打开“周长和面积.dwg”图形文件（光盘:\原始文件\第15章\周长和面积.dwg），在命令行窗口中执行AREA命令。

具体操作过程如下：

命令：AREA　（执行AREA命令）
指定第一个角点或[对象(O)/加(A)/减(S)]:　（捕捉要查询对象的一点，这里单击如图15-2所示的A点）
指定下一个角点或按 ENTER 键全选：　（捕捉下一角点，这里单击如图15-2所示的B点）
指定下一个角点或按 ENTER 键全选：　（捕捉下一角点，这里单击如图15-2所示的C点）
指定下一个角点或按 ENTER 键全选：　（捕捉下一角点，这里单击如图15-2所示的D点）
指定下一个角点或按 ENTER 键全选：　（捕捉下一角点，这里单击如图15-2所示的E点）
指定下一个角点或按 ENTER 键全选：　（确认指定的所有点，按【Space】键确认）
面积 = 817.3603，周长 = 108.9814　（系统提示查询结果并结束该命令）

在执行命令的过程中，命令行各选项含义如下。

- 对象：用于查询圆、椭圆、样条曲线、多段线、多边形、面域、实体和一些开放性的首尾相连能成为封闭图形等图形的面积和周长。
- 加：选择该项后，继续定义新区域（应保持总面积平衡）。“加”选项计算各个定义区域和对象的面积、周长，也计算所有定义区域和对象的总面积。
- 减：总面积中减去指定面积。

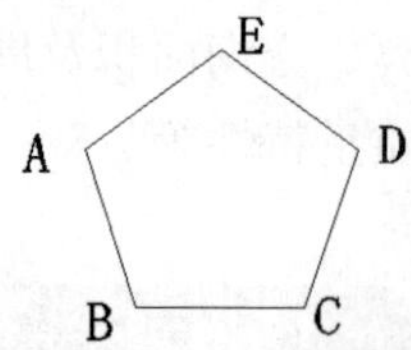

图15-2　查询对象

注意

对于线宽大于0的多段线，系统将按其中心线来计算面积和周长。

15.1.3 查询点坐标

查询点坐标命令主要用于查询指定点的坐标，调用该命令的方法如下：

- 在“常用”选项卡的“实用工具”面板中，单击其右下角的▾按钮，在弹出的下拉列表中单击“点坐标”按钮。
- 显示菜单栏，选择“工具”→“查询”→“点坐标”命令。
- 在命令行窗口中执行ID命令。

查询点坐标的具体操作如下：打开“点坐标.dwg”图形文件（光盘:\原始文件\第15章\点坐

标.dwg），在命令行窗口中执行ID命令。

具体操作过程如下。

命令：ID　　　　　　　　　　（执行ID命令）

指定点：　　　　　　　　　　（单击需要查询的点，这里单击如图15-3所示的圆心点）

X = 15.8547　Y = -13.6387　Z = 0.0000　（系统提示查询结果）

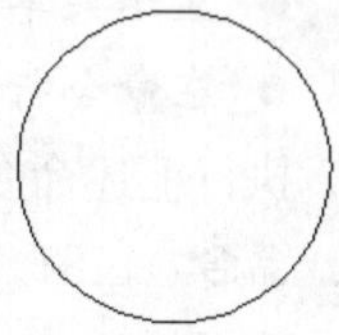

图15-3　查询点坐标

注意

在基于某个对象绘制另一个对象时，查询点坐标命令较为常用。

15.1.4　查询时间和状态

1. 查询时间

查询时间命令用于查询或设置图形文件的时间，调用该命令的方法如下：

- 显示菜单栏，选择“工具”→“查询”→“时间”命令。
- 在命令行窗口中执行TIME命令。

执行上述命令后，都将打开如图15-4所示的文本窗口，在该窗口中即可查看在执行查询时间命令后，显示的当前时间、创建时间、上次更新时间、累计编辑时间、消耗时间计时器和下次自动保存时间等信息。

在执行命令的过程中，命令行各选项含义如下。

- 显示：重复显示上述时间信息，并自动适时更新时间信息。
- 开：打开用户计时器。
- 关：关闭用户计时器。
- 重置：将用户计时器复位清零。

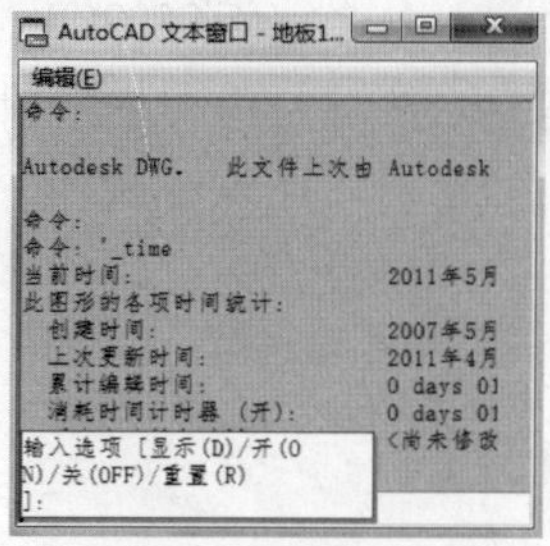

图15-4　查询时间

2. 查询状态

查询状态命令主要用于查询当前图形中对象的数目和当前空间中各种对象的类型等信息，调用该命令的方法如下：

- 显示菜单栏，选择“工具”→“查询”→“状态”命令。
- 在命令行窗口中执行STATUS命令。

执行上述命令后，都将打开如图15-5所示的文本窗口，在该窗口中即可查看在执行查询状态命令后，显示的当前空间类型、布局、图层、颜色、线型、材质、图形界限、图形中的对象的个数，以及对象捕捉模式等信息。

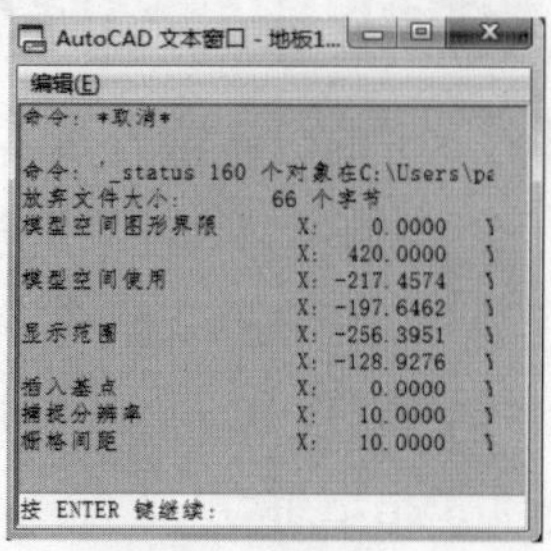

图15-5　查询状态

15.1.5　其他查询功能

1. 查询对象列表

查询对象列表命令主要用于查询AutoCAD图形对象各个点的坐标值、长度、宽度、高度、旋转、面积、周长，以及所在图层等信息，调用该命令的方法如下：

- 显示菜单栏，选择“工具”→“查询”→“列表”命令。
- 在命令行窗口中执行LIST命令。

执行上述命令后，具体操作过程如下：

命令：LIST	（执行LIST命令）
选择对象：指定对角点：找到 12 个	（选择要查询对象列表的对象）
选择对象：	（按【Space】键打开如图15-6所示的文本窗口，显示图形对象的相关信息）

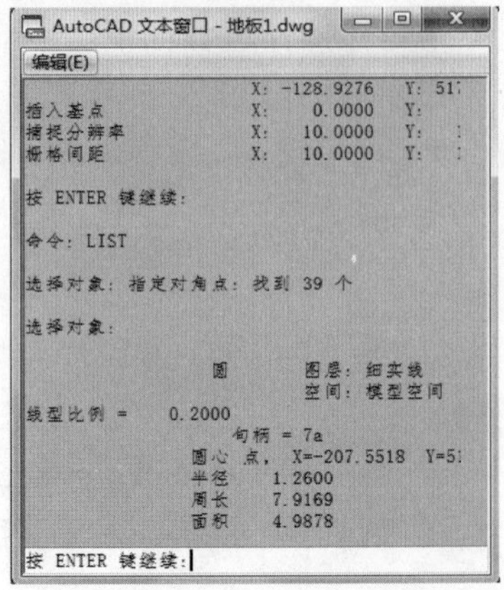

图15-6 查询对象列表

2. 查询面域/质量特性

查询面域/质量特性命令主要用于查询所选对象（实体或面域）的质量、体积、边界框、惯性矩、惯性积和旋转半径等特征，并询问用户是否将分析结果写入文件，调用该命令的方法如下：

- 显示菜单栏，选择“工具”→“查询”→“面域\质量特性”命令。
- 在命令行窗口中执行MASSPROP命令。

执行上述命令后，具体操作过程如下：

命令：MASSPROP	（执行MASSPROP命令）
选择对象：指定对角点：找到 1 个	（选择要查询面域/质量特性的对象）
选择对象：	（按【Space】键打开如图15-7所示的文本窗口，显示图形对象的相关信息）

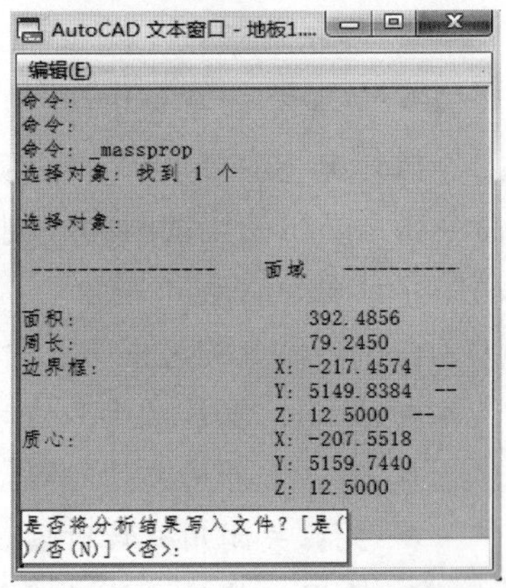

图15-7 查询面域/质量特性

15.1.6 自我强化：查询

下面以查询六角头螺栓图形对象的相关信息为例，综合练习该节的知识。

01 打开“六角头螺栓.dwg”图形文件（光盘:\原始文件\第15章\六角头螺栓.dwg），在命令行窗口中执行DIST命令，具体操作过程如下：

命令: DIST	(执行DIST命令)
指定第一点:	(单击查询距离的第一点，这里单击如图15-8所示的A点)
指定第二点:	(单击查询距离的另一点，这里单击如图15-8所示的B点)

距离 = 120.0000，XY 平面中的倾角 = 0， 与 XY 平面的夹角 = 0

X 增量 = -120.0000， Y 增量 = 0.0000， Z 增量 = 0.0000 (显示查询结果)

02 在命令行窗口中执行ID命令，具体操作过程如下：

命令：ID	(执行ID命令)

指定点：　　　　　　　　　　　　　　　　(单击需要查询的点，这里单击如图15-9所示的C点)
X = 141.7000　Y = 0.0000　Z = 0.0000　　(系统提示查询结果)

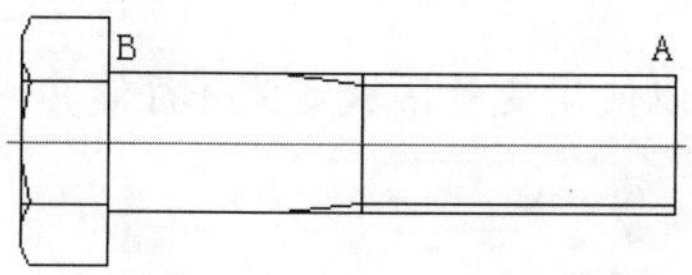

图15-8　查询长度

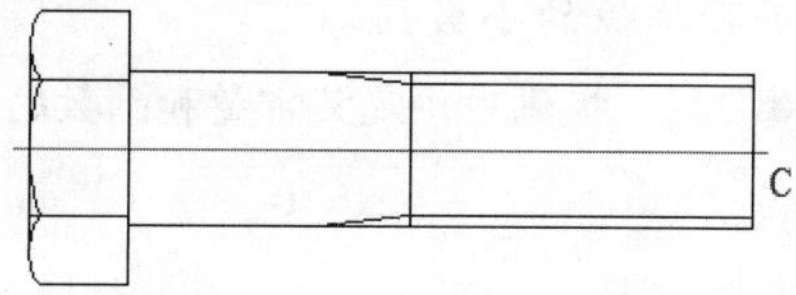

图15-9　查询坐标

03 在命令行窗口中执行STATUS命令，打开如图15-10所示的文本窗口，查看完相关信息后单击该文本窗口右上方“关闭”按钮☒，关闭该文本窗口，最后关闭图形文件。

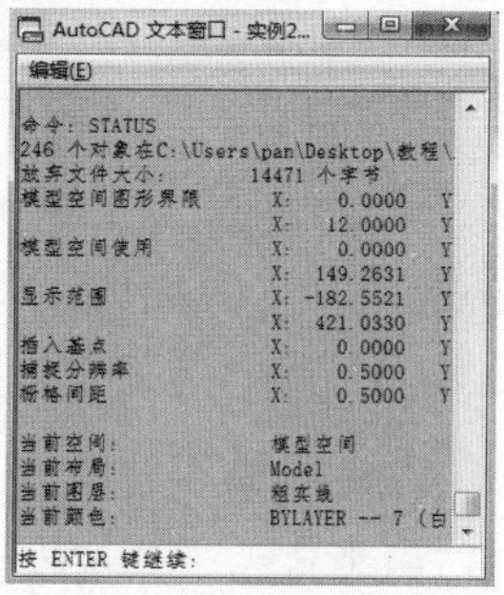

图15-10　状态查询

15.2 辅助功能

下面将讲解AutoCAD提供的辅助功能，它包括计算器、核查、修复，以及删除图形中不使用的对象等。

15.2.1　计算器

在AutoCAD中，可以用计算器直接计算表达式的值。打开快速计算器的方法如下：

- 在“常用”选项卡的“实用工具”面板中，单击“快速计算器”按钮。
- 显示菜单栏，选择“工具”→“选项板”→“快速计算器”命令。
- 按【Ctrl+8】组合键。
- 在命令行窗口中执行QUICKCALC命令。

执行上述命令后，都将打开如图15-11所示的“快速计算器”选项板，在该选项板中可对表达式进行计算。

“快速计算器”选项板中各按钮的含义如下。

- “清除”按钮：单击该按钮，可清除输入的所有内容。
- “清除历史记录”按钮：单击该按钮，可清除所有的历史计算记录。
- “将值粘贴到命令行”按钮：在命令提示下，将值粘贴到输入框中。如果在命令执行过程中以透明方式使用“快速计算器”，则在计算器底部，此按钮将替换为“应用”按钮。
- “获取坐标”按钮：用于获取用户在图形中单击的某个点的坐标。
- “两点之间的距离”按钮：用于获取用户在对象上单击的两个点之间的距离。
- “由两点定义的直线的角度”按钮：用于获取用户在对象上单击的两个点之间的角度。
- “由四点定义的两条直线的交点”按钮：用于获取用户在对象上单击的4个点的交点。

在选项板中，还有其他4个栏用于计算，如图15-12所示，各功能区的功能如下。

- “数字键区”栏：提供可供用户输入算术表达式的数字和符号的标准计算器键盘。输入值和表达式后，单击等号（=）即可计算表达式。

- “科学”栏：计算通常与科学和工程应用相关的三角、对数、指数和其他表达式。
- “单位转换”栏：将测量单位从一种单位类型转换为另一种单位类型。单位转换区域只接受不带单位的小数值。
- “变量”栏：提供对预定义常量和函数的访问。可以使用变量区域定义并存储其他常量和函数。

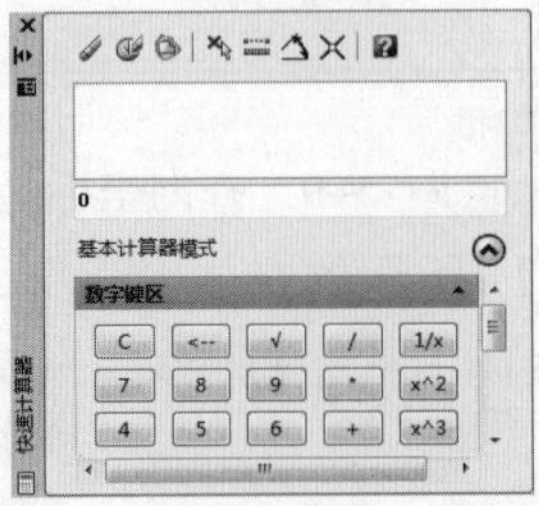

图15-11 “快速计算器”选项板

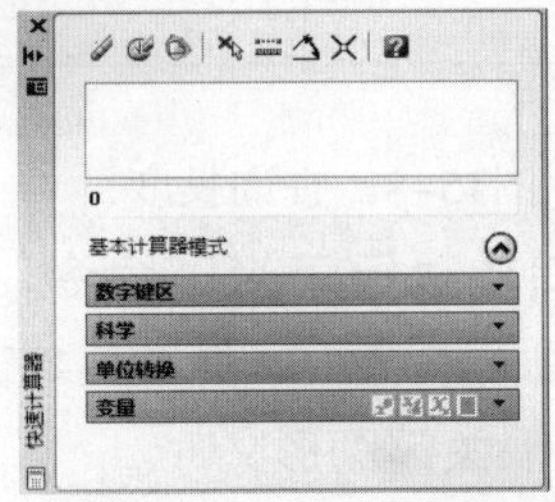

图15-12 4个计算栏

注意

在命令行窗口中执行CAL命令后，在出现的“>> 表达式：”提示信息后输入需要计算的表达式，系统也会计算出表达式的值。

15.2.2 核查和修复

1. 核查

核查功能主要用于对图形对象进行更正和检测错误，调用该命令的方法如下：

- 显示菜单栏，选择“文件”→“图形实用程序”→“核查”命令。
- 在命令行窗口中执行AUDIT命令。

执行上述命令后，具体操作过程如下：

命令：AUDIT　（执行AUDIT命令）
是否更正检测到的任何错误？[是(Y)/否(N)] <N>：Y　（选择“是”选项）
核查表头　（系统自动核查表头）
核查表　（系统自动核查表）
第 1 阶段图元核查　（系统进行第1阶段图元核查）
阶段 1 已核查 100个对象　（系统提示核查的对象数）
第 2 阶段图元核查　（系统进行第2阶段图元核查）
阶段 2 已核查 100个对象　（系统提示核查的对象数）
核查块　（系统自动核查块）
已核查 1个块　（系统提示核查的块数）
共发现 0 个错误，已修复 0 个　（系统提示核查和修复结果）
已删除 0 个对象　（系统提示删除结果）

2. 修复

修复功能主要用于更正图形中部分错误数据，调用该命令的方法如下：

- 显示菜单栏，选择“文件”→“图形实用程序”→“修复”命令。

- 在命令行窗口中执行RECOVER命令。

修复图形对象的具体操作如下。

01 启动AutoCAD 2012，在命令行窗口中执行RECOVER命令，弹出“选择文件”对话框，在“查找范围”下拉列表中选择需要修复文件的路径，在其下方的列表框中选择要修复的图形文件，然后单击“打开”按钮，如图15-13所示。

02 系统自动对图形文件进行修复，并打开如图15-14所示的文本窗口，显示修复过程和结果。

图15-13　打开文件

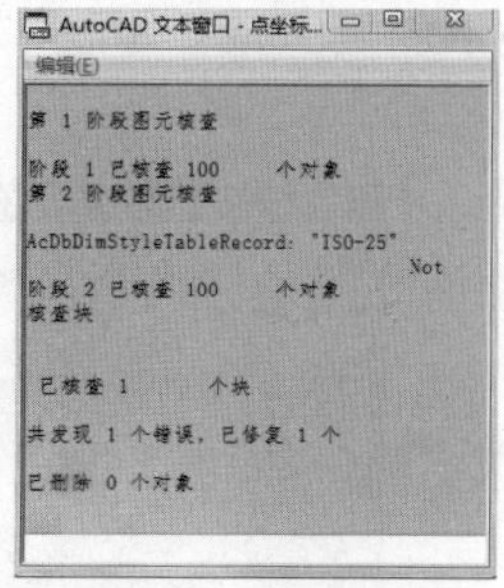

图15-14　提示信息

03 修复完毕后，系统自动弹出“修复完成”提示对话框，提示修复完成。单击“确定”按钮，完成对图形的修复。

15.2.3　删除图形中的对象

图形中不用的对象，可以将其删除，调用该命令的方法如下：

- 显示菜单栏，选择“文件”→“图形实用程序”→“清理”命令。
- 在命令行窗口中执行PURGE命令。

执行上述命令后，都将弹出如图15-15所示的“清理”对话框。在中间的列表框中选择要清理的对象，然后单击“清理”按钮即可将选择的对象清除。

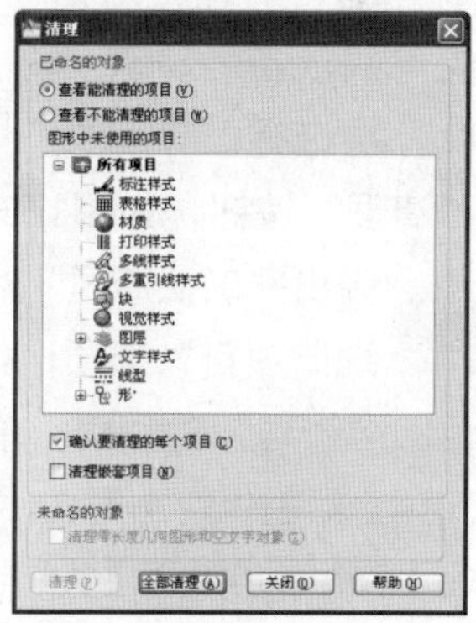

图15-15　“清理”对话框

“清理”对话框中各选项的含义如下。

- “查看能清理的项目”单选按钮：切换树状图为显示当前图形中可以清理的命名对象的概要。
- “查看不能清理的项目”单选按钮：列出当前图形中未使用的、可被清理的对象。可以通过单击加号或双击对象类型列出任意对象类型的项目。然后通过选择要清理的项目来清理项目。
- “确认要清理的每个项目”复选框：清理项目时弹出“确认清理”对话框。
- “清理嵌套项目”复选框：从图形中删除所有未使用的命名对象，即使这些对象包含在其他未使用的命名对象中或被这些对象所参照。弹出“确认清理”对话框，可以取消或确认要清理的项目。

15.2.4　自我强化：十字槽圆柱头螺钉

01 启动AutoCAD 2012，在命令行窗口中执行RECOVER命令，弹出“选择文件”对话框，在“查找范围”下拉列表中选择需要进行修复文件的路径，在其下方的列表框中选择要修复的图形文件，这里打开“十字槽圆柱螺钉.dwg”图形文件（光盘:\原始文件\第15章\十字槽圆柱头螺钉.dwg），然后单击“打开”按钮，如图15-16所示。

02 系统自动对图形文件进行修复并打开如图15-17所示的文本窗口，显示修复过程和结果。

03 修复完毕后系统自动弹出如图15-18所示的提示对话框，提示修复完成。单击“确定”按钮，完成对图形的修复。

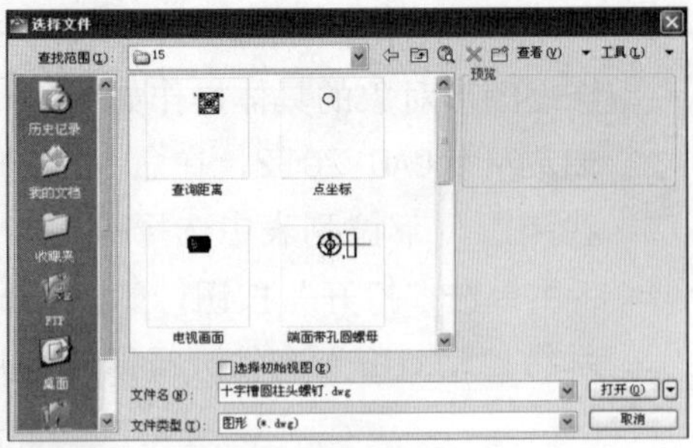

图15-16　查找文件

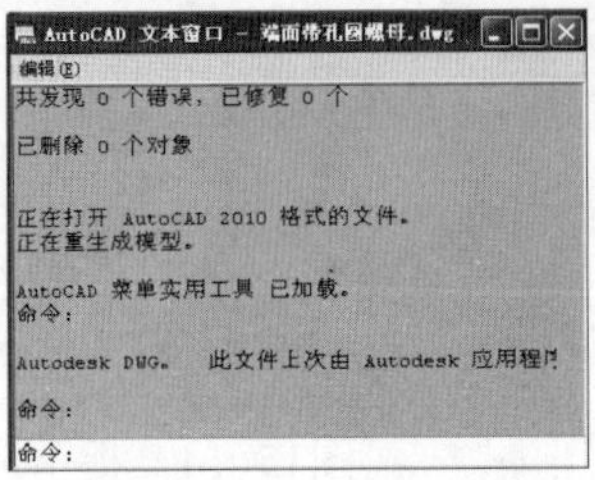

图15-17　信息

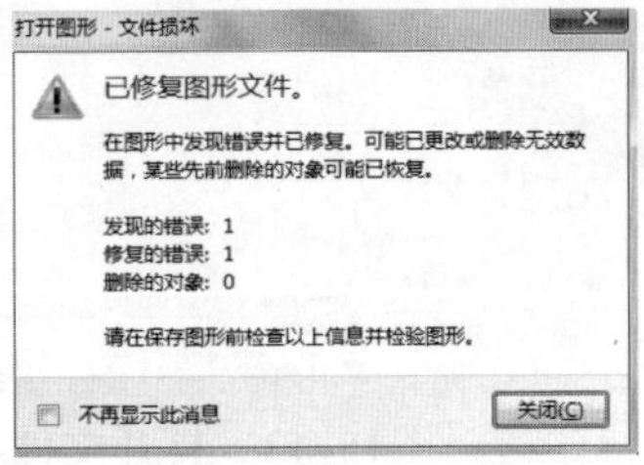

图15-18　修复完成

04 在命令行窗口中执行PURGE命令，弹出“清理”对话框。在“图形中未使用的项目”列表框中选择“图层”选项，再选择“细实线”选项，然后单击“清理”按钮，如图15-19所示。

05 弹出“确认清理”对话框，单击“清理此项目”选项，如图15-20所示。返回“清理”对话框，单击“关闭”按钮即可，然后保存图形文件（光盘:\最终文件\第15章\十字槽圆柱头螺钉.dwg）。

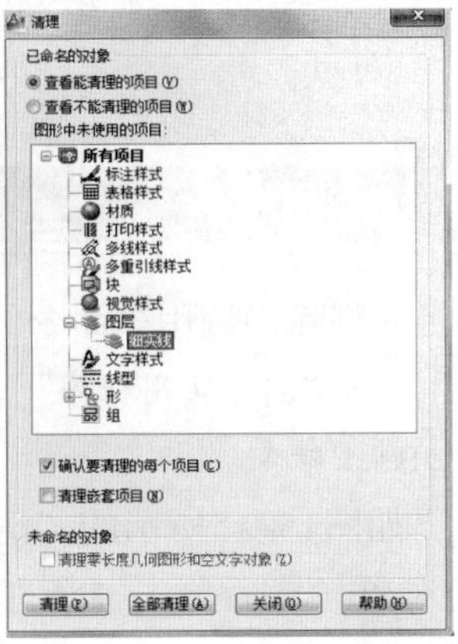

图15-19　清理对话框

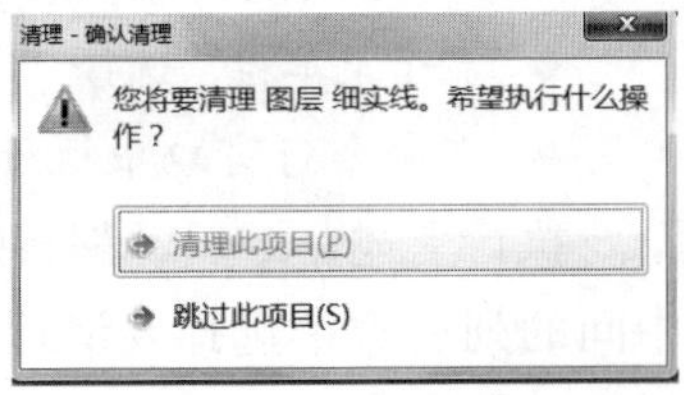

图15-20　提示信息

15.3 光栅图像

在AutoCAD中，可以在AutoCAD绘图区中插入光栅图像。光栅图像由像素即小方块或点的矩形方格组成。使用光栅图像，可代替一个对象或在图形中勾画出某个对象的轮廓。

15.3.1　加载及卸载图像

1. 加载图像

在图形中加载光栅图像的方法有以下3种：

- 在“视图”选项卡的“选项板”面板中，单击“外部参照选项板”按钮。
- 显示菜单栏，选择“插入”→“外部参照”命令。
- 在命令行窗口中执行IMAGEATTACH命令。

加载光栅图像的具体操作如下。

01 新建文件，在命令行窗口中执行IMAGEATTACH命令，弹出“选择参照文件”对话框，如图15-21所示。在其中选择需要的图片，单击“打开”按钮，弹出“附着图像”对话框，单击“确定”按钮，如图15-22所示。

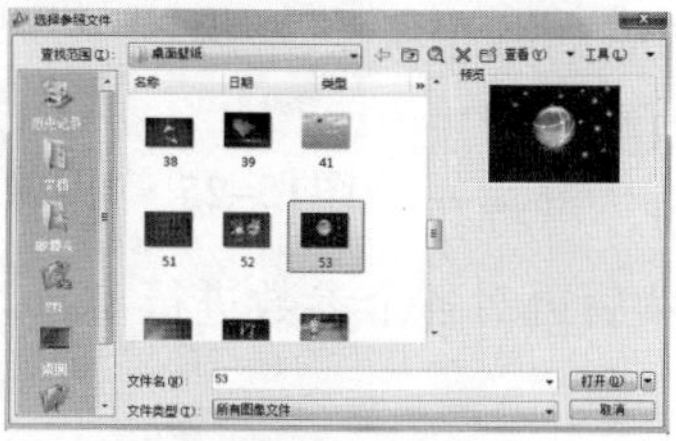

图15-21 浏览

图15-22 附着图像

02 返回绘图区，命令行窗口提示“指定插入点 <0,0>：”时，在绘图区任意位置单击作为插入点，提示“指定缩放比例因子或［单位（U）］<1>：”时，按【Space】键确定缩放比例为1，光栅图像加载完成后的效果如图15-23所示。

2. 卸载图像

卸载光栅图像有以下两种方法：

- 在“插入”选项卡的“参照”面板中，单击其右下角的“外部参照”按钮，弹出“外部参照”选项板，在其中卸载光栅图像即可。
- 在命令行窗口中执行ERASE命令。

卸载光栅图像的具体操作如下。

01 在“插入”选项卡的“参照”面板中，单击其右下角的↘按钮，弹出“外部参照”选项板。

02 在“文件参照”栏中右击需要卸载的光栅图像，在弹出的快捷菜单中选择“卸载”命令，如图15-24所示，即可卸载光栅图像。

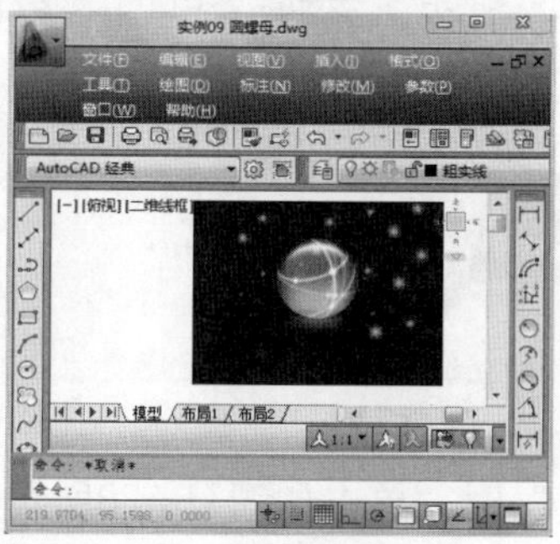

图15-23 加载效果

图15-24 卸载

15.3.2 调整图像

调整光栅图像的操作包括调整图像的亮度、对比度、淡入度，以及显示质量等，使图像更符合图形文件的要求。

1. 调整亮度、对比度和淡入度

调整图像的亮度、对比度和淡入度可在“图像调整”对话框中进行。打开该对话框的方法如下：

- 显示菜单栏，选择“修改”→“对象”→“图像”→“调整”命令。

● 在命令行窗口中执行IMAGEADJUST命令。

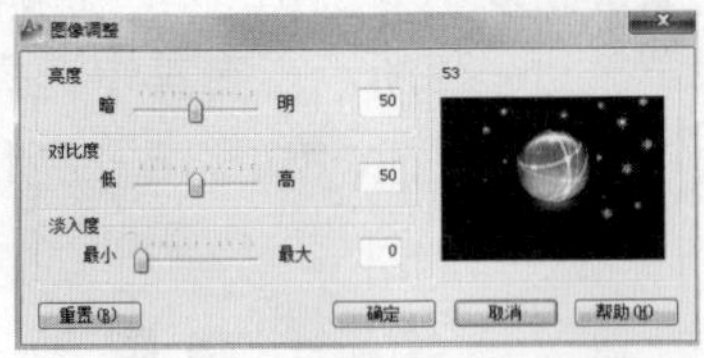
图15-25 “图像调整”对话框

执行上述命令后，将弹出如图15-25所示的“图像调整”对话框。在对话框的“亮度”选项组、“对比度”选项组和“淡入度”选项组中，拖动滑块或在其后的文本框中输入相应的数值后，单击“确定”按钮，即可对图像的亮度、对比度和淡入度进行调整。在“图像调整”对话框中，单击“重置”按钮，可将亮度、对比度和淡入度的各个参数恢复到设置前的参数，然后再对各个参数进行重新设置。

2. 调整图像显示质量

为了不影响加载的光栅图像的显示时间，可以对图像显示质量进行设置。调整图像显示质量的方法如下：

● 显示菜单栏，选择“修改”→“对象”→“图像”→“质量”命令。

● 在命令行窗口中执行IMAGEQUALITY命令。

执行上述命令后，具体操作过程如下：

```
命令: IMAGEQUALITY                          （执行IMAGEQUALITY命令）
输入图像质量设置 [高(H)/草稿(D)] <高>: d    （选择“草稿”选项，生成较低质量的图像显示，然后按【Space】键即可）
```

15.3.3 自我强化：电视画面

下面通过一个例子来熟悉一下本节所学的知识。

01 打开“电视画面.dwg”图形文件（光盘:\原始文件\第15章\电视画面.dwg），在命令行窗口中执行IMAGEATTACH命令，弹出“选择参照文件”对话框，如图15-26所示。选择名为57的图片，单击“打开”按钮，弹出“附着图像”对话框，单击“确定”按钮，如图15-27所示。

图15-26 浏览

图15-27 加载

02 返回绘图区，命令行窗口提示“指定插入点 <0,0>：”时，单击如图15-28所示的A点为插入点，提示“指定缩放比例因子或 [单位（U）] <1>：”时，输入1并按【Space】键确定，光栅图像加载完毕后，对图像进行拉伸以及裁剪操作。裁剪操作是选中图像后单击右键，选择“裁剪”命令，建立新边界。加载后的效果如图15-29所示。

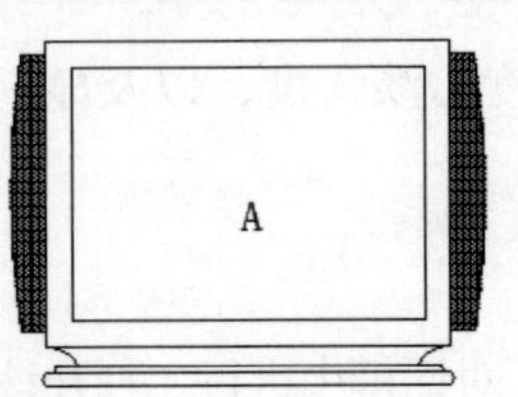

图15-28 加载位置

图15-29 加载后的效果

03 在命令行窗口中执行IMAGEADJUST命令，选择刚加载的光栅图像，弹出“图像调整”对话框，在“亮度”选项组后的文本框中输入30，在“对比度”选项组后的文本框中输入30，在“淡入度”选项组后的文本框中输入0，然后单击“确定”按钮，如图15-30所示。

04 返回绘图区即可查看调整图像后的效果，如图15-31所示（光盘:\最终文件\第15章\电视画面.dwg）。

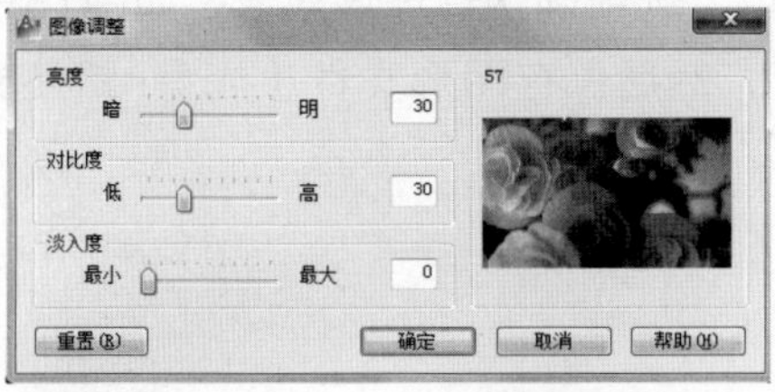

图15-30　调整图像

图15-31　最终效果

15.4 拓展训练

下面通过几个例子介绍一下本章的内容。

15.4.1　初级训练：端面带孔圆螺母

首先通过一个例子讲解查询功能。

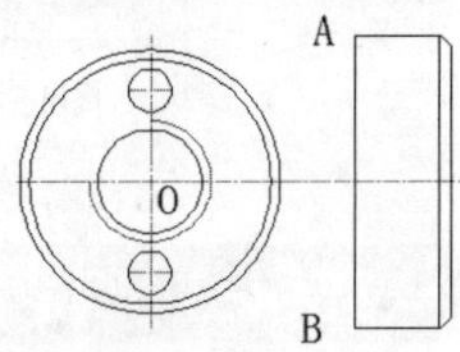

图15-32　状态查询

01 打开“端面带孔圆螺母.dwg”图形文件（光盘:\原始文件\第15章\端面带孔圆螺母.dwg），在命令行窗口中执行DIST命令，具体操作过程如下：

命令: DIST　　(执行DIST命令)

指定第一点:　　(单击查询距离的第一点，这里单击如图15-32所示的A点)

指定第二点:　　(单击查询距离的另一点，这里单击如图15-32所示的B点)

距离 = 24.0000，XY 平面中的倾角 =270，　与 XY 平面的夹角 = 0

X 增量 = 0.0000，　Y 增量 = -24.0000，　Z 增量 = 0.0000　　(显示查询结果)

02 在命令行窗口中执行ID命令，具体操作过程如下：

命令：ID　　(执行ID命令)

指定点：　　(单击需要查询的点，这里单击如图15-32所示的O点)

X = 12.0000　Y = 0.0000　Z = 0.0000 (系统提示查询结果)

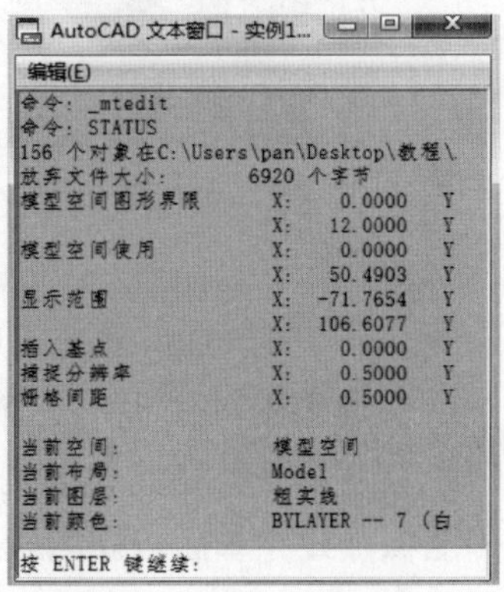

图15-33　查询信息

03 在命令行窗口中执行STATUS命令，打开如图15-33所示的文本窗口。查看完相关信息后单击该文本窗口右上方“关闭”按钮☒，关闭该文本窗口，最后关闭图形文件。

15.4.2 进阶训练：球面垫圈

01 启动AutoCAD 2012，打开“球面垫圈.dwg”文件（光盘:\原始文件\第15章\球面垫圈.dwg），在命令行窗口中执行PURGE命令，弹出“清理”对话框，在“图形中未使用的项目”列表框中选择“图层”选项，再选择“细实线”选项，然后单击“清理”按钮，如图15-34所示。

02 弹出“确认清理”对话框，单击“清理此项目”选项确认清理该对象，如图15-35所示。返回“清理”对话框，单击“关闭”按钮即可，然后保存图形文件（光盘:\最终文件\第15章\球面垫圈.dwg）。

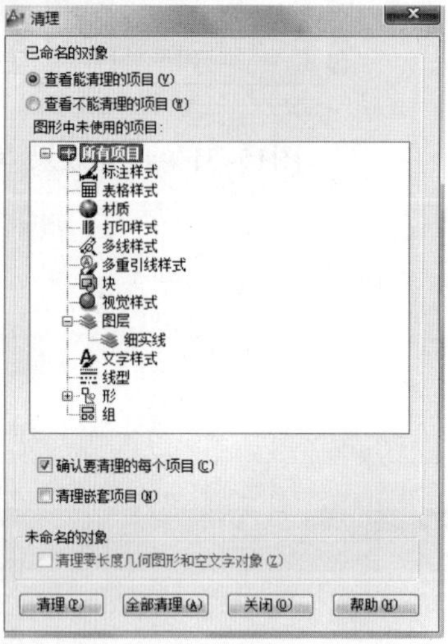

图15-34 “清理”对话框

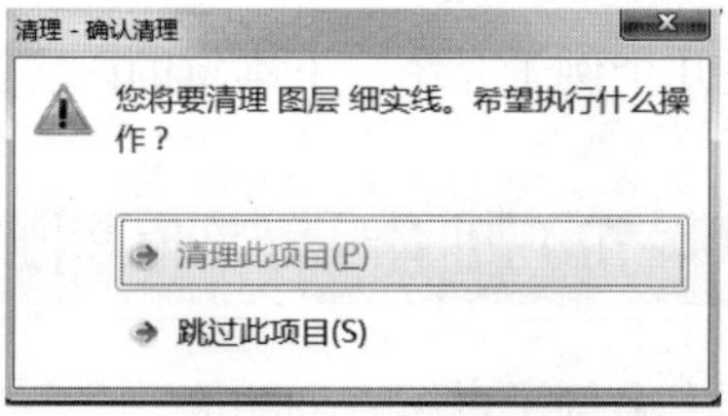

图15-35 提示信息

15.4.3 提高训练：挂画

01 打开“挂画.dwg”图形文件（光盘:\原始文件\第15章\挂画.dwg），在命令行窗口中执行IMAGEATTACH命令，弹出“选择参照文件”对话框，如图15-36所示。选择一幅图片，单击“打开”按钮，弹出“附着图像”对话框，单击“确定”按钮，如图15-37所示。

图15-36 浏览图片

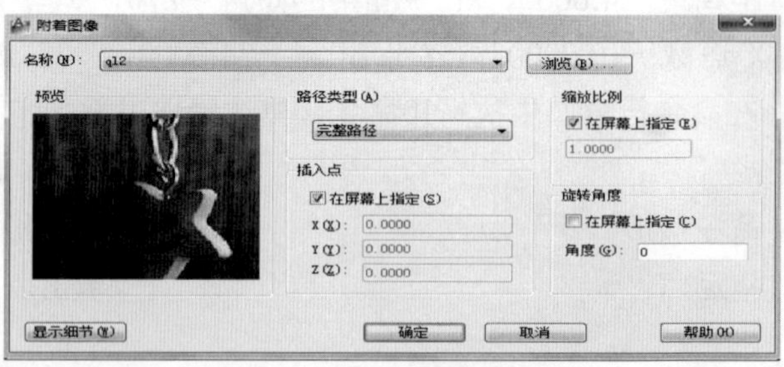

图15-37 加载图片

02 返回绘图区，命令行窗口提示“指定插入点 <0,0>：”时，单击如图15-38所示的A点为插入点；提示“指定缩放比例因子或 [单位（U）] <1>：”时，输入1并按【Space】键确定。光栅图像加载完毕后，对图像进行拉伸以及裁剪操作。裁剪操作是选中图像后单击右键，选择“裁剪”命令，建立新边界。加载后的效果如图15-39所示。

图15-38　加载位置

图15-39　加载后的效果

03 在命令行窗口中执行IMAGEADJUST命令，选择刚加载的光栅图像，弹出“图像调整”对话框，在“亮度”选项组后的文本框中输入77，在“对比度”选项组后的文本框中输入68，在“淡入度”选项组后的文本框中输入33，然后单击“确定”按钮，如图15-40所示。

04 返回绘图区即可查看调整图像后的效果，如图15-41所示（光盘:\最终文件\第15章\挂画.dwg）。

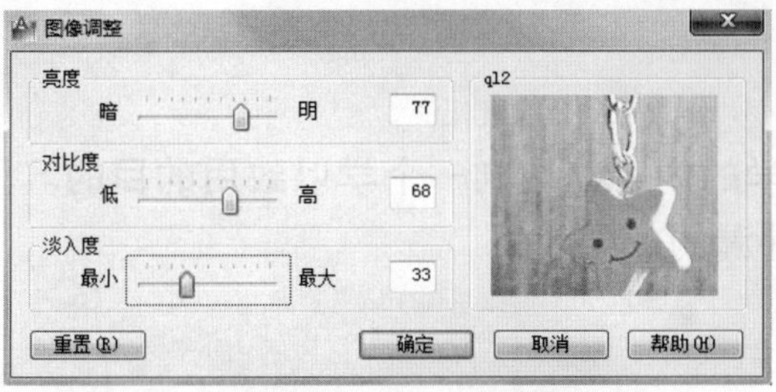

图15-40　调整图像

图15-41　最终效果

15.5 本章小结

本章讲述了AutoCAD辅助功能的命令，作为前面章节的补充。主要有查询功能，包括查询时间、坐标、状态等；还进行了一些辅助功能的讲解，包括计算功能等；最后讲解了光栅图像相关的功能。通过本章的学习，读者应该更深入地了解了AutoCAD。

第16章 绘制机械零件图

学习导航

本章将对前面所学的知识进行综合应用，首先进行常见的较为简单的零件的绘制，通过这些简单零件图的绘制，熟悉和巩固前面所学的内容。

学习重点

- □ 掌握零件图的绘图重点
- □ 学会零件图的绘制

本章将用多个例子来综合练习前面所学的内容，达到一个学以致用的目的。同时，对于不太熟悉的命令，达到一个查缺补漏的效果。

16.1 轴类零件

轴类零件是机械中最常用的零件。在绘制轴类零件图时，一般用一个视图即可将各部分的相对位置表达清楚。比如键槽、销孔、退刀槽等结构，可采用断面图、剖视图及局部放大图的方法进行绘制。下面以齿轮轴为例讲解绘制轴套类零件的方法，具体操作如下。

01 启动AutoCAD 2012，新建名为“轴.dwg”的文件，在菜单栏中选择“格式”→“图层”命令，弹出“图层特性管理器”选项板，如图16-1所示。

02 单击“新建图层”按钮，输入新图层名称“细实线”，按【Enter】键确认，然后单击“细实线”图层“线型”选项下的Contin...图标，如图16-2所示。

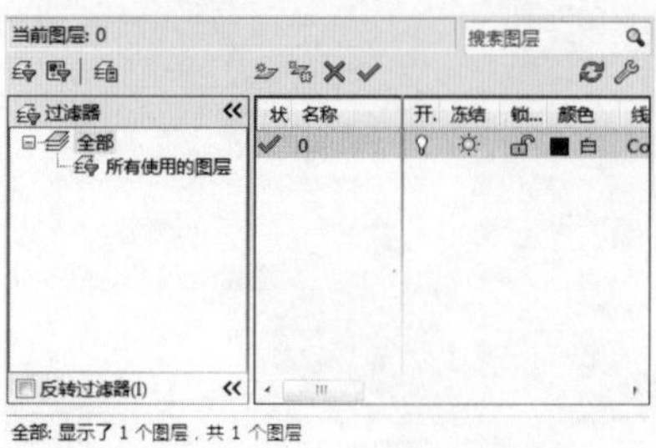

图16-1　新建图层

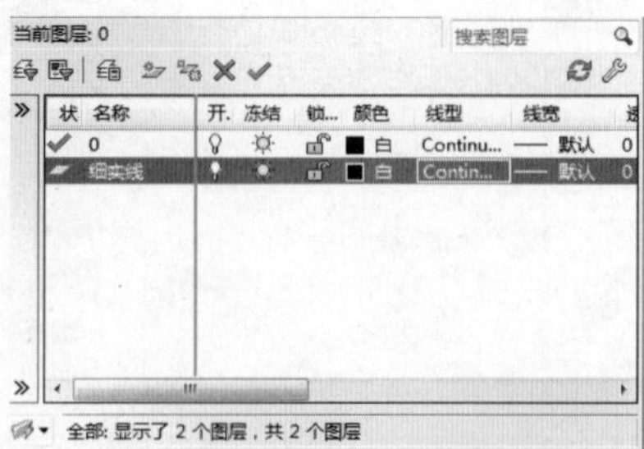

图16-2　选择更改线型

03 如图16-3所示，弹出“选择线型”对话框，单击“加载”按钮，弹出“加载或重载线型”对话框，如图16-4所示。可以根据自己的需要添加线型，比如CENTER、ACAD_ISO04W100等常用线型。

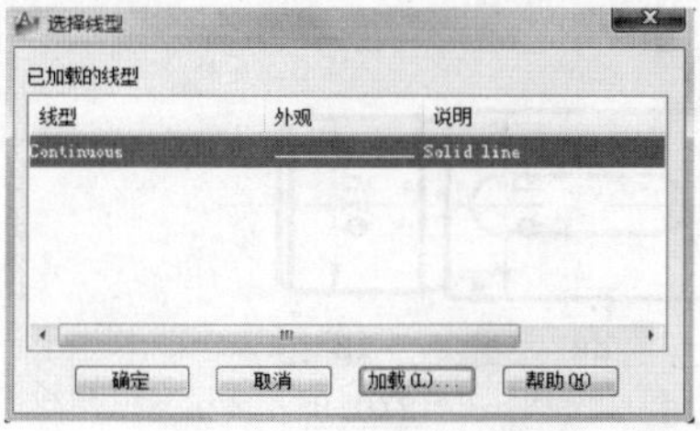

图16-3　线型选择

图16-4　加载线型

04 返回“选择线型”对话框，在“已加载的线型”列表框中选择Continuous选项，然后单击“确定”按钮，如图16-5所示。

05 返回“图层特性管理器”选项板，单击“细实线”图层“线宽”选项下的—— 默认 图标，如图16-6所示。

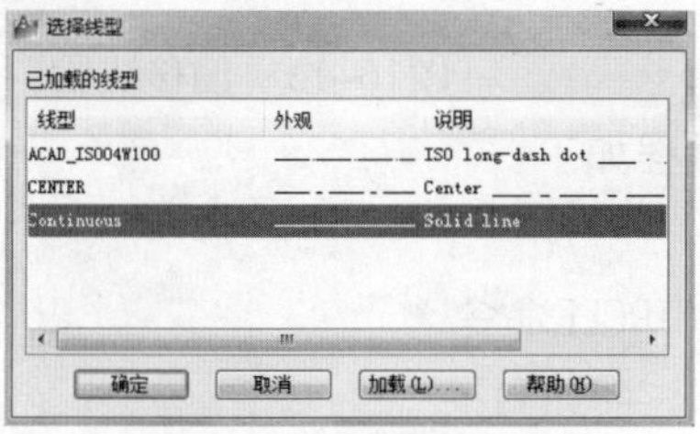

图16-5　选中线型

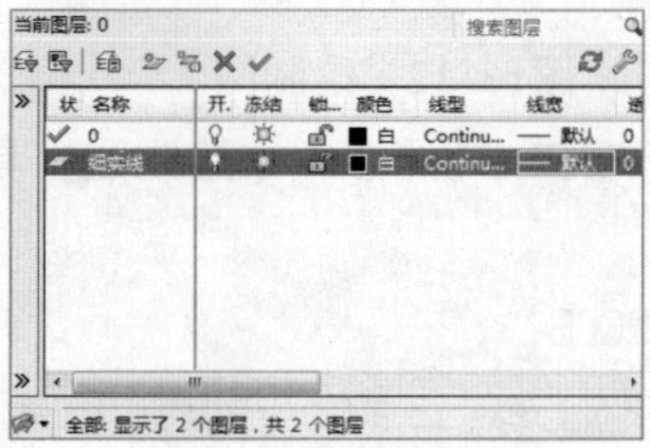

图16-6　选择线宽

06 弹出“线宽”对话框，如图16-7所示。在“线宽”列表框中选择0.15mm选项，然后单击“确定”按钮。按照相同的方法，创建并设置其他图层的特性，效果如图16-8所示。

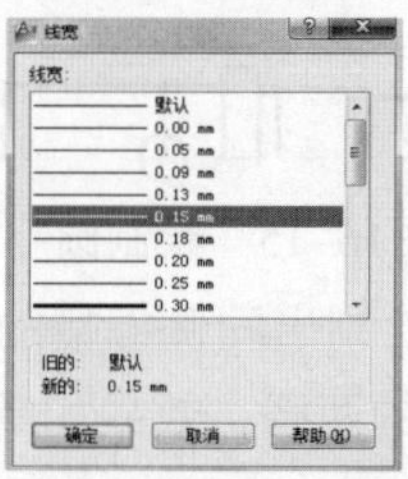

图16-7　选择线宽

图16-8　图层设置完成

07 双击“中心线”图层，使其成为当前图层，如图16-9所示。然后单击“关闭”按钮，关闭“图层特性管理器”选项板。

08 单击状态栏中的“正交模式”按钮以及“对象捕捉”按钮，使它们都变为打开状态。在命令行窗口中执行L命令，绘制长为190的直线，效果如图16-10所示。

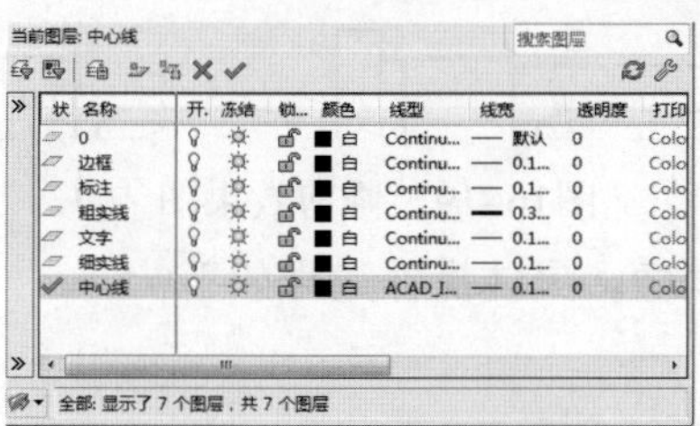

图16-9　设置为当前图层

图16-10　绘制中心线

09 单击状态栏中的“显示/隐藏线宽”按钮，将“粗实线”图层设置为当前图层。再次在命令行窗口中执行L命令，绘制轴的轮廓线，根据如图16-11所示的尺寸标准绘制本例轴的一边，以便于下一步进行镜像操作。绘制的图形效果如图16-12所示。

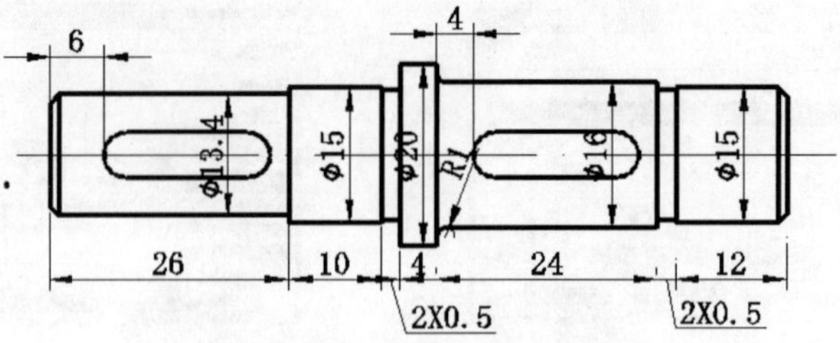

图16-11 基本尺寸图

10 在命令行窗口中执行O命令，偏移中间偏右的最长竖线段，向右偏移距离为37，然后按照相同的方法将同一条线段向左偏移41，偏移后的效果如图16-13所示。

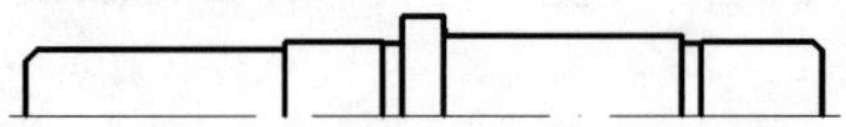

图16-12 绘制图

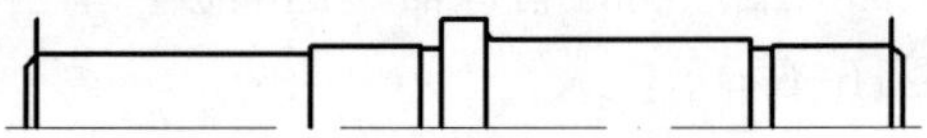

图16-13 偏移线段

11 在命令行窗口中执行C命令绘制圆，具体操作过程如下：

命令: CIRCLE （执行CIRCLE命令）

指定圆的圆心或[三点(3P)/两点(2P)/相切、相切、半径(T)]:

（单击如图16-14所示的A点）

指定圆的半径或[直径(D)] <0>: 2.5 （输入半径值2.5，并按【Space】键确认，绘制后的效果如图16-15所示）

图16-14 选择点

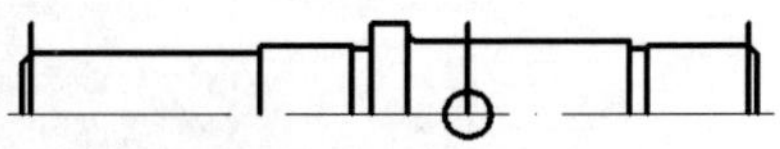

图16-15 绘制圆

12 在命令行窗口中执行C命令绘制圆，按照图6-11的尺寸距离绘制出同侧键槽的另一个圆，效果如图16-16所示。在命令行窗口中执行L命令，连接刚绘制的两圆，效果如图16-17所示。

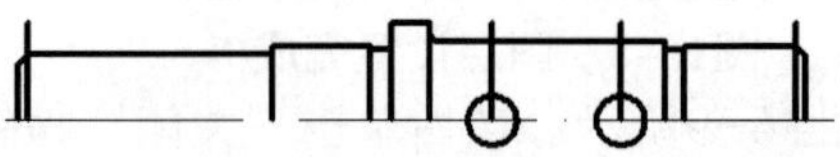

图16-16 绘制另一个圆

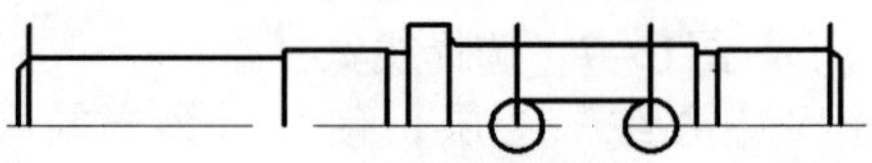

图16-17 连接圆

13 用同样的方法绘制出另一个键槽位置处的两个圆，效果如图16-18所示。然后在命令行窗口中执行TR命令，修剪刚绘制的圆和直线，修剪后的效果如图16-19所示。

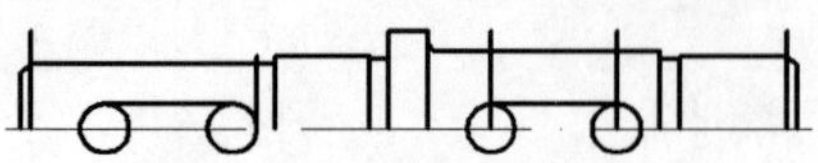

图16-18 绘制另一侧圆

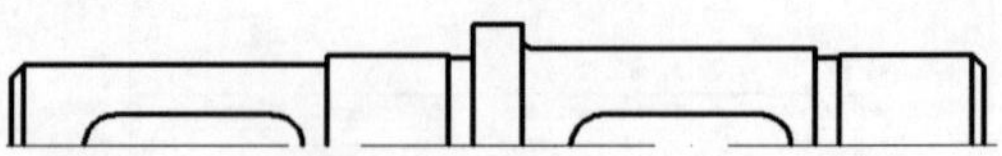

图16-19 修剪效果图

14 在命令行窗口中执行MI命令，对绘制的图形进行镜像，具体操作过程如下：

命令：MI （执行MIRROR命令）

选择对象：指定对角点：找到 24 个 （选择绘图区中所有图形对象）

选择对象： （按【Space】键结束对象选择）

指定镜像线的第一点： （单击如图16-20所示的A点）

指定镜像线的第二点: （单击输入16-20所示的B点）

是否删除源对象？[是(Y)/否(N)] <N>: （按【Space】键不删除源对象，并结束镜像命令，效果如图16-21所示）

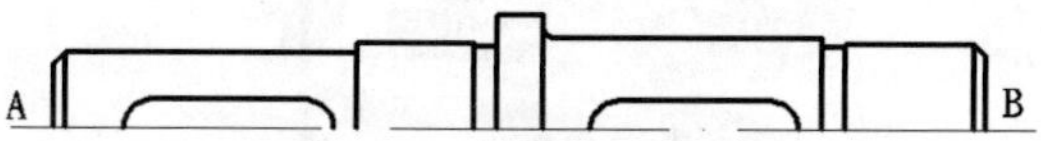

图16-20 选择镜像线

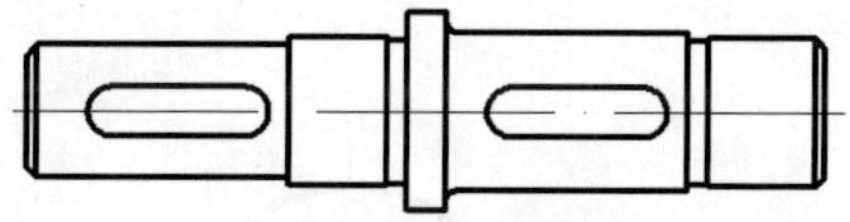
图16-21 镜像效果

15 将“中心线”图层设置为当前图层，在刚绘制的轴上方绘制两条相交的直线，长度为20，效果如图16-22所示。

16 将“粗实线”图层设置为当前图层，以刚绘制的两条直线的交点为圆心绘制直径为16的圆，效果如图16-23所示。

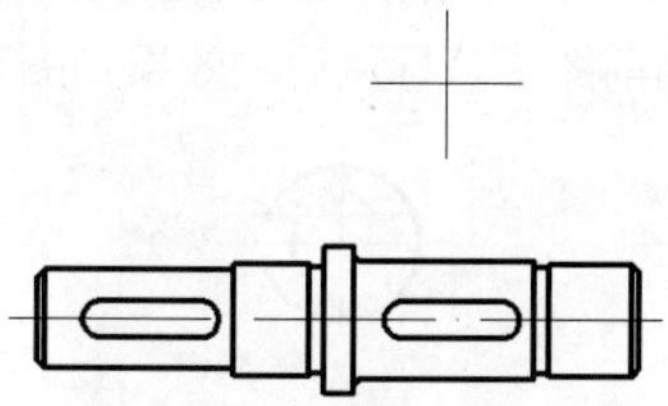
图16-22 绘制中心线

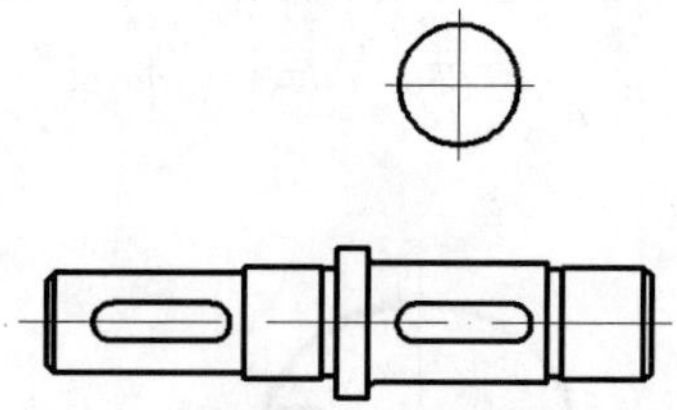
图16-23 绘制圆

17 在命令行窗口中执行OFFSET命令，将水平中心线向上和向下偏移，距离为2.5，将垂直中心线向右偏移5，效果如图16-24所示。在命令行窗口中执行TR命令，修剪多余线段，修剪后的效果如图16-25所示。

18 在命令行窗口中执行MA命令，使修剪后的线型特性与粗实线图层的线型特性相匹配，效果如图16-26所示。

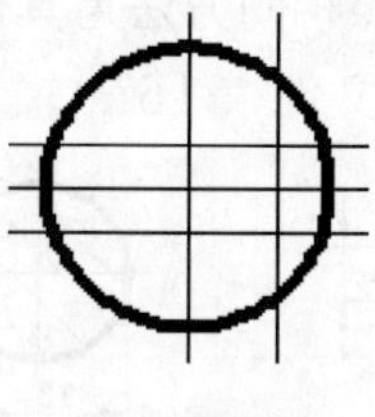
图16-24 偏移中心线

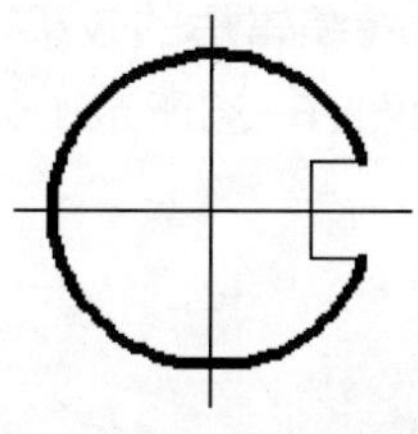
图16-25 修剪效果

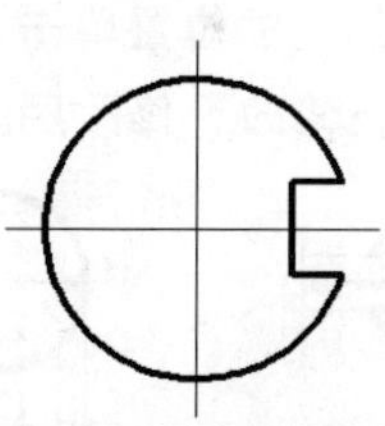
图16-26 匹配特性后

19 将“粗实线”图层设置为当前图层，在命令行窗口中执行BHATCH命令，弹出“图案填充和渐变色”对话框。单击“图案”右侧的[...]按钮，弹出“填充图案选项板”对话框，切换至ANSI选项卡，在中间列表框中选择ANSI31选项，然后单击“确定”按钮，如图16-27所示。

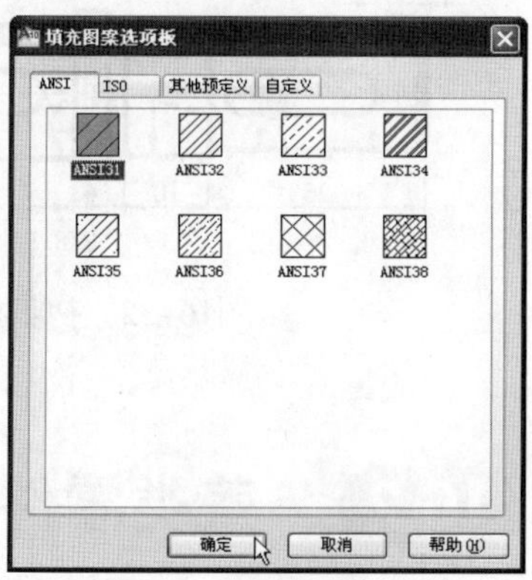

图16-27 选择填充图案

20 返回“图案填充和渐变色”对话框，在“边界”选项组中单击“添加：拾取点”按钮，返回绘图区，在刚绘制的圆中单击，选择后的效果如图16-28所示。

21 按【Space】键返回“图案填充和渐变色”对话框，在“比例”下拉列表中选择1，然后单击“确定”按钮，如图16-29所示。

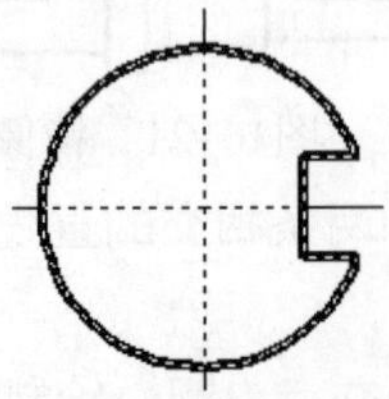

图16-28 拾取边界

图16-29 “图案填充”对话框

22 返回绘图区即可查看填充后的效果，如图16-30所示。用同样的方法绘制出另一个键槽截面线，效果如图16-31所示。然后将“标注”图层设置为当前图层，标注后的效果如图16-32所示。

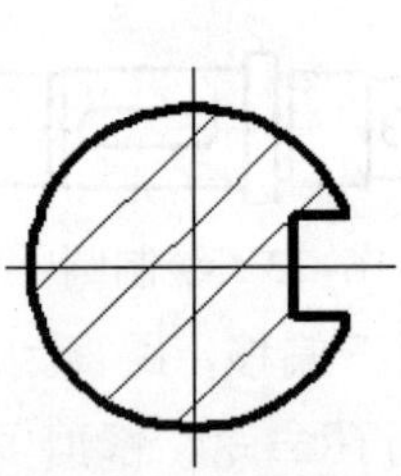

图16-30 填充效果

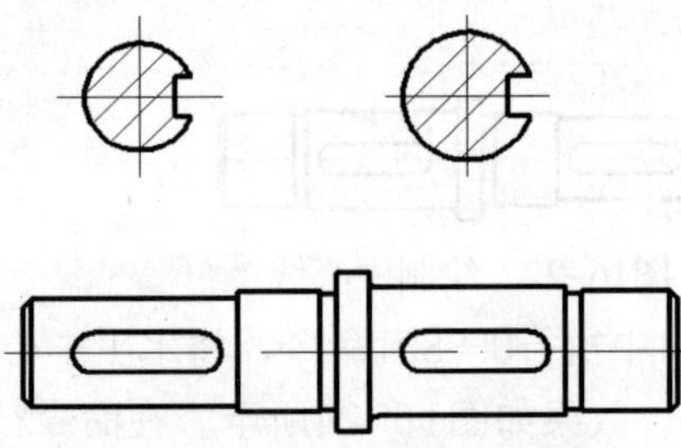

图16-31 绘制另一个键槽

23 双击图中直径处的尺寸标注，打开“特性”选项板，拖动滚动条，在“文字”栏的“文字替代”文本框中数字的前面输入“%%C”，更改标注。

24 在绘图区的空白位置单击，即可查看编辑后的效果。然后按照相同方法为其他需要修改的尺寸标注进行修改，修改后的效果如图16-33所示（光盘:\最终文件\第16章\轴.dwg）。

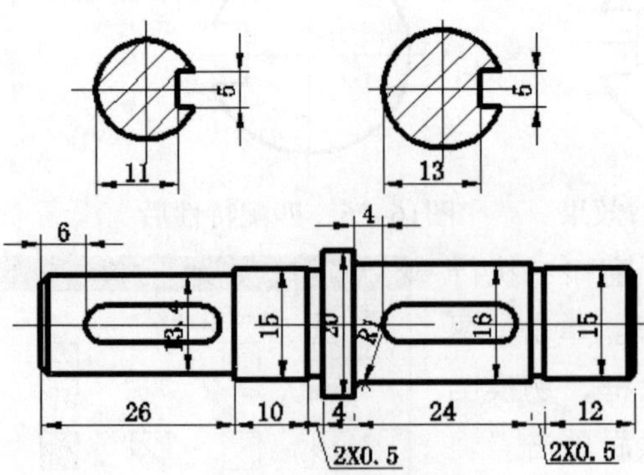

图16-32 初步标注

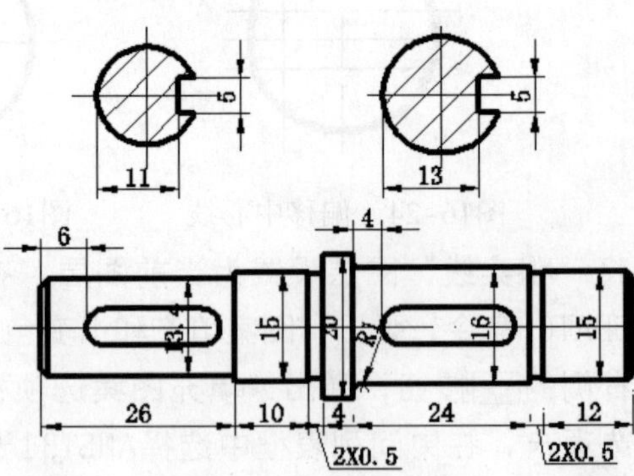

图16-33 最终效果

16.2 盖类零件

这类零件包括各种用途的轮和盘盖。常见的轮类零件有手轮、带轮、链轮等。常见的盘盖零件有法兰盘、端盖等。轮一般用键、销与轴连接，用以传递扭矩。法兰盘、端盖用于支撑、定位、密封等。

下面以一个端盖为例介绍本类零件的绘制方法。

01 启动AutoCAD 2012，在命令行窗口中执行LAYER命令，打开“图层特性管理器”选项板，新建如图16-34所示的图层，并切换至中心线为当前层。

02 单击状态栏中的“正交模式”按钮，在命令行窗口中执行L命令，绘制两条中心重合的长130的直线。单击状态栏中的“显示/隐藏线宽”按钮，绘制的效果图如图16-35。

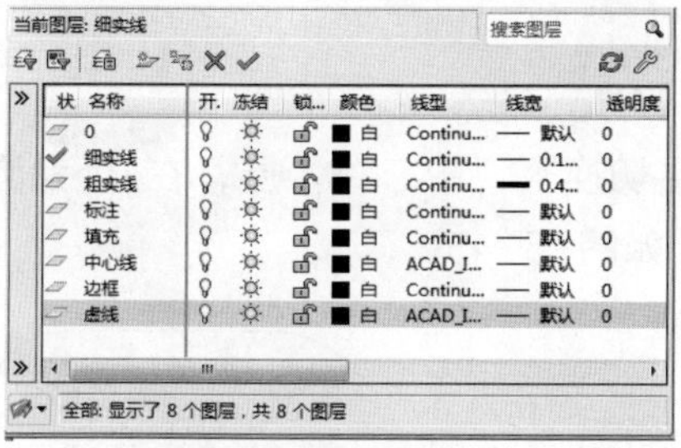

图16-34 创建图层

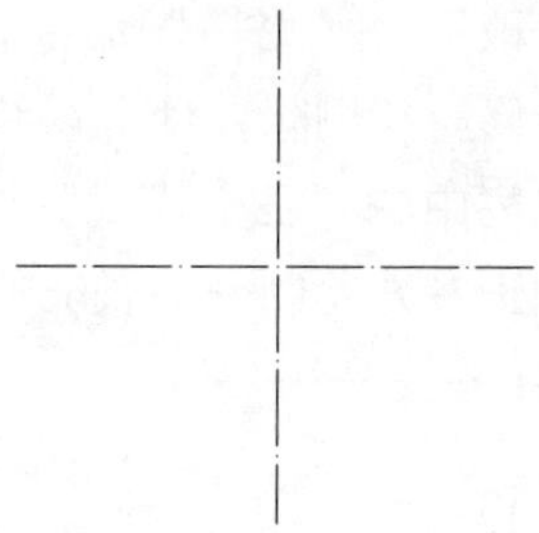
图16-35 绘制中心线

03 将图层切换至“粗实线”层，然后在菜单栏选择“绘图”→“圆” →“圆心、半径”方式画圆。画的圆半径分别为12.5、13.5、37.5、38.5，绘制出的效果如图16-36所示。

04 利用直线命令绘制矩形，选择菜单栏“绘图”→“直线”命令或直接单击“直线”命令按钮，绘制一个以刚才绘制的圆为中心的115×115的矩形。绘制的效果如图16-37所示。

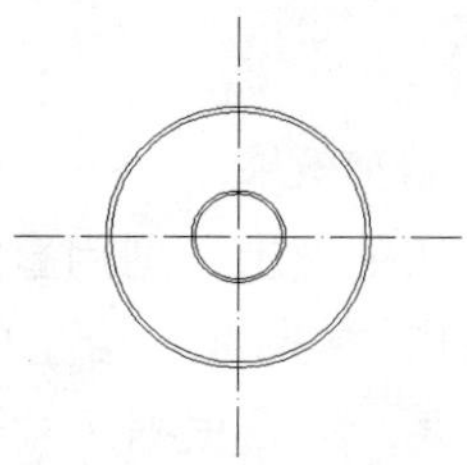
图16-36 绘制的圆

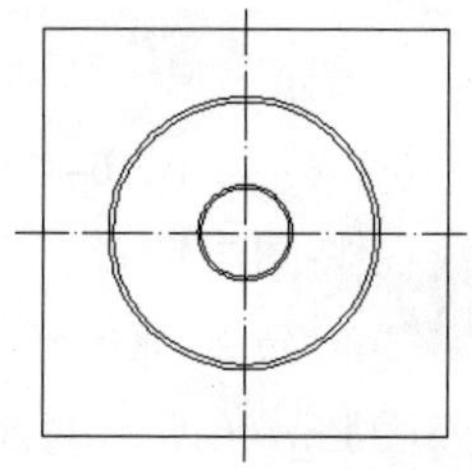
图16-37 绘制矩形

05 选择菜单栏中的“修改”→“圆角”命令，在命令行窗口中输入R，执行半径命令。在命令行输入27.5，并选择矩形的相邻的两条边。按【Enter】键后继续执行圆角命令，此时默认的半径还是27.5，继续选择边进行倒圆角。创建的倒圆效果如图16-38所示。

06 下面进行圆弧的绘制。首先寻找圆心，用辅助线方法进行圆心的寻找。选择菜单栏“绘图”→“直线”命令，起点为前面一组圆的公共圆心，输入“85”并将光标放于该点正下方单击，然后输入“10”，并将光标放于刚才拐点的正左方单击，按【Esc】键退出直线的绘制。用“绘图”→“圆”→“圆心、半径”的方法创建圆，选择刚才直线的终点为圆心，输入半径为33，完成的圆如图16-39所示。

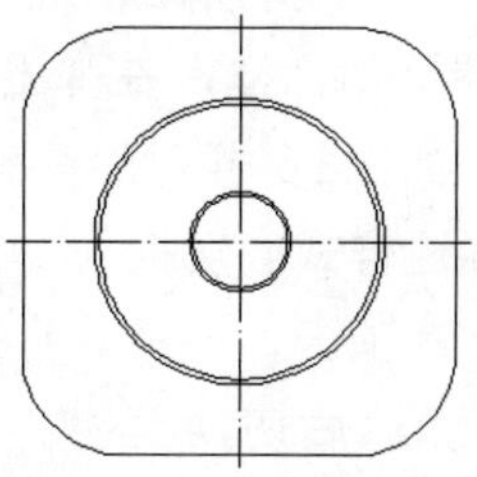
图16-38 倒圆效果

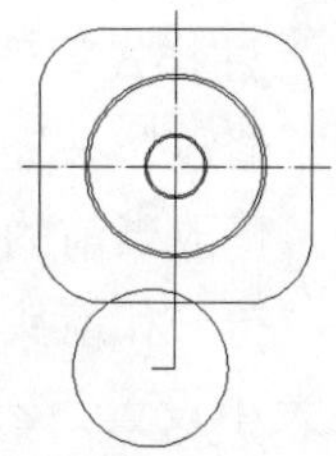
图16-39 绘制圆

07 选择菜单栏中的“修改”→“修剪”命令，对多余的圆弧及辅助线进行修剪和删除，修剪以后的效果如图16-40所示。

08 绘制4个角小圆。将图层切换至“中心线”，首先以4个圆共同的圆心为圆心画一个半径为55的圆，并绘制四边形的对角线，效果如图16-41所示。

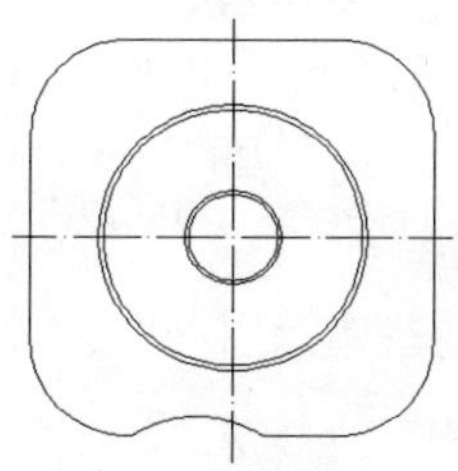
图16-40 修剪效果

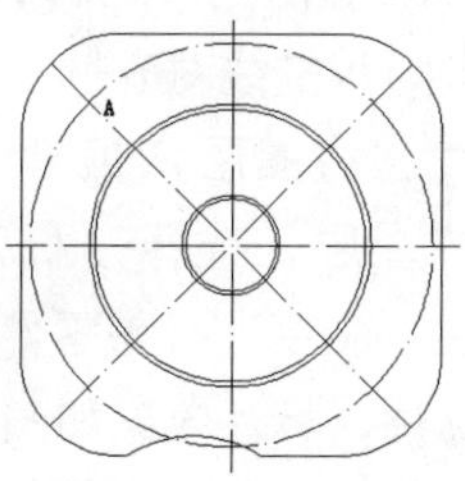

图16-41 绘制辅助线

09 绘制小圆。选择“绘图”→“圆”命令，以“圆心、半径”方法画圆。选择A为圆心，分别输入4.5和7.5为半径，绘制出的效果图如图16-42所示。选择“修改”→“镜像”命令，选择刚才绘制的两个小圆为镜像对象，首先以BC为镜像对称线，然后再以CD为镜像对称线进行镜像，达到如图16-43所示的效果。

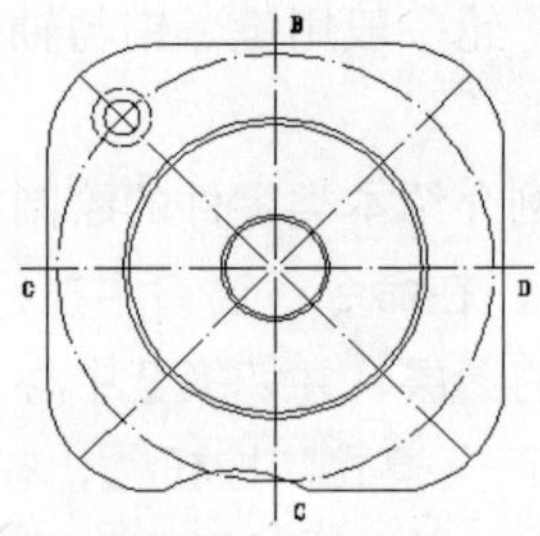

图16-42　绘制小圆

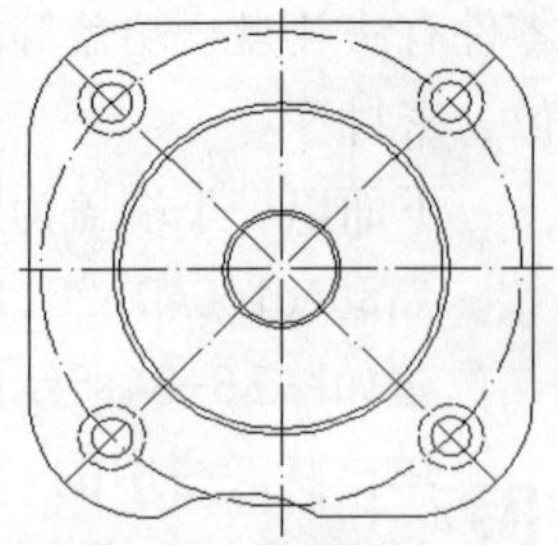
图16-43　镜像效果

10 选择“修改”→“修剪”命令，对刚才的辅助线进行修剪和删除，使之最终达到如图16-44所示的效果。

11 单击状态栏中的“正交模式”按钮，将图层切换至“中心线”层，在4个大圆共同的水平中心线的正左方绘制一条长65的中心线，效果如图16-45。

图16-44　修剪效果

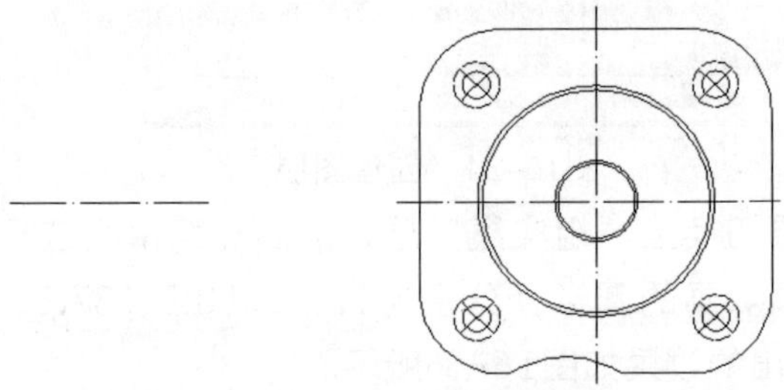
图16-45　绘制中心线

12 将图层切换至粗实线图层，利用直线命令进行大致轮廓的绘制。首先根据给出的尺寸完成如图16-46所示的效果，然后根据尺寸进行孔的绘制，效果如图16-47。

13 再利用直线命令绘制出倒角，并且绘制出中间的孔，效果如图16-48。

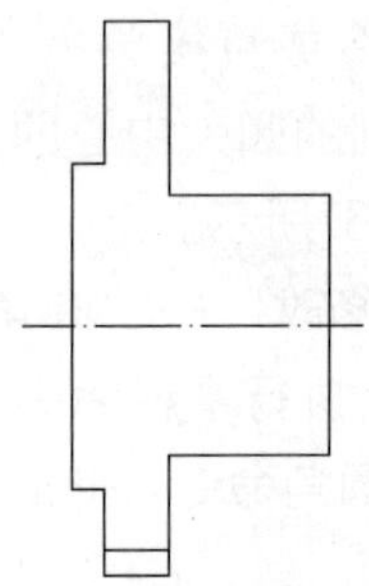
图16-46　绘制轮廓

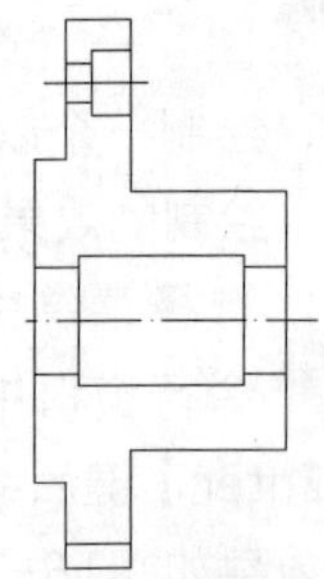
图16-47　绘制孔

14 选择“格式”→“标注样式”命令，打开“标注样式管理器”对话框，在弹出的对话框中单击“修改”按钮，如图16-49所示，修改当前的标注样式。切换至“符号和箭头”选项卡，将箭头大小设置为2.5。然后切换至“文字”，将“文字高度”设置为4，并将“对齐方式”设置为“与尺寸线对齐”。

15 将图层切换至“标注”图层，选择“标注”→“线性”命令进行盖零件的基本尺寸标注，标注效果如图16-50。

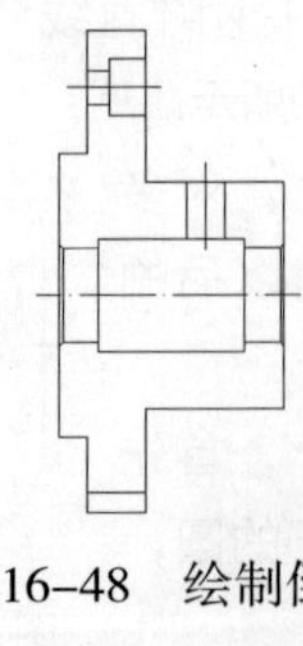
图16-48　绘制倒角

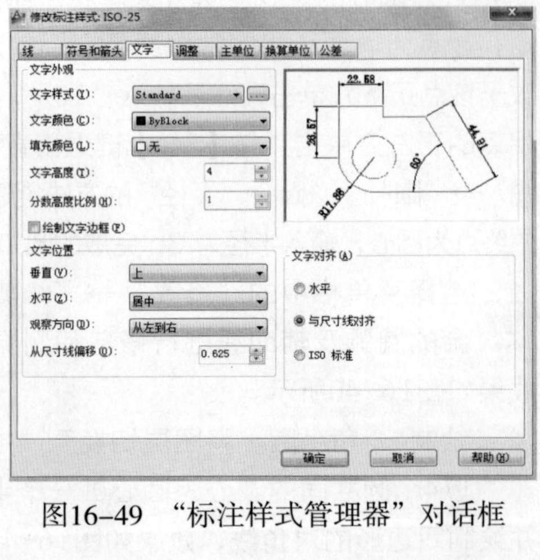

图16-49　“标注样式管理器”对话框

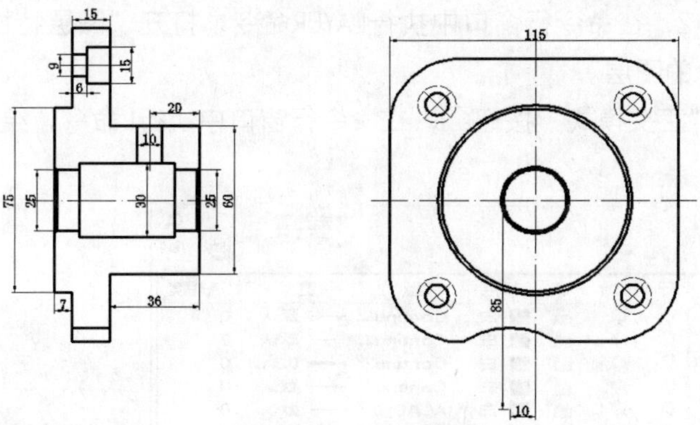

图16-50　线性标注

16 进行直径及半径标注，并将前面标注的线性标注加上直径符号ϕ，同时对一些倒角等位置进行标注，效果如图16-51。

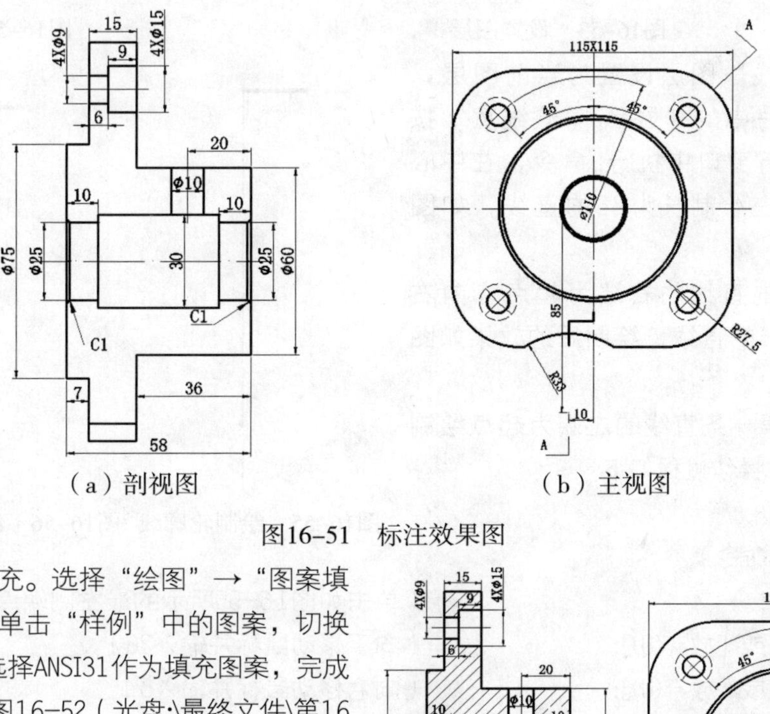

（a）剖视图　　　　（b）主视图

图16-51　标注效果图

17 进行图案填充。选择“绘图”→“图案填充”命令，单击“样例”中的图案，切换至ANSI选项卡，选择ANSI31作为填充图案，完成的最终效果图如图16-52（光盘:\最终文件\第16章\盖.dwg）。

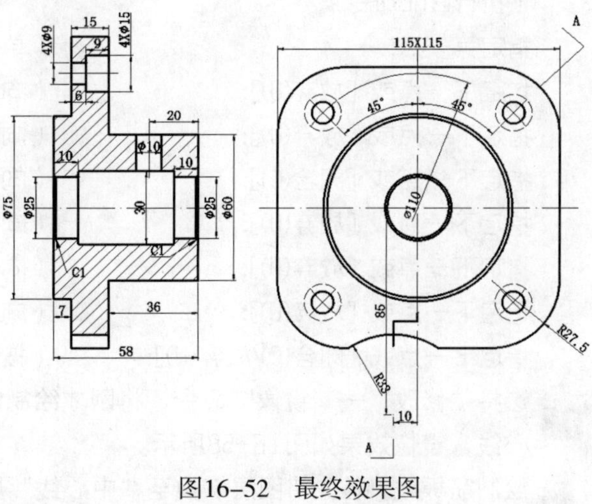

图16-52　最终效果图

16.3 叉架类零件

叉架类零件包括各种用途的叉杆和支架零件，一般由支撑部分、工作部分和连接部分组成，主要起连接、传动、支承等作用。常见的叉架类零件有拨叉、连杆、支架和摇臂等。

01 启动AutoCAD 2012，在命令行窗口中执行LAYER命令，打开“图层特性管理器”选项板，新建如图16-53所示的图层。

02 单击状态栏中的“正交模式”按钮，在命令行窗口中执行L命令，绘制一条长160的直线，如图16-54所示。

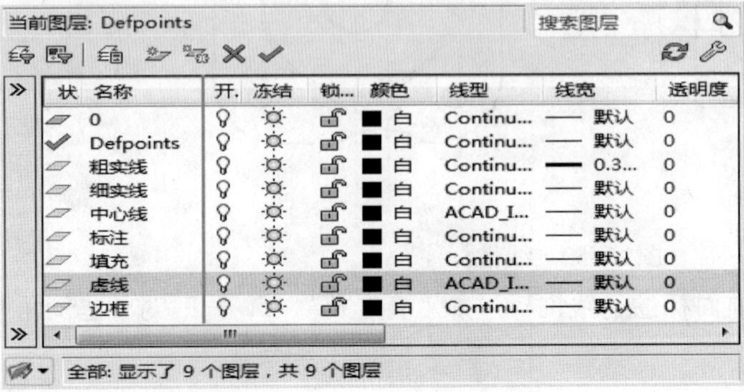

图16-53　设置图层

图16-54　绘制中心线

03 将“粗实线”图层设置为当前图层，单击状态栏中的“显示/隐藏线宽”按钮，在命令行窗口中执行L命令，在中心线的上端，向左绘制长为25的直线，如图16-55所示。

04 以刚绘制的直线的右端为起点，向右绘制长为25的直线，绘制后的效果如图16-56所示。

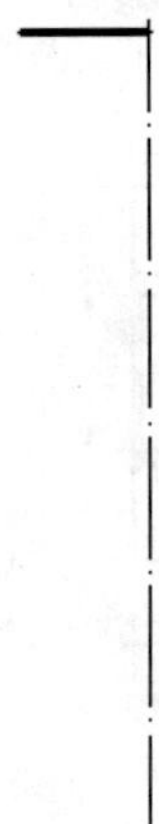

图16-55　绘制轮廓线

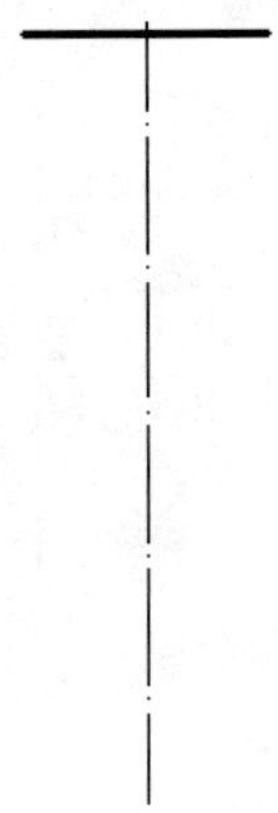

图16-56　绘制另一侧轮廓线

05 以绘制的第一条直线的左端为起点绘制直线，具体操作过程如下：

命令:L

（执行LINE命令）

指定第一点:　（单击如图16-55所示的最左侧端点）

指定下一点或 [放弃(U)]:　（向下移动鼠标并输入26）

指定下一点或 [放弃(U)]:　（向右移动鼠标并输入5）

指定下一点或 [闭合(C)]:　（向下移动鼠标并输入67）

指定下一点或 [放弃(U)]:　（向左移动鼠标并输入21）

指定下一点或 [放弃(U)]:　（向下移动鼠标并输入50）

指定下一点或 [放弃(U)]:　（向右移动鼠标并输入41）

指定下一点或 [闭合(C)/放弃(U)]:　（按【Space】键确认，效果如图16-57所示）

06 选择“修改”→“镜像”命令，将刚才绘制的直线镜像到右侧，镜像中心线是最初绘制的中心线，镜像效果如图16-58所示。

07 绘制筋板线，首先将图层切换至“中心线”层，绘制一条水平的距离最上端直线距离为13的中心线。然后绘制剖视图效果，并绘制一条宽度为8的筋板线。再绘制样条曲线将其剖视，效果如图16-59所示。

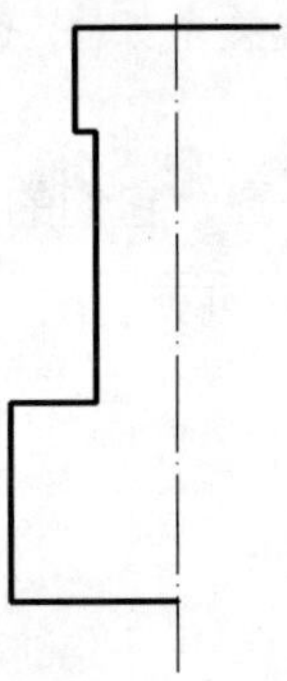

图16-57　绘制直线效果

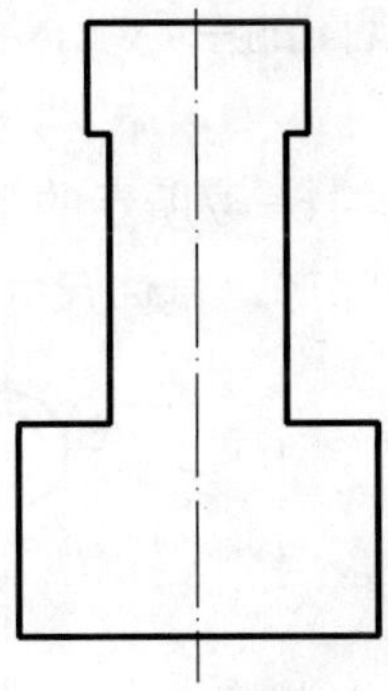

图16-58　镜像效果

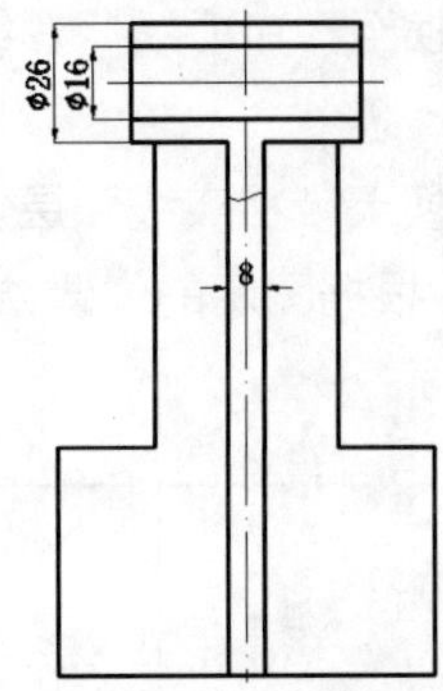

图16-59　绘制筋板

08 在命令行窗口中输入O，直线偏移命令，将水平中心线向下平移110，将竖直中心线分别向左右平移20，效果如图16-60所示。

09 将图层切换至“粗实线”层，在菜单栏中选择“绘图”→“圆”命令，分别以刚才偏移的中心线的交点为圆心绘制两组同心圆，它们的半径分别是7.5和14，绘制的效果如图16-61所示。

10 在菜单栏中选择“修改”→“修剪”命令，对图中多余的线进行修剪，修剪后的效果如果16-62所示。

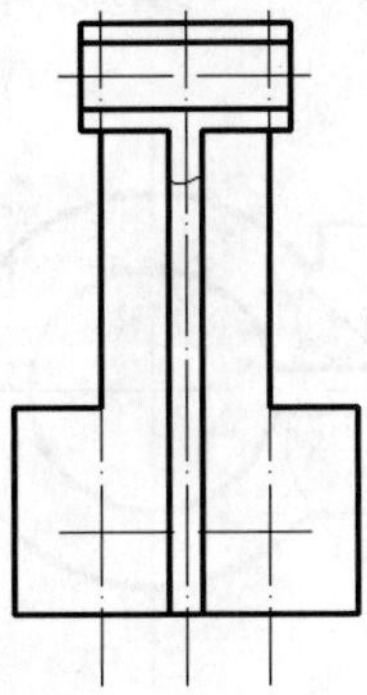

图16-60　偏移中心线

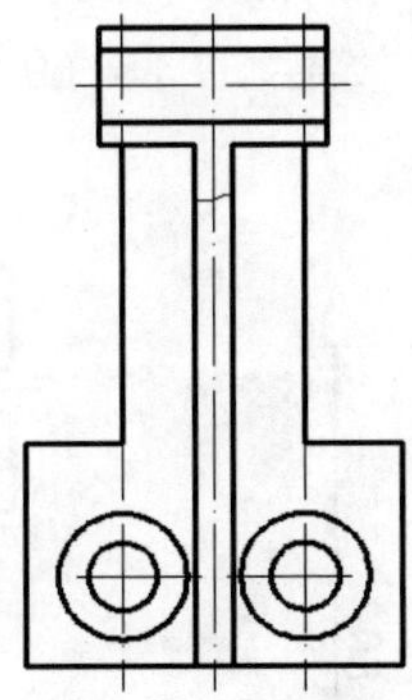

图16-61　绘制圆

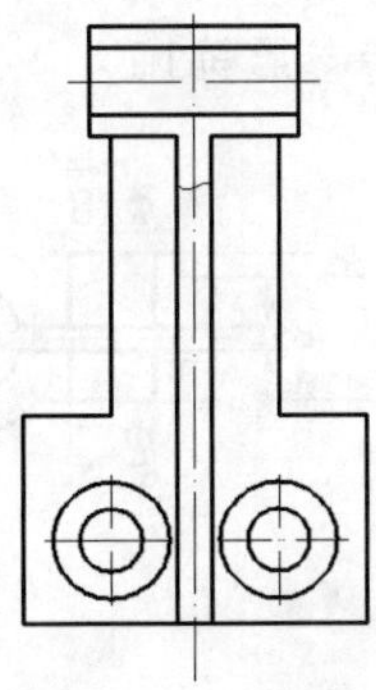

图16-62　修剪

11 将图层切换至“填充”层。在菜单栏中选择“绘图”→“图案填充”命令，系统弹出“图案填充和渐变色”对话框，单击“图案”后面的[...]，切换至ANSI栏，选择如图16-63所示的图案ANSI31。设置填充比例为“20”，其余设置默认，然后拾取边界，填充后的效果如图16-64所示。

12 对拐角位置进行倒圆操作，设置圆角半径为2。补充一些线条，完善此视图的绘制，效果图如图16-65所示。

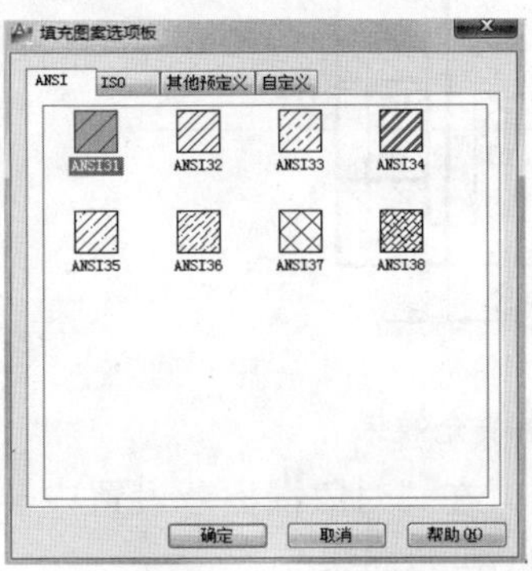

图16-63　选择图案

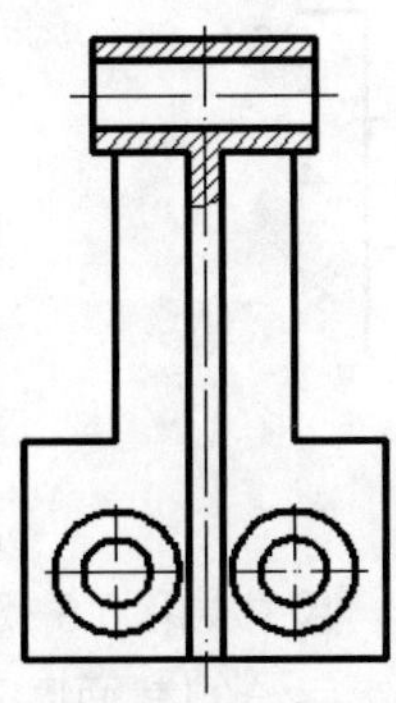

图16-64　填充效果

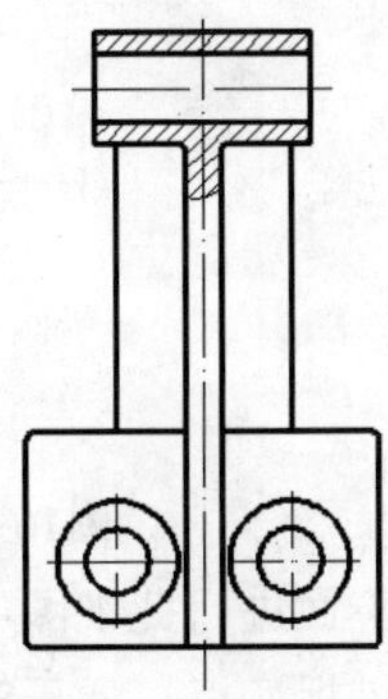

图16-65　圆角处理

13 将图层切换至“中心线”，绘制另一个视图的中心线，它们的位置关系如图16-66所示。

14 将图层切换至“粗实线”层，先绘制如图16-67所示的上方的两个圆，它们的半径分别为13和8。然后根据图示的位置绘制出下方的图形，具体尺寸如图16-67所示。

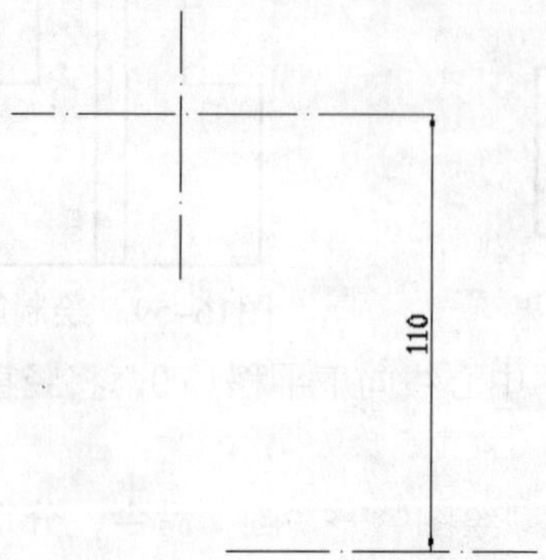

图16-66　绘制中心线

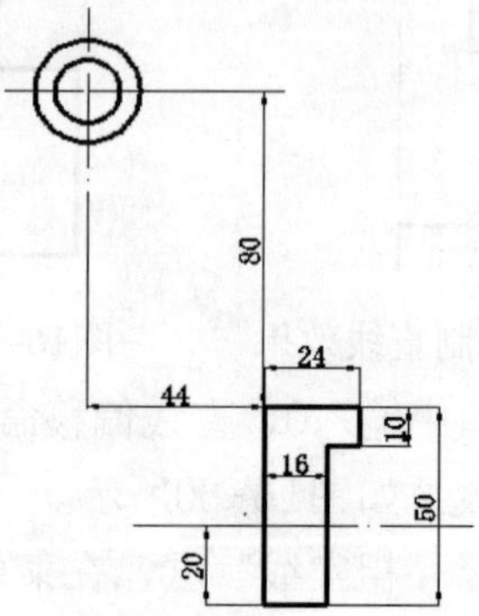

图16-67　绘制线条

15 在命令行窗口输入O，执行偏移命令，将竖直中心线向左平移20，利用直线、样条曲线、修剪等命令绘制出如图16-68所示的图形。然后将图层切换至“填充”，对剖视图进行填充，类型与比例等参照第11步。完成填充后的效果如图16-69所示。

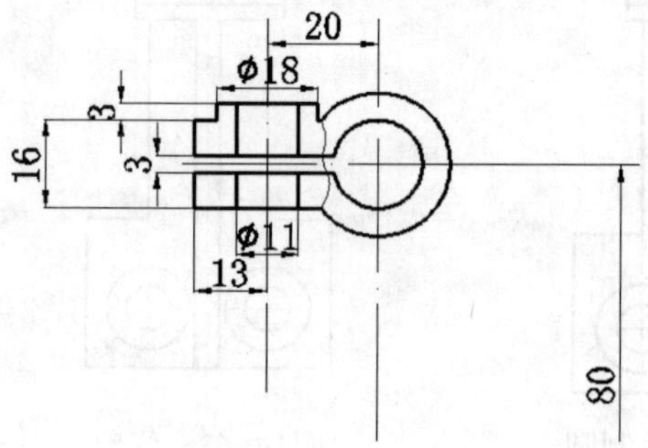

图16-68　绘制图形

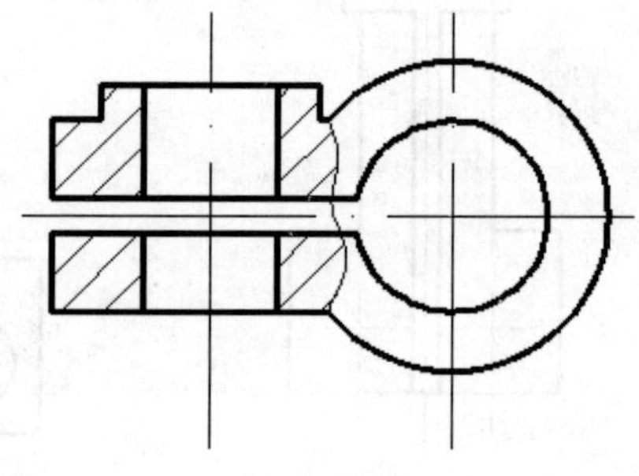
图16-69　填充效果

16 与上一步的绘制相似，绘制此视图下方的部分。按照如图16-70所示的尺寸进行图形绘制，并进行图案填充，填充后的效果如图16-71所示。

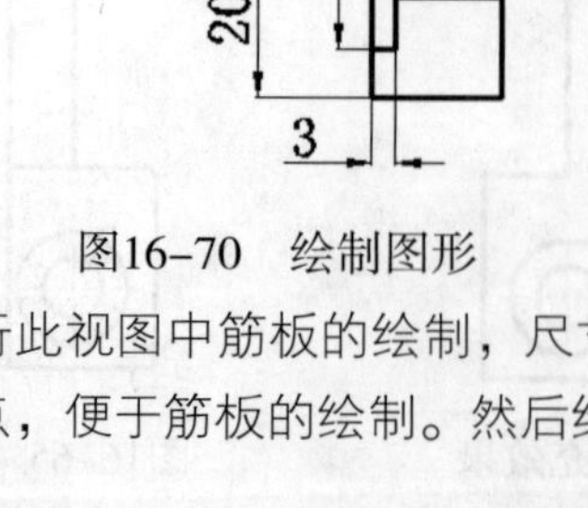

图16-70　绘制图形

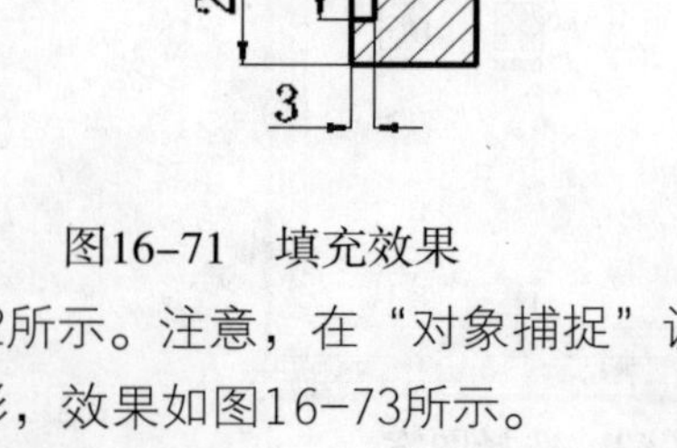

图16-71　填充效果

17 下面进行此视图中筋板的绘制，尺寸如图16-72所示。注意，在“对象捕捉”设置中一定要捕捉切点，便于筋板的绘制。然后绘制截面图形，效果如图16-73所示。

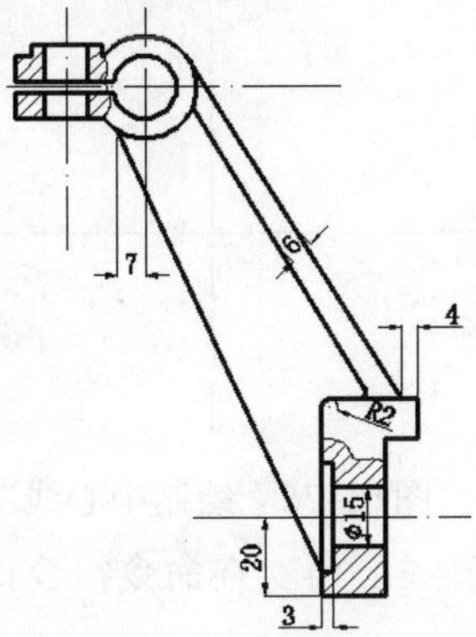

图16-72　筋板线

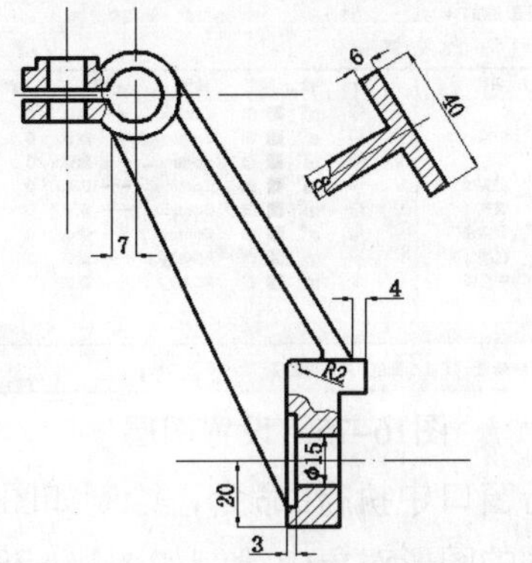

图16-73　绘制截面线

18 下面进行标注。首先将图层切换至“填充”，线性、直径、半径、对齐等标注方式交替使用，并且注意尺寸标注的原则。然后进行多余线条的修剪和删除，完善图形，图形的最终效果如图16-74所示（光盘:\最终文件\第16章\托架.dwg）。

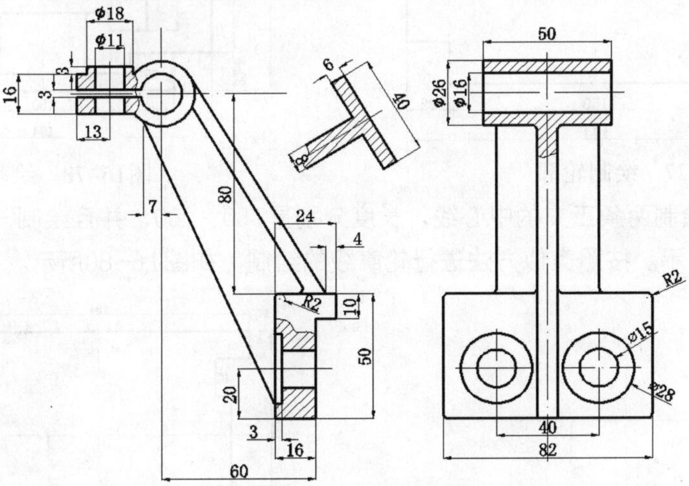

图16-74　最终效果

16.4 箱体类零件

各种阀体、泵体、减速器箱体等都属于箱体类零件。箱体类零件是机器或部件的主要零件之一，起支撑、定位、密封和包容其他零件的作用。

下面进行减速器箱体的绘制。

01 启动AutoCAD 2012，在命令行窗口中执行LAYER命令，打开“图层特性管理器”选项板，新建如图16-75所示的图层。

02 单击状态栏中的“正交模式”按钮，再单击状态栏中的“显示/隐藏线宽”按钮，然后在命令行窗口中执行L命令，绘制两条中心线，长度分别为200和130。

03 将“粗实线”图层设置为当前图层，然后在命令行窗口中执行L命令，绘制一条长37.5的直线，如图16-76所示。

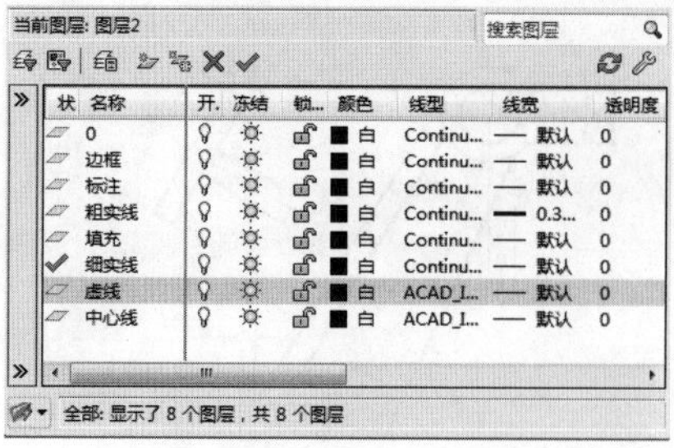

图16-75 设置图层

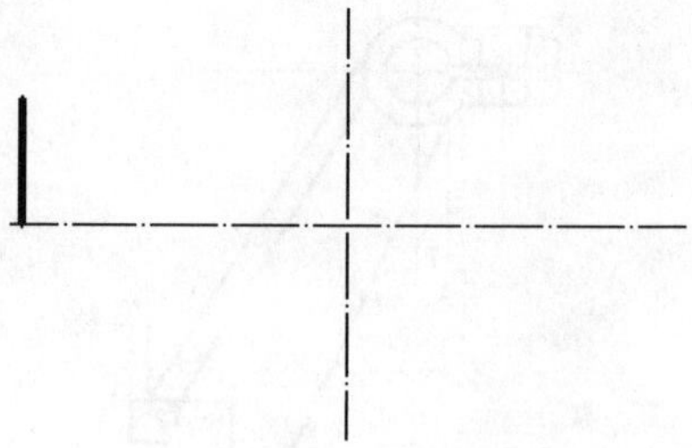

图16-76 绘制中心线

04 在命令行窗口中执行L命令，绘制如图16-77所示的直线。再次在命令行窗口中执行L命令，在刚绘制的图形对象中绘制如图16-78所示的直线。

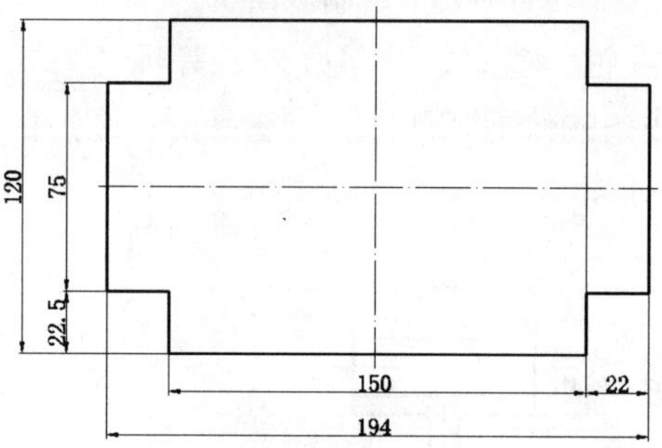

图16-77 绘制轮廓

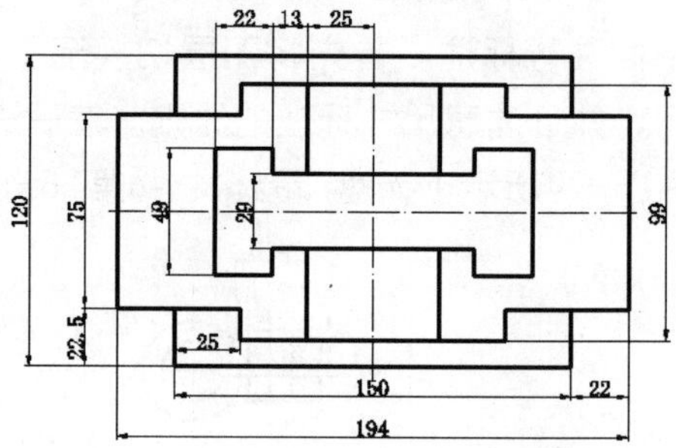

图16-78 绘制其余线

05 用同样的方法绘制两条正交的中心线，长度分别是150、200，并且绘制一条轮廓线，绘制效果如图16-79所示。按照类似方法进行轮廓线的绘制，如图16-80所示。

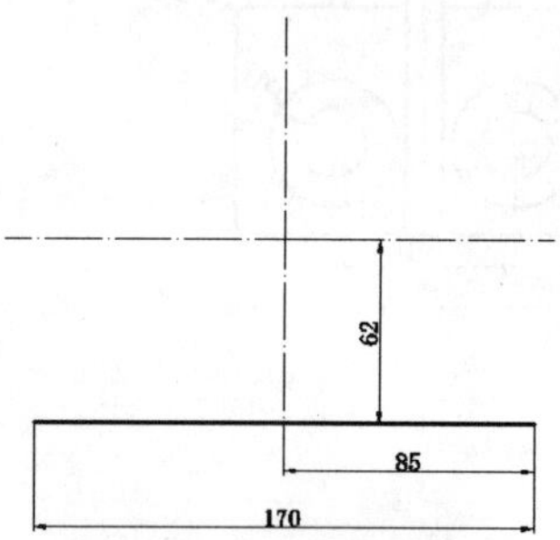

图16-79 绘制中心线

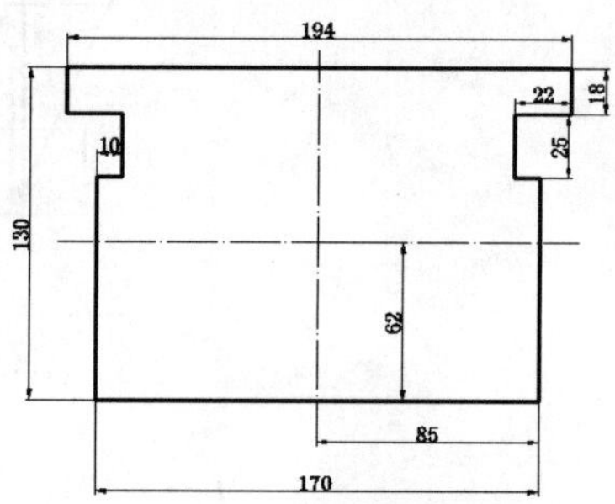

图16-80 绘制轮廓线

06 用圆命令和直线命令对箱体的视图继续绘制，效果如图16-81所示。然后对箱体进行修剪，修剪掉多余的线条，效果如图16-82所示。

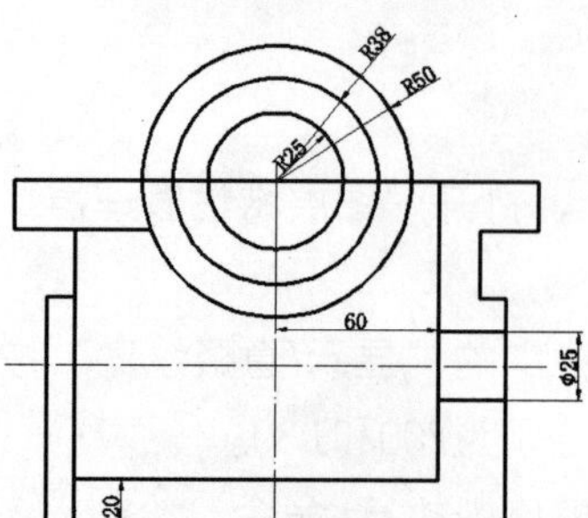

图16-81 绘制圆等元素

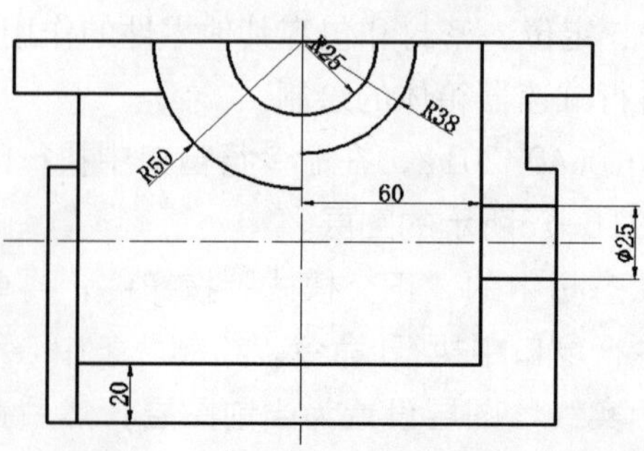

图16-82 修剪

07 将图层切换至“填充”，对半剖视图进行填充。选择“绘图”→“图案填充”命令，在弹出的对话框中单击[...]按钮，切换至ANSI选项卡，选择ANSI31为填充图案，如图16-83。单击“确定”按钮，返回“图案填充和渐变色”对话框，在“边界”选项组中单击“添加：拾取点”按钮。返回绘图区，在需要填充的位置单击，选择后的效果如图16-84所示。

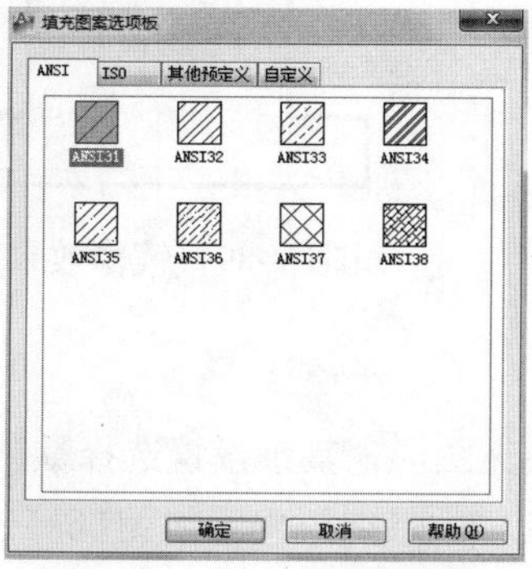

图16-83　选择填充图案

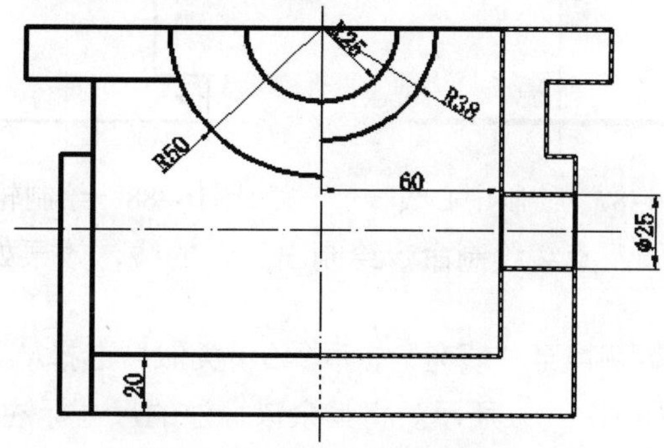

图16-84　拾取点操作

08 返回界面后默认“角度”和“比例”等设置，然后单击“确定”按钮，完成图案填充，效果如图16-85所示。

09 将图层切换至“标注”，对本视图中的未标注尺寸进行标注，同时对一些不合理的地方进行简单的修改，完成的最终效果如图16-86所示。

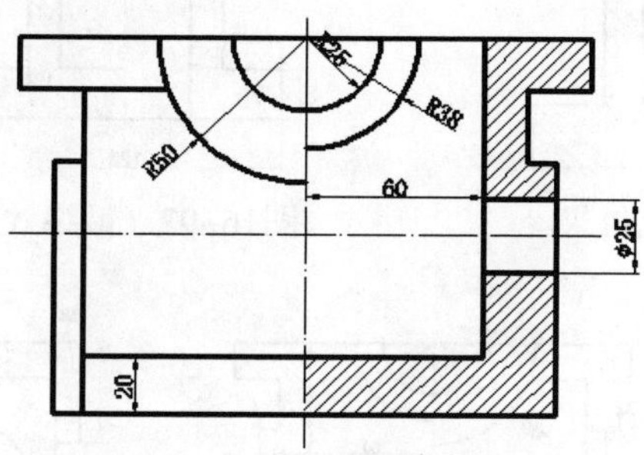

图16-85　填充效果

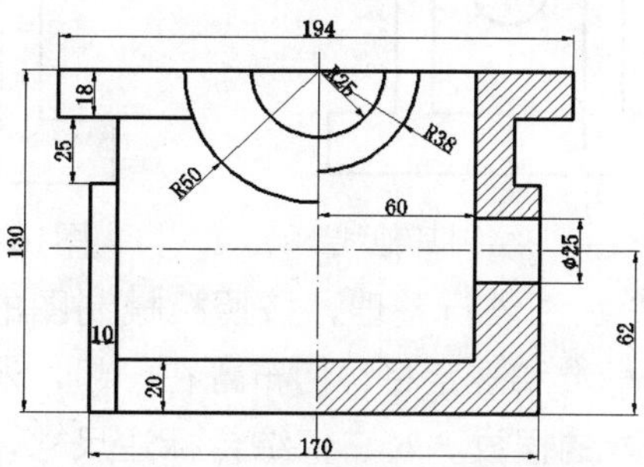

图16-86　完成的最终效果

10 下面进行最后一个视图的绘制。首先建立中心线和一条轮廓线，方法与前2个视图相同。将图层切换至“中心线”，并绘制两条正交的中心线，长度分别为130和150，然后将图层切换至“粗实线”进行轮廓线的绘制，在距离水平中心线62的正下方绘制一条长为120的轮廓线，并且使它的中心位于竖直中心线上。绘制出的中心线及轮廓线效果如图16-87所示。

11 保持“粗实线”图层不变，然后进行大致轮廓线的绘制。首先选择菜单栏中的“绘图”→“直线”命令或在命令行窗口中输入L执行直线绘制命令。选择刚才绘制的轮廓线的左侧端点为起始点，在命令行窗口中输入60，并将鼠标移向正左方并单击，然后输入20。鼠标移向于正上方并单击，在命令行窗口中输入22.5；将鼠标移向右方单击，在命令行窗口中输入60；将鼠标移向正上方单击，然后在命令行输入12；将鼠标移向正左方单击，然后在命令行输入50；将鼠标移向正上方单击，输入50；将鼠标移向正右方单击，按【ESC】键完成绘制轮廓，效果如图16-88所示。

12 选择“修改”→“镜像”命令，执行镜像命令，选择刚才绘制的一系列直线为镜像对象，单击右键，选择竖直中心线为镜像对称线，单击右键，再单击“确定”按钮完成镜像操作。完成的镜像效果如图16-89所示。

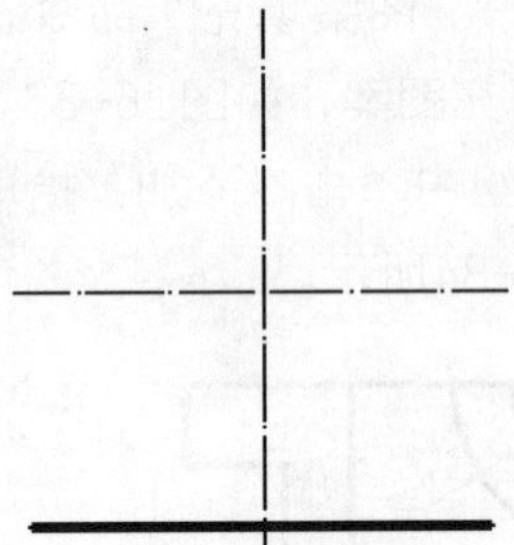

图16-87 绘制中心线

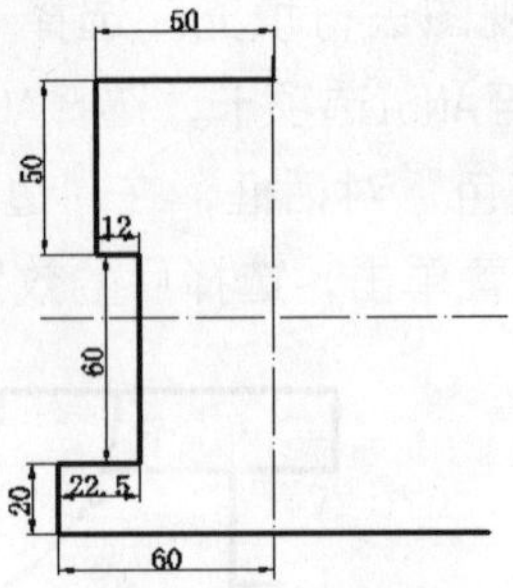

图16-88 绘制轮廓线

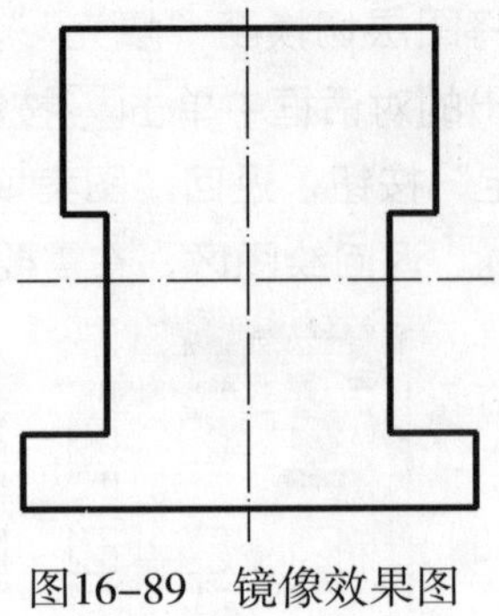

图16-89 镜像效果图

13 利用圆及直线绘制命令绘制出其余的线，效果如图16-90。

14 将图层切换至“填充”，同第9步类似，选择ANSI31为填充图形，其余设置选择默认，填充的效果如图16-91所示。将其余该标注的尺寸标注完全，完成的最终效果图如图16-92所示。

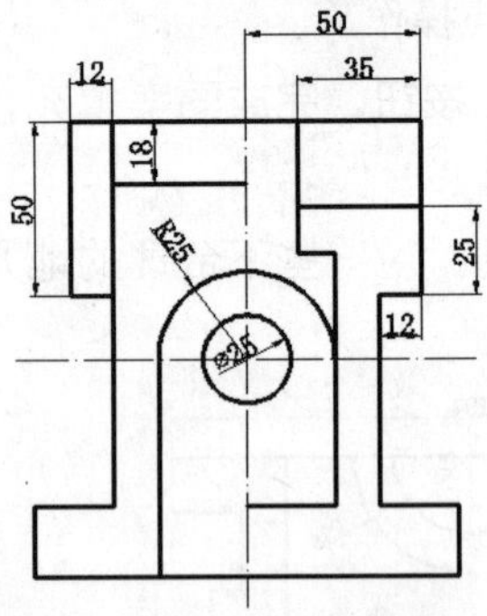

图16-90 绘制其他线

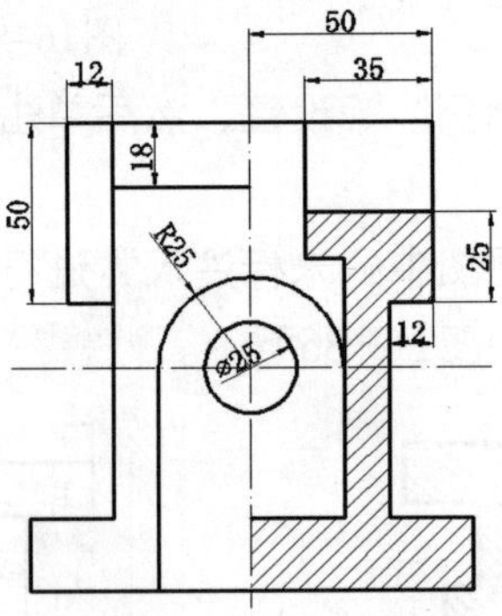

图16-91 填充效果

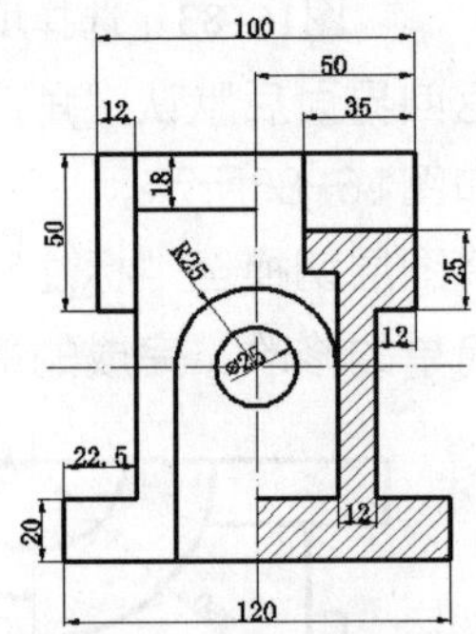

图16-92 最终效果

15 将3个视图进行整理，按照机械制图的相关标准和规定将它们布置在一起，注意视图位置的摆放。对它们综合标注尺寸，删除多余的尺寸，添加没有的尺寸。完成的最终效果如图16-93所示（光盘:\最终文件\第16章\箱体.dwg）。

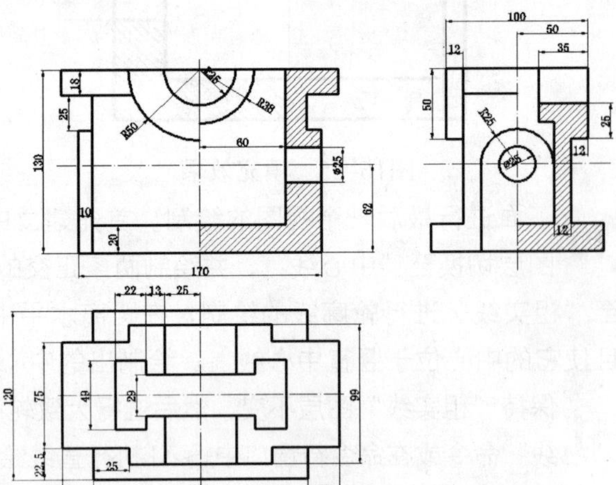

图16-93 箱体最终效果图

16.5 本章小结

本章讲解了几个实例，包括轴类、盖类、叉架类、箱体类零件的绘制。通过这几个例子对AutoCAD图形的绘制、图形的编辑、图层的管理、标注、文字等知识进行了系统的复习。通过这些练习，读者应该找出前面学的不扎实的地方，对它们加强练习。

第17章 绘制机械装配图

学习导航

本章将继续对前面所学的所有知识内容进行综合的应用，进行与装配图绘制有关知识的介绍。最后用实例介绍装配图绘制应该注意的问题，熟悉前面所学的内容。

学习重点

- □ 掌握装配图的绘图重点
- □ 学会装配图的绘制

本章将用一个装配图绘制的实例来综合练习前面所学的内容，熟悉装配图绘制的相关知识。

17.1 装配图基础知识

装配图是进行设计、装配、检验、安装、调试和维修的重要技术文件，它表达机器或部件的工作原理、性能要求、零件间的装配关系和技术要求。只要学会了机械制图知识和CAD绘图方法，就可以熟练地绘制出装配图。完整的装配图包括以下内容。

- 一组视图：用各种表达方法准确、完整、清晰和简便地表达出机器或部件的工作原理、部件的结构、零件之间的装配关系和零件的主要形状结构。
- 必要的尺寸：装配图上应注明机器或部件有关性能、规格、安装、外形、配合和连接关系等方面的尺寸。
- 技术要求：应用文字或符号标注机器或部件的装配、检验、调试和使用等方面的要求。
- 零件编号、明细表和标题栏：说明零件名称、数量、材料、标准规格和标准代号，以及部件名称、主要责任人员名单等，供组织管理生产、备料和存档查阅之用。

17.2 绘制常见装配图的步骤

在实际生产中，装配图多在加工完零件后使用，但其重要性不容忽略，几乎每一个稍微复杂的机械或局部件都具有复杂的装配图。

17.2.1 装配图的规定画法

绘制零件图的各种方法同样适用绘制装配图。但是，由于装配图的表达对象和作用与零件图不同，所以绘制装配图还有一些规定和特殊画法，具体内容如下。

- 两零件的接触面或配合面，规定只画一条直线。两零件表面不接触时，则必须画两条线。
- 在剖视图和断面图中，相邻两个零件的剖面线方向相反，或方向一致、间隔距离不等并错开。若零件厚度小于2mm，允许用涂黑代替剖面符号。
- 对于标准件和实心件，若剖视图通过其轴线沿纵向剖切，则这些零件按不剖切绘制，仍画外形。必要时，可以采用局部剖视。
- 在装配图中，当某些零件遮住了需要表达的其他结构和装配关系，而这些零件在其他视图上又已表达清楚时，可假想将这些零件拆去或沿结合面剖切后绘制，但应在视图上方标注“拆去零件×××”。
- 在装配图中，当需要表达运动的极限位置与运动范围，或与相关零部件安装连接关系时，可用细双点画线表示其外形轮廓。
- 为了表达较复杂的传动机构的传动路线和装配关系，可按传动关系或路线沿各轴做剖切，然后依次展开在同一平面上，并标注“×－×展开”。
- 在装配图中可以单独画出某一零件的视图，但必须在所画视图上方标注该零件的视图名称。在装配图上，相应的零件附近用箭头指明投影方向，并注上同样的字母。
- 对于部件中的细小结构与间隙和薄片等零件，当无法按实际尺寸画出时，允许不按实际比例将其夸大画出。

17.2.2 绘制标准件

在机械绘图中，常会有大量反复使用的标准件，如螺钉、螺栓和轴承等。由于同种类型的标准件的结构形状是相同的，只是规格和尺寸有所不同，因此在绘图时，可采用创建图块的方法，先将需要绘制的标准件定义为图块，然后在需要绘制时将其插入。将标准件创建为图块的好处如下。

- 减少重复性劳动：若将经常使用的标准件制成标准库，绘图时即可在标准库中找到需要的图块插入图形中，而不必在绘图每张图纸时反复定义相同的图块。
- 方便编辑：由于图块是作为单一对象来处理的，因此不仅可以对其使用常用的编辑命令，如MOVE、COPY和ARRAY等命令，还可进行嵌套，即在一个图块中嵌入一些其他的图块。另外，若对图形中某一图块进行了重新定义，则其他的图块也会自动更新。
- 节省存储空间：图形中每增加一个图块，AutoCAD会记录下该图块的信息，从而增加了图形的存储空间。而反复使用定义的图块，AutoCAD只会对其进行一次定义，当用户插入图块时，AutoCAD只会对定义的图块进行引用，这样就可以节省大量的存储空间。

17.2.3 尺寸标注

因为装配图不作为制造零件的直接依据，所以装配图中只需标注一些必要的尺寸。按尺寸的作用不同，可分为如下几种。

- 性能尺寸（规格尺寸）：表示机器或部件的性能和规格的尺寸，它是设计、了解和选用机器或部件的依据。
- 装配尺寸：装配尺寸是用来表示机器或部件工作精度或性能要求的尺寸，包括配合尺寸和相对位置尺寸。
- 外形尺寸：表示机器或部件的总体长、宽、高等尺寸，它是包装、运输、安装和厂房设计的依据。
- 安装尺寸：机器或部件安装在地基上或部件相连接时所需的尺寸。
- 其他重要尺寸：在机器或部件设计中，经计算或选定，但又未包括在上述几类尺寸之中的尺寸。这类尺寸在拆画零件图时不能改变。

实际上，有的尺寸往往具有多种作用，如既是外形尺寸又是安装尺寸。在对装配图标注尺寸时，需要具体分析，然后进行标注。

装配图的技术要求是指机器或部件在装配、安装及调试过程中的有关数据和性能指标，以及在使用、维护和保养等方面的要求，主要包括装配、检验、实验及其他的条件和要求，随部件的需要而定，必要时可参考类似产品来确定。在装配图中，一般用文字标注在明细表附近。

17.2.4　零件序号及明细表的绘制

前面讲解了装配图图形的绘制及尺寸标注，下面对零件序号及明细表的绘制进行讲解。

1. 零件序号

零件序号的标注可以使用LEADER命令来进行标注。在机械设计中，标注零件序号主要有两种方式：一种是顺序编号法，在学习过程中一般采用这种方法；另一种是分类编号法，这种编号方法需根据各行业、各工厂的具体规定来确定。

2. 明细表

明细表是机器或零部件中全部零件、零部件的详细目录，国家标准中没有统一规定它的内容和形式，但它通常位于标题栏的上方，当位置有限时可将明细栏分段画在标题栏的左侧。它的内容及格式没有统一的标准，主要用于零件的序号、代号、名称、数量、材料、重量、备注等。

在填写明细栏时，零、部件序号应自下而上填写并与图形中的标注相对应。若地方不够，可将明细栏分段画在标题栏的左方。特殊情况下，装配图中也可不必画出明细栏，而是将明细栏单独编写在一张图纸上。如果装配图中标准件直接标注了规格，则明细表内只填写非标准件即可。

快速绘制明细表的方法如下：

- 事先创建空白表格对象并将其保存，当需要编写明细栏时，打开保存的文件，然后进行填写。
- 将明细栏的一行定义为图块，在需要创建明细栏时，使用插入块的方法插入明细栏，然后进行填写。

17.2.5　装配图的特定表达方式

在绘制零件图时，常用主视图、剖视图和断面图，以及局部放大图等绘图方式，在绘制装配图时一样适用。由于部件是由若干零件所组成的，而部件装配图主要用来表达部件的工作原理和装配、连接关系，以及主要零件的结构形状，因此与零件图比较，装配图还有如下一些特殊的表达方法：

- 拆卸画法：当某一零件在装配图的某一视图中遮住了大部分需要表达的零件时，可假想沿着该零件与其他件的结合而取剖切平面，或将某些零件拆卸后再画。需要说明时，可对其进行标注，如“拆去××等”。
- 假想画法：在装配图中，当需要表达某些零件的运动范围或极限位置时，可把该运动零件的一个极限位置在图中画出，而另一极限位置用双点画线画出；在装配图中，当需要表示本部件与相邻零（部）件间的装配关系时，可用双点画线画出相邻部分的轮廓线。
- 夸大画法：在装配图中，遇到薄垫片、细丝弹簧、小的间隙，以及较小的锥度、斜度等，允许该部分不按比例而夸大画出。
- 展开画法：为了表示传动机构的传动顺序和装配关系，可假想按顺序沿轴线剖切，然后依次展开在一个平面上，画出它的剖切图。

总之，在设计和绘制装配图的过程中，应考虑到装配结构的合理性，以保证机器和部件的性能，并给零件的加工和装拆带来方便。确定合理的装配结构，必须具有丰富的实际经验，并做深入细致的分析比较。

17.3 绘制常见装配图实例

具体操作步骤如下。

01 启动AutoCAD 2012，新建名为“测长装置.dwg”的文件，在菜单栏中选择“格式”→“图层”命令，弹出“图层特性管理器”选项板。单击“新建图层”按钮，并建立如图17-1所示的图层。

02 单击状态栏中的“正交模式”按钮 ，再单击状态栏中的“显示/隐藏线宽”按钮 ，使用直线命令绘制一条长度为520的竖直中心线。

03 下面进行矩形绘制。在命令行窗口中输入REC，执行矩形绘制命令。以竖直中心线的最上方点为基点，以（@-34，0）为矩形第一个角点，以（@68，-4）为下一个角点，按【Enter】键完成矩形的绘制。同样，绘制长宽分别为80， 30的矩形和长宽分别为150和68的矩形，如图17-2所示。

04 绘制下一个矩形，长宽分别为80和48。方位是紧挨着上一系列矩形，并且关于中心线轴对称。再绘制两条直线，它们在刚才绘制的矩形的上方4和18处，完成的绘制效果如图17-3所示。

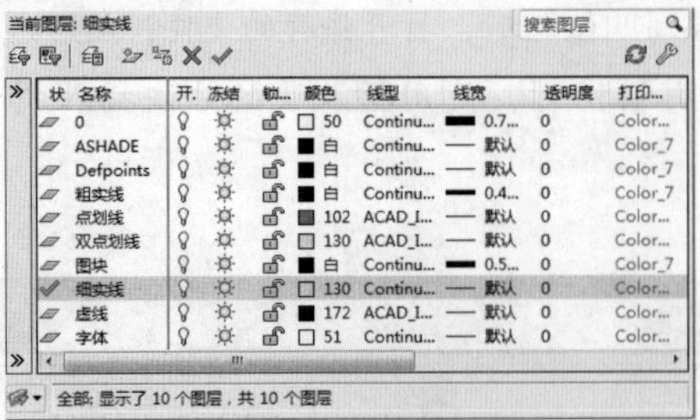

图17-1 创建图层

图17-2 绘制矩形（1）

图17-3 绘制矩形（2）

05 下面进行拐角螺栓的插入，选择“插入”→“块”命令，在“名称”文本框输入“拐角螺栓”并且选择最左上角点为插入点，使它与上一系列矩形的左下角对齐，完成的插入效果如图17-4所示。

06 利用直线命令进行如图17-5所示的过渡连接部分的绘制。

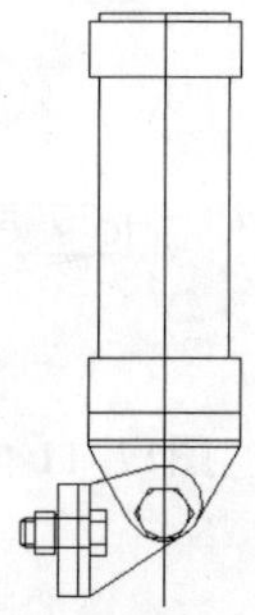

图17-4　插入拐角螺栓

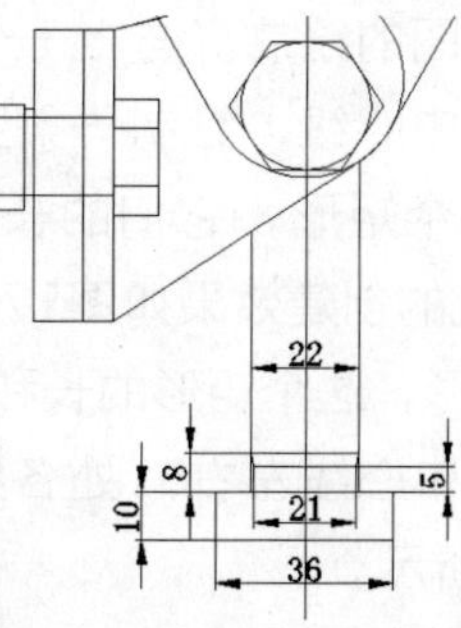

图17-5　过渡连接的绘制

07 因为本章主要讲解的是装配图的创建步骤及方法，对于详细的零件绘制过程这里就不做太多的讲解，一般采用直接插入的方法来创建。下面在图形的下部插入连接座，插入的效果如图17-6所示。

08 复制图形区域中的长螺栓对象，并且选择内侧的左下角点为复制基点，让它与刚才一系列图的最左下角点为基点进行粘贴，让它们的竖直距离为6，插入的效果如图17-7所示。

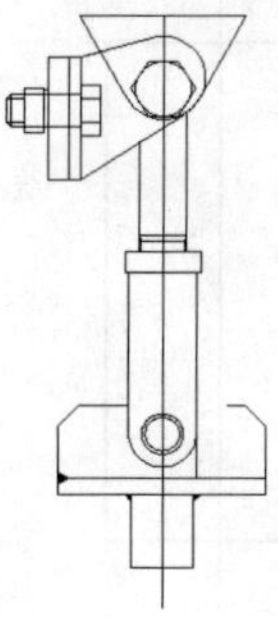

图17-6　连接座

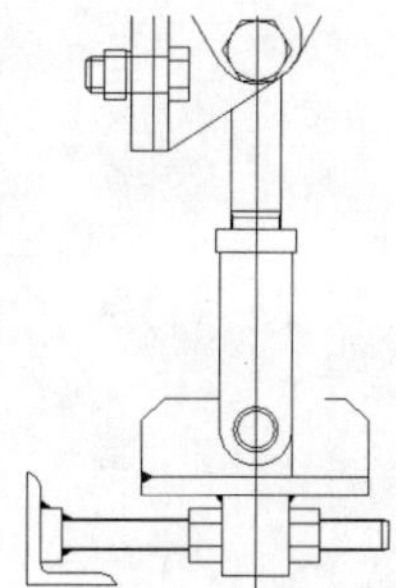

图17-7　插入长螺栓

09 下面进行连接板的插入，选择“连接板”块对象，并选择“复制”命令，选择下侧中间两圆的圆心为复制基点，选择的粘贴基点为上面图形中的圆心对象，插入后的效果如图17-8所示。

10 下面进行左侧连接板的插入。选择“左侧连接板”块对象，并选择“复制”命令，选择的复制基点为如图17-9所示的A点，选择的粘贴基点为之前所创建图形的一个螺栓的左上角点，插入后的效果如图17-10所示。

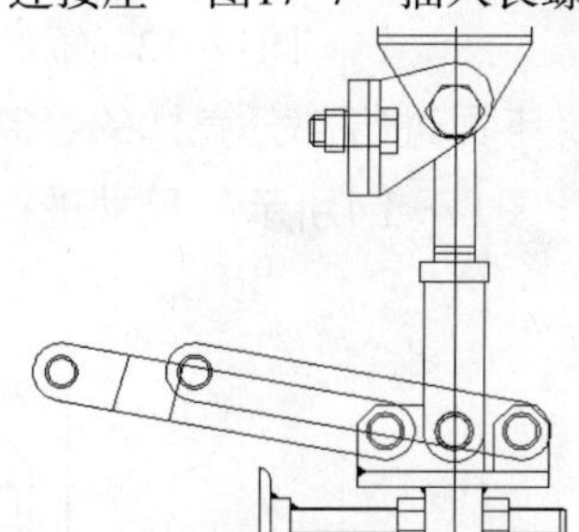

图17-8　连接板的插入

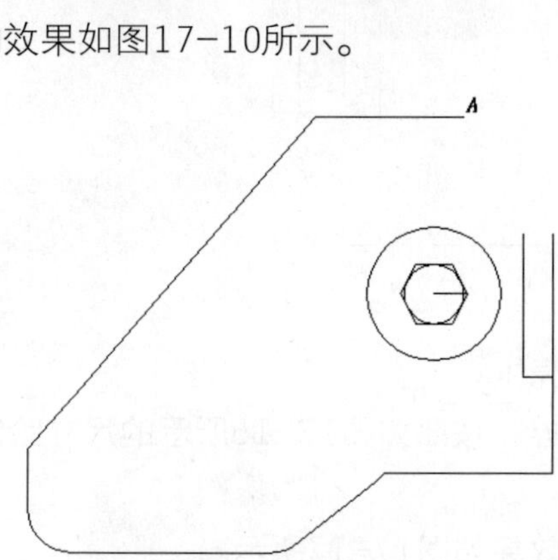

图17-9　选择基点

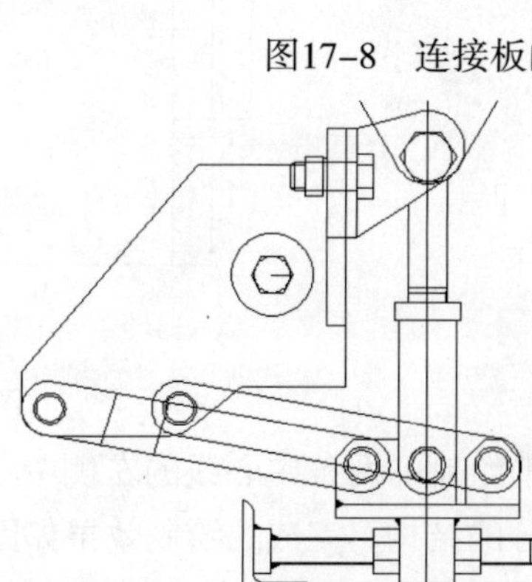

图17-10　插入效果

11 下面进行剖面符号的创建。在最上方的圆往下21处绘制第一条水平线，长度大约350左右，并且将它向下方偏移97的距离，两边用样条曲线进行封闭，在右方画上箭头以及字母A，完成的绘制如图17-11所示。

12 下面进行另一个视图的绘制。与上一个视图创建的过程类似，首先创建对称中心线，绘制一条竖直的中心线，长度为520，并且依次创建3个矩形，它们的长和宽分别为68、4，80、30，150、68。完成的创建效果如图17-12所示。

13 继续在下方创建矩形，这个矩形的长和宽分别为130和14。完成以后，在距离中心线左右51处各绘制一条长为50的中心线，效果如图17-13所示。

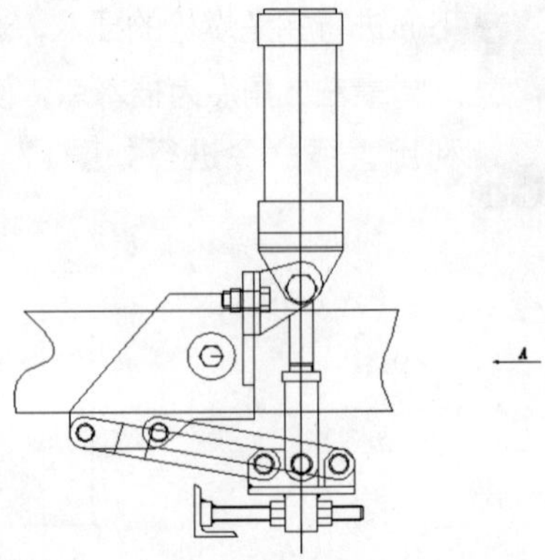

图17-11　绘制的剖切区域及字母

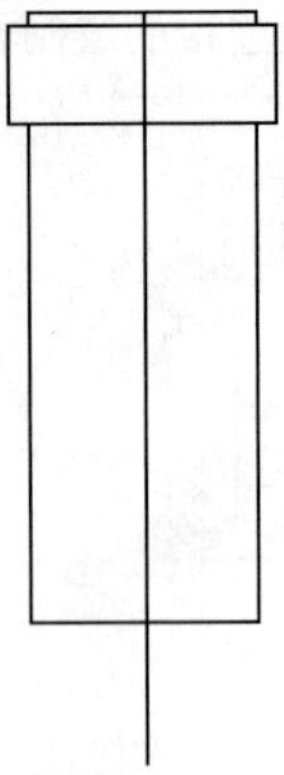

图17-12　矩形的创建

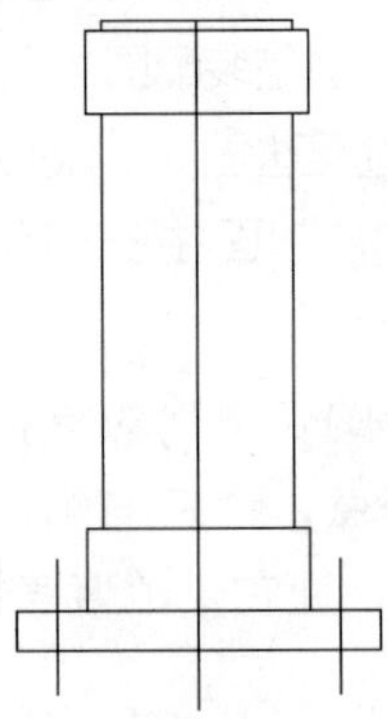

图17-13　创建矩形及中心线

14 下面进行部分壳体的绘制。利用以前所学的直线及圆弧命令，在图17-13的基础上，按照如图17-14所示的尺寸进行绘制，得出部分壳体的效果图。

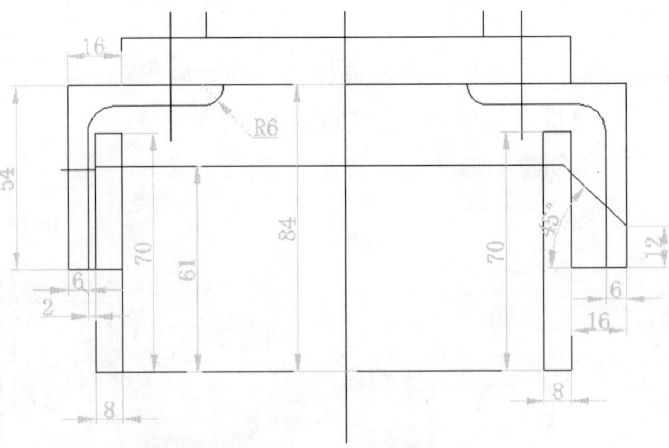

图17-14　绘制壳体

15 在之前绘制的两条中心线的左侧中心线处绘制螺栓，按照如图17-15所示的尺寸绘制螺栓连接部分的结构，完成的绘制效果如图17-16所示。

16 应用样条曲线命令绘制局部剖面的轮廓，完成的效果如图17-17所示。

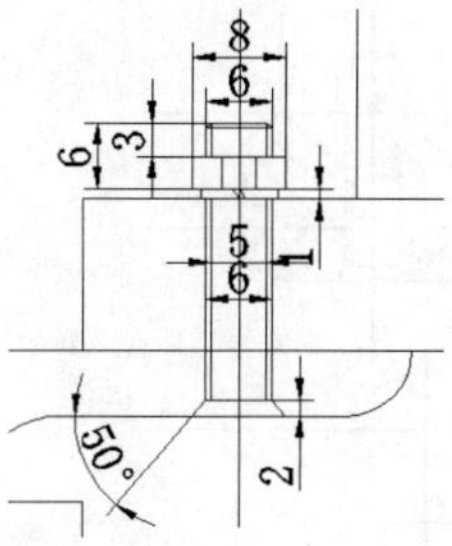

图17-15　尺寸

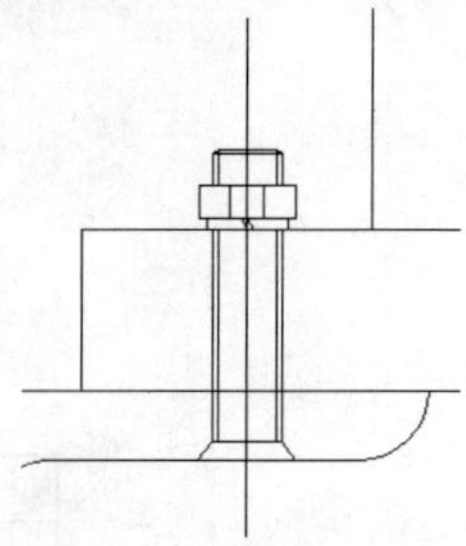

图17-16　绘制效果

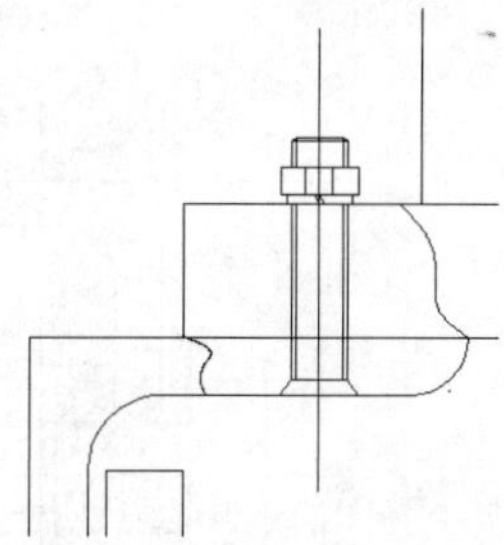

图17-17　绘制截面轮廓

17 下面对局部剖面进行填充。首先是选择菜单栏中的“绘图”→“图案填充”命令，系统弹出“图案填充和渐变色”对话框，如图17-18所示。单击“样例”后面的图案，弹出“填充图案选项板”对话框，可以选择合适的图案进行填充。这里选择ANSI31，如图17-19所示。

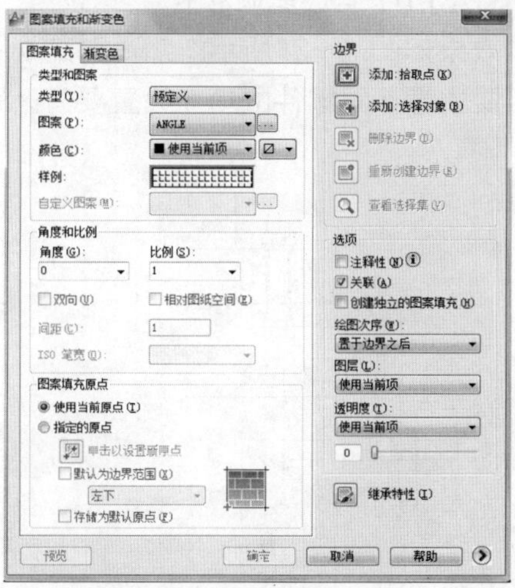

图17-18　图案填充

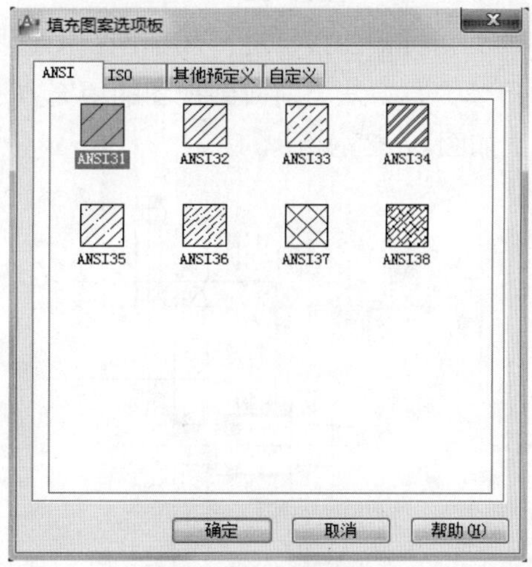

图17-19　选择图案

18 选择好填充图案以后进行填充设置。首先对上侧的剖面进行填充，填充“角度”设置为0，填充“比例”设置为1，上半部分的填充效果如图17-20所示。用同样的图案对下半部分进行填充，但填充设置要有所区别，填充图案继续选择ANSI31，填充“角度”设置为90°，填充“比例”仍然设置为1。单击右键，选择“确认”命令，完成图案填充，效果如图17-21所示。

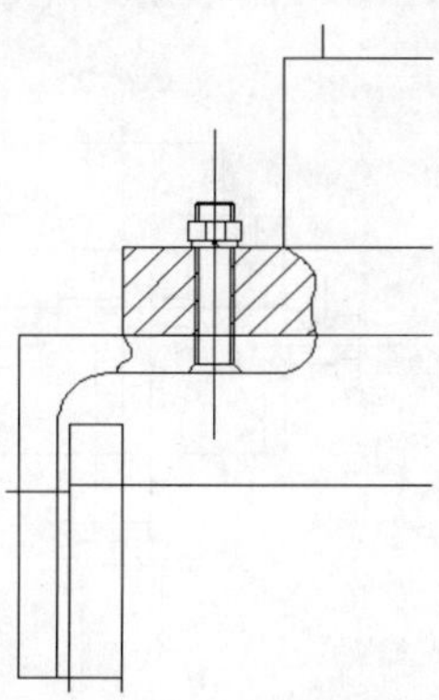

图17-20　上半部分填充

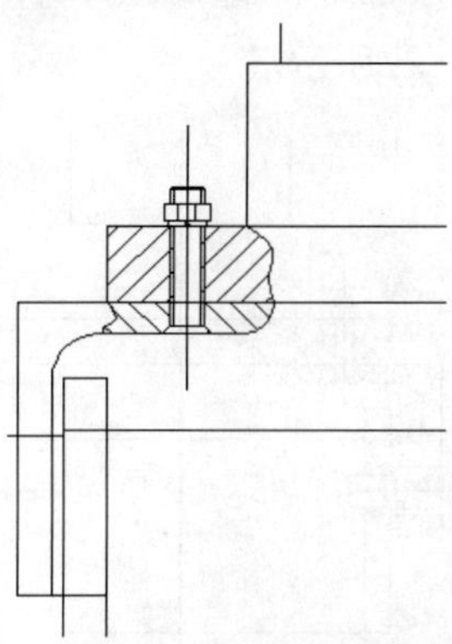

图17-21　最终填充效果

19 按照如图17-22所示的尺寸进行左侧中间处的螺钉的绘制，完成的绘制效果如图17-23所示。

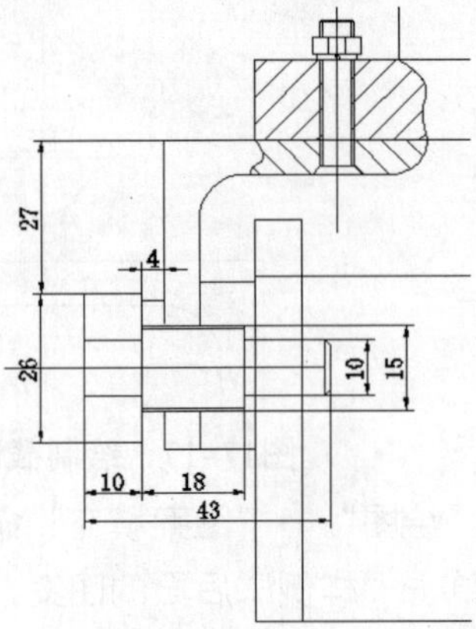

图17-22 尺寸

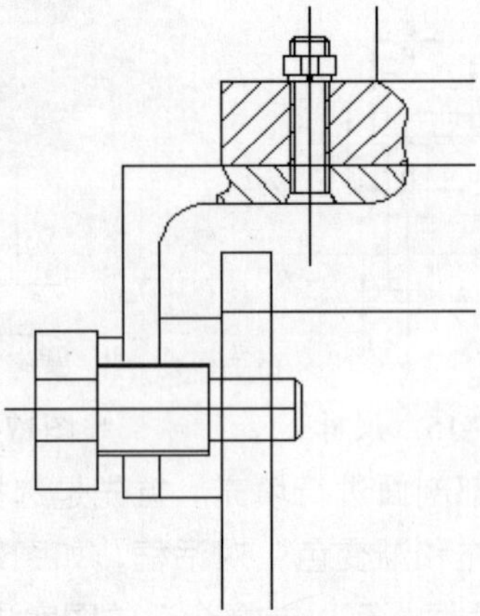

图17-23 绘制效果

20 下面利用样条曲线，进行局部剖视图边界的绘制，效果如图17-24所示。然后对剖视图区域进行填充，方法与前面剖视图的填充方法一致，但要注意不同零件的填充设置要有区别。完成的效果如图17-25所示。

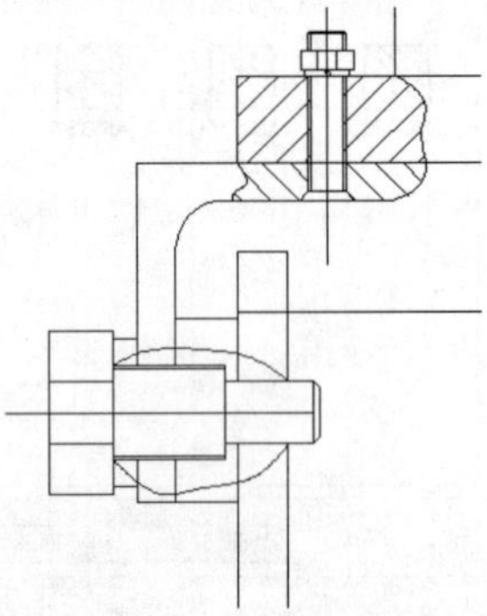

图17-24 局部剖视图

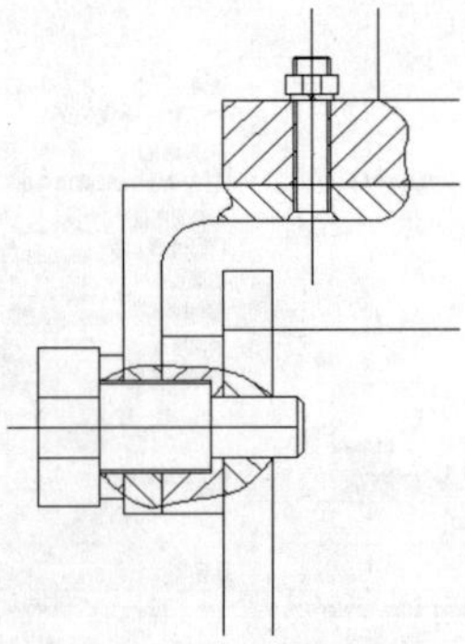

图17-25 填充效果

21 下面进行右侧的螺钉的绘制。这侧表现的是外观，没有局部剖视，但是螺钉的外观与右侧的螺钉基本一致，位置也关于中间的中心线轴对称，完成的绘制效果如图17-26所示。

22 下面进行中间柱的插入。选择“中间柱”块，并选择最左上角为插入基点，单击右键选择“复制选择”命令。选择图示水平线最左侧点为基点，输入偏移量为（@39，0），完成的插入效果如图17-27所示。

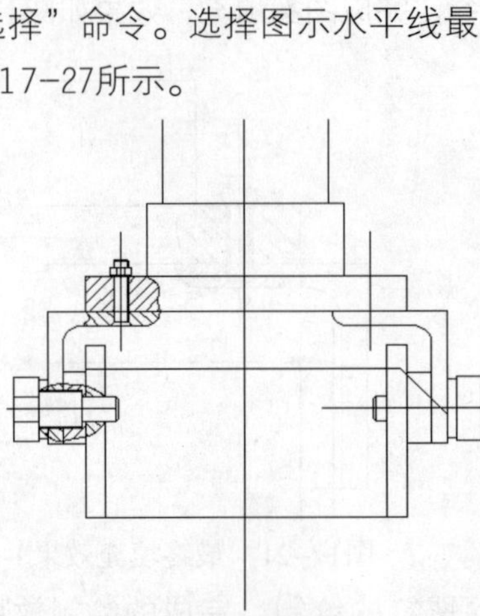

图17-26 绘制螺钉

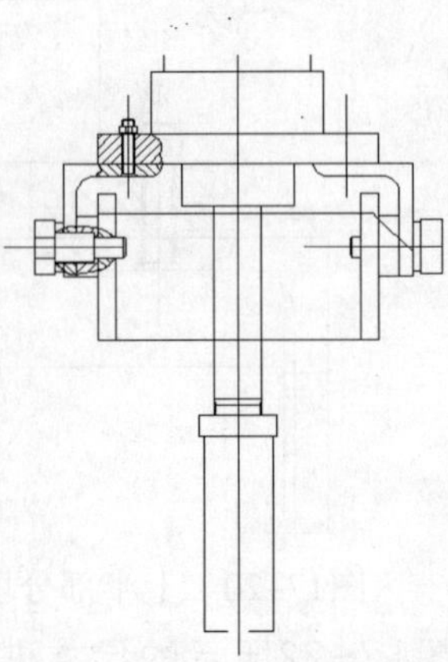

图17-27 插入中间柱

23 下面进行螺母的绘制。首先在命令行窗口中输入C，执行绘制圆命令，按照图示位置进行圆心的寻找。在命令行窗口中输入半径9，然后画一个以这个圆为内切圆的正六边形，并且将绘制完成的圆及正六边形镜像到另一侧，完成的效果如图17-28所示。

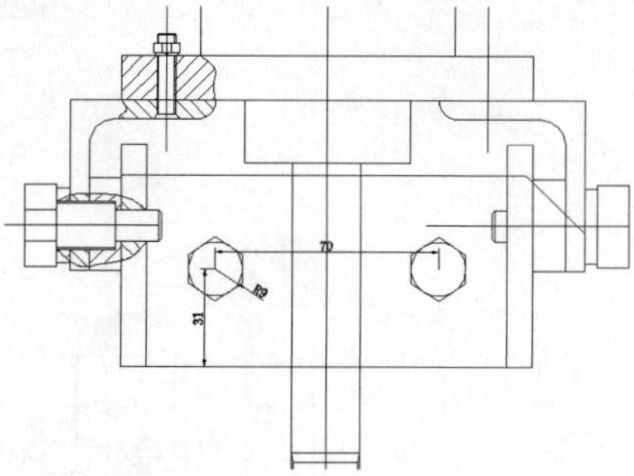

图17-28　创建螺母

24 下面进行销的插入。选择的基点为销顶部右下角的点，以之前图形的最左下角点为基点，偏移距离为（@0，5），完成的插入效果如图17-29所示。

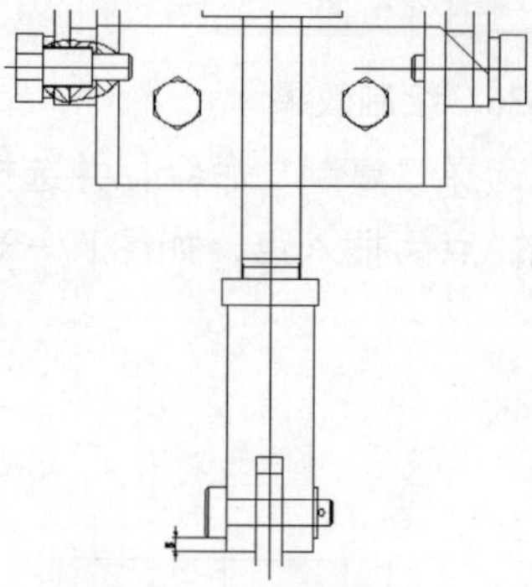

图17-29　销的插入

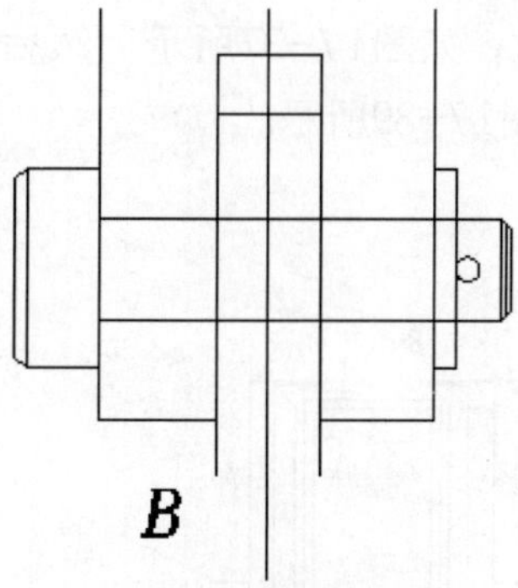

图17-30　选择基点

25 下面进行挡板的插入。选择的基点为图形的最左下角点B（见图17-30）和挡板的一个矩形的角点A，如图17-31所示。A相对于B的距离为（@-15，0），完成的插入效果如图17-32所示。

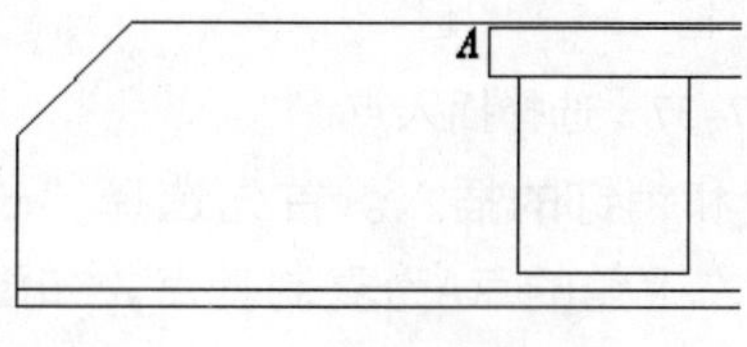

图17-31　选择复制点

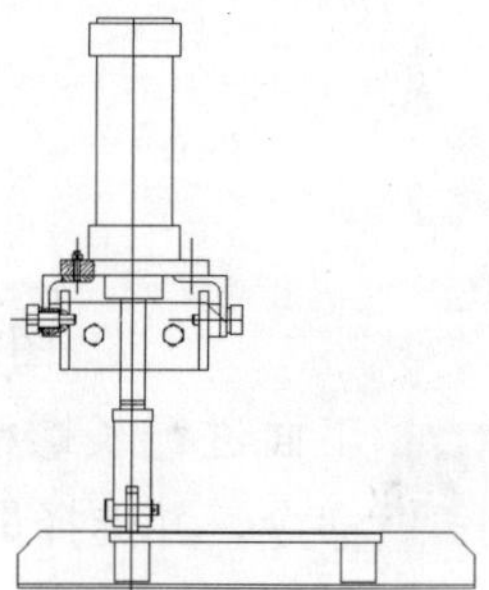

图17-32　插入效果

26 在命令行窗口中输入O，将左侧的中心线向右偏移100，完成的效果如图17-33，将左侧的所有图形镜像到右侧，完成的效果如图17-34所示。

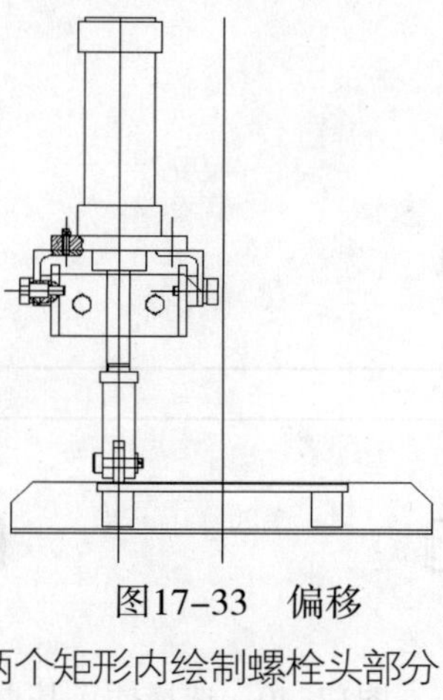

图17-33　偏移

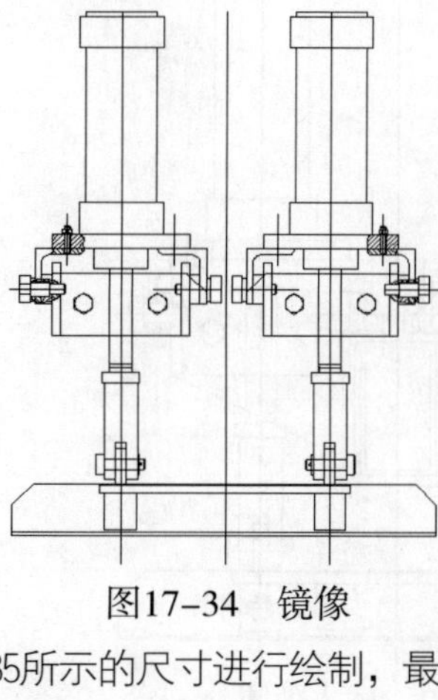

图17-34　镜像

27 在最下方的两个矩形内绘制螺栓头部分，按照图17-35所示的尺寸进行绘制，最终效果如图17-36所示。

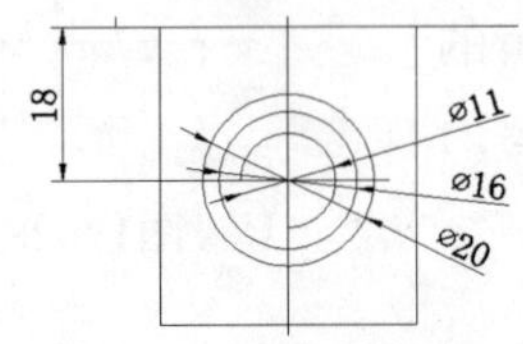

图17-35　绘制图形

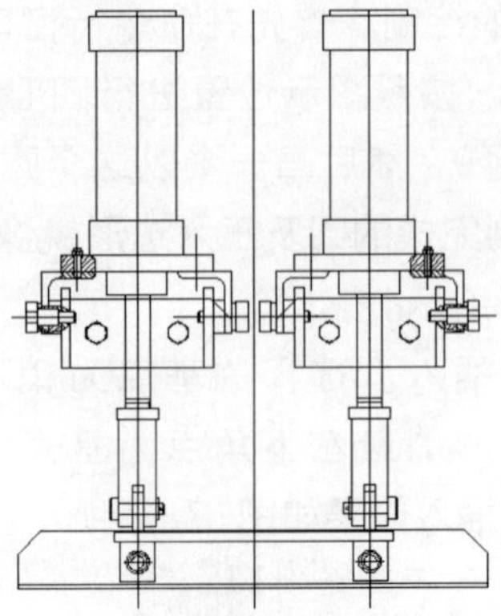

图17-36　绘制效果

28 下面进行外壳的插入。首先选择“外壳”块，单击右键选择“复制”命令，并选择最左上角的点B为复制基点，如图17-37所示。然后选择原图中的A点为插入点，如图17-38所示，完成的最终插入效果如图17-39所示。

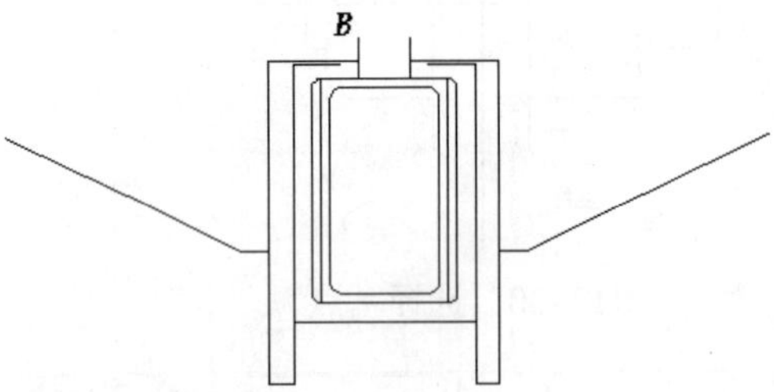

图17-37　选择插入点

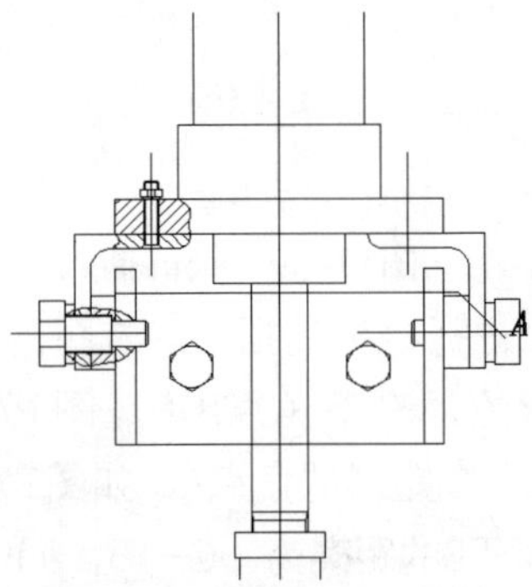

图17-38　选择复制点

29 下面进行长螺栓和销钉的插入。首先选择“长螺栓和销钉”块，单击右键选择“复制”命令，并选择最左上角的点A为复制基点，如图17-40所示。然后选择插入点离B的距离为（@0，38），如图17-41所示，完成的最终插入效果如图17-42所示。

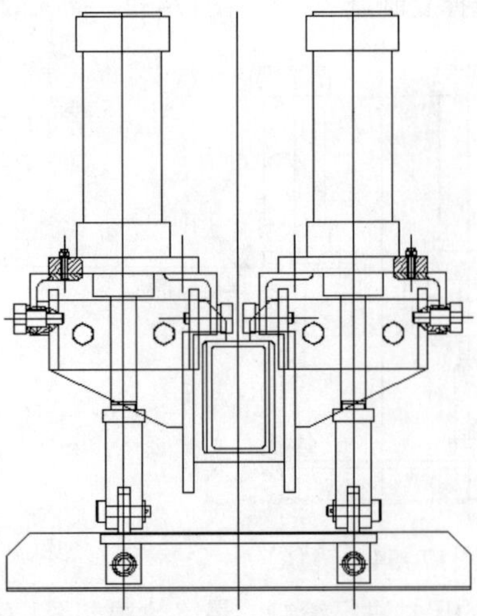

图17-39　插入效果

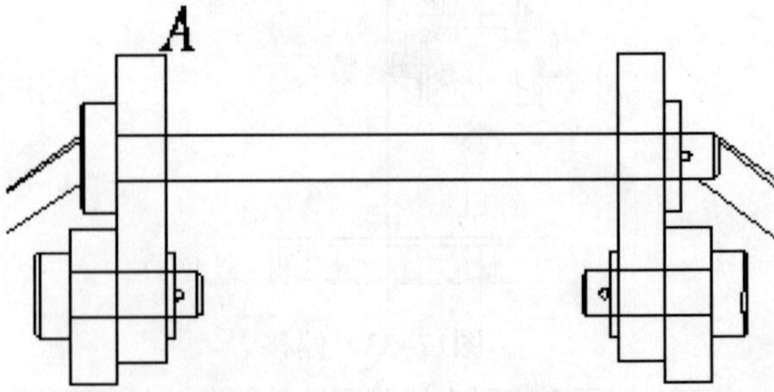

图17-40　选择插入基点

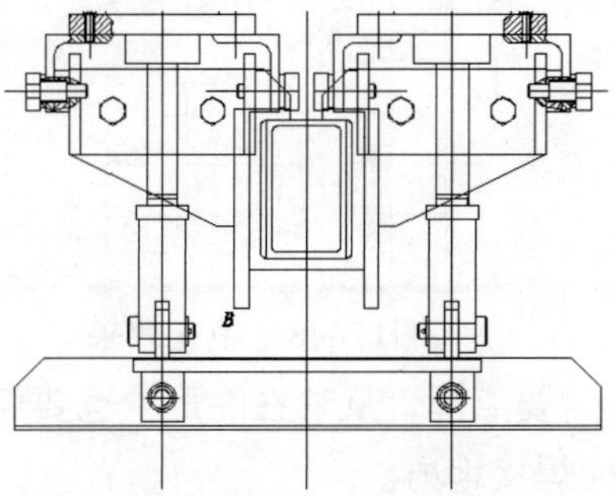

图17-41 选择插入基点

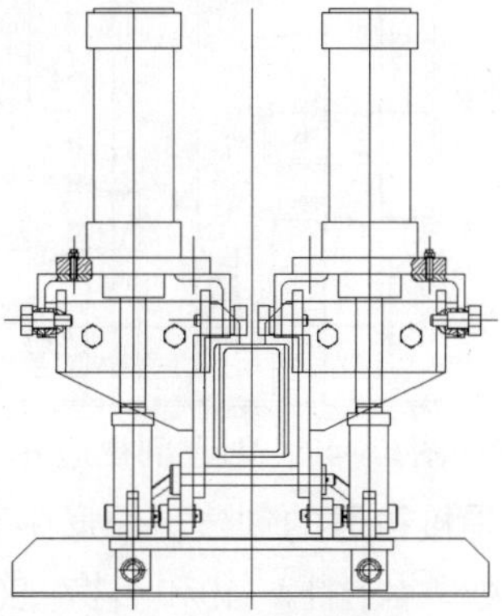

图17-42 插入效果

30 下面进行长螺钉的插入。首先创建辅助点，以最内侧上边的中点A为直线起点，向下绘制长度40。然后将鼠标移向右方，再在命令行窗口中输入60得到直线终点为B，效果如图17-43所示。然后选择“长螺钉”块，单击右键选择“复制”命令，选择螺钉最右侧竖线中点为复制点，将它对到B点，完成的效果如图17-44所示。

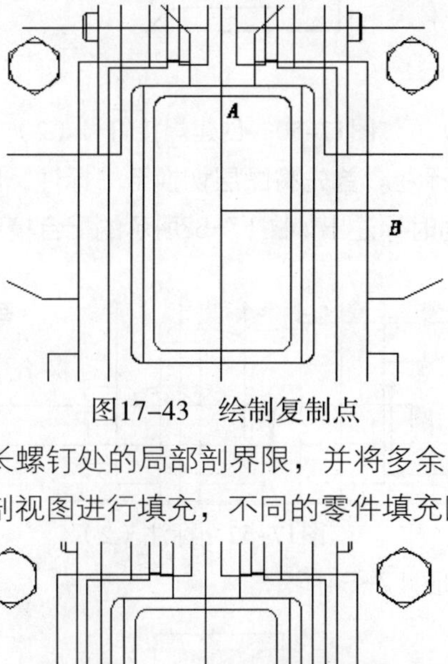

图17-43 绘制复制点

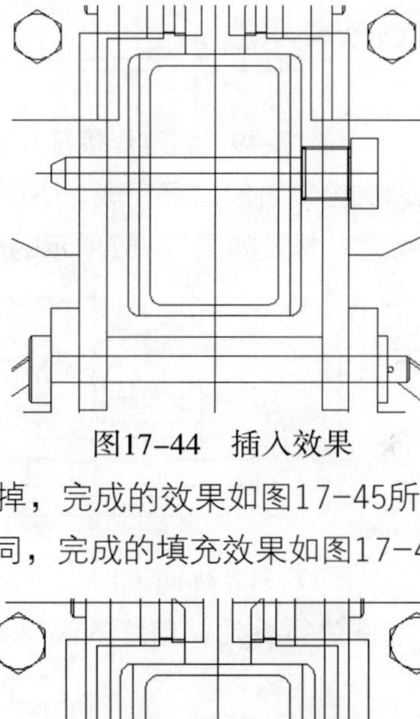

图17-44 插入效果

31 创建长螺钉处的局部剖界限，并将多余的线条修剪掉，完成的效果如图17-45所示。然后对局部剖视图进行填充，不同的零件填充图像设置不同，完成的填充效果如图17-46所示。

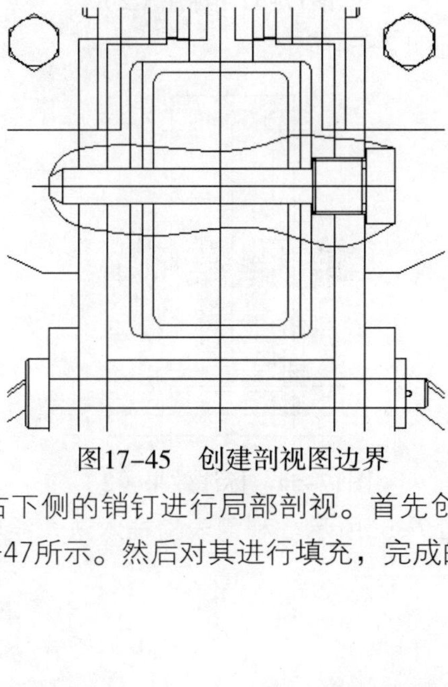

图17-45 创建剖视图边界

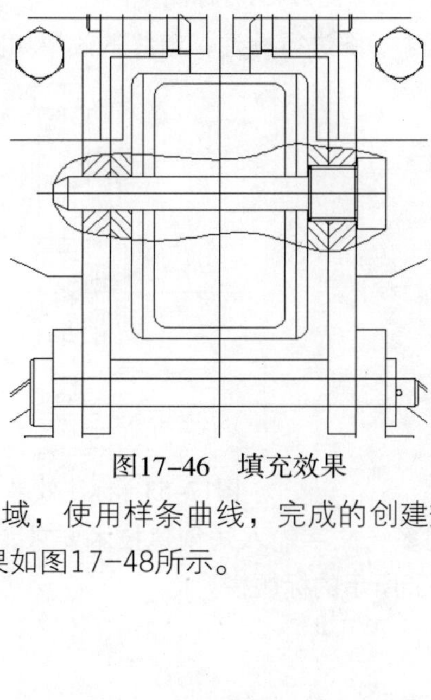

图17-46 填充效果

32 对右下侧的销钉进行局部剖视。首先创建剖视区域，使用样条曲线，完成的创建效果如图17-47所示。然后对其进行填充，完成的填充效果如图17-48所示。

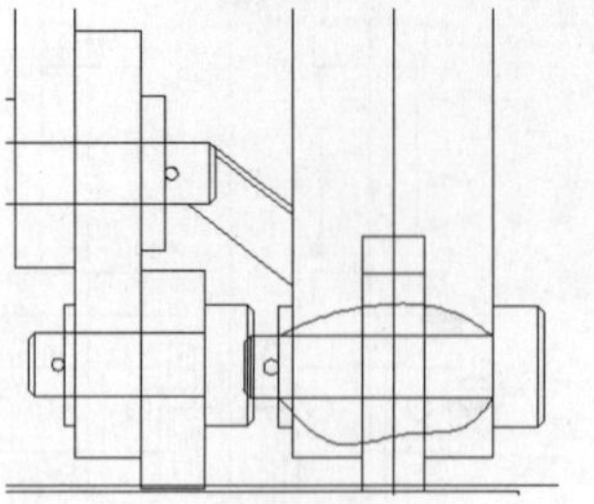

图17-47　创建剖视边界

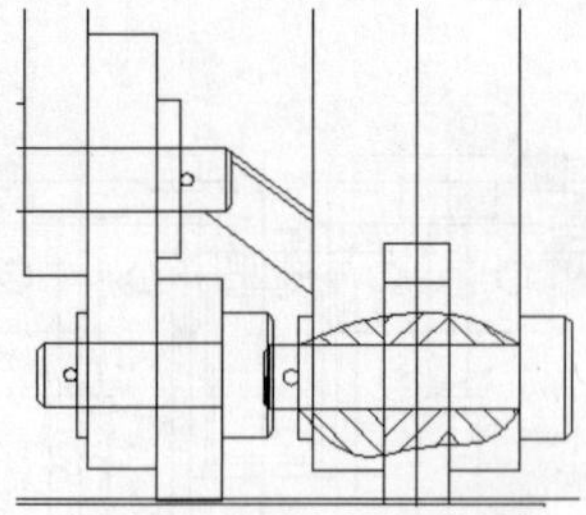

图17-48　填充效果

33 下面进行焊接符号的创建。图形中有很多地方需要点焊，反映在图形中也要表现出来，这里列举了两处。如图17-49和图17-50所示为两处焊接地方。

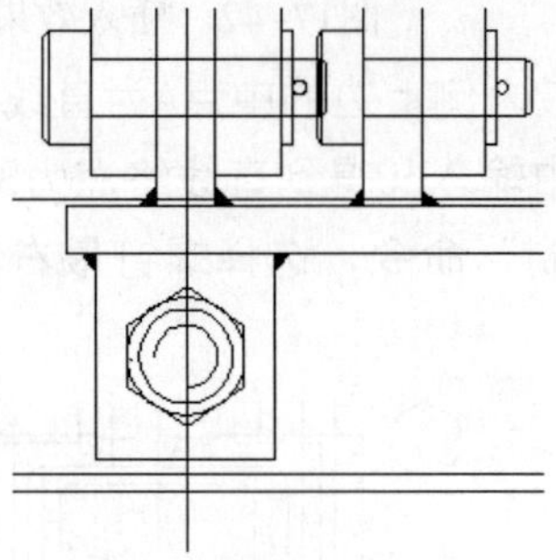

图17-49　创建焊接符号（1）

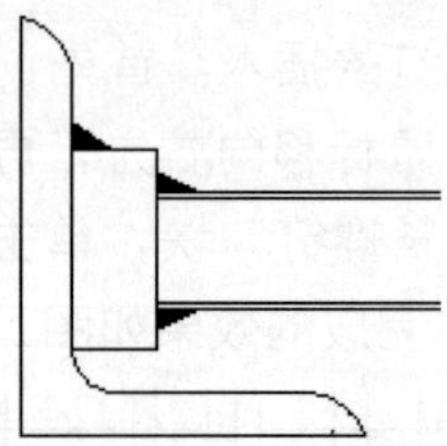

图17-50　创建焊接符号（2）

34 至此图形的绘制阶段已经完成，下面进行图形的标注。首先将图层切换至“标注”图层，对图形进行标注，标注如图17-51所示的形位数值，同时标注出如图17-52所示的配合精度尺寸。

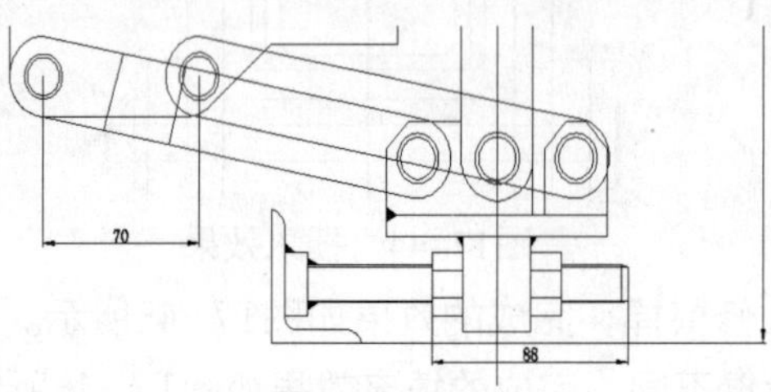

图17-51　标注（1）

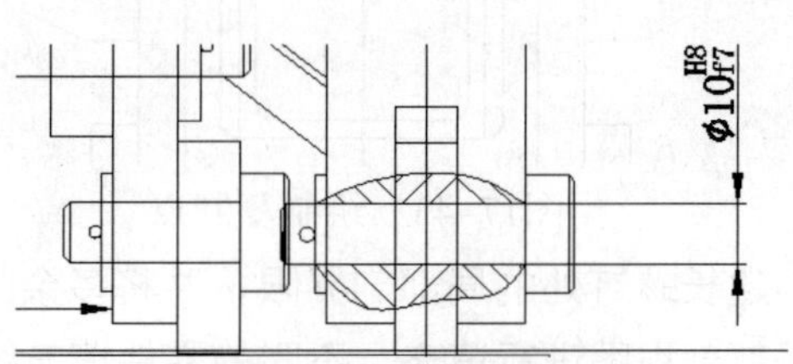

图17-52　标注（2）

35 对两个视图进行标注，最终的效果如图17-53和图17-54所示。

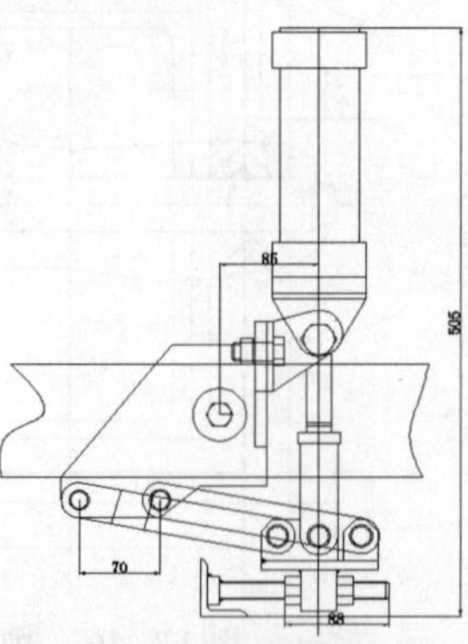

图17-53　标注效果（1）

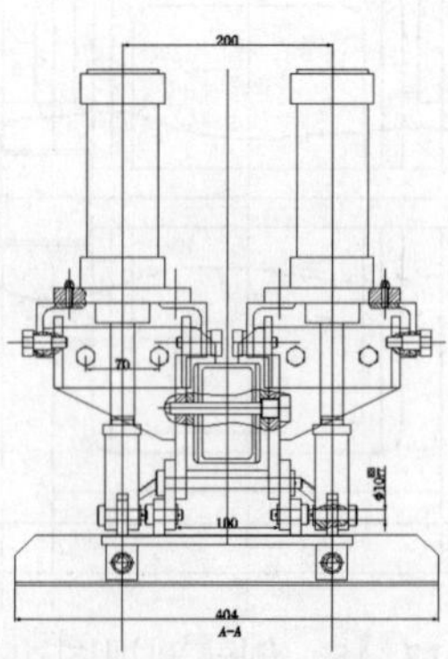

图17-54　标注效果（2）

36 利用多行文字输入法创建技术要求，效果如图17-55所示。利用表格插入法，绘制出如图17-56所示的标题栏。

技术要求
1. 本装配应在01图号上滑动灵活，各转动件应操作 灵活
2. 汽缸动作灵活，无阻卡，汽缸经10kg/cm^{2}试压15分钟无溢漏。
3. 销轴与孔配合均为$\frac{32}{14}$
4. 销轴均用开口销锁紧，未画出
5. 本装置精度要求不高。

图17-55　技术要求

								XX理工大学
标记	处数	分 区	更改文件号	签名				测长装置
设计			标准化	(签名)	(年月日)	阶段标记	重量	比例
								1:1
审核								
工艺			批准			共 5张	第 1张	

图17-56　标题栏

37 利用引线命令进行零件号的标注，注意引线的对齐方式，效果如图17-57所示。然后进行明细栏的创建，完成的效果如图17-58所示。

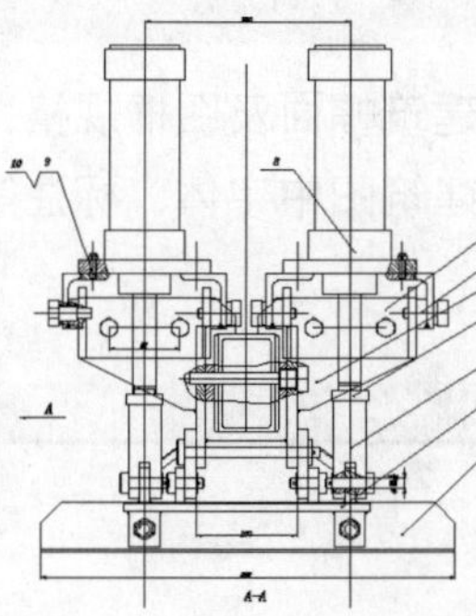

图17-57　标注零件号

21	GB52-76	螺母 M16	2				
20	GB97-76	垫片 B10	6				
19	GB91-76	垫圈	6	45			
18		销轴	1	45			
17		连杆A	2				
16		连杆B	2				
15		定位螺杆	1				
14	GB52-76	螺母	4				
13	GB93-76	垫圈	4				
12	GB30-76	螺柱	4				
11		螺栓头	4				
10	GB68-76	螺钉M8	8				
9	GB52-76	螺母M8	8				
8	QGB-FQ65	汽缸	2				
7		轴承座	2				
6		角轴承架	4				
5		调整架	1				
4		调整杆	2				
3		叉	2				
2		连接块	1				
1		挡板	1				
序号			数量		单件 重量	总计	备注

图17-58　绘制明细栏

38 最后进行图框的创建，严格按照机械制图的标准进行创建，完成的最终效果如图17-59所示（光盘:\最终文件\第17章\测长装置.dwg）。

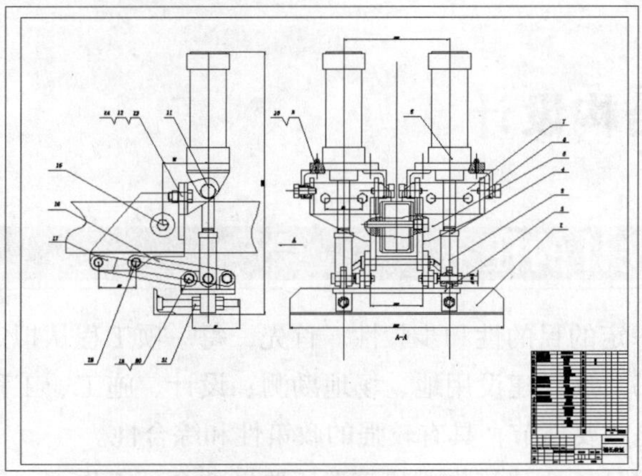

图17-59　最终效果

17.4 本章小结

本章讲解了一个装配图实例，主要从绘制步骤及绘制方法进行讲解。对于小零件的创建具体过程，没做详细的阐述。通过对本章的学习，读者应熟悉装配图的基础知识及创建思路和步骤，并可以独立完成简单装配图的创建。同时通过本章的学习，对以前命令进行了系统的复习，为更好地学习AutoCAD做了一个良好的训练。

第18章 建筑设计基础

学习导航

对于AtuoCAD的应用，除了机械和室内设计，在建筑方面的应用是很广泛的。接下来我们就对AutoCAD在建筑方面的应用进行讲解。

学习重点

- □ 了解建筑图中各种图样的基本内容和表达方法
- □ 掌握建筑设计的内容、设计原则等
- □ 了解建筑幅面及图框规格
- □ 掌握建筑图中字体、标注等的应用

本章主要介绍国家标准中对建筑制图及建筑施工图的有关规定，详细阐述建筑施工图中平面图、剖面图和立面图的基本内容、表达方法，以及图幅、比例、字体、尺寸标注等的基本规定。

18.1 建筑结构设计

18.1.1 建筑设计的任务

每个建筑设计都有一定的目的性和步骤性。首先，每一项工程从拟定计划到建成使用，都要通过编制工程设计任务书、选择建设用地、场地勘测、设计、施工、工程验收及交付使用等几个阶段。其中的设计工作是重要环节，具有较强的政策性和综合性。

建筑工程设计是指设计一个建筑物或建筑群所要做的全部工作，一般包括建筑设计、总体结构设计、常用设备设计等几个方面的内容。

1. 建筑设计

所谓建筑设计，类似于机械设计，即建筑设计是在总体规划的前提下，根据设计任务书的要求，综合考虑基地环境、使用功能、结构施工、材料设备、建筑经济及建筑艺术等问题，着重解决建筑物内部各种使用功能和使用空间的合理安排，建筑物与周围环境、与各种外部条件的协调配合，内部和外表的艺术效果，各个细部的构造方式等，创造出既符合科学性又具有艺术性的生产和生活环境。

建筑设计在整个工程设计中起着主导和先行的作用，除考虑上述各种要求以外，还应考虑建筑与结构、建筑与各种设备等相关技术的综合协调，以及如何以更少的材料、劳动力、投资和时间来实现各种功能，使建筑物做到适用、经济、坚固、美观。建筑设计包括总体设计和个体设计两个方面，一般是由建筑师来完成。

2. 结构总体设计

结构总体设计主要是根据建筑设计选择切实可行的结构方案，进行结构计算及构件设计、结构布置及构造设计等。一般是由结构工程师来完成。

3. 常用设备设计

完成了结构总体设计以后，即开始进行具体的常用设备设计。设备设计主要包括给水排水、电气照明、通信、采暖、空调通风、动力等方面的设计，由有关的设备工程师配合建筑设计来完成。

以上几方面的工作既有分工，又密切配合，形成为一个整体。各专业设计的图纸、计算书、说明书及预算书汇总，就构成一个建筑工程的完整文件，是建筑工程施工的依据。

18.1.2　建筑设计的基本原则

对于建筑设计，应该遵循以下几点基本原则。也只有做到这些，才能算是比较合理的建筑设计。

1. 满足建筑功能要求

最基本的原则是满足建筑物的功能要求，为人们的生产和生活活动创造良好的环境，这也是建筑设计的首要任务。例如设计学校，首先要满足教学活动的需要，教室设置应分班合理，采光通风良好，同时还要合理安排教师备课、办公、储藏和厕所等行政管理和辅助用房，并配置良好的体育场和室外活动场地等。

2. 符合总体规划要求

建筑单体的设计也要遵循一定的原则。作为总体规划中的组成部分，单体建筑应符合总体规划提出的要求。建筑物的设计，还要充分考虑和周围环境的关系，例如原有建筑的状况，道路的走向，基地面积大小，以及绿化等方面和拟建建筑物的关系。新设计的单体建筑，应使所在基地形成协调的室外空间组合、良好的室外环境。

3. 采用合理的技术措施

根据建筑空间组合的特点，正确选用建筑材料，选择合理的结构、施工方案，使房屋坚固耐久、建造方便。例如，近年来我国设计建造的一些覆盖面积较大的体育馆，由于屋顶采用空间网架结构和整体提升的施工方法，既节省了建筑物的用钢量，也缩短了施工期限。

4. 具有良好的经济效果

随着现在房价日益升高，建房用的材料成本也日益升高。建造房屋是一个复杂的物质主产过程，需要大量人力、物力和资金。在房屋的设计和建造中，应因地制宜、就地取材，尽量做到节省劳动力、节约建筑材料和资金。设计和建造房屋要有周密的计划和核算，重视经济领域的客观规律，讲究经济效果。房屋设计的使用要求和技术措施，要和相应的造价、建筑标准统一起来。

5. 考虑建筑美观要求

建筑图中的建筑物设计也要遵循一定的原则。建筑物是社会的物质和文化财富，它在满足使用要求的同时，还需要考虑人们对建筑物在美观方面的要求，考虑建筑物所赋予人们精神上的感受。建筑设计要努力创造具有我国时代精神的建筑空间组合与建筑形象。历史上创造的具有时代印记和特色的各种建筑形象，往往是一个国家、一个民族文化传统宝库中的重要组成部分。

18.1.3 建筑设计的过程

建筑设计与机械设计类似，也可以归纳为一些基本过程的累加。下面就对这些过程做一个简单的讲解。

1. 准备阶段

建筑设计是一项复杂而细致的工作，涉及的学科较多，同时要受到各种客观条件的制约。为了保证设计质量，设计前必须做好充分准备，包括落实设计任务和熟悉设计任务书，广泛深入地进行调查研究，收集必要的设计基础资料等几方面的工作。

（1）落实设计任务

设计之初，首先要保证建筑的合法性。建设单位必须具有上级主管部门对建设项目的批准文件、城市建设部门同意设计的批文，方可向设计单位办理委托设计手续。

（2）熟悉设计任务书

将任务落实以后，即对任务书进行熟悉。设计任务书是经上级主管部门批准、提供给设计单位进行设计的依据性文件，一般包括以下内容。

- 建设项目总的要求、用途、规模及一般说明。
- 建设项目的组成，单项工程的面积，房间组成，面积分配及使用要求。
- 建设项目的投资及单方造价，土建设备及室外工程的投资分配。
- 建设基地大小、形状、地形，原有建筑及道路现状，并附地形测量图。
- 供电、供水、采暖、空调通风、电信、消防等设备方面的要求，并附有水源、电源的接用许可文件。
- 设计期限及项目建设进度计划安排要求。

在熟悉设计任务书的过程中，设计人员应认真对照有关定额指标，校核任务书的使用面积和单方造价等内容。同时，设计人员在深入调查和分析设计任务书以后，从全面解决使用功能、满足技术要求、节约投资等考虑，从基地的具体条件出发，也可以对任务书中某些内容提出补充和修改，但必须征得建设单位的同意。

（3）调查研究、收集必要的设计原始数据

除了设计任务书提供的资料外，还应当收集有关的原始数据和必要的设计资料，如：建设地区的气象、水文地质资料；水电等设备管线资料；基地环境及城市规划要求；施工技术条件及建筑材料供应情况；与设计项目有关的定额指标及已建成的同类型建筑的资料，等等。

以上资料除有些由建设单位提供和向技术部门收集外，还可采用调查研究的方法了解。具体方法有：访问使用单位对建筑物的要求，调查同类建筑在使用中出现的情况，通过分析和总结，全面掌握所设计建筑物的特点和要求；了解建筑材料供应和结构施工等技术条件，如地方材料的种类、规格、价格，施工单位的技术力量、构件预制能力，起重运输设备等条件；现场勘察，对照地形测量图深入了解现场的地形、地貌、周围环境，考虑拟建房屋的位置和总平面布局的可能性；了解当地传统经验、文化传统、生活习惯及风土人情等。

2. 初步设计阶段

（1）搞清楚任务与要求

初步设计是供主管部门审批而提供的文件，也是技术设计和施工图设计的依据。它的主要任务是提出设计方案，即根据设计任务书的要求和收集到的必要基础资料，结合基地环境，综合考虑技术经济条件和建筑艺术的要求，对建筑总体布置、空间组合进行可能与合理的安排，提出两个或多个方案供建设单位选择。在已确定的方案基础上，进一步充实完善，综合成为较理想的方案并绘制成初步设计供主管部门审批。

（2）弄明白初步设计的图纸和文件

初步设计一般包括设计说明书、设计图纸、主要设备材料表和工程概算等4部分，具体的图纸和文件如下。

- 设计总说明：包括设计指导思想及主要依据，设计意图及方案特点，建筑结构方案及构造特点，建筑材料及装修标准，主要技术经济指标以及结构、设备等系统的说明。
- 建筑总平面图：比例1：500、1：1000，应标出用地范围，建筑物位置、大小、层数及设计标高，道路及绿化布置，技术经济指标。地形复杂时，应标出粗略的竖向设计意图。
- 各层平面图、剖面图、立面图：比例1：100、1：200，应标出建筑物各主要控制尺寸，如总尺寸、开间、进深、层高等，同时应标出标高，门窗位置，室内固定设备及有特殊要求的厅、室的具体布置，立面处理，结构方案及材料选用等。
- 工程概算书：建筑物投资估算，主要材料用量及单位消耗量。
- 大型民用建筑及其他重要工程，必要时可绘制透视图、鸟瞰图或制作模型。

3. 技术设计阶段

经过前面的准备阶段及初步设计阶段，即准备阶段足够充分、初步设计经建设单位同意和主管部门批准后，就可以进行技术设计。技术设计是初步设计具体化的阶段，也是各种技术问题的定案阶段。主要任务是在初步设计的基础上，进一步解决各种技术问题，协调各工种之间技术上的矛盾。经批准后的技术图纸和说明书即为编制施工图、主要材料设备定货及工程拨款的依据文件。

技术设计的图纸和文件与初步设计大致相同，但更详细些。具体内容包括整个建筑物和各个局部的具体做法，各部分确切的尺寸关系，内外装修的设计，结构方案的计算和具体内容，各种构造和用料的确定，各种设备系统的设计和计算，各技术工种之间种种矛盾的合理解决，设计预算的编制等。这些工作都是在有关各技术工种共同商议之下进行的，并应相互认可。对于不太复杂的工程，技术设计阶段可以省略，即把这个阶段的一部分工作纳入初步设计阶段（承担技术设计部分任务的初步设计称为扩大初步设计），另一部分工作则留待施工图设计阶段进行。

4. 图纸阶段

（1）搞清楚任务与要求

施工图设计是建筑设计的最后阶段，是提交施工单位进行施工的设计文件，必须根据上级主管部门审批同意的初步设计（或技术设计）进行施工图设计。

施工图设计的主要任务是满足施工要求，即在初步设计或技术设计的基础上，综合建筑、结构、设备、各工种，相互交底、核实核对，深入了解材料供应、施工技术、设备等条件，把满足工程施工的各项具体要求反映在图纸中，做到整套图纸齐全统一，明确无误。

（2）弄明白图纸内容和文件

施工图设计的内容包括建筑、结构、水电、电讯、采暖、空调通风、消防等工种的设计图纸、工程说明书，结构及设备计算书和预算书。具体的图纸和文件如下。

- 建筑总平面图：比例1∶500、1∶1000、1∶2000，应标明建筑用地范围，建筑物及室外工程（道路、围墙、大门、挡土墙等）位置、尺寸、标高、建筑小品，绿化美化设施的布置，并附有必要的说明及详图，技术经济指标，地形及工程复杂时应绘制竖向设计图。
- 建筑物各层平面图、立面图、剖面图：比例1∶50、1∶100、1∶200。除表达初步设计或技术设计内容以外，还应详细标出门窗洞口、墙段尺寸及必要的细部尺寸、详图索引。
- 建筑构造详图：建筑构造详图包括平面节点、檐口、墙身、阳台、楼梯、门窗、室内装修、立面装修等详图。应详细标示各部分构件关系、材料尺寸及做法、必要的文字说明。根据节点需要，比例可分别选用1∶20、1∶10、1∶5、1∶2、1∶1等。
- 各工种相应配套的施工图纸，如基础平面图、结构布置图、钢筋混凝土构件详图，水电平面图及系统图，建筑防雷接地平面图等。
- 设计说明书：包括施工图设计依据、设计规模、面积、标高定位、用料说明等。
- 结构和设备计算书。
- 工程预算书。

18.1.4 建筑设计满足的要求

对于建筑图的设计，要满足以下几点功能和要求：使用功能、自然条件与人为环境、技术要求。

1. 使用功能

首先建筑要满足最基本的要求。例如房屋是供人使用的，它的空间必须满足人们居住、学习、活动和精神上的各种使用功能要求，有恰当的尺寸和尺度。建筑物的设计要满足基本的空间需要，不宜过大也不能太小。人体需求的空间指人体尺度和人体活动所需要的空间尺度，这是确定建筑内部空间尺度的基本依据。凡是以人活动为主的建筑空间，都应由人的基本尺寸和活动人数决定具体的空间尺度。家具设备需求的空间是确定房间尺寸、形式及空间大小的重要依据；房间内家具、设备的尺寸及人们使用它们所需的空间尺寸，加上必要的交通面积，基本上确定了房间内部空间的大小。人们精神上所需求的空间指采用特殊的比例和尺度，设计出某种特定的艺术效果，满足人们精神上的需求，不与人的尺度和动作发生直接关系；如空间较大的宾馆大堂、会客室等是为了创造宽松的室内环境气氛；纪念碑、大会堂是要创造雄伟、高大的艺术效果。

2. 自然条件和人为环境

建筑中所说的自然条件包括气象条件和地形、地质及地震烈度等。气象条件有温度、湿度、日照、雨雪、风向、风速等，建筑的保温、隔热、防水、排水、朝向、采光等取决于气象条件。建筑剖面设计、结构选型、体型设计，受地形、地质及地震烈度的影响很大。人为环境指道路、绿化、噪声及相邻建筑，对确定建筑物的位置、间距、朝向、景观有不可忽视的影响。

3. 技术要求

首先，材料供应及施工技术条件是确定建筑技术方案、决定建筑设计方法的依据；其次，要满足国家对建筑设计的各种规定及准则，包括各种规范、规定、定额和标注；最后，要建设项目的规模、造价（总投资、单方造价）、用地范围、规划与环境要求等必须有主管部门及城市规划部门的批文。建筑工程设计的具体内容、房间组成及面积分配等功能方面的要求，由建设单位在任务书中写明。

18.1.5　建筑设计图的主要内容

建筑设计图中都包含了具体的内容。例如，房屋建筑施工图是按建筑设计要求绘制的、用以指导施工的图纸，是建造房屋的依据。工程技术人员必须看懂整套施工图，按图施工，这样才能体现出房屋的功能用途、外形规模及质量安全。因此掌握识读和绘制房屋施工图是从事建筑专业的工程技术人员的基本技能。

为表达出建筑设计的要求，建筑施工图有建筑物的总体布局、外部造型、内部布置、内外装修、细部构造、设备和施工要求等多种图样。

施工放样、砌墙、门窗安装、室内外装修及预算的编制和施工组织计划等，都需要建筑施工图提供依据。

建筑施工图中有施工总说明、建筑总平面图、建筑平面图、建筑剖面图、建筑立面图、建筑详图和门窗表等。

1. 施工总说明和建筑总平面图

建筑的总体布局及具体的要求等，都是由施工总说明和建筑总平面图表示出来。一般中小型房屋建筑施工图首页就包含了这些内容。

（1）施工总说明

对整个工程的统一要求（如材料、质量要求）、具体做法及该工程的有关情况，都可在施工总说明中作具体的文字说明。

（2）建筑总平面图

建筑总平面图是表明新建房屋基地所在范围内总体布置的图样。它要表达新建房屋的位置和朝向，与原有建筑物的关系，周围道路、绿化布置及地形地貌等内容。建筑总平面图是新建房屋定位、土方施工及绘制其他专业（如水、暖、电等）管线平面图和施工总平面布置图的依据。

如图18-1所示为某幼儿园建筑总平面图。

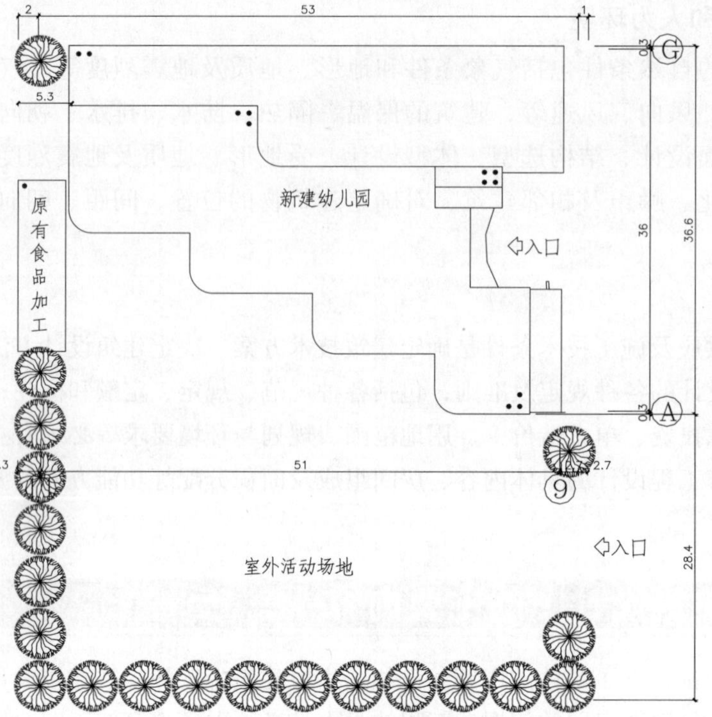

图18-1　建筑总平面图

2. 建筑平面图

假想用一水平面剖切平面，沿着房屋各层门、窗洞口处将房屋切开，移去剖切平面以上部分，向下所作的水平剖视图，称为建筑平面图，简称平面图。剖切平面沿房屋底层门、窗洞口剖切，所得到的平面图称为底层平面图。通常楼层房屋应画出各层平面图（称二、三、……层平面图），当有些楼层平面布置相同，或者只有局部不同时，也可只画一个共同的平面图（称为标准层平面图），对于局部不同的地方，则另画局部平面图。

（1）首层平面图

首层平面图不仅要反映室内情况，还须反映室外可见的台阶、明沟（或散水）、花坛等，图面清晰，主次分明，便于识读。如图18-2所示为某建筑的首层平面图。

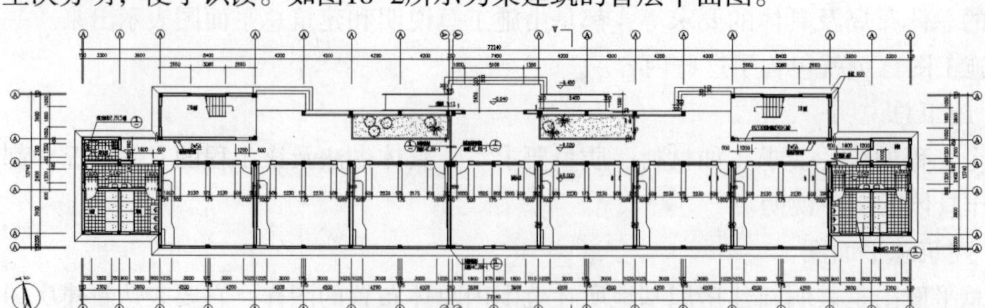

图18-2　首层平面图示意

（2）楼层平面图

楼层平面图的图示内容与首层平面图相同。因为室外的台阶、花坛、明沟、散水和雨水管的形状和位置已经在首层平面图中表达清楚了，所以中间各层平面图除要表达本层室内情况外，只需画出本层的室外阳台和下一层室外的雨篷、遮阳板等。此外，因为剖切情况不同，楼层平面图中楼梯间部分表达梯段的情况与首层平面图也不同。

（3）屋顶平面图

屋顶平面图比较简单，可用较小的比例绘制。屋顶平面图表明了屋顶的形状，屋面排水方向及坡度，天沟或檐沟的位置，还有女儿墙、屋檐线、雨水管、上入孔及水箱的位置等。如图18–3所示为某建筑的屋顶平面图。

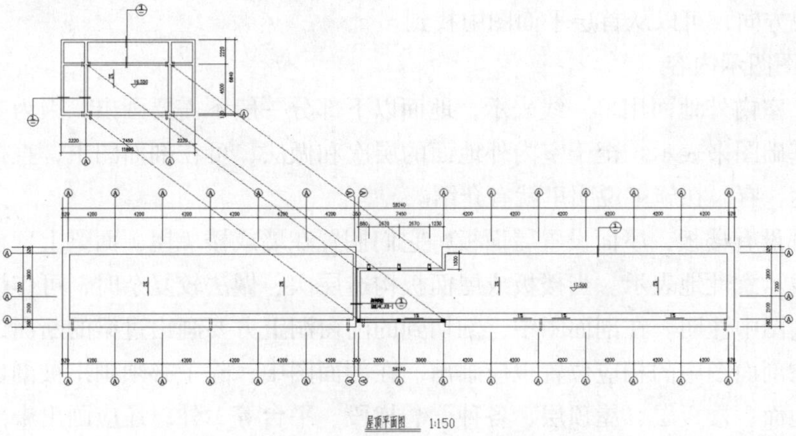

图18–3　屋顶平面图示意

（4）局部平面图

当某些楼层的平面布置图基本相同、仅有局部不同时，则这些不同部分可用局部平面图表示。当某些局部布置由于比例较小而固定设备较多或者内部组合比较复杂时，也可另画较大比例的局部平面图。局部平面图的图示方法与首层平面图相同。为了清楚表明局部平面图所处的位置，必须标注与平面图一致的轴线及其编号。常见的局部平面图有厕所间、盥洗室、楼梯间等。

平面图的主要内容可概括如下（并可按其顺序识读）：图名、比例；纵横定位轴线及其编号；各种房间的布置和分隔，墙、柱断面形状和大小；门、窗布置及其型号；楼梯梯段的走向；台阶、花坛、阳台、雨篷等的位置，盥洗间、厕所、厨房等固定设施的布置及雨水管、明沟等的布置；平面图的轴线尺寸，各建筑构配件的大小尺寸和定位尺寸，楼地面的标高、某些坡度及其下坡方向；剖视图的剖切位置线和投射方向及其编号，表示房屋朝向的指北针（这些仅在首层平面图中表示）；详图索引符号；施工说明等。如图18–4所示的为某建筑标准层的平面图。

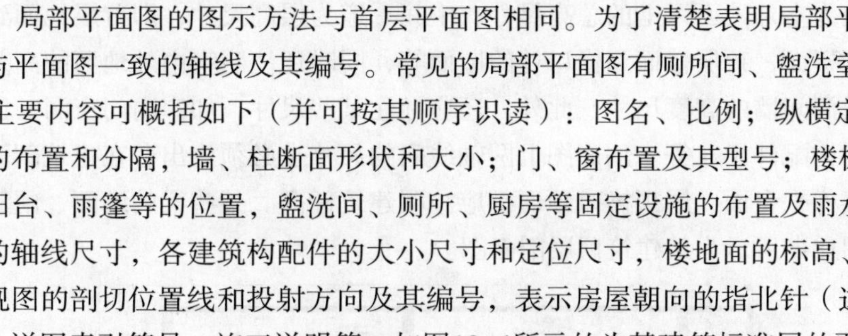

图18–4　标准层平面图示意

3. 建筑剖面图

假想用一个垂直剖切平面把房屋剖开，将观察者与剖切平面之间的部分房屋移走，把留下的部分对与剖切平面平行的投影面作正投影，所得到的正投影图，称为建筑剖面图，简称剖面图。建筑剖面图用来表达建筑物内部垂直方向高度、楼层分层情况及简要的结构形式和构造方式。它与建筑平面图、立面图相配合，是建筑施工图中不可缺少的重要图样之一。

剖面图的剖切位置应选择在内部结构和构造比较复杂或有代表性的部位，其数量应根据房屋的复杂程度和施工实际需要而定。两层以上的楼房一般至少要有一个楼梯间的剖面图。剖面图的剖切位置和剖视方向，可以从首层平面图中找到。

（1）剖面图图示内容

剖面图中，室内外地面用单一线表示，地面以下部分一般不需要画出，因为基础部分将由结构施工图中的基础图来表示。至于室内外地面的层次和做法，可在剖面图中，直接表达或在墙身剖面详图中表达，有时在施工说明里就有介绍。

各层楼面都设有楼板，屋面设置屋面板，它们搁置在墙或楼（屋）面梁上，楼板及屋面板的形状可用两条线示意性地表示。当楼板或屋面板构造层次、做法较复杂时，可作详图表明，简单的可直接在剖面图中注明。在剖面图中，剖切到的门窗洞上方要画出过梁的断面，在结构平面上布置的圈梁，在剖面图中的相应位置也应画出。在剖面图中，除了必须画出被剖切到的构件（如墙身、室内外地面、楼板层、屋顶层、各种梁、梯段、平台等）外，还应画出未剖切到的可见部分（如门窗、楼梯段、楼梯扶手等）。

（2）有关规定及表示方法

建筑图设计要求中对剖面图中的定位轴线、图线、图例、尺寸标注等都做了具体规定。例如，对尺寸标注的规定：建筑剖面图中，必须标注垂直尺寸和标高。外墙的高度尺寸一般标注三道：最外侧一道为室外地面以上的总高尺寸；中间一道为层高尺寸，即首层地面到二层楼面、各层楼面到上一层楼面、顶层楼面到檐口处的屋面等，同时还注明室内外地面的高差尺寸；里面一道为门、窗洞及洞间墙的高度尺寸。此外，还应标注某些尺寸，如室内门窗洞、窗台的高度及有些不另画详图的构配件尺寸等。剖面图上两轴线间的尺寸也必须注出。在建筑剖面图上，室内外地面、楼面、楼梯平台面、屋顶檐口顶面都应注明建筑标高。某些梁的底面、雨篷底面等应注明结构标高。如图18-5所示为某建筑顶层剖面图。

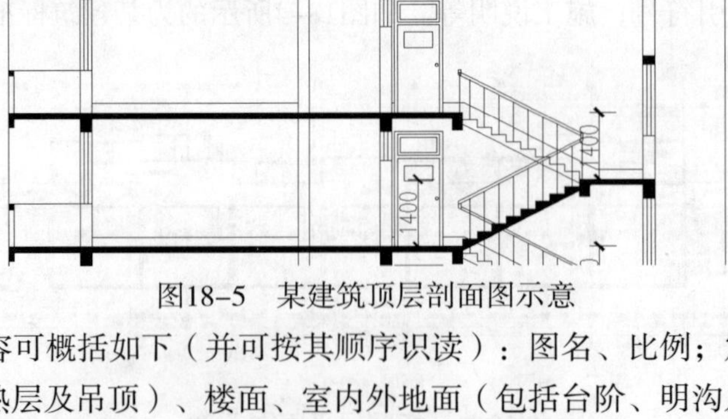

图18-5　某建筑顶层剖面图示意

剖面图的主要内容可概括如下（并可按其顺序识读）：图名、比例；定位轴线及其尺寸；剖切到的屋面（包括隔热层及吊顶）、楼面、室内外地面（包括台阶、明沟及散水等），剖切到的内外墙身及其门、窗（包括过梁、圈梁、防潮层、女儿墙及压顶），剖切到的各种承重梁和联系梁、楼梯梯段及楼梯平台、雨篷及雨篷梁、阳台、走廊等；未剖切到的可见部分，如可见的楼梯梯段、栏杆扶手、走廊端头的窗；可见的梁、柱，可见的水斗和雨水管，可见的踢脚和室内的各种装饰等；垂直方向的尺寸及标高；详图索引符号；施工说明等。

4. 建筑立面图

建筑立面图是建筑物外墙在平行于该外墙面的投影面上的正投影图。建筑立面图是用来表示建筑物的外貌，并标明外墙装饰要求的图样。

对有定位轴线的建筑物，宜根据两端定位轴线编注立面图名称（如①～⑧立面图）；无定位轴线的立面图，可按平面图各面的方向确定名称（如南立面图、东立面图）。也有按建筑物立面的主次，把建筑物主要入口面或反映建筑物外貌主要特征的立面称为正立面图，从而确定背立面图和左、右侧立面图。

立面图的主要内容分别如下（并可按其顺序识读）：图名、比例；立面两端的定位轴线及其编号；门窗的形状、位置及开启方向；屋顶外形及可能有的水箱位置；窗台、雨篷、阳台、台阶、雨水管、水斗、外墙面勒脚等的形状和位置，注明各部分的材料和外部装饰的做法；标高及必须标注的局部尺寸；详图索引符号；施工说明等。

建筑立面图中主要内容的规定与之前几种建筑图方式的规定类似。如图18-6所示为某教学楼立面图示意图。

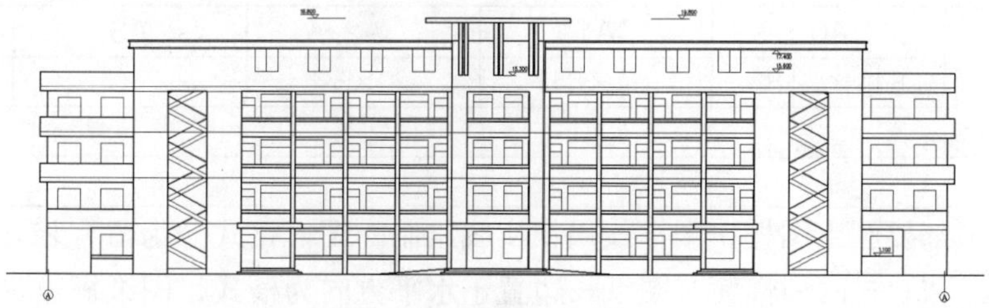

图18-6　某教学楼立面图示意

5. 建筑详图

因为建筑平面图、立面图和剖面图一般采用较小的比例，在这些图上难以表示清楚建筑物某些部位的详细构造。根据施工需要，必须另外绘制比例较大的图样，将某些建筑构配件（如门、窗、楼梯、阳台、雨水管等）及一些构造节点（如檐口、窗台、勒脚、明沟等）的形状、尺寸、材料、做法详细表达出来。由此可见，建筑详图是建筑细部的施工图，是建筑平面图、立面图、剖面图等基本图纸的补充和深化，是建筑工程的细部施工、建筑构配件的制作及编制预决算的依据。如图18-7所示为某雨棚局部详图。

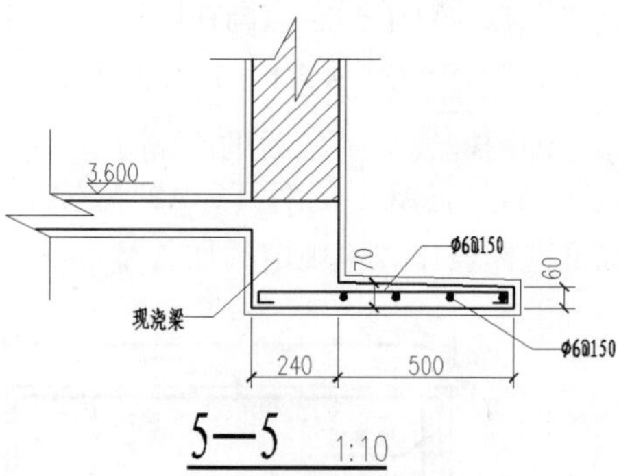

图18-7　某雨棚局部详图

对于建筑构造节点详图，除了要在平面图、立面图、剖面图中的有关部位绘注索引符号外，还应在详图上绘注详图符号或写明详图名称，以便对照查阅。

对于建筑构配件详图，一般只要在所画的详图上写明该建筑构配件的名称或型号，就不必在平面图、立面图、剖面图上绘索引符号了。

建筑详图的主要内容有：图名（或详图符号）、比例；表达出构配件各部分的构造连接方法及相对位置关系；表达出各部位、各细部的详细尺寸；详细表达构配件或节点所用的各种材料及其规格；有关施工要求及制作方法说明等。

18.2 建筑制图标准

为了使房屋建筑图样基本统一，清晰简明，保证图面质量，提高绘图效率和符合设计、施工、存档等要求，制图时应采用统一的制图标准。我国现行标准是《房屋建筑制图统一标准》（GB/T 50001-2001），它规定了图纸幅面、图线、比例、字体、尺寸标注、建筑材料图例等方面的制图要求。进行建筑图设计时，要严格按照这些标准进行。

18.2.1 图纸幅面

图纸幅面即图纸的长边和短边确定的长方形图纸的大小。图纸幅面的大小用幅面代号来表示，基本幅面的代号是A0、A1、A2、A3、A4，表18-1列出了基本幅面的尺寸。

表18-1 基本幅面尺寸 （单位：mm）

幅面代号	A0	A1	A2	A3	A4
B×1	841×1189	594×841	420×594	297×420	210×297
a	25				
c	10		5		

规定每张图纸都要画出图框，图框线用粗实线绘制，图框格式分为留有装订边和不留装订边两种。图纸分横式和立式两种幅面，图纸长边置于水平方向为横式，图纸短边置于水平方向为立式（见图18-1）。一般A0 ~ A3幅面的图纸宜横式使用，必要时也可立式使用。4条边上均应附有对中标志，对中标志应画在幅面线中点处。

如图18-8所示，b、l为图纸短边、长边尺寸，a、c为装订边、非装订边和不留装订边的尺寸（即图框线与图幅线的间隔）。基本幅面长边与短边的比例是$b:l = 1:\sqrt{2}$。A0号图纸的面积为$1m^2$，A1号是A0号的对开，A2号是A1号的对开，以下类推。画图时应优先选择基本幅面，需要时也可选择表18-2中规定的加长幅面。

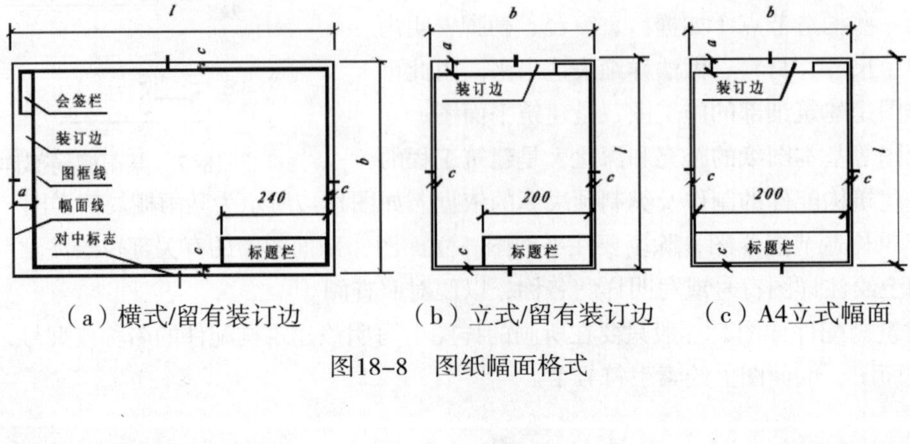

（a）横式/留有装订边 （b）立式/留有装订边 （c）A4立式幅面

图18-8 图纸幅面格式

表18-2　图纸长边加长尺寸　（单位：mm）

幅面尺寸	长边尺寸	长边加长后尺寸
A0	1189	1486　1635　1783　1932　2080　2230　2378
A1	841	1051　1261　1471　1682　1892　2102
A2	594	743　891　1041　1189　1338　1486　1635　1783　1932　2080
A3	420	630　841　1051　1261　1471　1682　1892

加长幅面的尺寸是由基本幅面的短边成整数倍增加后得出的（如A3×3的幅面尺寸是A3幅面的长边尺寸420和3倍的短边尺寸891）。加长幅面的图框尺寸，按所选用的基本幅面大一号的图框尺寸确定。

图纸标题栏简称图标。各种幅面的图纸，不论竖放或横放，均应在图框内画出标题栏，标题栏的内容和格式应符合《房屋建筑制图统一标准》（GB/T　50001-2001）规定。但学校里制图作业中的标题栏可以按照图18-9所示的格式绘制。图框线和图标线的线宽应符合表18-3的规定。

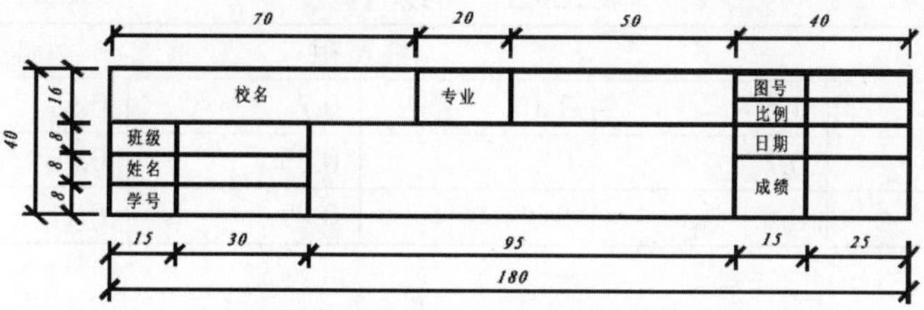

图18-9　制图作业的标题栏

表18-3　图框线、图标线的线宽　（单位：mm）

幅面代号	图框线	图标线	
		外框线	分格线
A0、A1、A2	1.4	0.7	0.35
A3	1.0	0.7	0.35

18.2.2　线条

与AutoCAD机械方面的应用类似，在建筑制图中，应根据图样的内容选用不同形式和不同粗细的图线。土建制图中，常用的图线有粗实线、中实线、细实线、虚线、点画线、双画线、折断线和波浪线等。表18-4列出了这些图线的线型、线宽和一般用途。

图线的线宽是指图线的粗细程度，分粗、中、细3个层次，粗线、中粗线和细线的宽度比率为1∶0.5∶0.35，在同一图样中，同类图线的宽度应一致。每个图样都应根据复杂程度与比例大小，先确定基本线宽d，再选用表18-5中适当的线宽粗。制图作业常取0.7线宽粗。

表18-4　常用图线的种类及用途

名　称	线　型	线　宽	用　途
粗实线		d	主要可见轮廓线
中实线		0.5d	可见轮廓线
细实线		0.35d	可见轮廓线、图例线等

（续 表）

中虚线		0.5d	不可见轮廓线
细点画线		0.35d	中心线、对称线等
细双点画线		0.35d	假想轮廓线、成型前原始轮廓线
折断线		0.35d	断开界线
波浪线		0.35d	断开界线

表18–5　图线的宽度　（单位：mm）

线宽比	线宽粗					
粗d	2.0	1.4	1.0	0.7	0.5	0.35
中0.5d	1.0	0.7	0.5	0.35	0.25	0.18
细0.35d	0.7	0.5	0.35	0.25	0.18	

18.2.3　图形比例

所谓图形比例，是指图形与实物相对应的线性尺寸之比成为比例。比例应以阿拉伯数字表示。比值等于1的比例（即1：1）称原值比例，比值大于1的比例（如2：1）称放大比例，比值小于1的比例（如1：2）称缩小比例。比值的大小就是比例的大小（如1：50大于1：100）。

一般情况下，一个图样应选用一种比例。根据专业制图的需要，同一图样可选用两种比例，并将比例注写在图名的右下方，字的底边线要取平，比例的字号应比图名的字号小一号或两号。如图18–10所示，左例是将比例直接写在图名的右侧，图名下加一条水平的粗实线；右侧是用详图符号兼作图名，比例也是写在它的右侧。

图18–10　比例的注写

需要按比例绘制图样时，应在表18–6规定的系列中选取适当的比例。

表18–6　绘图所用的比例

常用比例	1：1、1：2、1：5、1：10、1：20、1：50、1：100、1：150、1：200、1：500、1：1000、1:2000、1:5000、1：:10000、1：20000、1：50000、1：100000、1：200000
可用比例	1：3、1：4、1：6、1：15、1：25、1：30、1：40、1：60、1：80、1：250、1：300、1：400、1：600

18.2.4　字体

建筑图与机械图类似，图形中都会有很多诸如标注等字母和汉字等。图样和技术文件中书写的汉字、数字、字母或符号必须做到笔画清晰、字体端正、排列整齐、间隔均匀。字迹潦草，不仅影响图样质量，而且可能导致不应有的差错，给国家、集体造成损失。制图中常用的字有汉字、阿拉伯数字和拉丁字母，有时也会出现罗马数字、希腊字母等。

对于建筑图中汉字的书写，应采取国家正式公布的简化字，并用长仿宋体书写。对于字母和数字的书写也有具体的规定，如表18-7所示。

表18-7　阿拉伯数字、拉丁字母、罗马数字的规格

		一般字体	窄字体
字母高	大写字母	h	h
	小写字母（上下均无延伸）	(7/10) h	(10/14) h
小写字母向上或向下延伸部分		(3/10) h	(4/14) h
笔画宽度		(1/10) h	(1/14) h
间隔	字母间	(2/10) h	(2/14) h
	上下行底线间最小间隔	(14/10) h	(20/14) h
	文字间最小间隔	(6/10) h	(6/14) h

18.2.5 尺寸标注

尺寸标注在图纸中是非常重要的一部分。建筑工程施工是根据图纸上的尺寸进行的，因此在绘图时必须保证所标注的尺寸完整、清楚和准确。下面介绍制图标准中常用尺寸的标注方法。

1. 尺寸的组成

图样中的尺寸，由尺寸界线、尺寸线、尺寸起止符号和尺寸数字组成，如图18-11所示。

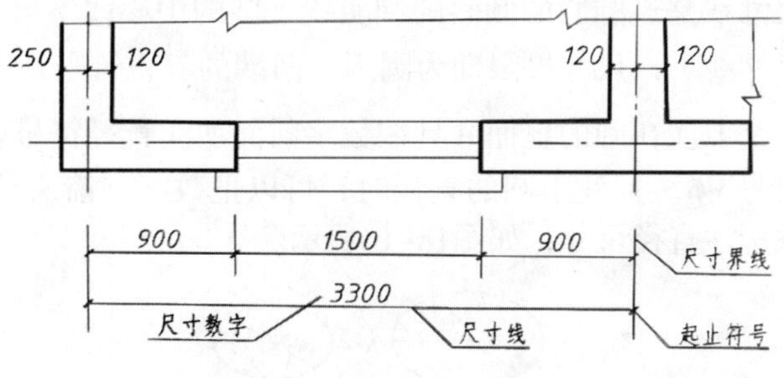

图18-11　尺寸标注的基本方法

- 尺寸界线：尺寸界线用来限定所注尺寸的范围，应用细实线绘制，一般应与被注长度垂直，其一端应离开图样轮廓线不小于2mm，另一端宜超出尺寸线2～3mm。必要时，图样轮廓线可用作尺寸界线。
- 尺寸线：尺寸线用来表示尺寸的方向，用细实线绘制，应与被注长度平行，且不宜超出尺寸界线。若尺寸线分几层排列，应从图形轮廓线向外先画较小的尺寸线，后画较大的尺寸线，尺寸线的间距要一致，约7~10mm。任何图线均不得用作尺寸线。
- 起止符号：起止符号用以表示尺寸的起止，一般应用中粗斜短线绘制，其倾斜方向应与尺寸界线成顺时针45° 角，长度宜为2~3mm。半径、直径、角度与弧长的尺寸起止符号，宜用箭头表示。
- 尺寸数字：图样上的尺寸数字为物体的实际大小，与采用的比例无关。尺寸数字一律用阿拉伯数字书写。建筑工程图上的尺寸单位，除标高及总平面图以m为单位外，其余均必须以mm为单位（可省略不写）。尺寸数字一般写在尺寸线的中部，如图18-12（a）所示。水平方向的尺寸，尺寸数字要写在尺寸线的上面，字体朝上；竖直方向的尺寸，尺寸数字要写在尺寸线的左侧，字头朝左。如果尺寸数字在30° 斜线区内，宜按图18-12（b）的形式注写。尺寸数字如果没有足够的注写位置，最外边的尺寸数字可注写在尺寸

界线的外侧，中间相邻的尺寸数字可错开注写，也可引出注写。

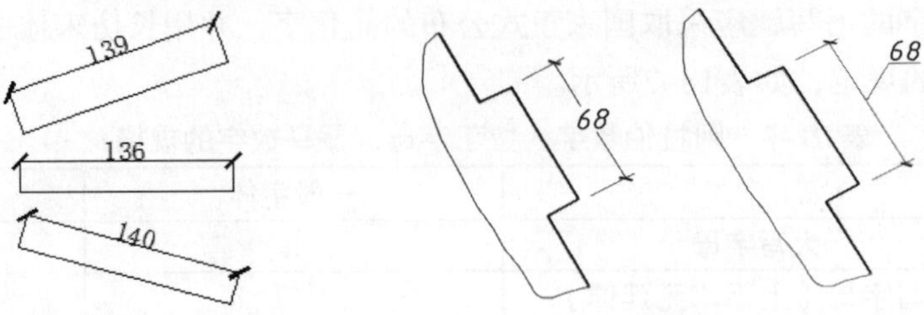

（a）数字位置　　（b）倾斜标注

图18-12　尺寸数字

2. 尺寸的排列与布置

尺寸宜标注在图样轮廓线以外，不宜与图线、文字及符号等相交。图线不得穿过尺寸数字，不可避免时，应将尺寸数字处的图线断开，如图18-13所示。

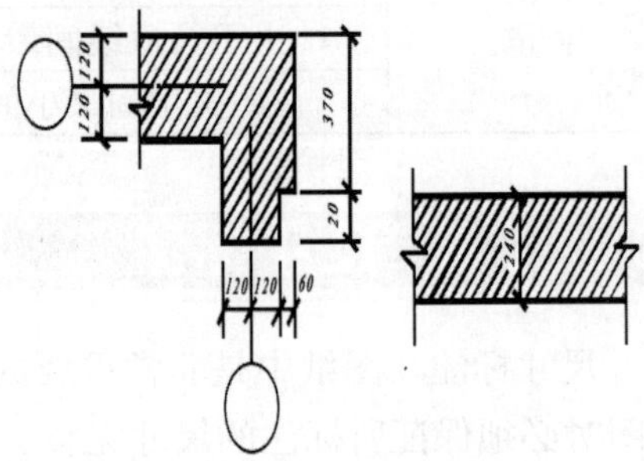

图18-13　尺寸不宜与图线相交

3. 直径、半径和球的尺寸标注

（1）直径尺寸

标注圆（或大于半圆）的尺寸时要标注直径。直径的尺寸线是过圆心的倾斜的细实线（圆的中心线不可作为尺寸线），尺寸界限即为圆周，两端的起止符号规定用箭头（箭头的尖端要指向圆周），尺寸数字一般注在圆的里面并且在数字前面加注直径符号ϕ标注球的直径尺寸时，应在尺寸数字前加注符号Sϕ。标注小圆的直径时，可以把数字、箭头移到圆的外面。特殊情况时，也可按线段的形式标注直径尺寸，如图18-14所示。

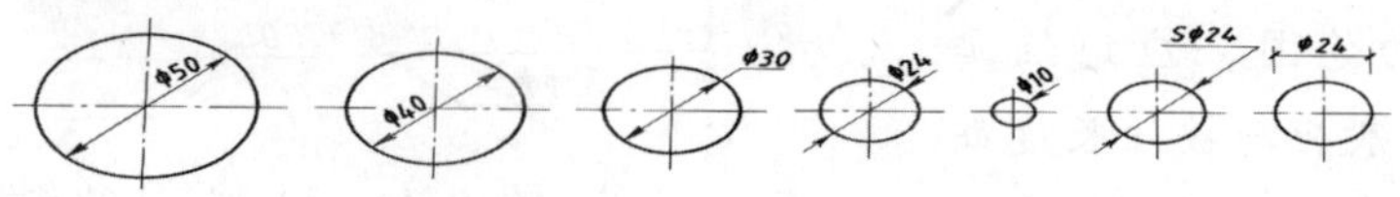

图18-14　直径的尺寸标注

（2）半径尺寸

标注半圆（或小于半圆）的尺寸时要标注半径。半径的尺寸线应一端从圆心开始，另一端画箭头指至圆弧。半径数字前应加注半径符号R（见图18-15）。

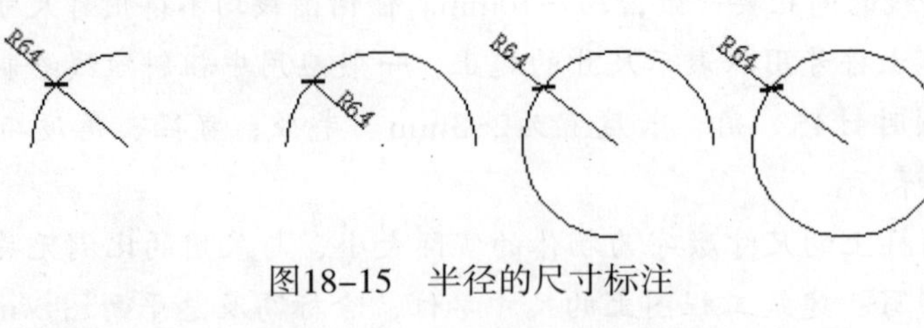

图18-15　半径的尺寸标注

4. 角度、弧长和弦长的尺寸标注

（1）弦长尺寸

标注圆弧的弦长时，尺寸线应以平行于该弦的直线表示，尺寸界线应垂直于该弦，起止符号应以中粗短线表示，如图18-16（a）所示。

（2）弧长尺寸

标注圆弧的弧长时，尺寸线用与该圆弧同心的圆弧线表示，尺寸界线应垂直于该圆弧的弦，起止符号应以箭头表示，弧长数字的上方应加注圆弧符号，如图18–16（b）所示。

（3）角度尺寸

角度的尺寸线应以圆弧线表示。该圆弧的圆心应是该角的顶点，角的两个边为尺寸界线。角度的起止符号应以箭头表示，如没有足够的位置画箭头，可以用圆点代替。角度数字应水平方向注写，如图18–16（c）所示。

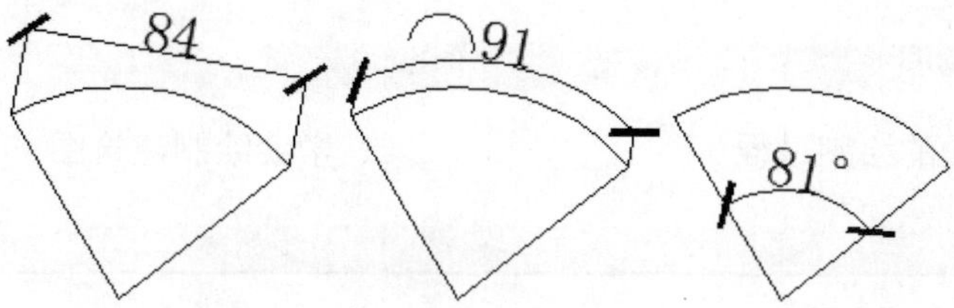

（a）　弦长　　（b）　弧长　　（c）　角度

图18–16　弦长、弧长、角度的标注方法

还有一些其他的标注方式及特殊的标注样式，都与机械图设计的标注类似，这里就不做详细的介绍。

18.2.6　填充

与机械图形中的图形填充相同，在建筑图中，也提供了很多图案样例，建筑工程中所用建筑材料要用材料图例来表示。常用的建筑材料图例如图18–17所示，其余的建筑材料图例不再做详细的介绍。

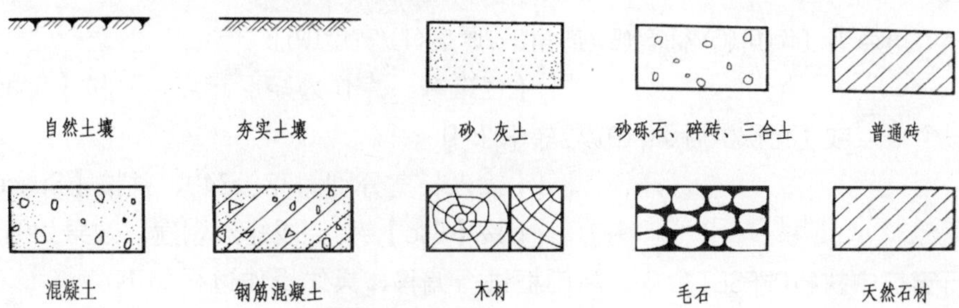

图18–17　常用建筑材料图例

18.3　本章小结

本章在已有的机械制图基础上介绍了建筑设计的内容、原则、过程等建筑图设计的基本知识，同时介绍了国家标准中对建筑制图及建筑施工图的有关规定，详细阐述建筑施工图中平面图、剖面图及立面图的基本内容、表达方法及图幅、比例、字体、尺寸标注等的基本规定，为用户在后续章节中进行建筑施工图的绘制打下理论基础。同时也复习了前面所学的机械绘图的知识。

第19章 绘制常见建筑图

学习导航

AutoCAD的应用非常广泛，但是最为常用的是在机械和建筑上，且它们的命令都非常类似。本章将综合前面的知识，详细讲解如何使用AutoCAD绘制一些常见的建筑图。

学习重点

- □ 掌握建筑图的绘制过程
- □ 学会绘制建筑图

本章将用多个例子来综合练习前面所学的内容，达到一个学以致用的目的。同时，对于不太熟悉的命令，达到一个查缺补漏的效果。

19.1 橱柜门

橱柜门是常见的建筑图之一，下面来讲解一下它的绘制方法。

01 启动AutoCAD 2012，在系统自动新建的图形文件中单击状态栏中的“正交模式”按钮，开启正交模式，并在命令行窗口中执行REC命令，具体操作过程如下：

命令：REC　　（执行REC命令）

指定第一个角点或 [倒角(C)/标高(E)/圆角(F)/厚度(T)/宽度(W)]:

（任选择一点作为矩形起点，并按【Space】键）

指定另一个角点或 [面积(A)/尺寸(D)/旋转(R)]: D

（输入长宽分别为72、240，并按【Space】键）

（按【Esc】键 完成矩形创建，效果如图19-1所示）

02 在命令行窗口中执行OFFSET命令，将门框进行偏移，具体操作过程如下：

命令：OFFSET　　（执行OFFSET命令）

当前设置：删除源=否　图层=源　OFFSETGAPTYPE=0　　（系统提示当前设置状态）

指定偏移距离或 [通过(T)/删除(E)/图层(L)] <通过>:　6　（输入偏移距离6，按【Space】键）

选择要偏移的对象，或 [退出(E)/放弃(U)] <退出>:　　（选择刚才绘制的矩形）

指定要偏移的那一侧上的点，或 [退出(E)/多个(M)/放弃(U)] <退出>:

（向内移动鼠标并单击）

选择要偏移的对象，或 [退出(E)/放弃(U)] <退出>:　　（按【Space】键结束命令，移动后的效果如图19-2所示）

03 下面进行辅助线的创建。选择“绘图”→“直线”命令，从A出发寻找一点B，它横向与A的距离为38，纵向与A的距离为30。效果如图19-3所示。

图19-1　绘制矩形

图19-2　偏移对象

图19-3　绘制辅助线

04 在命令行窗口中执行REC命令，具体操作过程如下：

命令：REC　（执行REC命令）

指定第一个角点或　[倒角(C)/标高(E)/圆角(F)/厚度(T)/宽度(W)]：（选择图19-3中的B点作为矩形起点，并按【Space】键）

指定另一个角点或[面积(A)/尺寸(D)/旋转(R)]：D　（输入长宽分别为17和17，并按【Space】键）

按【Esc】键完成矩形创建，删除辅助线，效果如图19-4所示。

05 在命令行窗口中执行OFFSET命令，将门框进行偏移，具体操作过程如下：

命令：OFFSET　（执行OFFSET命令）

当前设置：　删除源=否　　图层=源　　OFFSETGAPTYPE=0（系统提示当前设置状态）

指定偏移距离或　[通过(T)/删除(E)/图层(L)]　<通过>：2　（输入偏移距离2，按【Space】键）

选择要偏移的对象，或　[退出(E)/放弃(U)]　<退出>：　（选择刚才绘制的矩形）

指定要偏移的那一侧上的点，或　[退出(E)/多个(M)/放弃(U)]　<退出>：

（向内移动鼠标并单击）

选择要偏移的对象，或　[退出(E)/放弃(U)]　<退出>：　（按【Space】键结束命令，移动后的效果如图19-5所示）

06 设置边长为17的矩形的左上和左下角分别为A、B两点。打开对象捕捉命令，选择里面的两个小矩形后单击鼠标右键，在快捷菜单中选择“复制选择”并选择A点为复制基点，效果如图19-6所示。在A处单击后开始捕捉粘贴点，这里选择B点为粘贴点，效果如图19-7所示。

图19-4　绘制矩形

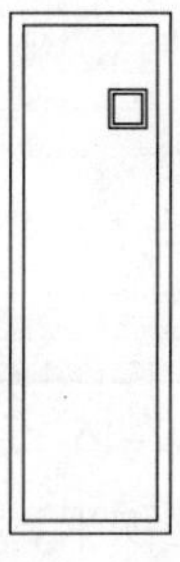
图19-5　偏移

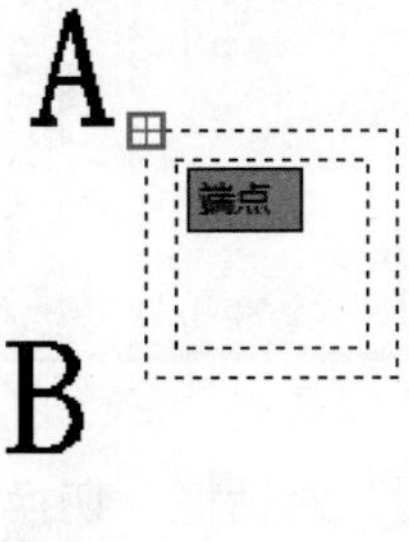

图19-6　选择复制点

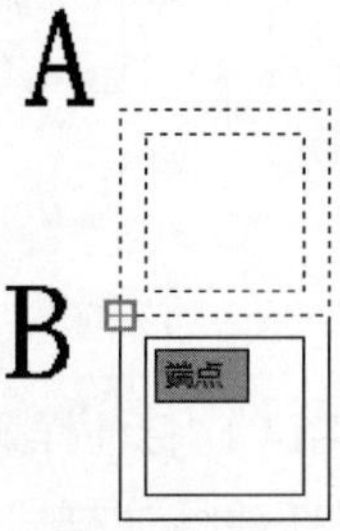

图19-7　粘贴对象

07 用同样的方法复制7次，一共完成8组矩形框，效果如图19-8所示。在命令行窗口输入L，执行直线命令，绘制一条直线，它距内侧大矩形的下方的边18，效果如图19-9所示。

08 下面进行图案填充。选择“绘图”→“图案填充”命令，系统弹出“图案填充和渐变色”对话框，单击“样例”后面的图案，系统弹出“填充图案选项板”，里面有多种图案供选择，这里选择NET3，如图19-10。单击“确定”后按钮返回对话框，设置“比例”为2，其余选择默认，完成的填充效果如图19-11所示。

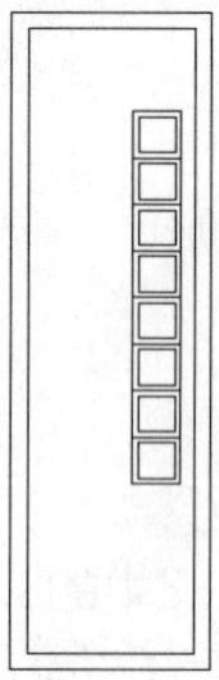

图19-8 复制

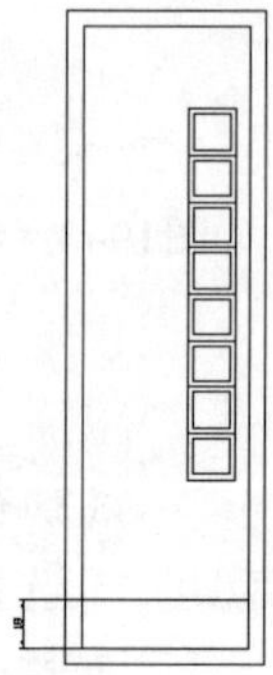

图19-9 绘制线

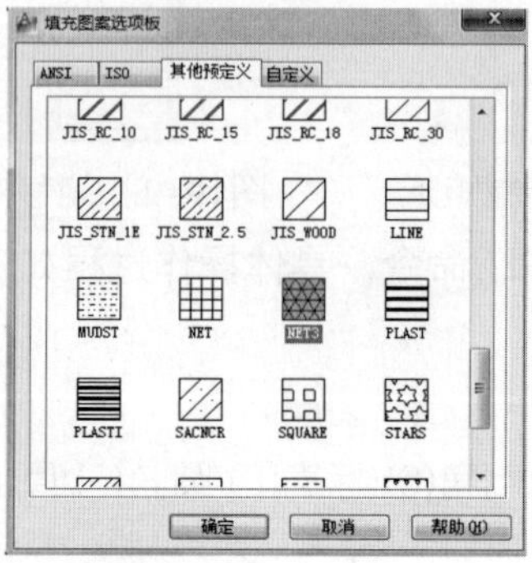

图19-10 图案

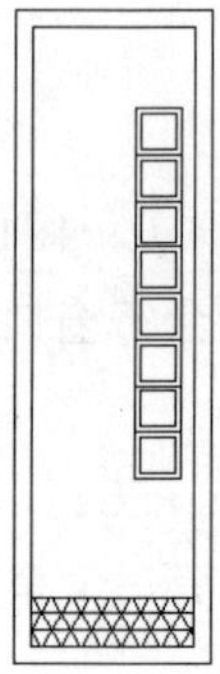

图19-11 填充效果

09 下面镜像出另一扇门的效果。选择“修改”→“镜像”命令，系统提示“选择对象：”对话框，框选所有图形后单击右键，系统提示寻找镜像中心线，这里选择如图19-12所示的AB线。然后单击右键选择“确定”命令，完成的镜像效果如图19-13所示。

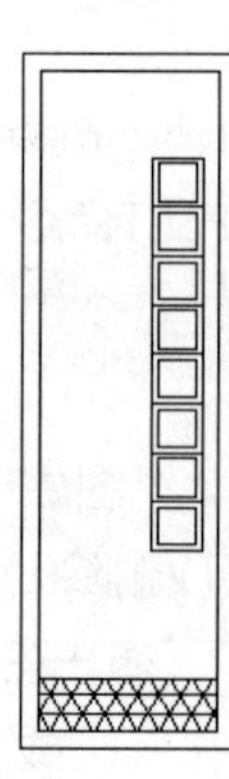

图19-12 选择对象

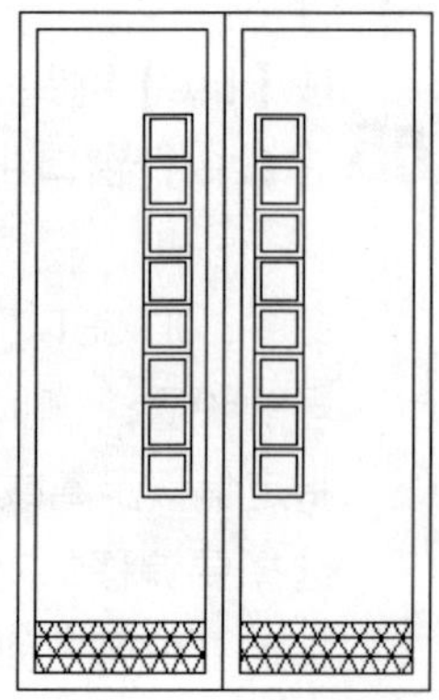

图19-13 镜像效果

10 下面进行尺寸标注。在命令行窗口输入DIMSTYLE，执行设置标注样式命令。弹出“标注样式管理器”对话框，单击“新建”按钮，如图19-14所示。弹出“创建新标注样式”对话框，在“新样式名”文本框中输入文本“橱柜门”，其余保持默认设置不变，如图19-15所示，然后单击“继续”按钮。

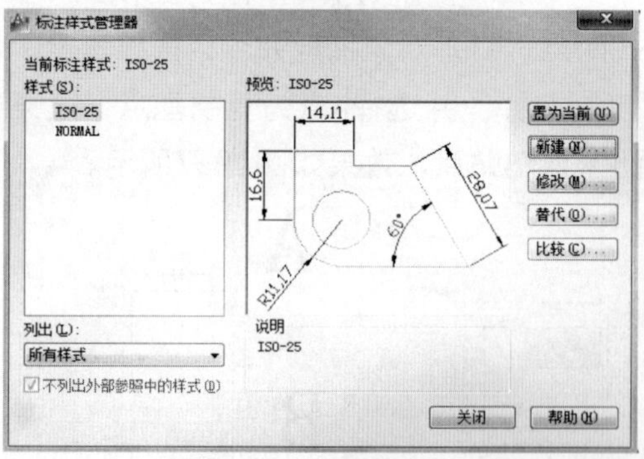

图19-14 “标注样式管理器”对话框

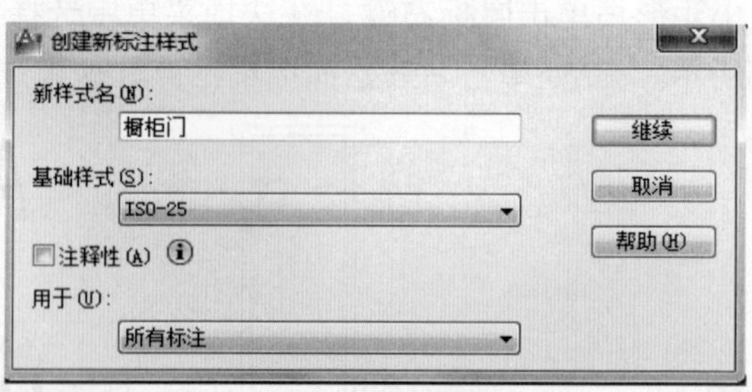

图19-15 新建标注样式

11 弹出“新建标注样式：橱柜门”对话框，切换至“线”选项卡，在“超出尺寸线”数值框中输入2，在“起点偏移量”数值框中输入1，如图19-16所示。

12 切换至“符号和箭头”选项卡，在“箭头”选项组中的“第一个”下拉列表中选择“建筑标记”选项，在“箭头大小”数值框中输入5，如图19-17所示。

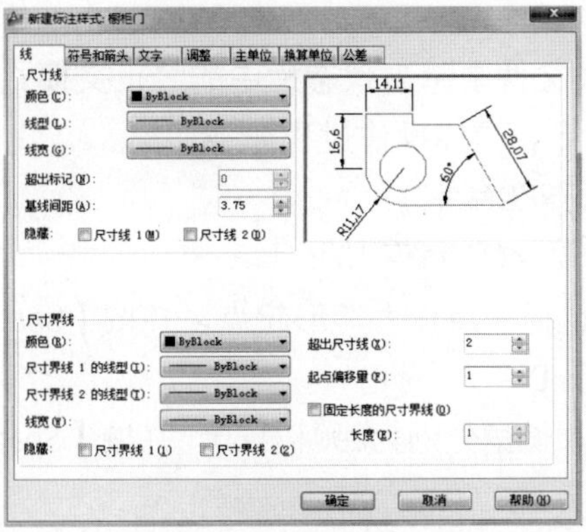

图19-16　设置标注线

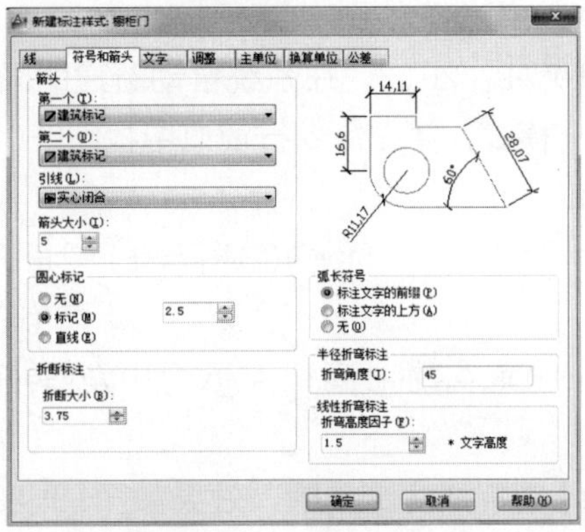

图19-17　设置箭头

13 切换至“文字”选项卡，在“文字高度”数值框中输入6，在“文字位置”选项组的“从尺寸线偏移”数值框中输入1，如图19-18所示。

14 切换至“主单位”选项卡，在“线性标注”选项组中的“精度”下拉列表中选择0，单击“确定”按钮，如图19-19所示。

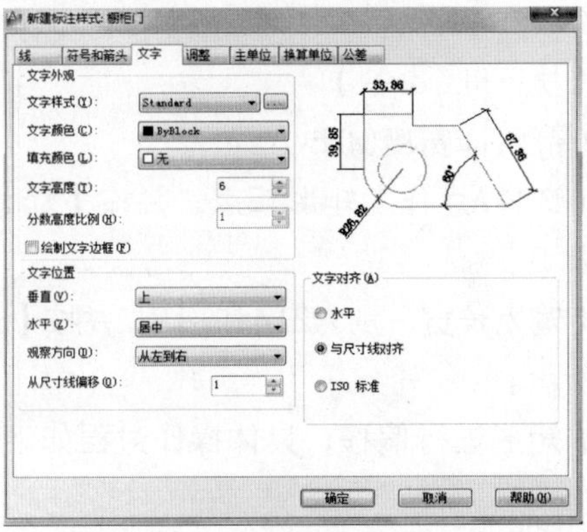

图19-18　设置“文字”

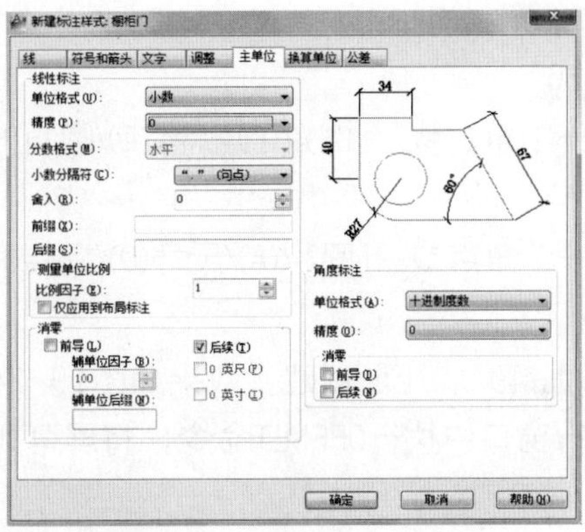

图19-19　设置“主单位”

15 返回“标注样式管理器”对话框，如图19-20所示，单击“置为当前”按钮，再单击“关闭”按钮，关闭该对话框，完成标注样式的设置。

16 在命令行窗口中输入DIMLIN命令，对图中的一些关键尺寸进行标注，标注后的效果如图19-21所示（光盘:\最终文件\第19章\橱柜门.dwg）。

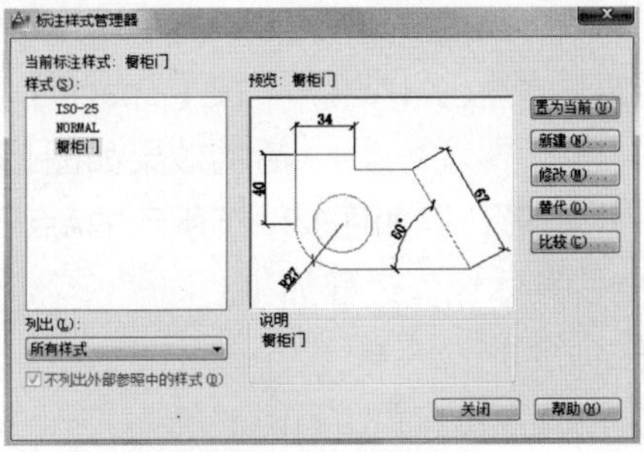

图19-20　置为当前

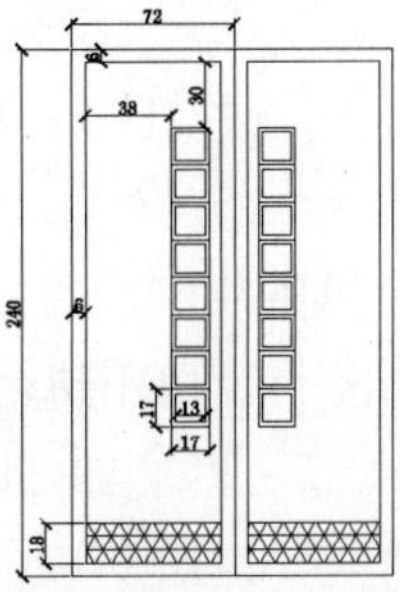

图19-21　标注效果

19.2 电视机

下面进行电视机的绘制。

01 启动AutoCAD 2012，在系统自动新建的图形文件中单击状态栏中的“正交模式”按钮，开启正交模式，并在命令行窗口中执行REC命令，具体操作过程如下：

命令：REC　　　　　　　　　　　（执行REC命令）
指定第一个角点或 [倒角(C)/标高(E)/圆角(F)/厚度(T)/宽度(W)]:
　　　　　　　　　　　　　　　（任选择一点作为矩形起点，并按【Space】键）
指定另一个角点或 [面积(A)/尺寸(D)/旋转(R)]: D
　　　　　　　　　　　　　　　（输入长宽分别为290和160，并按【Space】键）

按【Esc】键完成矩形创建，效果如图19-22所示。

02 在命令行窗口中输入L，执行直线绘制命令。以上一步创建的矩形的左上角为基点，分别向右和向下偏移38、12的距离，找到如图19-23所示的A点。

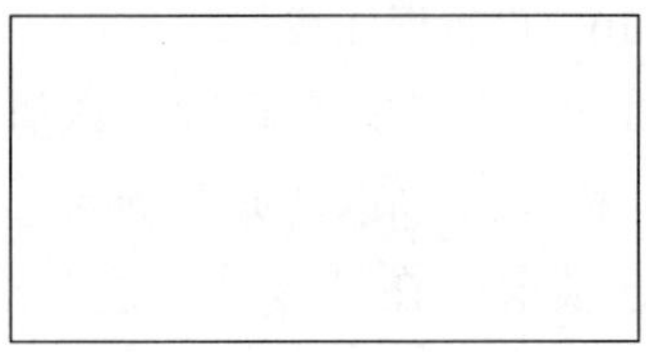

图19-22　绘制矩形

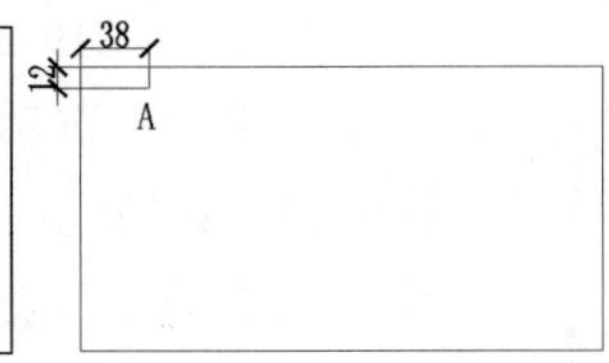

图19-23　找基准点

03 在命令行窗口中执行REC命令，具体操作过程如下：

命令：REC　　　　　　　　　　　（执行REC命令）
指定第一个角点或 [倒角(C)/标高(E)/圆角(F)/厚度(T)/宽度(W)]:
　　　　　　　　　　　　　　　（选择A点作为矩形起点，并按【Space】键）
指定另一个角点或 [面积(A)/尺寸(D)/旋转(R)]: D
　　　　　　　　　　　　　　　（输入长宽分别为214和119，并按【Space】键）

按【Esc】键完成矩形创建，效果如图19-24所示。

04 在命令行窗口中执行OFFSET命令，将屏幕处的矩形进行偏移，具体操作过程如下：

命令：OFFSET　　　　　　　　　　（执行OFFSET命令）
当前设置：删除源=否　图层=源　OFFSETGAPTYPE=0（系统提示当前设置状态）
指定偏移距离或 [通过(T)/删除(E)/图层(L)] <通过>: 4　（输入偏移距离4，按【Space】键）
选择要偏移的对象，或 [退出(E)/放弃(U)] <退出>:　（选择刚才绘制的矩形）
指定要偏移的那一侧上的点，或 [退出(E)/多个(M)/放弃(U)] <退出>:
　　　　　　　　　　　　　　　（向内移动鼠标并单击）
选择要偏移的对象，或 [退出(E)/放弃(U)] <退出>:　（按【Space】键结束命令，移动后的效果如图19-25所示）

05 下面进行两侧喇叭的绘制。首先绘制一个矩形，以如图19-26所示的A点正下方11处为基点绘制矩形。在命令行窗口中执行REC命令，具体操作过程如下：

命令：REC　　　　　　　　　　　（执行REC命令）
指定第一个角点或 [倒角(C)/标高(E)/圆角(F)/厚度(T)/宽度(W)]:
　　　　　　　　　　　　　　　（选择A点下方11处的B点作为矩形起点，并按【Space】键）

指定另一个角点或 [面积(A)/尺寸(D)/旋转(R)]: D

（输入长宽分别为26和123，并按【Space】键）

按【Esc】键完成矩形创建，效果如图19-27。

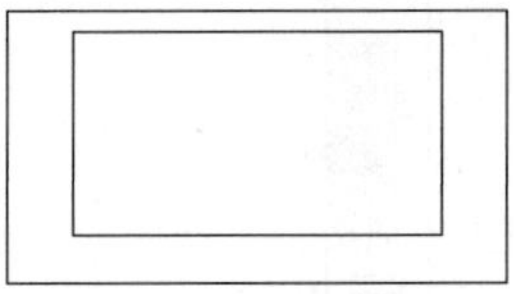
图19-24　绘制矩形

图19-25　偏移对象

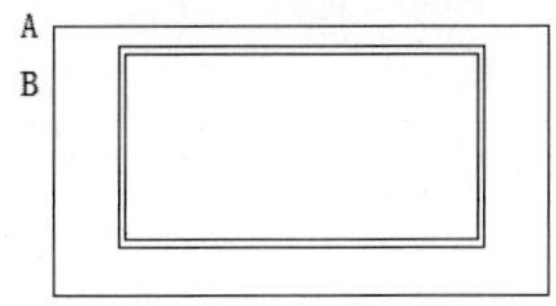

图19-26　寻找基点

图19-27　绘制矩形

06 用同样的方法创建矩形，矩形的基点为如图19-28所示的距大矩形的水平及竖直距离分别为9和6，绘制一个长和宽分别为19和8的矩形，绘制方向是右上角；再以图中B点为基点绘制一个矩形，矩形的长和宽分别为117和19，绘制方向是左下角。完成的矩形绘制效果如图19-29所示。

07 在命令行窗口中输入L执行直线绘制命令。这时系统提示指定第一点，选择最大矩形的左下角点为第一点，并在命令行窗口中输入7，将鼠标移向正右方后单击；然后在命令行窗口中输入12，将鼠标移向正下方后单击；然后在命令行窗口中输入263，将鼠标移向正右方后单击；最后在命令行窗口中输入12，将鼠标移向上方后单击；按【Esc】键退出直线命令，完成的线条绘制效果如图19-30所示。

08 按【Enter】键继续执行画直线命令，选择图19-30所示的最左下角点为直线起点。在命令行输入5，并将鼠标移向左方后单击；再在命令行窗口中输入7，将鼠标移向下方后单击；在命令行窗口中输入65，将鼠标移向右方后单击鼠标；继续在命令行输入，将鼠标移向正上方单击鼠标，按【Esc】键退出直线绘制命令，完成的直线绘制效果如图19-31所示。

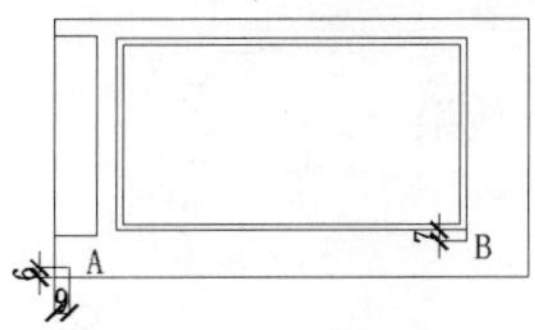

图19-28　矩形参考点

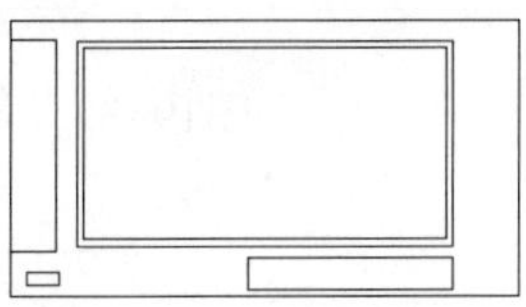
图19-29　矩形绘制

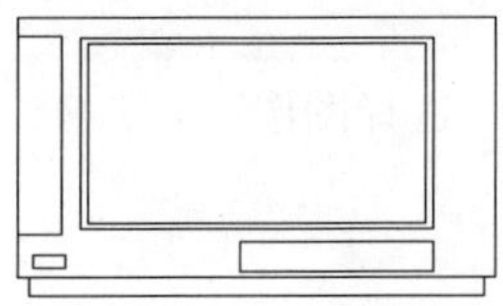
图19-30　绘制直线

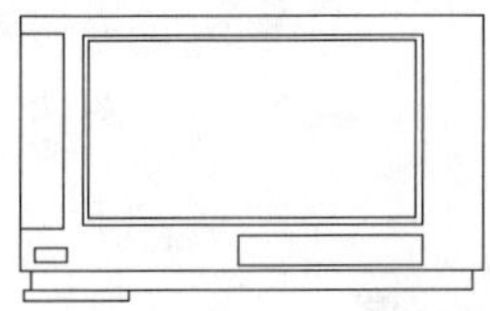
图19-31　绘制底座

09 在菜单栏中选择“修改”→“镜像”命令，选择如图19-32所示的图形为镜像对象。选择直线AB为镜像中心线（A、B分别为上下两条直线的中点）。镜像后的效果如图19-33所示。

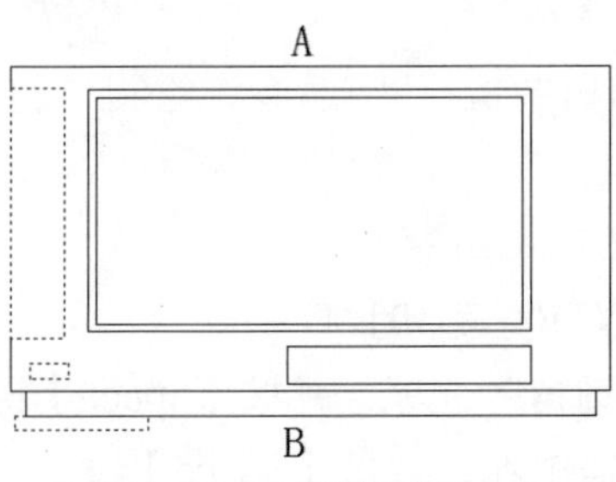

图19-32　镜像对象

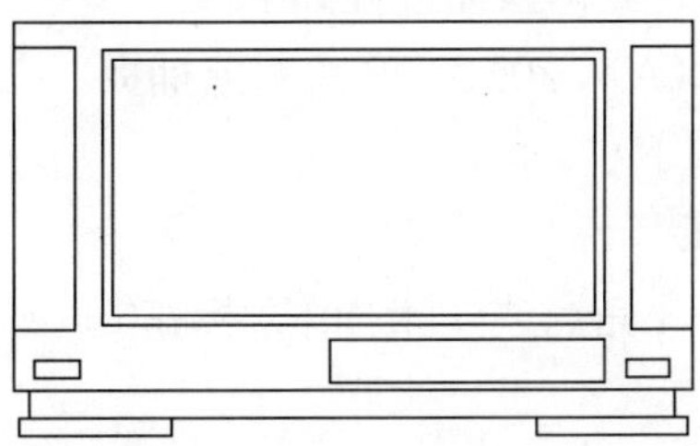
图19-33　镜像效果

10 在菜单栏中选择“绘图”→“填充”命令，系统弹出“图案填充和渐变色”对话框。单击“样例”后面的图样，系统弹出“填充图案选项板”对话框，这里选择ANSI选项卡中的ANSI37，如图19-34所示。拾取填充点，这里选择两侧的矩形为填充对象，然后单击“确定”按钮。完成的填充效果如图19-35所示。

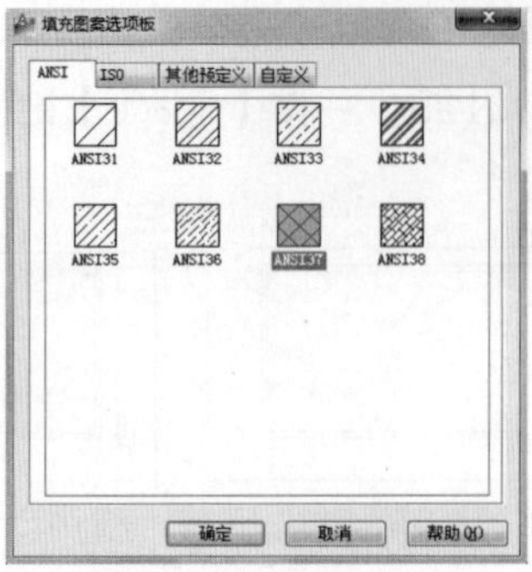

图19-34　选择图案

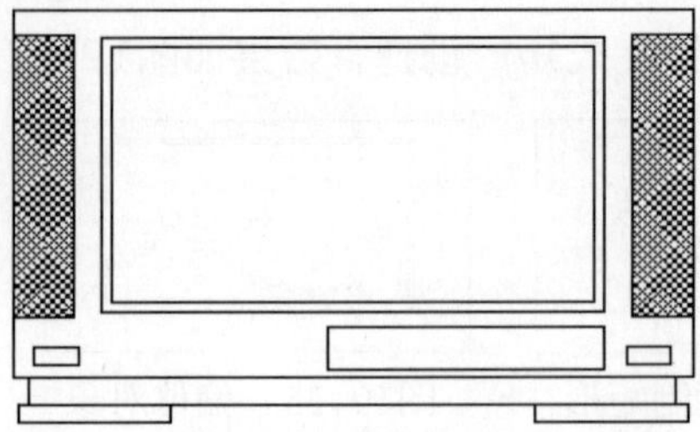

图19-35　填充效果

11 为了增加真实感，这里将屏幕处的内外矩形对应的点用直线连起来，同时，在屏幕中插入光栅图像。选择菜单栏中的“插入”→“光栅图像对象”命令，系统弹出“选择参照文件”对话框，如图19-36所示。这里选择一幅电脑的壁纸，单击“打开”按钮，然后单击“确定”按钮。选择电视机屏幕的最左下角点为插入点，然后选中图像，单击右键，对图形进行拉伸和裁剪，使之达到屏幕大小。完成的最终效果如图19-37所示（光盘:\最终文件\第19章\电视.dwg）。

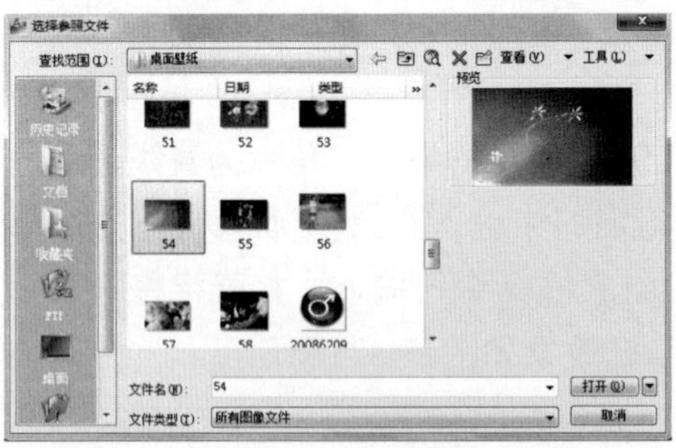

图19-36　选择图像

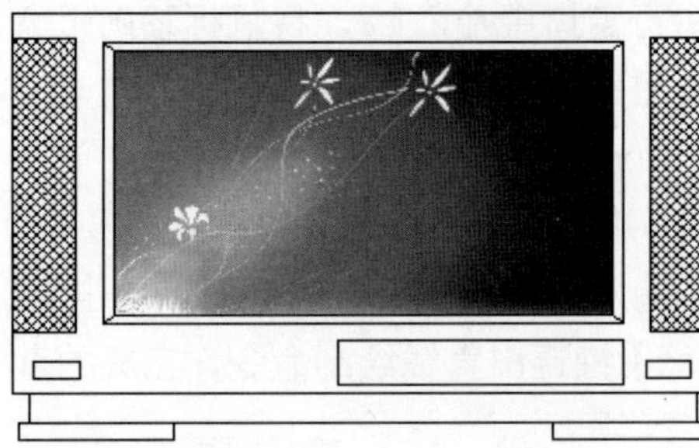

图19-37　最终效果

19.3 马桶

马桶是一种常见的家用设备，它是由水箱、坐便器、冲水手柄等部分组成。下面详细讲解绘制马桶的方法，具体操作过程如下。

01 启动AutoCAD　2012，开启对象捕捉，在命令行窗口中执行REC命令，绘制马桶水箱，具体操作过程如下：

命令: REC　　（执行RECTANG命令）

指定第一个角点或　[倒角(C)/标高(E)/圆角(F)/厚度(T)/宽度(W)]: F

（选择“圆角”选项，并按【Space】键确认选择）

指定矩形的圆角半径　<0.0000>: 20　　（输入半径值20，并按【Space】键确认输入）

指定第一个角点或　[倒角(C)/标高(E)/圆角(F)/厚度(T)/宽度(W)]:

（单击绘图区的空白处）

指定另一个角点或　[面积(A)/尺寸(D)/旋转(R)]: @300，140

（输入坐标值（@300，140），并按【Space】键结束命令，效果如图19-38所示）

02 选择“绘图”→“圆弧”→“起点、端点、半径”命令，选择图19-38中的矩形的下面直线的两个端点为起点和端点，并在命令行窗口中输入半径为400。按【Enter】键完成圆弧绘制命令，效果如图19-39所示。

03 选中四边形，在菜单栏中选择“修改”→“分解”命令，将对象进行分解，并且将最下面的直线删除，效果如图19-40所示。

04 在命令行窗口中执行O命令，以绘图区中的所有图形为源对象，向内部偏移15，效果如图19-41所示。

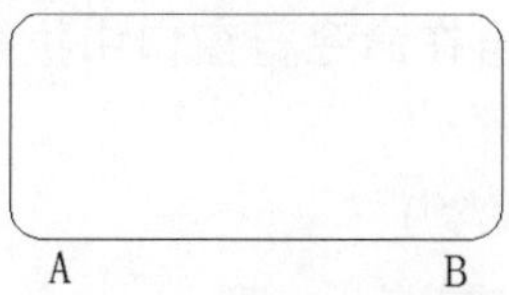

图19-38　绘制圆角矩形

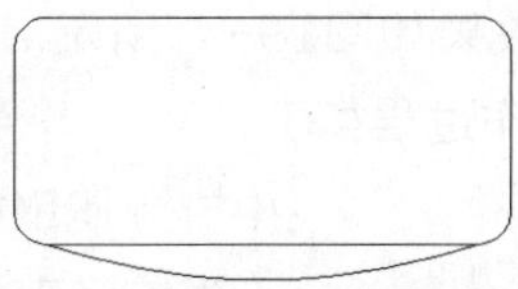
图19-39　绘制圆弧

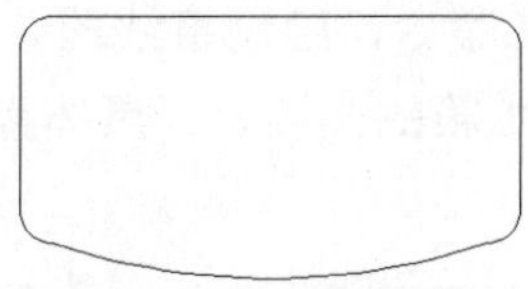
图19-40　删除对象

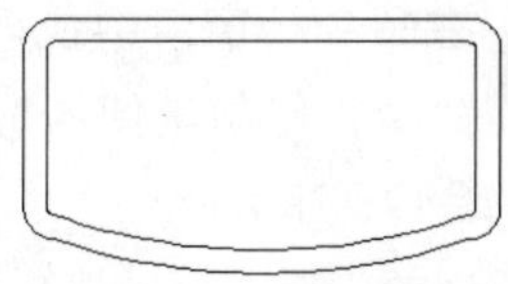
图19-41　偏移对象

05 在命令行窗口中执行ELLIPSE命令，绘制坐便器，具体操作过程如下：

命令：ELLIPSE　（执行ELLIPSE命令）
指定椭圆的轴端点或　[圆弧(A)/中心点(C)]：C　（选择“中心点”选项，并按【Space】键确认选择）
指定椭圆的中心点：FROM　（执行FROM命令）
基点：　（单击如图19-42所示的A点）
<偏移>：@0，-240　（输入坐标值（@0，-240），并按【Space】键确认）
指定轴的端点：@0，200　（输入坐标值（0，200）并按【Space】键确认）
指定另一条半轴长度或　[旋转(R)]：@150，0　（输入坐标值（150，0），按【Space】键确认并结束该命令，绘制完成的效果如图19-43所示）

06 在命令行窗口中执行O命令，以上一步绘制的椭圆为源对象，向椭圆内部偏移15，效果如图19-44所示。

07 在命令行窗口中执行L命令，绘制坐便器左边与水箱的连接线，具体操作过程如下：

命令：L　（执行LINE命令）
指定第一点：FROM　（执行FROM命令）
基点：　（单击如图19-42所示的A点）
<偏移>：@-40，30　（输入坐标值（@-40，30），并按【Space】键确认）
指定下一点或　[放弃(U)]：@-60，-250　（输入坐标值（@-60，-250），并按【Space】键确认
指定下一点或　[放弃(U)]：　（按【Space】键结束命令，绘制效果如图19-45所示）

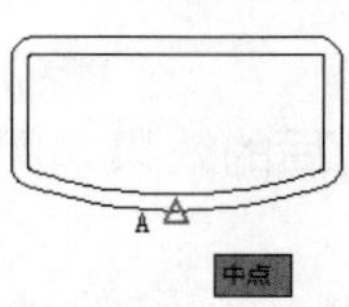

图19-42　基点

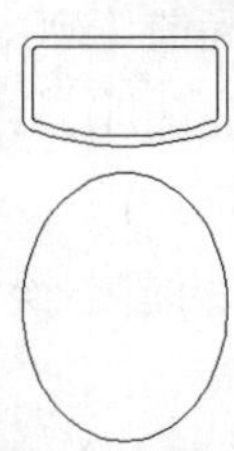
图19-43　绘制椭圆

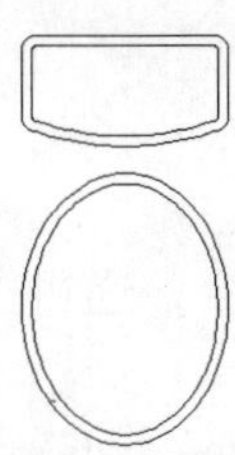
图19-44　偏移椭圆

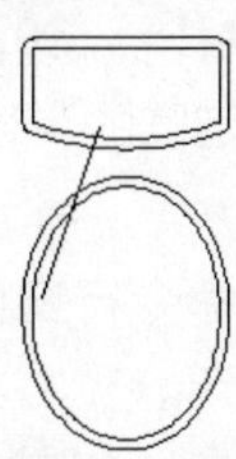
图19-45　绘制直线

08 在命令行窗口中执行MI命令，镜像坐便器左边与水箱的连接线，具体操作过程如下：

命令：MI　　（执行MIRROR命令）
选择对象：　　（选择上一步绘制的直线）
选择对象：　　（按【Space】键结束选择对象）
指定镜像线的第一点：　　（单击如图19-42所示的A点）
指定镜像线的第二点：　　（启用正交模式，在A点的垂直上方单击任意一点）
是否删除源对象？[是(Y)/否(N)] <N>：　　（按【Space】结束命令，镜像后效果如图19-46所示）

09 在命令行窗口中执行L命令，绘制直线段，效果如图19-47所示。再在命令行窗口中执行TR命令，修剪坐便器与水箱的连接处，具体操作过程如下：

命令：TR　　（执行TRIM命令）
当前设置:投影=UCS，边=无　　（当前修剪设置）
选择剪切边...　　（系统提示）
选择对象或 <全部选择>： 指定对角点： 找到 7　（选择绘图区中的所有图形对象）
选择对象:　　（按【Space】键结束选择对象）
选择要修剪的对象，或按住Shift键选择要延伸的对象，或[栏选(F)/窗交(C)/投影(P)/边(E)/删除(R)/放弃(U)]:　　（选择多余线段）
按【Space】键结束修剪命令，效果如图19-48所示。

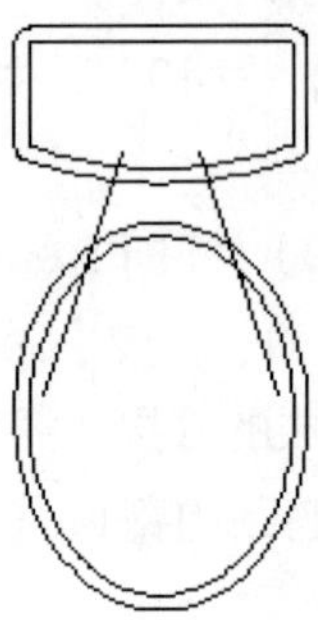
图19-46　镜像对象

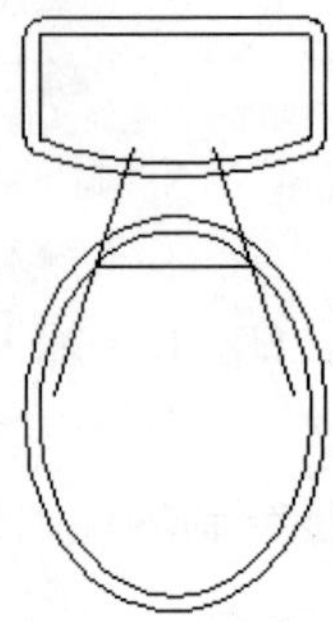
图19-47　绘制直线

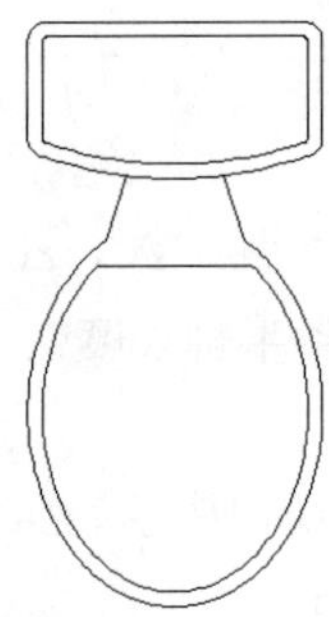
图19-48　修剪图形

10 在命令行窗口中执行C命令，绘制抽水按钮，具体操作过程如下：

命令：C　　（执行CIRCLE命令）
指定圆的圆心或 [三点(3P)/两点(2P)/切点、切点、半径(T)]：FROM
　　（执行FROM命令）
基点：　　（单击如图19-42所示的A点）
<偏移>：@0，80　　（输入坐标值（@0，80），并按【Space】键确认）
指定圆的半径或 [直径(D)]： 20　　（输入半径值20，并按【Space】键结束命令，效果如图19-49所示）

11 在命令行窗口中执行L命令，通过上一步绘制圆的圆心绘制直线，绘制后的效果如图19-50所示。

12 按照标注尺寸的方法，对其进行尺寸标注。标注后的效果如图19-51所示（光盘:\最终文件\第19章\马桶.dwg）。

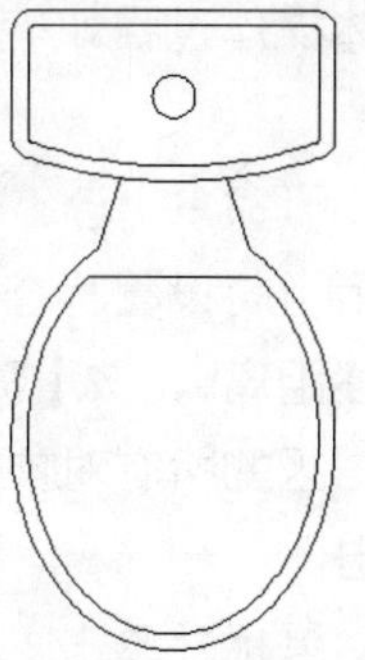

图19-49　绘制圆

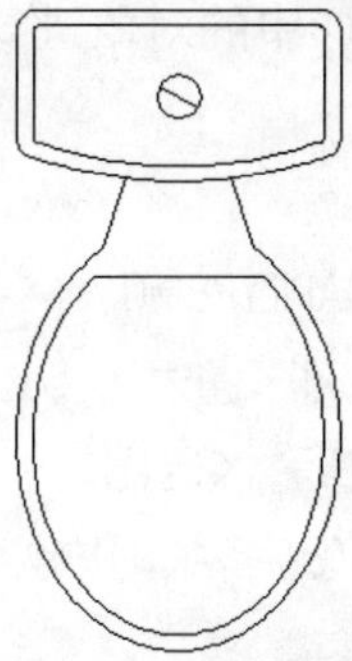

图19-50　绘制直线

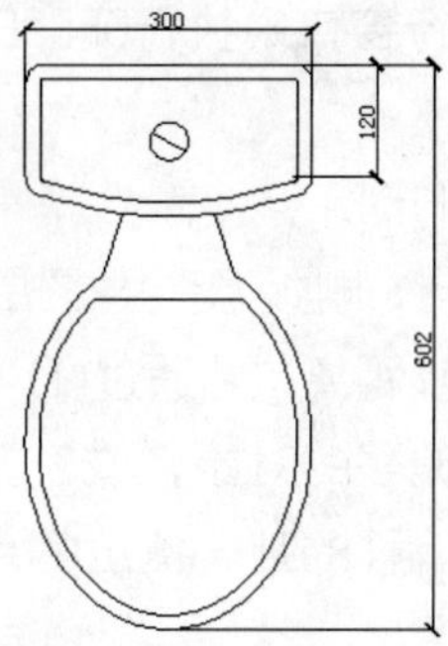

图19-51　标注效果

19.4 大门

下面进行大门的绘制。

01 启动AutoCAD　2012，在系统自动新建的图形文件中单击状态栏中的“正交模式”按钮，开启正交模式，并在命令行窗口中执行REC命令，具体操作过程如下：

命令：REC　　　　　　　　　　　　　　　　（执行REC命令）

指定第一个角点或　[倒角(C)/标高(E)/圆角(F)/厚度(T)/宽度(W)]：

（任选一点作为矩形起点，并按【Space】键）

指定另一个角点或　[面积(A)/尺寸(D)/旋转(R)]：D

（输入长宽分别为320和130，并按【Space】键）

按【Esc】键完成矩形创建，效果如图19-52所示。

02 在命令行窗口中输入L，执行直线绘制命令。以上一步创建的矩形的左上角为基点向右偏移70的距离找到图19-53中的A点，以右上角的点为基点向左偏移70，找到图19-53所示的B点。

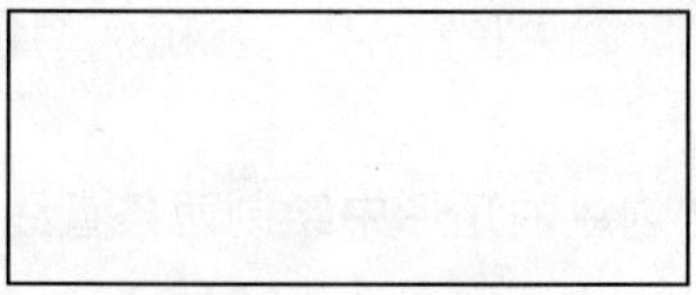

图19-52　绘制矩形

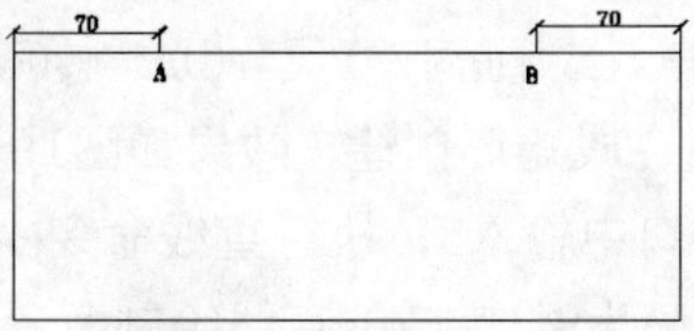

图19-53　创建辅助点

03 选择菜单栏中的“绘图”→“圆弧”→“起点、端点、半径”命令，分别选择上一步所创建的A，B两点为圆弧的起点和端点，在命令行窗口中输入半径为180，完成的圆弧绘制效果如图19-54所示。

04 选中绘制的矩形，选择菜单栏中的“修改”→“分解”命令将其分解，并通过“修改”→“修剪”命令将AB线段修剪掉。完成的效果如图19-55所示。

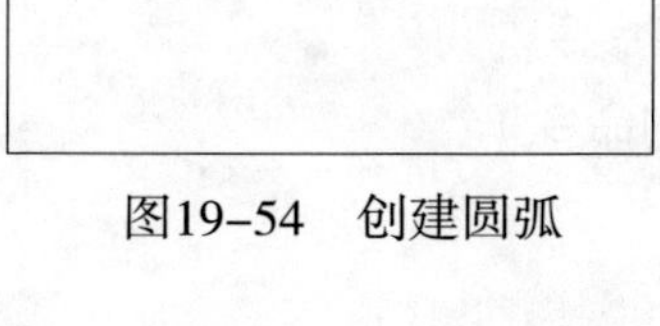

图19-54　创建圆弧

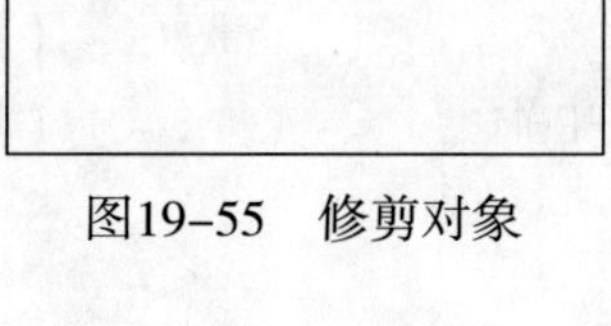

图19-55　修剪对象

05 在命令行窗口中执行OFFSET命令，将图形中的对象进行偏移，具体操作过程如下：

命令：OFFSET （执行OFFSET命令）
当前设置：删除源=否 图层=源 OFFSETGAPTYPE=0 （系统提示当前设置状态）
指定偏移距离或 [通过(T)/删除(E)/图层(L)] <通过>：5 （输入偏移距离5，按【Space】键）
选择要偏移的对象，或 [退出(E)/放弃(U)] <退出>： （选择绘图区的所有对象）
指定要偏移的那一侧上的点，或 [退出(E)/多个(M)/放弃(U)] <退出>：
（向外移动鼠标并单击）
选择要偏移的对象，或 [退出(E)/放弃(U)] <退出>： （按【Space】键结束命令）
因为对象现在是分解的，偏移后有交叉线及不闭合线，通过拉伸及修剪等命令完成图形的创建，最终效果如图19-56所示。

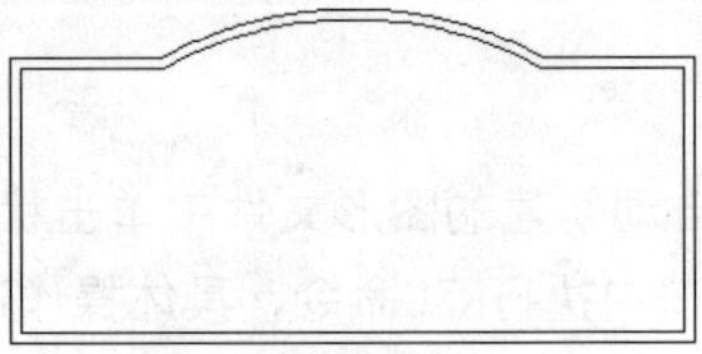

图19-56 偏移对象

06 在命令行窗口中执行REC命令，具体操作过程如下：

命令：REC （执行REC命令）
指定第一个角点或 [倒角(C)/标高(E)/圆角(F)/厚度(T)/宽度(W)]：FROM
（执行FROM命令）
基点： （选择图19-57最右下角的点为基点）
偏移：@2，-25 （输入偏移距离@2，-25）
指定另一个角点或 [面积(A)/尺寸(D)/旋转(R)]：D （输入长宽分别为25和27，并按【Space】键）
按【Esc】键完成矩形创建，效果如图19-58所示。

07 在命令行窗口中输入L，执行直线命令。在刚才创建的矩形中绘制两条直线，与原来矩形的水平线的间隔为9，完成的直线绘制命令如图19-59所示。

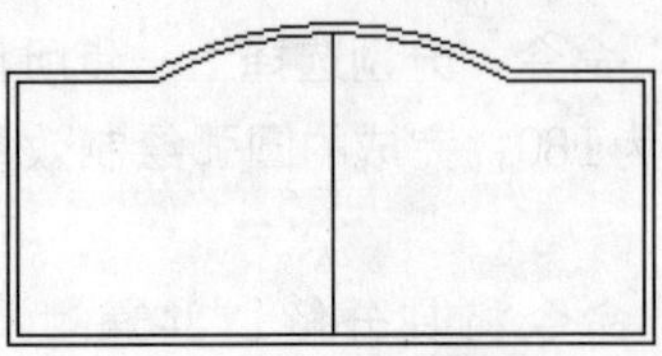

图19-57 绘制直线

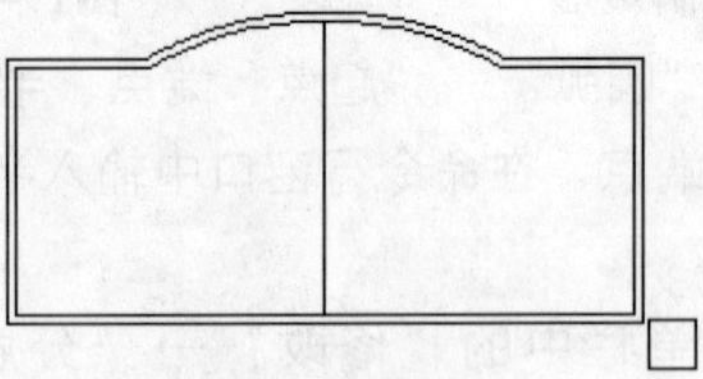

图19-58 创建矩形

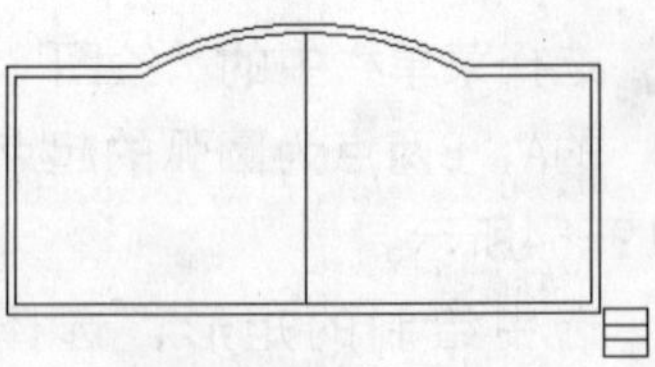

图19-59 绘制直线

08 在命令行窗口中执行L命令，绘制右边立柱处的线，具体操作过程如下：

命令：L （执行LINE命令）
指定第一点：FROM （执行FROM命令）

基点：　　　　　　　　　　　（单击如图19-60所示的A点）
<偏移>：@-2.5，0　　　　　　　（输入坐标值（@-2.5，0），并按【Space】键确认）
指定下一点或　[放弃(U)]：@0，150　　（输入坐标值（@0，150），并按【Space】键确认
指定下一点或　[放弃(U)]　　　　　　（按【Space】键结束命令，绘制效果如图19-61所示）

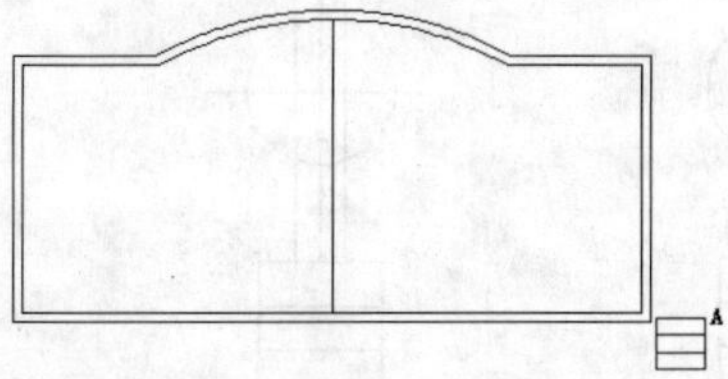

图19-60　基准点

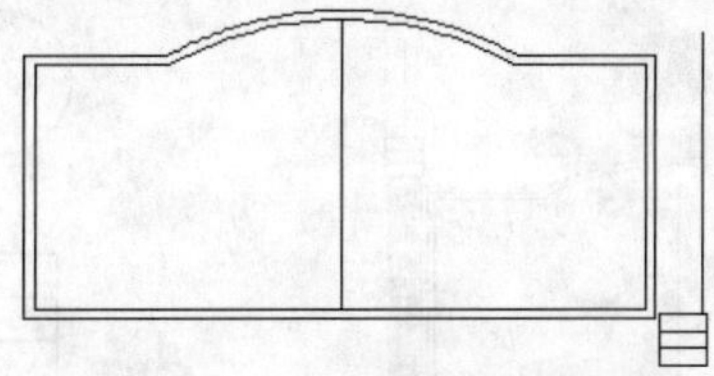

图19-61　绘制直线

09 在命令行窗口中执行OFFSET命令，将刚才绘制的直线进行偏移，具体操作过程如下：

命令：OFFSET　　　　　　　　　　　　　　　　（执行OFFSET命令）
当前设置：　删除源=否 图层=源 OFFSETGAPTYPE=0　　　（系统提示当前设置状态）
指定偏移距离或 [通过(T)/删除(E)/图层(L)] <通过>：2.5　（输入偏移距离2.5，按【Space】键）
选择要偏移的对象，或　[退出(E)/放弃(U)]　<退出>：　　（选择刚才绘制的直线）
指定要偏移的那一侧上的点，或　[退出(E)/多个(M)/放弃(U)]　<退出>：
　　　　　　　　　　　　　　　　　　　　　　　（向左移动鼠标并单击）
选择要偏移的对象，或　[退出(E)/放弃(U)]　<退出>：　　（按【Space】键结束命令）

继续向左偏移对象，一共创建9条竖直的直线，它们的间距为2.5，创建完成的效果如图19-62所示。

10 在命令行窗口中执行MI命令，镜像图形区域中右下角的部分到右上角，具体操作过程如下：

命令：MI　　　　　　　　　　　（执行MIRROR命令）
选择对象：　　　　　　　　　　（选择右下角的小矩形及其中间的两条线）
选择对象：　　　　　　　　　　（按【Space】键结束选择对象）
指定镜像线的第一点：　　　　　（单击上一步创建的一组对象的中点）
指定镜像线的第二点：　　　　　（启用正交模式，在水平方向单击捕捉点）
是否删除源对象？[是(Y)/否(N)]　<N>：（按【Space】结束命令，镜像后效果如图19-63所示）

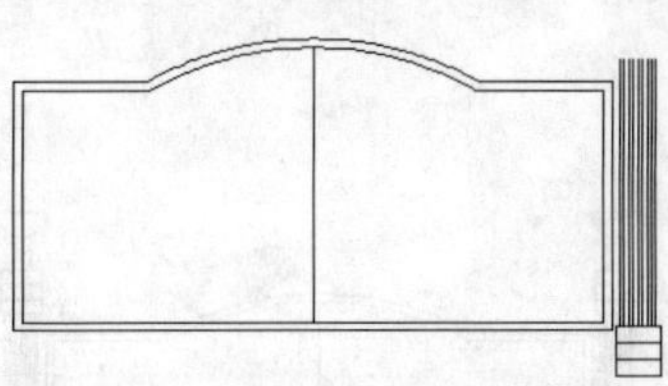

图19-62　偏移效果

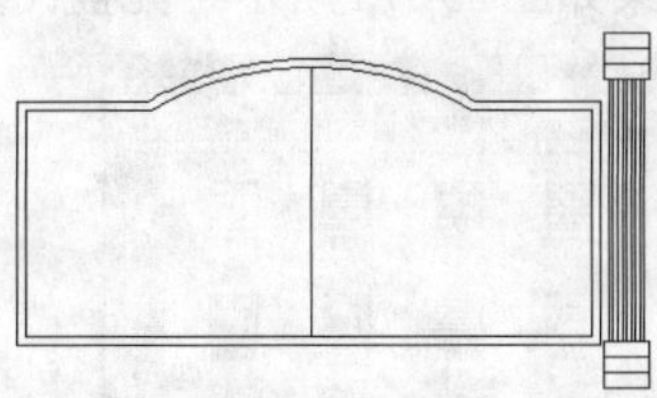

图19-63　镜像对象

11 在命令行窗口中执行L命令，以刚才镜像创建的矩形上边线的中点为直线起点，向正上方绘制一条长度为70的直线，效果如图19-64所示。以此直线中心为圆心，用圆心半径的方式创建一个圆，圆的半径为15，绘制的效果如图19-65所示。

12 在命令行窗口中输入L，进行直线绘制。沿圆心方向绘制一条水平线。在命令行窗口输入O执行偏移命令，将刚才创建的直线各向两边各偏移5，完成的效果如图19-66所示。

13 利用修剪命令将图形中多余的线条修剪掉，完成的最终效果如图19-67所示。

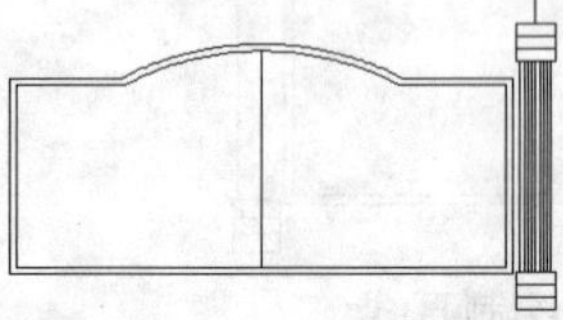

图19-64　创建直线

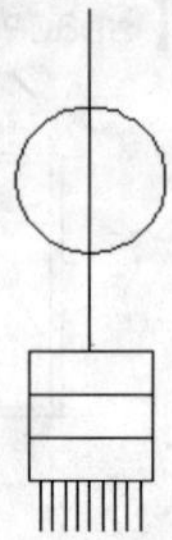

图19-65　创建圆

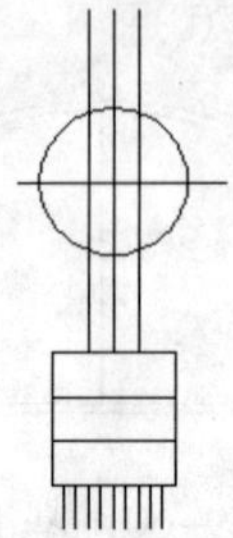

图19-66　偏移

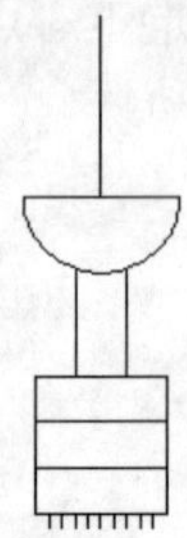

图19-67　修剪

14 创建完的右侧立柱效果如图19-68所示，下面进行镜像操作。在命令行窗口中执行MI命令，镜像图形区域中右侧的部分到左侧，具体操作过程如下：

命令：MI	（执行MIRROR命令）
选择对象：	（选择右侧立柱的所有对象）
选择对象：	（按【Space】键结束选择对象）
指定镜像线的第一点：	（选择中间的竖线为镜像中心线）
指定镜像线的第二点：	（启用正交模式，在竖直方向单击捕捉点）
是否删除源对象？[是(Y)/否(N)] <N>：	（按【Space】结束命令，镜像后效果如图19-69所示）

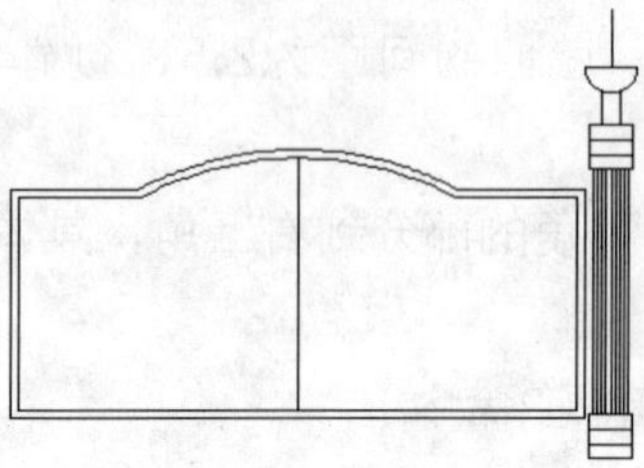

图19-68　立柱效果

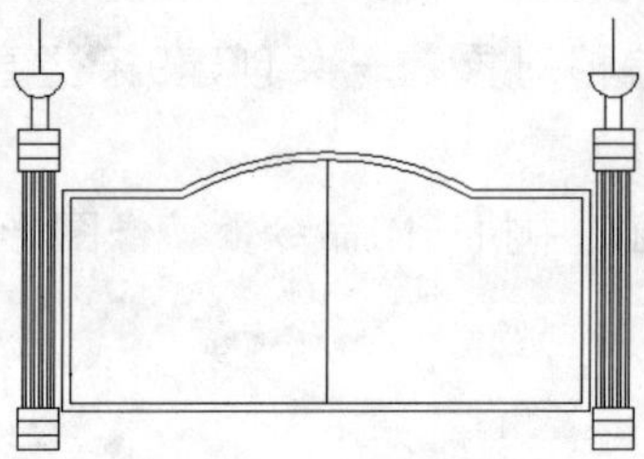

图19-69　镜像对象

15 下面对大门进行填充。选择“绘图”→“图案填充”命令，系统弹出“图案填充和渐变色”对话框。单击“样例”后面的图案，系统弹出如图19-70所示的对话框，在其中选择所需要的图案，这里选择DOTS。选择填充边界为两扇门的区域，比例设置为5。然后对图形进行长宽标注，完成的最终效果如图19-71所示（光盘:\最终文件\第19章\大门.dwg）。

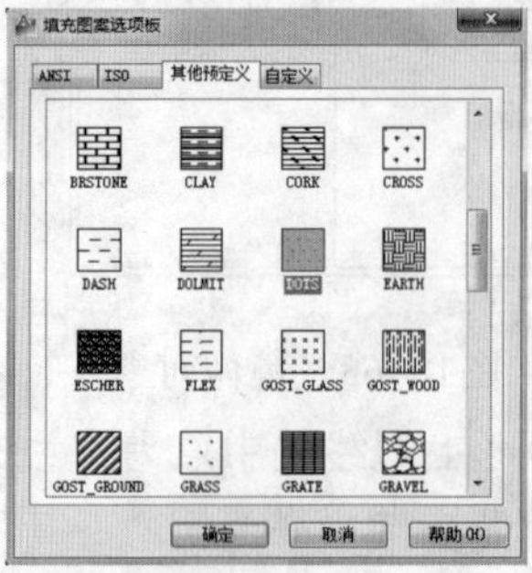

图19-70　选择填充图案

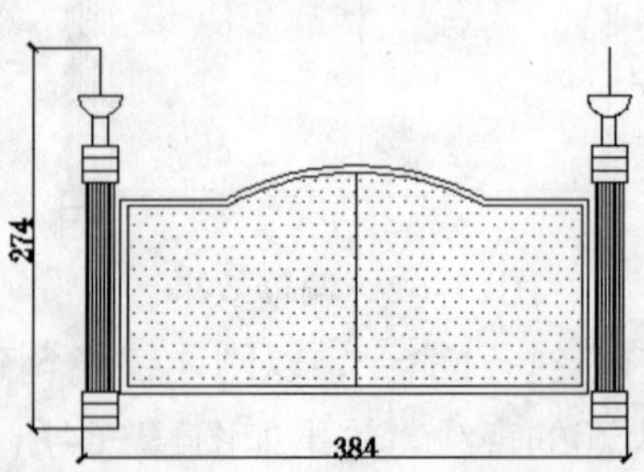

图19-71　最终效果图

19.5 洗手池

洗手池是常见的用具，也是一种厨卫设备，由台面、水龙头、水盆、漏水孔等部分组成。下面详细讲解绘制它的方法，具体操作过程如下：

01 启动AutoCAD 2012，首先进行台面的绘制。在命令行窗口中执行REC命令，在绘图区单击任意一点为第一个角点，创建一个长1000、宽500的矩形，绘制矩形后的效果如图19-72所示。然后将矩形进行倒圆角处理，圆角半径为50，完成的创建如图19-73所示。

02 开启对象捕捉和对象捕捉追踪功能，方便后面绘图。在命令行窗口中执行L命令，绘制一条通过矩形上方和下方中点的直线作为第一条辅助线，绘制一条通过矩形左边和右边中点的直线作为第二条辅助线，绘制直线后的效果如图19-74所示。

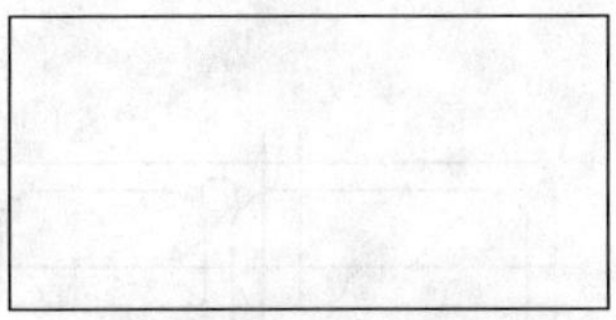

图19-72　绘制矩形

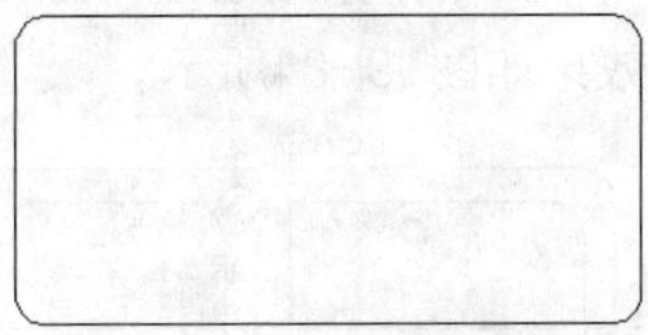

图19-73　绘制倒圆角

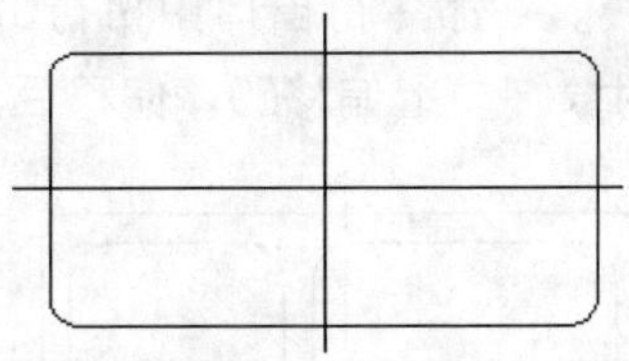

图19-74　创建辅助线

03 创建辅助点，在命令行窗口中执行O命令，以第一条辅助线为源对象，向左偏移455，以第二条辅助线为源对象，向上偏移200，偏移后的效果如图19-75所示。

04 绘制完台面后，进行池子的绘制。在命令行窗口中执行REC命令，以上一步偏移获得的直线的交点A为第一个角点，分别输入长宽为508和400，在第一点的右下方单击完成创建，并删除上一步偏移获得的直线，效果如图19-76所示。

05 在命令行窗口中执行F命令，设置圆角半径为70，对上一步绘制的矩形进行圆角操作，圆角后的效果如图19-77所示。

06 继续添加辅助点，选择最大矩形的上边线的中点为起点绘制直线，在命令行窗口中输入100，并将鼠标移向正右方后单击；然后再在命令行窗口中输入50，并将鼠标移向正下方后单击，单击右键选择“确定”命令完成直线绘制，设置终点为A，如图19-78所示。

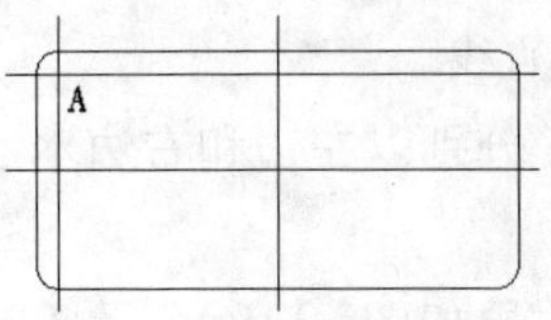

图19-75　创建基点

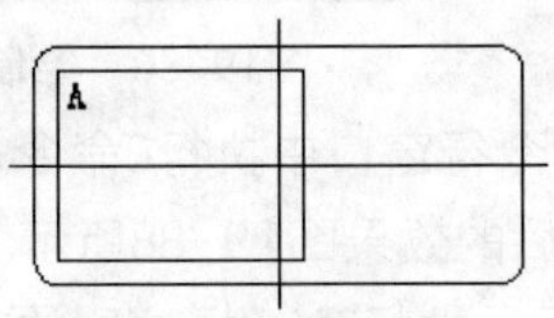

图19-76　绘制矩形

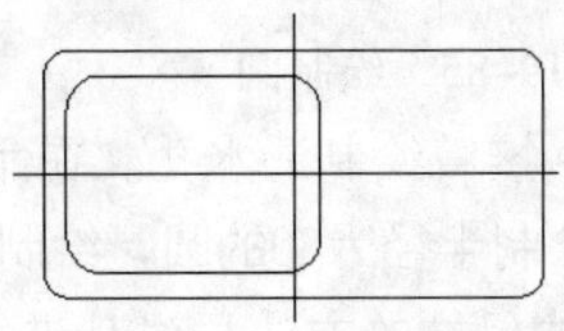

图19-77　创建圆角

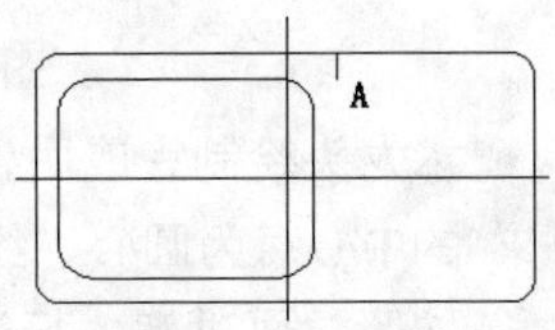

图19-78　创建辅助点

07 在命令行窗口中执行REC命令，以上一步偏移获得的直线的交点为第一个角点，以（@352，-400）坐标为另一个角点绘制矩形，并删除上一步偏移获得的直线，效果如图19-79所示。

08 在命令行窗口中执行F命令，设置圆角半径为70，对上一步绘制的矩形进行圆角操作，圆角后的效果如图19-80所示。

09 下面开始绘制水龙头。在命令行窗口中执行O命令，以第一条辅助线为源对象，分别向右偏移78、150；以第二条辅助线为源对象，分别向上偏移89、194，偏移后的效果如图19-81所示。

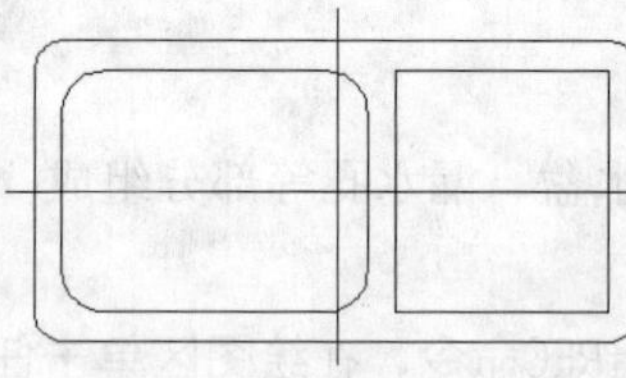

图19-79　创建矩形

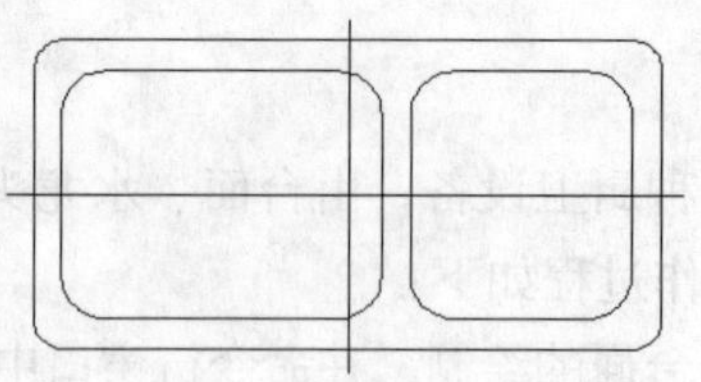

图19-80　创建圆角

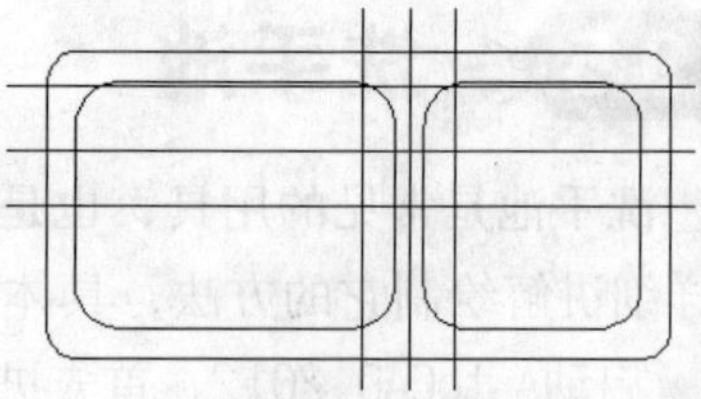

图19-81　偏移直线

10 在命令行窗口中执行C命令，以上一步偏移78和194获得的两条直线的交点为圆心，绘制半径为30的圆。以上一步偏移150与89获得的两条直线的交点为圆心，绘制半径为10的圆，并删除上一步偏移获得的直线，效果如图19-82所示。

11 打开对象捕捉中的“切点”命令，在命令行窗口中执行L命令，绘制如图19-83所示的直线。在命令行窗口中执行O命令，以第一条辅助线为源对象，向左偏移60，以第二条辅助线为源对象，向上偏移69，偏移后的效果如图19-84所示。

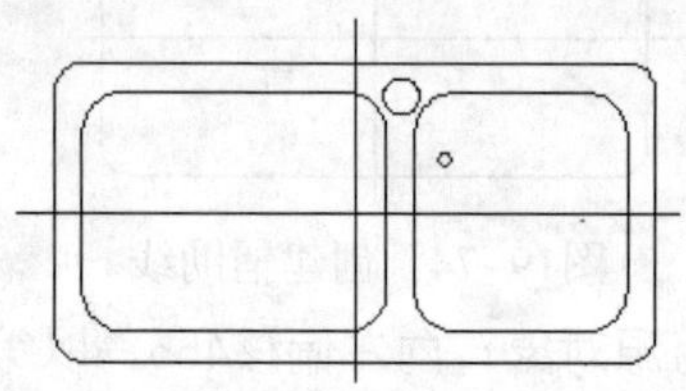

图19-82　绘制圆

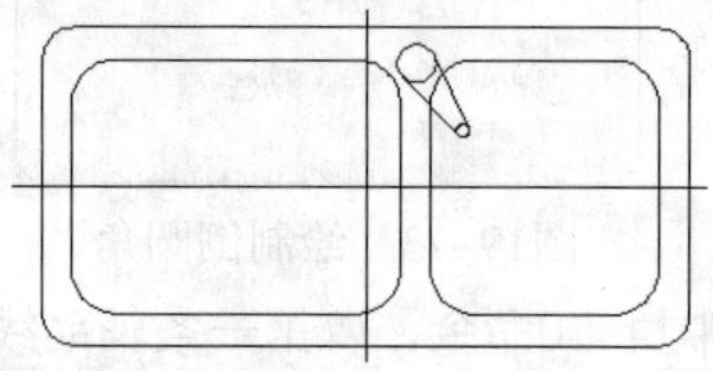

图19-83　绘制直线

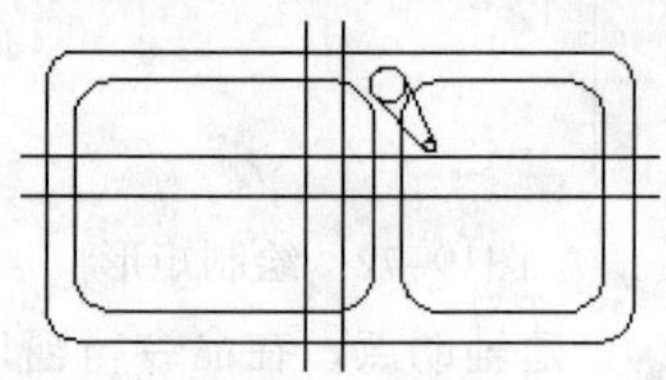

图19-84　创建点

12 在命令行窗口中执行C命令，以上一步偏移获得的直线的交点为圆心，绘制半径为15的圆，并删除上一步偏移获得的直线，效果如图19-85所示。

13 在命令行窗口中执行L命令，绘制如图19-86所示的直线。在命令行窗口中执行TR命令，修剪水龙头并删除辅助线，效果如图19-87所示。

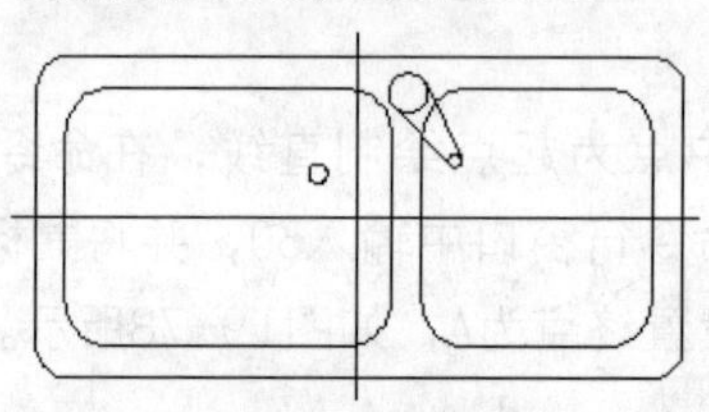

图19-85　绘制圆

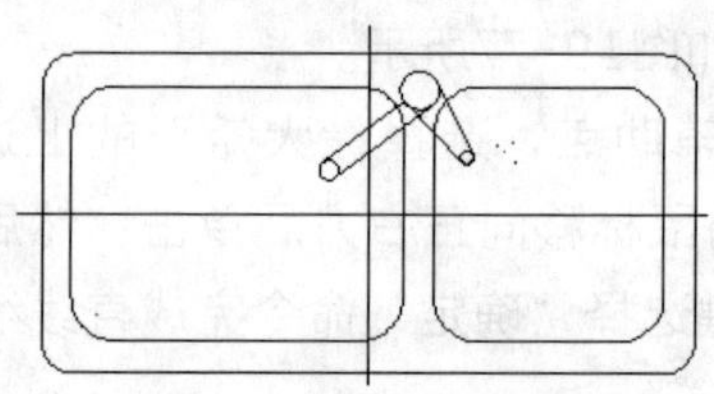

图19-86　绘制直线

14 水龙头绘制完成后，接着绘制漏水孔。在命令行窗口中执行C命令，分别以左边和右边水盆的中心点为圆心，绘制半径为20的圆，绘制后的效果图19-88所示。

15 按照前面讲解的标注尺寸的方法，对其进行尺寸标注，标注后的效果如图19-89所示（光盘:\最终文件\第19章\洗手池.dwg）。

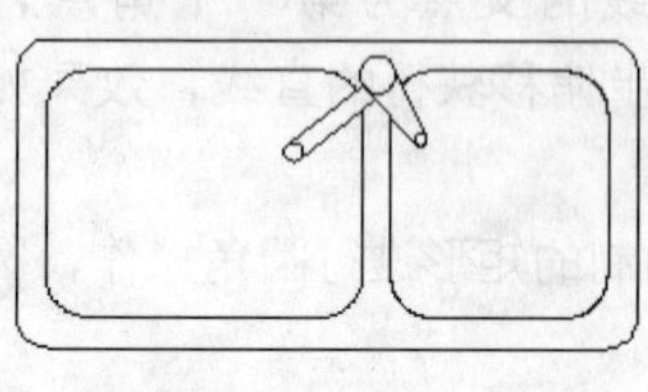

图19-87　删除辅助线

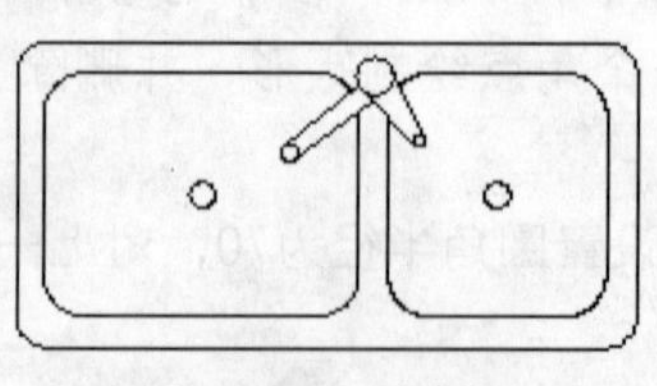

图19-88　绘制圆

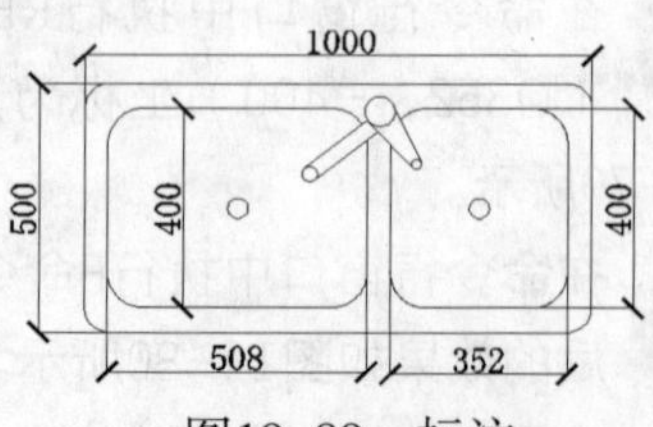

图19-89　标注

19.6 洗手间

具体操作步骤如下。

01 启动AutoCAD 2012，在系统自动新建的图形文件中单击状态栏中的“正交模式”按钮，开启正交模式，并在命令行窗口中执行REC命令，具体操作过程如下：

命令：REC（执行REC命令）

指定第一个角点或 [倒角(C)/标高(E)/圆角(F)/厚度(T)/宽度(W)]:

（任选择一点作为矩形起点，并按【Space】键）

指定另一个角点或 [面积(A)/尺寸(D)/旋转(R)]: D

（输入长宽分别为280和150，并按【Space】键）

按【Esc】键完成矩形创建，效果如图19-90所示。

02 在命令行窗口中执行OFFSET命令，将门框进行偏移，具体操作过程如下：

命令：OFFSET（执行OFFSET命令）

当前设置：删除源=否 图层=源 OFFSETGAPTYPE=0（系统提示当前设置状态）

指定偏移距离或 [通过(T)/删除(E)/图层(L)] <通过>: 7（输入偏移距离7，按【Space】键）

选择要偏移的对象，或 [退出(E)/放弃(U)] <退出>:（选择刚才绘制的矩形）

指定要偏移的那一侧上的点，或[退出(E)/多个(M)/放弃(U)] <退出>:

（向内移动鼠标并单击）

选择要偏移的对象，或[退出(E)/放弃(U)]<退出>:（按【Space】键结束命令，移动后的效果如图19-91所示）

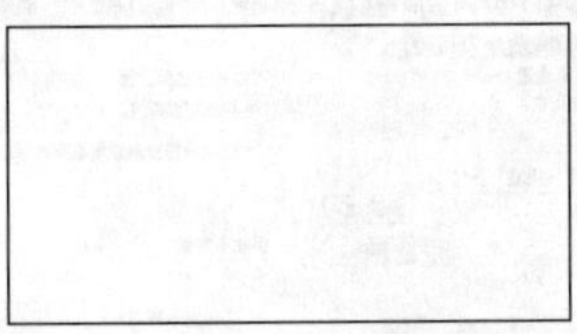

图19-90 绘制矩形

图19-91 偏移对象

03 选中对象后，选择菜单栏上的“修改”→“分解”命令，将图形对象分解开。绘制辅助线，在命令行窗口输入L，执行直线命令，捕捉内矩形上下两条水平线的中点作为直线的两个端点。绘制如图19-92所示的直线。

04 在命令行窗口中执行OFFSET命令，将直线进行偏移，具体操作过程如下：

命令：OFFSET（执行OFFSET命令）

当前设置：删除源=否 图层=源 OFFSETGAPTYPE=0（系统提示当前设置状态）

指定偏移距离或[通过(T)/删除(E)/图层(L)]<通过>: 3.5（输入偏移距离3.5，按【Space】键）

选择要偏移的对象，或 [退出(E)/放弃(U)] <退出>:（选择刚才绘制的直线）

指定要偏移的那一侧上的点，或 [退出(E)/多个(M)/放弃(U)] <退出>:

（向左移动鼠标并单击）

选择要偏移的对象，或 [退出(E)/放弃(U)] <退出>:（按【Space】键结束命令）

同样道理向右平移一条相同的线，完成的偏移效果如图19-93所示。

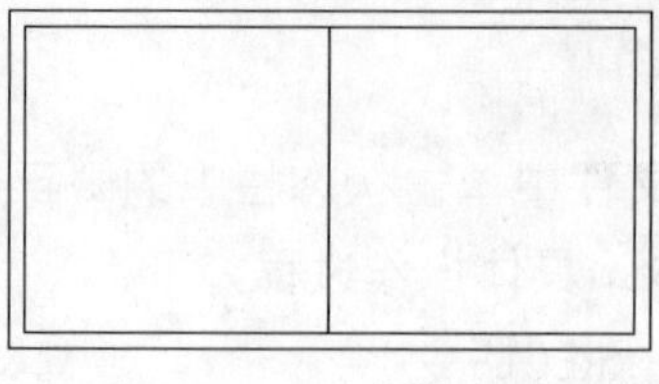

图19-92　绘制直线

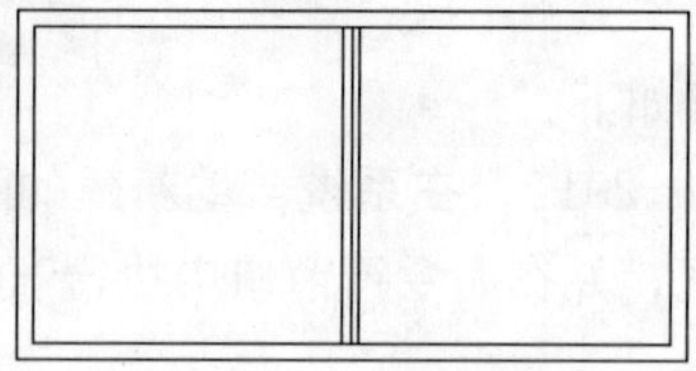

图19-93　偏移对象

05 将辅助线删除，并且对线条进行修剪，减掉多余的线条，完成的修剪结果如图19-94所示。

06 在命令行窗口输入L，执行绘制直线命令，在距大矩形左下角点正右方30处及110处各绘制一条长7的直线，方向是向上。绘制的直线如图19-95所示。

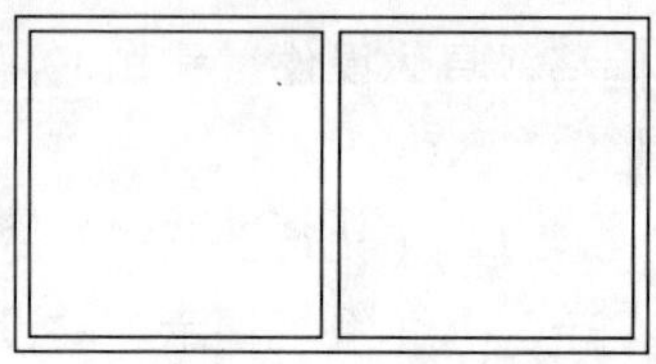

图19-94　修剪

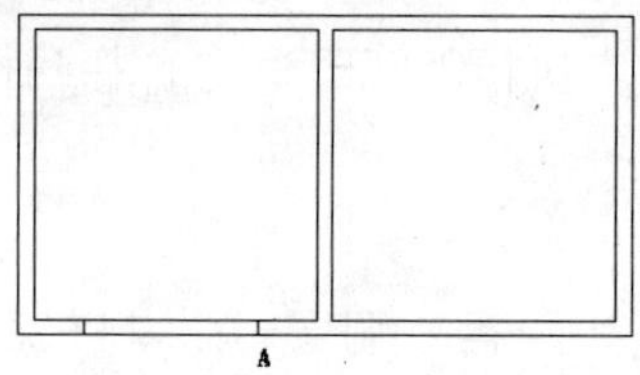

图19-95　绘制直线

07 选择菜单栏中的“修改”→“修剪”命令，将两条竖线中间的横线部分修剪掉，完成的效果如图19-96所示。

08 右击状态栏中的“极轴追踪”命令图标，选择“设置”命令，系统弹出“草图设置”对话框。在“附加角”里单击“新建”按钮，输入45，如图19-97所示。

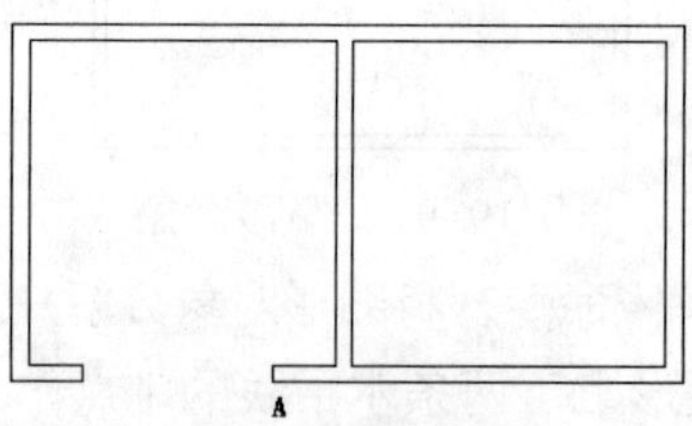

图19-96　修剪效果

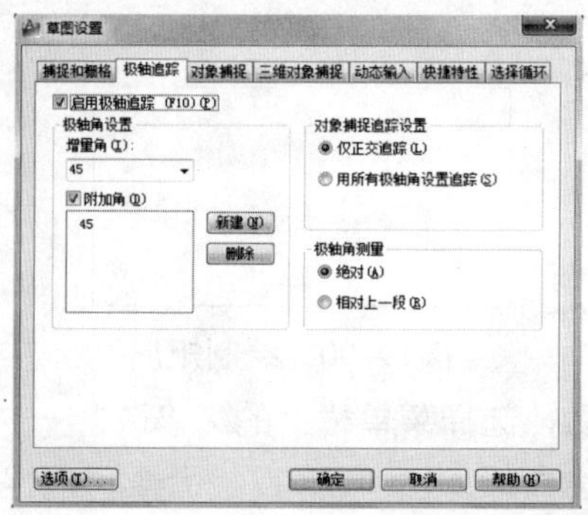

图19-97　极轴追踪

09 首先在状态栏中打开“极轴追踪”，在命令行窗口中输入L，执行直线绘制命令，以图19-96中的A为起点绘制直线，向左下方绘制一条长度为80的直线，绘制的效果如图19-98所示。

10 在命令行窗口中执行OFFSET命令，将直线进行偏移，具体操作过程如下：

命令: OFFSET　　（执行OFFSET命令）
当前设置:　删除源=否　图层=源　OFFSETGAPTYPE=0　　（系统提示当前设置状态）
指定偏移距离或 [通过(T)/删除(E)/图层(L)] <通过>: 7　　（输入偏移距离7，按【Space】键）
选择要偏移的对象，或　[退出(E)/放弃(U)]　<退出>:　　（选择刚才绘制的直线）

指定要偏移的那一侧上的点，或 [退出(E)/多个(M)/放弃(U)] <退出>:

（向右移动鼠标并单击）

选择要偏移的对象，或 [退出(E)/放弃(U)] <退出>: （按【Space】键结束命令）

将两条直线进行连接，完成的最终效果如图19-99所示。

11 在菜单栏选择“绘图”→“圆弧”→“起点、端点、半径”命令，选择相互靠近的两个点为圆弧的起点和端点，并且在命令行窗口中输入半径为80，完成的圆弧绘制效果如图19-100所示。

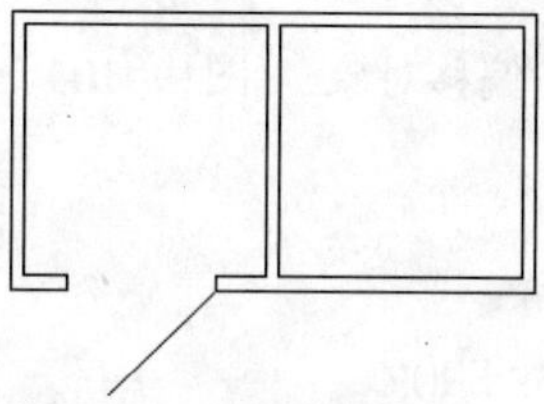

图19-98 绘制直线

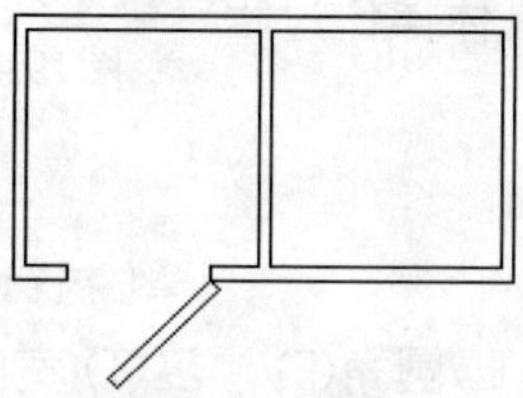

图19-99 平移对象

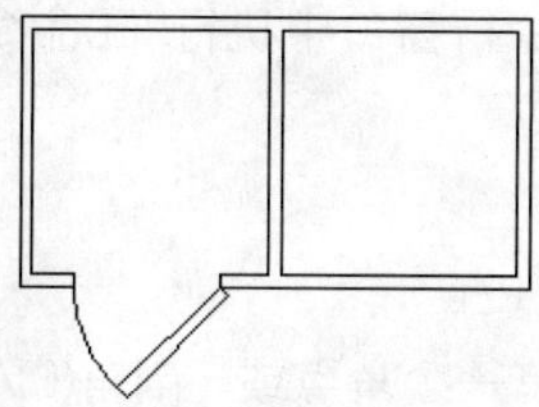

图19-100 绘制圆弧

12 用同样的方法创建右侧的门，完成的效果如图19-101所示。

13 在命令行窗口中执行REC命令，具体操作过程如下：

命令: REC （执行REC命令）

指定第一个角点或 [倒角(C)/标高(E)/圆角(F)/厚度(T)/宽度(W)]: FROM

（执行FROM命令）

基点: （选择图中的A点）

偏移: @42，-28 （偏移距离@42，-28）

指定另一个角点或 [面积(A)/尺寸(D)/旋转(R)]: D （输入长宽分别为38和66，并按【Space】键）

按【Esc】键完成矩形创建，效果如图19-102。

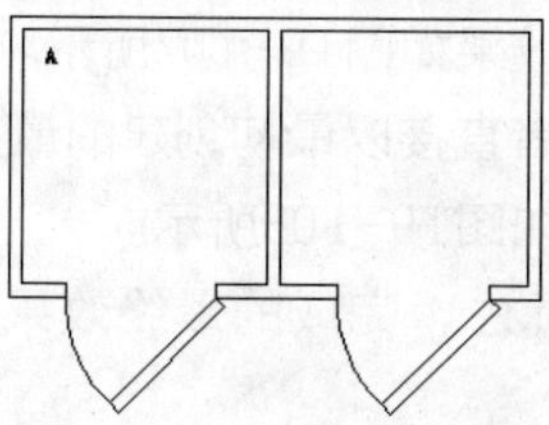

图19-101 绘制另一扇门

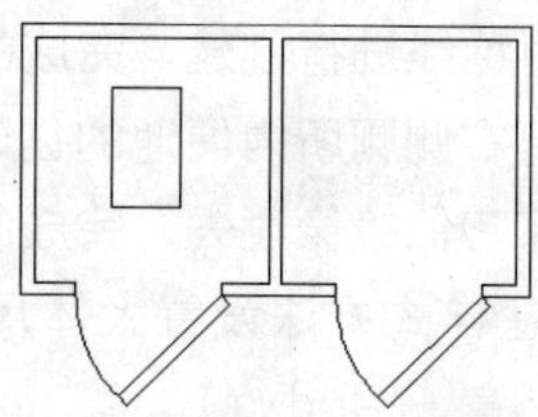

图19-102 绘制矩形

14 在命令行窗口中执行OFFSET命令，将矩形进行偏移，具体操作过程如下：

命令: OFFSET （执行OFFSET命令）

当前设置： 删除源=否 图层=源 OFFSETGAPTYPE=0 （系统提示当前设置状态）

指定偏移距离或 [通过(T)/删除(E)/图层(L)] <通过>: 3 （输入偏移距离3，按【Space】键）

选择要偏移的对象，或 [退出(E)/放弃(U)] <退出>: （选择刚才绘制的矩形）

指定要偏移的那一侧上的点，或 [退出(E)/多个(M)/放弃(U)] <退出>:

（向内移动鼠标并单击）

选择要偏移的对象，或 [退出(E)/放弃(U)] <退出>: （按【Space】键结束命令）

15 图形做简单的修剪，将内侧矩形的下边通过先“分解”后“删除”方法去掉，并将直线延伸到外侧矩形，完成的最终效果如图19-103所示。

16 在命令行输入C，选择圆心为矩形的下边的中点，半径为19。删除上半部分圆弧，创建的效果如图19-104所示（或者通过直接绘制圆弧方法创建）。

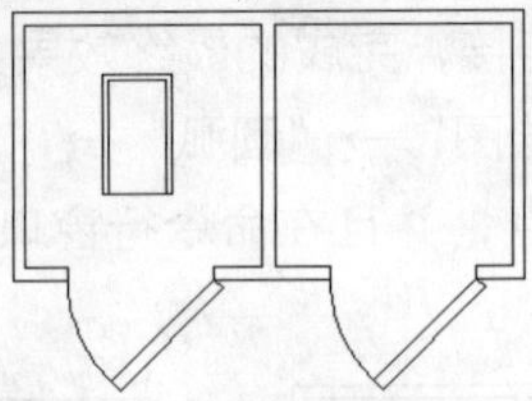
图19-103 偏移对象

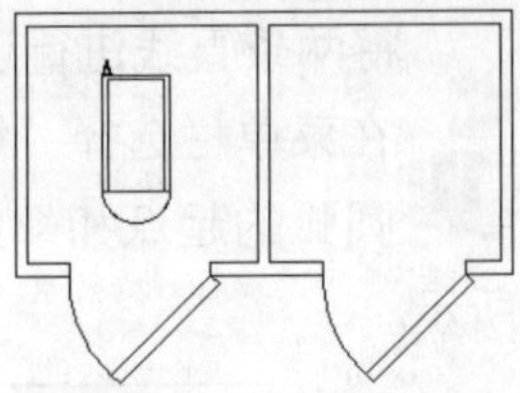

图19-104 绘制圆弧

17 在命令行窗口中执行REC命令，具体操作过程如下：

命令: REC （执行REC命令）
指定第一个角点或 [倒角(C)/标高(E)/圆角(F)/厚度(T)/宽度(W)]: FROM
（执行FROM命令）
基点: （选择图19-104中的A点）
偏移: @-3，0 （偏移距离@-3，0）
指定另一个角点或 [面积(A)/尺寸(D)/旋转(R)]: D （输入长宽分别为15和2，并按【Space】键）
按【Esc】键完成矩形创建，效果如图19-105所示。

18 将刚才的矩形进行阵列，在命令行窗口输入AR执行阵列命令，再输入R执行矩形阵列命令，继续按【Enter】键，对照命令提示行分别输入行数为11、列数为1，输入S执行间距命令，在行距离提示行中输入-6，按【Enter】键。完成阵列操作，效果如图19-106所示。

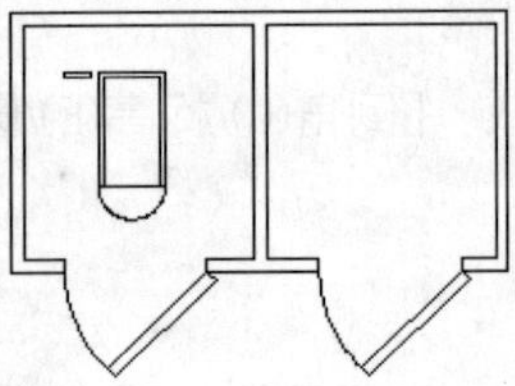
图19-105 绘制矩形

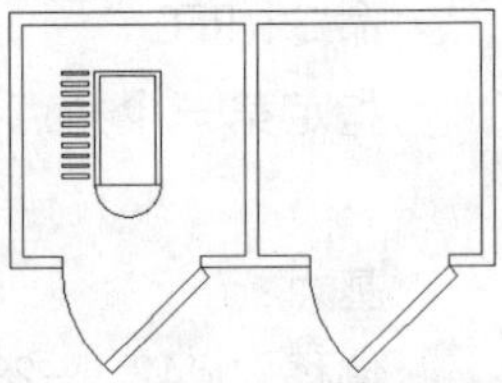
图19-106 阵列

19 在命令行窗口中输入MI，执行镜像命令，选择刚才的阵列对象为镜像对象，以矩形水平线的中点连线为镜像对称线进行创建，完成的镜像效果如图19-107所示。

20 用同样的方法进行右侧厕所内便池的创建，或者直接以最初创建的最大矩形水平线的中点连线为镜像中心线将它们镜像过去，完成的效果如图19-108所示。

21 按照建筑图的标注样式方法设置大体尺寸的标注，完成的最终效果如图19-109所示（光盘:\最终文件\第19章\厕所.dwg）。

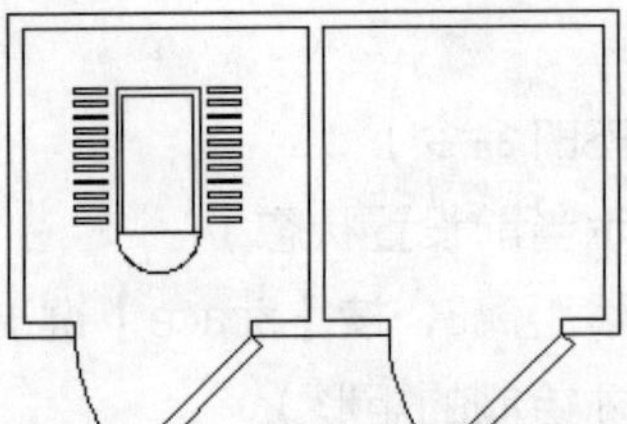
图19-107 部分镜像

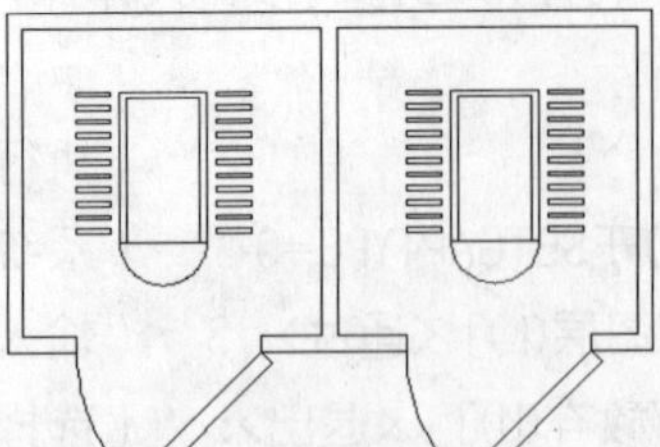
图19-108 全部镜像

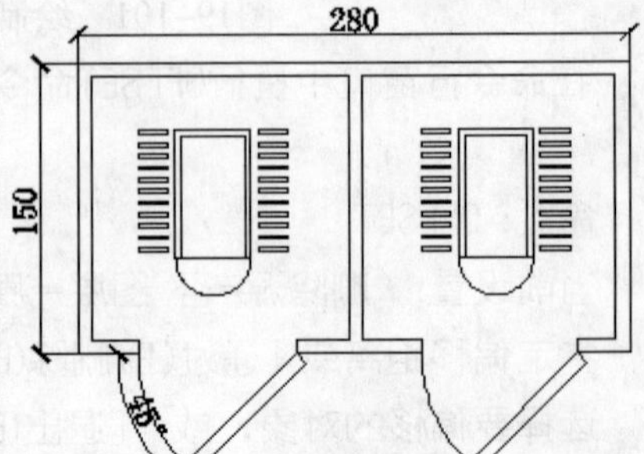

图19-109 最终效果

19.7 办公桌

办公桌为家庭及单位常用工具，下面进行讲解绘制方法。

01 首先进行侧柜的绘制。启动AutoCAD 2012，在系统自动新建的图形文件中单击状态栏中的“正交模式”按钮，开启正交模式，并在命令行窗口中执行REC命令，具体操作过程如下：

命令：REC （执行REC命令）
指定第一个角点或 [倒角(C)/标高(E)/圆角(F)/厚度(T)/宽度(W)]:
（任选择一点作为矩形起点，并按【Space】键）
指定另一个角点或 [面积(A)/尺寸(D)/旋转(R)]：D
（输入长宽分别为40和120，并按【Space】键）

按【Esc】键完成矩形创建，效果如图19-110所示。

02 在命令行窗口中执行OFFSET命令，将矩形进行偏移，具体操作过程如下：

命令： OFFSET （执行OFFSET命令）
当前设置： 删除源=否 图层=源 OFFSETGAPTYPE=0 （系统提示当前设置状态）
指定偏移距离或 [通过(T)/删除(E)/图层(L)] <通过>：4 （输入偏移距离4，按【Space】键）
选择要偏移的对象，或 [退出(E)/放弃(U)] <退出>： （选择刚才绘制的矩形）
指定要偏移的那一侧上的点，或 [退出(E)/多个(M)/放弃(U)] <退出>:
（向内移动鼠标并单击）
选择要偏移的对象，或 [退出(E)/放弃(U)] <退出>： （按【Space】键结束命令，移动后的效果如图19-111所示）

图19-110 绘制矩形

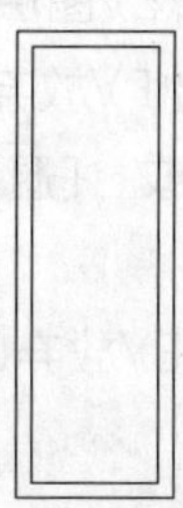
图19-111 偏移对象

03 下面进行桌子的创建。首先右键单击状态栏中“极轴追踪”命令图标，选择“设置”命令，系统弹出“草图设置”对话框，切换至“极轴追踪”选项卡，如图19-112。在“附加角”中输入45后单击“确定”按钮，完成角度设置。单击，打开“极轴追踪”。

04 在命令行窗口中执行L命令，具体操作过程如下：

命令：L （执行LINE命令）
指定第一点：FROM （执行FROM命令）
基点： （单击如图19-111所示的最左下角点）
<偏移>：@13，82 （输入坐标值（@13，82），并按【Space】键确认）

指定下一点或 [放弃(U)]: 160 （将鼠标右移，使之捕捉到0° 后输入长度为160）
指定下一点或 [放弃(U)]: 51 （将鼠标右下方移动，使之捕捉到315° 后输入长度为51）
指定下一点或 [放弃(U)]: 80 （将鼠标右上方移动，使之捕捉到45° 后输入长度为80）
指定下一点或 [放弃(U)]: 84 （将鼠标右上方移动，使之捕捉到135° 后输入长度为84）
指定下一点或 [放弃(U)]: 193 （将鼠标左移，使之捕捉到180° 后输入长度为193）
指定下一点或 [放弃(U)]: 80 （将鼠标下移，使之捕捉到270° 后输入长度为80）
按【Space】键结束命令，绘制效果如图19-113所示。

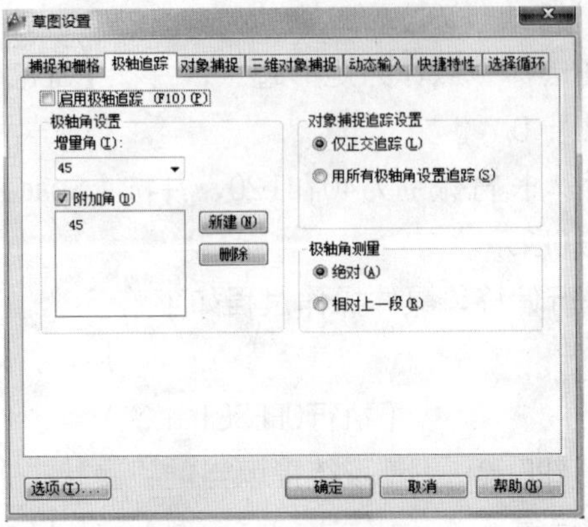

图19-112 设置角度

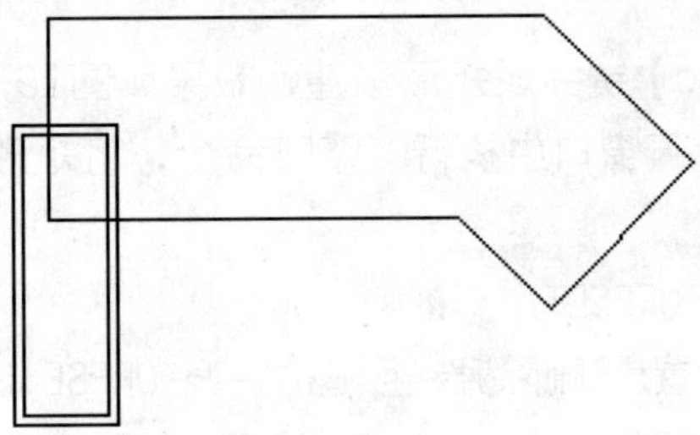

图19-113 绘制直线

05 在命令行窗口中执行OFFSET命令，将矩形进行偏移，具体操作过程如下：

命令: OFFSET （执行OFFSET命令）
当前设置: 删除源=否 图层=源 OFFSETGAPTYPE=0 （系统提示当前设置状态）
指定偏移距离或 [通过(T)/删除(E)/图层(L)] <通过>: 4 （输入偏移距离4，按【Space】键）
选择要偏移的对象，或 [退出(E)/放弃(U)] <退出>: （选择刚才绘制的线条对象）
指定要偏移的那一侧上的点，或 [退出(E)/多个(M)/放弃(U)] <退出>:
（向内移动鼠标并单击）
选择要偏移的对象，或 [退出(E)/放弃(U)] <退出>: （按【Space】键结束命令，移动后将多余的线条删除，完成的效果如图19-114所示）

06 在命令行窗口中执行REC命令，具体操作过程如下：

命令: REC （执行REC命令）
指定第一个角点或 [倒角(C)/标高(E)/圆角(F)/厚度(T)/宽度(W)]: FROM
（执行FROM命令）
基点: （选择图19-114中的最左上角点）
偏移: @52，-4 （偏移距离@52，-4）
指定另一个角点或 [面积(A)/尺寸(D)/旋转(R)]: D （输入长宽分别为86和72，并按【Space】键）
按【Esc】键完成矩形创建，效果如图19-115。

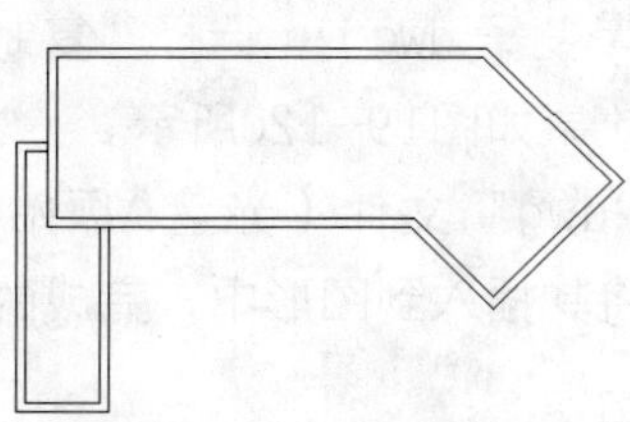

图19-114　偏移及修剪

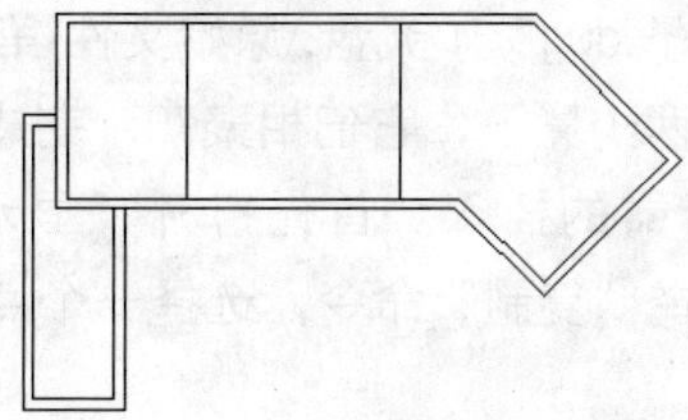

图19-115　绘制矩形

07 在命令行窗口中执行OFFSET命令，将矩形进行偏移，具体操作过程如下：

```
命令: OFFSET                                          （执行OFFSET命令）
当前设置:  删除源=否 图层=源 OFFSETGAPTYPE=0          （系统提示当前设置状态）
指定偏移距离或 [通过(T)/删除(E)/图层(L)] <通过>: 2   （输入偏移距离2，按【Space】键）
选择要偏移的对象，或 [退出(E)/放弃(U)] <退出>:        （选择刚才绘制的线条对象）
指定要偏移的那一侧上的点，或 [退出(E)/多个(M)/放弃(U)] <退出>:
                                                      （向内移动鼠标并单击）
选择要偏移的对象，或 [退出(E)/放弃(U)] <退出>:        （按【Space】键结束命令，移动后
                                                      将多余的线条删除，完成的效果如图
                                                      19-116所示）
```

08 在菜单栏中选择“绘图”→“图案填充”命令，单击“样例”后面的图案，系统弹出多种图案对象供选择。这里选择“其他预定义”中的SWAMP，并选择填充图案区域为小矩形内部，填充后的效果如图19-117所示。

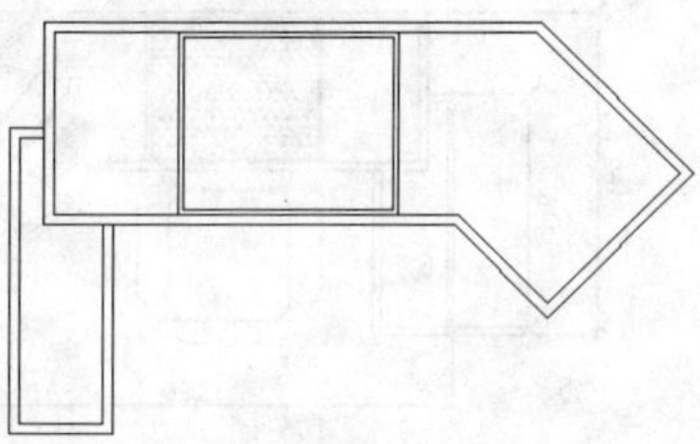

图19-116　偏移对象

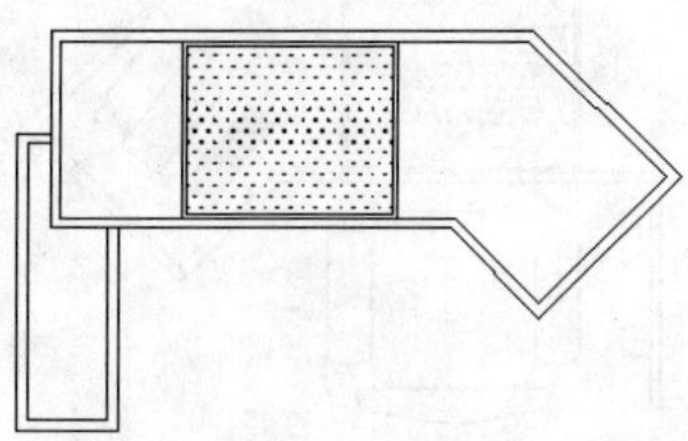

图19-117　填充图案

09 下面进行沙发及椅子的插入。在命令行窗口中输入L命令，选择如图19-118所示的直线AB的中点C，向右侧画直线，找到一个距C水平距离为70的点D。

10 打开文件“沙发.dwg”（光盘:\原始文件\第19章\沙发.dwg），选择“复制”命令，基点为沙发座的中心，将此点对应于点D进行粘贴。将绘制的辅助线及点名称删除，完成的效果如图19-119所示。

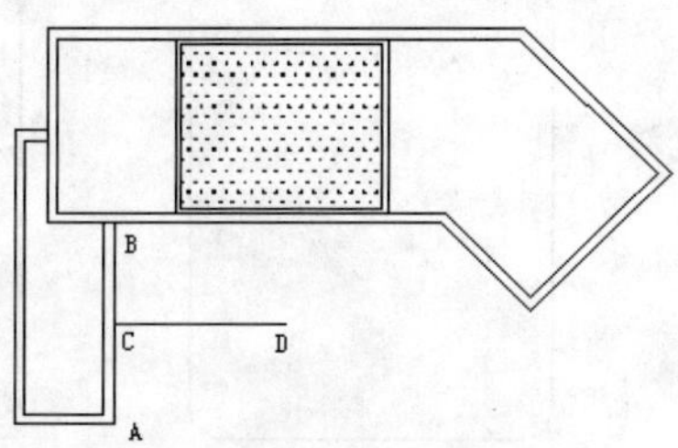

图19-118　绘制辅助线

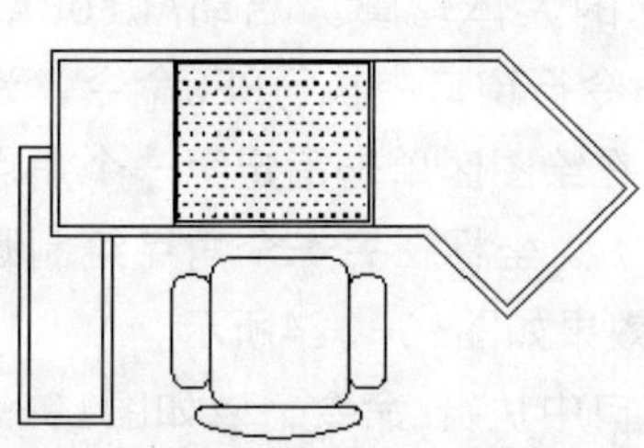

图19-119　插入沙发

11 打开文件“凳子.dwg”（光盘:\原始文件\第19章\凳子.dwg），选择“复制”命令，在办公桌对面20处插入两个凳子，它们相聚70，完成的效果如图19-120所示。

12 下面进行显示器的插入。首先打开“显示器.dwg”文件（光盘:\原始文件\第19章\显示器.dwg），选择“复制”命令，选择一个点，将其插入到图形中，完成的显示器插入效果如图19-121所示。

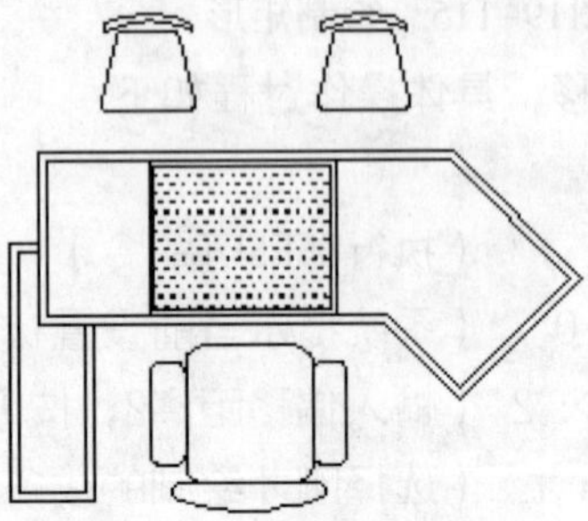

图19-120 椅子的插入

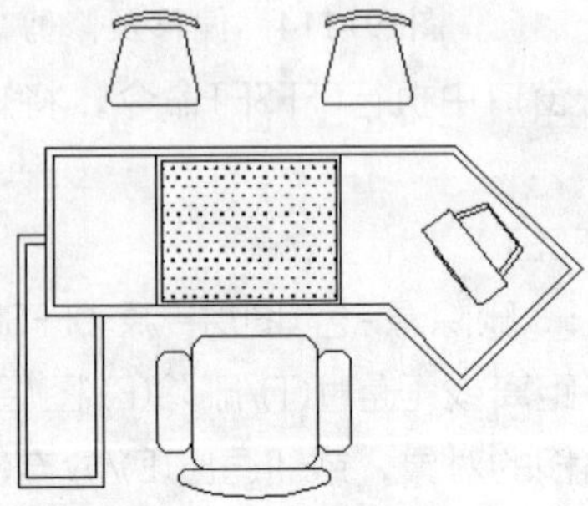

图19-121 显示器的插入

13 最后进行键盘的插入。首先打开“键盘”文件，选择“复制”命令，选择一个点，将其插入到图形中，完成的显示器插入效果如图19-122所示。

14 按照以前所学到的标注样式进行标注样式设置，然后进行大体尺寸标注，完成的最终效果如图19-123所示（光盘:\最终文件\第19章\办公桌.dwg）。

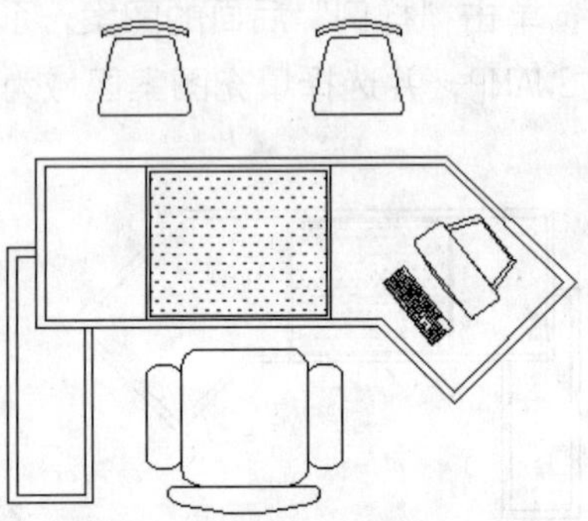

图19-122 键盘的插入

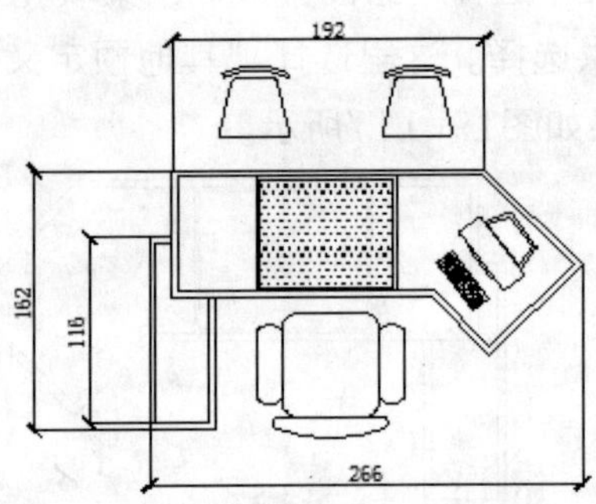

图19-123 最终效果

19.8 床

下面详细讲解绘制双人床的方法，具体操作过程如下。

01 首先绘制床的大体轮廓。启动AutoCAD 2012，在命令行窗口中执行REC命令，设置圆角半径为13，在绘图区单击指定第一个角点，以（@150，190）为坐标在另一个角点绘制圆角矩形，绘制后的效果如图19-124所示。

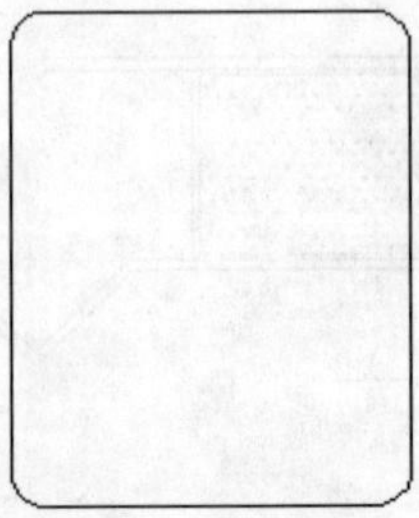

图19-124 绘制圆角矩形

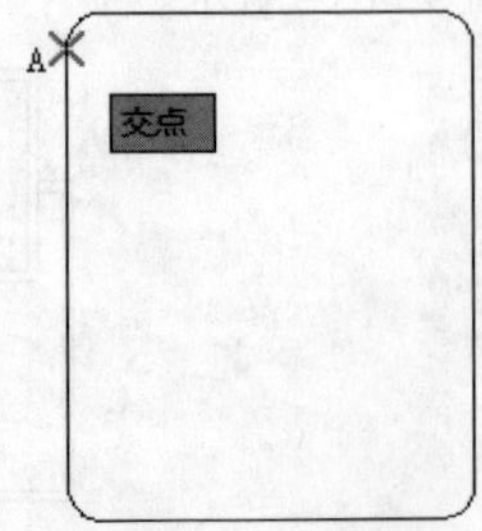

图19-125 选择基点

02 在命令行窗口中执行L命令，以如图19-125所示的A点为基点，以（@0，-45）坐标为第一点，以（@150，0）坐标为下一点绘制直线，绘制后的效果如图19-126所示。

03 床的大体轮廓绘制完成后，接着绘制被单。在命令行窗口中执行L命令，通过圆角矩形上方的中点和圆角矩形下方的中点绘制直线，绘制后的效果如图19-127所示。

04 在命令行窗口中执行O命令，以竖直直线为源对象，分别向左、右偏移50、55、60，以水平直线为源对象，分别向上偏移5、10，向下偏移100、105、110，偏移后的效果如图19-128所示。

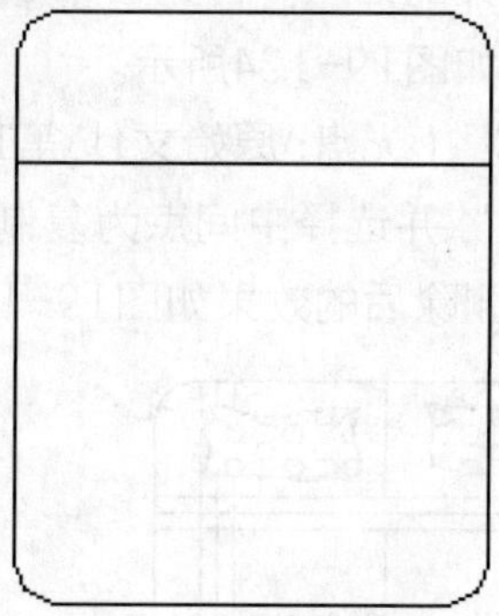

图19-126 绘制直线

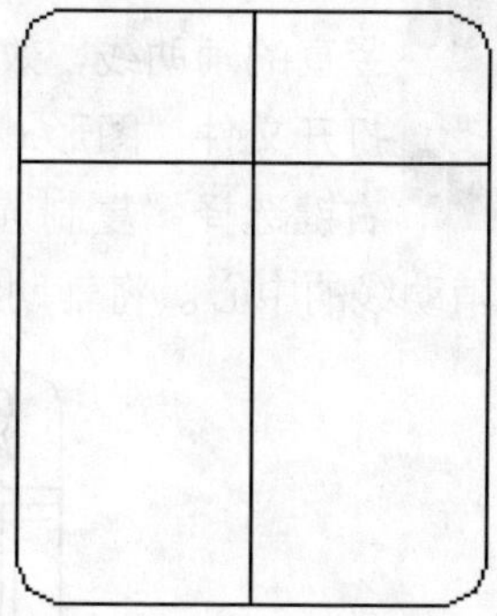

图19-127 绘制直线

05 接着绘制枕头。利用“绘图”菜单中的“样条曲线”命令绘制枕头，枕头的长和宽大约42和22。同样绘制另一个枕头，并补齐中间缺少的线，完成的效果如图19-129所示。

06 在命令行窗口中执行TR命令，修剪被枕头挡住的线条，修剪后的效果如图19-130所示。

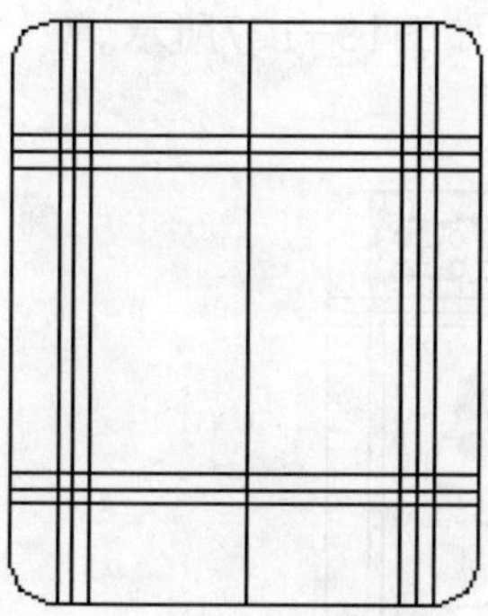

图19-128 偏移

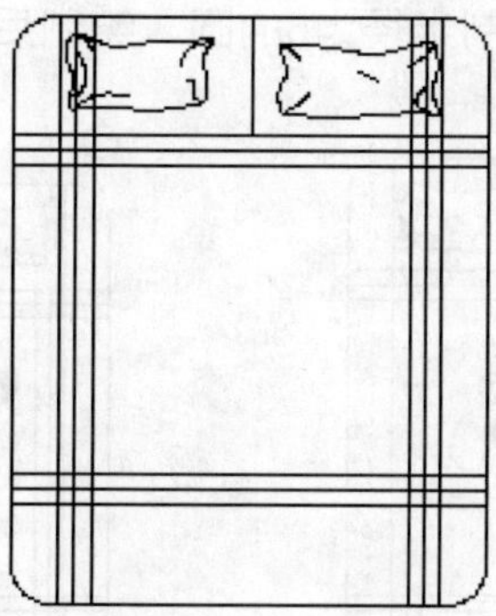

图19-129 绘制枕头

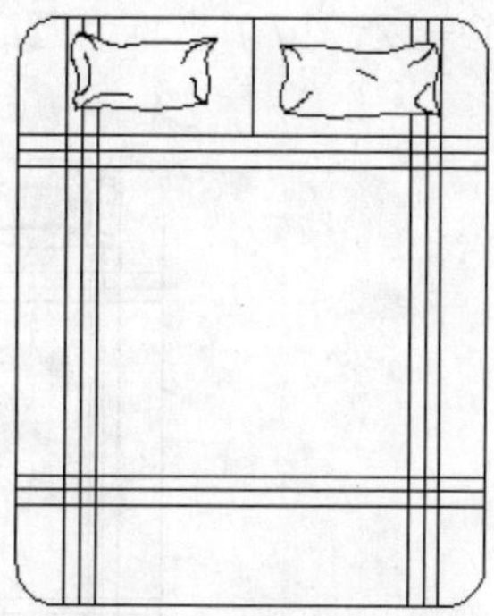

图19-130 绘制枕头

07 选择菜单栏“绘图”→“图案填充”命令，弹出“图案填充”对话框。单击“样例”后面的图标，这时弹出如图19-131所示的对话框。选择HEX为填充图案，选择枕头上表面为填充区域，参数设置保持系统默认，如图19-132所示。完成的填充效果如图19-133。

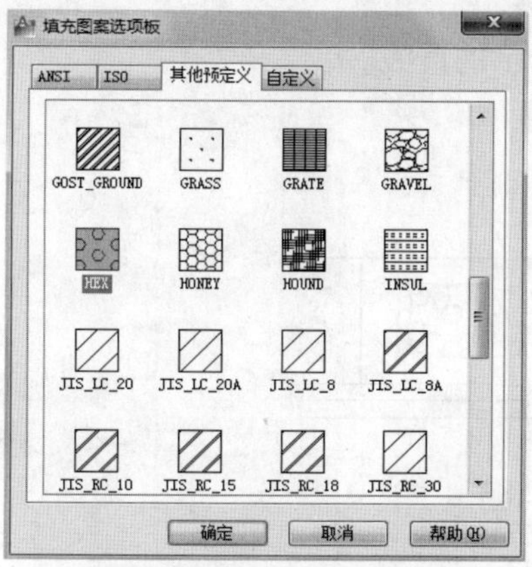

图19-131 填充图案

图19-132 参数设置

图19-133 填充效果

08 下面进行被单中间图案的插入。首先在床单中间大矩形处，捕捉上下两侧边的中点绘制一条竖直的辅助线，效果如图19-134所示。

09 打开文件“图形.dwg”（光盘:\原始文件\第19章\图形.dwg），将打开的图形全部选中后单击右键选择“复制选择”并选择中间点为复制基点，将其插入到19-134中的床单图形中间的辅助线的中心。将辅助线删除后的效果如图19-135所示。

图19-134　绘制辅助线

图19-135　复制图形

10 下面进行床头板的创建。在命令行窗口中输入C命令，以如图19-136所示的A点为基点，以（@-12，17）坐标为圆心，绘制半径为6的圆，绘制后的效果如图19-137所示。

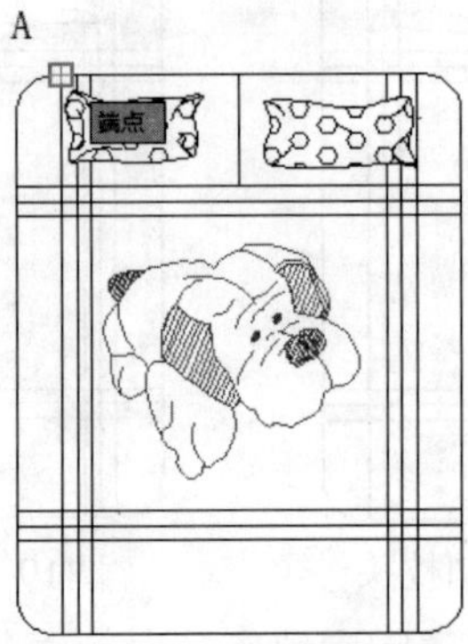

图19-136　选择基点

图19-137　画圆

11 在命令行窗口中执行O命令，以上一步绘制的圆为源对象，分别向外偏移4.5、6、11，偏移后的效果如图19-138所示。

12 在命令行窗口中执行L命令，在圆中绘制一条如图19-139所示的直线。

图19-138　偏移

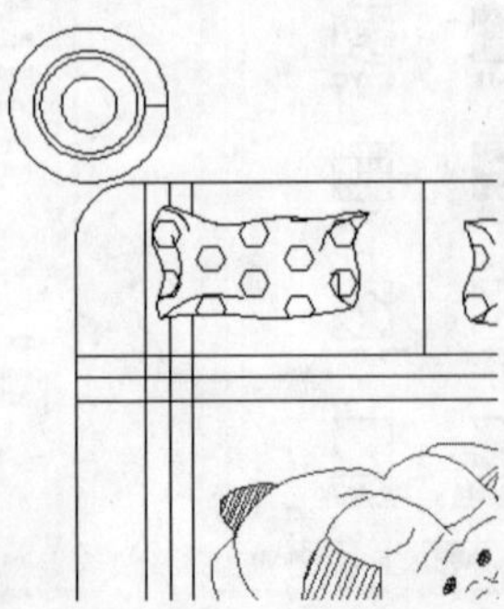

图19-139　绘制直线

13 在菜单栏中选择“修改”→“阵列”→“环形阵列”命令，阵列对象选择直线，阵列中心选择圆心，输入项目数18，填充角度360，完成的阵列效果如图19-140所示。

14 在命令行窗口中执行MI命令，以大圆角矩形上方的中点为镜像线的第一点，以大圆角矩形下方的中点为镜像线的第二点，镜像上一步绘制的左边的壁灯，镜像后的效果如图19-141所示。

15 在命令行窗口中执行L命令，将两个壁灯进行连接，一共绘制5条直线。绘制原则是将对应圆的最上和最下对应点连接，而且将两个壁灯最近的两点连接。将多余线删除，完成的绘制效果如图19-142所示。

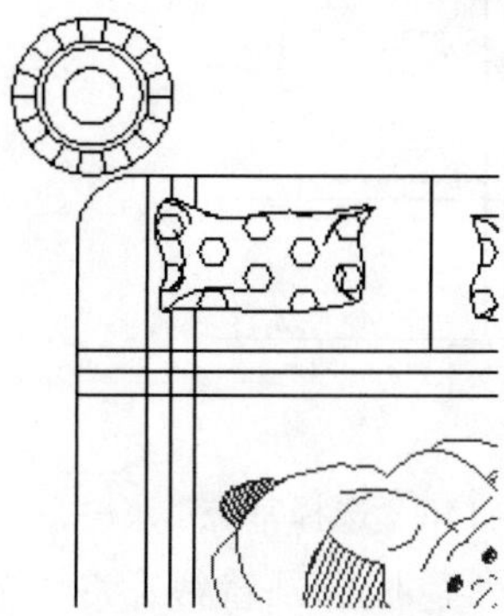
图19-140　阵列效果

图19-141　镜像

16 在命令行窗口中执行REC命令，以如图19-142所示的左边的一组圆的圆心为基点，以（@-18，20）坐标为第一个角点，以（@-60，-50）坐标为另一个角点绘制矩形，绘制后的效果如图19-143所示。

17 在命令行窗口中执行O命令，以上一步绘制的矩形为源对象，向内偏移3。再在命令行窗口中执行MI命令，以大圆角矩形上方的中点为镜像线的第一点，以大圆角矩形下方的中点为镜像线的第二点，镜像上一步绘制的左边的床头柜，并将中间的垂直线删除，效果如图19-144所示。

图19-142　绘制直线

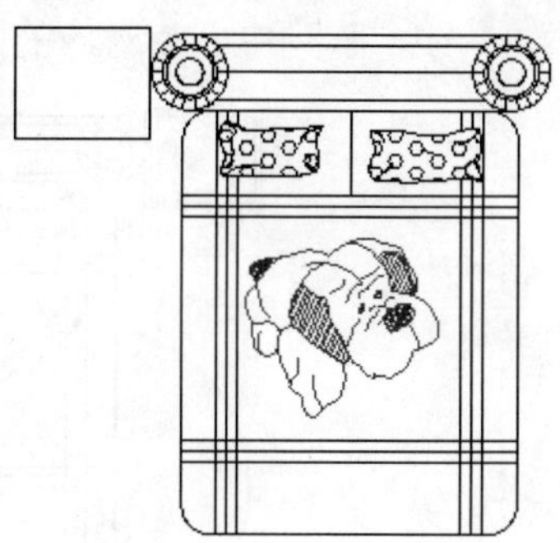
图19-143　绘制床头柜

18 与上面在被单上插入图案方法一样，这次在右侧的床头柜上插入电话，首先打开“电话.dwg”图形文件（光盘:\原始文件\第19章\电话.dwg），将其复制到右侧的床头柜上，或者将其创建为块直接插入效果到图形中。完成的插入效果如图19-145所示。

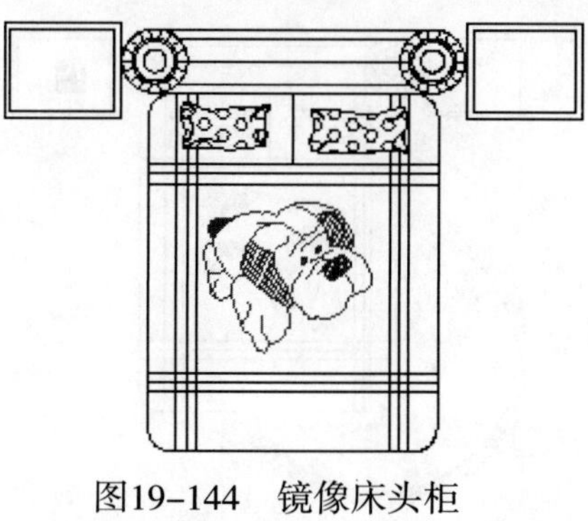
图19-144　镜像床头柜

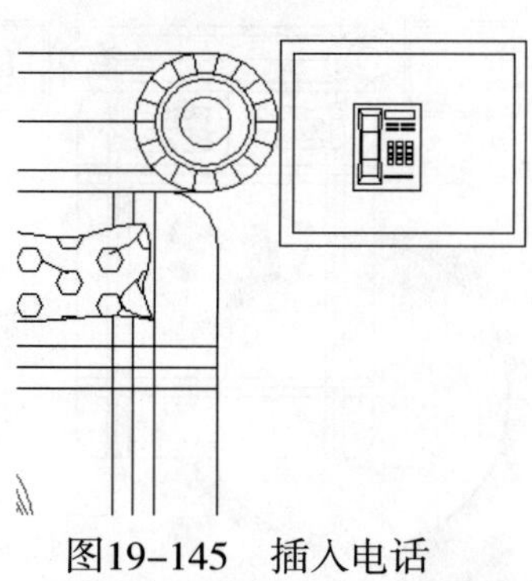
图19-145　插入电话

19 下面进行地毯的绘制。首先，在命令行窗口中输入C执行画圆命令，然后输入FROM，选择基点为如图19-146所示的A点，输入偏移值为（@10，20），输入半径值为80，完成的圆效果如图19-147所示。

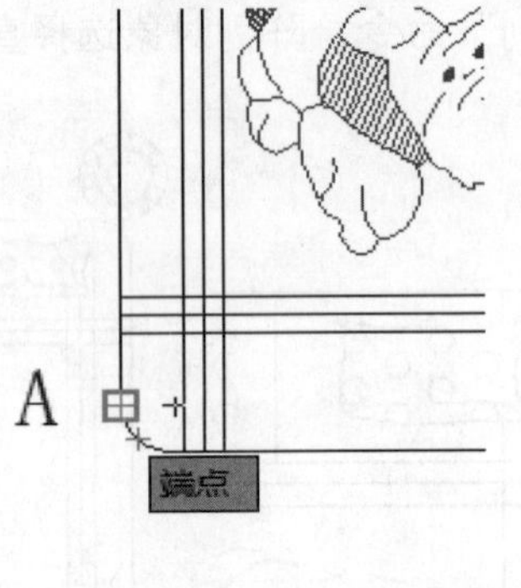

图19-146　选择基点

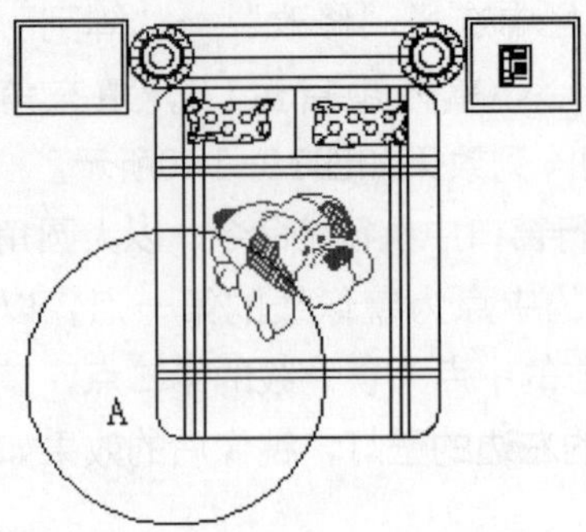

图19-147　画圆

20 在命令行窗口中输入L，执行画直线命令，在圆的外侧沿直径方向绘制一条长度为10的线条，效果如图19-148。

21 下面进行直线的环形阵列。方式与壁灯的阵列方法一样，选择阵列对象为上一步创建的直线，阵列中心为对应的圆心，阵列数目为200，角度360°，阵列效果如图19-149所示。

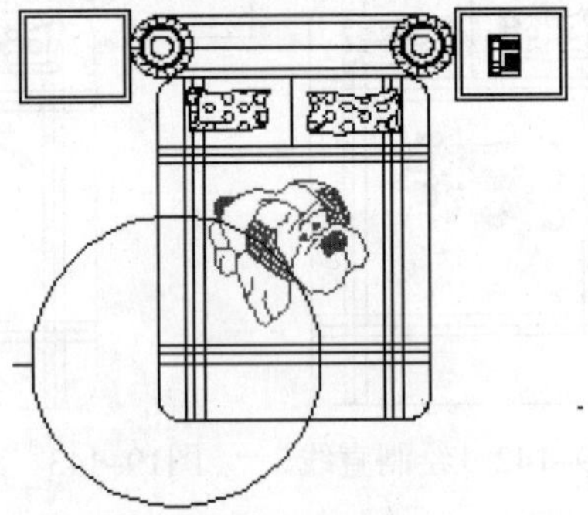

图19-148　绘制直线

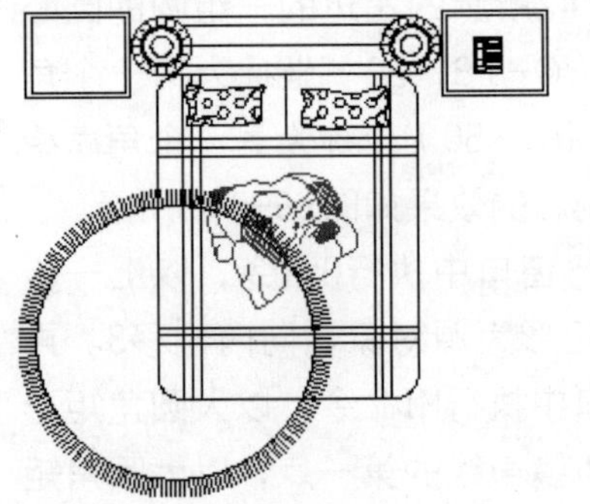

图19-149　阵列

22 利用菜单栏中的“修改”→“修剪”命令，将床单挡住的线条全部修剪删除掉，完成的绘制如图19-150所示。

23 下面进行脚布的图案填充。选择的填充对象为脚布露出的部分，选择的填充图案为GRASS，填充效果如图19-151所示。

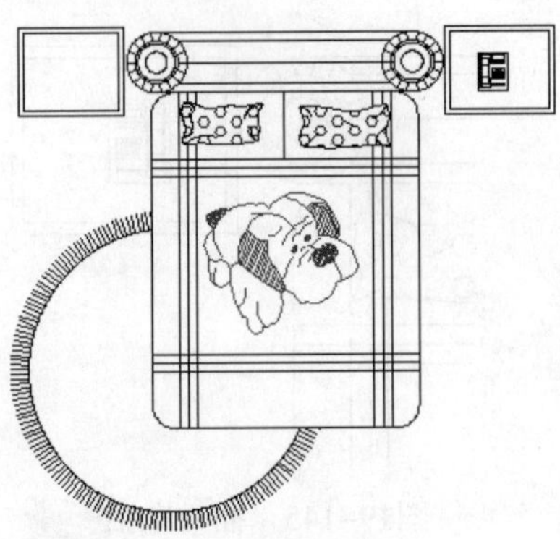

图19-150　绘制直线

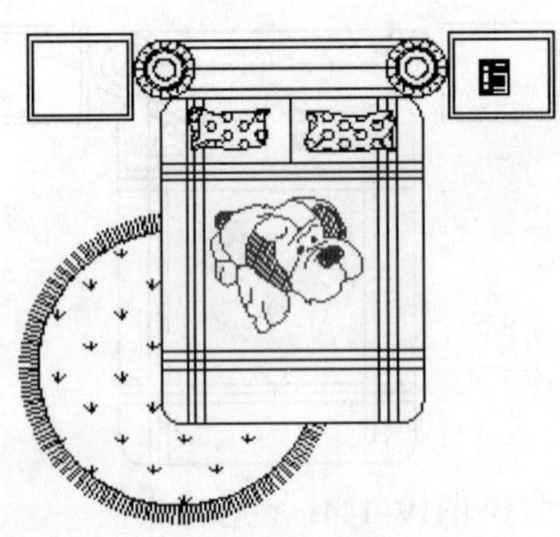

图19-151　阵列

24 下面进行抱枕的插入。打开图形对象“抱枕.dwg”（光盘:\原始文件\第19章\抱枕.dwg），将其插入到床上的任一位置处，插入的效果如图19-152所示。

25 删除抱枕所遮挡的线条，效果如图19-153所示。

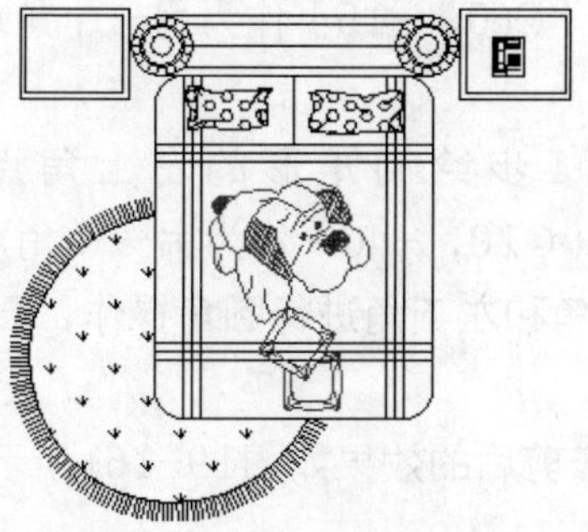

图19-152　插入抱枕

图19-153　删除线条

26 最后进行标注。利用以前所学的标注样式设置及标注要素，对本图的主要尺寸进行标注，完成的效果如图19-154所示（光盘:\最终文件\第19章\床.dwg）。

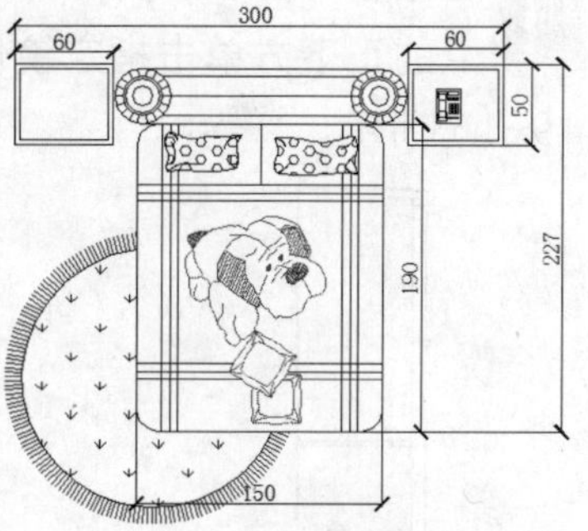

图19-154　床最终效果图

19.9 饮水机

下面进行饮水机的绘制。

01 首先绘制饮水机的外形。在命令行窗口中执行REC命令，在绘图区任一位置单击指定第一个角点，以坐标（@250，560）作为另一个角点绘制矩形。再在命令行窗口中执行F命令，对刚绘制的矩形的上边两个角进行圆角操作，圆角半径为2，效果如图19-155所示。

02 在命令行窗口中执行REC命令，以上一步绘制矩形左上角点为基点，以坐标（@0，-570）作为第一个角点，以坐标（@250，-385）作为另一个角点绘制矩形，效果如图19-156所示。

03 绘制左边的脚架。在命令行窗口中执行REC命令，以第1步绘制矩形的左上角点为基点，输入坐标（@0，-3）作为第一个角点，输入坐标（@-30，-32）为另一个角点绘制矩形。再在命令行窗口中执行F命令，对刚绘制的矩形的左上角进行圆角操作，圆角半径为5，进行圆角处理后的效果如图19-157所示。

04 在命令行窗口中执行REC命令，以第1步绘制矩形左上角点为基点，以坐标（@-30，-35）作为第一个角点，以坐标（@30，-920）作为另一个角点绘制矩形，效果如图19-158所示。

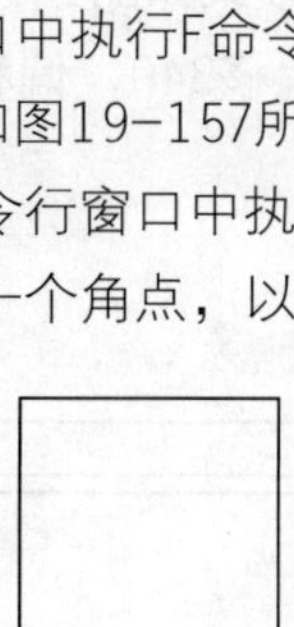

图19-155　矩形1

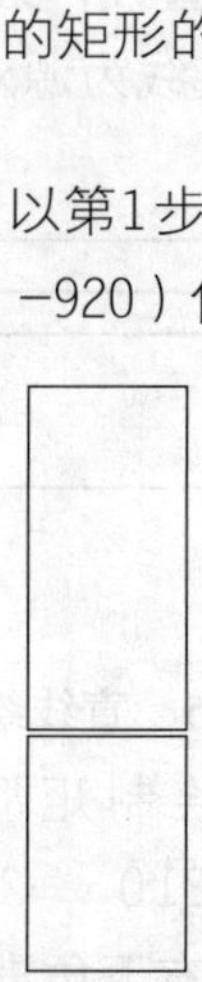

图19-156　矩形2

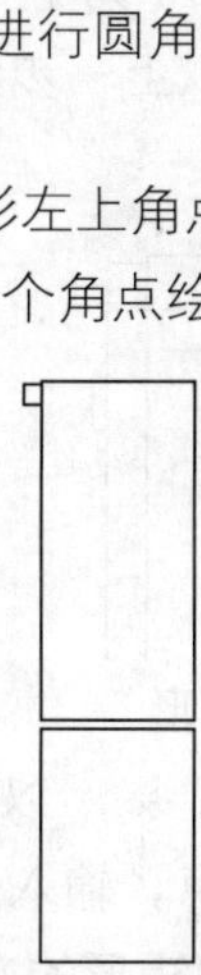

图19-157脚架

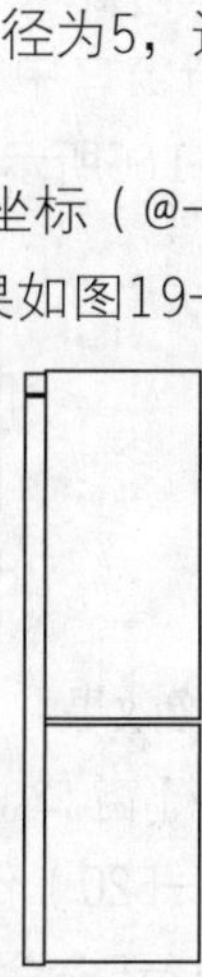

图19-158　矩形绘制

05 在命令行窗口中执行REC命令，以第1步绘制矩形的左上角点为基点，以坐标（@-30，-955）作为第一个角点，以坐标（@60，-15）作为另一个角点绘制矩形，效果如图19-159所示。

06 在命令行窗口中执行REC命令，以第1步绘制矩形的左上角点为基点，以坐标（@-40，-83）作为第一个角点，以坐标（@10，-40）作为另一个角点绘制矩形。再在命令行窗口中执行F命令，对刚绘制的矩形的左上角和左下角进行圆角操作，圆角半径为2，进行圆角处理后的效果如图19-160所示。

07 在命令行窗口中执行TR命令，修剪矩形，修剪后的效果如图19-161所示。

08 在命令行窗口中执行MI命令，以中间大矩形上方水平线的中点为镜像线的第一点，在第一点的正下方单击指定镜像线的第二点，镜像如图19-162所示的图形，镜像后的效果如图19-163所示。

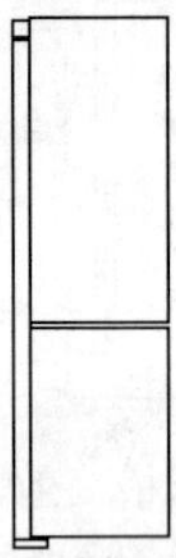

图19-159 绘制小矩形

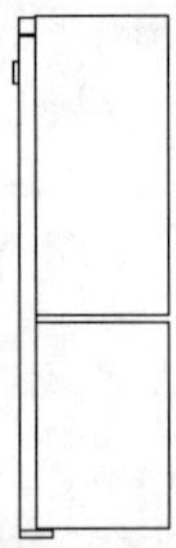

图19-160 绘制圆角矩形

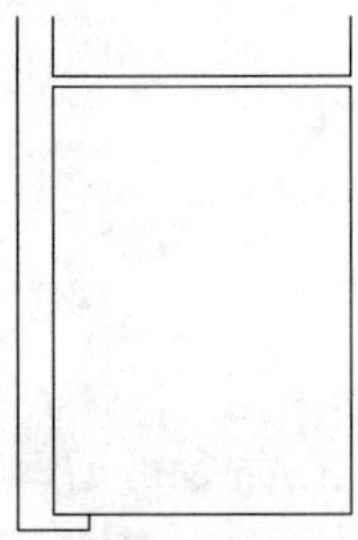

图19-161 修剪

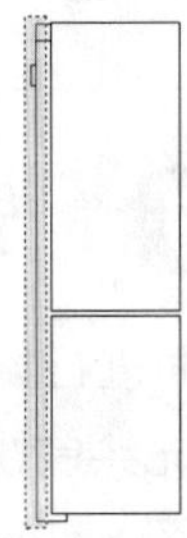

图19-162 镜像

09 饮水机的外形绘制完成后，绘制置杯托架。在命令行窗口中执行REC命令，以第1步绘制矩形的左上角点为基点，输入坐标（@10，-35）作为第一个角点，输入坐标（@230，-30）为另一个角点绘制矩形。再在命令行窗口中执行F命令，对刚绘制的矩形进行圆角操作，圆角半径为3，效果如图19-164所示。

10 在命令行窗口中执行L命令，以第1步绘制矩形的左上角点为基点，输入坐标（@0，-180）为第一点，输入坐标（@250，0）为下一点绘制直线，绘制完成后的效果如图19-165所示。

11 在命令行窗口中执行O命令，以上一步绘制的直线为源对象，向下偏移340，偏移后的效果如图19-166所示。

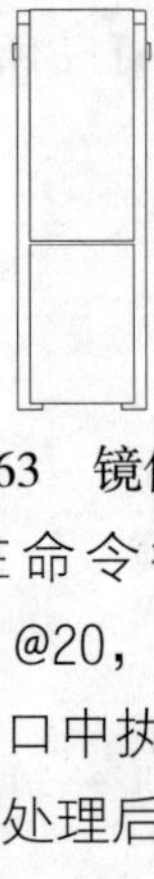

图19-163 镜像效果

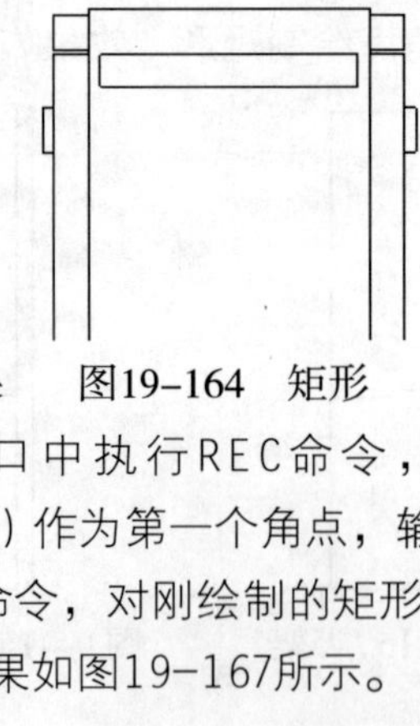

图19-164 矩形

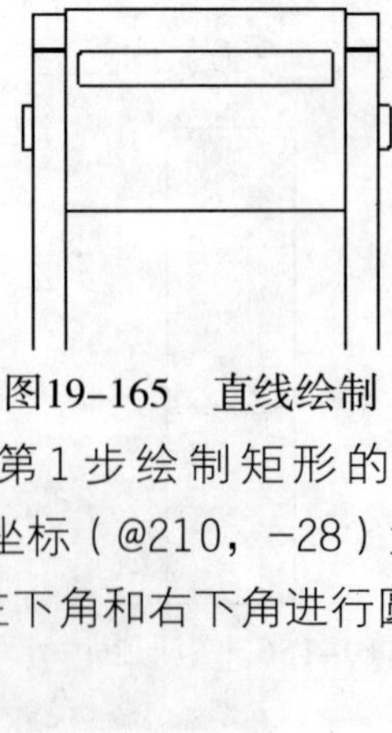

图19-165 直线绘制

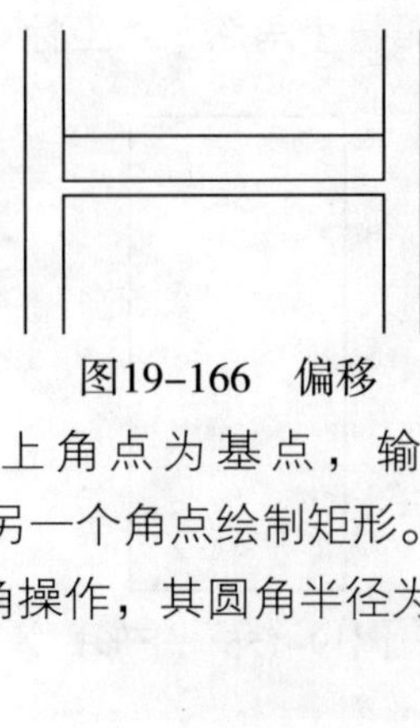

图19-166 偏移

12 在命令行窗口中执行REC命令，以第1步绘制矩形的左上角点为基点，输入坐标（@20，-520）作为第一个角点，输入坐标（@210，-28）为另一个角点绘制矩形。再在命令行窗口中执行F命令，对刚绘制的矩形的左下角和右下角进行圆角操作，其圆角半径为10，进行圆角处理后的效果如图19-167所示。

13 在命令行窗口中执行REC命令，以第1步绘制矩形的左上角点为基点，输入坐标（@50，-610）作为第一个角点，输入坐标（@150，-224）作为另一个角点绘制矩形。再在命令行窗口中执行F命令，对刚绘制的矩形进行圆角操作，圆角半径为10，圆角后的效果如图19-168所示。

14 在命令行窗口中执行ARC命令，以第1步绘制矩形的左上角点为基点，输入坐标（@55，-833）作为起点，输入坐标（@70，-17）作为第二个点，输入坐标（@70，17）作为端点绘制圆弧，绘制完成后的效果如图19-169所示。

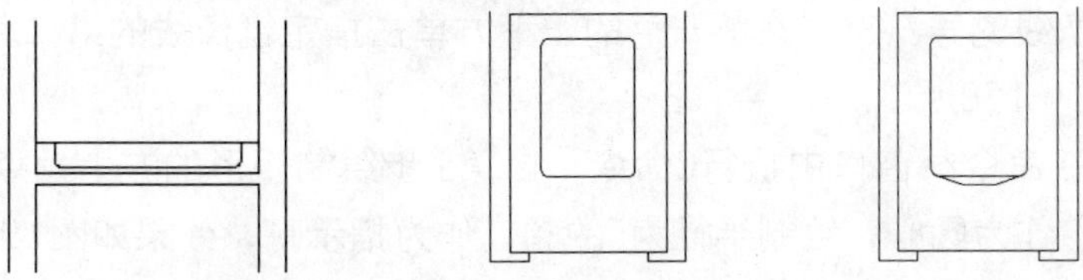

图19-167　绘制矩形　　图19-168　绘制矩形　　图19-169　绘制圆弧

15 在命令行窗口中执行TR命令，修剪矩形和圆弧，修剪后的效果如图19-170所示。再在命令行窗口中执行O命令，以修剪获得的多段线为源对象，向下偏移5；以圆弧为源对象，向上偏移5，效果如图19-171所示。

16 绘制龙头。在命令行窗口中执行REC命令，以第1步绘制矩形的左上角点为基点，输入坐标（@51，-215）为第一个角点，输入坐标（@30，-4）为另一个角点绘制矩形，绘制完成后的效果如图19-172所示。

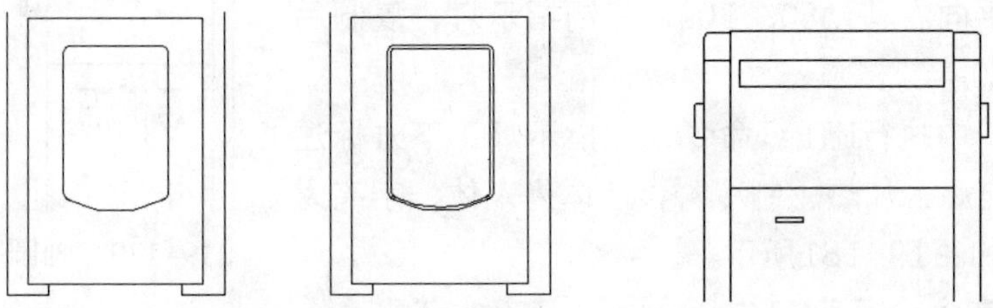

图19-170　修剪　　图19-171　偏移　　图19-172　绘制矩形

17 在命令行窗口中执行L命令，以第1步绘制的矩形的左上角点为基点，输入坐标（@60，-219）为第一点，输入坐标（@-5，-25）作为下一点，输入坐标（@22，0）作为第3点，输入坐标（@-5，25）作为第4点绘制直线，绘制后的效果如图19-173所示。

18 在命令行窗口中执行REC命令，以第1步绘制矩形的左上角点为基点，输入坐标（@51，-244）作为第一个角点，输入坐标（@30，-11）作为另一个角点绘制矩形，绘制完成后的效果如图19-174所示。

19 在命令行窗口中执行REC命令，以第1步绘制矩形的左上角点为基点，输入坐标（@52，-244）作为第一个角点，输入坐标（@29，-11）为另一个角点绘制矩形，效果如图19-175所示。

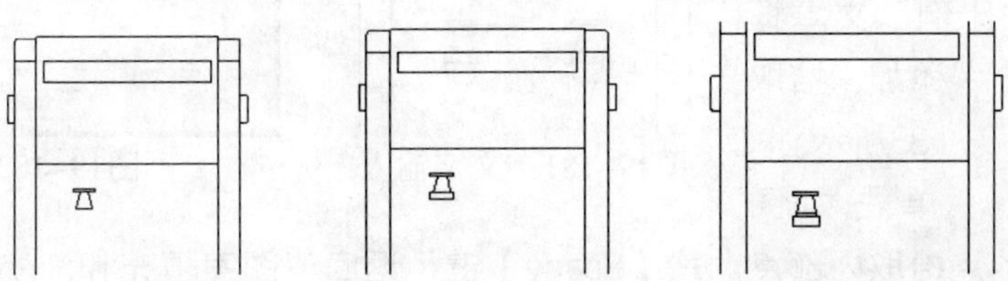

图19-173　绘制直线　图19-174　绘制矩形　图19-175　绘制矩形

20 在命令行窗口中执行L命令，以第1步绘制矩形的左上角点为基点，输入坐标（@51，-255）作为第1点，输入坐标（@3，-20）作为第2点，输入坐标（@24，0）作为第3点，输入坐标（@3，20）作为第4点绘制直线，绘制完成后的效果如图19-176所示。

21 在命令行窗口中执行L命令，以第1步绘制矩形的左上角点为基点，输入坐标（@59，-275）作为第1点，输入坐标（@3，-20）作为第2点，输入坐标（@7，0）作为第3点，输入坐标（@3，20）作为第4点绘制直线，绘制完成后的效果如图19-177所示。

22 左边龙头绘制完成后，绘制右边龙头。在命令行窗口中执行MI命令，以中间大矩形上方水平线的中点为镜像线的第一点，在第一点的正下方单击指定镜像线的第二点，镜像左边龙头，镜像后的效果如图19-178所示。

23 绘制指示灯。在命令行窗口中执行C命令，以第1步绘制矩形的左上角点为基点，输入坐标（@75，-103）作为圆心，绘制半径为5的圆，作为指示灯，效果如图19-179所示。

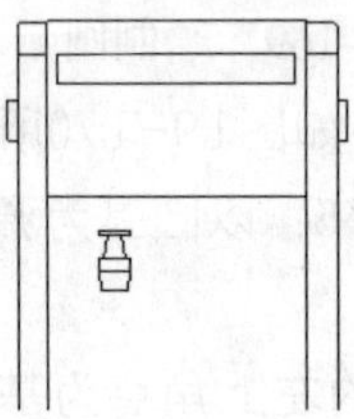
图19-176 绘制线

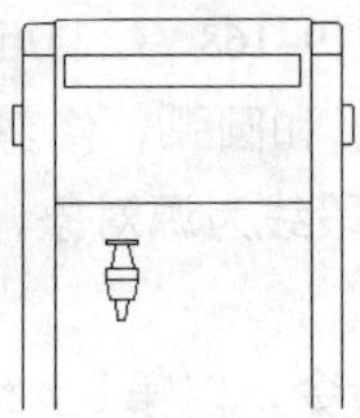
图19-177 绘制线

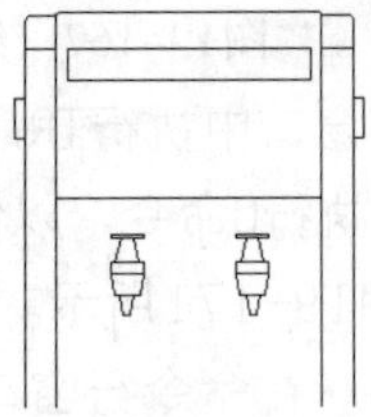
图19-178 镜像

24 在命令行窗口中执行CO命令，以上一步绘制的圆的圆心为基点，水平向右移动50、100，复制指示灯，复制后的效果如图19-180所示。

25 在命令行窗口中执行MTEXT命令，在指示灯正下方标注文字说明“电源、加热、制冷”，字体为宋体，字高为7，标注后的效果如图19-181所示。

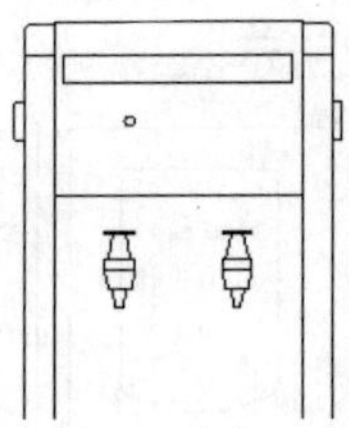
图19-179 画圆

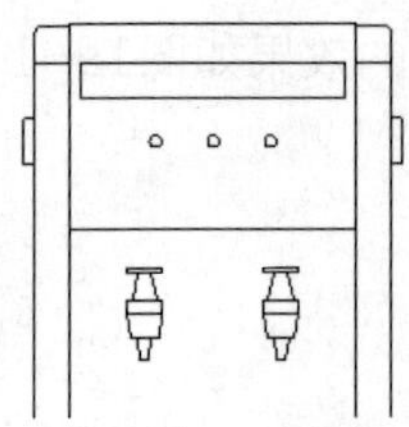
图19-180 复制

26 填充龙头。在命令行窗口中执行BHATCH命令，弹出“图案填充和渐变色”对话框，单击“图案”选项右侧的[...]按钮，弹出“填充图案选项板”对话框，切换至ANSI选项卡，在列表框中选择ANSI31图案样式，然后单击“确定”按钮，如图19-182所示。

27 返回“图案填充和渐变色”对话框，在“比例”文本框中输入1，然后单击“添加：拾取点”按钮[+]，如图19-183所示。

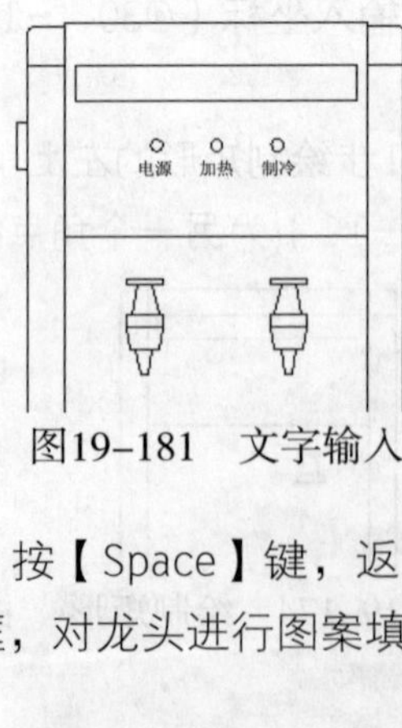

图19-181 文字输入

图19-182 填充图案

28 返回绘图区，单击如图19-184所示的点拾取内部点。按【Space】键，返回“图案填充和渐变色”对话框，单击“确定”按钮保存设置并关闭对话框，对龙头进行图案填充后的效果如图19-185所示。

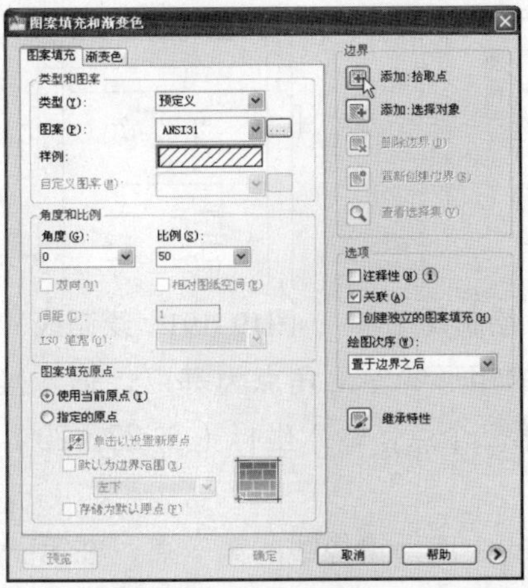

图19-183　填充设置

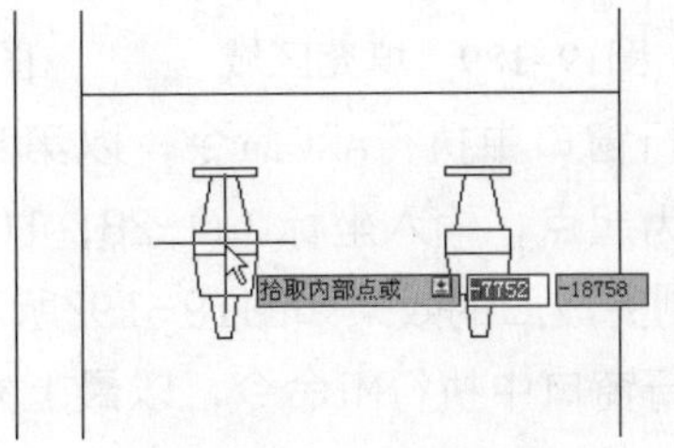

图19-184　填充区域

29 按照相同的方法，填充右边的龙头，效果如图19-186所示。接下来填充放置纸杯的柜子。在命令行窗口中执行BHATCH命令，弹出“图案填充和渐变色”对话框，单击“图案”选项右侧的[...]按钮，弹出“填充图案选项板”对话框，切换至“其他预定义”选项卡，在列表框中选择AR-RROOF图案样式，然后单击“确定”按钮，如图19-187所示。

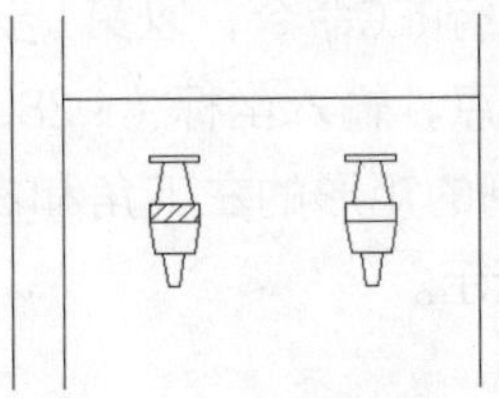

图19-185　填充效果

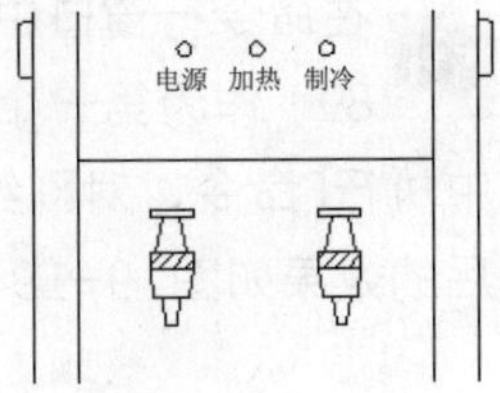

图19-186　填充

30 返回“图案填充和渐变色”对话框，在“角度”文本框中输入45，在“比例”文本框中输入2，然后单击“添加：拾取点”按钮[图标]，如图19-188所示。

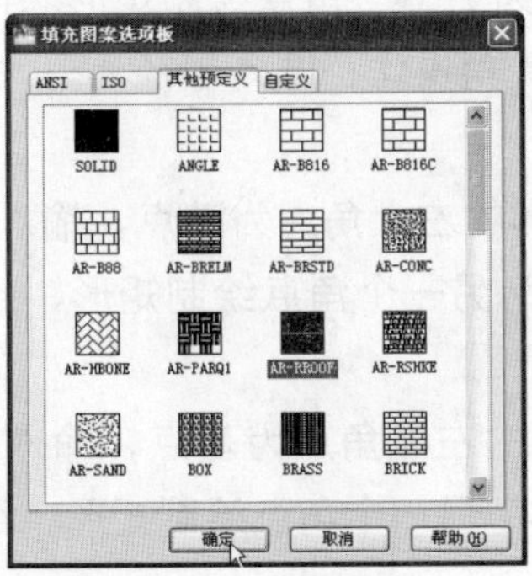

图19-187　选择图案

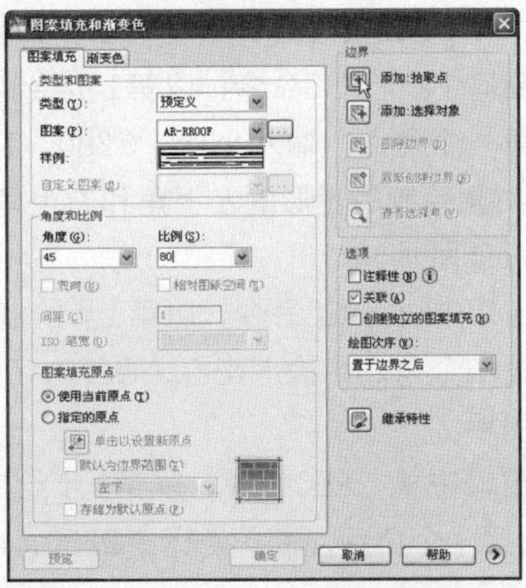

图19-188　填充设置

31 返回绘图区，单击如图19-189所示的点拾取内部点。按【Space】键，返回“图案填充和渐变色”对话框，单击“确定”按钮保存，对纸杯柜进行图案填充后的效果如图19-190所示。

32 绘制饮水机上面的饮水桶。在命令行窗口中执行L命令，以第1步绘制矩形的左上角点为基点，输入坐标（@44，0）作为第1点，输入坐标（@16，24）作为第2点，输入坐标（@130，0）作为第3点，输入坐标（@16，-24）作为第4点绘制直线，绘制完成后的效果如图19-191所示。

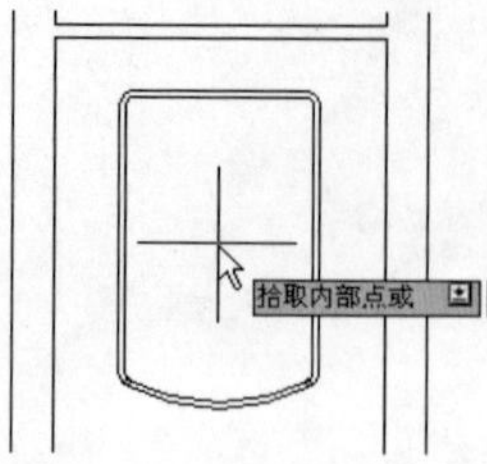

图19-189 填充区域

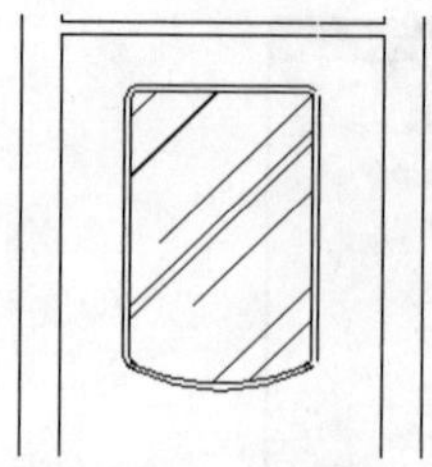

图19-190 绘制线

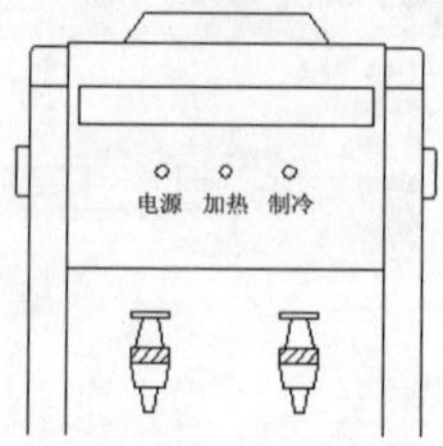

图19-191 绘制线

33 在命令行窗口中执行ARC命令，以第1步绘制的矩形的左上角点为基点，输入坐标（@60，24）作为起点，输入坐标（@-28，10）作为第二个点，输入坐标（@-22，20）作为端点绘制圆弧，绘制完成后的效果如图19-192所示。

34 在命令行窗口中执行MI命令，以最上方的直线的中点为镜像线的第一点，在第一点正上方单击指定镜像线的第二点，镜像上一步绘制的圆弧，镜像后的效果如图19-193所示。

35 在命令行窗口中执行REC命令，以第1步绘制的矩形的左上角点为基点，输入坐标（@-15，89）作为第一个角点，输入坐标（@280，-35）作为另一个角点绘制矩形。再在命令行窗口中执行F命令，对刚绘制的矩形的左下角和右下角进行圆角操作，圆角半径为25，进行圆角处理后的效果如图19-194所示。

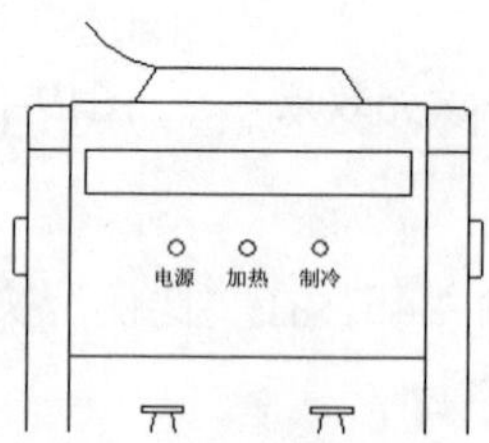

图19-192 绘制圆弧

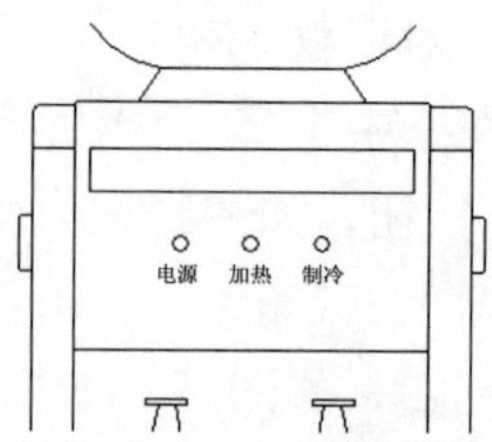

图19-193 镜像

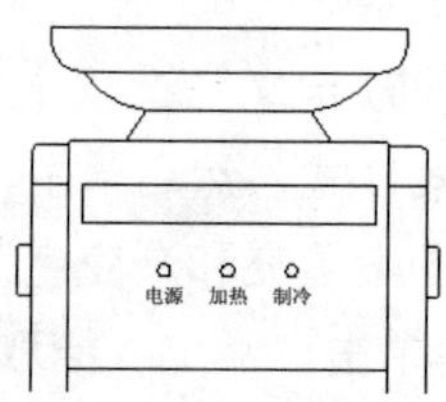

图19-194 绘制矩形

36 在命令行窗口中执行REC命令，以第1步绘制的矩形的左上角点为基点，输入坐标（@-15，89）作为第一个角点，输入坐标（@280，10）作为另一个角点绘制矩形。再在命令行窗口中执行F命令，对刚绘制的矩形的左上角和右上角进行圆角操作，圆角半径为5，进行圆角处理后的效果如图19-195所示。

37 在命令行窗口中执行REC命令，以第1步绘制的矩形的左上角点为基点，输入坐标（@-10，99）作为第一个角点，输入坐标（@270，90）作为另一个角点绘制矩形，绘制完成后的效果如图19-196所示。

38 在命令行窗口中执行REC命令，以第1步绘制矩形的左上角点为基点，输入坐标（@-15，189）作为第一个角点，输入坐标（@280，40）作为另一个角点绘制矩形，绘制完成后的效果如图19-197所示。

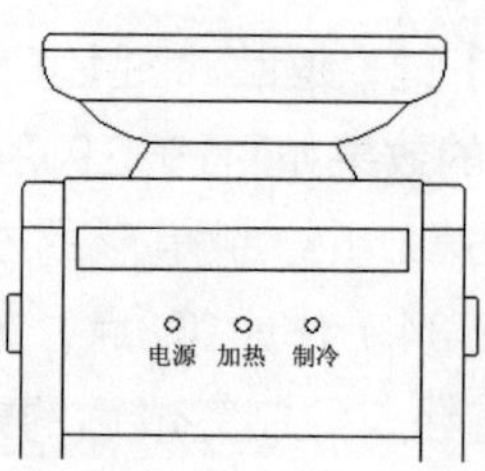

图19-195 绘制矩形

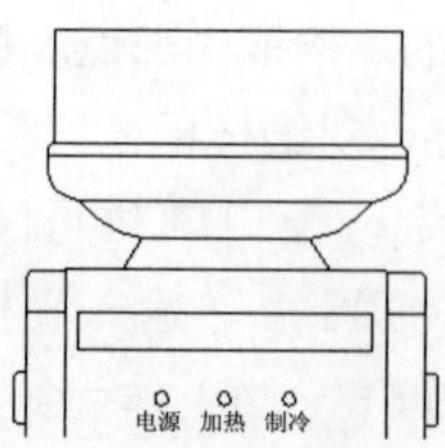

图19-196 绘制矩形

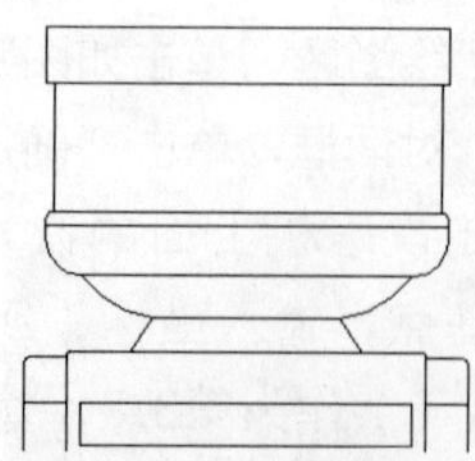

图19-197 绘制矩形

39 在命令行窗口中执行CHA命令，对上一步绘制的矩形的左下角和右下角进行倒角操作，倒角距离设为5；再对上一步绘制的矩形的左上角和右上角进行倒角操作，倒角距离设为9，进行倒角处理后的效果如图19-198所示。

40 在命令行窗口中执行L命令，连接倒角的角点，绘制如图19-199所示的两条直线。

41 在命令行窗口中执行REC命令，以第1步绘制的矩形的左上角点为基点，输入坐标（@-6，229）作为第一个角点，输入坐标（@262，133）作为另一个角点绘制矩形，绘制完成后的效果如图19-200所示。

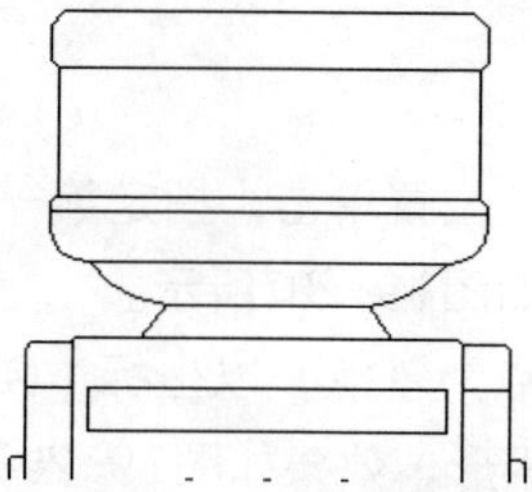

图19-198　绘制倒角

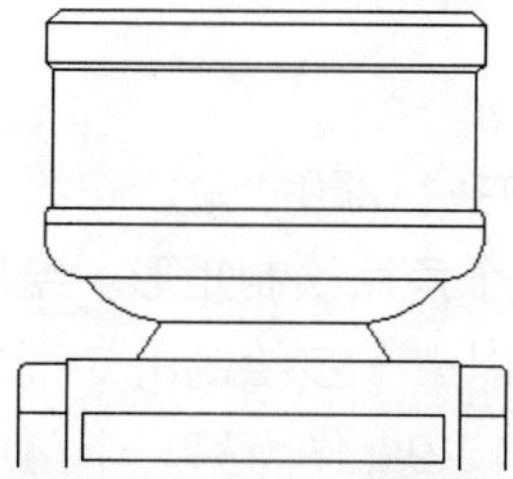

图19-199　绘制直线

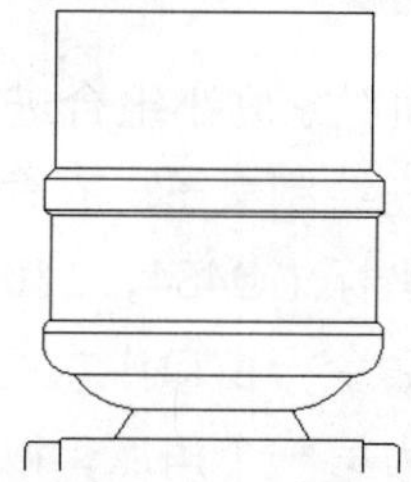

图19-200　绘制矩形

42 在命令行窗口中执行ARC命令，以第1步绘制矩形的左上角点为基点，输入坐标（@-6，362）作为起点，输入坐标（@-4，7）作为第二个点，输入坐标（@-1，6）作为端点绘制圆弧，绘制完成后的效果如图19-201所示。

43 在命令行窗口中执行MI命令，以最上方的多段线的中点为镜像线的第一点，在第一点正上方单击指定镜像线的第二点，镜像上一步绘制的圆弧。再在命令行窗口中执行L命令，绘制直线连接两圆弧的上端，绘制完成后的效果如图19-202所示。

44 在命令行窗口中执行ARC命令，以第1步绘制的矩形的左上角点为基点，输入坐标（@-11，375）作为起点，输入坐标（@9，34）作为第二个点，输入坐标（@31，15）作为端点绘制圆弧，绘制完成后的效果如图19-203所示。

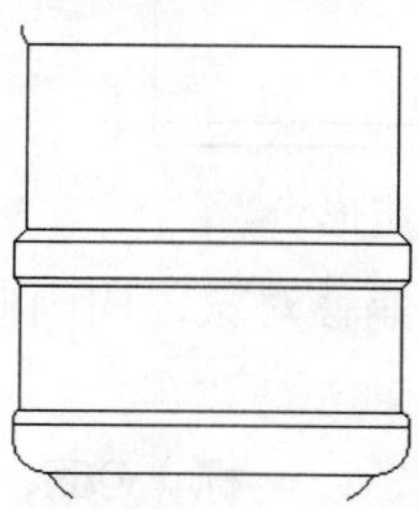

图19-201　绘制圆弧

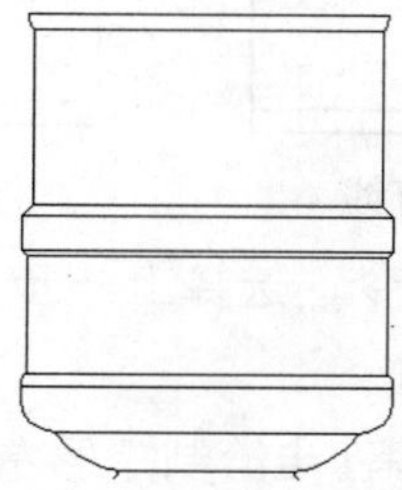

图19-202　镜像

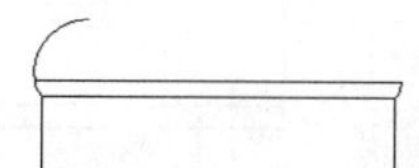

图19-203　绘制圆弧

45 在命令行窗口中执行MI命令，以最上方的直线的中点作为镜像线的第一点，在第一点正上方单击指定镜像线的第二点，镜像上一步绘制的圆弧。再在命令行窗口中执行L命令，绘制直线连接两圆弧的上端，绘制完成后的效果如图19-204所示。

46 在命令行窗口中执行L命令，绘制如图19-205所示的3条直线，体现饮水桶的材质。用定义内部块的方法将饮水机定义为内部图块，并拖动到饮水机的方框中间，拖动后的效果如图19-206所示（光盘:\最终文件\第19章\饮水机.dwg）。

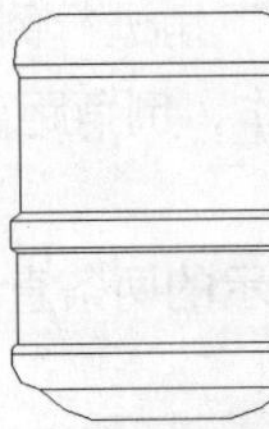

图19-204　绘制直线

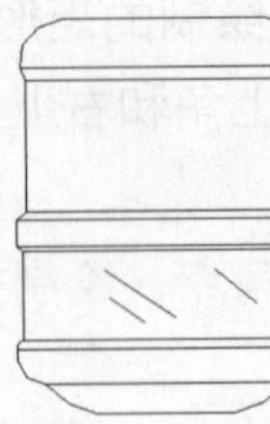

图19-205　绘制直线

图19-206　最终效果

19.10 小组合

下面对家庭小组合进行绘制。

01 首先绘制桌子。在命令行窗口中执行REC命令，在绘图区任一位置单击，指定第一个角点，以坐标（@464，160）作为另一个角点绘制矩形。绘制效果如图19-207所示。

02 在命令行窗口中执行REC命令，以上一步绘制的矩形左下角点为基点，以坐标（@0，127）作为第一个角点，以坐标（@464，9）作为另一个角点绘制矩形，效果如图19-208所示。

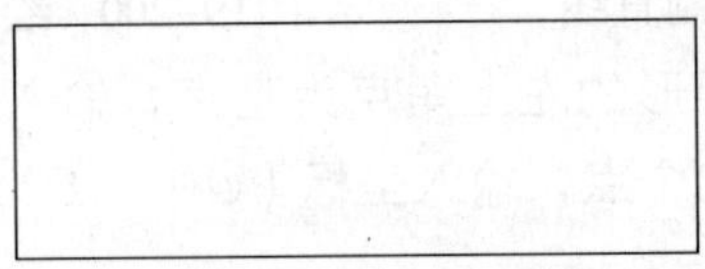

图19-207　绘制矩形

图19-208　绘制矩形

03 在命令行窗口中执行L命令，以第1步绘制矩形左下角点为基点，以坐标（@0，15）作为第一个角点，以坐标（@464，0）作为直线终点，效果如图19-209所示。

04 在命令行窗口中执行REC命令，以第1步绘制矩形左下角点为基点，以坐标（@0，15）作为第一个角点，以坐标（@83，112）作为另一个角点绘制矩形，效果如图19-210所示。

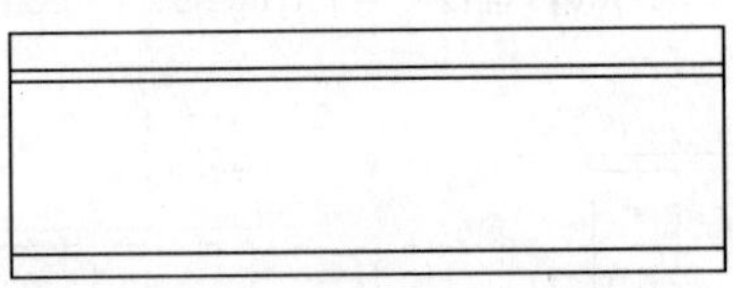

图19-209　绘制直线

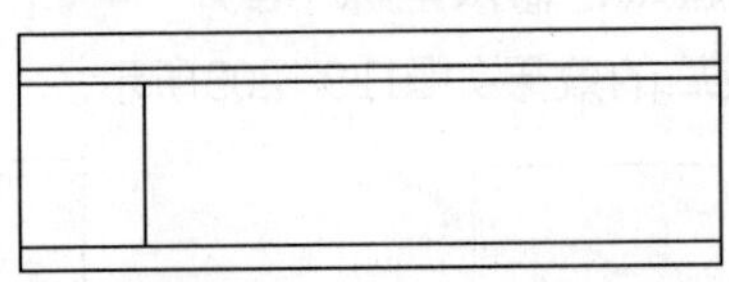

图19-210　绘制矩形

05 在命令行窗口中输入O执行偏移命令，选择上一步创建的矩形为偏移对象，向内侧偏移4的距离，偏移效果如图19-211所示。

06 在命令行窗口中执行REC命令，以第1步绘制矩形左下角点为基点，以坐标（@65，65）作为第一个角点，以坐标（@7，18）作为另一个角点绘制矩形。继续以第1步创建矩形的左下角端点为基点创建矩形，以坐标（@67，69）作为第一个角点，以坐标（@5，11）作为另一个角点绘制矩形效果如图19-212所示。

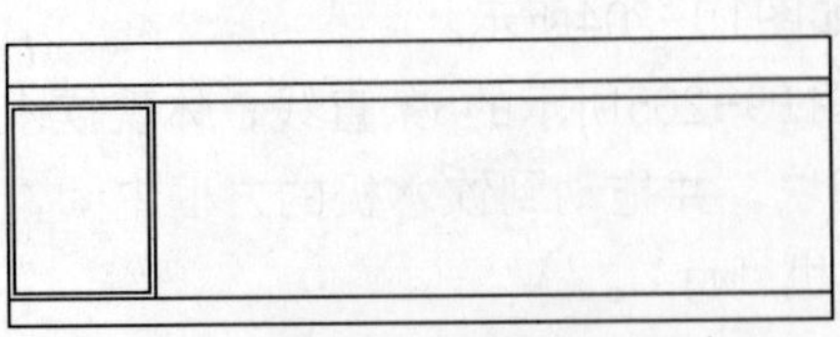

图19-211　绘制矩形

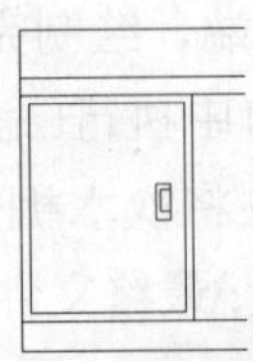

图19-212　绘制矩形

07 以图如19-213所示的内侧矩形的右上角顶点A为圆心绘制半径为14的圆弧，并将多余线条进行修剪，完成的效果如图19-214所示。

08 在命令行窗口中执行L命令，以第1步绘制矩形左下角点为基点，以坐标（@110，15）作为第一个角点，以坐标（@0，112）作为直线终点，效果如图19-215所示。

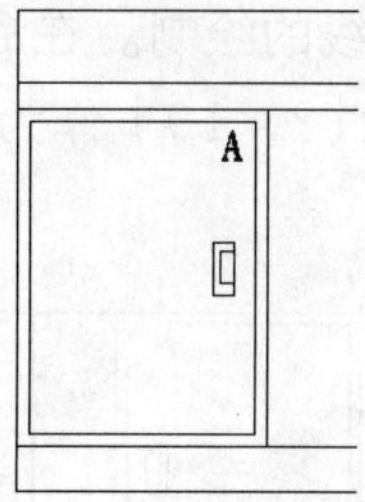

图19-213 选择点

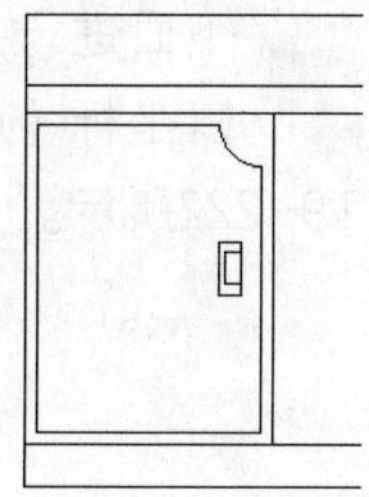

图19-214 圆弧

09 在命令行窗口中执行REC命令，以第1步绘制矩形左下角点为基点，以坐标（@116，19）作为第一个角点，以坐标（@229，105）作为另一个角点绘制矩形，效果如图19-216所示。

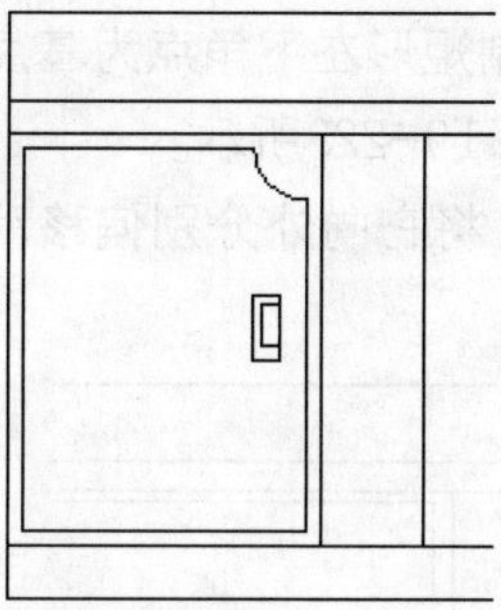

图19-215 绘制直线

图19-216 绘制矩形

10 在命令行窗口中执行MI命令，以左侧的橱柜门以及竖线等作为镜像对象，以最初的矩形上下两边的中点连线为镜像对称线进行镜像操作，完成的效果如图19-217所示。

11 在命令行窗口中执行REC命令，以第1步绘制的矩形左下角点为基点，以坐标（@116，69）作为第一个角点，以坐标（@113，3）作为另一个角点绘制矩形，效果如图19-218所示。

图19-217 镜像

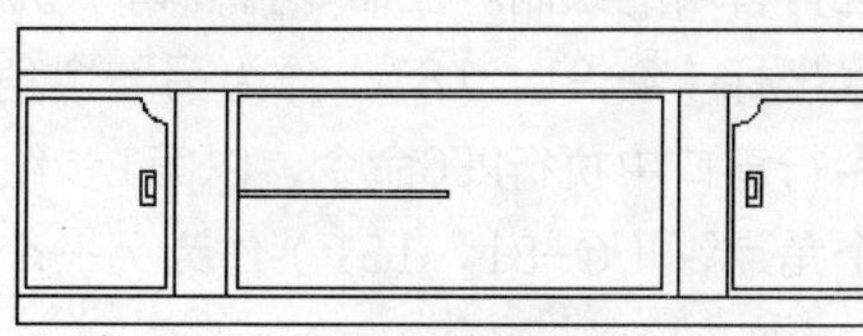

图19-218 绘制矩形

12 下面进行碟片的绘制。在如图19-218所示的橱柜中绘制一个碟片侧面图，矩形的长宽分别为34、2，角度为与水平成15°，完成的绘制效果如图19-219所示。

13 在菜单栏中选择“修改”→“阵列”→“矩形阵列”命令，选择上一步创建的矩形为阵列对象，行数和列数分别为1和12，列距离为5，完成的阵列效果如图19-220所示。

图19-219 绘制矩形

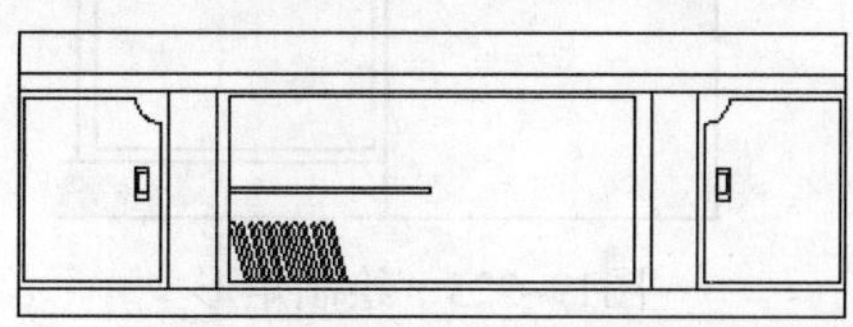

图19-220 阵列

14 下面进行碟片的正面绘制。在命令行窗口中执行REC命令，以第1步绘制矩形左下角点为基点，以坐标（@184，19）作为第一个角点，以坐标（@32，27）作为另一个角点绘制矩形，效果如图19-221所示。

15 下面进行直线的绘制。在命令行窗口中执行L命令，以第1步绘制矩形左下角点为基点，以坐标（@212，19）作为第一个角点，以坐标（@0，27）作为直线的终点，效果如图19-222所示。

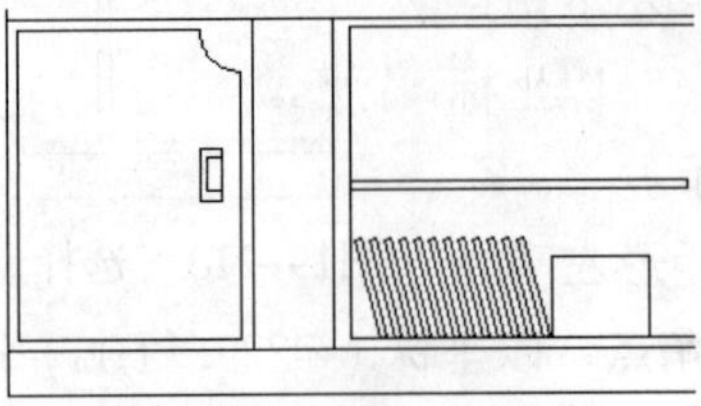

图19-221　绘制矩形

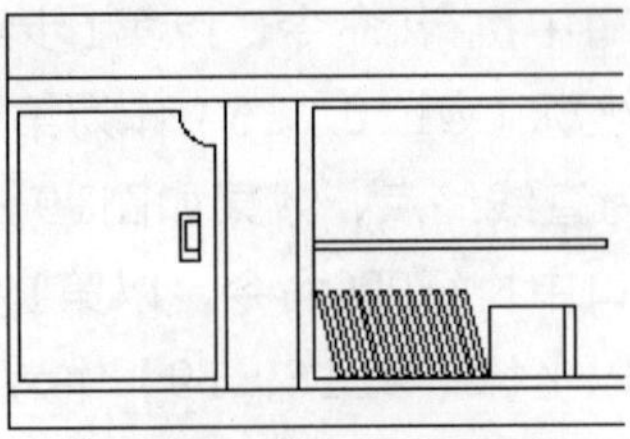

图19-222　绘制直线

16 下面进行圆的绘制。在命令行窗口中执行C命令，以第1步绘制矩形左下角点为基点，以坐标（@198，32）作为圆心，在命令行输入半径值为4，效果如图19-223所示。

17 在命令行窗口中输入O执行平移命令，偏移对象为刚才的圆，将它向外分别偏移7和9，完成的偏移效果如图19-224所示。

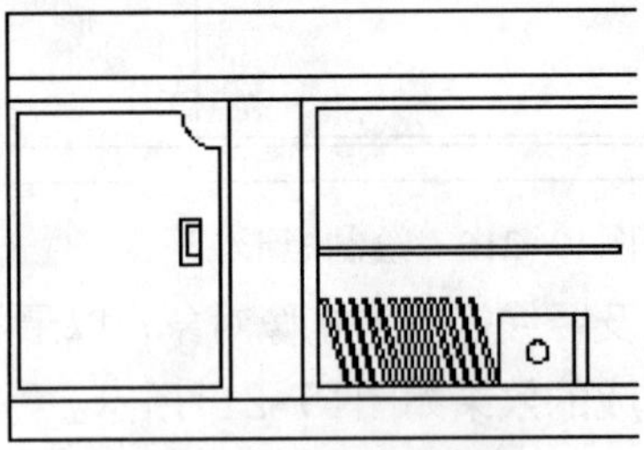

图19-223　绘制圆

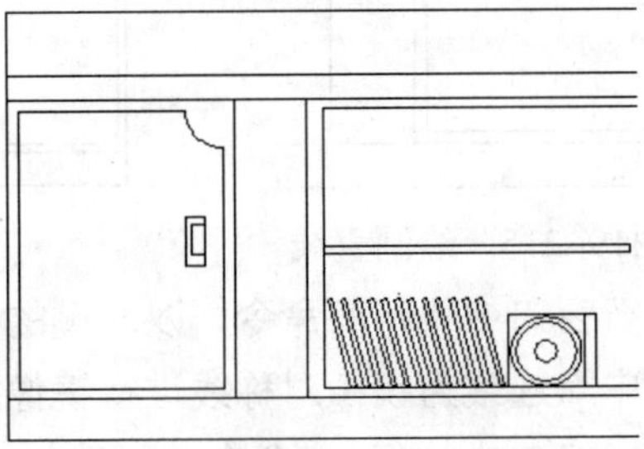

图19-224　偏移

18 下面进行音箱的绘制。在命令行窗口中执行REC命令，以第1步绘制矩形左下角点为第一个角点，以坐标（@-91，181）作为另一个角点绘制矩形，效果如图19-225所示。

19 在命令行窗口中执行REC命令，以第1步绘制矩形左下角点为基点，以坐标（@-5，25）作为第一个角点，（@-81，151）作为另一个角点绘制矩形，效果如图19-226所示。

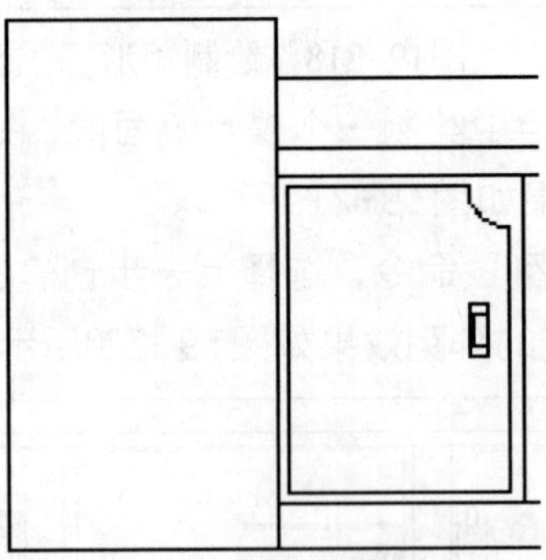

图19-225　绘制矩形

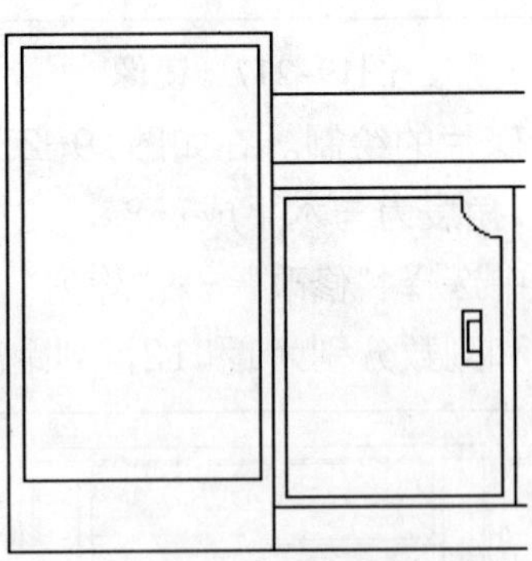

图19-226　绘制矩形

20 在命令行窗口中执行O命令，以刚才创建的矩形为偏移对象，将它们向内偏移3，并将它与偏移的对象的对应角用直线连接起来，完成的效果如图19-227所示。

21 在命令行窗口中执行C命令，以第1步绘制矩形左下角点为基点，以坐标（@-46，74）作为圆心，在命令行输入半径值为12，效果如图19-228所示。

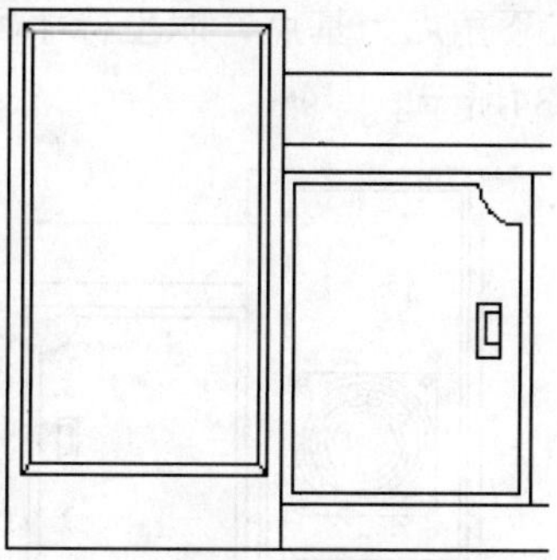

图19-227　偏移

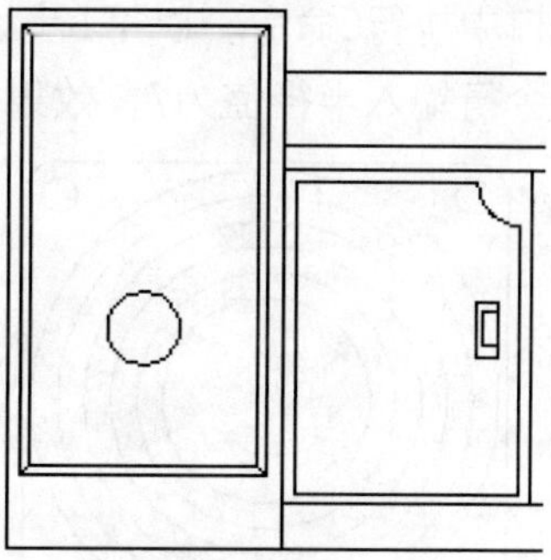

图19-228　圆

22 在命令行窗口中执行O命令，以刚才创建的圆形为偏移对象，将它们向外偏移3、6、9、12、15，加上原来的圆一共有6个圆。完成的效果如图19-229所示。

23 在命令行窗口中执行REC命令，以第1步绘制矩形左下角点为基点，以坐标（@-18，46）作为第一个角点，（@-56，56）作为另一个角点绘制矩形，效果如图19-230所示。

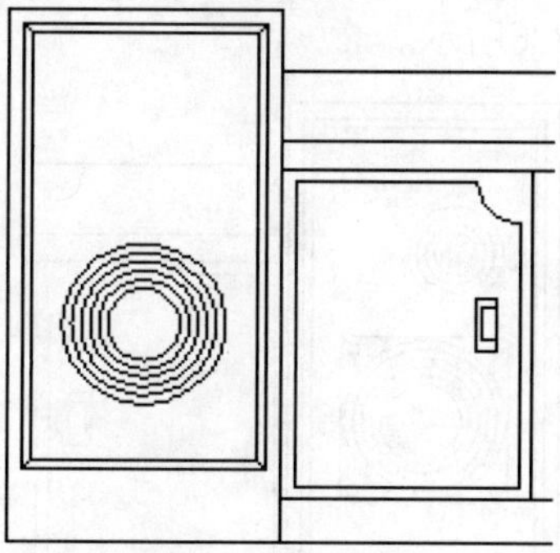

图19-229　偏移

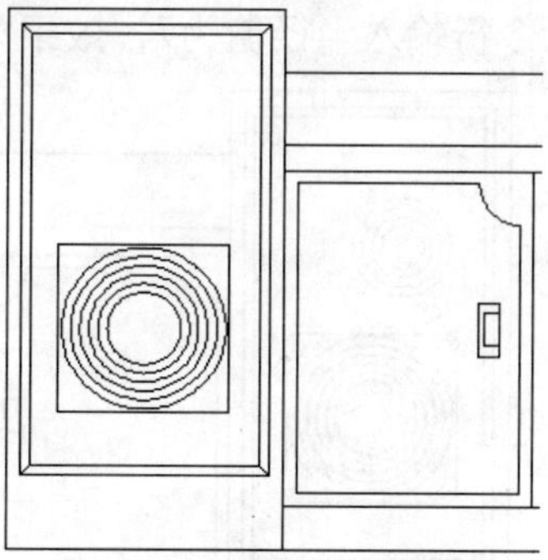

图19-230　绘制矩形

24 在菜单栏中选择“修改”→“圆角”命令，选择刚才绘制的矩形为圆角创建对象，在矩形的4个角处创建圆角，圆角半径为4，完成的创建效果如图19-231所示。

25 在命令行窗口中执行C命令，以第1步绘制矩形左下角点为基点，以坐标（@-22，50）作为圆心，在命令行输入半径值为2，效果如图19-232所示。

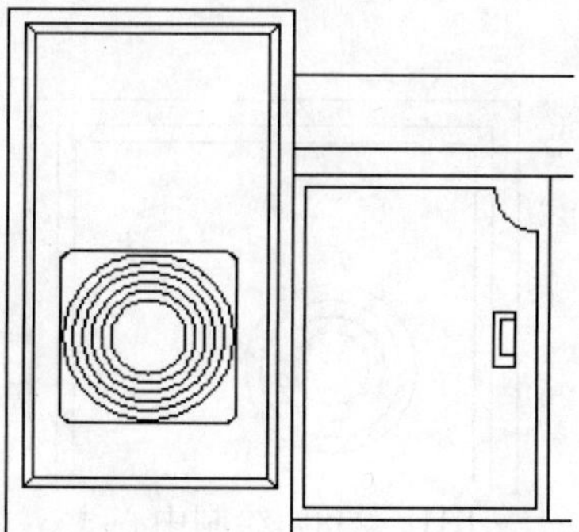

图19-231　圆角

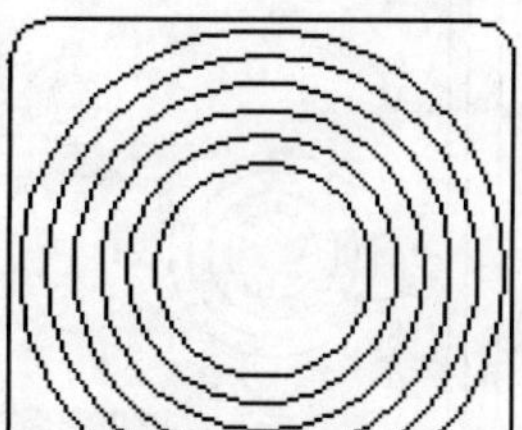

图19-232　绘制圆

26 在命令行窗口中执行MI命令，将刚才绘制的圆形进行两次镜像操作，达到将它分布在矩形的4个角的效果，完成的绘制效果如图19-233所示。

27 在命令行窗口中执行C命令，以第1步绘制矩形左下角点为基点，以坐标（@-56，130）作为圆心，在命令行输入半径值为7，效果如图19-234所示。

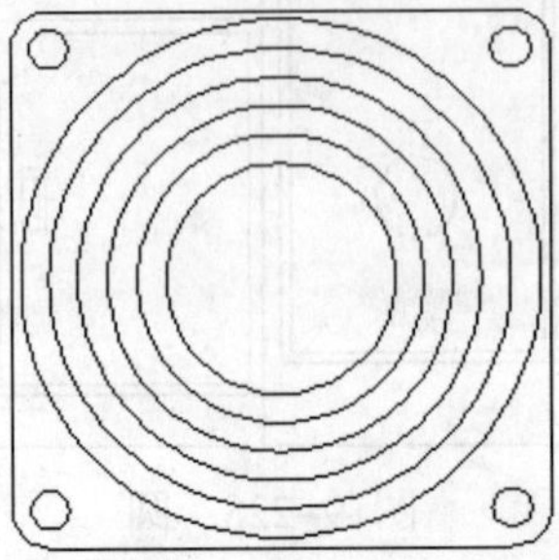

图19-233 镜像

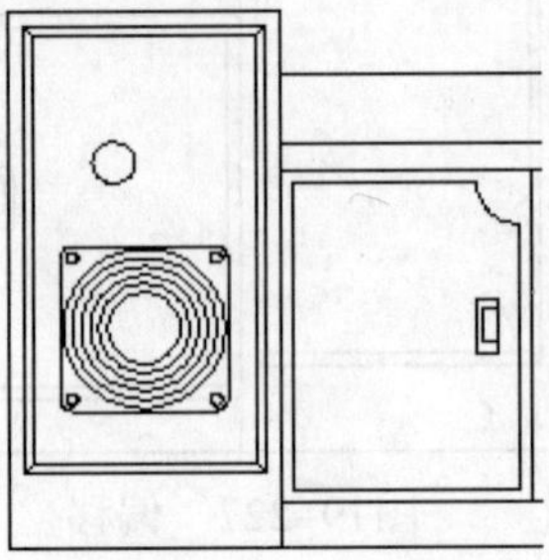

图19-234 绘制圆形

28 在命令行窗口中执行O命令，以刚才创建的圆形为偏移对象，将它向外偏移3、6、9，加上原来的圆一共有4个圆。完成的效果如图19-235所示。

29 在命令行窗口中执行C命令，以第1步绘制矩形左下角点为基点，以坐标（@-25，154）作为圆心，在命令行输入半径值为7，效果如图19-236所示。

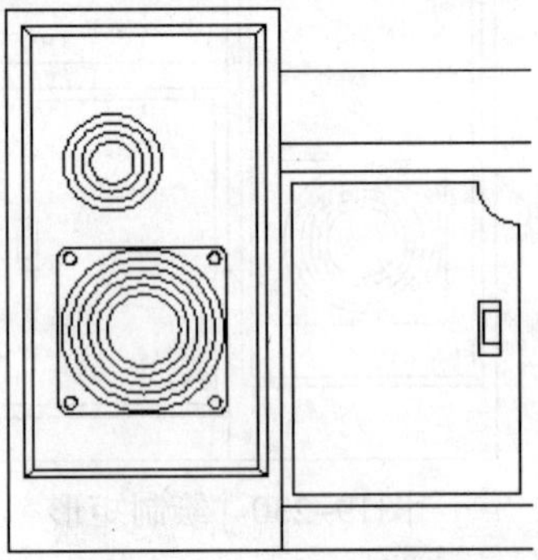

图19-235 偏移对象

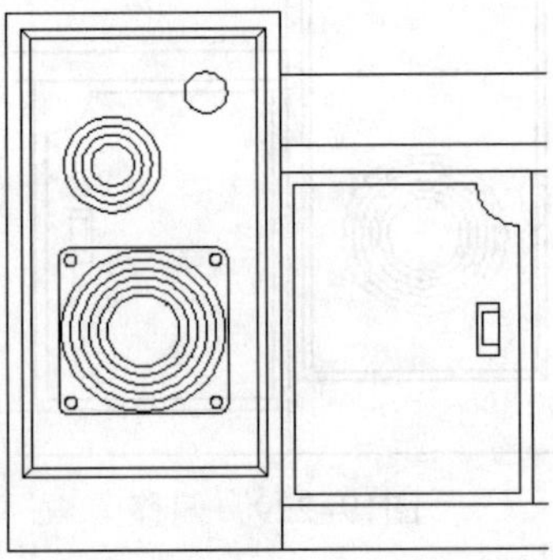

图19-236 绘制圆

30 在命令行窗口中执行O命令，以刚才创建的圆形为偏移对象，将它向内偏移3、4，加上原来的圆一共有3个圆。完成的效果如图19-237所示。

31 在命令行窗口中执行L命令，为刚才的一组圆创建中心线，两条线分别为水平和竖直。完成的中心线创建如图19-238所示。

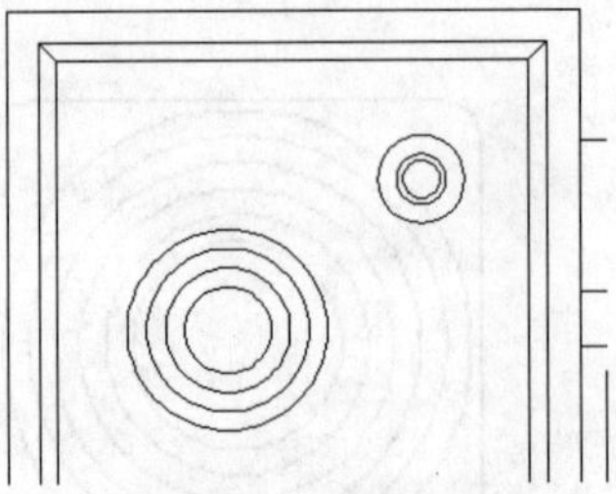

图19-237 偏移

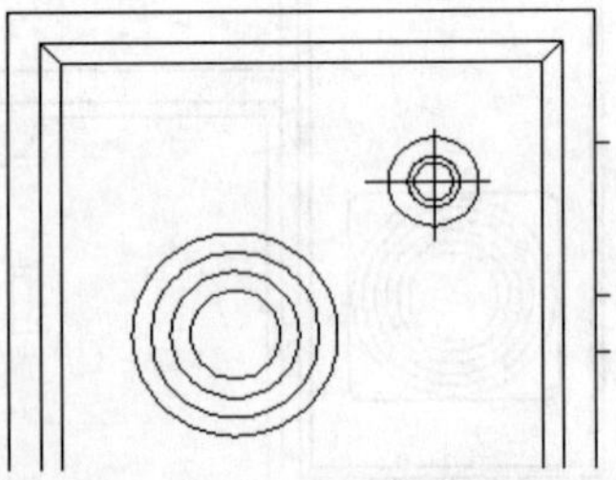

图19-238 绘制中心线

32 在命令行窗口中执行O命令，以刚才创建的中心线为偏移对象，将水平中心线分别向上、下平移1，将竖直中心线向左、右分别平移1，完成的偏移效果如图19-239所示。

33 在命令行窗口中执行TR命令，将刚才创建的部分进行修剪操作，将多余的圆弧及直线修剪掉，完成的修剪效果如图19-240所示。

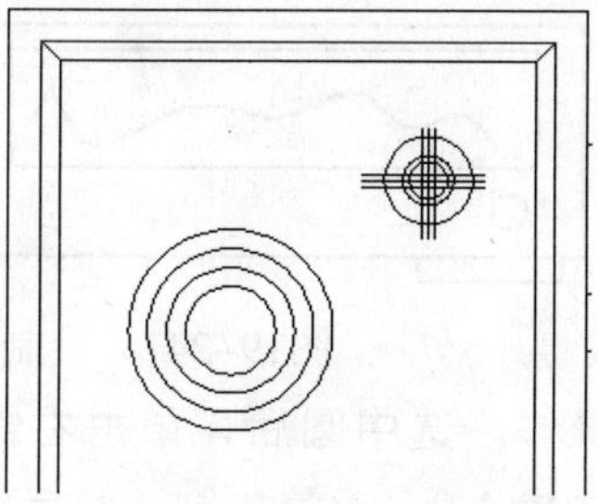
图19-239　偏移

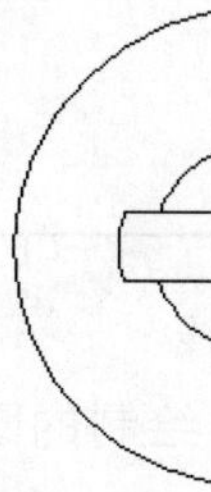
图19-240　修剪

34 在命令行窗口中执行MI命令，对刚才绘制的音箱进行镜像操作。以音箱为镜像对象，以最初的矩形的上下边的中点连线为镜像中心线，使得桌子右侧也有一个音箱，完成的镜像效果如图19-241所示。

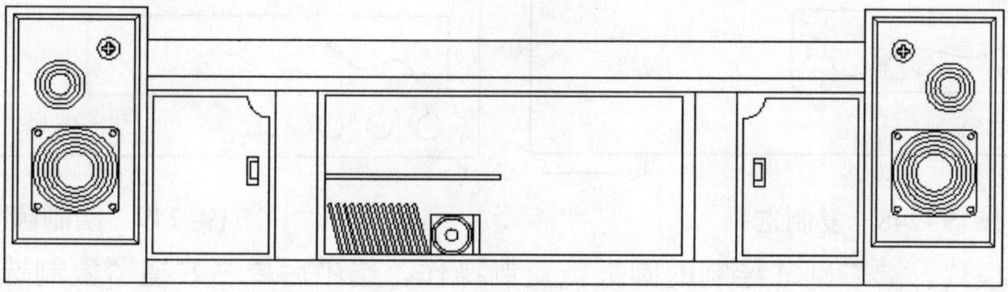
图19-241　镜像

35 下面进行影碟机的创建。在命令行窗口中执行REC命令，在空白绘图区域单击作为矩形第一个角点，输入下一个角点的坐标为（@104，26），效果如图19-242所示。

36 在命令行窗口中执行REC命令，以上一步绘制的矩形左下角点为基点，以坐标（@2，0）作为第一个角点，（@16，-3）作为另一个角点绘制矩形，效果如图19-243所示。

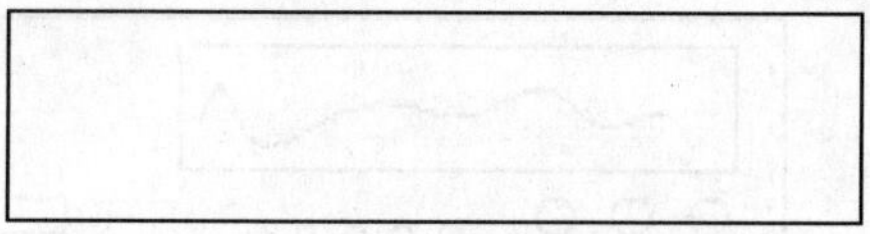
图19-242　绘制矩形

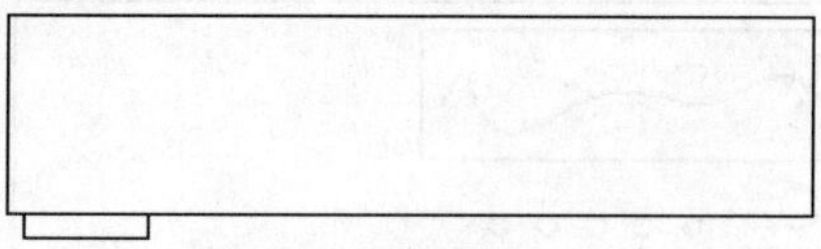
图19-243　绘制矩形

37 在命令行窗口中执行MI命令，将刚才绘制的矩形进行镜像操作，选择的镜像中心线为最初绘制的矩形的上下边的中心的连线，镜像效果如图19-244所示。

38 在命令行窗口中执行REC命令，以最初绘制矩形左下角点为基点，以坐标（@5，10）作为第一个角点，（@58，13）作为另一个角点绘制矩形，效果如图19-245所示。

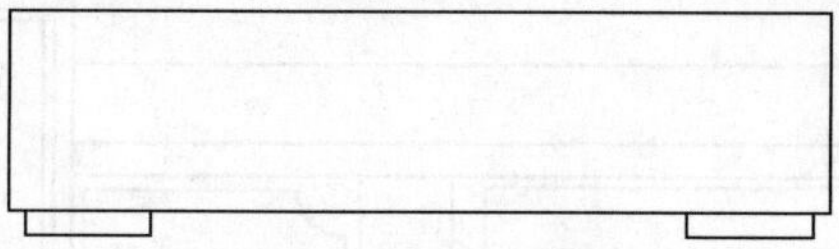
图19-244　镜像

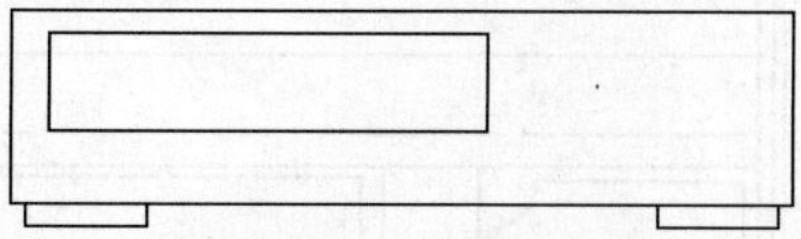
图19-245　绘制矩形

39 将正交模式关闭，选择菜单栏中的“绘图”→“样条曲线”命令，绘制出如图19-246所示的样条曲线。

40 在命令行窗口中执行C命令，以最初绘制矩形左下角点为基点，以坐标（@8，5）作为圆心，在命令行输入半径值为2，效果如图19-247所示。

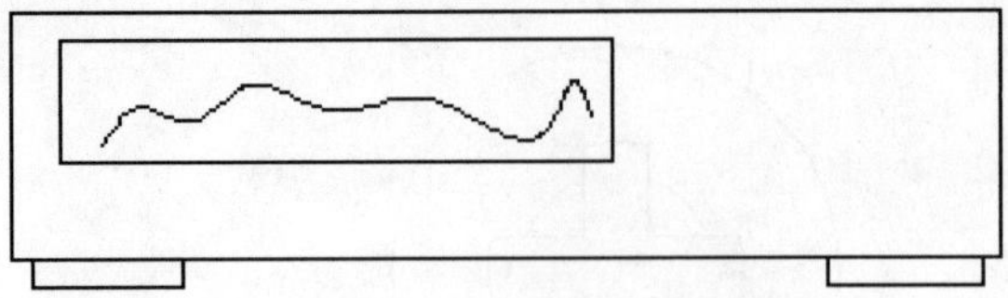

图19-246　样条曲线

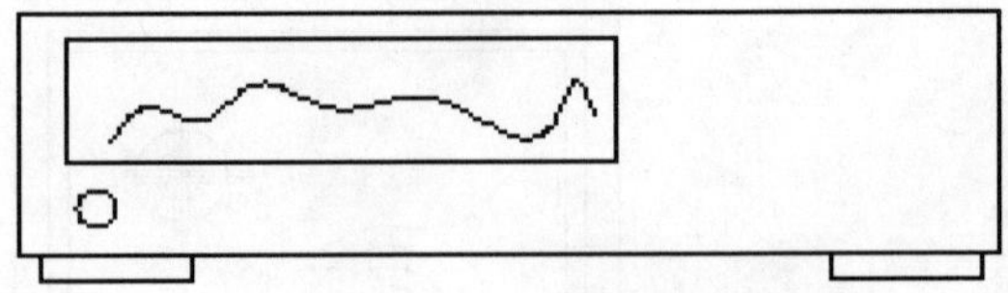

图19-247　绘制圆

41 打开正交模式，选中刚才绘制的圆进行复制操作。选中圆后，单击右键，选择“复制选择”命令，将鼠标偏向正右方，在命令行窗口中输入8。重复复制，然后输入16，效果如图19-248所示。

42 在命令行窗口中执行C命令，以最初绘制矩形左下角点为基点，以坐标（@35，3）作为圆心，在命令行输入半径值为1，效果如图19-249所示。

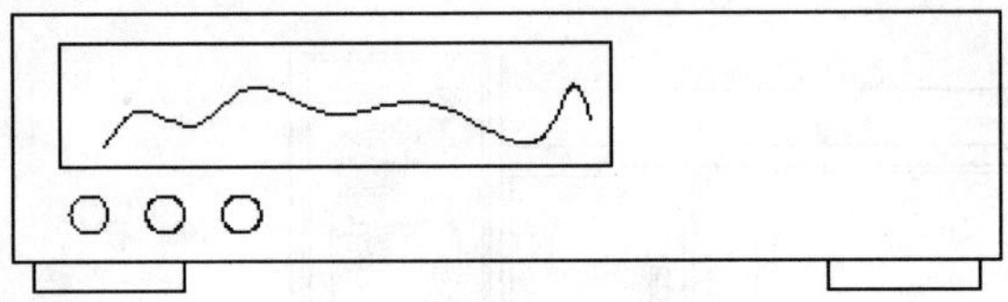

图19-248　复制选择

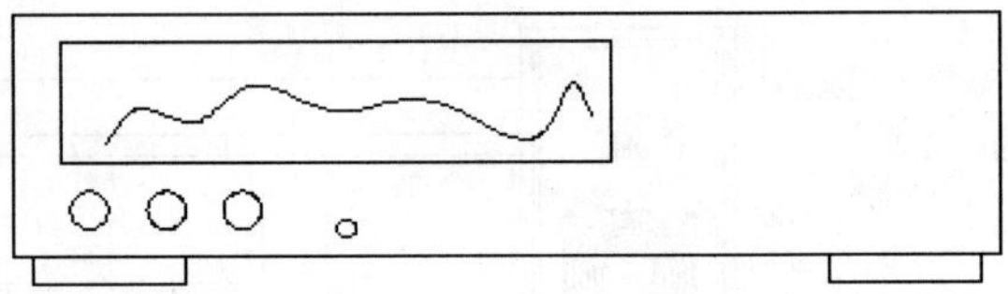

图19-249　绘制圆

43 打开正交模式，选中刚才绘制的圆进行复制操作，选中后单击右键“复制选择”，将鼠标偏向正右方在命令行窗口中输入5。重复复制，输入10、15、20，完成复制选择，效果如图19-250所示。

44 在命令行窗口中执行REC命令，以最初绘制矩形左下角点为基点，以坐标（@75，3）作为第一个角点，（@10，4）作为另一个角点绘制矩形。继续选择刚才的基点，以坐标（@87，3）作为第一个角点，（@13，4）作为另一个角点绘制矩形，效果如图19-251所示。

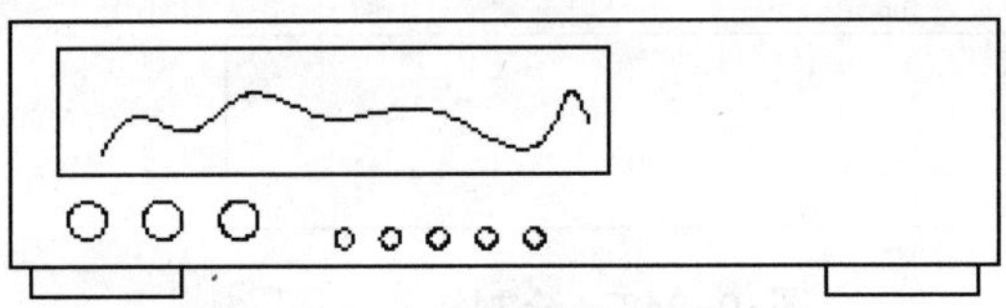

图19-250　复制

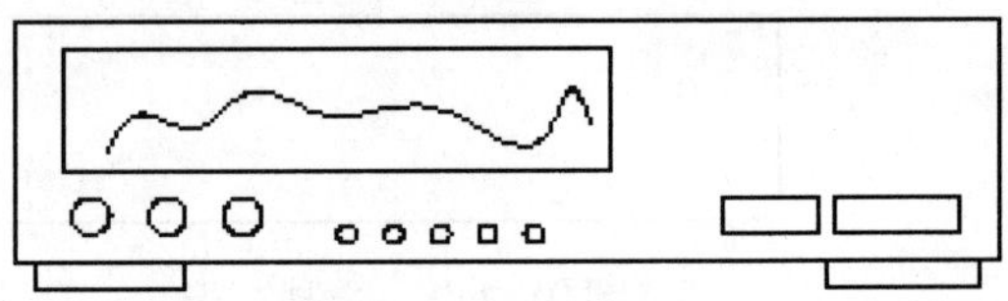

图19-251　绘制矩形

45 下面将影碟机移动到橱柜上。选中刚才绘制的影碟机，然后选择单击右键，选择“移动”命令，选择影碟机的最左下角为移动基点，然后在命令行输入FROM，选择第一步创建的橱柜的左下角为基点，在“偏移”里输入（@125，72），完成的移动效果如图19-252所示。

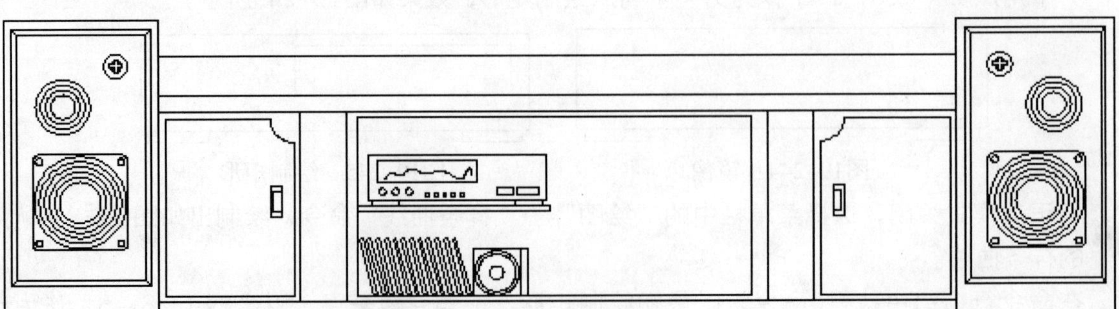

图19-252　移动影碟机

46 下面进行家庭影院的插入。打开“家庭影院.dwg”文件（光盘:\原始文件\第19章\家庭影院.dwg），将家庭影院中的所有对象选中，然后单击“复制选择”命令，选择家庭影院的最左下角为复制基点。切换到“小组合”文件中，按组合键【Ctrl+V】，在命令行窗口中输入FROM，选择最早绘制的矩形的左下角为基点进行插入，在命令行窗口中输入（@236，19），完成的家庭影院插入效果如图19-253所示。

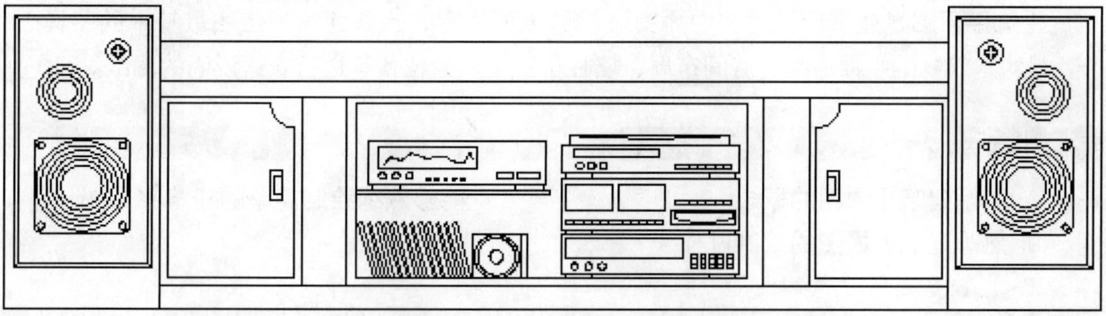

图19-253　家庭影院插入

47 下面进行电视机的插入。打开“电视机1.dwg”文件（光盘:\原始文件\第19章\电视机.dwg），将家庭影院中的所有对象选中，然后单击“复制选择”命令，选择电视机的最左下角为复制基点。切换到“小组合”文件中按组合键【Ctrl+V】，在命令行窗口中输入FROM，选择最早绘制的矩形的左下角为基点，在命令行窗口中输入（@132，136），将多余的线条进行删除，完成的最终效果如图19-254所示（光盘:\最终文件\第19章\小组合.dwg）。

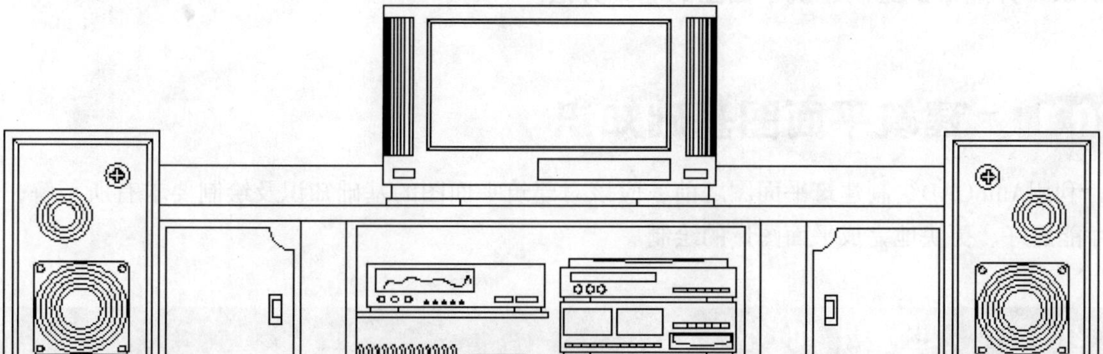

图19-254　最终效果

19.11 本章小结

本章主要是实例的讲解，讲述了很多常见的家用建筑图。通过这些实例的练习，可以使读者更熟悉建筑绘图，更了解建筑绘图的要素及注意事项。通过本章的学习，读者应该能独立完成常见家用设备的绘制。

第20章 绘制建筑平面图

学习导航

建筑平面图是建筑设计过程中方案设计的主要内容，也是建筑施工图最基本的图样之一，是对建筑物的平面形状、房间布局、墙柱位置及门窗位置等进行表达说明的图纸。

学习重点

- □ 了解建筑平面图的概念
- □ 熟悉建筑平面图的绘制过程
- □ 能够熟练绘制简单的建筑平面图

本章着重介绍建筑平面图的基本知识和一般绘制方法，通过实例讲解用AutoCAD绘制建筑平面图的绘制步骤和过程。通过本章的学习，用户应对建筑平面图有一个全面的认识，并能掌握绘制建筑平面图的基本方法。

20.1 建筑平面图基础知识

利用AutoCAD绘制建筑平面图之前，应该对建筑平面图的基础知识及绘制要求有所了解，这样才能更好、更快地完成平面图形的绘制。

20.1.1 建筑平面图概念

建筑平面图是建筑物的水平剖视图，也就是用一个假想的水平剖切面沿房屋门窗洞的位置将房屋剖切后，对剖切面以下部分所作出的水平剖视图，简称平面图。它反映出房屋的平面形状、大小和房间的布置，墙柱的位置、厚度和材料，门窗的类型和位置，各部分的联系及各类构件的尺寸等情况，是建筑施工图最基本的图样之一。

一般来说，对于多层建筑物，房屋有几层，就应绘制出几个平面图，并在图的下方正中注明相应的图名，如底层平面图、二层平面图、屋顶平面图等。但习惯上，如果上下各层的房间数量、大小和布置都一样时，则相同平面布局的楼层可用一个平面图表示，称为标准层平面图，因此，三层或三层以上的建筑物，至少应该绘制3个楼层平面图，即底层平面图、标准层平面图和顶层平面图。屋顶平面图也是一种建筑平面图，它是在空中对建筑物的直接水平正投影图，主要表示屋顶的情况，如屋顶排水的方向、坡度、雨水管的位置及屋顶的构造等。

在绘制建筑平面图的过程中，如果建筑平面图左右对称，可将两层平面图画在同一个图上，左边画出一层的一半，右边画出一层的一半，中间用一对称符号作分界线，并在图的下方分别注明图名。有时，根据房屋的性质和复杂程度，也可绘制夹层、高窗、顶棚、预留洞等局部放大平面图。如果建筑物平面较大较长时，也可分区绘制平面图，但每张平面图均应绘制组合示意图，各区应分别用大写拉丁字母编号，在组合示意图中要提示的分区，应采用阴影线或填充的方式表示。

由于建筑平面图能够比较集中地反映出建筑物使用功能方面的问题，所以无论是设计制图还是施工读图，一般都从建筑平面图入手。

20.1.2　建筑平面图的绘制内容

建筑平面图主要包括以下图示内容：

- 标明承重结构的轴线、轴线编号、定位尺寸和总尺寸。
- 绘制出主要结构和建筑构配件，如非承重墙、壁柱、门窗（幕墙）、天窗、楼梯、电梯、自动扶梯、中庭（及其上空）、夹层、平台、阳台、雨棚、台阶、坡道、散水明沟等的位置；当围护结构为幕墙时，应标明幕墙与主体结构的定位关系。
- 表示主要建筑设备的位置，如水池、卫生器具等与设备有关的位置。
- 表示建筑平面或空间的防火分区，以及防火分区分隔位置和面积，以单独成图。
- 标明室内、外地面设计标高及地上、地下各层楼地面标高。
- 标明指北针（画在底层平面）。
- 标明剖切线及编号。
- 绘制出有特殊要求或标准的厅、室的室内布置，如家具的布置等；也可根据需要选择绘制标准层、标准单元或标准间的放大平面图及室内布置图；建筑物平面图应注写房间的名称或编号；编号注写在直径为6mm细实线绘制的圆圈内，并在同张图纸上列出房间名称表。
- 列出各类建筑设计规范要求计算的技术经济指标（也可在说明中列出）。
- 标明图纸名称、比例。

20.2　建筑平面图的绘制

下面通过一个例子来讲述一下建筑平面图的绘制，效果图如图20-1所示。

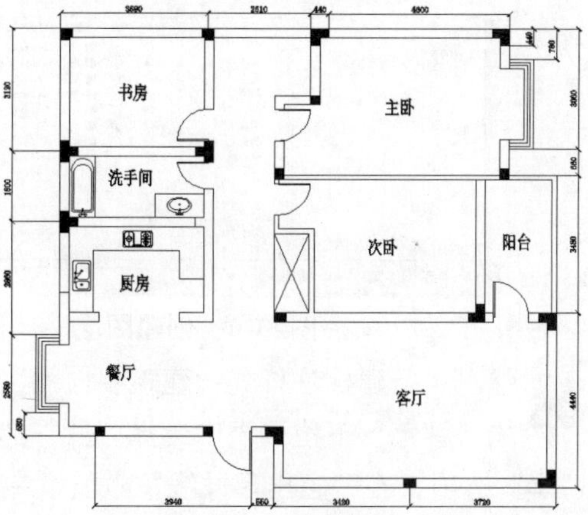

图20-1　建筑平面

01 启动AutoCAD　2012，在命令行中执行LIMITS命令，设置图形界限大小，具体操作过程如下：

命令：　LIMITS

（执行LIMITS命令）

重新设置模型空间界限:（系统提示）

指定左下角点或［开（ON）/关（OFF）］<0.0000,0.0000>:（按【Space】键确定左下角坐标，保持默认设置）

指定右上角点<420.0000,297.0000>:20000，15000（确定绘图区大小）

02 在命令行中执行UNITS命令，弹出“图形单位”对话框。在“长度”选项组中的“精度”下拉列表中选择0选项，然后单击“确定”按钮，如图20-2所示。

03 在命令行中执行layer命令，弹出“图层特性管理器”选项板。单击“新建图层”按钮，新建图层，并输入名称“中心线”，设置其“颜色”为红色，设置其“线型”为ACAD_ISO04W100，如图20-3所示。

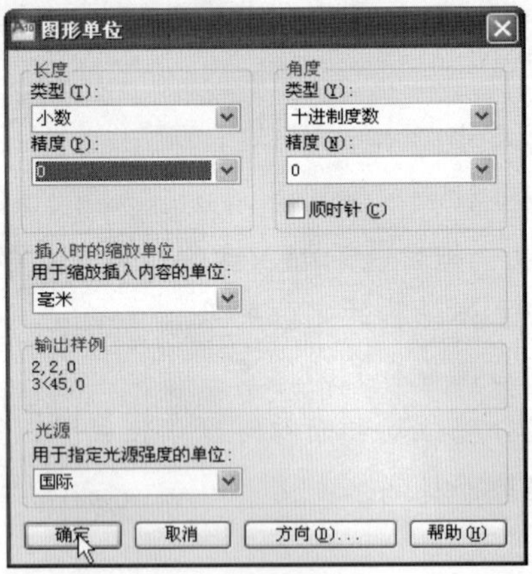

图20-2 设置单位

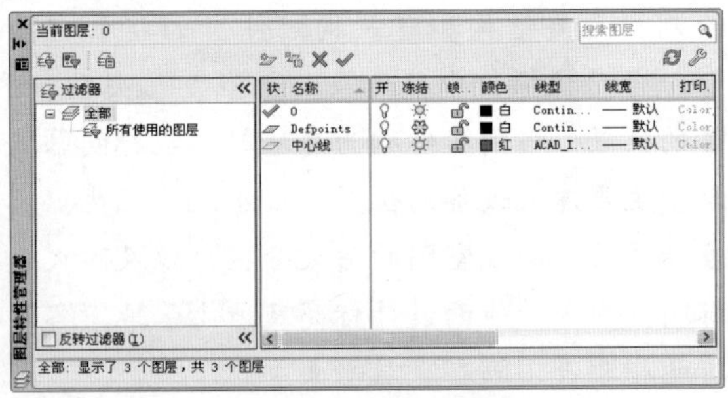

图20-3 设置图层

04 按照相同的方法设置其他图层特性，设置完成后如图20-4所示。然后关闭“图层特性管理器”选项板。

05 在命令行中执行DIMSTYLE命令，弹出“标注样式管理器”对话框，如图20-5所示。单击“新建”按钮，弹出“创建新标注样式”对话框，在“新样式名”文本框中输入文本“建筑平面图”，其余保持默认设置不变，单击“继续”按钮，如图20-6所示。

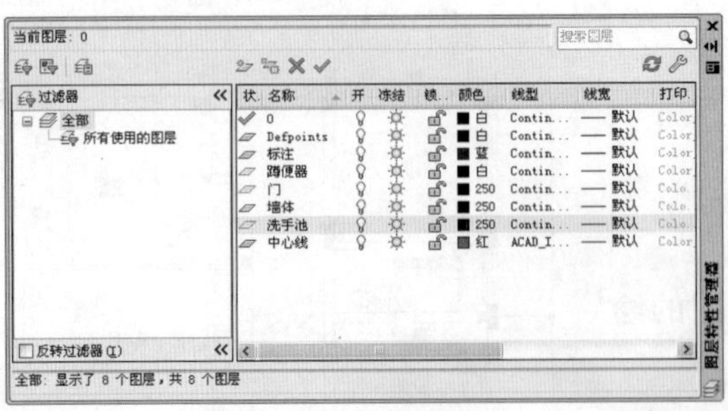

图20-4 创建图层

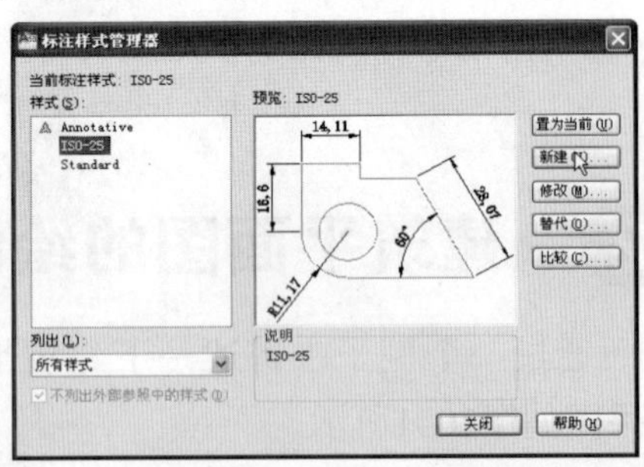

图20-5 创建标注样式

06 弹出“新建标注样式：建筑平面图”对话框，切换至“线”选项卡，在“尺寸线”选项组中的“颜色”下拉列表中选择“蓝”选项，在“延伸线”选项组中的“颜色”下拉列表中选择“黑”选项，在“超出尺寸线”数值框中输入35，在“起点偏移量”数值框中输入35，如图20-7所示。

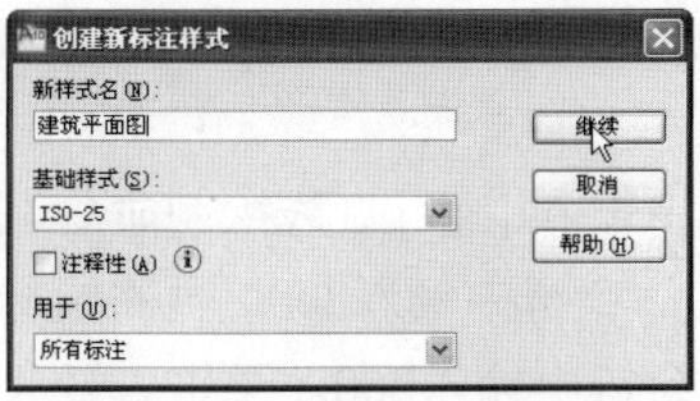

图20-6 新建标注样式

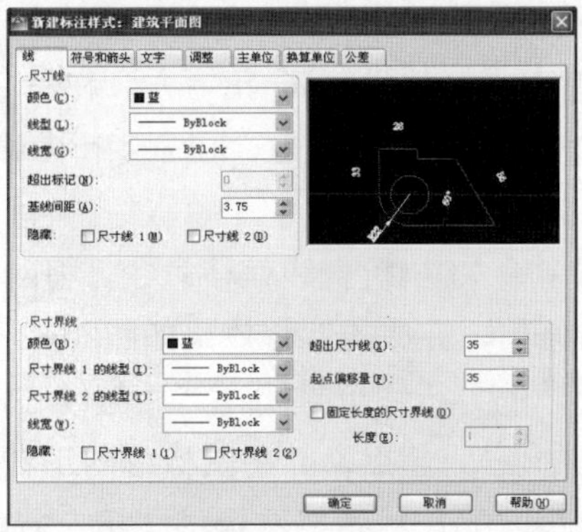

图20-7 修改线

07 切换至“符号和箭头”选项卡，在“箭头”选项组中的“第一个”下拉列表中选择“建筑标记”选项，在“箭头大小”数值框中输入60，如图20-8所示。

08 切换至“文字”选项卡，在“文字外观”选项组中的“文字颜色”下拉列表中选择“蓝”选项，在“文字高度”数值框中输入135，在“文字位置”选项组的“从尺寸线偏移”数值框中输入55，如图20-9所示。

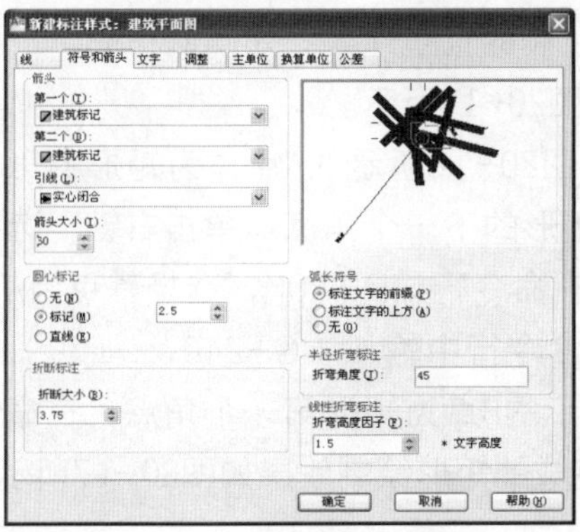

图20-8 设置符号和箭头

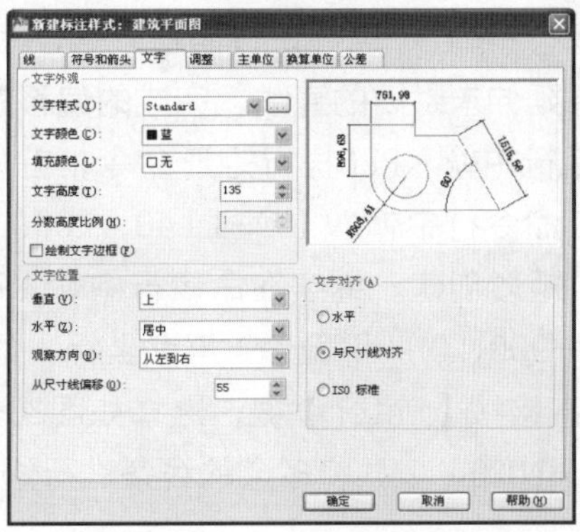

图20-9 设置文字

09 切换至“主单位”选项卡，在“线性标注”选项组的“精度”下拉列表中选择0选项，单击“确定”按钮，如图20-10所示。

10 返回“标注样式管理器”对话框，如图20-11所示。单击“置为当前”按钮，再单击“关闭”按钮，关闭该对话框，完成标注样式的设置。

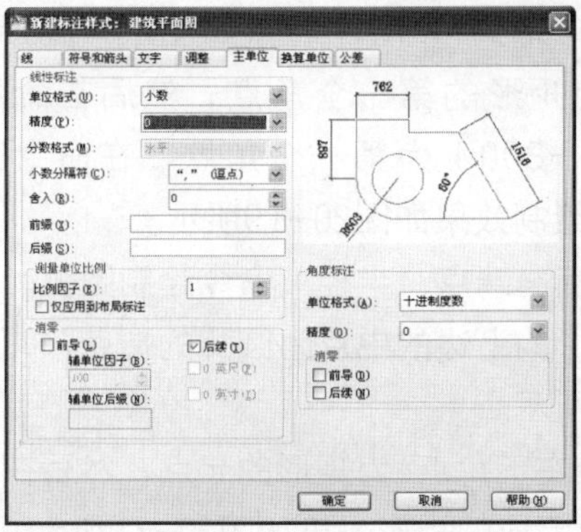

图20-10 精度设置

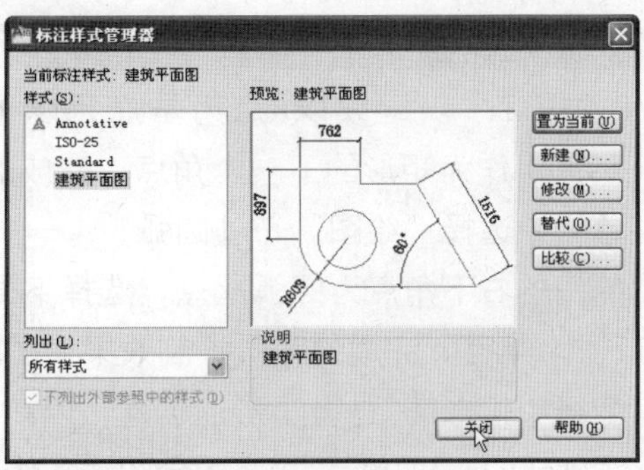

图20-11 置为当前

11 首先进行主卧室的绘制。在命令行中输入L执行直线绘制命令，在绘图区中任意单击一点作为直线起点，并将鼠标移向正上方，在命令行中输入1920；再将鼠标移向正右方，在命令行中输入5040；将鼠标移向正下方，在命令行中输入1020后单击右键并选择“确认”命令，完成的绘制效果如图20-12所示。

12 在命令行中输入O执行直线偏移命令，将刚才绘制的直线向内侧偏移240的距离，并将多余的线条进行修剪，完成的偏移效果如图20-13所示。

13 首先将刚才的平行线组封闭，然后继续在命令行中输入L执行直线绘制命令，以之前图形的最右下角的点A为起点，并将鼠标移向正右方，在命令行中输入360。再将鼠标移向正下方，在命令行中输入1800；然后将鼠标移向正左方，在命令行中输入360。单击右键并选择“确认”命令，完成的绘制效果如图20-14所示。

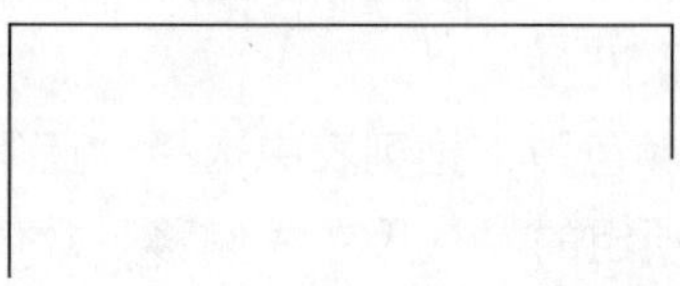

图20-12　绘制的直线效果

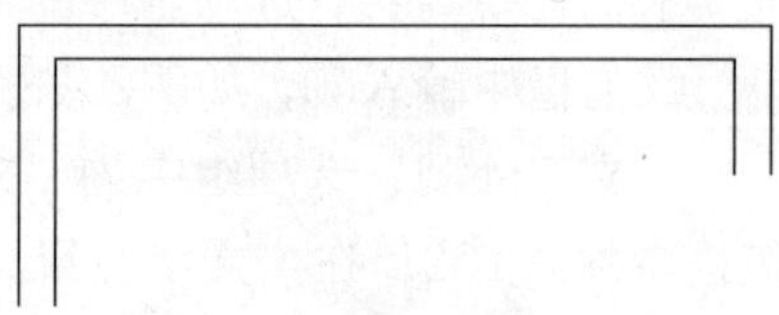

图20-13　偏移

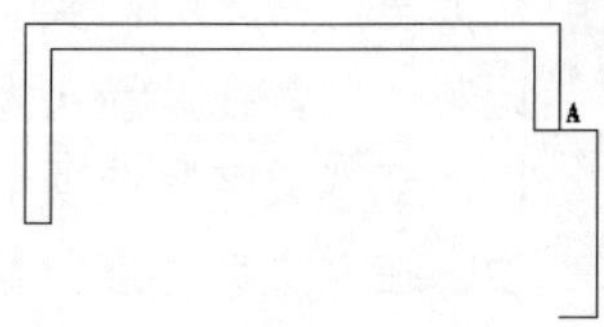

图20-14　绘制的直线效果

14 在命令行中输入O执行直线偏移命令，将刚才绘制的直线连续向外侧偏移80、160、240的距离，并延伸未封闭的直线，完成的偏移效果如图20-15所示。

15 在命令行中输入REC执行矩形命令，首先以如图20-16所示的A点作为矩形的第一个角点，然后在命令行中输入（@-1140，200）作为矩形的下一个角点。单击右键，选择“确定”命令，完成矩形创建。继续在命令行中输入REC，在命令行输入FROM，选择基点为A，在命令行中输入（@-900，0）为第一个角点坐标，然后再命令行中输入（@-240，-130）。在命令行输入REC或直接按【Enter】键，选择如图20-16所示的B点为矩形第一个角点，在命令行中输入（@-240，-1020），并将多余的线条进行修剪，完成的矩形绘制效果如图20-17所示。

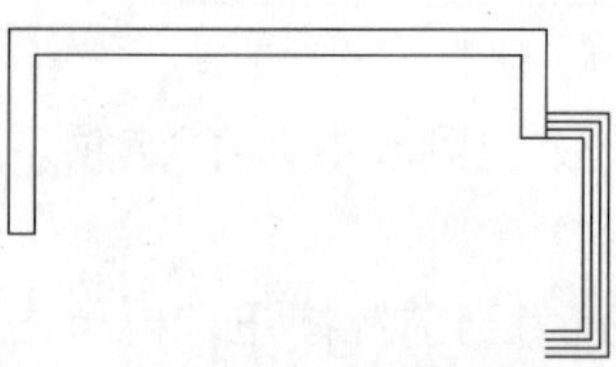

图20-15　偏移效果

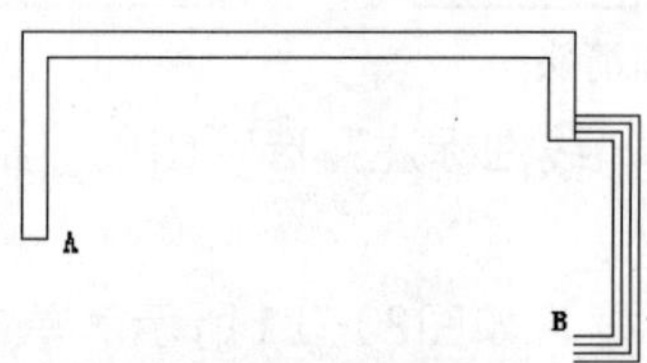

图20-16　选择点

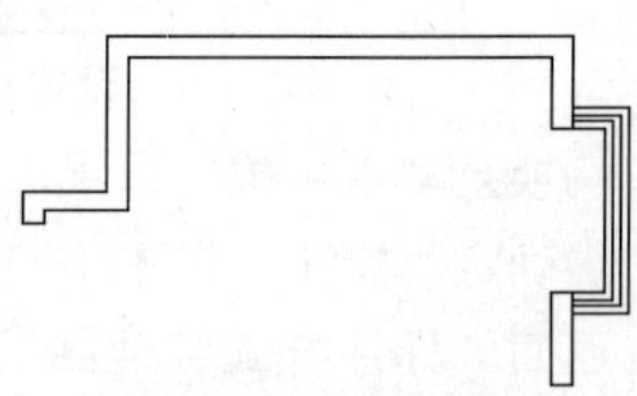

图20-17　绘制矩形

16 在命令行中输入REC执行矩形命令，在命令行中输入FROM，选择如图20-18所示的A为基点，然后在命令行中输入（@120，0）作为矩形的第一个角点，然后在命令行中输入（@778，-31）。继续以A点为基点，以（@0，-800）为第一个角点，在命令行中输入（@240，-990）作为矩形的下一个角点，完成的矩形绘制效果如图20-19所示。

17 在菜单栏中选择“绘图”→“圆弧”　→　“起点、端点、半径”命令绘制圆弧，选择刚才绘制的门的右下角点为圆弧起点，选择下面的矩形的上边的中点为圆弧的端点，并在命令行中输入817作为半径。完成的圆弧绘制效果如图20-20所示。

18 在命令行中输入REC进行矩形的创建，以前图的最左下角点A为矩形的起点，然后在命令行中输入（@7140，120），并将多余的线条修剪掉。完成的矩形效果如图20-21所示。

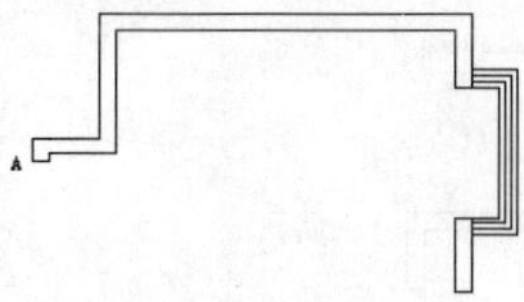

图20-18　选择点

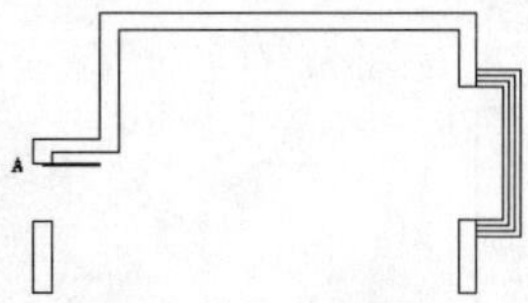

图20-19　绘制矩形

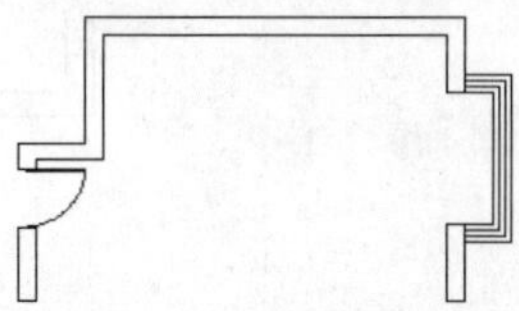

图20-20　绘制圆弧

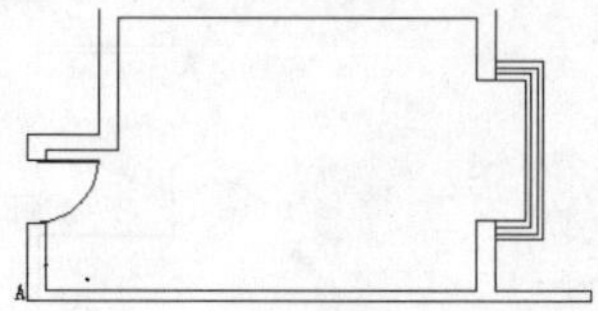

图20-21　绘制矩形

19 绘制直线，在上方两边中绘制两条直线，它们距离两边的距离为440。在下方绘制两条直线，它距离最下面的距离为300。完成的直线绘制效果如图20-22所示。

20 在菜单栏中选择“绘图”→“图案填充”命令，单击“样例”后面的图形，系统弹出“填充图案选项卡”对话框，里面有很多图案供选择。这里选择SOLID作为填充图案，如图20-23所示。然后选择填充边界，完成的填充效果如图20-24所示。

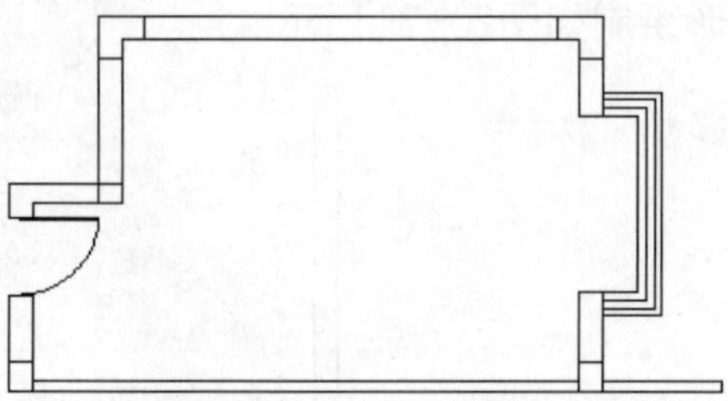

图20-22　绘制直线

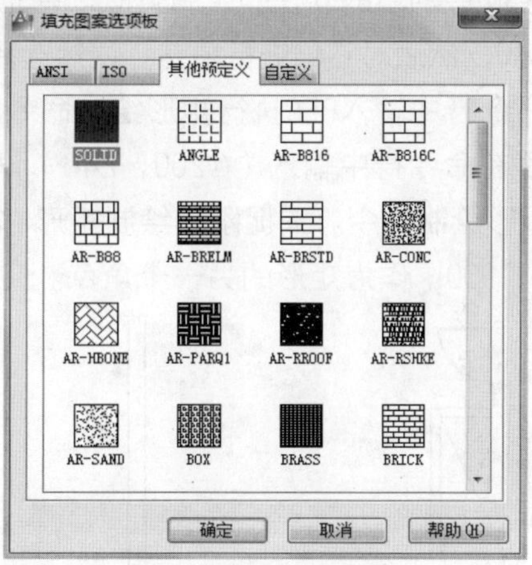

图20-23　填充图案

21 在命令行中输入REC，执行矩形绘制命令。在绘图区中空白处任一地方单击作为矩形第一个角点，然后在命令行中输入（@-120，100）作为矩形另一个角点。以同一个起点为下一个矩形的一个角点，并在命令行中输入（@778，-31），绘制完成的效果如图20-25所示。

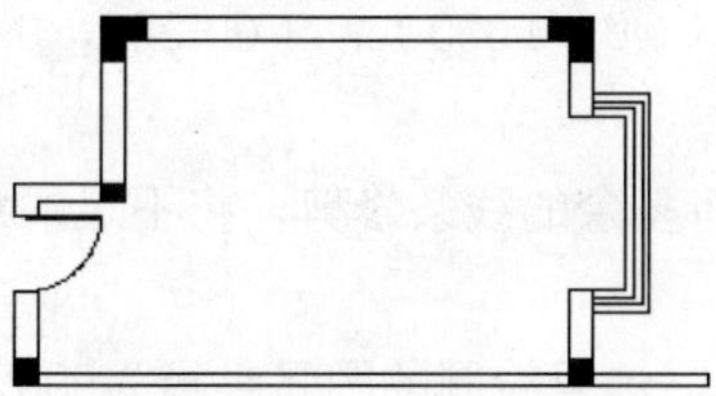

图20-24　填充效果

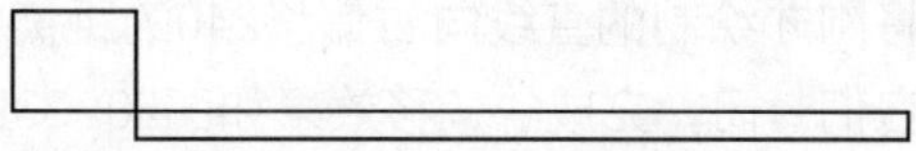

图20-25　绘制矩形

22 在命令行中输入L执行矩形绘制命令。在命令行中输入FROM，选择如图20-26所示的A点作为基点，并在命令行中输入（@0，-800）作为直线起点，然后输入（@0，-470）为直线下一点，继续在命令行中输入（@880，0）和（@0，-1990），完成的绘制效果如图20-26所示。

23 在命令行中输入O执行偏移命令，将刚才绘制的直线向右偏移120，偏移的效果如图20-27所示。

24 类似于主卧中门的绘制来创建这个门，半径为817，绘制的效果如图20-28所示。

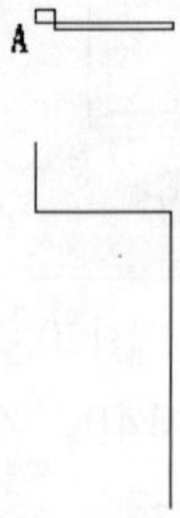

图20-26　绘制直线

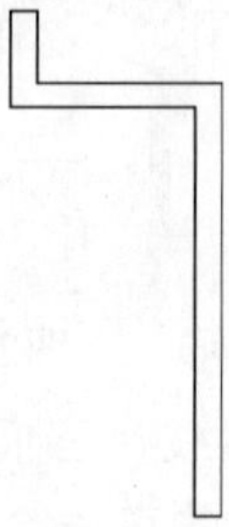

图20-27　偏移效果

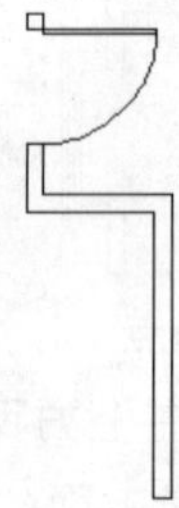

图20-28　圆弧

25 继续在命令行中输入L执行直线绘制命令，绘制的效果如图20-29所示。

26 与主卧中的墙的立柱的绘制类似，首先绘制边界线，左下角的填充区域宽度为300，右下角的为440，然后对它们进行填充。依然选择SOLID为填充对象，完成的填充效果如图20-30所示。

27 在命令行中输入REC执行矩形绘制命令。在绘图区中的空白处，单击作为矩形的一个角点，然后在命令行中输入（@200，240）作为矩形的另一个角点。连续两次按【Enter】键，继续执行矩形绘制命令。捕捉刚才绘制矩形右边界的中点为矩形的第一个角点，然后在命令行中输入（@40，900）作为矩形的另一个角点。完成的矩形绘制如图20-31所示。

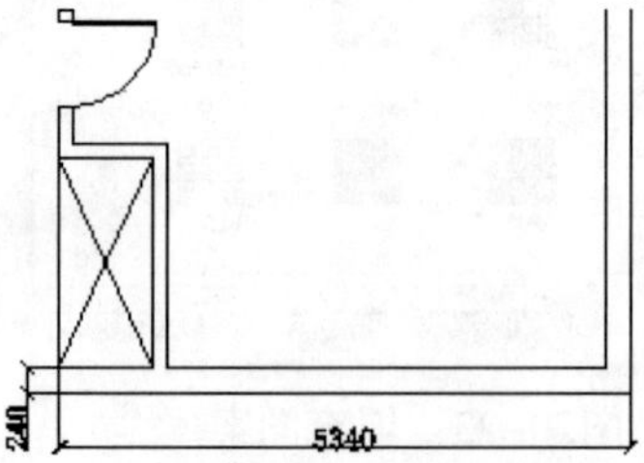

图20-29　绘制直线

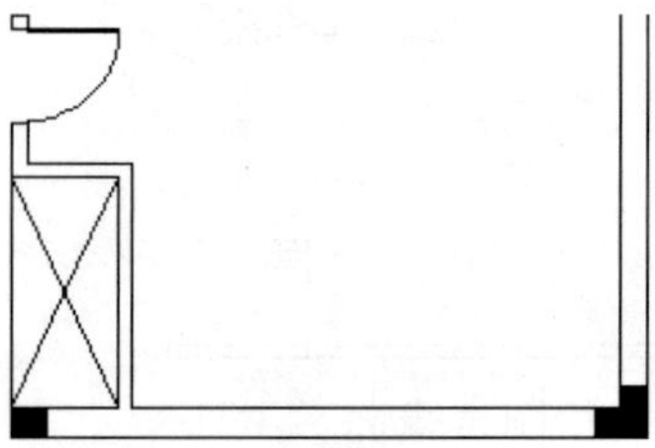

图20-30　填充效果

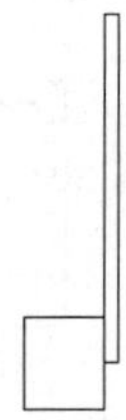

图20-31　矩形绘制

28 在命令行中输入L执行直线的绘制命令。在命令行中输入FROM，并选择上一步中绘制矩形的最初的点为基准点，在命令行中输入（@1100，0）作为直线的起点，然后输入（@460，0）。继续在命令行中输入（@0，-3960），（-6660，0），（@0，1300），（@-800，0），完成的直线绘制效果如图20-32所示。

29 首先将刚才绘制的直线向右偏移240的距离，并且将多余的线条修剪，将不足的线条补齐，并将它们封闭，完成的偏移效果如图20-33所示。

30 下面进行圆弧的绘制。与之前绘制的两个圆弧类似，这里绘制的圆弧半径为900，绘制效果如图20-34所示。

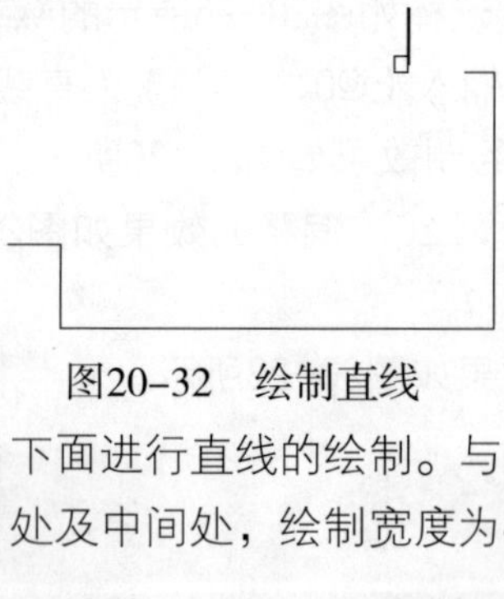

图20-32　绘制直线

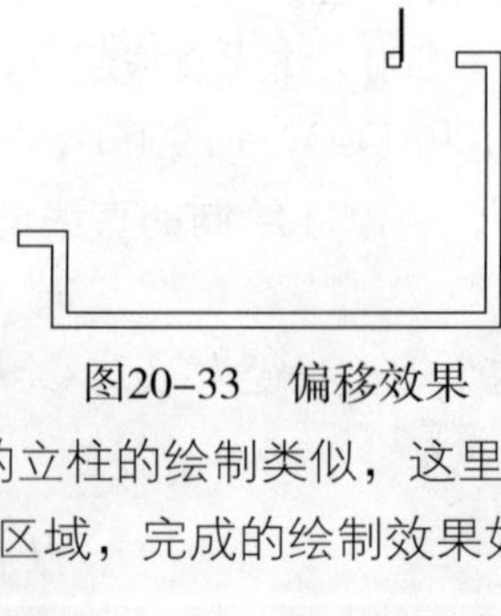

图20-33　偏移效果

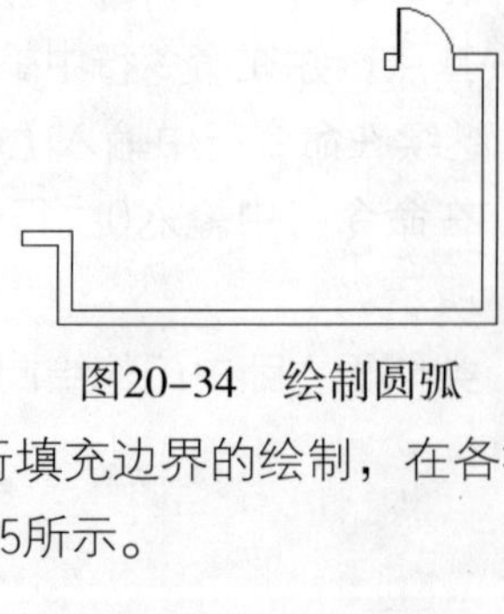

图20-34　绘制圆弧

31 下面进行直线的绘制。与之前的立柱的绘制类似，这里首先进行填充边界的绘制，在各拐角处及中间处，绘制宽度为440的区域，完成的绘制效果如图20-35所示。

32 对刚才绘制的区域进行填充，方法与之前的填充方法及图案相同，完成的填充效果如图20-36所示。

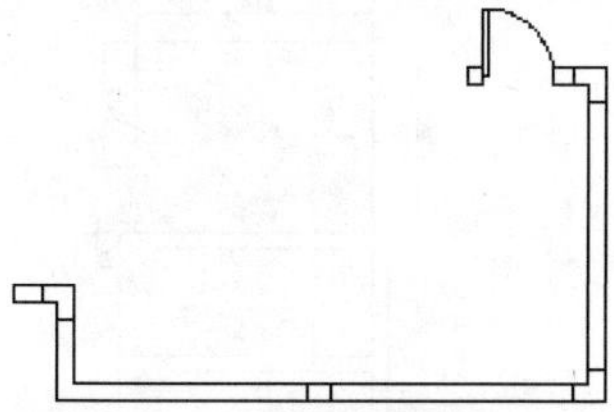

图20-35　绘制直线

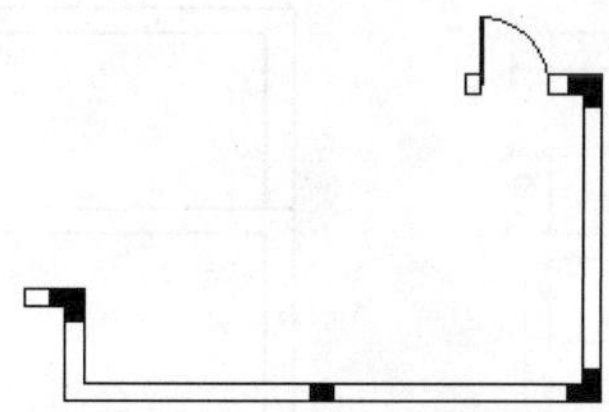

图20-36　填充

33 以之前的方法对餐厅的外墙进行绘制，主要的尺寸及绘制效果如图20-37所示。

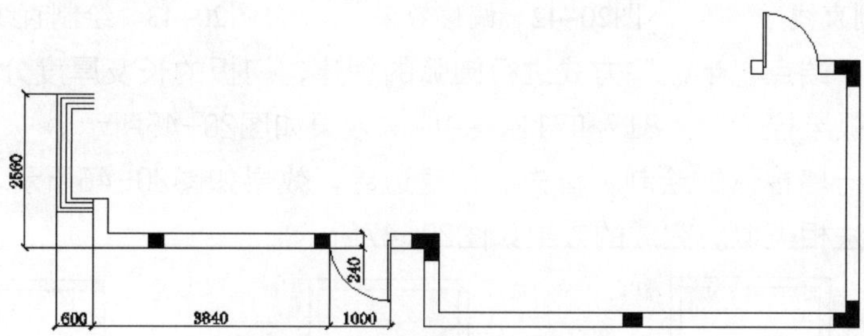

图20-37　绘制餐厅外墙

34 下面进行厨房、卫生间和书房的墙的创建。在命令行中输入REC，执行矩形的创建命令。在绘图区的空白处单击一点作为矩形的第一个角点，然后输入（@240，1300）作为矩形的另一个角点。连续两次按【Enter】键，继续执行矩形创建命令，在命令行中输入FROM，选择刚才绘制矩形的起始点作为基准点，在命令行中输入（@240，580）作为矩形的第一个角点，然后输入（@760，240），完成的矩形绘制效果如图20-38所示。

35 在命令行中输入L执行直线绘制命令，以刚才绘制的竖直矩形的右上角点为直线起点绘制如图20-39所示尺寸的直线。

36 在命令行中输入O，执行偏移命令，将刚才绘制的直线向外侧平移240，偏移后的效果如图20-40所示。

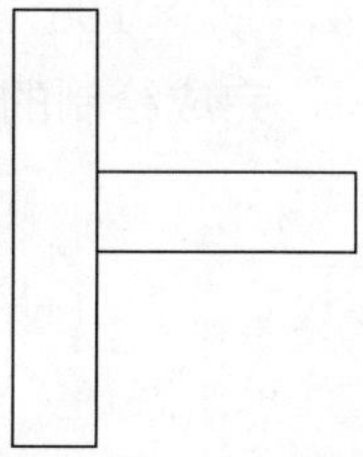

图20-38　绘制矩形

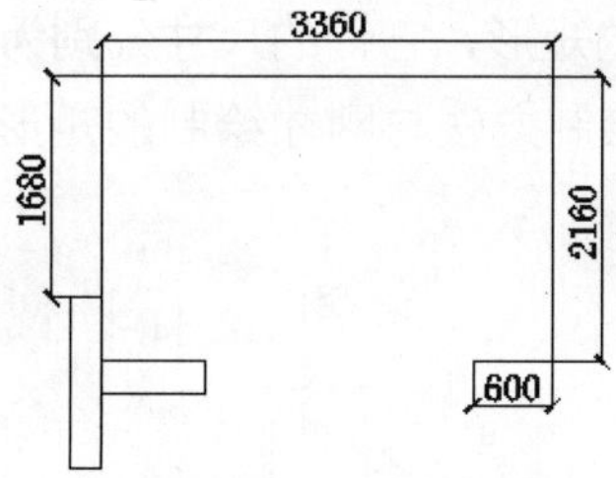

图20-39　绘制直线

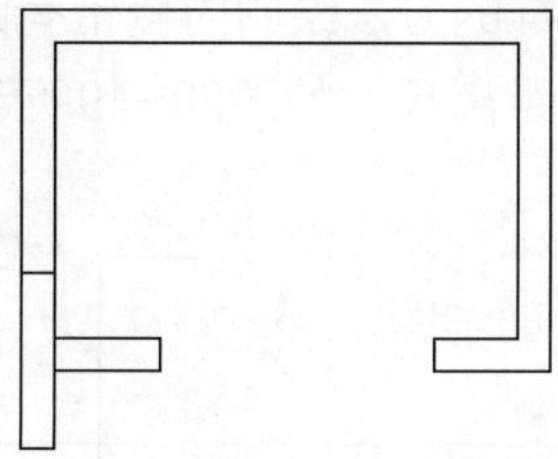

图20-40　偏移

37 继续向上方绘制卫生间的墙。首先利用直线命令绘制如图20-41所示尺寸的接近矩形的折线。

38 与之前的偏移方法相同，将刚才绘制的折线向外偏移240的距离，偏移效果如图20-42所示。

39 继续向上方绘制书房的墙。首先利用直线命令绘制如图20-43所示尺寸的接近矩形的折线。

40 与之前的偏移方法相同，将刚才绘制的折线向外偏移240的距离，效果如图20-44所示。

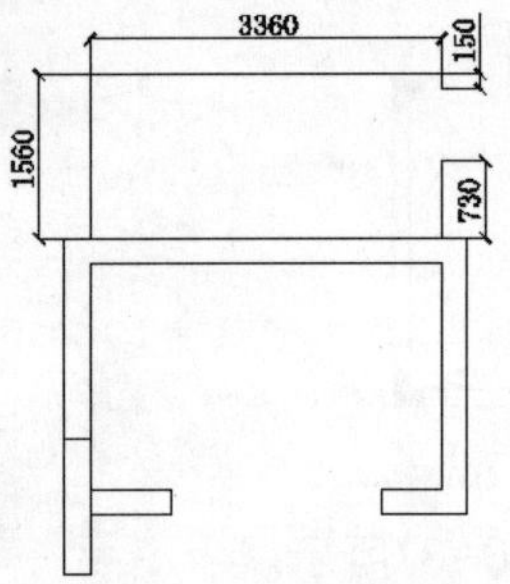

图20-41　绘制直线

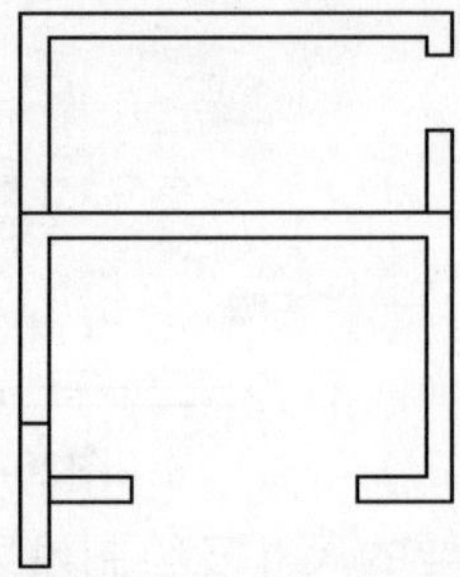
图20-42　偏移效果

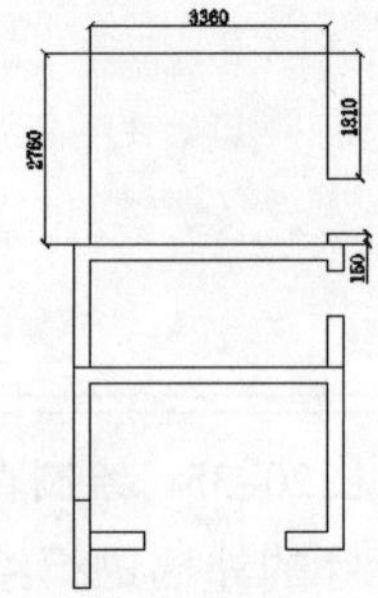

图20-43　绘制直线

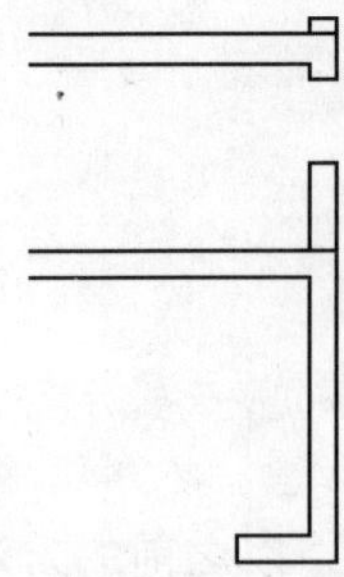
图20-44　偏移

41 利用“起点、端点、半径”方式进行圆弧的创建，门板的长及厚度分别为778、31，书房及厕所门的圆弧半径分别为817和712，完成的效果如图20-45所示。

42 下面继续进行墙柱体的绘制。首先是创建边界，效果如图20-46所示，然后对其进行填充，与之前的方法相类似。完成的效果如图20-47所示。

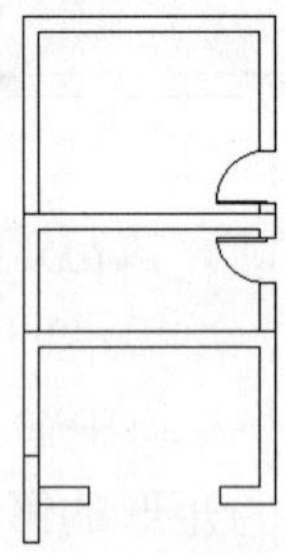
图20-45　绘制门

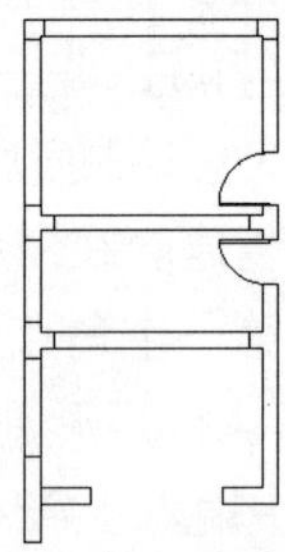
图20-46　创建边界

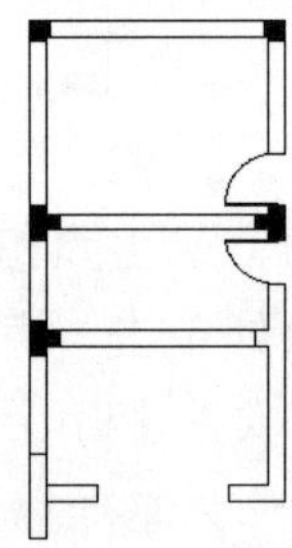
图20-47　填充效果

43 下面进行厨房及洗手间内工具的绘制，首先进行洗菜池的绘制。在命令行中输入REC执行矩形绘制命令，然后在命令行中输入F执行圆角命令，并输入圆角半径为34。在绘图区空白处单击，作为矩形第一个角点，在命令行中输入（@447，750）作为矩形的另一个角点，完成的矩形绘制效果如图20-48所示。

44 用同样的方法绘制内侧带有圆弧的矩形，它们的尺寸分别为322×414，322×196，它们与边界的距离尺寸如图20-49所示，绘制方法与刚才绘制的矩形方法相同，完成绘制的效果如图20-50所示。

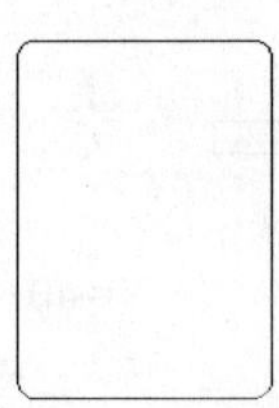
图20-48　矩形绘制

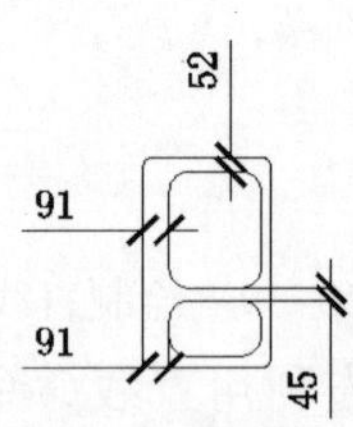

图20-49　尺寸

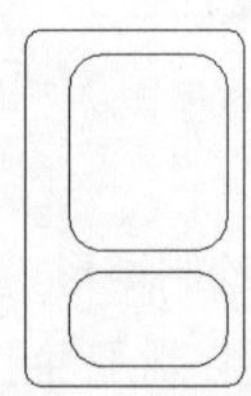
图20-50　矩形绘制

45 下面绘制一个以外侧大矩形左上角点（@57，-307）为圆心，半径为23的圆形，绘制的效果如图20-51所示。

46 下面进行后面几个圆形的创建。选择刚才创建的圆形并单击右键，选择“复制”命令。选择圆心为复制基点，在命令行中输入（@0，-136）。同样的方法将圆复制到距最初的圆心距离为（@0，-227）、（@169，57）及（@169，-292）的地方，完成的复制效果如图20-52所示。

47 下面进行水龙头开关的创建，方法与之前章节中洗手池的开关创建方法类似，这里不再赘述，完成的绘制效果如图20-53所示。

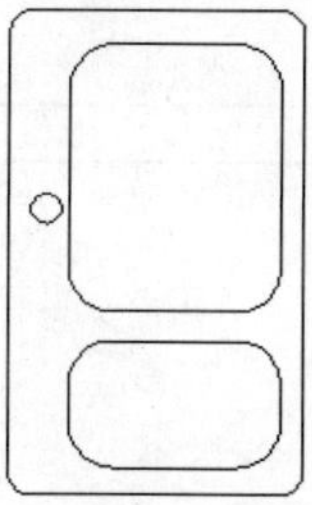
图20-51　绘制圆

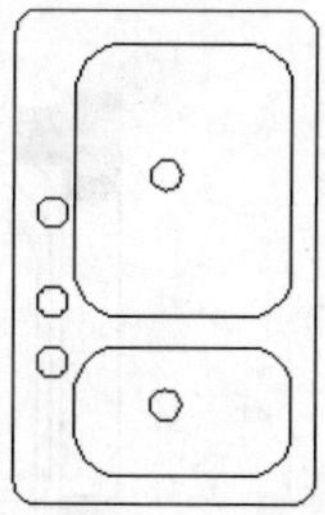
图20-52　复制圆

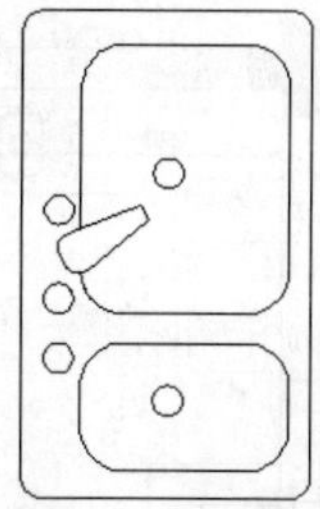
图20-53　绘制开关

48 选中刚才绘制的洗菜池图形所有对象，选择菜单栏中的“绘图”→“块”→“创建”命令，将其创建成块，然后将其命名为“洗菜池.dwg”（光盘:\最终文件\第20章\洗菜池.dwg）。

49 浴盆等图形在前面章节中详细讲到过，这里不再做过多的讲述，直接将这几个类似图形插入到本图形中。首先打开“浴盆.dwg”文件（光盘:\最终文件\第20章\浴盆.dwg），用“复制”命令将其加入到本图形中。完成的浴盆效果如图20-54所示。

50 同样的方法将其他图形插入到图形中，马桶（光盘:\最终文件\第20章\马桶.dwg）的效果如图20-55所示，洗手池（光盘:\最终文件\第20章\洗手池.dwg）和灶台（光盘:\最终文件\第20章\灶台.dwg）的效果如图20-56和图20-57所示。

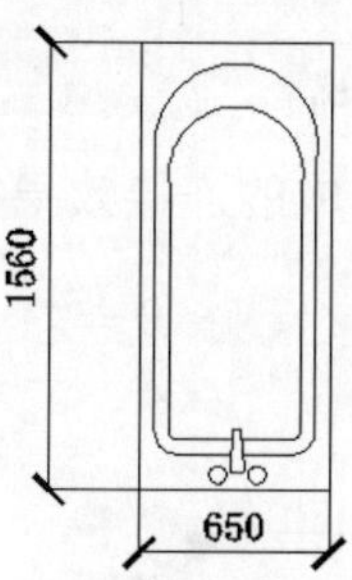

图20-54　浴盆

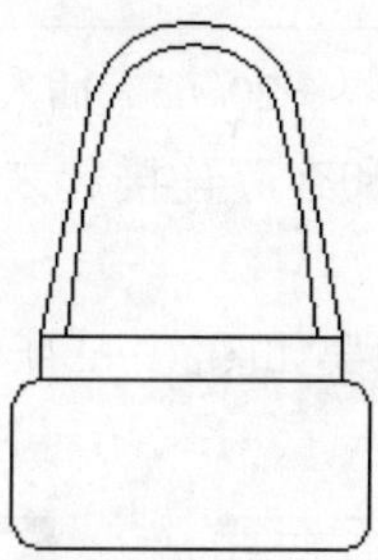
图20-55　马桶

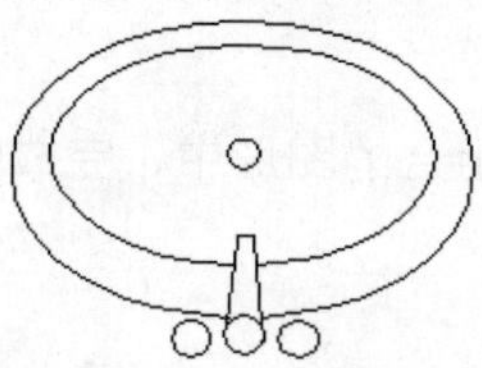
图20-56　洗手池

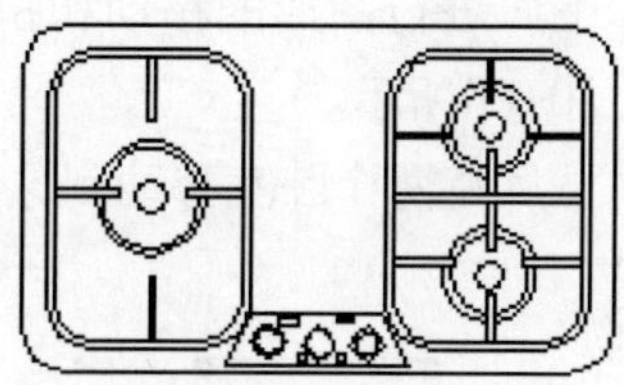
图20-57　灶台

51 下面将它们这些对象插入到洗手间和厨房中。首先在厨房间绘制放置灶台等的桌子，绘制效果如图20-58所示。

52 将洗手池插入到图形中，它距左边及下面的墙的距离分别为81和534，插入的效果如图20-59所示。

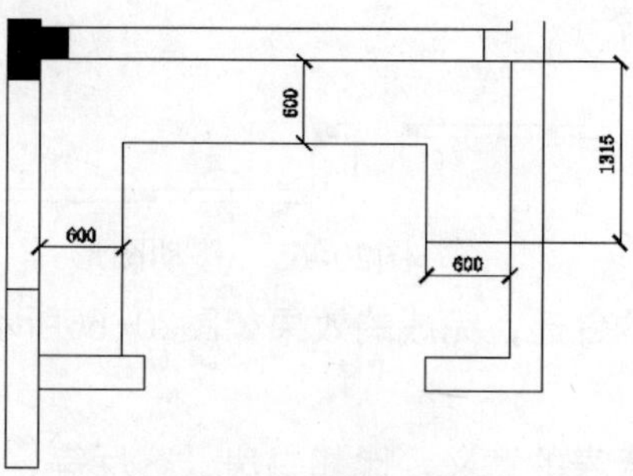

图20-58　绘制直线

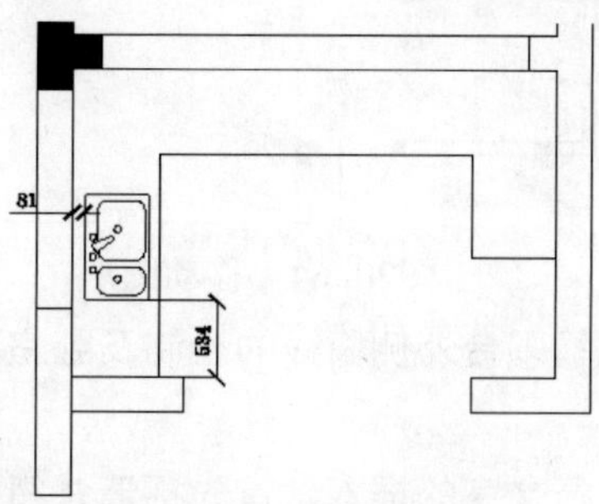

图20-59　插入洗手池

53 将灶台插入到图形中，它距厨房上面的墙及左面墙的距离分别为103和1353，完成的插入效果如图20-60所示。

54 在洗手间插入浴盆，它的位置为直接顶住三面墙，完成的插入效果如图20-61所示。

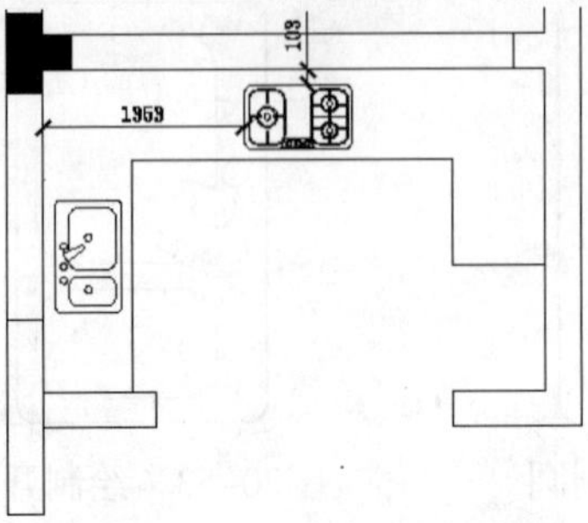

图20-60　插入灶台

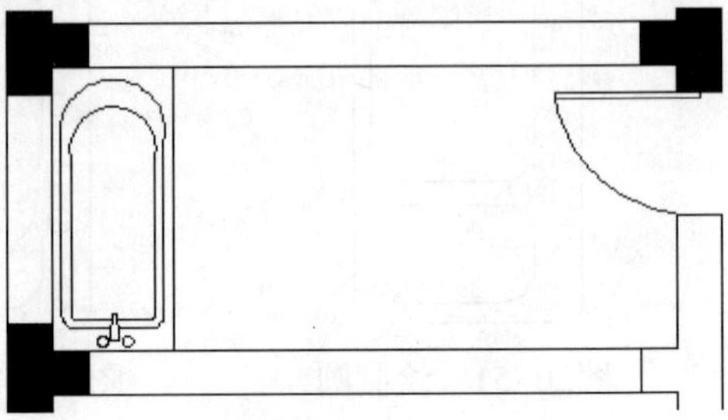
图20-61　插入浴盆

55 下面首先绘制出洗手池所在位置的台子，它的尺寸及绘制效果如图20-62所示。然后进行洗手池的插入，它的位置如图20-63所示，下水口圆心距两个墙边的距离为597和320。

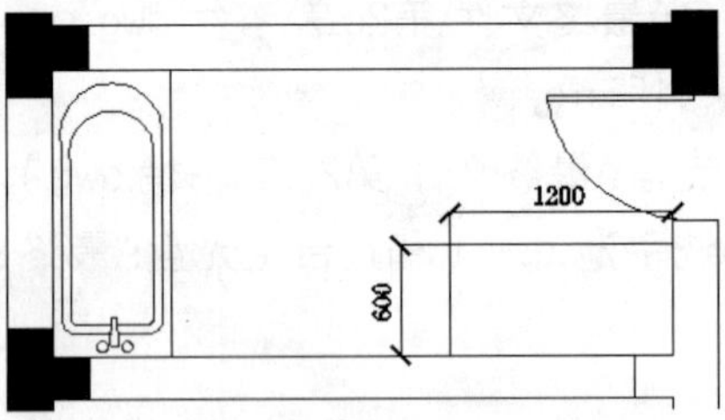

图20-62　绘制台子

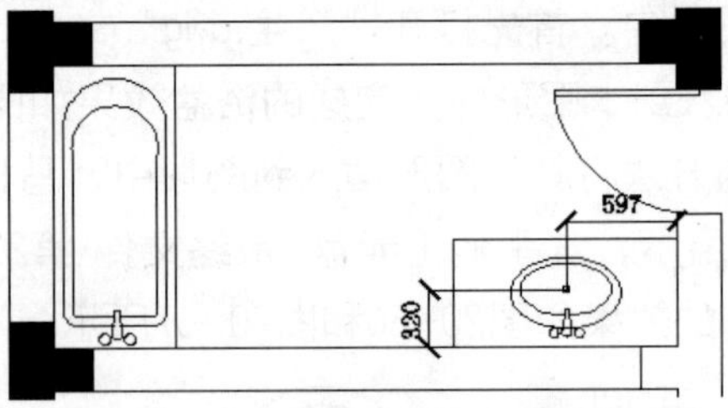

图20-63　插入洗手池

56 下面进行图形的移动和拼接。首先将厨房等与餐厅和客厅连接起来，完成的连接效果如图20-64所示。

57 然后将两个卧室移动到这个组合的图形中，完成的效果如图20-65所示。

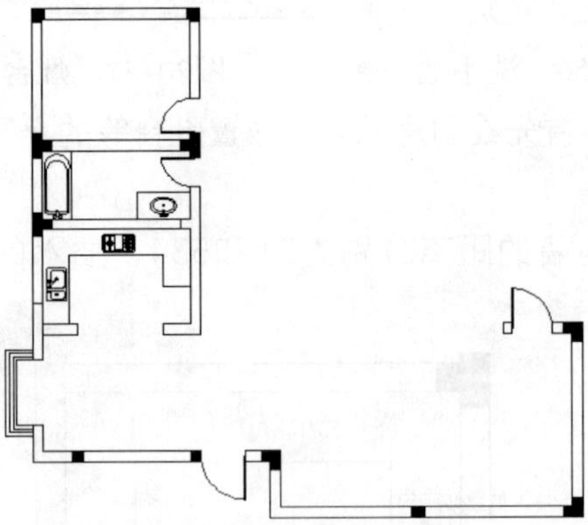
图20-64　移动图形

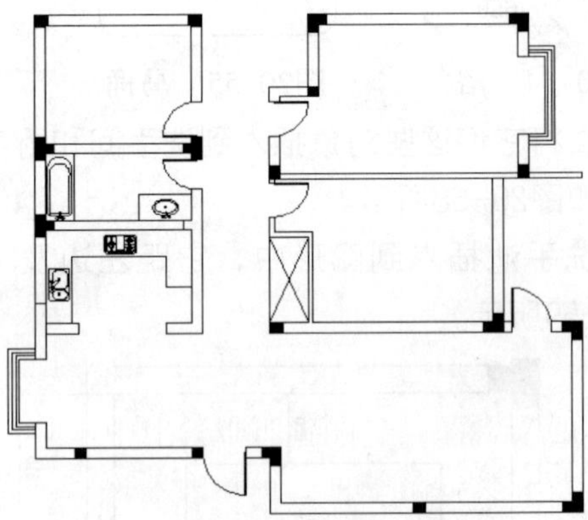
图20-65　移动图形

58 下面进行阳台外侧墙线的绘制及卧室左侧墙线的创建，完成的效果如图20-66所示。

59 下面进行文字的插入，首先标清楚每个隔间所代表的意义，比如书房、客厅等，完成的插入文字效果如图20-67所示。

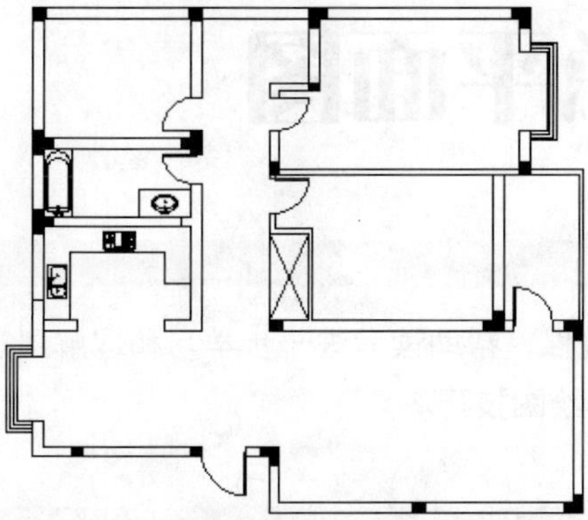

图20-66　绘制墙线

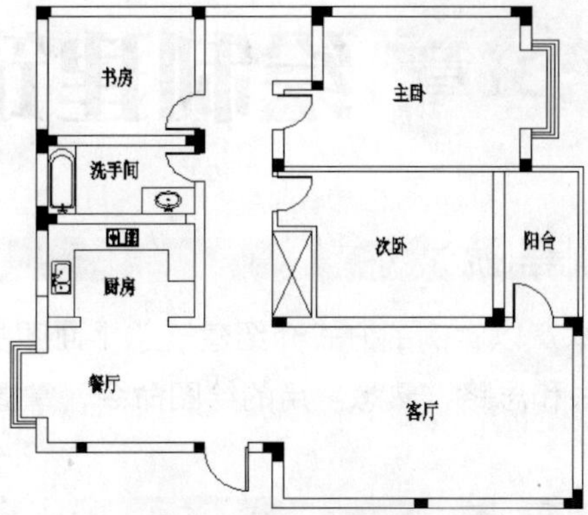

图20-67　插入文字

60 最后对图形文件进行标注，效果如图20-68所示。至此某家庭平面图绘制完成（光盘:\最终文件\第20章\建筑平面图.dwg）。

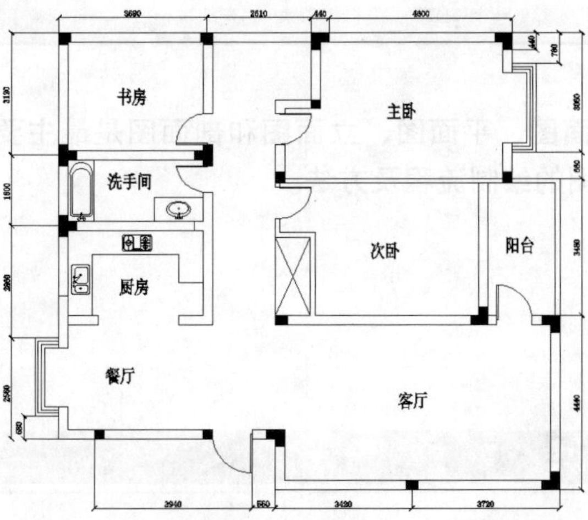

图20-68　标注

20.3 本章小结

本章着重介绍了建筑平面图的基本知识和一般绘制方法。通过利用AutoCAD绘制一幅完整的建筑平面图，使读者对建筑平面图的设计过程和绘制方法有了一个基本的了解。在绘图时，用户要注意合理的操作步骤是非常重要的，是绘制复杂图形的关键所在。通过本章的学习，用户应对建筑平面图有一个全面的认识，并能掌握绘制建筑平面图的基本方法。

第21章 绘制建筑总平面图

学习导航

本章以实例的方式介绍建筑总平面图的绘制过程，帮助读者进一步学习和理解建筑制图的方法和思路，熟悉常用的绘图命令，掌握基本的绘图技巧。

学习重点

- □ 了解建筑总平面图的绘制过程
- □ 了解建筑总平面图的绘制过程

在建筑制图中，总平面图、平面图、立面图和剖面图是最主要的部分。本章将用例子来介绍建筑总平面图的绘制流程及方法。

21.1 简介

21.1.1 基础知识

总平面图表明了新建房屋所在地相关范围内的总体布置，它反映了新建房屋、建筑物等的位置和朝向，室外场地、道路、绿化等布置，地形、地貌标高，以及与原有环境的关系和临界状况。

在方案设计阶段，总平面图着重体现新建建筑物的体积大小、形状，以及与周边道路、房屋、绿地、广场和红线之间的空间关系，同时传达室外空间的设计效果。

在初步设计阶段，需要进一步推敲总平面设计中涉及的各种因素和环节（如道路红线、建筑红线或用地界线、建筑控制高度、容积率、建筑密度、绿地率、停车位数，以及总平面布局、周围环境、空间处理、交通组织、环境保护、文物保护和分期建设等），进一步准确落实各种技术指标，深化竖向设计，为施工图设计进行准备。

在施工图设计阶段，总平面专业成果包括图纸目录、设计说明、设计图纸和计算书。其中，建筑总平面图是建筑物及其他设施施工的定位、土方施工，以及绘制水、暖、电等管线总平面图和施工总平面图的依据，必须详细、准确、清楚地表达出设计思想。

21.1.2 建筑总平面图的主要内容

建筑总平面图通常包含以下内容：

- 总平面图图名和绘图比例。
- 建筑地域的环境状况，如地理位置、建筑物占地界限、原有建筑物和各种管道等。
- 新建区、扩建区和改建区的总体布置，表明各个建筑物和构筑物的位置，道路、广场、室外场地和绿化等布置情况，以及各个建筑物和层数等。在总平面图上，一般应该画出所采用的主要图例及其名称。此外，对于《建筑制图标准》中缺乏规定而需要自定义的图例，必须在总平面图中绘制清楚，并注明名称。
- 新建或扩建工程的具体位置，一般根据原有的房屋或道路来定位，并以米为单位标注出定位尺寸。新建的建筑物采用粗实线表示，旧有的建筑物采用细实线表示，可以在右上角用点数或数字来表示建筑物的层数；计划扩建的预留地或建筑物采用虚线表示；计划拆除的建筑物采用打上叉号的细实线表示。
- 当新建成片的建筑物和构筑物，或较大的公共建筑和厂房时，往往采用坐标来确定每一个建筑物及其道路转折点等的位置。在地形起伏较大的地区，还应画出地形等高线。
- 新建房屋底层室内和室外平整地面的绝对标高。
- 未来计划扩建的工程位置。
- 风向频率玫瑰图形及指北针图形，用来表示该地区的常年风向频率和建筑物、构筑物等方向，有时也可以只画出单独的指北针图形。

建筑总平面图所包括的范围较大，因此需要采用较大的比例，通常采用1：500，1：1000和1：5000等比例尺，并以图例来表示出新建的、原有的、拟建的建筑物，以及地形环境、道路和绿化布置。当标准图例不够时，必须另行设置图例，并在建筑总平面图中画出自定义的图例并注明其名称。

21.2 建筑总平面图的绘制

一般情况下，在AutoCAD中，总平面图的绘制步骤有以下几步：

01 建立制图样板，设置各种绘图环境。

02 地形图的处理，包括地形图的插入、描绘、整理和应用等。

03 绘制网格环境体系。

04 绘制道路和各种建筑物、构筑物。

05 绘制建筑物局部和绿化的细节。

06 各种文字及标注，包括文字、尺寸、标高、坐标、图表及图例等内容。

在本节中将介绍某居住小区组团总平面图的绘制过程，如图21-1所示，平面图的绘制比例为

1：500。下面将按照常见的绘制步骤讲解该总平面图的绘制方法。

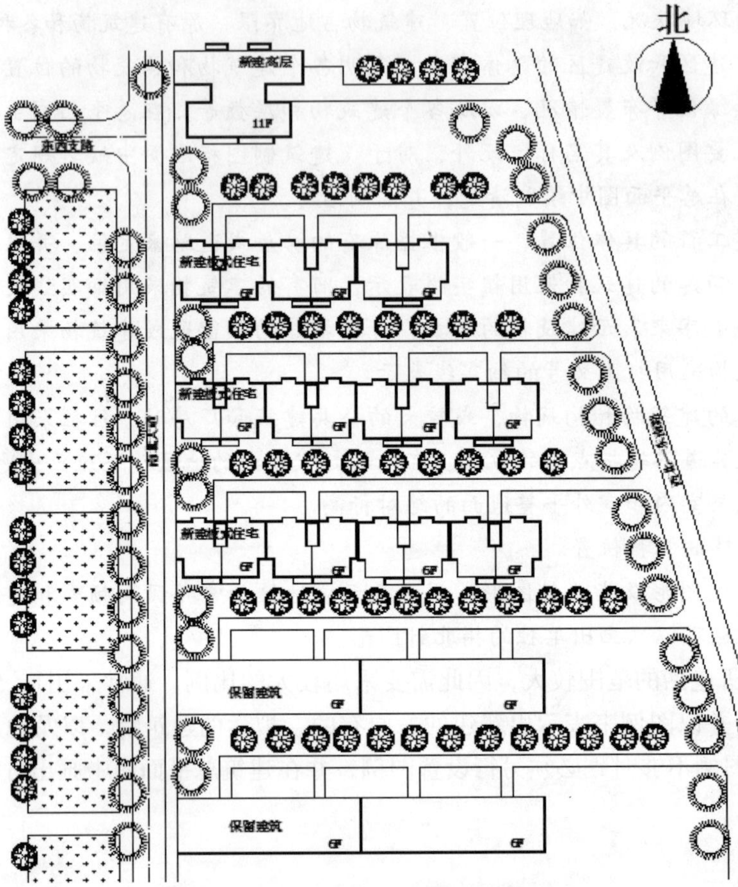

图21-1 某居住小区组团总平面图

21.2.1 设置绘图环境

操作步骤如下。

01 启动AutoCAD 2012，在命令行窗口中执行LIMITS命令，设置图形界限大小，具体操作过程如下：

命令: LIMITS	(执行LIMITS命令)
重新设置模型空间界限:	(系统提示)
指定左下角点或［开（ON）/关（OFF）］<0.0000,0.0000>:	(按【Space】键确定左下角坐标，保持默认设置)
指定右上角点<594.0000,420.0000>:20000，15000	(确定绘图区大小)

02 在命令行窗口中执行UNITS命令，弹出“图形单位”对话框。在“长度”选项组的“精度”下拉列表中选择0选项，然后单击“确定”按钮，如图21-2所示。

03 在命令行窗口中执行LAYER命令，弹出“图层特性管理器”选项板，单击“新建图层”按钮，新建图层，并输入名称“道路”，设置其“颜色”为白色，如图21-3所示。

图21-2　图形单位

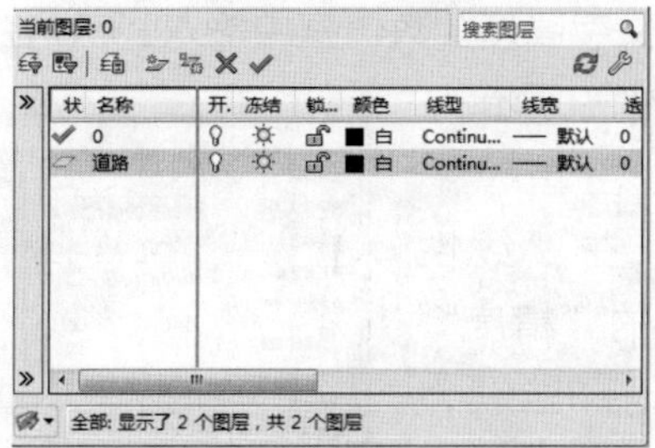

图21-3　创建图层

04 按照相同的方法设置其他图层特性，设置完成后如图21-4所示。然后关闭“图层特性管理器”选项板。

图21-4　图层创建

05 在命令行窗口中执行DIMSTYLE命令，弹出“标注样式管理器”对话框，如图21-5所示。单击“新建”按钮，弹出“创建新标注样式”对话框，在“新样式名”文本框中输入文本“建筑总平面图”，其余保持默认设置不变，单击“确定”按钮，如图21-6所示。

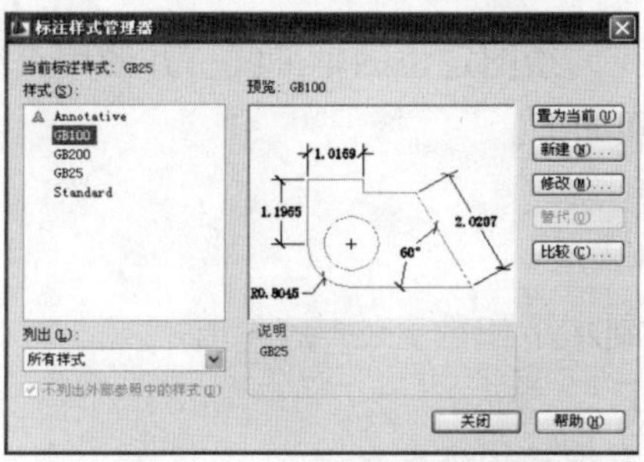

图21-5　标注样式管理器

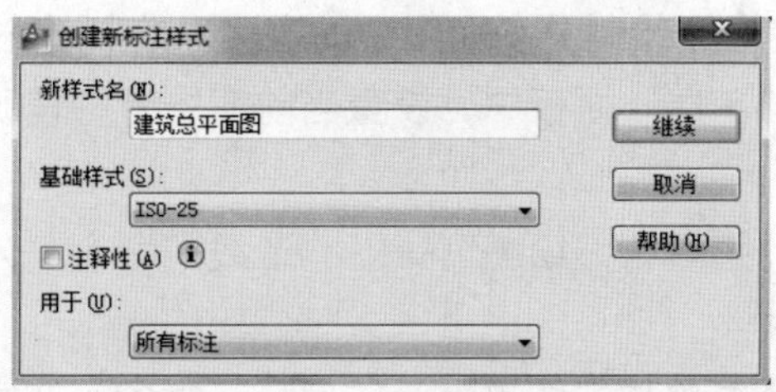

图21-6　新建标注样式

06 弹出“新建标注样式：建筑总平面图”对话框，切换至“线”选项卡，在“尺寸线”选项组中的“颜色”下拉列表中选择“蓝”选项，在“尺寸界线”选项组中的“颜色”下拉列表中选择“蓝”选项，在“超出尺寸线”数值框中输入35，在“起点偏移量”数值框中输入35，如图21-7所示。

07 切换至“符号和箭头”选项卡，在“箭头”选项组中的“第一个”下拉列表中选择“建筑标记”选项，在“箭头大小”数值框中输入60，如图21-8所示。

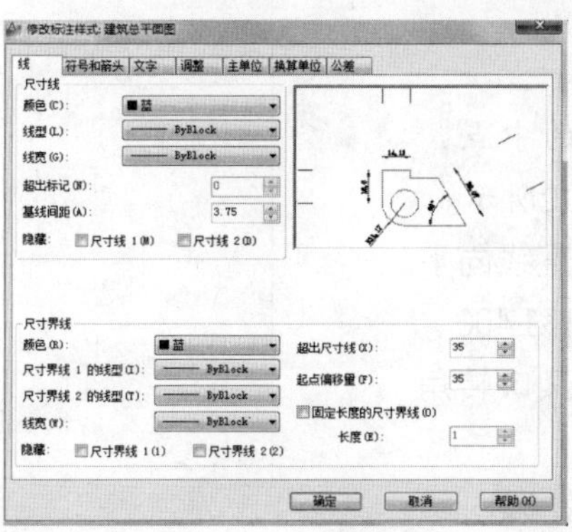

图21-7　线设置

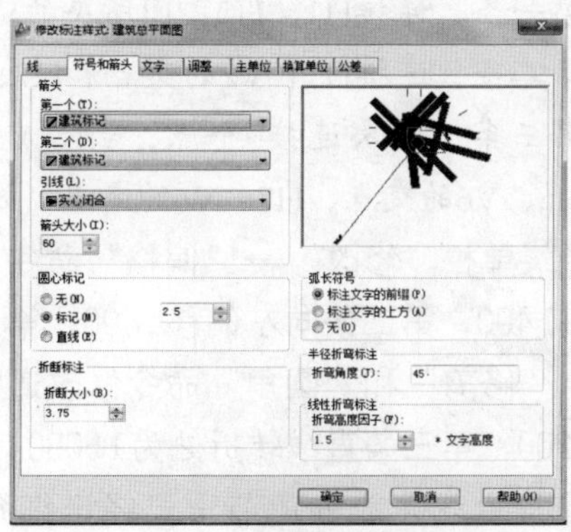

图21-8　箭头和符号

08 切换至“文字”选项卡，在“文字外观”选项组的“文字颜色”下拉列表中选择“黑”选项，在“文字高度”数值框中输入135，在“文字位置”选项组的“从尺寸线偏移”数值框中输入55，如图21-9所示。

09 切换至“主单位”选项卡，在“线性标注”选项组的“精度”下拉列表中选择0选项，单击“确定”按钮，如图21-10所示。

10 返回“标注样式管理器”对话框，单击“置为当前”按钮，再单击“关闭”按钮，关闭该对话框，完成标注样式的设置。

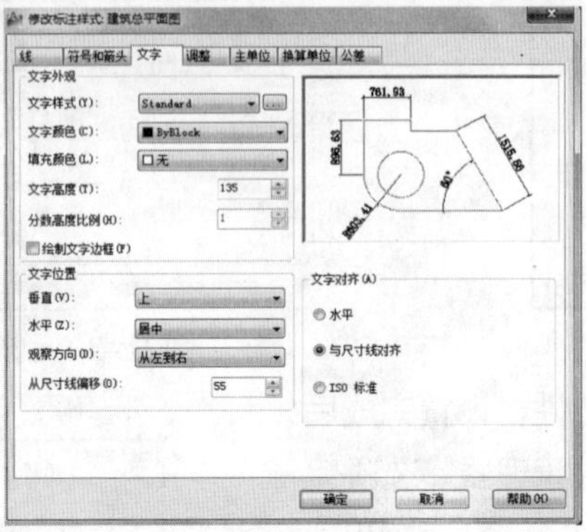

图21-9　设置文字

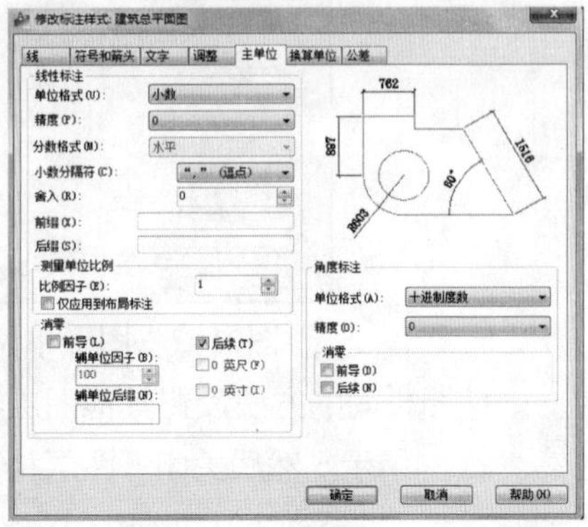

图21-10　设置主单位

21.2.2　绘制道路

在本小节中，首先会用构造线命令创建用于帮助我们绘图定位的辅助线，并使用直线、圆角和修剪等命令绘制总平面图中的道路。绘制的主要步骤如下。

01 在“图层”面板中，设置当前图层为“辅助线”图层。

02 选择菜单栏“绘图”→“构造线”命令，分别绘制水平和垂直的构造线。

03 选择菜单栏“修改”→“偏移”命令，按照该住宅组团内外各条道路的间距，将水平和垂直构造线分别向左和向下偏移，绘制道路的基本网格，最终效果如图21-11所示。为了叙述方便，垂直网格线从左到右分别命名为V1～V7，水平网格线从上到下分别命名为H1～H7。

图21-11　辅助线网格

04 将当前层设置为“道路”图层。选择菜单栏“绘图”→“直线”命令，绘制3条线段，从左向右为：

- 第一条，连接H1、H2之间所夹的V1、V2的中点。
- 第二条，连接H1、V2的交点和H7、V2的交点。
- 第三条，依次连接3个点，V4、V5之间H1段的中点，H6、V6的交点，H7、V6的交点，效果如图21-12所示。

05 选择菜单栏“修改”→“偏移”命令，将第一条直线向下偏移1400，第二条向左偏移1400，第三条向右偏移1400。

06 利用“修剪”和“圆角”命令修改道路，道路交叉口转角为1200，第三条直线转折处为15000。

07 偏移命令在之前的章节里已经详细介绍过，此处以一段道路路缘石线的画法作为示范。在“修改”工具栏中单击

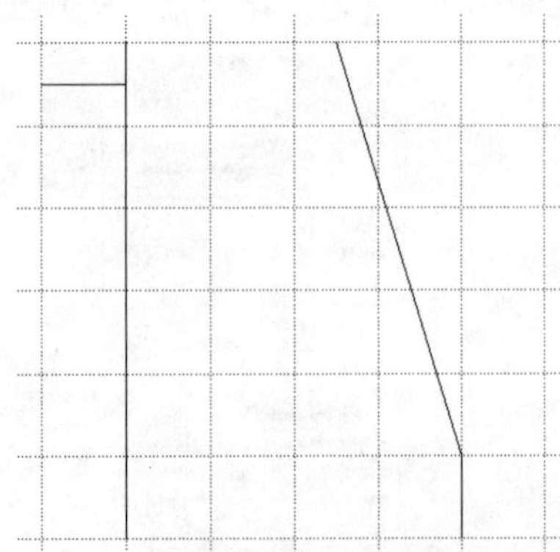

图21-12　绘制总平面图大概边界

“偏移”按钮，命令行的提示如下：

命令：_offset

当前设置：删除源=否 图层=源 OFFSETGAPTYPE=0

指定偏移距离或［通过（T）/删除（E）/图层（L）］<通过>: 1400

（设置偏移距离为1400）

选择要偏移的对象，或［退出（E）/放弃（u）］<退出>: （拾取道路右侧的路缘石线）

指定要偏移的那一侧上的点，或［退出（E）/多个（M）/放弃（U）］（退出）：

（向左偏移）

选择要偏移的对象，或［退出（E）/放弃（U）］<退出>: （按【Enter】键，完成偏移）

08 使用圆角命令，为道路倒角。在“修改”工具栏中单击“圆角”按钮，命令行的提示如下：

命令：_fillet

当前设置：模式=修剪，半径=0

选择第一个对象或［放弃（U）/多段线（P）/半径（R）/修剪（T）/多个（M）］：r

（输入r，设置倒圆角半径）

指定圆角半径<0>:1200　　（设置圆角半径为1200）

选择第一个对象或［放弃（U）/多段线（P）/半径（R）/修剪（T）/多个（M）］：

选择第二个对象，或按住Shift键选择要应用角点的对象：

（分别选择确定道路路缘石线一个角点的两条直线，效果如图21-13所示）

09 将V2上的直线向左偏移700，得到道路中心线，在“特性”面板的“线型控制”下拉列表框中选择“其他”选项，便会打开“线形管理器”对话框，如图21-14和图21-15所示。

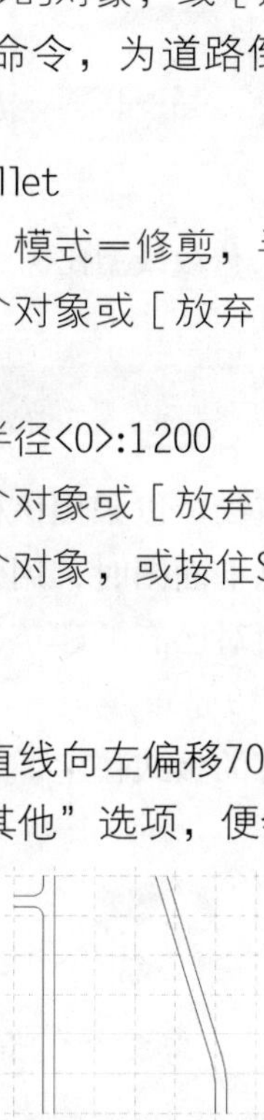

图21-13　主要道路倒圆角

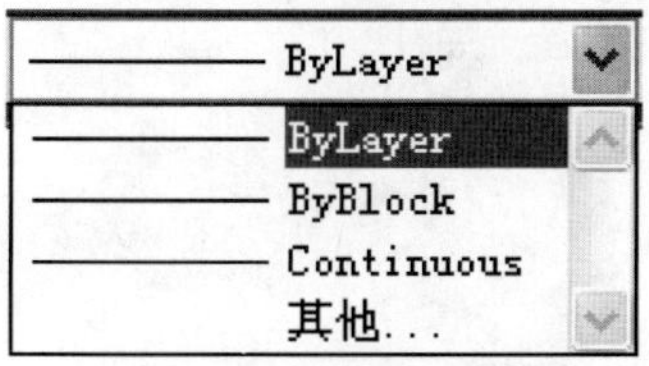

图21-14　选择线型

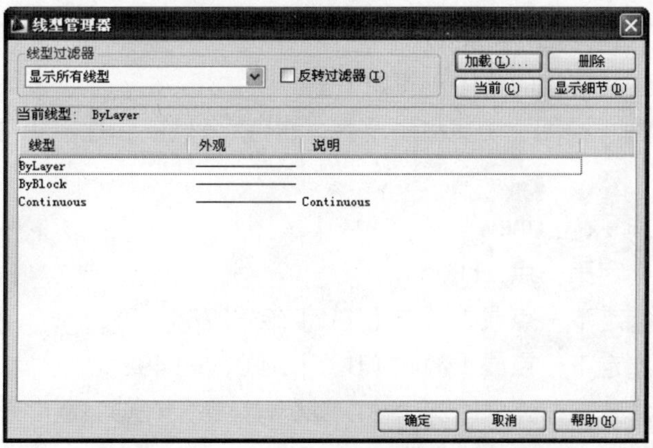

图21-15　“线型管理器”对话框

10 单击“加载”按钮，打开“加载或重载线型”对话框，在“可用线型”列表框中选择ACAD_ISO10W100选项，如图21-16所示。

11 选中中心线，在特性工具栏的“线型控制”下拉表框中选择ACAD_ISO10W100选项，如图21-17所示。

12 设置完成后，可以看到线型没有变化，原因是比例不对。右击直线，在弹出的快捷菜单中选择“特性”命令，打开“特性”选项板，如图21-18所示，修改“线型比例”为100。关闭“辅助线”层，这时候可以看到线型效果，如图21-19所示。

图 21-16 “加载或重载线型”对话框

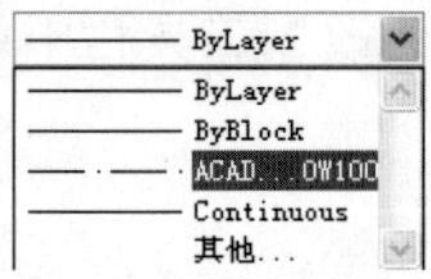

图21-17 选择线型

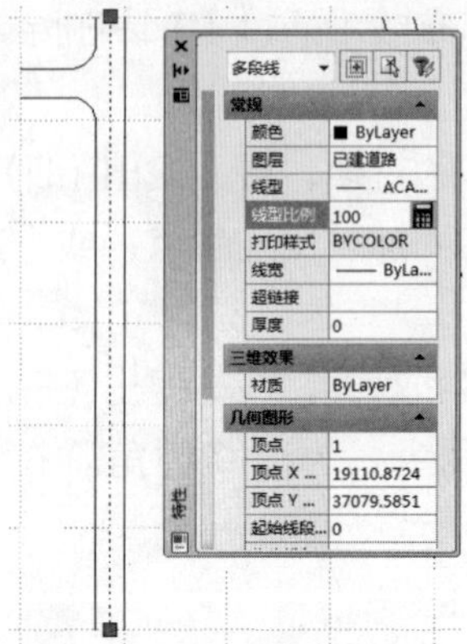

图21-18 修改线型比例

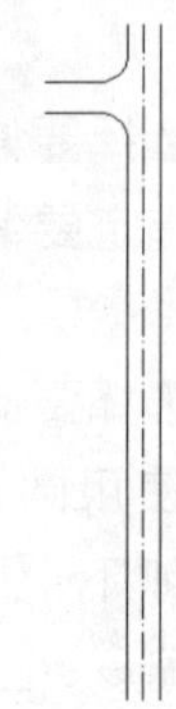

图21-19 效果

21.2.3 绘制建筑物块

按照《建筑制图总图标准》的要求，在总平面图中，各种建筑物可以采用该标准给出的图例或用代表建筑物形状的简单图形表示。一般情况下，我们在绘制总平面图时，用建筑物的水平正投影来表示新建建筑物，平屋顶建筑的外轮廓一般用双线表示；而对已有的建筑，则表达地简略一些，可用代表建筑物总体形状轮廓的简单图形来表示，轮廓线可以是单线。

本例中包括了拟新建的塔楼式（点式）住宅、板式住宅和已有的板式住宅。下面分别介绍这3种类型建筑的绘制过程。

1. 塔楼式住宅

绘制塔楼的具体步骤如下。

01 在“绘图”工具栏中单击“直线”按钮，在图中任意指定一点，命令行的提示如下：

```
命令：_line
指定第一点：FROM                                    （任意指定一点）
指定下一点或［放弃（U）］:@-2784，0
指定下一点或［放弃（U）］:@0，-1492
指定下一点或［闭合（C）/放弃（U）］:@1590，0
指定下一点或［闭合（C）/放弃（U）］:@0，-730
指定下一点或［闭合（C）/放弃（U）］:@-1050，0
指定下一点或［闭合（C）/放弃（U）］:@0，-1550
指定下一点或［闭合（C）/放弃（U）］:@2244， 0（依次输入其他点的相对坐标）
                                    （按【Enter】键退出，效果如图21-20所示）
```

02 选择菜单栏“绘图”→“矩形”命令，在图21-20中，以最上面的直线中点a向右绘制950×300的矩形，以下面的直线端点b处向左绘制1520×300的矩形，如图21-21所示。

03 向右侧偏移折线48，向内偏移矩形24，修改后的效果如图21-22所示。

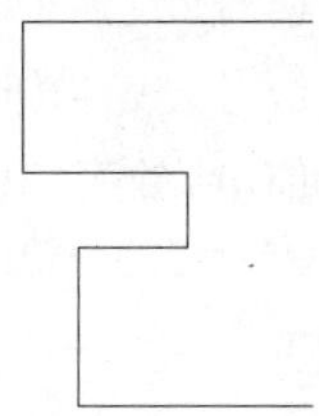

图21-20　墙线（1）

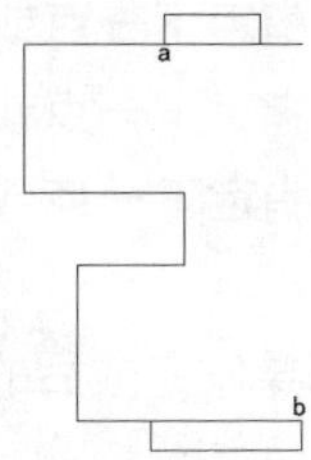

图21-21　外墙线（2）

04 在“修改”工具栏中单击“镜像”按钮，命令行的提示如下：

命令：_mirror

选择对象：指定对角点：找到18个　　（选择刚才绘制的对象）

选择对象：　　（按【Enter】键，完成选择）

指定镜像线的第一点　　（拾取一开始绘制的辅助点）

指定镜像线的第二点：　　（拾取上一个命令绘制的直线的最后一点）

要删除源对象吗？［是（Y）/否cl］）］（N）：　　（按【Enter】键，完成命令）

完成镜像后的效果如图21-23所示。

05 选择菜单栏“绘图”→“块”→“创建”命令，打开“块定义”对话框，设置名称为“塔楼”，拾取图形左上角为基点，选择图21-23中的所有图形为对象，单击“确定”按钮，完成块定义，如图21-24所示。

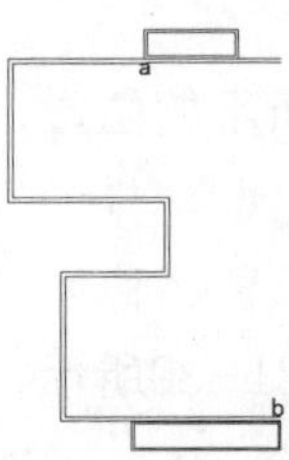

图21-22　绘制墙双线

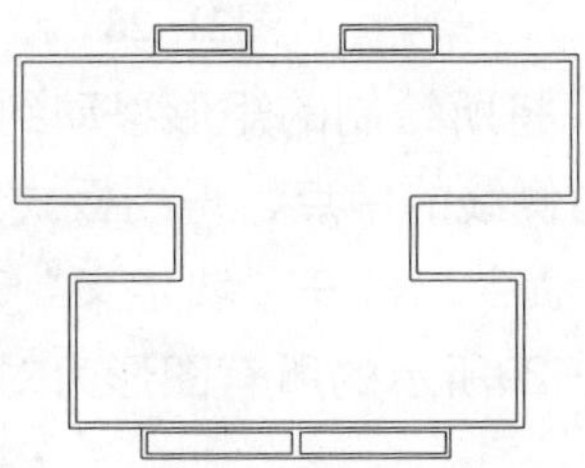

图21-23　绘制完成的塔楼式住宅

图21-24　“块定义”对话框

2. 板式住宅

01 在“绘图”工具栏中单击“直线”按钮，在图中任意指定一点，命令行的提示如下：

命令：_line

指定第一点：FROM　　（任意指定一点）

指定下一点或［放弃（U）］：@-636，0

指定下一点或［放弃（U）］：@0，180

指定下一点或［闭合（C）/放弃（U）］：@-648，0

指定下一点或［闭合（C）/放弃（U）］：@0，-180

指定下一点或［闭合（C）/放弃（U）］：@-660，0

指定下一点或［闭合（C）/放弃（U）］：@0，-1668

指定下一点或［闭合（C）/放弃（U）］：@300，0
指定下一点或［闭合（C）/放弃（U）］：@0，-760
指定下一点或［闭合（C）/放弃（U）］：@1644，0　　（依次输入其他点的相对坐标）
（按【Enter】键退出）

02 操作完成后的效果如图21-25所示。

03 同上，从a点向左下方绘制822×300的矩形，如图21-26所示。

04 将直线偏移48，矩形偏移24，镜像后得到如图21-27所示的效果。

05 单击“绘图”工具栏中的“矩形”按钮 ，绘制568×1068的矩形楼梯间，向内偏移48，如图21-28所示。

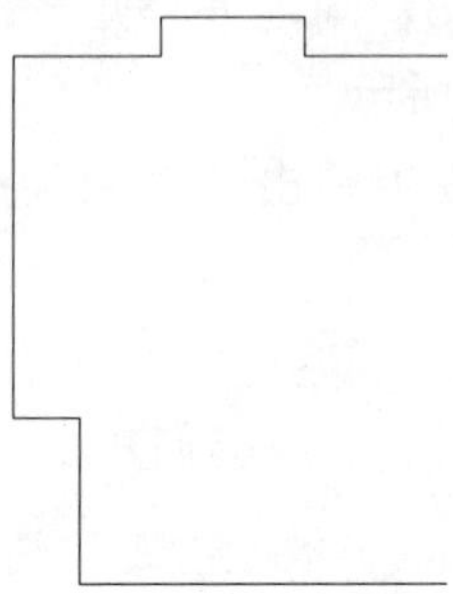

图21-25　绘制外墙线

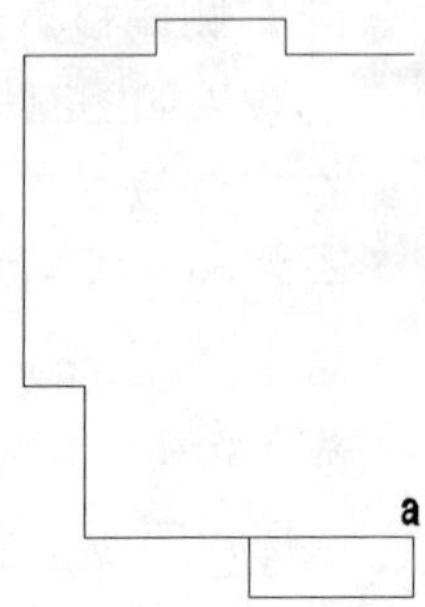

图21-26　绘制外墙线

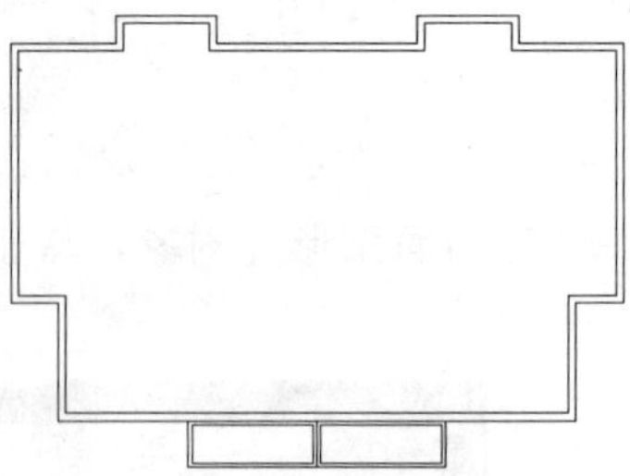

图21-27　绘制墙线双线

图21-28　绘制楼梯间

06 单击“修改”工具栏中的“移动”按钮 ，将所绘制的矩形移动到图21-29所示的位置，再用直线连接矩形外侧边的中点和图21-29内侧线的中点，得到板式住宅。

07 选择菜单栏“绘图”→“块”→“创建”命令，打开“块定义”对话框，设置名称为“板式”，拾取图形左上角为基点，选择图21-29所示的所有图形为对象，如图21-30所示，单击“确定”按钮，完成块定义。

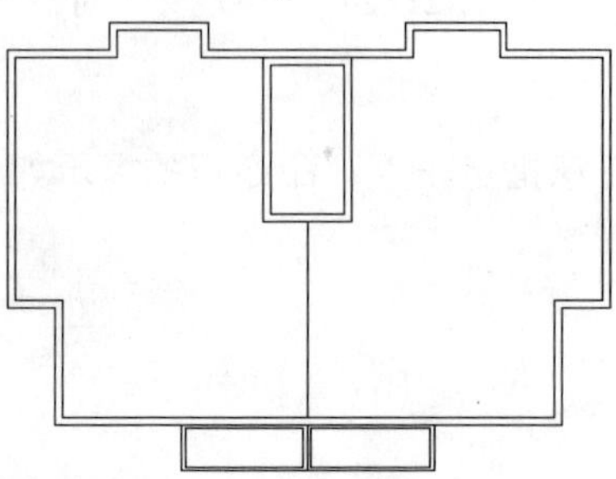

图21-29　绘制完成的板式住宅

图21-30　“块定义”对话框

3. 原有板式住宅

原有板式比较简单，重点用矩形命令来绘制。

01 单击“绘图”工具栏中的“矩形”按钮 ，绘制7850×2400的矩形，向内偏移48，得到如图21-31所示的

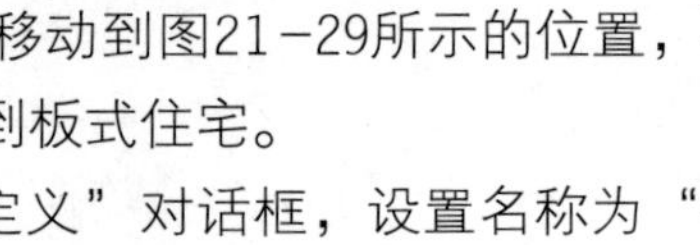

图21-31　绘制原有板式住宅

原有板式住宅。

02 选择菜单栏“绘图”→“块”→“创建”命令，打开“块定义”对话框，设置名称为“原板式”。拾取图形左上角为基点，选择图21-31中的所有图形为对象，如图21-32所示，单击“确定”按钮，完成块定义。

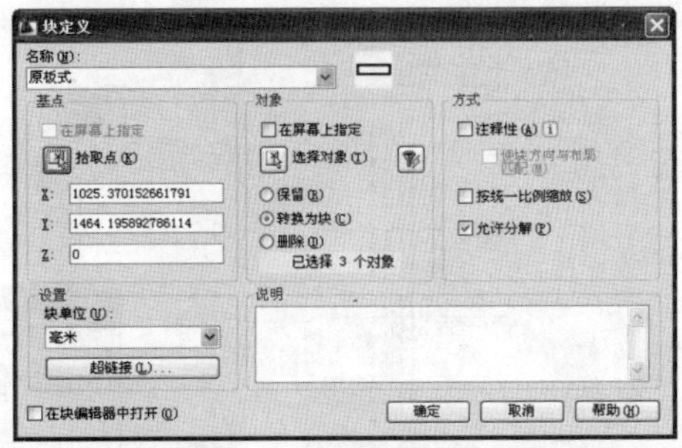

图21-32　“块定义”对话框

21.2.4　插入建筑物块

完成建筑物块的绘制以后，就可以将各类建筑物块插入到总平面图中去。插入建筑物块时，关键的操作是准确定位。

插入建筑物块的具体操作步骤如下。

01 在“修改”工具栏中单击“偏移”按钮，命令行提示如下：

命令：_offset
当前设置：删除源＝否 图层＝源 OFFSETGAPTYPE＝0
指定偏移距离或［通过(T)/删除(E)/图层(L)］＜300＞：500 （设置偏移距离为500）
选择要偏移的对象，或［退出(E)/放弃(U)］<退出>：　（选择南北向主干路右边界线）
指定要偏移的那一侧上的点，或[退出(B)/多个(M)/放弃(U)]＜退出＞：
（向右偏移）

02 取东西向道路的下边界上任意一点绘制水平构造线，得到辅助线i。依次将构造线向下偏移4000、6000、6000、6000和6000，命令行的提示如下：

命令: XLINE
指定点或 [水平(H)/垂直(V)/角度(A)/二等分(B)/偏移(O)]:
指定通过点:　（选择东西向道路的下边界上任意一点）
指定通过点:　（选择东西向道路的下边界上任意一点）
（按【Enter】键退出）

命令：_offset
当前设置：删除源＝否 图层＝源 OFFSETGAPTYPE＝o
指定偏移距离或［通过(T)/删除(E)/图层(L)］＜1000＞:4000　（设置偏移距离为4000）
选择要偏移的对象，或［退出(E)/放弃(U)］＜退出＞:　（选择构造线i）
指定要偏移的那一侧上的点，或[退出(E)/多个(M)/放弃(U)](退出)：（向下偏移）

03 偏移6000的方式同上。于是辅助线i和j的交点a、b、c、d、e、f便是要插入块的点位，如图21-33所示。

04 选择菜单栏“插入”→“块”命令，打开“插入”对话框，如图21-34所示，在“名称”下拉列表框中选择“塔楼”选项，单击“确定”按钮，命令行提示“指定插入点:”，在绘图区拾取a点，效果如图21-35所示。

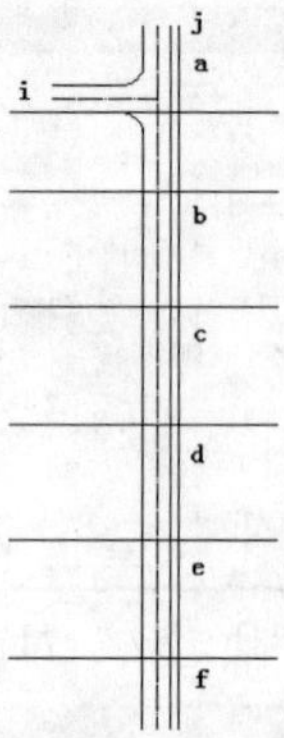

图21-33　辅助线、定位点

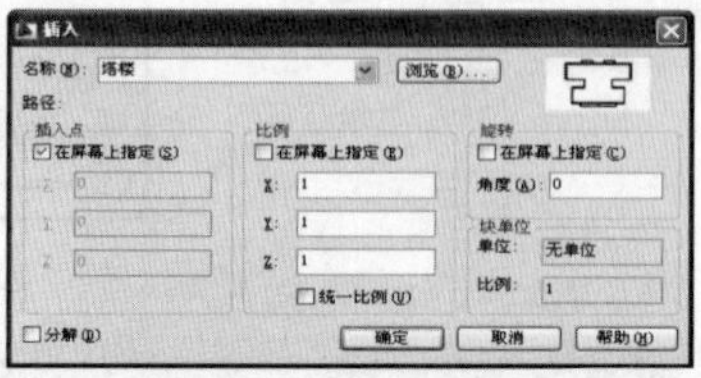

图21-34　插入塔楼图块

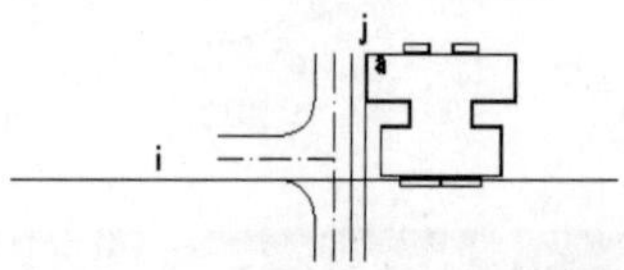

图21-35　插入块效果

05 按照同样的方法，使用插入块命令插入块，然后删掉辅助线，完成的效果如图21-36所示。

06 使用复制命令，将块进行复制，完成后的效果如图21-37所示。

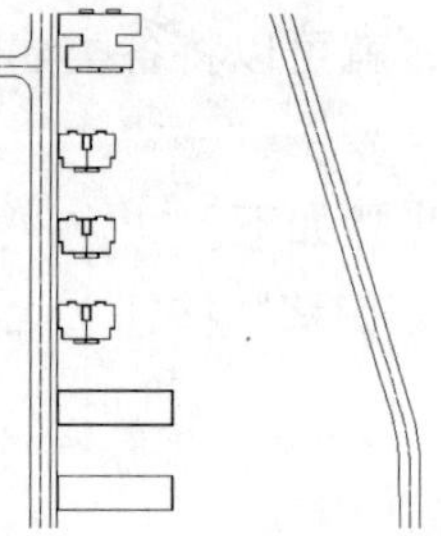

图21-36　完成建筑物块的插入

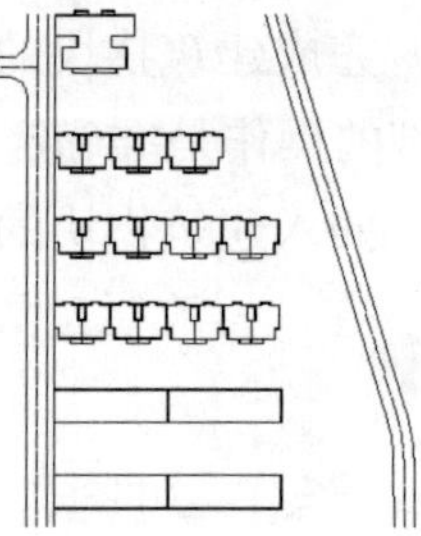

图21-37　建筑物复制完成

21.2.5　绘制宅前道路

在总平面图上，除了两条主要干道外，还需要绘制进入住宅楼的宅前道路。具体的绘制过程如下：

01 将图层切换到“道路”图层。

02 使用“直线”、“偏移”和“修剪”命令，绘制该组团各条东西向连接主要道路的宅前路。宅前路宽为500，与南北和西北—东南向主干道相连接的道路转角宽为600，效果如图21-38所示。

03 在组团南部板式住宅楼的北侧，为每各个单元绘制门前道路。门前路宽为600，使用直线命令绘制直线，直线的起点为单元上外缘的中点，终点为东西向主干道左下边界的垂足，将绘制完成的直线使用偏移命令分别向左和向右偏移300。

04 选择绘制完成的宅前道路，选择菜单栏“修改”→“复制”命令，以本单元上外缘的中点为基点，其他各单元上外缘的中点为插入点；复制宅前道路到每个单元。

05 选择菜单栏“修改”→“修剪”命令修剪宅前道路，使之与东西向的宅前道路连接效果如图21-39所示。

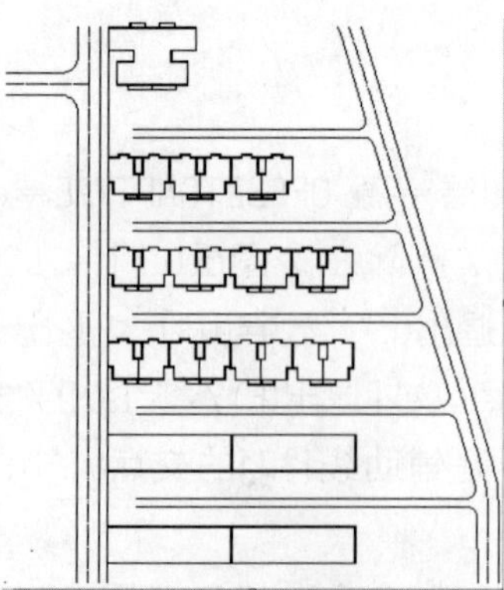

图21-38　绘制连接主要道路 的宅前路

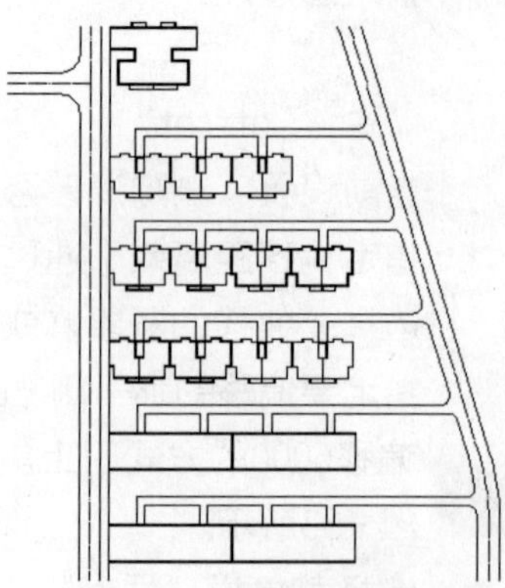

图21-39　绘制板式住宅单元前的道路

06 塔楼式住宅的宅前道路呈东西向，宽为600，直接与西北—东南向的主要道路相接。同样采用直线、偏移和修剪命令进行绘制。需要注意的是，与组团主要道路相交的位置，需要使用圆角命令，绘制完成的效果如图21-40所示。

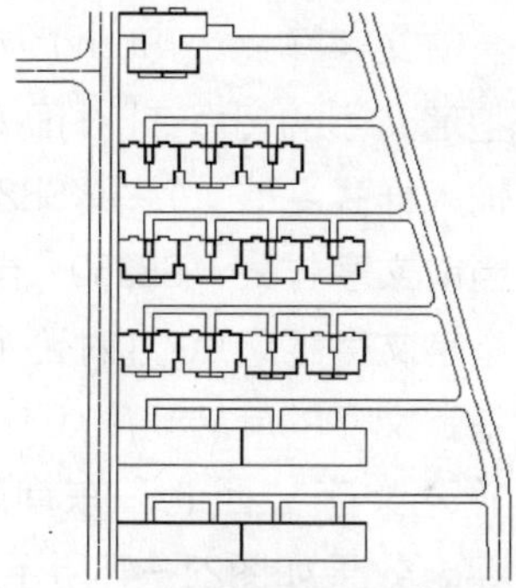

图21-40　绘制塔楼式住宅宅前道路

21.2.6　绘制绿化和配景

一般来说，居住小区的绿化包括乔木、灌木与草的组合。通常情况下，用户可以从相关的图库找到很多已经绘制完成的植物块，完成不同种类树木的绘制。而草地的绘制则使用AutoCAD自带的填充功能完成，具体操作步骤如下。

01 通常从图库中寻找的图例，都是按照绘图比例1：100绘制的，因此在用1：500的总平面图中，需要将其缩小到0.2，然后定义为自己的块来使用。

02 将图层切换到“配景”图层。选择菜单栏“绘图”→“矩形”命令，绘制草坪的界线，如图21-41所示。

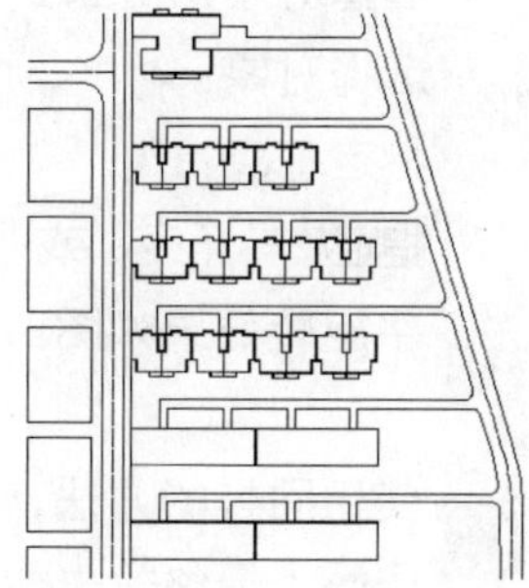

图21-41　绘制草坪界线

03 在“绘图”工具栏中单击“图案填充”按钮，打开“图案填充和渐变色”对话框，如图21-42所示，设置填充图案为GRASS，比例为0.2，分别拾取草坪的边界进行填充，填充效果如图21-43所示。

04 选择菜单栏“插入”→“块”命令，打开“插入”对话框，选择不同种类树的块插入到总平面图中，布置绿化后效果如图21-44所示。

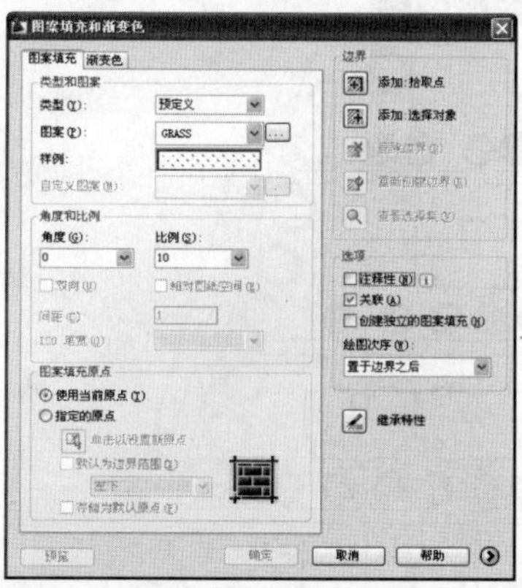

图21-42　“图案填充和渐变色”对话框

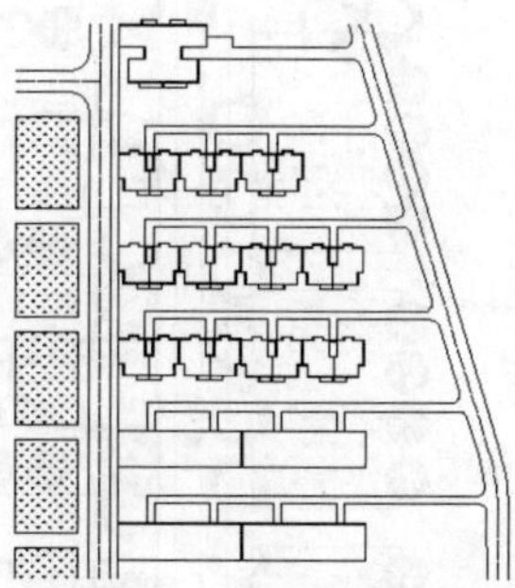

图21-43　草坪填充效果

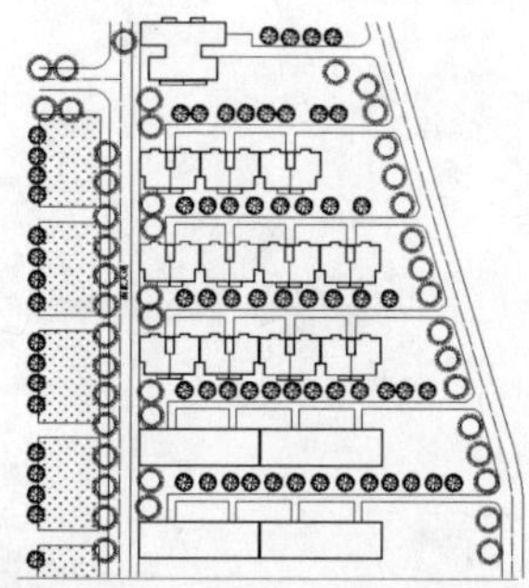

图21-44　布置绿化后的效果

21.2.7　添加文字说明和标识

1. 添加文字

建筑总平面图中的文字，使用单行文字命令就能实现。在本例中创建文字的具体步骤如下。

01 选择菜单栏“绘图”→“文字”→“单行文字”命令，命令行的提示如下：

当前文字样式： Standard 当前文字高度： 400

指定文字的起点或[对正（J）/样式（S）]：s （输入参数s，选择文字样式）

输入样式名或 [？] <GB250>： （设置文字样式GB250）

当前文字样式：GB250 当前文字高度： 400

指定文字的起点或[对正（J）/样式（S）]： （指定文字的起点）

指定文字的旋转角度<0>： （按【Enter】键，单行文字处于可编辑状态）

02 输入文字“西北一东南路”，使用单行文字命令输入其他的文字，效果如图21-45所示，文字样式均为GB250。

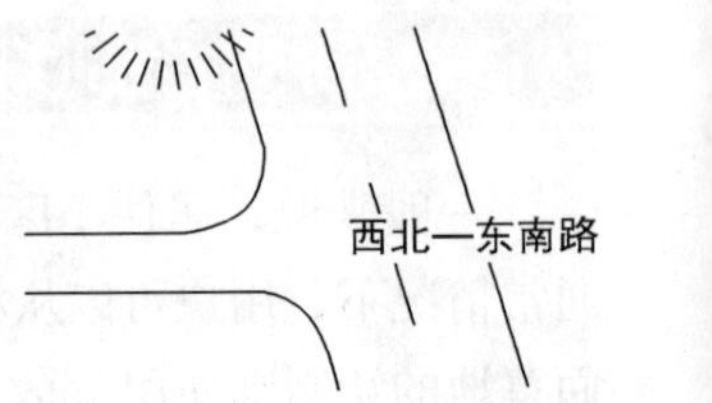

图21-45　单行文字效果

03 在“修改”工具栏中单击“旋转”按钮，命令行的提示如下：

命令：_rotate

UCS当前的正角方向：ANGDIR＝逆时针 ANGBASE＝0

选择对象：找到1个 （选择文字“西北一东南路”）

选择对象： （按【Enter】键，完成选择）

指定基点： （拾取箭头所指的与道路平行的直线上一致）

指定旋转角度，或 [复制（C）/参照（R）] <0>： （拾取箭头所指的与道路平行的直线上另一点）

04 字旋转效果如图21-46所示。

05 使用同样的方法，对其他文字进行旋转，使文字的方向与道路相平行，添加建筑名称和建筑层数，最终效果如图21-47所示。

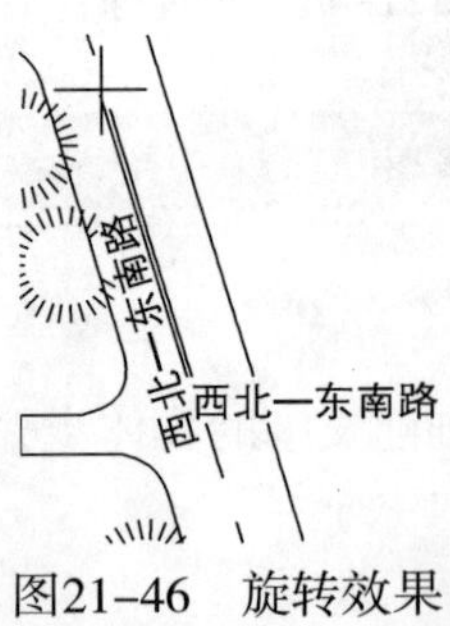

图21-46　旋转效果

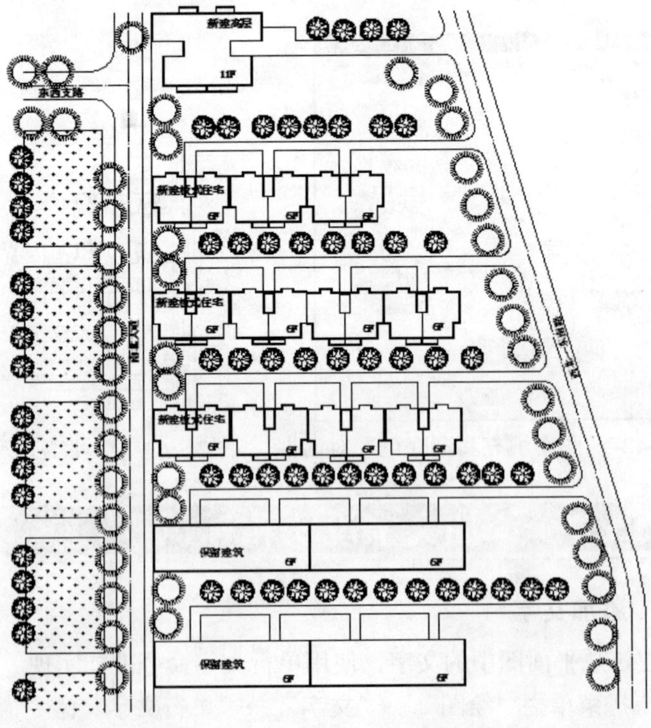

图21-47　添加文字后的效果

2. 添加标注和指北针

01 在“标注”工具栏中单击“线性”按钮，依次标注建筑物外墙宽度和建筑物间距。

02 选择合适的指北针，插入到图中所示的位置，最终效果如图21-48所示（光盘:\最终文件\第21章\总平面图.dwg）。

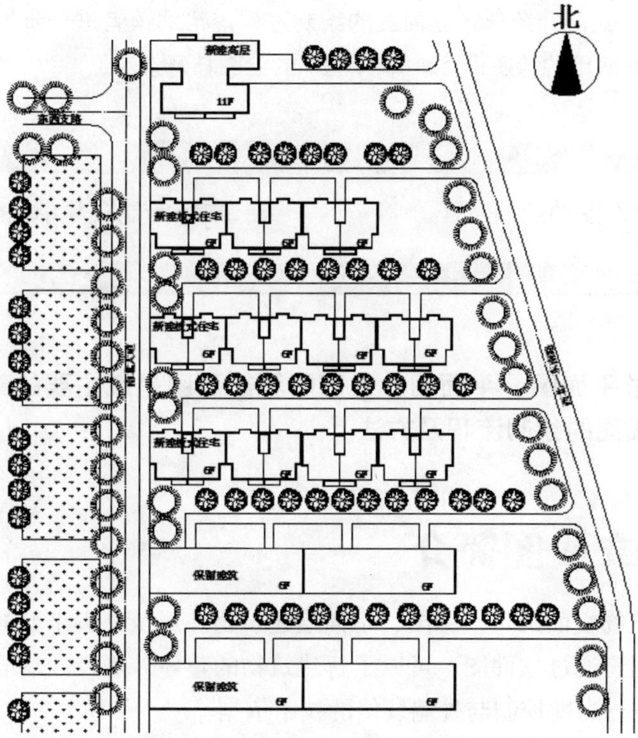

图21-48　绘制完成的总平面图

21.3 本章小结

本章通过对一个建筑总平面图的讲解，使读者熟悉了建筑总平面图的绘制过程，包括建筑总平面图的概念以及包含的内容。此外，本章还对建筑总平面图的创建步骤进行了分析，并用实例对每一步的操作做出了示范。

第22章 绘制建筑立面图

学习导航

本章以实例的方式，介绍建筑立面图的绘制过程，帮助读者进一步学习和理解建筑制图的方法和思路，熟悉常用的绘图命令，掌握基本的绘图技巧。

学习重点

□ 了解建筑立面图的绘制过程　　□ 熟练绘制较简单的建筑立面图

在建筑制图中，总平面图、平面图、立面图和剖面图是最主要的部分。本章将用例子来介绍建筑立面图的绘制流程及方法。

22.1 建筑立面图简介

建筑立面图是建筑物立面的正投影图，是描绘建筑物外形及外表细部的工程图样，直接反映了建筑的形体结构。用户通过立面图，可以了解建筑物的整体外观及门窗等细部的形式。立面图是建筑设计和施工中进行高度控制与外墙装修的技术依据。

22.1.1 建筑立面图的基础知识

建筑立面图可以看做是由很多构件组成的整体，包括墙体、梁柱、门窗、阳台、屋顶和屋檐等。建筑设计非常重视这些构件的比例和尺度，以满足建筑结构和美观的要求。建筑立面图的绘制要准确表达立面设计，清楚地传递立面设计的全部信息。通常，建筑立面图还会使用大量图例来表示相关细部。这些细部的构造做法，另有详图表达。

一般来说，将建筑物主要出入口所在的立面或墙面装饰等反映建筑物外貌特征的立面作为主立面的立面图称为正立面图，其余的相应的称为背立面图、左侧立面图和右侧立面图。如果建筑物朝向比较正，则可以根据各侧立面的朝向命名，有南立面图、北立面图、东立面图和西立面图等，在有些施工图里，也有按轴线编号来命名的，如②～⑨立面等。

与平面图一样，不同的设计阶段，建筑立面图也有不同的表达深度，但是在绘制原理和表达原则上是一致的。

22.1.2 建筑立面图的主要内容

建筑立面图中通常包含以下内容：

- 建筑物某侧立面的立面形式、外貌及大小。
- 图名和绘图比例。
- 外墙面上装修做法、材料、装饰图线和色调等。
- 外墙上投影可见的建筑构配件，如室外台阶、梁、柱、挑檐、阳台、雨篷、室外楼梯、屋顶及雨水管等的位置和立面形状。
- 标注建筑立面图上主要标高。
- 详图索引符号、立面图两端轴线及编号。

22.2 建筑立面图绘制

22.2.1 设置图形界限和图层

操作步骤如下。

01 启动AutoCAD　2012，在命令行中执行LIMITS命令，设置图形界限大小，具体操作过程如下：

命令: LIMITS	（执行LIMITS命令）
重新设置模型空间界限:	（系统提示）
指定左下角点或［开（ON）/关（OFF）］<0.0000,0.0000>:	（按【Space】键确定左下角坐标，保持默认设置）
指定右上角点<422.0000,297.0000>: 20000，15000	（确定绘图区大小）

02 在命令行中执行UNITS命令，弹出“图形单位”对话框。在“长度”选项组的“精度”下拉列表中选择0选项，然后单击“确定”按钮，如图22-1所示。

03 在命令行中执行layer命令，弹出“图层特性管理器”选项板，新建如图22-2所示的粗实线、细实线、标注3个图层。

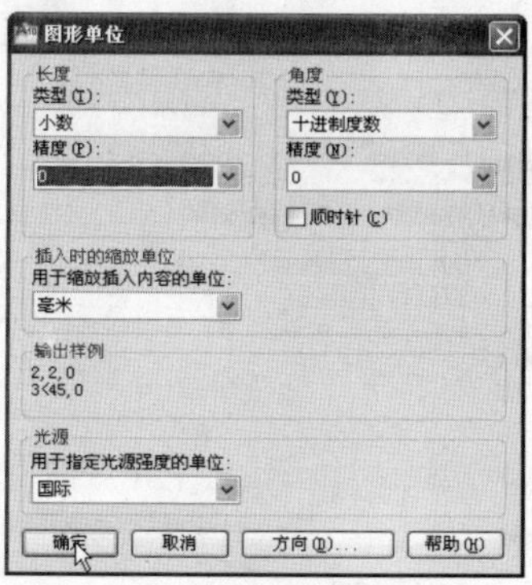

图22-1　图形单位设置

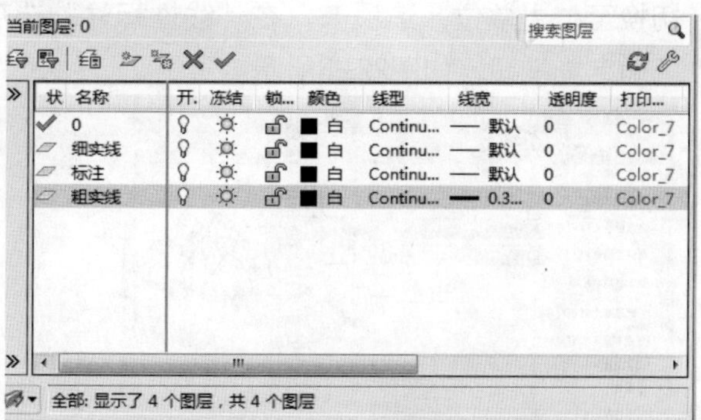

图22-2　图层设置

04 在命令行中执行DIMSTYLE命令，弹出“标注样式管理器”对话框，如图22-3所示。单击“新建”按钮，弹出“创建新标注样式”对话框，如图22-4所示，在“新样式名”文本框中输入文本“厨房”，其余保持默认设置不变，单击“确定”按钮。

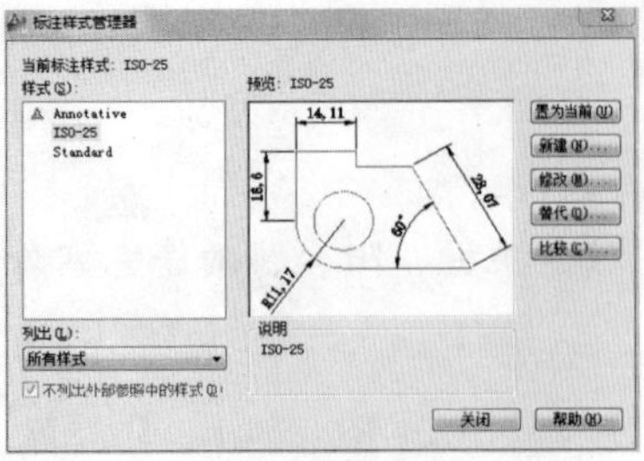

图22-3 标注样式管理器

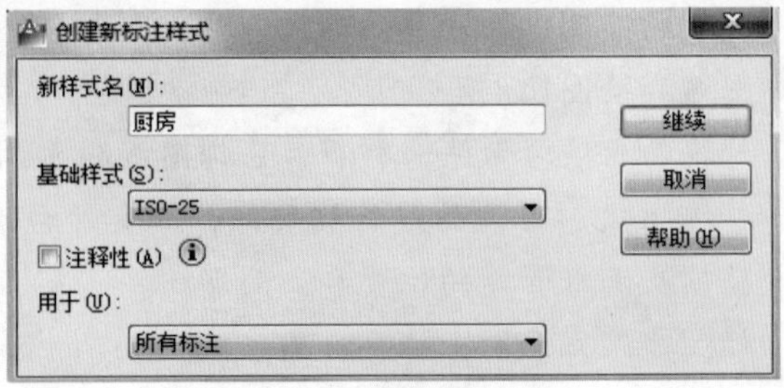

图22-4 新建标注样式

05 弹出“新建标注样式：厨房”对话框，切换至“线”选项卡，在“尺寸线”选项组的“颜色”下拉列表中选择“黑”选项，在“尺寸界线”选项组的“颜色”下拉列表中选择“黑”选项，在“超出尺寸线”数值框中输入25，在“起点偏移量”数值框中输入15，如图22-5所示。

06 切换至“符号和箭头”选项卡，在“箭头”选项组中的“第一个”下拉列表中选择“建筑标记”选项，在“箭头大小”数值框中输入20，如图22-6所示。

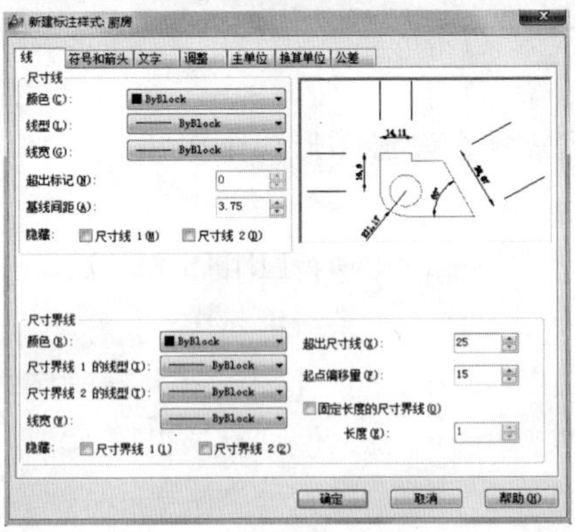

图22-5 线设置

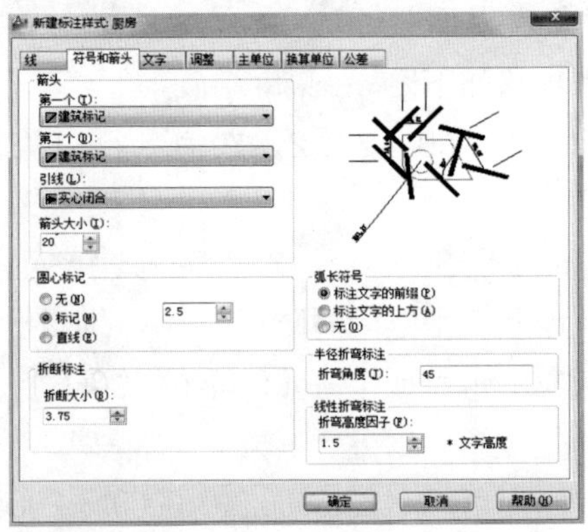

图22-6 符号和箭头设置

07 切换至“文字”选项卡，在“文字外观”选项组中的“文字颜色”下拉列表中选择“黑”选项，在“文字高度”数值框中输入30，在“文字位置”选项组的“从尺寸线偏移”数值框中输入22，如图22-7所示。

08 切换至“主单位”选项卡，在“线性标注”选项组的“精度”下拉列表中选择0选项，单击“确定”按钮，如图22-8所示。

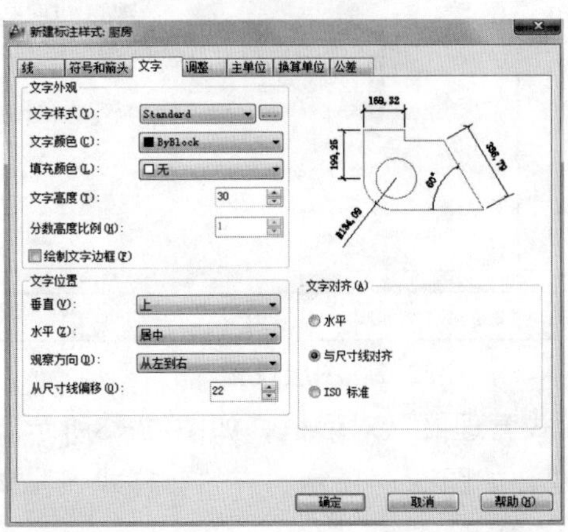

图22-7 设置文字

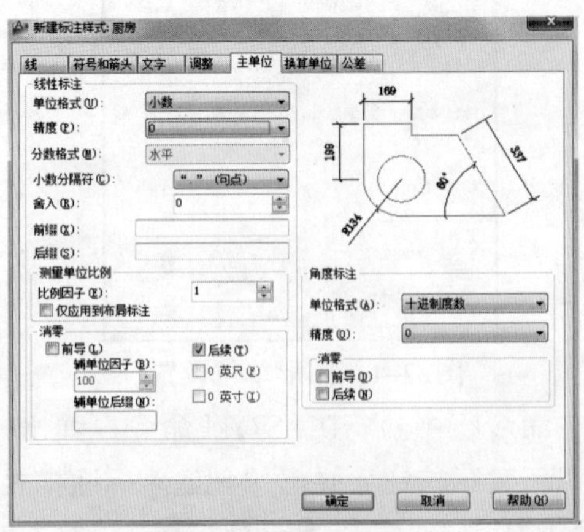

图22-8 设置主单位

09 返回“标注样式管理器”对话框，单击“置为当前”按钮，再单击“关闭”按钮，关闭该对话框，完成标注样式的设置。

22.2.2　绘图

操作步骤如下。

01 在“常用”选项卡的“图层”面板中，单击“图层”下拉列表框，选择“细实线”选项，将“细实线”图层设置为当前图层。在命令行窗口中执行L命令，在绘图区任选一点作为直线起点，向右绘制一条长6930的水平线。以同一个起点为起点，向下绘制一条长2500的竖直线。完成的绘图效果如图22-9所示。

02 在命令行窗口中执行OFFSET命令，将直线进行偏移，具体操作过程如下：

```
命令: OFFSET                                              (执行OFFSET命令)
当前设置:  删除源=否   图层=源   OFFSETGAPTYPE=0          (系统提示当前设置状态)
指定偏移距离或 [通过(T)/删除(E)/图层(L)] <通过>: 330     (输入偏移距离330，按【Space】键)
选择要偏移的对象，或  [退出(E)/放弃(U)]  <退出>:          (选择竖直线)
指定要偏移的那一侧上的点，或  [退出(E)/多个(M)/放弃(U)]  <退出>:
                                                          (向右移动鼠标并单击)
选择要偏移的对象，或  [退出(E)/放弃(U)]  <退出>:          (按【Space】键结束命令)
```

03 续移动该直线21次，使绘图区中包含22条竖直的线，间隔为330。同样道理，将水平线向下平移10次，间距为250，使得绘图区中有11条水平的直线。完成的偏移效果如图22-10所示。

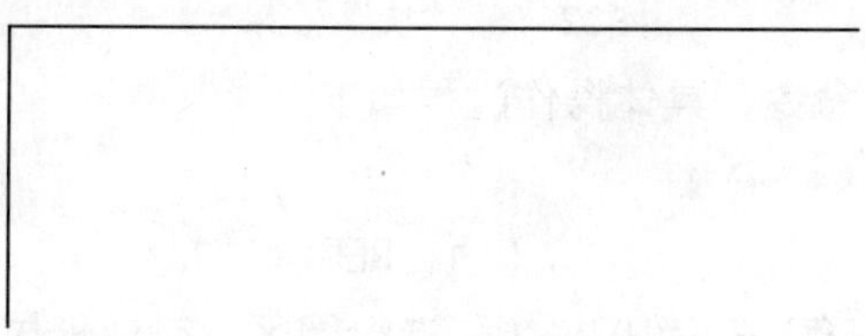

图22-9　绘制直线

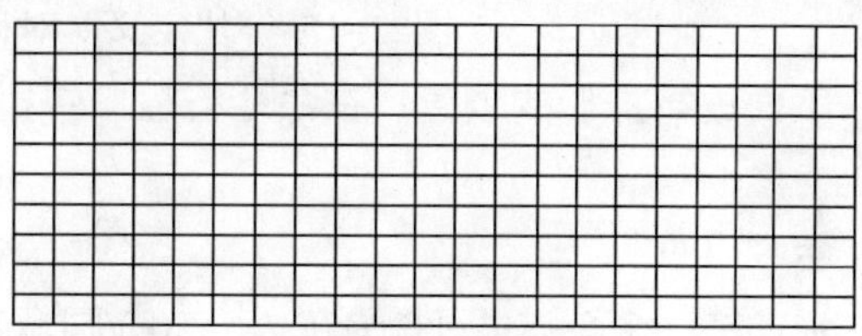

图22-10　偏移

04 下面进行镜子的创建。在命令行窗口中执行REC命令，具体操作过程如下：

```
命令: REC                                                      (执行REC命令)
指定第一个角点或  [倒角(C)/标高(E)/圆角(F)/厚度(T)/宽度(W)]:   (任选绘图区中空白处单击)
指定另一个角点或  [面积(A)/尺寸(D)/旋转(R)]:  D                (输入长宽分别为900和
                                                               1400，并按【Space】键，完成
                                                               的绘制效果如图22-11所示)
```

05 在菜单栏中选择“绘图”→“图案填充”命令，系统弹出如图22-12所示的对话框。单击“样例”后面的图样，系统弹出如图22-13所示的对话框。里面有很多图案供选择，这里选择AR-RROOF，同时选择矩形内部为填充区域，“比例”设置为30，“角度”设置为45。单击“确定”按钮完成填充，效果如图22-14所示。

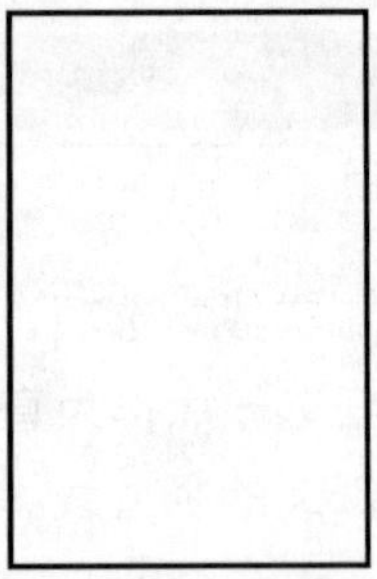

图22-11 绘制矩形

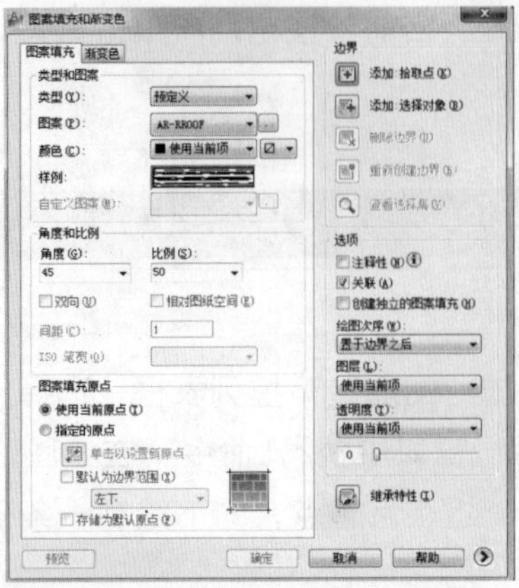

图22-12 图案填充和渐变色

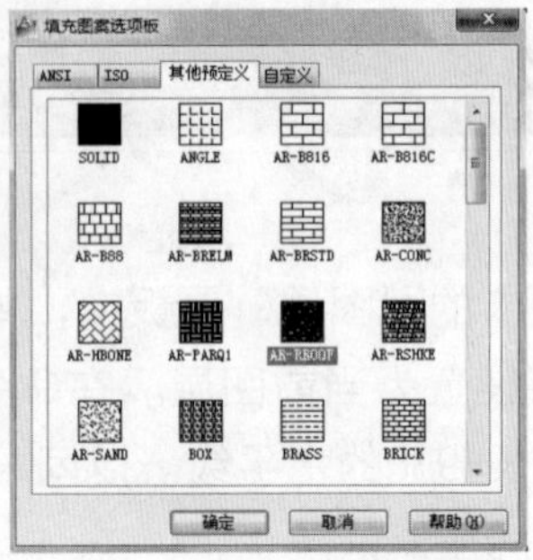

图22-13 选择填充图案

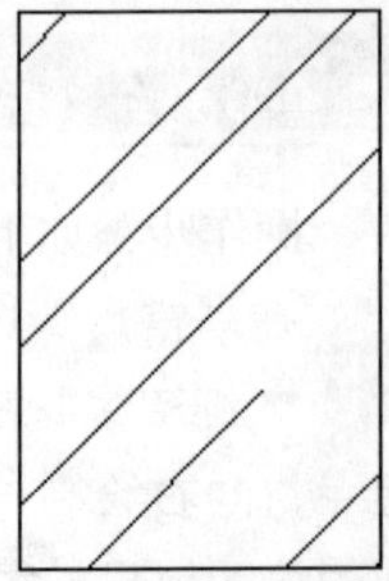

图22-14 填充效果

06 在菜单栏中选择“绘图”→“块”→“创建”命令，系统弹出“块定义”对话框，如图22-15所示。单击“选择对象”按钮，选择刚才绘制的镜子及填充，在“名称”文本框中输入“镜子”，单击“确定”按钮完成块的创建，效果如图22-16所示。

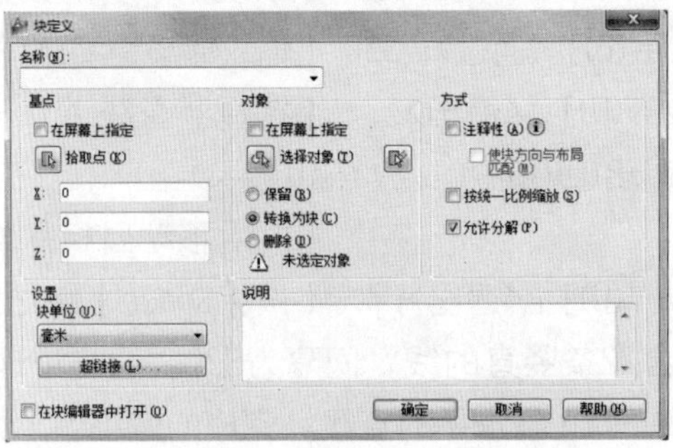

图22-15 “块定义”对话框

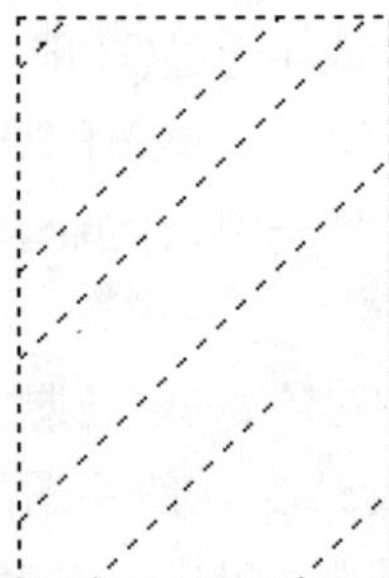

图22-16 “块”效果

07 下面进行挂橱的创建。在命令行窗口中执行REC命令，具体操作过程如下：

命令：REC　（执行REC命令）

指定第一个角点或 [倒角(C)/标高(E)/圆角(F)/厚度(T)/宽度(W)]：（任选绘图区中空白处单击）

指定另一个角点或 [面积(A)/尺寸(D)/旋转(R)]：@350，-720　（按【Space】键）

按【Esc】键完成矩形创建，删除辅助线，效果如图22-17所示。

08 在命令行窗口中执行REC命令，以上一步绘制矩形的左下角点A为基点，以坐标（@350，0）作为第一个角点，以坐标（@450，720）作为另一个角点绘制矩形。按【Enter】键继续绘制矩形命令，继续以A为基点以坐标（@800，0）为第一个角点，以（@450，720）作为另一个角点绘制矩形，效果如图22-18所示。

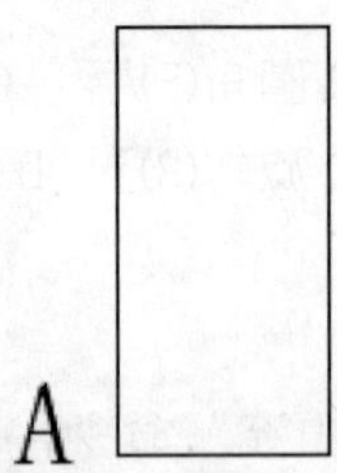

图22-17 绘制矩形

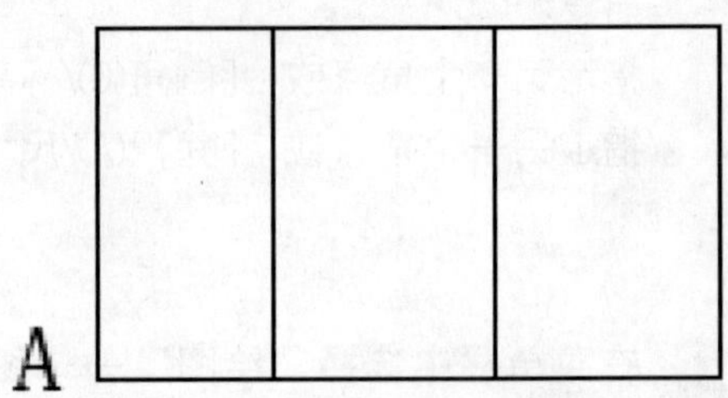

图22-18 继续绘制矩形

09 在命令行窗口中执行REC命令，继续以前一步矩形左下角点A为基点，以坐标（@530，15）作为第一个角点，以坐标（@120，25）作为另一个角点绘制矩形。按【Enter】键继续绘制矩形命令，同样方法在右边的一扇门上也创建同样的把手，完成的绘制效果如图22-19所示。

10 继续在命令行窗口中执行REC命令。以前一步矩形左下角点A为基点，以坐标（@1250，360）作为第一个角点，以坐标（@923，360）作为另一个角点绘制矩形，按【Enter】键继续绘制矩形命令，完成的绘制效果如图22-20所示。

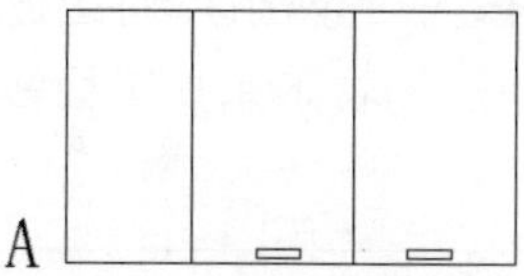

图22-19　绘制把手

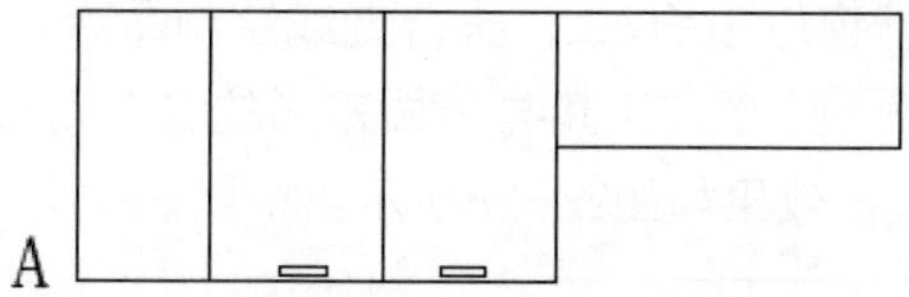

图22-20　绘制矩形

11 继续在命令行窗口中执行REC命令，以前一步矩形左下角点A为基点，以坐标（@2173，0）作为第一个角点，以坐标（@832，360）作为另一个角点绘制矩形，按【Enter】键继续绘制矩形命令，完成的绘制效果如图22-21所示。

12 继续在命令行窗口中执行REC命令，以前一步矩形左下角点A为基点，以坐标（@2173，360）作为第一个角点，以坐标（@832，360）作为另一个角点绘制矩形，按【Enter】键继续绘制矩形命令，完成的绘制效果如图22-22所示。

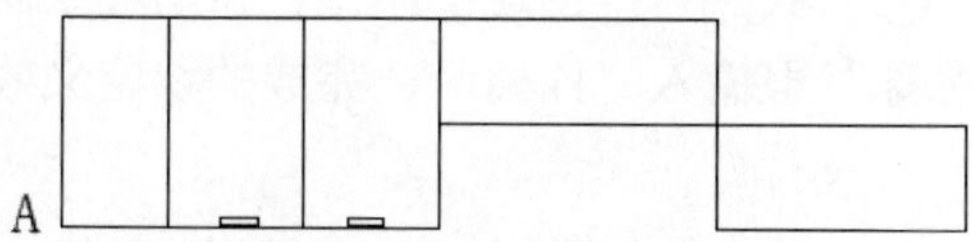

图22-21　绘制矩形

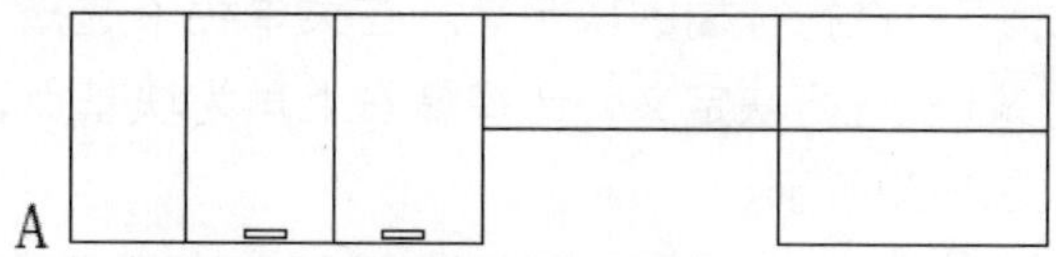

图22-22　绘制矩形

13 继续在命令行窗口中执行REC命令，以前一步矩形左下角点A为基点，以坐标（@3005，0）作为第一个角点，以坐标（@450，720）作为另一个角点绘制矩形，继续以前一步矩形左下角点A为基点，以坐标（@3455，0）作为第一个角点，以坐标（@350，720）作为另一个角点绘制矩形，按【Enter】键继续绘制矩形命令，完成的绘制效果如图22-23所示。

14 绘制右侧橱门把手。在命令行窗口中执行REC命令，以前一步矩形左下角点A为基点，以坐标（@2520，15）作为第一个角点，以坐标（@120，25）作为另一个角点绘制矩形，继续以前一步矩形左下角点A为基点，以坐标（@3170，15）作为第一个角点，以坐标（@120，25）作为另一个角点绘制矩形，按【Enter】键继续绘制矩形命令，完成的绘制效果如图22-24所示。

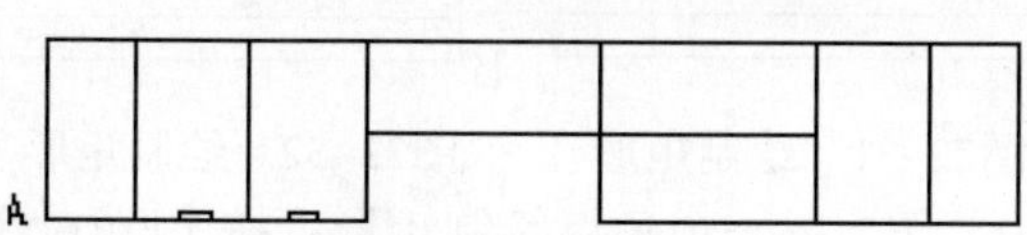

图22-23　绘制矩形

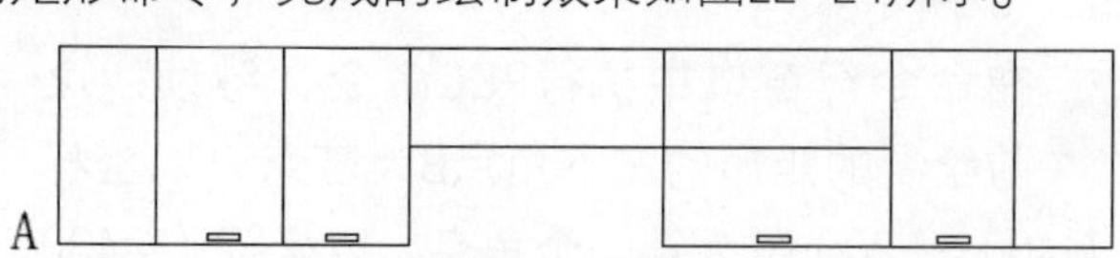

图22-24　绘制把手

15 在命令行窗口中输入O执行偏移命令，将右侧起向左第三列的下面的矩形偏移，偏移距离为向内40。完成的偏移效果如图22-25所示。

16 对刚才偏移后的矩形进行填充。与前几步的镜子填充方法类似，这次选择的填充图案为AR-CONC，选择“角度”为45，填充“比例”为0.3，填充效果如图22-26。

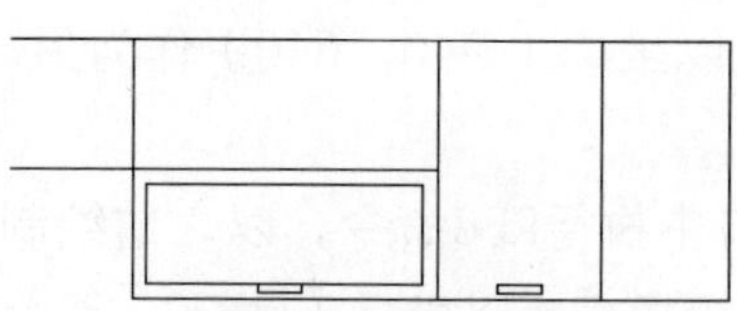
图22-25　偏移

图22-26　填充

17 在命令行窗口中执行REC命令，以前几步矩形左下角点A为基点，以坐标（@1625，240）作为第一个角点，以坐标（@200，120）作为另一个角点绘制矩形。继续以前几步矩形左下角点A为基点，以坐标（@1250，40）作为第一个角点，以坐标（@923，30）作为另一个角点绘制矩形，完成的绘制效果如图22-27所示。

18 在命令行窗口中输入L，执行直线绘制命令，将刚才绘制的矩形的两组点对应连接起来。分别是上面矩形的左下角与下面矩形的左上角相连接，上面矩形的右下角与下面矩形的右上角相连接，完成的效果如图22-28所示。

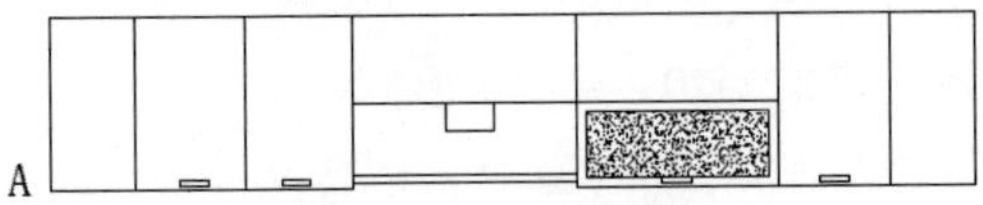

图22-27　绘制矩形

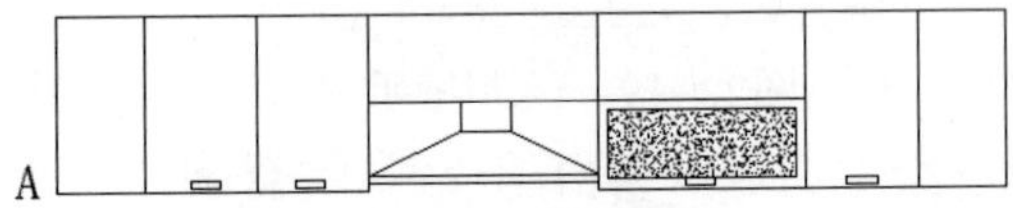

图22-28　绘制直线

19 在命令行窗口中执行REC命令，继续以前几步矩形左下角点A为基点，以坐标（@-20，720）作为第一个角点，以坐标（@3845，30）作为另一个角点绘制矩形。在命令行窗口中输入L，执行直线绘制命令，将最右下角的矩形的左上角与右下角用直线进行连接，完成的绘制效果如图22-29所示。

20 下面进行挂橱的块定义。在菜单栏中选择“绘制”→“块”→“创建”命令，将刚才绘制的挂橱进行块定义，选择最右上角为块基点，在“名称”里输入“挂橱”，完成的块定义效果如图22-30所示。

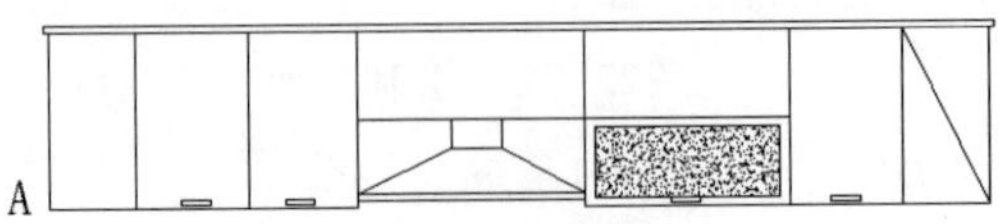

图22-29　绘制矩形及直线

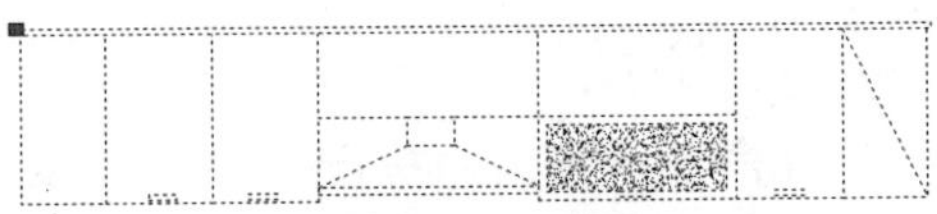
图22-30　块定义

21 下面进行立厨的创建。在命令行窗口中执行REC命令，在绘图区任一空白处单击鼠标，将其定义为矩形第一个角点，输入下一个角点的坐标为（@1300，120），绘制的矩形如图22-31所示。

22 在命令行窗口中执行REC命令，以上一步绘制的矩形的左下角点B为基点，以坐标（@0，120）作为第一个角点，以坐标（@400，640）作为另一个角点绘制矩形，绘制的矩形如图22-32所示。

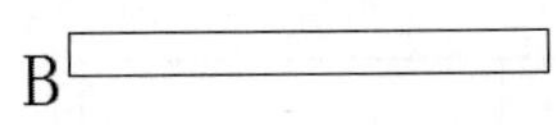

图22-31　绘制矩形

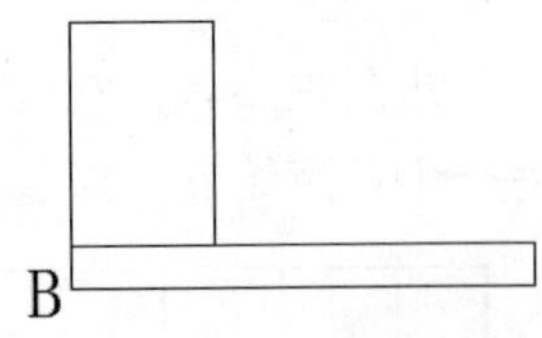

图22-32　绘制矩形

23 在命令行窗口中执行REC命令，继续以之前绘制的矩形的左下角点B为基点，以坐标（@400，120）作为第一个角点，以坐标（@430，640）作为另一个角点绘制矩形。按【Enter】键继续执行矩形命令，以之前绘制的矩形的左下角点B为基点，以坐标（@830，120）作为第一个角点，以坐标（@430，640）作为另一个角点绘制矩形，绘制的矩形如图22-33所示。

24 在命令行窗口中执行REC命令，以之前绘制的矩形的左下角点B为基点，以坐标@1260，120）作为第一个角点，以坐标（@40，640）作为另一个角点绘制矩形，绘制的矩形如图22-34所示。

25 绘制把手。在命令行窗口中执行REC命令，以之前绘制的矩形的左下角点B为基点，以坐标（@140，706）作为第一个角点，以坐标（@120，25）作为另一个角点绘制矩形，绘制的矩形如图22-35所示。

26 创建其余2个把手。在命令行窗口中执行REC命令，以之前绘制的矩形的左下角点B为基点，以坐标（@555，706）作为第一个角点，以坐标（@120，25）作为另一个角点绘制矩形。按【Enter】键继续执行矩形命令，以之前绘制的矩形的左下角点B为基点，以坐标（@985，706）作为第一个角点，以坐标（@120，25）作为另一个角点绘制矩形，绘制的矩形如图22-36所示。

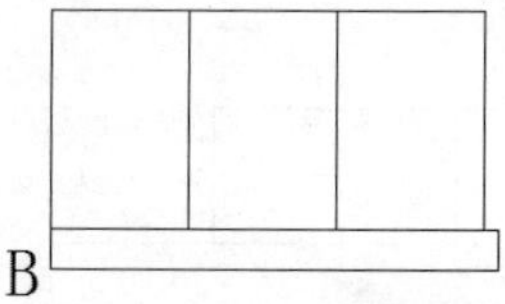

图22-33　绘制矩形

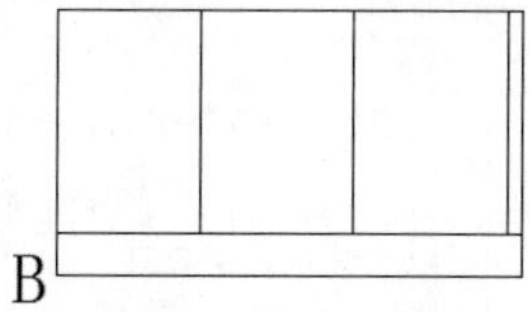

图22-34　绘制矩形

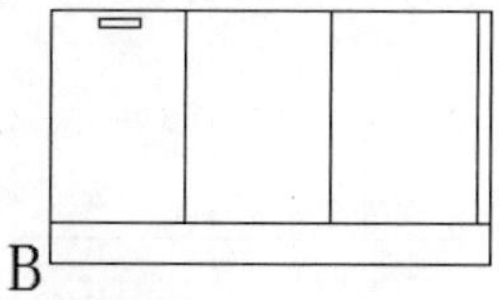

图22-35　绘制把手

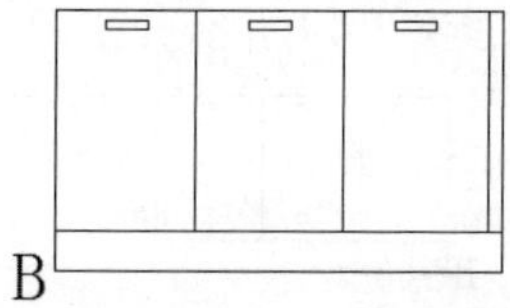

图22-36　绘制其他把手

27 在命令行窗口中执行REC命令，继续以之前绘制的矩形的左下角点B为基点，以坐标（@1300，0）作为第一个角点，以坐标（@580，760）作为另一个角点绘制矩形，绘制的矩形如图22-37所示。

28 继续用相同的方法在正右方绘制一个相同的矩形，绘制的矩形如图22-38所示。

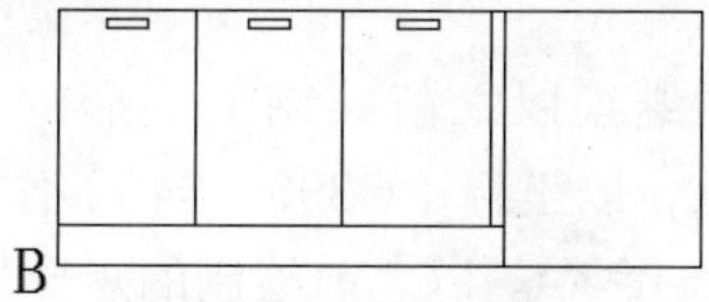

图22-37　绘制矩形

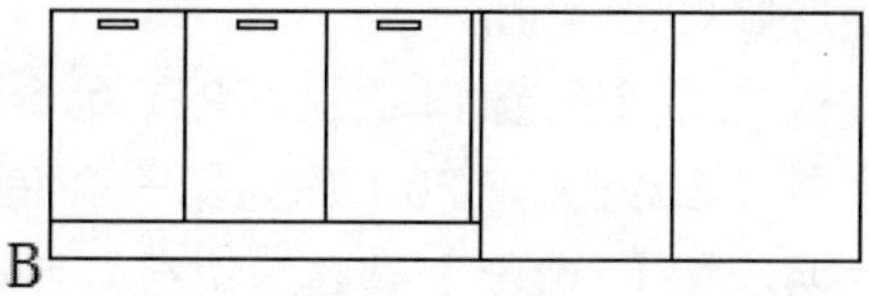

图22-38　绘制矩形

29 在命令行窗口中执行L命令，以之前绘制的矩形的左下角点B为基点，以坐标（@1300，0）作为直线起点，输入下一点坐标值（@129，645），按【Enter】键后再输入下一点坐标（@451，115）绘制完成的直线效果图如图22-39所示。

30 继续在命令行窗口中执行L命令，在右侧的矩形中绘制一条与刚才一样的折线。绘制完成的直线效果图如图22-40所示。

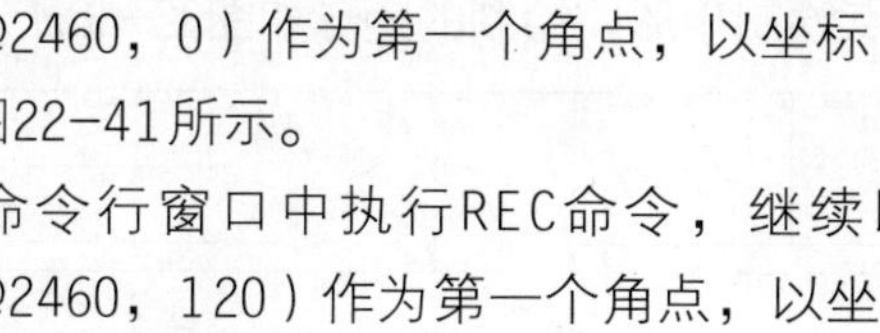

图22-39　绘制直线

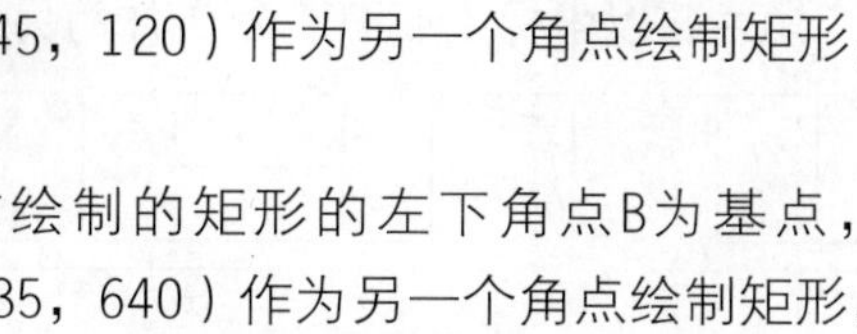

图22-40　绘制直线

31 在命令行窗口中执行REC命令，继续以之前绘制的矩形的左下角点B为基点，以坐标（@2460，0）作为第一个角点，以坐标（@1945，120）作为另一个角点绘制矩形，绘制的矩形如图22-41所示。

32 在命令行窗口中执行REC命令，继续以之前绘制的矩形的左下角点B为基点，以坐标（@2460，120）作为第一个角点，以坐标（@35，640）作为另一个角点绘制矩形，绘制的矩形如图22-42所示。

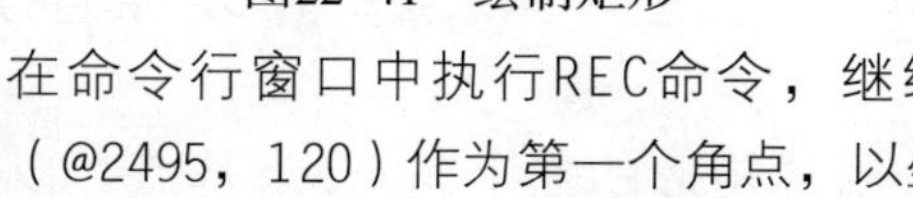

图22-41　绘制矩形

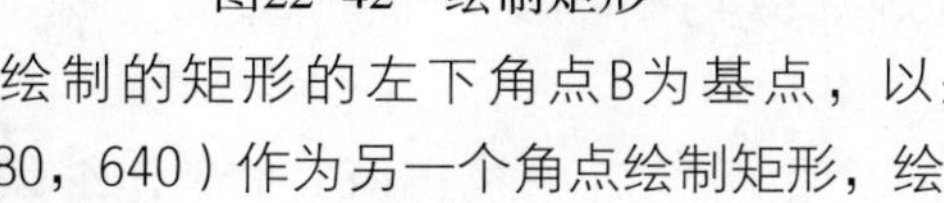

图22-42　绘制矩形

33 在命令行窗口中执行REC命令，继续以之前绘制的矩形的左下角点B为基点，以坐标（@2495，120）作为第一个角点，以坐标（@380，640）作为另一个角点绘制矩形，绘制的矩形如图22-43所示。

34 在命令行窗口中执行REC命令，继续以之前绘制的矩形的左下角点B为基点，以坐标（@2875，120）作为第一个角点，以坐标（@720，320）作为另一个角点绘制矩形，连续两次按【Enter】键继续执行矩形绘制命令。以之前绘制的矩形的左下角点B为基点，以坐标（@2875，440）作为第一个角点，以坐标（@720，320）作为另一个角点绘制矩形，绘制的矩形如图22-44所示。

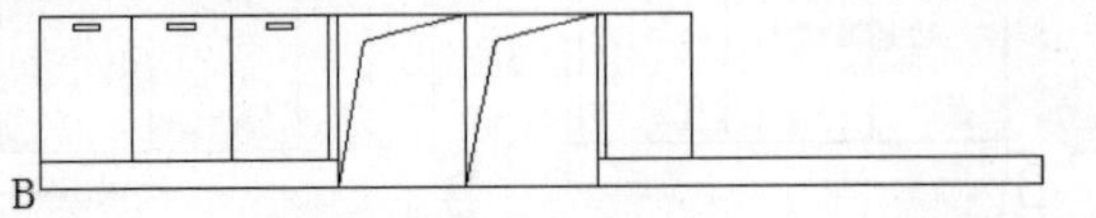

图22-43 绘制矩形

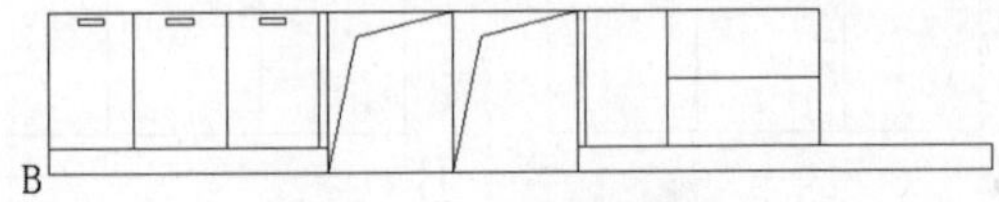

图22-44 绘制矩形

35 在命令行窗口中执行REC命令，继续以之前绘制的矩形的左下角点B为基点，以坐标（@3595，120）作为第一个角点，以坐标（@390，640）作为另一个角点绘制矩形，绘制的矩形如图22-45所示。

36 在命令行窗口中执行REC命令，继续以之前绘制的矩形的左下角点B为基点，以坐标（@3985，120）作为第一个角点，以坐标（@390，640）作为另一个角点绘制矩形，连续两次按【Enter】键继续执行矩形绘制命令。以之前绘制的矩形的左下角点B为基点，以坐标（@4375，120）作为第一个角点，以坐标（@30，640）作为另一个角点绘制矩形，绘制的矩形如图22-46所示。

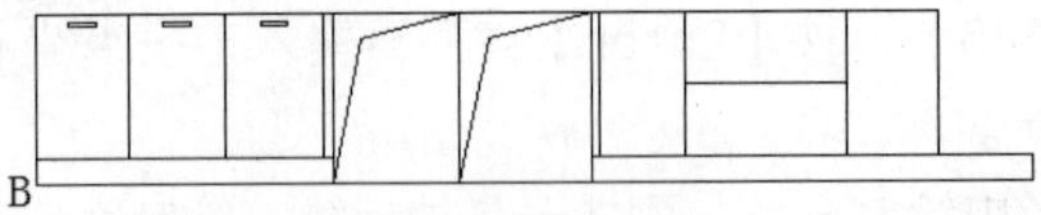

图22-45 绘制矩形

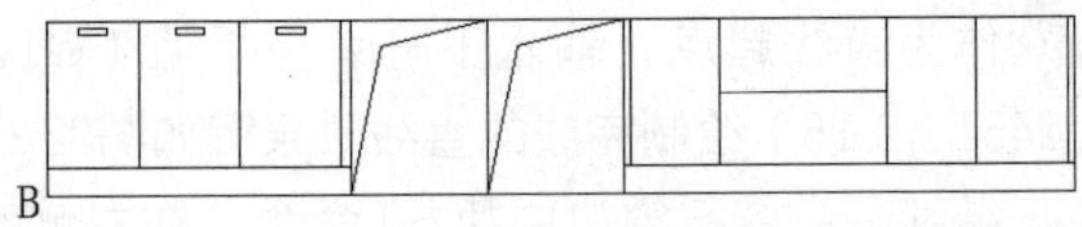

图22-46 绘制矩形

37 绘制把手。在命令行窗口中执行REC命令，继续以之前绘制的矩形的左下角点B为基点，以坐标（@2794，574）作为第一个角点，以坐标（@25，120）作为另一个角点绘制矩形，绘制的矩形如图22-47所示。

38 继续绘制把手。在命令行窗口中执行REC命令，以之前绘制的矩形的左下角点B为基点，以坐标（@3171，386）作为第一个角点，以坐标（@120，25）作为另一个角点绘制矩形，连续两次按【Enter】键继续执行矩形绘制命令。以之前绘制的矩形的左下角点B为基点，以坐标（@3171，706）作为第一个角点，以坐标（@120，25）作为另一个角点绘制矩形，绘制的矩形如图22-48所示。

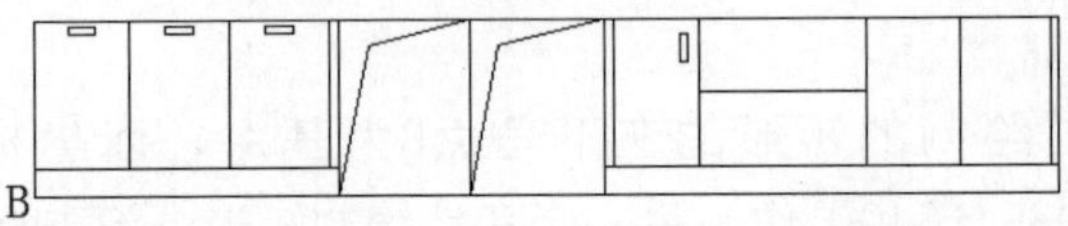

图22-47 绘制把手

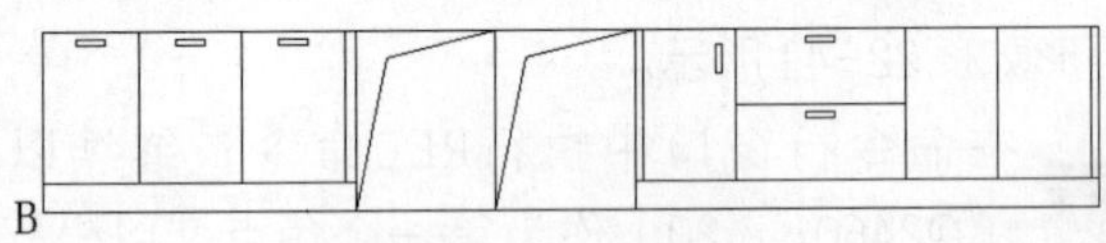

图22-48 绘制把手

39 继续绘制把手。在命令行窗口中执行REC命令，以之前绘制的矩形的左下角点B为基点，以坐标（@3647，574）作为第一个角点，以坐标（@25，120）作为另一个角点绘制矩形，连续两次按【Enter】键继续执行矩形绘制命令。以之前绘制的矩形的左下角点B为基点，以坐标（@4039，574）作为第一个角点，以坐标（@25，120）作为另一个角点绘制矩形，绘制的矩形如图22-49所示。

40 在命令行窗口中执行REC命令，继续以之前绘制的矩形的左下角点B为基点，以坐标（@4405，0）作为第一个角点，以坐标（@580，760）作为另一个角点绘制矩形，绘制的矩形如图22-50所示。

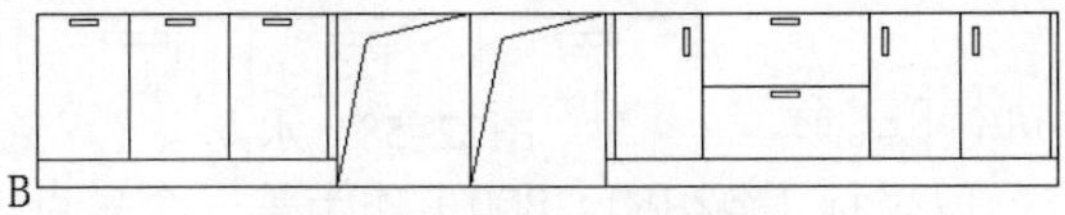

图22-49 绘制把手

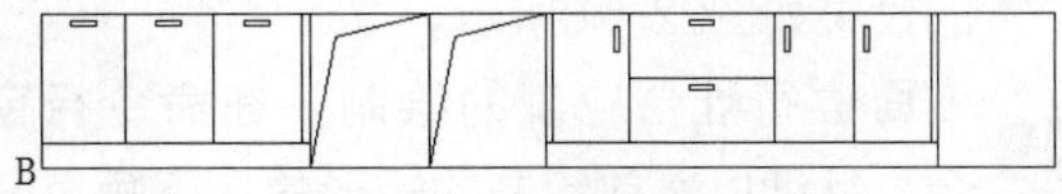

图22-50 绘制矩形

41 在命令行窗口中执行REC命令，继续以之前绘制的矩形的左下角点B为基点，以坐标（@4985，0）作为第一个角点，以坐标（@580，760）作为另一个角点绘制矩形，绘制的矩形如图22-51所示。

42 在命令行窗口中执行L命令，以之前绘制的矩形的左下角点B为基点，以坐标（@4405，0）作为直线的起点，以坐标（@94，670），按【Enter】键并继续在命令行窗口中输入下一坐标（@486，90），按【Enter】键完成直线的绘制。同样方法绘制另一个橱柜的线条，以之前绘制的矩形的左下角点B为基点，以坐标（@4985，0）作为直线的起点，以坐标（@94，670），按【Enter】键并继续在命令行窗口中输入下一坐标（@486，90），按【Enter】键完成直线的绘制。完成的折线绘制效果如图22-52所示。

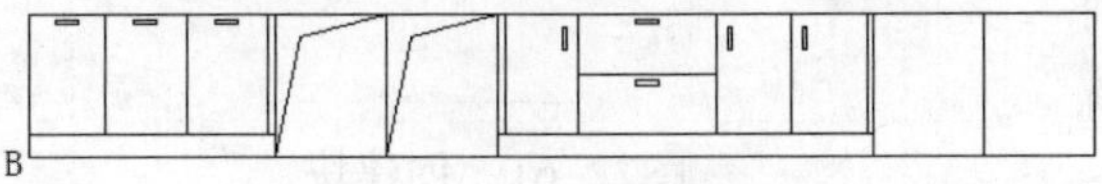

图22-51 绘制矩形

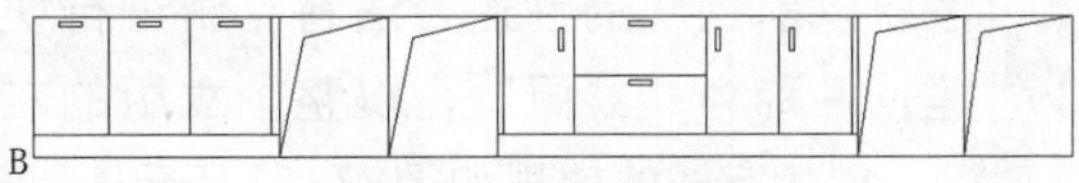

图22-52 绘制折线

43 在命令行窗口中执行REC命令，继续以之前绘制的矩形的左下角点B为基点，以坐标（@5565，0）作为第一个角点，以坐标（@540，120）作为另一个角点绘制矩形，绘制的矩形如图22-53所示。

44 在命令行窗口中执行REC命令，继续以之前绘制的矩形的左下角点B为基点，以坐标（@5565，120）作为第一个角点，以坐标（@40，640）作为另一个角点绘制矩形，连续两次按【Enter】键继续执行矩形绘制命令。以之前绘制的矩形的左下角点B为基点，以坐标（@5605，120）作为第一个角点，以坐标（@500，640）作为另一个角点绘制矩形，绘制的矩形如图22-54所示。

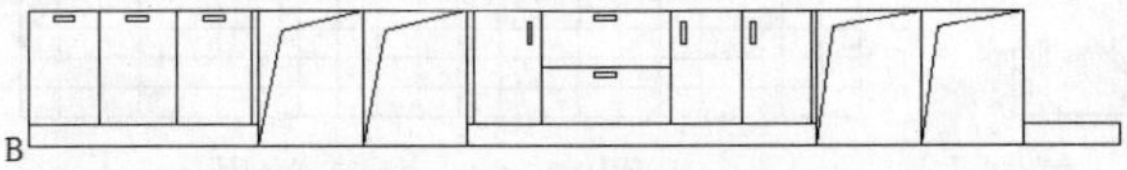

图22-53 绘制矩形

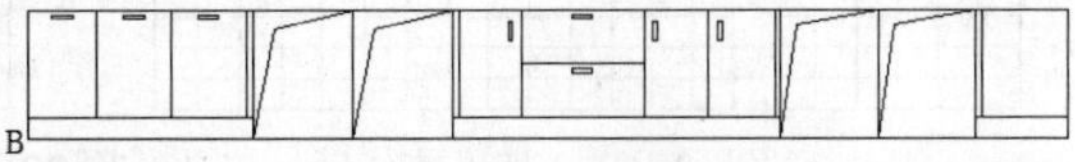

图22-54 绘制矩形

45 在命令行窗口中执行REC命令，继续以之前绘制的矩形的左下角点B为基点，以坐标（@0，760）作为第一个角点，以坐标（@6125，40）作为另一个角点绘制矩形，绘制的矩形如图22-55所示。

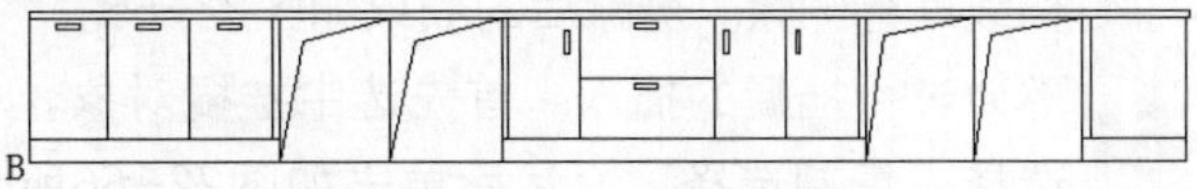

图22-55 绘制矩形

46 下面绘制水龙头。在命令行窗口中执行REC命令，继续以之前绘制的矩形的左下角点B为基点，以坐标（@380，800）作为第一个角点，以坐标（@900，20）作为另一个角点绘制矩形，绘制的矩形如图22-56所示。

47 在命令行窗口中执行REC命令，继续以之前绘制的矩形的左下角点B为基点，以坐标（@795，820）作为第一个角点，以坐标（@50，56）作为另一个角点绘制矩形，绘制的矩形如图22-57所示。

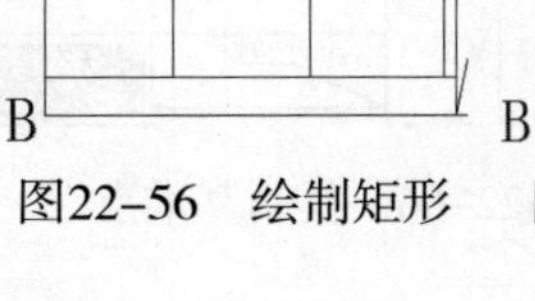

图22-56 绘制矩形

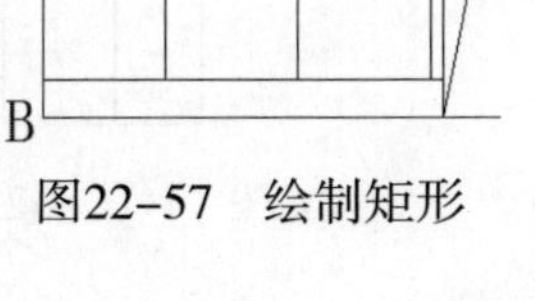

图22-57 绘制矩形

48 利用直线以及圆弧等命令，绘制水龙头轮廓图大概，绘制的效果如图22-58所示。

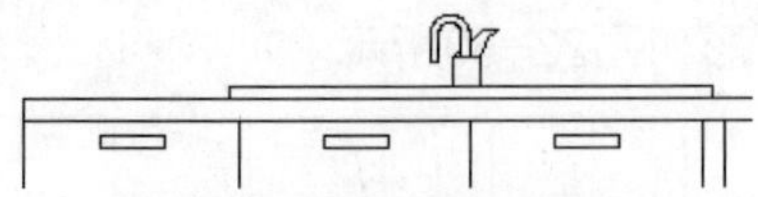

图22-58　水龙头

49 下面进行灶台轮廓的绘制。在命令行窗口中执行REC命令，继续以之前绘制的矩形的左下角点B为基点，以坐标（@2860，800）作为第一个角点，以坐标（@773，30）作为另一个角点绘制矩形，绘制的矩形如图22-59所示。

50 在命令行窗口中执行REC命令，继续以之前绘制的矩形的左下角点B为基点，以坐标（@3000，830）作为第一个角点，以坐标（@160，12）作为另一个角点绘制矩形，连续两次按【Enter】键继续执行矩形绘制命令。以之前绘制的矩形的左下角点B为基点，以坐标（@3360，830）作为第一个角点，以坐标（@160，12）作为另一个角点绘制矩形，绘制的矩形如图22-60所示。

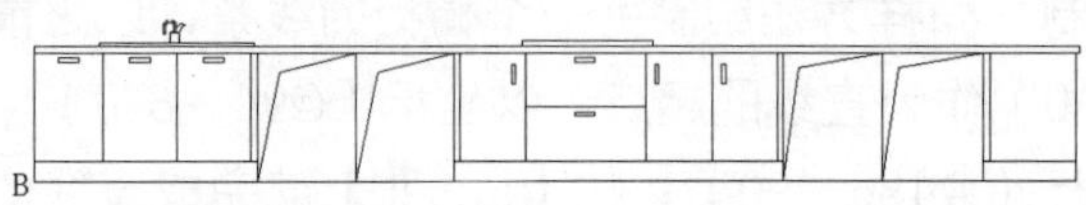

图22-59　绘制矩形

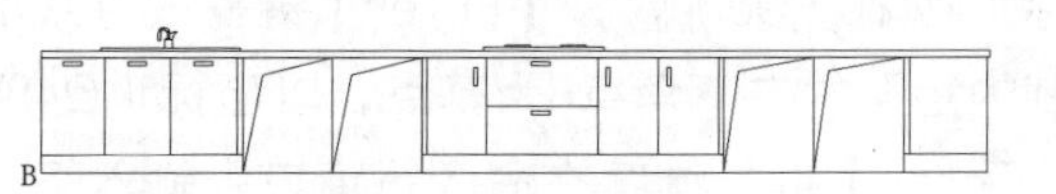

图22-60　绘制矩形

51 按照以前的块的创建方法将立厨进行块的创建，名称为“立厨”，以整个立厨的左下角为基点。创建完成的效果如图22-61所示。

图22-61　创建块

52 下面将先前画的几个图形插入到最早绘制的瓷砖网格中。我们找一个统一的基准点进行插入，这样做起来不会乱。选择如图22-62所示的网格线的最左上角点C为基点。首先选中镜子对象，单击右键，选择“复制选择”，然后单击如图22-63所示的镜子的左上角点D，在命令行窗口中输入FROM，此时系统提示输入基点，这里选择点C，并在命令行窗口中输入坐标（@570，-100），然后按【Enter】键完成镜子的插入。效果如图22-64所示。

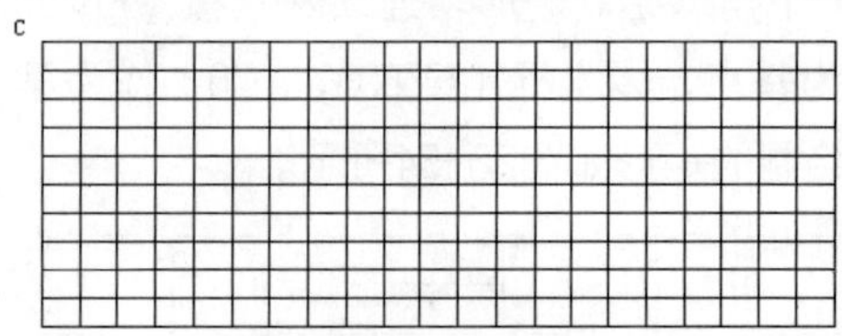

图22-62　基准点

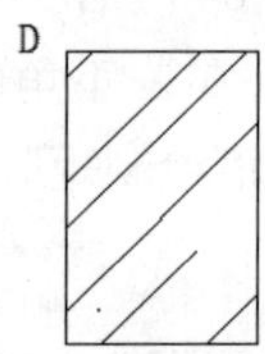

图22-63　复制点

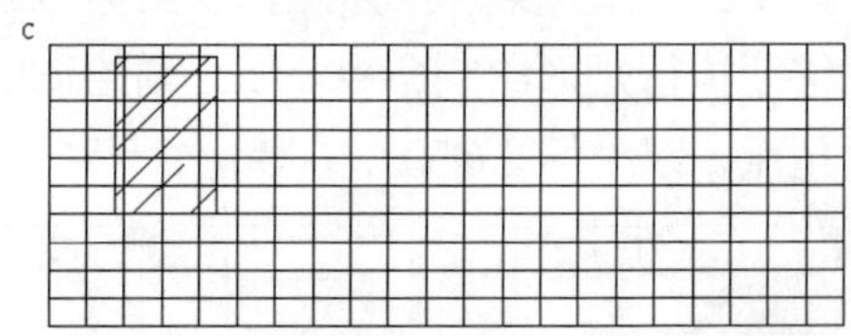

图22-64　插入效果

53 下面利用“修改”→“修剪”命令对镜子遮住的瓷砖网格线进行删除。删除后的效果如图22-65。

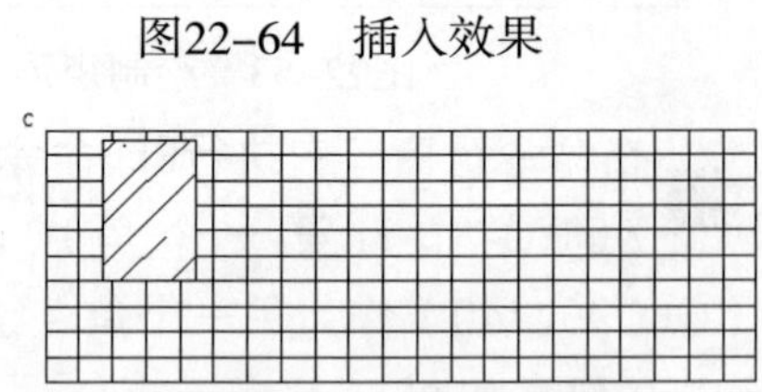

图22-65　修剪效果

54 下面进行挂橱的插入。首先选中挂橱对象，单击右键，选择“复制选择”，然后单击如图22-66所示的挂橱的左上角点E，然后在命令行窗口中输入FROM，此时系统提示输入基点，这里继续选择网格线的最左上角点C，并在命令行窗口中输入坐标（@1510，-300），按【Enter】键完成挂橱的插入，插入效果如图22-67所示。

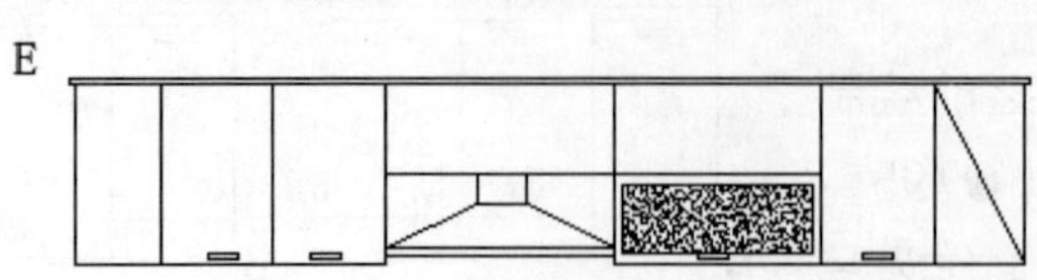

图22-66　复制基准点

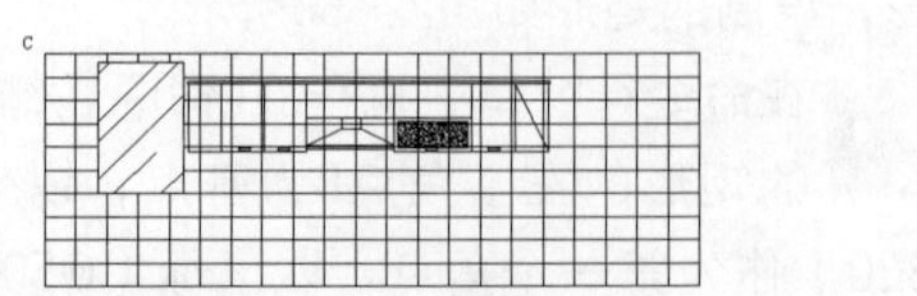

图22-67　插入效果

55 下面利用“修改”→“修剪”命令对挂橱遮住的瓷砖网格线进行删除。删除后的效果如图22-68所示。

56 下面进行立厨的插入。首先选中立厨对象，单击右键，选择“复制选择”，然后单击如图22-69所示的立橱的左上角点F，然后在命令行窗口中输入FROM，此时系统提示输入基点，这里继续选择网格线的最左上角点C，并在命令行窗口中输入坐标（@0，-1700），然后单击回车完成立厨的插入。完成的插入效果如图22-70所示。

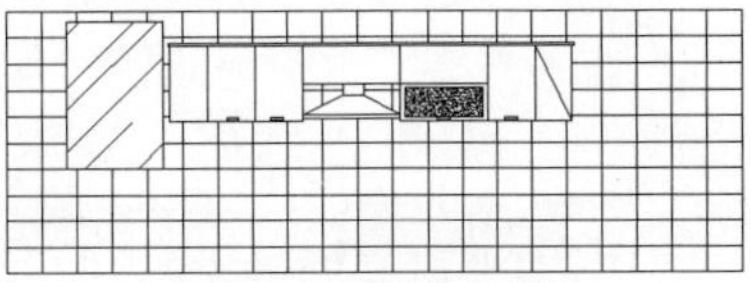

图22-68 修剪效果

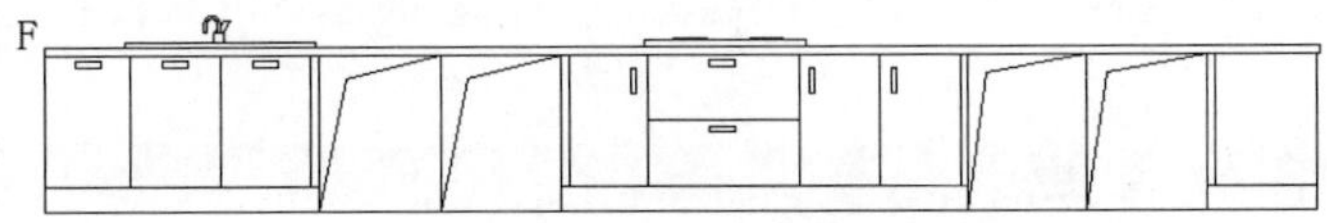

图22-69 复制基准点

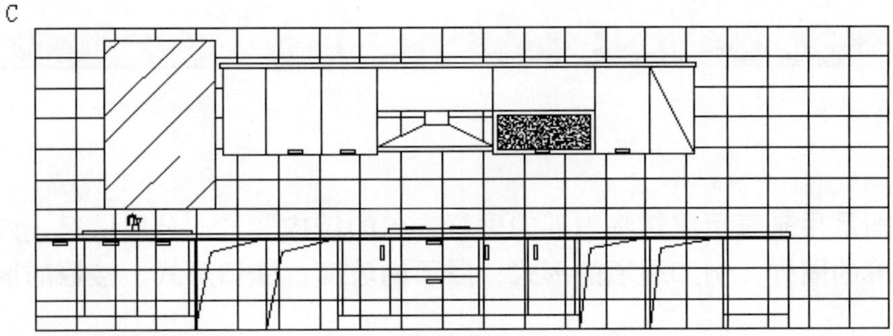

图22-70 插入效果

57 下面进行修剪和删除。选择“修改”→“修剪”命令对立厨遮住的瓷砖网格线进行删除。删除后的效果如图22-71所示。

58 下面进行图形标注。按照以前学过的标注方法对图形进行标注，完成的标注效果如图22-72所示（光盘:\最终文件\第22章\厨房.dwg）。

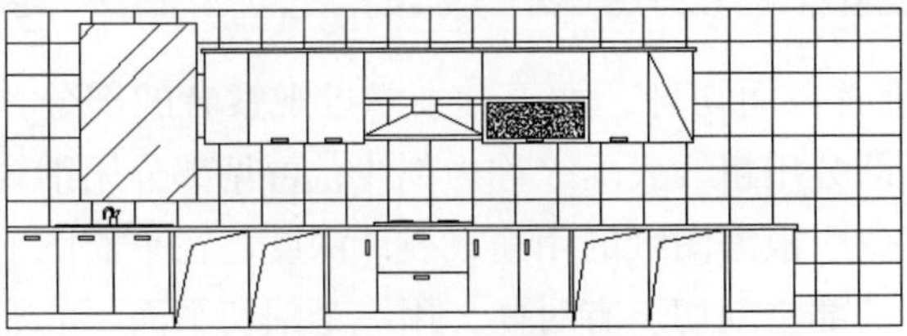

图22-71 修剪删除效果

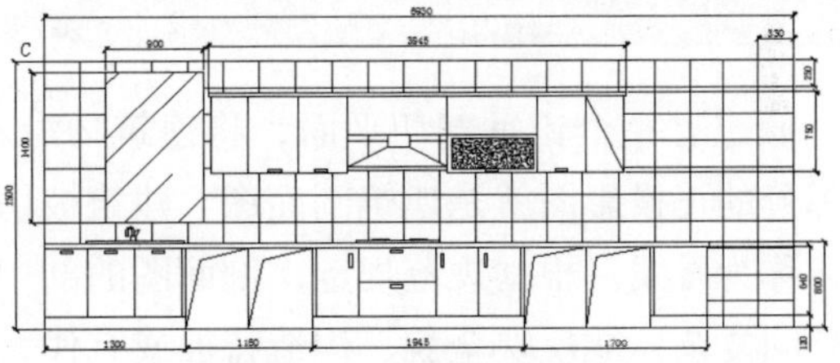

图22-72 最终绘制效果

22.3 本章小结

本章通过对一个厨房结构图的创建叙述了建筑立面图的绘制基本流程及注意细节。通过本实例，使读者熟悉建筑立面图的绘制过程，包括建筑立面图的概念及包含的内容。此外，本章还对建筑立面图的创建步骤进行了分析，并用实例对它们做出了示范。

第23章 绘制建筑剖面图

学习导航

本章以实例的方式介绍建筑剖面图的绘制过程，帮助读者进一步学习和理解建筑制图的方法和思路，熟悉常用的绘图命令，掌握基本的绘图技巧。

学习重点

- □ 了解建筑剖面图的绘制过程
- □ 熟练绘制较简单的建筑剖面图

建筑剖面图是用来表示建筑物内部的垂直方向的结构形式、分层情况、内部构造及各部位高度的图样，例如屋顶的形式、屋顶的坡度、檐口形式、楼板的搁置方式及楼梯的形式等。

23.1 简介

23.1.1 基础知识

假想有一个铅垂剖切平面，将建筑物沿着垂直方向切开，如果移去靠近观察者的部分，其余部分的正投影图就是建筑剖面图。建筑被切断部分用粗线表示，称为剖线；可见部分用细线表示，称为看线。根据规范规定，剖面图的剖切部位应根据图纸的用途或设计深度，在平面图上选择空间复杂，能反映全貌、构造特征或有代表性的部位剖切。有时候，用一个剖切平面不能充分表达建筑较为复杂的空间关系，这时可以把剖切平面转折后，再绘制剖面图，从而在一张剖面图上表现更多的内容。但剖切平面只允许转一次，并用剖切符号在平面图上标明。

剖面图的图名应与平面图上标注的剖切位置的编号一致，如A—A剖面图、1—1剖面图等。投射方向一般宜向左或向上，当然也要根据工程情况而定。剖切符号标在底层平面图中，短线的指向为投射方向。剖面图编号标在投射方向一侧，剖切线若有转折，应在转角的外侧加注与该符号相同的编号。

习惯上，剖面图中可以不用画出基础，材料图例和图中的线型选择与平面图相同。剖面图一般从室外地坪向上直画到屋顶。通常对于一栋建筑物而言，一个剖面图是不够的，往往需要在几个有代表性的位置都绘制剖面图，才可以完整地反映楼层剖面的全貌。

23.1.2 建筑剖面图的主要内容

建筑剖面图主要表达以下内容：

- 剖面图的比例。在一套图纸中，剖面图的比例应与平面图和立面图一致。
- 剖切位置和剖视方向。从图名和轴线编号与平面图上的剖切位置和轴线编号相对应，可知剖面图的剖切位置和剖视方向。
- 表示建筑物主要承重构件的位置及相互关系，如各层的梁、板、柱及墙体的连接关系等。
- 房屋的内、外部尺寸和标高。外部尺寸包括门、窗洞口的高度、层间高度及总高度。内部尺寸包括地坑深度、隔断、搁板、平台及室内门窗的高度。施工图剖面图中的高度尺寸有3道：第1道尺寸靠近外墙，从室外地面开始分段标出窗台、门和窗洞口等尺寸；第2道尺寸注明房屋各层层高；第3道尺寸为房屋建筑物的总高度。另外，剖面图中的标高是相对尺寸，而大小尺寸则是绝对尺寸。
- 坡度表示。房屋倾斜的地方，如屋面、散水、排水沟与出入口的坡道等，需用坡度来表明倾斜的程度。
- 材料说明。在建筑施工图中，房屋的楼地面、屋面等是用多层材料构成的，一般应在剖面图中加以说明。一般方法是用一条引出线指向说明的部位，并按其构造的层次顺序，逐层加以文字说明。对于需要另用详图说明的部位或构件，则在剖面图中用标志符号加以引出索引，以便互相查阅及核对。
- 详图的索引符号。

23.2 建筑剖面图的绘制

一般情况下，在AutoCAD中，总平面图的绘制步骤有以下几步：

01 绘图环境设置，确定剖切位置和投射方向。

02 绘制定位辅助线：包括墙、柱定位轴线，楼层水平定位辅助线及其他剖面图样的辅助线。

03 剖面图样及看线绘制：包括剖到和看到的墙柱、地坪、楼层、屋面、门窗（幕墙）、楼梯、台阶及坡道、雨篷、窗台、窗楣、檐口、阳台、栏杆和各种线脚等内容。

04 配景：包括植物、车辆和人物等。

05 尺寸和文字标注。

下面绘制一个楼层的剖面图，效果如图23-1所示。

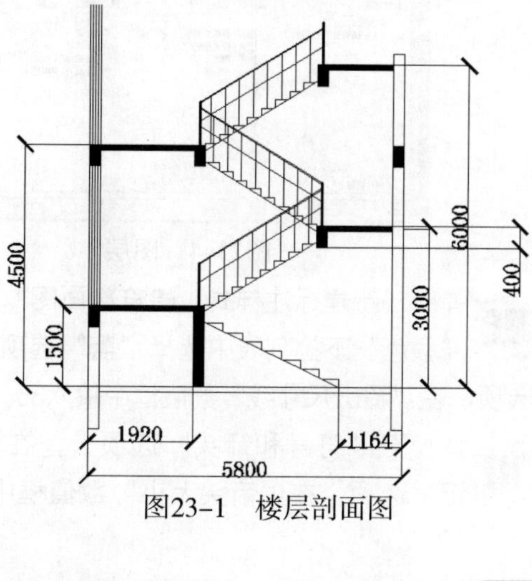

图23-1 楼层剖面图

23.2.1 设置绘图环境

操作步骤如下。

01 启动AutoCAD 2012，在命令行窗口中执行LIMITS命令，设置图形界限大小，具体操作过程如下：

命令：LIMITS （执行LIMITS命令）

重新设置模型空间界限： （系统提示）

指定左下角点或［开（ON）/关（OFF）］<0.0000,0.0000>： （按【Space】键确定左下角坐标，保持默认设置）

指定右上角点<420.0000,297.0000>： （按【Space】键保持默认不变）

02 在命令行窗口中执行UNITS命令，弹出“图形单位”对话框。在“长度”选项组的“精度”下拉列表中选择0选项，然后单击“确定”按钮，如图23-2所示。

03 在命令行窗口中执行la命令，弹出“图层特性管理器”选项板，单击“新建图层”按钮，新建图层，并设置每个图层的颜色和线型，设置完成后效果如图23-3所示。

04 双击“墙线”图层，设置该图层为当前图层，然后单击其左上角的“关闭”按钮，关闭“图层特性管理器”选项板，如图23-4所示。

05 在命令行窗口中执行DIMSTYLE命令，弹出“标注样式管理器”对话框，单击“新建”按钮，弹出“创建新标注样式”对话框。在“新样式名”文本框中输入文本“建筑剖面图”，其余保持默认设置不变，单击“继续”按钮，如图23-5所示。

图23-2 图形单位

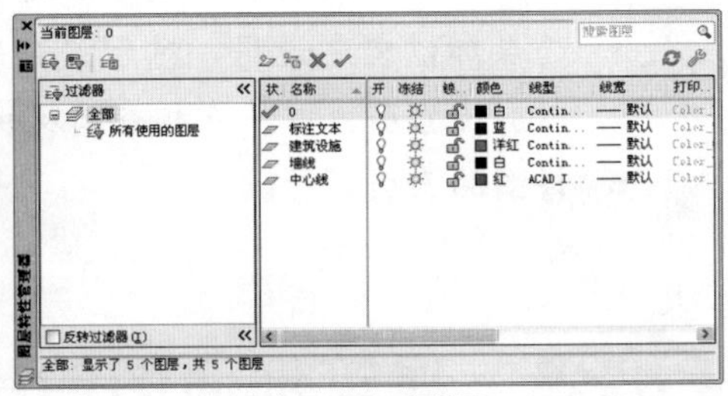

图23-3 图层

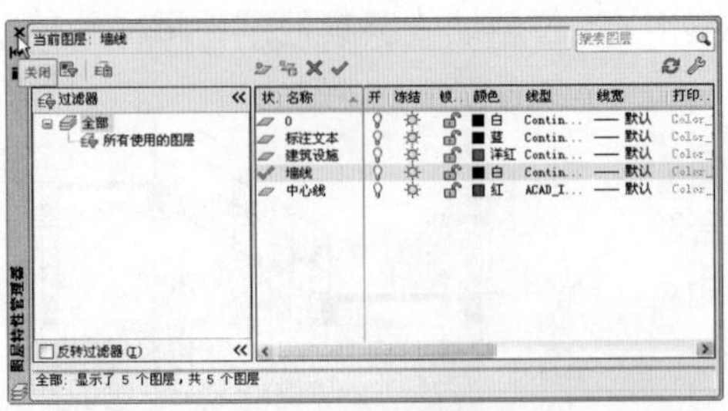

图23-4 图层

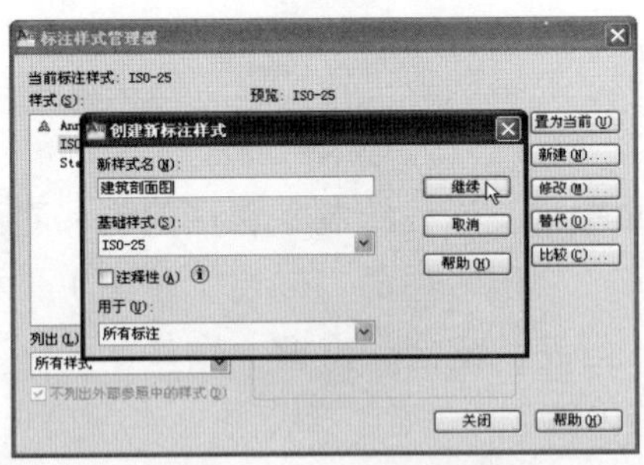

图23-5 标注样式

06 弹出“新建标注样式：建筑剖面图”对话框，切换至“线”选项卡，在“尺寸线”选项组中的“颜色”下拉列表中选择“蓝”选项，在“尺寸界线”选项组的“颜色”下拉列表选择“蓝”选项，在“超出尺寸线”数值框中输入35，在“起点偏移量”数值框中输入35，如图23-6所示。

07 切换至“符号和箭头”选项卡，在“箭头”选项组的“第一个”下拉列表中选择“建筑标记”选项，在“箭头大小”数值框中输入200，如图23-7所示。

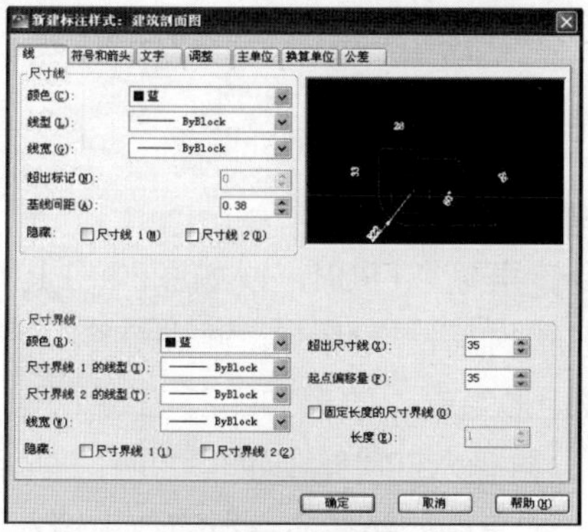

图23-6　设置线

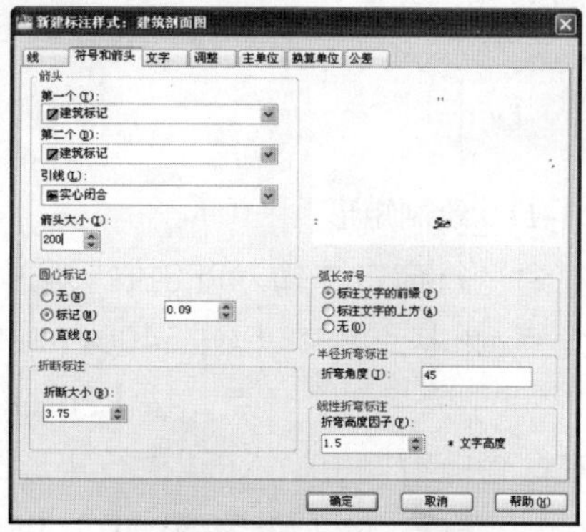

图23-7　设置符号和箭头

08 切换至“文字”选项卡，在“文字外观”选项组的“文字颜色”下拉列表中选择“蓝”选项，在“文字高度”数值框中输入400，在“文字位置”选项组的“垂直”下拉列表中选择“上”选项，在“从尺寸线偏移”数值框中输入200，如图23-8所示。

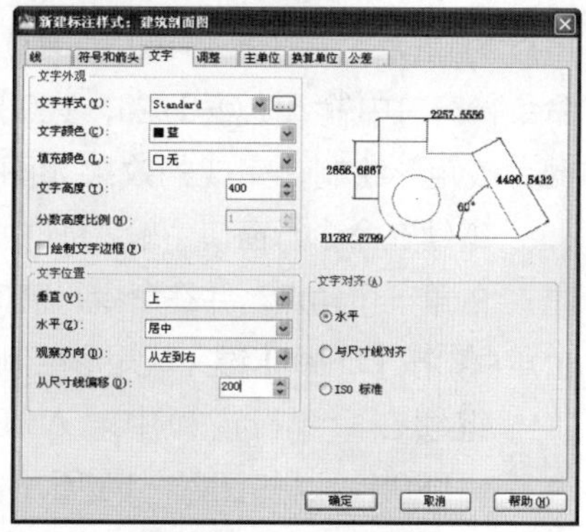

图23-8　设置文字

09 切换至“主单位”选项卡，在“线性标注”选项组的“精度”下拉列表中选择0选项，单击“确定”按钮，如图23-9所示。

10 返回“标注样式管理器”对话框，单击“置为当前”按钮，再单击“关闭”按钮关闭该对话框，完成标注样式的设置，如图23-10所示。

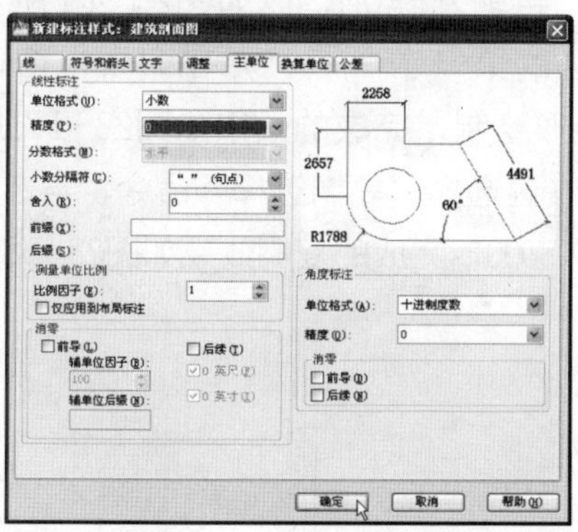

图23-9　设置主单位

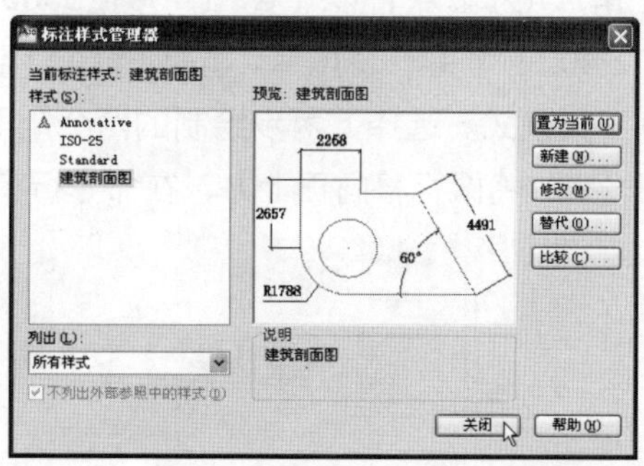

图23-10　置为当前

23.2.2　绘图

操作步骤如下。

01 在命令行窗口中输入REC执行矩形绘制命令，在绘图区中任意一处单击作为矩形的一个角点。在命令行窗口中输入（@-200，800），按【Enter】键完成矩形绘制，效果如图23-11所示。

02 继续在命令行窗口中输入REC执行矩形绘制命令，以如图23-11所示的矩形左上角点A为矩形的第一个角点，以（@-5400，-100）为另一个角点，按【Enter】键完成矩形绘制，如图23-12所示。

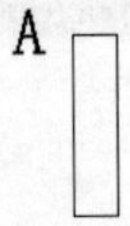

图23-11　绘制矩形

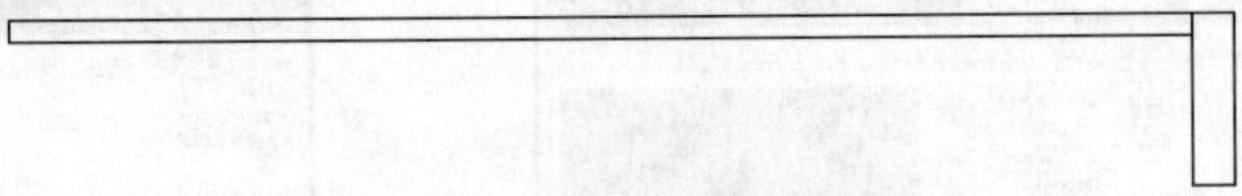

图23-12　绘制矩形

03 继续在命令行窗口中输入REC执行矩形绘制命令，再输入FROM，以如图23-11所示的矩形左上角点A为基点，以（@-5400，-800）为矩形的第一个角点，并在命令行窗口中输入（@-200，2300）为另一个角点，按【Enter】键完成矩形绘制，效果如图23-13所示。

04 继续在命令行窗口中输入REC执行矩形绘制命令，再输入FROM，以如图23-11所示的矩形左上角点A为基点，以（@-3480，0）为矩形的第一个角点，并在命令行窗口中输入（@-200，1500）为另一个角点，连续两次按【Enter】键继续执行矩形绘制命令。以如图23-11所示的矩形左上角点A为基点，以（@-3480，1400）为矩形的第一个角点，并在命令行窗口中输入（@-1920，100）为另一个角点，按【Enter】键完成矩形绘制，完成的效果如图23-14所示。

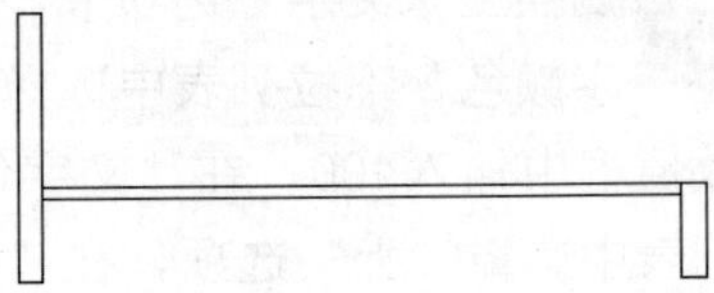

图23-13　绘制矩形

05 继续在命令行窗口中输入REC执行矩形绘制命令，以A作为矩形的第一个角点，并在命令行窗口中输入（@200，6200）为另一个角点，按【Enter】键完成矩形绘制，完成的效果如图23-15所示。

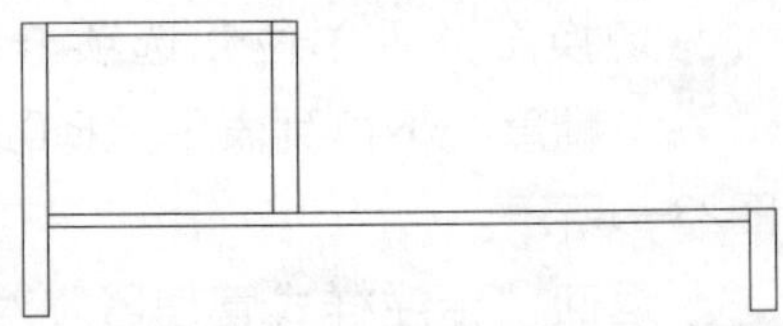

图23-14　绘制矩形

06 继续在命令行窗口中输入REC执行矩形绘制命令，再输入FROM，以如图23-11所示的矩形左上角点A为基点，以（@0，3000）为矩形的第一个角点，并在命令行窗口中输入（@-1400，-200）为另一个角点，按【Enter】键完成矩形绘制，完成的效果如图23-16所示。

07 继续在命令行窗口中输入REC执行矩形绘制命令，再输入FROM，以如图23-11所示的矩形左上角点A为基点，以（@-1400，3000）为矩形的第一个角点，并在命令行窗口中输入（@200，-400）为另一个角点，按【Enter】键完成矩形绘制，完成的效果如图23-17所示。

08 打开正交模式。选择上两步绘制的两个矩形，单击右键选择“复制选择”命令，再选择图形上的任一点，将鼠标移向正上方，在命令行窗口中输入3000，完成的复制效果如图23-18所示。

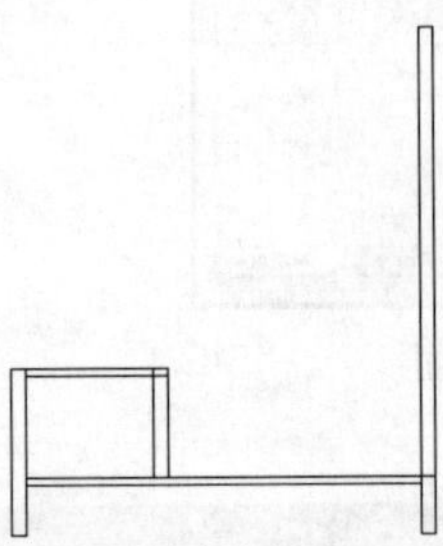

图23-15　绘制矩形

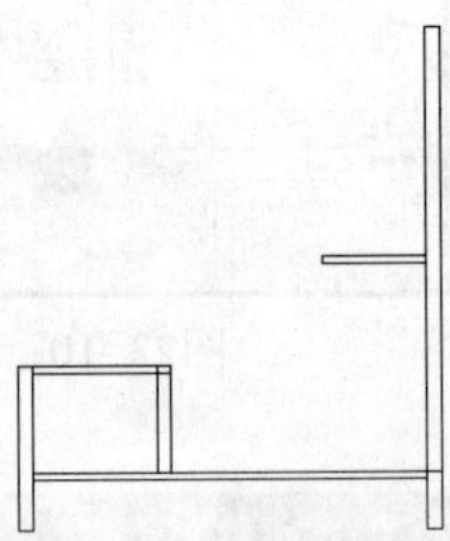

图23-16　绘制矩形

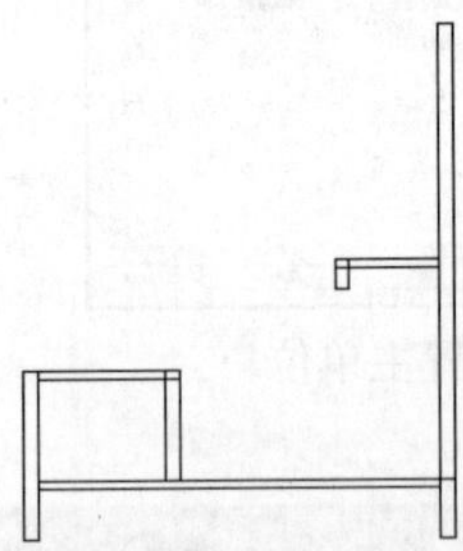

图23-17　绘制矩形

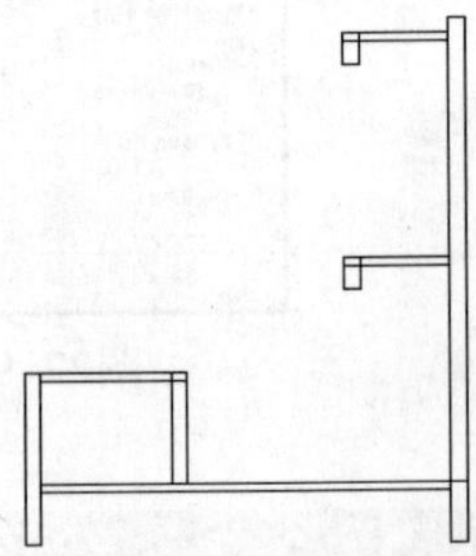

图23-18　复制选择

09 首先选择最左侧的竖直的矩形，然后选择菜单栏中的“修改”→“分解”命令。将其分解后，选中矩形上方的边，选择“修改”→“偏移”命令，在命令行窗口中输入400，将鼠标移向正下方，完成的移动效果如图23-19所示。

10 下面将左侧的两个小矩形进行复制，方法与右侧的矩形复制方法类似。首先选中它们，将它们向上移动3000，效果如图23-20所示。

11 在命令行窗口中输入L执行直线绘制命令，将刚才移动的矩形的对应角用直线连接起来，绘制的效果如图23-21所示。

12 在命令行窗口中输入O执行偏移命令，将刚才移动的直线进行偏移。连续将该对象向右偏移50、100、150、200，共5条直线，效果如图23-22所示。

13 打开正交模式。选择刚才偏移的一组直线，单击右键，选择“复制选择”命令，再选择图形上的任一点，将鼠标移向正上方，在命令行窗口中输入3000，完成的复制效果如图23-23所示。

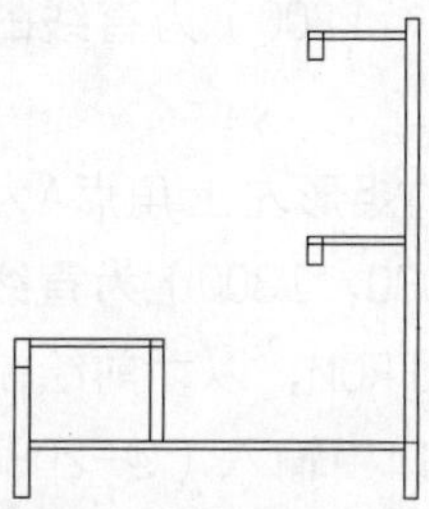

图23-19　复制直线

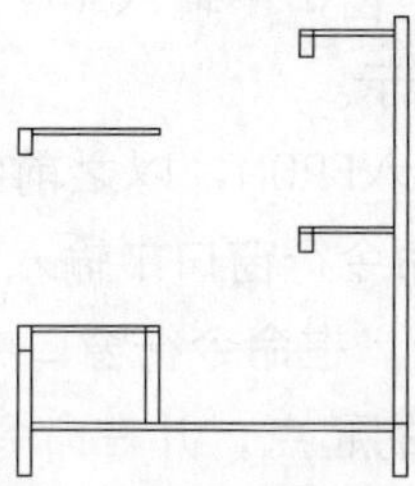

图23-20　复制矩形

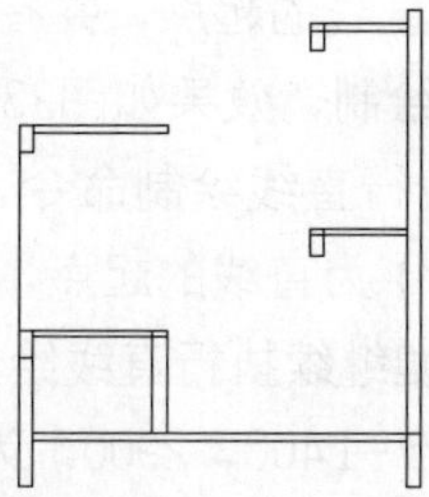

图23-21　绘制直线

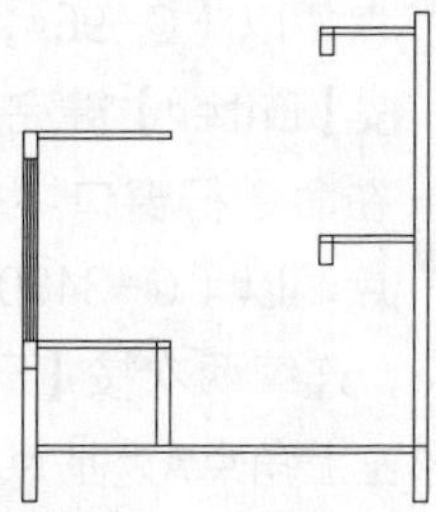

图23-22　偏移直线

14 在命令行窗口中输入REC，再输入FROM，以如图23-11所示的矩形左上角点A为基点，以（@-3480，4500）为矩形的第一个角点，并在命令行窗口中输入（@-200，-400）为另一个角点，按【Enter】键完成矩形绘制，效果如图23-24所示。

15 选择菜单栏中的“绘图”→“图案填充”命令，系统弹出如图23-25所示的“图案填充和渐变色”对话框，单击“样例”后面的图案，系统弹出很多图案供选择，这里选择SOLID图案，如图23-26所示。单击“确定”按钮后选择填充区域，这里选择多个矩形区域内部，完成的填充效果如图23-27所示。

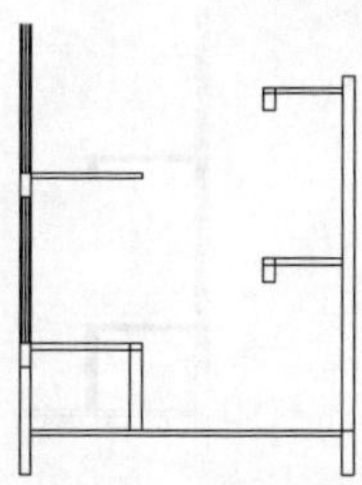

图23-23　复制选择

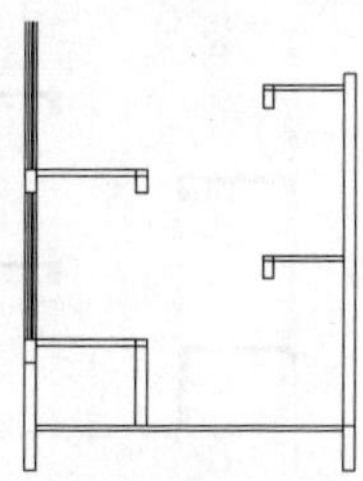

图23-24　绘制矩形

16 在命令行窗口中输入REC执行矩形绘制命令，再输入FROM，以之前绘制的矩形的左上角点A为基点，以（@0，3000）为矩形的第一个角点，并在命令行窗口中输入（@200，-400）为另一个角点，连续按两次【Enter】键，以之前绘制的矩形的左上角点A为基点，以（@200，3000）为矩形的第一个角点，并在命令行窗口中输入（@500，-50）为另一个角点，按【Enter】键完成矩形绘制，完成的效果如图23-28所示。

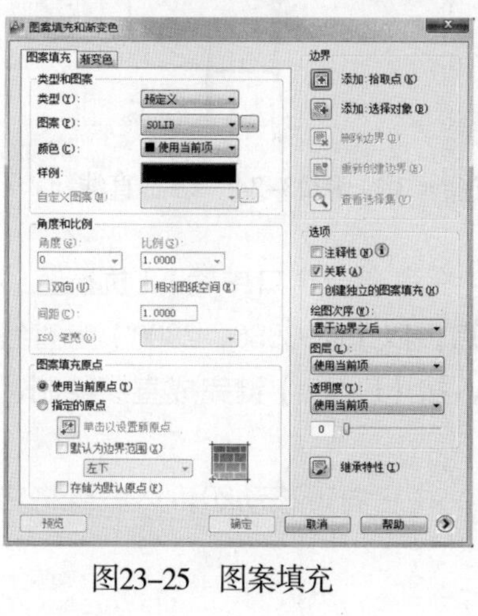

图23-25　图案填充

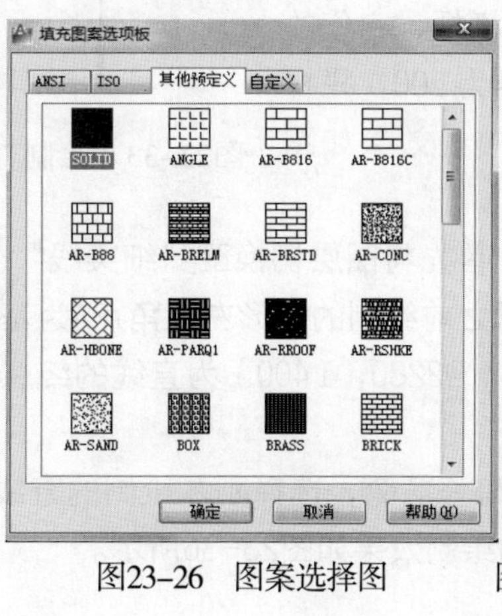

图23-26　图案选择图

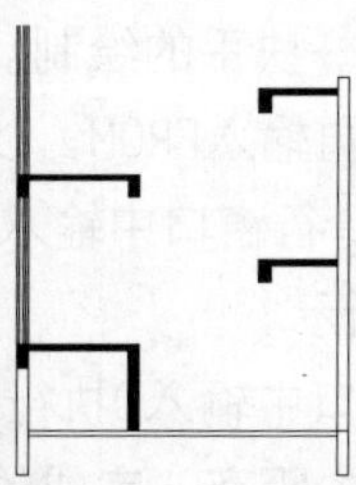

图 23-27　填充效果

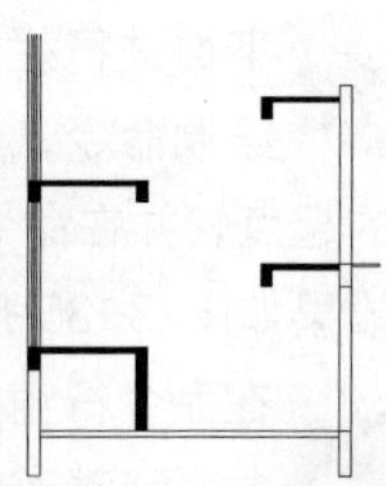

图23-28　绘制效果

17 继续在命令行窗口中输入REC执行矩形绘制命令，再输入FROM，以之前绘制的矩形左上角点A为基点，以（@0，4500）为矩形的第一个角点，并在命令行窗口中输入（@200，-400）为另一个角点，按【Enter】键完成矩形绘制，完成的效果如图23-29所示。

18 利用填充命令对刚才绘制的矩形进行填充，填充图案与之前的相同，填充后的效果如图23-30所示。

19 在命令行窗口中输入L执行直线绘制命令，再输入FROM，以之前绘制的矩形左上角点A为基点，以（@-964，0）为直线的起点，并在命令行窗口中输入（@-2516，1200）为直线的终点，按【Enter】键完成直线绘制，效果如图23-31所示。

20 在命令行窗口中输入L执行直线绘制命令，再输入FROM，以之前绘制的矩形左上角点A为基点，以（@-3480，1400）为直线的起点，并在命令行窗口中输入（@2080，1300）为直线的终点，连续两次按【Enter】键继续执行直线绘制命令。在命令行窗口中输入FROM，以之前绘制的矩形左上角点A为基点，以（@-1400，2900）为直线的起点，并在命令行窗口中输入（@-2080，1300）为直线的终点，连续两次按【Enter】键继续执行直线绘制命令。在命令行窗口中输入FROM，以之前所示的矩形左上角点A为基点，以（@-3480，4400）为直线的起点，并在命令行窗口中输入（@2080，1300）为直线的终点，按【Enter】键完成直线绘制，效果如图23-32所示。

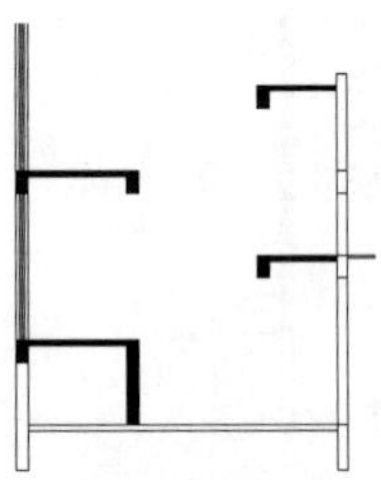
图23-29 绘制矩形

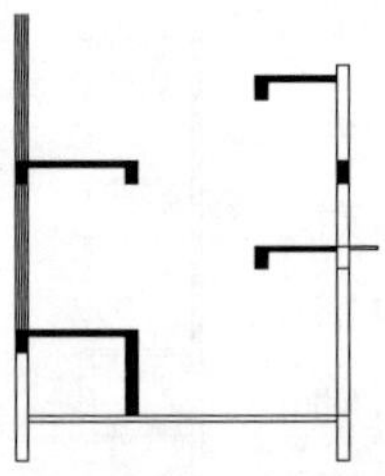
图23-30 填充

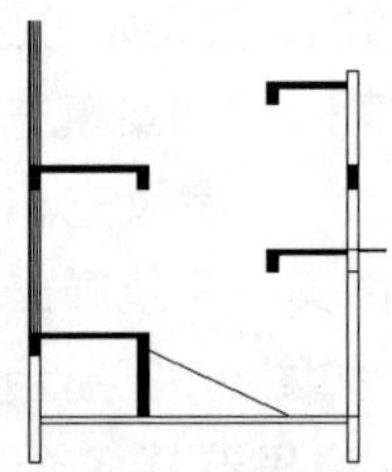
图23-31 绘制直线（1）

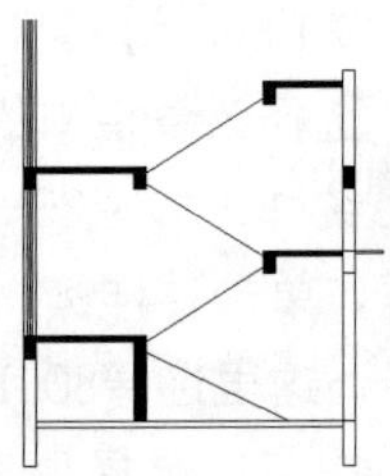
图23-32 绘制直线（2）

21 下面进行栏杆的绘制，首先绘制拐角处的立柱。将图层切换至“粗实线”，在命令行窗口中输入L执行直线绘制命令，再输入FROM，以之前绘制的矩形左上角点A为基点，以（@-3580，1500）为直线的起点，并在命令行窗口中输入（@0，800）为直线的终点，按【Enter】键完成直线绘制，完成的效果如图23-33所示。

22 用同样的方法创建其他3根栏杆，它们的位置都是距内侧的边界距离为100，栏杆高度为800，均用粗实线进行绘制，效果如图23-34所示。

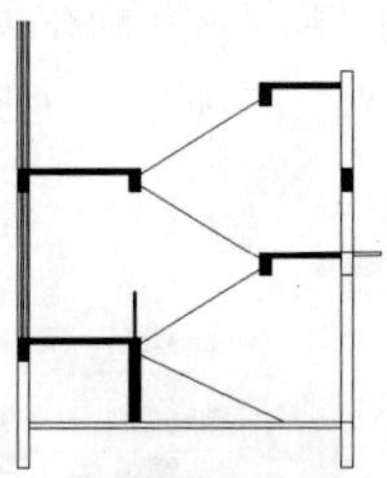
图23-33 绘制直线（3）

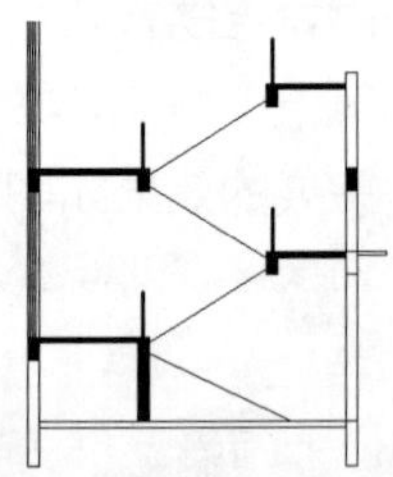
图23-34 绘制直线（4）

23 下面进行栏杆扶手的绘制。首先将图层切换至“细实线”。在命令行窗口中输入L执行直线绘制命令，再输入FROM，以之前绘制的矩形左上角点A为基点，以（@-3580，2300）为直线的起点，并在命令行窗口中输入（@2280，1400）为直线的终点，按【Enter】键完成直线绘制，效果如图23-35所示。

24 在命令行窗口中输入O执行偏移命令，选择刚才绘制的直线，将它向下移动20，然后再将它向下移动30的距离，完成的绘制效果如图23-36所示。

25 用相同的方法绘制其余两根栏杆，再完成的效果如图23-37所示。

26 在命令行窗口中输入L执行直线绘制命令，再输入FROM，以之前绘制的矩形左上角点A为基点，以（@-964，0）为直线的起点，并在命令行窗口中输入（@0，150）为直线的终点。将鼠标偏向正左方，使得直线与左侧的斜线相交。按【Enter】键完成直线绘制，并将多出的线条修剪掉，完成的效果如图23-38所示。

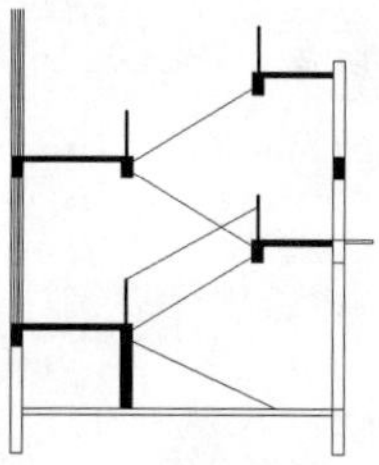
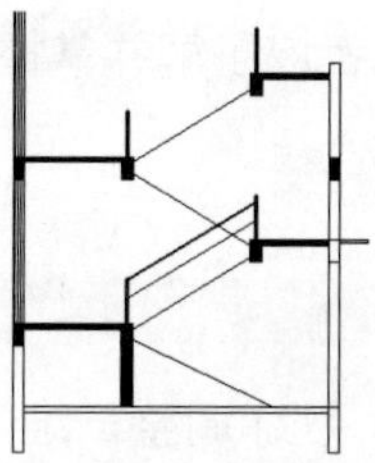
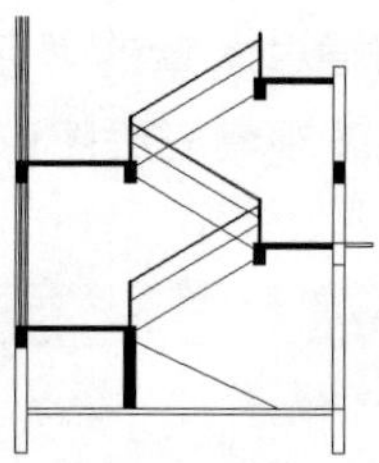
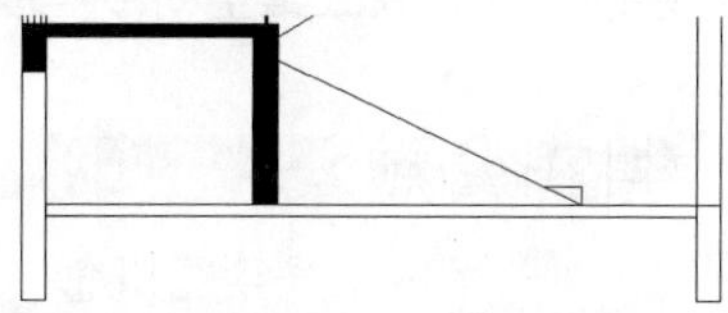

图23-35　绘制直线（5）图23-36　偏移直线　图23-37　绘制直线（1）　图23-38　绘制直线（2）

27 选择菜单栏中的“修改”→“阵列”→“路径阵列”命令，选择刚才绘制的折线为阵列对象，阵列的路径为左侧紧挨的斜线，输入个数为7，完成的阵列效果如图23-39所示。

28 在命令行窗口中输入L执行直线绘制命令，再输入FROM，以之前绘制的矩形左上角点A为基点，以（@-3480，1400）为直线的起点，并在命令行窗口中输入（@0，130）为直线的终点。将鼠标偏向正右方，使得直线与左侧的斜线相交。按【Enter】键完成直线绘制，并将多出的线条修剪掉。以刚才绘制的水平小短线中点为起点绘制竖直栏杆，完成的效果如图23-40所示。

29 选择菜单栏中的“修改”→“阵列”→“路径阵列”命令，选择刚才绘制的折线以及竖直的栏杆为阵列对象，阵列的路径为右侧下方侧紧挨的斜线，输入个数为9，完成的阵列效果如图23-41所示。

30 用同样的方法创建上两层楼梯的台阶以及栏杆，效果如图23-42所示。

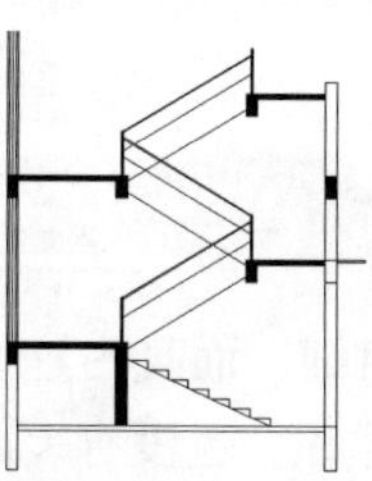
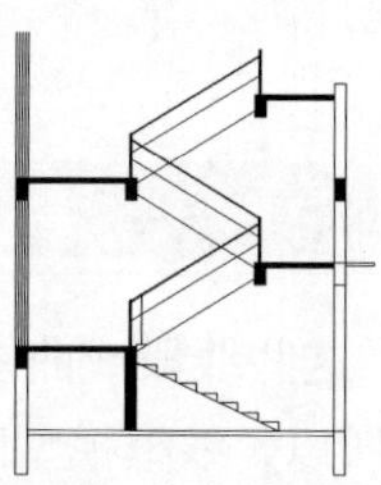
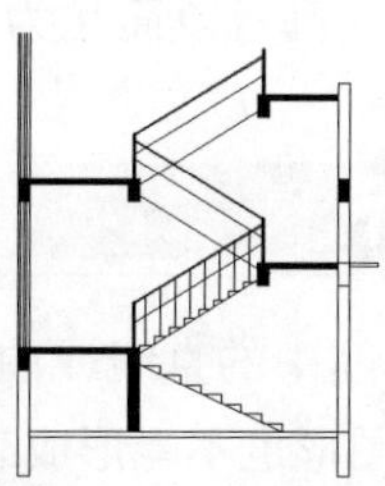
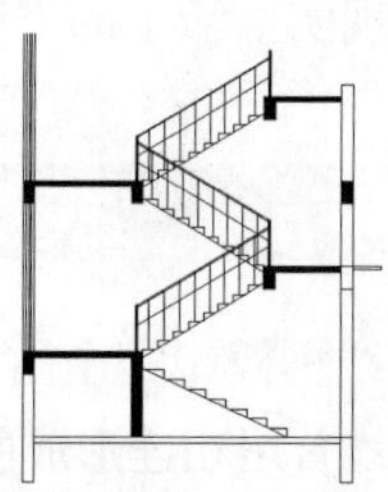

图23-39　阵列效果　图23-40　绘制栏杆及台阶　图23-41　阵列效果　图23-42　台阶创建

31 最后利用以前学过的标注方法对图形的大体尺寸进行标注，效果如图23-1所示。至此图形绘制完毕（光盘:\最终文件\第23章\剖面图.dwg）。

23.3 本章小结

本章讲解了建筑剖面图的相关内容。通过对一个建筑剖面图的讲解，使读者从实际图形的创建中熟悉了建筑剖面图的绘制方法，包括建筑剖面图的概念及包含的内容。此外，本章还对建筑剖面图的创建步骤操作了分析，并用实例对每一步的操作做出了示范。

第24章 三维绘图基础

学习导航

在AutoCAD中，树立正确的空间观念、灵活建立和使用三维坐标系、准确地在三维空间拾取点是整个三维绘图的基础。通过本章的学习，读者应了解并掌握视点的设置、变换坐标系的方法、在三维空间中拾取点及观察三维图形的方法。

学习重点

- □ 了解三维绘图概念
- □ 熟练调整三维视图
- □ 熟悉常用坐标系及掌握用户坐标系的设置

本章将对在三维绘图环境下进行三维图形绘制的基础进行讲解，包括三维图形概念、常用坐标系、创建用户坐标系、观察三维对象等知识。

24.1 AutoCAD基本模型

对于AutoCAD的三维模型，它支持3种类型的基本模型——线框模型、表面模型、实体模型。现实生活中的工程产品，都可以简化为这3种模型。

24.1.1 线框模型

线框模型完全由三维空间中的直线或曲线构成。这些线段或曲线没有粗细，而且由这些直线或曲线首尾相连形成的封闭图形也不能形成表面积；所以，线框模型既没有体积，也没有表面积。

在实际工程中，通常将那些截面积与其长度相比可忽略不计的实体对象简化为线框模型，比如，在电路布置中，电器元件可以用线框模型来表达。

24.1.2 表面模型

表面模型由三维平面或三维曲面构成。显然，这些三维面形成了面积。但是，由于三维面本身是没有厚度的，所以表面模型不能形成体积。就像一个没有壁厚的盒子一样。表面模型可以通过线框模型拉伸生成。

在实际工程中，通常将那些厚度与其表面积相比可以忽略不计的实体对象简化为表面模型。例如一些大型建筑的三维效果图中，屋顶、墙面等都可以简化为表面模型。

24.1.3　实体模型

实体模型是最符合现实情况的模型表达方式，既有表面积又有体积，如实心球体、圆柱等实体模型。实体模型也是三维建模中使用最多的模型，它由基本的表面模型经过拉伸和旋转等操作生成。3种模型如图24–1所示。

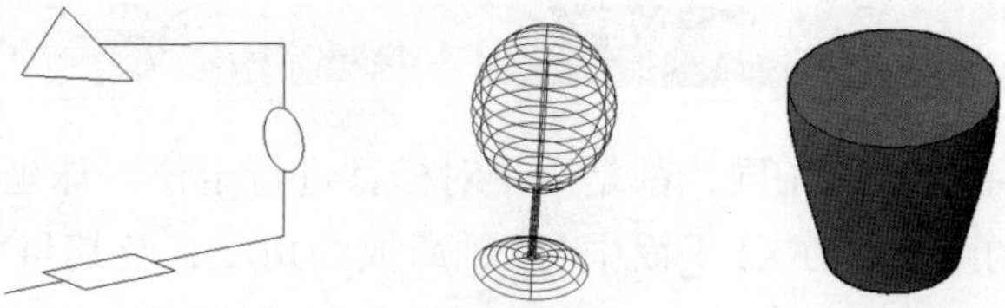

（a）线框　　（b）表面　　（c）实体

图24–1　基本模型

注意

线框模型不能直接拉伸成实体模型，必须首先将封闭的线框转换成表面模型，再将表面模型拉伸成实体模型。可将封闭的线框转化为闭合多段线。一旦封闭线框转化为闭合多段线，线框模型就转化为表面模型了。

24.2 三维坐标

三维坐标与二维坐标类似，但是由三维点构成的，其坐标以X、Y、Z的形式确定，这与二维绘图时有明显的区别。三维坐标包括笛卡儿坐标、柱坐标和球坐标3种。下面分别进行讲解。

24.2.1　笛卡儿坐标系

正常情况下，在工作界面底部状态栏左端所显示的三维坐标值，就是笛卡儿坐标系中的数值，它准确地反映了当前十字光标的位置。在默认情况下，坐标原点在绘图区左下角，X轴以水平向右为正方向，Y轴以垂直向上为正方向，Z轴以垂直屏幕向外为正方向。AutoCAD默认采用笛卡儿坐标系来确定形体。在进入AutoCAD绘图区时，系统会自动进入笛卡儿坐标系（世界坐标系WCS）第一象限，AutoCAD就是采用这个坐标系来确定图形的矢量。在三维笛卡儿坐标系中，可以通过输入点的坐标值（X，Y，Z）来确定点的位置。

在笛卡儿坐标系中，由于在绘图过程中需要不断进行视图的操作，判断坐标轴方向并不是很容易，因此AutoCAD提供了“右手定则”来确定Z轴方向。“右手定则”即要确定X轴、Y轴、Z轴的正方向，可以将右手背对屏幕，拇指所指方向为X轴正方向，食指所指方向为Y轴正方向，中指所指方向为Z轴正方向。要确定某个坐标轴的正旋转方向，可以用右手的大拇指指向该轴的正方向并弯曲其他手指，此时右手弯曲手指所指方向为正旋转方向。

24.2.2　柱坐标系

柱坐标与二维坐标系中的极坐标极为相似，除了要指定XY平面内坐标投影与X轴的夹角及到原点的距离，还要指定坐标到XY平面的Z轴距离。柱坐标系主要用于对模型进行贴图，定位贴纸在模型中的位置。柱坐标使用XY平面的角和沿Z轴的距离来表示，其格式如下。

- 绝对坐标：XY平面距离<XY平面角度，Z坐标。
- 相对坐标：@XY平面距离<XY平面角度，Z坐标。

24.2.3 球坐标系

球坐标系和柱坐标系的功能相同，都是用于对模型进行定位。球坐标确定点的方式是通过指定某个距当前UCS原点的距离、在XY平面中与X轴所成的角度，及其与XY平面所成的角度来指定该位置。球坐标的表示格式如下。

- XYZ距离＜与X轴的夹角＜与XY平面的夹角：如球坐标点（4＜30＜30），表示该点与坐标原点的距离为4，在XY平面中与X轴正方向的夹角为30° 角，与XY平面地夹角为30° 。
- @XYZ距离＜与X轴的夹角＜与XY平面的夹角：如球坐标点（@4＜30＜30）表示该点相对于坐标原点的距离为4，在XY平面中与X轴正方向的夹角为30° ，与XY平面的夹角为30° 。

24.3 创建并编辑用户坐标系

为了实现不同用户的需要，AutoCAD具有定义用户坐标功能。创建用户坐标系，可以方便绘图。在创建后若不满足要求，还可对其进行设置，以便达到需要的效果。

24.3.1 创建用户坐标系

创建用户坐标系对用户提高绘图效率有着重要的意义，具体操作过程如下：

```
命令: UCS                                        （执行UCS命令）
当前UCS名称:*世界*                               （系统提示当前UCS名称）
输入选项[新建(N)/移动(M)/正交(G)/上一个(P)/恢复(R)/保存(S)/删除(D)/应用(A)/?/世界(W)]<世界
>: N                                             （选择“新建”选项，并按【Space】键）
指定新UCS的原点或[Z轴(ZA)/三点(3)/对象(OB)/面(F)/视图(V)/X/Y/Z]<0,0,0>:
                                                 （选择其中任一选项都可创建用户坐标系）
```

在执行命令过程中，各选项的含义如下。

- 面：将UCS与三维对象的选定面对齐，UCS的X轴将与找到的第一个面上最近的边对齐。
- 对象：根据选定的三维对象定义新的坐标系。新UCS的拉伸方向（即Z轴的正方向）为选定对象的方向。但此选项不能用于三维实体、三维多段线、三维网格、视口、多线、样条曲线、椭圆、射线、构造线、引线和多行文字等对象。
- 视图：以平行于屏幕的平面为XY平面建立新的坐标系，UCS原点保持不变。
- X/Y/Z：绕指定的轴旋转当前UCS。通过指定原点和一个或多个绕X、Y或Z轴的旋转，可以定义任意方向的UCS。

- Z轴：用特定的Z轴正半轴定义UCS。通过指定新原点和位于新建Z轴正半轴上的点来定义新坐标系的Z轴方向，从而定义新的UCS。

如图24-2所示为UCS工具栏。

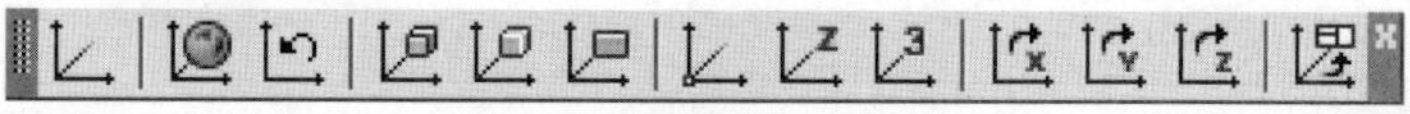

图24-2 UCS工具栏

24.3.2 编辑用户坐标系

创建完用户坐标系后，可以对坐标系进行编辑，包括移动坐标系、对齐坐标系等。

1. 移动用户坐标系

通过平移当前UCS的原点或修改Z轴深度来重新定义UCS的方式，将保持XY平面的原来方向不变。具体操作过程如下：

命令:UCS （执行UCS命令）

当前UCS名称:*世界* （系统提示当前UCS名称）

输入选项[新建(N)/移动(M)/正交(G)/上一个(P)/恢复(R)/保存(S)/删除(D)/应用(A)/?/世界(W)] <世界>: m （选择"移动"选项，并按【Space】键）

指定新原点或 [Z 向深度(Z)] <0,0,0>: （指定新原点或选择"Z向深度"选项，然后在Z轴方向移动坐标即可）

2. 将UCS与对象对齐

将UCS与对象对齐后，可生成一个新的用户坐标系，调用该命令的方法如下：

- 在"视图"选项卡的"坐标"面板中，单击"对象"按钮。
- 执行UCS命令，在命令行窗口中选择"对象"选项。

执行上述命令后，具体操作过程如下：

命令: UCS （执行UCS命令）

当前 UCS 名称: *世界* （系统当前提示）

指定 UCS 的原点或 [面(F)/命名(NA)/对象(OB)/上一个(P)/视图(V)/世界(W)/X/Y/Z/Z 轴(ZA)] <世界>: OB （选择"对象"选项，并按【Space】键）

选择对齐 UCS 的对象: （在单位对象上单击任意一点作为对齐UCS的对象）

3. 将UCS与实体面对齐

将UCS与实体对象的面对齐，具体操作过程如下：

命令: UCS （执行UCS命令）

当前 UCS 名称: *没有名称* （系统当前提示）

指定 UCS 的原点或 [面(F)/命名(NA)/对象(OB)/上一个(P)/视图(V)/世界(W)/X/Y/Z/Z 轴(ZA)] <世界>: f （选择"面"选项）

选择实体对象的面: （选择实体对象需要与UCS坐标对齐的面）

输入选项 [下一个(N)/X 轴反向(X)/Y 轴反向(Y)] <接受>: （按【Space】键完成设置）

4. 三点确定UCS坐标

三点确定UCS坐标的具体操作如下：

命令: UCS　　　　　　　　　　　　　（执行UCS命令）
当前　UCS　名称:　*没有名称*　　　　（系统当前提示）
指定　UCS　的原点或　[面(F)/命名(NA)/对象(OB)/上一个(P)/视图(V)/世界(W)/X/Y/Z/Z　轴(ZA)]
<世界>: 3　　　　　　　　　　　　　（输入3选项）
指定新原点　<0, 0, 0>:　　　　　　（指定新原点）
在正　X　轴范围上指定点　<1205.1331>:　　　　（指定在正Z轴范围上的点）
在　UCS　XY　平面的正　Y　轴范围上指定点　<1235.4563,1345.0143,0.0000>:
　　　　　　　　　　　　　　　　　（指定在UCS　XY　平面的正Z轴范围上的点）

在执行UCS过程中还有一些命令，下面对它们的意义简单介绍一下。

- 保存：使用当前名，那么它将被列为WORLD或UNNAMED，这取决于它是否与WCS相同，如果不相同，UCS按指定名称保存。该名称可以使用字母、数字、空格和任何未被Windows和AutoCAD用做其他用途的特殊字符，最多可以包含255个字符。
- 恢复：恢复已保存的UCS，使其成为当前UCS。但恢复已保存的UCS并不会重新建立在保存UCS时生效的观察方向。
- 删除：从已保存的用户坐标系列表中删除指定的UCS。
- 应用：当创建了多视口，并在其他视口保存了不同的UCS时，将当前UCS设置应用到指定的视口或所有活动视口。选择该选项后，将出现提示信息“拾取要应用当前UCS的视口或[所有（A）]<当前>:”，选择其中的“所有”选项，可以将当前UCS应用到所有的活动视口。
- 上一个：恢复上一个UCS。AutoCAD可以保存在图纸空间中创建的最后10个坐标系和在模型空间中创建的最后10个坐标系。重复选择“上一个”选项，可以逐步返回一个集或其他集（取决于当前空间是哪一个空间）。
- ?：列出所有用户定义的坐标系的名称，并列出每个保存的UCS相对于当前UCS的原点，以及X、Y和Z轴。如果当前UCS未命名，则被列为UNNAMED。
- 世界：将当前UCS设置为与世界坐标系相同。

24.4 观察三维模型

为了观察三维模型，AutoCAD提供了视点变换等工具。绘图时，对三维视图进行观察是必须的，对它们的操作包括预设三维视点、选择三维视图、设置视点等，下面对它们分别进行讲解。

24.4.1 预设三维视点

三维视点是指在三维空间中观察三维模型的位置，调用预设三维视点”命令的方法如下：

- 显示菜单栏，选择“视图”→“三维视图”→“视点预设”命令。
- 在命令行窗口中执行DDVPOINT或VP命令。

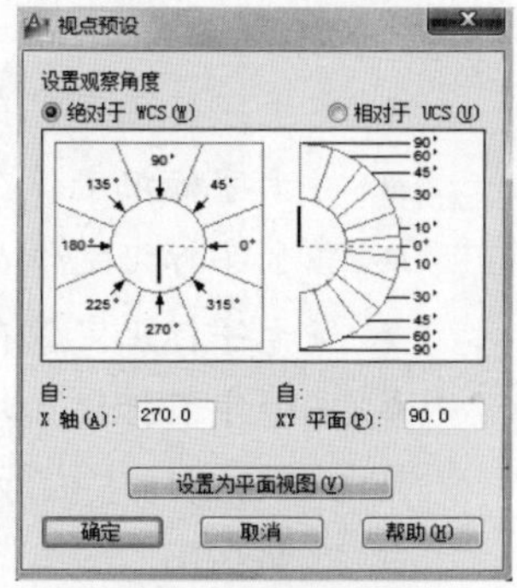

图24-3　视点预设

执行上述命令后，都将弹出“视点预设”对话框，如图24-3所示。其中各选项的功能如下。

- ⊙绝对于 WCS(W)单选按钮：选择该单选按钮后，设置的观测方向相对于当前WCS坐标系。
- ⊙相对于 UCS(U)单选按钮：选择该单选按钮后，设置的观测方向相对于当前UCS坐标系。
- 矩形表盘：用于设置视点与X轴的夹角。当在矩形表盘内环与矩形之间的区域选取时，角度的增量为45°；当在矩形表盘内环中选取时，可得到任意角度的值。
- 半圆形表盘：用于设置视点与XY平面的夹角，当在内半圆与外半圆之间的区域选取时，可以得到图中标示的角度值；当在内半圆区域中选取时，可得到任意角度的值。
- “X轴”文本框：设置与X轴夹角的角度值。
- “XY平面”文本框：设置与XY平面夹角的角度值。
- 设置为平面视图(V)按钮：表示查看角度以相对于选定坐标系显示平面视图（XY平面）。

24.4.2　选择三维视图及设置视点

1. 选择三维视图

为了满足用户需要，AutoCAD提供了多种三维视图供选择。选择“三维视图”命令的方法是：显示菜单栏，选择“视图”→“三维视图”命令，在弹出的子菜单中选择相应的三维视图命令，如图24-4所示。

2. 设置视点

要从各个方向观察图形需要不断变化视点，调用“视图”命令的方法如下：

- 显示菜单栏，选择“视图”→“三维视图”→“视点”命令。
- 在命令行窗口中执行VPOINT命令。

执行第一种命令后，绘图区中会显示一个坐标球和三轴架，如图24-5所示，用户只需移动坐标球中的十字标记即可随意地设置视图的方向。坐标球是一个展开的球体，中心点是北极（0，0，n），内环是赤道（n，n，0），整个外环是南极（0，0，-n）。坐标球中的小十字标记表示视点的方向，当用户移动小十字标记时，三轴随着改变。

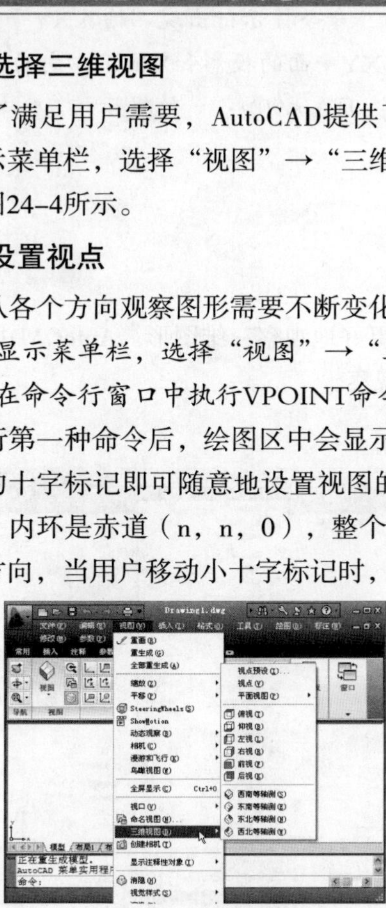

图24-4　视图选择

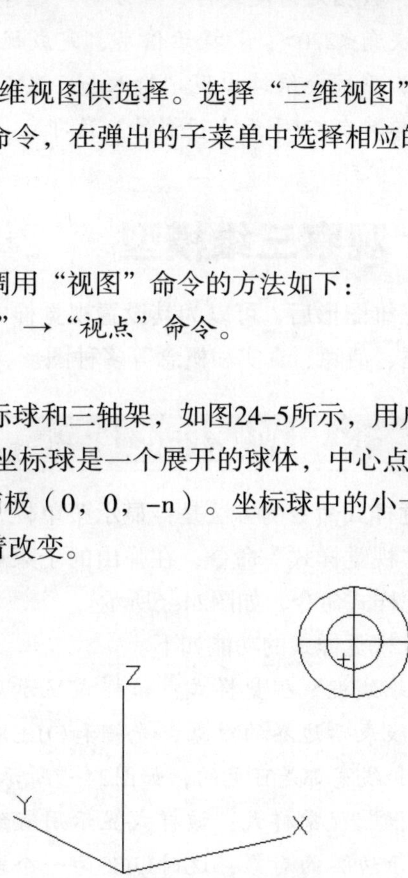

图24-5　视点设置

各种情况介绍如下：

- 当十字标记定位在坐标球的中心，视线和XY平面垂直，此时为平面视图。
- 当十字标记定位在内圆中，视线和XY平面的夹角在0° ~90° 范围。
- 当十字标记定位在内圆上，视线与XY平面呈0° 角，这便是正视图。
- 当十字标记定位在内圆与外圆之间，视线就和XY平面的角度在0° ~-90° 范围。
- 当十字架标记在外圆上或外圆外，视线与XY平面的角度为-90° 。

在命令行窗口中执行VPOINT命令，具体操作过程如下：

命令: VPOINT　　　　　　　　　　（执行VPOINT命令）
当前视图方向: VIEWDIR=0.0000,0.0000,1.0000　　（系统当前提示）
指定视点或 [旋转(R)] <显示指南针和三轴架>:　　（指定视点）
正在重生成模型　　　　　　　　　　（系统当前提示）

在执行命令的过程中，命令行各选项的含义如下。

- 指定视点：在绘图区中选择任意一点都可作为视点。在确定视点位置后，AutoCAD将该点与坐标原点的连线方向作为观察方向，并显示该方向上物体的投影。
- 显示指南针和三轴架：根据显示出的指南针和三轴架确定视点。移动鼠标使小十字光标在坐标球范围内移动，与此同时，三轴架的X、Y轴将绕Z轴旋转。
- 旋转：按指定角度旋转视点方向。选择该选项后，命令提示行出现“输入XY平面中与X轴的夹角<270>：”提示信息，完成视点方向在XY平面的投影和X轴正方向的夹角的输入后，系统会继续出现“输入与 XY 平面的夹角 <90>：”的提示信息，输入视点方向与其在XY平面上投影的夹角即可。

24.5 观察三维模型

绘制了三维图形后，可以为其设置视觉样式，以便更好地观察三维图形。AutoCAD提供了二维线框、线框、消隐、真实和概念等多种图形，以便于观察。

24.5.1 应用视觉样式

应用视觉样式命令的方法是：显示菜单栏，选择“视图”→“视觉样式”命令，在弹出的子菜单中选择需要的视觉样式命令，如图24-6所示。

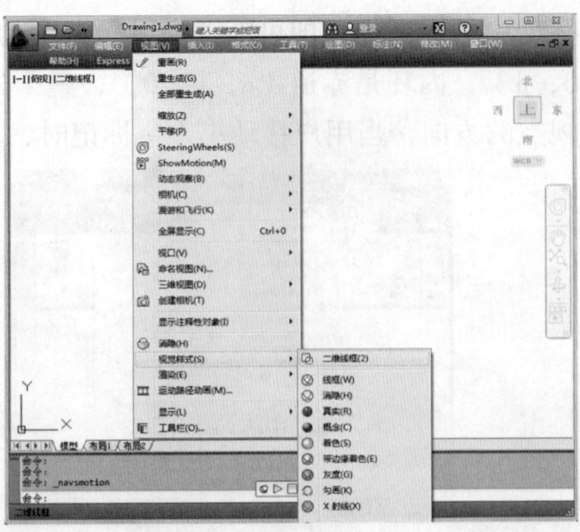

图24-6　视觉样式

其中部分视觉样式的功能如下。

- “二维线框”视觉样式：该样式显示用直线和曲线表示边界的对象，光栅和OLE对象、线型和线宽都是可见的，如图24-7所示。
- “线框”视觉样式：该样式显示用直线和曲线表示边界的对象，这时UCS为一个着色的三维图标。光栅和OLE对象、线型和线宽都为不可见，如图24-8所示。

- “消隐”视觉样式：该样式显示用三维线框表示的对象，同时消隐表示后面的线。该视觉样式与选择“视图”→“消隐”命令后的效果相似，该命令可以用于三维图形的静态观察，如图24-9所示。

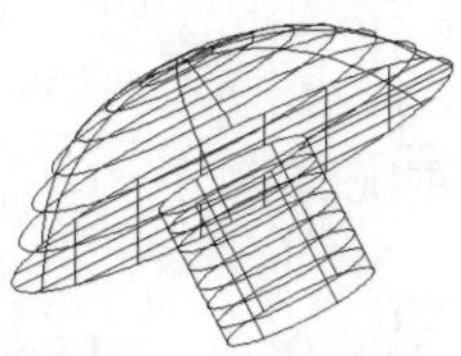

图24-7　二维线框

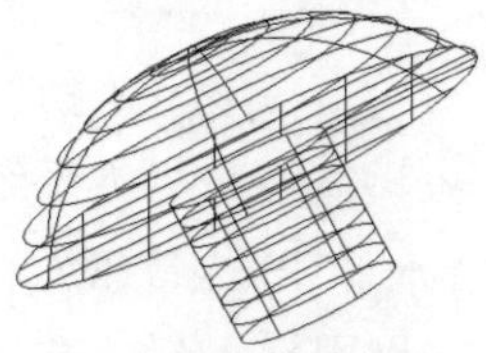

图24-8　线框

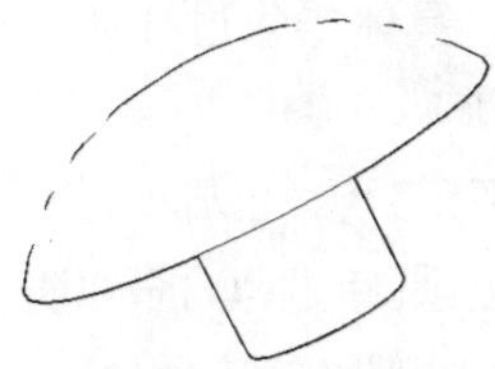

图24-9　消隐

- “真实”视觉样式：该样式显示着色后的多边形平面间的对象并使对象的边平滑化。若对三维实体设置了材质效果，在该视觉样式中，同时还可显示已经附着到对象上的材质效果，如图24-10所示。
- “概念”视觉样式：该样式显示着色后的多边形平面间的对象并使对象的边平滑化。该视觉样式缺乏真实感，但用户可以很方便地在该视觉样式中查看模型的细节，如图24-11所示。
- “X射线”：该样式相对于利用X光线透视物体类似，能看到里面的线条，但是有一种朦胧感觉，效果图如图24-12所示。

图24-10　真实

图24-11　概念

图24-12　X射线

24.5.2　管理视觉样式

调用管理视觉样式命令的方法是：显示菜单栏，选择“视图”→“视觉样式”　→“视觉样式管理器”命令。执行上述命令后，将弹出“视觉样式管理器”选项板，如图24-13所示。在该选项板的“图形中的可用视觉样式”列表框中，被黄色线框包围的视觉样式为当前视觉样式。在其中选择需要的视觉样式后，单击“将选定的视觉样式应用于当前视口”按钮，可在当前视口中应用选择的视觉样式。在选项板的参数选项区中，用户可以设置选定样式的面、边和环境等参数的相关信息。在“图形中的可用视觉样式”列表框中，选择不同的视觉样式，其下的参数选项区中的参数也会有所改变。

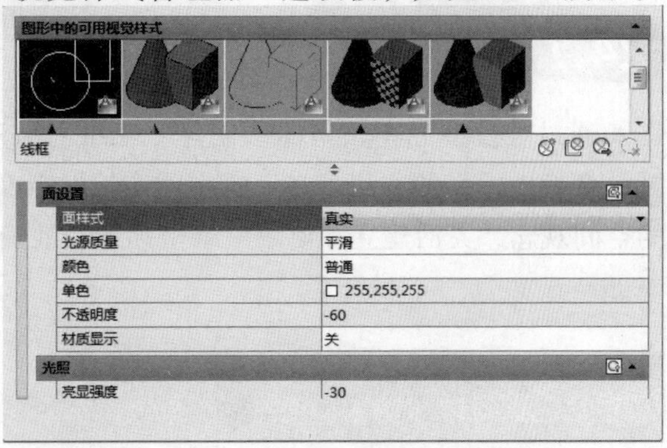

图24-13　“视觉样式管理器”选项板

24.6 拓展训练

下面通过一个例子练习一下本章的内容。

01 打开“垫圈.dwg”图形对象（光盘:\原始文件\第24章\垫圈.dwg），在命令行窗口中执行UCS命令，具体操作过程如下：

命令:UCS （执行UCS命令）
当前UCS名称:*世界* （系统提示当前UCS名称）
输入选项[新建(N)/移动(M)/正交(G)/上一个(P)/恢复(R)/
保存(S)/删除(D)/应用(A)/?/世界(W)] <世界>: M （选择“移动”选项，并按【Space】键）
指定新原点或 [Z 向深度(Z)] <0,0,0>: （单击如图24-14所示的两条直线的交点，移动坐标系后的效果如图24-15所示）

02 显示菜单栏，选择“视图”→“三维视图”→“西北等轴测”命令，将视图设置为西北等轴测，效果如图24-16所示。

03 显示菜单栏，选择“视图”→“视觉样式”命令，在弹出的子菜单中选择“消隐”视觉样式，将视觉样式设置为消隐视觉样式，效果如图24-17所示。

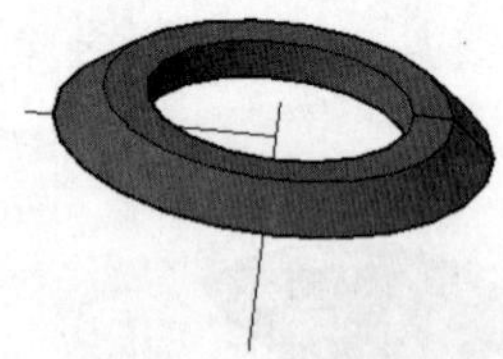

图24-14 选取点

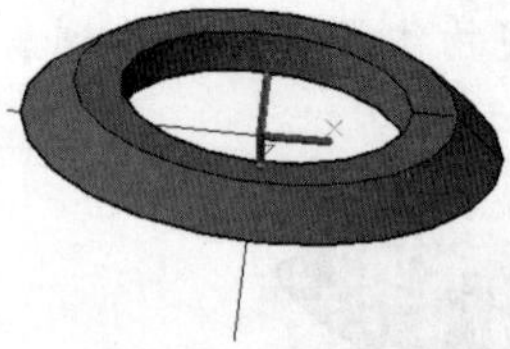

图24-15 移动效果

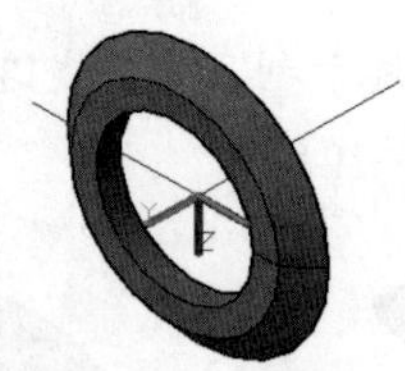

图24-16 轴侧效果

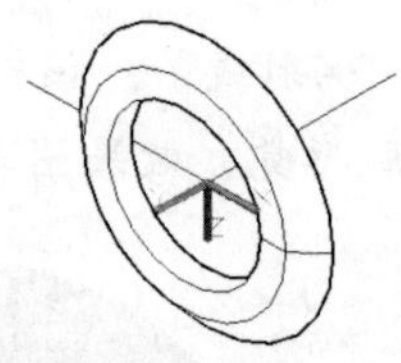

图24-17 “消隐”样式

04 显示菜单栏，选择“视图”→“动态观察”→“自由动态观察”命令，将鼠标移动到左边导航球上，如图24-18所示。向右上方移动鼠标光标，达到如图24-19所示的效果（光盘:\最终文件\第24章\垫圈.dwg）。

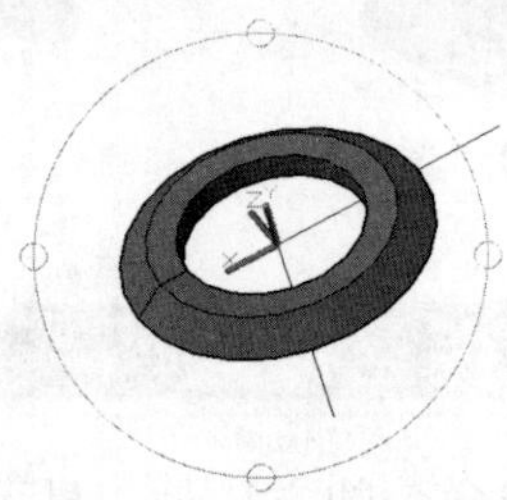

图24-18 原效果图

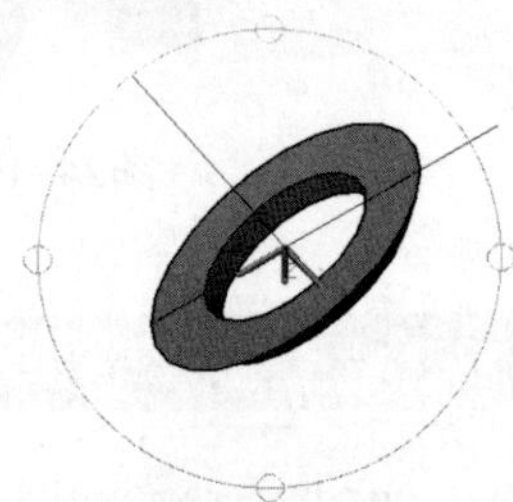

图24-19 转动后

24.7 本章小结

通过对模型分类、坐标系创建、三维对象观察等内容的学习，读者应了解并掌握视点的设置、变换坐标系的方法、在三维空间中拾取点及观察三维图形的方法。在AutoCAD中，树立正确的空间观念、灵活建立和使用三维坐标系、准确地在三维空间拾取点，是整个三维绘图的基础。

第25章 绘制三维图形

学习导航

本章讲解创建三维阵列的方法、三维镜像和三维旋转方法、在三维空间对齐对象的方法、为三维对象标注尺寸的方法，以及三维对象的渲染等内容。由于AutoCAD的渲染效果不佳，所以在很多情况下，都是先利用AutoCAD创建模型，再利用3ds Max进行渲染。本章将主要讲解如何绘制三维图形。

学习重点

- □ 了解三维模型的分类
- □ 掌握如何创建一些常见实体
- □ 能用几种常用方法将二维实体创建为三维实体

通过本章的学习，读者应掌握基本实体的绘制方法，并能够通过拉伸、抽壳和布尔运算创建复杂实体。

25.1 三维模型的分类

三维模型根据几何模型的构造方法可分为线框模型、表面模型和实体模型3类。

- 线框模型：此模型方式通过线（棱线和转向轮廓线）来描绘三维对象的框架，它没有实际意义上的面，而是用描绘对象边界的点、直线和曲线来表示面的存在。由于构成线框模型的每个对象都必须单独绘制和定位，因此它能很好地表现出三维对象的内部结构和外部形状。但该模型方式在绘制时比较费时，且不支持隐藏、着色和渲染等操作。
- 表面模型：此模型方式用物体的表面来表示三维物体，它有实际意义上的面。在该模型中不仅包括线的信息，还包括面的信息。AutoCAD 2012中的表面模型是使用多边形网格来定义镶嵌面的，由于表面是平面，因此网格只能近似于表面。
- 实体模型：它是3种模型中最高级且较常用的一种，包括一般实体模型、实体图元模型和曲面模型。该模型除了包括模型的边界和表面外，还包括对象的体积，因此具有质量、体积和质心等质量特性。AutoCAD为用户提供了多种三维实体模型，供用户进行简单实体模型的创建。

25.2 绘制简单实体模型

三维实体与二维对象的区别在于其内部是实心的，它表示整个对象的体积。AutoCAD 2012中提供了长方体、楔体、圆柱体及圆环体等对象。在AutoCAD中，除了可以直接使用系统提供的命令创建多段体、长方体、球体等基本实体外，还可通过拉伸、旋转二维对象，以及实体并集、差集、交集等来创建各种复杂实体。

25.2.1 绘制长方体

长方体是基本的实体模型之一，使用BOX命令可以绘制长方体或立方体。生成长方体的方法有多种，例如可以分别指定长方体底面两个对角点，然后指定高度；也可以分别指定长方体中心点和底面的一个对角点，然后指定高度；还可以分别指定长、宽、高来绘制，如图25-1所示。绘制长方体的方法如下：

- 显示菜单栏，选择“绘图”→“建模”→“长方体”命令。
- 在命令行窗口中执行BOX命令。

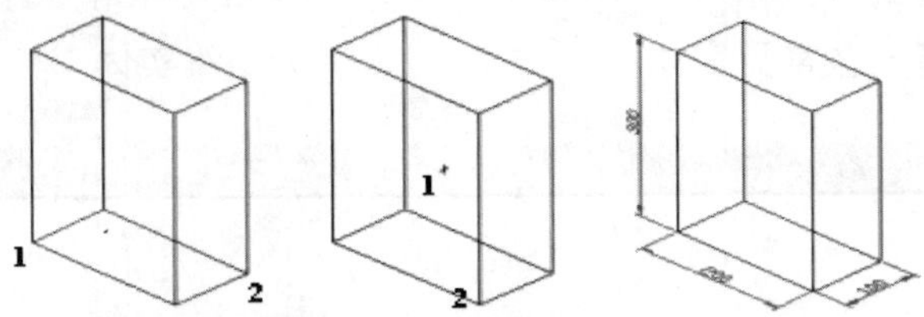

图25-1 用不同方法绘制出的长方体

切换视图为西南等轴测（本节的操作将在该视图下进行），执行上述命令后，具体操作过程如下：

命令：BOX	（执行BOX命令）
指定第一个角点或 [中心(C)]:	（指定要绘制的长方体的第一个角点）
指定其他角点或 [立方体(C)/长度(L)]:	（在绘图区中呈对角拖动鼠标）
指定高度或 [两点(2P)]:	（向上或向下拖动鼠标并单击以指定长方体的高度）

在执行命令的过程中，各选项含义如下。

- 中心：使用指定中心点的方式创建长方体。
- 立方体：选择该选项后，将创建正方体，即长、宽、高同等大小的长方体。
- 长度：选择该选项，系统将提示用户分别指定长方体的长度、宽度和高度值。

25.2.2 绘制球体

使用SPHERE命令可以绘制球体。执行SPHERE命令后，只需指定球体球心坐标和球体半径或直径即可。绘制球体的方法如下：

- 显示菜单栏，选择“绘图”→“建模”→“球体”命令。
- 在命令行窗口中执行SPHERE命令。

执行上述命令后，具体操作过程如下：

命令：SPHERE （执行SPHERE命令）

指定中心点或 [三点(3P)/两点(2P)/相切、相切、半径(T)]:

（指定球体的中心点）

指定半径或 [直径(D)]: 5 （指定球体的半径并完成绘制，这里输入5，并按【Space】键，效果如图25-2所示）

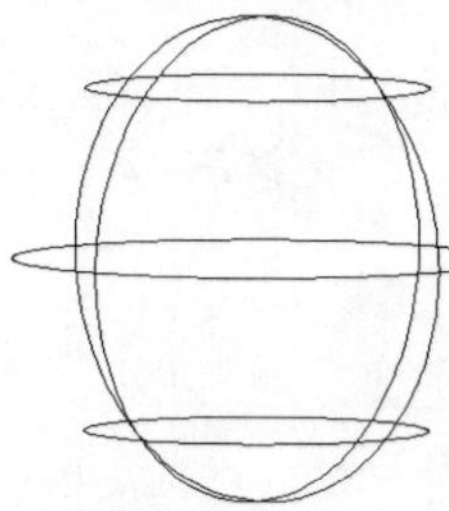

图25-2 绘制球体

25.2.3 绘制圆柱体

使用CYLINDER命令可以绘制圆柱体。执行 CYLINDER 命令后，需要指定圆柱体底面的中心点、底面半径及其高度。此外，使用该命令还可以绘制椭圆柱体。

圆柱体也是较常用的基本实体模型之一，绘制圆柱体的方法如下：

- 显示菜单栏，选择“绘图”→“建模”→“圆柱体”命令。
- 在命令行窗口中执行CYLINDER命令。

执行上述命令后，具体操作过程如下：

命令：CYLINDER （执行CYLINDER命令）

指定底面的中心点或 [三点(3P)/两点(2P)/相切、相切、半径(T)/椭圆(E)]:

（指定底面中心点，这里在绘图区内任意拾取一点）

指定底面半径或 [直径(D)]: 5 （指定底面半径，这里输入底面半径值5，并按【Space】键）

指定高度或 [两点(2P)/轴端点(A)]: 15 （指定高度，这里输入高度值15，并按【Space】键，效果如图25-3所示）

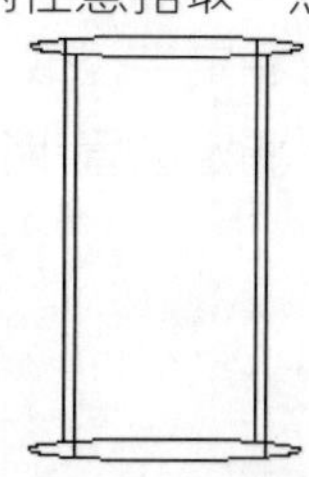

图25-3 绘制圆柱体

注意

默认情况下，绘制出的圆柱体与实际的圆柱体形状有差别，这是由于ISOLINES值太小的缘故。可以在绘制圆柱体之前设置该值，设置ISOLINES值后绘制的效果如图25-4所示。

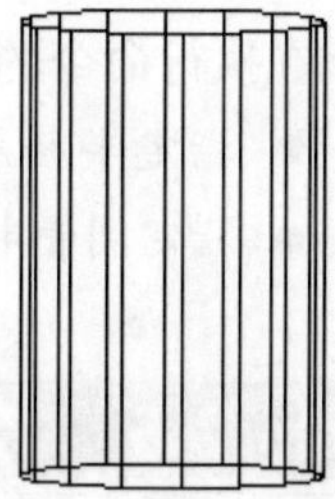

图25-4 修改后效果

在执行命令的过程中，部分选项含义如下。

- 椭圆：绘制椭圆形圆柱体。选择该选项后，命令行中提示“指定第一个轴的端点或［中心点（C）］：”，在该提示下需要指定圆柱体底面椭圆的第一个轴端点、第二个轴端点和椭圆柱的高度等参数。
- 轴端点：选择该选项将以指定圆柱底面圆的轴端点方式绘制圆柱体，而不是以指定高度的方式绘制圆柱体。

用CYLINDER命令创建的图柱如图25-5所示。

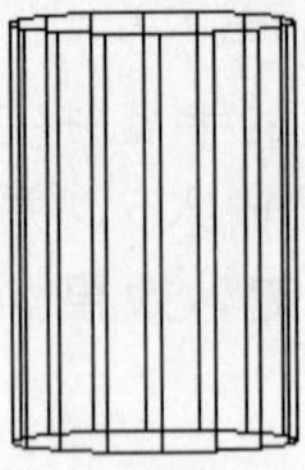

（a）圆柱

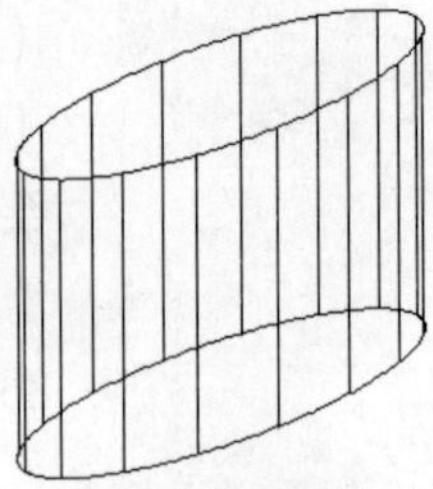

（b）椭圆柱

图25-5　不同方式创建的圆柱对照

25.2.4　绘制圆环

圆环体命令主要用于创建实心圆环体，绘制圆环体的方法如下：

- 显示菜单栏，选择“绘图”→“建模”→“圆环体”命令。
- 在命令行窗口中执行TORUS或TOR命令。

执行上述命令后，具体操作过程如下：

命令：TORUS　（执行TORUS命令）

指定中心点或［三点(3P)/两点(2P)/相切、相切、半径(T)]:

（指定圆环体的中心点）

指定半径或［直径(D)］:50　（指定圆环半径，这里输入50并按【Space】键）

指定圆管半径或［两点(2P)/直径(D)］:5　（指定圆管半径并完成绘制，这里输入5并按【Space】键，效果如图25-6所示）

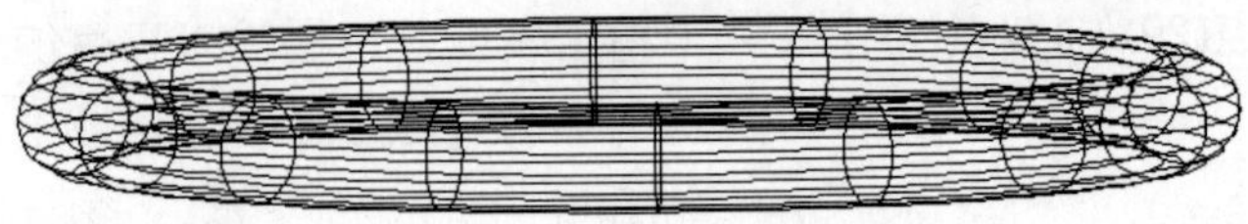

图25-6　圆环

在执行命令的过程中，部分选项含义如下。

- 指定半径或[直径（D）]：是指从圆环中心到圆环最外侧的距离。
- 指定圆管半径或[两点（2P）/直径（D）]：圆管半径是指从圆管的中心到其最外侧的距离。

25.2.5　绘制三维多段线

使用3DPOLY命令绘制多段体的方法与绘制多段线相同。默认情况下，多段体始终具有矩形截面轮廓。使用该命令还可以通过现有的直线、二维多段线、圆弧或圆创建多段体。三维多段线是作为单个对象创建的直线段相互连接而成的序列。三维多段线可以不共面，但是不能包括弧线段。绘制三维多段线的方法如下：

- 显示菜单栏，选择“绘图”→“建模”→“三维多段线”命令。
- 在命令行窗口中执行3DPOLY命令。

执行上述命令后，具体操作过程如下：

命令：3DPOLY （执行3DPOLY命令）
指定多段线的起点：（输入或指定多段线的起点）
指定直线的端点或 [放弃(U)]：（输入或指定多段线的端点）
指定直线的端点或 [闭合(C)/放弃(U)]：（输入或指定多段线的下一端点，完成后按【Space】键）

三维多段线效果如图25-7所示。

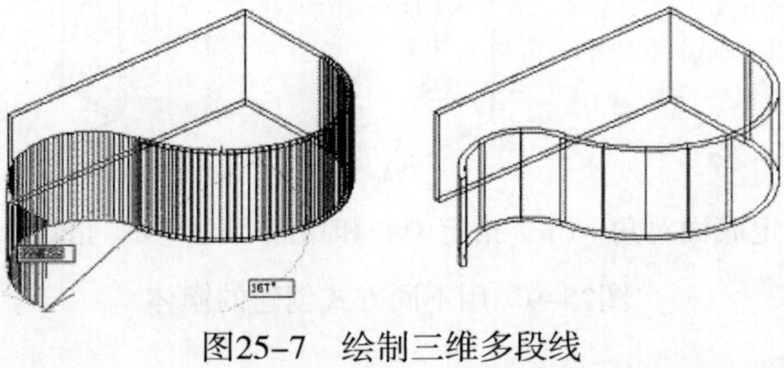

图25-7 绘制三维多段线

25.2.6 绘制其他常见实体

1. 绘制圆锥体

使用CONE命令可以绘制圆锥体。执行CONE命令后，需要指定圆锥体底面的中心点、底面半径及其高度。同样，使用该命令还可以绘制椭圆锥体。

还可以利用夹点功能改变圆锥体的各项参数，如选中圆锥体中的一点，沿某一方向拖动，改变圆锥体顶半径，使其值从零增大到任意值。

绘制圆锥体的方法如下：

- 显示菜单栏，选择“绘图”→“建模”→“圆锥体”命令。
- 在命令行窗口中执行CONE命令。

执行上述命令后，具体操作过程如下：

命令：CONE （执行CONE命令）
指定底面的中心点或 [三点(3P)/两点(2P)/相切、相切、半径(T)/椭圆(E)]：
（在绘图区内任意拾取一点）
指定底面半径或 [直径(D)]：20 （输入底面半径值，这输入20，并按【Space】键）
指定高度或 [两点(2P)/轴端点(A)/顶面半径(T)]：20
（输入高度值，这里输入20，并按【Space】键，效果如图25-8所示）

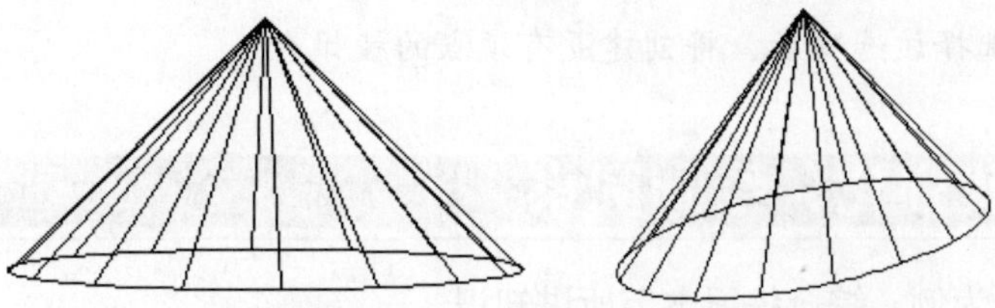

（a）圆锥 （b）椭圆锥

图25-8 圆锥效果

2. 绘制锲体

使用WEDGE命令可以绘制楔体。由于楔体是长方体沿对角线切成两半后的结果，因此，可以使用与绘制长方体同样的方法来绘制楔体。如图25-9所示为用不同方式创建的锲体。

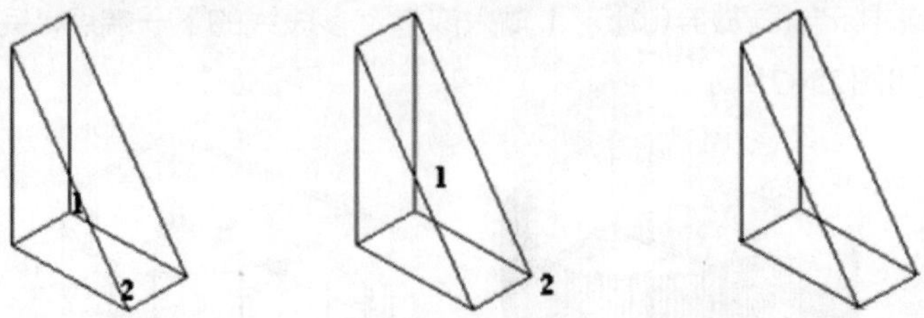

（a）指定底面对角　（b）指定中心和角点　（c）指定长、宽、高

图25-9　用不同方式创建的锲体

3. 绘制棱锥体

绘制棱锥体的方法如下：

- 显示菜单栏，选择“绘图”→“建模”→“棱锥体”命令。
- 在命令行窗口中执行PYRAMID或PYR命令。

执行上述命令后，具体操作过程如下。

命令：PYRAMID　（执行PYRAMID命令）
4个侧面外切　（系统提示当前棱锥体的参数设置）
指定底面的中心点或 [边(E)/侧面(S)]:　（制定地面中心点，这里在绘图区任意位置处单击）
指定底面半径或 [内接(I)]: 20　（指定地面半径，这里输入20，并按【Space】键）
指定高度或 [两点(2P)/轴端点(A)/顶面半径(T)]: 40
（指定棱锥体的高度，这里输入40，并按【Space】键，如图25-10所示）

在执行命令的过程中，各选项含义如下。

- 边：选择该选项后，可以通过拾取两点的方式来指定棱锥体底面边的长度。
- 侧面：用于指定棱锥体的侧面数，默认为4，可以输入3～32之间的整数。
- 内接：以指定中心点方式绘制时，默认为通过指定底面多边形外接圆的方式确认大小。如果选择该选项，则可以指定棱锥体底面内接于棱锥面的底面半径，且选择该选项后，以后绘制时默认为内接，要更改需选择出现的“外切”选项。
- 顶面半径：选择该选项后，将创建没有顶点的棱锥台。

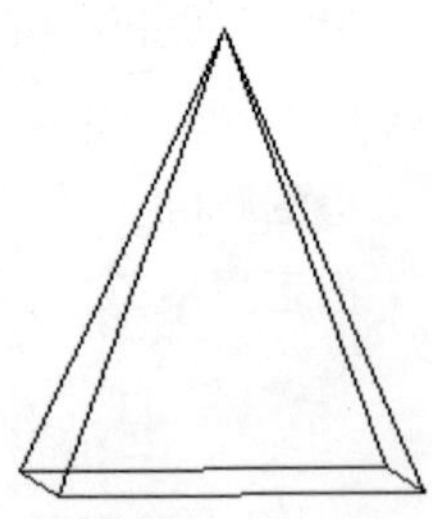

图25-10　棱锥体

25.2.7　自我强化：绘制圆桌

下面以绘制圆桌为例，综合练习本节所讲知识。

01 启动AutoCAD 2012，将视图切换为西南等轴测，在命令行中执行CYLINDER命令，具体操作过程如下：

命令：CYLINDER （执行CYLINDER命令）
指定底面的中心点或 [三点(3P)/两点(2P)/相切、相切、半径(T)/椭圆(E)]：
（指定底面中心点，这里在绘图区内任意拾取一点）
指定底面半径或 [直径(D)]：40 （指定底面半径，这里输入底面半径值40，如图25-11所示，并按【Space】键）
指定高度或 [两点(2P)/轴端点(A)]：5 （指定高度，这里输入高度值5，并按【Space】键，效果如图25-12所示）

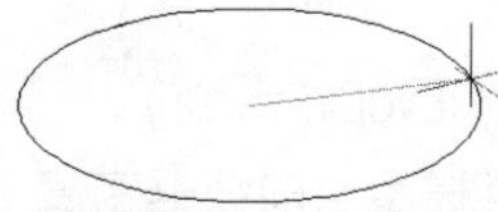
图25-11 椭圆

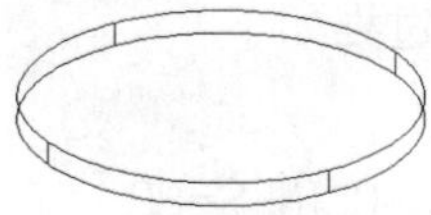
图25-12 圆柱

02 将视图切换至XY平面，并选择圆柱底面为绘制面进行圆桌腿的创建。首先选择3个点用于绘制桌腿，效果如图25-13所示。以3个线段的外侧端点为圆心进行圆柱桌腿插入点，具体操作过程如下：

命令：CYLINDER （执行CYLINDER命令）
指定底面的中心点或 [三点(3P)/两点(2P)/相切、相切、半径(T)/椭圆(E)]：
（选择插入点）
指定底面半径或 [直径(D)]：5 （指定底面半径，这里输入底面半径值5，并按【Space】键）
指定高度或[两点(2P)/轴端点(A)]：-50 （指定高度，这里输入高度值-50，并按【Space】键，效果如图25-14所示）

03 按照相同的方法绘制其他两个桌腿，删除辅助线，绘制完成后的效果如图25-15所示，最后将其保存（光盘:\最终文件\第25章\圆桌.dwg）。

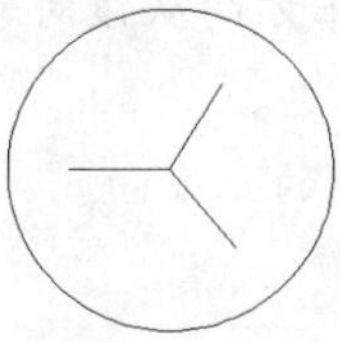
图25-13 寻找点

图25-14 桌腿效果

图25-15 最终效果

25.3 由二维图形创建三维图形

在AutoCAD 2012中，可以将部分二维对象通过特定的操作变为三维实体模型。这些特定操作包括旋转、拉伸、扫掠及放样等，下面详细讲解其操作方法。

25.3.1 通过旋转创建实体

使用“旋转”命令（REVOLVE），可以将二维对象绕某一轴旋转生成实体或曲面。用于旋转的二维对象可以是封闭多段线、多边形、圆、椭圆、封闭样条曲线、圆环，以及由多个对象组成的封闭区域，而且一次可以旋转多个对象。但是，三维对象、包含在块中的对象、有交叉或自干涉的多段线不能被旋转。

调用"旋转"命令的方法有如下几种：

- 显示菜单栏，选择"绘图"→"建模"→"旋转"命令。
- 在命令行窗口中执行REVOLVE或REV命令。

执行上述命令的具体操作过程如下。

01 打开"葫芦.dwg"图形文件（光盘:\原始文件\第25章\葫芦.dwg），在命令行中执行REVOLVE命令，具体操作过程如下：

命令： REVOLVE （执行REVOLVE命令）
当前线框密度： ISOLINES=80 （系统提示当前线框密度）
选择要旋转的对象： 找到4个 （选择需要旋转的对象，为如图25-16所示的直线水平上方的部分）
选择要旋转的对象： （按【Space】键确认对象选择）
指定轴起点或根据以下选项之一定义轴 [对象(O)/X/Y/Z] <对象>:
（选择如图25-16所示的水平线）
指定旋转角度或 [起点角度(ST)] <360>: （指定旋转角度并完成二维对象的旋转，这里直接按【Space】键结束命令）

02 旋转后的效果如图25-17所示（光盘:\最终文件\第25章\葫芦.dwg）。

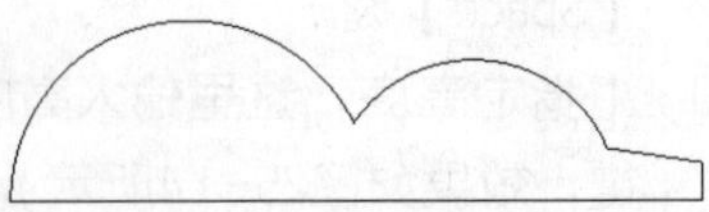

图25-16 选择旋转对象

图25-17 旋转效果

在执行命令的过程中，命令行中部分选项含义如下。

- 对象：选择现有的对象作为旋转对象时的参照轴，轴的正方向从该对象的最近端点指向最远端点，可以是直线、线性多段线、实体或曲面的线性边。
- X/Y/Z：使用当前UCS的正向X、Y或Z轴作为旋转参照轴的正方向。
- 起点角度：指定从旋转对象所在平面开始的旋转偏移。

25.3.2 通过拉伸创建实体

拉伸命令主要用于将二维封闭图形沿指定的路径拉伸为复杂的三维实体，调用"拉伸"命令的方法如下：

- 显示菜单栏，选择"绘图"→"建模"→"拉伸"命令。
- 在命令行窗口中执行EXTRUDE命令。

执行上述命令的具体操作过程如下。

01 打开"矩形.dwg"图形文件（光盘:\原始文件\第25章\矩形.dwg），如图25-18所示，在命令行中执行EXTRUDE命令，具体操作过程如下：

命令：EXTRUDE （执行EXTRUDE命令）

选择要拉伸的对象：找到1个　　　　　　（选择需要拉伸的图形）
选择要拉伸的对象：　　　　　　　　　　（按【Space】键结束对象的选择）
指定拉伸的高度或 [方向(D)/路径(P)/倾斜角(T)]：20
（输入拉伸的高度值20，并按【Space】键结束命令）

02 拉伸后的效果如图25-19所示（光盘:\最终文件\第25章\矩形.dwg）。

图25-18　矩形

图25-19　拉伸后效果

在执行命令的过程中，命令行各选项的含义如下。

- 方向：默认情况下，对象可以沿Z轴方向拉伸，拉伸的高度可以为正值或负值，它们表示拉伸的方向。
- 路径：通过指定拉伸路径将对象拉伸为三维实体，拉伸的路径可以是开放的，也可以是封闭的。
- 倾斜角：通过指定的角度拉伸对象，拉伸的角度也可以为正值或负值，其绝对值不大于90°。默认情况下，倾斜角为0°，表示创建的实体侧面垂直于XY平面并且没有锥度。若倾斜角度为正，将产生内锥度，创建的侧面向里靠；若倾斜角度为负，将产生外锥度，创建的侧面则向外。

注意

拉伸命令可以拉伸直线、圆弧、椭圆弧、二维多段线、二维样条曲线、圆、椭圆、三维平面、二维实体、宽线、面域、平面曲面及实体上的平面。

25.3.3　通过扫掠创建实体

扫掠的方法可以将闭合的二维对象沿指定的路径创建三维实体，调用"扫掠"命令的方法如下：

- 显示菜单栏，选择"绘图"→"建模"→"扫掠"命令。
- 在命令行窗口中执行SWEEP命令。

执行上述命令的具体操作过程如下。

01 打开"环形.dwg"图形文件（光盘:\原始文件\第25章\环形.dwg），如图25-20所示，在命令行中执行SWEEP命令，具体操作过程如下：

命令：SWEEP　　　　　　　　　　　　（执行SWEEP命令）
选择要扫掠的对象：找到1个　　　　　（选择要扫掠的对象，这里选择小圆）
选择要扫掠的对象：　　　　　　　　　（按【Space】键结束对象的选择）
选择扫掠路径或 [对齐(A)/基点(B)/比例(S)/扭曲(T)]：
（选择扫掠路径，这里选择大圆）

02 扫掠后的效果如图25-21所示（光盘:\最终文件\第25章\环形.dwg）。

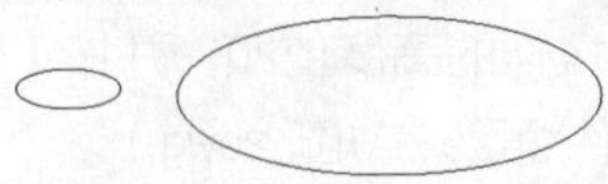

图25-20　原图形

图25-21　扫掠效果

在执行命令的过程中，命令行中各选项含义如下。

- 对齐：指定是否对齐轮廓以使其作为扫掠路径切向的方向，默认情况下为对齐。
- 基点：指定要扫掠对象的基点。如果指定的点不在选定对象所在的平面上，则该点将被投影到该平面上，将投影点作为基点。
- 比例：指定比例因子进行扫掠操作。从扫掠路径开始到结束，比例因子将统一应用到扫掠的对象。
- 扭曲：设置被扫掠对象的扭曲角度，即扫掠对象沿指定路径扫掠时的旋转量。如果被扫掠的对象为圆，则无须设置扭曲角度。

注意

扫掠命令用于绘制网格面或三维实体。如果要扫掠的对象不是封闭的图形，那么使用扫掠命令后得到的是网格面，否则得到的是三维实体。

25.3.4　通过放样创建实体

放样命令可以通过指定一系列横截面来创建新的实体或曲面。横截面可以是开放的，也可以是闭合的，通常为曲线或直线。调用“放样”命令的方法如下：

- 显示菜单栏，选择“绘图”→“建模”→“放样”命令。
- 在命令行窗口中执行LOFT命令。

执行上述命令后，具体操作过程如下。

01 打开“塑料杯.dwg”图形文件（光盘:\原始文件\第25章\塑料杯.dwg），如图25-22所示，在命令行中执行LOFT命令，具体操作过程如下：

命令：LOFT　（执行LOFT命令）
按放样次序选择横截面：找到1个　（选择下方小圆）
按放样次序选择横截面：找到1个，总计2个　（选择上方大圆）
按放样次序选择横截面：　（按【Space】键结束对象的选择）
输入选项 [导向(G)/路径(P)/仅横截面(C)] <仅横截面>:
（按【Space】键，弹出如图25-23所示的图形及三角符号，单击三角符号选择“与端点截面垂直”选项，然后单击右键选择“确认”）

02 放样后的效果如图25-24所示（光盘:\最终文件\第25章\塑料杯.dwg）。

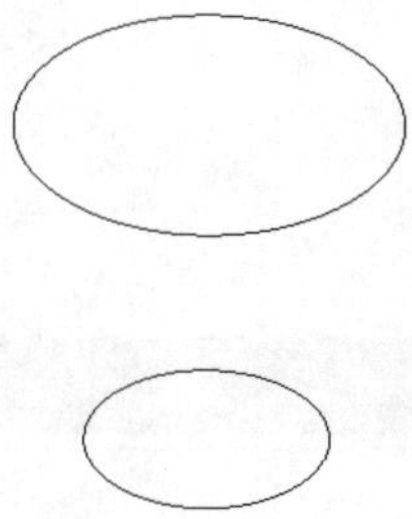
图25-22 原图

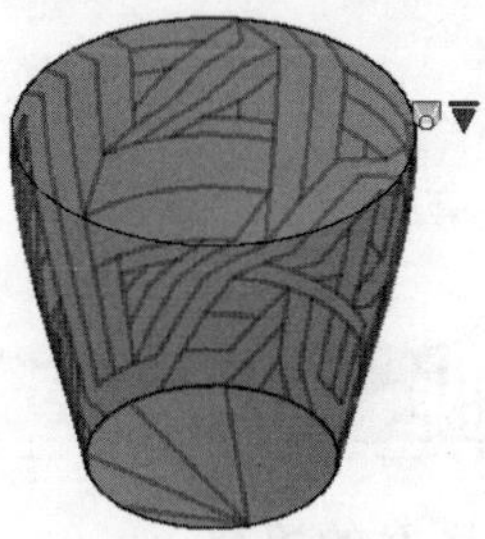
图25-23 设置选项

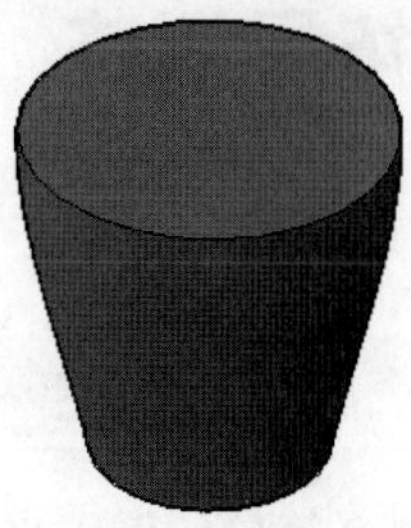
图25-24 最终效果

在执行命令的过程中，命令行中各选项含义如下。

- 导向：指定控制放样实体或曲面形状的导向曲线。导向曲线是直线或曲线，可以通过将其他线框信息添加至对象来进一步定义实体或曲面的形状。可以使用导向曲线来控制点如何匹配相应的横截面，以防止出现不希望看到的效果。
- 路径：指定放样实体或曲面的唯一路径。
- 仅横截面：弹出“放样设置”对话框。

25.3.5 自我强化：高脚杯

下面将绘制高脚杯来熟悉一下本节的内容。

01 打开“高脚杯.dwg”图形文件（光盘:\原始文件\第25章\高脚杯.dwg），在命令行中执行REVOLVE命令，具体操作过程如下：

命令：REVOLVE　（执行REVOLVE命令）
当前线框密度：ISOLINES=40　（系统提示当前线框密度）
选择要旋转的对象：找到4个　（选择需要旋转的对象，即如图25-25所示的长直线水平上方的部分）
选择要旋转的对象：　（按【Space】键确认对象选择）
指定轴起点或根据以下选项之一定义轴 [对象(O)/X/Y/Z] <对象>:
（选择如图25-25所示的水平线）
指定旋转角度或 [起点角度(ST)] <360>:（指定旋转角度并完成二维对象的旋转，这里直接按【Space】键结束命令）

02 旋转后的效果如图25-26所示（光盘:\最终文件\第25章\高脚杯.dwg）。

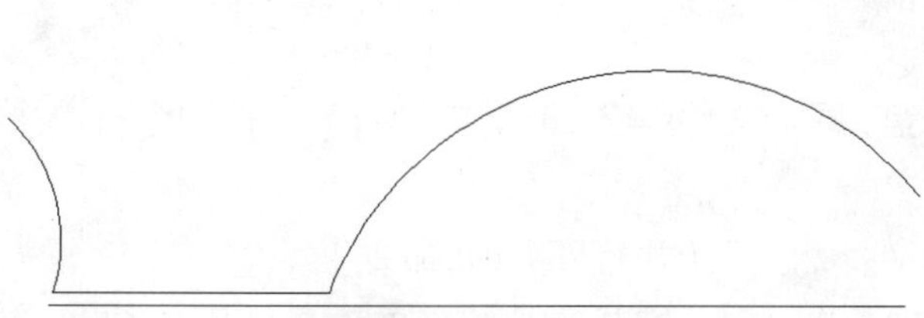
图25-25 选择旋转对象

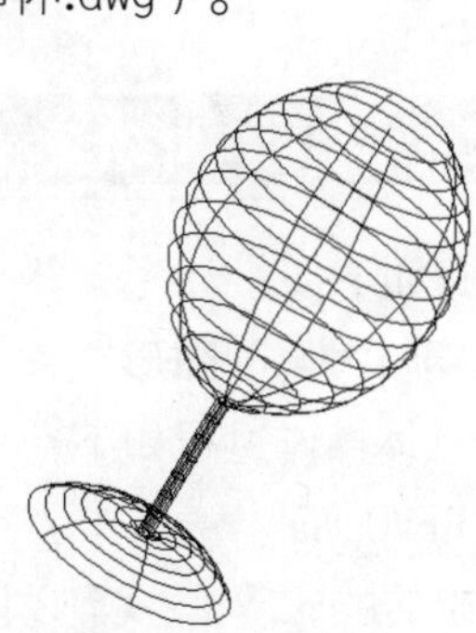
图25-26 旋转效果

25.4 拓展训练

下面通过几个例子来熟悉一下本章所学习的内容。

25.4.1 初级训练：螺母

首先通过一个简单的例子来练习图案的填充。

01 打开AutoCAD 2012，创建一个名为“螺母.dwg”的文件，将“工作空间”更改为“三维建模”。在菜单栏选择“视图”→“三维视图→”“俯视”，单击功能区的“常用”→“绘图”→“圆”命令图标，在空间中任选一点作为圆心，并输入半径为5。按【Enter】键完成圆绘制，效果图如图25-27。

02 单击功能区“常用”→“绘图”→“多边形”命令图标，与二维图形绘制类似，在命令行输入边数为6，选择上一步绘制的圆心为六边形中心。然后输入I，以内接与圆的方式，并输入半径为10，完成的绘制效果如图25-28所示。

03 下面进行拉伸操作。在命令行中执行EXTRUDE命令，具体操作过程如下：

命令：EXTRUDE　　（执行EXTRUDE命令）
选择要拉伸的对象：找到2个　　（选择需要拉伸的图形）
选择要拉伸的对象：　　（按【Space】键结束对象的选择）
指定拉伸的高度或 [方向(D)/路径(P)/倾斜角(T)]：6
（输入拉伸的高度值6，并按【Space】键结束命令）

04 将“视觉模式”更换到“二维线框”，并将视图更改为“西南等轴侧”，拉伸后的效果如图25-29所示（光盘:\最终文件\第25章\螺母.dwg）。

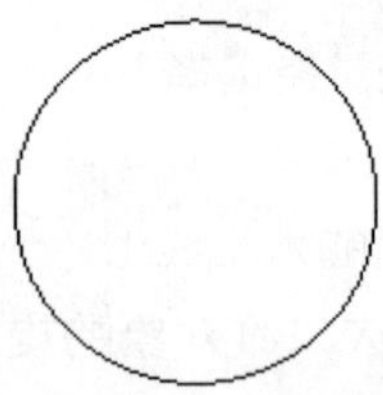
图25-27 绘制圆

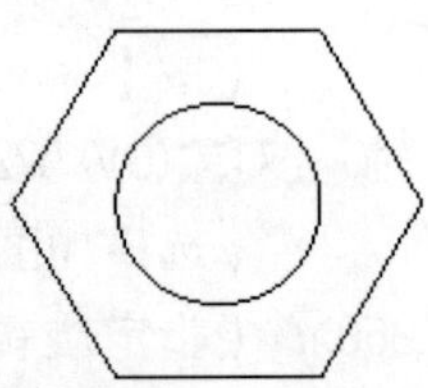
图25-28 绘制多边形

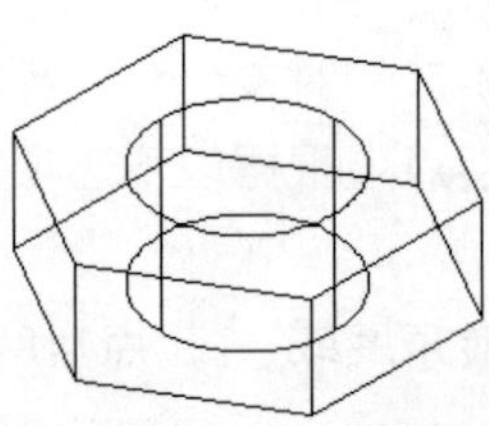
图25-29 线框效果

25.4.2 进阶训练：钢钉

操作步骤如下。

01 打开“钢钉.dwg”图形文件（光盘:\原始文件\第25章\钢钉.dwg），在命令行中执行REVOLVE命令，具体操作过程如下：

命令： REVOLVE　　（执行REVOLVE命令）
选择要旋转的对象： 找到3个　　（选择需要旋转的对象，即如图25-30所示的直线水平上方的部分）

选择要旋转的对象:　　　　　　　　　　　（按【Space】键确认对象选择）
指定轴起点或根据以下选项之一定义轴　[对象(O)/X/Y/Z]　<对象>:
　　　　　　　　　　　　　　　　　　　　（选择如图25-30所示的水平线）
指定旋转角度或　[起点角度(ST)]　<360>:　（指定旋转角度并完成二维对象的旋转，这里直接按【Space】键结束命令）

02 旋转后将视图调整到“西南等轴侧”，并将“视觉样式”设置为“概念”，完成的最终效果如图25-31所示（光盘:\最终文件\第25章\钢钉.dwg）。

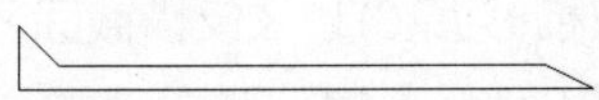

图25-30　选择旋转对象

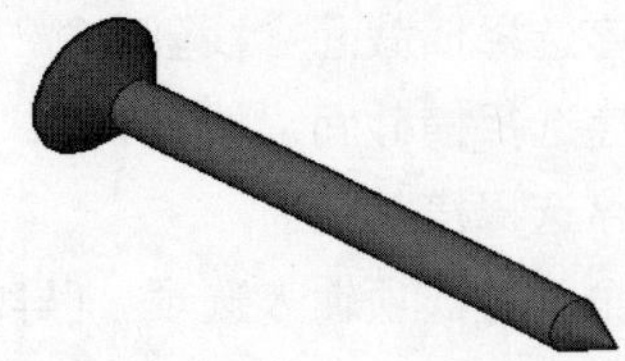

图25-31　旋转效果

25.4.3　提高训练：支撑座

01 启动AutoCAD 2012，将视图切换为西南等轴测，在命令行中执行BOX命令，具体操作过程如下：

命令: BOX　　　　　　　　　　　　（执行BOX命令）
指定长方体的角点或 [中心点(C)] <0,0,0>:
　　　　　　　　　　　　　　　　　（在绘图区中拾取一点作为长方体的角点）
指定角点或 [立方体(C)/长度(L)]: l　（选择“长度”选项，按【Space】键）
指定长度: 60　　　　　　　　　　　（指定长方体的长度，这里输入60，并按【Space】键）
指定宽度: 60　　　　　　　　　　　（指定长方体的宽度，这里输入60，并按【Space】键）
指定高度: 6　　　　　　　　　　　（指定长方体的高度，这里输入6，并按【Space】键，绘制后的效果如图25-32所示）

02 在命令行中执行L命令，在刚绘制的长方体表面绘制直线以辅助绘图，效果如图25-33所示。

03 在命令行中执行C命令，以刚绘制的直线的交点为圆心，绘制两个同心圆，半径分别为15和10，效果如图25-34所示。

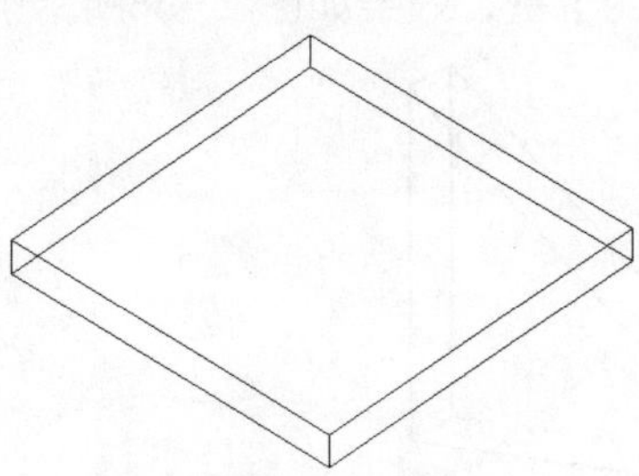

图25-32　创建矩形

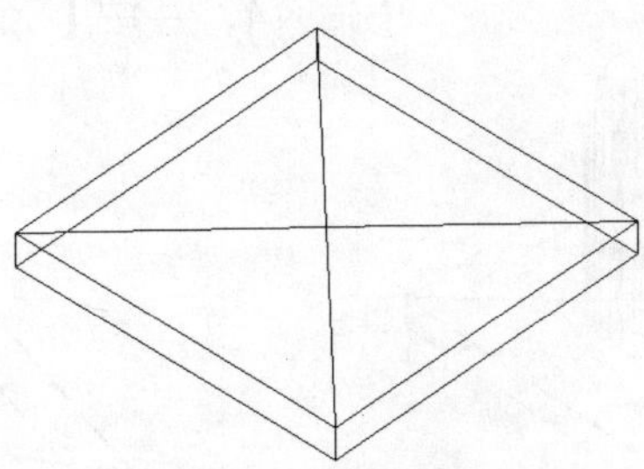

图25-33　绘制辅助线

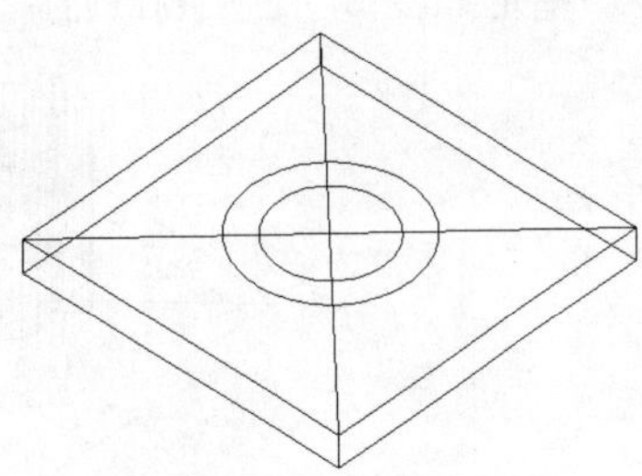

图25-34　绘制圆

04 单击状态栏中的“极轴追踪”按钮，将鼠标光标放置在刚绘制的同心圆的圆心上，捕捉Z轴正方向，然后向上移动鼠标并输入35。再在命令行中执行C命令，绘制两个同心圆，半径分别为15和10，效果如图25-35所示。

05 在命令行中执行LOFT命令，具体操作过程如下：

命令：LOFT　　（执行LOFT命令）
当前线框密度：ISOLINES=40　　（系统提示当前线框密度）
按放样次序选择横截面：找到1个　　（选择下方同心圆中的小圆）
按放样次序选择横截面：找到1个，总计2个　（选择上方同心圆中的小圆）
按放样次序选择横截面：　　（按【Space】键结束对象的选择）
有以下几个下拉选项输入选项　[导向(G)/路径(P)/仅横截面(C)]　<仅横截面>:
（按【Space】键，弹出“放样设置”对话框。在对话框中选择“直纹”单选按钮，然后单击“确定”按钮，放样后的效果如图25-36所示）

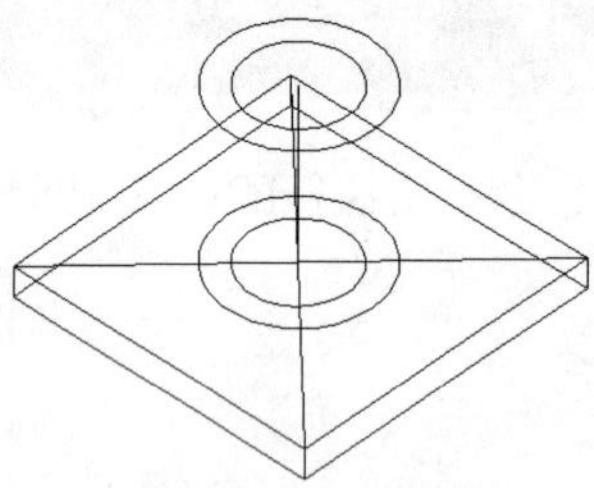
图25-35　绘制圆

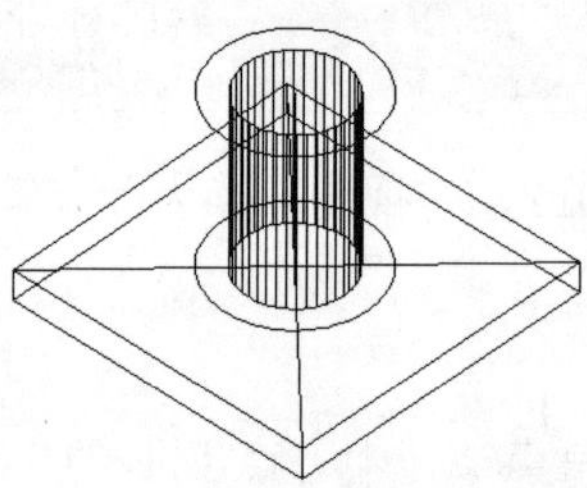
图25-36　放样小圆

06 按照相同的方法，为上下方的同心圆外圆图形进行放样，放样后的效果如图25-37所示。

07 在命令行中执行WEDGE命令，具体操作过程如下：

命令：WEDGE　　（执行WEDGE命令）
指定第一个角点或　[中心(C)]:　　（在绘图区中的空白位置单击）
指定其他角点或 [立方体(C)/长度(L)]: l　（选择“长度”选项，并按【Space】键）
指定长度:18　　（输入18，并按【Space】键）
指定宽度:18　　（输入18，并按【Space】键）
指定高度或　[两点(2P)]　:4　　（输入4，并按【Space】键，效果如图25-38所示）

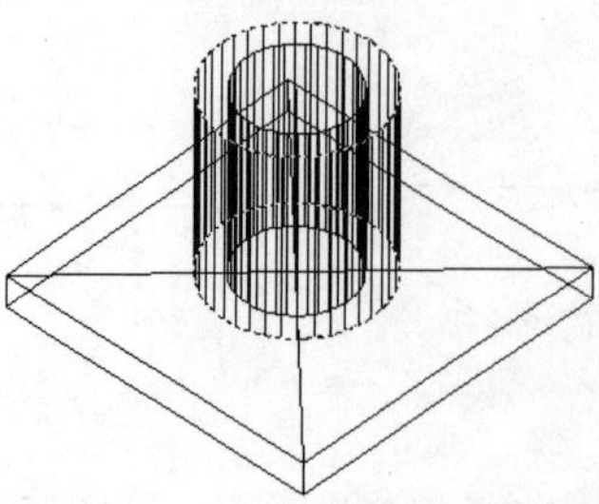
图25-37　放样大圆

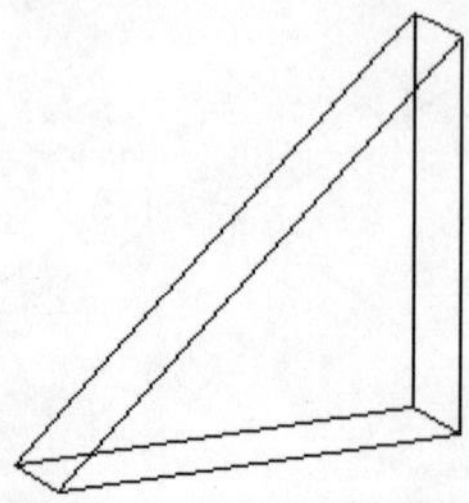
图25-38　楔体效果图

08 在命令行中执行M命令，具体操作过程如下：

命令：M　（执行MOVE命令）
选择对象： 指定对角点： 找到1个　（选择刚绘制的楔体）
选择对象：　（按【Space】键结束选择对象）
指定基点或 [位移(D)] <位移>:　（单击如图25-39所示的一条底边中点）
指定第二个点或 <使用第一个点作为位移>:　（按住鼠标左键不放，拖动鼠标到辅助线与大圆放样的交点，效果如图25-40所示）

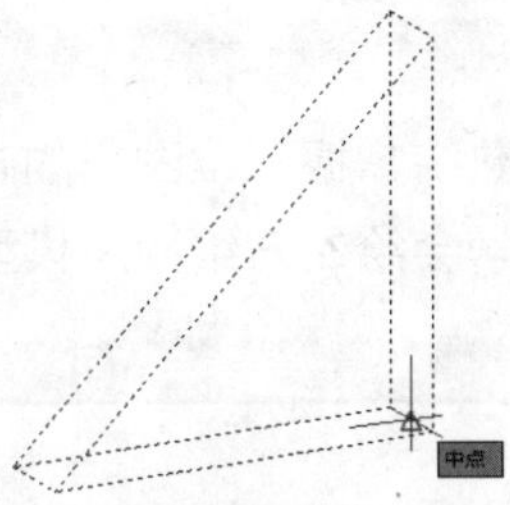

图25-39 移动对象

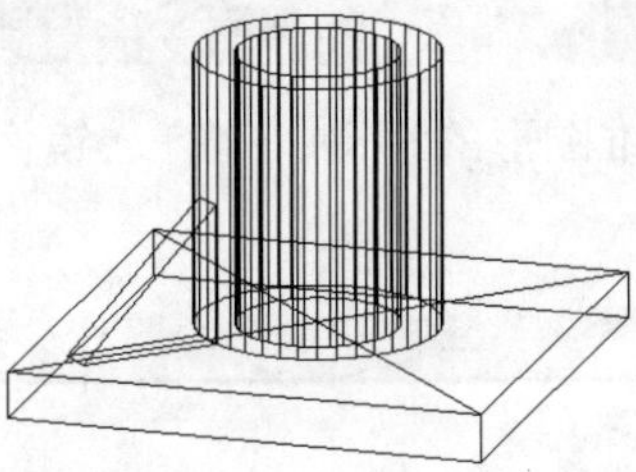

图25-40 移动效果

09 按照相同的方法，切换不同的视图，在其他3个方向绘制相同尺寸的楔体，效果如图25-41所示。然后删除绘制的直线辅助线，效果如图25-42所示，最后保存绘制的图形文件（光盘:\最终文件\第25章\支撑座.dwg）。

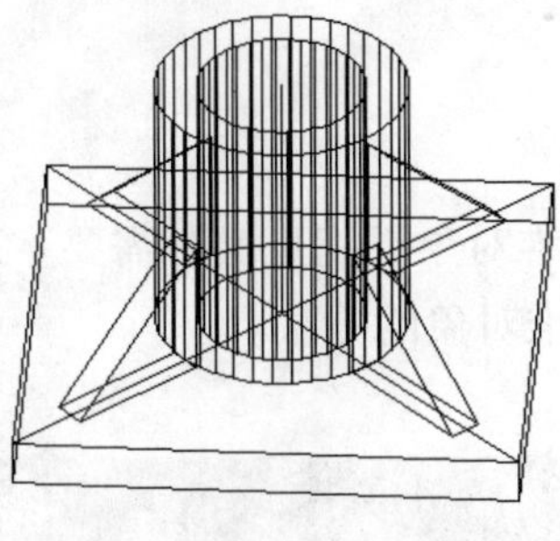

图25-41 创建完成

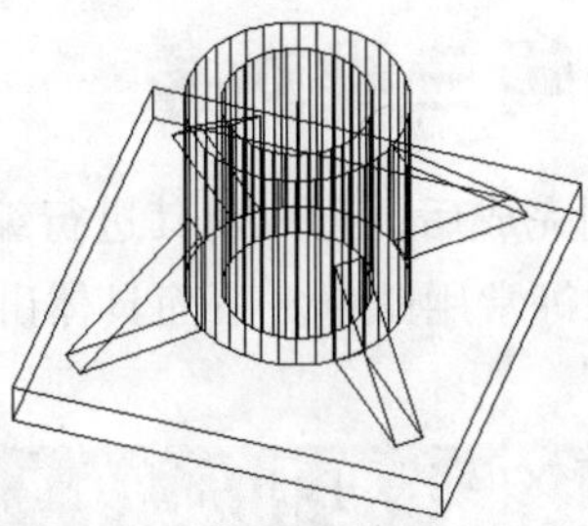

图25-42 最终效果

25.5 本章小结

本章主要介绍了三维模型的分类、常见三维模型的创建、通过二维图形生成三维实体等主要内容。结合上一章所学的三维图形绘制基础，读者应该熟练掌握三维模型的创建。通过对三维图形创建的学习，可以使整个学习过程更加系统。

第26章 编辑三维模型（一）

学习导航

本章将对三维图形的编辑进行讲解，包括三维移动、镜像、阵列等。此外，还会对三维图形进行布尔运算。

学习重点

- □ 学会三维图形的移动、对齐、镜像等命令
- □ 熟练掌握三维图形的布尔运算
- □ 学会绘制三维网路模型

本章将介绍三维图形的编辑。与二维图形类似，首先介绍三维图形的镜像、对齐、移动等操作，然后讲解求并集等布尔运算，最后是三维网路模型的创建。

26.1 编辑三维对象

三维对象绘制完成后，可以对其进行编辑，使三维对象更满足实际需要。这些编辑操作包括移动、对齐、镜像等常用命令。下面具体讲解编辑三维对象的方法。

26.1.1 三维移动和旋转

1. 三维移动

三维移动命令可以对三维模型的位置进行调整，但其大小不变。调用“三维移动”命令的方法如下：

- 显示菜单栏，选择“修改”→“三维操作”→“三维移动”命令。
- 在命令行窗口中执行3DMOVE命令。

对图形对象进行三维移动的具体操作过程如下：

命令：3DMOVE　　　　　　　　　（执行3DMOVE命令）
选择对象：　找到1个　　　　　　（选择要移动的对象）
选择对象：　　　　　　　　　　　（按【Space】键确认选择的对象）
指定基点或 [位移(D)] <位移>：指定第二个点或 <使用第一个点作为位移>:正在重生成模型。
　　　　　　　　　　　　　　　　（选择基点和移动到的位置的点，完成三维模型的移动）

三维移动有两种约束方法。

- 沿轴移动：将光标悬停在夹点工具的轴句柄上，待出现对齐线时单击鼠标左键，以后拖动鼠标时对象将仅沿指定轴移动。
- 沿平面移动：将光标悬停在两条轴句柄的三角区，待两个轴句柄都变为黄色时单击鼠标左键，可将移动约束到平面上，即拖动光标时，对象将仅沿指定的平面移动。

2. 三维旋转

三维旋转命令可以使三维对象绕指定的轴进行旋转，调用“三维旋转”命令的方法如下：

- 显示菜单栏，选择“修改”→“三维操作”→“三维旋转”命令。
- 在命令行窗口中执行3DROTATE命令。

对图形对象进行三维旋转的具体操作过程如下。

01 打开“皮带轮.dwg”图形文件（光盘:\原始文件\第26章\皮带轮.dwg），在命令行中执行3DROTATE命令，具体操作过程如下：

命令：3DROTATE　（执行3DROTATE3D命令）
UCS当前的正角方向：ANGDIR=逆时针　ANGBASE=0　（系统自动显示）
选择对象：指定对角点：找到1个　（选择需要进行旋转的图形对象）
选择对象：　（按【Space】键结束选择对象）
指定基点：　（单击绘图区右上角的指向标，这里单击“左”方向，如图26-1所示）
正在恢复执行3DROTATE命令。　（系统自动显示）

02 输入旋转命令后，会出现如图26-2所示的效果。用户可以操作3个圆来沿3个方向旋转图形，查看三维旋转后的效果，如图26-3所示（光盘:\最终文件\第26章\皮带轮.dwg）。

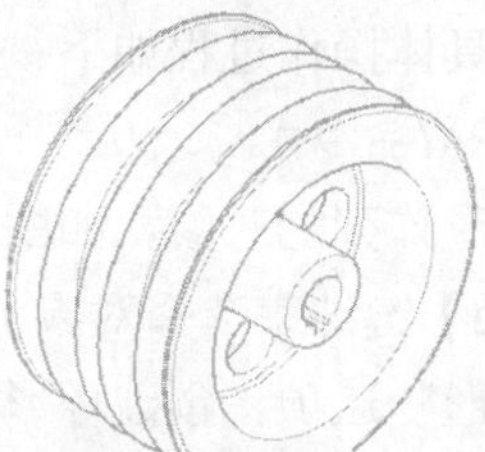
图26-1　效果图

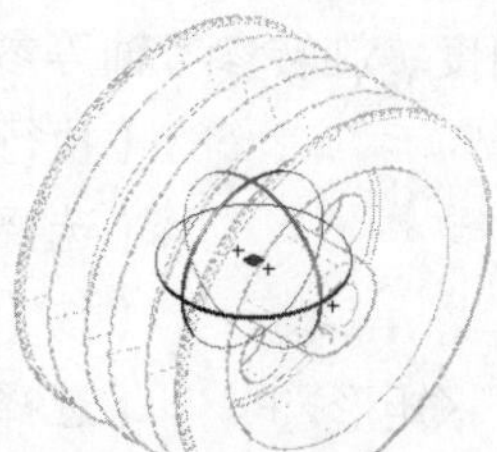
图26-2　旋转状态

图26-3　旋转效果

26.1.2　三维阵列

该命令的使用方法与前面介绍的阵列命令基本相同，只是增加了一些参数而已。例如，创建环形阵列时应指定旋转轴，而不仅仅是旋转中心；创建矩形阵列时，除了应设置行、列间距和数量外，还应设置层间距和数量。

三维阵列包括矩形阵列和环形阵列两种。与阵列二维图形对象的方法类似，调用“三维阵列”命令的方法如下：

- 显示菜单栏，选择“修改”→“三维操作”→“三维阵列”命令。
- 在命令行窗口中执行3DARRAY命令。

1. 矩形阵列

三维矩形阵列需要指定列数、行数及层数等参数，具体操作步骤如下。

01 打开“矩形阵列.dwg”图形文件（光盘:\原始文件\第26章\矩形阵列.dwg），如图26-4所示，在命令行输入命令3DARRAY，具体操作过程如下：

命令： 3DARRAY （执行3DARRAY命令）
选择对象： 指定对角点： 找到 1 个 （框选图形对象）
选择对象： （按【Space】键确认对象的选择）
输入阵列类型 [矩形(R)/环形(P)] <矩形>: （按【Space】键，保持默认选择）
输入行数 (---) <1>: 2 （输入要阵列的行数2，并按【Space】键）
输入列数 (|||) <1>: 2 （输入要阵列的列数2，并按【Space】键）
输入层数 (...) <1>: （按【Space】键，保持默认选择）
指定行间距 (---): -30 （输入行间距-30，并按【Space】键）
指定列间距 (|||): 70 （输入列间距70，并按【Space】键）

02 矩形阵列后的效果如图26-5所示（光盘:\最终文件\第26章\矩形阵列.dwg）。

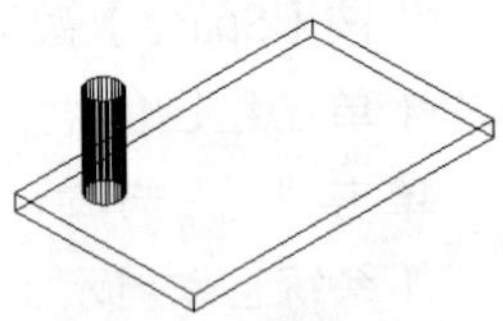

图26-4 原图

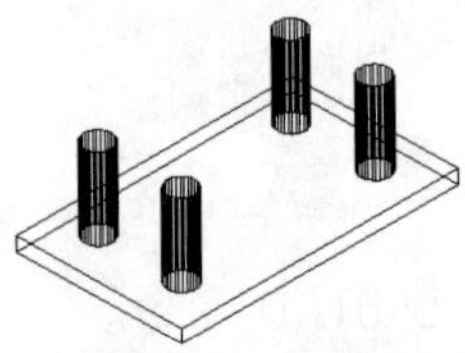

图26-5 矩形阵列后

2. 环形阵列

三维环形阵列需指定阵列包含的角度、旋转参考轴等参数，具体操作过程如下：

命令： 3DARRAY （执行3DARRAY命令）
选择对象： （选择要环形阵列的对象，如图26-6所示）
选择对象： （按【Space】键结束选择对象）
输入阵列类型 [矩形(R)/环形(P)] <矩形>:P （选择“环形”选项，创建环形阵列）
输入阵列中的项目数目： （设置环形阵列生成的对象数量）
指定要填充的角度(+=逆时针，-=顺时针) <360>: （按【Space】键保持默认不变）
旋转阵列对象？ [是(Y)/否(N)] <是>: （按【Space】键旋转阵列对象）
指定阵列的中心点： （指定环形阵列的中心点）
指定旋转轴上的第二点： （指定环形阵列旋转参考轴上的第二点，阵列效果如图26-7所示）

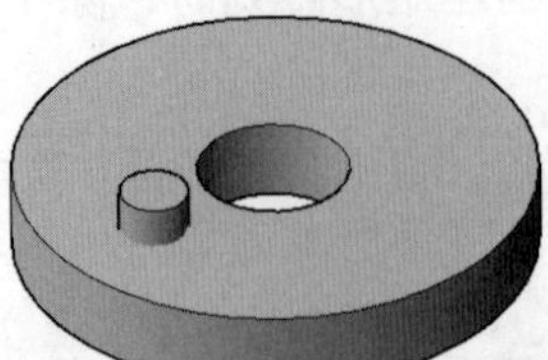

图26-6 原图

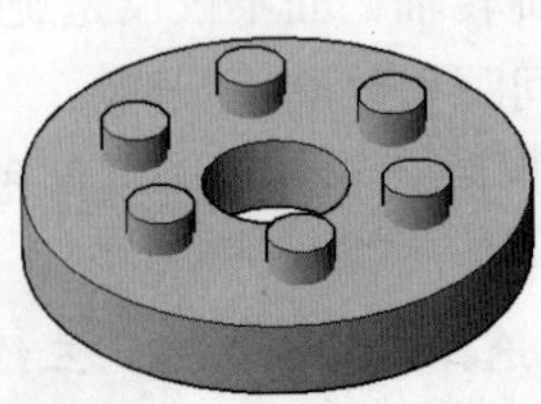

图26-7 环形阵列后

26.1.3 三维镜像

三维镜像命令可以将三维对象以指定的平面进行镜像复制，调用“三维镜像”命令的方法如下：

- 显示菜单栏，选择“修改”→“三维操作”→“三维镜像”命令。
- 在命令行窗口中执行3DMIRROR命令。

执行上述命令后，具体操作步骤如下：

01 打开“阀体接头.dwg”图形文件（光盘:\原始文件\第26章\阀体接头.dwg），在命令行输入命令3DMIRROR，具体操作过程如下：

命令：3DMIRROR （执行3DMIRROR命令）
选择对象：找到1个 （选择绘图区中的所有对象）
选择对象： （按【Space】键确认对象的选择）
指定镜像平面 （三点） 的第一个点或[对象(O)/最近的(L)/Z轴(Z)/视图(V)/XY 平面(XY)/YZ 平面(YZ)/ZX 平面(ZX)/三点(3)] <三点>: XZ （选择镜像的平面，这里选择YZ平面）
指定YZ 平面上的点<0，0，0>: （单击如图26-8所示的最下面一个面为镜像对称面）
是否删除源对象？[是(Y)/否(N)] <否>: （按【Space】键完成镜像操作）

02 三维镜像的效果如图26-9所示（光盘:\最终文件\第26章\阀体接头.dwg）。

图26-8 原图

图26-9 镜像效果图

命令行中各选项含义如下。

- 对象：选择已有的圆、弧或二维多段线等对象所在的平面作为镜像平面。
- 最近的：将最后一次使用过的镜像平面定义为当前镜像平面。
- Z轴：镜像平面过指定点且与这点和另一点的连线垂直。
- 视图：使镜像平面平行于当前视图所观测的平面，并指定一个点确定镜像平面的位置。使用此选项镜像实体后，在当前视图看不见镜像后的实体（因为二者重合），要打开其他视图才能看到镜像后实体。
- XY平面：以平行于XY平面的一个平面作为镜像平面，然后指定一个点来确定镜像平面的位置。
- YZ平面：以平行于YZ平面的一个平面作为镜像平面，然后指定一个点来确定镜像平面的位置。
- ZX平面：以平行于ZX平面的一个平面作为镜像平面，然后指定一个点来确定镜像平面的位置。
- 三点：使用所指定的3个点确定的平面作为镜像平面，这是系统默认的指定镜像平面的方式。

26.1.4 三维对齐

若要将三维空间中的两个对象按指定的方式对齐，则可使用AutoCAD的三维对齐功能，调用该命令的方法有如下几种：

- 显示菜单栏，选择“修改”→“三维操作”→“三维对齐”命令。
- 在命令行窗口中执行3DALIGN命令。

对图形对象进行三维对齐的具体操作如下。

01 打开“轴承座.dwg”图形文件（光盘:\原始文件\第26章\轴承座.dwg），在命令行输入命令3DALIGN，具体操作过程如下：

命令：3DALIGN （执行3DALIGN命令）
选择对象：找到1个 （选择需要对齐的对象，这里选择其中一个轴承座，如图26-10所示）
选择对象：
指定源平面和方向 ...：（按【Space】键确认对象的选择）
指定基点或 [复制(C)]：（指定需要对齐的基点）
……

这里选择三组对应位置点进行配对。

02 将图形对象三维对齐后的效果如图26-11所示（光盘:\最终文件\第26章\轴承座.dwg）。

图26-10 原图 图26-11 对齐效果

26.1.5 自我强化：端盖

下面以绘制端盖为例，综合练习本节所讲知识。

01 打开“端盖.dwg”图形文件（光盘:\原始文件\第26章\端盖.dwg），在命令行中执行C命令，绘制一个半径为15的圆，并生成一个高度为5的圆柱，绘制完成后的效果如图26-12所示。同时绘制一个半径为8的圆以及一条直线作为辅助线，效果如图26-13。

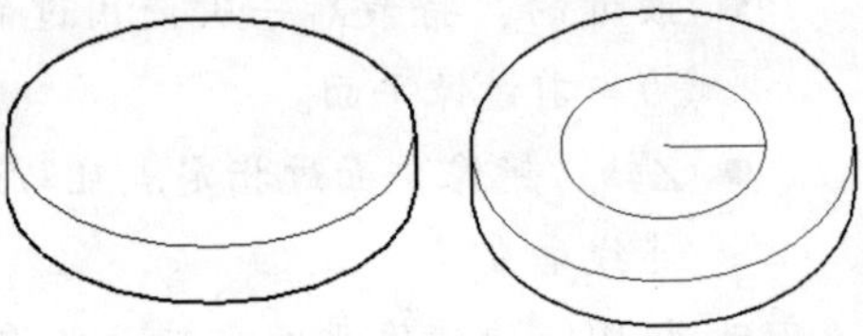

图26-12 圆柱 图26-13 辅助线

02 在命令行中执行3DMOVE命令，具体操作过程如下：

命令：3DMOVE （执行3DMOVE命令）
选择对象：找到1个 （选择右边的圆柱体）
选择对象： （按【Space】键确认对象的选择）
指定基点或 [位移(D)] <位移>：指定第二个点或 <使用第一个点作为位移>:正在重生成模型。 （单击圆柱体上方圆的圆心）

03 移动鼠标到辅助线的交点上，然后按照对角连接线的方向移动鼠标，按【Space】键，绘制完成后的效果如图26-14所示。

04 选择菜单栏中的“修改”→“阵列”→“环形阵列”命令，选择刚才移动的小圆柱为阵列对象，选择大圆柱中心轴为阵列中心轴。设置阵列角度为360°，设置阵列数目为4个，按【Enter】键完成创建，最终效果如图26-15所示。

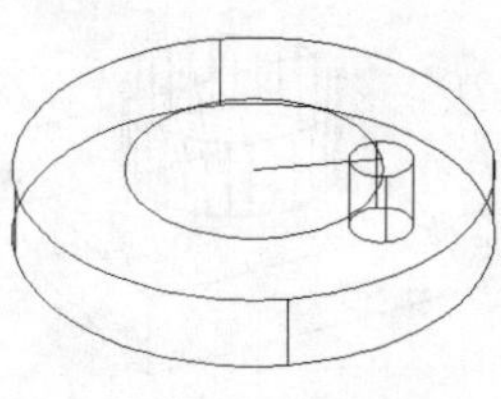

图26-14　移动效果

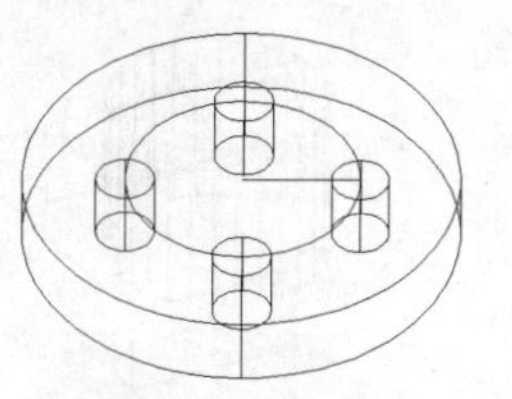

图26-15　阵列效果

05 删除辅助线，在命令行中执行3DROTATE命令，具体操作过程如下：

命令：　3DROTATE　　（执行3DROTATE命令）
UCS 当前的正角方向: ANGDIR=逆时针 ANGBASE=0　（系统自动显示）
选择对象：　指定对角点：　找到1个　　（选择所有的图形对象）
选择对象：　　（按【Space】键结束选择对象）
指定基点：　　（单击绘图区右上角的指向标，这里单击“后”方向的右上角，如图26-16所示）
正在恢复执行3DROTATE命令。　　（系统自动显示）

06 旋转后的效果如图26-17所示（光盘:\最终文件\第26章\端盖.dwg）。

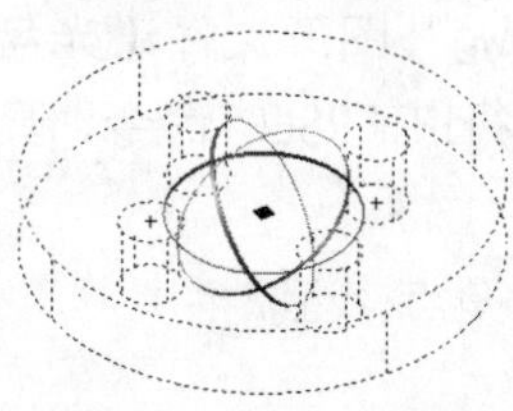

图26-16　动态观察

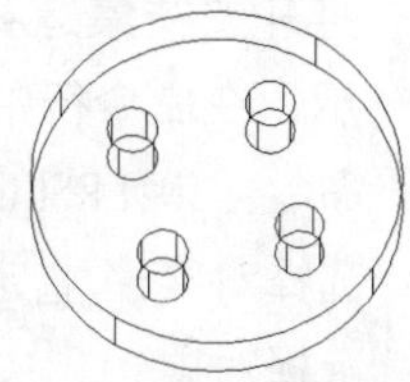

图26-17　改变后的效果

26.2 布尔运算

布尔运算可对三维实体模型进行编辑计算，从而创建出复杂多变的形体，速度非常快。布尔运算包括并集、交集及差集运算，下面分别进行讲解。

26.2.1　并集运算

使用“并集”命令（UNION）可以通过组合多个实体生成一个新实体，该命令主要用于将多个相交或相接触的对象组合在一起。当组合一些不相交的实体时，其显示效果看起来还是多个实体，但实际上却被当作一个对象。调用“并集”命令的方法如下：

- 显示菜单栏，选择“修改”→“实体编辑”→“并集”命令。
- 在命令行窗口中执行UNION命令。

对图形对象进行并集运算的具体操作过程如下。

01 打开“并集运算.dwg”图形文件（光盘:\原始文件\第26章\并集运算.dwg），如图26-18所示，在命令行中执行UNION命令，具体操作过程如下：

命令：　UNION　　（执行UNION命令）
选择对象：　指定对角点：　找到2个　　（选择绘图区中的所有对象）
选择对象：　　（按【Space】键将所选实体合并为一个对象）

02 并集运算后的效果如图26-19所示（光盘:\最终文件\第26章\并集运算.dwg）。

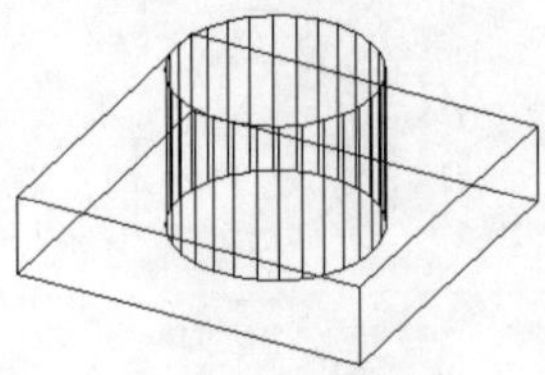

图26-18 原效果图

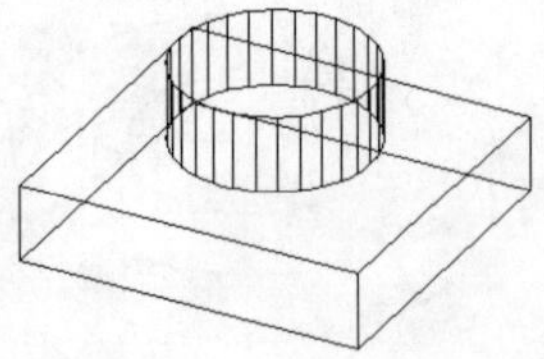

图26-19 求并集效果

26.2.2 交集运算

使用“交集”命令（INTERSECT）可以创建一个实体，该实体是两个或多个实体的公共部分。如果所选实体对象不相交，那么进行交集运算后，所选实体对象同时被删除。调用“交集”命令的方法如下：

- 显示菜单栏，选择“修改”→“实体编辑”→“交集”命令。
- 在命令行窗口中执行INTERSECT或IN命令。

求交集的具体操作如下。

01 打开“交集运算.dwg”图形文件（光盘:\原始文件\第26章\交集运算.dwg），如图26-20所示，在命令行中执行INTERSECT命令，具体操作过程如下：

命令：INTERSECT　　（执行INTERSECT命令）
选择对象：　指定对角点:找到2个　　（框选绘图区中的所有图形对象）
选择对象：　　（按【Space】键结束对象的选择）

02 交集运算后的效果如图26-21所示（光盘:\最终文件\第26章\交集运算.dwg）。

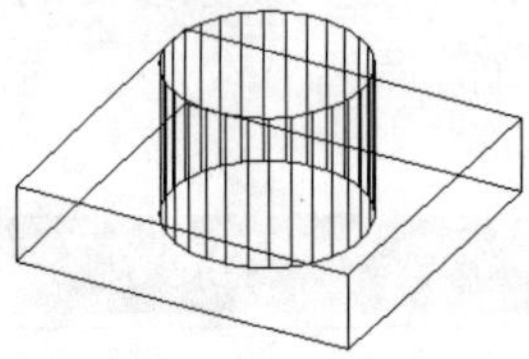

图26-20 原效果图

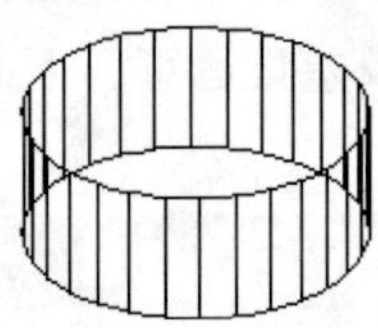

图26-21 求交集效果

26.2.3 差集运算

差集运算可以通过从一个或多个实体中减去一个或多个实体而生成一个新的实体。如果两个实体对象不相交，那么将删除被减去的实体对象。调用“差集”命令的方法如下：

- 显示菜单栏，选择“修改”→“实体编辑”→“差集”命令。
- 在命令行窗口中执行SUBTRACT命令。

求差集的具体操作如下。

01 打开“差集运算.dwg”图形文件（光盘:\原始文件\第26章\差集运算.dwg），如图26-22所示，在命令行中执行SUBTRACT命令，具体操作过程如下：

命令：SUBTRACT　　（执行SUBTRACT命令）
选择要从中减去的实体或面域...　　（选择长方体）

选择对象：找到1个　　（系统提示）
选择对象：　　（按【Space】键结束对象的选择）
选择要减去的实体或面域 ..　　（选择圆柱体）
选择对象：找到1个　　（按【Space】键结束对象的选择，系统自动进行布尔差集运算）

02 差集运算后的效果如图26-23所示（光盘:\最终文件\第26章\差集运算.dwg）。

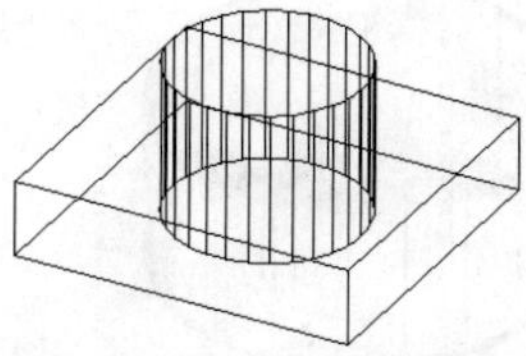

图26-22　原效果图

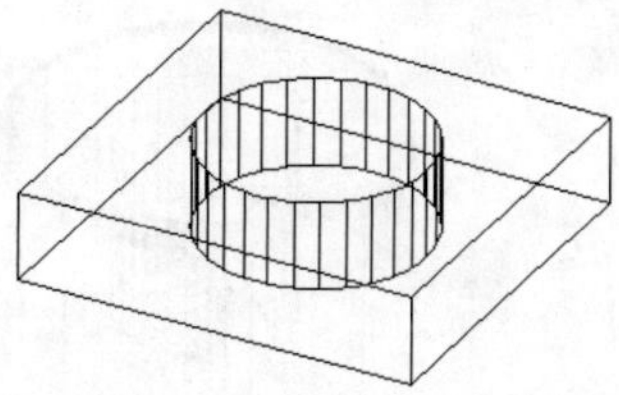

图26-23　求差集效果

26.2.4　自我强化：螺母

下面利用一个例子熟悉一下本节所学过的内容。

01 启动AutoCAD　2012，将视图切换为俯视图。在命令行中执行CYLINDER命令，绘制半径为4、高度为9.5的圆柱体。然后再使用该命令，绘制半径为9、高度为9.5的同心圆柱体，效果如图26-24所示。

02 在命令行中执行SUBTRACT命令，具体操作过程如下：

命令：SUBTRACT　　（执行SUBTRACT命令）
选择要从中减去的实体或面域...　　（选择大圆柱体）
选择对象：找到1个　　（系统自动提示）
选择对象：　　（按【Space】键结束对象的选择）
选择要减去的实体或面域 ..　　（选择小圆柱体）
选择对象：找到1个　　（按【Space】键结束对象的选择，系统自动进行布尔差集运算）

03 在命令行中执行FILLET命令，具体操作过程如下：

命令：FILLET　　（执行FILLET命令）
当前设置：模式 = 修剪，半径 = 0.0000　　（系统自动提示）
选择第一个对象或　[放弃(U)/多段线(P)/半径(R)/修剪(T)/多个(M)]：R
　　（输入半径命令R）
指定圆角半径　<0.0000>：1　　（输入半径值为1）
选择第一个对象或　[放弃(U)/多段线(P)/半径(R)/修剪(T)/多个(M)]：
　　（选择大圆柱体的上边线）
输入圆角半径　<1.0000>：　　（按【Enter】键确认）

选择边或 [链(C)/半径(R)]: （按【Enter】键确认）
已选定1个边用于圆角。 （系统自动提示，效果如图26-25所示）

04 按照相同的方法，对大圆柱体的下边线进行圆角处理，效果如图26-26所示。

05 在命令行中执行POLYGON命令，以大圆柱体底面圆心为中心点，绘制边数为6、圆半径为10的外切于圆的正六边形，绘制完成后的效果如图26-27所示。

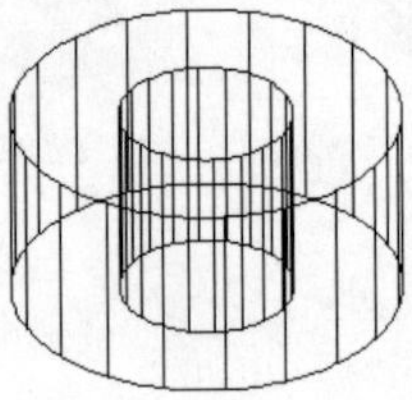
图26-24 绘制圆柱

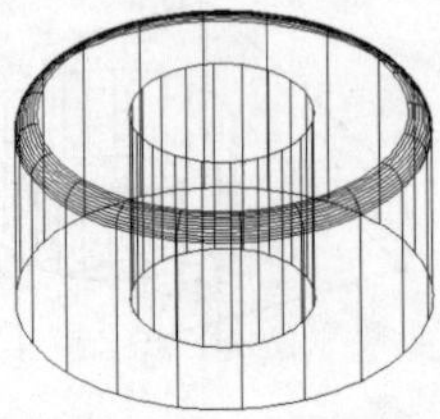
图26-25 求差及倒圆角

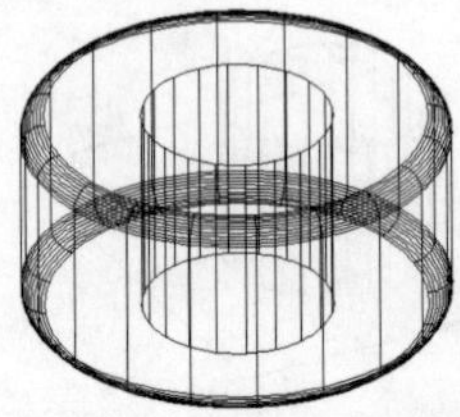
图26-26 倒圆角处理

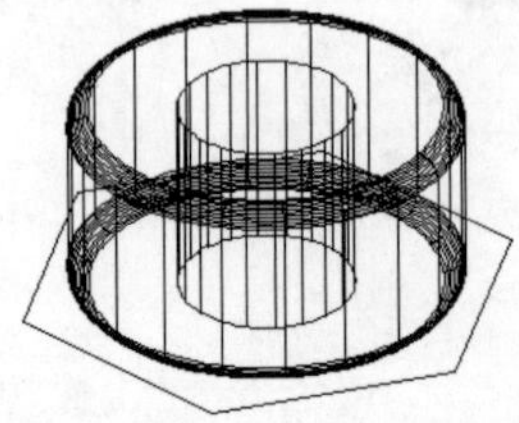
图26-27 绘制六边形

06 在命令行中执行EXTRUDE命令，拉伸刚绘制的正六边形，拉伸高度为10.5，效果如图26-28所示。

07 在命令行中执行INTERSECT命令，具体操作过程如下：

命令：INTERSECT （执行INTERSECT命令）
选择对象： 指定对角点： 找到 2 个 （框选绘图区中的所有图形对象）
选择对象： （按【Space】键结束对象的选择。
效果如图26-29所示（光盘:\最终文件\第26章\螺母.dwg）。

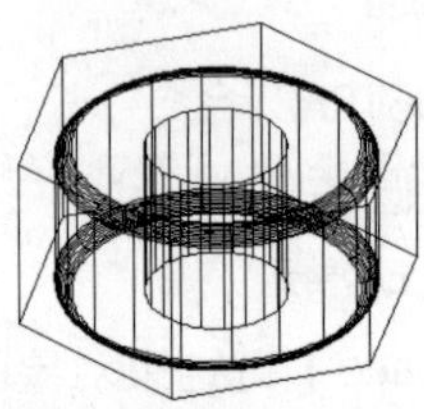
图26-28 拉伸效果

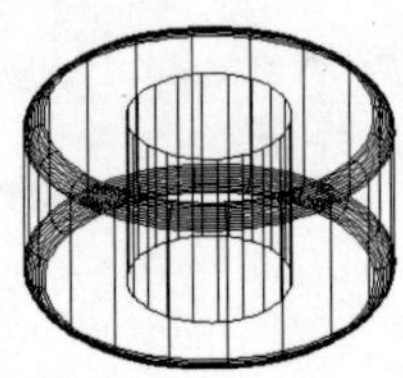
图26-29 求交效果

26.3 绘制三维网络模型

三维网格模型包括对象的边界和表面，它包括平面曲面、三维面、平移网格、旋转网格、直纹网格及边界网格，下面分别讲解其绘制方法。

26.3.1 绘制面

1. 平面曲面

平面曲面命令可以创建平面曲面或将对象转换为平面对象。调用“平面曲面”命令的方法如下：

- 显示菜单栏，选择“绘图”→“建模”→“曲面” →“平面”命令。
- 在命令行窗口中执行PLANESURF命令。

执行上述命令后，具体操作过程如下：

命令：PLANESURF （执行PLANESURF命令）
指定第一个角点或 [对象(O)] <对象>：（在绘图区内任意拾取一点）
指定其他角点：（可以拖动鼠标到需要绘制的位置单击确定其他角点或输入具体的下一点相对坐标，效果如图26-30所示）

注意

如果要将对象转换为平面曲面，可以在执行命令过程中时，选择“对象（O）”选项，然后在绘图区中选择对象即可。

2. 三维面

三维面是三维空间的表面，不仅没有厚度，也没有质量属性，调用该命令的方法如下：

- 显示菜单栏，选择“绘图”→“建模”→“网格”→“三维面”命令。
- 在命令行窗口中执行3DFACE命令。

执行上述命令后，具体操作过程如下：

命令： 3DFACE （执行3DFACE命令）
指定第一点或 [不可见(I)]：（在绘图区中指定A点）
指定第二点或 [不可见(I)]：（在绘图区中指定B点）
指定第三点或 [不可见(I)] <退出>：（在绘图区中指定C点）
指定第四点或 [不可见(I)] <创建三侧面>：（在绘图区中指定D点）
指定第三点或 [不可见(I)] <退出>：（在绘图区中指定E点）
指定第四点或 [不可见(I)] <创建三侧面>：（在绘图区中指定F点，效果如图26-31所示）

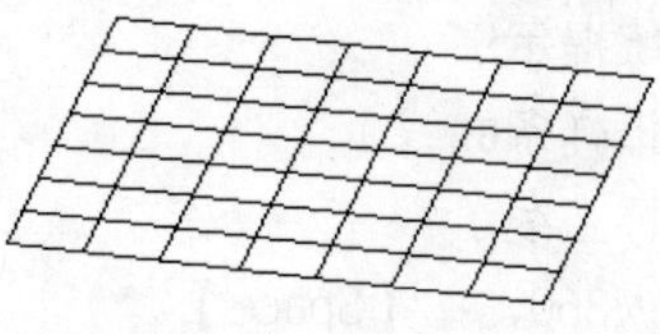

图26-30 平面曲面

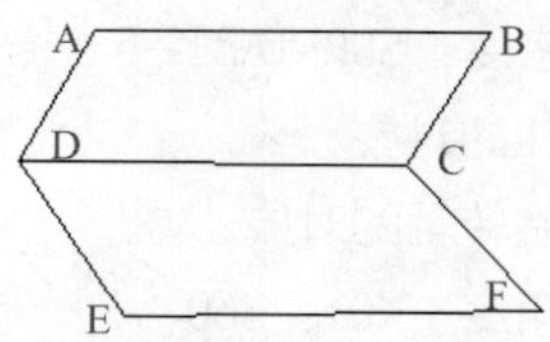

图26-31 三维面

26.3.2 绘制平移网络

平移网格命令用于创建多边形网格，此网格表示一个由轮廓曲线和方向矢量定义的基本平移曲面。调用该命令的方法如下：

- 显示菜单栏，选择“绘图”→“建模”→“网格”→“平移网格”命令。
- 在命令行窗口中执行TABSURF命令。

绘制平移网格的具体操作如下。

01 打开“平移网格.dwg”图形文件（光盘:\原始文件\第26章\平移网格.dwg），如图26-32所示，具体操作过程如下：

命令： TABSURF （执行TABSURF命令）
当前线框密度：SURFTAB1=6 （系统自动提示）

选择用做轮廓曲线的对象：　　　　　　　　　　　（选择作为轮廓的曲线）
选择用做方向矢量的对象：　　　　　　　　　　　（选择作为方向矢量直线）

02 平移网格后的效果如图26-33所示（光盘:\最终文件\第26章\平移网格.dwg）。

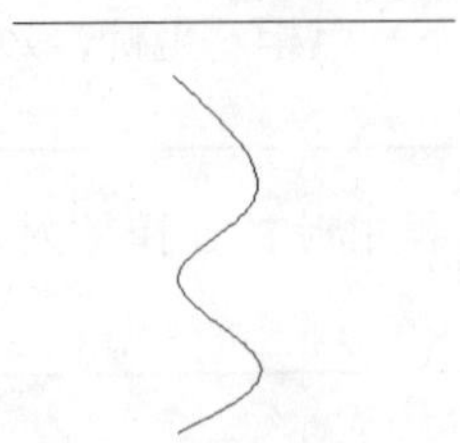

图26-32　原图

图26-33　平移网格

26.3.3　绘制旋转网格

旋转网格是将对象绕指定的轴旋转，由旋转轨迹生成一个近似于旋转曲面的多边形网格。绘制旋转网格的方法如下：

- 显示菜单栏，选择“绘图”→“建模”→“网格”→“旋转网格”命令。
- 在命令行中窗口执行REVSURF命令。

绘制旋转网格的具体操作过程如下。

01 打开“旋转网格.dwg”图形文件（光盘:\原始文件\第26章\旋转网格.dwg），如图26-34所示，具体操作过程如下：

命令：REVSURF　　　　　　　　　　　　（执行REVSURF命令）
当前线框密度：SURFTAB1=6　输入20　　　（系统提示）
选择要旋转的对象：　　　　　　　　　　　（选择样条曲线）
选择定义旋转轴的对象：　　　　　　　　　（选择直线）
指定起点角度　<0>：360　　　　　　　　（输入360，按【Space】键）
指定包含角（+=逆时针，-=顺时针）<360>：（按【Space】键，默认包含角度值为360°）

02 旋转网格后的效果如图26-35所示（光盘:\最终文件\第26章\旋转网格.dwg）。

注意

通过旋转网格命令旋转的对象可以是直线、圆、圆弧、椭圆、椭圆弧、闭合多段线、多边形、闭合样条曲线或圆环。

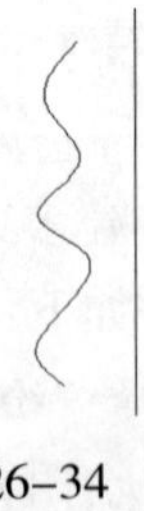

图26-34　原图

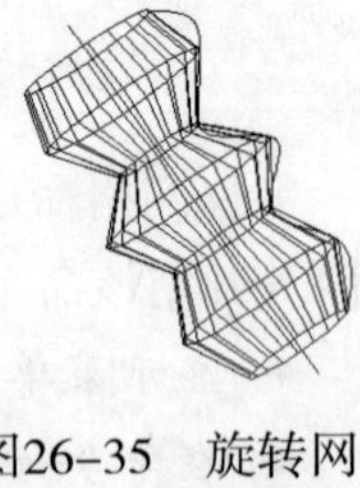

图26-35　旋转网络

26.3.4　绘制直纹网络

直纹网格用于在两个对象之间创建一个表示直纹曲面的2×N的多边形网格。调用“直纹网格”命令的方法如下：

● 显示菜单栏，选择“绘图”→“建模”→“网格”→“直纹网格”命令。

● 在命令行窗口中执行REVSURF命令。

绘制直纹网格的具体操作过程如下。

01 打开“直纹网格.dwg”图形文件（光盘:\原始文件\第26章\直纹网格.dwg），如图26-36所示，具体操作过程如下。

命令：RULESURF （执行RULESURF命令）

当前线框密度： SURFTAB1=20 （系统自动提示）

选择第一条定义曲线： （选择上方圆）

选择第二条定义曲线： （选择下方圆）

02 绘制直纹网格后的效果如图26-37所示（光盘:\最终文件\第26章\直纹网格.dwg）。

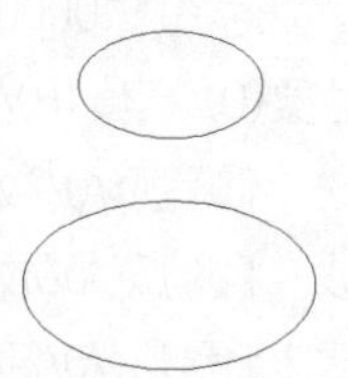

图26-36 原图

图26-37 直纹网络

> **注意**
>
> 绘制直纹网络时的对象可以是圆、曲线、多段线、直线或点（两个对象中只能一个是点）。如果有一个边界是闭合的，那么另一个边界必须也是闭合的。

26.3.5 绘制边界网络

边界网格命令用于构造一个三维多边形网格，边界可以是圆弧、直线、多段线、样条曲线和椭圆弧，并且必须形成闭合环和公共端点。调用“边界网格”命令的方法如下：

● 显示菜单栏，选择“绘图”→“建模”→“网格”→“边界网格”命令。

● 在命令行窗口中执行EDGESURF命令。

执行上述命令后，具体操作过程如下。

01 打开文件“边界网络.dwg”（光盘:\原始文件\第26章\边界网络.dwg），如图26-38所示。具体操作过程如下：

命令：EDGESURF （执行EDGESURF命令）

当前线框密度：SURFTAB1=6 输入20 （系统自动提示）

选择用做曲面边界的对象1： （选择第一条线段）

选择用做曲面边界的对象2： （选择第二条线段，按【Space】键确认完成）

02 效果如图26-39所示（光盘:\最终文件\第26章\边界网络.dwg）。

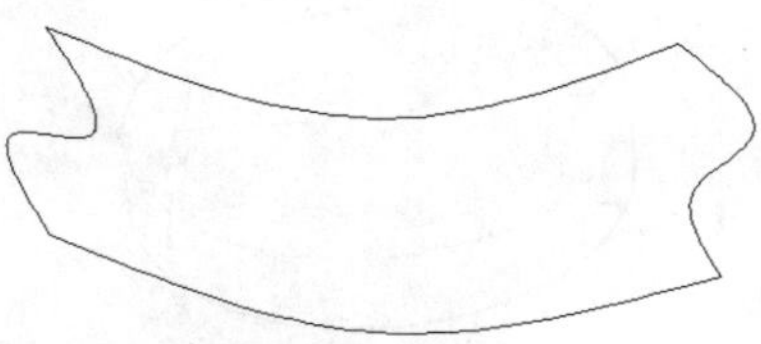

图26-38 原图

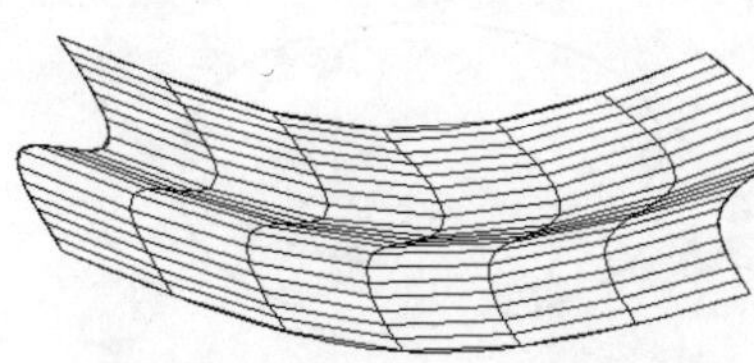

图26-39 边界网络

26.4 绘制三维多段体

在AutoCAD中，与二维图形中多段线相对应的是三维图形中的多段体，它能快速完成一个实体的创建。在默认情况下，多段体始终带有一个矩形的轮廓，用户可在执行多段体命令后，根据提示信息设置多段体的高度和宽度。绘制三维多段体的方法主要有以下几种：

- 显示菜单栏，选择“绘图”→“建模”→“多段体”命令。
- 在命令行窗口中执行POLYSOLID命令。

执行上述命令后，具体操作过程如下：

命令：POLYSOLID	（执行POLYSOLID命令）
高度=80.0000，宽度 = 5.0000，对正 = 居中	（系统自动显示）
指定起点或 [对象(O)/高度(H)/宽度(W)/对正(J)] <对象>:	（在绘图区中指定起点）
指定下一个点或 [圆弧(A)/放弃(U)]:	（指定高度值并确认）
指定下一个点或 [圆弧(A)/放弃(U)]:	（设置高度后，系统的当前提示）
指定下一个点或 [圆弧(A)/闭合(C)/放弃(U)]:	（选择“宽度”选项，设置多段体的宽度）
指定下一个点或 [圆弧(A)/闭合(C)/放弃(U)]:	（指定宽 度并确认）

注意

在执行POLYSOLID命令的过程中，命令行显示“指定起点或 [对象（O）/高度（H）/宽度（W）/对正（J）] <对象>：”时，选择“对象”选项，可以将图形对象转变为三维多段体，其操作方法比较简单，这里不再赘述。

26.5 拓展训练

下面通过几个例子来熟悉一下本章所学习的内容。

26.5.1 初级训练：轴承盖

下面以绘制轴承盖为例，综合练习本节所讲知识。

01 打开“轴承盖.dwg”图形文件（光盘:\原始文件\第26章\轴承盖.dwg），在命令行中执行C命令，绘制一个半径为15的圆，并生成一个高度为5的圆柱，绘制完成后的效果如图26-40所示。同时绘制一个半径为12的圆和一条直线作为辅助线，效果如图26-41所示。

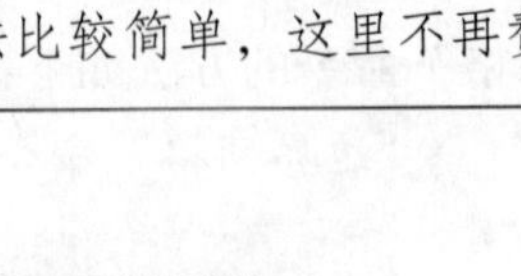

图26-40 圆柱

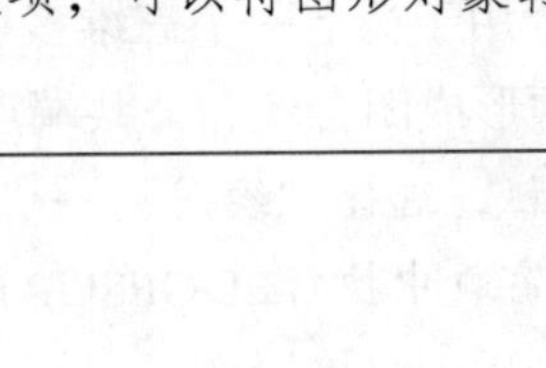

图26-41 辅助线

02 在命令行窗口中执行3DMOVE命令，具体操作过程如下：

命令：3DMOVE （执行3DMOVE命令）
选择对象：找到1个 （选择右边的圆柱体）
选择对象： （按【Space】键确认对象的选择）
指定基点或 [位移(D)] <位移>：指定第二个点或 <使用第一个点作为位移>:正在重生成模型。 （单击圆柱体上方圆的圆心）

03 单击绘制的辅助线，然后按照对角连接线的方向移动鼠标，按【Space】键，绘制完成后的效果如图26-42所示。

04 用阵列的方法绘制出其余3个圆柱，如图26-43所示。

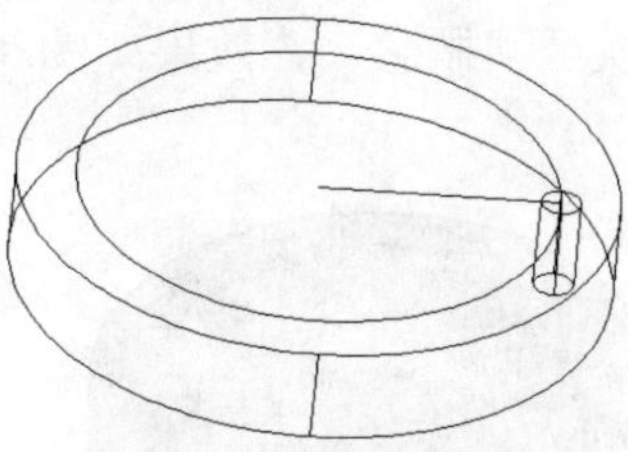

图26-42 移动效果

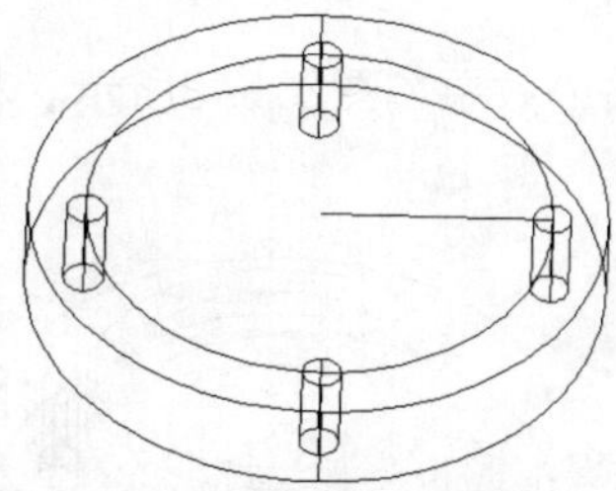

图26-43 阵列效果

05 删除辅助线，在命令行中执行3DROTATE命令，具体操作过程如下：

命令：3DROTATE （执行3DROTATE命令）
UCS 当前的正角方向：ANGDIR=逆时针 ANGBASE=0 （系统自动显示）
选择对象：指定对角点：找到1个 （选择所有的图形对象）
选择对象： （按【Space】键结束选择对象）
指定基点： （单击绘图区右上角的指向标，这里单击“后”方向的右上角，如图26-44所示）
正在恢复执行3DROTATE命令。 （系统自动显示）

06 旋转后的效果如图26-45所示。

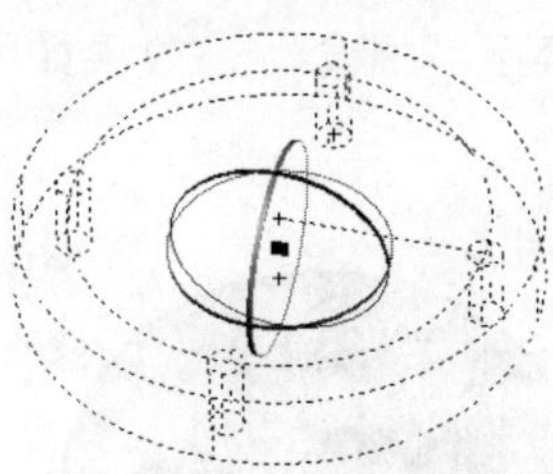

图26-44 动态观察

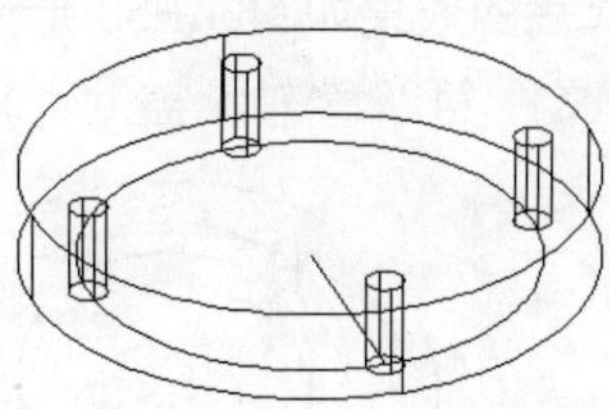

图26-45 改变后效果

07 在命令行中执行C命令，绘制一个半径为10的圆，并生成一个高度为3的圆柱，绘制完成后的效果如图26-46所示。同时绘制一个半径为8、高度为3的圆柱和一个半径为4、高度为10的圆柱，效果如图26-47所示。

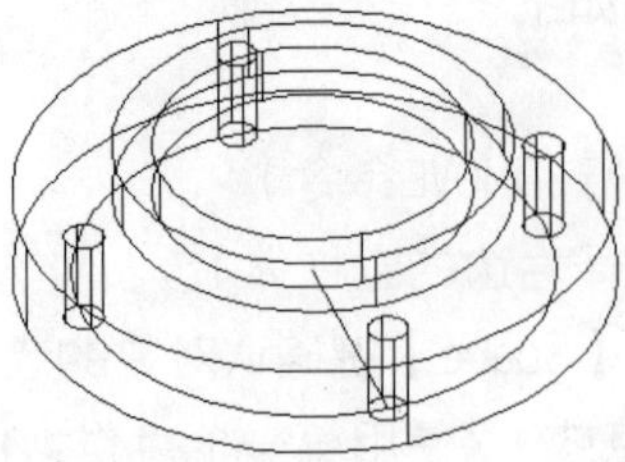

图26-46　绘制圆柱

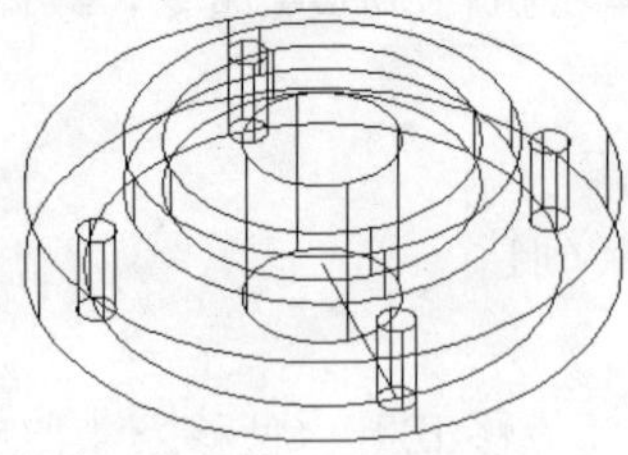

图26-47　绘制圆柱

08 将最初的大圆柱体和半径为10的圆柱体求并集。在命令行中执行UNION命令，具体操作过程如下：

命令：UNION　　（执行UNION命令）
选择对象：指定对角点:找到2个　　（选择绘图区中的所有对象）
选择对象:　　按【Space】键将所选实体合并为一个对象）

09 并集运算后的效果如图26-48所示。将视图样式切换至“概念”，效果如图26-49所示。

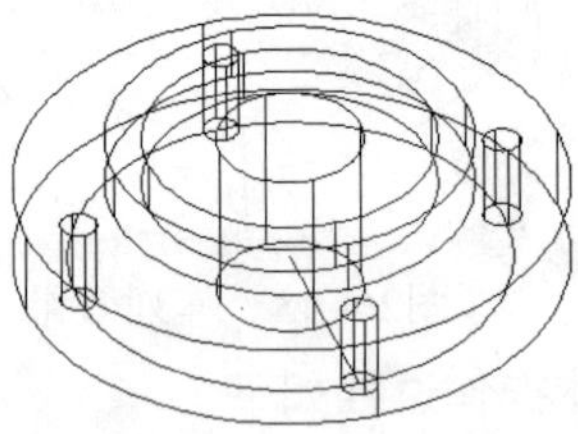

图26-48　求并集后

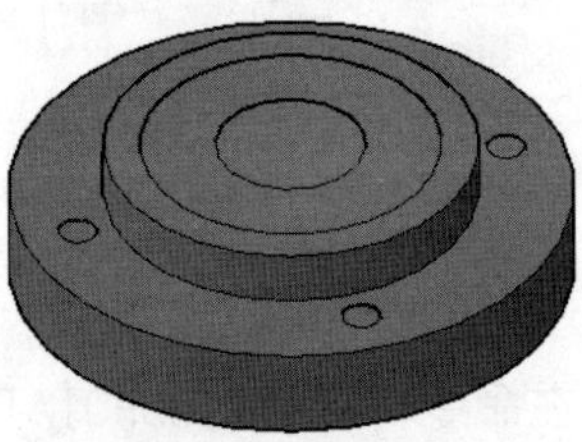

图26-49　“概念”效果

10 进行求差操作，将其余所有圆柱从刚才合并的圆柱中减掉。在命令行中执行SUBTRACT命令，具体操作过程如下：

命令：SUBTRACT　　（执行SUBTRACT命令）
选择要从中减去的实体或面域...　　（选择求差的圆柱体）
选择对象：找到1个　　（系统提示）
选择对象：　　（按【Space】键结束对象的选择）
选择要减去的实体或面域　..　　（选择圆柱体）
选择对象：找到1个　　（按【Space】键结束对象的选择，系统自动进行布尔差集运算）

11 差集运算后的效果如图26-50所示。将视图样式切换至“概念”，效果如图26-51所示（光盘:\最终文件\第26章\轴承盖.dwg）。

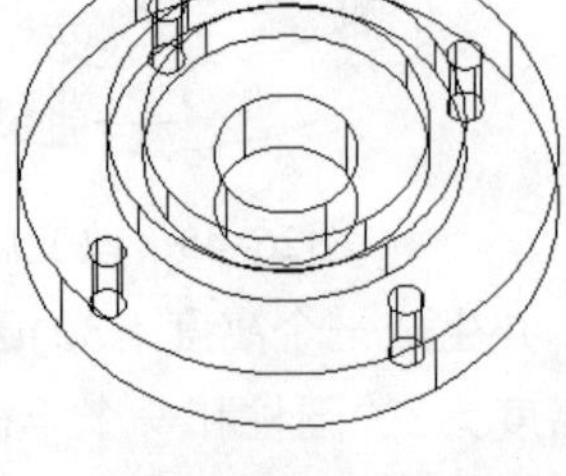

图26-50　原图

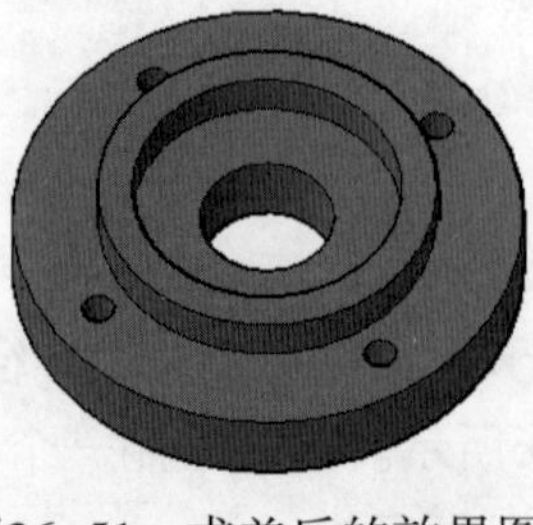

图26-51　求差后的效果图

26.5.2　进阶训练：三角块

操作步骤如下。

01 打开“三角块.dwg”图形文件（光盘:\原始文件\第26章\三角块.dwg），在命令行输入命令3DMIRROR，具体操作过程如下：

命令：3DMIRROR　　（执行3DMIRROR命令）
选择对象：找到1个　　（选择绘图区中的所有对象，如图26-52所示）
选择对象：　　（按【Space】键确认对象的选择）
指定镜像平面（三点）的第一个点或[对象(O)/最近的(L)/Z 轴(Z)/视图(V)/XY 平面(XY)/YZ 平面(YZ)/ZX 平面(ZX)/三点(3)] <三点>：XZ　　（选择镜像的平面，这里选择YZ平面）
指定YZ 平面上的点<0，0，0>：　　（单击如图26-53所示的最下面一个面为镜像对称面）
是否删除源对象？[是(Y)/否(N)] <否>：（按【Space】键完成镜像操作）

02 三维镜像的效果如图26-54所示（光盘:\最终文件\第26章\三角块.dwg）。

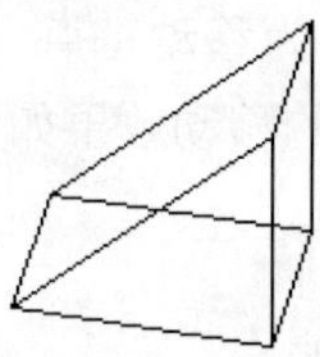

图26-52　原图

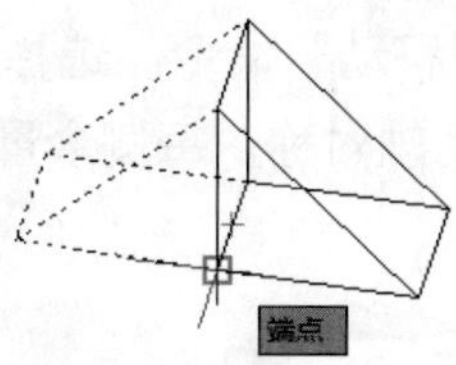

图26-53　选择镜像面

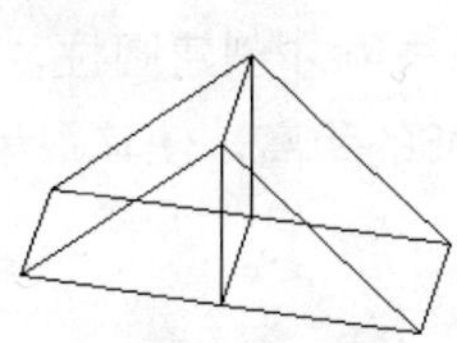

图26-54　镜像效果

03 在命令行中执行UNION命令，具体操作过程如下：

命令：UNION　　（执行UNION命令）
选择对象：指定对角点：找到2个　　（选择绘图区中的所有对象）
选择对象：　　（按【Space】键将所选实体合并为一个对象）

04 并集运算后的效果如图26-55所示。再以下方的中心为圆心，绘制一个半径为100，高度为-500的圆柱。将这个圆柱从三角块中用求差的方法去掉，效果如图26-56所示。

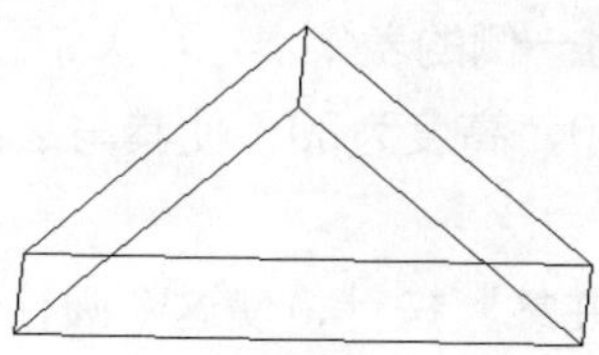

图26-55　求并集后

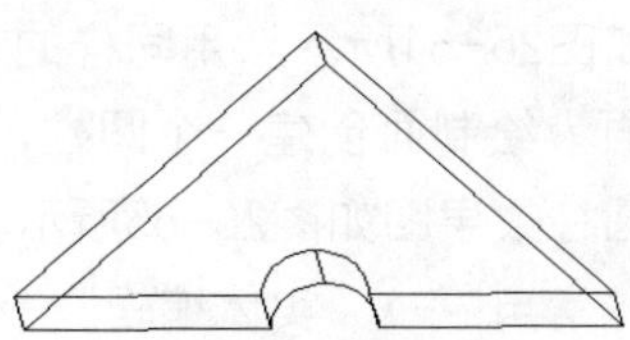

图26-56　最终效果

26.5.3　提高训练：齿轮

操作步骤如下。

01 打开“齿轮.dwg”图形文件（光盘:\原始文件\第26章\齿轮.dwg），效果如图26-57所示。单击功能区“实体”→“实体”→“按住并拖动”按钮，在命令行窗口中输入80，创建了如图26-58所示的实体。

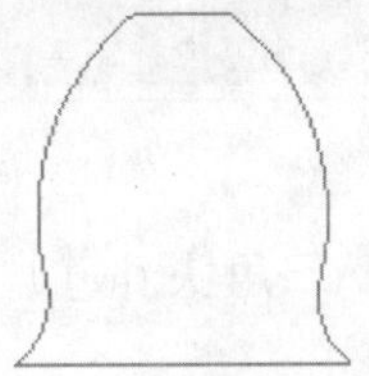

图26-57　原效果图

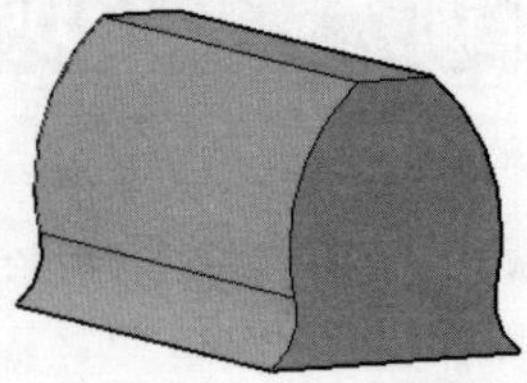

图26-58　实体效果

02 将视图切换到“前视”，在中点下方400处找到一条辅助线，效果如图26-59所示。以这条辅助线的终点为下一条线的起点，绘制一条Z轴方向的直线。然后对齿轮进行阵列创建。单击功能区“常用”→“修改”→“阵列”→“环形阵列”按钮，阵列对象为之前创建的实体，阵列中心线为刚才创建的Z轴方向的直线。设置阵列角度为360°，阵列个数为40个，完成的效果如图26-60所示。

03 然后进行圆柱创建。以刚才绘制的Z轴方向的直线为中心线，创建一个圆柱体，高度为90，半径为355，效果如图26-61所示。

04 右键单击刚才创建圆柱，选择“移动”命令。选择圆柱的中心为移动基点，将它向Z轴负方向移动5的距离，使其跟齿轮达到轴对称，每侧余量为5，完成的移动效果如图26-62所示。

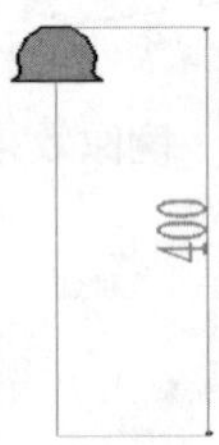

图26-59　绘制辅助线

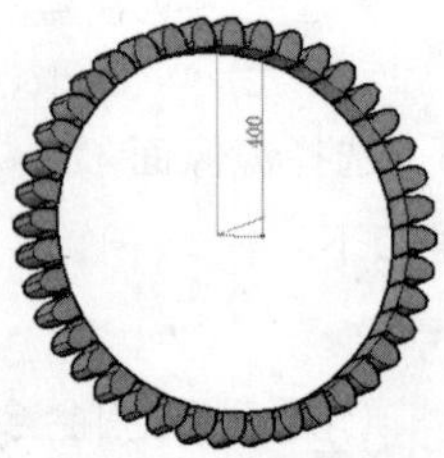

图26-60　阵列效果

图26-61　圆柱创建

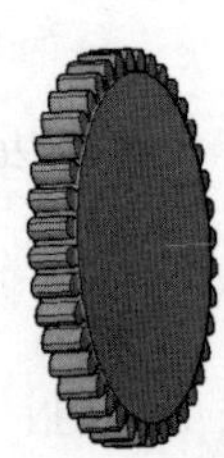

图26-62　圆柱移动

05 以刚才创建的圆柱的底面为绘制平面，绘制一个圆形。再创建一个圆柱，中心与上一个圆柱重合，半径为340，高度为-30，创建的效果如图26-63所示。

06 单击功能区“常用”→“实体编辑”→“实体，差集”按钮，将刚才绘制的圆柱从大圆柱里减掉，效果如图26-64所示。用同样的方法创建另一侧的差集。

07 以求差的底面为绘制面创建一个圆柱，半径为150，高度为30，使其与之前减掉的高度一样高，创建的圆柱效果图如图26-65所示。

08 单击功能区“常用”→“实体编辑”→“实体，并集”按针，使这个圆柱与之前的几个圆柱合为一体，效果图如图26-66所示。用同样的方法创建另一侧的并集。

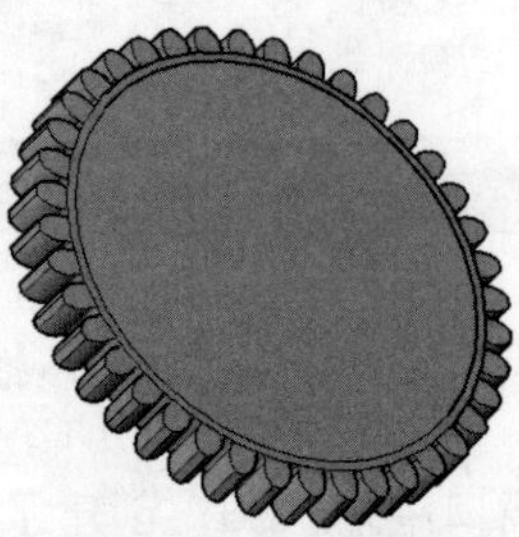

图26-63　创建圆柱

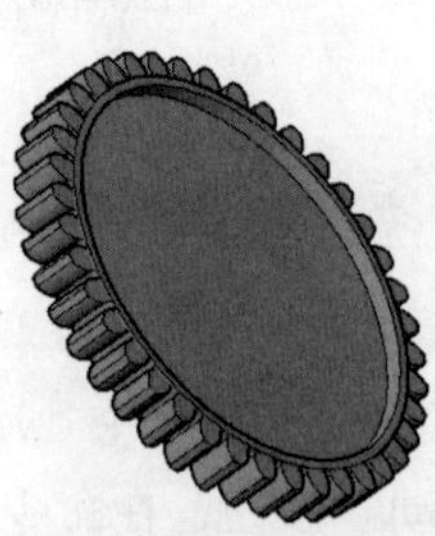

图26-64　求差图

26-65　绘制圆柱

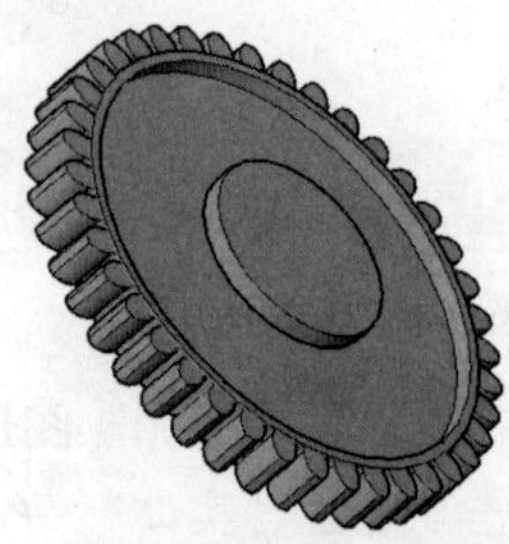

图26-66　创建并集

09 取以上所有圆柱的同心继续绘制圆柱，半径为90，并输入高度为-90，创建的效果图如图26-67所示。

10 单击功能区“常用”→“实体编辑”→“实体，差集”按钮，将刚才绘制的圆柱从原来的圆柱集合中减掉，效果图如图26-68所示。

11 将视图切换至“前视”，并绘制一个如图26-69所示的槽型封闭曲线，用于求差集来形成键槽。绘制完成后，单击“按住并拖动”按钮来创建实体，并用求差法将其减掉。将视图样式切换至“概念”，完成的最终效果如图26-70所示。

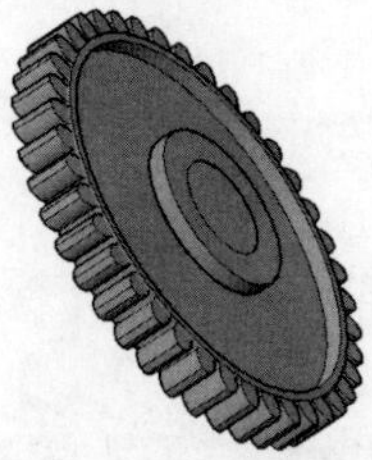

图26-67　绘制圆柱

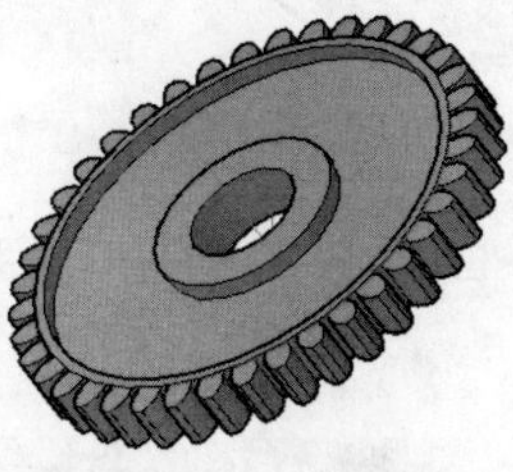

图26-68　差集效果

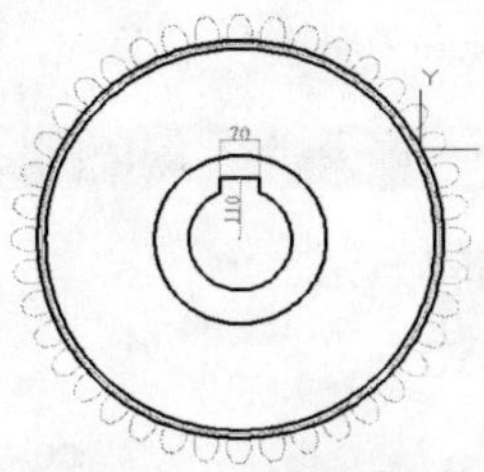

图26-69　绘制槽型

图26-70　“概念”效果

26.6 本章小结

本章主要介绍了三维模型的一些简单编辑命令，如最基础的移动、旋转、阵列和镜像等。然后介绍了进一步的布尔运算，以及三维网路的绘制。这些都是比较基础的三维图形编辑命令，通过本章的学习，读者应该熟练地对三维模型进行简单的编辑，为后续较复杂的三维编辑打下良好的基础。

第27章 编辑三维模型（二）

学习导航

在AutoCAD中，不仅可以通过布尔运算创建复杂实体、对实体进行修圆角与倒角，还可以利用SOLIDEDIT命令对实体的面进行编辑。本章将继续学习三维实体模型的编辑方法。

学习重点

- □ 掌握三维实体的编辑方法
- □ 熟悉三维图形的面编辑
- □ 学会编辑三维实体边

本章将继续介绍三维图形的编辑，包括抽壳等对实体的编辑，也包括压印边等对边的编辑，本章将与上一章结合，完善三维图形的介绍。

27.1 编辑三维对象

在绘制的三维实体对象不能满足需要时，还可以对其进行编辑，如剖切、加厚、抽壳、分解，以及对视图进行倒角和圆角处理。下面分别讲解具体的操作方法。

27.1.1 剖切实体

使用SLICE命令，可以用某一切割面来剖切实体。其中，切割面可以通过三点定义，或是平行于XY、YZ、ZX的平面，以及选择某个对象。被剖切的实体可以保留其中某一部分。调用“剖切”命令的方法如下：

- 显示菜单栏，选择“修改”→“三维操作”→“剖切”命令。
- 在命令行窗口中执行SLICE命令。

剖切实体的具体操作如下。

01 打开“圆柱体.dwg”图形文件（光盘:\原始文件\第27章\圆柱体.dwg），在命令行中执行SLICE命令，具体操作过程如下：

命令：SLICE　　（执行SLICE命令）

选择要剖切的对象：找到 1 个　　（选择绘图区中所有对象）

选择要剖切的对象：　　（按【Space】键结束对象的选择）

指定切面的起点或 [平面对象(O)/曲面(S)/Z 轴(Z)/视图(V)/XY(XY)/YZ(YZ)/ZX(ZX)/三点(3)] <三点

```
>: YZ                                （按YZ平面剖切）
指定 YZ 平面上的点 <0,0,0>: from      （输入捕捉“自”命令）
基点:                                （选择如图27-1所示的上圆圆心）
在所需的侧面上指定点或 [保留两个侧面(B)] <保留两个侧面>:
                                     （直接按【Space】键确认保留两个侧面）
```

02 剖切实体后的效果如图27-2所示（光盘:\最终文件\第27章\圆柱体.dwg）。

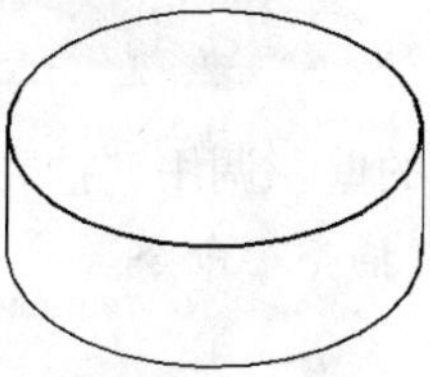

图27-1 原图

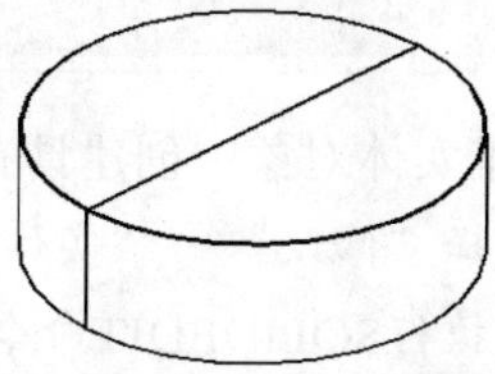

图27-2 剖切效果

在执行命令的过程中，命令行各选项含义如下。

- 平面对象：将剖切面与圆、圆弧、椭圆、椭圆弧、二维样条曲线或二维多段线对齐。
- 曲面：将剖切面与曲面对齐。
- Z轴：通过平面上指定一点和在平面的Z轴上指定另一点来确定剖切平面。
- 视图：将剖切面与当前视口的视图平面对齐。指定点可确定剖切平面的位置。
- XY：将剖切面与当前UCS的XY平面对齐。指定点可确定剖切面的位置。
- YZ：将剖切面与当前UCS的YZ平面对齐。指定点可确定剖切面的位置。
- ZX：将剖切面与当前UCS的ZX平面对齐。指定点可确定剖切面的位置。
- 三点：用三点确定剖切面。

注意

在剖切三维实体对象时，剖切面可以是对象、Z轴、视图、XY/YZ/ZX平面或3点定义的面。

27.1.2 加厚实体

加厚实体命令可以为平面网格和三维网格等曲面添加厚度，调用“加厚”命令的方法如下：

- 显示菜单栏，选择“修改”→“三维操作”→“加厚”命令。
- 在命令行窗口中执行THICKEN命令。

加厚实体的具体操作过程如下。

01 打开“加厚体.dwg”图形文件（光盘:\原始文件\第27章\加厚体dwg），如图27-3所示，在命令行中执行THICKEN命令，具体操作过程如下：

```
命令: THICKEN                    （执行THICKEN命令）
选择要加厚的曲面: 找到 1 个      （选择需要加厚的曲面，这里选择绘图区中的平面曲面）
选择要加厚的曲面:                （按【Space】键确认对象的选择）
指定厚度:4                       （输入需要加厚的厚度，这里输入4，并按【Space】键）
```

02 加厚实体后的效果如图27-4所示（光盘:\最终文件\第27章\加厚体.dwg）。

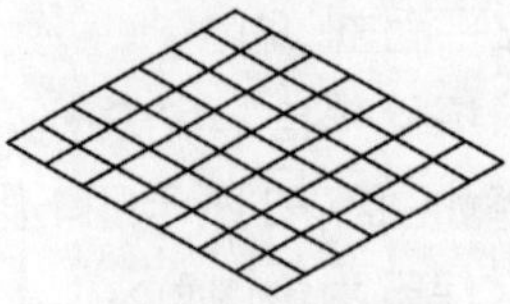

图27-3　原图

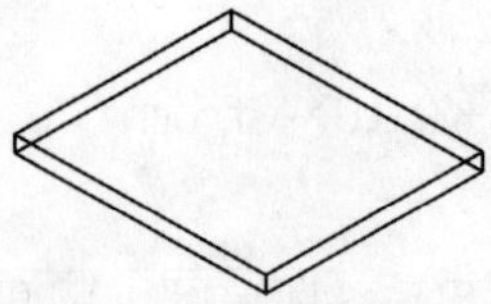

图27-4　加厚效果

27.1.3　抽壳实体

抽壳实体是指在三维实体对象中创建具有指定厚度的壁。调用“抽壳”命令的方法如下：

- 显示菜单栏，选择“修改”→“实体编辑”→“抽壳”命令。
- 在命令行窗口中执行SOLIDEDIT命令。

执行上述命令后，具体操作过程如下。

01 打开“圆台.dwg”图形文件（光盘:\原始文件\第27章\圆台.dwg），如图27-5所示，在命令行中执行SOLIDEDIT命令，具体操作过程如下：

命令：SOLIDEDIT　　（执行SOLIDEDIT命令）
实体编辑自动检查：　SOLIDCHECK=1　　（系统提示）
输入实体编辑选项 [面(F)/边(E)/体(B)/放弃(U)/退出(X)] <退出>：B
（选择“体”选项，并按【Space】键）
输入体编辑选项 [压印(I)/分割实体(P)/抽壳(S)/清除(L)/检查(C)/放弃(U)/退出(X)] <退出>：S
（选择“抽壳”选项，并按【Space】键）
选择三维实体：　　（选择绘图区中的所有对象）
删除面或 [放弃(U)/添加(A)/全部(ALL)]：　（按【Space】键确认选择）
输入抽壳偏移距离：1　　（输入抽壳的偏移距离，这里输入1）
已开始实体校验。
已完成实体校验。　　（系统自动显示）
输入体编辑选项[压印(I)/分割实体(P)/抽壳(S)/清除(L)/检查(C)/放弃(U)/退出(X)] <退出>：
（按【Space】键）
实体编辑自动检查：　SOLIDCHECK=1　（系统自动显示）
输入实体编辑选项 [面(F)/边(E)/体(B)/放弃(U)/退出(X)] <退出>：
（按【Space】键结束命令）

02 抽壳实体后的效果如图27-6所示（光盘:\最终文件\第27章\圆台.dwg）。

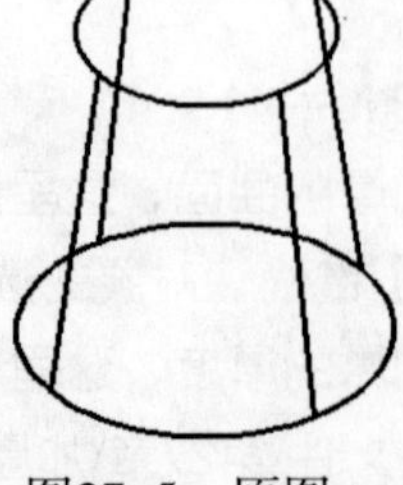

图27-5　原图

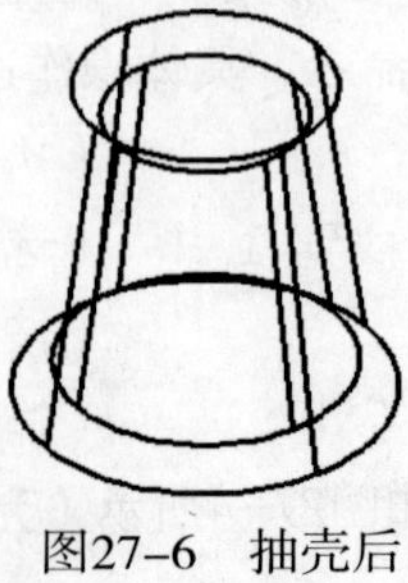

图27-6　抽壳后

27.1.4 分解实体

分解实体与分解二维对象的方法相同，调用该命令的方法如下：

- 在“常用”选项卡的“修改”面板中，单击“分解”按钮。
- 显示菜单栏，选择“修改”→“分解”命令。
- 在命令行窗口中执行EXPLODE命令。

执行上述命令后，具体操作过程如下。

命令：EXPLODE　　（执行EXPLODE命令）
选择对象：找到 1 个　　（选择需要分解的三维实体对象）
选择对象：　　（按【Space】键确认选择并完成分解操作）

27.1.5 倒角

对三维实体进行倒角分为倒直角与倒圆角，这与为二维图形对象进行倒角类似，下面分别进行讲解。

1. 倒直角

对三维对象倒直角的方法如下：

- 在“常用”选项卡的“修改”面板中，单击“圆角”按钮右侧的▾按钮，在弹出的下拉列表中选择“倒角”命令。
- 显示菜单栏，选择“修改”→“倒角”命令。
- 在命令行窗口中执行CHAMFER或CHA命令。

对实体进行倒直角的具体操作过程如下。

01 打开“倒角.dwg”图形文件（光盘:\原始文件\第27章\倒角.dwg），在命令行中执行CHAMFER命令，具体操作过程如下：

命令：CHAMFER　　（执行CHAMFER命令）
（“修剪”模式）当前倒角距离1=0.0000，距离2= 0.0000　（系统当前提示）
选择第一条直线或 [放弃(U)/多段线(P)/距离(D)/角度(A)/修剪(T)/方式(E)/多个(M)]:
　　（选择需要倒角的一面，即如图27-7所示圆柱外表面）
基面选择...　　（选择面后，系统当前提示）
输入曲面选择选项 [下一个(N)/当前(OK)] <当前(OK)>:　（按【Space】键）
指定基面的倒角距离：2　　（指定倒角的距离，这里输入2）
指定其他曲面的倒角距离 <2.0000>:
　　（按【Space】键，指定其他的倒角距离）
选择边或 [环(L)]: 选择边或 [环(L)]:
　　（选择需要倒角的边）

02 对实体进行倒直角后的效果如图27-8所示（光盘:\最终文件\第27章\倒角.dwg）。

图27-7 原图

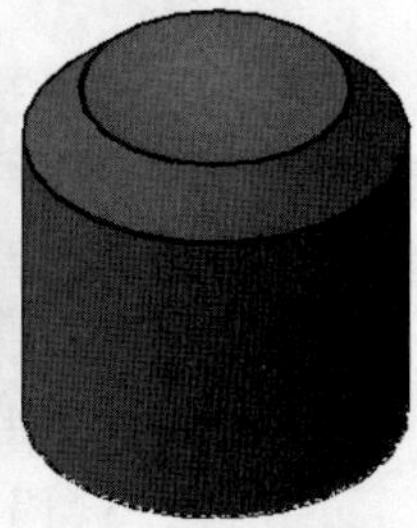
图27-8 倒角后

2. 倒圆角

对三维对象倒圆角的方法如下：

- 在“常用”选项卡的“修改”面板中，单击“圆角”按钮。
- 显示菜单栏，选择“修改”→“圆角”命令。
- 在命令行窗口中执行FILLET命令。

对实体进行倒圆角的具体操作步骤如下。

01 打开“倒圆角.dwg”图形文件（光盘:\原始文件\第27章\倒圆角.dwg），在命令行中执行FILLET命令，具体操作过程如下：

命令：FILLET （执行FILLET命令）

当前设置：模式=修剪，半径=0.0000 （系统当前提示）

选择第一个对象或 [放弃(U)/多段线(P)/半径(R)/修剪(T)/多个(M)]:

（选择如图27-9所示的上棱边）

输入圆角半径：2 （输入圆角半径值，这里输入2，并按【Space】键）

选择边或 [链(C)/半径(R)]: （按【Space】键确认边的选择并进行倒圆角）

已选定 1 个边用于圆角。 （系统提示已对选择的边进行倒圆角）

02 进行倒圆角处理后的效果如图27-10所示（光盘:\最终文件\第27章\倒圆角.dwg）。

图27-9 原图

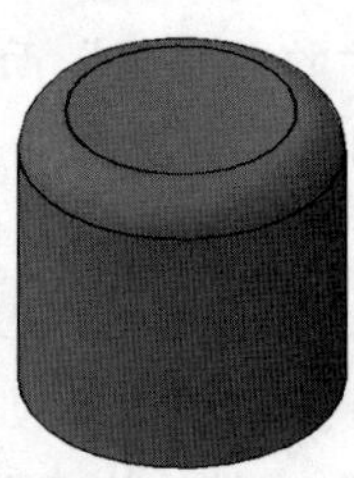

图27-10 倒圆角后

27.1.6 自我强化：传动轴套

下面以绘制传动轴套为例，综合练习本节所讲知识。

01 打开“传动轴套.dwg”图形文件（光盘:\原始文件\第27章\传动轴套.dwg），在命令行中执行FILLET命令，具体操作过程如下：

命令：FILLET （执行FILLET命令）

当前设置：模式=修剪，半径=0.0000 （系统当前提示）

选择第一个对象或 [放弃(U)/多段线(P)/半径(R)/修剪(T)/多个(M)]:

（选择如图27-11所示的最上方外侧圆弧线）

输入圆角半径：2 （输入2，并按【Space】键）

选择边或 [链(C)/半径(R)]: （选择如图27-11所示最上方内侧圆弧线）

选择边或 [链(C)/半径(R)]: （选择如图27-11所示最下侧圆）

选择边或 [链(C)/半径(R)]: （按【Space】键确认）

已选定 3 个边用于圆角。 （系统提示已对选择的边进行倒圆角，效果如图27-12所示）

图27-11　原图形

图27-12　倒圆角后

02 将视觉样式切换至“概念”，按照相同的方法，选择柱体与下半部分的外侧交线圆，对其进行倒圆角设置。半径为1，倒圆角后的效果如图27-13所示。

03 在命令行中执行CHAMFER命令，具体操作过程如下：

命令：CHAMFER　　（执行CHAMFER命令）
（“修剪”模式）当前倒角距离 1 = 0.0000，距离 2 = 0.0000
　　（系统当前提示）
选择第一条直线或 [放弃(U)/多段线(P)/距离(D)/角度(A)/修剪(T)/方式(E)/多个(M)]:
　　（选择如图27-11所示的所有小圆孔）
基面选择...　　（选择面后，系统当前提示）
输入曲面选择选项 [下一个(N)/当前(OK)] <当前(OK)>:
　　（按【Space】键）
指定基面的倒角距离：1　　（指定倒角的距离，这里输入1并按【Space】键）
指定其他曲面的倒角距离 <1.0000>:　　（按【Space】键，指定其他的倒角距离）
选择边或 [环(L)]: 选择边或 [环(L)]:　　（选择如图27-11所示的所有小圆处，按【Space】键，倒角后的效果如图27-14所示）

04 显示菜单栏，选择“视图”→“视觉样式”→“线框”命令，将视觉样式设置为线框样式，效果如图27-15所示（光盘:\最终文件\第27章\传动轴套.dwg）。

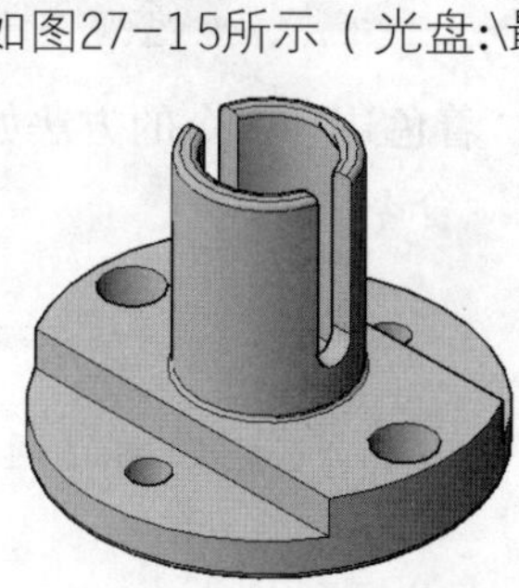

图27-13　圆角效果

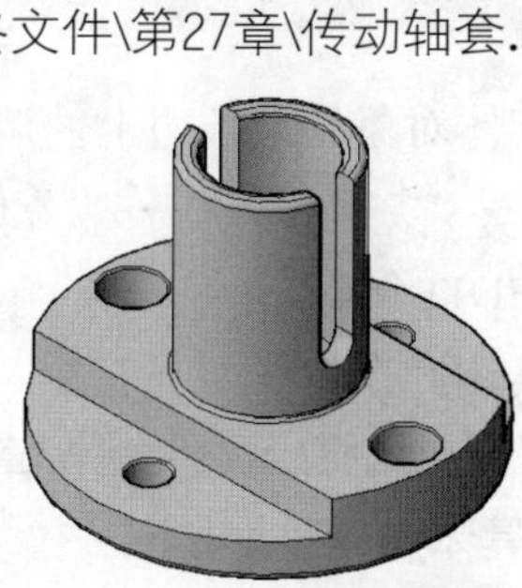

图27-14　倒角效果

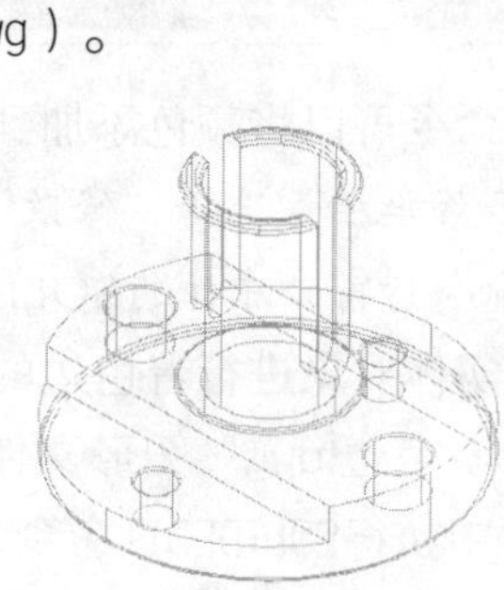

图27-15　线框样式

27.2 编辑三维实体边

AutoCAD提供的三维编辑命令可以细致到边，下面对三维边的编辑进行讲解。

27.2.1 压印边

压印边命令可以在选择的对象上压印另一个对象，被压印的对象必须与选择对象的一个或多个面相交，这样压印边操作才能完成。调用“压印边”命令的方法如下：

- 显示菜单栏，选择“修改”→“实体编辑”→“压印边”命令。
- 在命令行窗口中执行IMPRINT命令。

对三维实体对象进行压印边的具体操作如下。

01 打开“压印边.dwg”图形文件（光盘:\原始文件\第27章\压印边.dwg），如图27-16所示，在命令行中执行IMPRINT命令，具体操作过程如下：

命令: IMPRINT （执行IMPRINT命令）
设置ISOLINES=20
选择三维实体: （选择三维实体，这里选择长方体）
选择要压印的对象: （选择需要压印的对象，这里选择球体）
是否删除源对象 [是(Y)/否(N)] <N>: y （按【Space】键保持默认不变）
选择要压印的对象: （按【Space】键结束命令）

02 压印边后的效果如图27-17所示（光盘:\最终文件\第27章\压印边.dwg）。

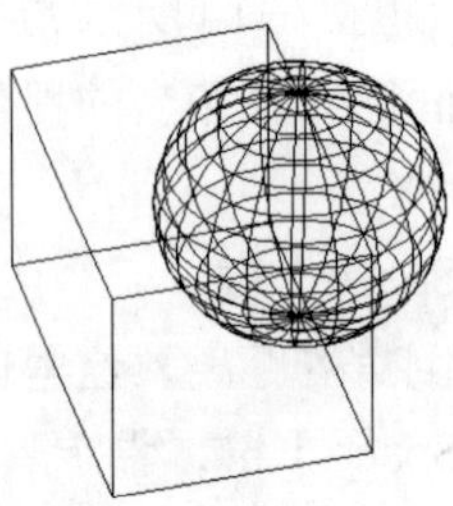
图27-16 原图

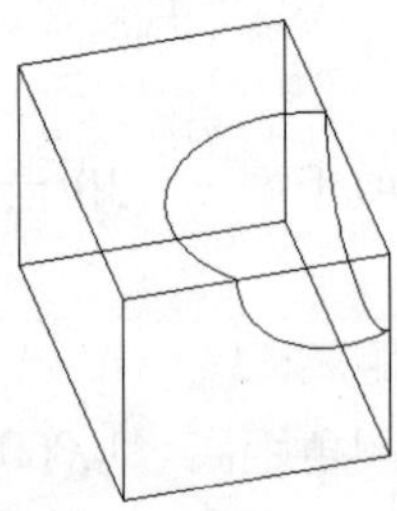
图27-17 压印边效果

27.2.2 着色边

着色边命令可以将颜色添加到实体对象的某条边上。调用“着色边”命令的方法如下：

- 显示菜单栏，选择“修改”→“实体编辑”→“着色边”命令。
- 在命令行窗口中执行SOLIDEDIT命令。

对三维实体对象进行着色边的具体操作步骤如下。

01 打开“着色边.dwg”图形文件（光盘:\原始文件\第27章\着色边.dwg），如图27-18所示，在命令行中执行SOLIDEDIT命令，具体操作过程如下：

命令: SOLIDEDIT （执行SOLIDEDIT命令）
实体编辑自动检查: SOLIDCHECK=1 （系统当前提示）
输入实体编辑选项 [面(F)/边(E)/体(B)/放弃(U)/退出(X)] <退出>: E
（选择“边”选项，按【Space】键）
输入边编辑选项 [复制(C)/着色(L)/放弃(U)/退出(X)] <退出>: L
（选择“着色”选项，按【Space】键）

选择边或 [放弃(U)/删除(R)]:　　（选择长方体的一条边，如图27-18所示）
选择边或 [放弃(U)/删除(R)]:　　（按【Space】键确认，弹出“选择颜色”对话框，选择相应的颜色，这里选择“青色”，然后单击“确定”按钮）
输入边编辑选项 [复制(C)/着色(L)/放弃(U)/退出(X)] <退出>:
（按【Space】键）
实体编辑自动检查:　SOLIDCHECK=1　　（系统当前提示）
输入实体编辑选项 [面(F)/边(E)/体(B)/放弃(U)/退出(X)] <退出>:
（按【Space】键结束命令）

02 着色边后的效果如图27-19所示（光盘:\最终文件\第27章\着色边.dwg）。

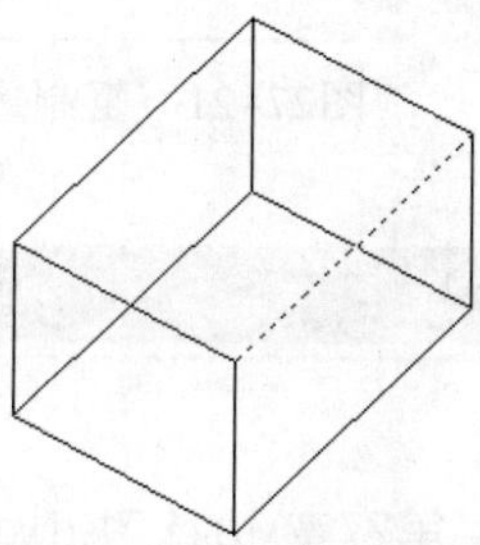

图27-18　选择边

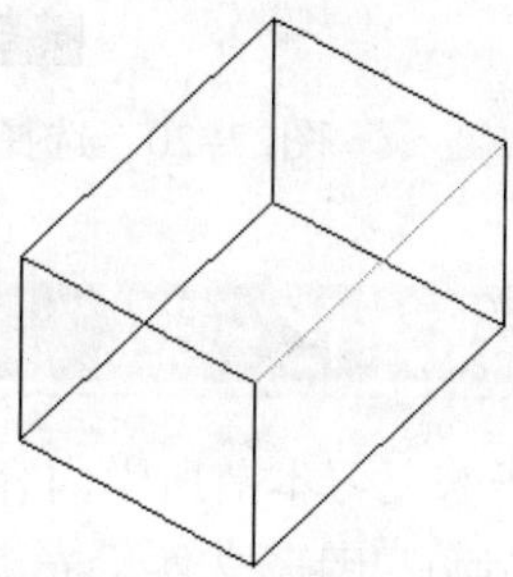

图27-19　着色边

27.2.3　复制边

复制边命令可以复制三维实体上被选择的边线。调用“复制边”命令的方法如下：

- 显示菜单栏，选择“修改”→“实体编辑”→“复制边”命令。
- 在命令行窗口执行SOLIDEDIT命令。

对三维实体对象进行复制边的具体操作步骤如下。

01 打开“复制边.dwg”图形文件（光盘:\原始文件\第27章\复制边.dwg），在命令行中执行SOLIDEDIT命令，具体操作过程如下：

命令: SOLIDEDIT　　（执行SOLIDEDIT命令）
实体编辑自动检查:　SOLIDCHECK=1　　（系统当前提示）
输入实体编辑选项 [面(F)/边(E)/体(B)/放弃(U)/退出(X)] <退出>: E
（选择“边”选项，按【Space】键）
输入边编辑选项[复制(C)/着色(L)/放弃(U)/退出(X)]<退出>:C
（选择“复制”选项，按【Space】键）
选择边或 [放弃(U)/删除(R)]:　　（选择如图27-20所示的边）
选择边或 [放弃(U)/删除(R)]:　　（按【Space】键）
指定基点或位移:　　（指定所选边的中点）
指定位移的第二点: 220　　（向上方移动鼠标并输入220）
输入边编辑选项 [复制(C)/着色(L)/放弃(U)/退出(X)] <退出>:

（按【Space】键）

实体编辑自动检查：SOLIDCHECK=1　　（系统当前提示）

输入实体编辑选项 [面(F)/边(E)/体(B)/放弃(U)/退出(X)] <退出>:

（按【Space】键结束命令）

02 复制边后的效果如图27-21所示（光盘:\最终文件\第27章\复制边.dwg）。

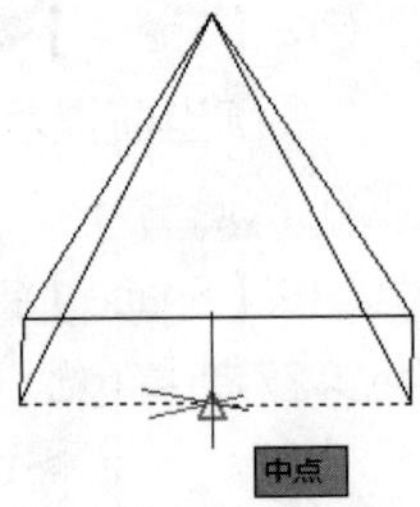

图27-20　选择边

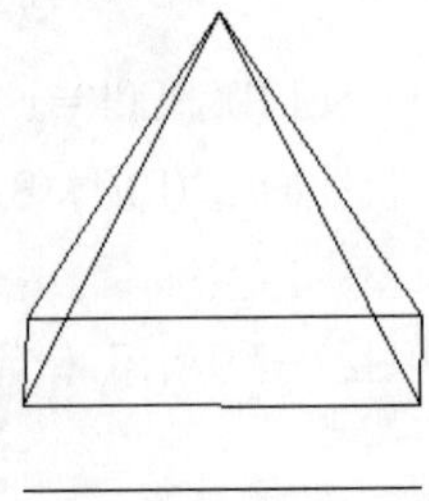

图27-21　复制边效果

27.2.4　自我强化：边

下面用一个例子来复习本节所学内容。

01 打开“边练习.dwg”图形文件（光盘:\原始文件\第27章\边练习.dwg），如图27-22所示。在命令行中执行IMPRINT命令，具体操作过程如下：

命令：IMPRINT　　（执行IMPRINT命令）

设置ISOLINES=20

选择三维实体：　　（选择三维实体，这里选择长方体）

选择要压印的对象：　　（选择需要压印的对象，这里选择球体）

是否删除源对象 [是(Y)/否(N)] <N>: y　　（按【Space】键保持默认不变）

选择要压印的对象：　　（按【Space】键结束命令）

02 压印边后的效果如图27-23所示。

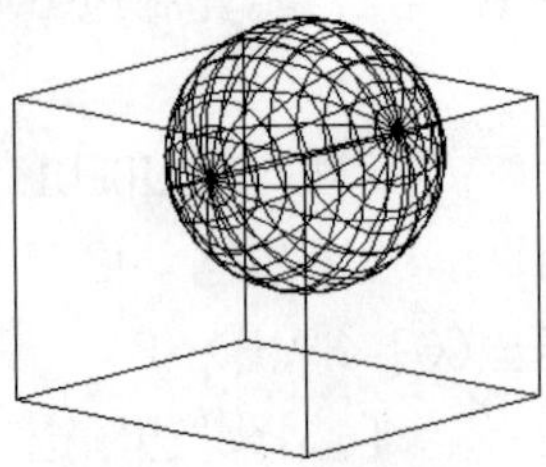

图27-22　原图

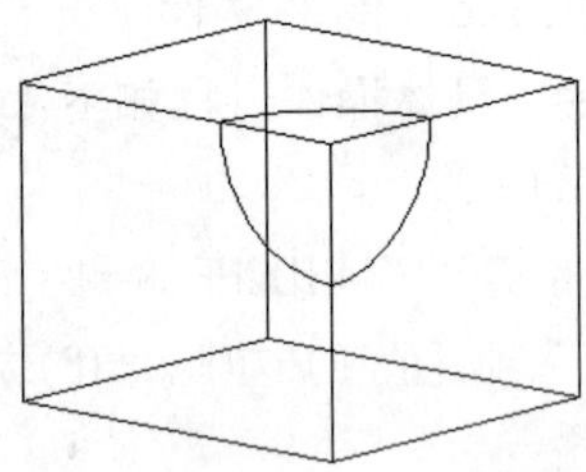

图27-23　压印边效果

03 在命令行中执行SOLIDEDIT命令，具体操作过程如下：

命令：SOLIDEDIT　　（执行SOLIDEDIT命令）

实体编辑自动检查：　SOLIDCHECK=1　　（系统当前提示）

输入实体编辑选项 [面(F)/边(E)/体(B)/放弃(U)/退出(X)] <退出>: E

（选择“边”选项，按【Space】键）

输入边编辑选项 [复制(C)/着色(L)/放弃(U)/退出(X)] <退出>: L
（选择“着色”选项，按【Space】键）

选择边或 [放弃(U)/删除(R)]:　（选择如图27-24所示的压印边）

选择边或 [放弃(U)/删除(R)]:　（按【Space】键确认，弹出“选择颜色”对话框，选择相应的颜色，这里选择“绿色”，然后单击“确定”按钮）

输入边编辑选项 [复制(C)/着色(L)/放弃(U)/退出(X)] <退出>:
（按【Space】键）

实体编辑自动检查: SOLIDCHECK=1　（系统当前提示）

输入实体编辑选项 [面(F)/边(E)/体(B)/放弃(U)/退出(X)] <退出>:
（按【Space】键结束命令）

04 着色边后的效果如图27-25所示（光盘:\最终文件\第27章\边练习.dwg）。

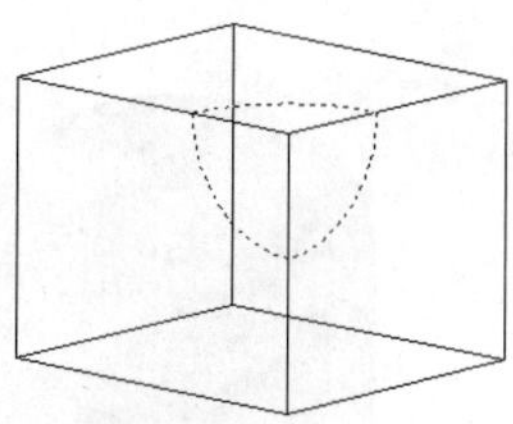

图27-24　选择边

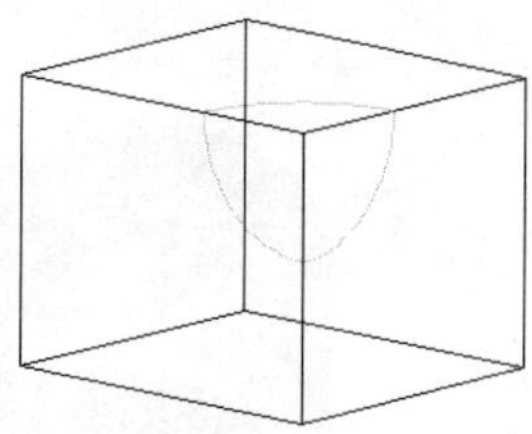

图27-25　着色边

27.3 编辑三维实体面

除了能对边、实体进行编辑，AutoCAD也可以对面进行编辑。编辑三维实体面包括拉伸、移动、删除、旋转、倾斜、偏移、着色及复制等操作，下面分别进行讲解。

27.3.1　拉伸面

拉伸命令可以将选择的三维实体对象的面按某一路径或指定高度进行拉伸。调用“拉伸面”命令的方法如下：

- 显示菜单栏，选择“修改”→“实体编辑”→“拉伸面”命令。
- 在命令行窗口中执行SOLIDEDIT命令。

对三维实体面进行拉伸的具体操作步骤如下。

01 打开“拉伸面.dwg”图形文件（光盘:\原始文件\第27章\拉伸面.dwg），在命令行中执行SOLIDEDIT命令，具体操作过程如下：

命令: SOLIDEDIT　（执行SOLIDEDIT命令）

实体编辑自动检查: SOLIDCHECK=1　（系统当前提示）

输入实体编辑选项 [面(F)/边(E)/体(B)/放弃(U)/退出(X)] <退出>: F
（选择“面”选项，并按【Space】键）

输入面编辑选项 [拉伸(E)/移动(M)/旋转(R)/偏移(O)/倾斜(T)/删除(D)/复制(C)/颜色(L)/材质(A)/放弃(U)/退出(X)] <退出>: E （选择“拉伸”选项，并按【Space】键）

选择面或 [放弃(U)/删除(R)]: 找到一个面。 （选择长方体上方的面，如图27-26所示）

选择面或 [放弃(U)/删除(R)/全部(ALL)]: （按【Space】键确认对象的选择）

指定拉伸高度或 [路径(P)]: 90 （输入90，并按【Space】键）

指定拉伸的倾斜角度 <0>: 0 （输入0，并按【Space】键）

已开始实体校验。

已完成实体校验。 （系统当前提示）

输入面编辑选项[拉伸(E)/移动(M)/旋转(R)/偏移(O)/倾斜(T)/删除(D)/复制(C)/颜色(L)/材质(A)/放弃(U)/退出(X)] <退出>: （按【Space】键，默认选择）

实体编辑自动检查： SOLIDCHECK=1 （系统当前提示）

02 拉伸面后的效果如图27-27所示（光盘:\最终文件\第27章\拉伸面.dwg）。

图27-26 选择面

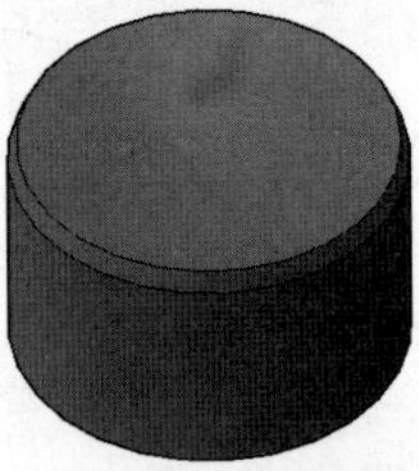

图27-27 拉伸后的面

27.3.2 移动面

移动面命令可以沿指定的距离或高度移动三维实体对象的面。调用“移动面”命令的方法如下：

- 显示菜单栏，选择“修改”→“实体编辑”→“移动面”命令。
- 在命令行窗口中执行SOLIDEDIT命令。

移动三维实体对象的面的具体操作步骤如下。

01 打开“移动面.dwg”图形文件（光盘:\原始文件\第27章\移动面.dwg），在命令行中执行SOLIDEDIT命令，具体操作过程如下：

命令: SOLIDEDIT （执行SOLIDEDIT命令）

实体编辑自动检查： SOLIDCHECK=1 （系统当前提示）

输入实体编辑选项 [面(F)/边(E)/体(B)/放弃(U)/退出(X)] <退出>: F

（选择“面”选项，并按【Space】键）

输入面编辑选项 [拉伸(E)/移动(M)/旋转(R)/偏移(O)/倾斜(T)/删除(D)/复制(C)/颜色(L)/材质(A)/放弃(U)/退出(X)] <退出>: M （选择“移动”选项，并按【Space】键）

选择面或 [放弃(U)/删除(R)]: 找到一个面。 （选择图形中最上方的面，如图27-28所示）

选择面或 [放弃(U)/删除(R)/全部(ALL)]: （按【Space】键）

指定基点或位移: （单击一条线的中点）
指定位移的第二点: 200 （将鼠标垂直向上移动，并输入200，按【Space】键）
已开始实体校验。
已完成实体校验。 （系统当前提示）
输入面编辑选项 [拉伸(E)/移动(M)/旋转(R)/偏移(O)/倾斜(T)/删除(D)/复制(C)/颜色(L)/材质(A)/放弃(U)/退出(X)] <退出>: （按【Space】键）
实体编辑自动检查: SOLIDCHECK=1 （系统当前提示）
输入实体编辑选项 [面(F)/边(E)/体(B)/放弃(U)/退出(X)] <退出>:
（按【Space】键结束命令）

移动面后的效果如图27-29所示（光盘:\最终文件\第27章\移动面.dwg）。

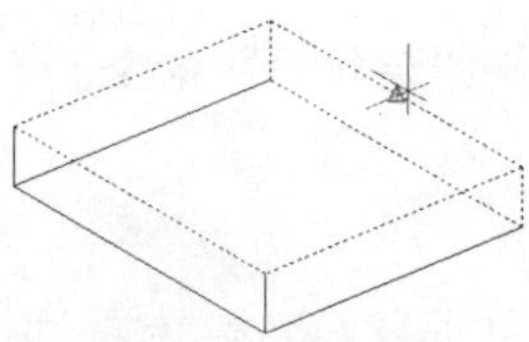

图27-28 选择面

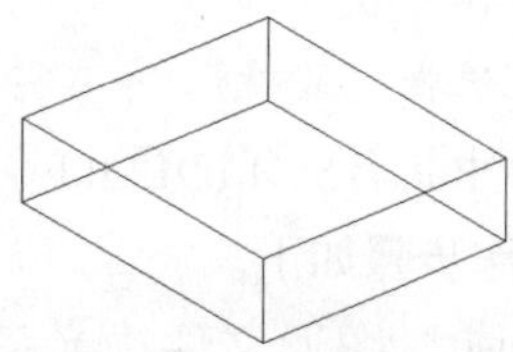

图27-29 移动效果

27.3.3 删除面

删除面命令可以删除三维实体模型中指定的面。调用“删除面”命令的方法如下：

- 显示菜单栏，选择“修改”→“实体编辑”→“删除面”命令。
- 在命令行窗口中执行SOLIDEDIT命令。

删除三维实体模型中指定面的具体操作如下（光盘:\原始文件\第27章\删除面.dwg）：

命令: SOLIDEDIT （执行SOLIDEDIT命令）
实体编辑自动检查: SOLIDCHECK=1 （系统当前提示）
输入实体编辑选项 [面(F)/边(E)/体(B)/放弃(U)/退出(X)] <退出>: F
（选择“面”选项，并按【Space】键）
输入面编辑选项 [拉伸(E)/移动(M)/旋转(R)/偏移(O)/倾斜(T)/删除(D)/复制(C)/颜色(L)/材质(A)/放弃(U)/退出(X)] <退出>: D （选择“删除”选项）
选择面或 [放弃(U)/删除(R)]: 找到一个面。 （选择要删除的面，如图27-30所示）
选择面或 [放弃(U)/删除(R)/全部(ALL)]: （按【Space】键确认对象的选择）
已开始实体校验。
已完成实体校验。 （系统当前提示）
输入面编辑选项 [拉伸(E)/移动(M)/旋转(R)/偏移(O)/倾斜(T)/删除(D)/复制(C)/颜色(L)/材质(A)/放弃(U)/退出(X)] <退出>: （按【Space】键）
实体编辑自动检查: SOLIDCHECK=1 （系统当前提示）
输入实体编辑选项 [面(F)/边(E)/体(B)/放弃(U)/退出(X)] <退出>:
（按【Space】键结束命令，效果如图27-31所示）

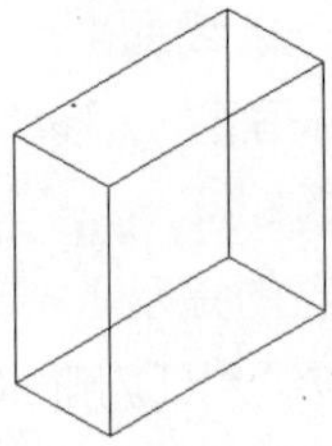

图27-30 原图

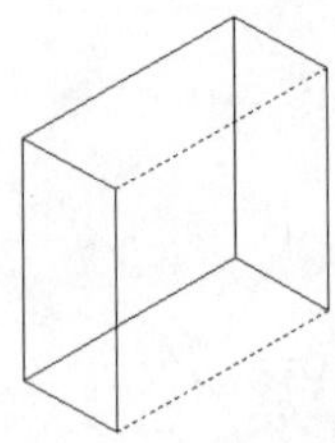

图27-31 删除面

27.3.4 旋转面

旋转面是指将一个或多个面或实体的某部分绕指定的轴进行旋转。调用“旋转面”命令的方法有如下几种：

- 显示菜单栏，选择“修改”→“实体编辑”→“旋转面”命令。
- 在命令行窗口中执行SOLIDEDIT命令。

旋转面的具体操作步骤如下。

01 打开“旋转面.dwg”图形文件（光盘:\原始文件\第27章\旋转面.dwg），在命令行中执行SOLIDEDIT命令，具体操作过程如下：

命令：SOLIDEDIT （执行SOLIDEDIT命令）

实体编辑自动检查： SOLIDCHECK=1 （系统当前提示）

输入实体编辑选项 [面(F)/边(E)/体(B)/放弃(U)/退出(X)] <退出>: F

（选择“面”选项，按【Space】键）

输入面编辑选项 [拉伸(E)/移动(M)/旋转(R)/偏移(O)/倾斜(T)/删除(D)/复制(C)/颜色(L)/材质(A)/放弃(U)/退出(X)] <退出>: R （选择“旋转”选项，并按【Space】键）

选择面或 [放弃(U)/删除(R)]: 找到一个面 （选择如图27-32所示的面）

选择面或 [放弃(U)/删除(R)/全部(ALL)]: （按【Space】键确认对象的选择）

指定轴点或 [经过对象的轴(A)/视图(V)/X 轴(X)/Y 轴(Y)/Z 轴(Z)] <两点>: Z

（选择对象绕哪个轴旋转，这里选择Z轴，并按【Space】键）

指定旋转原点 <0,0,0>: （单击如图27-33所示直线）

指定旋转角度或 [参照(R)]: -30 （指定旋转角度，输入-30，按【Space】键）

已开始实体校验

已完成实体校验 （系统当前提示）

输入面编辑选项 [拉伸(E)/移动(M)/旋转(R)/偏移(O)/倾斜(T)/删除(D)/复制(C)/颜色(L)/材质(A)/放弃(U)/退出(X)] <退出>: （按【Space】键）

实体编辑自动检查： SOLIDCHECK=1 （系统当前提示）

输入实体编辑选项 [面(F)/边(E)/体(B)/放弃(U)/退出(X)] <退出>:

（按【Space】键结束命令）

02 旋转面后的效果如图27-34所示（光盘:\最终文件\第27章\旋转面.dwg）。

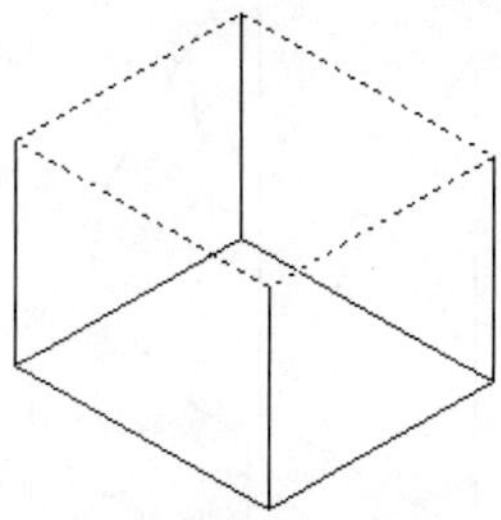

图27-32　选择面

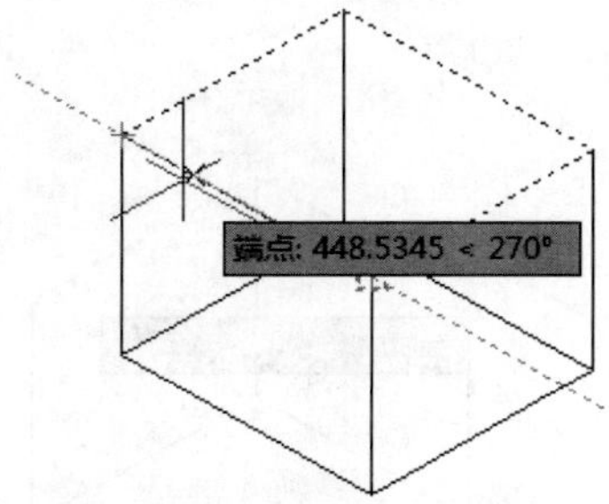

图27-33　选择旋转轴

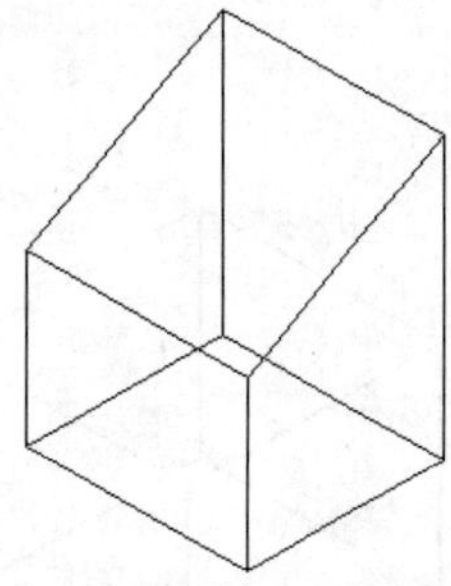

图27-34　旋转后的效果

27.3.5　倾斜面

倾斜面命令可以按一个角度将面进行倾斜，倾斜角的旋转方向由选择基点和第二点的顺序决定。调用“倾斜面”命令的方法如下：

- 显示菜单栏，选择“修改”→“实体编辑”→“倾斜面”命令。
- 在命令行窗口中执行SOLIDEDIT命令。

倾斜面的具体操作步骤如下。

01 打开“倾斜面.dwg”图形文件（光盘:\原始文件\第27章\倾斜面.dwg），在命令行中执行SOLIDEDIT命令，具体操作过程如下：

命令: SOLIDEDIT　　（执行SOLIDEDIT命令）
实体编辑自动检查:　SOLIDCHECK=1　　（系统当前提示）
输入实体编辑选项 [面(F)/边(E)/体(B)/放弃(U)/退出(X)] <退出>: F
（选择“面”选项，并按【Space】键）
输入面编辑选项 [拉伸(E)/移动(M)/旋转(R)/偏移(O)/倾斜(T)/删除(D)/复制(C)/颜色(L)/材质(A)/放弃(U)/退出(X)] <退出>: T　　（选择“倾斜”选项，并按【Space】键）
选择面或 [放弃(U)/删除(R)]: 找到一个面　　（选择图27-35中长方体的上方表面）
选择面或 [放弃(U)/删除(R)/全部(ALL)]:　　（按【Space】键确认对象的选择）
指定基点:　　（选择如图27-36所示的线的一个端点）
指定沿倾斜轴的另一个点:　　（单击如图27-36所示的线的另一个端点）
指定倾斜角度: -45　　（指定倾斜角度，这里输入-45，并按【Space】键）
已开始实体校验。
已完成实体校验。　　（系统当前提示）
输入面编辑选项 [拉伸(E)/移动(M)/旋转(R)/偏移(O)/倾斜(T)/删除(D)/复制(C)/颜色(L)/材质(A)/放弃(U)/退出(X)] <退出>:　　（按【Space】键）
实体编辑自动检查:　SOLIDCHECK=1　　（系统当前提示）
输入实体编辑选项 [面(F)/边(E)/体(B)/放弃(U)/退出(X)] <退出>:
（按【Space】键结束命令）

02 倾斜面后的效果如图27-37所示（光盘:\最终文件\第27章\倾斜面.dwg）。

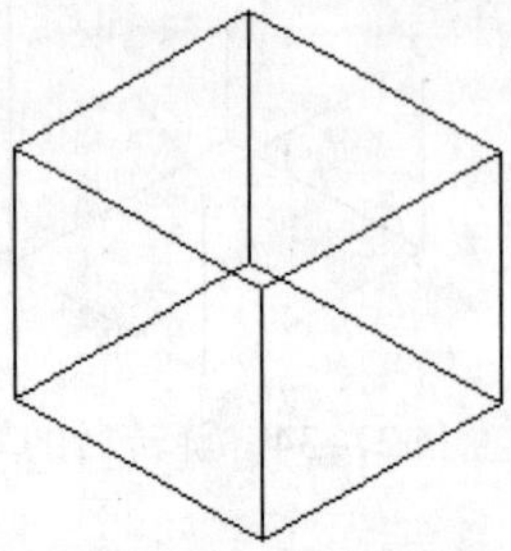

图27-35　原图

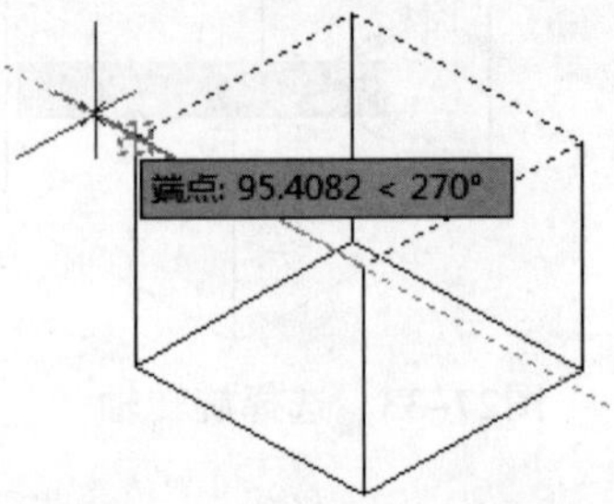

图27-36　选择面及边

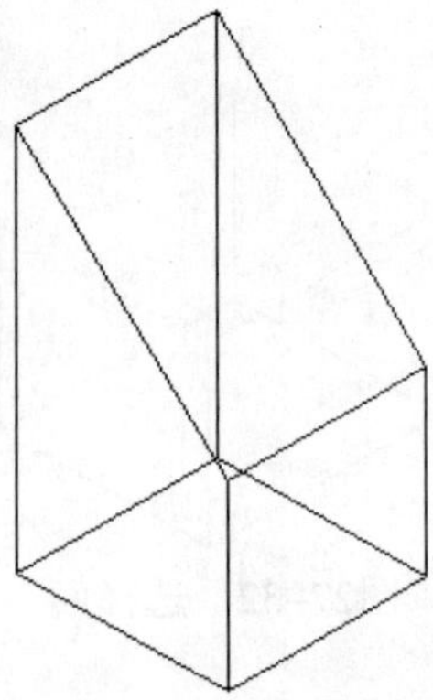

图27-37　倾斜后

27.3.6　偏移面

偏移面命令可以将选择的三维实体的面按指定的距离或点均匀地偏移。调用“偏移面”命令的方法如下：

- 显示菜单栏，选择“修改”→“实体编辑”→“偏移面”命令。
- 在命令行窗口中执行SOLIDEDIT命令。

偏移面的具体操作步骤如下。

01 打开“偏移面.dwg”图形文件（光盘:\原始文件\第27章\偏移面.dwg），在命令行中执行SOLIDEDIT命令，具体操作过程如下：

命令: SOLIDEDIT　（执行SOLIDEDIT命令）
实体编辑自动检查:　SOLIDCHECK=1　（系统当前提示）
输入实体编辑选项 [面(F)/边(E)/体(B)/放弃(U)/退出(X)] <退出>: F
（选择“面”选项，并按【Space】键）
输入面编辑选项 [拉伸(E)/移动(M)/旋转(R)/偏移(O)/倾斜(T)/删除(D)/复制(C)/颜色(L)/材质(A)/放弃(U)/退出(X)] <退出>: O　（选择“偏移”选项，并按【Space】键）
选择面或 [放弃(U)/删除(R)]:　（选择如图27-38所示的面）
选择面或 [放弃(U)/删除(R)/全部(ALL)]:　（按【Space】键确认对象的选择）
指定偏移距离: 600　（输入600，并按【Space】键）
已开始实体校验
已完成实体校验　（系统当前提示）
输入面编辑选项 [拉伸(E)/移动(M)/旋转(R)/偏移(O)/倾斜(T)/删除(D)/复制(C)/颜色(L)/材质(A)/放弃(U)/退出(X)] <退出>:　（按【Space】键）
实体编辑自动检查:　SOLIDCHECK=1　（系统当前提示）
输入实体编辑选项 [面(F)/边(E)/体(B)/放弃(U)/退出(X)] <退出>:
（按【Space】键结束命令）

02 偏移面后的效果如图27-39所示（光盘:\最终文件\第27章\偏移面.dwg）。

图27-38　选择面

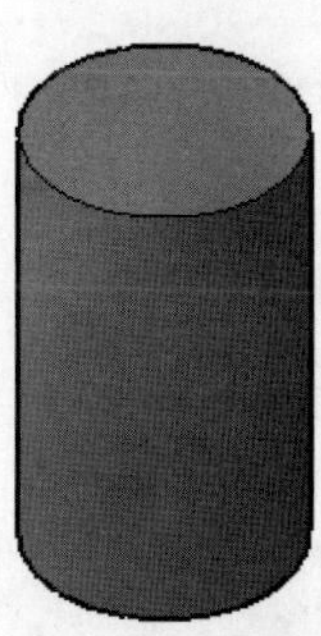

图27-39　偏移效果

注意

在偏移面时，若偏移距离为正值，增大实体尺寸或体积；若偏移距离为负值，减小实体尺寸或体积。旋转时，角度也要区分一下正负。

27.3.7　着色面

着色面是指为选择的三维实体对象的面进行着色操作。调用“着色面”命令的方法有如下几种：

- 显示菜单栏，选择“修改”→“实体编辑”→“着色面”命令。
- 在命令行窗口中执行SOLIDEDIT命令。

着色面的具体操作步骤如下。

01 打开“着色面.dwg”图形文件（光盘:\原始文件\第27章\着色面.dwg），在命令行中执行SOLIDEDIT命令，具体操作过程如下：

命令: SOLIDEDIT　（执行SOLIDEDIT命令）
实体编辑自动检查:　SOLIDCHECK=1　（系统当前提示）
输入实体编辑选项 [面(F)/边(E)/体(B)/放弃(U)/退出(X)] <退出>: F
（选择“面”选项，并按【Space】键）
输入面编辑选项 [拉伸(E)/移动(M)/旋转(R)/偏移(O)/倾斜(T)/删除(D)/复制(C)/颜色(L)/材质(A)/放弃(U)/退出(X)] <退出>: L　（选择“颜色”选项，并按【Space】键）
选择面或 [放弃(U)/删除(R)]: 找到一个面。（选择如图27-40所示的面）
选择面或 [放弃(U)/删除(R)/全部(ALL)]:　（按【Space】键，弹出“选择颜色”对话框，在该对话框中选择“青色”后，单击“确定”按钮）
输入面编辑选项 [拉伸(E)/移动(M)/旋转(R)/偏移(O)/倾斜(T)/删除(D)/复制(C)/颜色(L)/材质(A)/放弃(U)/退出(X)] <退出>:　（按【Space】键）
实体编辑自动检查:　SOLIDCHECK=1　（系统当前提示）
输入实体编辑选项 [面(F)/边(E)/体(B)/放弃(U)/退出(X)] <退出>:
（按【Space】键结束命令）

02 着色面后的效果如图27-41所示（光盘:\最终文件\第27章\着色面.dwg）。

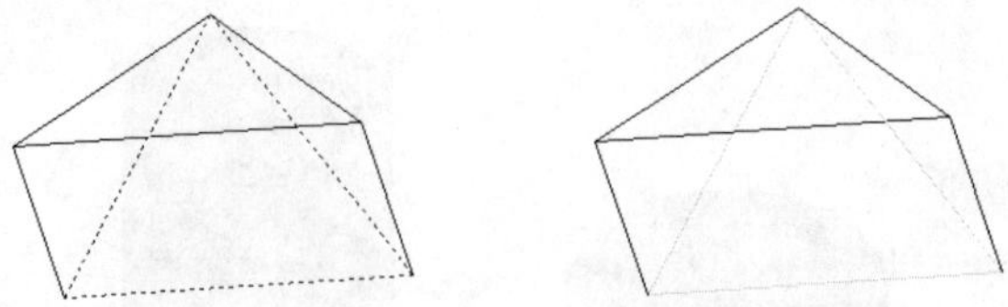

图27-40　选择面　　　　图27-41　着色效果

27.3.8　复制面

复制面命令可以将面复制为面域或体，它与复制边的方法类似。调用“复制面”命令的方法如下：

- 显示菜单栏，选择“修改”→“实体编辑”→“复制面”命令。
- 在命令行窗口中执行SOLIDEDIT命令。

复制面的具体操作过程如下。

01 打开“复制面.dwg”图形文件（光盘:\原始文件\第27章\复制面.dwg），如图27-42所示。在命令行中执行SOLIDEDIT命令，具体操作过程如下：

命令: SOLIDEDIT　　（执行SOLIDEDIT命令）

实体编辑自动检查: SOLIDCHECK=1　　（系统当前提示）

输入实体编辑选项 [面(F)/边(E)/体(B)/放弃(U)/退出(X)] <退出>: F

（选择“面”选项，并按【Space】键）

输入面编辑选项 [拉伸(E)/移动(M)/旋转(R)/偏移(O)/倾斜(T)/删除(D)/复制(C)/颜色(L)/材质(A)/放弃(U)/退出(X)] <退出>: C　　（选择“复制”选项，并按【Space】键）

选择面或 [放弃(U)/删除(R)]: 找到一个面。　　（选择需要复制的面）

选择面或 [放弃(U)/删除(R)/全部(ALL)]:　　（按【Space】键确认对象的选择）

指定基点或位移:　　（选择基点）

指定位移的第二点:　　（指定另一点）

输入面编辑选项 [拉伸(E)/移动(M)/旋转(R)/偏移(O)/倾斜(T)/删除(D)/复制(C)/颜色(L)/材质(A)/放弃(U)/退出(X)] <退出>:　　（按【Space】键）

实体编辑自动检查: SOLIDCHECK=1　　（系统当前提示）

输入实体编辑选项 [面(F)/边(E)/体(B)/放弃(U)/退出(X)] <退出>:

（按【Space】键结束命令）

02 复制面后的效果如图27-43所示（光盘:\最终文件\第27章\复制面.dwg）。

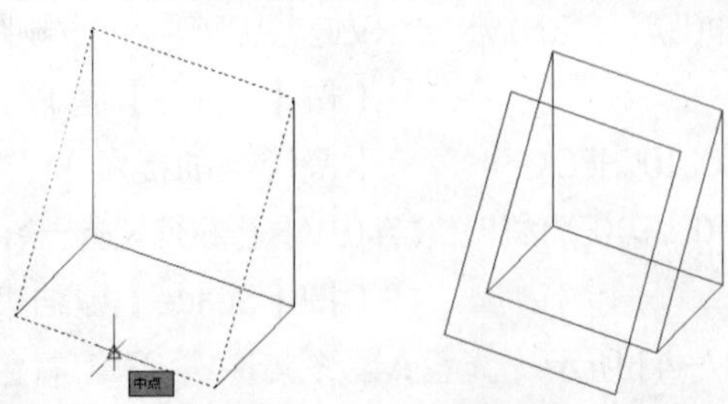

图27-42　原图　　　　图27-43　复制效果

27.3.9 自我强化：面

下面以一个例子来熟悉一下本节所学的内容。

01 打开“面练习.dwg”图形文件（光盘:\原始文件\第27章\面练习.dwg），在命令行中执行SOLIDEDIT命令，具体操作过程如下：

命令：SOLIDEDIT　　（执行SOLIDEDIT命令）
实体编辑自动检查：SOLIDCHECK=1　　（系统当前提示）
输入实体编辑选项 [面(F)/边(E)/体(B)/放弃(U)/退出(X)] <退出>：F
（选择“面”选项，并按【Space】键）
输入面编辑选项 [拉伸(E)/移动(M)/旋转(R)/偏移(O)/倾斜(T)/删除(D)/复制(C)/颜色(L)/材质(A)/放弃(U)/退出(X)] <退出>：O　　（选择“偏移”选项，并按【Space】键）
选择面或 [放弃(U)/删除(R)]：　　（选择如图27-44所示的面，并选择如图27-45所示的方向及基点）
选择面或 [放弃(U)/删除(R)/全部(ALL)]：　　（按【Space】键确认对象的选择）
指定偏移距离：50　　（输入50，并按【Space】键）
已开始实体校验
已完成实体校验　　（系统当前提示）
输入面编辑选项 [拉伸(E)/移动(M)/旋转(R)/偏移(O)/倾斜(T)/删除(D)/复制(C)/颜色(L)/材质(A)/放弃(U)/退出(X)] <退出>：　　（按【Space】键）
实体编辑自动检查：SOLIDCHECK=1　　（系统当前提示）
输入实体编辑选项 [面(F)/边(E)/体(B)/放弃(U)/退出(X)] <退出>：
（按【Space】键结束命令）

02 偏移面后的效果如图27-46所示。

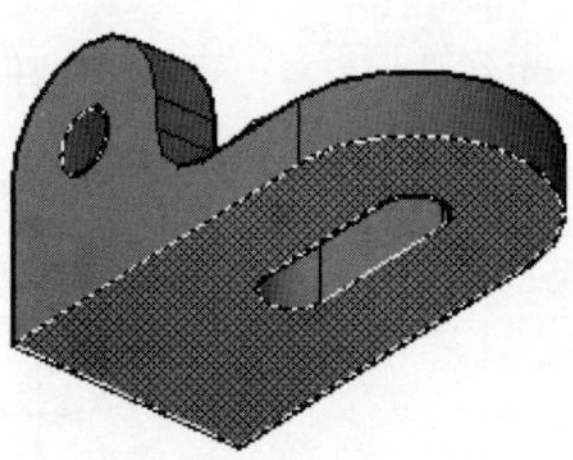

图27-44　选择面

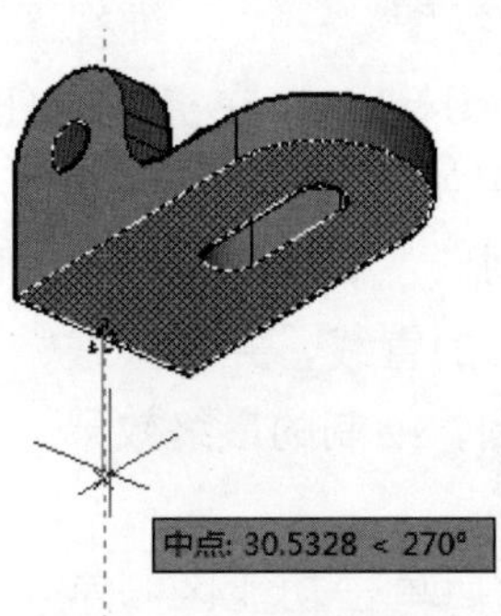

图27-45　偏移效果

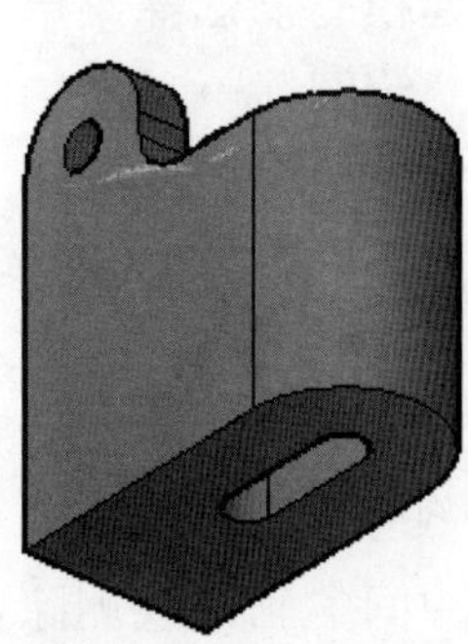

图27-46　偏移效果图

03 在命令行中执行SOLIDEDIT命令，具体操作过程如下：

命令：SOLIDEDIT　　（执行SOLIDEDIT命令）
实体编辑自动检查：SOLIDCHECK=1　　（系统当前提示）
输入实体编辑选项 [面(F)/边(E)/体(B)/放弃(U)/退出(X)] <退出>：F
（选择“面”选项，并按【Space】键）

输入面编辑选项 [拉伸(E)/移动(M)/旋转(R)/偏移(O)/倾斜(T)/删除(D)/复制(C)/颜色(L)/材质(A)/放弃(U)/退出(X)] <退出>: L （选择“颜色”选项，并按【Space】键）

选择面或 [放弃(U)/删除(R)]: 找到一个面。（选择如图27-47所示的面）

选择面或 [放弃(U)/删除(R)/全部(ALL)]: （按【Space】键，弹出“选择颜色”对话框，在该对话框中选择洋红后，单击“确定”按钮）

输入面编辑选项 [拉伸(E)/移动(M)/旋转(R)/偏移(O)/倾斜(T)/删除(D)/复制(C)/颜色(L)/材质(A)/放弃(U)/退出(X)] <退出>: （按【Space】键）

实体编辑自动检查: SOLIDCHECK=1 （系统当前提示）

输入实体编辑选项 [面(F)/边(E)/体(B)/放弃(U)/退出(X)] <退出>:

（按【Space】键结束命令）

04 着色面后的效果如图27-48所示（光盘:\最终文件\第27章\面练习.dwg）。

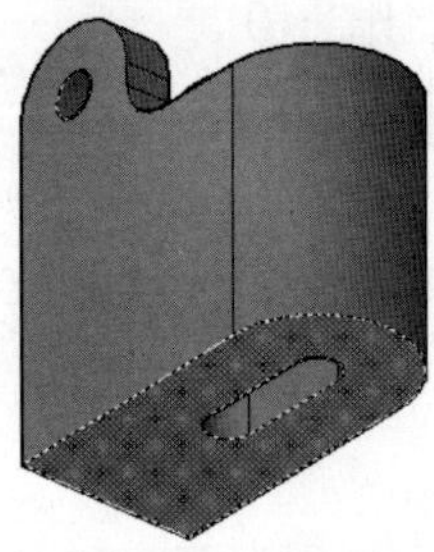

图27-47 选择面

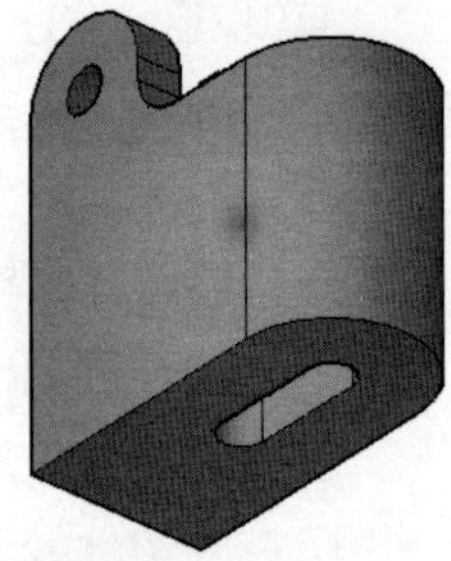

图27-48 着色后

27.4 拓展训练

下面通过几个例子来熟悉一下本章所学习的内容。

27.4.1 初级训练：水杯

首先通过一个简单的例子来熟悉一下抽壳等命令。

01 打开AutoCAD 2012，创建一个名为“水杯.dwg”的文件，将“工作空间”更改为“三维建模”。选择菜单栏“视图”→“三维视图” →“俯视”命令，单击功能区的“常用”→“绘图”→“圆”命令图标，在空间中任选一点作为圆心，并输入半径为15。按【Enter】键，完成圆绘制，效果如图27-49所示。

02 再将视图切换至“西南等轴侧”，在命令行输入L执行直线绘制命令，同时打开极轴追踪。沿Z轴方向绘制一条长为50的直线，并以直线的终点为圆心绘制半径为20的圆，绘制的最终效果如图27-50所示。

03 将中间的辅助线删除，然后单击功能区“常用”→“建模”→“放样”按钮，分别选择两个圆，右击后选择“确认”命令，绘图区中弹出图标▼。单击下三角并选择“与所有截面垂直”，再次右击后选择“确认”命令，完成的效果如图27-51，切换视觉样式至“概念”，效果如图27-52所示。

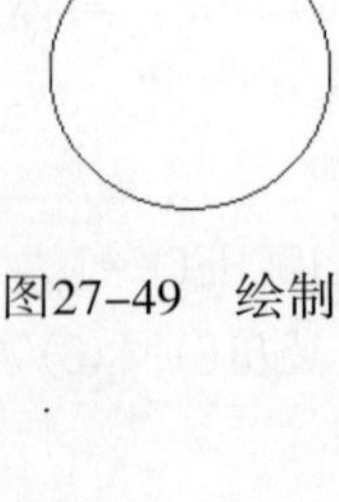

图27-49 绘制圆

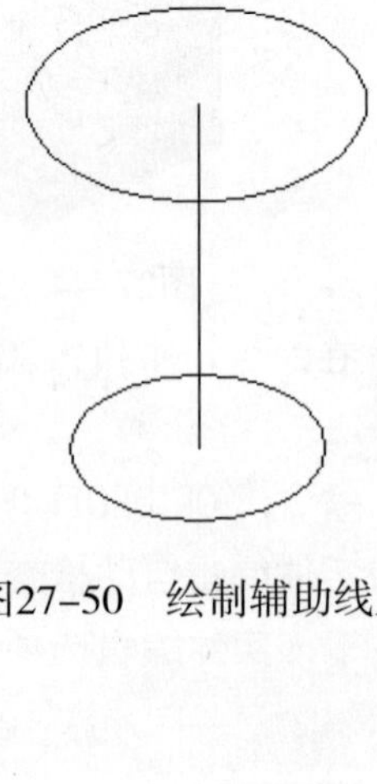

图27-50 绘制辅助线及圆

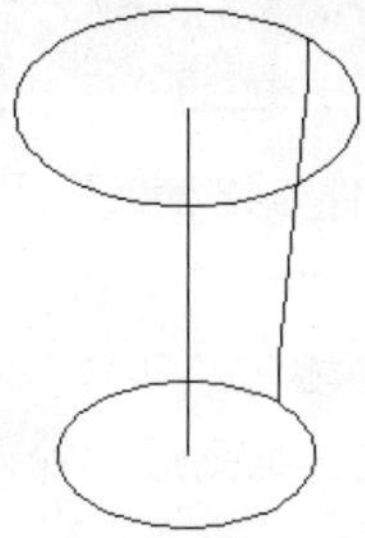

图27-51　放样效果

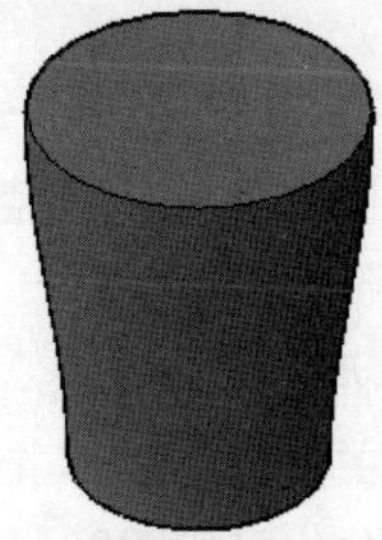

图27-52　“概念”效果

04 在命令行中执行SOLIDEDIT命令，执行抽壳命令，具体操作过程如下：

命令：SOLIDEDIT　　（执行SOLIDEDIT命令）
实体编辑自动检查：　SOLIDCHECK=1　　（系统提示）
输入实体编辑选项 [面(F)/边(E)/体(B)/放弃(U)/退出(X)] <退出>：B
（选择“体”选项，并按【Space】键）
输入体编辑选项 [压印(I)/分割实体(P)/抽壳(S)/清除(L)/检查(C)/放弃(U)/退出(X)] <退出>：S
（选择“抽壳”选项，并按【Space】键）
选择三维实体：　　（选择绘图区中的所有对象）
删除面或 [放弃(U)/添加(A)/全部(ALL)]：　　选择顶面，如图27-53所示，变成将其删除状态
（按【Space】键确认选择）
输入抽壳偏移距离：0.5　　（输入抽壳的偏移距离，这里输入0.5）
已开始实体校验。
已完成实体校验。　　（系统自动显示）
输入体编辑选项[压印(I)/分割实体(P)/抽壳(S)/清除(L)/检查(C)/放弃(U)/退出(X)] <退出>：
（按【Space】键）
实体编辑自动检查：　SOLIDCHECK=1　　（系统自动显示）
输入实体编辑选项 [面(F)/边(E)/体(B)/放弃(U)/退出(X)] <退出>：
（按【Space】键结束命令）

05 抽壳实体后的效果如图27-54所示。在功能区单击“实体”→“实体编辑”→“圆角边”按钮，选择杯子内侧的底边为圆角对象，并输入圆角半径为0.2，完成的水杯的最终效果如图27-55所示（光盘:\最终文件\第27章\水杯.dwg）。

图27-53　选择面

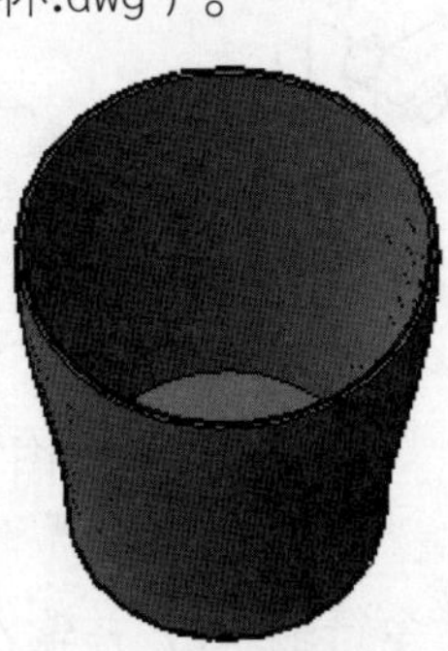

图27-54　抽壳效果

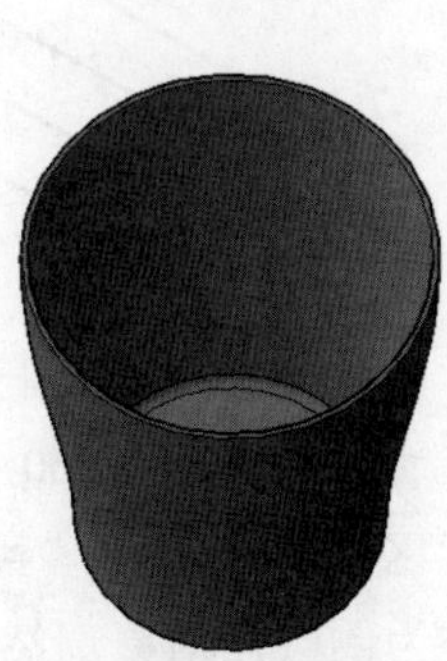

图27-55　最终效果

27.4.2 进阶训练：圆规头

01 打开“圆规头.dwg”图形文件（光盘:\原始文件\第27章\圆规头.dwg），在命令行中执行L命令，绘制如图27-56所示的直线。

02 将视图方位切换至“西南等轴侧”，并单击功能区“实体” →“实体”→“按住并拖动”按钮，选择刚才绘制的图形，对其拖动来生成三维图形，输入拖动长度为20。将视觉样式切换至“概念”，完成的三维效果如图27-57所示。

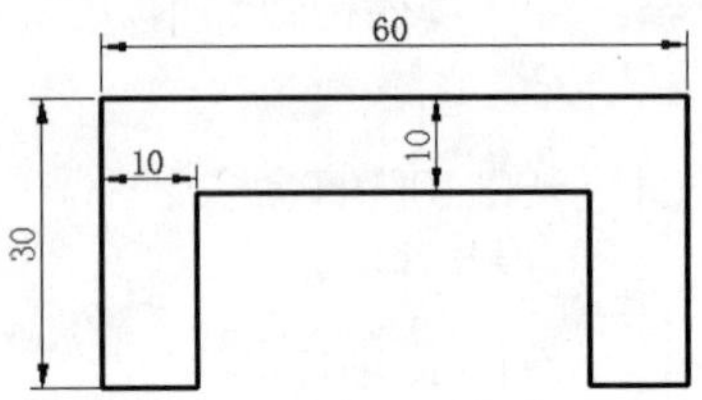

图27-56 绘制图形

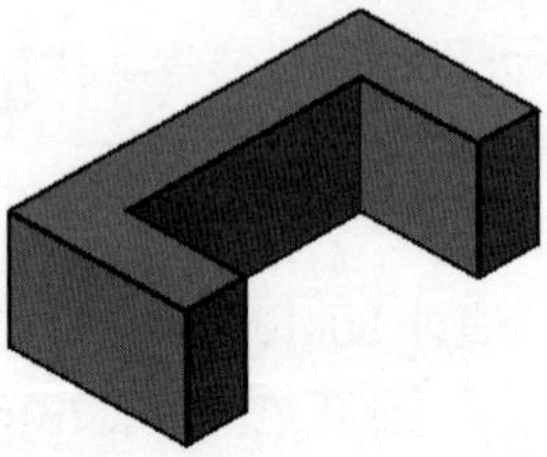
图27-57 生成三维图

03 切换视图到“左视”，并将视觉样式改回“线框”。在图形中创建一个圆，具体尺寸及位置如图27-58所示。

04 切换视图到“西南等轴侧”，单击功能区“实体”→“实体”→“拉伸”按钮，选择刚才绘制的圆为拉伸对象，拉伸长度输入-60，效果如图27-59所示。

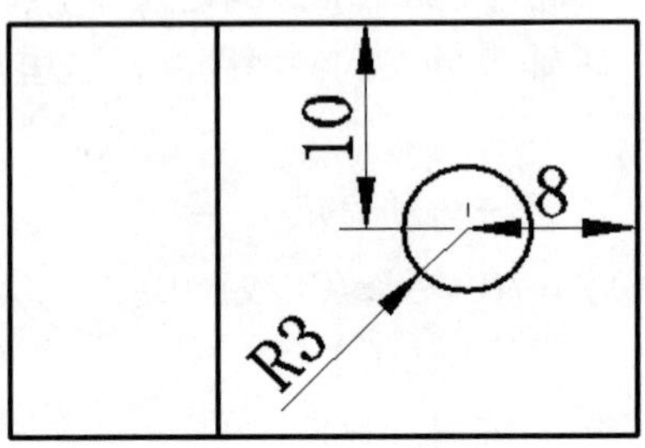

图27-58 绘制圆

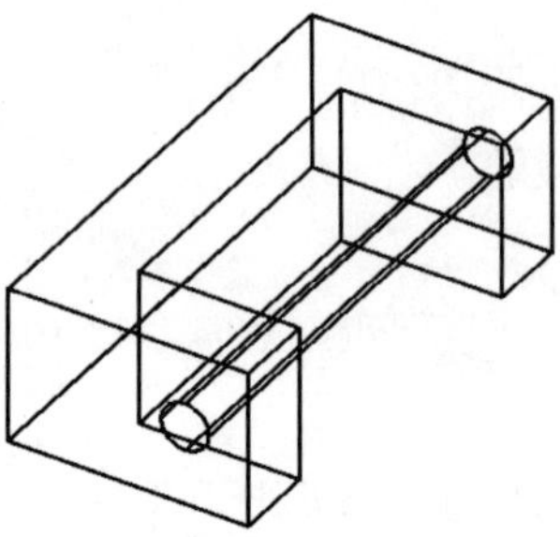
图27-59 拉伸

05 单击功能区“实体”→“布尔值”→“差集”按钮，将圆柱体从原来的拉伸体中减掉，完成的差集效果如图27-60所示。将视觉样式切换至“概念”，效果如图27-61所示。

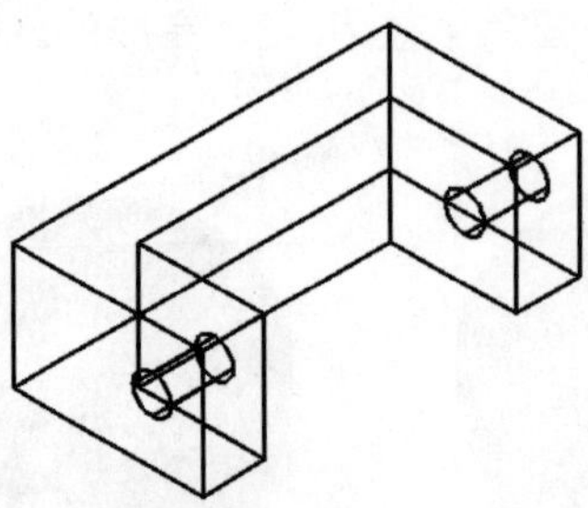
图27-60 差集

图27-61 “概念”样式

06 单击功能区“实体”→“实体编辑”→“圆角边”按钮，并选择如图27-62所示的下面的四条边作为倒圆角对象。然后在命令行输入r，并输入半径为10，连续两次右击并选择“确定”命令，完成的圆角效果如图27-63所示。

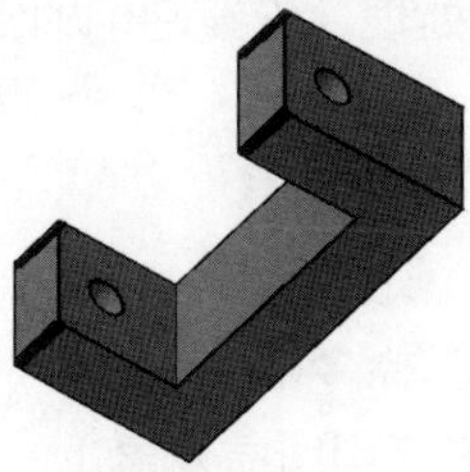

图27-62　选择边

图27-63　圆角效果

07 用同样的方法创建上面的两条边的圆角，半径为8，完成的效果如图27-64所示。在最上方的面上绘制一条直线作为辅助线，捕捉两个边的中点作为辅助线的起点和终点，完成的绘制效果如图27-65所示。

图27-64　完成圆角创建

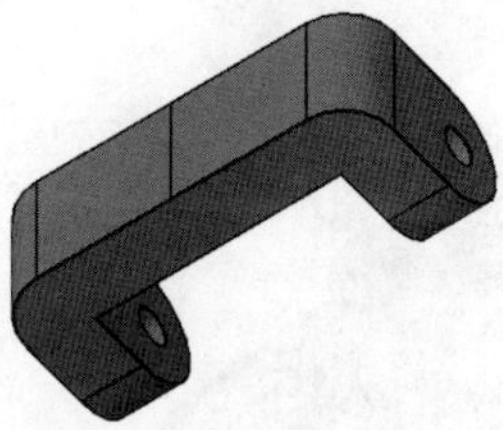

图27-65　绘制辅助线

08 然后单击功能区“常用”→“建模”→“圆柱体”按钮，选择刚才绘制的辅助线的中点为圆柱的中心，创建一个半径为6、高度为15的圆柱，创建的效果如图27-66所示。将它与原来的实体进行求并集操作，然后对连接处进行倒圆操作，半径为1，完成的最终效果如图27-67所示。

图27-66　圆柱创建

图27-67　创建圆角

27.4.3　提高训练：接头

01 打开“接头.dwg”图形文件（光盘:\原始文件\第27章\接头.dwg），效果如图27-68所示。单击功能区“常用”→“实体编辑”→“圆角边”按钮，选择4个角边进行圆角处理，设置它们的半径为10，效果图如图27-69所示。

图27-68　原效果图

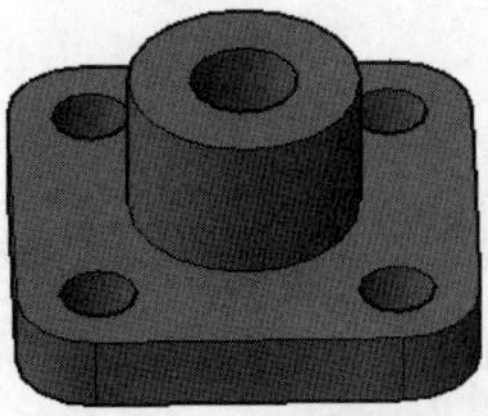

图27-69　圆角处理

02 用同样的方法对如图27-70所示的几条边进行圆角处理，设置它们的圆角半径均为2。

03 在命令行中执行SLICE命令，具体操作过程如下：

命令：SLICE　　（执行SLICE命令）
选择要剖切的对象：找到 1 个　　（选择绘图区中所有对象）
选择要剖切的对象：　　（按【Space】键结束对象的选择）
指定切面的起点或 [平面对象(O)/曲面(S)/Z轴(Z)/视图(V)/XY(XY)/YZ(YZ)/ZX(ZX)/三点(3)] <三点>:
　　（这里直接选择如图27-71所示的直线为剖切线）
在所需的侧面上指定点或 [保留两个侧面(B)] <保留两个侧面>:
　　（直接按【Space】键确认保留两个侧面）

04 剖切实体后的效果如图27-72所示。

图27-70　圆角

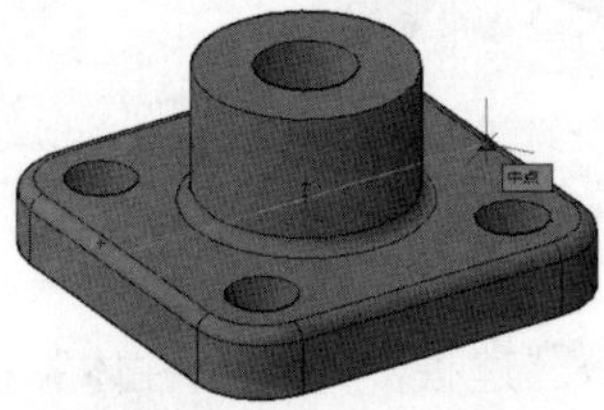
图27-71　选择剖切面

图27-72　剖切效果

05 用同样的方法进行垂直方向的剖切，将整个图形分为均匀的4份，剖切的效果如图27-73所示。

06 选中4个实体中的一个并按【DEL】键删除对象，删除效果如图27-74所示。然后单击功能区“常用”→“实体编辑”→“实体，并集”按钮，将剩余的3块进行求并集操作，完成的最终效果图如图27-75所示。

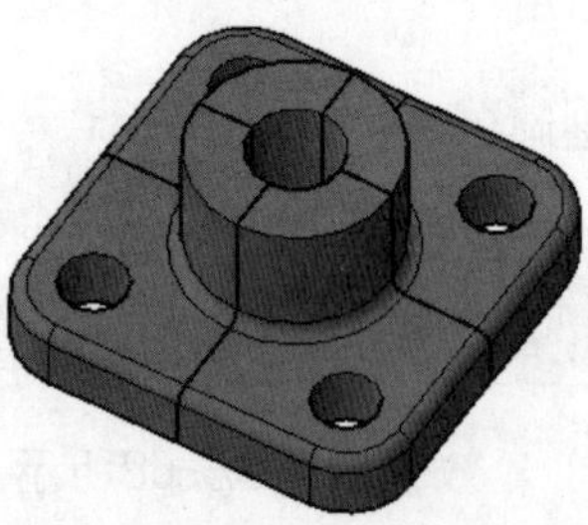
图27-73　剖切效果

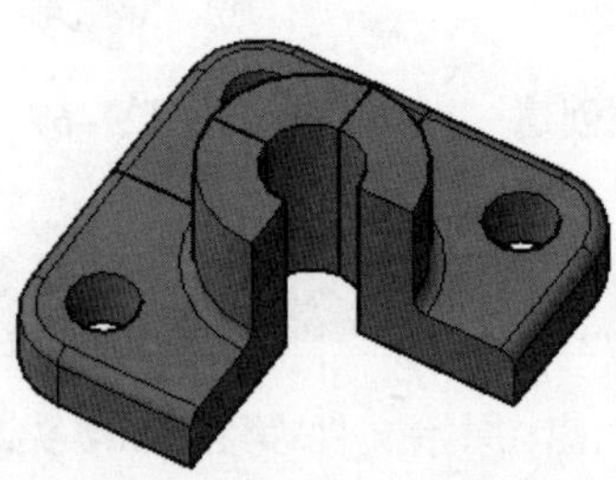
图27-74　删除对象

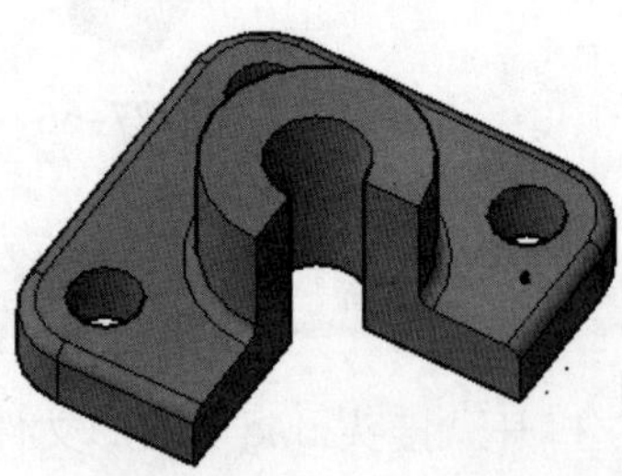
图27-75　求并集

27.5 本章小结

本章讲解了更深入的三维图形编辑命令，如三维图形的抽壳、剖切、加厚等，并且学习了对三维边和三维面的编辑操作，包括复制、着色、偏移等。通过对这些编辑命令的学习，大家应熟练掌握三维模型的编辑。

第28章 三维图形后期处理

学习导航

在AutoCAD中，使用菜单栏“视图”→“视觉样式”中的命令，只能对图形进行最低级的着色处理。要得到物体真实的效果，就需要使用“视图”→“渲染”中的菜单项，首先为其指定光源、环境、材质等，然后进行渲染。

学习重点

□ 掌握三维图形的消隐、设置及使用光源等

□ 学会创建及添加材质

□ 熟练掌握图形的渲染

本章将继续介绍三维图形的处理。在对三维图形进行绘制及编辑后，还可以对三维图形进行渲染等后期处理。

28.1 图形消隐

消隐即消除本该看不见的线。消隐命令可以删除被前面物体遮掩的对象，使实体看来简洁、清晰。调用“消隐”命令的方法如下：

- 显示菜单栏，选择“视图”→“消隐”命令。
- 在命令行窗口中执行HIDE命令。

对图形进行消隐的具体操作步骤如下。

01 打开“消隐.dwg”图形文件（光盘:\原始文件\第28章\消隐.dwg），如图28-1所示，在命令行中执行HIDE命令，具体操作过程如下：

命令：HIDE　　　　　　　　（执行HIDE命令）

正在重生成模型。　　　　　（系统自动重生成模型）

02 对图形消隐后的效果如图28-2所示（光盘:\最终文件\第28章\消隐.dwg）。

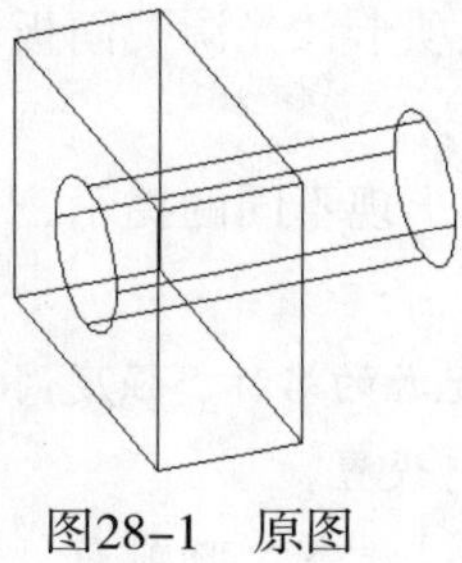

图28-1　原图

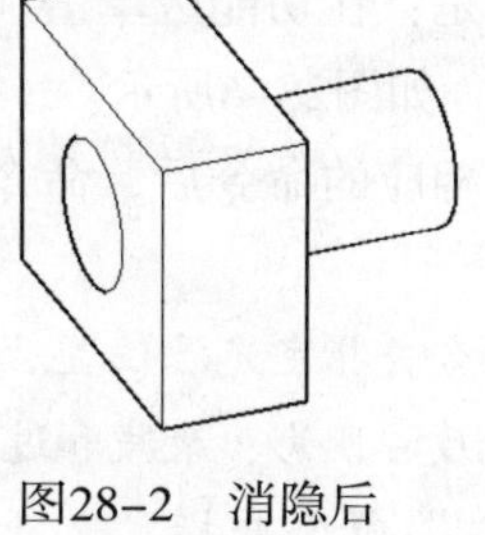

图28-2　消隐后

28.2 光源

为了提高模型的真实性，AutoCAD提供了光源功能。在渲染三维实体对象时，使用光源，可以很好地模拟自然效果，使三维实体在渲染过程中充分表现出立体感。默认情况下，AutoCAD为视口提供了一个默认光源，又称环境光。默认光源来自两个平行光源，模型中所有的面均被照亮，以使其可见。在模型中移动对象时，该光源会跟随视口移动。

28.2.1 光源类型

在对三维实体进行渲染时，若没有指定光源，系统会使用默认光源。该光源没有方向，在对三维实体进行渲染时，三维实体各个表面的亮度都是相同的。系统还提供了点光源、聚光灯光源及平行光光源3种，分别介绍如下。

- 点光源：该光源与灯泡发出的光源类似，它是从一点发出，向各个方向发射的光源。根据点光线的位置，实体将产生明显的阴影效果。如图28-3所示就是一个创建点光源的效果。
- 聚光灯光源：该光源与点光源一样，也是从一点发出。点光源的光线是没有方向的，但聚光灯的光线则是沿指定的方向和范围发射出圆锥形的光束。其中顶角称为聚光角，整个光锥的顶角称为照射角，在照射角和聚光角之间的光锥部分，光的强度将会产生衰减。如图28-4所示就是聚光灯光源的设置效果。
- 平行光光源：创建该光源时，需指定该光源的起始位置和发射方向。指定后，将从指定的起始位置创建一处平行于指定方向上的平行光。如图28-5所示就是平行光光源效果。

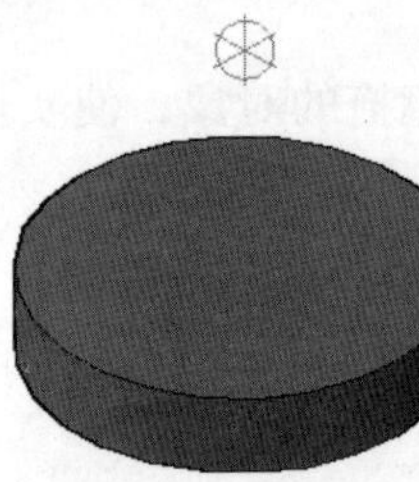

图28-3　点光源

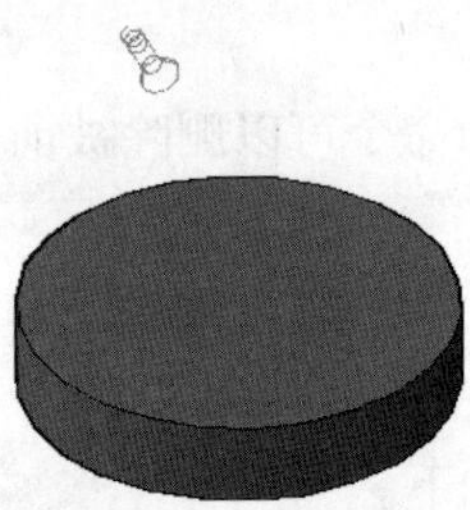

图28-4　聚光灯光源

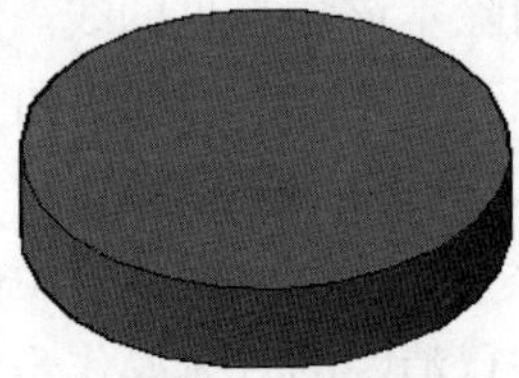

图28-5　平行光光源

28.2.2 创建及设置光源

1. 创建光源

创建光源的方法是：在功能区单击“渲染”选项卡“光源”面板中“创建光源”按钮，如图28-6所示。

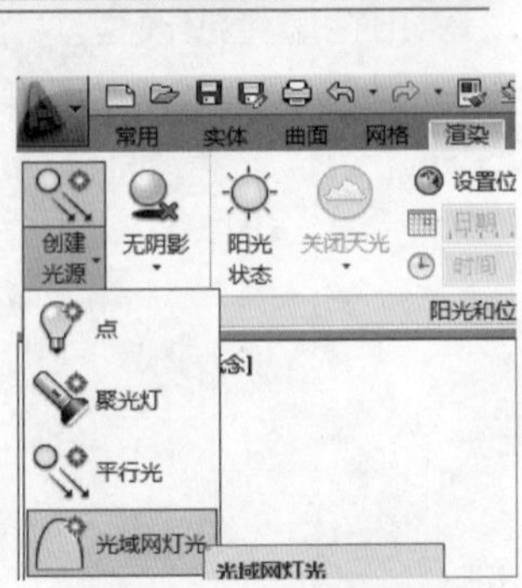

图28-6　创建光源

选择下拉列表中相应的命令后，命令行窗口会出现不同的提示，部分命令介绍如下：

- 选择“点”命令并指定光源位置后，还可对光源的名称、强度因子、状态、光度、阴影、衰减和过滤颜色进行设置。
- 选择“聚光灯”命令并指定光源位、强度、状态、照射角、阴影、衰减和颜色；确定目标位置后，还可对光源的名称、强度因子、状态、光度、聚光角、照射角、阴影、衰减和过滤颜色进行设置。

- 选择“平行光”命令并指定矢量方向后，还可对光源的名称、强度因子、状态、光度、阴影和过滤颜色进行设置。

2. 设置光源

创建光源后，若对效果不满意，还可对创建的光源进行设置，包括在“模型中的光源”选项板中进行设置和设置地理位置。

（1）查看光源列表

对三维模型创建光源后，选择“视图”→“渲染”→“光源”→“光源列表”命令，即可弹出“模型中的光源”选项板。在该选项板中，可查看当前图形中所有创建的光源列表，在列表框中显示了光源名称。

（2）设置地理位置

由于太阳光受地理位置的影响，因此在使用太阳光时，还需在“地理位置”对话框中设置光源的地理位置，如经度、纬度、北向和地区等。在命令行中执行GEOGRAPHICLOCATION命令，弹出“地理位置-定义地理位置”对话框，选择“输入位置值”选项，如图28-7所示，弹出如图28-8所示的“地理位置”对话框。单击“使用地图”按钮，弹出如图28-9所示的“位置选择器”对话框。在“地区”、“最近的城市”及“时区”下拉列表中选择需要的选项，然后单击“确定”按钮即可。

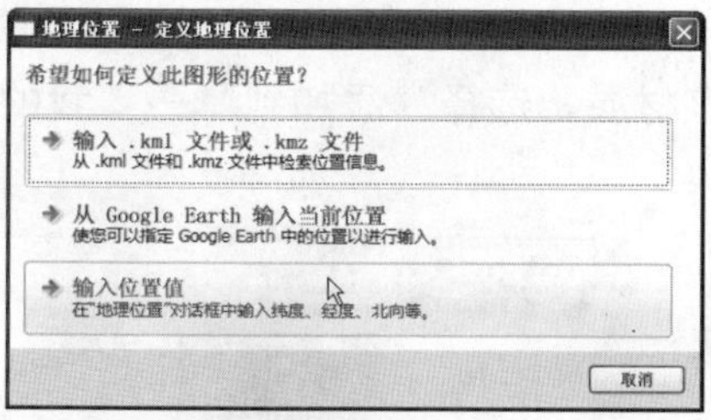

图28-7　“定义地理位置”对话框

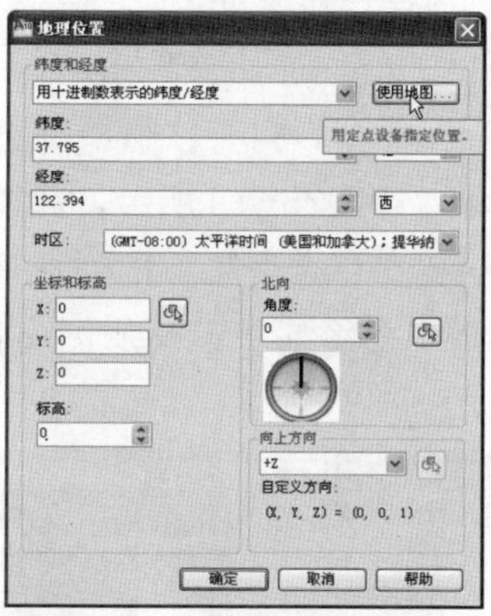

图28-8　“地理位置”对话框

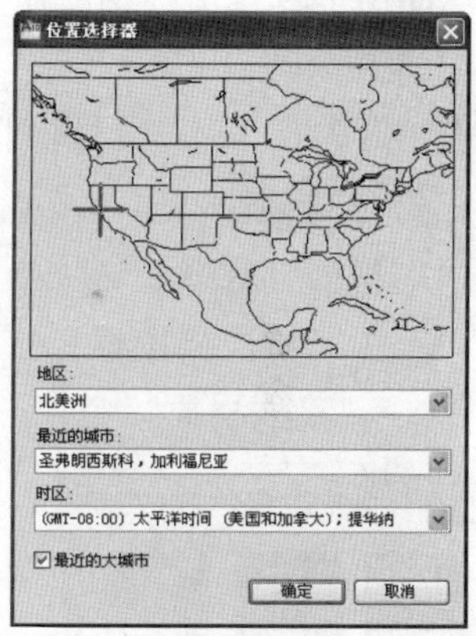

图28-9　示意图

28.3 材质

对于平面图形，不存在材质一说。但是对于三维图形，为了更突出它的真实性，可以进行材料的设置。为三维模型添加合适的材质，可以增加其立体感，使整体效果更加逼真，当然设置材质要以自然为主。下面分别讲解创建新材质、将材质应用到实体、使用贴图等的操作方法。

28.3.1 “材质编辑器”选项板

创建新的材质一般在“材质”选项板中进行，为三维模型添加材质的方法如下：

- 显示菜单栏，选择“视图”→“渲染”→“材质编辑器”命令。
- 在命令行窗口中执行MATERIALS命令。

执行上述命令后，都将打开“材质编辑器”选项板。该选项板中部分选项功能如下。

- 颜色：是指漫射区所显示出来的颜色，又称为主颜色，它体现了物体本身的颜色特性。
- 反光度：控制光线在物体表面的不同反射颜色效果。
- 折射率：在材质的透明度不为0时，光线会穿过物体内部产生折射。
- 半透明度：是控制光线穿过物体表面的程度。
- 自发光：可以模拟出对象本身发出光线的效果。

28.3.2 材质应用

设置材质后，就可以将其应用到实体上，将材质应用到实体的方法如下：首先选择图形对象，然后在选择的材质球上右击，在弹出的快捷菜单中选择“指定给当前选择”命令。

在“真实”视觉样式下才能看到应用材质后的效果，在其他的视觉样式下，可对图形对象进行渲染操作，然后对应用的材质进行查看。

AutoCAD的工具选项板为用户提供了多种材质，打开工具选项板的方法如下：

- 在“视图”选项卡的“选项板”面板中，单击“工具选项板”按钮。
- 在命令行窗口中执行TOOLPALETTES命令。

使用工具选项板中材质的具体操作步骤如下。

01 打开“圆台.dwg”图形文件（光盘:\原始文件\第28章\圆台.dwg）。在菜单栏中选择“视图”→“渲染”→“材料浏览器”命令，打开“材质浏览器”选项板，如图28-10所示。

02 打开“创建材质”下拉菜单，如图28-11所示，选择“金属”，系统打开如图28-12所示的“材质编辑器”选项板，这里在“类型”下拉列表中选择“黄铜”，并设置“饰面”为“拉丝”，在“材质浏览器”选项板中已经显示该材质。右击该材质，选择“添加到”→“我的材质”→“我的材质”命令。

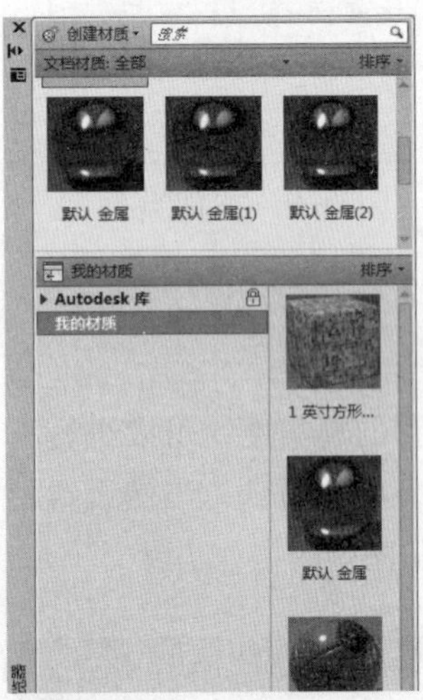

图28-10 材质库

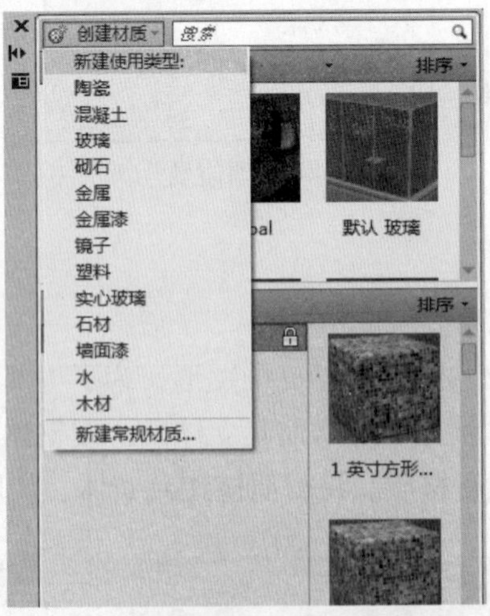

图28-11 创建材质

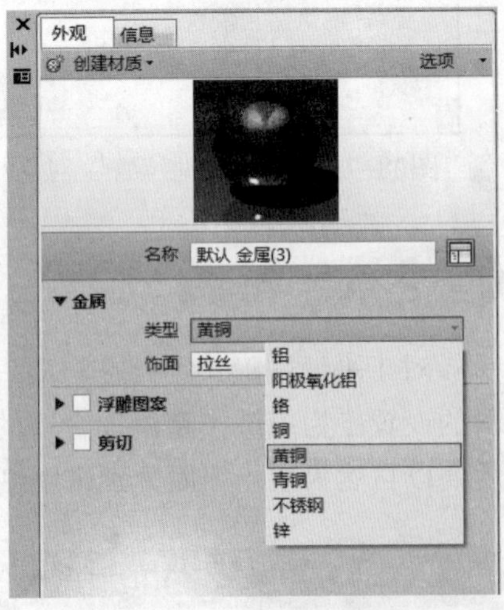

图28-12 设置材质属性

03 在绘图区选中要添加材料的对象，这里选择圆台，然后在“我的材质”中找到刚刚添加的“黄铜”，单击右键，选择“指定给当前选择”命令，如图28-13所示。

04 完成的最终添加效果如图28-14所示（光盘:\最终文件\第28章\圆台.dwg）。

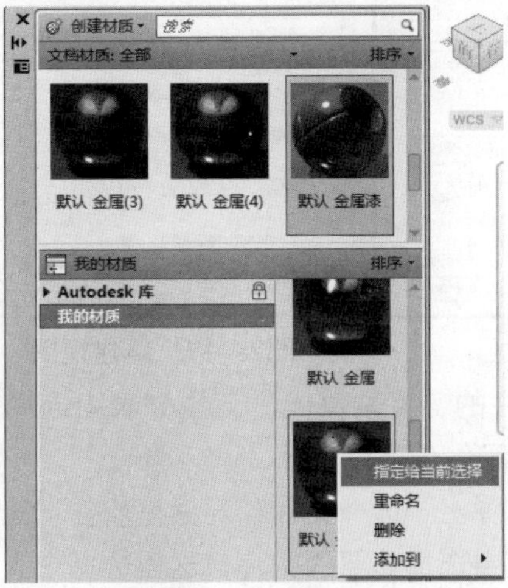

图28-13　添加对象

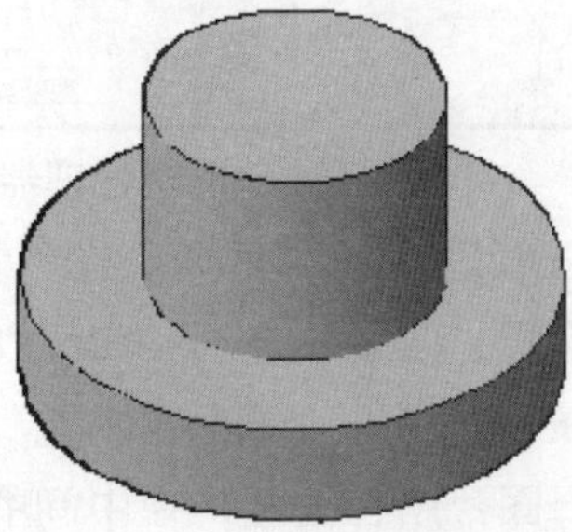

图28-14　添加效果

28.4 渲染

通过渲染，可查看产品的真实效果。渲染是运用几何图形、光源和材质将三维实体渲染为最具有真实感的图像。渲染三维实体的方法如下：

- 显示菜单栏，选择“视图”→“渲染”→“渲染”命令。
- 在命令行窗口中执行RENDER命令。

执行上述命令后，都将弹出如图28-15所示的渲染窗口，在其中即可查看对实体进行渲染操作后的效果。

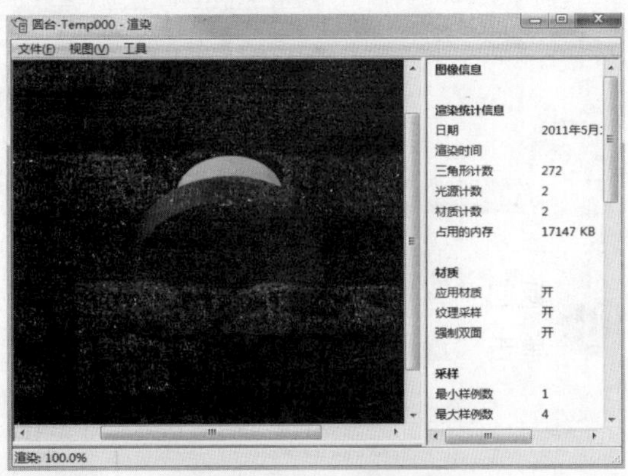

图28-15　渲染窗口

28.4.1　设置渲染背景

默认情况下，渲染的背景颜色为黑色。为了增加渲染的效果，可以对所渲染的背影进行设置，具体操作步骤如下。

01 打开“棘轮.dwg”图形文件（光盘:\原始文件\第28章\棘轮.dwg），在命令行中执行VIEW命令，并按【Space】键，弹出“视图管理器”对话框，单击“新建”按钮，如图28-16所示。

02 弹出“新建视图/快照特性”对话框，在“视图名称”文本框中输入文本“棘轮”，然后单击“确定”按钮，如图28-17所示。

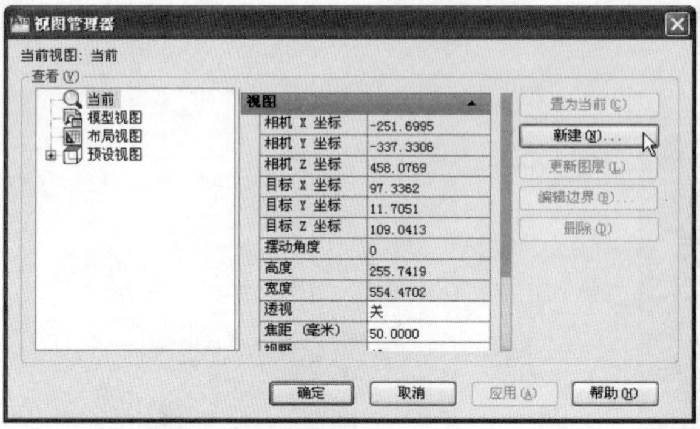

图28-16 “视图管理器”对话框

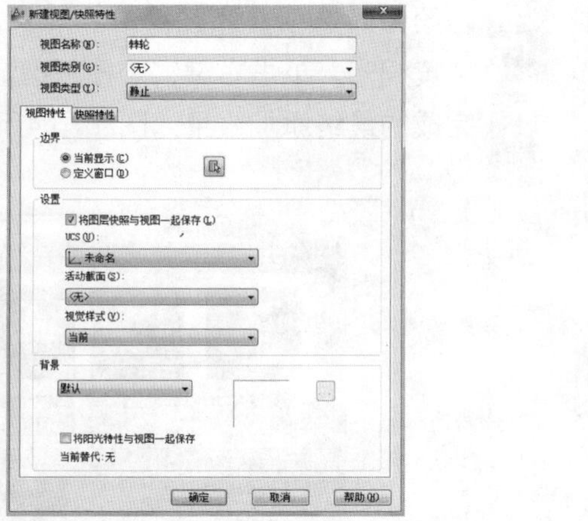

图28-17 新建视图

03 返回“视图管理器”对话框。在“常规”栏的“背景替代”下拉列表中选择需要的背景样式，这里选择“图像”选项，如图28-18所示。

04 弹出“背景”对话框，单击“浏览”按钮，弹出“选择文件”对话框。在“查找范围”下拉列表中选择图片所在位置，在中间的列表框中选择需要的图片，这里选择个人桌面图片，然后单击“打开”按钮，如图28-19所示。

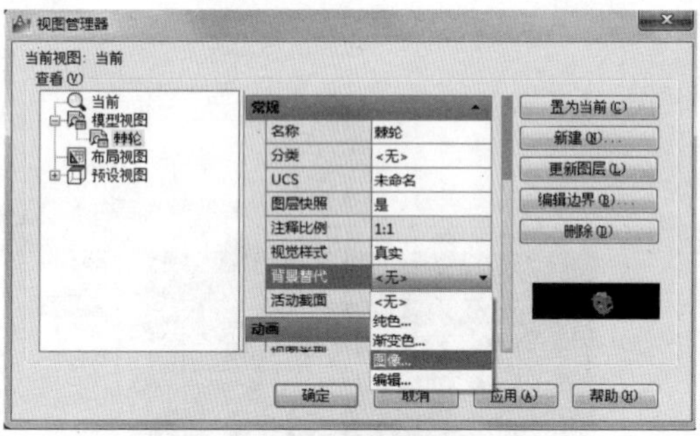

图28-18 设置背景

图28-19 选择图像

05 返回“背景”对话框，如图28-20所示。单击“确定”按钮，返回“视图管理器”对话框，单击“置为当前”按钮，再单击“确定”按钮，如图28-21所示。

图28-20 背景添加

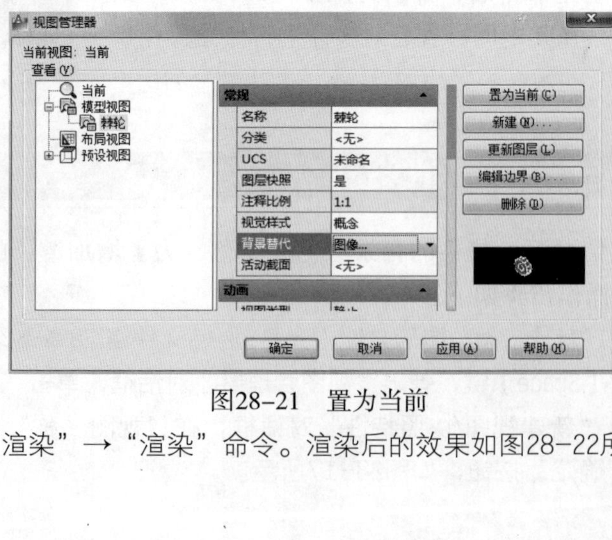

图28-21 置为当前

06 显示菜单栏，选择“视图”→“渲染”→“渲染”命令。渲染后的效果如图28-22所示。

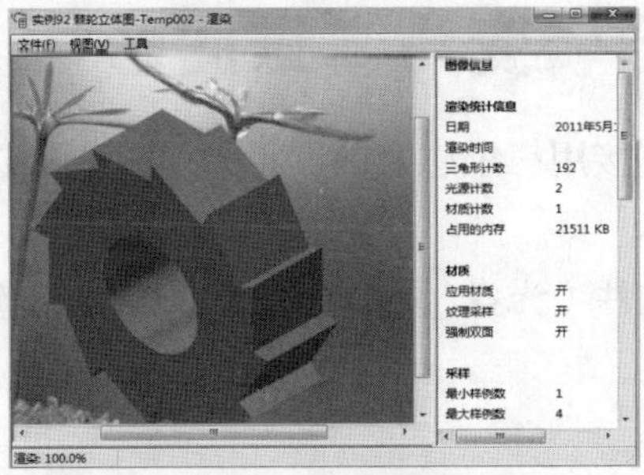

图28-22　最终渲染效果

28.4.2　输出图形

渲染是为了将图形更完美化。对三维模型进行渲染后，可以将其以图片文件的格式输出并保存到计算机中，具体操作步骤如下。

01 打开“棘轮1.dwg”图形文件（光盘:\原始文件\第28章\棘轮1.dwg），显示菜单，选择“视图”→“渲染”→“渲染”命令，对图形对象进行渲染。

02 渲染完成后，在弹出的渲染窗口中选择“文件”→“保存”命令，如图28-23所示，弹出“渲染输出文件”对话框，如图28-24所示。在“保存于”下拉列表中选择保存路径，这里选择“桌面”选项；在“文件名”文本框中输入保存图像的名称，这里输入文本“棘轮”；在“文件类型”下拉列表中选择JPEG选项；最后单击“保存”按钮进行保存。

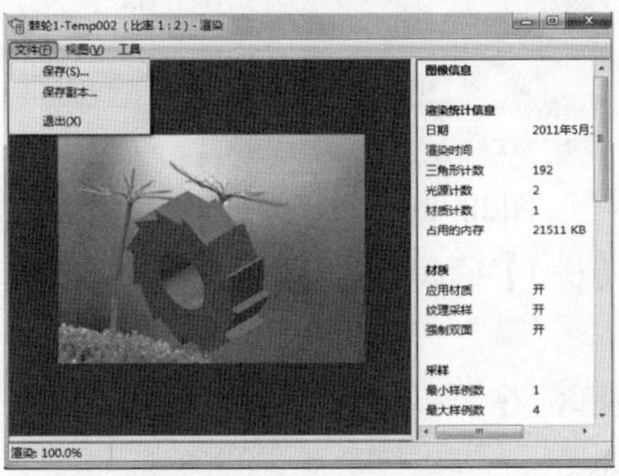

图28-23　保存图形

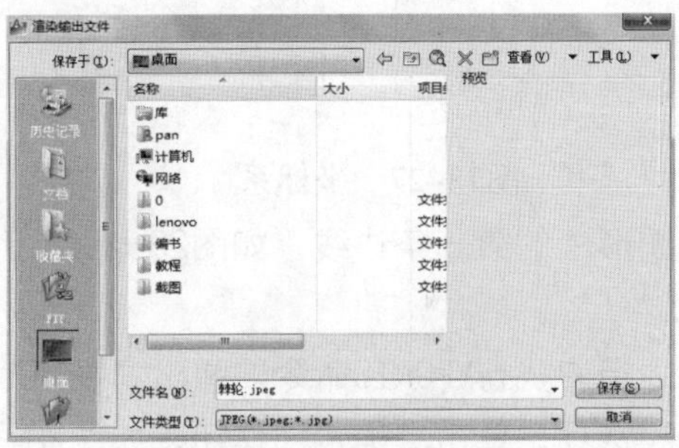

图28-24　新建图形名

03 弹出“JPEG 图像选项”对话框，可以拖动滑块设置图片的效果，这里保持默认不变并单击“确定”按钮，如图28-25所示。

04 返回桌面，双击刚保存的“棘轮.jpeg”图片文件，即可将其打开并查看，如图28-26所示。

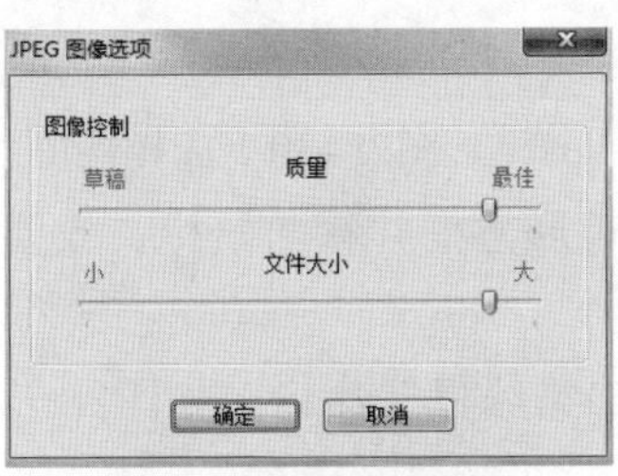

图28-25　设置图形质量

图28-26　最终效果

28.5 将三维图形转变为二维图形

对于一些较复杂或者需要直接用三维感官的图形，可以直接进行三维图形的绘制，然后将绘制好的三维图形转换为二维图形，具体操作步骤如下。

01 打开“连接轴.dwg”图形文件（光盘:\原始文件\第28章\连接轴.dwg），在命令行窗口输入命令UCS，具体操作过程如下：

命令：UCS （执行UCS命令）

指定 UCS 的原点或 [面(F)/命名(NA)/对象(OB)/上一个(P)/视图(V)/世界(W)/X/Y/Z/Z 轴(ZA)] <世界>: （单击如图28-27所示的位置）

指定 X 轴上的点或 <接受>: （按【Space】键确认）

02 在菜单栏中选择“视图”→“视觉样式”→“概念”命令，将视觉样式设置为“概念”视觉样式，单击状态栏中的▣按钮，在弹出的模式缩略图上单击“布局1”缩略图，将其切换到布局1中，如图28-28所示。

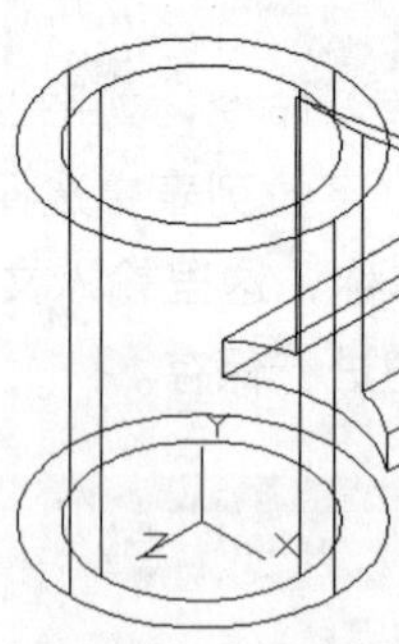

图28-27 坐标系

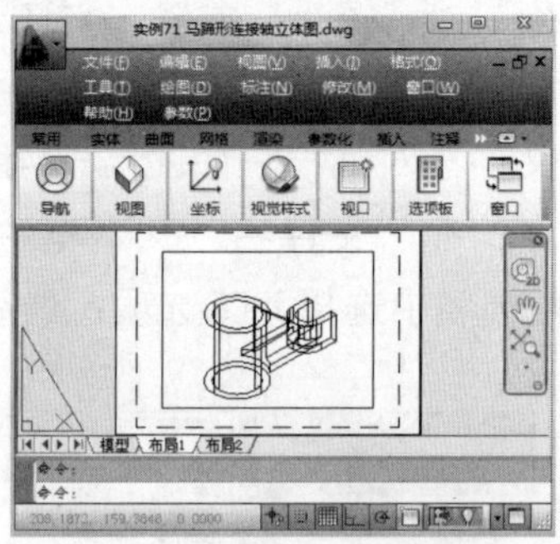

图28-28 布局视图

03 选择图形外的第一条边线，如图28-29所示，按【Del】键将布局中的图形删除。

04 在命令行中执行VPORTS命令，弹出“视口”对话框，在“标准视口”列表框中选择“四个：相等”选项，单击“确定”按钮，如图28-30所示。

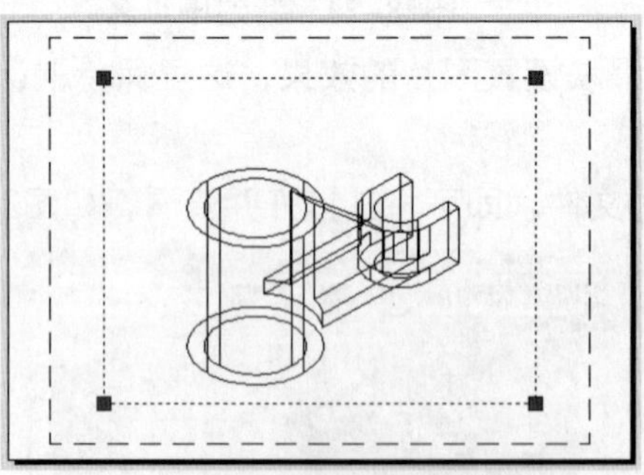

图28-29 选择边界

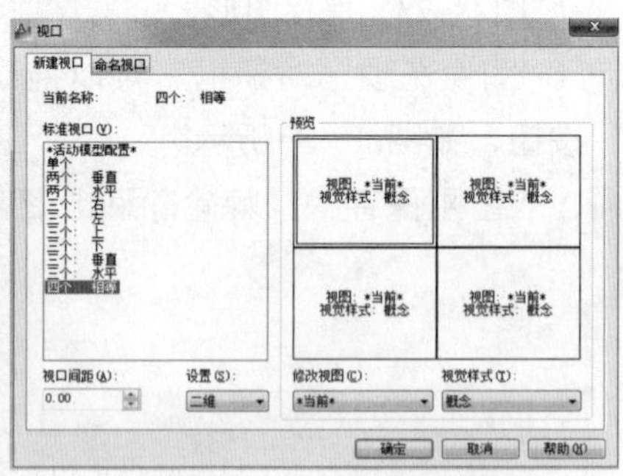

图28-30 选择视口

05 返回绘图区，在虚线框内拖动鼠标，绘制一个矩形方框并释放鼠标，效果如图28-31所示。双击选择第二个视口。

06 在菜单栏中选择“视图”→“视觉样式”→“二维线框”命令，如图28-32所示。

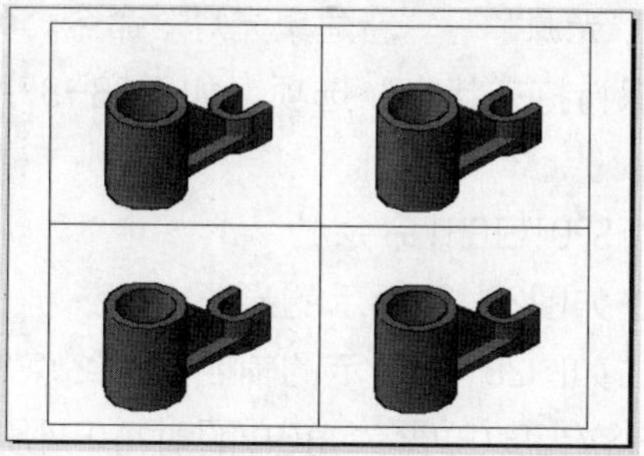

图28-31　视口2

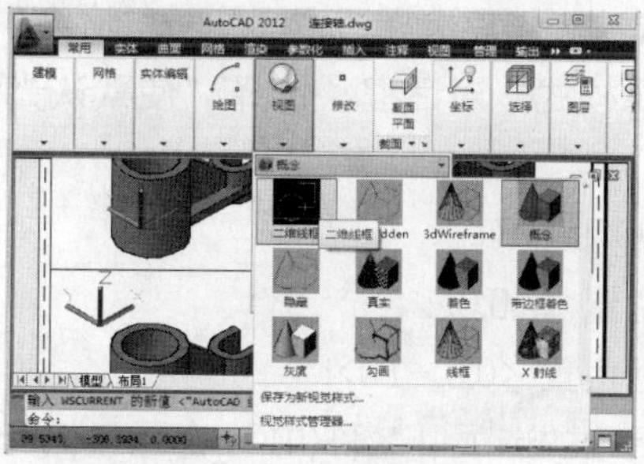

图28-32　设置样式

07 再次选择第二个视口，切换至功能区“视图”选项卡的“视图”面板中，单击“视图”按钮，在弹出的下拉列表中选择“前视”选项。然后再次选择第二个视口，设置后的效果如图28-33所示。

08 按照相同的方法将第3个和第4个视觉样式都设置为“二维线框”，将其视图分别设置为“前视”和“左视”，最终效果如图28-34所示（光盘:\最终文件\第28章\连接轴.dwg）。

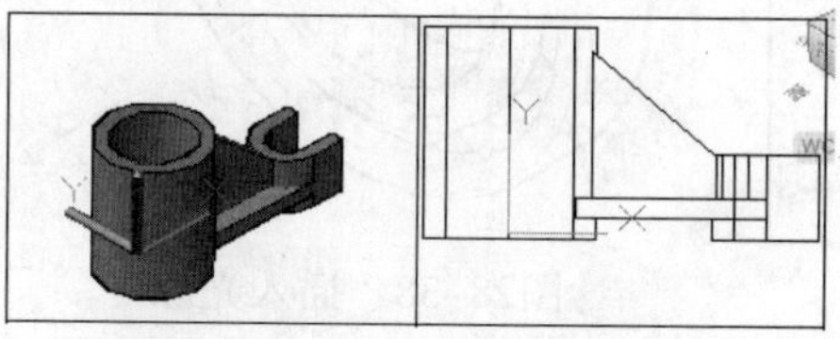

图28-33　设置线框样式

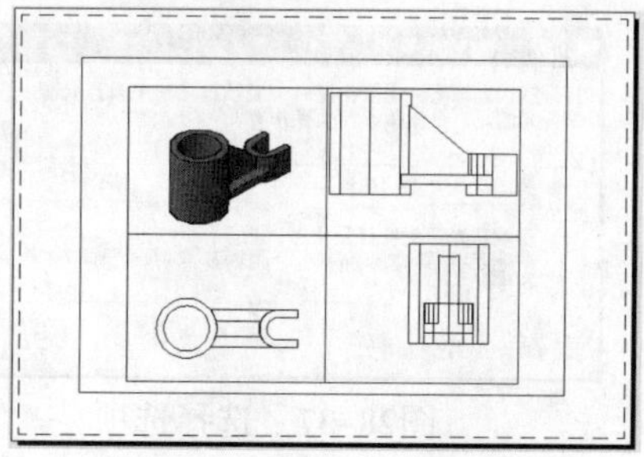

图28-34　完成最终设置

28.6 拓展训练

下面通过一个例子讲解本章所介绍的主要内容。

01 打开“轴承.dwg”图形文件（光盘:\原始文件\第28章\轴承.dwg），如图28-35所示，在命令行中执行HIDE命令，具体操作过程如下。

命令: HIDE　　　　（执行HIDE命令）

正在重生成模型。　　　　（系统自动重生成模型，效果如图28-36所示）

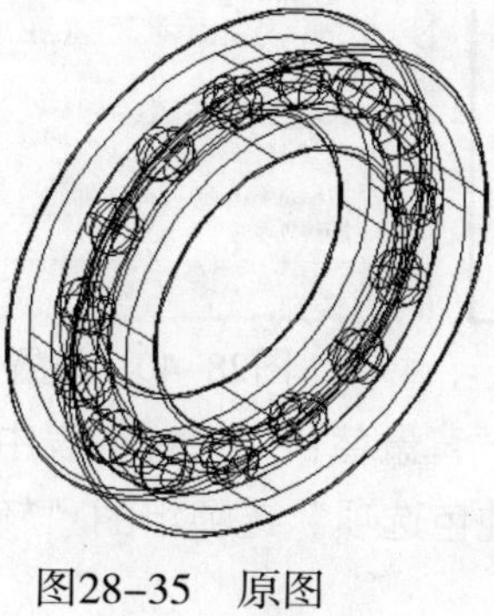

图28-35　原图

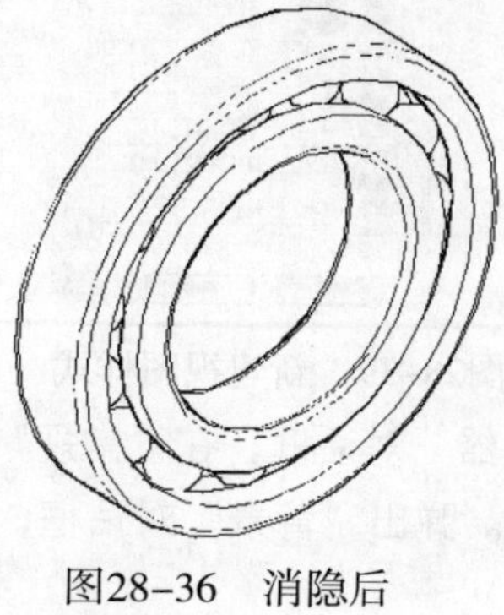

图28-36　消隐后

02 显示菜单栏，然后选择“视图”→“渲染”→“光源”→“新建聚光灯”命令，弹出“光源 - 视口光源模式”对话框，选择“使默认光源保持打开状态”选项，如图28-37所示，具体操作过程如下：

命令：SPOTLIGHT　　（执行SPOTLIGHT命令）

指定源位置 <0,0,0>:　　（单击如图28-38所示的光源点）

指定目标位置 <0,0,-10>:　　（单击如图28-38所示的辅助线的终点）

输入要更改的选项 [名称(N)/强度因子(I)/状态(S)/光度(P)/聚光角(H)/照射角(F)/阴影(W)/衰减(A)/过滤颜色(C)/退出(X)] <退出>: H　　（选择“聚光角”选项，并按【Space】键）

输入聚光角 (0.00-160.00) <45>:　　（按【Space】键）

输入要更改的选项 [名称(N)/强度因子(I)/状态(S)/光度(P)/聚光角(H)/照射角(F)/阴影(W)/衰减(A)/过滤颜色(C)/退出(X)] <退出>: X　　（按【Space】键）

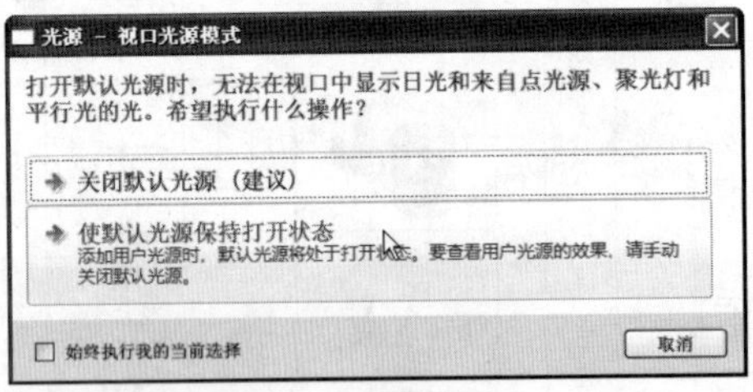

图28-37　选择选项

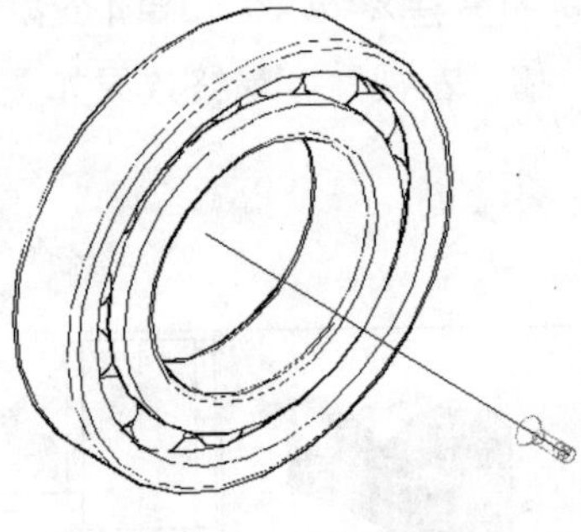

图28-38　插入光源

03 在命令行中执行VIEW命令，并按【Space】键，弹出“视图管理器”对话框，如图28-39所示。单击“新建”按钮，弹出“新建视图/快照特性”对话框，在“视图名称”文本框中输入文本“轴承”，然后单击“确定”按钮，如图28-40所示。

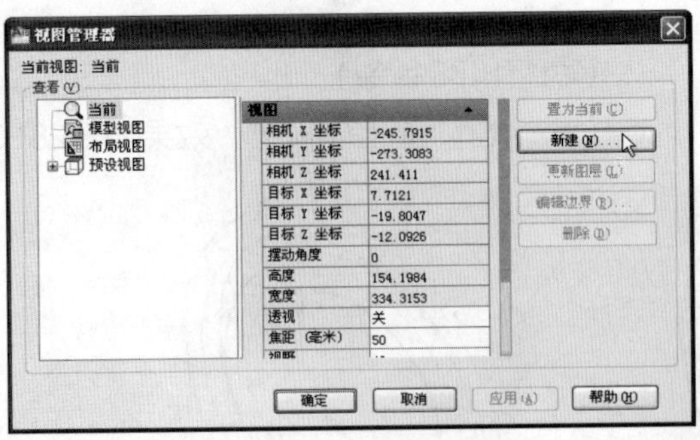

图28-39　新建视图样式

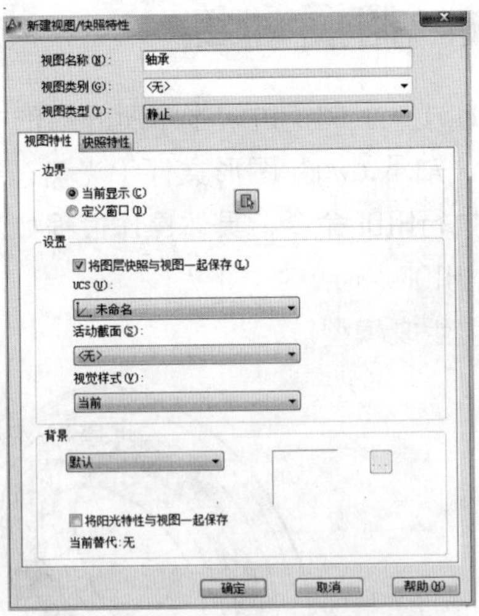

图28-40　设置名字

04 返回“视图管理器”对话框，在“常规”栏的“背景替代”下拉列表中选择“纯色”选项，如图28-41所示。弹出“背景”对话框，在“纯色选项”选项组的“颜色”条上单击，如图28-42所示。

图28-41　设置背景

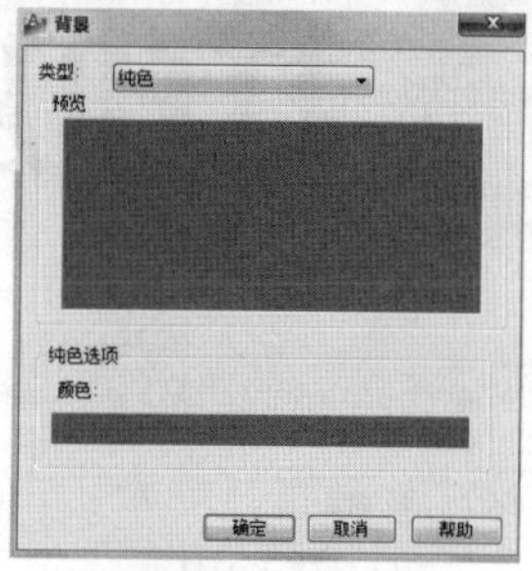

图28-42　背景

05 弹出“选择颜色”对话框，在“颜色”文本框中输入颜色值（210，254，253），然后单击“确定”按钮，如图28-43所示。

06 返回“背景”对话框，单击“确定”按钮返回“视图管理器”对话框，单击“置为当前”按钮，再单击“确定”按钮，如图28-44所示。

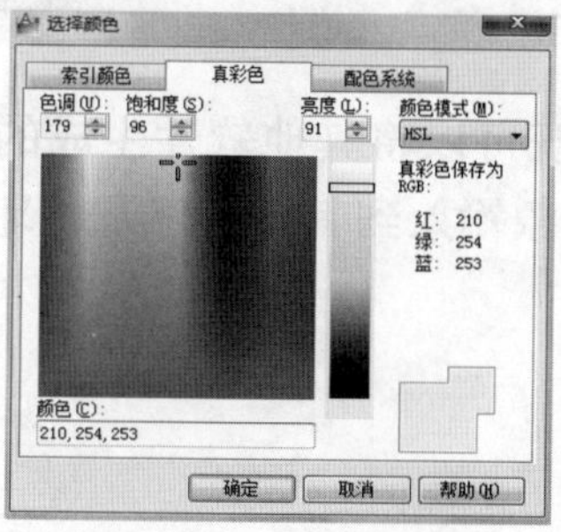

图28-43　设置颜色

图28-44　置为当前

07 显示菜单栏，选择“视图”→“渲染”→“渲染”命令，渲染图形对象，如图28-45所示。渲染完成后，在弹出的“渲染”窗口中选择“文件”→“保存”命令。

08 弹出“渲染输出文件”对话框，在“保存于”下拉列表中选择“桌面”选项，在“文件名”文本框中输入文本“轴承”，在“文件类型”下拉列表中选择JPEG选项，最后单击“保存”按钮进行保存，如图28-46所示（光盘:\最终文件\第28章\轴承.dwg）。

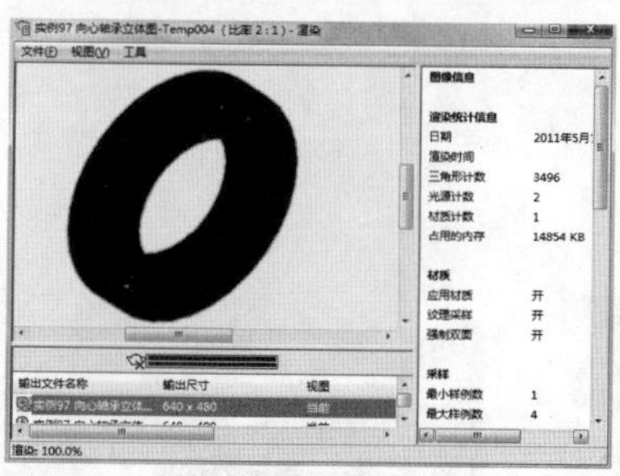

图28-45　渲染图形

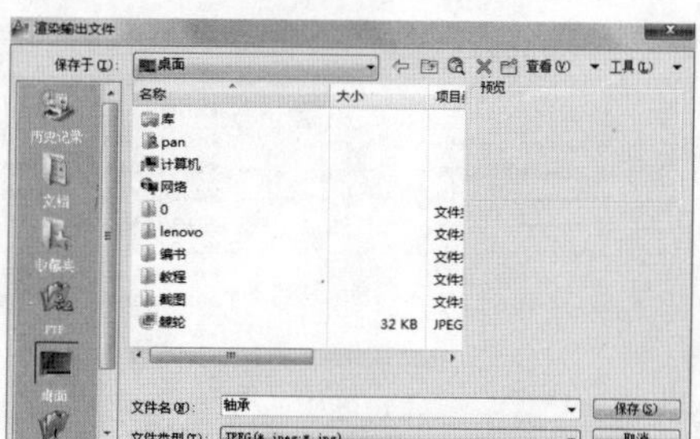

图28-46　输入名字

28.7 本章小结

本章主要介绍了三维图形的后期处理，主要内容就是渲染，此外还包括图形对象的光源创建及设置，以及图形的材质设置。最后对三维图形转变为二维图形进行了讲解，这个功能可以提高设计效率。总之，通过本章的学习，可以使AtuoCAD的学习更加系统，设计的模型也更加真实。

第29章 打印及输出图形

学习导航

图形的设计及编辑都是为了生成图纸，便于加工人员使用。下面就介绍图形设计完成后的操作：图形的打印与输出。

学习重点

- □ 学会输入/输出AutoCAD图形
- □ 能熟练打印AutoCAD图形
- □ 能够设置及编辑打印样式

AutoCAD提供了强大的输入、输出和打印功能，既可以将其他软件生成的文件输入到AutoCAD，以实现数据的共享，还可以将图形对象输入到其他程序及打印。

29.1 图形的输入与输出

29.1.1 图形的输入

对于很多格式的文件，AutoCAD均可打开。输入其他格式图形文件，可在菜单栏中选择“插入”→“Windows图元文件”命令，系统会弹出如图29-1所示的对话框，在其中可以选择输入的文件。用户还可以在“插入”菜单中选择“3D Studio”、“ACIS文件”、“OLE对象”等命令，打开相应的对话框，输入需要打开的图形文件，如图29-2所示。

图29-1 输入文件

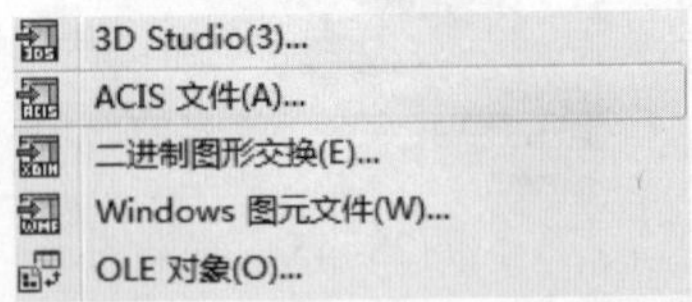

图29-2 插入其他格式文件

29.1.2 图形的输出

在AutoCAD中，可以将编辑好的图形以多种方式输出，如“图元文件”、“ACIS”、“平版印刷”、“封装PS”、“DXX提取”、“位图”、“块”等。它的调用可以通过以下方式实现：

- 选择菜单栏“文件”→“输出”命令。
- 在命令行窗口中输入EXPORT。

执行完上述命令后，系统弹出“输出数据”对话框，如图29-3所示。

在“保存于”下拉列表中设置输出的路径，在“文件名”文本框中输入文件名称，在“文件类型”下拉列表中设置输出的文件类型。单击“保存”按钮，切换到绘图窗口，可以选择指定格式保存对象。

为了便于用户根据要求输出图纸，AutoCAD专门提供了一个图纸空间（默认情况下，用户是在模型空间中绘图的），用户可在该空间中安排图纸输出布局、对图形增加注释等，还可以利用图纸空间输出一个三维图形的多种视图。此外，AutoCAD还为用户提供了一组布局样板，用户可利用这些样板快速创建标准布局图。

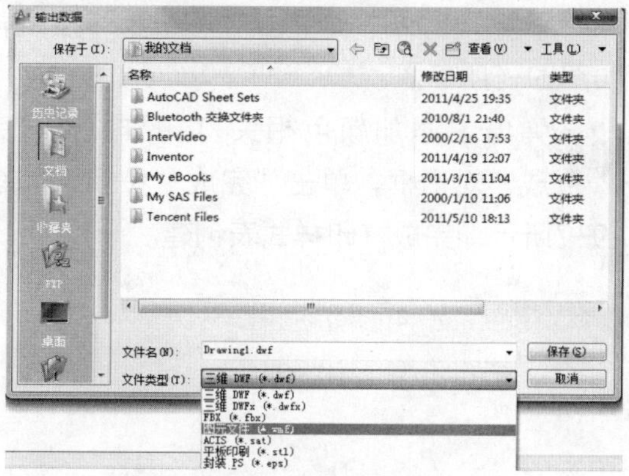

图29-3　输出文件

29.2 打印样式

为了使打印出的图形更符合要求，在对图形对象进行打印之前，首先应先创建需要的打印样式；设置打印样式后，还可以对其进行编辑。下面分别进行讲解。

29.2.1　创建打印样式表

创建打印样式表是在“打印－模型”对话框中进行的，打开该对话框的方法如下：

- 单击快速访问工具栏的“打印”按钮。
- 单击“菜单浏览器”按钮，在弹出的菜单中选择“文件”→“打印”命令。
- 直接按【Ctrl+P】组合键。
- 在命令行窗口中执行PLOT命令。

创建打印样式表的具体操作过程如下。

01 单击快速访问工具栏的“打印”按钮，弹出“打印－模型”对话框。在“打印样式表”下拉列表中选择“新建”选项，如图29-4所示。

02 弹出“添加颜色相关打印样式表－开始”对话框，单击“创建新打印样式表”单选按钮，然后单击“下一步”按钮，如图29-5所示。

03 弹出“添加颜色相关打印样式表－文件名”对话框，在“文件名”文本框中输

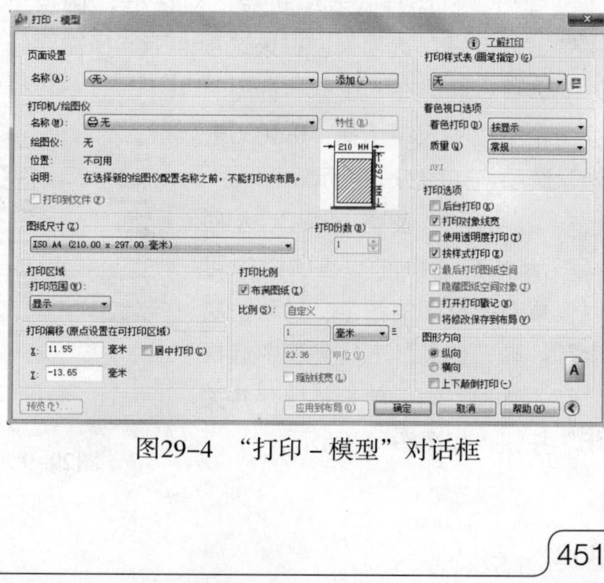

图29-4　“打印－模型”对话框

入“零件图”文本，单击“下一步”按钮，如图29-6所示。

04 弹出“添加颜色相关打印样式表-完成”对话框，单击“完成”按钮，如图29-7所示，完成打印样式表创建。

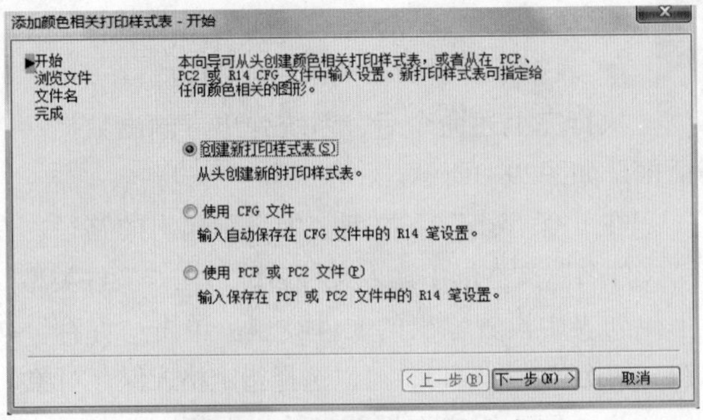

图29-5　创建新打印样式表

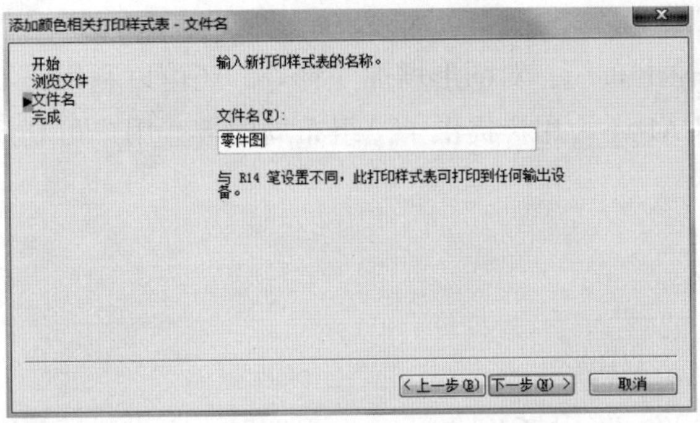

图29-6　输入文件名

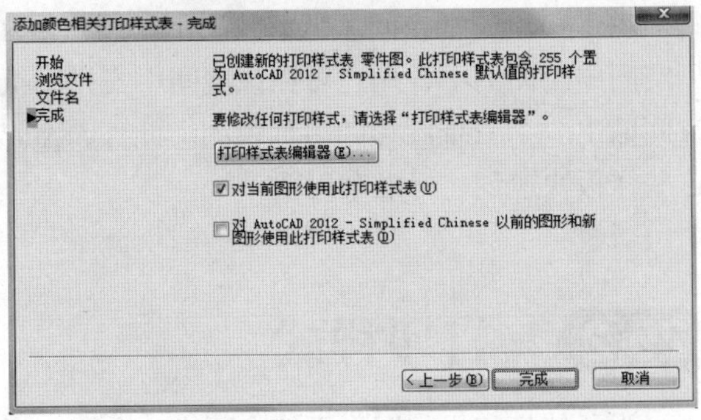

图29-7　完成创建

29.2.2　编辑打印样式表

打印样式表创建完成后，还可以对其进行编辑。编辑打印样式表的具体操作步骤如下。

01 显示菜单栏，选择“文件”→“打印样式管理器”命令，弹出Plot Styles窗口，双击要修改的打印样式表，这里双击名为Grayscale.ctp的打印样式表，如图29-8所示。

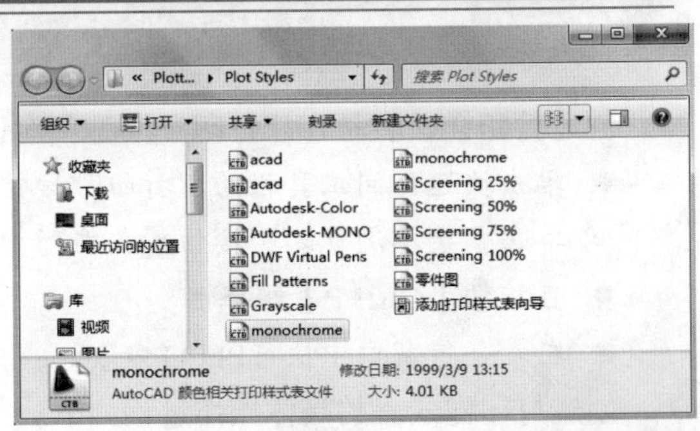
图29-8　编辑打印样式管理器

02 弹出“打印样式表编辑器”对话框，切换至“表视图”选项卡，在该选项卡下选择需要修改的选项。这里在“线宽”右侧的第一个下拉列表中选择“0.4000毫米”选项，如图29-9所示。

03 切换至“表格视图”选项卡，在“特性”选项组中可以设置对象打印的颜色、抖动、灰度等。在“颜色”下拉列表中选择“红”选项，然后单击“保存并关闭”按钮，如图29-10所示。

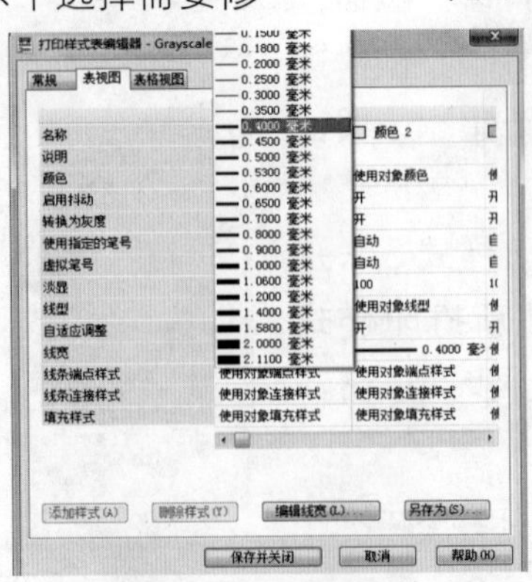
图29-9　设置线宽

图29-10　设置颜色

“打印样式表编辑器”对话框的“表格视图”选项卡中，部分选项的含义如下。

- “颜色”选项：指定对象的打印颜色。打印样式颜色的默认设置为“使用对象颜色”。如果指定了打印样式颜色，在打印时该颜色将替代使用对象的颜色。
- “抖动”选项：打印机采用抖动来靠近点图案的颜色，使打印颜色看起来似乎比AutoCAD颜色索引（ACI）中的颜色要多。如果打印机不支持抖动，将忽略抖动设置。为避免由细矢量抖动所带来的线条打印错误，抖动通常是关闭的。关闭抖动还可以使较暗的颜色看起来更清晰。关闭抖动时，AutoCAD将颜色映射到最接近的颜色，从而导致打印时颜色范围较小，无论使用对象颜色还是指定打印样式颜色，都可以使用抖动。
- “灰度”选项：如果绘图仪支持灰度，则将对象颜色转换为灰度。如果关闭“灰度”选项，AutoCAD将使用对象颜色的RGB值。
- “笔号”选项：指定打印使用该打印样式的对象时要使用的笔。可用笔的范围为1～32。如果将打印样式颜色设置为“使用对象颜色”，或者正在编辑颜色相关打印样式表中的打印样式，则不能更改指定的笔号，其设置为“自动”。
- “虚拟笔号”选项：在1～255之间指定一个虚拟笔号。许多非笔式绘图仪都可以使用虚拟笔模仿笔式绘图仪。对于许多设备，都可以在绘图仪的前面板上对笔的宽度、填充图案、端点样式、合并样式和颜色/淡显进行设置。
- “淡显”选项：指定颜色强度，该设置确定打印时AutoCAD在纸上使用的墨的多少。有效范围为0～100。选择 0 将显示为白色，选择100将以最大的浓度显示颜色。要启用淡显，则“抖动”选项必须设为“开”。
- “线型”选项：用样例和说明显示每种线型的列表。打印样式线型的默认设置为“使用对象线型”。如果指定一种打印样式线型，打印时该线型将替代对象的线型。
- “自适应”选项：调整线型比例以完成线型图案。如果未将“自适应”选项设置为“开”，直线将有可能在图案的中间结束。如果线型缩放比例更重要，那么应先将“自适应”选项设为“关”。
- “线宽”选项：显示线宽及其数字值的样例。可以毫米为单位指定每个线宽的数值。打印样式线宽的默认设置为“使用对象线宽”。如果指定一种打印样式线宽，打印时该线宽将替代对象的线宽。
- “端点”选项：提供下列线条端点样式，如柄形、方形、圆形和菱形。线条端点样式的默认设置为“使用对象端点样式”。如果指定一种直线端点样式，打印时该直线端点样式将替代对象的线端点样式。
- “连接”选项：提供下列线条连接样式，如斜接、倒角、圆形和菱形。线条连接样式的默认设置为“使用对象连接样式”。如果指定一种直线连接样式，打印时该直线连接样式将替代对象的线条连接样式。
- “填充”选项：提供下列填充样式，如实心、棋盘形、交叉线、菱形、水平线、左斜线、右斜线、方形点和垂直线。填充样式的默认设置为“使用对象填充样式”。如果指定一种填充样式，打印时该填充样式将替代对象的填充样式。
- “添加样式”按钮：向打印样式表添加新的打印样式。打印样式的基本样式为“普通”，它使用对象的特性，不默认使用任何替代样式。创建新的打印样式后，必须指定要应用的替代样式。颜色相关打印样式表包含255种映射到颜色的打印样式，不能向颜色相关打印样式表中添加新的打印样式，也不能向包含转换表的命名打印样式表添加打印样式。

- “删除样式”按钮：从打印样式表中删除选定样式。被指定了这种打印样式的对象将以“普通”样式打印，因为该打印样式已不再存在于打印样式表中。不能从包含转换表的命名打印样式表中删除打印样式，也不能从颜色相关打印样式表中删除打印样式。
- “编辑线框”按钮：单击此按钮，将弹出“编辑线宽”对话框。共有28种线宽可以应用于打印样式表中的打印样式。如果存储在打印样式表中的线宽列表不包含所需的线宽，可以对现有的线宽进行编辑。不能在打印样式表的线宽列表中添加或删除线宽。

29.3 设置打印参数

对于打印来说，创建及编辑样式都是为了设置适合于自己的打印参数。打印参数的设置关系到打印图形的最终效果，其操作也是在“打印 - 模型”对话框中进行的，需要设置的部分如图29-11所示。下面具体讲解设置打印参数的方法。

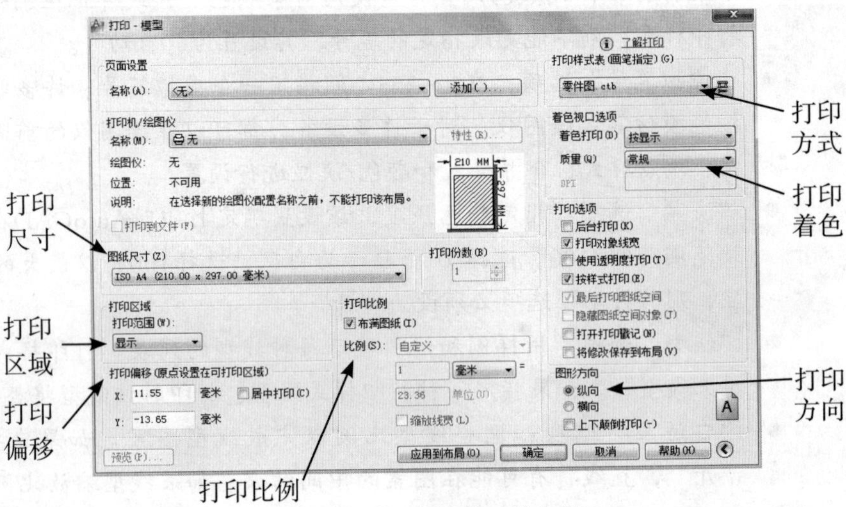

图29-11　所需设置的参数

1. 设置打印区域

只需打印绘图区中某部分图形对象时，可以对打印区域进行设置。在“打印区域”选项组中的“打印范围”下拉列表中包含窗口、范围、图形界限和显示4个选项。其中各选项的含义如下。

- “窗口”选项：用于定义要打印的区域。选择该选项后，要返回绘图区选择打印区域。
- “范围”选项：将打印图形中的所有可见对象。
- “图形界限”选项：将按照设置的图形界限，打印图形界限内的图形对象。
- “显示”选项：将打印图形中显示的所有对象。

2. 设置打印比例

打印比例的设置很重要。若打印比例过小，会使打印输出后的图形对象在图纸上的显示比例很小，导致看不清楚；若打印比例过大，会导致图纸无法装满图形对象，无法查看。

其中各选项含义如下。

- “布满图纸”复选框：选择该复选框，将缩放打印图形以布满所选图纸尺寸，并在“比例”下拉列表、“毫米”和“单位”文本框中显示自定义的缩放比例因子。
- “比例”下拉列表：指定打印的比例。

- “毫米”文本框：指定与单位数等价的英寸数、毫米数或像素数，决定当前所选图纸尺寸单位是英寸、毫米还是像素。
- “单位”文本框：指定与指定的英寸数、毫米数或像素数等价的单位数。
- “缩放线宽”复选框：如果是在布局空间中打开的“打印”对话框，“缩放线宽”复选框将被激活。选择该复选框后，对象的线宽也会按打印比例进行缩放；取消选择该复选框，则只缩放打印图形而不缩放线宽。

3. 设置打印方向

在“打印－模型”对话框的“图形方向”选项组中，可以设置图形的打印方向。其中各选项含义如下。

- “纵向”单选按钮：单击该单选按钮，图形以水平方向放置在图纸上。
- “横向”单选按钮：单击该单选按钮，图形以垂直方向放置在图纸上。
- “上下颠倒打印”复选框：选择该复选框，则系统会将图形旋转180° 后再进行打印。

4. 设置图纸尺寸

设置图纸尺寸即选择打印图形时的纸张大小，在如图29-11所示的“图纸尺寸”下拉列表中进行选择即可。里面提供了很多标准图纸的尺寸。

5. 设置打印样式

打印样式就像一个打印模子一样，是系统预设好的样式。通过设置打印样式，即可间接地设置图形对象打印输出时的颜色、线型或线宽等特性。

6. 设置打印偏移

打印偏移可以控制打印输出图形对象时，图形对象位于图纸的哪个位置。“打印偏移”选项组如图29-11所示，各选项含义如下。

- X文本框：指定打印原点在X轴方向的偏移量。
- Y文本框：指定打印原点在Y轴方向的偏移量。
- “居中打印”复选框：选择该复选框后，将图形打印到图纸的正中间，系统会自动计算出X和Y的偏移值。

7. 打印着色

打印着色三维模型时，需在“着色视口选项”选项组中的“着色打印”下拉列表中选择需要的打印方式，其中部分选项含义如下。

- 按显示：按对象在屏幕上显示的效果进行打印。
- 线框：用线框方式打印对象，不考虑它在屏幕上的显示方式。
- 消隐：打印对象时消除隐藏线，不考虑它在屏幕上的显示方式。
- 渲染：按渲染后的效果打印对象，不考虑它在屏幕上的显示方式。

29.4 浮动视口

在图纸空间下，视口为浮动视口，可以改变其大小、性状、位置；也可以设置多个视口。单击视区边界，出现4个夹点，拉动夹点到指定大小和位置，就可以改变视口大小、位置、性状、位置。

在布局窗口，可以将当前的一个视口分成多个视口。各个视口中，可用不同的比例、角度和位置来显示同一个模型。在视口内任意地方单击鼠标，使对应视口转换为当前视口，可进行编辑和操作。可以把模型的主视图、俯视图、轴测图和左视图布置在多个视口中。如图29-12所示即为多视口效果。

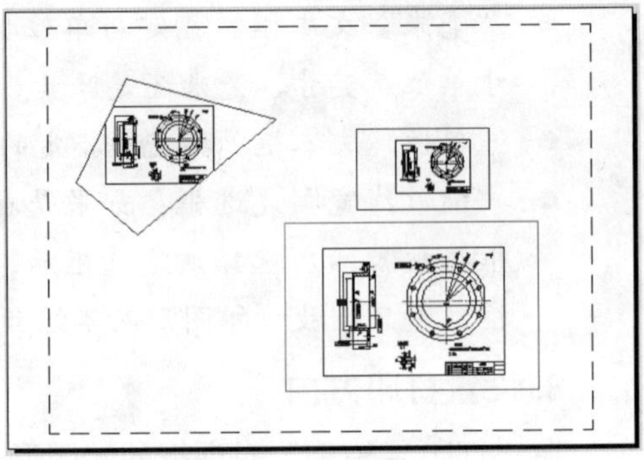

图29-12 多视口视图

29.5 保存与调用打印设置

打印样式等设置完毕后，需将其保存，便于后续调用。下面就对如何操作进行介绍。

1. 保存打印设置

保存打印设置的具体操作步骤如下。

01 启动AutoCAD 2012，单击快速访问工具栏的“打印”按钮，弹出“打印-模型”对话框，在其中设置打印参数。

02 如图29-13所示，在“页面设置”选项组中单击“添加”按钮，弹出“添加页面设置”对话框，如图29-14所示。在“新页面设置名”文本框中输入要保存的打印设置名称，这里输入“建筑”，然后单击“确定”按钮，当保存图形文件时，即可将打印参数一起保存。

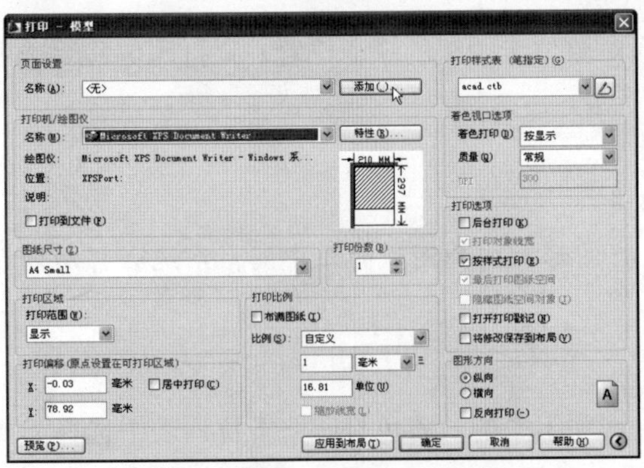

图29-13 添加“页面设置”

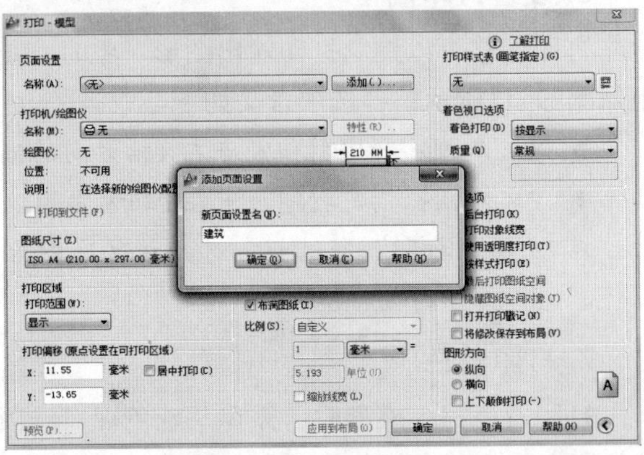

图29-14 新建名称

2. 调用打印设置

将打印设置保存到计算机中后，在需要时即可调用该设置，具体操作步骤如下。

01 启动AutoCAD 2012，单击快速访问工具栏的“打印”按钮，弹出“打印-模型”对话框，在“页面设置”选项组中的“名称”下拉列表中选择“输入”选项，如图29-15所示。

02 弹出“从文件选择页面设置”对话框，选择保存了打印设置的图形文件，如图29-16所示。弹出“输入页面设置”对话框，在“页面设置”列表框中显示该图形文件中的打印设置名称，选择后单击“确定”按钮。

图29-15　输入打印设置

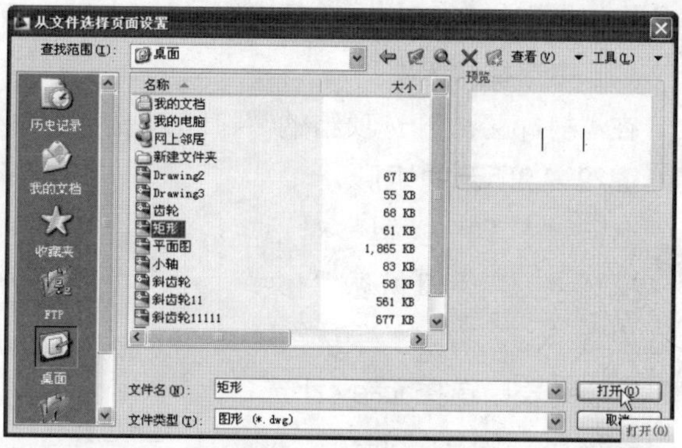

图29-16　查找文件

29.6 打印及打印预览

打印预览的效果跟打印输出后的效果是完全相同的，打印预览的具体操作步骤如下：

01 启动AutoCAD 2012，单击快速访问工具栏的“打印”按钮，弹出“打印-模型”对话框，对打印样式进行设置。

02 单击“预览”按钮，进入打印预览状态，效果如图29-17所示，若打印预览效果符合要求，即可单击“确定”按钮打印图形对象，如图29-18所示。

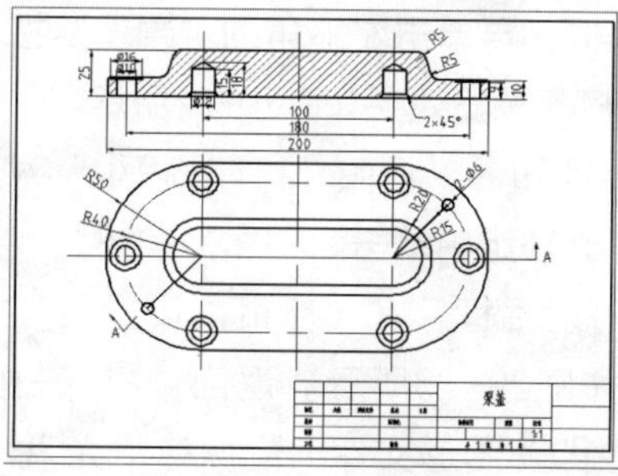

图29-17　打印预览

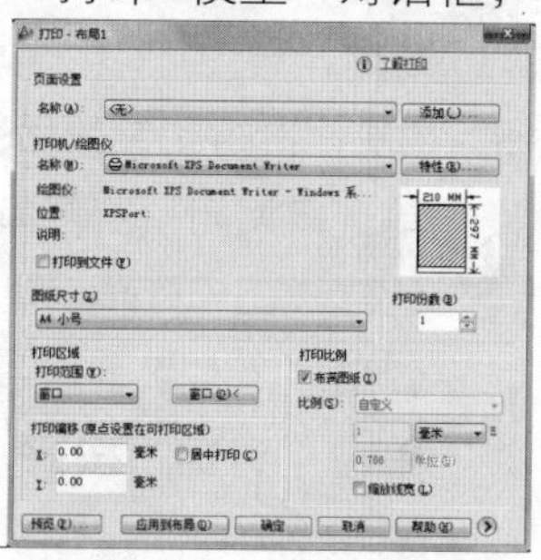

图29-18　打印设置

打印预览状态下，工具栏各按钮功能如下。

- “打印”按钮：单击该按钮可直接打印图形文件。
- “平移”按钮：该功能与视图缩放中的平移操作相同，这里不再赘述。
- “缩放”按钮：单击该按钮后，鼠标光标变成形状。按住鼠标左键向下拖动，图形文件视图窗口变小；按住鼠标左键向上拖动，图形文件视图窗口变大。
- “窗口缩放”按钮：单击该按钮，鼠标光标变成形状。框选图形文件，视图中的图形文件变大。
- “缩放为原窗口”按钮：单击该按钮，窗口还原。
- “关闭”按钮：单击该按钮，退出打印预览窗口。

29.7 拓展训练

下面通过一个例子来复习本章所学的内容。

01 打开“直齿轮.dwg”图形文件（光盘:\原始文件\第29章\直齿轮.dwg），单击快速访问工具栏的“打印”按钮，弹出“打印 - 模型”对话框。

02 在“打印机/绘图仪”选项组的“名称”下拉列表中选择所需的打印设备，在“图纸尺寸”下拉列表中选择A4选项。

03 在“打印区域”选项组的“打印范围”下拉列表中选择“窗口”选项，返回绘图区，绘制如图29-19所示的矩形。

04 返回“打印-模型”对话框，在“打印份数”文本框中输入2。在“打印样式表”下拉列表中选择acad.ctb选项，系统自动弹出“问题”对话框，单击“是”按钮，如图29-20所示。

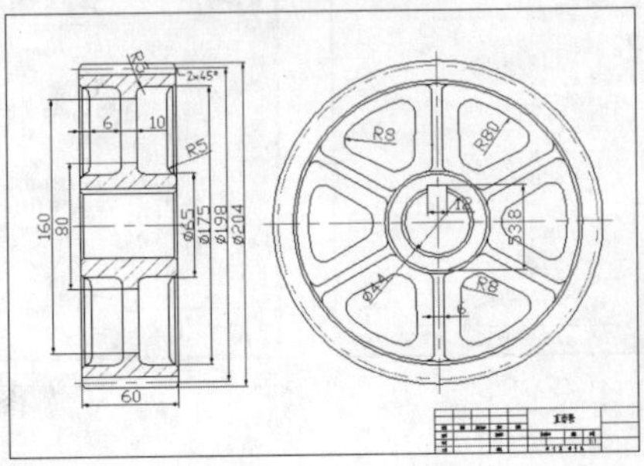

图29-19　打印窗口

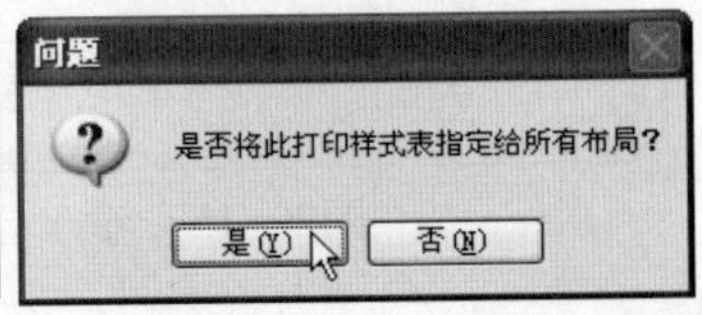

图29-20　打印提示

05 在“图形方向”选项组中选择“横向”单选按钮，单击左下角的“预览”按钮，如图29-21所示。单击“关闭预览窗口”按钮⊗。

06 返回“打印-模型”对话框，在“打印偏移”选项组中选择“居中打印”复选框。再单击左下角的“预览”按钮，再次设置打印参数后的打印预览效果如图29-22所示。

07 单击“关闭预览窗口”按钮⊗，返回“打印-模型”对话框，在“页面设置”选项组中单击“添加”按钮。

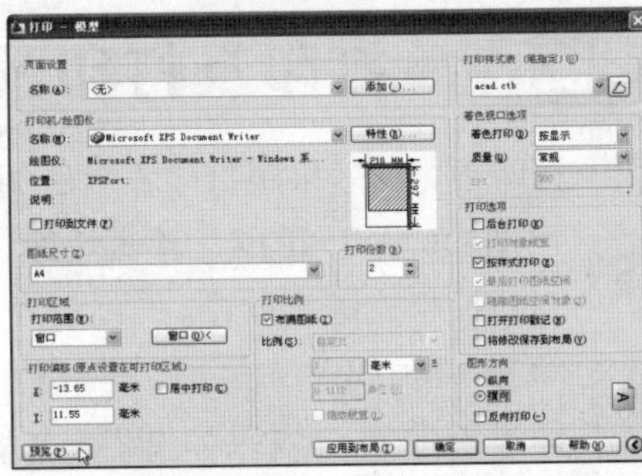

图29-21　打印设置

08 弹出“添加页面设置”对话框，在“新页面设置名”文本框中输入文本“机械图纸”，然后单击“确定”按钮，如图29-23所示。返回“打印-模型”对话框，单击“确定”按钮，然后保存图形文件，打印参数即随图形文件一起保存（光盘:\最终文件\第29章\直齿轮.dwg）。

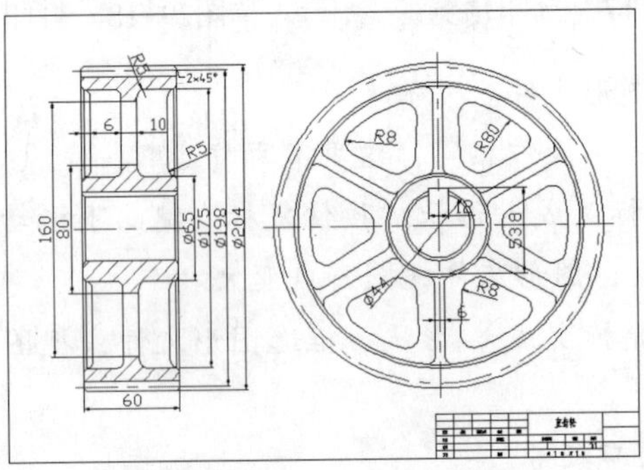

图29-22　打印预览

图29-23　新建页面设置

29.8 本章小结

通过本章的学习，读者应掌握在AutoCAD 2012中对图形对象的打印参数进行设置的方法。除此之外，本章还讲解了浮动视口、打印设置的保存与调用等内容。通过学习本章，可以使读者掌握图形输入及输出，有利于高效地利用图形。

第30章 机械图形绘制步骤归纳

学习导航

本章对前面所学的所有机械图形的内容进行总结，得出绘制机械零件图和装配图的步骤。读者可以结合前面所学知识以及本章内容，对AutoCAD进行机械图形绘制的相关内容进行整理归纳，形成一个知识体系。

学习重点

- □ 熟悉机械图形绘制的步骤
- □ 熟练绘制各种机械零件图
- □ 熟练绘制各种机械装配图

AutoCAD功能的强大在于它能绘制各种工程图，而它在机械及建筑行业的应用最为广泛，本章将对AutoCAD绘制机械图形做一个总结。

30.1 机械图形的绘制流程

在AutoCAD中，要绘制好机械图形，既需要熟练掌握AutoCAD的基本操作，也需要了解一些机械设计专业方面的基本知识，这样才能绘制出符合行业规范和标准的机械图形。机械图形可以大致分为两大类：机械零件图和机械装配图，这两种类型机械图形的绘制流程有所不同，下面分别进行讲解。

30.1.1 机械零件图的绘制流程

机械零件图的绘制流程主要包括以下步骤：

（1）分析绘图对象。了解零件的名称、材料、用途，以及各部分结构形状和加工方法。

（2）建立绘图环境。首先选用合理的图纸或者应用图纸集，然后进行基础工作的完成，如图层设置等。

（3）绘制及编辑图形。通过前两步的铺垫，即可开始绘制图形对象。绘制及编辑图形就是用所学的命令进行图形的创建。

（4）标注图形。进行图形的后期处理时，首先是尺寸的标注，这一步要保证图形尺寸的完整性；其次进行技术要求等内容的标注、图框及标题栏的创建。

（5）输出图形。创建完成后，将图形输出到其他程序或者打印出图。

30.1.2 机械装配图的绘制流程

装配图绘制与零件图的绘制有些差异，绘制的步骤为：

（1）分析绘图对象。了解所绘部件的工作原理、零件间的装配关系、主要零件的基本结构、部件安装情况等内容。

（2）图形处理。根据上一步的分析，确定好各个视图后进行逐一绘制，同时进行尺寸标注和标题栏等内容的创建。

（3）输出图形。创建完成后，将图形输出到其他程序或者打印出图。

30.2 实例精析

下面以一个图形文件的绘制来说明机械图形的具体创建步骤，结果如图30-1所示。

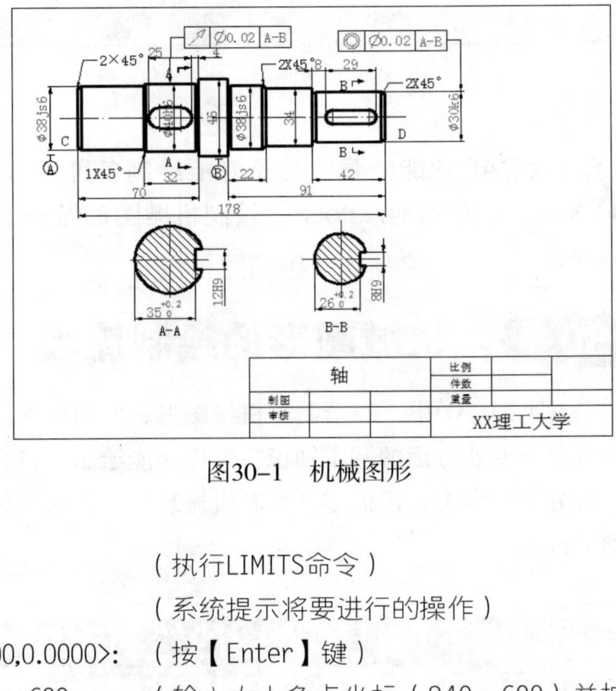

图30-1　机械图形

1. 分析图形对象

图30-1中有一个轴，用于传动，加工主要靠车削完成。还有两个键槽，其余部分为一个回转体。

2. 建立绘图环境

根据要求及图形的尺寸，可以选择A4图纸，下面首先进行图层的创建。

01 启动AutoCAD 2012，在命令行中执行LIMITS命令，具体操作过程如下：

命令：LIMITS	（执行LIMITS命令）
重新设置模型空间界限：	（系统提示将要进行的操作）
指定左下角点或 [开(ON)/关(OFF)] <0.0000,0.0000>:	（按【Enter】键）
指定右上角点 <420.0000,297.0000>: 840，600	（输入右上角点坐标（840，600）并按【Space】键）

02 单击“菜单浏览器”按钮，在弹出的菜单中选择“图形实用工具”→“单位”命令，弹出“图形单位”对话框。在“长度”选项组中的“精度”下拉列表中选择0选项，然后单击“确定”按钮，如图30-2所示。

03 在命令行中执行layer命令，弹出“图层特性管理器”选项板。单击“新建图层”按钮，新建图层，并输入名称“中心线”，设置其图层颜色为“蓝”，设置其线型为ACAD_ISO04W100。

04 按照相同的方法设置其他图层特性，并设置“中心线”图层为当前图层。设置完成后，选项板如图30-3所示。关闭“图层特性管理器”选项板。

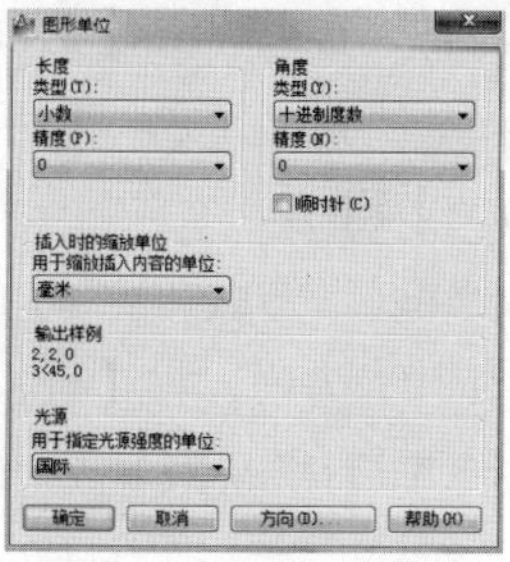

图30-2　设置图形单位

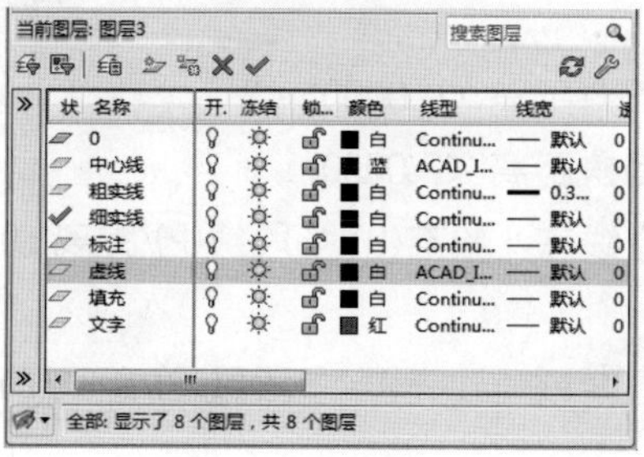

图30-3　图层设置

3. 绘制及编辑图形

01 在命令行中执行L命令，具体操作过程如下：

命令: L　　　　　　　　　　　　（执行LINE命令）
指定第一点: 100，100　　　　　（输入第一点坐标（100，100），并按【Space】键）
指定下一点或 [放弃(U)]: 300，100　（输入下一点坐标（300，100），并按【Space】键）
指定下一点或 [放弃(U)]:　　　　（按【Space】键确认）

02 按照相同的方法，在命令行中执行L命令，绘制经过（157，92）点和（157，108）点的直线，绘制完成后的效果如图30-4所示。

03 按照相同的方法，在命令行中执行L命令，绘制经过（170，92）点的和（170，108）点的直线，绘制完成后的效果如图30-5所示。

04 按照相同的方法，在命令行中执行L命令，绘制经过（258，95）点的和（258，105）点的直线，以及经过点（279，95）点的和（279，105）的直线，绘制完成后的效果如图30-6所示。

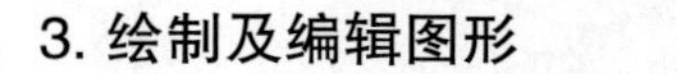
图30-4　绘制中心线1

图30-5绘制中心线2

图30-6　绘制中心线3

05 将“粗实线”图层设置为当前图层，单击状态栏中的“显示/隐藏线宽”按钮，显示线宽，在命令行中执行REC命令，具体操作过程如下：

命令: REC　（执行REC命令）
指定第一个角点或 [倒角(C)/标高(E)/圆角(F)/厚度(T)/宽度(W)]: 110，119
　　　　（输入第一个角点坐标（110，119），并按【Space】键）
指定另一个角点或 [面积(A)/尺寸(D)/旋转(R)]: 149，81
　　　　（输入另一个角点坐标（149，81），并按【Space】键，效果如图30-7所示）

06 在命令行中执行EXPLODE命令，将刚绘制的矩形进行分解，然后在命令行中执行L命令，绘制经过（112，81）和（112，119）点的直线。

07 在命令行中执行CHAMFER命令，具体操作过程如下：

命令: CHAMFER　　　　　　　　　（执行CHAMFER命令）
“修剪”模式) 当前倒角距离 1 = 0.0000，距离 2 = 0.0000
　　　　　　　　　　　　　　　　（系统提示当前倒角设置）
选择第一条直线或 [放弃(U)/多段线(P)/距离(D)/角度(A)/修剪(T)/方式(E)/多个(M)]: D

（选择“距离”选项，按【Space】键）
指定第一个倒角距离 <0.0000>: 2　（输入第一个倒角距离2，然后按【Space】键）
指定第二个倒角距离 <2.0000>:　（按【Space】键）
选择第一条直线或 [放弃(U)/多段线(P)/距离(D)/角度(A)/修剪(T)/方式(E)/多个(M)]: M
（选择“多个”选项，按【Space】键）
选择第一条直线或 [放弃(U)/多段线(P)/距离(D)/角度(A)/修剪(T)/方式(E)/多个(M)]:
（选择如图30-8所示的1线）
选择第二条直线，或按住 Shift 键选择要应用角点的直线:
（选择如图30-8所示的3线）
选择第一条直线或 [放弃(U)/多段线(P)/距离(D)/角度(A)/修剪(T)/方式(E)/多个(M)]:
（选择如图30-8所示的2线）
选择第二条直线，或按住 Shift 键选择要应用角点的直线:
（选择如图30-8所示的3线）
选择第一条直线或 [放弃(U)/多段线(P)/距离(D)/角度(A)/修剪(T)/方式(E)/多个(M)]:
（按【Space】键结束命令，倒角后的效果如图30-9所示）

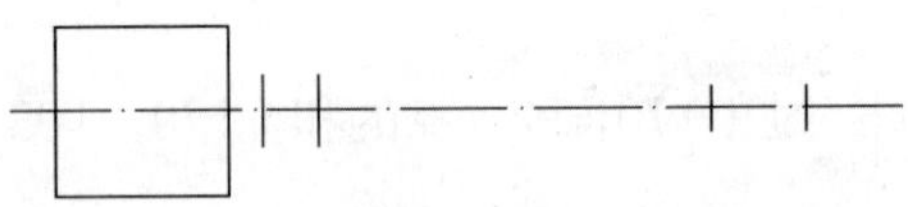
图30-7　绘制矩形

图30-8　绘制直线

08 在命令行中执行L命令，具体操作过程如下：

命令: L　（执行LINE命令）
指定第一点: 149, 81　（输入第一点坐标（149, 81），并按【Space】键）
指定下一点或 [放弃(U)]: 149, 80　（输入第一点坐标（149, 80），并按【Space】键）
指定下一点或 [放弃(U)]: 180, 80　（输入下一点坐标（180, 80），并按【Space】键）
指定下一点或 [放弃(U)]: 180, 120　（输入下一点坐标（180, 120），并按【Space】键）
指定下一点或 [闭合(C)/放弃(U)]: 149, 120（输入下一点坐标（149, 120），并按【Space】键）
指定下一点或 [闭合(C)/放弃(U)]: 149, 81　（输入下一点坐标（149, 81），并按【Space】键）
指定下一点或 [闭合(C)/放弃(U)]:　（按【Space】键确认，效果如图30-10所示）

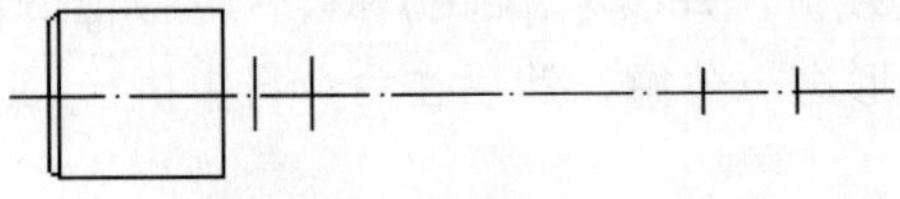
图30-9　倒角

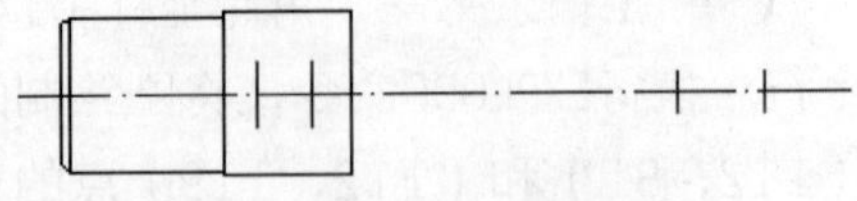
图30-10　绘制直线

09 继续在命令行中执行L命令，绘制直线，具体操作过程如下：

命令: L　（执行LINE命令）
指定第一点: 180, 80　（输入第一点坐标（180, 80），并按【Space】键）
指定下一点或 [放弃(U)]: 180, 77　（输入下一点坐标（180, 77），并按【Space】键）

指定下一点或 [放弃(U)]: 197，77　（输入下一点坐标（197，77），并按【Space】键）
指定下一点或 [闭合(C)/放弃(U)]: 197，123（输入下一点坐标（197，123），并按【Space】键）
指定下一点或 [闭合(C)/放弃(U)]: 180，123（输入下一点坐标（180，123），并按【Space】键）
指定下一点或 [闭合(C)/放弃(U)]: 180，120（输入下一点坐标（180，120），并按【Space】键）
指定下一点或 [闭合(C)/放弃(U)]:　（按【Space】键确认，效果如图30-11所示）

10 继续在命令行中执行L命令。打开正交命令，选择如图30-11所示的A点为直线绘制初始点，在命令行输入4，并将鼠标移向正上方，按【Enter】键；然后在命令行中输入20，将鼠标移向正右方，按【Enter】键；在命令行中输入38，将鼠标移向正上方后按【Enter】键；然后在命令行中输入20，将鼠标移向左方。连续两次按【Enter】键，完成的效果如图30-12所示。

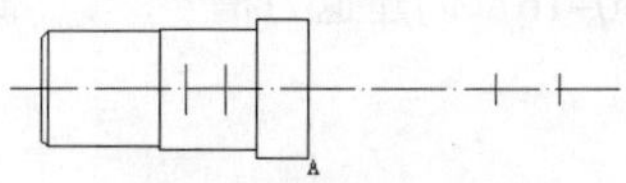

图30-11　绘制直线

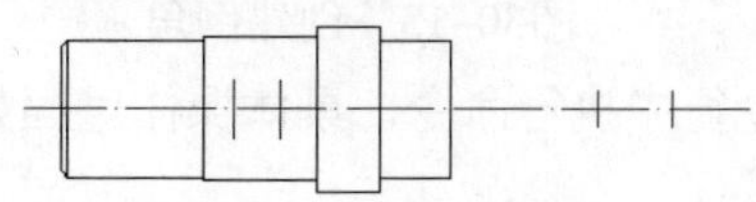
图30-12　绘制直线

11 用同样的方法创建下一个矩形线框，它的长和宽分别为29、34。完成的绘制效果如图30-13所示。

12 用同样的方法创建最后一个类似于矩形的直线框，它的长和宽分别为42、30。完成的绘制效果如图30-14所示。

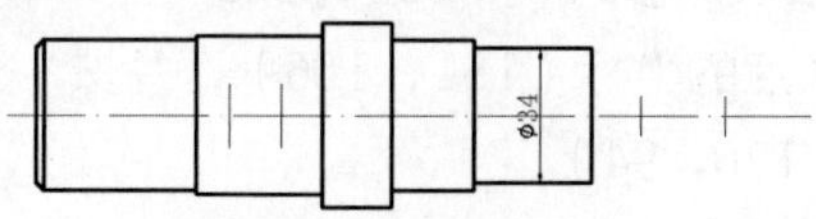

图30-13　绘制直线

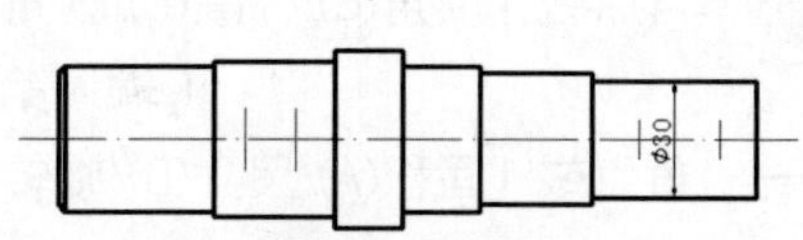

图30-14　绘制直线

13 在命令行中执行CHAMFER命令，具体操作过程如下：

命令: CHAMFER　（执行CHAMFER命令）
（"修剪"模式）当前倒角距离 1 = 0.0000，距离 2 = 0.0000
　（系统提示当前倒角设置）
选择第一条直线或 [放弃(U)/多段线(P)/距离(D)/角度(A)/修剪(T)/方式(E)/多个(M)]: D
　（选择"距离"选项，按【Space】键）
指定第一个倒角距离 <0.0000>: 2　（输入第一个倒角距离2，然后按【Space】键）
指定第二个倒角距离 <2.0000>:　（按【Space】键）
选择第一条直线或 [放弃(U)/多段线(P)/距离(D)/角度(A)/修剪(T)/方式(E)/多个(M)]: M
　（选择"多个"选项，按【Space】键）
选择第一条直线或 [放弃(U)/多段线(P)/距离(D)/角度(A)/修剪(T)/方式(E)/多个(M)]:
　（选择如图30-14所示的最右侧线）
选择第二条直线，或按住 Shift 键选择要应用角点的直线:
　（选择如图30-14所示的最后一个线框的上边线）
选择第一条直线或 [放弃(U)/多段线(P)/距离(D)/角度(A)/修剪(T)/方式(E)/多个(M)]:
　（选择如图30-14所示的最右边的线）
选择第二条直线，或按住 Shift 键选择要应用角点的直线:

（选择如图30-14所示的最后一个线框的下边线）

选择第一条直线或 [放弃(U)/多段线(P)/距离(D)/角度(A)/修剪(T)/方式(E)/多个(M)]:

（按【Space】键结束命令）

在命令行中执行L命令，补齐倒角处的直线，完成的最终结果如图30-15所示。

14 在命令行中执行L命令，创建3个退刀槽，退刀槽的尺寸均为2×1。创建两个倒角，倒角尺寸分别为C1和C2，完成的创建效果如图30-16所示。

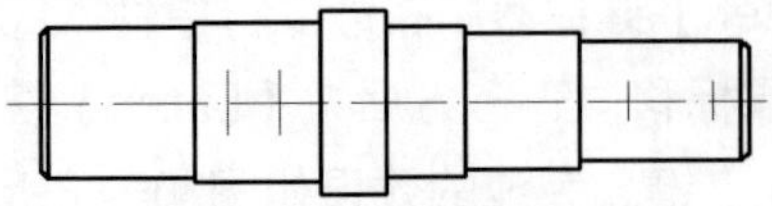

图30-15 创建倒角

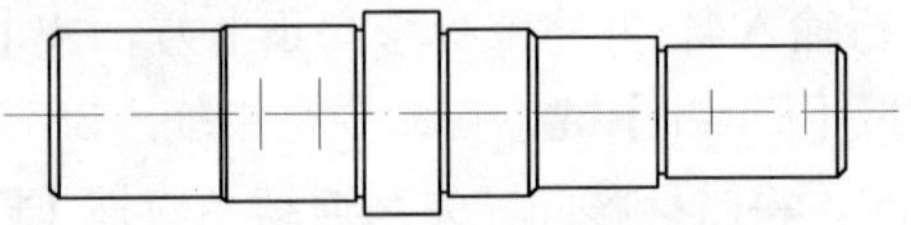

图30-16 创建退刀槽

15 在命令行中执行命令，具体操作过程如下：

命令：REC　　（执行REC命令）

指定第一个角点或 [倒角(C)/标高(E)/圆角(F)/厚度(T)/宽度(W)]: F

（选择“圆角”选项，并按【Space】键）

指定矩形的圆角半径 <0>: 6　　（输入6，并按【Space】键）

指定第一个角点或 [倒角(C)/标高(E)/圆角(F)/厚度(T)/宽度(W)]: 151，106

（输入第一个角点的坐标（151，106），并按【Space】键）

指定另一个角点或 [面积(A)/尺寸(D)/旋转(R)]:（176，94）

（输入另一个角点的坐标（176，94），并按【Space】键，效果如图30-17所示）

16 继续在命令行中执行命令，具体操作过程如下：

命令：REC　　（执行REC命令）

指定第一个角点或 [倒角(C)/标高(E)/圆角(F)/厚度(T)/宽度(W)]: F

（选择“圆角”选项，并按【Space】键）

指定矩形的圆角半径 <0>: 4　　（输入4，并按【Space】键）

指定第一个角点或 [倒角(C)/标高(E)/圆角(F)/厚度(T)/宽度(W)]: 254，104

（输入第一个角点的坐标（254，104），并按【Space】键）

指定另一个角点或 [面积(A)/尺寸(D)/旋转(R)]:（283，96）

（输入另一个角点的坐标（283，96），并按【Space】键，效果如图30-18所示）

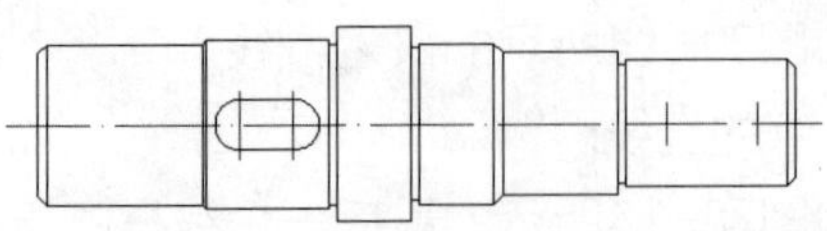

图30-17 绘制键槽

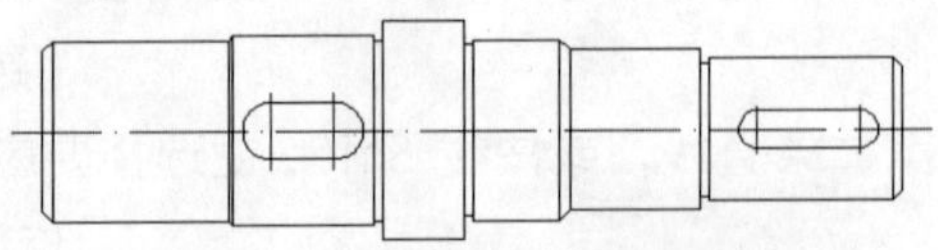

图30-18 绘制键槽

17 将图层切换至“中心线”，绘制一个正交的中心线，长度分别为45，相互平分，绘制的效果如图30-19所示。

18 将图层切换至“粗实线”，在命令行输入C，执行画圆命令，选择刚才绘制的中心线的交点为圆心，并在命令行输入半径为40，完成的绘制效果如图30-20所示。

19 在命令行中输入O，执行偏移命令。输入偏移距离为15，选择竖直中心线为偏移对象，并将鼠标放于右方，使直线向右偏移。用同样的方法将水平中心线向上、下分别偏移6的距离，完成的偏移效果如图30-21。

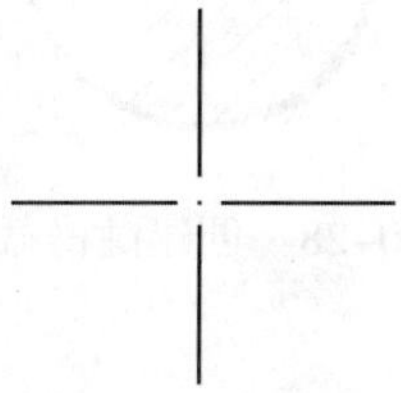

图30-19　绘制中心线

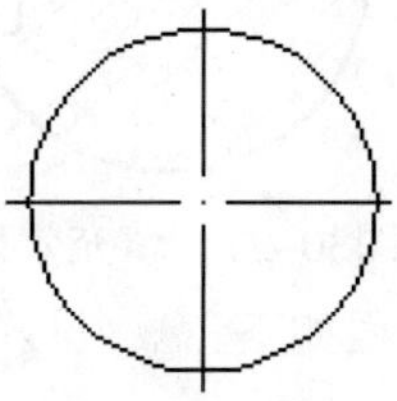

图30-20　画圆

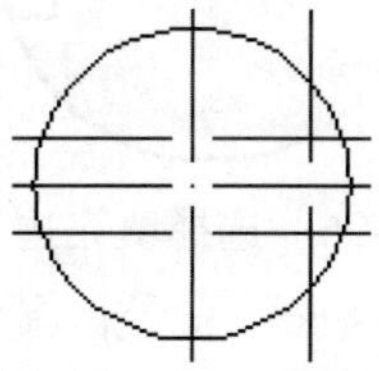

图30-21　偏移

20 选择菜单栏中的“修改”→“修剪”→“图像”命令，将多余的线条修剪掉。完成的修剪效果如图30-22所示。

21 选中键槽处的3条线，然后选择图层“粗实线”，将它们放在“粗实线”图层下，完成的效果图如图30-23所示。

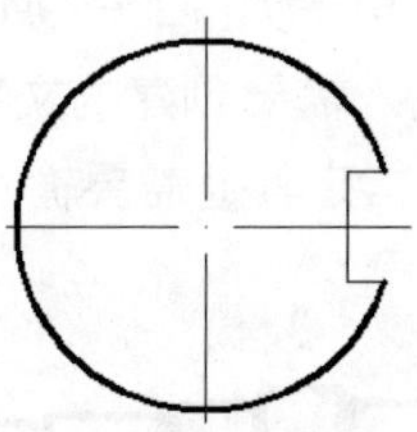

图30-22　修剪

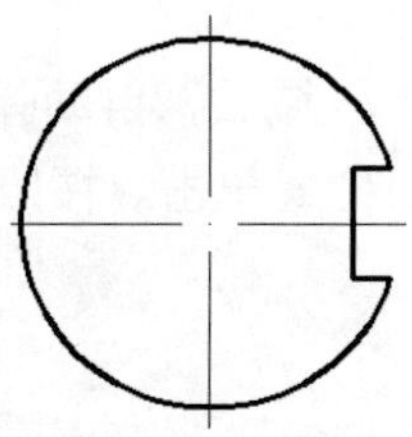

图30-23　修改线型

22 将图层切换至“填充”图层，在命令行中执行BHATCH命令，弹出“图案填充和渐变色”对话框，如图30-24所示。在对话框中的“样例”后面的图案处单击，系统弹出“填充图案选项板”对话框，可以选择需要的填充图案。这里选择ANSI选项卡中的ANSI31，效果如图30-25所示。单击“确定”按钮后，返回“图案填充和渐变色”对话框进行参数设置，“角度”设置90°，“比例”设置为1，其余选项设置为系统默认。拾取区域如图30-26所示，完成的填充效果30-27所示。

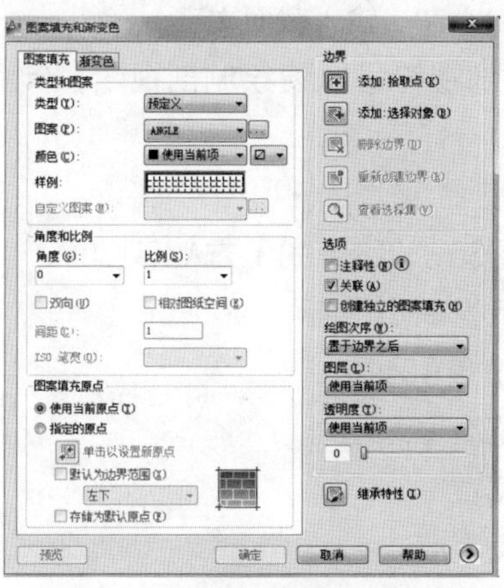

图30-24　“图案填充和渐变色”

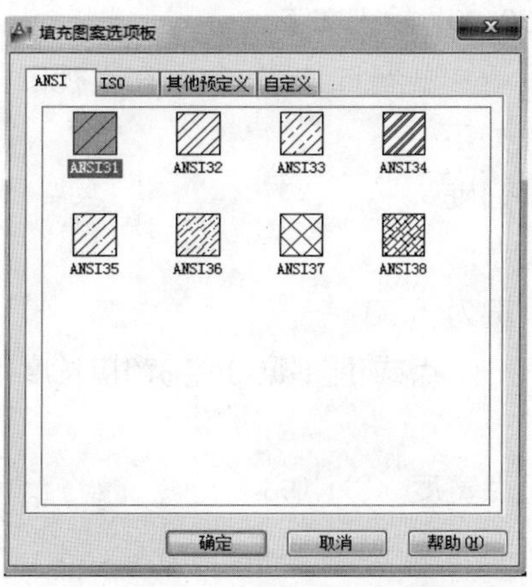

图30-25　选择填充图案

23 用同样的方法创建另一个键槽处的截面，尺寸分别为：键槽处的直径30，键槽深4，键槽宽度8。完成的创建效果如图30-28所示。

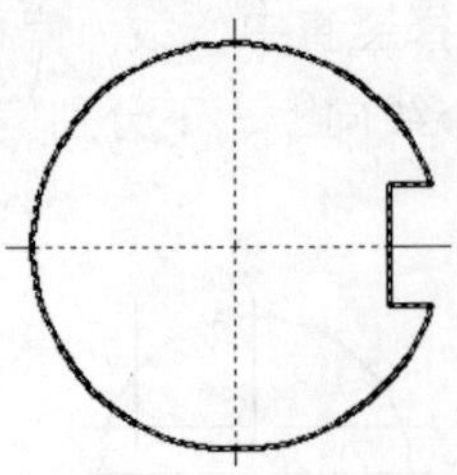

图30-26 选择填充边界

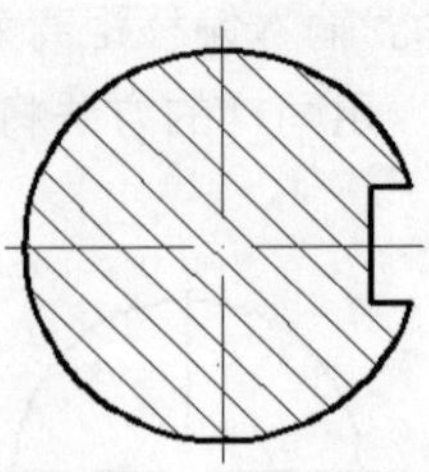

图30-27 填充效果

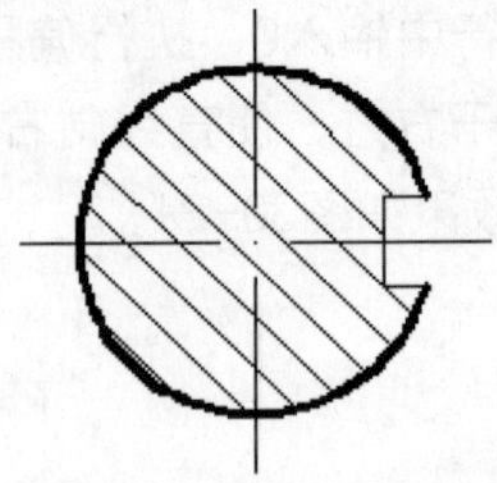

图30-28 创建键槽截面图

24 在命令行中执行T命令，具体操作过程如下：

命令：T　　（执行T命令）
当前文字样式："Standard" 当前文字高度：6　　（系统显示当前文字样式及文字高度）
指定第一角点：　　（单击如图30-29所示的A点）
指定对角点或［高度(H)/对正(J)/行距(L)/旋转(R)/样式(S)/宽度(W)]:
　　（单击如图30-29所示的B点）

25 指定多行文字的输入区域后，自动弹出输入框，输入需要创建的文字（这里输入文本A-A）后，在绘图区的空白位置单击。按照相同的方法，指定其他需要输入多行文字的位置，输入后的效果如图30-30所示。

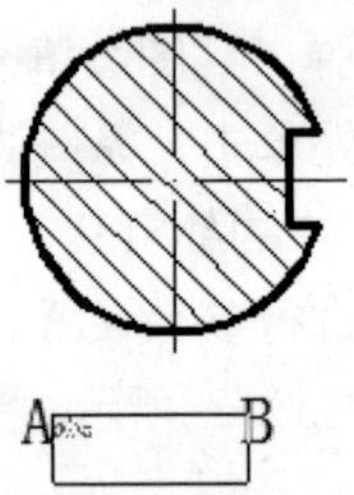

图30-29 输入文字

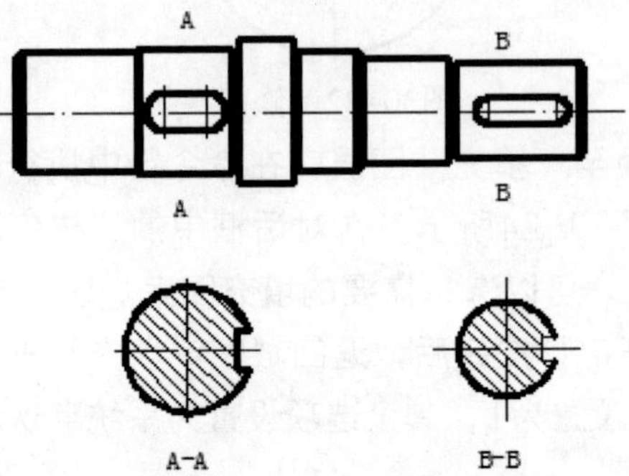

图30-30 输入截面文字

26 在命令行中执行PLINE命令，在主视图的左侧绘制剖视符号以便绘制剖视图，其命令行提示及操作如下：

命令：PLINE　　（执行PLINE命令）
指定起点：　　（单击如图30-30所示的上方A点处）
当前线宽为 0.00　　（系统提示当前宽度）
指定下一个点或［圆弧(A)/半宽(H)/长度(L)/放弃(U)/宽度(W)]:W
　　（选择“宽度”选项）
指定起点宽度 <0>: 0.3　　（指定起点宽度）
指定端点宽度 <1>: 0.3　　（指定端点宽度）
指定下一个点或［圆弧(A)/半宽(H)/长度(L)/放弃(U)/宽度(W)]:

（在命令行中输入2.5，向正上方移动鼠标）

指定下一点或 [圆弧(A)/闭合(C)/半宽(H)/长度(L)/放弃(U)/宽度(W)]:

（在命令行中输入7，并将鼠标向右移动）

指定下一点或 [圆弧(A)/闭合(C)/半宽(H)/长度(L)/放弃(U)/宽度(W)]:W

（选择“宽度”选项）

指定起点宽度 <1>: 2　　（指定起点宽度）

指定端点宽度 <2>: 0　　（指定端点宽度）

指定下一点或 [圆弧(A)/闭合(C)/半宽(H)/长度(L)/放弃(U)/宽度(W)]:

（指定一下点，绘制出剖切符号的箭头）

指定下一点或 [圆弧(A)/闭合(C)/半宽(H)/长度(L)/放弃(U)/宽度(W)]:

（按【Space】键结束命令，绘制后如图30-31所示）

27 按照相同的方法为其他的地方绘制剖切符号，最终效果如图30-32所示。

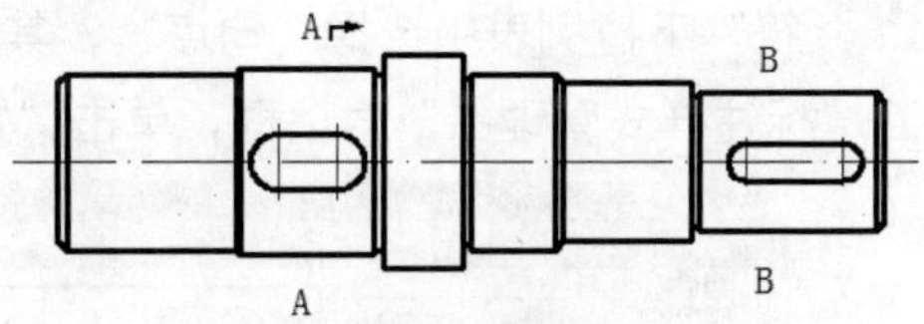

图30-31　绘制截面符号

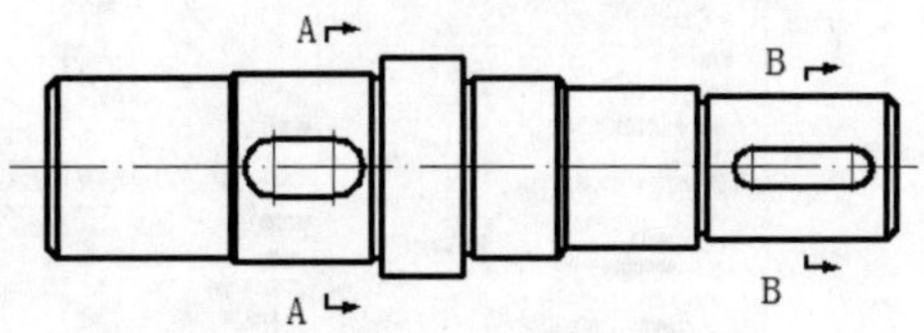

图30-32　绘制其他截面符号

4. 标注图形

01 显示菜单栏，选择“格式”→“标注样式”命令，弹出“标注样式管理器”对话框。单击“新建”按钮，弹出“创建新标注样式”对话框。在“新样式名”文本框中输入标注样式的名称，这里输入文本“轴”，单击“继续”按钮，如图30-33所示。

02 弹出“新建标注样式：轴”对话框，切换至“线”选项卡，在“尺寸线”选项组的“颜色”下拉列表中选择“黑”选项，在“尺寸界线”选项组中的“颜色”下拉列表中选择“黑”选项，在“超出尺寸线”数值框中输入1.5，在“起点偏移量”数值框中输入0.5，如图30-34所示。

03 切换至“符号和箭头”选项卡，在“箭头大小”数值框中输入4，如图30-35所示。切换至“文字”选项卡，在“文字外观”选项组的“文字颜色”下拉列表中选择“红”选项，在“文字高度”数值框中输入6，在“文字位置”选项组的“从尺寸线偏移”数值框中输入1，在“文字对齐”选项组单击“与尺寸线对齐”单选按钮，效果如图30-36所示。

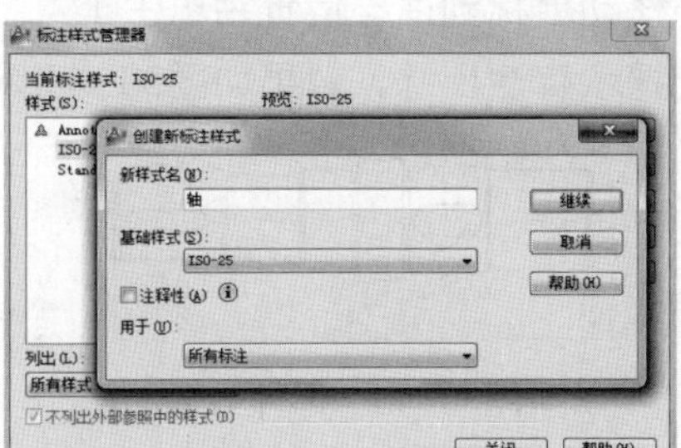

图30-33　创建标注样式

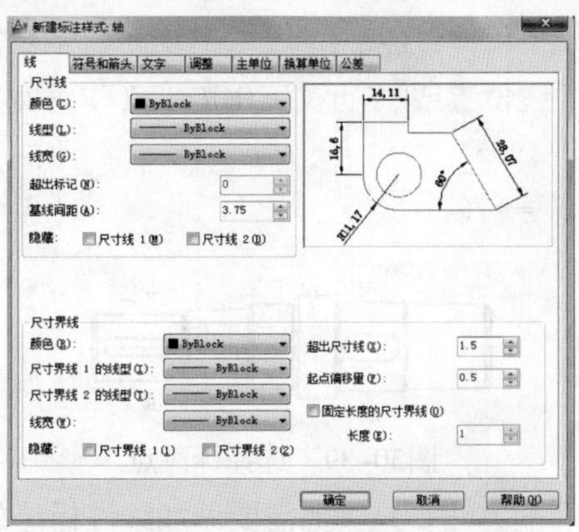

图30-34　设置标注线

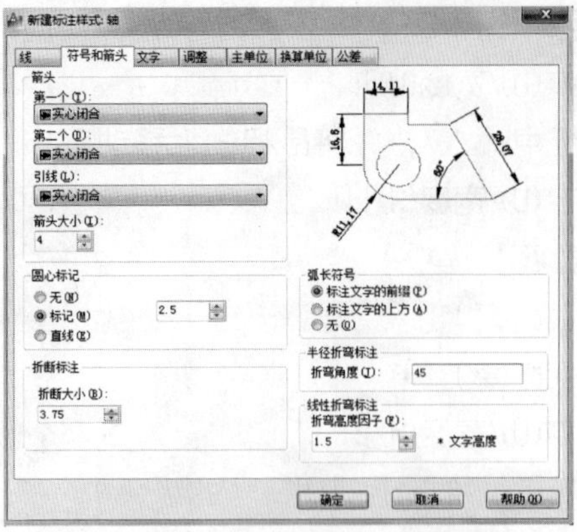

图30-35　设置符号和箭头

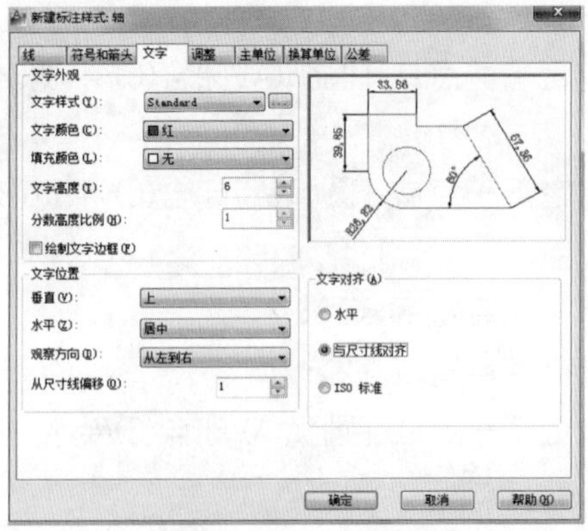

图30-36　设置文字

04 切换至“主单位”选项卡，在“线性标注”选项组的“精度”下拉列表中选择0，在“小数分隔符”下拉列表中选择“句点”，其余设置选择默认，单击“确定”按钮，如图30-37所示。返回“标注样式管理器”对话框，单击“置为当前”按钮，再单击“关闭”按钮，如图30-38所示。

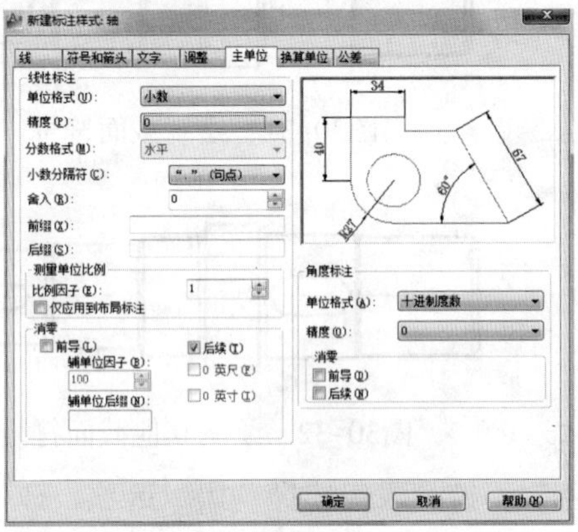

图30-37　设置主单位

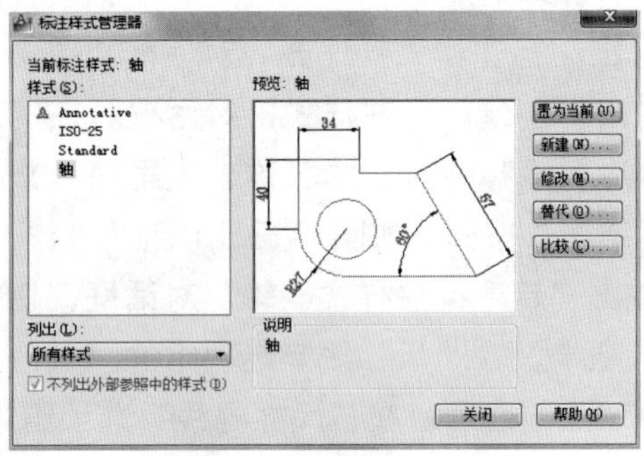

图30-38　置为当前

05 将“标注”图层设置为当前图层，在命令行中执行DIMLIN命令，具体操作过程如下：

命令：DIMLIN　　（执行DIMLIN命令）

指定第一条延伸线原点或 <选择对象>：　　（单击如图30-39所示的C点）

指定第二条延伸线原点：　　（单击如图30-39所示的D点）

指定尺寸线位置或[多行文字(M)/文字(T)/角度(A)/水平(H)/垂直(V)/旋转(R)]：

（向下移动鼠标到适合位置并单击）

标注文字 =178　　（系统提示标注尺寸，效果如图30-40所示）

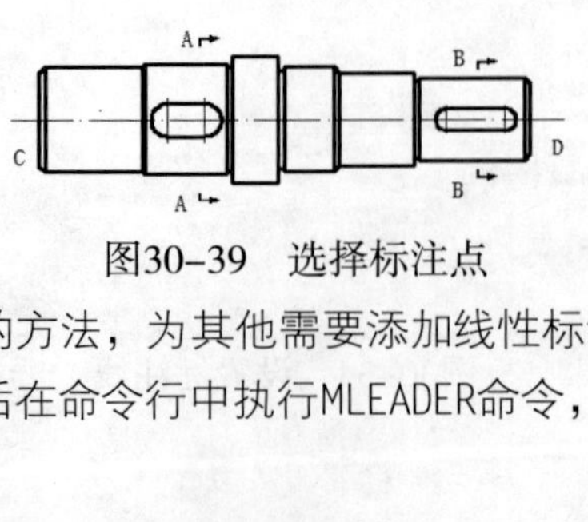

图30-39　选择标注点

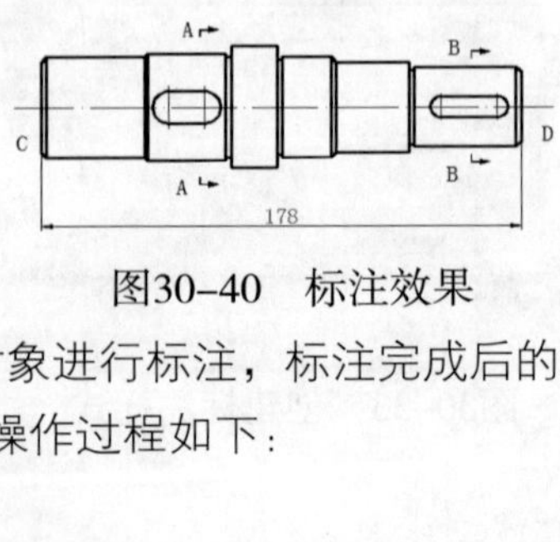

图30-40　标注效果

06 按照相同的方法，为其他需要添加线性标注的对象进行标注，标注完成后的效果如图30-41所示。然后在命令行中执行MLEADER命令，具体操作过程如下：

命令：MLEADER　　　　　　　　（执行MLEADER命令）
指定引线箭头的位置或 [引线基线优先(L)/内容优先(C)/选项(O)] <选项>：
　　　　　　　　　　　　　　（选择如图30-41所示的最左端以确定引线的箭头位置）
指定引线基线的位置：　　　　（在箭头的附近确定引线基线的位置，并打开文本输入区域，输入2）

07 在“文字编辑器”选项卡的“插入”面板中，单击“符号”按钮@，在弹出的下拉列表中选择“其他”选项，弹出“字符映射表”对话框。

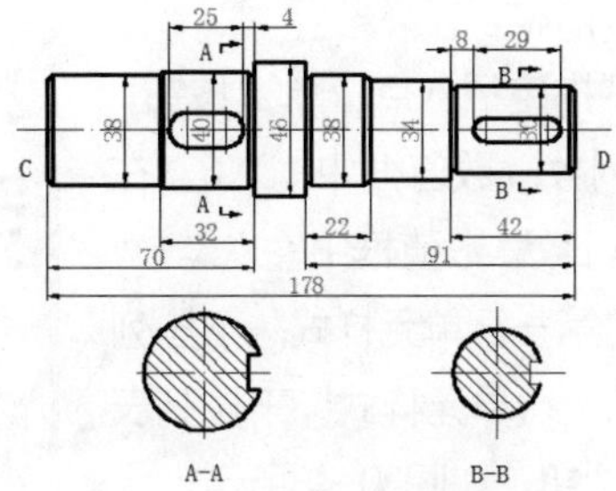
图30-41　标注线性尺寸

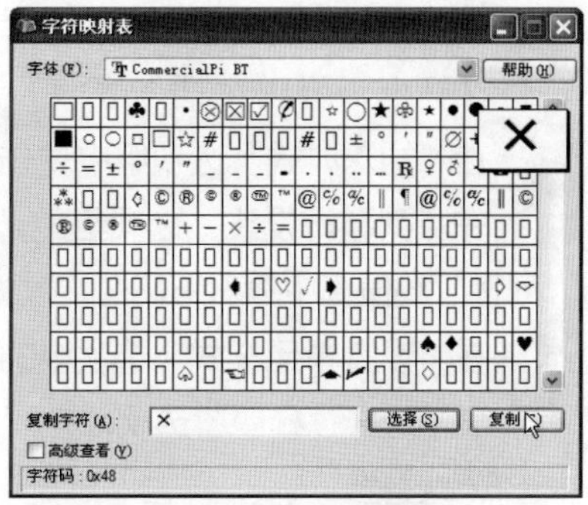
图30-42　选择符号

08 在“字体”下拉列表中选择CommercialPi BT选项，在中间列表框中选择☒字符码，单击“选择”按钮，再单击“复制”按钮，最后单击☒按钮关闭该对话框，如图30-42所示。

09 按照相同的方法插入需要的其他符号，插入完成后的效果如图30-43所示。然后再按照相同的方法，为其他需要添加引线标注的地方进行标注，标注完成后的效果如图30-44所示。

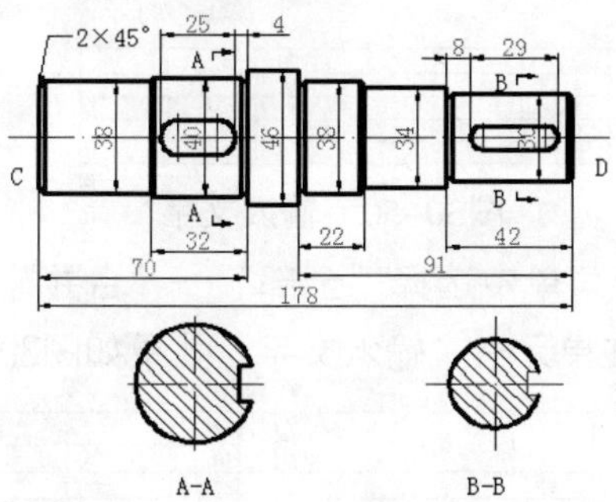
图30-43　标注倒角

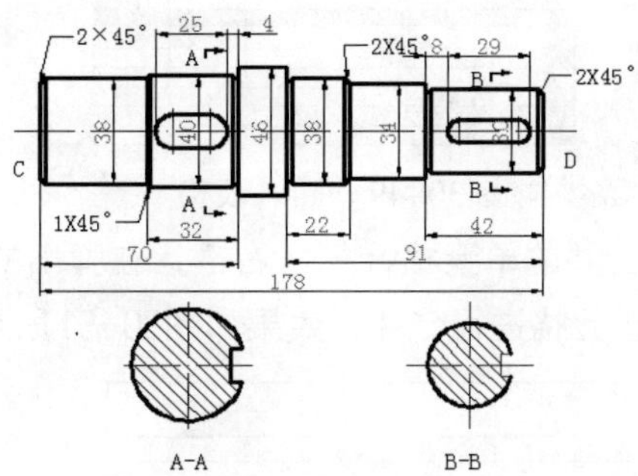
图30-44　标注其余倒角

10 标注的线性尺寸中，在对应的回转尺寸处双击，加上直径符号，双击后变为可编辑文本状态，在前面输入“%%C”，然后在再数字后面加上配合精度。例如将“30”改为“ϕ30js6”，完成的标注效果如图30-45所示。

11 对两个截面进行尺寸标注，效果如图30-46所示。标注上下偏差时，以左面的偏差为例，首先进行线性标注，再单击数字“35”，在文本框里输入“35+0.2^0”；然后选中35后面的所有部分，单击“文本样式”中的层叠符号，即可变成图30-46中的标注样式。

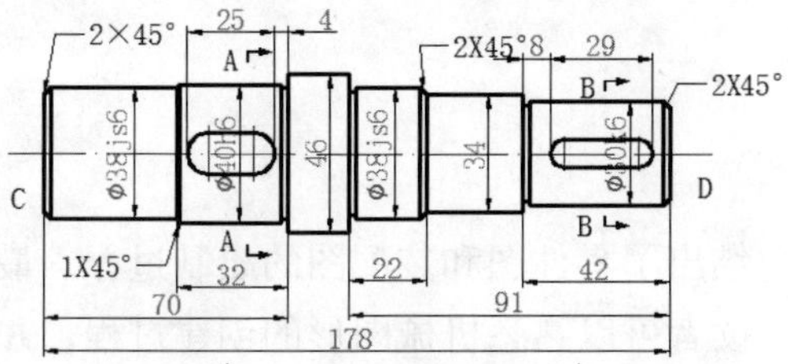
图30-45　标注直径符号

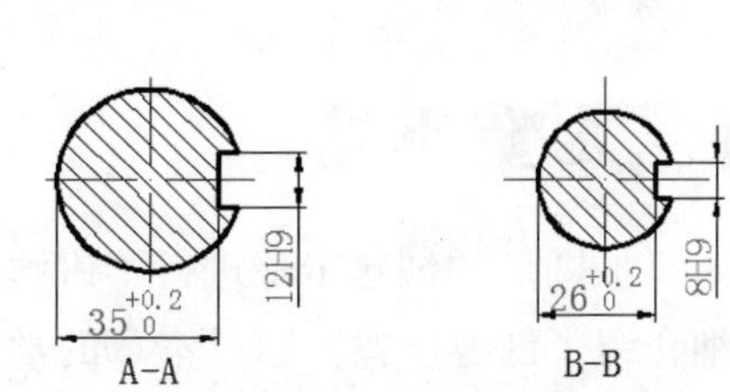
图30-46　标注上下偏差

12 下面进行公差的标注。首先要选择引线，这里先选择菜单栏“标注”→“多重引线”命令，然后选择引线的地方，按【Esc】键退出多重引线。选择菜单栏“标注”→“公差”命令，在弹出的对话框中标注公差，完成的最终标注效果如图30-47。

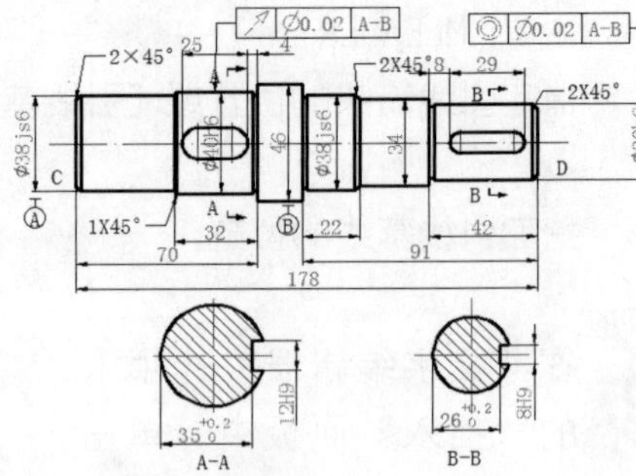

图30-47　标注效果

13 在“常用”选项卡的“注释”面板中，单击“表格”按钮▦，弹出“插入表格”对话框。

14 在“插入方式”选项组中单击“指定插入点”单选按钮，在“列和行设置”选项组的“列数”数值框中输入6，在“列宽”数值框中输入35，在“数据行数”数值框中输入3。

15 在“设置单元样式”选项组的“第一行单元样式”下拉列表中选择“标题”选项，在“第二行单元样式”下拉列表中选择“数据”选项，单击“确定”按钮，如图30-48所示。

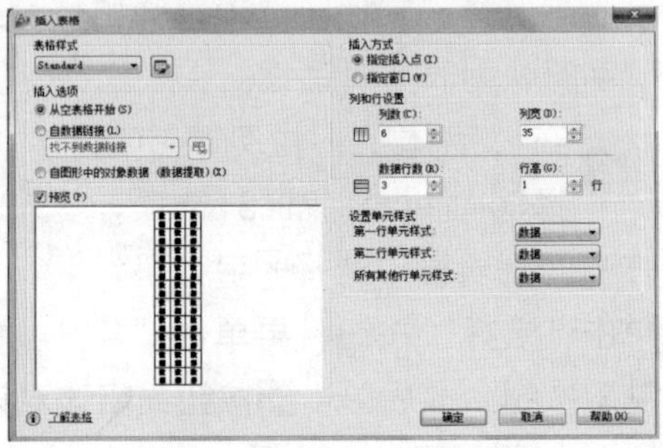

图30-48　设置表格参数

16 返回绘图区，在图形右下方合适的位置单击，插入表格。在第1列第3个单元格中输入文本“制图”，如图30-49所示。然后按照相同的方法在其他单元格中输入需要的文本，输入后的效果如图30-50所示。

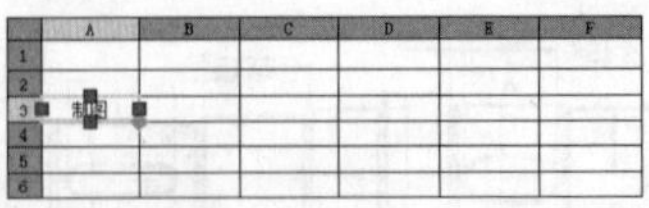

图30-49　插入表格

			比例		
			件数		
制图			重量		
审核					

图30-50　输入文字

17 选择要合并的单元格，单击右键，在弹出的快捷菜单中选择“全部”→“合并”命令，将该合并的单元格进行合并，效果如图30-51所示。在单元格中输入文字，效果如图30-52所示。

			比例		
			件数		
制图			重量		
审核					

图30-51　合并单元格

轴			比例		
			件数		
制图			重量		
审核			XX理工大学		

图30-52　输入文字

18 在命令行中执行REC命令，绘制矩形框住表格和图形对象，然后保存图形对象，最终效果如图30-1所示（光盘:\最终文件\第30章\轴.dwg）。

5. **输出图形**

选择菜单栏“文件”→“打印”命令，然后设置打印图形对象，或者选择菜单栏“文件”→“输出”命令，选择输出格式后对图形进行输出。至此，本机械图创建完成。

30.3 本章小结

本章对机械图形的创建步骤进行了讲解，总结出了零件图和装配图的绘制过程。最后通过一个例子详细介绍了创建步骤。通过本章的学习，读者可以熟悉机械图形的创建过程，并且可以复习本书前面所学过的知识。